Springer-Lehrbuch

D1655936

Springer
Berlin
Heidelberg
New York
Hongkong
London
Mailand
Paris
Tokio

Florian Scheck

Theoretische Physik 1

Mechanik

Von den Newton'schen Gesetzen zum deterministischen Chaos

Siebente Auflage
mit 171 Abbildungen,
11 praktischen Übungen
und 119 Aufgaben und Lösungen

Springer

Professor Dr. Florian Scheck
Fachbereich Physik, Institut für Physik
Johannes Gutenberg-Universität, Staudingerweg 7
55099 Mainz
e-mail: scheck@thep.physik.uni-mainz.de

Die Deutsche Bibliothek – CIP-Einheitsaufnahme
Scheck, Florian:
Theoretische Physik / Florian Scheck. – Berlin ; Heidelberg ; New York ;
Barcelona ; Hongkong ; London ; Mailand ; Paris ; Tokio : Springer
(Springer-Lehrbuch)
1. Mechanik : von den Newtonschen Gesetzen zum deterministischen Chaos. - 7. Aufl.. – 2003
ISBN 3-540-43546-8

Umschlagabbildung: dem Buch entnommen, siehe Seite 48

ISBN 3-540-43546-8 7. Auflage Springer-Verlag Berlin Heidelberg New York

ISBN 3-540-65877-7 6. Auflage Springer-Verlag Berlin Heidelberg New York

Dieses Werk ist urheberrechtlich geschützt. Die dadurch begründeten Rechte, insbesondere die der Übersetzung, des Nachdrucks, des Vortrags, der Entnahme von Abbildungen und Tabellen, der Funksendung, der Mikroverfilmung oder der Vervielfältigung auf anderen Wegen und der Speicherung in Datenverarbeitungsanlagen, bleiben, auch bei nur auszugsweiser Verwertung, vorbehalten. Eine Vervielfältigung dieses Werkes oder von Teilen dieses Werkes ist auch im Einzelfall nur in den Grenzen der gesetzlichen Bestimmungen des Urheberrechtsgesetzes der Bundesrepublik Deutschland vom 9. September 1965 in der jeweils geltenden Fassung zulässig. Sie ist grundsätzlich vergütungspflichtig. Zuwiderhandlungen unterliegen den Strafbestimmungen des Urheberrechtsgesetzes.

Springer-Verlag Berlin Heidelberg New York
ein Unternehmen der BertelsmannSpringer Science+Business Media GmbH

http://www.springer.de

© Springer-Verlag Berlin Heidelberg 2003
Printed in Germany

Die Wiedergabe von Gebrauchsnamen, Handelsnamen, Warenbezeichnungen usw. in diesem Werk berechtigt auch ohne besondere Kennzeichnung nicht zu der Annahme, dass solche Namen im Sinne der Warenzeichen- und Markenschutz-Gesetzgebung als frei zu betrachten wären und daher von Jedermann benutzt werden dürften.

Herstellung, Datenkonvertierung, Umbruch in LaTeX 2_ε: LE-TeX Jelonek, Schmidt & Vöckler GbR, Leipzig
Einbandgestaltung: *design & production* GmbH, Heidelberg

Gedruckt auf säurefreiem Papier SPIN: 10855091 56/3141/YL - 5 4 3 2 1 0

Vorwort zur Theoretischen Physik

Mit diesem mehrbändigen Werk lege ich ein Lehrbuch der Theoretischen Physik vor, das dem an vielen deutschsprachigen Universitäten eingeführten Aufbau der Vorlesungen folgt: die Mechanik und die nichtrelativistische Quantenmechanik, die in Geist, Zielsetzung und Methodik nahe verwandt sind, stehen nebeneinander und stellen die Grundlagen für das Hauptstudium bereit, die eine für die klassischen Gebiete, die andere für Wahlfach- und Spezialvorlesungen. Die klassische Elektrodynamik und Feldtheorie und die relativistische Quantenmechanik leiten zu Systemen mit unendlich vielen Freiheitsgraden über und legen das Fundament für die Theorie der Vielteilchensysteme, die Quantenfeldtheorie und die Eichtheorien. Dazwischen steht die Theorie der Wärme und die wegen ihrer Allgemeinheit in einem gewissen Sinn alles übergreifende Statistische Mechanik.

Als Studentin, als Student lernt man in einem Zeitraum von drei Jahren fünf große und wunderschöne Gebiete, deren Entwicklung im modernen Sinne vor bald 400 Jahren begann und deren vielleicht dichteste Periode die Zeit von etwas mehr als einem Jahrhundert von 1830, dem Beginn der Elektrodynamik, bis ca. 1950, der vorläufigen Vollendung der Quantenfeldtheorie, umfasst. Man sei nicht enttäuscht, wenn der Fortgang in den sich anschließenden Gebieten der modernen Forschung sehr viel langsamer ist, diese oft auch sehr technisch geworden sind, und genieße den ersten Rundgang durch ein großartiges Gebäude menschlichen Wissens, das für fast alle Bereiche der Naturwissenschaften grundlegend ist.

Die Lehrbuchliteratur in Theoretischer Physik hinkt in der Regel der aktuellen Fachliteratur und der Entwicklung der Mathematik um einiges nach. Abgesehen vom historischen Interesse gibt es keinen stichhaltigen Grund, den Umwegen in der ursprünglichen Entwicklung einer Theorie zu folgen, wenn es aus heutigem Verständnis direkte Zugänge gibt. Es sollte doch vielmehr so sein, dass die großen Entdeckungen in der Physik der zweiten Hälfte des zwanzigsten Jahrhunderts sich auch in der Darstellung der Grundlagen widerspiegeln und dazu führen, dass wir die Akzente anders setzen und die Landmarken anders definieren als beispielsweise die Generation meiner akademischen Lehrer um 1960. Auch sollten neue und wichtige mathematische Methoden und Erkenntnisse mindestens dort eingesetzt und verwendet werden, wo sie dazu beitragen, tiefere Zusammenhänge klarer hervortreten zu lassen und gemeinsame Züge scheinbar verschiedener Theorien erkennbar zu machen. Ich verwende in diesem Lehrbuch in einem ausgewogenen Maß moderne mathematische Techniken und traditionelle, physikalischintuitive Methoden, die ersteren vor allem dort, wo sie die Theorie präzise fassen, sie effizienter formulierbar und letzten Endes einfacher und transparenter machen – ohne wie ich hoffe in die trockene Axiomatisierung und Algebraisierung zu verfallen, die manche neueren Monographien der Mathematik so schwer leserlich machen; außerdem möchte ich dem Leser, der Leserin helfen, die Brücke zur aktuellen physikalischen Fachliteratur und zur Mathematischen Physik zu schlagen. Die traditionellen, manchmal etwas vage formulierten physikalischen Zugänge andererseits sind für das veranschaulichende Verständnis der Phänomene unverzichtbar, außerdem spiegeln sie noch immer etwas von der Ideen- und Vorstellungswelt der großen Pioniere unserer Wissenschaft wider und tragen auch auf diese Weise zum Verständnis der Entwicklung der Physik und deren innerer Logik bei. Diese Bemerkung wird spätestens dann klar werden, wenn man zum ersten Mal vor einer Gleichung verharrt, die mit raffinierten Argumenten und eleganter Mathematik aufgestellt ist, die aber nicht zu einem *spricht* und verrät, wie sie zu interpretieren sei. Dieser Aspekt der *Interpretation* – und das sei auch den Mathematikern und Mathematikerinnen klar gesagt – ist vielleicht der schwierigste bei der Aufstellung einer physikalischen Theorie.

Jeder der vorliegenden Bände enthält wesentlich mehr Material als man in einer z. B. vierstündigen Vorlesung in einem Semester vortragen kann. Das bietet den Dozenten die Möglichkeit zur Auswahl dessen, was sie oder er in ihrer/seiner Vorlesung ausarbeiten möchte und, bei Wiederholungen, den Aufbau der Vorlesung zu variieren. Für die Studierenden, die ja ohnehin lernen müssen, mit Büchern und Originalliteratur zu arbeiten, bietet sich die Möglichkeit, Themen oder ganze Bereiche je nach Neigung und Interesse zu vertiefen. Ich habe den Aufbau fast ohne Ausnahme „selbsttragend" konzipiert, so dass man alle Entwicklungen bis ins Detail nachvollziehen und nachrechnen kann. Die Bücher sind daher auch für das Selbststudium geeignet und „verführen" Sie, wie ich hoffe, auch als gestandene Wissenschaftler und Wissenschaftlerinnen dazu, dies und jenes noch einmal nachzulesen oder neu zu lernen.

Bücher gehen heute nicht mehr, wie noch vor anderthalb Jahrzehnten, durch die klassischen Stadien: handschriftliche Version, erste Abschrift, Korrektur derselben, Erfassung im Verlag, erneute Korrektur etc., die zwar mehrere Iterationen des Korrekturlesens zuließen, aber stets auch die Gefahr bargen, neue Druckfehler einzuschmuggeln. Der Verlag hat ab Band 2 die von mir in LaTeX geschriebenen Dateien (Text und Formeln) direkt übernommen und bearbeitet. Auch bei der siebten Auflage von Band 1, der vom Fotosatz in LaTeX konvertiert wurde, habe ich direkt an den Dateien gearbeitet. So hoffe ich, dass wir dem Druckfehlerteufel wenig Gelegenheit zu Schabernak geboten haben. Über die verbliebenen, nachträglich entdeckten Druckfehler berichte ich, soweit sie mir bekannt werden, auf einer Webseite, die über den Hinweis *Buchveröffentlichungen/book publications* auf meiner homepage zugänglich ist. Die letztere erreicht man über http://wwwthep.physik.uni-mainz.de

Den Anfang hatte die zuerst 1988 erschienene, seither kontinuierlich weiterentwickelte *Mechanik* gemacht. Ich würde mich sehr freuen, wenn auch die anderen Bände sich so rasch etablieren würden und dieselbe starke Resonanz fänden wie dieser erste Band. Dass die ganze Reihe überhaupt zustande kommt, daran hat auch Herr Dr. Hans J. Kölsch vom Springer-Verlag durch seinen Rat und seine Ermutigung seinen Anteil, wofür ich ihm an dieser Stelle herzlich danke.

Mainz, Mai 2002 *Florian Scheck*

Vorwort zu Band 1

Die Mechanik ist nicht nur das älteste Teilgebiet der Physik, sie stellt bis heute die Grundlage für die ganze theoretische Physik dar. So ist z. B. die Quantenmechanik ohne die klassische Mechanik kaum verständlich, vielleicht sogar nicht einmal formulierbar. Aber auch jede klassische Feldtheorie, wie etwa die Elektrodynamik, baut auf dem von der Mechanik vorgegebenen Fundament auf. Dabei geht es nicht nur um die physikalischen Grundbegriffe, die man hier kennen und anwenden lernt, sondern auch um den formalen Rahmen der Mechanik, ihre mathematisch-geometrische Struktur als Prototyp einer physikalischen Theorie. Diese Leitfunktion zieht sich bis hinein in Fragen der modernen Forschung, wo man immer wieder – wenn auch oft in ganz anderen Zusammenhängen – auf die Mechanik zurückkommt.

Es ist daher nicht verwunderlich, wenn ihre *Darstellung* stets auch Entwicklungen der modernen Physik widerspiegelt. Wir setzen heute die Akzente in diesem klassischen Gebiet wesentlich anders als zu Zeiten von Arnold Sommerfeld oder in den fünfziger Jahren des vergangenen Jahrhunderts. Zum Beispiel spielen *Symmetrien* und *Invarianzprinzipien* eine wichtige Rolle, ebenso die *Struktur des Raum-Zeitkontinuums* und die *geometrische Natur* der Mechanik, während die Anwendungen der Theorie der Differentialgleichungen etwas mehr in den Hintergrund gerückt sind. Anhand der Mechanik lernt man das Aufstellen von allgemeinen Prinzipien, aus denen physikalische Bewegungsgleichungen folgen und die sich über die Mechanik hinaus verallgemeinern lassen; man gewinnt die Erkenntnis, welche Bedeutung Symmetrien für die Behandlung physikalischer Systeme haben und, nicht zuletzt, die Übung, wie man ein präzises Begriffssystem aufstellt, mit dem sich ein physikalisches Teilgebiet verstehen und klar formulieren lässt. Das sind grundsätzliche Bezüge, die man anhand der noch weitgehend anschaulichen klassischen Mechanik lernt, dann aber soweit abstrahieren soll, dass sie in anderen Bereichen der Physik erkennbar und anwendbar werden.

Über ihrer Bedeutung als Fundament der ganzen theoretischen Physik und als erstes, noch weitgehend anschauliches Übungsfeld für physikalische Begriffsbildungen wollen wir aber nicht vergessen, dass die Mechanik für sich genommen ein wunderschönes Gebiet ist. Sie ist für Anfänger und Anfängerinnen im Allgemeinen zunächst schwer zu lernen, weil sie vielschichtig und in ihrem Aufbau heterogener ist als etwa die Elektrodynamik. Man wird dieses reizvolle, aber etwas spröde Gebiet in der Regel nicht im ersten Anlauf meistern, sondern wird im Laufe der Zeit immer wieder auf Teilaspekte der Mechanik zurückkommen und dabei – vielleicht mit Überraschung – feststellen, dass man sie dabei noch einmal und ein Stück tiefer versteht.

Es ist auch ein Irrtum zu glauben, die Mechanik sei ein abgeschlossenes und längst archiviertes Gebiet. Spätestens im 6. Kapitel wird man lernen, dass sie auch heute noch ein interessantes Forschungsgebiet ist und dass die moderne, qualitative Mechanik noch viele interessante Forschungsthemen bereithält.

Ziele und Aufbau

Einige allgemeine Leitlinien für den Aufbau dieses Buches waren die Folgenden:

I) Dieser Kurs über Mechanik ist so konzipiert, dass er als Einstieg in die theoretische Physik im modernen Sinne dienen kann. Anhand von Systemen der makroskopischen, „vorstellbaren" Mechanik werden Konzepte und Methoden eingeführt, die in allen Bereichen der Physik vorkommen. Dabei werden diejenigen betont und besonders motiviert, deren Tragfähigkeit über die klassische Mechanik hinausreicht. So hat die Theorie des Kreisels, um nur ein Beispiel zu nennen, unter anderem auch deshalb besondere Bedeutung, weil man in ihr ein erstes anschauliches Beispiel für eine Lie-Gruppe in der Physik, der Drehgruppe im dreidimensionalen Raum, kennenlernt.

II) So wichtig die (wenigen) integrablen Fälle für das Verständnis sind, es bleibt unbefriedigend, wenn man sich auf diese und auf lokale Existenzaussagen für Lösungen von nichtintegrablen Systemen beschränkt. Im fortlaufenden Text und in den *Praktischen Übungen* habe ich daher eine Reihe einfacher, aber nichttrivialer Beispiele ausgearbeitet oder beschrieben, die jeder Leser, jede Leserin auf einem PC nachvollziehen, erweitern und variieren kann. Diese Beispiele dienen der Vertiefung, sind aber einfach genug, dass man kaum Gefahr läuft, über der Beschäftigung mit dem Rechner die Physik zu vergessen, die man vertiefen wollte.

III) Schon die Mechanik trägt deutliche geometrische Züge. Im 5. Kapitel wird der geometrische Charakter dieses Gebietes klar herausgearbeitet. Gleichzeitig wird damit eine Einführung in die strenge, differentialgeometrische Formulierung gegeben, die man unbedingt kennen muss, wenn man die moderne mathematische Literatur zur Mechanik lesen möchte. Ich hoffe hier ein wenig dazu beizutragen, dass die Kluft zwischen den „physikalischen" Büchern über Mechanik und der modernen, mathematischen Literatur etwas kleiner und leichter überwindbar wird.

IV) Auch wenn man die Mechanik nicht in ihrem vollen Umfang lernen möchte, sollte man doch eine Vorstellung über globale und qualitative Fragestellungen der Mechanik haben, die Gegenstand der modernen Forschung auf diesem Gebiet sind. Das 6. Kapitel gibt daher einen Überblick über die notwendigen Begriffsbildungen und die wichtigsten Fragen der qualitativen Dynamik, die in so faszinierende Phänomene wie das deterministische Chaos überleiten.

Der Schwierigkeitsgrad der einzelnen Kapitel ist unterschiedlich. Das 4. Kapitel ist aus physikalischer Sicht vermutlich das schwierigste, das Fünfte ist sicher das mathematisch anspruchsvollste Kapitel. Dabei ist mir natürlich klar, dass diese Bewertung subjektiv ist und dass verschiedene Leser und Leserinnen je nach persönlichen Neigungen und Vorkenntnissen an ganz unterschiedlichen Stellen ihren ersten Schwierigkeiten begegnen werden. Auf das 4. Kapitel wird man in der Elektrodynamik zurückkommen und die physikalische Bedeutung der Speziellen Relativitätstheorie aus einem anderen Blickwinkel erkennen. Wenn man möchte, kann man das 5. Kapitel (Geometrische Aspekte) beim ersten Durchgang auslassen und erst auf der Basis einer gründlichen Kenntnis des 2. und des 6. Kapitels studieren. Ich habe mich bemüht, den Text weitgehend „selbsttragend" zu konzipieren, d. h. unter anderem, dass man fast alle Herleitungen nachrechnen und nachvollziehen kann. Das mag an manchen Stellen nicht einfach sein und einige Zeit des Grübelns erfordern. Man sollte aber nicht zu rasch aufgeben, denn was man nicht selbst einmal „durchspielt", versteht man nicht wirklich.

Zum Umfang dieses Buches

Das Buch enthält wesentlich mehr Stoff als man in einer vierstündigen Vorlesung in einem Semester bewältigen kann. In diesem Fall wird man also eine Auswahl treffen müssen und den übrigen Text als ergänzende Lektüre verwenden. Das erste Kapitel, das noch keinen Gebrauch von Variationsprinzipien und Begriffen der kanonischen Mechanik macht, habe ich so angelegt, dass man es als Begleittext zu einer Vorlesung über Experimentalphysik (bzw. einem integrierten Kursus) oder zu einer Einführung in die theoretische Physik verwenden kann. In diesem Fall kann die eigentliche Mechanikvorlesung im Wesentlichen mit dem zweiten Kapitel beginnen und dann auch bis in das 6. oder 7. Kapitel vordringen.

Neben den Praktischen Übungen enthält das Buch zahlreiche Aufgaben und deren Lösungen. Ein kurzer historischer Exkurs gibt die Lebensdaten einiger Forscherpersönlichkeiten, die zur Entwicklung der Mechanik beigetragen haben.

Mathematische Hilfsmittel

Als Physiker oder Physikerin muss man eine gewisse Flexibilität im Gebrauch der Mathematik lernen: Einerseits kann man unmöglich alle deduktiven Schritte bis in alle Einzelheiten und in aller Strenge durchführen, da man auf diese Weise erst sehr spät zu den physikalisch wesentlichen Aussagen kommt. Andererseits muss man wenigstens einige der Grundlagen in ihrer mathematischen Gestalt kennen und im Übrigen wenigstens „wissen, wie es geht", d. h. man sollte immer in der Lage sein, Einzelheiten der Argumentation mit den Hilfsmitteln zu ergänzen, die man in den Kursen über Mathematik gelernt hat. Für die Mechanik ist charakteristisch, dass sie Begriffe, Methoden und Sätze aus ganz unterschiedlichen mathematischen Gebieten verwendet. Diesen etwas großzügigen Umgang mit den mathematischen Grundlagen wird man auch in diesem Band finden. Einige mathematische Aspekte sind weitgehend ausgearbeitet, bei anderen wird auf Kenntnisse aus der Analysis und der Linearen Algebra verwiesen. Man kann auch hier nicht erwarten, dass man alle Begriffe aus der Mathematik schon parat hat, wenn sie in der Physik verwendet werden. Im Einzelfall ist es ratsam, die Dinge punktuell nachzulesen oder – im Idealfall – sich aus den Grundlagen selbst abzuleiten.

Im Anhang A habe ich einige generelle Aussagen zusammengestellt, die für den Text hilfreich sein mögen.

Besonderheiten der 7. Auflage

Die siebte Auflage habe ich mit einer Reihe von ausführlichen Erklärungen und Bemerkungen, oft stimuliert durch Fragen der Teilnehmer und Teilnehmerinnen an meinen Vorlesungen, sowie einigen neuen Beispielen, ergänzt und überarbeitet.

Der Text ist fast durchweg auf die neue Rechtschreibung umgeschrieben. Zu den wenigen Ausnahmen, in denen ich die alte Schreibweise der Klarheit halber beibehalten habe, gehören *Potential*, *potentielle Energie*. Hier möchte ich den physikalischen Begriff auch durch die Schreibung vom umgangssprachlich anders definierten *Potenzial* absetzen. Bei *Differential*, *Differentialgleichung* und *differenzieren* – im Gegensatz zum vorhergehenden Beispiel von den neuen Regeln toleriert – habe ich die bisherige Schreibweise beibehalten. Die Begriffe *tangential*, *Tangentialraum* usw. werden ohnehin wie bisher geschrieben. Bei langen, zusammen gesetzten Begriffen habe ich mich von der Lesbarkeit leiten lassen, so z. B. *Viel-Teilchen-System*, aber *Dreikörperproblem*.

Eine eigene Tabelle mit den verwendeten Symbolen erschien mir nicht hilfreich, da alle Notationen in den einzelnen Kapiteln erklärt werden. Auch was sich typografisch gegenüber den früheren Auflagen geändert hat, ist leicht zu erkennen. So sind – wie bisher – $\underset{\sim}{x}$ Punkte des Phasenraums, fett-kursiv gedruckte Symbole $\boldsymbol{v}$, $\boldsymbol{J}$ sind Vektoren über dem $\mathbb{R}^3$, während Matrizen wie $\mathbf{R}$, $\mathbf{J}_3$, $\mathbf{M}$ jetzt fett und gerade gedruckt sind. Die Einträge von Matrizen werden wie gewöhnliche Symbole gedruckt, z. B. $(\mathbf{A}^T)_{ik} = A_{ki}$.

Danksagungen

Dieses Buch ist aus Vorlesungen im Rahmen des Mainzer Theoriekursus entstanden, angereichert durch ein Seminar über geometrische Aspekte der Mechanik. Daher möchte ich an erster Stelle den Studierenden und meinen Mitarbeitern danken, die durch ihr Interesse, ihre Begeisterung und durch ihre kritischen Fragen viel zu seiner Gestaltung beigetragen haben.

In meinen Zürcher Jahren habe ich viel Anregung durch Diskussionen und Gespräche mit Res Jost, Klaus Hepp und Norbert Straumann erfahren, die mein Interesse an diesem wunderschönen Gebiet vertieft haben. Klaus Hepp danke ich besonders für freundschaftlichen und hilfreichen Rat bei der Gestaltung dieses Buches. Ebenso möchte ich Nikolaos Papadopoulos, mit dem ich besonders gerne geometrische Aspekte der Mechanik diskutiere, und Manfred Stingl für konstruktive Kritik und Verbesserungsvorschläge danken. In vielen Zuschriften von Kollegen und Studierenden – zu viele um sie hier namentlich aufzuzählen – habe ich viel positive Resonanz erfahren sowie konstruktive Bemerkungen bekommen, für die ich allen danke und von denen ich einige gerne aufgenommen habe.

Rainer Schöpf danke ich für die Mitarbeit bei den Lösungen der Aufgaben, die wir ursprünglich als eigenes Bändchen publiziert hatten. Peter Beckmann hat mir freundlicherweise die schönen Figuren zur logistischen Gleichung (Kap. 6) zur Verfügung gestellt und mir einige Hinweise zur Auswahl von Beispielen zum deterministischen Chaos gegeben.

Die Zusammenarbeit mit den Mitarbeitern des Springer-Verlags und des für diesen tätigen Unternehmens LE-TeX in Leipzig war ausgezeichnet, wofür ich besonders Herrn Dr. Hans J. Kölsch und Herrn Uwe Matrisch danke.

Dieses Buch widme ich allen Studierenden, die sich mit der Mechanik intensiv auseinandersetzen möchten. Wenn ich ihre Begeisterung wecken und sie für die Faszination der Physik empfänglich machen konnte, dann ist ein wesentliches Ziel dieses Buches erreicht.

Mainz, Mai 2002 *Florian Scheck*

Inhaltsverzeichnis

2. Die Prinzipien der kanonischen Mechanik

3. Mechanik des starren Körpers

4. Relativistische Mechanik

5. Geometrische Aspekte der Mechanik

6. Stabilität und Chaos

1 Elementare Newton'sche Mechanik

Einführung

Dieses erste Kapitel befasst sich mit der Kinematik und Dynamik von endlich vielen Massenpunkten, die zwar inneren und eventuell auch äußeren Kräften unterworfen sein mögen, deren Bewegung aber nicht durch zusätzliche Bedingungen (wie die Vorgabe von starren Abständen, von Kurven, entlang derer einzelne Massenpunkte gleiten sollen, Begrenzungsflächen und dergleichen) eingeschränkt sind. Dies bedeutet, dass man solche mechanischen Systeme direkt mit den Newton'schen Gleichungen angehen kann und noch nicht gezwungen ist, zunächst die dynamisch wirklich unabhängigen, verallgemeinerten Koordinaten aufzusuchen, bevor man die Bewegungen selbst studieren kann. Hierauf bezieht sich die Bezeichnung „elementar" in der Überschrift dieses Kapitels, auch wenn vieles in seinem Inhalt sich als keineswegs elementar herausstellt. Insbesondere werden schon bald einige zentrale Aussagen über den Zusammenhang zwischen Invarianzeigenschaften und Transformationen von Koordinatensystemen und Erhaltungssätzen der Theorie auftreten, die sich als tragende Elemente der ganzen Mechanik herausstellen werden, ja, die wie ein cantus firmus[1] die ganze theoretische Physik durchziehen. Auch wird man schon in den ersten, etwas tiefer gehenden Analysen dieser Zusammenhänge dazu angeregt, über die Natur der räumlichen und zeitlichen Mannigfaltigkeiten nachzudenken, in denen sich das physikalische Geschehen abspielt, und damit in eine Diskussion einzutreten, die noch heute in der Physik der kleinsten und größten Dimensionen von großer Bedeutung ist.

Man lernt in diesem ersten Kapitel auch schon den Phasenraum kennen, also die Beschreibung physikalischer Bewegungen durch die Koordinaten und die zugehörigen Impulse, die die Ausgangsbasis der Hamilton-Jacobi'schen Formulierung der kanonischen Mechanik ist.

Wir beginnen mit den Newton'schen Grundgesetzen der Mechanik, die wir zunächst erklären und in präzise mathematische Aussagen umsetzen, und die wir dann durch eine Reihe von Beispielen und wichtigen Anwendungen illustrieren.

1.1 Die Newton'schen Gesetze (1687) und ihre Interpretation

An den Anfang der Mechanik stellen wir Newtons Grundgesetze in ihrer ursprünglichen Formulierung:

[1] „Mag den Nahmen wol daher bekommen haben: weil der Choral-Gesang in der Tieffe angebracht, den andern Stimmen ein starcker Grund ist, worüber sie figuriren, und gebauet werden können ... " (Walther, 1732)

Satz 1.1

I) „Jeder Körper verharrt in seinem Zustand der Ruhe oder der gleichförmig geradlinigen Bewegung, wenn er nicht durch einwirkende Kräfte gezwungen wird, seinen Bewegungszustand zu ändern."

II) „Die Änderung der Bewegung ist der Einwirkung der bewegenden Kraft proportional und geschieht nach der Richtung derjenigen geraden Linie, nach welcher jene Kraft wirkt."

III) „Die Wirkung ist stets der Gegenwirkung gleich; oder: die Wirkungen zweier Körper aufeinander sind stets gleich und von entgegengesetzter Richtung".

Um diese drei fundamentalen Aussagen richtig verstehen und in präzise analytische Aussagen umsetzen zu können, müssen wir sie in diesem und den folgenden Abschnitten durch einige Erläuterungen und Definitionen ergänzen. Dabei geht es einerseits darum, die Begriffe wie „Körper", „Bewegungszustand", „bewegende Kraft" usw., mit deren Hilfe Newtons Gesetze formuliert sind, zu klären. Andererseits wollen wir einige vorläufige Aussagen und Annahmen über das Raum- und Zeitkontinuum zusammenstellen, in dem mechanische Bewegungen stattfinden, um dann die Newton'schen Grundgesetze in lokale Gleichungen zu übersetzen, die sich auf quantitative Weise am Experiment prüfen lassen:

Mit *„Körper"* sind zunächst *Massenpunkte*, das sind punktförmige *Teilchen* der Masse m, gemeint, also Objekte, die keine räumliche Ausdehnung haben, wohl aber eine endliche Masse m tragen. Während diese Idealisierung für Elementarteilchen wie das Elektron sicher einleuchtet, ist es zunächst keineswegs klar, ob man beim Stoß von Billardkugeln oder bei der Behandlung der Bewegungen unseres Planetensystems die Kugeln bzw. die Sonne und die Planeten als massiv aber punktförmig, d. h. ohne räumliche Ausdehnung, annehmen darf. Um wenigstens eine vorläufige Antwort zu geben, greifen wir etwas vor und zitieren zwei Aussagen, die später diskutiert und bewiesen werden:

(i) Jeder Massenverteilung, die ganz im Endlichen liegt (die sich also in eine Kugel mit endlichem Radius einschließen lässt), ebenso wie jedem System von Massenpunkten kann man einen Schwerpunkt zuordnen. An diesem greift die Resultierende der äußeren Kräfte an und er bewegt sich wie ein punktförmiges Teilchen der Masse M, wobei M die Gesamtmasse des Systems ist (Abschn. 1.9 und 3.8).

(ii) Eine endliche Massenverteilung der Gesamtmasse M, die überdies in jeder Raumrichtung gleich ist (man sagt sie ist *kugelsymmetrisch*), erzeugt im Außenraum ein Kraftfeld, das identisch ist mit dem eines punktförmigen Teilchens der Masse M in ihrem Symmetriezentrum (Abschn. 1.30). Eine kugelförmige Sonne wirkt auf einen Planeten, der nicht in sie eindringt, wie ein in ihr Zentrum gesetzter Massenpunkt.

Auch der Planet, solange er nur kugelsymmetrisch ist, kann wie ein Massenpunkt behandelt werden.

Im ersten Gesetz bedeutet Bewegung, bzw. Bewegungszustand die Bahnkurve $\boldsymbol{r}(t)$ des Massenpunktes im Ortsraum $\mathbb{R}^3$, wo $\boldsymbol{r}$ den momentanen Ort beschreibt, die Zeit t der Bahnparameter ist. In Abb. 1.1 haben wir ein Beispiel für eine beliebige Bahnkurve skizziert. Der Zustand der Ruhe heißt, dass $\dot{\boldsymbol{r}}(t) = 0$ gilt, für alle Zeiten t. Gleichförmig geradlinige Bewegung ist eine solche entlang einer Geraden, die mit konstanter Geschwindigkeit abläuft. Man muss sich dabei darüber im klaren sein, dass Bewegungen immer als relative Bewegungen von (mindestens zwei) physikalischen Systemen zu verstehen sind. Zum Beispiel bewegt sich ein Teilchen relativ zu einem Beobachter (einer Messapparatur). Nur die Angabe von relativen Positionen, Teilchen A zu Teilchen B, oder Teilchen A zu Beobachter, zu jedem festen Zeitpunkt, ist physikalisch sinnvoll. Auf experimenteller Erfahrung aufbauend nehmen wir an, dass der Raum, in dem die physikalische Bewegung eines Massenpunktes (ohne Zwangsbedingungen) stattfindet, *homogen* und *isotrop* ist und dass er die Struktur eines dreidimensionalen Euklidischen Raumes $\mathbb{E}^3$ hat. Homogen bedeutet hier, dass kein Punkt des $\mathbb{E}^3$ in irgendeiner Weise ausgezeichnet ist. Isotrop bedeutet, dass es in ihm auch keine bevorzugte Richtung gibt (mehr darüber findet man in Abschn. 1.14). Der Bewegungsraum des Teilchens ist also ein affiner Raum, wie es der physikalischen Anschauung entspricht: Die Angabe einer einzigen Position $\boldsymbol{x}(t) \in \mathbb{E}^3$ eines Teilchens zur Zeit t ist physikalisch nicht sinnvoll, wohl aber die Angabe dieses $\boldsymbol{x}(t)$ relativ zur Position $\boldsymbol{y}(t)$ eines Beobachters zur selben Zeit. Versieht man den affinen Raum mit einem Ursprung, d. h. definiert man einen Nullpunkt z. B. durch Vorgabe eines Beobachters, so wird daraus der dreidimensionale reelle Vektorraum $\mathbb{R}^3$, für den man Basissysteme auf vielerlei Arten wählen kann und auf dem Skalar- und Vektorprodukt von zwei Vektoren wie üblich definiert sind.

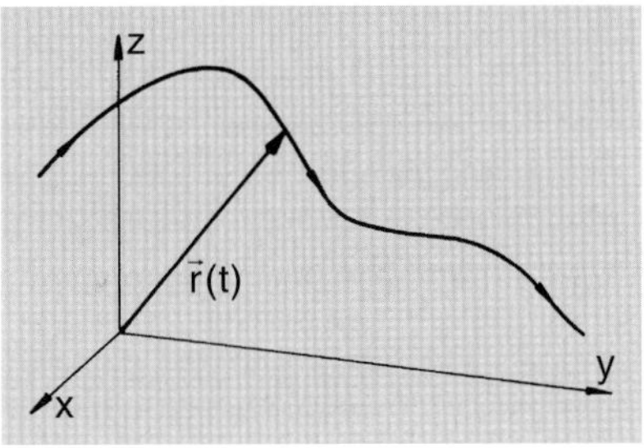

Abb. 1.1. Beispiel für die Bahnkurve einer beschleunigten Bewegung. Während die Kurve selbst ein vom Bezugssystem unabhängiges, geometrisches Objekt ist, ist ihre Beschreibung durch den Ortsvektor $\boldsymbol{r}(t)$ von der Wahl des Ursprungs und der Koordinaten abhängig

Die Zeit spielt in der nichtrelativistischen Physik eine Sonderrolle. Die tägliche Erfahrung sagt uns, dass die Zeit universell zu sein scheint, d. h. dass sie unbeeinflusst vom physikalischen Geschehen abläuft. Man kann diesen Sachverhalt so erfassen, dass man dem sich beliebig bewegenden Teilchen seine eigene Uhr mitgibt, die die sog. *Eigenzeit* τ misst. Ein Beobachter B misst dann auf seiner Uhr die Zeit

$$t^{(B)} = \alpha^{(B)}\tau + \beta^{(B)} . \tag{1.1}$$

Hierbei ist $\alpha^{(B)}$ eine positive Konstante, die festlegt, in welchen relativen Einheiten B die Zeit misst, während die Konstante $\beta^{(B)}$ angibt, wie er seinen Zeitnullpunkt relativ zu dem der Eigenzeit gewählt hat. Gleichung (1.1) kann auch in Form einer Differentialgleichung

$$\frac{\mathrm{d}^2 t^{(B)}}{\mathrm{d}\tau^2} = 0 \tag{1.2}$$

geschrieben werden. Sie ist von den Konstanten $\alpha^{(B)}$ und $\beta^{(B)}$ unabhängig und enthält somit die hier wesentliche Aussage für alle möglichen

Beobachter. Die Zeit wird durch einen eindimensionalen affinen Raum beschrieben oder, kurz, nach Wahl eines Nullpunktes, durch die reelle Gerade $\mathbb{R}$, für die wir manchmal auch der Klarheit wegen $\mathbb{R}_t$ schreiben.[2]

Die Bahnkurve $\boldsymbol{r}(t)$ wird oft in bezug auf ein spezielles Koordinatensystem beschrieben. Sie kann in kartesischen Koordinaten ausgedrückt sein:

$$\boldsymbol{r}(t) = (x(t), y(t), z(t))$$

oder in Kugelkoordinaten:

$$\boldsymbol{r}(t): \{r(t), \varphi(t), \theta(t)\}$$

oder in anderen, dem betrachteten System angepassten Koordinaten.

Beispiel 1.1

(i) $\boldsymbol{r}(t) = (v_x t + x_0, 0, v_z t + z_0 - gt^2/2)$, in kartesischen Koordinaten. Das ist in der x-Richtung eine gleichförmige Bewegung mit der konstanten Geschwindigkeit v_x, in der z-Richtung die Überlagerung einer solchen Bewegung mit der Geschwindigkeit v_z und der Fallbewegung im Schwerefeld der Erde (Wurfparabel).
(ii) $\boldsymbol{r}(t) = (x(t) = R\cos(\omega t + \Phi_0),\ y(t) = R\sin(\omega t + \Phi_0), 0)$.
(iii) $\boldsymbol{r}(t): \ (r(t) = R, \varphi(t) = \Phi_0 + \omega t, 0)$.

Die Beispiele (ii) und (iii) stellen dieselbe Bewegung in verschiedenen Koordinaten dar: Die Bahnkurve ist ein Kreis mit Radius R in der (x, y)-Ebene, der mit konstanter Winkelgeschwindigkeit ω durchlaufen wird.

Aus der Kenntnis von $\boldsymbol{r}(t)$ folgen die *Geschwindigkeit*

$$\boldsymbol{v}(t) := \frac{\mathrm{d}}{\mathrm{d}t}\boldsymbol{r}(t) \equiv \dot{\boldsymbol{r}} \tag{1.3}$$

sowie die *Beschleunigung*

$$\boldsymbol{a}(t) := \frac{\mathrm{d}}{\mathrm{d}t}\boldsymbol{v}(t) \equiv \dot{\boldsymbol{v}} = \ddot{\boldsymbol{r}}\ . \tag{1.4}$$

Im Beispiel (i) ist $\boldsymbol{v} = (v_x, 0, v_z - gt)$ und $\boldsymbol{a} = (0, 0, -g)$. In den Beispielen (ii) und (iii) ist $\boldsymbol{v} = \omega R(-\sin(\omega t + \Phi_0), \cos(\omega t + \Phi_0), 0)$ und $\boldsymbol{a} = \omega^2 R(-\cos(\omega t + \Phi_0), -\sin(\omega t + \Phi_0), 0)$, d. h. $\boldsymbol{v}$ hat den Betrag ωR und ist tangential zum Bewegungskreis gerichtet. $\boldsymbol{a}$ hat den Betrag $\omega^2 R$ und ist auf den Kreismittelpunkt gerichtet.

Der Geschwindigkeitsvektor $\boldsymbol{v}$ ist Tangentialvektor an die Bahnkurve und liegt daher im Tangentialraum an die Mannigfaltigkeit der Ortsvektoren an der Stelle $\boldsymbol{r}$. Falls aber $\boldsymbol{r} \in \mathbb{R}^3$, so ist auch dieser Tangentialraum ein $\mathbb{R}^3$ und man kann ihn mit dem Ortsraum identifizieren. Später werden wir manchmal dazwischen unterscheiden müssen. Eine analoge Bemerkung gilt für die Beschleunigung.

[2] Es wäre voreilig zu schließen, dass die Raumzeit der nichtrelativistischen Physik einfach $\mathbb{R}^3 \times \mathbb{R}$ ist, solange man nicht weiß, welche Symmetriestruktur ihr von der Dynamik aufgeprägt wird. Wir kehren in Abschn. 1.14 zu dieser Frage zurück. Wie die Verhältnisse in der relativistischen Physik aussehen, wird in Abschn. 4.7 analysiert.

1.2 Gleichförmig geradlinige Bewegung und Inertialsysteme

Definition 1.1 Gleichförmig geradlinige Bewegung

Gleichförmig geradlinige Bewegung heißt eine Bewegung mit *konstanter* Geschwindigkeit (und daher mit verschwindender Beschleunigung), $\ddot{\boldsymbol{r}} = 0$.

Die Bahnkurve hat dann die allgemeine Form

$$\boldsymbol{r}(t) = \boldsymbol{r}^0 + \boldsymbol{v}^0 t\,, \tag{1.5}$$

wo $\boldsymbol{r}^0$ der Anfangsort, $\boldsymbol{v}^0$ die Anfangsgeschwindigkeit sind: $\boldsymbol{r}^0 = \boldsymbol{r}(t = 0)$, $\boldsymbol{v}^0 = \dot{\boldsymbol{r}}(t = 0)$. Die Geschwindigkeit ist zu allen Zeiten konstant, die Beschleunigung ist Null,

$$\begin{aligned} \boldsymbol{v}(t) &\equiv \dot{\boldsymbol{r}}(t) = \boldsymbol{v}^0\,; \\ \boldsymbol{a}(t) &\equiv \ddot{\boldsymbol{r}}(t) = 0\,. \end{aligned} \tag{1.6}$$

Anmerkung

$\ddot{\boldsymbol{r}}(t) = 0$ bzw. $\{\ddot{x}(t) = 0, \ddot{y}(t) = 0, \ddot{z}(t) = 0\}$ sind Differentialgleichungen, die für die gleichförmig geradlinige Bewegung charakteristisch sind, die aber erst mit den *Anfangsbedingungen* $\boldsymbol{r}(0) = \boldsymbol{r}^0$, $\boldsymbol{v}(0) = \boldsymbol{v}^0$ die Bewegung als eine spezielle Lösung wirklich angeben, $\ddot{\boldsymbol{r}} = 0$ ist ein lineares, homogenes System von Differentialgleichungen zweiter Ordnung. $\boldsymbol{v}^0$, $\boldsymbol{r}^0$ sind frei wählbare Integrationskonstanten.

Das Gesetz (I) sagt aus, dass (1.5) mit beliebig vorgebbaren Konstanten $\boldsymbol{r}^0$ und $\boldsymbol{v}^0$ der charakteristische Bewegungszustand eines mechanischen Körpers ist, auf den keine Kräfte einwirken. Diese Aussage setzt aber voraus, dass wir bereits ein bestimmtes Bezugssystem oder eine Klasse von Bezugssystemen im Koordinatenraum ausgewählt haben. Denn wenn alle kräftefreien Bewegungen in einem Bezugssystem $\mathbf{K}_0$ durch die Differentialgleichung $\ddot{\boldsymbol{r}} = 0$ beschrieben werden, so gilt dies nicht mehr in einem relativ zu diesem *beschleunigten* Bezugssystem $\mathbf{K}$ (s. Abschn. 1.25 für den Fall rotierender Bewegungssysteme). Dort treten Scheinkräfte wie die Zentrifugal- und die Coriolis-Kraft auf und die in Wahrheit kräftefreie Bewegung sieht i. Allg. kompliziert aus.

Es gibt offenbar ausgezeichnete Bezugssysteme, in denen alle kräftefreien Bewegungen eines Körpers geradlinig gleichförmig sind. Diese sind wie folgt definiert.

Definition 1.2 Inertialsystem

Bezugssysteme, in denen das Gesetz (I) im kräftefreien Fall die Form $\ddot{\boldsymbol{r}}(t) = 0$ hat, heißen Inertialsysteme.

Natürlich lässt sich die physikalische Aussage, dass ein kräftefreier Körper sich geradlinig gleichförmig bewegt, in geometrischer und koordinatenfreier Weise formulieren. Wählt man aber Koordinatensysteme zur Beschreibung der Bewegung des Körpers, so gibt es solche, in denen die Gesetze (I) und (II) die Form

$$m\ddot{\boldsymbol{r}} = \boldsymbol{K}$$

haben, wobei $\boldsymbol{K}$ die Resultierende der auf den Körper wirkenden Kräfte ist. In Inertialsystemen haben die Newton'schen Gesetze diese besonders einfache Gestalt. Verwendet man statt dessen solche Koordinatensysteme, die selbst beschleunigt sind, so wird die Grundgleichung eine kompliziertere Form annehmen, obwohl sie denselben physikalischen Sachverhalt beschreibt: Es treten neben der Resultierenden $\boldsymbol{K}$ noch weitere, sog. Scheinkräfte auf (Zentrifugal- und Corioliskräfte), die vom Beschleunigungszustand des gewählten Bezugssystems abhängen. Die Inertialsysteme sind besonders wichtig, weil sie die Gruppe derjenigen Transformationen von Raum und Zeit auszeichnen, unter denen die Newton'schen Gesetze in ihrer Form invariant sind. In Abschn. 1.13 werden wir die Klasse aller Inertialsysteme konstruieren. Als besonders wichtig erweist sich dabei folgende Aussage.

1.3 Inertialsysteme in relativer Bewegung

Satz 1.2

Sei $\mathbf{K}$ ein Inertialsystem. Jedes relativ zu $\mathbf{K}$ mit *konstanter* Geschwindigkeit $\boldsymbol{w}$ bewegte Koordinatensystem $\mathbf{K}'$ ist ebenfalls ein Inertialsystem (siehe Abb. 1.2).

Beweis

Der Ortsvektor $\boldsymbol{r}(t)$ bezüglich $\mathbf{K}$ hat in $\mathbf{K}'$ die Darstellung $\boldsymbol{r}'(t) = \boldsymbol{r}(t) - \boldsymbol{w}t$. Da $\boldsymbol{w}$ konstant ist, folgt $\ddot{\boldsymbol{r}}'(t) = \ddot{\boldsymbol{r}}(t) = 0$.

Alle kräftefreien Bewegungen erfüllen in beiden Bezugssystemen dieselbe Differentialgleichung (1.6), die demnach beide Inertialsysteme sind. Die individuelle Lösung (1.5) sieht allerdings in $\mathbf{K}$ anders aus als in $\mathbf{K}'$: Wenn die beiden Systeme bei $t = 0$ zusammenfallen, so ist die Anfangsbedingung $(\boldsymbol{r}^0, \boldsymbol{v}^0)$ im Ersten äquivalent zu $(\boldsymbol{r}^0, \boldsymbol{v}^0 - \boldsymbol{w})$ im Zweiten.

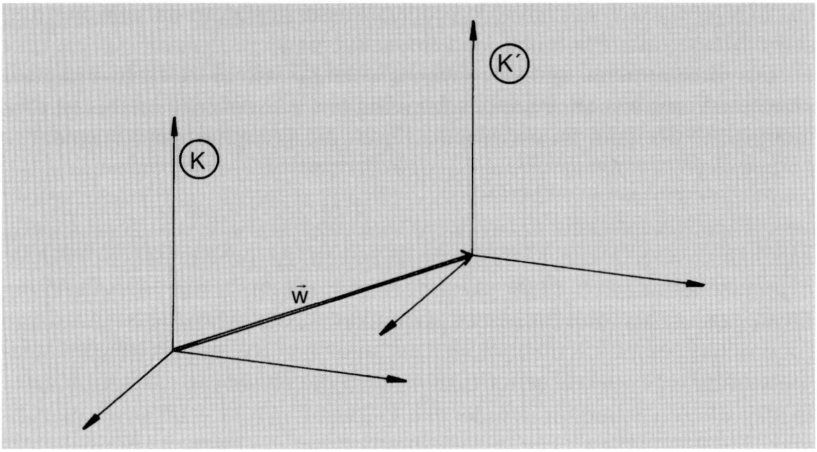

Abb. 1.2. Wenn **K** ein Inertialsystem ist, so ist auch jedes dazu achsenparallele System **K**′, das sich relativ zum Ersten mit konstanter Geschwindigkeit $\boldsymbol{w}$ bewegt, ein solches

1.4 Impuls und Kraft

Den Begriff „Bewegung" im Gesetz (II) identifizieren wir bei nichtrelativistischer Kinematik mit dem Produkt

$$\boldsymbol{p}(t) := m\dot{\boldsymbol{r}}(t) \equiv m\boldsymbol{v} \tag{1.7}$$

aus der *trägen Masse* und der momentanen Geschwindigkeit und nennen diese Größe den (unrelativistischen) *Impuls*. Das Gesetz (II), in Formeln ausgedrückt, lautet dann wie folgt[3]

$$\frac{\mathrm{d}}{\mathrm{d}t}\boldsymbol{p}(t) = \boldsymbol{K}(\boldsymbol{r}, \dot{\boldsymbol{r}}, t) \tag{1.8a}$$

oder, wenn man hier die Definition (1.7) einsetzt,

$$m\ddot{\boldsymbol{r}} = \boldsymbol{K}(\boldsymbol{r}, \dot{\boldsymbol{r}}, t)\,. \tag{1.8b}$$

Gilt die zweite Gleichung (1.8b), so kann man den Proportionalitätsfaktor m, die träge Masse des Körpers, relativ zu einem Muster mit Referenzmasse m_1 bestimmen, indem man beide nacheinander derselben Kraft aussetzt und die auftretenden Beschleunigungen vergleicht, denn es gilt $m/m_1 = \ddot{\boldsymbol{r}}^{(1)}/\ddot{\boldsymbol{r}}$.

Bei makroskopischen Körpern ist die Masse durch Hinzufügen oder Wegnehmen veränderbar. In der nichtrelativistischen, makroskopischen Physik ist sie eine additive oder wie man auch sagt *extensive* Größe, d. h. wenn man zwei Körper mit Massen m_1 bzw. m_2 zusammenfügt, so hat diese Vereinigung die Masse $(m_1 + m_2)$.

Im Mikrobereich stellt man fest, dass die Masse ein festes und charakteristisches Attribut ist. Jedes Elektron ebenso wie jedes Positron hat

[3] Dabei haben wir für die „Änderung der Bewegung" die zeitliche Ableitung des Impulses genommen. Das Gesetz (II) sagt das nicht klar aus.

die Masse $m_e = 9{,}11 \cdot 10^{-31}$ kg, jedes Wasserstoffatom hat ein und dieselbe Masse, alle Photonen sind masselos, usw.

Der Zusammenhang (1.7) gilt nur solange wie die Geschwindigkeit klein im Vergleich zur Lichtgeschwindigkeit $c \simeq 10^8$ m/s bleibt. Ist dies nicht der Fall, dann ist der Impuls durch die kompliziertere Formel

$$\boldsymbol{p}(t) = \frac{m}{\sqrt{1 - \boldsymbol{v}^2(t)/c^2}} \boldsymbol{v}(t) \tag{1.9}$$

gegeben, wobei c die Lichtgeschwindigkeit ist (s. Kap. 4). Für $|\boldsymbol{v}| \ll c$ unterscheidet sich (1.9) von (1.7) nur durch Terme der Ordnung $O(|\boldsymbol{v}|^2/c^2)$. Aus diesen beiden Gründen – die Masse als invariante Eigenschaft eines Elementarteilchens und ihre Rolle im Grenzfall Geschwindigkeit $\boldsymbol{v} \to 0$ – nennt man m auch die *Ruhemasse* des Teilchens. In der älteren Literatur wurde der Quotient $m/\sqrt{1 - \boldsymbol{v}^2(t)/c^2}$ manchmal „bewegte Masse" genannt, vermutlich um die einfache Formel (1.7) für den Impuls zumindest formal zu retten. Ich rate aber dazu, diesen Begriff zu vermeiden, da er die invariante Natur der Ruhemasse m verschleiert und einen wesentlichen Unterschied zwischen nichtrelativistischer und relativistischer Kinematik versteckt.

Die Kraft $\boldsymbol{K}(\boldsymbol{r}, \dot{\boldsymbol{r}}, t)$ wollen wir dabei als vorgegeben betrachten. Genauer gesagt handelt es sich dabei um ein Kraft*feld*, d. h. eine vektorwertige Funktion über dem Raum der Ortsvektoren $\boldsymbol{r}(t)$ und, falls die Kräfte geschwindigkeitsabhängig sind, der Geschwindigkeitsvektoren $\dot{\boldsymbol{r}}(t)$: An jedem Punkt dieses sechsdimensionalen Raumes, in dem $\boldsymbol{K}$ überhaupt definiert ist, wird die auf den Massenpunkt zur Zeit t wirkende Kraft angegeben. Solche Kraftfelder werden i. Allg. andere physikalische Körper als Quellen haben. Die Kraftfelder sind Vektorfelder, was bedeutet, dass verschiedene, am selben Punkt und zur selben Zeit wirkende Kräfte vektoriell addiert werden.

Im Gesetz (III) steht der Begriff „Wirkung" für die (innere) Kraft, die ein Körper auf einen anderen ausübt. Wir betrachten ein System von endlich vielen Massenpunkten, die die Massen m_i und die Ortsvektoren $\boldsymbol{r}_i(t)$, $i = 1, 2, \ldots, n$ haben mögen. Es sei $\boldsymbol{F}_{ik}$ die Kraftwirkung, die von Teilchen i auf Teilchen k ausgeübt wird. Dann gilt $\boldsymbol{F}_{ik} = -\boldsymbol{F}_{ki}$. Solche Kräfte nennt man *innere Kräfte* des n-Teilchen-Systems.

Man kann daneben die Wechselwirkung mit einem weiteren, unter Umständen sehr schweren Teilchen durch vorgegebene *äußere* Kräfte beschreiben. Man muss sich aber darüber klar sein, dass die Einteilung in innere und äußere Kräfte nicht zwingend vorgegeben ist, sondern nach praktischen Gesichtspunkten erfolgt. Man kann ja die Quelle einer äußeren Kraft stets zum betrachteten System dazunehmen und diese Kraft damit zu einer inneren machen. Umgekehrt zeigt das Beispiel des Abschn. 1.7, dass das Zwei-Teilchen-System mit inneren Kräften durch Abseparation des Schwerpunkts auf ein effektives Ein-Teilchen-Problem reduziert werden kann, bei dem sich ein fiktives Teilchen (mit der reduzierten Masse $\mu = m_1 m_2/(m_1 + m_2)$) in einem äußeren Kraftfeld bewegt.

1.5 Typische Kräfte; Bemerkung über Maßeinheiten

Die beiden wichtigsten fundamentalen Kräfte der Natur sind die Gravitationskraft und die Coulomb-Kraft. Die übrigen uns bekannten Kräfte, nämlich die der starken und der schwachen Wechselwirkungen der Elementarteilchen, haben sehr kleine Reichweiten von etwa 10^{-15} m bzw. 10^{-18} m. Sie spielen daher in der Mechanik in typischen Labordimensionen oder in unserem Planetensystem keine Rolle. Die Gravitationskraft ist immer anziehend und hat die Form

$$\boldsymbol{F}_{ki} = -Gm_i m_k \frac{\boldsymbol{r}_i - \boldsymbol{r}_k}{|\boldsymbol{r}_i - \boldsymbol{r}_k|^3} \,. \tag{1.10}$$

Das ist die vom Teilchen k mit Masse m_k auf Teilchen i ausgeübte Kraft, dessen Masse m_i ist. Sie liegt in der Verbindungslinie der beiden, ist von i auf k hin gerichtet und ist dem inversen Quadrat des Abstandes proportional. G ist die Newton'sche Gravitationskonstante. In (1.10) erscheinen neben G die *schweren Massen* m_i, und m_k der Teilchen als Parameter, die die Stärke der Wechselwirkung charakterisieren. Das Experiment lehrt uns, dass die *schwere* und die *träge* Masse zueinander proportional sind, („alle Körper fallen gleich schnell"), d. h. dass sie letztendlich wesensgleich sind. Durch Verfügen über die Maßeinheiten kann man daher erreichen, dass träge und schwere Masse gleich werden. Das ist eine höchst merkwürdige Eigenschaft der Gravitation, die Ausgangspunkt für Einsteins Äquivalenzprinzip und die Allgemeine Relativitätstheorie ist. Als schwere Masse gelesen bestimmt m_i die Stärke der Kopplung des Teilchens i an das von Teilchen k geschaffene Kraftfeld. Als träge Masse bestimmt sie dagegen die lokale Beschleunigung im vorgegebenen Kraftfeld. (Wegen Gesetz (III) ist die Situation in i und k symmetrisch und wir können die Diskussion ebenso für Teilchen k im Feld von i führen.)

Das ist bei der Coulomb-Kraft anders: Hier wird die Stärke durch die *elektrischen Ladungen* e_i und e_k der beiden Teilchen bestimmt,

$$\boldsymbol{F}_{ki} = \kappa_C e_i e_k \frac{\boldsymbol{r}_i - \boldsymbol{r}_k}{|\boldsymbol{r}_i - \boldsymbol{r}_k|^3} \,, \tag{1.11}$$

die für makroskopische Körper nicht mit der Masse korreliert sind. Eine Eisenkugel mit fester Masse kann ungeladen oder mit positiver oder negativer Ladung belegt sein. Hier werden die Stärke und auch das Vorzeichen der Kraft durch die Ladungen bestimmt. Für $\operatorname{sign} e_i = \operatorname{sign} e_k$ ist sie abstoßend, für $\operatorname{sign} e_i = -\operatorname{sign} e_k$ ist sie anziehend. Verändert man z. B. e_k, so verändert sich die Stärke proportional dazu. Die entstehenden Beschleunigungen werden aber nach wie vor durch die trägen Massen bestimmt. Die Größe κ_C ist eine Konstante, die von der Wahl der Einheiten abhängt (s. unten).

Neben diesen fundamentalen Kräften betrachten wir viele andere Kraftgesetze, die in der makroskopischen Welt des Labors auftreten oder präpariert werden können. Konkrete Beispiele sind die sog. harmonische Kraft, die stets anziehend und proportional zum Abstand ist

(Hooke'sches Gesetz), oder die Kraftfelder, die man in Form von elektrischen und magnetischen Feldern mit verschiedenen Anordnungen von leitenden Gegenständen und Spulen erzeugen kann. Es ist daher sinnvoll, das Kraftfeld auf der rechten Seite von (1.8) als unabhängiges, frei wählbares Element der Theorie einzuführen. Die Bewegungsgleichung (1.8) beschreibt dann in differentieller Form, wie ein Teilchen der Masse m sich unter der Wirkung des Kraftfeldes bewegt. Sind die Verhältnisse so, dass das Teilchen die Quelle des vorgegebenen Kraftfeldes praktisch nicht stört (für die Gravitation ist das der Fall, wenn $m \ll M_{\text{Quelle}}$) so kann man es als Sonde ansehen: durch Messung der Beschleunigungen, die es erfährt, kann man das Kraftfeld lokal ausmessen. Ist diese Näherung nicht anwendbar, wird das Gesetz (III) wichtig und man geht beispielsweise wie in Abschn. 1.7 vor.

Wir beschließen diesen Abschnitt mit einer Bemerkung über Maßeinheiten. Offenbar muss man zunächst für drei beobachtbare Größen Maßeinheiten definieren: die Zeit, die Länge im Ortsraum $\mathbb{R}^3$ und die Masse, deren Dimension mit T, L bzw. M bezeichnet seien ($[x]$ bedeutet physikalische Dimension der Größe x)

$$[t] = \mathrm{T}\,, \quad [r] = \mathrm{L}\,, \quad [m] = \mathrm{M}\,.$$

Dimension und Maßeinheit aller anderen in der Mechanik auftretenden Größen sind auf diese Grundeinheiten zurückführbar und sind somit festgelegt. Zum Beispiel gilt:

$$\text{Impuls: } [p] = \mathrm{MLT}^{-1}\,,$$

$$\text{Kraft: } [K] = \mathrm{MLT}^{-2}\,,$$

$$\text{Energie} = \text{Kraft} \times \text{Weg: } [E] = \mathrm{ML}^2\mathrm{T}^{-2}\,,$$

$$\text{Druck} = \text{Kraft/Fläche: } [b] = \mathrm{ML}^{-1}\mathrm{T}^{-2}\,.$$

Man kann beispielsweise festlegen, die Zeit in Sekunden, Längen in Zentimeter, Massen in Gramm zu messen. Dann ist die Krafteinheit $1\,\mathrm{g\,cm\,s^{-2}} \equiv 1\,\mathrm{dyn}$, die Energieeinheit $1\,\mathrm{g\,cm^2\,s^{-2}} \equiv 1\,\mathrm{erg}$, usw.

Oder man folgt dem für die Ingenieurwissenschaften und die sonstige Praxis gesetzlich festgelegten SI (Système International d'Unités), wo die Zeit in Sekunden, die Länge in Metern, die Masse in kg angegeben werden. Dann ist

$$\text{die Krafteinheit: } 1\,\mathrm{kg\,m\,s^{-2}} \equiv 1\,\text{Newton}\ (= 10^5\,\mathrm{dyn})\,,$$

$$\text{die Energieeinheit: } 1\,\mathrm{kg\,m^2\,s^{-2}} \equiv 1\,\text{Joule}\ (= 10^7\,\mathrm{erg})\,,$$

$$\text{die Druckeinheit: } 1\,\mathrm{kg\,m^{-1}s^{-2}} \equiv 1\,\text{Pascal} = 1\,\text{Newton/m}^2\,.$$

Identifiziert man träge und schwere Masse, so findet man für die Newton'sche Konstante den experimentellen Wert

$$G = (6{,}67259 \pm 0{,}00085) \cdot 10^{-11}\,\mathrm{m^3\,kg^{-1}\,s^{-2}}\,.$$

Was die Coulomb-Kraft angeht, so kann man den Faktor κ_C in (1.11) gleich 1 setzen. (Zum Beispiel im Gauß´schen Maßsystem der Elektrodynamik ist $\kappa_C = 1$.) Dann ist die elektrische Ladung eine abgeleitete

Größe und hat die Dimension

$$[e] = \mathrm{M}^{1/2}\mathrm{L}^{3/2}\mathrm{T}^{-1} \qquad (\kappa_\mathrm{C} = 1)\,.$$

Wählt man aber eine eigene Einheit für die Ladung oder eine andere Größe wie Spannung oder Stromstärke, so muss man κ_C entsprechend anpassen. Das SI legt die Einheit der Stromstärke als 1 Ampère fest. Somit ist auch die Einheit der Ladung festgelegt und es muss $\kappa_\mathrm{C} = 1/4\pi\varepsilon_0 = c^2 \times 10^{-7}$ gesetzt werden, wo $\varepsilon_0 = 1/4\pi c^2 \cdot 10^7$ und c die Lichtgeschwindigkeit ist.

1.6 Raum, Zeit und Kräfte

An dieser Stelle ziehen wir eine vorläufige Zwischenbilanz unserer Diskussion der Newton'schen Grundgesetze (I)–(III). Im ersten Gesetz zeigt sich die gleichförmig geradlinige Bewegung (1.5) als die natürliche Bewegungsform eines Körpers, der keinen Kräften unterworfen ist: Schickt man ihn von A nach B, so wählt er die kürzeste Verbindung zwischen diesen, die Gerade. Da man aber nur über Bewegungen relativ zu Beobachtern sinnvoll reden kann, führt Gesetz (I) auf die Frage nach den Bezugssystemen in denen es gilt: Es definiert die wichtige Klasse der Inertialsysteme. Nur in diesen gilt dann das Gesetz (II) in der Form (1.8b).

Der Raum, in dem die durch Newtons Gesetze beschriebenen Bewegungen stattfinden, ist ein dreidimensionaler Euklidischer Raum, d. h. ein reeller Raum, in dem wir mit der wohlbekannten Euklidischen Geometrie arbeiten dürfen. Das ist zunächst ein affiner Raum. Wählt man aber einen Ursprung, so wird daraus ein reeller Vektorraum $\mathbb{R}^3$. Wichtige Eigenschaften des Raums der physikalischen Bewegungen sind seine Homogenität (er sieht überall gleich aus) und seine Isotropie (alle Richtungen sind gleichberechtigt). Die Zeit ist eindimensional und wird durch die Punkte einer Geraden dargestellt. Es gibt insbesondere eine Ordnung der Zeitpunkte in früher bzw. später, Vergangenheit und Zukunft. Fasst man den momentanen Ort eines Teilchens und den Zeitpunkt, zu dem dieser Ort angenommen wird, zusammen, $(\boldsymbol{x}, t) \in \mathbb{R}^3 \times \mathbb{R}_t$, so spricht man von einem *Ereignis*. Diese Zusammenfassung von Raum und Zeit wird in der relativistischen Physik besonders wichtig, weil wir dort auf eine tiefere Symmetrie zwischen Raum und Zeit stoßen werden.

An (1.2) und (1.8b) fällt die Unsymmetrie zwischen den Raum- und der Zeitvariablen eines Teilchens auf. Es sei wie in (1.1) τ die Eigenzeit des Teilchens, t die Zeit, die ein Beobachter misst. Der Einfachheit halber soll die Einheit für beide dieselbe sein, d. h. $\alpha^{(B)} = 1$ gesetzt werden. Gleichung (1.2) sagt aus, dass die Zeit gleichförmig und unbeeinflusst davon abläuft, wo das Teilchen sich befindet und welchen Kräften es unterworfen ist. Die Bewegungsgleichung (1.8) beschreibt dagegen, welche Schar von Bahnkurven das Teilchen als Funktion der

Zeit durchläuft, wenn es einem gegebenen Kraftfeld unterworfen ist. Man kann diese Unsymmetrie auch so ausdrücken: Die *dynamische Variable* ist $\boldsymbol{r}(t)$. Ihr zeitlicher Verlauf wird durch die Kräfte, d. h. die Dynamik, bestimmt. Die Zeit spielt in der nichtrelativistischen Mechanik dagegen die Rolle eines *Parameters*, vergleichbar mit der Bogenlänge in der Beschreibung einer Kurve. Diese unterschiedliche Rollenverteilung von Ort und Zeit ist für die nichtrelativistische Beschreibung von Massenpunkten charakteristisch. Sie gilt nicht mehr für die Mechanik der Kontinua, ebensowenig wie für jede andere Feldtheorie, und sie wird auch in der speziell-relativistischen Physik abgeändert, wo Raum und Zeit weitgehend symmetrisch werden.

Als erste wichtige Anwendung der Grundgesetze und der nun geklärten Begriffe, die in ihnen vorkommen, behandeln wir das Zwei-Teilchen-System mit inneren Kräften.

1.7 Das Zwei-Teilchen-System mit inneren Kräften

1.7.1 Schwerpunkts- und Relativbewegung

In den Koordinaten $\boldsymbol{r}_1$, $\boldsymbol{r}_2$ der beiden Teilchen mit Massen m_1 und m_2 gilt zunächst

$$m_1\ddot{\boldsymbol{r}}_1 = \boldsymbol{F}_{21}\,, \quad m_2\ddot{\boldsymbol{r}}_2 = \boldsymbol{F}_{12} = -\boldsymbol{F}_{21}\,. \tag{1.12}$$

Nimmt man daraus die Summe, so gilt zu allen Zeiten $m_1\ddot{\boldsymbol{r}}_1 + m_2\ddot{\boldsymbol{r}}_2 = 0$. Führt man jetzt die Schwerpunktskoordinaten

$$\boldsymbol{r}_S := \frac{1}{m_1+m_2}(m_1\boldsymbol{r}_1 + m_2\boldsymbol{r}_2) \tag{1.13}$$

ein, so ist $\ddot{\boldsymbol{r}}_S = 0$, d. h. der Schwerpunkt bewegt sich geradlinig gleichförmig. Die eigentliche *Dynamik* steckt in der Relativbewegung. Sei

$$\boldsymbol{r} := \boldsymbol{r}_1 - \boldsymbol{r}_2\,. \tag{1.14}$$

Durch Umkehrung von (1.13) und (1.14) ergibt sich (vgl. Abb. 1.3a)

$$\boldsymbol{r}_1 = \boldsymbol{r}_S + \frac{m_2}{m_1+m_2}\boldsymbol{r}\,, \quad \boldsymbol{r}_2 = \boldsymbol{r}_S - \frac{m_1}{m_1+m_2}\boldsymbol{r}\,. \tag{1.15}$$

Setzt man dies in (1.12) ein, dann lautet das Kraftgesetz jetzt

$$\mu\ddot{\boldsymbol{r}} = \boldsymbol{F}_{21}\,, \tag{1.16}$$

wo der Massenparameter

$$\mu := m_1 m_2/(m_1+m_2)$$

die *reduzierte Masse* genannt wird. Nach Abtrennung des Schwerpunktes ist das Zwei-Teilchen-System demnach auf die Bewegung *eines* Teilchens der Masse μ reduziert.

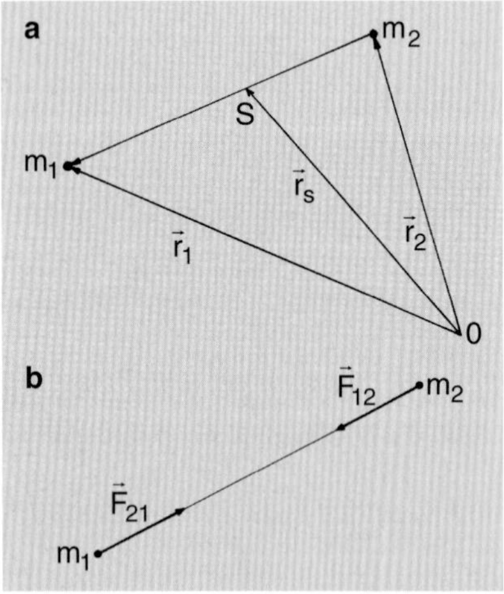

Abb. 1.3. (**a**) Definition der Schwerpunkts- und Relativkoordinaten im Zwei-Teilchen-System. Die Relativkoordinate $\boldsymbol{r}$ ist unabhängig von der Wahl des Ursprungs, (**b**) Kraft und Gegenkraft im Zweiteilchensystem. Sie gibt Anlass zu einer Zentralkraft in der Gleichung für die Relativkoordinate

1.7.2 Gravitationskraft zwischen zwei Himmelskörpern (Kepler-Problem)

Hier lautet (1.12) speziell

$$\begin{aligned} m_1\ddot{\boldsymbol{r}}_1 &= -G\frac{m_1m_2}{r^2}\frac{\boldsymbol{r}_1-\boldsymbol{r}_2}{r} = -G\frac{m_1m_2}{r^2}\frac{\boldsymbol{r}}{r} \\ m_2\ddot{\boldsymbol{r}}_2 &= -G\frac{m_1m_2}{r^2}\frac{\boldsymbol{r}_2-\boldsymbol{r}_1}{r} = G\frac{m_1m_2}{r^2}\frac{\boldsymbol{r}}{r} \end{aligned} \tag{1.17}$$

mit $\boldsymbol{r} = \boldsymbol{r}_1 - \boldsymbol{r}_2$ und $r = |\boldsymbol{r}|$, aus denen die Bewegungsgleichungen in den Schwerpunkts- und Relativkoordinaten folgen,

$$\ddot{\boldsymbol{r}}_S = 0 \quad \text{und} \quad \mu\ddot{\boldsymbol{r}} = -G\frac{m_1m_2}{r^2}\frac{\boldsymbol{r}}{r}\,.$$

Daraus lässt sich das Verhalten des Systems ablesen: Der Schwerpunkt bewegt sich geradlinig gleichförmig (oder bleibt in Ruhe). Die Relativbewegung ist identisch mit der Bewegung eines fiktiven Teilchens der Masse μ unter der Wirkung der Kraft

$$-G\frac{m_1m_2}{r^2}\frac{\boldsymbol{r}}{r}\,.$$

Da dies eine *Zentralkraft* ist, d. h. eine Kraft, die auf den Ursprung zu oder von ihm weg gerichtet ist, kann man sie aus einem *Potential* $U(r) = -A/r$ mit $A = Gm_1m_2$ ableiten. Das sieht man wie folgt ein: Zentralkräfte haben die allgemeine Form $\boldsymbol{F}(\boldsymbol{r}) = f(r)\hat{\boldsymbol{r}}$, wobei $f(r)$ eine skalare Funktion ist, die in $r = |\boldsymbol{r}|$ mindestens stetig ist. Sei nun

$$U(r) - U(r_0) = -\int_{r_0}^{r} f(r')\,\mathrm{d}r'\,.$$

wo r_0 ein beliebiger Bezugswert von r und $U(r_0)$ eine Konstante ist. Bildet man den Gradienten hiervon, so ist

$$\nabla U(r) = \frac{\mathrm{d}\,U(r)}{\mathrm{d}\,r}\nabla r = -f(r)\nabla\sqrt{x^2+y^2+z^2} = -f(r)\frac{\boldsymbol{r}}{r}\,.$$

Somit ist $\boldsymbol{F}(\boldsymbol{r}) = -\nabla U(r)$.

Für Zentralkräfte ist der Drehimpuls

$$\boldsymbol{\ell} := \mu\boldsymbol{r}\times\dot{\boldsymbol{r}}$$

nach Betrag und Richtung erhalten, denn $\mathrm{d}\boldsymbol{\ell}/\mathrm{d}t = \mu\boldsymbol{r}\times\ddot{\boldsymbol{r}} = 0$, da $\ddot{\boldsymbol{r}}$ parallel zu $\boldsymbol{r}$ ist. Die Bewegung verläuft demnach in einer *Ebene* senkrecht zu $\boldsymbol{\ell}$, nämlich derjenigen Ebene, in der $\boldsymbol{r}^0$ und $\boldsymbol{v}^0$ liegen. Es bietet sich folglich an, Polarkoordinaten in dieser Ebene zu wählen,

$$\begin{aligned} x(t) &= r(t)\cos\phi(t)\,, \\ y(t) &= r(t)\sin\phi(t)\,, \end{aligned} \tag{1.18}$$

so dass die Komponenten des Drehimpulses gleich

$$\ell_x = \ell_y = 0\,,$$
$$\ell_z = \mu r^2 \dot{\phi} \equiv \ell = \text{const}$$

sind, und somit

$$\dot{\phi} = \ell/(\mu r^2) \tag{1.19}$$

gilt. Außerdem gilt der Energiesatz und besagt

$$E = \frac{1}{2}\mu \boldsymbol{v}^2 + U(r) = \frac{1}{2}\mu(\dot{r}^2 + r^2\dot{\phi}^2) + U(r) = \text{const.} \tag{1.20}$$

Der Energiesatz ist leicht abzuleiten: Multipliziert man die Bewegungsgleichung $\mu\ddot{\boldsymbol{r}} = -\boldsymbol{\nabla}U(r)$ von links mit $\dot{\boldsymbol{r}}$, so gilt $\mu\dot{\boldsymbol{r}}\cdot\ddot{\boldsymbol{r}} = -\dot{\boldsymbol{r}}\cdot\boldsymbol{\nabla}U(r)$. Beide Seiten dieser Gleichung sind aber aufgrund der Kettenregel für die Ableitungen $\mathrm{d}/\mathrm{d}t$ totale Zeitableitungen, so dass dieselbe Gleichung auch so geschrieben werden kann

$$\frac{\mathrm{d}\,(\mu\dot{\boldsymbol{r}}^2/2)}{\mathrm{d}\,t} = -\frac{\mathrm{d}\,U(r)}{\mathrm{d}\,t}\,.$$

Wie behauptet gilt

$$\frac{\mathrm{d}}{\mathrm{d}\,t}\left[\frac{1}{2}\mu\dot{\boldsymbol{r}}^2 + U(r)\right] = 0\,, \quad \frac{1}{2}\mu\dot{\boldsymbol{r}}^2 + U(r) = \text{const.}$$

Aus (1.20) und (1.19) kann man $\dot{r}$ als Funktion von r herausziehen,

$$\dot{r} = \sqrt{\frac{2(E-U(r))}{\mu} - \frac{\ell^2}{\mu^2 r^2}}\,,$$

oder nach „Division" durch (1.19) $\mathrm{d}\,r/\mathrm{d}\,\phi = (\mathrm{d}\,r/\mathrm{d}\,t)/(\mathrm{d}\,\phi/\mathrm{d}\,t)$, beziehungsweise

$$\frac{1}{r^2}\frac{\mathrm{d}\,r}{\mathrm{d}\,\phi} = \sqrt{\frac{2\mu(E-U(r))}{\ell^2} - \frac{1}{r^2}}\,.$$

Führt man noch $U(r) = -A/r$ und die Funktion $\sigma(\phi) := 1/r(\phi)$ ein, so folgt mit $\mathrm{d}\,\sigma/\mathrm{d}\,\phi = -r^{-2}\mathrm{d}\,r/\mathrm{d}\,\phi$ die Differentialgleichung

$$-\frac{\mathrm{d}\,\sigma}{\mathrm{d}\,\phi} = \sqrt{\frac{2\mu(E+A\sigma)}{\ell^2} - \sigma^2}\,.$$

Es seien folgende Konstanten definiert

$$p := \frac{\ell^2}{A\mu}\,, \qquad \varepsilon := \sqrt{1 + \frac{2E\ell^2}{\mu A^2}}\,.$$

Der Parameter p hat die Dimension einer Länge, ε ist dagegen dimensionslos. Dann folgt

$$\left(\frac{\mathrm{d}\,\sigma}{\mathrm{d}\,\phi}\right)^2 + \left(\sigma - \frac{1}{p}\right)^2 = \frac{\varepsilon^2}{p^2}\,,$$

eine Gleichung, die durch $\sigma - 1/p = (\varepsilon/p)\cos(\phi - \phi_0)$ gelöst wird. Somit folgt

$$r(\phi) = \frac{p}{1 + \varepsilon\cos(\phi - \phi_0)} . \tag{1.21}$$

Bevor wir diese Lösungen des Kepler-Problems weiter analysieren, bemerken wir noch, dass (1.19), die aus der Erhaltung des Relativdrehimpulses folgt, für *jede* Zentralkraft gilt. Die Größe $r^2\dot{\phi}/2$ ist die Flächengeschwindigkeit, mit der der Fahrstrahl $\boldsymbol{r}$ die Bahnebene überstreicht, denn wenn $\boldsymbol{r}$ sich um $\mathrm{d}\boldsymbol{r}$ ändert, so überstreicht er die Fläche $\mathrm{d}F = |\boldsymbol{r} \times \mathrm{d}\boldsymbol{r}|/2$. In der Zeiteinheit gilt also

$$\frac{\mathrm{d}F}{\mathrm{d}t} = \frac{1}{2}\,|\boldsymbol{r} \times \dot{\boldsymbol{r}}| = \frac{\ell}{2\mu} = \text{const.} \tag{1.22}$$

Das ist der Inhalt des zweiten Kepler'schen Gesetzes von 1609:

Satz 1.3

Der Radiusvektor (Fahrstrahl) von der Sonne zum Planeten überstreicht in gleichen Zeiten gleiche Flächen.

Wir sehen hier gleichzeitig, wann genau diese Aussage gilt: Sie gilt für jede Zentralkraft, aber nur im Zwei-Teilchen-System. Für die Planetenbewegung gilt sie nur in dem Maße, wie man die Wirkung der anderen Planeten gegenüber der Wirkung der Sonne vernachlässigen kann.

Um die Form der Lösungskurven (1.21) zu studieren, ist es zweckmäßig, in der Bahnebene kartesische Koordinaten (x, y) einzuführen, so dass (1.21) zu einer quadratischen Form in x und y wird und die Natur der Keplerbahnen als Kegelschnitte erkennbar wird. Man setze

$$x = r\cos\phi + c ,$$
$$y = r\sin\phi$$

und bestimme die Konstante c so, dass in der Gleichung

$$r^2 = (x-c)^2 + y^2 = [p - \varepsilon r\cos\phi]^2 = [p - \varepsilon(x-c)]^2$$

die in x linearen Terme herausfallen. Solange $\varepsilon \neq 1$ ist, geht das problemlos durch die Wahl

$$c = \frac{\varepsilon p}{1-\varepsilon^2} .$$

Definiert man noch

$$a := \frac{p}{1-\varepsilon^2} ,$$

so geht (1.21) über in die Gleichung zweiten Grades

$$\frac{x^2}{a^2} + \frac{y^2}{a^2 - c^2} = 1 . \tag{1.21'}$$

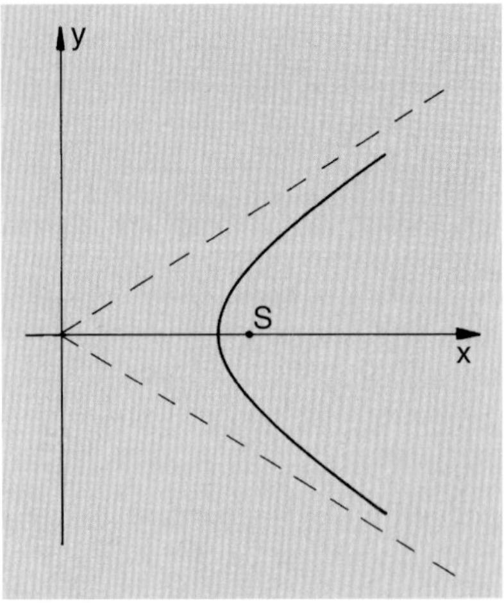

Abb. 1.4. Ist die Energie E (1.20) im Kepler-Problem positiv, so sind die Bahnkurven der Relativbewegung Hyperbeläste. Bei attraktiver Kraft ist der das Kraftzentrum umlaufende Ast der Physikalische

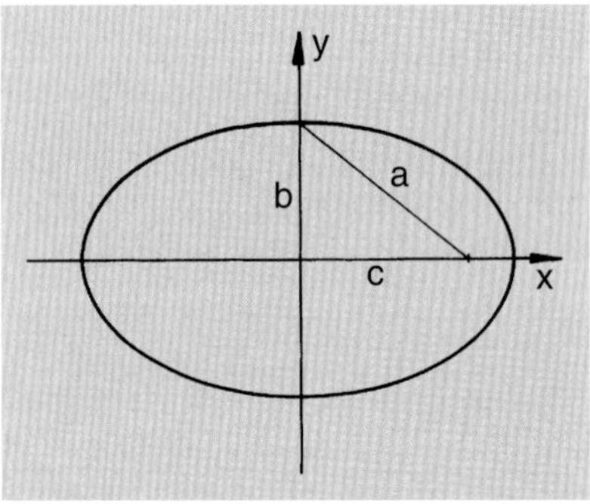

Abb. 1.5. Wenn die Energie (1.20) negativ ist, ist die Bahnkurve der Relativbewegung eine Ellipse. Das System ist gebunden und kann nicht ins Unendliche entweichen

Hier sind zunächst zwei Fälle zu unterscheiden:

(i) $\varepsilon > 1$ d. h. $c > a$. In diesem Fall beschreibt (1.21′) eine Hyperbel. Das Kraftzentrum liegt in einem der beiden Brennpunkte dieser Hyperbel. Der dem Kraftzentrum zugewandte Hyperbelast ist der physikalische Zweig, wenn die Kraft anziehend ist, d. h. wenn A und somit p positiv sind. Das ist der Fall bei der Gravitationskraft, siehe Abb. 1.4; solche Hyperbeläste beschreiben offenbar die Bahnen von Meteoriten, für die die Energie E positiv ist. Das bedeutet physikalisch, dass sie genügend kinetische Energie besitzen, um aus dem anziehenden Gravitationsfeld ins Unendliche entweichen zu können.
Der dem Kraftzentrum abgewandte Hyperbelast ist der physikalisch richtige, wenn die Kraft abstoßend ist, d. h. wenn A und somit p negativ sind. Dieser Sachverhalt tritt bei der Streuung zweier elektrischer Punktladungen auf, deren Ladungen dasselbe Vorzeichen haben.

(ii) $\varepsilon < 1$ d. h. $c < a$. Hier ist die Energie E negativ. Das bedeutet, dass das Teilchen nicht aus dem Kraftfeld entweichen kann, seine Bahnkurve also ganz im Endlichen verläuft. In der Tat beschreibt (1.21′) jetzt eine Ellipse, siehe Abb. 1.5, mit

$$\text{der großen Halbachse} \quad a = \frac{p}{1-\varepsilon^2} = \frac{A}{2(-E)} ,$$

$$\text{der kleinen Halbachse} \quad b = \sqrt{a^2 - c^2} = \sqrt{pa} = \frac{\ell}{\sqrt{2\mu(-E)}} .$$

Es ergibt sich also eine *finite* Bahn, die überdies geschlossen und somit periodisch ist. Das *erste Kepler'sche Gesetz* sagt ja aus, dass die Planetenbahnen *Ellipsen* sind. Wir wissen jetzt, wann das genau gilt. Alle finiten Bahnen im Potential $-A/r$ sind geschlossen und sind Ellipsen bzw. Kreise. Im Abschn. 1.24 wird diese Aussage durch einige Beispiele weiter illustriert.

Bemerkung Es ist eine interessante Frage, wann überhaupt finite und geschlossene Bahnen auftreten. Eine partielle Antwort hierauf gibt ein Satz von Bertrand (1873), der folgendes aussagt: Die Zentralpotentiale $U(r) = -A/r$ und $U(r) = Br^2$ mit $A > 0$ bzw. $B > 0$ sind die einzigen, bei denen *alle* finiten Bahnen geschlossen sind. (Einen Beweis in Form von Übungsaufgaben findet man z. B. bei Arnol'd, 1991.)

Die Fläche der Kepler'schen Ellipse ist $F = \pi ab = \pi a\sqrt{ap}$. Wenn T die volle Umlaufzeit bezeichnet, so sagt der Flächensatz (1.22) andererseits aus, dass $F = T\ell/2\mu$ ist. Daraus folgt das *dritte Kepler'sche Gesetz* von 1615, das die dritte Potenz der großen Halbachse mit dem Quadrat der Umlaufzeit verknüpft:

$$\frac{a^3}{T^2} = \frac{A}{(2\pi)^2\mu} = \text{const} = \frac{G(m_1+m_2)}{(2\pi)^2} . \tag{1.23}$$

Vernachlässigt man also die gegenseitige Wechselwirkung der Planeten untereinander gegenüber ihrer Wechselwirkung mit der Sonne und sind ihre Massen klein gegen die der Sonne, so gilt:

Satz 1.4

Das Verhältnis der Kuben der großen Halbachsen zu den Quadraten der Umlaufzeiten ist für alle Planeten eines gegebenen Planetensystems dasselbe.

[Daten zum Planetensystem findet man z. B. in (Meyers Handbuch Weltall, 1994).]

Natürlich ist die Kreisbahn als Spezialfall in (1.21′) enthalten. Sie tritt auf, wenn $\varepsilon = 0$ ist, d. h. wenn $E = -\mu A^2/2\ell^2$ ist und der Bahnradius also $a = \ell^2/\mu A$ ist.

Der Fall $\varepsilon = 1$, den wir zunächst ausgeschlossen haben, ist ebenfalls ein Entartungsfall, für den die Energie $E = 0$ ist. Dies bedeutet, dass das Teilchen zwar in's Unendliche entweicht, dort aber mit verschwindender kinetischer Energie ankommen wird. Die Bahnkurve ist in diesem Fall

$$y^2 + 2px - 2pc - p^2 = 0\,,$$

wobei c frei gewählt werden kann, z. B. $c = 0$. Die Bahnkurve ist hier eine Parabel.

Wir haben die Relativbewegung zweier Himmelskörper studiert. Es bleibt nun noch, diese Bewegung in die wirklichen Koordinaten vermittels (1.15) zurück zu übersetzen. Wir tun dies als Beispiel für die finiten Bahnen (ii). Nimmt man den Schwerpunkt als Koordinatenursprung, so ist

$$\boldsymbol{S}_1 = \frac{m_2}{m_1+m_2}\boldsymbol{r}\,, \qquad \boldsymbol{S}_2 = -\frac{m_1}{m_1+m_2}\boldsymbol{r}\,.$$

Die Himmelskörper 1 und 2 durchlaufen die im Maßstab $m_2/(m_1 + m_2)$ bzw. $m_1/(m_1+m_2)$ verkleinerte Ellipse, die $\boldsymbol{r}$ durchläuft,

$$S_1(\phi) = \frac{m_2}{m_1+m_2}\,\frac{p}{1+\varepsilon\cos\phi}\,;$$

$$S_2(\phi) = \frac{m_1}{m_1+m_2}\,\frac{p}{1+\varepsilon\cos\phi}\,, \qquad (S_i \equiv |\boldsymbol{S}_i|)\,.$$

Der Schwerpunkt S ist gemeinsamer Brennpunkt beider Ellipsen. In Abb. 1.6a zeigen wir den Fall gleicher Massen $m_1 = m_2$, in Abb. 1.6b den Fall $m_1 \ll m_2$.

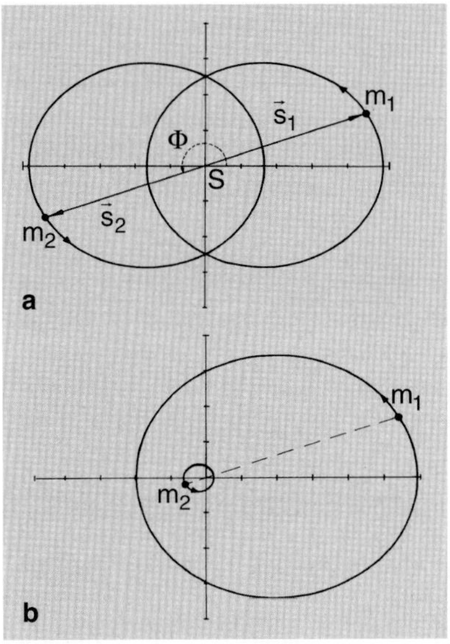

Abb. 1.6a,b. Übersetzt man die relative Bewegung aus Abb. 1.5 in die wirkliche Bewegung der beiden Himmelskörper, so durchlaufen sie Ellipsen um den Schwerpunkt S, der in einem der beiden Brennpunkte liegt, (**a**) zeigt die Verhältnisse für gleiche Massen $m_1 = m_2$; (**b**) zeigt den Fall $m_2 \gg m_1$. (Im Fall (**a**) sind die Parameter $\varepsilon = 0{,}5$, $p = 1$. Im Fall (**b**) ist $\varepsilon = 0{,}5$, $p = 0{,}66$. Das Massenverhältnis ist $m_2/m_1 = 9$.) Vgl. auch Praktische Übung Nr. 1

1.7.3 Schwerpunkts- und Relativimpuls im Zwei-Teilchen-System

Ähnlich wie sich die Bewegungsgleichungen in solche für die Schwerpunkts- und Relativkoordinaten auftrennen lassen, kann man sowohl die Summe der Impulse als auch die der Drehimpulse in Anteile für die

Schwerpunktsbewegung und für die Relativbewegung schreiben. Insbesondere ist die gesamte kinetische Energie gleich der Summe aus den kinetischen Energien, die in der Schwerpunktsbewegung und in der Relativbewegung enthalten sind. Diese Aussagen sind wichtig für die Formulierung von Erhaltungssätzen, die in Anteile für den Schwerpunkt und für die Relativbewegung zerfallen.

Wir bezeichnen mit $\boldsymbol{P}$ den Impuls des Schwerpunktes, mit $\boldsymbol{p}$ den der Relativbewegung. Dann gilt im Einzelnen folgendes:

$$\boldsymbol{P} := (m_1+m_2)\dot{\boldsymbol{r}}_S = m_1\dot{\boldsymbol{r}}_1 + m_2\dot{\boldsymbol{r}}_2 = \boldsymbol{p}_1 + \boldsymbol{p}_2 \ ;$$

$$\boldsymbol{p} := \mu\dot{\boldsymbol{r}} = \frac{1}{m_1+m_2}(m_2\boldsymbol{p}_1 - m_1\boldsymbol{p}_2) \ ,$$

woraus durch Umkehrung folgt

$$\boldsymbol{p}_1 = \boldsymbol{p} + \frac{m_1}{m_1+m_2}\boldsymbol{P} \ ; \qquad \boldsymbol{p}_2 = -\boldsymbol{p} + \frac{m_2}{m_1+m_2}\boldsymbol{P} \ .$$

Die gesamte kinetische Energie ist

$$T_1 + T_2 = \frac{\boldsymbol{p}_1^2}{2m_1} + \frac{\boldsymbol{p}_2^2}{2m_2} = \frac{\boldsymbol{p}^2}{2\mu} + \frac{\boldsymbol{P}^2}{2(m_1+m_2)} \ . \tag{1.24}$$

Diese kinetische Energie lässt sich demnach als die Summe aus der kinetischen Energie der Relativbewegung $\boldsymbol{p}^2/2\mu$ und der kinetischen Energie des Schwerpunkts $\boldsymbol{P}^2/2(m_1+m_2)$ schreiben. Gemischte Terme treten nicht auf.

Wir analysieren noch die Summe $\boldsymbol{L}$ der Drehimpulse $\boldsymbol{\ell}_1 = m_1\boldsymbol{r}_1 \times \dot{\boldsymbol{r}}_1$ und $\boldsymbol{\ell}_2 = m_2\boldsymbol{r}_2 \times \dot{\boldsymbol{r}}_2$. Es ergibt sich

$$\begin{aligned} \boldsymbol{L} &= \boldsymbol{\ell}_1 + \boldsymbol{\ell}_2 \\ &= \boldsymbol{r}_S \times \dot{\boldsymbol{r}}_S(m_1+m_2) + \boldsymbol{r} \times \dot{\boldsymbol{r}} \left[m_1 \frac{m_2^2}{(m_1+m_2)^2} + m_2 \frac{m_1^2}{(m_1+m_2)^2} \right] \\ &= (m_1+m_2)\boldsymbol{r}_S \times \dot{\boldsymbol{r}}_S + \mu\boldsymbol{r} \times \dot{\boldsymbol{r}} \equiv \boldsymbol{\ell}_S + \boldsymbol{\ell}_{\text{rel}} \ . \end{aligned} \tag{1.25}$$

Der gesamte Drehimpuls zerfällt in die Summe aus dem Drehimpuls $\boldsymbol{\ell}_S$ relativ zum (beliebig wählbaren) Ursprung O und dem Drehimpuls der Relativbewegung $\boldsymbol{\ell}_{\text{rel}}$. Der Drehimpuls $\boldsymbol{\ell}_S$ ist abhängig von der Wahl des Koordinatensystems, der Relativdrehimpuls dagegen nicht. Der Relativdrehimpuls ist also die dynamisch relevante Größe.

1.8 Systeme von endlich vielen Teilchen

Wir betrachten n Massenpunkte $\{m_1, m_2, \ldots, m_n\}$, die den inneren Kräften $\boldsymbol{F}_{ik}$ (zwischen i und k wirkend) und den äußeren Kräften $\boldsymbol{K}_i$, unterworfen sein mögen. Die inneren Kräfte seien *Zentralkräfte*, d. h. von der Form

$$\boldsymbol{F}_{ik} = F_{ik}(r_{ik})\frac{\boldsymbol{r}_k - \boldsymbol{r}_i}{r_{ik}} \ ; \qquad (r_{ik} := |\boldsymbol{r}_i - \boldsymbol{r}_k|) \ , \tag{1.26}$$

wo $F_{ik}(r) = F_{ki}(r)$ eine skalare, stetige Funktion des Abstandes $\boldsymbol{r}$ ist. Ein etwas allgemeinerer Fall wird in Abschn. 1.15 diskutiert. Zu diesen Kräften gibt es dann Potentiale

$$U_{ik}(r) = -\int_{r_0}^{r} F_{ik}(r')\,\mathrm{d}r' \tag{1.27}$$

und es gilt $\boldsymbol{F}_{ik} = -\boldsymbol{\nabla}_k U_{ik}(r)$ mit

$$r = \sqrt{(x^{(i)} - x^{(k)})^2 + (y^{(i)} - y^{(k)})^2 + (z^{(i)} - z^{(k)})^2}\,.$$

(Es ist dabei, zur Erinnerung,

$$\boldsymbol{\nabla}_k = \left(\frac{\partial}{\partial x^{(k)}}, \frac{\partial}{\partial y^{(k)}}, \frac{\partial}{\partial z^{(k)}}\right)\,;$$

$\boldsymbol{F}_{ik}$ ist die Kraft von i auf k.) Die Bewegungsgleichungen lauten:

$$\begin{aligned}
m_1\ddot{\boldsymbol{r}}_1 &= \boldsymbol{F}_{21} + \boldsymbol{F}_{31} + \cdots + \boldsymbol{F}_{n1} + \boldsymbol{K}_1 \\
m_2\ddot{\boldsymbol{r}}_2 &= \boldsymbol{F}_{12} + \boldsymbol{F}_{32} + \cdots + \boldsymbol{F}_{n2} + \boldsymbol{K}_2 \\
&\vdots \\
m_n\ddot{\boldsymbol{r}}_n &= \boldsymbol{F}_{1n} + \boldsymbol{F}_{2n} + \cdots + \boldsymbol{F}_{n-1n} + \boldsymbol{K}_n \quad \text{oder}
\end{aligned}$$

$$m_i\ddot{\boldsymbol{r}}_i = \sum_{k\neq i}^{n} \boldsymbol{F}_{ki} + \boldsymbol{K}_i \quad \text{mit} \quad \boldsymbol{F}_{ki} = -\boldsymbol{F}_{ik}\,. \tag{1.28}$$

Unter diesen Voraussetzungen lassen sich eine Reihe von allgemeinen Aussagen beweisen, und zwar:

1.9 Der Schwerpunktsatz

Satz 1.5

Der Schwerpunkt S des n-Teilchen-Systems verhält sich wie ein Massenpunkt der Masse $M = \sum_{i=1}^{n} m_i$, der unter der Wirkung der Resultierenden der äußeren Kräfte steht:

$$M\ddot{\boldsymbol{r}}_S = \sum_{i=1}^{n} \boldsymbol{K}_i\,, \quad \text{wo} \quad \boldsymbol{r}_S := \frac{1}{M}\sum_{i=1}^{n} m_i\boldsymbol{r}_i\,. \tag{1.29}$$

Dieser Satz folgt durch Aufsummation der Gleichungen (1.28) aus dem dritten Newton'schen Gesetz, $\boldsymbol{F}_{ki} = -\boldsymbol{F}_{ik}$.

1.10 Der Drehimpulssatz

Satz 1.6

Die zeitliche Änderung des gesamten Drehimpulses ist gleich dem Drehmoment der äußeren Kräfte:

$$\frac{\mathrm{d}}{\mathrm{d}t}\left(\sum_{i=1}^{n} \boldsymbol{\ell}_i\right) = \sum_{j=1}^{n} \boldsymbol{r}_j \times \boldsymbol{K}_j \, . \tag{1.30}$$

Beweis

Für ein festes i gilt

$$m_i \boldsymbol{r}_i \times \ddot{\boldsymbol{r}}_i = \sum_{k \neq i} F_{ik}(r_{ik}) \frac{\boldsymbol{r}_i \times (\boldsymbol{r}_i - \boldsymbol{r}_k)}{r_{ik}} + \boldsymbol{r}_i \times \boldsymbol{K}_i \, .$$

Die linke Seite ist andererseits gleich

$$m_i \frac{\mathrm{d}}{\mathrm{d}t}(\boldsymbol{r}_i \times \dot{\boldsymbol{r}}_i) = \frac{\mathrm{d}}{\mathrm{d}t} \boldsymbol{\ell}_i \, .$$

Nimmt man die Summe über alle i, so folgt die Behauptung (1.30). Die inneren Kräfte heben sich wegen der Antisymmetrie des Kreuzproduktes heraus.

1.11 Der Energiesatz

Satz 1.7

Die zeitliche Änderung der gesamten inneren Energie ist gleich der Leistung der äußeren Kräfte:

$$\frac{\mathrm{d}}{\mathrm{d}t}(T + U) = \sum_{i=1}^{n} (\boldsymbol{v}_i \cdot \boldsymbol{K}) \, , \quad \text{wobei} \tag{1.31}$$

$$T = \frac{1}{2} \sum_{i=1}^{n} m_i \dot{\boldsymbol{r}}_i^2 \equiv \sum T_i \quad \text{und}$$

$$U := \sum_{i=1}^{n} \sum_{k=i+1}^{n} U_{ik}(r_{ik}) \equiv U(\boldsymbol{r}_1, \ldots, \boldsymbol{r}_n) \, .$$

Beweis

Für ein festes i ist

$$m_i\ddot{\boldsymbol{r}}_i = -\nabla_i \sum_{k\neq i} U_{ik}(r_{ik}) + \boldsymbol{K}_i \,.$$

Multipliziert man diese Gleichung skalar mit $\dot{\boldsymbol{r}}_i$, so ergibt sich

$$m_i\ddot{\boldsymbol{r}}_i \cdot \dot{\boldsymbol{r}}_i = \frac{1}{2}\frac{\mathrm{d}}{\mathrm{d}t} m_i \dot{\boldsymbol{r}}_i^2 = -\dot{\boldsymbol{r}}_i \cdot \nabla_i \sum_{\substack{k=1\\k\neq i}} U_{ik}(r_{ik}) + \dot{\boldsymbol{r}}_i \cdot \boldsymbol{K}_i \,.$$

Man bildet jetzt die Summe über alle Teilchen

$$\frac{\mathrm{d}}{\mathrm{d}t}\left(\sum_i \frac{1}{2} m_i \dot{\boldsymbol{r}}_i^2\right) = -\sum_{i=1}^{n}\sum_{\substack{k=1\\k\neq i}}^{n} \dot{\boldsymbol{r}}_i \cdot \nabla_i U_{ik}(r_{ik}) + \sum_{i=1}^{n} \dot{\boldsymbol{r}}_i \cdot \boldsymbol{K}_i$$

und greift $i=a$, $k=b$ sowie $i=b$, $k=a$ mit $b>a$ aus dieser Summe heraus. Mithilfe der Kettenregel für die Ableitung nach t und mit $U_{ab} = U_{ba}$ folgt

$$\dot{\boldsymbol{r}}_a \cdot \nabla_a U_{ab} + \dot{\boldsymbol{r}}_b \cdot \nabla_b U_{ba} = [\dot{\boldsymbol{r}}_a \cdot \nabla_a + \dot{\boldsymbol{r}}_b \cdot \nabla_b] U_{ab} = \frac{\mathrm{d}}{\mathrm{d}t} U_{ab} \,.$$

Damit folgt die Behauptung

$$\frac{\mathrm{d}}{\mathrm{d}t}\left[\sum_{i=1}^{n} \frac{1}{2} m_i \dot{\boldsymbol{r}}_i^2 + \sum_{i=1}^{n}\sum_{k=i+1}^{n} U_{ik}(r_{ik})\right] = \sum_{j=1}^{n} \dot{\boldsymbol{r}}_j \cdot \boldsymbol{K}_j \,.$$

Ein besonders wichtiger Spezialfall ist das *abgeschlossene* n-Teilchen-System, das wir als Nächstes betrachten.

1.12 Das abgeschlossene n-Teilchen-System

Ein System heißt *abgeschlossen*, wenn alle äußeren Kräfte verschwinden. Der Satz 1.5 besagt jetzt, dass

$$M\ddot{\boldsymbol{r}}_{\mathrm{S}} = 0 \,, \quad \text{oder} \quad M\dot{\boldsymbol{r}}_{\mathrm{S}} = \sum_{i=1}^{n} m_i \dot{\boldsymbol{r}}_i =: \boldsymbol{P} = \text{const} \quad \text{und}$$

$$\boldsymbol{r}_{\mathrm{S}}(t) = \frac{1}{M}\boldsymbol{P}t + \boldsymbol{r}_{\mathrm{S}}(0) \quad \text{mit} \quad \boldsymbol{P} \equiv \sum_{i=1}^{n} \boldsymbol{p}_i = \text{const.}$$

Diese letzte Gleichung ist der *Impulssatz*: Der Gesamtimpuls eines abgeschlossenen Systems ist erhalten.

Der Satz 1.6 besagt:

$$\sum_{i=1}^{n} \boldsymbol{r}_i \times \boldsymbol{p}_i \equiv \sum_{i=1}^{n} \boldsymbol{\ell}_i =: \boldsymbol{L} = \text{const.}$$

Der gesamte Drehimpuls ist ebenfalls eine Erhaltungsgröße.

Der Satz 1.7 schließlich sagt

$$T+U=\sum_{=1}^{n}\frac{\boldsymbol{p}_i^2}{2m_i}+\sum_{k\neq i}U_{ik}(r_{ik})\equiv E=\text{const.}$$

Das abgeschlossene n-Teilchen-System wird durch insgesamt 10 Integrationskonstanten, oder Erhaltungsgrößen charakterisiert, nämlich

Satz 1.8

$\boldsymbol{P}$, Gesamtimpuls; $\boldsymbol{P}=\text{const}$, *Impulssatz*

$$\boldsymbol{r}_S(t)-\frac{1}{M}\boldsymbol{P}t=\boldsymbol{r}_S(0)\,, \quad \textit{Schwerpunktsatz}$$

$$E=T+U=\frac{\boldsymbol{P}^2}{2M}+T_{\text{rel}}+U\,, \quad \text{Gesamtenergie; } \textit{Energiesatz}$$

$$\boldsymbol{L}=\sum_{i=1}^{n}\boldsymbol{\ell}_i=\boldsymbol{r}_S\times\boldsymbol{P}+\boldsymbol{\ell}_{\text{rel}}\,, \quad \text{Gesamtdrehimpuls, } \textit{Drehimpulssatz.}$$

Diese Größen $\{\boldsymbol{r}_S(0), \boldsymbol{P}, \boldsymbol{L}, E\}$ bilden die zehn klassischen Bewegungsintegrale des abgeschlossenen Systems.

1.13 Galilei-Transformationen

Man macht sich leicht klar, dass die allgemeinste Transformation g, die Inertialsysteme auf Inertialsysteme abbildet, folgende Form haben muss:

$$\boldsymbol{r}\underset{g}{\longrightarrow}\boldsymbol{r}'=\mathbf{R}\boldsymbol{r}+\boldsymbol{w}t+\boldsymbol{a} \quad \text{mit} \quad \mathbf{R}\in O(3), \det\mathbf{R}=+1 \text{ oder } -1\,,$$
$$t\underset{g}{\longrightarrow}t'=\lambda t+s \quad \text{mit} \quad \lambda=+1 \text{ oder } -1 \tag{1.32}$$

Hierbei ist $\mathbf{R}$ eine eigentliche ($\det\mathbf{R}=+1$) oder eine uneigentliche ($\det\mathbf{R}=-1$) Drehung, $\boldsymbol{w}$ ist ein konstanter Geschwindigkeitsvektor, $\boldsymbol{a}$ ein konstanter Vektor mit der Dimension einer Länge und s eine Konstante mit physikalischer Dimension Zeit. Wir analysieren diese Transformation, indem wir sie in ihre Einzelschritte zerlegen, und zwar:

1) Eine Verschiebung des Nullpunktes um den *konstanten* Vektor $\boldsymbol{a}$,

$$\boldsymbol{r}'=\boldsymbol{r}+\boldsymbol{a}\,.$$

2) Eine gleichförmige Bewegung von $\mathbf{K}'$ relativ zu $\mathbf{K}$, mit der konstanten Geschwindigkeit $\boldsymbol{w}$ derart, dass $\mathbf{K}$ und $\mathbf{K}'$ bei $t=0$ zusammenfallen,

$$\boldsymbol{r}'=\boldsymbol{r}+\boldsymbol{w}t\,.$$

3) Eine (zeitlich konstante) Drehung, bei der das System $\mathbf{K}'$ gegenüber dem System $\mathbf{K}$ zwar gedreht ist, der Ursprung beider Systeme aber derselbe ist, siehe Abb. 1.7, $\boldsymbol{r}' = \mathbf{R}\boldsymbol{r}$, sei

$$\boldsymbol{r} = (x \equiv r_1, y \equiv r_2, z \equiv r_3) \,, \boldsymbol{r}' = (x' \equiv r_1', y' \equiv r_2', z' \equiv r_3') \,.$$

Dann ist $\boldsymbol{r}' = \mathbf{R}\boldsymbol{r}$ in Komponenten geschrieben gleichbedeutend mit

$$r_i' = \sum_{k=1}^{3} R_{ik} r_k \,, \quad i = 1, 2, 3 \,.$$

Es muss $\boldsymbol{r}'^2 = \boldsymbol{r}^2$ gelten, d. h.

$$\sum_{i=1}^{3} r_i' r_i' = \sum_{k=1}^{3} \sum_{l=1}^{3} \sum_{i=1}^{3} R_{ik} R_{il} r_k r_l \stackrel{!}{=} \sum_{k=1}^{3} r_k r_k \,, \quad \text{somit}$$

$$\sum_{i=1}^{3} R_{ik} R_{il} \stackrel{!}{=} \delta_{kl} \quad \text{oder} \quad \mathbf{R}^{\mathrm{T}}\mathbf{R} \stackrel{!}{=} \mathrm{diag}\,(1, 1, 1) \,. \tag{1.33}$$

$\mathbf{R}$ ist eine reelle, orthogonale 3×3-Matrix. Aus (1.33) folgt $(\det \mathbf{R})^2 = 1$, d. h. $\det \mathbf{R} = +1$ oder -1. Gleichung (1.33) liefert 6 Bedingungen an die 9 Matrixelemente von $\mathbf{R}$. Also hängt $\mathbf{R}$ von 3 freien Parametern ab, z. B. von einer Richtung $\hat{\boldsymbol{n}}$, um die $\mathbf{K}'$ relativ zu $\mathbf{K}$ gedreht ist, die man durch ihre Polarwinkel (θ, ϕ) charakterisiert, sowie einen Winkel φ, um den man $\mathbf{K}$ um die Richtung $\hat{\boldsymbol{n}}$ drehen muss, um es in $\mathbf{K}'$ überzuführen, (siehe Abb. 1.7).

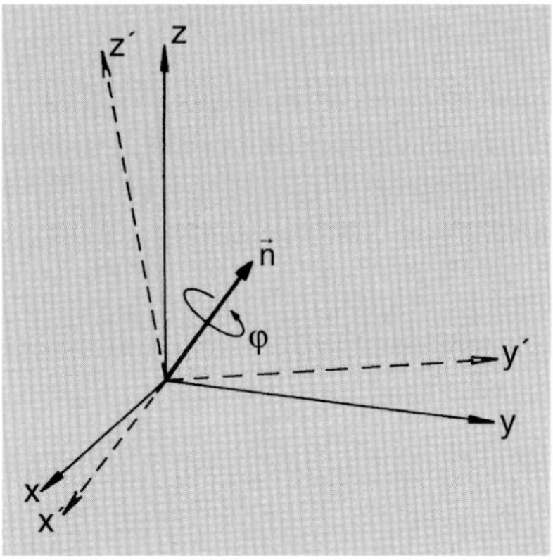

Abb. 1.7. Zwei kartesische Koordinatensysteme, die durch eine Drehung um die Richtung $\boldsymbol{n}$ um den Winkel φ auseinander hervorgehen

4) Eine Verschiebung des Zeitnullpunktes um den festen Wert s,

$$t' = t + s \,.$$

Fassen wir alle Teilschritte zusammen, so hängt die allgemeine Transformation

$$\begin{pmatrix} t \\ \boldsymbol{r} \end{pmatrix} \underset{g}{\longrightarrow} \begin{pmatrix} t' = \lambda t + s \\ \boldsymbol{r}' = \mathbf{R}\boldsymbol{r} + \boldsymbol{w}t + \boldsymbol{a} \end{pmatrix} \tag{1.34}$$

zunächst mit $\det \mathbf{R} = +1$ und $\lambda = +1$, von 10 Parametern ab, nämlich

$$g = g(\underbrace{\varphi, \hat{\boldsymbol{n}}}_{\mathbf{R}}, \boldsymbol{w}, \boldsymbol{a}, s) \,.$$

Das sind genauso viele, wie es Erhaltungsgrößen im abgeschlossenen n-Teilchen-System gibt, nämlich $\{\boldsymbol{L}, \boldsymbol{r}_{\mathrm{S}}(0), \boldsymbol{P}, E\}$.

Die Transformationen g bilden eine *Gruppe*, die *eigentliche, orthochrone Galileigruppe* $G_+^{\uparrow}$[4]. Um dies zu zeigen, betrachten wir zunächst das nacheinander Ausführen zweier solcher Transformationen. Es ist

$$\boldsymbol{r}_1 = \mathbf{R}^{(1)}\boldsymbol{r}_0 + \boldsymbol{w}^{(1)}t_0 + \boldsymbol{a}^{(1)} \,; \quad t_1 = t_0 + s^{(1)}$$

$$\boldsymbol{r}_2 = \mathbf{R}^{(2)}\boldsymbol{r}_1 + \boldsymbol{w}^{(2)}t_1 + \boldsymbol{a}^{(2)} \,; \quad t_2 = t_1 + s^{(2)} \,.$$

[4] Der Pfeil „nach oben“ steht für die Wahl $\lambda = +1$, d. h. die Zeitrichtung wird nicht geändert; das Pluszeichen steht für die Wahl $\det \mathbf{R} = +1$.

Schreibt man die Transformation von $\boldsymbol{r}_0$ nach $\boldsymbol{r}_2$ in derselben Form

$$\boldsymbol{r}_2 = \mathbf{R}^{(3)}\boldsymbol{r}_0 + \boldsymbol{w}^{(3)}t_0 + \boldsymbol{a}^{(3)} ; \quad t_3 = t_0 + s^{(3)} ,$$

so liest man daraus die folgenden Beziehungen ab:

$$\begin{aligned} \mathbf{R}^{(3)} &= \mathbf{R}^{(2)}\mathbf{R}^{(1)} \\ \boldsymbol{w}^{(3)} &= \mathbf{R}^{(2)}\boldsymbol{w}^{(1)} + \boldsymbol{w}^{(2)} \\ \boldsymbol{a}^{(3)} &= \mathbf{R}^{(2)}\boldsymbol{a}^{(1)} + s^{(1)}\boldsymbol{w}^{(2)} + \boldsymbol{a}^{(2)} \\ s^{(3)} &= s^{(2)} + s^{(1)} . \end{aligned} \tag{1.35}$$

Man weist nun explizit nach, dass diese Transformationen eine Gruppe bilden, indem man die *Gruppenaxiome* verifiziert.

1) Es existiert eine Verknüpfungsoperation, die definiert, wie zwei Galilei-Transformationen hintereinander ausgeführt werden,

$$\begin{aligned} &g(\mathbf{R}^{(2)}, \boldsymbol{w}^{(2)}, \boldsymbol{a}^{(2)}, s^{(2)},)g(\mathbf{R}^{(1)}, \boldsymbol{w}^{(1)}, \boldsymbol{a}^{(1)}, s^{(1)}) \\ &\quad = g(\mathbf{R}^{(3)}, \boldsymbol{w}^{(3)}, \boldsymbol{a}^{(3)}, s^{(3)}) . \end{aligned}$$

   (Das haben wir in (1.35) nachgeprüft.)
2) Die Verknüpfungsoperation ist assoziativ, $g_3(g_2g_1) = (g_3g_2)g_1$. Das ist so, weil die Addition und die Matrixmultiplikation diese Eigenschaft haben.
3) Es existiert eine Einheit, $\mathbf{E} = g(\mathbb{1}, \boldsymbol{0}, \boldsymbol{0}, 0)$ mit $g\mathbf{E} = \mathbf{E}g = g$ für alle $g \in \mathrm{G}_+^{\uparrow}$.
4) Zu jedem $g \in \mathrm{G}_+^{\uparrow}$ gibt es eine inverse Transformation g^{-1} derart, dass $g \cdot g^{-1} = \mathbf{E}$:
   Sei $g = g(\mathbf{R}, \boldsymbol{w}, \boldsymbol{a}, s)$. Aus (1.35) liest man ab, dass $g^{-1} = g(\mathbf{R}^{\mathrm{T}}, -\mathbf{R}^{\mathrm{T}}\boldsymbol{w}, s\mathbf{R}^{\mathrm{T}}\boldsymbol{w} - \mathbf{R}^{\mathrm{T}}\boldsymbol{a}, -s)$ ist. Damit ist die Behauptung bewiesen.

Es wird später klar werden, dass ein tieferer Zusammenhang zwischen den zehn Parametern der eigentlichen, orthochronen Galileigruppe und den Erhaltungsgrößen des abgeschlossenen n-Teilchen-Systems des Abschn. 1.12 besteht und somit, dass es kein Zufall ist, dass es gerade zehn solche Erhaltungssätze gibt. Dabei lernt man, dass aus der Invarianz des mechanischen Systems unter

(i) Zeittranslationen $t \mapsto t' = t + s$ die Erhaltung der Gesamtenergie E des Systems folgt;
(ii) Raumtranslationen $\boldsymbol{r} \mapsto \boldsymbol{r}' = \boldsymbol{r} + \boldsymbol{a}$ die Erhaltung des Gesamtimpulses $\boldsymbol{P}$ des Systems folgt. Dabei entsprechen die Komponenten von $\boldsymbol{a}$ den Komponenten von $\boldsymbol{P}$, d. h. wenn das System nur unter Translationen entlang einer festen Richtung invariant ist, so ist auch nur die Projektion von $\boldsymbol{P}$ auf diese Richtung erhalten;
(iii) Drehungen $\boldsymbol{r}' = \mathbf{R}(\varphi)\boldsymbol{r}$ um eine feste Richtung $\hat{\boldsymbol{\varphi}}$ die Erhaltung der Projektion des Gesamtdrehimpulses auf diese Richtung folgt. Wenn diese Aussage für *jede* Richtung $\hat{\boldsymbol{\varphi}}$ gilt, so sind alle drei Komponenten des Gesamtdrehimpulses erhalten.

Die Aussagen (i) bis (iii) sind der Inhalt des Theorems von E. Noether, das wir im Abschn. 2.19 beweisen und diskutieren.

Schließlich kann man sich leicht überzeugen, dass in der Schwerpunktsbewegung die Größe

$$\boldsymbol{r}_S(0) = \boldsymbol{r}_S(t) - \frac{\boldsymbol{P}}{M} t$$

unter den Transformationen $\boldsymbol{r} \mapsto \boldsymbol{r}' = \boldsymbol{r} + \boldsymbol{w}t$ invariant bleibt.

Schließlich wollen wir noch die oben ausgeschlossene Wahl $\det \mathbf{R} = -1$ und/oder $\lambda = -1$ betrachten. In der Galilei-Transformation (1.34) bedeutet die Wahl $\lambda = -1$ eine Spiegelung der Zeitrichtung, die sogenannte *Zeitumkehr* T. Ob physikalische Bewegungsabläufe unter dieser Transformation invariant sind oder nicht, ist eine wichtige Frage weit über die Mechanik hinaus. Man bestätigt leicht, dass alle bisher betrachteten Beispiele tatsächlich invariant sind, da die Bewegungsgleichungen nur die Beschleunigung $\ddot{\boldsymbol{r}}$, die selbst invariant ist, und Funktionen von $\boldsymbol{r}$ enthalten,

$$\ddot{\boldsymbol{r}} + \boldsymbol{f}(\boldsymbol{r}) = 0 \, .$$

Unter $t \to -t$ geht die Geschwindigkeit $\dot{\boldsymbol{r}}$ in ihr Negatives $-\dot{\boldsymbol{r}}$ über. Also kehrt auch der Impuls $\boldsymbol{p}$ und ebenso der Drehimpuls $\boldsymbol{\ell}$ sein Vorzeichen um. Die Wirkung der Zeitumkehr ist gleichbedeutend mit einer *Bewegungsumkehr*: Alle physikalisch möglichen Bahnen können in beiden Richtungen durchlaufen werden.

Es gibt aber auch Beispiele, die nicht invariant unter Zeitumkehr sind, nämlich solche, bei denen Reibungsterme proportional zur Geschwindigkeit auftreten,

$$\ddot{\boldsymbol{r}} + \kappa \dot{\boldsymbol{r}} + \boldsymbol{f}(\boldsymbol{r}) = 0 \, .$$

Hier würde die durch den zweiten Term verursachte Dämpfung der Bewegung bei Zeitumkehr in eine Verstärkung der Bewegung übergehen, also zu einem physikalisch anderen Prozess führen.

Die Wahl $\det \mathbf{R} = -1$ bedeutet, dass die Drehung $\mathbf{R}$ eine Raumspiegelung enthält, denn man kann jedes $\mathbf{R}$ mit $\det \mathbf{R} = -1$ als Produkt aus der *Raumspiegelung* $\mathbf{P}$,

$$\mathbf{P} := \begin{pmatrix} -1 & 0 & 0 \\ 0 & -1 & 0 \\ 0 & 0 & -1 \end{pmatrix}$$

und einer Drehmatrix $\bar{\mathbf{R}}$ mit $\det \bar{\mathbf{R}} = +1$, also $\mathbf{R} = \mathbf{P}\bar{\mathbf{R}}$, schreiben. $\mathbf{P}$ bedeutet die Spiegelung der Raumachsen, d. h. den Übergang von einem rechtshändig orientierten Koordinatensystem zu einem linkshändig orientierten, und umgekehrt.

1.14 Raum und Zeit der Mechanik bei Galilei-Invarianz

Bemerkungen

i) Die Invarianz von mechanischen Gesetzen unter Translationen ($\boldsymbol{a}$) drückt die *Homogenität* des physikalischen, dreidimensionalen Raumes aus. Die Invarianz unter Drehungen ($\mathbf{R}$) ist ein Ausdruck der *Isotropie* des Raumes. Was bedeuten diese Aussagen? Man stelle sich vor, dass man die Bewegung der Sonne und ihrer Planeten von einem Inertialsystem $\mathbf{K}_0$ aus beobachtet, dort die Bewegungsgleichungen aufstellt und durch deren Lösung die Bahnkurven als Funktion der Zeit erhält. Ein anderer Beobachter, der sich eines gegenüber $\mathbf{K}_0$ verschobenen und gedrehten Koordinatensystems $\mathbf{K}$ bedient, wird dasselbe Planetensystem mit denselben Bewegungsgleichungen beschreiben. Die expliziten Lösungen sehen in seinem Bezugssystem zwar anders aus, denn das betrachtete physikalische Geschehen findet von ihm aus gesehen an einem anderen Ort und mit anderer räumlicher Orientierung statt. Die Bewegungsgleichungen, denen das System gehorcht, also die zugrundeliegenden Differentialgleichungen, sind aber dieselben. Natürlich kann der Beobachter im System $\mathbf{K}$ auch seinen zeitlichen Nullpunkt anders wählen als ich im System $\mathbf{K}_0$, ohne etwas am physikalischen Vorgang zu ändern. In diesem Sinne sind Raum und Zeit homogen, der Raum ist außerdem isotrop.

Schließlich ist es sogar zulässig, dass die beiden Systeme $\mathbf{K}$ und $\mathbf{K}_0$ sich relativ zueinander mit der *konstanten* Geschwindigkeit $\boldsymbol{w}$ bewegen. Die Bewegungsgleichungen, die ja nur von Differenzen von Ortsvektoren $(\boldsymbol{x}^{(i)} - \boldsymbol{x}^{(k)})$ abhängen, ändern sich nicht. Mit anderen Worten, physikalische Bewegungen sind *relative* Bewegungen von Körpern.

Hier haben wir die *passive* Interpretation der Galilei-Transformationen benutzt. Das physikalische Geschehen (hier das System Sonne und Planeten) ist vorgegeben und man beobachtet es von verschiedenen Inertialsystemen aus. Man kann natürlich auch die *aktive* Interpretation wählen, indem man ein festes Inertialsystem vorgibt und fragt, ob die Gesetze der Planetenbewegung dieselben sind, ganz gleich, wo und mit welcher Orientierung im Raum die Bewegung abläuft, und auch unabhängig davon, ob der Schwerpunkt des Planetensystems relativ zu mir ruht oder sich mit konstanter (oder beliebiger) Geschwindigkeit $\boldsymbol{w}$ bewegt.

Die passive Lesart kann man auch so ausdrücken, dass ein Beobachter am Ort A des Universums dieselben mechanischen Grundgesetze aus der Bewegung der Gestirne abstrahiert wie ein Beobachter an einem anderen Ort B des Universums. Die aktive Leseart könnte man so beschreiben, dass man den Physiker bei B die gleichen Versuche ausführen lässt wie den Physiker bei A in dessen Labor. Galilei-

Invarianz liegt dann vor, wenn beide zu denselben Ergebnissen und Schlüssen gelangen.

ii) Es seien zwei physikalisch verknüpfte Ereignisse (a) und (b) betrachtet, von denen das erste sich zur Zeit t^a am Ort $\boldsymbol{x}^{(a)}$, das zweite sich zum Zeitpunkt t^b am Ort $\boldsymbol{x}^{(b)}$ ereignet, z. B. der Wurf eines Steines im Schwerefeld der Erde: zur Zeit t^a wird er bei $\boldsymbol{x}^{(a)}$ mit einer gewissen Anfangsgeschwindigkeit losgeworfen, zur Zeit t^b trifft er bei $\boldsymbol{x}^{(b)}$ ein.

Wir parametrisieren die Bahnkurve $\boldsymbol{x}$, die die Punkte $\boldsymbol{x}^{(a)}$ und $\boldsymbol{x}^{(b)}$ verbindet, sowie die dabei ablaufende Zeit als

$$\boldsymbol{x} = \boldsymbol{x}(\tau) \quad \text{mit} \quad \boldsymbol{x}^{(a)} = \boldsymbol{x}(\tau_a), \quad \boldsymbol{x}^{(b)} = \boldsymbol{x}(\tau_b)$$
$$t = t(\tau) \quad \text{mit} \quad t^a = t(\tau_a), \quad t^b = t(\tau_b) ,$$

wo τ ein skalarer Parameter ist. Die Zeit, die eine mitbewegte Uhr anzeigt, hat keinen ausgezeichneten Nullpunkt. Auch kann sie in beliebigen Einheiten gemessen werden, so dass der allgemeinste Zusammenhang zwischen t und τ der folgende ist: $t(\tau) = \alpha\tau + \beta$, wo α und β reelle Konstante sind. Ausgedrückt in Form einer Differentialgleichung heißt das, dass $\mathrm{d}^2 t/\mathrm{d}\tau^2 = 0$ ist. Für die Bewegungsgleichung, der die Bahnkurve $\boldsymbol{x}(\tau)$ gehorcht, gilt entsprechend

$$\frac{\mathrm{d}^2\boldsymbol{x}}{\mathrm{d}\tau^2} + \boldsymbol{f}(\boldsymbol{r})\left(\frac{\mathrm{d}t}{\mathrm{d}\tau}\right)^2 = 0 , \qquad \left(\frac{\mathrm{d}t}{\mathrm{d}\tau} = \alpha\right) ,$$

(wo $\boldsymbol{f}$ gleich dem Negativen der Kraft durch die Masse ist).

Beim Vergleich dieser Gleichungen fällt die Unsymmetrie zwischen Raum und Zeit auf. Unter Galilei-Transformationen geht $t(\tau) = \alpha\tau + \beta$ in $t'(\tau) = \alpha\tau + \beta + s$ über, d. h. Zeitabstände wie etwa $(t^a - t^b)$ bleiben unverändert und $t(\tau)$ wird mit τ linear durchlaufen, unabhängig vom gewählten Inertialsystem. Die Zeitvariable liegt in einem affinen eindimensionalen Raum und hat in dem eben beschriebenen Sinne für die nichtrelativistische Mechanik einen absoluten Charakter. Für die Raumkoordinaten gilt eine analoge Aussage nicht. Das kann man sich anhand der folgenden Überlegung klarmachen.

Verfolgen wir dieselbe oben angenommene, physikalische Bewegung in zwei Inertialsystemen $\mathbf{K}$ (Koordinaten $\boldsymbol{x}, t$) und $\mathbf{K}'$ (Koordinaten $\boldsymbol{x}', t'$), die durch eine Galilei-Transformation g aus $\mathrm{G}_+^{\uparrow}$ auseinander hervorgehen, so gilt

$$t'^a - t'^b = t^a - t^b$$
$$(\boldsymbol{x}'^{(a)} - \boldsymbol{x}'^{(b)})^2 = (\mathbf{R}(\boldsymbol{x}^{(a)} - \boldsymbol{x}^{(b)}) + \boldsymbol{w}(t^a - t^b))^2$$
$$= ((\boldsymbol{x}^{(a)} - \boldsymbol{x}^{(b)}) + \mathbf{R}^{-1}\boldsymbol{w}(t^a - t^b))^2 .$$

(Die letzte Gleichung folgt, weil die Vektoren z und $\mathbf{R}z$ die gleiche Länge haben.) Insbesondere für das Transformationsgesetz der Geschwindigkeit gilt

$$\boldsymbol{v}' = \mathbf{R}(\boldsymbol{v} + \mathbf{R}^{-1}\boldsymbol{w}) \quad \text{und} \quad \boldsymbol{v}^2 = (\boldsymbol{v}' - \boldsymbol{w})^2 . \qquad (*)$$

Für den vorgegebenen physikalischen Vorgang kommen Beobachter im System **K** und **K**′ zu unterschiedlichen Ergebnissen, wenn sie den Abstand zwischen den Punkten (*a*) und (*b*) bestimmen. Der Ortsraum hat also im Gegensatz zur Zeitvariablen keinen absoluten Charakter.

Der Grund für die unterschiedlichen Ergebnisse bei der Abstandsmessung ist einfach einzusehen: Die beiden Systeme bewegen sich relativ zueinander mit der Geschwindigkeit $\boldsymbol{w}$. Nach der Beziehung (*) sind daher die Geschwindigkeiten in sich entsprechenden Bahnpunkten verschieden. Insbesondere die Anfangsgeschwindigkeiten im Punkt (*a*), also die Anfangsbedingungen, sind nicht dieselben.

Berechnet man den Abstand zwischen (*a*) und (*b*) aus der beobachteten Geschwindigkeit, so kommt man in **K** und **K**′ zu verschiedenen Resultaten. (Würde man andererseits die Anfangsgeschwindigkeiten im Punkte (*a*) bezüglich **K** und bezüglich **K**′ gleich wählen, so wären natürlich auch die Abstände von *a* nach *b* gleich. Es handelt sich dann aber um zwei verschiedene Bewegungsabläufe.) Mehr darüber erfährt man in Abschn. 4.7 des vierten Kapitels.

1.15 Konservative Kraftfelder

In der Diskussion des n-Teilchen-Systems der Abschn. 1.8–12 haben wir der Einfachheit halber angenommen, dass die inneren Kräfte Zentralkräfte und somit Potentialkräfte sind. Etwas allgemeiner ist der Fall *konservativer* Kräfte, den wir hier noch diskutieren wollen.

Konservative Kräfte sind solche, die sich als (negatives) Gradientenfeld einer zeitunabhängigen, potentiellen Energie $U(\boldsymbol{r})$ schreiben lassen

$$\boldsymbol{F} = -\nabla U(\boldsymbol{r}) \, .$$

Man nennt sie daher auch *Potentialkräfte*. Diese Definition ist gleichbedeutend mit der Aussage, dass die von solchen Kräften entlang eines Weges von $\boldsymbol{r}_0$ nach $\boldsymbol{r}$ geleistete Arbeit nur vom Anfangs- und Endpunkt, nicht aber von der Form des Weges abhängt. Es gilt sogar die stärkere Aussage, dass ein Kraftfeld genau dann konservativ ist, wenn das Wegintegral

$$\int_{\boldsymbol{r}_0}^{\boldsymbol{r}} (\boldsymbol{F} \cdot \mathrm{d}\boldsymbol{s}) = -[U(\boldsymbol{r}) - U(\boldsymbol{r}_0)]$$

nur von $\boldsymbol{r}$ und $\boldsymbol{r}_0$ abhängt. Das Integral lässt sich wie angegeben durch die Differenz der potentiellen Energie in $\boldsymbol{r}$ und $\boldsymbol{r}_0$ ausdrücken. Insbesondere ist die Bilanz der geleisteten Arbeit und der gewonnenen Energie bei einer vollständigen Rundreise in einem konservativen Kraftfeld gleich Null. Das Integral

$$\oint_\tau (\boldsymbol{F} \cdot \mathrm{d}\boldsymbol{s}) = 0$$

verschwindet für jeden geschlossenen Weg τ.

Wann ist ein gegebenes Kraftfeld konservativ, d. h. unter welchen Bedingungen ist es ein Potentialfeld? Falls es ein Potential U besitzt, das mindestens C^2 ist, dann gilt wegen der Gleichheit der gemischten Ableitungen $\partial^2 U/\partial y \partial x = \partial^2 U/\partial x \partial y$ (zyklisch in x, y, z)

$$\frac{\partial F_y}{\partial x} - \frac{\partial F_x}{\partial y} = 0 \quad \text{(zyklisch)} .$$

Das aus $\boldsymbol{F}(\boldsymbol{r})$ abgeleitete Rotationsfeld

$$\operatorname{rot} \boldsymbol{F} := \left(\frac{\partial F_z}{\partial y} - \frac{\partial F_y}{\partial z}, \quad \frac{\partial F_x}{\partial z} - \frac{\partial F_z}{\partial x}, \quad \frac{\partial F_y}{\partial x} - \frac{\partial F_x}{\partial y} \right)$$

muss verschwinden, oder, wie man auch sagt, das Kraftfeld muss *wirbelfrei* sein. Dies ist eine notwendige Bedingung, die nur dann auch *hinreichend* ist, wenn das Gebiet, in dem $U(\boldsymbol{r})$ definiert werden soll und in dem $\operatorname{rot} \boldsymbol{F}$ verschwindet, *einfach zusammenhängend* ist. Einfach zusammenhängend heißt: Man muss jeden geschlossenen Weg, der ganz im Gebiet verläuft, zusammenziehen können, ohne auf Punkte zu stoßen, die nicht mehr zum Gebiet gehören.

Es sei τ ein glatter geschlossener Weg, S die von ihm eingeschlossene Fläche und $\boldsymbol{n}$ lokal die Normalenrichtung auf dieser. Dann sagt ein Satz der Vektorrechnung (der Stoke'sche Satz), dass das Wegintegral über die vom Kraftfeld $\boldsymbol{F}$ entlang des Weges τ geleistete Arbeit gleich dem Flächenintegral über S der Normalkomponente der Rotation ist,

$$\int_\tau \boldsymbol{F} \cdot \mathrm{d}\boldsymbol{s} = \iint_S \mathrm{d}f \, (\operatorname{rot} \boldsymbol{F}) \cdot \boldsymbol{n} .$$

Jetzt sieht man den Zusammenhang zwischen der Bedingung $\operatorname{rot} \boldsymbol{F} = 0$ und der Definition eines konservativen Kraftfeldes: Das geschlossene Wegintegral der linken Seite verschwindet nur dann für jeden geschlossenen Weg, wenn $\operatorname{rot} \boldsymbol{F}$ überall verschwindet. Zwei Beispiele sollen diese Zusammenhänge illustrieren:

i) Eine Zentralkraft ist wirbelfrei, denn es gilt

$$[\operatorname{rot} f(r)\boldsymbol{r}]_x = \frac{\mathrm{d}f}{\mathrm{d}r} \left(\frac{\partial r}{\partial y} z - \frac{\partial r}{\partial z} y \right) = \frac{\mathrm{d}f}{\mathrm{d}r} \frac{1}{r} (yz - zy) = 0 \quad \text{(zyklisch)} .$$

ii) Das Kraftfeld

$$F_x = -B \frac{y}{\varrho^2} , \quad F_y = +B \frac{x}{\varrho^2} , \quad F_z = 0$$

$$\text{mit} \quad \varrho := \sqrt{x^2 + y^2} \quad \text{und} \quad B = \text{const} ,$$

(das ist das Magnetfeld um einen geraden, stromdurchflossenen Leiter) ist nicht wirbelfrei, es sei denn man schneidet die z-Achse ($x = 0$, $y = 0$) aus dem $\mathbb{R}^3$ heraus. Solange nämlich $(x, y) \neq (0, 0)$ gilt zwar

$$(\text{rot}\,\boldsymbol{F})_x = (\text{rot}\,\boldsymbol{F})_y = 0\,,$$

$$(\text{rot}\,\boldsymbol{F})_z = B\left(\frac{1}{\varrho^2} - \frac{2x^2}{\varrho^4} + \frac{1}{\varrho^2} - \frac{2y^2}{\varrho^4}\right) = 0\,,$$

aber bei $x = y = \varrho = 0$ verschwindet die z-Komponente nicht. Äquivalent dazu ist die Aussage, dass das geschlossene Wegintegral $\int \boldsymbol{F} \cdot \mathrm{d}\boldsymbol{s}$ für alle Wege verschwindet, die die z-Achse nicht einschließen. Für einen Weg, der diese Achse dagegen einmal umläuft, ist

$$\oint \boldsymbol{F} \cdot \mathrm{d}\boldsymbol{s} = 2\pi B\,.$$

Das ist leicht zu zeigen: Man wähle einen Kreis mit Radius R in der (x, y)-Ebene. Jeder andere Weg, der die z-Achse einmal umläuft, lässt sich auf diesen Kreis deformieren, ohne dass sich der Wert des Integrals ändert. Man wähle nun Zylinderkoordinaten ($x = \varrho\cos\phi$, $y = \varrho\sin\phi$, z). Dann ist $\boldsymbol{F} = (B/\varrho)\hat{\boldsymbol{e}}_\phi$ und $\mathrm{d}\boldsymbol{s} = \varrho\,\mathrm{d}\phi\hat{\boldsymbol{e}}_\phi$, wo $\hat{\boldsymbol{e}}_\phi = -\hat{\boldsymbol{e}}_x \sin\phi + \hat{\boldsymbol{e}}_y \cos\phi$ ist, und somit $\oint \boldsymbol{F} \cdot \mathrm{d}\boldsymbol{s} = B \int_0^{2\pi} \mathrm{d}\phi = 2\pi B$. Ein Weg, der die z-Achse n-mal umschließt, gibt das Resultat $2\pi n B$. Man kann hier tatsächlich eine potentielle Energie angeben, nämlich

$$U(\boldsymbol{r}) = -B \arctan\left(\frac{y}{x}\right) = -B\phi\,.$$

Über jedem Teilgebiet des $\mathbb{R}^3$, das nicht von der z-Achse durchstochen wird, ist diese Funktion eindeutig. Sobald das Gebiet die z-Achse umgibt, ist sie nicht mehr eindeutig, obwohl $\text{rot}\,\boldsymbol{F}$ überall außerhalb der z-Achse verschwindet. Ein solches Gebiet ist aber auch nicht mehr einfach zusammenhängend.

1.16 Eindimensionale Bewegung eines Massenpunktes

Sei q die Koordinate, p der dazugehörige Impuls, $F(q)$ die wirkende Kraft. Es gilt dann

$$\dot{q} = \frac{1}{m} p$$

$$\dot{p} = F(q)\,. \tag{1.36}$$

Die kinetische Energie ist $T = m\dot{q}^2/2 = (p^2/2m)$, $F(q)$ sei stetig vorausgesetzt. In einer Dimension gibt es dazu immer eine potentielle Energie $U(q) = -\int_{q_0}^{q} F(q')\,\mathrm{d}q'$ derart, dass $F(q) = -(\mathrm{d}/\mathrm{d}q)U(q)$ ist. Die

Gesamtenergie $E = T + U$ ist erhalten,

$$\frac{\mathrm{d}E}{\mathrm{d}t} = \frac{\mathrm{d}}{\mathrm{d}t}(T+U) = 0\,.$$

Man führt nun eine neue kompakte Schreibweise vermöge folgender *Definitionen* ein. Es sei

$$\underset{\sim}{x} = \{x_1 := q, x_2 := p\}\,; \qquad \underset{\sim}{\mathcal{F}} = \left\{\mathcal{F}_1 := \frac{1}{m}p, \mathcal{F}_2 := F(q)\right\}\,.$$

Dann lauten die Gleichungen (1.36)

$$\dot{\underset{\sim}{x}} = \underset{\sim}{\mathcal{F}}(\underset{\sim}{x}, t)\,. \tag{1.37}$$

Die Lösungen $x_1(t) = \varphi(t)$, $x_2(t) = m\dot{\varphi}(t)$ dieser Differentialgleichung sind die *Phasenkurven* $\varphi(t)$, mit der Notation $\varphi = (\varphi_1, \varphi_2)$. Entlang jeder Phasenkurve φ ist die Energie $E(q, p) = \tilde{E}(\varphi(t), \dot{\varphi}(t))$ konstant.

Die $\underset{\sim}{x}$ sind Punkte im *Phasenraum* $\mathbb{P}$, der hier die Dimension

$$\dim \mathbb{P} = 2$$

hat. Man beachte, dass die Abszisse q und die Ordinate p unabhängige Variable sind, die den Phasenraum aufspannen, p wird nur entlang der Lösungskurven des Systems (1.36) oder (1.37) zu einer Funktion von q. Die physikalische Bewegung „strömt" durch den Phasenraum. Zur Illustration betrachten wir zwei einfache Beispiele.

1.17 Bewegungsgleichungen in einer Dimension

1.17.1 Harmonischer Oszillator

Der harmonische Oszillator wird charakterisiert durch das Kraftgesetz $F(q) = -m\omega^2 q$, d. h. die wirkende Kraft ist proportional zum Ausschlag q und treibt den Massenpunkt zum Ursprung zurück. Die potentielle Energie lautet dann

$$U(q) = \frac{1}{2}m\omega^2(q^2 - q_0^2)\,, \tag{1.38}$$

wobei man ohne Beschränkung der Allgemeinheit $q_0 = 0$ wählen kann. Es ist

$$\dot{\underset{\sim}{x}} = \underset{\sim}{\mathcal{F}}(\underset{\sim}{x}) \quad \text{mit} \quad x_1 = q\,; \quad x_2 = p\,, \quad \text{und}$$

$$\mathcal{F}_1 = \frac{1}{m}p = \frac{1}{m}x_2\,; \quad \mathcal{F}_2 = F(q) = -m\omega^2 x_1\,,$$

so dass die Bewegungsgleichungen (1.37) explizit so lauten

$$\dot{x}_1 = \frac{1}{m}x_1 \quad \text{und} \quad \dot{x}_2 = -m\omega^2 x_1\,.$$

Die Gesamtenergie, die erhalten ist, hat hier die Form

$$E = \frac{x_2^2}{2m} + \frac{1}{2}m\omega^2 x_1^2 = \text{const.}$$

Man kann die Konstanten m und ω in eine Umdefinition der Koordinaten und der Zeitvariablen aufnehmen. Es sei

$$z_1(\tau) := \omega\sqrt{m}\, x_1(t)$$
$$z_2(\tau) := \frac{1}{\sqrt{m}}\, x_2(t)$$
$$\tau := \omega t\,.$$

Damit wird E zur einfachen quadratischen Form

$$E = \frac{1}{2}[z_1^2 + z_2^2]\,,$$

während die Zeit in Einheiten der inversen Kreisfrequenz $\omega^{-1} = T/2\pi$ gemessen wird. Man erhält also das Gleichungssystem

$$\frac{\mathrm{d}\, z_1(\tau)}{\mathrm{d}\,\tau} = z_2(\tau) \qquad (1.39a)$$
$$\frac{\mathrm{d}\, z_2(\tau)}{\mathrm{d}\,\tau} = -z_1(\tau) \qquad (1.39b)$$

Die Lösung zu den Anfangswerten $z_1(\tau = 0) = z_1^0$, $z_2(\tau = 0) = z_2^0$ ist leicht zu erraten. Sie lautet

$$z_1(\tau) = \sqrt{(z_1^0)^2 + (z_2^0)^2}\,\cos(\tau - \varphi)\,;$$
$$z_2(\tau) = -\sqrt{(z_1^0)^2 + (z_2^0)^2}\,\sin(\tau - \varphi) \quad \text{mit} \qquad (1.40)$$
$$\sin\varphi = z_2^0/\sqrt{(z_1^0)^2 + (z_2^0)^2}\,; \quad \cos\varphi = z_1^0/\sqrt{(z_1^0)^2 + (z_2^0)^2}\,.$$

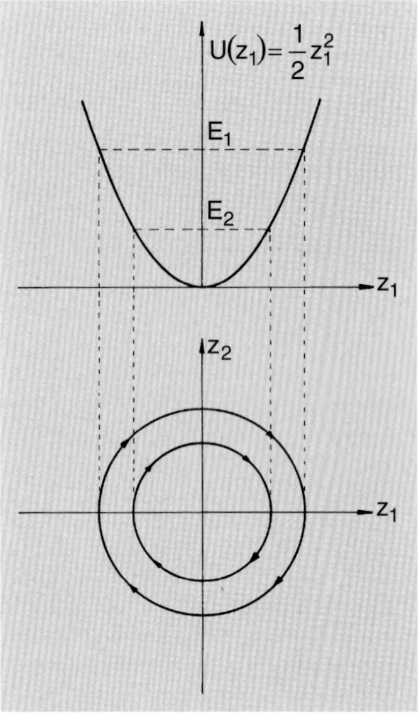

Abb. 1.8. Der harmonische Oszillator in einer Dimension: z_1 ist die (reduzierte) Ortsvariable, z_2 die (reduzierte) Impulsvariable. Der obere Teil zeigt die potentielle Energie, der untere Teil zeigt die Phasenporträts der Bewegung für zwei Werte der Energie

Die Bewegung zu fester, vorgegebener Energie E lässt sich im *Phasenraum* (z_1, z_2) besonders anschaulich verfolgen. Die Bahnen im Phasenraum, die man *Phasenporträts* nennt, sind Kreise mit Radius $\sqrt{2E}$, die im Uhrzeigersinn durchlaufen werden. Dies Beispiel ist in der Orts- und der Impulsvariablen vollständig symmetrisch. Zum Vergleich haben wir im Bild der Abb. 1.8 oben das Potential als Funktion von z_1 gemalt und zwei typische Werte der Energie angegeben. Der untere Teil der Abbildung zeigt die zugehörigen Phasenporträts.

Man erkennt jetzt, was man gewonnen hat, wenn man die Bewegung nicht im Ortsraum allein, sondern im Phasenraum beschreibt. Der Ortsraum des Oszillators ist zwar unmittelbar „sichtbar". Wenn man aber versucht, z. B. die spezielle Lösung $q(t) = q_0 \cos(\omega t)$ im Einzelnen als zeitlichen Ablauf zu beschreiben, so braucht man viele Worte für einen im Grunde sehr einfachen Vorgang. Verwendet man dagegen den Phasenraum zur Beschreibung des Oszillators, so bedeutet das einen ersten Schritt der Abstraktion, weil man den zwar messbaren, aber nicht direkt „sichtbaren“ Impuls als neue, unabhängige Koordinate auffasst. Der Bewegungsablauf wird aber anschaulicher und viel einfacher zu beschreiben. Die Oszillation ist jetzt eine geschlossene Kurve (s. z. B. unteren Teil der Abb. 1.8), an der man den zeitlichen Verlauf von Ort und Impuls, somit auch das Wechselspiel von potentieller und kinetischer Energie leicht ablesen kann.

Die Transformation auf die neuen Variablen $z_1 = \omega\sqrt{m}q$ und $z_2 = p/\sqrt{m}$ zeigt, dass im vorliegenden Fall die Phasenbahnen topologisch äquivalent zu Kreisen sind, die mit der konstanten Winkelgeschwindigkeit ω durchlaufen werden.

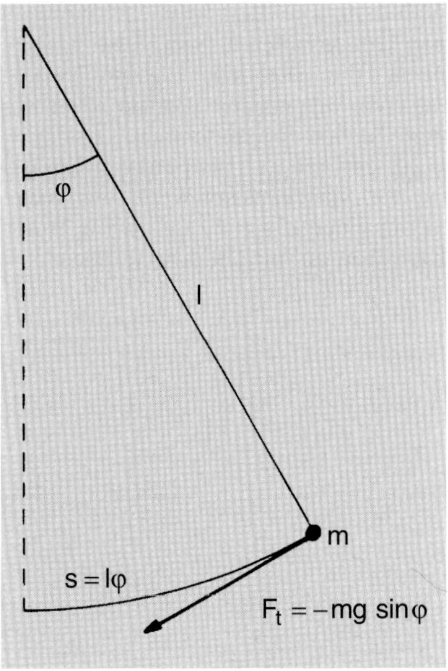

Abb. 1.9. Das ebene mathematische Pendel hat nur einen Freiheitsgrad: den Winkelausschlag φ oder, äquivalent dazu, die Bogenlänge $s = l\varphi$

1.17.2 Das ebene mathematische Pendel im Schwerefeld

Sei $\varphi(t)$ der Winkelausschlag, $s(t) = l\varphi(t)$ die Bogenlänge. Da die Pendellänge l starr vorgegeben ist, ist die Bewegung (für das *ebene* Pendel) eindimensional. Es gilt dann (siehe Abb. 1.9)

$$T = \frac{1}{2}m\dot{s}^2 = \frac{1}{2}ml^2\dot{\varphi}^2$$

$$U = \int_0^s mg\sin\varphi'\,\mathrm{d}s' = mgl\int_0^\varphi \sin\varphi'\,\mathrm{d}\varphi' \quad \text{oder}$$

$$U = -mgl[\cos\varphi - 1]\,.$$

Es sei

$$\varepsilon := \frac{E}{mgl} = \frac{1}{2\omega^2}\dot{\varphi}^2 + 1 - \cos\varphi\,, \quad \text{mit} \quad \omega^2 := \frac{g}{l}\,.$$

Man setze: $z_1 := \varphi$ und $\tau = \omega t$ wie im Beispiel 1.17.1, $z_2 := \dot{\varphi}/\omega$. Dann ist $\varepsilon = z_2^2/2 + 1 - \cos z_1$ und die Bewegungsgleichung $ml\ddot{\varphi} = -mg\sin\varphi$ lautet

$$\frac{\mathrm{d}z_1}{\mathrm{d}\tau} = z_2(\tau) \tag{1.41a}$$

$$\frac{\mathrm{d}z_2}{\mathrm{d}\tau} = -\sin z_1(\tau)\,. \tag{1.41b}$$

Im Grenzfall kleiner Ausschläge gilt $\sin z_1 = z_1 + O(z_1^3)$, und es ergibt sich wieder das System (1.39), wie erwartet.

Das Potential $U(z_1)$ und die Bahnen im Phasenraum sind in Abb. 1.10 skizziert.

Für die Werte der reduzierten Energievariablen ε unterhalb vom Wert 2 ergibt sich ein qualitativ ähnliches Bild wie beim harmonischen Oszillator, Abb. 1.8, wobei diese Ähnlichkeit um so genauer wird, je kleiner ε ist. Das ist der Grenzfall kleiner Ausschläge. Ist $\varepsilon > 2$, so schwingt das Pendel in der einen oder anderen Richtung durch. Der

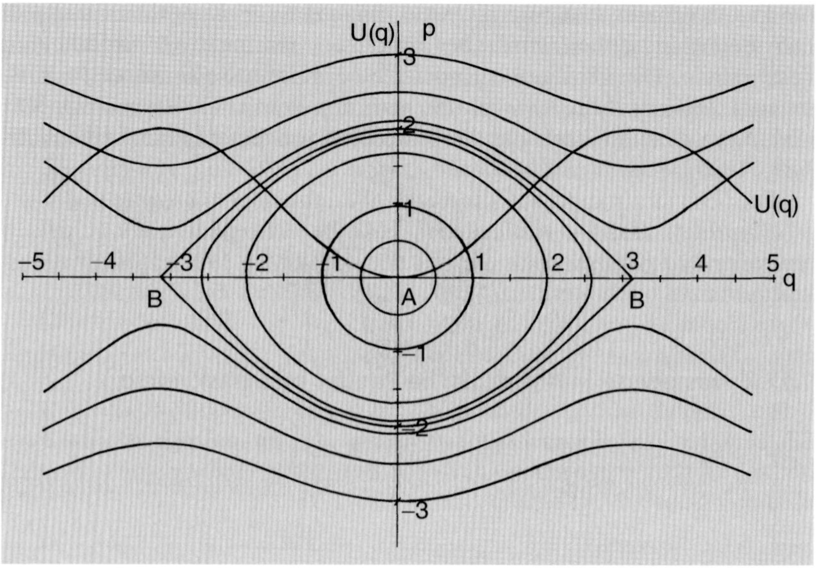

Abb. 1.10. Das Bild zeigt als Funktion der Ortsvariablen q (im Text z_1 genannt) die potentielle Energie $U(q) = 1 - \cos q$ des ebenen Pendels sowie einige Kurven im Phasenraum, $p \equiv z_2 = \sqrt{2(\varepsilon - 1 + \cos z_1)}$, als Funktion von $q \equiv z_1$, für verschiedene Werte der reduzierten Energie $\varepsilon = E/mgl$. Diese Werte kann man an der Ordinate ablesen

Wert $\varepsilon = 2$ stellt einen Grenzfall dar, bei dem das Pendel den höchsten Punkt gerade erreicht, aber nicht über diesen hinausschwingen kann. Wir werden in Abschn. 1.23 zeigen, dass es für diese Bewegung unendlich lange braucht. Es handelt sich um eine sogenannte *Kriechbahn*; das Pendel erreicht den höchsten Punkt, der gleichzeitig eine labile Gleichgewichtslage darstellt, erst nach unendlich langer Zeit. Man nennt diese Bahn auch *Separatrix*. Sie trennt die oszillatorischen Lösungen von den rotatorischen.

Physikalisch relevant ist das Bild der Abb. 1.10 nur im Intervall $q \in [-\pi, +\pi]$, d. h. zwischen den mit B bezeichneten Punkten. Über dieses Intervall hinaus wiederholt es sich periodisch. Man müsste das Bild daher bei $q = -\pi$ und bei $q = +\pi$ vertikal aufschneiden und zu einem Zylinder zusammenkleben.

1.18 Phasenraum für das n-Teilchen-System (im $\mathbb{R}^3$)

Die Darstellung der Mechanik im Phasenraum, die wir in Abschn. 1.16 für das eindimensionale Ein-Teilchen-System entwickelt haben, lässt sich ohne Schwierigkeit verallgemeinern, z. B. auf das n-Teilchen-System im $\mathbb{R}^3$. Dazu setzt man

$$x_1 := x^{(1)}\,,\ x_2 := y^{(1)}\,,\ x_3 = z^{(1)}\,,\ x_4 := x^{(2)}, \ldots$$
$$x_{3n} := z^{(n)}\,,\ x_{3n+1} := p_x^{(1)}\,,\ x_{3n+2} := p_y^{(1)}, \ldots x_{6n} := p_z^{(n)}\,.$$

Dann kann man die Bewegungsgleichungen

$$\dot{\boldsymbol{p}}^{(i)} = \boldsymbol{F}^{(i)}(\boldsymbol{r}^{(1)}, \ldots, \boldsymbol{r}^{(n)}, \dot{\boldsymbol{r}}^{(1)}, \ldots, \dot{\boldsymbol{r}}^{(n)}, t)$$
$$\dot{\boldsymbol{r}}^{(i)} = \frac{1}{m_i}\boldsymbol{p}^{(i)}$$

in derselben kompakten Form wie (1.37) schreiben, falls man noch

$$\mathcal{F}_1 := \frac{1}{m_1}p_x^{(1)}, \quad \mathcal{F}_2 := \frac{1}{m_1}p_y^{(1)}, \ldots \mathcal{F}_{3n} := \frac{1}{m_n}p_z^{(n)},$$
$$\mathcal{F}_{3n+1} := F_x^{(1)}, \quad \mathcal{F}_{3n+2} := F_y^{(1)}, \ldots, \mathcal{F}_{6n} := F_z^{(n)}$$

setzt. Sie lauten dann

$$\dot{\underset{\sim}{x}} = \underset{\sim}{\mathcal{F}}(\underset{\sim}{x}, t)\,. \tag{1.42}$$

Es ist $\underset{\sim}{x} = \{x_1, x_2, \ldots, x_{6n}\}$ die Zusammenfassung der $3n$ Koordinaten und $3n$ Impulse

$$\boldsymbol{r}^{(i)} = (x^{(i)}, y^{(i)}, z^{(i)})\,; \quad \boldsymbol{p}^{(i)} = (p_x^{(i)}, p_y^{(i)}, p_z^{(i)})\,, \quad i = 1, \ldots, n\,.$$

Das n-Teilchen-System hat $3n$ Koordinaten oder $3n$ *Freiheitsgrade*: $f = 3n$ ($f =$ Zahl der Freiheitsgrade).

$\underset{\sim}{x}$ ist ein Punkt im *Phasenraum* $\mathbb{P}$, dessen Dimension $\dim \mathbb{P} = 2f = 6n$ ist. Diese kompakte Notation ist mehr als ein formaler Trick: Für Differentialgleichungen erster Ordnung vom Typus (1.42) kann man eine Reihe von Aussagen beweisen, die nicht davon abhängen, wie viele Komponenten diese Gleichung hat.

1.19 Existenz und Eindeutigkeit von Lösungen der Bewegungsgleichungen

An den Bildern für die Phasenporträts der Abb. 1.8 und 1.10 fällt auf, dass sie sich nicht schneiden. (Der Punkt B scheint davon eine Ausnahme zu sein, denn dort treffen sich die Kriechbahn, die von oben kommt, die Kriechbahn, die nach unten läuft, und die labile Gleichgewichtslage in B. In Wirklichkeit schneiden sich auch diese Bahnen nicht, denn die obere Kriechbahn z. B. erreicht den Punkt B nicht in endlicher Zeit.) Das ist physikalisch sinnvoll, denn würden zwei Phasenporträts sich schneiden, so hätte das System, wenn es einmal am Schnittpunkt ankommt, die Wahl zwischen zwei Möglichkeiten, wie es weiterläuft. Die Beschreibung durch die Bewegungsgleichungen (1.42) wäre unvollständig. Da Phasenporträts sich aber nicht schneiden, legt ein einziger Punkt $\underset{\sim}{y} \in \mathbb{P}$ zusammen mit (1.42) das ganze Porträt fest. Dieser Punkt $\underset{\sim}{y}$ im Phasenraum, der somit die Orte und Impulse (bzw. Geschwindigkeiten) festlegt, kann als *Anfangsbedingung* aufgefasst werden, die zu einem gegebenen Zeitpunkt $t = s$ angenommen wird. Er legt fest, wie sich das System lokal weiterentwickelt.

Die Theorie der gewöhnlichen Differentialgleichungen gibt über die Existenz von Lösungen von (1.42) sowie über deren Eindeutigkeit präzise Auskunft, soweit gewisse Voraussetzungen für das Vektorfeld $\underset{\sim}{\mathcal{F}}(\underset{\sim}{x}, t)$ erfüllt sind. Diese Aussagen haben unmittelbare Bedeutung für die physikalischen Bahnen, die durch Newton'sche Bewegungsgleichungen beschrieben werden. Es gilt der folgende Satz, den wir hier ohne Beweis zitieren (siehe z. B. Arnol'd, 1991):

Satz 1.9

Es sei $\underset{\sim}{\mathcal{F}}(\underset{\sim}{x}, t)$ mit $\underset{\sim}{x} \in \mathbb{P}$ und $t \in \mathbb{R}$ stetig und bezüglich $\underset{\sim}{x}$ auch stetig differenzierbar. Dann gibt es zu jedem Punkt $\underset{\sim}{z} \in \mathbb{P}$ und zu jedem $s \in \mathbb{R}$ eine Umgebung U von $\underset{\sim}{z}$ und ein Intervall I derart, dass es für alle Punkte $\underset{\sim}{y}$ aus U genau eine Kurve $\underset{\sim}{x}(t, s, \underset{\sim}{y})$ mit t in I gibt, die folgende Bedingungen erfüllt:

$$\begin{aligned}
&\text{i)}\ \frac{\partial}{\partial t}\underset{\sim}{x}(t, s, \underset{\sim}{y}) = \underset{\sim}{\mathcal{F}}[\underset{\sim}{x}(t, s, \underset{\sim}{y}), t] \\
&\text{ii)}\ \underset{\sim}{x}(t = s, s, \underset{\sim}{y}) = \underset{\sim}{y} \qquad (1.43) \\
&\text{iii)}\ \underset{\sim}{x}(t, s, \underset{\sim}{y}) \text{ ist in } t, s \text{ und } \underset{\sim}{y} \text{ stetig differenzierbar.}
\end{aligned}$$

$\underset{\sim}{y}$ ist der Anfangspunkt im Phasenraum, den das System zur Anfangszeit s einnimmt. Die Lösung $\underset{\sim}{x}(t, s, \underset{\sim}{y})$ heißt auch *Integralkurve* des Vektorfeldes $\underset{\sim}{\mathcal{F}}$.

Anmerkung

Man kann $\underset{\sim}{\mathcal{F}}(\underset{\sim}{x}, t) \equiv \underset{\sim}{\mathcal{F}}_t(\underset{\sim}{x})$ als ein Vektorfeld verstehen, das jedem $\underset{\sim}{x}$ einen Geschwindigkeitsvektor $\dot{\underset{\sim}{x}} = \underset{\sim}{\mathcal{F}}_t(\underset{\sim}{x})$ zuordnet. Diese Zuordnung liefert eine nützliche Konstruktion der Bahnen im Phasenraum, wenn man die Lösungen nicht geschlossen angeben kann (s. auch Kap. 5).

1.20 Physikalische Konsequenzen des Existenz- und Eindeutigkeitssatzes

Die durch (1.42) beschriebenen Systeme haben folgende wichtige Eigenschaften:

i) Sie sind *endlichdimensional*, d. h. jeder Zustand wird durch einen Punkt im Phasenraum $\mathbb{P}$ festgelegt und vollständig beschrieben. Der Phasenraum hat die Dimension $\dim \mathbb{P} = 2f$, wo f die Zahl der Freiheitsgrade ist.
ii) Sie sind *differenzierbar*, d. h. die Bewegungsgleichungen sind Differentialgleichungen.
iii) Sie sind *deterministisch*, d. h. Anfangsort und -geschwindigkeit legen die Lösung zumindest lokal (nach Maßgabe der größtmöglichen

Umgebung U und des größtmöglichen Intervalls I aus dem Satz) eindeutig fest. Insbesondere heißt das, dass zwei Bahnkurven (in U und I) sich nicht schneiden.

Nehmen wir an, wir kennen alle Lösungen zu allen möglichen Anfangsbedingungen,

$$\underset{\sim}{x}(t, s, \underset{\sim}{y}) = \underset{\sim}{\Phi}_{t,s}(\underset{\sim}{y}) \,. \tag{1.44}$$

Diese zweiparametrige Schar von Lösungen definiert eine Abbildung von $\mathbb{P}$ auf $\mathbb{P}$, $y \mapsto \underset{\sim}{x} = \underset{\sim}{\Phi}_{t,s}(y)$. Diese Abbildung ist eindeutig und, zusammen mit der Umkehrabbildung, differenzierbar. Man nennt $\underset{\sim}{\Phi}_{t,s}(\underset{\sim}{y})$ die *Strömung* oder den *Fluss* im Phasenraum $\mathbb{P}$.

Die Strömung beschreibt, wie das betrachtete System, das zur Zeit s die Konfiguration y einnimmt, sich unter der Wirkung seiner Dynamik entwickelt. Zur Zeit t nimmt es die Konfiguration $\underset{\sim}{x}$ ein. Dabei kann t sowohl später als auch früher als s liegen. Im ersten Fall ergibt sich die zeitliche Weiterentwicklung des Systems, im zweiten Fall verfolgt man seine Vergangenheit.

Bezeichnet $\circ$, wie in der Mathematik üblich, die Zusammensetzung zweier Abbildungen, also etwa

$$x \underset{f}{\longrightarrow} y = f(x) \underset{g}{\longrightarrow} z = g(y) \quad \text{bzw.} \quad x \underset{g\circ f}{\longrightarrow} z = g(f(x)) \,,$$

so gilt für die Zeiten r, s, t im Intervall I

$$\underset{\sim}{\Phi}_{t,s} \circ \underset{\sim}{\Phi}_{s,r} = \underset{\sim}{\Phi}_{t,r} \,; \qquad \underset{\sim}{\Phi}_{s,s} = 1$$

$$\frac{\partial}{\partial t}\underset{\sim}{\Phi}_{t,s} = \underset{\sim}{F}_t \circ \underset{\sim}{\Phi}_{t,s} = \quad \text{mit} \quad \underset{\sim}{F}_t := \frac{\partial}{\partial t}\underset{\sim}{\Phi}_{t,s}\bigg|_{s=t} \,.$$

Für *autonome* Systeme, d. h. für Systeme, bei denen $\underset{\sim}{\mathcal{F}}$ nicht explizit von Zeit abhängt, gilt

$$\underset{\sim}{x}(t+r, s+r, \underset{\sim}{y}) = \underset{\sim}{x}(t, s, \underset{\sim}{y}) \quad \text{oder}$$

$$\underset{\sim}{\Phi}_{t+r,s+r} = \underset{\sim}{\Phi}_{t,s} \equiv \underset{\sim}{\Phi}_{t-s} \,, \tag{1.45}$$

d. h., solche Systeme sind invariant unter Zeittranslationen.

Beweis

Sei $t' = t + r$, $s' = s + r$. Es ist $\partial/\partial t = \partial/\partial t'$, und somit

$$\frac{\partial}{\partial t}\underset{\sim}{x}(t + r \equiv t'; s + r \equiv s', \underset{\sim}{y}) = \underset{\sim}{\mathcal{F}}(\underset{\sim}{x}(t', s', \underset{\sim}{y}))$$

mit der Anfangsbedingung

$$\underset{\sim}{x}(s', s', \underset{\sim}{y}) = \underset{\sim}{x}(s + r, s + r, \underset{\sim}{y}) = \underset{\sim}{y} \,.$$

Vergleiche dies mit der Lösung von

$$\frac{\partial}{\partial t}\underset{\sim}{x}(t, s, \underset{\sim}{y}) = \underset{\sim}{\mathcal{F}}(\underset{\sim}{x}(t, s, \underset{\sim}{y})) \quad \text{mit} \quad \underset{\sim}{x}(s, s, \underset{\sim}{y}) = \underset{\sim}{y} \,.$$

Nach dem Existenz- und Eindeutigkeitssatz folgt

$$\underset{\sim}{x}(t+r, s+r, \underset{\sim}{y}) = \underset{\sim}{x}(t, s, \underset{\sim}{y}) . \qquad \square$$

Für eine vollständige Beschreibung der Lösungen von (1.42) muss man eigentlich den Phasenraum $\mathbb{P}$ noch um die Zeitachse $\mathbb{R}_t$ als dazu orthogonale Koordinate ergänzen. Dann entsteht der sog. *erweiterte Phasenraum* $\mathbb{P} \times \mathbb{R}_t$ dessen Dimension $2f+1$, also ungeradzahlig ist. Da die Zeit aber monoton und von der Dynamik unbeeinflusst abläuft, gibt die spezielle Lösung $(\underset{\sim}{x}(t), t)$ im erweiterten Phasenraum $\mathbb{P} \times \mathbb{R}_t$ keine grundsätzlich neue Information gegenüber ihrer Projektion $\underset{\sim}{x}(t)$ in den Phasenraum $\mathbb{P}$, das *Phasenporträt*. Ebenso gibt die Projektion der Strömung $\{\underset{\sim}{\Phi}_{t,s}(\underset{\sim}{y}), t\}$ im erweiterten Phasenraum $\mathbb{P} \times \mathbb{R}_t$ auf den Phasenraum $\mathbb{P}$ schon ein weitgehend vollständiges Bild des betrachteten mechanischen Systems.

Die Abb. 1.10, die typische Phasenporträts für das ebene Pendel zeigt, illustriert in besonders instruktiver Weise die Aussagen des Existenz- und Eindeutigkeitssatzes. Die Vorgabe eines beliebigen Punktes $y = (q, p)$ zu einem beliebigen Zeitpunkt s legt das durch diesen Punkt laufende Porträt vollständig fest. Allerdings muss man sich das Bild um die Zeitachse ergänzt, also dreidimensional, denken. Eine Phasenbahn, deren Phasenporträt [d. i. die Projektion auf die (q, p)-Ebene] z. B. kreisähnlich ist, windet sich wie eine Spirale in diesem dreidimensionalen Raum (man skizziere ihren Verlauf!). Der Punkt B scheint zunächst eine Ausnahme darzustellen: Hier trifft die Kriechbahn (A), bei der das Pendel unten angestoßen wird und den höchsten Punkt erreicht ohne durchzuschwingen, mit der Kriechbahn (B), die von oben praktisch ohne Anfangsgeschwindigkeit losläuft, und mit der labilen Gleichgewichtslage (C) zusammen. Dies ist aber kein Widerspruch zum Satz 1.9, denn (A) erreicht den Punkt B erst bei $t = +\infty$, (B) verlässt ihn bei $t = -\infty$, während (C) bei beliebigem *endlichen* t vorliegt.

Wir fassen die wichtigsten Aussagen des Satzes 1.9 noch einmal zusammen. In jedem Zeitpunkt wird der Zustand des mechanischen Systems durch die $2f$ reellen Zahlen $(q_1, \ldots, q_f; p_1, \ldots, p_f)$ vollständig festgelegt: es ist endlichdimensional. Die Differentialgleichung (1.42) enthält die ganze Dynamik des Systems. Der Fluss, das ist die Gesamtheit aller Lösungen von (1.42), transportiert das System aus allen denkbaren Anfangsbedingungen an verschiedene neue Positionen im Phasenraum. Dieser Transport, als Abbildung von $\mathbb{P}$ auf $\mathbb{P}$ aufgefasst, ist umkehrbar eindeutig und in beiden Richtungen differenzierbar. Die differenzierbare Struktur der Dynamik bleibt unter dem Fluss erhalten. Schließlich sind die durch (1.42) beschriebenen Systeme *deterministisch*: Die vollständige Kenntnis der momentanen Konfiguration (Orte und Impulse) legt die zukünftigen und vergangenen Konfigurationen eindeutig fest, soweit das Vektorfeld $\underset{\sim}{\mathcal{F}}$, wie vorausgesetzt, regulär ist.[5]

[5] Der Existenz- und Eindeutigkeitssatz (Abschn. 1.19) macht (in Zeit und Raum) lokale Aussagen und erlaubt nur in Ausnahmefällen, das Langzeitverhalten eines Systems vorherzusagen. Fragen nach dem globalen Verhalten wenden wir uns im Abschn. 6.3 zu. Gewisse Aussagen lassen sich auch aus Energieabschätzungen im Zusammenhang mit dem Virial gewinnen (s. Abschn. 1.31).

1.21 Lineare Systeme

Eine besonders einfache Klasse von mechanischen Systemen, die (1.42) genügen, sind die linearen Systeme, für die $\underset{\sim}{\mathcal{F}} = \mathbf{A}\underset{\sim}{x} + \underset{\sim}{b}$ ist. Wir unterscheiden dabei wie folgt:

a) Lineare, homogene Systeme

Hier gilt

$$\dot{\underset{\sim}{x}} = \mathbf{A}\underset{\sim}{x} \quad \text{mit} \quad \mathbf{A} = \{a_{ik}\} ,$$

bzw. in Komponenten

$$\dot{x}_i = \sum_k a_{ik} x_k . \tag{1.46}$$

Beispiel

(i) Der harmonische Oszillator wird durch eine lineare, homogene Gleichung vom Typus (1.46) beschrieben, d. h.

$$\begin{aligned} \dot{x}_1 &= \frac{1}{m} x_2 \\ \dot{x}_2 &= -m\omega^2 x_1 \end{aligned} \qquad \text{oder} \qquad \begin{pmatrix} \dot{x}_1 \\ \dot{x}_2 \end{pmatrix} = \begin{pmatrix} 0 & \frac{1}{m} \\ -m\omega^2 & 0 \end{pmatrix} \begin{pmatrix} x_1 \\ x_2 \end{pmatrix} . \tag{1.47}$$

Die expliziten Lösungen aus Abschn. 1.17.1 lassen sich auch folgendermaßen schreiben:

$$\begin{aligned} x_1(t) &= x_1^0 \cos\tau + x_2^0/m\omega \sin\tau \\ x_2(t) &= -x_1^0 m\omega \sin\tau + x_2^0 \cos\tau . \end{aligned}$$

Setze nun $\tau = \omega(t-s)$ und

$$\underset{\sim}{y} = \begin{pmatrix} y_1 \\ y_2 \end{pmatrix} \equiv \begin{pmatrix} x_1^0 \\ x_2^0 \end{pmatrix} .$$

Dann ist

$$\underset{\sim}{x}(t) = \underset{\sim}{x}(t, s, \underset{\sim}{y}) = \underset{\sim}{\Phi}_{t,s} = \mathbf{M}(t, s) \cdot \underset{\sim}{y} , \quad \text{mit}$$

$$\mathbf{M}(t, s) = \begin{bmatrix} \cos\omega(t-s) & \frac{1}{m\omega} \sin\omega(t-s) \\ -m\omega \sin\omega(t-s) & \cos\omega(t-s) \end{bmatrix} . \tag{1.48}$$

Man bestätigt, dass $\underset{\sim}{\Phi}_{t,s}$ und $\mathbf{M}(t, s)$ nur von der Differenz $(t-s)$ abhängen. Das muss so sein, da es sich um ein autonomes System handelt. Interessanterweise hat die Matrix $\mathbf{M}$ Determinante 1. Wir werden später hierauf zurückkommen.

b) Lineare, inhomogene Systeme

Diese haben die Gestalt

$$\dot{\underset{\sim}{x}} = \mathbf{A}\underset{\sim}{x} + \underset{\sim}{b} \,. \tag{1.49}$$

Beispiel

(ii) Lorentzkraft bei homogenen Feldern. Ein Teilchen der Ladung e erfährt in äußeren elektrischen und magnetischen Feldern die Kraft

$$\boldsymbol{K} = e\boldsymbol{E} + \frac{e}{c}\dot{\boldsymbol{r}} \times \boldsymbol{B} \,. \tag{1.50}$$

In der kompakten Notation ist

$$x_1 = x \quad x_2 = y \quad x_3 = z \quad x_4 = p_x \quad x_5 = p_y \quad x_6 = p_z \,.$$

Das Magnetfeld werde in die z-Richtung gelegt $\boldsymbol{B} = B\hat{\boldsymbol{e}}_z$, d. h. $\dot{\boldsymbol{r}} \times \boldsymbol{B} = (\dot{y}B, -\dot{x}B, 0)$. Dann gilt $\dot{\underset{\sim}{x}} = \mathbf{A}\underset{\sim}{x} + \underset{\sim}{b}$ und mit $K = eB/mc$

$$\mathbf{A} = \begin{pmatrix} 0 & 0 & 0 & 1/m & 0 & 0 \\ 0 & 0 & 0 & 0 & 1/m & 0 \\ 0 & 0 & 0 & 0 & 0 & 1/m \\ 0 & 0 & 0 & 0 & K & 0 \\ 0 & 0 & 0 & -K & 0 & 0 \\ 0 & 0 & 0 & 0 & 0 & 0 \end{pmatrix} \; ; \quad \underset{\sim}{b} = e \begin{pmatrix} 0 \\ 0 \\ 0 \\ E_x \\ E_y \\ E_z \end{pmatrix} \,. \tag{1.51}$$

Für die linearen Systeme gibt es eine geschlossene mathematische Theorie, die wir hier aber nicht ausführen (s. z. B. Arnol'd, 1991). Einiges davon besprechen wir in Kap. 6, Abschn. 6.2.2–4. Ein weiteres Beispiel findet man in der Praktischen Übung 1 (die kleinen Schwingungen) im Anschluss an Kap. 2.

1.22 Zur Integration eindimensionaler Bewegungsgleichungen

In einer Dimension gilt für ein autonomes System $m\ddot{q} = K(q)$. Falls $K(q)$ stetig ist, gibt es dazu eine potentielle Energie

$$U(q) = -\int_{q_0}^{q} K(q')\,\mathrm{d}q' \,,$$

so dass der Energiesatz die Form annimmt

$$\frac{1}{2}m\dot{q}^2 + U(q) = E = \text{const.}$$

Hieraus folgt die Differentialgleichung erster Ordnung für $q(t)$:

$$\frac{\mathrm{d}q}{\mathrm{d}t} = \sqrt{\frac{2}{m}(E - U(q))}\,. \tag{1.52}$$

Sie ist ein besonders einfaches Beispiel für eine Differentialgleichung mit trennbaren Veränderlichen, deren allgemeine Form

$$\frac{\mathrm{d}y}{\mathrm{d}x} = \frac{g(y)}{f(x)} \tag{1.53}$$

ist und für die der folgende Satz gilt (siehe z. B. Arnol'd, 1991):

Satz 1.10

Die Funktionen $f(x)$ und $g(y)$ seien in Umgebungen der Punkte x_0 bzw. y_0 stetig differenzierbar und es sei $f(x_0) \neq 0$ und $g(y_0) \neq 0$. Die Differentialgleichung (1.53) hat dann eine eindeutige Lösung $y = F(x)$ in der Umgebung von x_0, die die Anfangsbedingung $y_0 = F(x_0)$ und die folgende Relation erfüllt:

$$\int_{x_0}^{x} \frac{\mathrm{d}x'}{f(x')} = \int_{y_0}^{F(x)} \frac{\mathrm{d}y'}{g(y')}\,. \tag{1.54}$$

Für (1.52), in der die linke Seite trivial integriert werden kann, bedeutet dies

$$t - t_0 = \sqrt{\frac{m}{2}} \int_{q_0}^{q(t)} \frac{\mathrm{d}q'}{\sqrt{E - U(q')}}\,, \tag{1.55}$$

d. h., eine Gleichung, die die Lösung $q(t)$ dann liefert, wenn man die Quadratur auf der rechten Seite ausführen kann.

Man kann diese Gleichung und (1.52) auch für eine qualitative Diskussion der Bewegung heranziehen: Da $T + U = E$ und $T \geq 0$ sein muss, folgt $E \geq U(q)$. Als Beispiel werde ein Potential $U(q)$ betrachtet, das bei $q = q_0$ ein lokales Minimum hat, wie in Abb. 1.11 skizziert. In den Punkten A, B und C ist $U(q) = E$. Die Lösungen zur Energie E müssen entweder zwischen A und B liegen, oder jenseits von C, $q_A \leq q(t) \leq q_B$ oder $q(t) \geq q_C$.

Als Beispiel betrachten wir die erste dieser beiden Scharen: Es sind „eingefangene", *finite* Bahnen; die Punkte A und B sind *Umkehrpunkte*, in denen nach (1.52) $\dot{q}$ einen Nulldurchgang hat. Es handelt sich um eine periodische Bewegung mit der Schwingungsperiode $T(E) = 2\times$(Laufzeit von A nach B), also

$$T(E) = \sqrt{2m} \int_{q_A(E)}^{q_B(E)} \frac{\mathrm{d}q'}{\sqrt{E - U(q')}}\,. \tag{1.56}$$

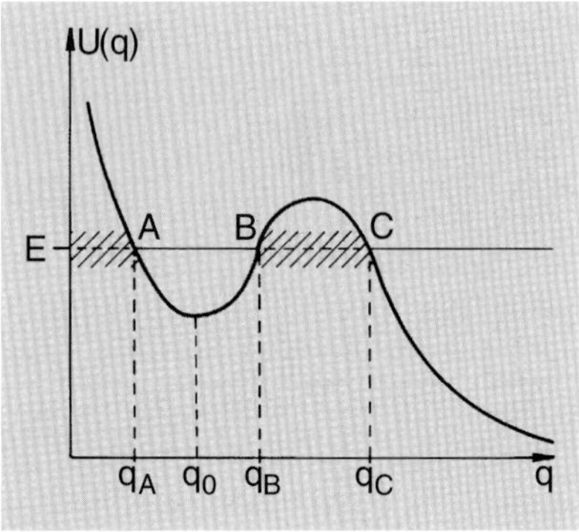

Abb. 1.11. Beispiel für eine potentielle Energie in einer Raumdimension. Gibt man die Energie E vor, so muss die kinetische Energie wegen der Energieerhaltung an den Punkten A, B und C verschwinden. Die schraffierten Bereiche sind für die Ortsvariable q ausgeschlossen

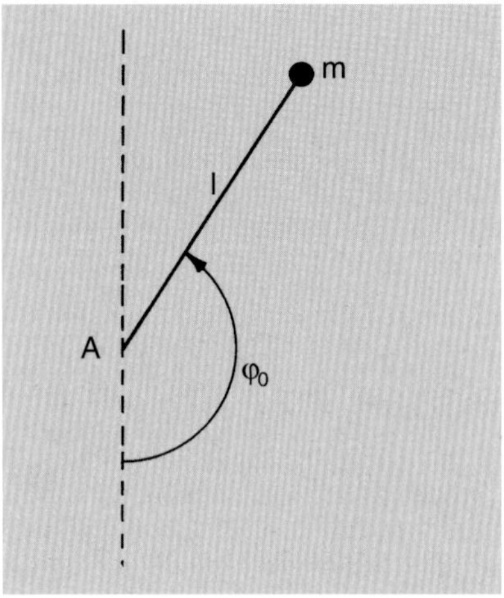

Abb. 1.12. Ebenes, mathematisches Pendel mit beliebigem Ausschlag $\varphi_0 \in [0, \pi]$

1.23 Das ebene Pendel bei beliebigem Ausschlag

Es ist $\varphi_0 \leq \pi$ (vgl. Abb. 1.12). Die potentielle Energie lautet nach Abschn. 1.17.2 $U(\varphi) = mgl\,[1 - \cos\varphi]$. Beim Maximalausschlag $\varphi = \varphi_0$ ist die kinetische Energie gleich Null, so dass die Gesamtenergie gleich

$$E = mgl[1 - \cos\varphi_0] = mgl[1 - \cos\varphi] + \frac{1}{2}ml^2\dot{\varphi}^2$$

ist. Gleichung (1.56) ergibt die Periode, mit der Bogenlänge $s = l\varphi$,

$$T = 2\sqrt{2m}\int_0^{\varphi_0} l\,\mathrm{d}\varphi/\sqrt{mgl(\cos\varphi - \cos\varphi_0)}\,. \tag{1.57}$$

Mit $\cos\varphi = 1 - 2\sin^2(\varphi/2)$ geht dies über in

$$T = 2\sqrt{2}\sqrt{\frac{l}{g}}\int_0^{\varphi_0} \mathrm{d}\varphi/\sqrt{\cos\varphi - \cos\varphi_0}$$

$$= 2\sqrt{\frac{l}{g}}\int_0^{\varphi_0} \mathrm{d}\varphi/\sqrt{\sin^2(\varphi_0/2) - \sin^2(\varphi/2)}\,. \tag{1.56'}$$

Mit der Variablensubstitution

$$\sin\alpha := \frac{\sin(\varphi/2)}{\sin(\varphi_0/2)}$$

folgt

$$\mathrm{d}\varphi = 2\,\mathrm{d}\alpha\,\sin(\varphi_0/2)\sqrt{1 - \sin^2\alpha}/\sqrt{1 - \sin^2(\varphi_0/2)\sin^2\alpha}$$
$$\varphi = 0 \to \alpha = 0$$
$$\varphi = \varphi_0 \to \alpha = \pi/2\,,$$

und somit

$$T = 4\sqrt{\frac{l}{g}}K\big(\sin(\varphi_0/2)\big)\,, \tag{1.58}$$

wo die Funktion $K(z)$

$$K(z) := \int_0^{\pi/2} \mathrm{d}\alpha\,\frac{1}{\sqrt{1 - z^2\sin^2\alpha}}$$

das vollständige elliptische Integral erster Art ist.

Betrachtet man kleine und mittlere Ausschläge, so kann man nach $z = \sin(\varphi_0/2)$ bzw. nach $\varphi_0/2$ selber entwickeln,

$$[1 - z^2\sin^2\alpha]^{-1/2} \simeq 1 + \sin^2\alpha\frac{z^2}{2} + \sin^4\alpha\frac{3z^4}{8}$$
$$\simeq 1 + \frac{1}{2}\sin^2\alpha\left(\frac{1}{4}\varphi_0^2 - \frac{1}{48}\varphi_0^4\right) + \frac{3}{8}\sin^4\alpha\frac{1}{16}\varphi_0^4\,.$$

Die jetzt auftretenden Integrale kann man nachschlagen. Dabei findet man

$$\int_0^{\pi/2} \sin^{2n} x \, dx = \frac{\pi}{2n!}\left(n-\frac{1}{2}\right)\left(n-\frac{3}{2}\right)\dots\frac{1}{2}\,, \qquad (n=1,2,\dots)\,.$$

Dann gilt

$$\begin{aligned} K(z) &\simeq \frac{\pi}{2}\left[1+\frac{1}{4}z^2+\frac{9}{64}z^4\right] \\ &\simeq \frac{\pi}{2}\left[1+\frac{1}{16}\varphi_0^2+\left(\frac{9}{64}-\frac{1}{12}\right)\frac{\varphi_0^4}{16}\right]\,, \end{aligned}$$

so dass schließlich

$$T \simeq 2\pi\sqrt{\frac{l}{g}}\left[1+\frac{1}{16}\varphi_0^2+\frac{11}{3072}\varphi_0^4\right]\,. \tag{1.59}$$

Ein numerischer Vergleich zeigt die Güte dieser Entwicklung. Dazu betrachten wir Tabelle 1.1.

Das Verhalten von T, (1.58), in der Nähe von $\varphi_0 = \pi$ lässt sich getrennt studieren. Man berechnet dafür die Zeit t_Δ, die das Pendel braucht, um von $\varphi = \pi - \Delta$ bis $\varphi = \varphi_0 = \pi - \varepsilon$, mit $\varepsilon \ll \Delta$, zu schwingen (siehe Abb. 1.13). Als neue Variable führen wir ein $x := \pi - \varphi$, so dass $dx = -d\varphi$. Der Wert $\varphi = \pi - \Delta$ entspricht $x = \Delta$, der Wert $\varphi = \varphi_0 = \pi - \varepsilon$ entspricht $x = \varepsilon$. Es sei noch $T^{(0)} = 2\pi\sqrt{l/g}$. Dann gilt

$$\begin{aligned} \frac{t_\Delta}{T^{(0)}} &= \frac{1}{\pi\sqrt{2}}\int_\varepsilon^\Delta \frac{dx}{\sqrt{\cos\varepsilon - \cos x}} \\ &\simeq \frac{1}{\pi}\int_\varepsilon^\Delta \frac{dx}{\sqrt{x^2-\varepsilon^2}} = \frac{1}{\pi}\ln 2\frac{\Delta}{\varepsilon}\,, \end{aligned} \tag{1.60}$$

wobei wir $\cos x \simeq 1 - \frac{1}{2}x^2$ genähert haben.

Für $\varphi_0 \to \pi$, d.h. für $\varepsilon \to 0$ geht t_Δ logarithmisch nach Unendlich. Das Pendel erreicht den oberen (labilen) Gleichgewichtspunkt erst nach unendlich langer Zeit.

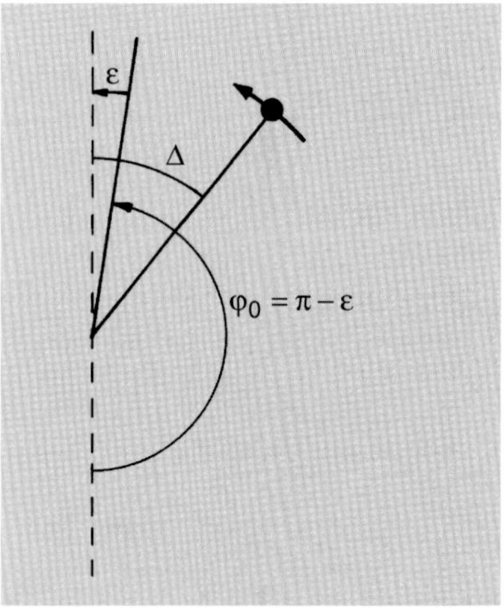

Abb. 1.13. Das ebene Pendel für sehr große Ausschläge, etwa $\varphi_0 = \pi - \varepsilon$, wo ε klein gegen 1 ist. Im Text wird die Zeit t_Δ berechnet, die das Pendel benötigt, um von $\varphi = \pi - \Delta$ bis zum Maximalausschlag φ_0 zu gelangen. Es stellt sich heraus, dass t_Δ wie $-\ln\varepsilon$ nach Unendlich geht, wenn man ε nach Null gehen lässt

φ_0	$1/16\,\varphi_0^2$	$11/3072\,\varphi_0^4$
10°	0,002	$3\cdot10^{-6}$
20°	0,0076	$1\cdot10^{-4}$
45°	0,039	$1{,}4\cdot10^{-3}$

Tab. 1.1. Abweichung von der harmonischen Näherung

Interessanterweise lässt sich der Grenzfall $E = 2mgl$ (labile Gleichgewichtslage bzw. Kriechbahn) wieder elementar integrieren. Kehren wir zur Notation des Abschn. 1.17.2 zurück, so erfüllt $z_1 = \varphi$ jetzt die Differentialgleichung

$$\frac{1}{2}\left(\frac{\mathrm{d}\,z_1}{\mathrm{d}\,\tau}\right)^2 + (1-\cos z_1) = 2 \quad \text{bzw.} \quad \frac{\mathrm{d}\,z_1}{\mathrm{d}\,\tau} = \sqrt{2(1+\cos z_1)}\,.$$

Setzt man $u := \tan(z_1/2)$, so folgt die Differentialgleichung für u

$$\frac{\mathrm{d}u}{\sqrt{u^2+1}} = \mathrm{d}\tau\,,$$

die sich elementar integrieren lässt. Zum Beispiel gilt für die Lösung, die zur Zeit $\tau = 0$ bei $z_1 = 0$ losläuft,

$$\int_0^u \frac{\mathrm{d}u'}{\sqrt{u'^2+1}} = \int_0^\tau \mathrm{d}\tau'\,, \quad \text{bzw.} \quad \ln(u+\sqrt{u^2+1}) = \tau\,,$$

woraus man die Lösung $u = \frac{1}{2}(\mathrm{e}^\tau - \mathrm{e}^{-\tau})$ und die Lösung für z_1 erhält,

$$z_1(\tau) = 2\arctan(\sinh\tau)\,.$$

Setzt man wieder $z_1 = \pi - \varepsilon$, d. h. $u = \cot(\varepsilon/2) \simeq (2/\varepsilon)$, so ist $u + \sqrt{u^2+1} \simeq (4/\varepsilon)$ und $\tau(\varepsilon) \simeq \ln(4/\varepsilon)$. Die Laufzeit von $z_1 = 0$ nach $z_1 = \pi$ divergiert logarithmisch.

1.24 Das Zwei-Teilchen-System mit Zentralkraft

Als weiteres und wichtiges Beispiel betrachten wir das Zwei-Teilchen-System (im $\mathbb{R}^3$) mit Zentralkraft, das sich mit sehr ähnlichen Methoden wie das eindimensionale Problem des Abschn. 1.22 behandeln lässt.

Das Zwei-Teilchen-System haben wir allgemein im Abschn. 1.7 analysiert. Da es sich um eine *Zentral*kraft handeln soll, die wir als stetig voraussetzen, kann man für diese ein kugelsymmetrisches Potential $U(r)$ angeben und es gilt

$$\mu\ddot{\boldsymbol{r}} = -\boldsymbol{\nabla}U(r) \quad \text{mit} \quad \mu = m_1 m_2/(m_1+m_2)\,, \tag{1.61}$$

wo $\boldsymbol{r} = \boldsymbol{r}_1 - \boldsymbol{r}_2$ die Relativkoordinate ist, $r = |\boldsymbol{r}|$. Lautet die Zentralkraft $\boldsymbol{F} = F(r)\hat{\boldsymbol{r}}$, so ist das zugehörige Potential $U(r) = -\int_{r_0}^r F(r')\,\mathrm{d}r'$. Die Bewegung findet in der Ebene statt, die auf dem erhaltenen Relativdrehimpuls $\boldsymbol{\ell}_{\text{rel}} = \boldsymbol{r}\times\boldsymbol{p}$ senkrecht steht. In dieser Ebene kann man z. B. Polarkoordinaten einführen, $x = r\cos\varphi$ und $y = r\sin\varphi$, und es ist $\dot{\boldsymbol{r}}^2 = \dot{r}^2 + r^2\dot{\varphi}^2$.

Die Energie E der Relativbewegung ist erhalten, da der Schwerpunkt sich kräftefrei bewegt und somit der Gesamtimpuls erhalten ist,

$$T_\mathrm{S} + E = \frac{\boldsymbol{P}^2}{2M} + \frac{\mu}{2}(\dot{r}^2 + r^2\dot{\varphi}^2) + U(r) = \text{const.} \tag{1.62}$$

Es gilt also mit $\ell \equiv |\boldsymbol{\ell}| = \mu r^2 \dot{\varphi}$,

$$E = \frac{1}{2}\mu \dot{r}^2 + \frac{\ell^2}{2\mu r^2} + U(r) = \text{const.} \tag{1.63}$$

$T_\mathrm{r} := \mu \dot{r}^2/2$ ist die kinetische Energie der Radialbewegung. Der Term $\ell^2/2\mu r^2 = \mu r^2 \dot{\varphi}^2/2$ lässt sich sowohl als kinetische Energie der Rotationsbewegung lesen als auch, dazu äquivalent, als potentielle Energie der Zentrifugalkraft,

$$\boldsymbol{Z} = -\boldsymbol{\nabla}\left(\frac{1}{2}\mu r \dot{\varphi}^2\right) = -\hat{\boldsymbol{r}}\frac{\partial}{\partial r}\left(\frac{1}{2}\mu r^2 \dot{\varphi}^2\right) = -\mu r \dot{\varphi}^2 \hat{\boldsymbol{r}} = -\frac{\mu}{r}\boldsymbol{v}_r^2 \hat{\boldsymbol{r}}\,.$$

Aus dem Drehimpulssatz

$$\ell = \mu r^2 \dot{\varphi} = \text{const} \tag{1.64}$$

und dem Energiesatz (1.63) folgen die Differentialgleichungen für $r(t)$ und $\varphi(t)$

$$\frac{\mathrm{d}r}{\mathrm{d}t} = \sqrt{\frac{2}{\mu}(E - U(r)) - \frac{\ell^2}{\mu^2 r^2}} \equiv \sqrt{\frac{2}{\mu}[E - U_\mathrm{eff}(r)]} \tag{1.65}$$

$$\frac{\mathrm{d}\varphi}{\mathrm{d}t} = \frac{\ell}{\mu r^2}\,, \tag{1.66}$$

wo

$$U_\mathrm{eff}(r) := U(r) + \frac{\ell^2}{2\mu r^2} \tag{1.67}$$

als effektives Potential betrachtet werden kann. Man sieht dann besonders deutlich die nahe Verwandtschaft zu (1.52), der eindimensionalen Bewegung. Wie dort ist auch (1.65) eine Differentialgleichung mit trennbaren Variablen. Diese kann man weiter behandeln wie dort, man kann aber auch die aus (1.65) und (1.66) folgende Differentialgleichung

$$\frac{\mathrm{d}\varphi}{\mathrm{d}r} = \frac{\ell}{r^2\sqrt{2\mu(E - U_\mathrm{eff})}} \tag{1.68}$$

diskutieren, aus der folgt, dass

$$\varphi - \varphi_0 = \ell \int\limits_{r_0}^{r(\varphi)} \frac{\mathrm{d}r}{r^2\sqrt{2\mu[E - U_\mathrm{eff}]}}\,. \tag{1.69}$$

Wir schreiben $E = T_\mathrm{r} + U_\mathrm{eff}(r)$. Da $T_\mathrm{r} \geq 0$ ist, folgt wiederum, dass $E \geq U_\mathrm{eff}(r)$ sein muss. Wenn also $r(t)$ einen Punkt r_1 erreicht, für den $E = U_\mathrm{eff}(r_1)$ ist, so ist dort $\dot{r}(r_1) = 0$. Hier heißt das aber (im Fall $\ell \neq 0$) nicht, dass der Massenpunkt wie bei einer eindimensionalen Bewegung wirklich zur Ruhe kommt und dann umkehrt. Vielmehr hat er einen Punkt größter Ferne (*Aphel*) oder einen Punkt größter Nähe (*Perihel*) vom Kraftzentrum erreicht. Solange $\ell \neq 0$, hat das Teilchen im Punkt r_1

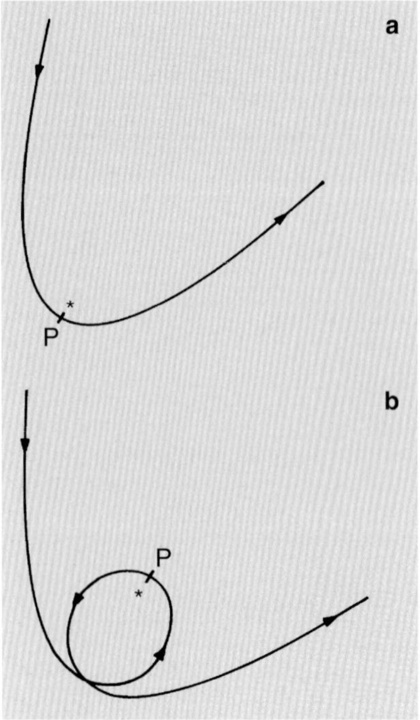

Abb. 1.14. Verschiedene, infinite Bahntypen bei attraktiver, potentieller Energie. P ist der Punkt größter Annäherung an das Kraftzentrum

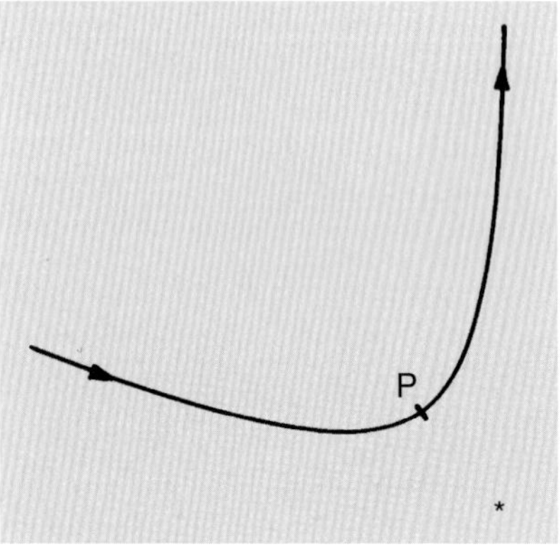

Abb. 1.15. Typische infinite Bahnkurve bei repulsivem Zentralpotential

zwar keine radiale Geschwindigkeit mehr, wohl aber eine Winkelgeschwindigkeit. Es sind verschiedene Fälle möglich:

i) *Es ist* $r(t) \geq r_{\text{min}} \equiv r_{\text{P}}$ (*von Perihel*). Dies ist eine infinite Bewegung. Das Teilchen kommt aus dem Unendlichen, erreicht sein Perihel und verschwindet wieder im Unendlichen. Bei *attraktivem* Potential kann das so aussehen wie in Abb. 1.14 skizziert.
   Bei *repulsivem* Potential kann das etwa wie in Abb. 1.15 skizziert aussehen. Im ersten Fall umläuft das Teilchen das Kraftzentrum einmal oder mehrmals. Im zweiten Fall wird es vom Kraftzentrum abgestoßen und somit abgelenkt.
ii) $r_{\text{min}} \equiv r_{\text{P}} \leq r(t) \leq r_{\text{max}} \equiv r_{\text{A}}$ (*von Aphel*). Hier liegt die ganze Bahn des Teilchens im Kreisring zwischen den beiden Kreisen mit Radius r_{P} bzw. r_{A}. Der Teil der Bahn, der zwischen einem *A*pheldurchgang und dem darauf folgenden *P*eriheldurchgang liegt, und den wir in Abb. 1.16 skizziert haben, reicht aus, um die ganze Bahn zu konstruieren. Man kann sich nämlich überlegen, dass die Bahn symmetrisch sowohl bezüglich der Achse SA als auch bezüglich der Achse SP sein muss. Man betrachte dazu zwei zu A symmetrische Polarwinkel $-\Delta\varphi$ und $\Delta\varphi$, mit $\Delta\varphi = \varphi - \varphi_A$ und (Abb. 1.17)

$$\Delta\varphi = \ell \int\limits_{r_{\text{A}}}^{r(\varphi)} \frac{\mathrm{d}r}{r^2\sqrt{2\mu[E - U_{\text{eff}}]}} \,.$$

Es ist

$$\begin{aligned} U_{\text{eff}}(r) &= U_{\text{eff}}(r_{\text{A}}) + [U_{\text{eff}}(r) - U_{\text{eff}}(r_{\text{A}})] \\ &= E + [U_{\text{eff}}(r) - U_{\text{eff}}(r_{\text{A}})] \end{aligned}$$

und somit

$$\Delta\varphi = \ell \int\limits_{r_{\text{A}}}^{r(\varphi)} \frac{\mathrm{d}r}{r^2\sqrt{2\mu[U_{\text{eff}}(r_{\text{A}}) - U_{\text{eff}}(r)]}} \,. \tag{1.70}$$

Man sieht aber, dass man genauso gut von A nach C_2, statt C_1, laufen kann, indem man in dieser Gleichung für $\Delta\varphi$ das andere Vorzeichen der Wurzel wählt. Nach (1.68) heißt das, dass man die Durchlaufrichtung ändert, oder, nach (1.65) und (1.66), dass man die Zeitrichtung umkehrt. Da für $\Delta\varphi$ und $-\Delta\varphi$ jedesmal $r(\varphi)$ dasselbe ist, ist mit jedem Bahnpunkt $C_1 = \{r(\varphi), \varphi = \varphi_{\text{A}} + \Delta\varphi\}$ auch $C_2 = \{r(\varphi), \varphi = \varphi_{\text{A}} - \Delta\varphi\}$ ein Bahnpunkt. Dieselbe Überlegung gilt bei P. Die behauptete Symmetrie ist somit bewiesen.

Wir illustrieren diese Ergebnisse am Beispiel eines Zentralpotentials vom Typus $U(r) = -a/r^{\alpha}$, $a > 0$.

Zentralpotential vom Typus $U(r) = -a/r^\alpha$, $a > 0$. Seien (r, φ) = Polarkoordinaten in der Bahnebene. Es gilt

$$\frac{\mathrm{d}r}{\mathrm{d}t} = \pm\sqrt{\frac{2E}{\mu} - \frac{2U(r)}{\mu} - \frac{\ell^2}{\mu^2 r^2}} \tag{1.71}$$

$$\frac{\mathrm{d}\varphi}{\mathrm{d}t} = \frac{\ell}{\mu r^2}\,. \tag{1.72}$$

Wir betrachten hier speziell die Bahnen mit $E < 0$ und setzen daher $B := -E$. Außerdem führen wir dimensionslose Variable ein, die wie folgt definiert seien:

$$\varrho(\tau) := \frac{\sqrt{\mu B}}{\ell} r(t)$$

$$\tau := \frac{B}{\ell} t\,.$$

Dann lauten die Bewegungsgleichungen (1.71) und (1.72)

$$\frac{\mathrm{d}\varrho}{\mathrm{d}\tau} = \pm\sqrt{\frac{2b}{\varrho^\alpha} - \frac{1}{\varrho^2} - 2} \tag{1.71'}$$

$$\frac{\mathrm{d}\varphi}{\mathrm{d}\tau} = \frac{1}{\varrho^2}\,. \tag{1.72'}$$

Dabei ist

$$b := \frac{a}{B}\left(\frac{\sqrt{\mu B}}{\ell}\right)^\alpha .$$

Im Spezialfall $\alpha = 1$ erhalten wir wieder das Kepler-Problem, und die Lösungen von (1.71′) und (1.72′) lauten dann

$$\varrho(\varphi) = 1/b[1 + \varepsilon\cos(\varphi - \varphi_0)] \quad \text{mit} \quad \varepsilon = \sqrt{1 - 2/b^2}\,,$$

(φ_0 ist frei wählbar, z. B. $\varphi_0 = 0$).

In den folgenden Abb. 1.18–22 sind Bahnkurven $\varrho(\varphi)$ für verschiedene α und b aufgetragen.

Abbildung 1.18 zeigt zwei Keplerellipsen für $b = 1{,}5$ und $b = 3$. Die Abb. 1.19, 20 illustrieren, wie die Bahn für $\alpha > 1$ der Keplerellipse „voreilt". Ebenso zeigen die Bilder 1.21, 1.22, wie die Bahn für $\alpha < 1$ „nachhinkt". In beiden Fällen tritt (gegenüber dem Kepler'schen

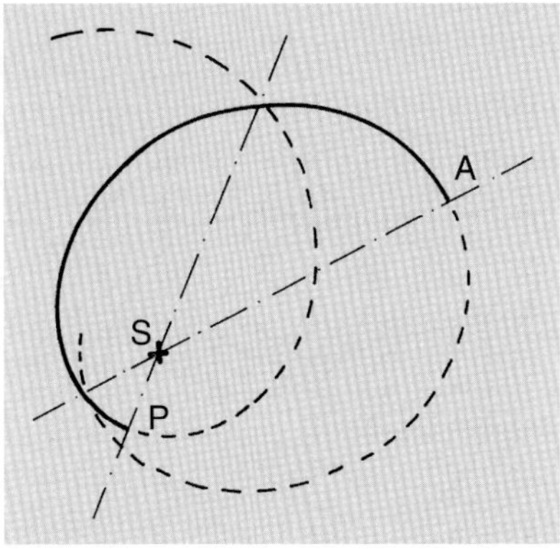

Abb. 1.16. Gebundene oder finite Bahnkurve bei attraktivem Zentralpotential. Die Bahn hat als Symmetrieachsen die Linien SA, vom Kraftzentrum S zum Punkt A größter Ferne, und SP, wo P der Punkt größter Annäherung ist. Daher kann man aus dem Zweig PA der Bahn die ganze Rosettenkurve konstruieren. (Die gezeigte Kurve gehört zu $a = 1{,}3$, $b = 1{,}5$ des weiter unten diskutierten Beispiels)

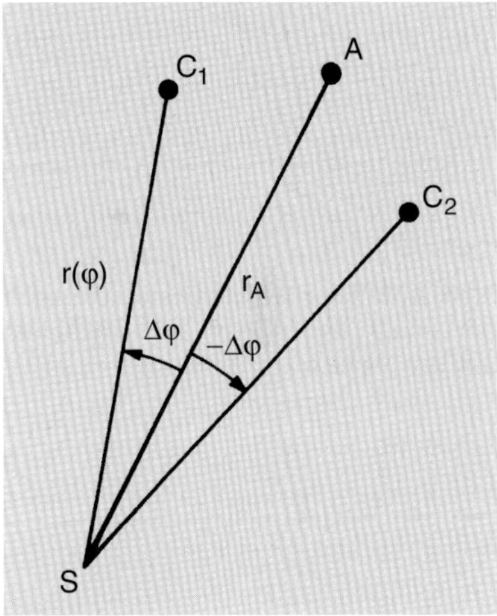

Abb. 1.17. Zwei symmetrische Positionen vor und nach Durchlaufen des Aphels

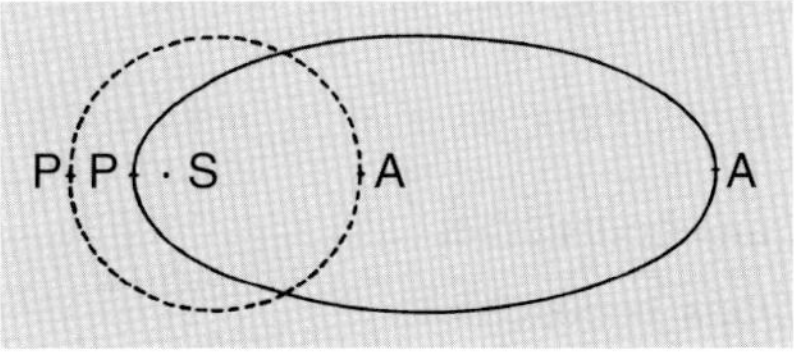

Abb. 1.18. Zwei Kepler-Ellipsen mit verschiedener Exzentrizität. (Im Potential $U(r) = -a/r^\alpha$ ist $\alpha = 1$). Siehe auch die Praktische Übung 4

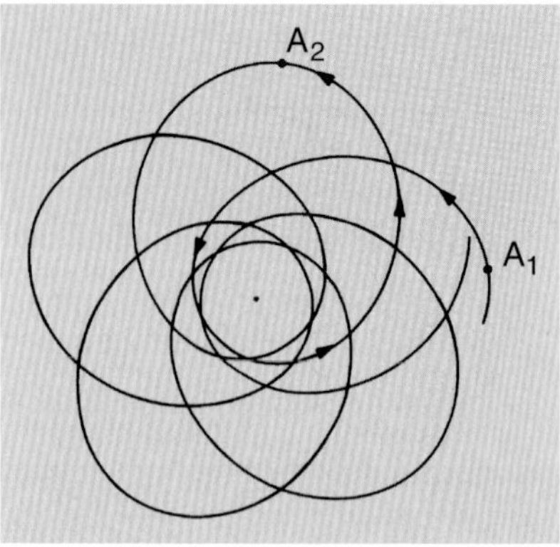

Abb. 1.19. Im Potential $U(r) = -a/r^{\alpha}$ ist $\alpha = 1{,}3$ gewählt, d. h. die Rosettenbahn „eilt voraus". Es ist $b = 1{,}5$ gewählt

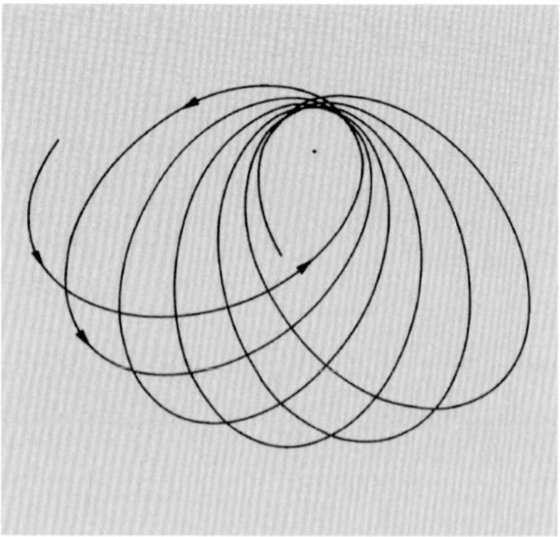

Abb. 1.20. Ähnliche Situation wie in Abb. 1.19, hier mit der Wahl $\alpha = 1{,}1$, $b = 2$

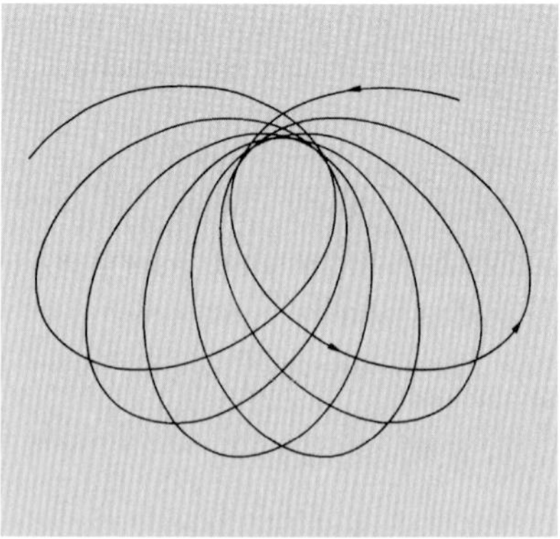

Abb. 1.21. Beispiel für eine Rosettenbahn, die „nachhinkt", mit der Wahl $\alpha = 0{,}9$, $b = 2$ für die Parameter

Abb. 1.22. Eine Rosettenbahn, die noch stärker als die in Abb. 1.21 nachhinkt mit der Wahl $\alpha = 0{,}8$, $b = 3$

Fall $\alpha = 1$) eine Drehung des Perihels auf. Für $\alpha > 1$ ist die Anziehung bei kleinen Abständen stärker, es entsteht eine Rosettenbahn, bei der das Perihel voreilt. Für $\alpha < 1$ ist die Anziehung bei kleinen Abständen schwächer als für $\alpha = 1$, es entsteht ebenfalls eine Rosettenbahn, bei der aber das Perihel gegenüber der Keplerellipse ständig zurückbleibt.

1.25 Rotierendes Koordinatensystem: Coriolis- und Zentrifugalkräfte

Sei **K** ein Inertialsystem; **K**′ sei ein zweites System, das bei $t = 0$ mit **K** zusammenfällt und das mit der Winkelgeschwindigkeit $\omega = |\boldsymbol{\omega}|$ um die Richtung $\hat{\boldsymbol{\omega}} = \boldsymbol{\omega}/\omega$ rotiert, wie in Abb. 1.23 gezeigt. Da die Drehung zeitabhängig ist, ist das Bezugssystem **K**′ kein Inertialsystem! Der Ortsvektor eines Massenpunktes sei mit $\boldsymbol{r}(t)$ bezüglich **K**, mit $\boldsymbol{r}'(t)$ bezüglich **K**′ bezeichnet. Es ist $\boldsymbol{r}(t) = \boldsymbol{r}'(t)$.

Für die *Geschwindigkeiten* gilt folgendes:

$$\boldsymbol{v}' = \boldsymbol{v} - \boldsymbol{\omega} \times \boldsymbol{r}' ,$$

wo $\boldsymbol{v}'$ sich auf **K**′, $\boldsymbol{v}$ sich auf **K** bezieht, oder, wenn wir die zeitliche Änderung, wie sie von **K**′ aus beobachtet wird, mit $\mathrm{d}'/\mathrm{d}t$ bezeichnen,

$$\frac{\mathrm{d}'}{\mathrm{d}t}\boldsymbol{r} = \frac{\mathrm{d}}{\mathrm{d}t}\boldsymbol{r} - \boldsymbol{\omega} \times \boldsymbol{r} \quad \text{bzw.} \quad \frac{\mathrm{d}}{\mathrm{d}t}\boldsymbol{r} = \frac{\mathrm{d}'}{\mathrm{d}t}\boldsymbol{r} + \boldsymbol{\omega} \times \boldsymbol{r} .$$

Dabei bedeuten

$\mathrm{d}/\mathrm{d}t$: zeitliche Änderung, von **K** aus beobachtet

$\mathrm{d}'/\mathrm{d}t$:zeitliche Änderung, von **K**′ aus beobachtet.

Eine solche Beziehung wie die zwischen $\mathrm{d}\boldsymbol{r}/\mathrm{d}t$ und $\mathrm{d}'\boldsymbol{r}/\mathrm{d}t$ gilt aber für jede vektorwertige Funktion $\boldsymbol{a}(t)$:

$$\frac{\mathrm{d}}{\mathrm{d}t}\boldsymbol{a} = \frac{\mathrm{d}'}{\mathrm{d}t}\boldsymbol{a} + \boldsymbol{\omega}\times\boldsymbol{a}\,. \tag{1.73}$$

Nehmen wir an, dass $\boldsymbol{\omega}$ selbst konstant ist, so lässt sich der Zusammenhang (1.73) in folgender Weise auf $\boldsymbol{a} \equiv \mathrm{d}\boldsymbol{r}/\mathrm{d}t$ anwenden:

$$\begin{aligned}\frac{\mathrm{d}^2}{\mathrm{d}t^2}\boldsymbol{r}(t) &= \frac{\mathrm{d}'}{\mathrm{d}t}\left(\frac{\mathrm{d}\boldsymbol{r}}{\mathrm{d}t}\right) + \boldsymbol{\omega}\times\frac{\mathrm{d}\boldsymbol{r}}{\mathrm{d}t}\\ &= \frac{\mathrm{d}'}{\mathrm{d}t}\left[\frac{\mathrm{d}'}{\mathrm{d}t}\boldsymbol{r} + \boldsymbol{\omega}\times\boldsymbol{r}\right] + \boldsymbol{\omega}\times\left[\frac{\mathrm{d}'}{\mathrm{d}t}\boldsymbol{r} + \boldsymbol{\omega}\times\boldsymbol{r}\right]\\ &= \frac{\mathrm{d}'^2}{\mathrm{d}t^2}\boldsymbol{r} + 2\boldsymbol{\omega}\times\frac{\mathrm{d}'}{\mathrm{d}t}\boldsymbol{r} + \boldsymbol{\omega}\times(\boldsymbol{\omega}\times\boldsymbol{r})\,.\end{aligned} \tag{1.74}$$

(Falls $\boldsymbol{\omega}$ zeitabhängig ist, gibt es noch einen weiteren Term $(\mathrm{d}'\boldsymbol{\omega}/\mathrm{d}t)\times\boldsymbol{r}' = (\mathrm{d}\boldsymbol{\omega}/\mathrm{d}t)\times\boldsymbol{r} = \dot{\boldsymbol{\omega}}\times\boldsymbol{r}$ in dieser Gleichung.)

Da **K** ein Inertialsystem ist, gelten dort die Newton'schen Bewegungsgleichungen

$$m\frac{\mathrm{d}^2}{\mathrm{d}t^2}\boldsymbol{r}(t) = \boldsymbol{F}\,.$$

Setzen wir den Zusammenhang (1.74) zwischen der Beschleunigung $\mathrm{d}^2\boldsymbol{r}/\mathrm{d}t^2$, wie sie im System **K** beobachtet wird, und der Beschleunigung $\mathrm{d}^{2'}\boldsymbol{r}/\mathrm{d}t^2$, wie sie in **K**′ gesehen wird, ein, so entsteht die folgende Bewegungsgleichung:

$$m\frac{\mathrm{d}'^2}{\mathrm{d}t^2}\boldsymbol{r} = \boldsymbol{F} - 2m\boldsymbol{\omega}\times\frac{\mathrm{d}'}{\mathrm{d}t}\boldsymbol{r} - m\boldsymbol{\omega}\times(\boldsymbol{\omega}\times\boldsymbol{r});\,. \tag{1.75}$$

Im System **K**′, das kein Inertialsystem ist, ist der Massenpunkt außer der wirklichen Kraft $\boldsymbol{F}$ noch der

Coriolis-Kraft $\quad \boldsymbol{C} = -2m\,\boldsymbol{\omega}\times\boldsymbol{v}'$ sowie der (1.76)

Zentrifugalkraft $\quad \boldsymbol{Z} = -m\,\boldsymbol{\omega}\times(\boldsymbol{\omega}\times\boldsymbol{r})$ (1.77)

unterworfen, deren Wirkungsrichtung man sich leicht überlegt.

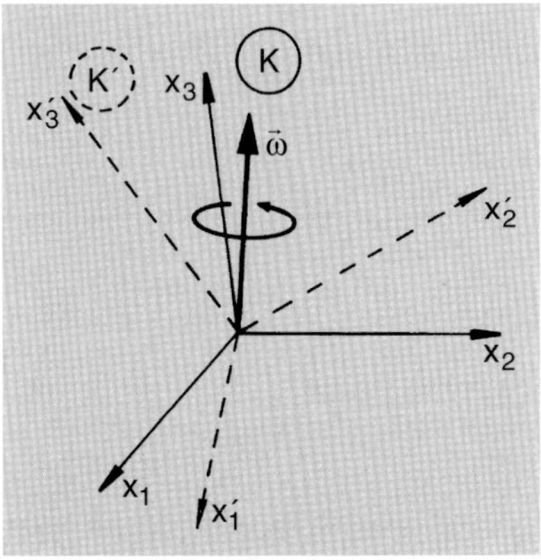

Abb. 1.23. Das Koordinatensystem **K**′ rotiert mit der Winkelgeschwindigkeit $\boldsymbol{\omega}$ um das Inertialsystem **K**

1.26 Coriolis-Beschleunigung auf der Erde

Beispiele

i) Als Beispiel für ein solches rotierendes Koordinatensystem kann jedes fest mit der Erde verbundene System dienen. Die Tangentialebene in einem Punkt A der Erdoberfläche dreht sich horizontal um die Komponente $\boldsymbol{\omega}_\mathrm{v}$ von $\boldsymbol{\omega}$, außerdem aber noch als Ganzes um die Komponente $\boldsymbol{\omega}_\mathrm{h}$ (tangential zum Meridian durch A) von $\boldsymbol{\omega}$, Abb. 1.24.

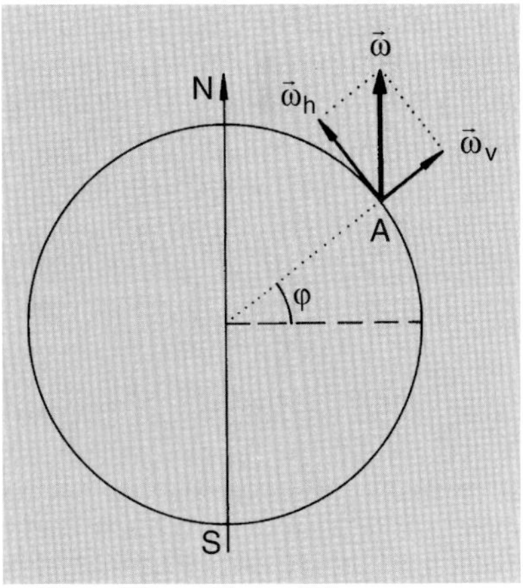

Abb. 1.24. Ein im Punkt A der Erdoberfläche verankertes Koordinatensystem rotiert um die Nord-Südachse mit der Winkelgeschwindigkeit $\boldsymbol{\omega} = \boldsymbol{\omega}_v + \boldsymbol{\omega}_h$

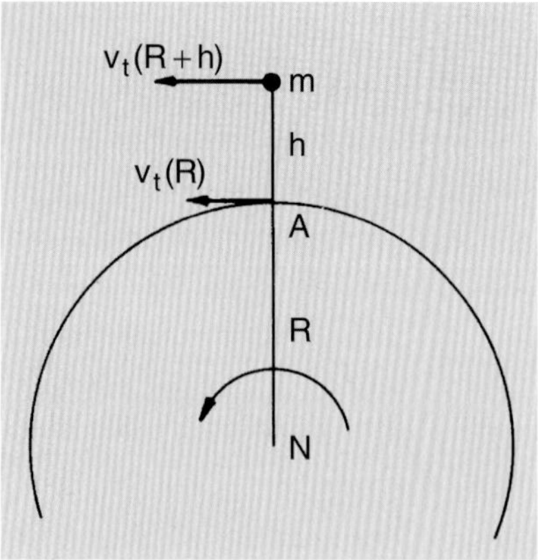

Abb. 1.25. Ein vertikal fallender Körper erfährt eine Ostabweichung. Das Bild zeigt den Nordpol und den durch A gehenden Breitengrad in Aufsicht

Bewegt sich beispielsweise ein Massenpunkt in einer horizontalen Richtung (d. h. in der Tangentialebene), so ist in (1.76) nur die vertikale Komponente $\boldsymbol{\omega}_\mathrm{v}$ wirksam. Auf der *nördlichen* Halbkugel erfährt der Massenpunkt eine *Rechts*abweichung.
Bei einer vertikalen Bewegung ist (in erster Näherung) nur $\boldsymbol{\omega}_\mathrm{h}$ wirksam; auf der nördlichen Halbkugel ergibt sich daraus eine Ostabweichung, die sich beispielsweise für den freien Fall leicht abschätzen lässt. Wir wollen sie auf zwei Weisen näherungsweise berechnen. Der Massenpunkt m stehe fest über dem Punkt A der Erdoberfläche (Abb. 1.25 in Aufsicht auf den Nordpol). Seine Tangentialgeschwindigkeit (bezüglich **K**!) ist $v_\mathrm{T}(R+h) = (R+h)\omega\cos\varphi$ mit $\omega = |\boldsymbol{\omega}|$.

a) Im raumfesten Inertialsystem

Man lässt ihn zur Zeit $t = 0$ von der Spitze eines Turms der Höhe H fallen. Von **K** aus gesehen, fliegt m in horizontaler (östlicher) Richtung mit der konstanten Geschwindigkeit $v_\mathrm{T}(R+H) = (R+H)\omega\cos\varphi$, während er in vertikaler Richtung mit der konstanten Fallbeschleunigung g fällt. Daher sind die Höhe H und die Fallzeit T wie gewohnt über $H = \frac{1}{2}gT^2$ verknüpft. Hätte der Fußpunkt A des Turmes zur gleichen Zeit ($t = 0$) die Erdoberfläche tangential mit der konstanten Geschwindigkeit $v_\mathrm{T}(R)$ verlassen, so würde der Massenpunkt nach der Zeit T im Abstand

$$\Delta_0 = [v_\mathrm{T}(R+H) - v_\mathrm{T}(R)]T = H\omega T\cos\varphi$$

östlich von A auftreffen. In Wirklichkeit hat sich der Turm während der Fallzeit in östlicher Richtung beschleunigt weiterbewegt, d. h. die wirkliche Ostabweichung Δ ist kleiner als dieses Δ_0. Zur Zeit t mit $0 \le t \le T$ ist die horizontale Relativgeschwindigkeit des Massenpunktes und des Turmes $[v_\mathrm{T}(R+H) - v_\mathrm{T}(R+H-\frac{1}{2}gt^2)] = \frac{1}{2}g\omega t^2\cos\varphi$. Dies muss man von 0 bis T integrieren und von Δ_0 abziehen. Als Ergebnis erhält man

$$\begin{aligned}\Delta \simeq \Delta_0 - \frac{1}{2}g\omega\cos\varphi\int_0^T t^2\,\mathrm{d}t &= \omega\cos\varphi\int_0^T \mathrm{d}t\left(H - \frac{1}{2}gt^2\right)\\ &= \frac{1}{3}g\omega T^3\cos\varphi\,.\end{aligned}$$

b) Im mitbewegten System

Wir gehen von der Bewegungsgleichung (1.75) aus. Da die empirische Fallbeschleunigung g sich aus der zum Erdmittelpunkt hin gerichteten Anziehung und aus der von dieser weggerichteten Zentrifugalbeschleunigung zusammensetzt, ist die Zentrifugalkraft bereits näherungsweise berücksichtigt. (Man beachte, dass die Coriolis-Kraft in ω „linear", die Zentrifugalkraft in ω „quadratisch" ist. Für die Abstände und Geschwindigkeiten, die wir hier betrachten, sind beide klein im Vergleich zur Anziehungskraft der Erde, wobei die Zentrifugalkraft noch deutlich kleiner als die Coriolis-Kraft ist.) Gleichung (1.75) lautet also

$$m\frac{\mathrm{d}'^2\boldsymbol{r}}{\mathrm{d}t^2} = -mg\hat{\boldsymbol{e}}_v - 2m\omega\left(\hat{\boldsymbol{\omega}}\times\frac{\mathrm{d}'\boldsymbol{r}}{\mathrm{d}t}\right) . \qquad (*)$$

Wir setzen $\boldsymbol{r}(t) = \boldsymbol{r}^{(0)}(t) + \omega\boldsymbol{u}(t)$, wo $\boldsymbol{r}^{(0)}(t) = (H - \frac{1}{2}gt^2)\hat{\boldsymbol{e}}_v$ die Lösung der Bewegungsgleichung (*) ohne Coriolis-Kraft ist ($\omega = 0$). Da $\omega = 2\pi/(1\,\text{Tag}) = 7{,}3\cdot 10^{-5}\,\text{s}^{-1}$ klein ist, bestimmen wir die Abweichung $\boldsymbol{u}(t)$ genähert, indem wir in (*) nur die von ω unabhängigen und die in ω linearen Terme berücksichtigen. Setzt man den Ansatz $\boldsymbol{r}(t)$ in (*) ein, so ergibt sich für $\boldsymbol{u}(t)$

$$m\omega\frac{\mathrm{d}'^2}{\mathrm{d}t^2}\boldsymbol{u} \simeq 2mgt\omega(\hat{\boldsymbol{\omega}}\times\hat{\boldsymbol{e}}_v) .$$

$\hat{\boldsymbol{\omega}}$ ist parallel zur Erdachse, $\hat{\boldsymbol{e}}_v$ ist vertikal. Daher ist $(\hat{\boldsymbol{\omega}}\times\hat{\boldsymbol{e}}_v) = \cos\varphi\,\hat{\boldsymbol{e}}_0$, wobei $\hat{\boldsymbol{e}}_0$ tangential zur Erde nach Osten weist. Damit folgt

$$\frac{\mathrm{d}'^2}{\mathrm{d}t^2}\boldsymbol{u} \simeq 2gt\cos\varphi\,\hat{\boldsymbol{e}}_0$$

und, nach zweimaliger Integration,

$$\boldsymbol{u} \simeq \frac{1}{3}gt^3\cos\varphi\,\hat{\boldsymbol{e}}_0 .$$

Die Ostabweichung ist also wieder

$$\begin{aligned}\Delta &= \frac{1}{3}gT^3\omega\cos\varphi \\ &= \frac{2}{3}\frac{H\omega}{g}\sqrt{2gH}\cos\varphi = 2{,}189\cdot 10^{-5}H^{3/2}\cos\varphi .\end{aligned}$$

Als numerisches Beispiel wähle man $H = 160\,\text{m}$, $\varphi = 50°$. Daraus ergibt sich die Ostabweichung $\Delta \simeq 2{,}8\,\text{cm}$.

ii) Ein Massenpunkt m sei zunächst starr mit dem raumfesten Punkt O verbunden und rotiere mit konstanter Winkelgeschwindigkeit um diesen Punkt (Abb. 1.26). Während dieser Bewegung ist seine kinetische Energie $T = \frac{1}{2}mR^2\omega^2$. Unterbricht man nun die starre Verbindung mit O, so verlässt m den Kreis $(O;\,R)$ in tangentialer Richtung mit der konstanten Geschwindigkeit $R\omega$. Wie sieht dieselbe Bewegung in einem mit rotierenden System $\mathbf{K}'$ aus?
Es gilt nach (1.75):

$$m\frac{\mathrm{d}^{2'}}{\mathrm{d}t^2}\boldsymbol{r} = 2m\omega\frac{\mathrm{d}'}{\mathrm{d}t}(x_2'\hat{\boldsymbol{e}}_1' - x_1'\hat{\boldsymbol{e}}_2') + m\omega^2\boldsymbol{r} ,$$

oder in Komponenten ausgeschrieben

$$\begin{aligned}m\frac{\mathrm{d}^{2'}}{\mathrm{d}t^2}x_1' &= 2m\omega\frac{\mathrm{d}'}{\mathrm{d}t}x_2' + m\omega^2 x_1' \\ m\frac{\mathrm{d}^{2'}}{\mathrm{d}t^2}x_2' &= -2m\omega\frac{\mathrm{d}'}{\mathrm{d}t}x_1' + m\omega^2 x_2' .\end{aligned}$$

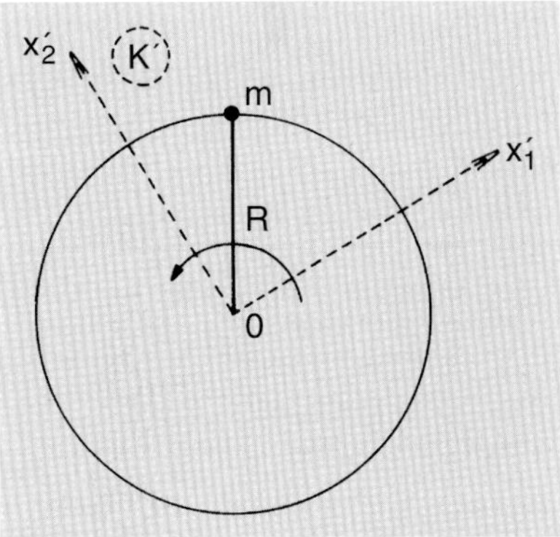

Abb. 1.26. Ein Massenpunkt rotiert gleichmäßig um den Ursprung 0. $\mathbf{K}'$ ist ein Bezugssystem in der Ebene, das mit dem Punkt synchron mitrotiert

Die beschriebene Anfangsbedingung bei $t = 0$ lautet

$$t = 0 \begin{cases} x_1' = R & \frac{\mathrm{d}'}{\mathrm{d}t} x_1' = 0 \\ x_2' = 0 & \frac{\mathrm{d}'}{\mathrm{d}t} x_2' = 0 \,. \end{cases}$$

Bezüglich **K** würde dann gelten

$$x_1(t) = R \,, \quad x_2(t) = R\omega t \,.$$

Außerdem gilt der Zusammenhang

$$x_1' = x_1 \cos \omega t + x_2 \sin \omega t \,, \quad x_2' = -x_1 \sin \omega t + x_2 \cos \omega t \,.$$

Damit haben wir aber schon die Lösung des Systems

$$x_1'(t) = R \cos \omega t + R\omega t \sin \omega t \,, \quad x_2'(t) = -R \sin \omega t + R\omega t \cos \omega t$$

zur gegebenen Anfangsbedingung gefunden. Es ist instruktiv, diese Bahnkurve bezüglich $\mathbf{K}'$ zu skizzieren, um sich darüber klar zu werden, dass eine geradlinige, gleichförmige Bewegung kompliziert aussieht, wenn man sie von einem rotierenden Koordinatensystem aus beobachtet.

iii) Ein weiteres schönes Beispiel ist das „Foucault'sche Pendel", das die Leserin, der Leser vielleicht schon einmal in einer der Originalanordnung ähnlichen, großen Ausführung (oder als Demonstrationsversuch in einer Vorlesung über experimentelle Physik) gesehen hat. An einem Ort der geografischen Breite $0 \le \varphi \le \pi/2$ wird ein mathematisches Pendel im Punkt mit den Koordinaten $(0, 0, l)$ bezüglich eines fest mit der Erde verbundenen Koordinatensystems **K** angebracht und in ebene Schwingungen versetzt. Als Modell für das Pendel dient eine Punktmasse m, die an einem masselosen Faden der Länge l hängt. Die Einheitsvektoren in **K** seien mit $\hat{\boldsymbol{e}}_1$ für die Südrichtung, mit $\hat{\boldsymbol{e}}_2$ für die Ostrichtung und $\hat{\boldsymbol{e}}_3$ für die nach oben gerichtete Vertikale bezeichnet. Anhand einer guten Zeichnung macht man sich leicht klar, dass die Fadenspannung folgende Form hat

$$\boldsymbol{Z} = Z\Big(-\frac{x_1}{l}\hat{\boldsymbol{e}}_1 - \frac{x_2}{l}\hat{\boldsymbol{e}}_2 + \frac{l - x_3}{l}\hat{\boldsymbol{e}}_3\Big) \,,$$

wobei die Komponenten so normiert sind, dass $Z = |\boldsymbol{Z}|$ ist. In der Tat ist $l^2 = (l - x_3)^2 + x_1^2 + x_2^2$, so dass die Summe der Quadrate der Koeffizienten innerhalb der runden Klammern gleich 1 ist. Setzt man diesen Ausdruck in die Bewegungsgleichung ein und bezeichnet die Zeitableitung $\mathrm{d}'/\mathrm{d}t$ bezüglich des (rotierenden) Systems **K** wieder mit dem üblichen „Punkt"-Symbol, so lautet diese

$$m\ddot{\boldsymbol{r}} = \boldsymbol{Z} + m\boldsymbol{g} - 2m\big(\boldsymbol{\omega} \times \dot{\boldsymbol{r}}\big) - m\boldsymbol{\omega} \times (\boldsymbol{\omega} \times \boldsymbol{r}) \,.$$

Die Zentrifugalkraft ist aus denselben Gründen wie im ersten Beispiel vernachlässigbar. Mit der beschriebenen Wahl der Achsen des fest mit der Erde verbundenen Bezugssystems **K** gilt

$$\boldsymbol{\omega} = \omega \begin{pmatrix} -\cos\varphi \\ 0 \\ \sin\varphi \end{pmatrix}, \quad (\boldsymbol{\omega} \times \dot{\boldsymbol{r}}) = \omega \begin{pmatrix} -\dot{x}_2 \sin\varphi \\ \dot{x}_1 \sin\varphi + \dot{x}_3 \cos\varphi \\ -\dot{x}_2 \cos\varphi \end{pmatrix},$$

(wobei, wie bisher, ω der Betrag der Winkelgeschwindigkeit der Erde, φ die geografische Breite ist.) Die Bewegungsgleichungen – nach den drei Richtungen getrennt – lauten somit

$$m\ddot{x}_1 = -\frac{Z}{l}x_1 + 2m\omega\dot{x}_2 \sin\varphi\,,$$
$$m\ddot{x}_2 = -\frac{Z}{l}x_2 - 2m\omega\big(\dot{x}_1 \sin\varphi + \dot{x}_3 \cos\varphi\big)\,,$$
$$m\ddot{x}_3 = \frac{Z}{l}(l - x_3) - mg + 2m\omega\dot{x}_2 \cos\varphi\,.$$

Diese Gleichungen lassen sich besonders einfach für den Fall kleiner Schwingungen lösen: Dazu setzen wir in der dritten dieser Gleichungen $x_3 \approx 0$, $\dot{x}_3 \approx 0$ und erhalten daraus den Betrag der Fadenspannung

$$Z = mg - 2m\omega\dot{x}_2 \cos\varphi\,.$$

Dies setzt man in die ersten beiden Differentialgleichungen ein, benutzt aber auch dort die Näherung kleiner Ausschläge indem man Terme der Art $x_i\dot{x}_k$ vernachlässigt. Führt man noch die Abkürzungen

$$\omega_0^2 := \frac{g}{l}\,, \qquad \alpha := \omega\sin\varphi$$

ein, so verbleiben zwei gekoppelte Differentialgleichungen für x_1 und x_2:

$$\ddot{x}_1 = -\omega_0^2 x_1 + 2\alpha\dot{x}_2\,,$$
$$\ddot{x}_2 = -\omega_0^2 x_2 - 2\alpha\dot{x}_1\,,$$

deren Lösungen folgendermaßen aufgefunden werden können. Setzt man $z(t) := x_1(t) + \mathrm{i}x_2(t)$, und löst die entstehende Differentialgleichung

$$\ddot{z}(t) = -\omega_0^2 z(t) - 2\mathrm{i}\alpha\dot{z}(t)$$

mit dem Ansatz

$$z(t) = Ce^{\mathrm{i}\gamma t}\,, \qquad C \in \mathbb{C}\,,$$

dann folgen zunächst zwei mögliche Werte für γ:

$$\gamma_1 = -\alpha + \sqrt{\alpha^2 + \omega_0^2}\,, \qquad \gamma_2 = -\alpha - \sqrt{\alpha^2 + \omega_0^2}\,.$$

Für ein realistisches Pendel ist allerdings $\alpha^2 \ll \omega_0^2$. So hatte beispielsweise das originale Pendel, das Foucault 1851 in Paris im

Panthéon installierte, $l = 67\,\text{m}$, $m = 28\,\text{kg}$ und somit eine Periode von $T = 16{,}4\,\text{s}$. Man prüft leicht nach, dass in der Tat α^2 gegenüber ω_0^2 vernachlässigt werden kann. Mit dieser Näherung lautet die allgemeine Lösung

$$z(t) \approx (c_1 + \mathrm{i}c_2)e^{-\mathrm{i}(\alpha-\omega_0)t} + (c_3 + \mathrm{i}c_4)e^{-\mathrm{i}(\alpha+\omega_0)t} .$$

Diese Funktion muss man nun wieder in Real- und Imaginärteil zerlegen und die Integrationskonstanten an eine vorgebene Anfangsbedingung anpassen. Diese könnte z. B. die folgende sein:

$$x_1(0) = a\,,\ \dot{x}_1 = 0\,, \quad x_2(0) = 0\,,\ \dot{x}_2(0) = 0\,,$$

in Worten ausgedrückt, würde man hier das Pendel in der 1-Richtung (nach Süden) um die Länge a auslenken und ohne Anfangsgeschwindigkeit loslassen. Es ist jetzt nicht schwer, diese spezielle, genäherte Lösung in den ursprünglichen Koordinaten anzugeben. Sie lautet

$$x_1(t) \approx a\Big(\cos(\alpha t)\cos(\omega_0 t) + \frac{\alpha}{\omega_0}\sin(\alpha t)\sin(\omega_0 t)\Big)\,,$$
$$x_2(t) \approx a\Big(-\sin(\alpha t)\cos(\omega_0 t) + \frac{\alpha}{\omega_0}\cos(\alpha t)\sin(\omega_0 t)\Big)\,.$$

Im Fall des historischen Foucault'schen Pendels ist $\omega_0 = 2\pi/16{,}4 = 0{,}3831\,\text{s}^{-1}$, bei der geografischen Breite $\varphi = 50°$ ist

$$\alpha = \frac{2\pi}{1\,\text{Tag}}\sin\varphi = 5{,}57\cdot 10^{-5}\,\text{s}^{-1}\,.$$

Dieses Resultat bedeutet zweierlei: Zum einen dreht sich die Schwingungsebene sehr langsam, auf der nördlichen Halbkugel im Uhrzeigersinn, auf der südlichen im Gegenuhrzeigersinn, um die lokale Vertikale. Die Spur, die das Pendel auf der Erdoberfläche hinterlässt, ist dabei auf der nördlichen Halbkugel leicht nach rechts, auf der südlichen leicht nach links gekrümmt. Zum anderen sieht man, dass es für eine vollständige Umdrehung $24/\sin\varphi$ Stunden benötigt. Am Nord- und am Südpol sind dies gerade 24-Stunden, bei $\varphi = 50°$ sind das genähert $31{,}33\,\text{h}$, am Äquator findet gar keine Drehung statt.

Wir runden dieses Beispiel mit einigen Ergänzungen und Illustrationen ab: Ist die Bedingung $\alpha^2 \ll \omega_0^2$ nicht erfüllt, sind die Lösungen zur selben Anfangsbedingung

$$x_1(t) = a\Big(\cos(\alpha t)\cos(\overline{\omega}t) + \frac{\alpha}{\overline{\omega}}\sin(\alpha t)\sin(\overline{\omega}t)\Big)\,,$$
$$x_2(t) = a\Big(-\sin(\alpha t)\cos(\overline{\omega}t) + \frac{\alpha}{\overline{\omega}}\cos(\alpha t)\sin(\overline{\omega}t)\Big)\,.$$

mit $\overline{\omega} = \sqrt{\omega_0^2 + \alpha^2}\,.$

Für die Komponenten der Geschwindigkeit ergibt sich ein vergleichsweise einfaches Resultat:

$$\dot{x}_1 = -a\frac{\omega_0^2}{\overline{\omega}}\cos(\alpha t)\sin(\overline{\omega}t)\,,$$

$$\dot{x}_2 = a\frac{\omega_0^2}{\overline{\omega}}\sin(\alpha t)\sin(\overline{\omega}t)\,.$$

Beide Komponenten verschwinden gleichzeitig zu den Zeiten

$$t_n = \frac{n\pi}{\overline{\omega}} = \frac{n}{2}\overline{T} \approx \frac{n}{2}\left(T - \frac{\alpha^2}{2\omega_0^2}\right) \quad n = 0, 1, 2, \ldots\,.$$

Dies bedeutet, dass die Projektion der Pendelbewegung auf die Erdoberfläche an den Umkehrpunkten „Spitzen" besitzt. Diese Bewegung ist in Abb. 1.27 qualitativ und von oben gesehen dargestellt.

Wesentlich klarer und quantitativ richtig lassen sich die Effekte der Coriolis-Beschleunigung auf ein schwingendes Pendel illustrieren, wenn die Kreisfrequenz α nicht wesentlich kleiner ist als $\overline{\omega}$. In den folgenden beiden Beispielen ist angenommen, dass das Verhältnis $\alpha/\overline{\omega}$ gleich $1/4$, d. h. für den Fall der Erde und ein echtes Foucault'sches Pendel unrea-

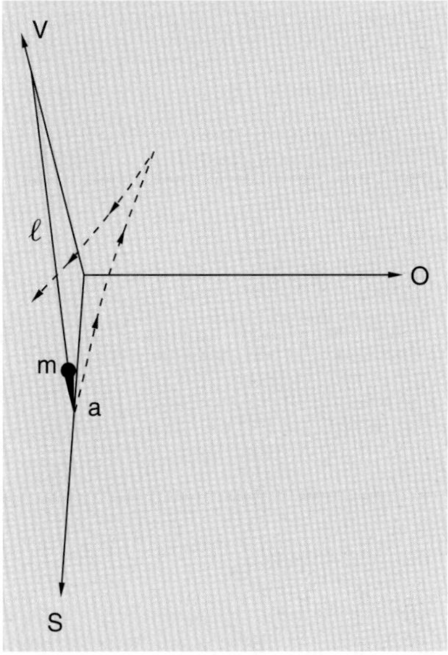

Abb. 1.27. Ein Foucault'sches Pendel – von oben beobachtet – startet ohne Anfangsgeschwindigkeit beim Abstand a im Süden. Seine Spur auf der Erdoberfläche (gestrichelt) ist nach rechts gekrümmt und zeigt Spitzen an den Umkehrpunkten, hier stark übertrieben

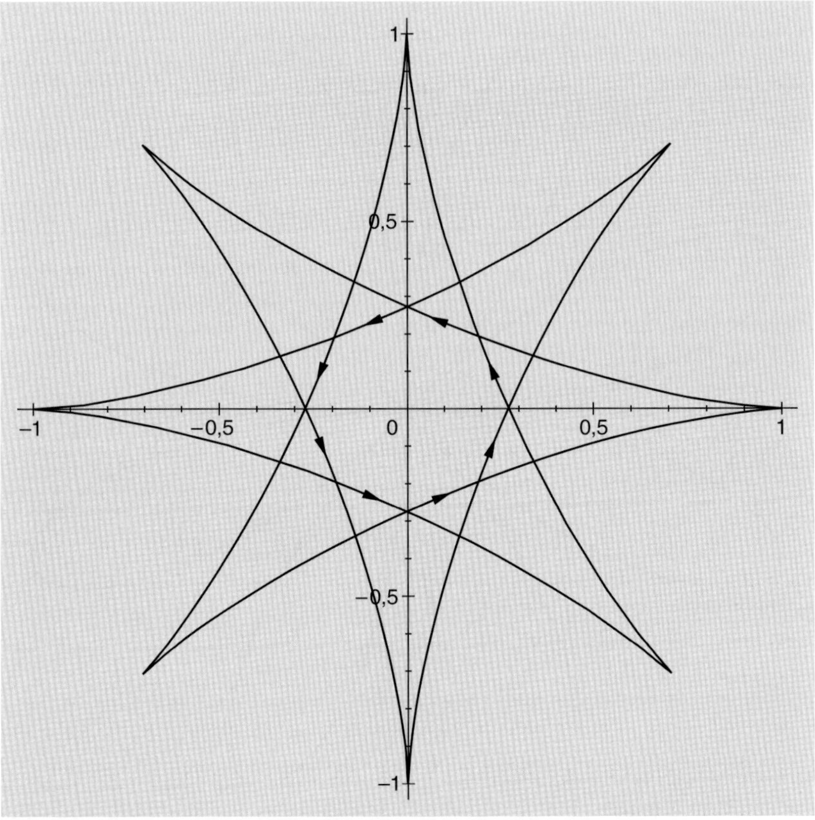

Abb. 1.28. Spur des Pendels auf der horizontalen Fläche, wenn es beim Punkt $(1, 0)$ ohne Anfangsgeschwindigkeit losgelassen wird, für $\alpha/\bar{\omega} = \omega\sin\varphi/\bar{\omega} = 1/4$

listisch groß und obendrein sogar rational ist. Abb. 1.28 zeigt die oben angegebene Lösung für die Anfangsbedingung

$$x_1(0) = 1\,, \quad x_2(0) = 0\,, \quad \dot{x}_1(0) = 0 = \dot{x}_2(0)\,.$$

Diese Lösung schließt sich nach der vierten Schwingung.

Eine andere Lösung, die durch

$$x_1(t) = a\ \sin(\alpha t)\sin(\overline{\omega} t)$$
$$x_2(t) = a\ \cos(\alpha t)\sin(\overline{\omega} t)$$

gegeben ist, entspricht der Bewegung, bei der das Pendel aus der Ruhelage heraus mit der Anfangsgeschwindigkeit $a\overline{\omega}$ angestoßen wird,

$$x_1(0) = 0\,, \quad x_2(0) = 0\,, \quad \dot{x}_1(0) = 0\,, \quad \dot{x}_2(0) = a\overline{\omega}\,.$$

Die Spur des Pendels auf der Erdoberfläche ist in Abb. 1.29 für dasselbe Verhältnis $1/4$ gezeichnet. Im Gegensatz zu der ersten Lösung, bei der das Pendel ausgelenkt und ohne Anfangsgeschwindigkeit losgelassen wird, treten in der Nähe der Maximalausschläge „Blätter" und keine Spitzen auf.

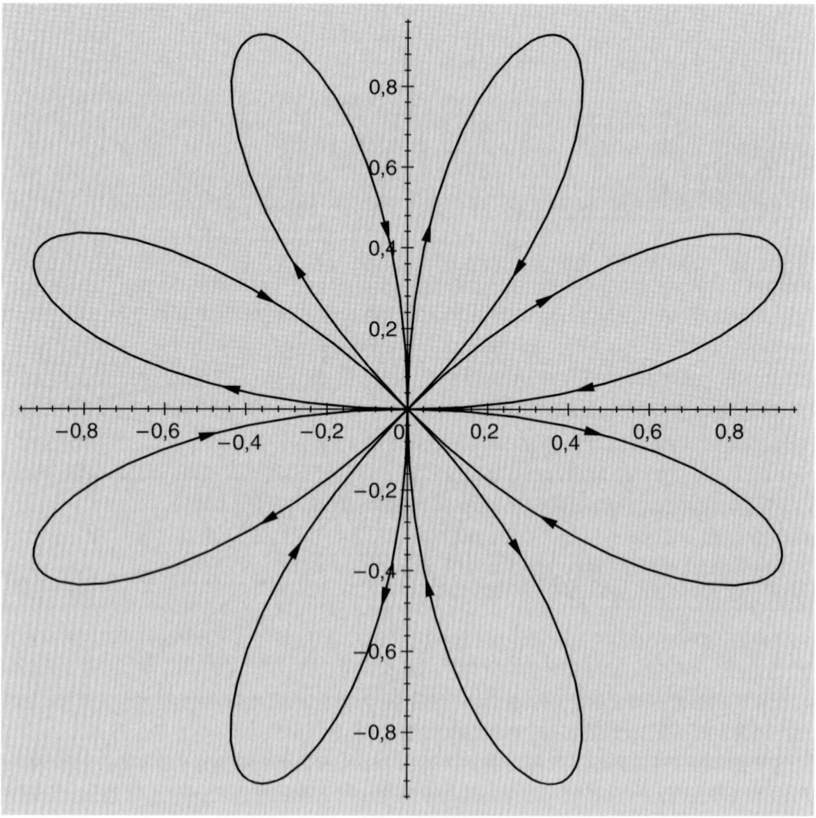

Abb. 1.29. Spur des Pendels auf der horizontalen Fläche, wenn es aus dem Ursprung mit der Anfangsgeschwindigkeit $\bar{\omega}$ in 2-Richtung angestossen wird, für $\alpha/\bar{\omega} = \omega \sin\varphi/\bar{\omega} = 1/4$

1.27 Streuung zweier Teilchen, die über eine Zentralkraft miteinander wechselwirken: Kinematik

Bei der Diskussion von Zentralkräften zwischen zwei Teilchen haben wir die bis ins Unendliche laufenden, ungebundenen (oder infiniten) Bahnen bisher nur kurz gestreift. In diesem und den beiden folgenden Abschnitten wollen wir diese Streubahnen zweier Teilchen genauer analysieren und die Kinematik sowie die Dynamik des Streuprozesses studieren. Die Beschreibung von Streuprozessen ist besonders für die Physik der kleinsten Dimensionen von zentraler Bedeutung: Mit makroskopischen Teilchenquellen und -detektoren kann man im Labor freie, einlaufende Zustände präparieren bzw. freie, auslaufende Zustände nachweisen. Man kann also den Streuzustand lange Zeit *vor* und lange Zeit *nach* dem eigentlichen Streuprozess, und dies jeweils bei großen Abständen vom eigentlichen Wechselwirkungsgebiet, beobachten, nicht aber das, was in der Nahzone der Wechselwirkung vor sich geht. Das Ergebnis solcher Streuprozesse, das man in den Begriff des Wirkungsquerschnitts präzise fasst, ist also unter Umständen die einzige, etwas indirekte Auskunft über die Dynamik bei kleinen Abständen.

Wir betrachten zwei Teilchen der Masse m_1, bzw. m_2, deren Wechselwirkung durch das kugelsymmetrische Potential $U(r)$ (abstoßend oder anziehend) gegeben sei. Das Potential gehe im Unendlichen mindestens wie $1/r$ nach Null. Der Versuch wird in der Regel im Labor so ausgeführt, dass das Teilchen 2 vor dem Stoß ruht (das sog. *Target*), während Teilchen 1 (das *Projektil*) aus dem Unendlichen kommend am Targetteilchen 2 vorbeiläuft und, ebenso wie dieses, ins Unendliche entweicht, vgl. die Skizze in Abb. 1.30a. Diese Bewegung sieht in den beiden Teilchen unsymmetrisch aus, weil sie neben der Relativbewegung auch die Bewegung des Schwerpunkts enthält, der in Abb. 1.30a nach rechts mitläuft. Legt man ein zweites Bezugssystem in den Schwerpunkt, so hat man die Bewegung auf die dynamisch allein relevanten Relativkoordinaten beschränkt und erhält das in Abb. 1.30b skizzierte, symmetrische Bild. Beide Bezugssysteme, das Laborsystem und das Schwerpunktssystem sind Inertialsysteme. In beiden Systemen können wir die Teilchen lange vor dem Stoß und lange nach dem Stoß

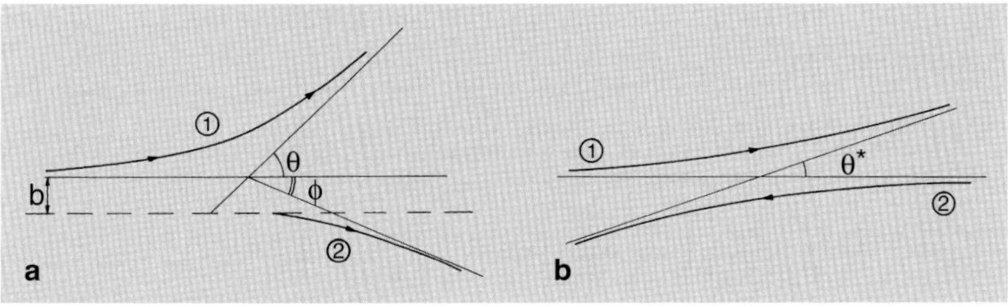

Abb. 1.30. (**a**) Das Projektil 1 kommt aus dem Unendlichen und streut an dem ursprünglich ruhenden Target 2, das hierdurch in Bewegung gesetzt wird. (**b**) Derselbe Streuprozess im Schwerpunktsystem der Teilchen 1 und 2 angeschaut. Die Unterscheidung Projektil und Target verschwindet

durch ihre Impulse charakterisieren, und zwar

im Laborsystem: $\boldsymbol{p}_i$ *vor*, $\boldsymbol{p}_i'$ *nach* dem Stoß, $i = 1, 2$;
im Schwerpunktssystem: $\boldsymbol{q}^*$ und $-\boldsymbol{q}^*$ *vor*, $\boldsymbol{q}'^*$
und $-\boldsymbol{q}'^*$ *nach* dem Stoß .

Wenn es sich um einen elastischen Stoß handelt, d. h. wenn die Teilchen bei der Streuung ihren inneren Zustand nicht ändern, so sagt der Energiesatz (wegen $\boldsymbol{p}_2 = 0$)

$$\frac{\boldsymbol{p}_1^2}{2m_1} = \frac{\boldsymbol{p}_1'^2}{2m_1} + \frac{\boldsymbol{p}_2'^2}{2m_2} . \tag{1.78}$$

Außerdem gilt der Impulssatz

$$\boldsymbol{p}_1 = \boldsymbol{p}_1' + \boldsymbol{p}_2' . \tag{1.79}$$

Zerlegt man nach Schwerpunkts- und Relativimpuls, so gilt mit den Formeln des Abschn. 1.7.3 vor dem Stoß

$$\boldsymbol{p}_1 = \frac{m_1}{M}\boldsymbol{P} + \boldsymbol{q}^* , \quad (M := m_1 + m_2)$$

$$\boldsymbol{p}_2 = \frac{m_2}{M}\boldsymbol{P} - \boldsymbol{q}^* = 0 , \tag{1.80a}$$

d. h. also

$$\boldsymbol{P} = \frac{M}{m_2}\boldsymbol{q}^* \quad \text{und} \quad \boldsymbol{p}_1 = \boldsymbol{P} .$$

Nach dem Stoß gilt entsprechend

$$\boldsymbol{p}_1' = \frac{m_1}{M}\boldsymbol{P} + \boldsymbol{q}'^* = \frac{m_1}{m_2}\boldsymbol{q}^* + \boldsymbol{q}'^*$$

$$\boldsymbol{p}_2' = \frac{m_2}{M}\boldsymbol{P} - \boldsymbol{q}'^* = \boldsymbol{q}^* - \boldsymbol{q}'^* . \tag{1.80b}$$

Wegen der Erhaltung der kinetischen Energie der Relativbewegung haben $\boldsymbol{q}^*$ und $\boldsymbol{q}'^*$ denselben Betrag,

$$|\boldsymbol{q}^*| = |\boldsymbol{q}'^*| =: q^* .$$

Es seien θ und θ^* die Streuwinkel im Labor- bzw. Schwerpunktssystem. Um diese ineinander umzurechnen, betrachtet man am besten die drehinvarianten Größen $\boldsymbol{p}_1 \cdot \boldsymbol{p}_1'$ und $\boldsymbol{q}^* \cdot \boldsymbol{q}'^*$. Mit $\boldsymbol{p}_1' = \boldsymbol{q}^* m_1/m_2 + \boldsymbol{q}'^*$ und $\boldsymbol{p}_1 = \boldsymbol{q}^* M/m_2$ folgt zunächst

$$\boldsymbol{p}_1 \cdot \boldsymbol{p}_1' = \frac{M}{m_2}\left[\frac{m_1}{m_2}\boldsymbol{q}^{*2} + \boldsymbol{q}^* \cdot \boldsymbol{q}'^*\right] = \frac{M}{m_2}\boldsymbol{q}^{*2}\left[\frac{m_1}{m_2} + \cos\theta^*\right] .$$

Andererseits ist

$$\boldsymbol{p}_1 \cdot \boldsymbol{p}_1' = |\boldsymbol{p}_1|\,|\boldsymbol{p}_1'|\cos\theta = \frac{M}{m_2}q^*\left|\frac{m_1}{m_2}\boldsymbol{q}^* + \boldsymbol{q}'^*\right|\cos\theta$$

$$= \frac{M}{m_2}q^{*2}\sqrt{\left(1 + 2\frac{m_1}{m_2}\cos\theta^* + \left(\frac{m_1}{m_2}\right)^2\right)}\cos\theta .$$

Daraus folgt also

$$\cos\theta = \left[\frac{m_1}{m_2} + \cos\theta^*\right] \Bigg/ \sqrt{\left(1 + 2\frac{m_1}{m_2}\cos\theta^* + (m_1/m_2)^2\right)} \,,$$

und somit

$$\sin\theta = \sin\theta^* \Bigg/ \sqrt{\left(1 + 2\frac{m_1}{m_2}\cos\theta^* + (m_1/m_2)^2\right)} \,,$$

oder schließlich

$$\tan\theta = \frac{\sin\theta^*}{m_1/m_2 + \cos\theta^*} \,. \tag{1.81}$$

Hierbei muss man beachten, dass θ und θ^* im Intervall $[0, \pi]$, die Sinusfunktionen somit im Intervall $[0, 1]$ liegen. Bezeichnet man im Laborsystem den Winkel mit Φ, unter dem das Targetteilchen wegläuft (Abb. 1.30a), so leitet man leicht den Zusammenhang ab

$$\Phi = \frac{\pi - \theta^*}{2} \,. \tag{1.82}$$

Diese Beziehung folgt z. B. aus der Beobachtung, dass $\boldsymbol{p}'_2$, $\boldsymbol{q}^*$ und $\boldsymbol{q}'^*$ ein gleichschenkliges Dreieck bilden und dass $\boldsymbol{q}^*$ dieselbe Richtung wie $\boldsymbol{p}_1$ hat. An den Formeln (1.80) und (1.81) kann man einige Spezialfälle ablesen:

i) Wenn die Masse m_1 des Projektils sehr viel kleiner als die Masse m_2 des Targets ist, $m_1 \ll m_2$, so ist $\theta^* \simeq \theta$. Der Unterschied zwischen Schwerpunkts- und Laborsystem verschwindet im Grenzfall eines im Vergleich zum Projektil sehr schweren Targets.
ii) Sind die Massen von Projektil und Target gleich, $m_1 = m_2$, so folgt aus (1.81) und (1.82)

$$\theta = \theta^*/2 \,, \quad \theta + \Phi = \pi/2 \,.$$

Im Laborsystem laufen die beiden Teilchen unter 90 Grad auseinander. Liegt insbesondere ein *Zentralstoß* vor, $\theta^* = \pi$, so folgt wegen $\boldsymbol{q}'^* = -\boldsymbol{q}^*$ für die Laborimpulse

$$\boldsymbol{p}'_1 = 0 \,, \quad \boldsymbol{p}'_2 = \boldsymbol{p}_1 \,.$$

Das Projektil bleibt also stehen, während das Targetteilchen den gesamten Impuls des einlaufenden Teilchens übernimmt.

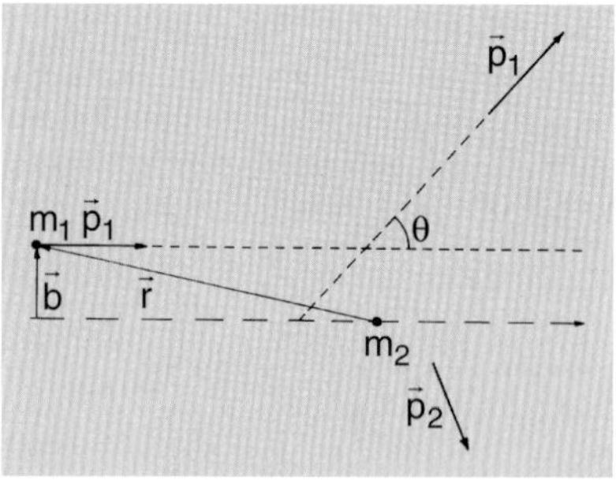

Abb. 1.31. Kinematik eines Streuprozesses mit zwei Teilchen, im Laborsystem betrachtet. Das Teilchen mit Masse m_2 ruht vor dem Stoß

1.28 Zwei-Teilchenstreuung mit Zentralkraft: Dynamik

Im Laborsystem sei das in Abb. 1.31 skizzierte Streuproblem vorgegeben: Das Projektil 1 läuft mit dem Impuls $\boldsymbol{p}_1$ ein, das Target 2 ruht vor dem Stoß. Die Anfangskonfiguration wird charakterisiert durch den Vektor $\boldsymbol{p}_1$ sowie durch die Angabe des zweidimensionalen Vektors $\boldsymbol{b}$, der angibt, unter welchem Azimutwinkel und bei welchem Abstand zur eingezeichneten z-Achse das Projektil einläuft. Dieser *Stoßvektor* ist direkt mit dem relativen Bahndrehimpuls verknüpft. Es gilt nämlich

$$\boldsymbol{\ell} = \boldsymbol{r} \times \boldsymbol{q}^* = \frac{m_2}{M} \boldsymbol{r} \times \boldsymbol{p}_1 = \frac{m_2}{M} \boldsymbol{b} \times \boldsymbol{p}_1 = \boldsymbol{b} \times \boldsymbol{q}^* \,. \tag{1.83}$$

Sein Betrag, der sog. *Stoßparameter*, ist also

$$b = \frac{M}{m_2 |\boldsymbol{p}_1|} |\boldsymbol{\ell}| = \frac{1}{q^*} |\boldsymbol{\ell}| \,. \tag{1.84}$$

Besitzt die Wechselwirkung (wie hier vorausgesetzt) Kugelsymmetrie, oder ist sie wenigstens bezüglich der z-Achse axialsymmetrisch, so kommt es auf die Richtung von $\boldsymbol{b}$ in der Ebene senkrecht zur z-Achse nicht an, und nur sein Betrag, d. i. der Stoßparameter (1.84), ist dynamisch relevant.

Wir müssen nun für vorgegebenes Potential $U(r)$ bestimmen, in welchen Winkel θ das Teilchen 1 gestreut wird, wenn es mit gegebenem Impuls $\boldsymbol{p}_1$ und relativem Drehimpuls $\boldsymbol{\ell}$ einläuft. Aus der allgemeinen Analyse des Abschn. 1.7.1 und aus dem Beispiel 1.24 wissen wir, dass man dazu das äquivalente Problem der Ablenkung eines fiktiven Teilchens der Masse $\mu = m_1 m_2 / M$ unter der Wirkung des Potentials $U(r)$ lösen muss (s. Abb. 1.32). Es ist

$$E = \frac{q^{*2}}{2\mu} \,; \quad \boldsymbol{\ell} = \boldsymbol{b} \times \boldsymbol{q}^* \,. \tag{1.85}$$

Es sei P das Perihel, also der Punkt größter Annäherung. In Abb. 1.32 ist der Streuvorgang für ein abstoßendes Potential und für verschiedene Stoßparameter skizziert. In Abschn. 1.24 wurde gezeigt, dass die Bahnkurve symmetrisch zur Geraden vom Kraftzentrum O zum Perihel P ist. Daher liegen auch die beiden Asymptoten der Bahn symmetrisch zu OP[6],und es gilt (φ_0 ist der Winkel zwischen OP und den Asymptoten)

$$\theta^* = |\pi - 2\varphi_0| \,.$$

[6] Die Bahn besitzt sicher nur dann Asymptoten, wenn $U(r)$ im Unendlichen hinreichend rasch auf Null abklingt. Das relativ schwache Absinken mit $1/r$ ist schon etwas pathologisch, wie man im nächsten Abschnitt lernt.

Für φ_0 folgt aus (1.69) und mit den Beziehungen (1.85) der Ausdruck

$$\varphi_0 = \int\limits_{r_\mathrm{P}}^{\infty} \frac{\ell\,\mathrm{d}r}{r^2\sqrt{2\mu[E-U(r)]-\ell^2/r^2}} = \int\limits_{r_\mathrm{P}}^{\infty} \frac{b\,\mathrm{d}r}{r^2\sqrt{1-b^2/r^2-2\mu U(r)/q^{*2}}}\,. \tag{1.86}$$

Für gegebenes $U(r)$ lässt sich φ_0, und damit der Streuwinkel θ^*, als Funktion von q^* (bzw. der Energie (1.85)) und von b (bzw. dem Betrag des Drehimpulses) aus dieser Gleichung berechnen. Dabei muss man allerdings untersuchen und beachten, ob der Zusammenhang zwischen b und θ^* eindeutig ist oder nicht. Es gibt Potentiale, z. B. das attraktive $1/r^2$-Potential, bei denen derselbe Streuwinkel von zwei oder mehr verschiedenen Stoßparametern bevölkert wird, je nachdem, ob die Teilchenbahn das Kraftzentrum gar nicht, einmal oder mehrmals umschlingt.

Als ein Maß für die Streuung am Potential $U(r)$ führt man den *differentiellen Wirkungsquerschnitt* $\mathrm{d}\sigma$ ein, der wie folgt definiert ist. Es sei n_0 die Zahl der pro Zeiteinheit und pro Flächeneinheit einfallenden Teilchen; es sei $\mathrm{d}n$ die Zahl der Teilchen, die pro Zeiteinheit in Winkel gestreut werden, die zwischen θ^* und $\theta^* + \mathrm{d}\theta^*$ liegen. Dann definiert man

$$\mathrm{d}\sigma := \frac{1}{n_0}\,\mathrm{d}n \tag{1.87}$$

als differentiellen Wirkungsquerschnitt für die elastische Streuung. Die physikalische Dimension von $\mathrm{d}\sigma$ ist $[\mathrm{d}\sigma] =$ Fläche.

Wenn der Zusammenhang zwischen $b(\theta^*)$ und θ^* eindeutig ist, so ist $\mathrm{d}n$ proportional zu n_0 und zur Fläche des Kreisrings mit Radien b und $b + \mathrm{d}b$,

$$\mathrm{d}n = n_0 2\pi b(\theta^*)\,\mathrm{d}b$$

und somit

$$\mathrm{d}\sigma = 2\pi b(\theta^*)\,\mathrm{d}b = 2\pi b(\theta^*) \left|\frac{\mathrm{d}\,b(\theta^*)}{\mathrm{d}\,\theta^*}\right| \mathrm{d}\theta^*\,.$$

(Gibt es zu festen θ^* mehrere Werte $b(\theta^*)$, so muss man die Beiträge aller Zweige der Funktion $b(\theta^*)$ aufsummieren.)

Bezieht man $\mathrm{d}\sigma$ auf das Raumwinkelelement $\mathrm{d}\Omega^* = \sin\theta^*\,\mathrm{d}\theta^*\,\mathrm{d}\phi^*$ und integriert man wegen der Axialsymmetrie über den Azimut ϕ^*, so folgt mit $\mathrm{d}\omega = 2\pi \sin\theta^*\,\mathrm{d}\theta^*$:

$$\mathrm{d}\sigma = \frac{b(\theta^*)}{\sin\theta^*}\left|\frac{\mathrm{d}\,b(\theta^*)}{\mathrm{d}\,\theta^*}\right| \mathrm{d}\omega\,. \tag{1.88}$$

Wir betrachten zwei einfache Beispiele:

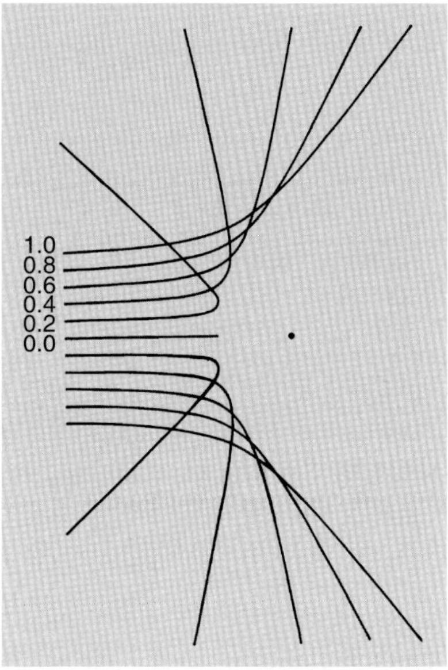

Abb. 1.32. Streubahnen im abstoßenden Potential $U(r) = A/r$ (mit $A > 0$). Der Stoßparameter ist in Einheiten der charakteristischen Länge $\lambda := A/E$ angegeben, wo E die Energie des einlaufenden Teilchens ist. Der Streuwinkel ist $\varphi_0 = \arctan(2b/\lambda)$, der Drehimpuls $\ell = b\sqrt{2\mu E}$. Siehe auch Praktische Übung 5

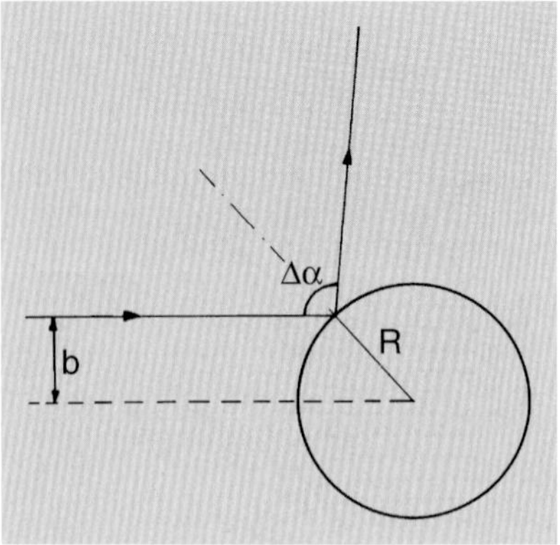

Abb. 1.33. Streuung an einer ideal reflektierenden Kugel vom Radius R

Beispiele

i) *Streuung an einer ideal reflektierenden Kugel.* Mit den Bezeichnungen der Abb. 1.33 ist

$$b = R \sin \frac{\Delta\alpha}{2} = R \cos \frac{\theta^*}{2} ,$$

da $\Delta\alpha = \pi - \theta^*$. Es ist $\mathrm{d}b/\mathrm{d}\theta^* = -R/2 \sin\theta^*/2$ und somit

$$\frac{\mathrm{d}\,\sigma}{\mathrm{d}\,\omega} = \frac{R^2}{2} \frac{(\cos\theta^*/2)(\sin\theta^*/2)}{\sin\theta^*} = \frac{R^2}{4} .$$

Integriert man noch über $\mathrm{d}\omega$, so findet man für den *totalen Wirkungsquerschnitt* ein sehr einfaches, geometrisches Resultat,

$$\sigma_{\text{tot}} = \pi R^2 ,$$

d. h. die Stirnfläche der Kugel, die das einlaufende Teilchen sieht.

ii) *Die Rutherford-Streuung von α-Teilchen an Kernen.* Das Potential ist $U(r) = \kappa/r$ mit $\kappa = q_1 q_2$, wo q_1 die Ladung des α-Teilchens (das ist ein Heliumkern und hat $q_1 = 2e$), und q_2 die Ladung des untersuchten Kerns ist. Die Gl. (1.86) lässt sich elementar integrieren und man findet (mit Hilfe einer guten Integraltafel)

$$\varphi_0 = \arctan\left(\frac{bq^{*2}}{\mu\kappa}\right) \quad \text{oder} \tag{1.89}$$

$$\tan\varphi_0 = bq^{*2}/\mu\kappa . \tag{1.88'}$$

d. h. also

$$b^2 = \frac{\kappa^2\mu^2}{q^{*4}} \tan^2\varphi_0 = \frac{\kappa^2\mu^2}{q^{*4}} \cot^2\frac{\theta^*}{2} ,$$

und daraus schließlich die Rutherford'sche Formel

$$\frac{\mathrm{d}\,\sigma}{\mathrm{d}\,\omega} = \left(\frac{\kappa}{4E}\right)^2 \frac{1}{\sin^4(\theta^*/2)} . \tag{1.90}$$

Diese Formel, die auch im Rahmen der Quantenmechanik noch gültig ist, war für die Entdeckung der Atomkerne von zentraler Bedeutung und ergab den ersten Hinweis dafür, dass das Coulomb'sche Gesetz mindestens bis zu Abständen der Größenordnung 10^{-14} m gilt.

(In diesem Beispiel ist der differentielle Wirkungsquerschnitt für die Vorwärtsstreuung $\theta^* = \theta$ divergent und auch der totale Wirkungsquerschnitt $\sigma_{\text{tot}} = \int (\mathrm{d}\sigma/\mathrm{d}\omega)\,\mathrm{d}\omega$ ist unendlich. Der Grund hierfür liegt in dem relativ schwachen Abfall des Potentials im Unendlichen. $U(r) = \kappa/r$ ist bis ins Unendliche spürbar oder wie man sagt, es ist „langreichweitig". Diese Schwierigkeit tritt klassisch bei allen Potentialen mit unendlicher Reichweite auf.)

1.29 Coulomb-Streuung zweier Teilchen mit gleichen Massen und Ladungen

Es ist instruktiv, das Beispiel der Rutherfordstreuung nach Schwerpunkts- und Relativkoordinaten zu zerlegen und die Bahnkurven der beiden Teilchen abzuleiten. Der Einfachheit halber tun wir das für den Fall $m_1 = m_2 \equiv m$ und $q_1 = q_2 \equiv Q$. Den Ursprung O des Laborsystems wählen wir so, dass der Schwerpunkt S im Augenblick der größten Annäherung der beiden Teilchen mit O zusammenfällt, s. Abb. 1.34.

Es seien $\boldsymbol{r}_1$ und $\boldsymbol{r}_2$ die Koordinaten der beiden Teilchen im Laborsystem, $\boldsymbol{r}_1^*$ und $\boldsymbol{r}_2^*$ ihre Koordinaten im Schwerpunktsystem. Ist $\boldsymbol{r}_S$ die Schwerpunktskoordinate und $\boldsymbol{r} = \boldsymbol{r}_1^* - \boldsymbol{r}_2^*$ die Relativkoordinate, so gilt

$$\boldsymbol{r}_1 = \boldsymbol{r}_S + \frac{1}{2}\boldsymbol{r}\,, \quad \boldsymbol{r}_1^* = -\boldsymbol{r}_2^* = \frac{1}{2}\boldsymbol{r}\,, \quad \boldsymbol{r}_2 = \boldsymbol{r}_S - \frac{1}{2}\boldsymbol{r}\,. \tag{1.91}$$

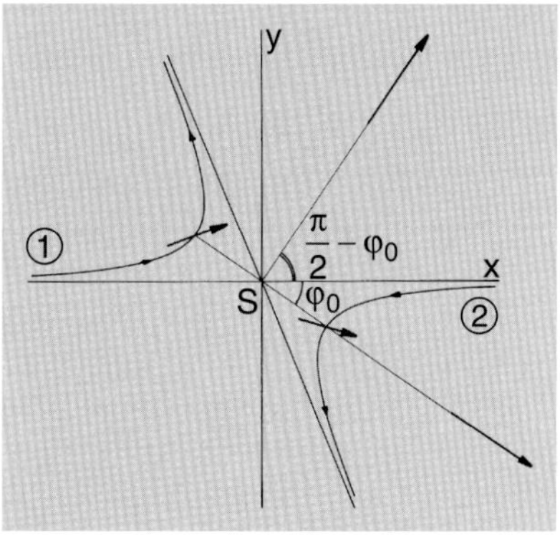

Abb. 1.34. Streuung zweier gleich geladenen, gleich schweren Teilchen unter Wirkung der Coulomb-Kraft. Die Hyperbeläste sind die Bahnen im Schwerpunktssystem. Die Pfeile geben die Geschwindigkeiten im Laborsystem am Perihel bzw. lange nach der Streuung an

Der Gesamtimpuls ist $\boldsymbol{P} = \boldsymbol{p}_1 = 2\boldsymbol{q}^*$, die Gesamtenergie zerfällt in die Energie der Relativbewegung und der Schwerpunktsbewegung

$$E = E_{\mathrm{r}} + E_{\mathrm{s}} = \frac{\boldsymbol{q}^{*2}}{2\mu} + \frac{\boldsymbol{P}^2}{2M}\,.$$

Da $\mu = m/2$ und $M = 2m$ ist, folgt

$$E_{\mathrm{r}} = E_S = \frac{q^{*2}}{m}\,.$$

Die Bahnkurve von S ist

$$\boldsymbol{r}_S(t) = \sqrt{\frac{E_{\mathrm{r}}}{m}}\, t\boldsymbol{e}_1\,, \tag{1.92}$$

während für die Relativbewegung nach Abschn. 1.7.2 gilt:

$$r(\phi) = \frac{p}{\varepsilon\cos(\phi - \varphi_0) - 1}\,; \quad \phi \in [0, 2\varphi_0] \quad \text{mit} \tag{1.93}$$

$$p = \frac{2\ell^2}{mQ^2}\,; \quad \varepsilon = \sqrt{1 + \frac{4E_{\mathrm{r}}\ell^2}{mQ^4}}\,,$$

sowie aus (1.88′)

$$\cos\varphi_0 = \frac{1}{\varepsilon}\,; \quad \sin\varphi_0 = \frac{\sqrt{\varepsilon^2 - 1}}{\varepsilon}\,.$$

Im Schwerpunktssystem ist dann $r_1^* = r_2^* = r(\phi)/2$, mit $r(\phi)$ aus (1.93). Hier ist ϕ der Bahnparameter, der mit den Azimutwinkeln von Teilchen 1 und 2 wie folgt zusammenhängt:

$$\phi_1 = \pi - \phi\,; \quad \phi_2 = 2\pi - \phi\,.$$

Das bedeutet, dass die beiden Hyperbeln der Abb. 1.34 synchron in ϕ durchlaufen werden.

Es ist jetzt leicht, die Geschwindigkeiten $\boldsymbol{v}_1(t)$ und $\boldsymbol{v}_2(t)$ der beiden Teilchen im *Laborsystem* aus (1.91–92) abzuleiten. Man braucht noch den Zusammenhang $\mathrm{d}\phi/\mathrm{d}t = 2\ell/mr^2$ und findet mit

$$\frac{\mathrm{d}x_1}{\mathrm{d}t} = \sqrt{\frac{E_\mathrm{r}}{m}} + \frac{1}{2}\frac{\mathrm{d}}{\mathrm{d}t}(r\cos\phi_1) = \sqrt{\frac{E_\mathrm{r}}{m}} - \frac{1}{2}\frac{\mathrm{d}}{\mathrm{d}\phi}(r\cos\phi)\frac{\mathrm{d}\phi}{\mathrm{d}t}\,, \qquad \text{etc.}$$

das Resultat

$$\begin{aligned}\frac{\mathrm{d}x_1}{\mathrm{d}t} &= 2\sqrt{\frac{E_\mathrm{r}}{m}} - \frac{\ell}{mp}\sin\phi = \frac{\ell}{mp}[2\sqrt{\varepsilon^2-1} - \sin\phi] \\ \frac{\mathrm{d}y_1}{\mathrm{d}t} &= \frac{\ell}{mp}[1-\cos\phi]\,.\end{aligned} \tag{1.94}$$

Für $\boldsymbol{v}_2(t)$ gilt

$$\begin{aligned}\frac{\mathrm{d}x_2}{\mathrm{d}t} &= \frac{\ell}{mp}\sin\phi \\ \frac{\mathrm{d}y_2}{\mathrm{d}t} &= -\frac{\ell}{mp}[1-\cos\phi]\,,\end{aligned} \tag{1.95}$$

Aus diesen Formeln liest man folgende drei Spezialfälle ab, von denen zwei in Abb. 1.34 mit Pfeilen eingezeichnet sind:

i) Anfang der Bewegung $\phi = 0$:

$$\boldsymbol{v}_1 = \left(2\sqrt{\frac{E_\mathrm{r}}{m}}, 0\right)\;; \qquad \boldsymbol{v}_2 = (0,0)\,.$$

ii) Am Perihel $\phi = \varphi_0$:

$$\begin{aligned}\boldsymbol{v}_1 &= \frac{\ell}{mp\varepsilon}([2\varepsilon-1]\sqrt{\varepsilon^2-1}, \varepsilon-1) \\ \boldsymbol{v}_2 &= \frac{\ell}{mp\varepsilon}(\sqrt{\varepsilon^2-1}, -(\varepsilon-1))\,.\end{aligned}$$

iii) Nach der Streuung $\phi = 2\varphi_0$:

$$\begin{aligned}\boldsymbol{v}_1 &= \frac{2\ell(\varepsilon^2-1)}{mp\varepsilon^2}(\sqrt{\varepsilon^2-1}, 1) \\ \boldsymbol{v}_2 &= \frac{2l}{mp\varepsilon^2}(\sqrt{\varepsilon^2-1}, -(\varepsilon^2-1))\,.\end{aligned}$$

$\boldsymbol{v}_1$ hat also die Steigung $1/\sqrt{\varepsilon^2-1} = 1/\tan\varphi_0$, $\boldsymbol{v}_2$ hat die Steigung $-\sqrt{\varepsilon^2-1} = -\tan\varphi_0$.

Natürlich kann man auch die Funktionen $x_i(\phi)$ und $y_i(\phi)$ selbst geschlossen angeben, wenn man $t(\phi)$ gemäß (1.66) berechnet,

$$t(\phi) = \frac{mp^2}{2\ell}\int\limits_{\varphi_0}^{\phi}\frac{\mathrm{d}\phi'}{[1-\varepsilon\cos(\phi'-\varphi_0)]^2}\,, \tag{1.96}$$

(man führe dies aus). In Abb. 1.35 haben wir die Streubahnen im Schwerpunktssystem für den Fall $\varepsilon = 2/\sqrt{3}$, d. h. für $\varphi_0 = 30°$ in den dimensionslosen Variablen $2x_i/p$ und $2y_i/p$ aufgetragen. Dasselbe Bild zeigt die Positionen der beiden Teilchen im *Laborsystem*, als Funktion der dimensionslosen Zeitvariablen

$$\tau := t\frac{2\ell}{mp^2} ,$$

die nach (1.96) so eingerichtet ist, dass das Perihel bei $\tau = 0$ erreicht wird.

Das betrachtete Problem hat eine Besonderheit, auf die man bei der Frage stößt, wo sich das Targetteilchen 2 zur Zeit $t = -\infty$ befand. Aus der Abbildung geht das nicht hervor und man muss zu (1.93) zurückkehren, aus der mit $\mathrm{d}x_2/\mathrm{d}\phi = r^2 \sin\phi/2p$ folgt

$$x_2(\varphi_0) - x_2(0) = \frac{p}{2}\int_0^{\varphi_0} \mathrm{d}\phi \frac{\sin\phi}{[1-\cos\phi - \sqrt{\varepsilon^2-1}\sin\phi]^2} .$$

Dieses Integral ist (logarithmisch) divergent. Das bedeutet, dass auch das Teilchen 2 im Laborsystem aus $x_2 = -\infty$ kommt. Dieses eigenartige Resultat gibt einen ersten Hinweis auf die besondere Natur des „langreichweitigen" Potentials $1/r$, der man in der Quantenmechanik und der Quantenfeldtheorie wieder begegnen wird.

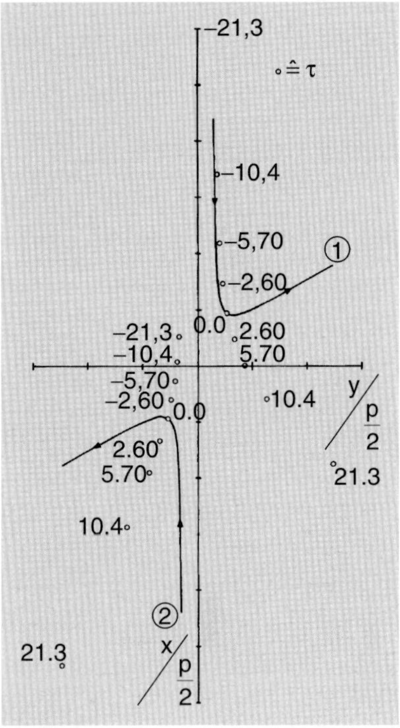

Abb. 1.35. Coulomb-Streuung zweier Teilchen ($m_1 = m_2$, $q_1 = q_2$) $\varphi_0 = 30°$. Die Hyperbeläste sind die Streubahnen im Schwerpunktssystem. Die offenen Punkte geben die Positionen der beiden Teilchen im Laborsystem zu den angegebenen Zeiten an

1.30 Ausgedehnte mechanische Körper

Bisher haben wir ausschließlich punktförmige mechanische Objekte betrachtet, d. h. Teilchen, die zwar eine endliche Masse tragen, aber keine räumliche Ausdehnung haben. Bei Anwendung auf makroskopische mechanische Systeme ist das eine Idealisierung von sehr beschränktem Gültigkeitsbereich, den man im Einzelfall genau abstecken muss. Die einfachen Systeme der Newton'schen Punktmechanik, die wir in diesem ersten Kapitel betrachten, dienen in erster Linie dazu, den Boden für den systematischen Aufbau der kanonischen Mechanik zu bereiten, die – nach einiger Abstraktion und Verallgemeinerung – wesentlich allgemeinere Prinzipien für physikalische Theorien erkennen lässt. Damit verlässt man zwar die Mechanik makroskopischer Körper, man bekommt aber ein weit tragendes und verallgemeinerbares Instrumentarium an die Hand, mit dem man kontinuierliche Systeme ebenso wie klassische Feldtheorien angehen und beschreiben kann.

Dieser Abschnitt enthält ein paar Bemerkungen über die Gültigkeit der gewonnenen Aussagen, wenn man die Massenpunkte durch ausgedehnte Massenverteilungen ersetzt.

Es sei ein mechanischer Körper von endlicher Ausdehnung gegeben. Endliche Ausdehnung bedeutet, dass man immer eine Kugel mit endlichem Radius angeben kann, in die sich der Körper einschließen lässt.

Der Körper trage die gesamte Masse m und sei durch eine zeitunabhängige (starre) Massendichte $\varrho(\boldsymbol{x})$ charakterisiert. Integriert man über den ganzen Raum, so gilt natürlich

$$\int \mathrm{d}^3x\, \varrho(\boldsymbol{x}) = m\,. \tag{1.97}$$

Die physikalische Dimension von ϱ ist Masse/(Länge)^3.

Als Beispiel möge die Massendichte um einen Punkt O kugelsymmetrisch sein, d. h. bei Wahl dieses Punktes als Ursprung gelte

$$\varrho(\boldsymbol{x}) = \varrho(r)\,, \quad r := |\boldsymbol{x}|\,.$$

Benutzt man sphärische Polarkoordinaten, so ist das Volumenelement

$$\mathrm{d}^3x = \sin\theta\, \mathrm{d}\theta\, \mathrm{d}\phi\, r^2\, \mathrm{d}r\,.$$

Da ϱ nicht von θ und ϕ abhängt, kann man die Integrationen über diese Variablen ausführen und (1.97) wird zur Bedingung

$$4\pi \int_0^\infty r^2\, \mathrm{d}r\, \varrho(r) = m\,. \tag{1.98}$$

Gleichung (1.97) legt nahe, die Größe

$$\mathrm{d}m := \varrho(\boldsymbol{x})\, \mathrm{d}^3x \tag{1.99}$$

als differentielles Masseelement einzuführen und dieses wie einen Massenpunkt aufzufassen. Greift nun an diesem Massenelement die resultierende, differentielle Kraft $\mathrm{d}\boldsymbol{K}$ an, so liegt es nahe, den Zusammenhang (1.8b) zwischen Kraft und Beschleunigung in folgender Weise zu verallgemeinern:

$$\ddot{\boldsymbol{x}}\, \mathrm{d}m = \mathrm{d}\boldsymbol{K}\,. \tag{1.100}$$

(Dieses Postulat geht auf L. Euler zurück, es wurde 1750 veröffentlicht.)

Man ist nun in der Lage, z. B. die Wechselwirkung zweier ausgedehnter Himmelskörper zu behandeln. Wir lösen dieses Problem in mehreren Schritten.

a) Potential und Kraftfeld eines ausgedehnten Sterns

Jedes Massenelement am Ort $\boldsymbol{x}$ erzeugt für eine Probemasse m_0 an einem beliebigen Punkt $\boldsymbol{y}$ (außerhalb oder innerhalb des Sterns) die differentielle potentielle Energie

$$\mathrm{d}U(\boldsymbol{y}) = -\frac{G\, \mathrm{d}m m_0}{|\boldsymbol{x}-\boldsymbol{y}|} = -Gm_0 \frac{\varrho(\boldsymbol{x})}{|\boldsymbol{x}-\boldsymbol{y}|}\, \mathrm{d}^3x \tag{1.101}$$

und somit die differentielle Kraft

$$\mathrm{d}\boldsymbol{K} = -\boldsymbol{\nabla}_y\, \mathrm{d}U = -\frac{Gm_0\varrho(\boldsymbol{x})}{|\boldsymbol{x}-\boldsymbol{y}|^2} \frac{\boldsymbol{y}-\boldsymbol{x}}{|\boldsymbol{y}-\boldsymbol{x}|}\, \mathrm{d}^3x\,. \tag{1.102}$$

Beide Formeln (1.101) und (1.102) lassen sich über den ganzen Stern integrieren, so dass z. B.

$$U(\boldsymbol{y}) = -Gm_0 \int \frac{\varrho(\boldsymbol{x})}{|\boldsymbol{x}-\boldsymbol{y}|}\, \mathrm{d}^3x \tag{1.103}$$

wird. Der Vektor $\boldsymbol{x}$ fährt die Massenverteilung ϱ ab, $\boldsymbol{y}$ ist der Aufpunkt, an dem das Potential berechnet wird. Das zu diesem Potential gehörende Kraftfeld entsteht aus (1.103) in gewohnter Weise,

$$\boldsymbol{K}(\boldsymbol{y}) = -\boldsymbol{\nabla}_y U(\boldsymbol{y}) \,. \tag{1.104}$$

b) Spezialfall: Himmelskörper mit kugelsymmetrischer Dichte

Es sei $\varrho(\boldsymbol{x}) = \varrho(s)$ mit $s \equiv |\boldsymbol{x}|$, und es gelte $\varrho(s) = 0$ für $s \geq R$. In (1.103) lege man die z-Achse in die Richtung von $\boldsymbol{y}$. Bezeichnet man mit $r := |\boldsymbol{y}|$ den Betrag von $\boldsymbol{y}$ und integriert man über den Azimutwinkel ϕ, so ist

$$U = -2\pi G m_0 \int_{-1}^{+1} \mathrm{d}z \int_0^\infty s^2\,\mathrm{d}s \frac{\varrho(s)}{\sqrt{r^2+s^2-2rsz}}\,; \qquad z := \cos\theta \,.$$

Das Integral über z lässt sich elementar ausführen,

$$\int_{-1}^{+1} \mathrm{d}z (r^2+s^2-2rsz)^{-1/2} = -\frac{1}{rs}[|r-s|-(r+s)]$$

$$= \begin{cases} \frac{2}{r} & \text{für} \quad r > s\,, \\ \frac{2}{s} & \text{für} \quad r < s\,. \end{cases}$$

Damit ist gezeigt, dass auch U kugelsymmetrisch und durch den folgenden Ausdruck gegeben ist:

$$U(r) = -4\pi G m_0 \left[\frac{1}{r} \int_0^r s^2\,\mathrm{d}s \varrho(s) + \int_r^\infty s\,\mathrm{d}s \varrho(s) \right] . \tag{1.105}$$

Ist nun $r \geq R$, so trägt das zweite Integral nicht bei, da $\varrho(s)$ für $s \geq R$ verschwindet. Das erste Integral erstreckt sich von O bis R und ergibt gemäß (1.98) die Konstante $m/4\pi$. Insgesamt erhält man

$$U(r) = -\frac{G m_0 m}{r} \quad \text{für} \quad r \geq R\,. \tag{1.106}$$

Satz 1.11

Ein kugelsymmetrischer Stern der Gesamtmasse m erzeugt im Raum außerhalb seiner Massendichte das Potential eines in seinem Mittelpunkt sitzenden Massenpunktes.

Es liegt auf der Hand, dass diese Aussage für die Anwendung der Kepler'schen Gesetze auf die Planetenbewegung von großer Bedeutung ist.

c) Wechselwirkung zweier Himmelskörper endlicher Ausdehnung

Hat der Probekörper mit Masse m_0 selbst eine endliche Ausdehnung und ist er durch die Massendichte $\varrho_0(\boldsymbol{y})$ charakterisiert, so tritt anstelle des Ausdrucks (1.103) das differentielle Potential

$$\mathrm{d}U(\boldsymbol{y}) = -G\varrho_0(\boldsymbol{y})\,\mathrm{d}^3y \int \frac{\varrho(\boldsymbol{x})}{|\boldsymbol{x}-\boldsymbol{y}|}\,\mathrm{d}^3x\,,$$

das vom ersten Stern am Ort $\boldsymbol{y}$ des Massenelements $\varrho_0(\boldsymbol{y})\,\mathrm{d}^3y$ des zweiten Sterns erzeugt wird. Die gesamte Wechselwirkung entsteht daraus durch Integration über $\boldsymbol{y}$,

$$U = -G\int \mathrm{d}^3x \int \mathrm{d}^3y \frac{\varrho(\boldsymbol{x})\varrho_0(\boldsymbol{y})}{|\boldsymbol{x}-\boldsymbol{y}|}\,. \tag{1.107}$$

Sind beide Dichten kugelsymmetrisch, mit den Radien R bzw. R_0, so entsteht wieder der Ausdruck (1.106), wenn nur der Abstand r der Mittelpunkte größer als $(R+R_0)$ ist.

d) Potential eines ausgedehnten Sterns ohne Kugelsymmetrie

Die Dichte $\varrho(\boldsymbol{x})$ sei nicht mehr kugelsymmetrisch, aber immer noch von endlicher Ausdehnung, d. h. $\varrho(\boldsymbol{x}) = 0$ für $|\boldsymbol{x}| > R$. Für die Berechnung des Integrals (1.103) ist die folgende Entwicklung der inversen Abstandsfunktion besonders nützlich:

$$\frac{1}{|\boldsymbol{x}-\boldsymbol{y}|} = 4\pi \sum_{\ell=0}^{\infty} \frac{1}{2\ell+1} \frac{r_<^\ell}{r_>^{\ell+1}} \sum_{\mu=-\ell}^{\ell} Y^*_{\ell\mu}(\hat{\boldsymbol{x}})Y_{\ell\mu}(\hat{\boldsymbol{y}})\,. \tag{1.108}$$

Hierbei ist $r_< \equiv |\boldsymbol{x}|$, $r_> \equiv |\boldsymbol{y}|$, falls $|\boldsymbol{y}| > |\boldsymbol{x}|$ ist, bzw. entsprechend vertauscht im anderen Falle. Die Funktionen $Y_{\ell\mu}$ sind Kugelfunktionen, die von den Polarwinkeln $(\theta_x, \phi_x) \equiv \hat{\boldsymbol{x}}$ bzw. $(\theta_y, \phi_y) \equiv \hat{\boldsymbol{y}}$ abhängen und die im folgenden Sinne *normiert* und *orthogonal* sind:

$$\int_0^\pi \sin\theta\,\mathrm{d}\theta \int_0^{2\pi} \mathrm{d}\phi\; Y^*_{\ell\mu}(\theta,\phi)Y_{\ell'\mu'}(\theta,\phi) = \delta_{\ell\ell'}\delta_{\mu\mu'}\,. \tag{1.109}$$

Setzt man diese Entwicklung in (1.103) ein und wählt $|\boldsymbol{y}| > R$, so ist

$$U(\boldsymbol{y}) = -Gm_0 \sum_{\ell=0}^{\infty} \frac{4\pi}{2\ell+1} \sum_{\mu=-\ell}^{+\ell} \frac{q_{\ell\mu}}{r^{\ell+1}} Y_{\ell\mu}(\hat{\boldsymbol{y}})\,, \quad \text{mit} \tag{1.110}$$

$$q_{\ell\mu} := \int \mathrm{d}^3x Y^*_{\ell\mu}(\hat{\boldsymbol{x}}) s^\ell \varrho(\boldsymbol{x})\,. \tag{1.111}$$

Die erste Kugelfunktion ist eine Konstante, $Y_{\ell=0,\mu=0} = 1/\sqrt{4\pi}$. Ist $\varrho(\boldsymbol{x})$ wieder kugelsymmetrisch, so ist

$$\begin{aligned} q_{\ell\mu} &= \sqrt{4\pi} \int_0^R s^2 \, \mathrm{d}s \, s^\ell \varrho(s) \int_0^\pi \sin\theta \, \mathrm{d}\theta \int_0^{2\pi} \mathrm{d}\phi Y_{00} Y^*_{\ell\mu} \\ &= \sqrt{4\pi} \int_0^R s^2 \, \mathrm{d}s \varrho(s) \delta_{\ell 0} \delta_{\mu 0} = \frac{m}{\sqrt{4\pi}} \delta_{L0} \delta_{\mu 0} \, , \end{aligned}$$

und (1.110) ergibt wie erwartet das Resultat (1.106).
Die Koeffizienten $q_{\ell m}$ nennt man die Multipolmomente der Dichte $\varrho(\boldsymbol{x})$, die von ihnen erzeugten Potentiale

$$U_{\ell\mu}(\boldsymbol{y}) = -Gm_0 \frac{4\pi q_{\ell\mu}}{(2\ell+1) r^{\ell+1}} Y^*_{\ell\mu}(\hat{\boldsymbol{y}}) \tag{1.112}$$

nennt man Multipolpotentiale.

1.31 Virial und zeitliche Mittelwerte

Wir kehren nocheinmal zum n-Teilchen-System zurück, das durch die Bewegungsgleichung (1.28) beschrieben wird. Wir nehmen an, dass das System abgeschlossen und autonom ist, d. h. dass nur innere, zeitunabhängige Kräfte wirken. Diese sollen Potentialkräfte sein, aber nicht notwendig Zentralkräfte. Allgemeine Lösungen der Bewegungsgleichungen sind schon für $n = 3$ nur in Spezialfällen zu haben, für mehr als drei Teilchen weiß man sehr wenig. Daher ist der folgende Zugang nützlich, weil er wenigstens einige qualitative Aussagen ermöglicht. Wir stellen uns vor, wir kennen Lösungen $\boldsymbol{r}_i(t)$ und somit die Impulse $\boldsymbol{p}_i(t) = m_i \dot{\boldsymbol{r}}_i(t)$. Dann bildet man folgende Abbildung vom Phasenraum in die reellen Zahlen,

$$v(t) := \sum_{i=1}^{n} \boldsymbol{r}_i(t) \cdot \boldsymbol{p}_i(t) \, , \tag{1.113}$$

die *Virial* genannt wird. Ist die betrachtete Lösung so beschaffen, dass kein Teilchen ins Unendliche entweicht und keines zu irgendeinem Zeitpunkt einen unendlich großen Impuls gewinnt, dann bleibt $v(t)$ für alle Zeiten beschränkt. Definiert man zeitliche Mittelwerte als

$$\langle f \rangle := \lim_{\Delta \to +\infty} \frac{1}{2\Delta} \int_{-\Delta}^{\Delta} f(t) \, \mathrm{d}t \, , \tag{1.114}$$

so gilt für den Mittelwert der Zeitableitung von $v(t)$

$$\langle \dot{v} \rangle = \lim_{\Delta\to+\infty} \frac{1}{2\Delta} \int_{-\Delta}^{\Delta} \mathrm{d}t \frac{\mathrm{d}}{\mathrm{d}t} v(t) = \lim_{\Delta\to\infty} \frac{v(\Delta) - v(-\Delta)}{2\Delta} = 0\,,$$

falls v beschränkt ist. Nun ist

$$\dot{v}(t) = \sum_{i=1}^{n} m_i \dot{\boldsymbol{r}}_i^2(t) - \sum_{i=1}^{n} \boldsymbol{r}_i(t) \cdot \nabla_i U[\boldsymbol{r}_1(t), \ldots, \boldsymbol{r}_n(t)]\,.$$

Im zeitlichen Mittel gilt dann

$$2\langle T \rangle - \langle \Sigma \boldsymbol{r}_i \cdot \nabla_i U \rangle = 0\,. \tag{1.115}$$

Die Aussage (1.115) heißt *Virialsatz*. Er wird besonders einfach, wenn das Potential U eine homogene Funktion vom Grade k in seinen Argumenten $\boldsymbol{r}_1, \ldots, \boldsymbol{r}_n$ ist. Dann gilt nämlich $\Sigma \boldsymbol{r}_i \cdot \nabla_i U = kU$, somit und mit dem Energiesatz,

$$2\langle T \rangle - k\langle U \rangle = 0\,, \quad \langle T \rangle + \langle U \rangle = E\,. \tag{1.116}$$

Interessante Beispiele sind:

Beispiele

i) Ein Zwei-Teilchen-System mit harmonischer Kraft. Rechnet man auf Schwerpunkts- und Relativkoordinaten um, so ist $v(t) = m_1\boldsymbol{r}_1 \cdot \dot{\boldsymbol{r}}_1 + m_2\boldsymbol{r}_2 \cdot \dot{\boldsymbol{r}}_2 = M\boldsymbol{r}_\mathrm{s} \cdot \dot{\boldsymbol{r}}_\mathrm{s} + \mu\boldsymbol{r} \cdot \dot{\boldsymbol{r}}$. Die Funktion v kann nur dann beschränkt bleiben, wenn der Schwerpunkt ruht, $\dot{\boldsymbol{r}}_\mathrm{s} = 0$. Dann ist aber die kinetische Energie gleich der kinetischen Energie der Relativbewegung und (1.116) gilt für diese und $U(|\boldsymbol{r}|)$. In diesem Beispiel ist $U(\boldsymbol{r}) = \alpha\boldsymbol{r}^2$, d. h. $k = 2$. Die zeitlichen Mittelwerte der kinetischen Energie der Relativbewegung und der potentiellen Energie sind gleich und gleich der halben Energie,

$$\langle T \rangle = \langle U \rangle = \frac{1}{2}E\,.$$

ii) Beim Kepler-Problem ist das Potential $U(\boldsymbol{r}) = -\alpha/|\boldsymbol{r}|$, wo $\boldsymbol{r}$ die Relativkoordinate bezeichnet, und somit $k = -1$. Für die kinetische Energie der Relativbewegung und die potentielle Energie folgt für $E \le 0$ (dann bleibt $v(t)$ beschränkt)

$$\langle T \rangle = -E\,, \quad \langle U \rangle = 2E\,.$$

Dies gilt aber nur in $\mathbb{R}^3 \backslash \{0\}$ in der Variablen $\boldsymbol{r}$. Der Nullpunkt, in dem eine unendlich große Kraft auftritt, muss ausgeschlossen sein. Das ist bei zwei Teilchen immer dann garantiert, wenn der relative Bahndrehimpuls von Null verschieden ist.

iii) Für ein n-Teilchen-System mit ($n \ge 3$) mit Gravitationskräften kann man ebenfalls einige Aussagen gewinnen. Zunächst beachte man, dass $v(t)$ die Ableitung der Funktion

$$w(t) := \sum_{i=1}^{n} \frac{1}{2} m_i \boldsymbol{r}_i^2(t)$$

ist, die nur dann beschränkt bleibt, wenn kein Teilchen zu irgendeiner Zeit ins Unendliche entweicht. Man zeigt leicht, dass

$$\ddot{w}(t) = 2T + U = E + T$$

ist. Da $T(t)$ zu allen Zeiten positiv semi-definit ist, kann man $w(t)$ durch die allgemeine Lösung der Differentialgleichung $\ddot{y}(t) = E$ abschätzen, es gilt

$$w(t) \geq \frac{1}{2} E t^2 + \dot{w}(0) t + w(0) .$$

Falls die Gesamtenergie positiv ist, ist $\lim_{t \to \pm\infty} w(t) = \infty$, d. h. mindestens ein Teilchen läuft asymptotisch ins Unendliche; s. auch (Thirring 1988, Abschn. 4.5).

Anhang: Praktische Übungen

1 Kepler-Ellipsen

Man studiere anhand numerischer Beispiele die finiten Bewegungen zweier Himmelskörper mit Massen m_1 und m_2 in ihrem Schwerpunktssystem, (Abschn. 1.7.2 (ii)).

Lösung Die relevanten Gleichungen findet man am Ende des Abschn. 1.7.2. Es bietet sich an, m_1 und m_2 in Einheiten der Gesamtmasse $M = m_1 + m_2$ auszudrücken, d. h. $M = 1$ zu setzen. Die reduzierte Masse ist $\mu = m_1 m_2 / M$. Hat man die Massen vorgegeben, so wird die Form der Bahnen durch die frei wählbaren Parameter

$$p = \frac{\ell^2}{A\mu} \quad \text{und} \quad \varepsilon = \sqrt{1 + \frac{2E\ell^2}{\mu A^2}} \tag{A.1}$$

bestimmt, die wiederum durch die Energie und den Drehimpuls festgelegt sind. Es ist einfach, am PC die Bahnkurven zu berechnen und zu zeichnen. Abbildung 1.6a zeigt den Fall $m_1 = m_2$ mit $\varepsilon = 0{,}5$, $p = 1$, Abb. 1.6b zeigt den Fall $m_1 = m_2/9$ mit $\varepsilon = 0{,}5$, $p = 0{,}66$. Da der Ursprung der Schwerpunkt ist, stehen die beiden Sterne sich zu jedem Zeitpunkt gegenüber.

2 Bewegung des Doppelsterns aus Übung 1

Man berechne die beiden Bahnellipsen punktweise als Funktion der Zeit t für vorgegebenes Zeitintervall Δt.

Lösung Die Bilder aus Übung 1 geben nur $r(\phi)$ als Funktion von ϕ, sagen aber nicht, wie die Bahnen als Funktion der *Zeit* durchlaufen werden. Um $r(t)$ zu erhalten, geht man zu (1.19) zurück und setzt dort die Bahnkurve der Relativkoordinate $r(\phi)$ ein. Durch Separation der Variablen erhält man daraus für Bahnpunkte $n+1$ und n:

$$t_{n+1} - t_n = \frac{\mu p^2}{\ell} \int_{\phi_n}^{\phi_{n+1}} \frac{\mathrm{d}\phi}{[1+\varepsilon\cos\phi]^2} \,. \tag{A.2}$$

(Das Perihel hat $\phi_P = 0$.)

Die Größe $\mu p^2/\ell$ hat die physikalische Dimension Zeit. Man kann die Periode aus (1.23)

$$T = 2\pi \frac{\mu^{1/2} a^{3/2}}{A^{1/2}} = \pi \frac{A\mu^{1/2}}{2^{1/2}(-E)^{3/2}}$$

einführen und diese als Zeiteinheit verwenden. Es ist dann,

$$\frac{\mu p^2}{\ell} = (1-\varepsilon^2)^{3/2} T/2\pi \,.$$

Das Integral in (A.2) lässt sich geschlossen ausführen. Mit der Substitution

$$x := \sqrt{\frac{1-\varepsilon}{1+\varepsilon}} \tan\frac{\phi}{2}$$

ist

$$\begin{aligned} I \equiv \int \frac{\mathrm{d}\phi}{[1+\varepsilon\cos\phi]^2} &= \frac{2}{\sqrt{1-\varepsilon^2}} \int \mathrm{d}x \frac{1+\frac{1+\varepsilon}{1-\varepsilon}x^2}{(1+x^2)^2} \\ &= \frac{2}{\sqrt{1-\varepsilon^2}} \left\{ \int \frac{\mathrm{d}x}{1+x^2} + \frac{2\varepsilon}{1-\varepsilon} \int \frac{x^2\,\mathrm{d}x}{(1+x^2)^2} \right\} , \end{aligned}$$

dessen zweiter Anteil durch partielle Integration integriert werden kann. Das Resultat ist

$$\begin{aligned} I = {} & \frac{2}{(1-\varepsilon^2)^{3/2}} \arctan\left(\sqrt{\frac{1-\varepsilon}{1+\varepsilon}} \tan\frac{\phi}{2} \right) \\ & - \frac{\varepsilon}{1-\varepsilon^2} \frac{\sin\phi}{1+\varepsilon\cos\phi} + C \,, \end{aligned} \tag{A.3}$$

so dass

$$(t_{n+1}-t_n)/T = \frac{1}{\pi}\left[\arctan\left(\sqrt{\frac{1-\varepsilon}{1+\varepsilon}}\tan\frac{\phi}{2}\right)\right.$$
$$\left. -\frac{1}{2}\varepsilon\sqrt{1-\varepsilon^2}\frac{\sin\phi}{1+\varepsilon\cos\phi}\right]_{\phi_n}^{\phi_{n+1}} . \qquad \text{(A.4)}$$

Man kann für festes Inkrement $\Delta\phi$ die Zeitdifferenz $\Delta t(\Delta\phi, \phi)$ berechnen und die entsprechenden Punkte auf der Bahnkurve eintragen. Man kann aber auch ein festes Zeitintervall $\Delta t/T$ vorgeben und die aufeinanderfolgenden Bahnpunkte durch Auflösung der impliziten Gleichung (A.4) nach ϕ berechnen.

3 Periheldrehung

a) Man zeige, dass die Differentialgleichung für $\phi = \phi(r)$ im Falle gebundener Bahnen des Kepler-Problems die Form

$$\frac{\mathrm{d}\phi}{\mathrm{d}r} = \frac{1}{r}\left(\frac{r_\mathrm{P} r_\mathrm{A}}{(r-r_\mathrm{P})(r_\mathrm{A}-r)}\right)^{1/2} \qquad \text{(A.5)}$$

hat, wo r_P und r_A Perihel- bzw. Aphelabstand bedeuten. Man integriere diese Gleichung mit der Randbedingung $\phi(r = r_\mathrm{P}) = 0$.

b) Das Potential sei jetzt $U(r) = (-A/r) + (B/r^2)$. Man bestimme die Lösungen $\phi = \phi(r)$ und diskutiere die Drehung des Perihels gegenüber dem Keplerfall nach einem Umlauf, als Funktion von $B \lessgtr 0$ und für $|B| \ll l^2/2\mu$.

Lösungen
a) Für die Keplerellipsen ist $E < 0$ und es gilt

$$\frac{\mathrm{d}\phi}{\mathrm{d}r} = \frac{\ell}{\sqrt{2\mu(-E)}}\frac{1}{r}\frac{1}{\sqrt{-r^2 - \frac{A}{E}r + \frac{\ell^2}{2\mu E}}} .$$

Aphel und Perihel sind durch die Wurzeln der quadratischen Form $(-r^2 - Ar/E + \ell^2/2\mu E)$ gegeben,

$$r_{\mathrm{A/P}} = \frac{p}{1 \mp \varepsilon} = -\frac{A}{2E}(1 \pm \varepsilon) . \qquad \text{(A.6)}$$

(Das sind die Punkte, wo $\mathrm{d}r/\mathrm{d}t = 0$.) Mit

$$r_\mathrm{P} r_\mathrm{A} = \frac{A^2}{4E^2}(1-\varepsilon^2) = -\frac{\ell^2}{2\mu E}$$

folgt (A.5), die geschlossen integriert werden kann. Mit der Bedingung $\phi(r_\mathrm{P}) = 0$ folgt

$$\phi(r) = \arccos\left[\frac{1}{r_\mathrm{A} - r_\mathrm{P}}\left(2\frac{r_\mathrm{A} r_\mathrm{P}}{r} - r_\mathrm{A} - r_\mathrm{P}\right)\right] . \qquad \text{(A.7)}$$

Man bestätigt, dass Perihel, Kraftzentrum und Aphel auf einer Geraden liegen, denn $\phi(r_A) - \phi(r_P) = \pi$. Zwei aufeinanderfolgende Perihelkonstellationen haben die Azimutdifferenz 2π, fallen daher zusammen. Es gibt keine „Periheldrehung".

b) Es seien r_P und r_A durch (A.6) definiert. Die neuen Aphel- und Perihelpositionen seien mit r'_A bzw. r'_P bezeichnet. Es gilt

$$(r - r_P)(r_A - r) + \frac{B}{E} = (r - r'_P)(r'_A - r) \quad \text{und somit}$$

$$r'_P r'_A = r_P r_A - \frac{B}{E} \,. \tag{A.8}$$

Gleichung (A.5) wird in folgende Gleichung abgeändert:

$$\begin{aligned}\frac{\mathrm{d}\phi}{\mathrm{d}r} &= \frac{1}{r}\left(\frac{r_P r_A}{(r - r'_P)(r'_A - r)}\right)^{1/2} \\ &= \sqrt{\frac{r_P r_A}{r'_P r'_A}}\,\frac{1}{r}\left(\frac{r'_P r'_A}{(r - r'_P)(r'_A - r)}\right)^{1/2} ,\end{aligned}$$

die man wie bei (a) lösen kann:

$$\begin{aligned}\phi(r) = \sqrt{\frac{r_P r_A}{r'_P r'_A}} \arccos\Bigg[&\frac{1}{r'_A - r'_P} \\ &\times\left(2\frac{r'_P r'_A}{r} - r'_A - r'_P\right)\Bigg] \,.\end{aligned} \tag{A.9}$$

Für zwei aufeinanderfolgende Perihelkonstellationen folgt aus (A.8) die Differenz

$$2\pi\sqrt{\frac{r_P r_A}{r'_P r'_A}} = \frac{2\pi\ell}{\sqrt{\ell^2 + 2\mu B}} \,, \tag{A.10}$$

die man als Funktion von B (positiv oder negativ) numerisch studiert. Positives B bedeutet ein repulsives Zusatzpotential, das gemäß (A.10) das Perihel „nachhinken" lässt. Negatives B bedeutet zusätzliche Attraktion und lässt das Perihel „voreilen".

4 Rosettenbahnen

Man studiere die finiten Bahnen im attraktiven Potential $U(r) = -a/r^\alpha$ für Exponenten α in der Umgebung von $\alpha = 1$ (Keplerfall).

Lösung Ausgangspunkt sei das System von Differentialgleichungen erster Ordnung (1.71′), (1.72′) in dimensionsloser Form,

$$\begin{aligned}\frac{\mathrm{d}\varrho}{\mathrm{d}\tau} &= \pm\sqrt{2b\varrho^{-\alpha} - \varrho^{-2} - 2} =: f(\varrho) \\ \frac{\mathrm{d}\phi}{\mathrm{d}\tau} &= \frac{1}{\varrho^2} \,.\end{aligned} \tag{A.11}$$

Daraus berechnet man die zweiten Ableitungen

$$\frac{d^2\varrho}{d\tau^2} = \frac{d}{d\varrho}\left(\frac{d\varrho}{d\tau}\right)\frac{d\varrho}{d\tau} = \frac{1}{\varrho^3}[1 - b\alpha\varrho^{2-\alpha}] =: g(\varrho)$$

$$\frac{d^2\phi}{d\tau^2} = -\frac{2}{\varrho^3} f(\varrho) .$$

Das System (A.11) kann man mit einfachen Taylorreihen

$$\varrho_{n+1} = \varrho_n + h f(\varrho_n) + \frac{1}{2}h^2 g(\varrho_n) + O(h^3)$$

$$\phi_{n+1} = \phi_n + h\frac{1}{\varrho_n^2} - h^2\frac{1}{\varrho_n^3} f(\varrho_n) + O(h^3) \qquad \text{(A.12)}$$

zu den Anfangsbedingungen $\tau_0 = 0$, $\varrho(0) = R_0$, $\phi(0) = 0$ lösen. Die Schrittweite h in der Zeitvariablen kann man konstant wählen und, wenn man die Rosettenbahn punktweise aufträgt, somit die zeitliche Entwicklung der Bewegung verfolgen. (In den Abb. 1.18–1.22 haben wir h variabel, $h = h_0\varrho/R_0$ mit $h_0 = 0{,}02$ gewählt.)

5 Streubahnen für abstoßendes Potential

Ein Teilchen mit fest vorgegebenem Impuls $\boldsymbol{p}$ werde am Potential $U(r) = A/r$ (mit $A > 0$) gestreut. Studiere die Streubahnen als Funktion des Stoßparameters.

Lösung Die Bahnkurve ist durch

$$r = r(\phi) = \frac{p}{1 + \varepsilon\cos(\phi - \varphi_0)} \qquad \text{(A.13)}$$

mit $\varepsilon > 1$ gegeben, die Energie E muss positiv sein. Wir wählen $\varphi_0 = 0$ und führen den Stoßparameter $b = \ell/|\boldsymbol{p}|$ sowie die Größe $\lambda := A/E$ als charakteristische Länge ein. Dann lautet die Hyperbelgleichung (A.13)

$$\frac{r(\phi)}{\lambda} = \frac{2b^2/\lambda^2}{1 + \sqrt{1 + 4b^2/\lambda^2}\cos\phi} . \qquad \text{(A.13')}$$

Führt man wie in Abschn. 1.7.2 kartesische Koordinaten ein, so lautet (A.13′)

$$\frac{4x^2}{\lambda^2} - \frac{y^2}{b^2} = 1 ,$$

d. h. die Hyperbel liegt symmetrisch zu Abszissen- und Ordinatenachse, ihre Asymptoten haben die Steigungen $\tan\varphi_0$ bzw. $-\tan\varphi_0$, wo

$$\varphi_0 = \arctan\left(\frac{2b}{\lambda}\right) . \qquad \text{(A.13')}$$

Wir beschränken uns auf den linken Hyperbelast. Um zu erreichen, dass das Teilchen stets entlang derselben Richtung, z. B. entlang der negativen Abszissenachse einläuft, muss man für vorgegebenen Stoßparameter b eine von diesem abhängende Drehung um den Brennpunkt auf der positiven x-Achse ausführen und zwar

$$\begin{aligned} u &= (x-c)\cos\varphi_0 + y\sin\varphi_0 \\ v &= -(x-c)\sin\varphi_0 + y\cos\varphi_0 \,, \end{aligned} \tag{A.13'}$$

wo $c = \sqrt{1+4b^2/\lambda^2}/2$ der Abstand der Brennpunkte vom Ursprung und $y = \pm b\sqrt{4x^2/\lambda^2 - 1}$ ist. Im Koordinatensystem (u, v) läuft das Teilchen für alle b von $-\infty$ entlang der u-Achse ein. Man beginnt beim Perihel ($x_0 = -\frac{1}{2}\lambda$, $y_0 = 0$), lässt y nach oben bzw. unten laufen und berechnet aus (A.13′) die zugehörigen Werte von u und v, (vgl. Abb. 1.32).

6 Zeitliche Entwicklung bei der Rutherford-Streuung

Man berechne und zeichne einige Positionen des Projektils und des Targetteilchens aus dem Beispiel 1.29 im Laborsystem und als Funktion der Zeit.

Lösung Die Bahnkurven im Laborsystem sind nach (1.91–92), zunächst als Funktion von ϕ, und mit $\phi_1 = \pi - \phi$, $\phi_2 = 2\pi - \phi$:

$$\begin{aligned} \boldsymbol{r}_1 &= \boldsymbol{r}_S + \frac{1}{2}\boldsymbol{r} = \sqrt{\frac{E_r}{m}}t(1,0) \\ &\quad + \frac{p}{2}\frac{1}{\varepsilon\cos(\phi-\varphi_0)-1}(-\cos\phi, \sin\phi) \\ \boldsymbol{r}_2 &= \boldsymbol{r}_S - \frac{1}{2}\boldsymbol{r} = \sqrt{\frac{E_r}{m}}t(1,0) \\ &\quad - \frac{p}{2}\frac{1}{\varepsilon\cos(\phi-\varphi_0)-1}(\cos\phi, -\sin\phi) \,. \end{aligned} \tag{A.16}$$

Das Integral (1.96), das den Zusammenhang zwischen t und ϕ gibt, lässt sich wie in Übung 2 geschlossen angeben. Beachtet man, dass hier $\varepsilon > 1$ ist und verwendet man die Formeln .

$$\arctan x = -\frac{\mathrm{i}}{2}\ln\frac{1+\mathrm{i}x}{1-\mathrm{i}x}\,; \qquad \frac{mp}{\ell}\sqrt{\frac{E_r}{m}} = \sqrt{\varepsilon^2-1}\,,$$

so folgt

$$\begin{aligned} \sqrt{\frac{E_r}{m}}t(\phi) = \frac{p}{2}\Bigg[& \frac{1}{\varepsilon^2-1}\ln\frac{1+u}{1-u} \\ & + \frac{\varepsilon}{\sqrt{\varepsilon^2-1}}\frac{\sin(\phi-\varphi_0)}{\varepsilon\cos(\phi-\varphi_0)-1}\Bigg]\,, \end{aligned} \tag{A.17}$$

wobei u für den Ausdruck

$$u \equiv \sqrt{\frac{\varepsilon+1}{\varepsilon-1}}\tan\frac{\phi-\varphi_0}{2}$$

steht. Außerdem gilt noch

$$\cos\varphi_0 = \frac{1}{\varepsilon}\,; \qquad \sin\varphi_0 = \frac{\sqrt{\varepsilon^2-1}}{\varepsilon}$$

$$\tan\frac{\phi-\varphi_0}{2} = \frac{\sin\phi-\sin\varphi_0}{\cos\phi+\cos\varphi_0} = \frac{\varepsilon\sin\phi-\sqrt{\varepsilon^2-1}}{1+\varepsilon\cos\phi}\,.$$

Die Gleichung (A.17) gibt den gesuchten Zusammenhang zwischen ϕ und t. Man zeichnet nun in dimensionslosen Koordinaten $(2x/p, 2y/p)$ Punkte zu äquidistanten Werten von ϕ und notiert die zugehörige dimensionslose Zeitvariable

$$\tau := \frac{2}{p}\sqrt{\frac{E_{\mathrm{r}}}{m}}\,.$$

(Abbildung 1.35 zeigt das Beispiel $\varepsilon = 0{,}155$, $\varphi_0 = 30°$.) Man kann natürlich auch ein festes Zeitintervall bezüglich $t(\varphi_0) = 0$ vorgeben und die zugehörigen ϕ-Werte aus (A.17) berechnen.

Die Prinzipien der kanonischen Mechanik

Einführung

Dies ist ein zentrales Stück der allgemeinen Mechanik, in dem man an einigen, zunächst recht künstlich anmutenden Beispielen lernt, sich von dem engen Rahmen der Newton'schen Mechanik für Bahnkoordinaten im dreidimensionalen Raum ein wenig zu lösen, zugunsten einer allgemeineren Formulierung von mechanischen Systemen, die einer wesentlich größeren Klasse angehören. Das ist der erste Schritt der Abstraktion, weg von Wurfparabeln, Satellitenbahnen, schiefen Ebenen und schlagenden Pendeluhren; er führt auf eine neue Ebene der Beschreibung, die sich in der Physik weit über die Mechanik hinaus als tragfähig erweist. Man lernt, zunächst über die „Räuberleiter" des d'Alembert'schen Prinzips, die Lagrangefunktion und das auf ihr ruhende Gebäude der Lagrange'schen Mechanik kennen. Mit ihrer Hilfe bekommt man einen ersten Einblick in die Bedeutung von Symmetrien und Invarianzen eines vorgegebenen Systems für dessen Beschreibung. Über den Weg der Legendre-Transformation wird man dann zur Hamiltonfunktion geleitet, die der Angelpunkt der Hamilton-Jacobi'schen, kanonischen Formulierung der Mechanik ist.

Das scheinbar Künstliche und die Abstraktion dieser Beschreibungen zahlen sich in vielfacher Weise aus: Unter anderem gewinnt man einen wesentlich tieferen Einblick in die dynamische und geometrische Struktur der Mechanik, die bei ihrer Formulierung im Phasenraum hervortritt. Damit werden auch gleichzeitig das Fundament und ein Begriffsrahmen geschaffen, ohne die andere Theorien wie z. B. die Quantenmechanik nicht verständlich, vielleicht nicht einmal formulierbar wären.

2.1 Zwangsbedingungen und verallgemeinerte Koordinaten

2.1.1 Definition von Zwangsbedingungen

Falls die Massenpunkte eines mechanischen Systems sich nicht völlig unabhängig voneinander bewegen können, sondern gewissen Nebenbedingungen unterliegen, so spricht man von *Zwangsbedingungen*. Diese muss man gesondert diskutieren, da sie ja die Zahl der Freiheitsgrade verkleinern und somit die Bewegungsgleichungen abändern.

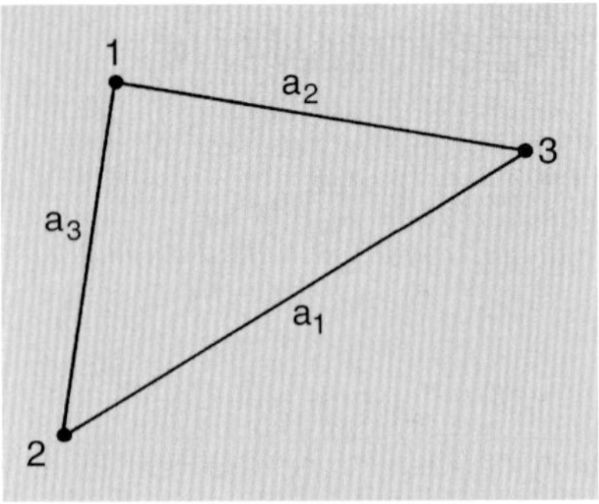

Abb. 2.1. Ein System von drei Massenpunkten, die durch starre Abstände verbunden sind, hat sechs (statt neun) Freiheitsgrade

i) Man spricht von *holonomen* („ganz-gesetzlichen") Zwangsbedingungen, wenn diese sich für ein n-Teilchen-System durch unabhängige Gleichungen der Form

$$f_\lambda(\boldsymbol{r}_1, \boldsymbol{r}_2, \ldots, \boldsymbol{r}_n, t) = 0\,; \qquad \lambda = 1, 2, \ldots, \Lambda \tag{2.1}$$

beschreiben lassen. Unabhängig bedeutet, dass in jedem Punkt $(\boldsymbol{r}_1, \ldots, \boldsymbol{r}_n)$ und für alle t der Rang der Matrix der Ableitungen $\partial f_\lambda / \partial \boldsymbol{r}_i$, gleich Λ ist.
Als Beispiel betrachte man das Drei-Teilchen-System mit starren Abständen, Abb. 2.1. Hier gilt

$$f_1 \equiv |\boldsymbol{r}_1 - \boldsymbol{r}_2| - a_3 = 0\,,$$
$$f_2 \equiv |\boldsymbol{r}_2 - \boldsymbol{r}_3| - a_1 = 0\,,$$
$$f_3 \equiv |\boldsymbol{r}_3 - \boldsymbol{r}_1| - a_2 = 0\,,$$

d. h. es ist $\Lambda = 3$. Ohne Zwangsbedingungen wäre die Zahl der Freiheitsgrade $f = 3n = 9$, mit Zwangsbedingung ist sie $\bar{f} = 3n - \Lambda = 6$.

ii) Von *nichtholonomen Zwangsbedingungen* spricht man, wenn diese in der Form eines Gleichungssystems der Form

$$\sum_{i=1}^{n} \boldsymbol{\omega}_i^k(\boldsymbol{r}_1, \ldots, \boldsymbol{r}_n) \cdot \mathrm{d}\boldsymbol{r}_i = 0\,, \qquad k = 1, \ldots, \Lambda \tag{2.2}$$

vorliegen, das sich nicht zu Gleichungen der Form (2.1) integrieren lässt. (Man beachte, dass aus den Bedingungen (2.1) durch Differentiation ein Gleichungssystem dieses Typs folgt, nämlich $\sum_{i=1}^{n} \boldsymbol{\nabla}_i f_\lambda(\boldsymbol{r}_1, \ldots, \boldsymbol{r}_n) \cdot d\boldsymbol{r}_i = 0$. Dies sind aber vollständige Differentiale.) Gleichung (2.2) ist ein sog. Pfaff'sches System, dessen Analyse man z. B. in (Heil 1974) findet. Da wir im Wesentlichen nur holonome Bedingungen diskutieren, gehen wir hier nicht weiter darauf ein. Ein System von Typus (2.2) schränkt die Bewegung im Kleinen ein, verkleinert aber i. Allg. nicht die Zahl der Freiheitsgrade im Großen.

iii) In beiden Fällen unterscheidet man zwischen solchen Zwangsbedingungen, die (a) *zeitabhängig* sind: das sind *rheonome* Bedingungen, („fließ-gesetzliche") (b) nicht explizit von der Zeit abhängen: Das sind *skleronome* Bedingungen, („starr-gesetzliche").

iv) Es gibt außerdem Zwangsbedingungen, die sich in Form von Ungleichungen ausdrücken, die wir hier aber nicht diskutieren. Solche Bedingungen liegen beispielsweise vor, wenn ein Gas in einem undurchlässigen Behälter eingeschlossen wird: Die Gasmoleküle können sich innerhalb des Behälters frei bewegen, dürfen aber seine Wände nicht durchdringen.

2.1.2 Generalisierte Koordinaten

Generalisierte Koordinaten sind solche (unabhängigen) Koordinaten, die die Zwangsbedingungen bereits berücksichtigen. Als Beispiel betrachte man ein Teilchen auf einer Kugeloberfläche, Abb. 2.2, für das also $x^2 + y^2 + z^2 = R^2$ gilt. Hier ist $f = 3n - 1 = 3 - 1 = 2$. Statt der *abhängigen* Koordinaten $\{x, y, z\}$, oder $\{r, \theta, \phi\}$, kann man die *unabhängigen* generalisierten Koordinaten $q_1 := \theta$, $q_2 := \phi$ einführen.

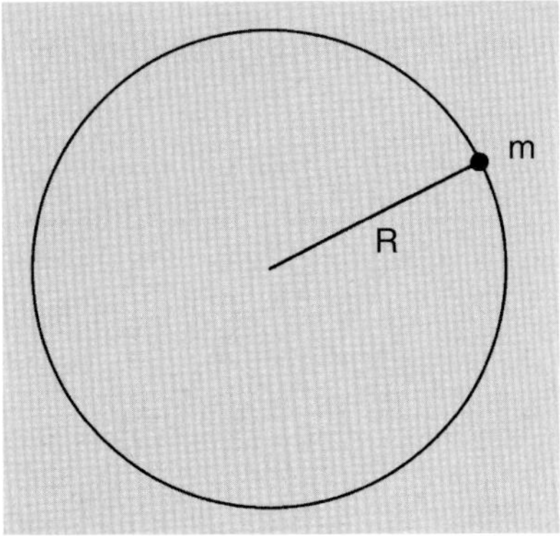

Abb. 2.2. Ein Massenpunkt, dessen Bewegung auf die Oberfläche einer Kugel eingeschränkt ist, hat nur zwei Freiheitsgrade

Allgemein wird der Satz der $3n$ Ortskoordinaten durch einen Satz von $(3n - \Lambda)$ verallgemeinerten Koordinaten ersetzt

$$\{\boldsymbol{r}_1, \boldsymbol{r}_2, \ldots, \boldsymbol{r}_n\} \to \{q_1, q_2, \ldots, q_f\}, \quad f = 1, 2, \ldots, 3n - \Lambda,$$

die selbst keineswegs die Dimension von Längen haben müssen. Es ist nun das Ziel

i) die Zahl der Freiheitsgrade f zu bestimmen und f generalisierte Koordinaten zu finden derart, dass die Zwangsbedingungen berücksichtigt sind und diese Koordinaten dem Problem optimal angepasst sind;
ii) einfache Prinzipien aufzustellen, aus denen sich in direkter Weise die Bewegungsgleichungen in den generalisierten Koordinaten aufstellen lassen.

Eine wichtige Hilfskonstruktion auf dem Weg zu diesem Ziel ist das d'Alembert'sche Prinzip, das wir als Nächstes formulieren.

2.2 Das d'Alembert'sche Prinzip

Wir betrachten ein System von n Massenpunkten mit den Massen $\{m_i\}$ und den Koordinaten $\{\boldsymbol{r}_i\}$, $i = 1, 2, \ldots, n$, das den *holonomen* Zwangsbedingungen

$$f_\lambda(\boldsymbol{r}_1, \ldots, \boldsymbol{r}_n, t) = 0, \quad \lambda = 1, \ldots, \Lambda \tag{2.3}$$

unterworfen sei.

2.2.1 Definition der virtuellen Verrückungen

Eine *virtuelle Verrückung* $\{\delta\boldsymbol{r}_i\}$ des Systems ist eine willkürliche, infinitesimale Änderung der Koordinaten, die mit den Kräften und den Zwangsbedingungen verträglich ist.[1] Sie wird am System zu einem *festen* Zeitpunkt ausgeführt, hat also mit der infinitesimalen *Bewegung* (auch *reelle* Verrückung genannt) $\{d\boldsymbol{r}_i\}$ im Zeitintervall dt nichts zu tun.

Etwas weniger präzise, dafür aber anschaulicher gesprochen, kann man sich das mechanische System wie ein Fachwerkhaus vorstellen, das zwischen seine Nachbarhäuser und auf ein vorgegebenes Terrain passen muss (das sind die Zwangsbedingungen), und das in sich stabil sein soll. Um die Stabilität und die Tragfähigkeit zu testen, „wackelt" man ein

[1] Wir benutzen hier den zwar etwas altmodisch anmutenden, aber anschaulichen Begriff der virtuellen Verrückung, Geometrisch gesprochen handelt es sich um Tangentialvektoren an die durch (2.3) gegebene glatte Hyperfläche im $\mathbb{R}^{3n}$. Das d'Alembert'sche Prinzip lässt sich daher auch in der geometrischen Sprache des Kapitels 5 formulieren.

wenig an der Konstruktion, ohne die Zwangsbedingungen zu verletzen. Man stellt sich dabei vor, dass die einzelnen Elemente des Baus infinitesimal in alle möglichen, erlaubten Richtungen verschoben werden und beobachtet, wie die ganze Konstruktion antwortet.

2.2.2 Statischer Fall

Das System sei zunächst im Gleichgewicht, d. h. $\boldsymbol{F}_i = 0$, $i = 1, \ldots, n$, wo $\boldsymbol{F}_i$ die auf Teilchen i wirkende Gesamtkraft ist.

Wenn man sich die Zwangsbedingung so berücksichtigt denkt, dass sie durch zusätzliche Kräfte $\boldsymbol{Z}_i$ auf das Teilchen realisiert ist, (solche Kräfte nennt man *Zwangskräfte*), so ist

$$\boldsymbol{F}_i = \boldsymbol{K}_i + \boldsymbol{Z}_i\,, \tag{2.4}$$

wo $\boldsymbol{Z}_i$ die Zwangskraft, $\boldsymbol{K}_i$ die wirkliche (dynamische) Kraft bezeichnet. Es gilt trivialerweise $\boldsymbol{F}_i \cdot \delta\boldsymbol{r}_i = 0$, also auch

$$\sum_{i=1}^{n} \boldsymbol{F}_i \cdot \delta\boldsymbol{r}_i = 0 = \sum_{i=1}^{n} [\boldsymbol{K}_i + \boldsymbol{Z}_i] \cdot \delta\boldsymbol{r}_i\,. \tag{2.5}$$

Diesen Ausdruck nennt man auch *virtuelle* Arbeit. Für solche Systeme, für die schon die virtuelle Arbeit der Zwangskräfte $\sum_{i=1}^{n}(\boldsymbol{Z}_i \cdot \delta\boldsymbol{r}_i)$ gleich Null ist, folgt aus (2.5)

$$\sum_{i=1}^{n} \boldsymbol{K}_i \cdot \delta\boldsymbol{r}_i = 0\,. \tag{2.6}$$

Im Gegensatz zu (2.5) gilt diese Gleichung i. Allg. *nicht* für die einzelnen Summanden: Die $\delta\boldsymbol{r}_i$, sind, da mit den Zwangsbedingungen verträglich, nicht unabhängig.

2.2.3 Dynamischer Fall

Ist das System in Bewegung, so gilt $\boldsymbol{F}_i - \dot{\boldsymbol{p}}_i = 0$, und auch $\sum_{i=1}^{n}(\boldsymbol{F}_i - \dot{\boldsymbol{p}}_i) \cdot \delta\boldsymbol{r}_i = 0$. Gilt aber für die Zwangskräfte wieder $\sum_{i=1}^{n}(\boldsymbol{Z}_i \cdot \delta\boldsymbol{r}_i) = 0$, so folgt die Grundgleichung des *d'Alembert'schen Prinzips der virtuellen Verrückungen*

$$\sum_{i=1}^{n} (\boldsymbol{K}_i - \dot{\boldsymbol{p}}_i) \cdot \delta\boldsymbol{r}_i = 0\,, \tag{2.7}$$

aus dem die Zwangsbedingungen verschwunden sind. Wie für (2.6) sind die einzelnen Summanden i. Allg. nicht Null, da die $\delta\boldsymbol{r}_i$ voneinander abhängen.

Von dieser Gleichung kann man ausgehen, um die daraus resultierenden Bewegungsgleichungen für verallgemeinerte Koordinaten aufzustellen. Das geschieht folgendermaßen: Da die Bedingungen (2.3) unabhängig sind, kann man sie lokal nach den $\boldsymbol{r}_i$ auflösen, d. h.

$$\boldsymbol{r}_i = \boldsymbol{r}_i(q_1, \ldots, q_f, t)\,; \quad i = 1, \ldots, n; \quad f = 3n - \Lambda\,.$$

Daraus folgen die Hilfsformeln

$$\boldsymbol{v}_i \equiv \dot{\boldsymbol{r}}_i = \sum_{k=1}^{f} \frac{\partial \boldsymbol{r}_i}{\partial q_k} \dot{q}_k + \frac{\partial \boldsymbol{r}_i}{\partial t} \tag{2.8}$$

$$\frac{\partial \boldsymbol{v}_i}{\partial \dot{q}_k} = \frac{\partial \boldsymbol{r}_i}{\partial q_k} \tag{2.9}$$

$$\delta \boldsymbol{r}_i = \sum_{k=1}^{f} \frac{\partial \boldsymbol{r}_i}{\partial q_k} \delta q_k\,. \tag{2.10}$$

(In (2.10) tritt keine Zeitableitung auf, da $\delta \boldsymbol{r}_i$ virtuelle Verrückungen sind, die zu fester Zeit t vorgenommen werden.) Damit lässt sich der erste Teil auf der linken Seite von (2.7) schreiben als

$$\sum_{i=1}^{n} \boldsymbol{K}_i \cdot \delta \boldsymbol{r}_i = \sum_{k=1}^{f} Q_k \delta q_k \quad \text{mit} \quad Q_k := \sum_{i=1}^{n} \boldsymbol{K}_i \cdot \frac{\partial \boldsymbol{r}_i}{\partial q_k} \tag{2.11}$$

Q_k nennt man *verallgemeinerte Kräfte.* Der zweite Teil lässt sich ebenfalls auf die Form $\sum_{k=1}^{f}\{\ldots\}\delta q_k$ bringen:

$$\sum_{i=1}^{n} \dot{\boldsymbol{p}}_i \cdot \delta \boldsymbol{r}_i = \sum_{i=1}^{n} m_i \ddot{\boldsymbol{r}}_i \cdot \delta \boldsymbol{r}_i = \sum_{i=1}^{n} m_i \sum_{k=1}^{f} \ddot{\boldsymbol{r}}_i \cdot \frac{\partial \boldsymbol{r}_i}{\partial q_k} \delta q_k\,.$$

Für die hier vorkommenden Skalarprodukte $(\ddot{\boldsymbol{r}}_i \cdot \partial \boldsymbol{r}_i / \partial q_k)$ schreibt man

$$\ddot{\boldsymbol{r}}_i \cdot \frac{\partial \boldsymbol{r}_i}{\partial q_k} = \frac{\mathrm{d}}{\mathrm{d}t}\left(\dot{\boldsymbol{r}}_i \cdot \frac{\partial \boldsymbol{r}_i}{\partial q_k}\right) - \dot{\boldsymbol{r}}_i \cdot \frac{\mathrm{d}}{\mathrm{d}t} \frac{\partial \boldsymbol{r}_i}{\partial q_k}$$

und beachtet, dass

$$\frac{\mathrm{d}}{\mathrm{d}t} \frac{\partial \boldsymbol{r}_i}{\partial q_k} = \frac{\partial}{\partial q_k} \dot{\boldsymbol{r}}_i = \frac{\partial \boldsymbol{v}_i}{\partial q_k}\,,$$

und dass aus (2.8) die Beziehung $\partial \boldsymbol{r}_i / \partial q_k = \partial \boldsymbol{v}_i / \partial \dot{q}_k$ folgt.

Mit diesen Zwischenergebnissen folgt dann

$$\sum_{i=1}^{n} m_i \ddot{\boldsymbol{r}}_i \cdot \frac{\partial \boldsymbol{r}_i}{\partial q_k} = \sum_{i=1}^{n} \left\{ m_i \frac{\mathrm{d}}{\mathrm{d}t}\left(\boldsymbol{v}_i \cdot \frac{\partial \boldsymbol{v}_i}{\partial \dot{q}_k}\right) - m_i \boldsymbol{v}_i \cdot \frac{\partial \boldsymbol{v}_i}{\partial q_k} \right\}.$$

In den beiden Summanden des letzten Ausdrucks steht

$$\boldsymbol{v} \cdot \frac{\partial \boldsymbol{v}}{\partial x} = \frac{1}{2} \frac{\partial}{\partial x} \boldsymbol{v}^2\,,$$

mit $x = q_k$ oder $\dot{q}_k$, so dass schließlich folgt:

$$\sum_{i=1}^{n} \dot{\boldsymbol{p}}_i \cdot \delta \boldsymbol{r}_i = \sum_{k=1}^{f} \left\{ \frac{\mathrm{d}}{\mathrm{d}t} \left[\frac{\partial}{\partial \dot{q}_k} \left(\sum_{i=1}^{n} \frac{m_i}{2} \boldsymbol{v}_i^2 \right) \right] - \frac{\partial}{\partial q_k} \left(\sum_{i=1}^{n} \frac{m_i}{2} \boldsymbol{v}_i^2 \right) \right\} \delta q_k \,. \tag{2.12}$$

Setzt man die Ergebnisse (2.11) und (2.12) in (2.7) ein, so folgt eine Gleichung, die anstelle der $\delta \boldsymbol{r}_i$ nur die δq_k enthält. Im Gegensatz zu den virtuellen Verrückungen der (abhängigen) Koordinaten $\{\boldsymbol{r}_i\}$ sind die Verrückungen δq_k unabhängig. Daher muss in der so erhaltenen Gleichung jeder *einzelne* Term verschwinden,

$$\frac{\mathrm{d}}{\mathrm{d}t} \left(\frac{\partial T}{\partial \dot{q}_k} \right) - \frac{\partial T}{\partial q_k} = Q_k \,; \quad k = 1, \ldots, f \,, \tag{2.13}$$

wo $T = \sum_{i=1}^{n} m_i \boldsymbol{v}_i^2 / 2$ die kinetische Energie ist. Natürlich muss man T sowie Q_k auf die Variablen q_i und $\dot{q}_i$ umrechnen, damit (2.13) wirklich zu Differentialgleichungen für die $q_i(t)$ werden.

2.3 Die Lagrange'schen Gleichungen

Nehmen wir an, die Kräfte $\boldsymbol{K}_i$ seien Potentialkräfte, d. h.

$$\boldsymbol{K}_i = -\nabla_i U \,. \tag{2.14}$$

Falls das so ist, lassen sich auch die *verallgemeinerten* Kräfte Q_k aus dem Potential U ableiten. Es ist nämlich mit (2.11) und mit der Kettenregel der Differentiation

$$Q_k = -\sum_{i=1}^{n} \nabla_i U(\boldsymbol{r}_1, \ldots, \boldsymbol{r}_n) \cdot \frac{\partial \boldsymbol{r}_i}{\partial q_k} = -\frac{\partial}{\partial q_k} U(q_1, \ldots, q_f, t) \,, \tag{2.15}$$

vorausgesetzt man hat U auf die q_k umgerechnet. Da U nicht von den $\dot{q}_k$ abhängt, kann man T und U zusammenfassen zur *Lagrangefunktion*

$$L(q_k, \dot{q}_k, t) = T(q_k, \dot{q}_k) - U(q_k, t) \tag{2.16}$$

und (2.13) nimmt die einfache Gestalt an

$$\frac{\mathrm{d}}{\mathrm{d}t} \left(\frac{\partial L}{\partial \dot{q}_k} \right) - \frac{\partial L}{\partial q_k} = 0 \,. \tag{2.17}$$

Dies sind die Lagrange-Gleichungen (zweiter Art). Sie enthalten die Funktion $L = T - U$, mit

$$U(q_1, \ldots, q_f, t) = U(\boldsymbol{r}_1(q_1, \ldots, q_f, t), \ldots, \boldsymbol{r}_n(q_1, \ldots, q_f, t))$$

$$T(q_k, \dot{q}_k) = \frac{1}{2} \sum_{i=1}^{n} m_i \left(\sum_{k=1}^{f} \frac{\partial \boldsymbol{r}_i}{\partial q_k} \dot{q}_k + \frac{\partial \boldsymbol{r}_i}{\partial t} \right)^2$$

$$\equiv a + \sum_{k=1}^{f} b_k \dot{q}_k + \sum_{k=1}^{f} \sum_{l=1}^{f} c_{kl} \dot{q}_k \dot{q}_l\,, \tag{2.18}$$

mit

$$a := \frac{1}{2} \sum_{i=1}^{n} m_i \left(\frac{\partial \boldsymbol{r}_i}{\partial t} \right)^2 ,$$

$$b_k := \sum_{i=1}^{n} m_i \frac{\partial \boldsymbol{r}_i}{\partial q_k} \cdot \frac{\partial \boldsymbol{r}_i}{\partial t}\,, \tag{2.19}$$

$$c_{kl} := \frac{1}{2} \sum_{i=1}^{n} m_i \frac{\partial \boldsymbol{r}_i}{\partial q_k} \cdot \frac{\partial \boldsymbol{r}_i}{\partial q_l}\,.$$

Die spezielle Form $L = T - U$ für die Lagrangefunktion nennt man die *natürliche Form* von L. (Sie ist nämlich beileibe nicht die Allgemeinste). Liegen *skleronome* Zwangsbedingungen vor, so verschwinden a und b_k, T ist dann auch in den $\dot{q}_i$ eine homogene Form zweiten Grades.

Man beachte, dass die d'Alembert'schen Gleichungen (2.13) etwas allgemeiner als die Lagrange'schen Gleichungen (2.17) sind: Die letzteren folgen nur, wenn die Kräfte Potentialkräfte sind. Die Gln. (2.13) gelten aber schon dann, wenn die Zwangsbedingungen nur in differentieller Form, s. (2.10), vorliegen, die nicht zu holonomen Gleichungen integriert werden kann.

2.4 Einfache Anwendungen des d'Alembert'schen Prinzips

Wir illustrieren das d'Alembert'sche Prinzip durch drei elementare Anwendungen wie folgt:

Beispiele

i) Ein Teilchen der Masse m bewege sich auf einer Kugelschale im Schwerefeld: $\boldsymbol{K} = (0, 0, -mg)$. Die Zwangsbedingung lautet hier $|\boldsymbol{r}| = R$; unabhängige Koordinaten sind also $q_1 = \theta$ und $q_2 = \phi$, siehe Abb. 2.3. Die generalisierten Kräfte sind

$$Q_1 = \boldsymbol{K} \cdot \frac{\partial \boldsymbol{r}}{\partial q_1} = -RK_z \sin\theta = Rmg \sin\theta\,, \quad Q_2 = 0\,.$$

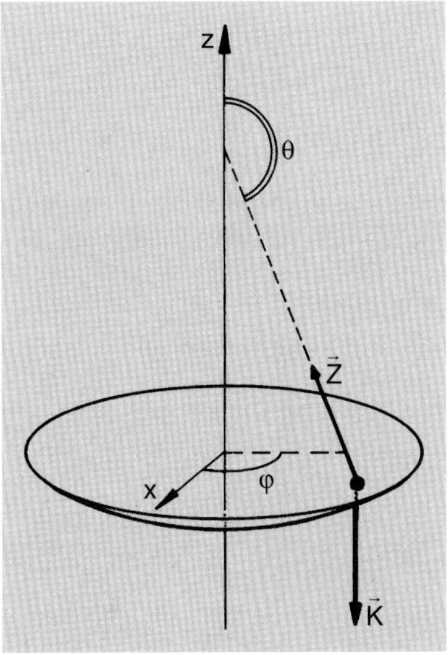

Abb. 2.3. Eine kleine Kugel auf einer Kugelschale im Schwerefeld. $\boldsymbol{Z}$ ist die zur Zwangsbedingung äquivalente Zwangskraft

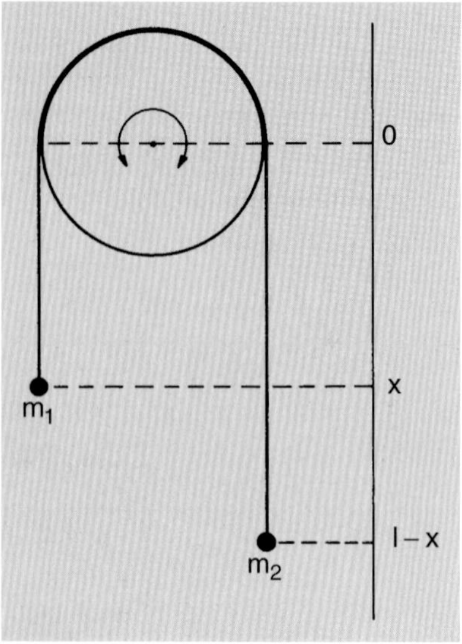

Abb. 2.4. Zwei Gewichte m_1 und m_2 sind durch einen als masselos angenommenen Faden verbunden, der reibungsfrei über einen Block läuft. Die kinetische Energie der Drehbewegung des Blocks sei vernachlässigbar

Das sind Potentialkräfte $Q_1 = -\partial U/\partial q_1$, $Q_2 = -\partial U/\partial q_2$, mit $U(q_1,q_2)=mgR[1+\cos q_1]$. Weiterhin ist $T=mR^2[\dot{q}_1^2+\dot{q}_2^2\sin^2 q_1]/2$ und somit

$$L = \tfrac{1}{2}mR^2\left(\dot{q}_1^2+\dot{q}_2^2\sin^2 q_1\right) - mgR\left(1+\cos q_1\right) .$$

Man berechnet nun

$$\frac{\partial L}{\partial q_i} \quad \text{und} \quad \frac{\partial L}{\partial \dot{q}_i} :$$

$$\frac{\partial L}{\partial q_1} = mR^2\dot{q}_2^2 \sin q_1 \cos q_1 + mgR\sin q_1 ; \qquad \frac{\partial L}{\partial q_2} = 0 ;$$

$$\frac{\partial L}{\partial \dot{q}_1} = mR^2\dot{q}_1 ; \qquad \frac{\partial L}{\partial \dot{q}_2} = mR^2\dot{q}_2\sin^2 q_1 ,$$

und erhält die Bewegungsgleichungen

$$\ddot{q}_1 - \left[\dot{q}_2^2\cos q_1 + \frac{g}{R}\right]\sin q_1 = 0$$

$$mR^2\frac{\mathrm{d}}{\mathrm{d}t}\left(\dot{q}_2\sin^2 q_1\right) = 0 .$$

ii) Die Atwood'sche Maschine ist in Abb. 2.4 skizziert: Block und Faden seien masselos, der Block laufe reibungsfrei. Bezeichnet l die Fadenlänge, so gilt

$$T = \frac{1}{2}(m_1+m_2)\dot{x}^2$$
$$U = -m_1gx - m_2g(l-x)$$
$$L = T - U .$$

Die Ableitungen von $L(x,\dot{x})$ sind $\partial L/\partial x = (m_1-m_2)g$, $\partial L/\partial \dot{x} = (m_1+m_2)\dot{x}$. Die Bewegungsgleichung $\mathrm{d}(\partial L/\partial \dot{x})/\mathrm{d}t = \partial L/\partial x$ lautet somit

$$\ddot{x} = \frac{m_1-m_2}{m_1+m_2}g$$

und lässt sich sofort integrieren.

Ist der Block nicht masselos, so tritt zu T noch die kinetische Energie der Rotationsbewegung des Blocks, die man im Kapitel über den starren Körper kennenlernt.

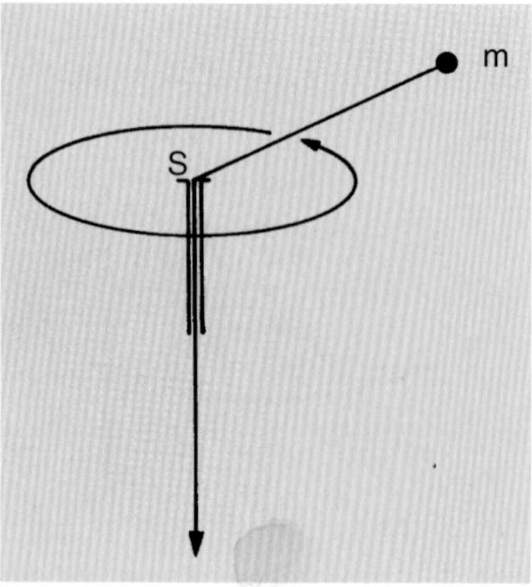

Abb. 2.5. Der Massenpunkt rotiert um den Punkt S. Gleichzeitig wird der Haltefaden eingezogen

iii) Es werde ein Teilchen der Masse m betrachtet, das an einem Faden befestigt ist und um den Punkt S kreist, siehe Abb. 2.5. Der Faden werde mit konstanter Geschwindigkeit c verkürzt. Seien x und y kartesische Koordinaten in der Kreisebene, φ der Polarwinkel. Die generalisierte Koordinate ist $q=\varphi$ und es gilt $x=(R_0-ct)\cos q$, $y=(R_0-ct)\sin q$ und somit

$$T = \tfrac{1}{2}m\left(\dot{x}^2+\dot{y}^2\right) = \tfrac{1}{2}m\left(\dot{q}^2(R_0-ct)^2+c^2\right) .$$

In diesem Fall ist T keine homogene quadratische Form in $\dot{q}$ (rheonome Zwangsbedingung!). Die Bewegungsgleichung ergibt jetzt $m\dot{q}(R_0-ct)^2 = \text{const.}$

2.5 Exkurs über Variationsprinzipien

Die Bedingung (2.6) des d'Alembert'schen Prinzips im statischen Fall ebenso wie die Bedingung (2.7) im dynamischen Fall sind Ausdruck eines Gleichgewichtes: „Rüttelt" man an dem betrachteten, mechanischen System in einer mit den Zwangsbedingungen verträglichen Weise, so ist die insgesamt geleistete (virtuelle) Arbeit gleich Null. Das System befindet sich in diesem Sinne in einem Extremalzustand; der physikalisch wirklich angenommene Zustand zeichnet sich vor allen anderen, denkbaren Zuständen dadurch aus, dass er gegen kleine Verrückungen der Positionen (im statischen Fall) bzw. der Bahnen (im dynamischen Fall) stabil ist.

Eine ähnliche Aussage ist in der geometrischen Optik als *Fermat'sches Prinzip* bekannt: In einem beliebigen System von Spiegeln und lichtbrechenden Gläsern sucht ein Lichtstrahl sich stets einen extremalen Weg, d. h. in der Regel entweder den kürzesten oder den längsten zwischen der Quelle des Lichts und dem Ort, wo es nachgewiesen wird.

Das d'Alembert'sche Prinzip und die Erfahrung mit dem Fermat'schen Prinzip in der Optik werfen die Frage auf, ob man einem (nicht allzu pathologischen) mechanischen System ein Funktional zuordnen kann, das ein Analogon zum durchlaufenen Weg des Lichtes darstellt. Die wirklich angenommene, physikalische Bahn des mechanischen Systems würde sich dann dadurch auszeichnen, dass sie dieses Funktional zu einem Extremum macht. Das würde bedeuten, dass physikalische Bahnen solcher Systeme stets eine Art von Geodäten auf einer durch die wirkenden Kräfte bestimmten Mannigfaltigkeit wären, d. h. kürzeste (oder längste) Kurven zwischen Anfangs- und Endkonfiguration.

Tatsächlich gibt es ein solches Funktional für eine große Klasse von mechanischen Systemen, nämlich das Zeitintegral über die in (2.16) auftretende Lagrangefunktion. Dies führen wir in den nun folgenden Abschnitten Schritt für Schritt aus.

Übrigens ist man damit auf eine Goldader gestoßen, denn dieses Extremalprinzip lässt sich auf Systeme mit unendlich vielen Freiheitsgraden, also Feldtheorien, ebenso wie auf quantisierte und relativistische Theorien erweitern. Es sieht heute so aus, als ließe sich *jede* Theorie der fundamentalen Wechselwirkungen aus einem Extremalprinzip herleiten. Es lohnt sich also, dieses neue, zunächst ziemlich abstrakt anmutende Prinzip genau zu studieren und dafür doch schließlich eine Art Anschauung zu entwickeln. Was man dabei gewinnt, ist in erster Linie ein tieferes Verständnis für die vielfältige Struktur der klassischen Mechanik, die als Modell für viele theoretischen Ansätze in der Physik gelten kann. Nicht zuletzt erarbeitet man damit die Basis, auf der die Quantenmechanik aufbaut.

Als Bemerkung möchten wir hier einflechten, dass philosophische Ideen und fantasievolle Vorstellungen von der Harmonie des Kosmos die Entwicklungsgeschichte der Mechanik entscheidend geprägt haben.[2]

[2] Siehe z. B. (Fierz 1972).

Die Extremalprinzipien enthalten deutlich spürbar solche philosophischen Elemente.

Die mathematische Grundlage für die Diskussion von Extremalprinzipien ist die Variationsrechnung. Ohne auf dieses Gebiet hier ausführlich eingehen zu wollen, diskutieren wir als Vorbereitung auf das Folgende eine typische grundsätzliche Aufgabe der Variationsrechnung. Es geht dabei um das Auffinden einer reellen Funktion $y(x)$ einer reellen Variablen x, die in ein vorgegebenes Funktional $I[y]$ eingesetzt, dieses zum Extremum macht. Es sei

$$I[y] := \int_{x_1}^{x_2} \mathrm{d}x\, f\big(y(x), y'(x), x\big)\,, \quad \text{mit} \quad y'(x) \equiv \frac{\mathrm{d}}{\mathrm{d}x} y(x) \tag{2.20}$$

ein Funktional von y, f eine vorgegebene Funktion von y, deren Ableitung y' und dem Argument x. x_1 und x_2 sind zwei beliebige, aber festgehaltene Randpunkte. Gesucht werden diejenigen Funktionen $y(x)$, die an den Randpunkten die vorgegebenen Werte $y_1 = y(x_1)$ und $y_2 = y(x_2)$ annehmen und für die das Funktional $I[y]$ ein *Extremum*, also Maximum oder Minimum, eventuell auch einen Sattelpunkt, annimmt. Man denke sich, mit anderen Worten, alle möglichen Funktionen $y(x)$ in das Integral (2.20) eingesetzt, die die richtige Randbedingung erfüllen und berechne die Zahlenwerte $I[y]$. Gesucht sind diejenigen Funktionen, für die dieser Wert extremal wird. Dazu untersuche man zunächst

$$I(\alpha) := \int_{x_1}^{x_2} f\big(y(x,\alpha), y'(x,\alpha), x\big)\,\mathrm{d}x\,, \tag{2.21}$$

wo $y(x,\alpha) = y(x) + \alpha\eta(x)$, und wo $\eta(x)$ eine stetige Funktion ist, die an den Randpunkten verschwindet, $\eta(x_1) = 0 = \eta(x_2)$. Die gesuchte Funktion $y(x)$ wird dabei in eine Schar von Vergleichskurven eingebettet, die dieselben Randbedingungen wie $y(x)$ erfüllen. Abbildung 2.6 zeigt ein Beispiel für die Kurve $y(x)$ sowie zwei mögliche Vergleichskurven. Man bilde dann die sogenannte Variation von I, d. h. die Größe

$$\delta I := \frac{\mathrm{d}I}{\mathrm{d}\alpha}\mathrm{d}\alpha = \int_{x_1}^{x_2} \mathrm{d}x \left\{ \frac{\partial f}{\partial y}\frac{\mathrm{d}y}{\mathrm{d}\alpha} + \frac{\partial f}{\partial y'}\frac{\mathrm{d}y'}{\mathrm{d}\alpha} \right\} \mathrm{d}\alpha\,.$$

Es ist aber $\mathrm{d}y'/\mathrm{d}\alpha = (\mathrm{d}/\mathrm{d}x)(\mathrm{d}y/\mathrm{d}\alpha)$. Bei partieller Integration des zweiten Terms im letzten Ausdruck tragen die Randterme nicht bei,

$$\int_{x_1}^{x_2} \mathrm{d}x \frac{\partial f}{\partial y'}\frac{\mathrm{d}}{\mathrm{d}x}\left(\frac{\mathrm{d}y}{\mathrm{d}\alpha}\right) = -\int_{x_1}^{x_2} \mathrm{d}x \frac{\mathrm{d}y}{\mathrm{d}\alpha}\frac{\mathrm{d}}{\mathrm{d}x}\left(\frac{\partial f}{\partial y'}\right) + \left.\frac{\partial f}{\partial y'}\frac{\mathrm{d}y}{\mathrm{d}\alpha}\right|_{x_1}^{x_2}\,,$$

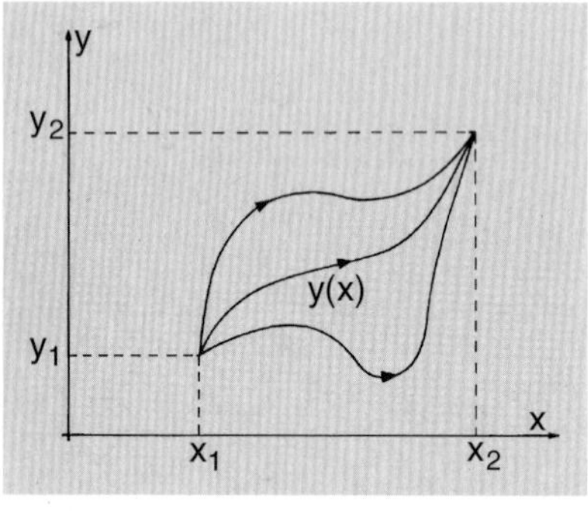

Abb. 2.6. Die Kurve $y(x)$, für die das Funktional $I[y]$ extremal wird, ist eingebettet in eine Schar von Vergleichskurven, die dieselben Randwerte annehmen

da $\mathrm{d}y/\mathrm{d}\alpha = \eta(x)$ bei x_1 und x_2 verschwindet. Es folgt also

$$\delta I = \int_{x_1}^{x_2} \mathrm{d}x \left\{ \frac{\partial f}{\partial y} - \frac{\mathrm{d}}{\mathrm{d}x} \frac{\partial f}{\partial y'} \right\} \frac{\mathrm{d}y}{\mathrm{d}\alpha} \mathrm{d}\alpha \,. \tag{2.22}$$

Man bezeichnet den Ausdruck

$$\frac{\partial f}{\partial y} - \frac{\mathrm{d}}{\mathrm{d}x} \frac{\partial f}{\partial y'} =: \frac{\delta f}{\delta y} \tag{2.23}$$

als *Variationsableitung* von f nach y. Außerdem kann man die Bezeichnung $(\mathrm{d}y/\mathrm{d}\alpha)\mathrm{d}\alpha =: \delta y$ einführen und δy als infinitesimale Variation der Kurve $y(x)$ betrachten. $I(\alpha)$ soll extremal werden, d. h. $\delta I \overset{!}{=} 0$. Da dies für beliebige Variationen δy gelten soll, muss der Integrand in (2.22) verschwinden, d. h.

$$\frac{\partial f}{\partial y} - \frac{\mathrm{d}}{\mathrm{d}x} \left(\frac{\partial f}{\partial y'} \right) = 0 \,. \tag{2.24}$$

Das ist die *Euler'sche Differentialgleichung der Variationsrechnung*. Substituiert man $L(q, \dot{q}, t)$ für $f(y, y', x)$, so zeigt der Vergleich mit (2.17), dass sie identisch ist mit der Lagrange'schen Gleichung $\mathrm{d}(\partial L/\partial \dot{q})/\mathrm{d}t - \partial L/\partial q = 0$, (hier in einer Dimension)!

2.6 Hamilton'sches Extremalprinzip

Die überraschende Feststellung, die wir eben gemacht haben, ist die folgende: Jede der Lagrange'schen Gleichungen (2.17), die wir mit Hilfe des d'Alembert'schen Prinzips und für den Fall von Potentialkräften erhielten, ist der Form nach identisch mit der Euler'schen Differentialgleichung (2.24) der Variationsrechnung. Dies ist der Ausgangspunkt des Extremalprinzips von Hamilton, das wir als Postulat formulieren:

Postulat

Einem mechanischen System mit f Freiheitsgraden $\underset{\sim}{q} = \{q_1, q_2, \ldots, q_f\}$ sei eine C^2-Funktion der Variablen $\underset{\sim}{q}$ und $\underset{\sim}{\dot{q}}$ sowie der Zeit t

$$L(\underset{\sim}{q}, \underset{\sim}{\dot{q}}, t) \,, \tag{2.25}$$

die Lagrangefunktion, zugeordnet. Weiter sei eine physikalische Bahnkurve (d. i. die Lösung der Bewegungsgleichungen)

$$\underset{\sim}{\varphi}(t) = \{\varphi_1(t), \ldots, \varphi_f(t)\} \quad \text{im Intervall} \quad t_1 \le t \le t_2$$

gegeben, die die Randwerte $\underset{\sim}{\varphi}(t) = \underset{\sim}{a}$ und $\underset{\sim}{\varphi}(t_2) = \underset{\sim}{b}$ annimmt.

Diese Bahnkurve macht das *Wirkungsintegral*

$$I[\underset{\sim}{q}] := \int_{t_1}^{t_2} \mathrm{d}t\, L(\underset{\sim}{q}(t), \underset{\sim}{\dot{q}}(t), t) \qquad (2.26)$$

extremal.

Die Bezeichnung „Wirkung" geht darauf zurück, dass L die Dimension einer Energie hat. Das Produkt Energie $\times$ Zeit wird als Wirkung bezeichnet.

Die physikalische Bahnkurve, d. h. die Lösung der Bewegungsgleichung zu den angegebenen Randwerten, zeichnet sich dadurch aus, dass sie im Gegensatz zu den Vergleichsfunktionen mit denselben Randwerten das Wirkungsintegral extremal macht. In der Regel bzw. bei entsprechender Wahl der Randwerte $(t_1, \underset{\sim}{a})$ und $(t_2, \underset{\sim}{b})$ ist das Extremum ein Minimum. Es kann aber auch ein Maximum, wie im Beispiel der Aufgabe 2.18, oder ein Sattelpunkt vorliegen. Wir gehen darauf in Bemerkung (ii) am Ende von Abschn. 2.36 genauer ein.

2.7 Die Euler-Lagrange-Gleichungen

Satz 2.1

Notwendig für die Extremalität von $I[\underset{\sim}{q}]$ für $\underset{\sim}{q} = \underset{\sim}{\varphi}(t)$ ist, dass $\underset{\sim}{\varphi}(t)$ Integralkurve der Euler-Lagrange'schen Gleichungen

$$\frac{\delta L}{\delta q_k} = \frac{\partial L}{\partial q_k} - \frac{\mathrm{d}}{\mathrm{d}t}\left(\frac{\partial L}{\partial \dot{q}_k}\right) = 0 \quad k = 1, \dots, f \qquad (2.27)$$

ist.

Der Beweis stützt sich auf Abschn. 2.5. Man setze wieder $\underset{\sim}{q}(t,\alpha) = \underset{\sim}{\varphi}(t) + \alpha\underset{\sim}{\psi}(t)$ mit $-1 \le \alpha \le +1$ und $\underset{\sim}{\psi}(t_1) = 0 = \underset{\sim}{\psi}(t_2)$. Die Funktion $\underset{\sim}{\psi}(t)$ sei (mindestens) stetig. Wenn I für $\underset{\sim}{q} = \underset{\sim}{\varphi}(t)$ extremal ist, so heißt dies, dass

$$\left.\frac{\mathrm{d}}{\mathrm{d}\alpha} I(\alpha)\right|_{\alpha=0} = 0\,, \quad \text{mit} \quad I(\alpha) := \int_{t_1}^{t_2} \mathrm{d}t\, L(\underset{\sim}{q}(t,\alpha), \underset{\sim}{\dot{q}}(t,\alpha), t)$$

$$\text{und mit} \quad \frac{\mathrm{d}}{\mathrm{d}\alpha} I(\alpha) = \int_{t_1}^{t_2} \mathrm{d}t \sum_{k=1}^{f} \left\{ \frac{\partial L}{\partial q_k}\frac{\mathrm{d}q_k}{\mathrm{d}\alpha} + \frac{\partial L}{\partial \dot{q}_k}\frac{\mathrm{d}\dot{q}_k}{\mathrm{d}\alpha} \right\}\,.$$

Mit Blick auf den zweiten Term hiervon stellt man fest, dass

$$K(t,\alpha) := \sum_{l}^{f} \frac{\partial L}{\partial \dot{q}_k} \frac{\mathrm{d}}{\mathrm{d}\alpha} q_k(t,\alpha)$$

an den Randpunkten verschwindet, $K(t_1,\alpha) = 0 = K(t_2,\alpha)$. Integriert man partiell, so ist deshalb

$$\int_{t_1}^{t_2} \mathrm{d}t \frac{\partial L}{\partial \dot{q}_k} \frac{\mathrm{d}\dot{q}_k}{\mathrm{d}\alpha} = - \int_{t_1}^{t_2} \mathrm{d}t \, \frac{\mathrm{d}q_k}{\mathrm{d}\alpha} \frac{\mathrm{d}}{\mathrm{d}t} \left(\frac{\partial L}{\partial \dot{q}_k} \right) ,$$

und es gilt

$$\left. \frac{dI(\alpha)}{d\alpha} \right|_{\alpha=0} = \int_{t_1}^{t_2} \mathrm{d}t \sum_{k=1}^{f} \left[\frac{\partial L}{\partial q_k} - \frac{\mathrm{d}}{\mathrm{d}t} \left(\frac{\partial L}{\partial \dot{q}_k} \right) \right] \psi_k(t) = 0 \, .$$

Die Funktionen $\psi_k(t)$ sind beliebig und unabhängig. Daher muss der Integrand gliedweise verschwinden und es folgt die Behauptung (2.27) des Satzes. Aus dem Hamilton'schen Extremalprinzip folgen die Lagrange'schen Gleichungen, denen wir schon im Rahmen des d'Alembert'schen Prinzips begegnet sind. Man erhält f Differentialgleichungen zweiter Ordnung, entsprechend der Anzahl von Freiheitsgraden des betrachteten Systems.

2.8 Einige Anwendungen des Hamilton'schen Prinzips

Die Bewegungsgleichungen (2.27) stellen eine direkte Verallgemeinerung der Newton'schen Grundgleichung dar. Wir illustrieren diese Feststellung zunächst einmal, indem wir nachprüfen, dass sie für den Fall eines n-Teilchen-Systems ohne jede Zwangsbedingung wieder die Newton'sche Form annehmen. Das zweite Beispiel verlässt den Rahmen der „natürlichen" Lagrangefunktionen, $L = T - U$, und führt auf eine neue und interessante Spur, die wir in den folgenden Abschnitten weiter verfolgen.

Beispiele

a) n-Teilchen-System mit Potentialkräften

Da keine Zwangskräfte vorhanden sein sollen, wählen wir als Koordinaten die üblichen Bahnvektoren der Teilchen und setzen für die

Lagrangefunktion die natürliche Form an,

$$L = T - U = \frac{1}{2}\sum_{i=1}^{n} m_i \dot{\boldsymbol{r}}_i^2 - U(\boldsymbol{r}_1, \ldots, \boldsymbol{r}_n, t)$$

$$\underset{\sim}{q} \equiv \{q_1, \ldots, q_{f=3n}\} = \{\boldsymbol{r}_1, \ldots, \boldsymbol{r}_n\}\,,$$

$$\frac{\partial L}{\partial q_k} = -\frac{\partial U}{\partial q_k}\,; \qquad \frac{\mathrm{d}}{\mathrm{d}t}\frac{\partial L}{\partial \dot{q}_k} = m_{i(k)}\ddot{q}_k\,.$$

Die Notation $m_{i(k)}$ soll andeuten, dass man beim Abzählen der q_k die jeweils richtige Masse des zugehörigen Teilchens einsetzen soll. Anders geschrieben, folgt $m_i\ddot{\boldsymbol{r}}_i = -\boldsymbol{\nabla}_i U$. Die Euler-Lagrange-Gleichungen sind hier die wohlbekannten Newton'schen Gleichungen. Die Mechanik, wie wir sie im ersten Kapitel kennengelernt haben, ist demnach als Spezialfall aus dem Hamilton'schen Extremalprinzip ableitbar.

b) Geladenes Teilchen in elektrischen und magnetischen Feldern

Hier ist $\boldsymbol{q} \equiv \underset{\sim}{q} = \{q_1, q_2, q_3\} = \{x, y, z\}$. Ein geladenes, punktförmiges Teilchen bewegt sich unter dem Einfluss von zeit- und ortsabhängigen, elektrischen und magnetischen Feldern gemäß der Gleichung

$$m\ddot{\boldsymbol{q}} = e\boldsymbol{E}(\boldsymbol{q}, t) + \frac{e}{c}\,\dot{\boldsymbol{q}}(t) \times \boldsymbol{B}(\boldsymbol{q}, t)\,. \tag{2.28}$$

Dabei ist e seine Ladung. Der Ausdruck auf der rechten Seite ist die Lorentz-Kraft. Die elektromagnetischen Felder lassen sich durch skalare und vektorielle Potentiale ausdrücken,

$$\begin{aligned} \boldsymbol{E}(\boldsymbol{q}, t) &= -\boldsymbol{\nabla}_q \Phi(\boldsymbol{q}, t) - \frac{1}{c}\frac{\partial}{\partial t}\boldsymbol{A}(\boldsymbol{q}, t) \\ \boldsymbol{B}(\boldsymbol{q}, t) &= \boldsymbol{\nabla}_q \times \boldsymbol{A}(\boldsymbol{q}, t)\,. \end{aligned} \tag{2.29}$$

Φ ist dabei das skalare Potential, $\boldsymbol{A}$ das Vektorpotential. Die Bewegungsgleichungen (2.28) erhält man z. B. aus folgender Lagrangefunktion, die wir hier postulieren:

$$L(\boldsymbol{q}, \dot{\boldsymbol{q}}, t) = \frac{1}{2}m\dot{\boldsymbol{q}}^2 - e\Phi(\boldsymbol{q}, t) + \frac{e}{c}\,\dot{\boldsymbol{q}} \cdot \boldsymbol{A}(\boldsymbol{q}, t) \tag{2.30}$$

In der Tat, rechnet man mit Hilfe der Kettenregel nach

$$\frac{\partial L}{\partial q_i} = -e\frac{\partial \Phi}{\partial q_i} + \frac{e}{c}\sum_{k=1}^{3}\dot{q}_k\frac{\partial A_k}{\partial q_i}$$

$$\frac{\mathrm{d}}{\mathrm{d}t}\frac{\partial L}{\partial \dot{q}_i} = m\ddot{q}_i + \frac{e}{c}\frac{\mathrm{d}A_i}{\mathrm{d}t} = m\ddot{q}_i + \frac{e}{c}\left[\sum_{k=1}^{3}\dot{q}_k\frac{\partial A_i}{\partial q_k} + \frac{\partial A_i}{\partial t}\right],$$

so ergibt sich aus (2.27) die richtige Bewegungsgleichung

$$m\ddot{q}_i = e\left[-\frac{\partial \Phi}{\partial q_i} - \frac{1}{c}\frac{\partial A_i}{\partial t}\right] + \frac{e}{c}\sum_{k=1}^{3}\dot{q}_k\left[\frac{\partial A_k}{\partial q_i} - \frac{\partial A_i}{\partial q_k}\right]$$
$$= eE_i + \frac{e}{c}(\dot{\boldsymbol{q}} \times \boldsymbol{B})_i \,.$$

Man beachte, dass die Lagrangefunktion (2.30) unter Drehungen des Bezugssystems eine Invariante ist, während linke und rechte Seite der Bewegungsgleichung (2.28) sich wie Vektoren transformieren.

2.9 Lagrangefunktionen sind nicht eindeutig

Im Beispiel 2.8 (ii) kann man die Potentiale wie folgt transformieren, ohne die messbaren Feldstärken (2.29) und damit die Bewegungsgleichung (2.28) zu ändern: Es sei χ eine skalare, differenzierbare Funktion. Man ersetze nun die Potentiale wie folgt:

$$\boldsymbol{A}(\boldsymbol{q},t) \to \boldsymbol{A}'(\boldsymbol{q},t) = \boldsymbol{A}(\boldsymbol{q},t) + \boldsymbol{\nabla}\chi(\boldsymbol{q},t) \,,$$
$$\Phi(\boldsymbol{q},t) \to \Phi'(\boldsymbol{q},t) = \Phi(\boldsymbol{q},t) - \frac{1}{c}\frac{\partial}{\partial t}\chi(\boldsymbol{q},t) \,. \tag{2.31}$$

Man bestätigt durch Einsetzen und mithilfe von $\boldsymbol{\nabla} \times (\boldsymbol{\nabla}\chi) = 0$, dass $\boldsymbol{E}'(\boldsymbol{q},t) = \boldsymbol{E}(\boldsymbol{q},t)$ und $\boldsymbol{B}'(\boldsymbol{q},t) = \boldsymbol{B}(\boldsymbol{q},t)$ gilt. Während also die messbaren Felder ungeändert bleiben, passiert in der Lagrangefunktion folgendes:

$$L'(\boldsymbol{q},\dot{\boldsymbol{q}},t) := \frac{1}{2}m\dot{\boldsymbol{q}}^2 - e\Phi' + \frac{e}{c}\dot{\boldsymbol{q}}\cdot\boldsymbol{A}'$$
$$= L(\boldsymbol{q},\dot{\boldsymbol{q}},t) + \frac{e}{c}\left[\frac{\partial\chi}{\partial t} + \dot{\boldsymbol{q}}\cdot\boldsymbol{\nabla}\chi\right]$$
$$= L(\boldsymbol{q},\dot{\boldsymbol{q}},t) + \frac{\mathrm{d}}{\mathrm{d}t}\left(\frac{e}{c}\chi(\boldsymbol{q},t)\right) \,.$$

Sie wird also um das totale Zeitdifferential einer Funktion von $\underset{\sim}{q}$ und t geändert. Die Potentiale sind nicht messbar und auch nicht eindeutig festgelegt. Was man an diesem Beispiel feststellt, ist, dass auch die Lagrangefunktion nicht eindeutig festgelegt ist und daher sicher nicht eine Messgröße sein kann. L' führt zu denselben Bewegungsgleichungen wie L. Die beiden unterscheiden sich um das totale Zeitdifferential einer Funktion $M(\underset{\sim}{q},t)$, die nur von $\underset{\sim}{q} \equiv \boldsymbol{q}$ und von t, nicht aber von $\dot{\boldsymbol{q}}$ abhängt,

$$L'(\underset{\sim}{q},\dot{\underset{\sim}{q}},t) = L(\underset{\sim}{q},\dot{\underset{\sim}{q}},t) + \frac{\mathrm{d}}{\mathrm{d}t}M(\underset{\sim}{q},t) \tag{2.32}$$

(hier mit $M = (e/c)\chi$). Die Aussage, dass L' dieselbe Physik wie L beschreibt, gilt allgemein, so dass man bei der Transformation (2.32) von

Eichtransformationen an der Lagrangefunktion sprechen kann. Das ist der Inhalt des folgenden Satzes.

2.10 Eichtransformationen an der Lagrangefunktion

Satz 2.2

Sei $M(\underset{\sim}{q}, t)$ eine C^3-Funktion und sei

$$L'(\underset{\sim}{q}, \dot{\underset{\sim}{q}}, t) = L(\underset{\sim}{q}, \dot{\underset{\sim}{q}}, t) + \sum_{k=1}^{f} \frac{\partial M}{\partial q_k} \dot{q}_k + \frac{\partial M}{\partial t} .$$

Dann ist $\underset{\sim}{q}(t)$ genau dann Integralkurve von $\delta L'/\delta q_k = 0$; $k = 1, \ldots, f$, wenn es Lösung von $\delta L/\delta q_k = 0$, $k = 1, \ldots, f$ ist.

Beweis

Zum Beweis bilde man für $k = 1, \ldots, f$

$$\begin{aligned} \frac{\delta L'}{\delta q_k} &= \frac{\delta L}{\delta q_k} + \left[\frac{\partial}{\partial q_k} - \frac{\mathrm{d}}{\mathrm{d}t} \frac{\partial}{\partial \dot{q}_k} \right] \frac{\mathrm{d}M}{\mathrm{d}t} \\ &= \frac{\delta L}{\delta q_k} + \frac{\mathrm{d}}{\mathrm{d}t} \left\{ \frac{\partial M}{\partial q_k} - \frac{\partial}{\partial \dot{q}_k} \left(\sum_{i=1}^{f} \frac{\partial M}{\partial q_i} \dot{q}_i + \frac{\partial M}{\partial t} \right) \right\} = \frac{\delta L}{\delta q_k} . \end{aligned}$$

Die von M abhängigen Zusatzterme heben sich heraus. Wenn $\delta L/\delta q_k = 0$, so ist auch $\delta L'/\delta q_k = 0$ und umgekehrt. Man beachte aber, dass die Funktion M nicht von den $\dot{q}_i$ abhängen darf. Der Grund hierfür wird durch folgende Überlegung klar. Man kann dieselbe Aussage auch beweisen, indem man zum Hamilton'schen Extremalprinzip zurückgeht. Im Integral (2.26) gibt der Zusatzterm $\mathrm{d}M(\underset{\sim}{q}, t)/\mathrm{d}t$ einfach die Differenz $M(\underset{\sim}{q}_2, t_2) - M(\underset{\sim}{q}_1, t_1)$. Da bei der Variation die Randpunkte sowie die Anfangs- und Endzeiten festgehalten werden, gibt diese Differenz keinen Beitrag zur Bewegungsgleichung, die daher für L und L' dieselbe sein wird. Hier sieht man auch direkt, warum M nicht auch noch von $\dot{\underset{\sim}{q}}$ abhängen darf: Wenn man t_1, t_2 sowie $\underset{\sim}{q}_1$, $\underset{\sim}{q}_2$ fest vorschreibt, kann man nicht auch noch die Ableitung $\dot{\underset{\sim}{q}}$ an den Randpunkten festhalten. Das sieht man deutlich an Abb. 2.6.

Als Beispiel betrachte man den harmonischen Oszillator, Abschn. 1.17.1. Die *natürliche Form* der Lagrangefunktion ist hier $L = T - U$, d. h.

$$L = \frac{1}{2} \left[\left(\frac{\mathrm{d}z_1}{\mathrm{d}\tau} \right)^2 - z_1^2 \right] ,$$

die zu den richtigen Bewegungsgleichungen (1.39) führt. Die Funktion

$$L' = \frac{1}{2}\left[\left(\frac{\mathrm{d}z_1}{\mathrm{d}\tau}\right)^2 - z_1^2\right] + z_1\frac{\mathrm{d}z_1}{\mathrm{d}\tau}$$

führt jedoch zu denselben Gleichungen, da wir $M = [(\mathrm{d}/\mathrm{d}\tau)z_1^2]/2$ addiert haben.

2.11 Zulässige Transformationen der verallgemeinerten Koordinaten

Die Lagrange-Gleichungen sind sogar unter beliebigen eineindeutigen und differenzierbaren Transformationen der $\underset{\sim}{q}$ invariant. Solche Transformationen heißen *Diffeomorphismen* und sind als umkehrbar eindeutige Abbildungen $f: U \to V$ definiert, für die f und f^{-1} differenzierbar sind.

Für solche Transformationen gilt der folgende Satz.

Satz 2.3

Es sei $G : \underset{\sim}{q} \to \underset{\sim}{Q}$ ein Diffeomorphismus, der (mindestens) C^2 ist, $Q_i = G_i(\underset{\sim}{q}, t)$ oder

$$q_k = g_k(Q_1, \ldots, Q_f, t)\,; \quad k = 1, \ldots, f \quad \text{mit} \quad g = G^{-1}\,.$$

Damit gilt insbesondere

$$\det(\partial g_l / \partial Q_k) \neq 0\,. \tag{2.33}$$

Dann ist $\delta L/\delta q_k = 0$ äquivalent zu $\delta \bar{L}/\delta Q_k = 0$, $k = 1, \ldots, f$, d. h. $\underset{\sim}{Q}(t)$ ist die Lösung der Lagrange-Gleichung zur transformierten Lagrangefunktion

$$\begin{aligned}\bar{L} &= L \circ G^{-1} \\ &= L\Big(g_1(\underset{\sim}{Q}, t), \ldots, g_f(\underset{\sim}{Q}, t), \sum_{k=1}^{f} \frac{\partial g_1}{\partial Q_k}\dot{Q}_k + \frac{\partial g_1}{\partial t}, \ldots, \\ &\quad \sum_{k=1}^{f} \frac{\partial g_f}{\partial Q_k}\dot{Q}_k + \frac{\partial g_f}{\partial t}, t\Big)\end{aligned} \tag{2.34}$$

genau dann, wenn $\underset{\sim}{q}(t)$ Lösung der Lagrange-Gleichungen zu $L(\underset{\sim}{q}, \dot{\underset{\sim}{q}}, t)$ ist.

Beweis

Man bilde dazu die Variationsableitung von $\bar{L}$ nach den Q_k, $\delta\bar{L}/\delta Q_k$, d. h. man berechne

$$\frac{\mathrm{d}}{\mathrm{d}t}\left(\frac{\partial\bar{L}}{\partial\dot{Q}_k}\right)=\sum_{l=1}^{f}\frac{\mathrm{d}}{\mathrm{d}t}\left(\frac{\partial L}{\partial\dot{q}_l}\frac{\partial\dot{q}_l}{\partial\dot{Q}_k}\right)=\sum_{l=1}^{f}\frac{\mathrm{d}}{\mathrm{d}t}\left(\frac{\partial L}{\partial\dot{q}_l}\frac{\partial q_l}{\partial Q_k}\right)$$
$$=\sum_{l=1}^{f}\left[\frac{\partial L}{\partial\dot{q}_l}\frac{\partial\dot{q}_l}{\partial Q_k}+\frac{\partial q_l}{\partial Q_k}\frac{\mathrm{d}}{\mathrm{d}t}\frac{\partial L}{\partial\dot{q}_l}\right]. \qquad (*)$$

Im zweiten Schritt hat man benutzt, dass $\dot{q}_l=\sum_k(\partial g_l/\partial Q_k)\dot{Q}_k+\partial g_l/\partial t$ ist, und somit, dass $\partial\dot{q}_l/\partial\dot{Q}_k=\partial g_l/\partial Q_k$ ist.

Bildet man noch

$$\frac{\partial\bar{L}}{\partial Q_k}=\sum_{l=1}^{f}\left[\frac{\partial L}{\partial q_l}\frac{\partial q_l}{\partial Q_k}+\frac{\partial L}{\partial\dot{q}_l}\frac{\partial\dot{q}_l}{\partial Q_k}\right]$$

und zieht davon (*) ab, so folgt

$$\frac{\delta\bar{L}}{\delta Q_k}=\sum_{l=1}^{f}\frac{\partial g_l}{\partial Q_k}\frac{\delta L}{\delta q_l}. \qquad (2.35)$$

Die Transformationsmatrix $A_{lk}:=\partial g_l/\partial Q_k$ ist nach Voraussetzung nichtsingulär, siehe (2.33). Damit folgt die Behauptung des Satzes. Man sagt auch: Die Variationsableitungen $\delta L/\delta q_l$ sind *kovariant* unter Diffeomorphismen der verallgemeinerten Koordinaten.

Es ist also nicht richtig, zu sagen, die Lagrangefunktion sei „$T-U$“. Dies ist zwar ihre natürliche Form, falls kinetische und potentielle Energie definiert sind, keineswegs aber die einzige, die das gegebene Problem beschreibt. Im allgemeinen Fall ist L eine Funktion von Variablen q und $\dot{q}$ sowie der Zeit t, und nicht mehr. Wie man eine physikalisch richtige Lagrangefunktion aufstellen kann, ist eine Frage der Symmetrien und Invarianzen der vorgegebenen Physik. Es kann also durchaus Fälle geben, bei denen es keine kinetische Energie im engeren Sinne und keine potentielle Energie gibt, denen aber dennoch eine Lagrangefunktion, modulo Eichtransformationen (2.32), zugeordnet werden kann, aus der die richtigen Bewegungsgleichungen folgen. Das gilt insbesondere für die Anwendung des Hamilton'schen Extremalprinzips auf Theorien, in denen Felder die Rollen der dynamischen Variablen übernehmen. Für solche Feldtheorien muss der Begriff des kinetischen Anteils in der Lagrangefunktion ebenso wie der eines Potentials auf jeden Fall verallgemeinert werden, falls sie überhaupt definiert sind.

Der hier bewiesene Satz sagt aus, dass es mit jedem Satz von generalisierten Koordinaten unendlich viele andere, dazu äquivalente Sätze gibt. Welchen man im Einzelfall auswählt, wird von den Besonderheiten des betrachteten Systems abhängen. Eine geschickte Wahl wird sich zum Beispiel dadurch auszeichnen, wieviele Integrale der Bewegung von Anfang an manifest erkennbar werden. Mehr hierzu und auch zur geometrischen Bedeutung dieser Vielfalt beschreiben wir später. Für den Moment halten wir fest, dass die Transformationen Diffeomorphismen sein müssen: Bei der Transformation sollen ja die Zahl der Freiheitsgrade und die differenzierbare Struktur des Systems erhalten bleiben. Nur dann kann der physikalische Inhalt von der speziellen Wahl der Variablen unabhängig sein.

2.12 Die Hamiltonfunktion und ihr Zusammenhang mit der Lagrangefunktion

Man überzeugt sich leicht, dass folgende Aussage gilt: Hängt die Lagrangefunktion L nicht explizit von der Zeit ab, so ist die Funktion

$$\tilde{H}(\underset{\sim}{q}, \underset{\sim}{\dot{q}}) := \sum_{k=1}^{f} \dot{q}_k \frac{\partial L}{\partial \dot{q}_k} - L(\underset{\sim}{q}, \underset{\sim}{\dot{q}}) \tag{2.36}$$

eine Konstante der Bewegung. Durch Nachrechnen sieht man, dass

$$\frac{\mathrm{d}\tilde{H}}{\mathrm{d}t} = \sum_{i=1}^{f} \left[\ddot{q}_i \frac{\partial L}{\partial \dot{q}_i} + \dot{q}_i \frac{\mathrm{d}}{\mathrm{d}t} \frac{\partial L}{\partial \dot{q}_i} - \frac{\partial L}{\partial q_i} \dot{q}_i - \frac{\partial L}{\partial \dot{q}_i} \ddot{q}_i \right] = 0$$

ist, wenn $\delta L / \delta q_k = 0$ ist.

Wir betrachten ein Beispiel: $L = m\dot{\boldsymbol{r}}^2/2 - U(\boldsymbol{r}) \equiv T - U$; (2.36) ergibt $\tilde{H}(\boldsymbol{r}, \dot{\boldsymbol{r}}) = 2T - (T - U) = T + U = m\dot{\boldsymbol{r}}^2/2 + U(\boldsymbol{r})$. Setzt man noch $m\dot{\boldsymbol{r}} = \boldsymbol{p}$, so geht $\tilde{H}$ über in $H(\boldsymbol{r}, \boldsymbol{p}) = \boldsymbol{p}^2/2m + U(\boldsymbol{r})$. Man beachte dabei, dass $\boldsymbol{p} = (\partial L/\partial \dot{x}, \partial L/\partial \dot{y}, \partial L/\partial \dot{z})$ ist. Man nennt die Größe[3]

$$p_k := \frac{\partial L}{\partial \dot{q}_k} \tag{2.37}$$

den zu q_k *kanonisch konjugierten Impuls*. Diese Benennung erinnert daran, dass die Definition (2.37) für den einfachen Fall des Beispiels tatsächlich auf den Impuls führt. Außerdem sagt die Euler-Lagrange-Gleichung

$$\frac{\delta L}{\delta q_k} = \frac{\partial L}{\partial q_k} - \frac{\mathrm{d}}{\mathrm{d}t} \left(\frac{\partial L}{\partial \dot{q}_k} \right) = 0 \,,$$

dass dieser (verallgemeinerte) Impuls erhalten ist, wenn $\partial L / \partial q_k = 0$. Wenn also L gar nicht von einem (oder mehreren) q_k explizit abhängt,

$$L = L(q_1, \ldots, q_{k-1}, q_{k+1}, \ldots, q_f, \dot{q}_1, \ldots, \dot{q}_k, \ldots, \dot{q}_f, t) \,,$$

so gilt für den zugehörigen Impuls

$$\dot{p}_k = \frac{\mathrm{d}}{\mathrm{d}t} \left(\frac{\partial L}{\partial \dot{q}_k} \right) = \frac{\partial L}{\partial q_k} = 0 \,,$$

[3] Es kann vorkommen, dass man auf die Stellung der Indizes achten muss: q^i (Index oben), aber $p_i = \partial L / \partial \dot{q}^i$ (Index unten). In den Kap. 4 und 5 wird das der Fall sein. Hier brauchen wir noch nicht unterscheiden.

d.h. p_k ist eine Konstante der Bewegung. Tritt dieser Fäll ein, so nennt man die betreffende Koordinate *zyklisch*.

Kann man nun immer die Funktion 2.36 auf die Form $H(\boldsymbol{q}, \boldsymbol{p}, t)$ transformieren? Die Antwort darauf gibt eine genauere Analyse der sogenannten Legendre-Transformation, die wir getrennt diskutieren.

2.13 Legendre-Transformation für den Fall einer Variablen

Es sei $f(x)$ eine reelle differenzierbare (mindestens C^2) Funktion. Sei $y := f(x)$, $z := \mathrm{d}f/\mathrm{d}x$ und sei schließlich $\mathrm{d}^2 f/\mathrm{d}x^2 \neq 0$ angenommen.

Nach dem Satz über implizite Funktionen existiert dann $x = g(z)$ als Umkehrfunktion zu $z = \mathrm{d}f(x)/\mathrm{d}x$. Es existiert damit auch die Legendre-Transformierte, die wie folgt definiert ist:

$$\begin{aligned}(\mathcal{L}f)(x) &:= x\frac{\mathrm{d}f}{\mathrm{d}x} - f(x)\\ &= g(z)z - f(g(z)) =: \mathcal{L}f(z)\,.\end{aligned} \tag{2.38}$$

Man sieht, dass $\mathcal{L}f(z)$ nur dann definiert ist, wenn $\mathrm{d}^2 f/\mathrm{d}x^2 \neq 0$. Dann kann man aber auch $\mathcal{L}\mathcal{L}f(z)$ bilden, d. h. die Legendre-Transformation zweimal anwenden, und erhält

$$\frac{\mathrm{d}}{\mathrm{d}z}\mathcal{L}f(z) = g(z) + z\frac{\mathrm{d}g}{\mathrm{d}z} - \frac{\mathrm{d}f}{\mathrm{d}x}\frac{\mathrm{d}x}{\mathrm{d}z} = x + z\frac{\mathrm{d}g}{\mathrm{d}z} - z\frac{\mathrm{d}g}{\mathrm{d}z} = x\,.$$

Außerdem ist die zweite Ableitung ungleich Null, denn

$$\frac{\mathrm{d}^2}{\mathrm{d}z^2}\mathcal{L}f(z) = \frac{\mathrm{d}x}{\mathrm{d}z} = \frac{1}{\mathrm{d}^2 f/\mathrm{d}x^2} \neq 0\,,$$

so dass schließlich folgt, wenn wir $\mathcal{L}f(z) =: \Phi(z) = xz - f$ setzen,

$$\mathcal{L}\mathcal{L}f(z) \equiv \mathcal{L}\Phi = z\frac{\mathrm{d}\Phi}{\mathrm{d}z} - \Phi(z) = zx - xz + f = f\,.$$

Das bedeutet, dass die Transformation

$$f \to \mathcal{L}f$$

umkehrbar eindeutig ist, wenn $\mathrm{d}^2 f/\mathrm{d}x^2 \neq 0$ ist.

Wir betrachten zwei Beispiele:

Beispiele

i) Sei $f(x) = mx^2/2$. Dann ist $z = \mathrm{d}f/\mathrm{d}x = mx$ und $\mathrm{d}^2 f/\mathrm{d}x^2 = m \neq 0$. Weiter ist $x = g(z) = z/m$ und $\mathcal{L}f(z) = (z/m)z - m(z/m)^2/2 = z^2/(2m)$.

ii) Sei $f(x) = x^\alpha/\alpha$. Dann folgt $z = x^{\alpha-1}$, $\mathrm{d}^2 f/\mathrm{d}x^2 = (\alpha-1)x^{\alpha-2} \neq 0$, falls $\alpha \neq 1$, und im Falle $\alpha \neq 2$, falls auch $x \neq 0$. $x = g(z) = z^{1/(\alpha-1)}$

und

$$\mathcal{L}f(z) = z^{1/(\alpha-1)}z - \frac{1}{\alpha}z^{\alpha/(\alpha-1)} = \frac{\alpha-1}{\alpha}z^{\alpha/(\alpha-1)} \equiv \frac{1}{\beta}z^{\beta} ,$$

$$\text{wo} \quad \beta \equiv \frac{\alpha}{\alpha-1} .$$

Man bestätigt noch die Beziehung $(1/\alpha)+(1/\beta)=1$. Es folgt also

$$f(x) = \frac{1}{\alpha}x^{\alpha} \underset{\mathcal{L}}{\leftrightarrow} \mathcal{L}f(z) = \frac{1}{\beta}z^{\beta} \quad \text{mit} \quad \frac{1}{\alpha}+\frac{1}{\beta}=1 .$$

Wenn man eine Lagrangefunktion, zunächst für einen Freiheitsgrad $f = 1$, vorgibt, so ist die Legendre-Transformation nichts anderes als das in Abschn. 2.12 angeschnittene Umrechnen auf die Hamiltonfunktion, und umgekehrt. Denn wählen wir für x die Variable $\dot{q}$, für $f(x)$ die Funktion $L(q,\dot{q},t)$, so ist nach (2.38)

$$\mathcal{L}L(q,\dot{q},t) = \dot{q}(q,p,t)p - L(q,\dot{q}(q,p,t),t) = H(q,p,t) .$$

Dabei ist $\dot{q}(q,p,t)$ die Umkehrfunktion von

$$p = \frac{\partial L}{\partial \dot{q}}(q,\dot{q},t) ,$$

die genau dann existiert, wenn $\partial^2 L/\partial\dot{q}^2$ von Null verschieden ist. Unter dieser Bedingung lässt sich $\dot{q}$ eliminieren und durch q, p und t ausdrücken. Dass L noch von weiteren Variablen abhängt, nämlich q und t, stört nicht. Man muss nur klarstellen, bezüglich welcher Variablen man die Legendre-Transformation ausführt. Unter derselben Bedingung gibt die nochmalige Anwendung der Legendre-Transformation auf die Hamiltonfunktion $H(q,p,t)$ wieder die Lagrangefunktion.

2.14 Legendre-Transformation im Fall mehrerer Veränderlicher

Die Funktion $F(x_1,\dots,x_m;u_1,\dots,u_n)$ sei in allen x_i zweimal stetig differenzierbar und es sei

$$\det\left(\frac{\partial^2 F}{\partial x_k \partial x_i}\right) \neq 0 . \tag{2.39}$$

Die Variablen $x_1,x_2,\dots,x_m$ sind diejenigen, bezüglich derer die Legendre-Transformation ausgeführt werden soll, die Variablen $u_1,u_2,\dots,u_n$ bleiben dabei unbeteiligte „Zuschauer". Unter der Voraussetzung (2.39) sind die Gleichungen

$$y_k = \frac{\partial F}{\partial x_k}(x_1,\dots,x_m;u_1,\dots,u_n) ; \quad k=1,2,\dots,m \tag{2.40}$$

lokal eindeutig nach den x_i auflösbar, d. h.

$$x_i = \varphi_i(y_1, \dots, y_m; u_1, \dots, u_n) \; ; \qquad i = 1, 2, \dots, m \, .$$

Die Legendre-Transformierte von F ist dann wie folgt definiert:

$$G(y_1, \dots, y_m; , u_1, \dots, u_n) \equiv \mathcal{L}F = \sum_{k=1}^{m} y_k \varphi_k - F \, . \tag{2.41}$$

Dann gilt

$$\frac{\partial G}{\partial y_k} = \varphi_k \; ; \qquad \frac{\partial G}{\partial u_i} = -\frac{\partial F}{\partial u_i} \quad \text{und} \quad \det\left(\frac{\partial^2 G}{\partial y_k \partial y_l}\right) \cdot \det\left(\frac{\partial^2 F}{\partial x_i \partial x_j}\right) = 1 \, .$$

Ebenso wie im eindimensionalen Fall ist die Legendre-Transformation umkehrbar eindeutig.

Die Anwendung auf die Lagrangefunktion ist unmittelbar klar: Die Legendre-Transformation wird bezüglich der Variablen $\dot{q}_k$ ausgeführt, die q_k und t sind die Zuschauer. Wir gehen von $L = L(\underset{\sim}{q}, \underset{\sim}{\dot{q}}, t)$ aus und definieren gemäß (2.37) die generalisierten Impulse

$$p_k := \frac{\partial}{\partial \dot{q}_k} L(\underset{\sim}{q}, \underset{\sim}{\dot{q}}, t) \, .$$

Diese Gleichungen lassen sich lokal genau dann in eindeutiger Weise nach den $\dot{q}_k$ auflösen, wenn die Bedingung

$$\det\left(\frac{\partial^2 L}{\partial \dot{q}_k \partial \dot{q}_i}\right) \neq 0 \tag{2.42}$$

erfüllt ist.[4] Es ist dann $\dot{q}_k = \dot{q}_k(\underset{\sim}{q}, \underset{\sim}{p}, t)$ und die Hamiltonfunktion ist durch

$$\begin{aligned} H(\underset{\sim}{q}, \underset{\sim}{p}, t) &= \mathcal{L}L(\underset{\sim}{q}, \underset{\sim}{p}, t) \\ &= \sum_{k=1}^{f} p_k \dot{q}_k(\underset{\sim}{q}, \underset{\sim}{p}, t) - L(\underset{\sim}{q}, \underset{\sim}{\dot{q}}(\underset{\sim}{q}, \underset{\sim}{p}, t), t) \end{aligned}$$

gegeben. Unter derselben Bedingung (2.42) führt die zweifache Ausführung der Legendre-Transformation wieder zur Lagrangefunktion zurück. Kann man die Bewegungsgleichungen mit Hilfe der Hamiltonfunktion anstelle der Lagrangefunktion aufstellen? Die Antwort folgt direkt aus unseren Gleichungen und unter Verwendung der Euler-Lagrange-Gleichungen. Es ist

$$\dot{q}_k = \frac{\partial H}{\partial p_k} \; ; \quad \det\left(\frac{\partial^2 H}{\partial p_j \partial p_i}\right) \neq 0 \quad \text{und}$$
$$\frac{\partial H}{\partial q_k} = -\frac{\partial L}{\partial q_k} = -\frac{\mathrm{d}}{\mathrm{d}t}\frac{\partial L}{\partial \dot{q}_k} = -\dot{p}_k \, .$$

[4] In der Mechanik ist die kinetische Energie und somit L eine positiv-definite, nicht notwendig homogene, quadratische Funktion der $\underset{\sim}{\dot{q}}$. Die Auflösung der Definitionsgleichung für die p_k hat dann auch global eine eindeutige Lösung.

Wir erhalten daher das folgende System von Bewegungsgleichungen, die sogenannten kanonischen Gleichungen

$$\dot{q}_k = \frac{\partial H}{\partial p_k}\,; \quad \dot{p}_k = -\frac{\partial H}{\partial q_k}\,; \quad k = 1, \ldots, f\,, \tag{2.43}$$

die nur noch die Hamiltonfunktion $H(\underset{\sim}{q}, \underset{\sim}{p}, t)$ und die Variablen $\underset{\sim}{q}$, $\underset{\sim}{p}$ und t enthalten. Das sind $2f$ Differentialgleichungen *erster* Ordnung, die an die Stelle der f Differentialgleichungen *zweiter* Ordnung des Lagrange'schen Formalismus treten und zu diesen vollständig äquivalent sind.

2.15 Kanonische Systeme

Definition

Ein mechanisches System, dem man eine Hamiltonfunktion $H(\underset{\sim}{q}, \underset{\sim}{p}, t)$ zuordnen kann derart, dass seine Bewegungsgleichungen die Form (2.43) haben, heißt *kanonisch*.

Satz 2.4

Jedes Lagrange'sche System, das die Bedingung (2.42) erfüllt, ist kanonisch. Es gilt die Umkehrung: Falls $\det(\partial^2 H/\partial p_k \partial p_i) \neq 0$ ist, genügt jedes kanonische System von f Freiheitsgraden den Lagrange-Gleichungen zur Lagrangefunktion

$$L(\underset{\sim}{q}, \underset{\sim}{\dot{q}}, t) = \mathcal{L}H(\underset{\sim}{q}, \underset{\sim}{\dot{q}}, t) = \sum_{k=1}^{f} \dot{q}_k p_k(\underset{\sim}{q}, \underset{\sim}{\dot{q}}, t) - H(\underset{\sim}{q}, \underset{\sim}{p}(\underset{\sim}{q}, \underset{\sim}{\dot{q}}, t), t)\,. \tag{2.44}$$

2.16 Einige einfache kanonische Systeme

Um sich mit den kanonischen Gleichungen vertraut zu machen, studiert man am besten zunächst solche Beispiele, deren Bewegungsgleichungen man schon auf anderem Wege hergeleitet hat: ein Teilchen im Zentralfeld und, noch einmal, das geladene Teilchen in äußeren Feldern. Im zweiten Beispiel lernt man einen Fall kennen, bei dem der kinematische Impuls und der zu $\underset{\sim}{q}$ kanonisch konjugierte Impuls nicht identisch sind.

Beispiele

a) Bewegung eines Teilchens im Zentralfeld

In der Ebene, die senkrecht auf dem erhaltenen Drehimpuls liegt und in der wir *ebene* Polarkoordinaten benutzen, lässt sich die Lagrangefunktion in der natürlichen Form sofort angeben. Mit $x_1 = r\cos\varphi$, $x_2 = r\sin\varphi$ ist $\boldsymbol{v}^2 = \dot{r}^2 + r^2\dot{\varphi}^2$ und somit

$$L = T - U(r) = \frac{1}{2}m(\dot{r}^2 + r^2\dot{\varphi}^2) - U(r)\,. \tag{2.45}$$

Hier ist $q_1 = r$, $q_2 = \varphi$, sowie $p_1 \equiv p_r = m\dot{r}$, $p_2 \equiv p_\varphi = mr^2\dot{\varphi}$. Die Determinante der zweiten Ableitungen von L nach den $\dot{q}_i$ ist

$$\det\left(\frac{\partial^2 L}{\partial\dot{q}_j\partial\dot{q}_i}\right) = \det\begin{pmatrix} m & 0 \\ 0 & mr^2 \end{pmatrix} = m^2r^2 \neq 0 \quad \text{für} \quad r \neq 0\,.$$

Die Hamiltonfunktion lässt sich in eindeutiger Weise konstruieren und ist gegeben durch

$$H(\underset{\sim}{q}, \underset{\sim}{p}) = \frac{p_r^2}{2m} + \frac{p_\varphi^2}{2mr^2} + U(r)\,. \tag{2.46}$$

Die Hamilton'schen Gleichungen (2.43) lauten wie folgt:

$$\dot{r} = \frac{\partial H}{\partial p_r} = \frac{1}{m}p_r\,; \quad \dot{\varphi} = \frac{\partial H}{\partial p_\varphi} = \frac{1}{m}\frac{p_\varphi}{r^2} \tag{2.47a}$$

$$\dot{p}_r = -\frac{\partial H}{\partial r} = \frac{p_\varphi^2}{mr^3} - \frac{\partial U}{\partial r}\,; \quad \dot{p}_\varphi = 0\,. \tag{2.47b}$$

Der Vergleich mit dem Beispiel des Abschn. 1.24 zeigt, dass $p_\varphi \equiv \ell$ der Betrag des Drehimpulses ist, der erhalten ist: In der Tat sieht man am Ausdruck (2.45) für L, dass φ eine zyklische Koordinate ist. Die erste der Gleichungen (2.47b), mit p_r multipliziert und einmal integriert, ergibt wieder (1.63) des Beispiels im Abschn. 1.24 und zeigt, dass $H(\underset{\sim}{q}, \underset{\sim}{p})$ entlang der Bahnkurven erhalten ist.

b) Geladenes Teilchen in elektromagnetischen Feldern

Gemäß Abschn. 2.8 (ii) war

$$L = \frac{1}{2}m\dot{\boldsymbol{q}}^2 - e\Phi(\boldsymbol{q}, t) + \frac{e}{c}\,\dot{\boldsymbol{q}}\cdot\boldsymbol{A}(\boldsymbol{q}, t)\,. \tag{2.48}$$

Die kanonisch konjugierten Impulse lauten

$$p_i = \frac{\partial L}{\partial\dot{q}_i} = m\dot{q}_i + \frac{e}{c}A_i(\boldsymbol{q}, t)\,.$$

Diese Gleichungen lassen sich nach $\dot{q}_i$ auflösen:

$$\dot{q}_i = \frac{1}{m}p_i - \frac{e}{cm}A_i$$

und somit folgt

$$H = \sum_{i=1}^{3} \frac{p_i}{m}\left(p_i - \frac{e}{c}A_i\right) - \frac{1}{2m}\sum_{i=1}^{3}\left(p_i - \frac{e}{c}A_i\right)^2$$

$$+ e\Phi - \frac{e}{mc}\sum_{i=1}^{3}\left(p_i - \frac{e}{c}A_i\right)A_i \quad \text{oder}$$

$$H(\boldsymbol{q}, \boldsymbol{p}, t) = \frac{1}{2m}\left(\boldsymbol{p} - \frac{e}{c}\boldsymbol{A}(\boldsymbol{q}, t)\right)^2 + e\Phi(\boldsymbol{q}, t) . \tag{2.49}$$

Man beachte den Unterschied:

$m\dot{\boldsymbol{q}} = \boldsymbol{p} - \frac{e}{c}\boldsymbol{A}$ ist der *kinematische* Impuls.

p_i mit $p_i = \frac{\partial L}{\partial \dot{q}_i}$ ist *der zu q_i kanonisch konjugierte* (verallgemeinerte) Impuls.

2.17 Variationsprinzip auf die Hamiltonfunktion angewandt

Man kann die Hamilton'schen Gleichungen (2.43) auch aus dem Extremalprinzip der Abschnitte 2.5 und 2.6 ableiten, indem man es auf folgende Funktion anwendet:

$$F(\underset{\sim}{q}, \underset{\sim}{p}, \dot{\underset{\sim}{q}}, \dot{\underset{\sim}{p}}, t) := \sum_{k=1}^{f} p_k \dot{q}_k - H(\underset{\sim}{q}, \underset{\sim}{p}, t) . \tag{2.50}$$

In der Sprache des Abschn. 2.5 ist der Satz $(\underset{\sim}{q}, \underset{\sim}{p})$ die y-artige Variable, $(\dot{\underset{\sim}{q}}, \dot{\underset{\sim}{p}})$ die Ableitung y', und t ist die Variable x.
Fordert man, dass

$$\delta \int_{t_1}^{t_2} F \, \mathrm{d}t = 0 \tag{2.51}$$

wird, wobei man die q_k und p_k unabhängig variiert, so folgen die Euler-Lagrange-Gleichungen $\delta F/\delta q_k = 0$, $\delta F/\delta p_k = 0$, d. h.

$$\frac{\mathrm{d}}{\mathrm{d}t}\frac{\partial F}{\partial \dot{q}_k} = \frac{\partial F}{\partial q_k}, \quad \text{oder} \quad \dot{p}_k = -\frac{\partial H}{\partial q_k} \quad \text{und}$$

$$\frac{\mathrm{d}}{\mathrm{d}t}\frac{\partial F}{\partial \dot{p}_k} = \frac{\partial F}{\partial p_k}, \quad \text{oder} \quad 0 = \dot{q}_k - \frac{\partial H}{\partial p_k} .$$

Es ergeben sich also wieder die kanonischen Gleichungen (2.43). Dieses Ergebnis werden wir weiter unten, bei der Diskussion der kanonischen Transformationen, benutzen.

2.18 Symmetrien und Erhaltungssätze

In den Abschn. 1.12 und 1.13 haben wir die zehn klassischen Bewegungsintegrale des abgeschlossenen n-Teilchen-Systems studiert, wie sie in direkter Weise aus den Newton'schen Gleichungen folgen. In diesem und in den folgenden Abschnitten wollen wir dieselben Ergebnisse sowie Verallgemeinerungen davon im Rahmen der Lagrangefunktion und der Euler-Lagrange-Gleichungen diskutieren.

Wir betrachten hier und im Folgenden abgeschlossene, autonome Systeme mit f Freiheitsgraden, denen Lagrangefunktionen $L(\underset{\sim}{q}, \dot{\underset{\sim}{q}})$ zugeordnet sind, die nicht explizit von der Zeit abhängen. L habe die natürliche Form

$$L = T(\underset{\sim}{q}, \dot{\underset{\sim}{q}}) - U(\underset{\sim}{q}) , \tag{2.52}$$

wo T eine homogene Funktion zweiten Grades in den $\dot{q}_i$ sei. Nach dem Euler'schen Satz über homogene Funktionen gilt dann

$$\sum_{i=1}^{f} \dot{q}_i \frac{\partial T}{\partial \dot{q}_i} = 2T , \tag{2.53}$$

so dass

$$\sum_{i=1}^{f} p_i \dot{q}_i - L = \sum \frac{\partial L}{\partial \dot{q}_i} \dot{q}_i - L = T + U = E$$

ist. Dieser Ausdruck stellt die Energie des Systems dar. Für ein autonomes System ist E entlang jeder Bahnkurve erhalten, denn es gilt

$$\begin{aligned}\frac{\mathrm{d}E}{\mathrm{d}t} &= \frac{\mathrm{d}}{\mathrm{d}t}\left(\sum p_i \dot{q}_i\right) - \sum \frac{\partial L}{\partial q_i}\dot{q}_i - \sum \frac{\partial L}{\partial \dot{q}_i}\ddot{q}_i \\ &= \frac{\mathrm{d}}{\mathrm{d}t}\left(\sum p_i \dot{q}_i\right) - \frac{\mathrm{d}}{\mathrm{d}t}\left(\sum \frac{\partial L}{\partial \dot{q}_i}\dot{q}_i\right) = 0 ,\end{aligned}$$

wobei wir die Euler-Lagrange-Gleichungen $\partial L/\partial q_i = \mathrm{d}(\partial L/\partial \dot{q}_i)/\mathrm{d}t$ verwendet haben.

Bemerkung

Eine dynamische Größe wie z. B. die Energie, die eine Konstante der Bewegung sein soll, ist im Lagrange'schen Rahmen eine Funktion $E(\underset{\sim}{q}, \dot{\underset{\sim}{q}})$ auf dem Geschwindigkeitsraum, der von den Koordinaten $\underset{\sim}{q}$ und $\dot{\underset{\sim}{q}}$ aufgespannt wird. Im Rahmen der Hamilton'schen Mechanik ist sie eine Funktion $E(\underset{\sim}{q}, \underset{\sim}{p})$ auf dem Phasenraum, der durch Koordinaten $\underset{\sim}{q}$ und $\underset{\sim}{p}$ beschrieben wird. Als solche allgemeine Funktion ist sie natürlich i. Allg. nicht konstant. Sie ist nur entlang von physikalischen Bahnen, d. h. entlang von Lösungen der Bewegungsgleichungen erhalten. Anders ausgedrückt heißt dies, dass ihre Zeitableitung nur dann gleich Null ist, wenn man sie entlang der physikalischen Bahnen auswertet wo $\underset{\sim}{q}$ und $\dot{\underset{\sim}{q}}$, bzw. $\underset{\sim}{q}$ und $\underset{\sim}{p}$ über die Bewegungsgleichungen miteinander verknüpft sind. Eine solche Ableitung nennt man auch *Orbitalableitung*.

2.19 Satz von E. Noether

Wenn das betrachtete mechanische System unter solchen kontinuierlichen Transformationen der Koordinaten invariant ist, die sich stetig in die identische Abbildung deformieren lassen, dann besitzt es Integrale der Bewegung, d. h. es gibt dynamische Größen, die entlang der Bahnkurven erhalten sind. Man spricht (in gleicher Bedeutung) von *Integralen der Bewegung*, *Erhaltungsgrößen* oder *Konstanten der Bewegung*. Interessanterweise genügt es, die Transformation in der unmittelbaren Umgebung der Identität zu kennen. Das ist die Aussage des folgenden Satzes von Emmy Noether, der sich auf Transformationen der räumlichen Koordinaten bezieht.

Satz 2.5

Die Lagrangefunktion $L(\underset{\sim}{q}, \dot{\underset{\sim}{q}})$ eines autonomen Systems sei unter der Transformation $\underset{\sim}{q} \to h^s(\underset{\sim}{q})$ invariant, wo s ein kontinuierlicher Parameter ist und $h^{s=0}(\underset{\sim}{q}) = \underset{\sim}{q}$ die Identität ist (siehe Abb. 2.7). Es gibt dann ein Integral der Bewegung,

$$I(\underset{\sim}{q}, \dot{\underset{\sim}{q}}) = \sum_{i=1}^{f} \frac{\partial L}{\partial \dot{q}_i} \frac{\mathrm{d}}{\mathrm{d}s} h^s(q_i) \bigg|_{s=0} . \tag{2.54}$$

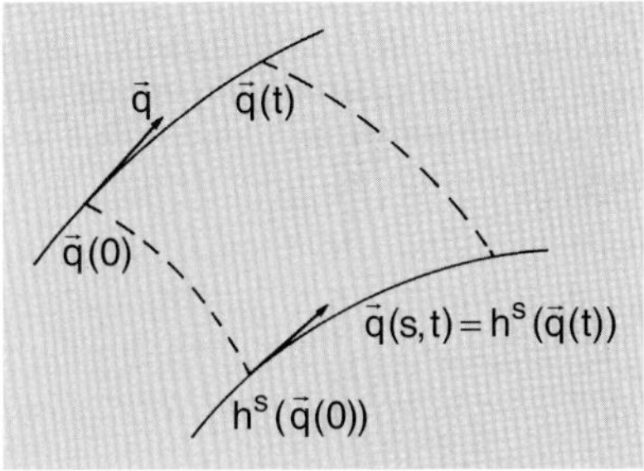

Abb. 2.7. Zu jeder einparametrigen, differenzierbaren Transformation der Bahnkurven, die aus der Identität herausführt und die die Lagrangefunktion invariant lässt, gibt es eine Erhaltungsgröße

Beweis

Sei $\underset{\sim}{q} = \underset{\sim}{\varphi}(t)$ eine Lösung der Euler-Lagrange-Gleichungen. Nach Voraussetzung ist dann auch $\underset{\sim}{q}(s,t) = \underset{\sim}{\Phi}(s,t) = h^s(\underset{\sim}{\varphi}(t))$ Lösung der Euler-Lagrange-Gleichungen für alle s, d. h.

$$\frac{\mathrm{d}}{\mathrm{d}t}\frac{\partial L}{\partial \dot{q}_i}(\underset{\sim}{\Phi}(s,t), \dot{\underset{\sim}{\Phi}}(s,t)) = \frac{\partial L}{\partial q_i}(\underset{\sim}{\Phi}(s,t), \dot{\underset{\sim}{\Phi}}(s,t)) , \quad i = 1, \dots, f . \tag{$*$}$$

Außerdem ist nach Voraussetzung

$$\frac{\mathrm{d}}{\mathrm{d}s} L(\underset{\sim}{\Phi}(s,t), \dot{\underset{\sim}{\Phi}}(s,t)) = \sum_{i=1}^{f} \left[\frac{\partial L}{\partial q_i} \frac{\mathrm{d}\Phi_i}{\mathrm{d}s} + \frac{\partial L}{\partial \dot{q}_i} \frac{\mathrm{d}\dot{\Phi}_i}{\mathrm{d}s} \right] = 0 . \tag{$**$}$$

Aus ($*$) und ($**$) folgt unsere Behauptung,

$$\sum_{i=1}^{f} \left[\frac{\mathrm{d}}{\mathrm{d}t}\left(\frac{\partial L}{\partial \dot{q}_i}\right) \frac{\mathrm{d}\Phi_i}{\mathrm{d}s} + \frac{\partial L}{\partial \dot{q}_i} \frac{\mathrm{d}}{\mathrm{d}t}\left(\frac{\mathrm{d}\Phi_i}{\mathrm{d}s}\right) \right] = 0 = \frac{\mathrm{d}}{\mathrm{d}t} I .$$

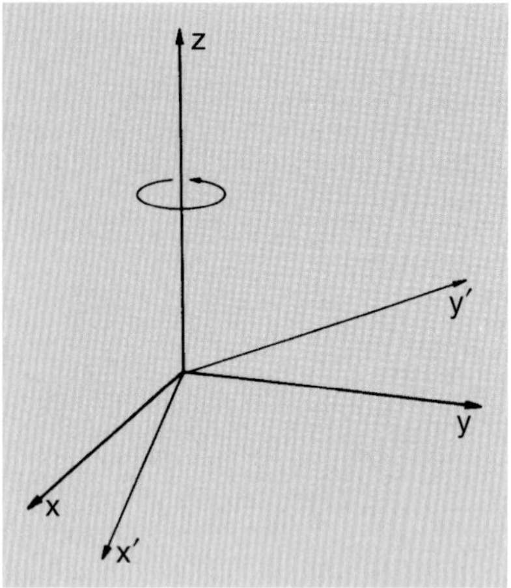

Abb. 2.8. Wenn Drehungen des Bezugssystems um die z-Achse die Lagrangefunktion für einen Massenpunkt invariant lassen, so ist die Projektion des Bahndrehimpulses auf diese Achse erhalten

Beispiele

Wir betrachten die beiden folgenden Beispiele[5]: Es sei

$$L = \frac{1}{2}\sum_{p=1}^{n} m_p \dot{\boldsymbol{r}}_p^2 - U(\boldsymbol{r}_1, \dots, \boldsymbol{r}_n) .$$

die Lagrangefunktion in natürlicher Form für n Teilchen.

i) Das System sei invariant unter Translationen entlang der x-Achse:

$$h^s : \boldsymbol{r}_p \mapsto \boldsymbol{r}_p + s\hat{\boldsymbol{e}}_x ; \quad p = 1, \dots, n .$$

Dann ist

$$\left.\frac{\mathrm{d}}{\mathrm{d}s} h^s(\boldsymbol{r}_p)\right|_{s=0} = \hat{\boldsymbol{e}}_x \quad \text{und} \quad I = \sum_{p=1}^{n} m_p \dot{x}^{(p)} = P_x .$$

Das bedeutet: Invarianz unter Translationen entlang der x-Achse impliziert die Erhaltung der x-Komponente des Gesamtimpulses.

ii) Das System sei invariant unter Drehungen um die z-Achse, vgl. Abb. 2.8:

$$\boldsymbol{r}_p = (x^{(p)}, y^{(p)}, z^{(p)}) \mapsto \boldsymbol{r}'_p = (x'^{(p)}, y'^{(p)}, z'^{(p)}) \quad \text{mit}$$

$$\begin{aligned} x'^{(p)} &= x^{(p)} \cos s + y^{(p)} \sin s \\ y'^{(p)} &= -x^{(p)} \sin s + y^{(p)} \cos s \quad \text{(passive Drehung)} \\ z'^{(p)} &= z^{(p)} . \end{aligned}$$

Somit ist $(\mathrm{d}/\mathrm{d}s)\boldsymbol{r}'_p|_{s=0} = (y^{(p)}, -x^{(p)}, 0) = \boldsymbol{r}_p \times \hat{\boldsymbol{e}}_z$ und

$$\boldsymbol{I} = \sum_{p=1}^{n} m_p \dot{\boldsymbol{r}}_p \cdot (\boldsymbol{r}_p \times \hat{\boldsymbol{e}}_z) = \sum \hat{\boldsymbol{e}}_z \cdot (m_p \dot{\boldsymbol{r}}_p \times \boldsymbol{r}_p) = -\sum_{p=1}^{n} \ell_z^{(p)} .$$

Die Erhaltungsgröße ist hier also die z-Komponente des Gesamtdrehimpulses.

2.20 Infinitesimale Erzeugende für Drehung um eine Achse

In den Beispielen und dem Satz von Noether ist h^s eine einparametrige Gruppe von Diffeomorphismen, die insbesondere stetig in die Identität überführt werden können. Bei der Erhaltungsgröße I geht auch nur die Ableitung von h^s nach s und bei $s = 0$ ein, d. h. man braucht die Transformationsgruppe nur in der unmittelbaren Nachbarschaft der Identität. Im Beispiel (ii) etwa kann man dies weiter vertiefen und erhält somit einen ersten Eindruck von der Bedeutung kontinuierlicher Gruppen von

[5] Das Beispiel der Invarianz unter Zeittranslationen ist in Aufg. 2.17 behandelt. Eine Verallgemeinerung des Theorems von Noether findet man z. B. in (Boccaletti-Pucacco, 1996, Abschn. 1.6).

Transformationen in der Mechanik. Für infinitesimal kleines s lässt sich die Drehung um die z-Achse des Beispiels 2.19 (ii) wie folgt schreiben:

$$\begin{aligned} h^s(\boldsymbol{r}) &= \left\{ \begin{pmatrix} 1 & 0 & 0 \\ 0 & 1 & 0 \\ 0 & 0 & 1 \end{pmatrix} - s \begin{pmatrix} 0 & -1 & 0 \\ 1 & 0 & 0 \\ 0 & 0 & 0 \end{pmatrix} \right\} \begin{pmatrix} x \\ y \\ z \end{pmatrix} + O(s^2) \\ &\equiv (\mathbb{1} - s\mathbf{J}_z)\boldsymbol{r} + O(s^2) \; . \end{aligned} \tag{2.55}$$

Man nennt $\mathbf{J}_z$ die *Erzeugende für infinitesimale Drehungen* um die z-Achse. Darüber hinaus kann man zeigen, dass die Drehung um die z-Achse mit dem beliebigen, *endlichen* Drehwinkel

$$\boldsymbol{r}' = \begin{pmatrix} \cos\varphi & \sin\varphi & 0 \\ -\sin\varphi & \cos\varphi & 0 \\ 0 & 0 & 0 \end{pmatrix} \boldsymbol{r} =: \mathbf{R}_z(\varphi)\boldsymbol{r} \tag{2.56}$$

aus den Infinitesimalen (2.55) aufgebaut werden kann. Das sieht man wie folgt: Es sei

$$\mathbf{M} = \begin{pmatrix} 0 & -1 \\ 1 & 0 \end{pmatrix} .$$

Man sieht leicht, dass $\mathbf{M}^2 = -\mathbb{1}, \mathbf{M}^3 = -\mathbf{M}, \mathbf{M}^4 = +\mathbb{1}$, etc. ist, also $\mathbf{M}^{2n} = (-)^n \mathbb{1}$, $\mathbf{M}^{2n+1} = (-)^n\mathbf{M}$. Mit den Taylor-Reihen für Sinus und Cosinus ist dann

$$\mathbf{A} \equiv \begin{pmatrix} \cos\varphi & \sin\varphi \\ -\sin\varphi & \cos\varphi \end{pmatrix} = \mathbb{1} \sum_{n=0}^{\infty} \frac{(-)^n}{(2n)!}\varphi^{2n} - \mathbf{M} \sum_{n=0}^{\infty} \frac{(-)^n}{(2n+1)!}\varphi^{2n+1} ,$$

und mit den Formeln für gerade und ungerade Potenzen von $\mathbf{M}$

$$\mathbf{A} = \sum_0^{\infty} \frac{1}{(2n)!}\mathbf{M}^{2n}\varphi^{2n} - \sum_0^{\infty} \frac{1}{(2n+1)!}\mathbf{M}^{2n+1}\varphi^{2n+1} = \exp(-\mathbf{M}\varphi) \; . \tag{2.57}$$

Man kann also $R_z(\varphi)$ in (2.56) als Exponentialreihe wie in (2.57) schreiben,

$$\mathbf{R}_z(\varphi) = \exp(-\mathbf{J}_z\varphi) \; . \tag{2.58}$$

Man kann das auch so verstehen: In (2.55) setze man $s = \varphi/n$, wo n sehr groß sein soll. Nun denke man sich n solcher Drehungen hintereinander ausgeführt,

$$\left(\mathbb{1} - \frac{\varphi}{n}\mathbf{J}_z\right)^n ,$$

und lasse n nach Unendlich gehen. Dann folgt

$$\lim_{n\to\infty} \left(\mathbb{1} - \frac{\varphi}{n}\mathbf{J}_z\right)^n = \exp(-\mathbf{J}_z\varphi) \; . \tag{2.59}$$

Diese Resultate lassen sich auf Drehungen um beliebige Richtungen ausdehnen.

Der Leser, die Leserin ist vielleicht nicht vertraut damit, dass endlichdimensionale Matrizen im Argument einer Exponentialfunktion erscheinen. Das ist aber nicht weiter geheimnisvoll: Die Funktion $\exp\{\mathbf{A}\}$ ist durch ihre Reihe

$$\exp\{\mathbf{A}\} = 1 + \mathbf{A} + \frac{\mathbf{A}^2}{2!} + \ldots + \frac{\mathbf{A}^k}{k!} + \ldots ,$$

definiert, wobei $\mathbf{A}$, ebenso wie jede endliche Potenz $\mathbf{A}^k$ davon, eine $n \times n$ Matrix ist. Da die Exponentialfunktion eine *ganze* Funktion ist (d. h. ihre Taylor-Reihe konvergiert für jedes endliche Argument), konvergiert die angegebene Reihe immer.

2.21 Exkurs über die Drehgruppe

Es sei $\boldsymbol{x}$ ein physikalischer Bahnpunkt, $\boldsymbol{x} = \boldsymbol{x}(t)$; x_1, x_2, x_3 seien seine Koordinaten bezüglich des Systems $\mathbf{K}$. Derselbe Bahnpunkt, beschrieben in einem Koordinatensystem $\mathbf{K}'$, das denselben Ursprung wie $\mathbf{K}$ hat und gegenüber diesem um den Winkel φ um die Achse $\hat{\boldsymbol{\varphi}}$ gedreht ist, hat dort die Darstellung

$$\boldsymbol{x}\big|_{\mathbf{K}'} = ({x_1}', {x_2}', {x_3}') , \quad \text{mit} \tag{2.60}$$

$$x_i' = \sum_{k=1}^{3} R_{ik} x_k , \quad \text{oder} \quad \boldsymbol{x}' = \mathbf{R}\boldsymbol{x} .$$

(Wir betrachten hier eine *passive* Drehung.)

Unter Drehungen bleibt die Länge von $\boldsymbol{x}$ ungeändert, also $\boldsymbol{x}'^2 = \boldsymbol{x}^2$. Schreibt man dies aus, so heißt das

$$(\mathbf{R}\boldsymbol{x}) \cdot (\mathbf{R}\boldsymbol{x}) = \boldsymbol{x} \cdot \mathbf{R}^{\mathrm{T}}\mathbf{R}\boldsymbol{x} \stackrel{!}{=} \boldsymbol{x}^2 ,$$

oder, in Komponenten ausgeschrieben,

$$\sum_{i=1}^{3} x_i' x_i' = \sum_{k=1}^{3} \sum_{l=1}^{3} \left(\sum_{i=1}^{3} R_{ik} R_{il} \right) x_k x_l \stackrel{!}{=} \sum_{k=1}^{3} \sum_{l=1}^{3} \delta_{kl} x_k x_l .$$

Man sieht also, dass

$$\sum_{i=1}^{3} (\mathbf{R}^{\mathrm{T}})_{ki} (\mathbf{R})_{il} = \delta_{kl}$$

sein muss, d. h. dass $\mathbf{R}$ eine reelle orthogonale Matrix sein muss,

$$\mathbf{R}^{\mathrm{T}}\mathbf{R} = \mathbb{1} . \tag{2.61}$$

Aus (2.61) folgt, dass $(\det \mathbf{R})^2 = 1$ und somit $\det \mathbf{R} = \pm 1$ ist. Wir beschränken uns auf die Matrizen mit Determinante $+1$, lassen also die

Raumspiegelung außer acht (s. Bemerkung in Abschn. 1.13). Die Matrizen $\mathbf{R}$ mit $\det \mathbf{R} = +1$ bilden eine Gruppe, die *spezielle orthogonale Gruppe in drei reellen Dimensionen*

$$\mathrm{SO}(3) = \left\{ \mathbf{R} : \mathbb{R}^3 \to \mathbb{R}^3, \text{ linear} \middle| \det \mathbf{R} = +1, \mathbf{R}^T\mathbf{R} = \mathbb{1} \right\} . \qquad (2.62)$$

Wie in Abschn. 1.13 dargelegt, hängt ein solches $\mathbf{R}$ von 3 reellen Parametern ab und kann stetig in die Identität $\mathbf{R}(0) = \mathbb{1}$ übergeführt werden. Eine mögliche Parametrisierung ist diese: Man gibt einen Vektor $\boldsymbol{\varphi}$ vor, dessen *Richtung* $\hat{\boldsymbol{\varphi}} := \boldsymbol{\varphi}/\varphi$ die Achse, um die man dreht, angibt, und dessen *Betrag* $\varphi = |\boldsymbol{\varphi}|$ den *Drehwinkel*, mit $0 \le \varphi \le 2\pi$, festlegt, wie in Abb. 2.9 angegeben:

$$\mathbf{R} \equiv \mathbf{R}(\boldsymbol{\varphi}) \quad \text{mit} \quad \boldsymbol{\varphi} : \hat{\boldsymbol{\varphi}} = \boldsymbol{\varphi}/\varphi\,,\ \varphi = |\boldsymbol{\varphi}|\,, \quad 0 \le \varphi \le 2\pi\,. \qquad (2.63)$$

Andere Parametrisierungen werden wir in der Theorie des Kreisels kennenlernen. Man kann die Wirkung von $\mathbf{R}(\boldsymbol{\varphi})$ auf $\boldsymbol{x}$ als Funktion der Vektoren $\boldsymbol{x}$, $\hat{\boldsymbol{\varphi}} \times \boldsymbol{x}$ und $\hat{\boldsymbol{\varphi}} \times (\hat{\boldsymbol{\varphi}} \times \boldsymbol{x})$ explizit angeben.

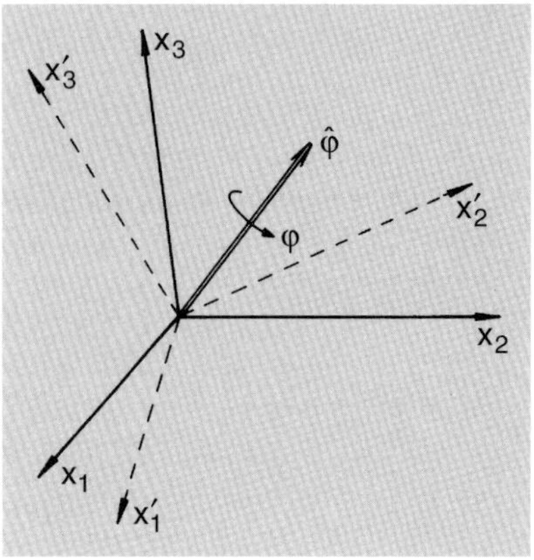

Abb. 2.9. Drehung des Koordinatensystems um den festen Winkel φ um die Richtung $\hat{\varphi}$

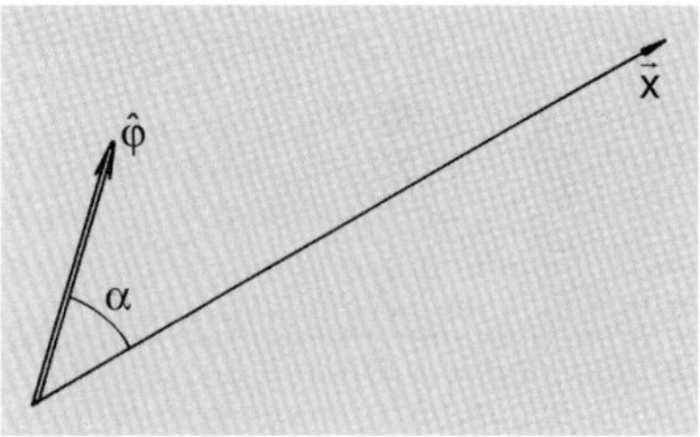

Abb. 2.10. Definition des Winkels α zwischen dem Ortsvektor $\boldsymbol{x}$ und der Richtung, um die gedreht wird

Behauptung Es ist (bei passiver Drehung)

$$\boldsymbol{x}' = \mathbf{R}(\boldsymbol{\varphi})\boldsymbol{x} = (\hat{\boldsymbol{\varphi}} \cdot \boldsymbol{x})\hat{\boldsymbol{\varphi}} - \hat{\boldsymbol{\varphi}} \times \boldsymbol{x} \sin\varphi - \hat{\boldsymbol{\varphi}} \times (\hat{\boldsymbol{\varphi}} \times \boldsymbol{x}) \cos\varphi\,. \qquad (2.64)$$

Das sieht man wie folgt: die Vektoren $\hat{\boldsymbol{\varphi}}$, $\hat{\boldsymbol{\varphi}} \times \boldsymbol{x}$ und $\hat{\boldsymbol{\varphi}} \times (\hat{\boldsymbol{\varphi}} \times \boldsymbol{x})$ sind orthogonal zueinander. Liegt zum Beispiel $\hat{\boldsymbol{\varphi}}$ in der 3-Achse, d. h. ist $\hat{\boldsymbol{\varphi}} = (0, 0, 1)$, so ist $\boldsymbol{x} = (x_1, x_2, x_3)$, $\hat{\boldsymbol{\varphi}} \times \boldsymbol{x} = (-x_2, x_1, 0)$, $\hat{\boldsymbol{\varphi}} \times (\hat{\boldsymbol{\varphi}} \times \boldsymbol{x}) = (-x_1, -x_2, 0)$. Derselbe Vektor hat im neuen Koordinatensystem die Komponenten

$$x'_1 = x_1 \cos\varphi + x_2 \sin\varphi\,; \quad x'_2 = -x_1 \sin\varphi + x_2 \cos\varphi\,; \quad x'_3 = x_3\,,$$

in Übereinstimmung mit (2.64). Man prüft aber ebenso nach, dass (2.64) gilt, auch wenn $\hat{\boldsymbol{\varphi}}$ nicht mehr in der 3-Richtung liegt: der erste Term auf der rechten Seiten von (2.64) besagt, dass die Projektion von $\boldsymbol{x}$ auf $\hat{\boldsymbol{\varphi}}$ invariant bleibt, während die beiden restlichen Terme die Drehung in der Ebene senkrecht zu $\hat{\boldsymbol{\varphi}}$ darstellen.

Mit der Identität $\boldsymbol{a} \times (\boldsymbol{b} \times \boldsymbol{c}) = \boldsymbol{b}(\boldsymbol{a} \cdot \boldsymbol{c}) - \boldsymbol{c}(\boldsymbol{a} \cdot \boldsymbol{b})$ geht (2.64) über in

$$\boldsymbol{x}' = \boldsymbol{x} \cos\varphi - \hat{\boldsymbol{\varphi}} \times \boldsymbol{x} \sin\varphi + (1 - \cos\varphi)(\hat{\boldsymbol{\varphi}} \cdot \boldsymbol{x})\hat{\boldsymbol{\varphi}}\,. \qquad (2.65)$$

Man zeigt nun:

i) Dieses mit (2.64) parametrisierte $\mathbf{R}(\boldsymbol{\varphi})$ liegt in SO(3):

$$\begin{aligned}\boldsymbol{x}'^2 &= (\hat{\boldsymbol{\varphi}} \cdot \boldsymbol{x})^2 + (\hat{\boldsymbol{\varphi}} \times \boldsymbol{x})^2 \sin^2\varphi + (\hat{\boldsymbol{\varphi}} \times (\hat{\boldsymbol{\varphi}} \times \boldsymbol{x}))^2 \cos^2\varphi \\ &= \boldsymbol{x}^2[\cos^2\alpha + \sin^2\alpha \sin^2\varphi + \sin^2\alpha \cos^2\varphi] = \boldsymbol{x}^2\,,\end{aligned}$$

wobei α der Winkel zwischen den Vektoren $\hat{\boldsymbol{\varphi}}$ und $\boldsymbol{x}$ ist, vgl. Abb. 2.10. Falls $\boldsymbol{\varphi}$ und $\boldsymbol{\varphi}'$ parallel sind, gilt $\mathbf{R}(\boldsymbol{\varphi})\mathbf{R}(\boldsymbol{\varphi}') = \mathbf{R}(\boldsymbol{\varphi} + \boldsymbol{\varphi}')$. Das bedeutet, dass man $\mathbf{R}(\boldsymbol{\varphi})$ stetig in die Identität $\mathbf{R}(0) = \mathbb{1}$ überführen kann, und dass daher $\det \mathbf{R}(\boldsymbol{\varphi}) = +1$ gilt.

ii) Jedes $\mathbf{R}$ aus SO(3) lässt sich in der Form (2.64) darstellen: Betrachte zunächst diejenigen Vektoren $\boldsymbol{x}$, die unter $\mathbf{R}$ bis auf einen Faktor ungeändert bleiben, $\mathbf{R}\boldsymbol{x} = \lambda\boldsymbol{x}$. Für diese muss

$$\det(\mathbf{R} - \lambda\,\mathbb{1}) = 0$$

sein. Dies ist ein kubisches Polynom mit reellen Koeffizienten und hat folglich immer mindestens einen reellen Eigenwert λ, für den wegen $(\mathbf{R}\boldsymbol{x})^2 = \boldsymbol{x}^2$ gilt: $\lambda = \pm 1$. In derjenigen Ebene, die auf dem zu λ gehörenden Eigenvektor senkrecht steht, muss $\mathbf{R}$ wegen der Bedingung (2.61) die Form

$$\begin{pmatrix} \cos\psi & \sin\psi \\ -\sin\psi & \cos\psi \end{pmatrix}$$

haben. Wegen $\det\mathbf{R} = 1$ und wegen der stetigen Deformierbarkeit auf die Identität muss $\psi = \varphi$ sein und $\mathbf{R}(\boldsymbol{\varphi})$ die Zerlegung (2.64) haben. Damit ist die Zerlegung (2.64) bewiesen.

2.22 Infinitesimale Drehungen und ihre Erzeugenden

Es sei jetzt $\varphi \equiv \varepsilon \ll 1$ angenommen. Dann gilt nach (2.64) und (2.65)

$$\boldsymbol{x}' = (\hat{\boldsymbol{\varphi}} \cdot \boldsymbol{x})\hat{\boldsymbol{\varphi}} - (\hat{\boldsymbol{\varphi}} \times \boldsymbol{x})\varepsilon - \hat{\boldsymbol{\varphi}} \times (\hat{\boldsymbol{\varphi}} \times \boldsymbol{x}) + O(\varepsilon^2) = \boldsymbol{x} - (\hat{\boldsymbol{\varphi}} \times \boldsymbol{x})\varepsilon + O(\varepsilon^2)\,. \tag{2.66}$$

Schreibt man dies in Komponenten aus, so ist

$$\begin{aligned} \boldsymbol{x}' &= \boldsymbol{x} - \varepsilon \begin{pmatrix} 0 & -\hat{\varphi}_3 & \hat{\varphi}_2 \\ \hat{\varphi}_3 & 0 & -\hat{\varphi}_1 \\ -\hat{\varphi}_2 & \hat{\varphi}_1 & 0 \end{pmatrix} \boldsymbol{x} + O(\varepsilon^2) \\ &= \boldsymbol{x} - \varepsilon \left[\begin{pmatrix} 0 & 0 & 0 \\ 0 & 0 & -1 \\ 0 & 1 & 0 \end{pmatrix} \hat{\varphi}_1 + \begin{pmatrix} 0 & 0 & 1 \\ 0 & 0 & 0 \\ -1 & 0 & 0 \end{pmatrix} \hat{\varphi}_2 \right. \\ &\quad \left. + \begin{pmatrix} 0 & -1 & 0 \\ 1 & 0 & 0 \\ 0 & 0 & 0 \end{pmatrix} \hat{\varphi}_3 \right] \boldsymbol{x} + O(\varepsilon^2)\,. \end{aligned} \tag{2.67}$$

Das ist die Zerlegung der betrachteten infinitesimalen Drehung nach den drei Richtungen $\hat{\varphi}_1$, $\hat{\varphi}_2$ und $\hat{\varphi}_3$. Bezeichnet man die auftretenden Matrizen wie folgt

$$\mathbf{J}_1 = \begin{pmatrix} 0 & 0 & 0 \\ 0 & 0 & -1 \\ 0 & 1 & 0 \end{pmatrix} \; ; \; \mathbf{J}_2 = \begin{pmatrix} 0 & 0 & 1 \\ 0 & 0 & 0 \\ -1 & 0 & 0 \end{pmatrix} \; ; \; \mathbf{J}_3 = \begin{pmatrix} 0 & -1 & 0 \\ 1 & 0 & 0 \\ 0 & 0 & 0 \end{pmatrix}\,, \tag{2.68}$$

so lautet (2.67) mit der Abkürzung $\boldsymbol{J} = (\mathbf{J}_1, \mathbf{J}_2, \mathbf{J}_3)$

$$\boldsymbol{x}' = \left[\mathbb{1} - \varepsilon\hat{\boldsymbol{\varphi}} \cdot \boldsymbol{J}\right]\boldsymbol{x} + O(\varepsilon^2) \,. \qquad (2.69)$$

Wie in Abschn. 2.20 wähle man nun $\varepsilon = \varphi/n$ und wende dieselbe Drehung n-mal hintereinander an. Dann folgt im Limes $n \to \infty$

$$\boldsymbol{x}' = \lim_{n\to\infty} \left(\mathbb{1} - \frac{\varphi}{n}\hat{\boldsymbol{\varphi}} \cdot \boldsymbol{J}\right)^n \boldsymbol{x} = \exp\left(-\boldsymbol{\varphi} \cdot \boldsymbol{J}\right)\boldsymbol{x} \,. \qquad (2.70)$$

Somit erhält man eine Darstellung der *endlichen* Drehung $\mathbf{R}(\boldsymbol{\varphi})$ als Exponentialreihe in den Matrizen $\boldsymbol{J} = (\mathbf{J}_1, \mathbf{J}_2, \mathbf{J}_3)$. $\mathbf{J}_i$ bezeichnet man als *Erzeugende für infinitesimale Drehungen* um die i-te Achse.

Wie im vorhergehenden Abschnitt kann man sich den ersten Teil von (2.70) als das n-fache hintereinander Ausführen der sehr kleinen Drehung um den Winkel φ/n vorstellen. Im Grenzfall wird daraus das unendliche Produkt von gleichen infinitesimalen Drehungen. Nach einer bekannten Gauß'schen Formel ergibt das genau die Exponentialfunktion, wie angegeben. Diese ist als unendliche Reihe in Potenzen von 3×3-Matrizen zu verstehen. Die Konvergenz dieser Reihe ist gesichert, da die Exponentialfunktion eine ganze Funktion ist, d. h. für jeden Wert des Arguments, dessen Betrag endlich ist, konvergiert. Die Matrizen $\mathbf{R}(\boldsymbol{\varphi})$ bilden eine kompakte *Lie'sche Gruppe*. Die Erzeugenden $\boldsymbol{J}$ bilden eine *Lie'sche Algebra*. Dies bedeutet, dass der Kommutator oder das *Lie'sche Produkt* aus je zwei dieser Matrizen, der als

$$[\mathbf{J}_i, \mathbf{J}_k] := \mathbf{J}_i\mathbf{J}_k - \mathbf{J}_k\mathbf{J}_i$$

definiert ist, wieder zur Menge der $\mathbf{J}_i$, dazugehört. In der Tat, rechnet man nach, so findet man anhand von (2.68), dass

$$[\mathbf{J}_1, \mathbf{J}_2] = \mathbf{J}_3 \,, \qquad [\mathbf{J}_1, \mathbf{J}_3] = -\mathbf{J}_2$$

mit zyklischer Permutation der Indizes gilt. Da man durch Bildung von Lie'schen Produkten nicht aus der Menge herauskommt, sagt man auch, dass die Algebra der $\mathbf{J}_i$ unter dem Lie'schen Produkt *schließt*.

Bemerkung

Die Erzeugenden vermitteln über (2.69) bzw. (2.70) eine *lokale* Darstellung desjenigen Teils der Drehgruppe, der die Einheit, d. h. die identische Abbildung, enthält. Das reicht natürlich nicht aus, um die *globale* Struktur dieser Gruppe zu rekonstruieren. Daher kann es vorkommen, dass zwei Gruppen dieselbe Lie-Algebra besitzen, global aber verschieden sind. Das ist bei der Drehgruppe SO(3) der Fall, die dieselbe Lie-Algebra hat wie die Gruppe SU(2), die Gruppe der komplexen 2×2-Matrixen, die unitär sind und Determinante gleich 1 haben. Die Drehgruppe selbst hängt differenzierbar von ihren Parametern, den Drehwinkeln, ab. Sie ist eine differenzierbare Mannigfaltigkeit. Man kann daher solche Fragen stellen wie: Ist diese Mannigfaltigkeit kompakt? (für die Drehgruppe gilt das), ist sie zusammenhängend? (Die Drehgruppe ist zweifach zusammenhängend, s. Abschn. 5.2 (iv) und Aufgabe 3.11.)

2.23 Kanonische Transformationen

Die Wahl der verallgemeinerten Koordinaten eines mechanischen Systems und somit auch die der zugehörigen, kanonisch konjugierten Impulse ist natürlich nicht eindeutig. Im Satz 2.3 zum Beispiel haben wir gelernt, dass jede diffeomorphe Abbildung der ursprünglichen Koordinaten $\underset{\sim}{q}$ auf neue Koordinaten $\underset{\sim}{Q}$ den Lagrange'schen Formalismus ungeändert lässt und lediglich dieselbe Physik in einer anderen Parametrisierung beschreibt. Bei solchen Transformationen gewinnt man allerdings dann etwas, wenn es gelingt, einige oder alle der neuen Koordinaten zu zyklischen Koordinaten zu machen, da in diesem Fall die entsprechenden verallgemeinerten Impulse Bewegungskonstante sind.

Gemäß Abschn. 2.12 heißt eine Koordinate Q_k dann zyklisch, wenn L nicht explizit von ihr abhängt, d. h. wenn

$$\frac{\partial L}{\partial Q_k} = 0 \tag{2.71}$$

ist. Dann ist aber auch $\partial H/\partial Q_k = 0$ und somit

$$\dot{P}_k = -\frac{\partial H}{\partial Q_k} = 0\,, \tag{2.72}$$

woraus folgt, dass $P_k = \alpha_k = \text{const}$ ist. Das durch

$$H(Q_1, \ldots, Q_{k-1}, Q_{k+1}, \ldots, Q_f;\\ P_1, \ldots, P_{k-1}, \alpha_k, P_{k+1}, \ldots, P_f, t)$$

beschriebene (kanonische) System hängt nur noch von $f-1$ Freiheitsgraden ab.

Sind beispielsweise alle $\underset{\sim}{Q}$ zyklisch, d. h. gilt

$$H = H(P_1, \ldots, P_f; t)\,, \tag{2.73}$$

so kann man die kanonischen Gleichungen elementar lösen, denn es ist dann

$$\dot{P}_i = 0 \to P_i = \alpha_i = \text{const}, \quad i = 1, \ldots, f\,, \quad \text{und}$$
$$\dot{Q}_i = \left.\frac{\partial H}{\partial P_i}\right|_{P_i=\alpha_i} =: v_i(t)\,,$$

woraus die Lösungen in der Form

$$Q_i = \int_{t_0}^{t} \mathrm{d}t'\, v_i(t') + \beta_i\,, \quad i = 1, \ldots, f$$

folgen. Die $2f$ Größen $\{\alpha_i, \beta_i\}$ sind dabei Integrationskonstante.

Es stellt sich also die folgende Frage: Kann man die Koordinaten und Impulse unter Erhaltung der kanonischen Struktur der Bewegungsgleichungen so transformieren, dass einige oder alle Koordinaten zyklisch werden?

Diese Frage führt zur *Definition von kanonischen Transformationen*:[6]

[6] Man beachte, dass es nicht genügt zu fordern, die kanonischen Gleichungen mögen in den alten wie in den neuen Variablen gelten. Es gehört wesentlich zur Definition von kanonischen Transformationen, dass sie sich mittels einer erzeugenden Funktion konstruieren lassen – eine Einschränkung, deren Bedeutung im Folgenden klar hervortreten wird.

Kanonische Transformationen sind *diffeomorphe, durch eine Funktion der alten und neuen Variablen erzeugte Transformationen* der Variablen $\underset{\sim}{q}$ und $\underset{\sim}{p}$ sowie der Hamiltonfunktion $H(\underset{\sim}{q}, \underset{\sim}{p}, t)$,

$$\{\underset{\sim}{q}, \underset{\sim}{p}\} \to \{\underset{\sim}{Q}, \underset{\sim}{P}\}$$
$$H(\underset{\sim}{q}, \underset{\sim}{p}, t) \to \tilde{H}(\underset{\sim}{Q}, \underset{\sim}{P}, t)\,, \tag{2.74}$$

die die Struktur der kanonischen Gleichungen (2.43) ungeändert lassen. Mit (2.43) gilt auch

$$\dot{Q}_i = \frac{\partial \tilde{H}}{\partial P_i}\,; \qquad \dot{P}_i = -\frac{\partial \tilde{H}}{\partial Q_i}\,. \tag{2.75}$$

Um diese Forderung zu erfüllen, muss das Variationsprinzip (2.51) aus Abschn. 2.17 sowohl für das System $\{\underset{\sim}{q}, \underset{\sim}{p}, H\}$ als auch für das System $\{\underset{\sim}{Q}, \underset{\sim}{P}, \tilde{H}\}$ gelten, also insbesondere

$$\delta \int_{t_1}^{t_2} \left[\sum_1^f p_i \dot{q}_i - H(\underset{\sim}{q}, \underset{\sim}{p}, t) \right] \mathrm{d}t = 0 \tag{2.76}$$

$$\delta \int_{t_1}^{t_2} \left[\sum_1^f P_i \dot{Q}_i - \tilde{H}(\underset{\sim}{Q}, \underset{\sim}{P}, t) \right] \mathrm{d}t = 0\,. \tag{2.77}$$

Nach Satz 2.2 ist dies sicher dann erfüllt, wenn die beiden Integranden in (2.76) und (2.77) sich um nicht mehr als ein totales Zeitdifferential $\mathrm{d}M/\mathrm{d}t$ unterscheiden,

$$\sum_{i=1}^f p_i \dot{q}_i - H(\underset{\sim}{q}, \underset{\sim}{p}, t) = \sum_{j=1}^f P_j \dot{Q}_j - \tilde{H}(\underset{\sim}{Q}, \underset{\sim}{P}, t) + \frac{\mathrm{d}}{\mathrm{d}t} M\,, \tag{2.78}$$

wobei M, wie man gleich sehen wird, sowohl von alten als auch von neuen Koordinaten und/oder Impulsen abhängen muss. Es gibt vier Möglichkeiten, kanonische Transformationen zu erzeugen. Die vier Möglichkeiten gehen durch Legendre-Transformationen auseinander hervor und sind im einzelnen:

A) Die Wahl $\quad M(\underset{\sim}{q}, \underset{\sim}{Q}, t) \equiv \Phi(\underset{\sim}{q}, \underset{\sim}{Q}, t)\,.$ (2.79)

In diesem Fall ist

$$\frac{\mathrm{d}M}{\mathrm{d}t} \equiv \frac{\mathrm{d}\Phi(\underset{\sim}{q}, \underset{\sim}{Q}, t)}{\mathrm{d}t} = \frac{\partial \Phi}{\partial t} + \sum_{j=1}^f \left[\frac{\partial \Phi}{\partial q_j} \dot{q}_j + \frac{\partial \Phi}{\partial Q_j} \dot{Q}_j \right]. \tag{2.80}$$

Da $\underset{\sim}{q}$ und $\underset{\sim}{Q}$ unabhängige Variable sind, ist (2.78) dann und nur dann erfüllt, wenn folgende Gleichungen gelten:

$$p_i = \frac{\partial \Phi}{\partial q_i} \,; \quad P_j = -\frac{\partial \Phi}{\partial Q_j} \,; \quad \tilde{H} = H + \frac{\partial \Phi}{\partial t} \,. \tag{2.81}$$

Man nennt die Funktion Φ (wie übrigens jede Funktion M) *Erzeugende der kanonischen Transformation* $\{\underset{\sim}{q}, \underset{\sim}{p}\} \mapsto \{\underset{\sim}{Q}, \underset{\sim}{P}\}$. Die erste Gleichung (2.81) ist nach $Q_k(\underset{\sim}{q}, \underset{\sim}{p}, t)$ auflösbar, wenn

$$\det\left(\frac{\partial^2 \Phi}{\partial q_i \partial Q_j}\right) \neq 0 \tag{2.82a}$$

gilt. Die zweite ist nach $Q_k(\underset{\sim}{q}, \underset{\sim}{P}, t)$ auflösbar, wenn

$$\det\left(\frac{\partial^2 \Phi}{\partial Q_i \partial Q_j}\right) \neq 0 \,. \tag{2.82b}$$

B) Die Wahl $\quad M(\underset{\sim}{q}, \underset{\sim}{P}, t) = S(\underset{\sim}{q}, \underset{\sim}{P}, t) - \sum_{k=1}^{f} Q_k(\underset{\sim}{q}, \underset{\sim}{P}, t) P_k \,. \quad$ (2.83)

Dazu bilde man die Legendre-Transformation der Erzeugenden (2.79) bezüglich $\underset{\sim}{Q}$

$$(\mathcal{L}\Phi)(\underset{\sim}{Q}) = \sum Q_k \frac{\partial \Phi}{\partial Q_k} - \Phi(\underset{\sim}{q}, \underset{\sim}{Q}, t) = -\left[\sum Q_k P_k + \Phi\right] .$$

Es ist dann

$$S(\underset{\sim}{q}, \underset{\sim}{P}, t) := \sum_{k=1}^{f} Q_k(\underset{\sim}{q}, \underset{\sim}{P}, t) P_k + \Phi(\underset{\sim}{q}, \underset{\sim}{Q}(\underset{\sim}{q}, \underset{\sim}{P}, t), t) \,. \tag{2.84}$$

(Falls die Bedingung (2.82b) vorausgesetzt ist, lässt sich Q_k nach $\underset{\sim}{q}$ und $\underset{\sim}{P}$ auflösen.) Aus (2.81) und (2.84) folgen die Gleichungen

$$p_i = \frac{\partial S}{\partial q_i} \,; \quad Q_k = \frac{\partial S}{\partial P_k} \,; \quad \tilde{H} = H + \frac{\partial S}{\partial t} \,. \tag{2.85}$$

Man erhält dieselben Gleichungen aber auch, indem man die Erzeugende (2.83) in (2.78) einsetzt und beachtet, dass $\underset{\sim}{q}$ und $\underset{\sim}{P}$ unabhängige Variable sind.

C) Die Wahl $\quad M(\underset{\sim}{Q}, \underset{\sim}{p}, t) = U(\underset{\sim}{Q}, \underset{\sim}{p}, t) + \sum_{k=1}^{f} q_k(\underset{\sim}{Q}, \underset{\sim}{p}, t) p_k \,. \quad$ (2.86)

Dazu bilde man die Legendre-Transformierte von Φ bezüglich $\underset{\sim}{q}$

$$(\mathcal{L}\Phi)(\underset{\sim}{q}) = \sum q_i \frac{\partial \Phi}{\partial q_i} - \Phi(\underset{\sim}{q}, \underset{\sim}{Q}, t)$$
$$= \sum q_i p_i - \Phi(\underset{\sim}{q}, \underset{\sim}{Q}, t) \,.$$

Es ist dann

$$U(\underset{\sim}{Q}, \underset{\sim}{p}, t) := -\sum_{k=1}^{f} q_k(\underset{\sim}{Q}, \underset{\sim}{p}, t) p_k + \Phi(\underset{\sim}{q}(\underset{\sim}{Q}, \underset{\sim}{p}, t), \underset{\sim}{Q}, t) , \tag{2.87}$$

und es gelten die Gleichungen

$$q_k = -\frac{\partial U}{\partial p_k} ; \quad P_k = -\frac{\partial U}{\partial Q_k} ; \quad \tilde{H} = H + \frac{\partial U}{\partial t} . \tag{2.88}$$

D) Die Wahl $M(\underset{\sim}{P}, \underset{\sim}{p}, t) = V(\underset{\sim}{P}, \underset{\sim}{p}, t)$

$$- \sum_{k=1}^{f} Q_k(\underset{\sim}{q}(\underset{\sim}{P}, \underset{\sim}{p}, t), \underset{\sim}{P}, t) P_k + \sum_{k=1}^{f} q_k(\underset{\sim}{P}, \underset{\sim}{p}, t) p_k .$$

Diese vierte Möglichkeit erhält man z. B. aus S über Legendre-Transformation bezüglich $\underset{\sim}{q}$

$$\begin{aligned} (\mathcal{L}S)(\underset{\sim}{q}) &= \sum q_i \frac{\partial S}{\partial q_i} - S(\underset{\sim}{q}, \underset{\sim}{P}, t) \\ &= \sum q_i p_i - S(\underset{\sim}{q}, \underset{\sim}{P}, t) , \end{aligned}$$

so dass

$$V(\underset{\sim}{P}, \underset{\sim}{p}, t) := -\sum_{k=1}^{f} q_k(\underset{\sim}{P}, \underset{\sim}{p}, t) p_k + S(\underset{\sim}{q}(\underset{\sim}{P}, \underset{\sim}{p}, t), \underset{\sim}{P}, t) .$$

Es gelten dann die Gleichungen

$$q_k = -\frac{\partial V}{\partial p_k} ; \quad Q_k = \frac{\partial V}{\partial P_k} ; \quad \tilde{H} = H + \frac{\partial V}{\partial t} . \tag{2.89}$$

Die Einteilung in vier verschiedene Klassen von erzeugenden Funktionen für kanonische Transformationen sieht zunächst recht kompliziert aus und lässt in dieser Form die allgemeine Struktur von kanonischen Transformationen nicht klar erkennen. In Wirklichkeit sind die vier Typen (A – D) sehr nahe verwandt und lassen sich daher auch in einer einheitlichen Weise behandeln. Das kann man verstehen, wenn man sich klarmacht, dass generalisierte Koordinaten in keiner Weise vor generalisierten Impulsen ausgezeichnet sind und dass man Koordinaten und Impulse ineinander transformieren kann. Die einheitliche Formulierung, die dies klarstellt, behandeln wir in den Abschn. 2.25 und 2.27. Zunächst betrachten wir jedoch zwei Beispiele.

2.24 Beispiele von kanonischen Transformationen

i) Die Klasse (B) zeichnet sich dadurch aus, dass sie die identische Abbildung enthält. Dazu setze man

$$S(\underset{\sim}{q}, \underset{\sim}{P}) = \sum_{i=1}^{f} q_i P_i \,. \tag{2.90}$$

Aus (2.85) folgt dann in der Tat

$$p_i = \frac{\partial S}{\partial q_i} = P_i \,; \quad Q_j = \frac{\partial S}{\partial P_j} = q_j \,; \quad \tilde{H} = H \,.$$

Die Klasse (A) dagegen enthält diejenige Transformation, die die Rolle der Koordinaten und Impulse vertauscht. Man setze nämlich

$$\Phi(\underset{\sim}{q}, \underset{\sim}{Q}) = \sum_{k=1}^{f} q_k Q_k \,. \tag{2.91}$$

Dann ergibt (2.81) $p_i = Q_i$, $P_k = -q_k$, $\tilde{H}(\underset{\sim}{Q}, \underset{\sim}{P}) = H(-\underset{\sim}{P}, \underset{\sim}{Q})$.

ii) *Harmonischer Oszillator*. Für den harmonischen Oszillator gibt es einen Trick, der wie ein deus ex machina die Bewegungsgleichung löst (s. auch das Beispiel im Abschn. 2.37.1 weiter unten).
Es ist

$$H(q, p) = \frac{p^2}{2m} + \frac{1}{2} m\omega^2 q^2 \,; \quad (f = 1) \,. \tag{2.92}$$

Man wende hierauf die kanonische Transformation

$$\Phi(q, Q) = \frac{1}{2} m\omega q^2 \cot Q \tag{2.93}$$

an. Die Gleichungen (2.81) geben diesmal

$$p = \frac{\partial \Phi}{\partial q} = m\omega q \cot Q$$

$$P = -\frac{\partial \Phi}{\partial Q} = \frac{1}{2} m\omega \frac{q^2}{\sin^2 Q} \,,$$

oder durch Umkehrung

$$q = \sqrt{\frac{2P}{m\omega}} \sin Q \,; \quad p = \sqrt{2m\omega P} \cos Q \,,$$

und schließlich noch $\tilde{H} = \omega P$. Die Variable Q ist also zyklisch und es gilt

$$\dot{P} = -\frac{\partial \tilde{H}}{\partial Q} = 0 \to P = \alpha = \text{const}$$

$$\dot{Q} = \frac{\partial \tilde{H}}{\partial P} = \omega \to Q = \omega t + \beta \,, \tag{2.94}$$

so dass die Lösung in die ursprünglichen Koordinaten zurück übersetzt die bekannte Form annimmt

$$q(t) = \sqrt{\frac{2\alpha}{m\omega}} \sin(\omega t + \beta) . \qquad (2.94')$$

Wie es sein muss, hängt sie von zwei Integrationskonstanten α und β ab, deren Bedeutung unmittelbar klar ist: α bestimmt die Amplitude (α positiv angenommen), β die Phase der Schwingung.

2.25 Die Struktur der kanonischen Gleichungen

Wir betrachten zunächst ein System mit $f = 1$, dem eine Hamiltonfunktion $H(q, p, t)$ zugeordnet sei. Wie in Abschn. 1.16 setzen wir

$$\underset{\sim}{x} := \begin{pmatrix} q \\ p \end{pmatrix} , \quad \text{oder} \quad \underset{\sim}{x} := \begin{pmatrix} x_1 \\ x_2 \end{pmatrix} \quad \text{mit} \quad x_1 \equiv q, x_2 \equiv p , \qquad (2.95a)$$

sowie[7]

$$H_{,x} := \begin{pmatrix} \partial H/\partial x_1 \\ \partial H/\partial x_2 \end{pmatrix} \equiv \begin{pmatrix} \partial H/\partial q \\ \partial H/\partial p \end{pmatrix} \quad \text{und} \quad \mathbf{J} := \begin{pmatrix} 0 & 1 \\ -1 & 0 \end{pmatrix} . \qquad (2.95b)$$

Dann haben die kanonischen Gleichungen die kompakte Form

$$-\mathbf{J}\dot{\underset{\sim}{x}} = H_{,x} \quad \text{oder} \qquad (2.96)$$

$$\dot{\underset{\sim}{x}} = \mathbf{J} H_{,x} . \qquad (2.97)$$

Die zweite Gleichung folgt aus der Beobachtung, dass $\mathbf{J}^{-1} = -\mathbf{J}$ ist. Es gilt nämlich

$$\mathbf{J}^2 = -\mathbb{1} \quad \text{sowie} \quad \mathbf{J}^{\mathrm{T}} = \mathbf{J}^{-1} = -\mathbf{J} . \qquad (2.98)$$

Die Lösungen von (2.97) haben die Form

$$\underset{\sim}{x}(t, s, \underset{\sim}{y}) = \underset{\sim}{\Phi}_{t,s}(\underset{\sim}{y}) \quad \text{mit} \quad \underset{\sim}{\Phi}_{s,s}(\underset{\sim}{y}) = \underset{\sim}{y} , \qquad (2.99)$$

wo $\underset{\sim}{y}$ die zur Zeit s angenommene Anfangskonfiguration ist.

Für eine beliebige Zahl von Freiheitsgraden f definiert man entsprechend (und wie in Abschn. 1.18)

$$\underset{\sim}{x} := \begin{Bmatrix} q_1 \\ q_2 \\ \vdots \\ q_f \\ p_1 \\ p_2 \\ \vdots \\ p_f \end{Bmatrix} ; \quad H_{,x} := \begin{Bmatrix} \partial H/\partial q_1 \\ \vdots \\ \partial H/\partial q_f \\ \partial H/\partial p_1 \\ \vdots \\ \partial H/\partial p_f \end{Bmatrix} ; \quad \mathbf{J} := \begin{pmatrix} 0_{f\times f} & \mathbb{1}_{f\times f} \\ -\mathbb{1}_{f\times f} & 0_{f\times f} \end{pmatrix} . \qquad (2.100)$$

[7] Die Ableitungen von H nach $\underset{\sim}{x}$ schreibt man abkürzend als $H_{,x}$.

Die kanonischen Gleichungen haben dann wieder die Form (2.96) bzw. (2.97). Die Matrix

$$\mathbf{J} := \begin{pmatrix} 0 & 1\!\!1 \\ -1\!\!1 & 0 \end{pmatrix} , \tag{2.101}$$

wo $1\!\!1$ die $f \times f$-dimensionale Einheitsmatrix ist, hat wieder die Eigenschaften (2.98).

2.26 Lineare, autonome Systeme in einer Dimension

Als einfaches Beispiel betrachten wir die Klasse der linearen, autonomen Systeme mit $f = 1$. Da es ein *lineares* System sein soll, ist $\dot{\underset{\sim}{x}} = \mathbf{A}\underset{\sim}{x}$, wo $\mathbf{A}$ eine 2×2-Matrix ist. Gleichung (2.96) lautet jetzt

$$-\mathbf{J}\dot{\underset{\sim}{x}} = -\mathbf{J}\mathbf{A}\underset{\sim}{x} = H_{,x} \; . \tag{2.102}$$

Das bedeutet aber, dass H allgemein die Form

$$H = \frac{1}{2}\left[aq^2 + 2bqp + cp^2\right] \equiv \frac{1}{2}\left[ax_1^2 + 2bx_1x_2 + cx_2^2\right] \tag{2.103}$$

haben muss. Somit ist

$$\dot{\underset{\sim}{x}} = \mathbf{A}\underset{\sim}{x} = \mathbf{J}H_{,x} = \begin{pmatrix} 0 & 1 \\ -1 & 0 \end{pmatrix} \begin{pmatrix} \partial H/\partial x_1 \\ \partial H/\partial x_2 \end{pmatrix} = \begin{pmatrix} bx_1 + cx_2 \\ -ax_1 - bx_2 \end{pmatrix} \tag{2.103'}$$

oder

$$\mathbf{A} = \begin{pmatrix} b & c \\ -a & -b \end{pmatrix} .$$

Diese Matrix hat die Spur Null, Sp $\mathbf{A} = 0$. Es ist nicht schwer, (2.103′) direkt in Matrixform zu lösen. Es ist

$$\underset{\sim}{x} = \exp[(t-s)\mathbf{A}]\underset{\sim}{y} \equiv \underset{\sim}{\Phi}_{t-s}(\underset{\sim}{y}) \; . \tag{2.104}$$

Die Exponentialreihe lässt sich wie folgt berechnen. Es ist

$$\mathbf{A}^2 = \begin{pmatrix} b & c \\ -a & -b \end{pmatrix} \begin{pmatrix} b & c \\ -a & -b \end{pmatrix} = (b^2 - ac) \begin{pmatrix} 1 & 0 \\ 0 & 1 \end{pmatrix} \equiv -\Delta 1\!\!1 \, ,$$

und daher allgemein

$$\mathbf{A}^{2n} = (-)^n \Delta^n 1\!\!1 \, , \quad \mathbf{A}^{2n+1} = (-)^n \Delta^n \mathbf{A}$$

$\Delta := ac - b^2$ ist die Determinante von $\mathbf{A}$, die wir als von Null verschieden annehmen. Dann ist (wie in Abschn. 2.20)

$$\exp\{(t-s)\mathbf{A}\} = 1\!\!1 \cos(\sqrt{\Delta}(t-s)) + \mathbf{A}\frac{1}{\sqrt{\Delta}} \sin(\sqrt{\Delta}(t-s)) \; . \tag{2.105}$$

Die Lösung (2.104) mit der Formel (2.105) für die Exponentialreihe kann man für die beiden möglichen Fälle $\Delta > 0$ (harmonische Schwingung) und $\Delta < 0$ (exponentielles Anwachsen) diskutieren.

Im ersten Fall ist mit $\omega := \sqrt{\Delta} = \sqrt{ac - b^2}$

$$\underset{\sim}{x} = \underset{\sim}{\Phi}_{t-s}(\underset{\sim}{y}) \equiv \mathbf{P}(t-s)\underset{\sim}{y}$$
$$= \begin{pmatrix} \cos\omega(t-s) + \frac{b}{\omega}\sin\omega(t-s) & \frac{c}{\omega}\sin\omega(t-s) \\ -\frac{a}{\omega}\sin\omega(t-s) & \cos\omega(t-s) - \frac{b}{\omega}\sin\omega(t-s) \end{pmatrix} \underset{\sim}{y}$$

oder $x^i = \sum_{k=1}^2 P_{ik}(t-s)y^k$. Hieraus folgt übrigens, dass $\mathrm{d}x^i = \sum_{k=1}^2 P_{ik}\,\mathrm{d}y^k$. Das Volumenelement im Phasenraum $\mathrm{d}x^1\,\mathrm{d}x^2$ bleibt dann invariant, wenn die Jacobi-Determinante $\det(\partial x^i/\partial y^k) = \det(P_{ik}) = 1$ ist. Dies ist tatsächlich der Fall:

$$\det(P_{ik}) = \cos^2\omega(t-s) - \left[\frac{b^2}{\omega^2} - \frac{ac}{\omega^2}\right]\sin^2\omega(t-s) = 1\,,$$

(Wir erinnern an die Anmerkung in Abschn. 1.21.)

Die „Erhaltung des Phasenvolumens", die in Abb. 2.11 für den Fall $a = c = 1$, $b = 0$ (d. h. den harmonischen Oszillator) skizziert ist, ist die Aussage des Liouville'schen Satzes, auf den wir weiter unten in einem allgemeinen Zusammenhang eingehen werden (Abschn. 2.30).

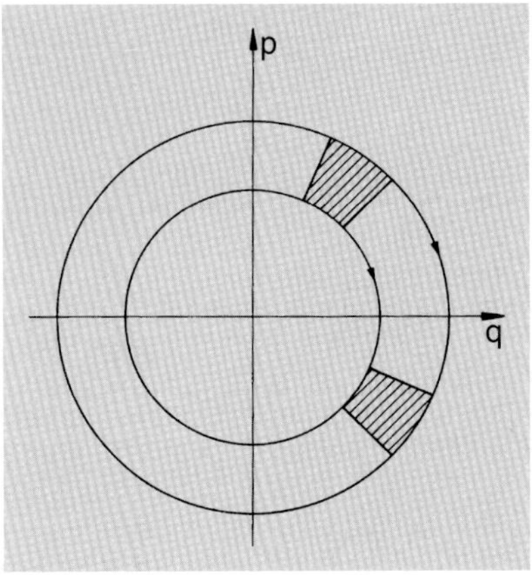

Abb. 2.11. Phasenporträts für den harmonischen Oszillator (Einheiten wie in Abschn. 1.17.1 gewählt). Das schraffierte Gebiet von Phasenraumpunkten wandert mit konstanter Geschwindigkeit ohne Formveränderung um den Nullpunkt

2.27 Kanonische Transformationen in kompakter Notation

Die kanonischen Gleichungen (2.97) eines Hamilton'schen Systems, die ausgeschrieben folgendermaßen lauten

$$\begin{pmatrix} \dot{\underset{\sim}{q}} \\ \dot{\underset{\sim}{p}} \end{pmatrix} = \begin{pmatrix} \partial H/\partial \underset{\sim}{p} \\ -\partial H/\partial \underset{\sim}{q} \end{pmatrix},$$

und die kanonischen Transformationen, die die Form dieser Gleichungen erhalten, prägen dem $2f$-dimensionalen Phasenraum $\mathbb{R}^{2f}$ eine interessante geometrische Struktur auf. Diese Struktur wird zum ersten Mal deutlich, wenn man die kanonischen Transformationen (A – D) und die Bedingungen an ihre Ableitungen in der kompakten Notation des Abschn. 2.25 formuliert.

Im Abschn. 2.23, (2.82a), hatten wir gesehen, dass man für kanonische Transformationen der Klasse (A) die Bedingung

$$\det\left(\frac{\partial^2\Phi}{\partial q_i \partial Q_k}\right) \neq 0 \qquad (2.106\text{a})$$

fordern muss. Nur dann ließ sich die Gleichung $p_i = \partial\Phi/\partial q_i$ nach den $Q_k(\underset{\sim}{q}, \underset{\sim}{p}, t)$ auflösen. In ähnlicher Weise gilt dann auch für die anderen drei Fälle

$$\det\left(\frac{\partial^2 S}{\partial q_i \partial P_k}\right) \neq 0\,; \quad \det\left(\frac{\partial^2 U}{\partial Q_k \partial p_i}\right) \neq 0\,; \quad \det\left(\frac{\partial^2 V}{\partial P_k \partial p_i}\right) \neq 0\,. \tag{2.106b}$$

Aus (2.81) liest man noch die Bedingungen ab

$$\frac{\partial p_i}{\partial Q_k} = \frac{\partial^2 \Phi}{\partial Q_k \partial q_i} = -\frac{\partial P_k}{\partial q_i}\,. \tag{2.107a}$$

Ebenso aus (2.85):

$$\frac{\partial p_i}{\partial P_k} = \frac{\partial^2 S}{\partial P_k \partial q_i} = \frac{\partial Q_k}{\partial q_i}\,. \tag{2.107b}$$

Aus (2.88) der Klasse (C):

$$\frac{\partial q_i}{\partial Q_k} = -\frac{\partial^2 U}{\partial Q_k \partial p_i} = \frac{\partial P_k}{\partial p_i}\,, \tag{2.107c}$$

sowie aus (2.89) der Klasse (D):

$$\frac{\partial q_i}{\partial P_k} = -\frac{\partial^2 V}{\partial P_k \partial p_i} = -\frac{\partial Q_k}{\partial p_i}\,. \tag{2.107d}$$

Führt man wieder die kompakte Schreibweise aus Abschn. 2.25 ein, so ist

$$\underset{\sim}{x} := \{q_1 \ldots q_f;\, p_1 \ldots p_f\} \quad \text{und} \quad \underset{\sim}{y} := \{Q_1 \ldots Q_f;\, P_1 \ldots P_f\}\,. \tag{2.108}$$

Die Gleichungen (2.107a–d) enthalten dann Ableitungen der Form

$$\frac{\partial x_\alpha}{\partial y_\beta} =: (\mathbf{M})_{\alpha\beta}\,; \qquad \frac{\partial y_\alpha}{\partial x_\beta} = (\mathbf{M}^{-1})_{\alpha\beta}\,; \qquad \alpha, \beta = 1, \ldots, 2f\,. \tag{2.109}$$

Natürlich ist

$$\sum_{\gamma=1}^{2f} \frac{\partial x_\alpha}{\partial y_\gamma}\frac{\partial y_\gamma}{\partial x_\beta} = \sum_{\gamma=1}^{2f} (\mathbf{M})_{\alpha\gamma}(\mathbf{M}^{-1})_{\gamma\beta} = \delta_{\alpha\beta}\,.$$

Wir zeigen nun, dass sich die Vielfalt von (2.107) wie folgt zusammenfassen lässt:

$$M_{\alpha\beta} = \sum_{\mu=1}^{2f}\sum_{\nu=1}^{2f} J_{\alpha\mu} J_{\beta\nu} (\mathbf{M}^{-1})_{\nu\mu}\,. \tag{2.110}$$

Das sieht man leicht, wenn man unter Beachtung von $\mathbf{J}^{-1} = -\mathbf{J}$ diese Gleichung zunächst in der Form schreibt

$$-\mathbf{J}\mathbf{M} = (\mathbf{J}\mathbf{M}^{-1})^{\mathrm{T}}$$

und hiervon beide Seiten einfach ausrechnet. Es ist

$$-\mathbf{JM} = -\begin{pmatrix} 0 & \mathbb{1} \\ -\mathbb{1} & 0 \end{pmatrix} \begin{pmatrix} \partial q/\partial Q & \partial q/\partial P \\ \partial p/\partial Q & \partial p/\partial P \end{pmatrix} = \begin{pmatrix} -\partial p/\partial Q & -\partial p/\partial P \\ \partial q/\partial Q & \partial q/\partial P \end{pmatrix},$$

und

$$(\mathbf{JM}^{-1})^{\mathrm{T}} = \begin{pmatrix} \partial P/\partial q & -\partial Q/\partial q \\ \partial P/\partial p & -\partial Q/\partial p \end{pmatrix}.$$

Die Gleichungen (2.107) besagen in der Tat, dass diese beiden Matrizen gleich sind. Somit ist (2.110) bewiesen.

Es gilt also $\mathbf{JM} = -(\mathbf{M}^{-1})^{\mathrm{T}}\mathbf{J}^{\mathrm{T}} = +(\mathbf{M}^{-1})^{\mathrm{T}}\mathbf{J}$. Multipliziert man von links mit $\mathbf{M}^{\mathrm{T}}$, so folgt, dass jedes $\mathbf{M}$ die Gleichung

$$\mathbf{M}^{\mathrm{T}}\mathbf{JM} = \mathbf{J} \tag{2.111}$$

erfüllt. Was bedeutet diese Gleichung?

Die Matrix $\mathbf{M}$ ist nach (2.109) und (2.107a–d) die Matrix der zweiten Ableitungen von Erzeugenden für kanonische Transformationen. Die Matrix $\mathbf{J}$ stellt eine Metrik im Phasenraum dar, die sich als invariant unter kanonischen Transformationen herausstellt. Diese Aussagen wollen wir im folgenden Abschnitt beweisen und etwas genauer analysieren.

2.28 Zur symplektischen Struktur des Phasenraums

Die Menge aller Matrizen $\mathbf{M}$, die die Relation (2.111) erfüllen, bildet eine Gruppe, die *reelle symplektische Gruppe* $\mathrm{Sp}_{2f}(\mathbb{R})$ über dem $\mathbb{R}^{2f}$. Das ist eine Gruppe, die über einem Raum mit *gerader* Dimension definiert ist und die durch eine schiefsymmetrische, invariante Bilinearform charakterisiert ist. Man prüft erst einmal nach, dass die Matrizen $\mathbf{M}$ eine Gruppe G (hier $G = \mathrm{Sp}_{2f}(\mathbb{R})$) bilden.

1) Es gibt eine Verknüpfungsoperation (das ist hier die Matrixmultiplikation), die zwei beliebigen Matrizen $\mathbf{M}_1$ und $\mathbf{M}_2$ aus G das Produkt $\mathbf{M}_3 = \mathbf{M}_1\mathbf{M}_2$ zuordnet, welches wieder in G liegt. Das zeigt man durch einfaches Nachrechnen

$$\mathbf{M}_3^{\mathrm{T}}\mathbf{JM}_3 = (\mathbf{M}_1\mathbf{M}_2)^{\mathrm{T}}\mathbf{J}(\mathbf{M}_1\mathbf{M}_2) = \mathbf{M}_2^{\mathrm{T}}(\mathbf{M}_1^{\mathrm{T}}\mathbf{JM}_1)\mathbf{M}_2 = \mathbf{J}\,.$$

2) Diese Verknüpfungsoperation ist assoziativ, da die Matrixmultiplikation diese Eigenschaft hat.
3) Es gibt in G eine Einheit: $\mathbf{E} = \mathbb{1}$, denn es ist $\mathbb{1}^{\mathrm{T}}\mathbf{J}\mathbb{1} = \mathbf{J}$.
4) Es gibt zu jedem $\mathbf{M} \in G$ eine Inverse, die durch

$$\mathbf{M}^{-1} = \mathbf{J}^{-1}\mathbf{M}^{\mathrm{T}}\mathbf{J}$$

gegeben ist. Das zeigt man wie folgt:

a) Aus (2.111) folgt, dass $(\det \mathbf{M})^2 = 1$ ist, d. h. $\mathbf{M}$ ist nicht singulär und hat daher eine Inverse.
b) $\mathbf{J}$ gehört selbst zu G, denn $\mathbf{J}^T\mathbf{J}\mathbf{J} = \mathbf{J}^{-1}\mathbf{J}\mathbf{J} = \mathbf{J}$.
c) Man bestätigt, dass $\mathbf{M}^{-1}\mathbf{M} = \mathbb{1}$ ist,

$$\mathbf{M}^{-1}\mathbf{M} = (\mathbf{J}^{-1}\mathbf{M}^T\mathbf{J})\mathbf{M} = \mathbf{J}^{-1}(\mathbf{M}^T\mathbf{J}\mathbf{M}) = \mathbf{J}^{-1}\mathbf{J} = \mathbb{1}\,,$$

und dass $\mathbf{M}^T$ ebenfalls zu G gehört:

$$\begin{aligned}(\mathbf{M}^T)^T\mathbf{J}\mathbf{M}^T &= (\mathbf{M}\mathbf{J})\mathbf{M}^T = (\mathbf{M}\mathbf{J})(\mathbf{J}\mathbf{M}^{-1}\mathbf{J}^{-1}) \\ &= (\mathbf{M}\mathbf{J})(\mathbf{J}^{-1}\mathbf{M}^{-1}\mathbf{J}) = \mathbf{J}\,.\end{aligned}$$

(Im zweiten Schritt haben wir $\mathbf{M}^T$ aus (2.111) entnommen, im dritten zweimal die Eigenschaft $\mathbf{J}^{-1} = -\mathbf{J}$ benutzt.)

Damit ist nachgewiesen, dass die Matrizen $\mathbf{M}$, die (2.111) erfüllen, eine Gruppe bilden. Der zugrunde liegende Raum ist der Phasenraum $\mathbb{R}^{2f}$.

Über diesem Raum ist eine schiefsymmetrische Bilinearform definiert, die unter Transformationen aus der Gruppe $G = \mathrm{Sp}_{2f}$ invariant bleibt und die man als ein verallgemeinertes Skalarprodukt von Vektoren auf $\mathbb{R}^{2f}$ auffassen kann. Für zwei beliebige Vektoren $\underset{\sim}{x}$ und $\underset{\sim}{y}$ auf dem Phasenraum bilde man[8]

$$[\underset{\sim}{x}, \underset{\sim}{y}] := \underset{\sim}{x}^T\mathbf{J}\underset{\sim}{y} = \sum_{i,k=1}^{2f} x_i J_{ik} y_k\,. \tag{2.112}$$

Man prüft nach, dass diese Form unter Transformationen aus Sp_{2f} invariant ist. Sei $\mathbf{M} \in \mathrm{Sp}_{2f}$, und seien $\underset{\sim}{x}' = \mathbf{M}\underset{\sim}{x}$, $\underset{\sim}{y}' = \mathbf{M}\underset{\sim}{y}$. Dann ist

$$[\underset{\sim}{x}', \underset{\sim}{y}'] = [\mathbf{M}\underset{\sim}{x}, \mathbf{M}\underset{\sim}{y}] = \underset{\sim}{x}^T\mathbf{M}^T\mathbf{J}\mathbf{M}\underset{\sim}{y} = \underset{\sim}{x}^T\mathbf{J}\underset{\sim}{y} = [\underset{\sim}{x}, \underset{\sim}{y}]\,.$$

Die Eigenschaften dieser Bilinearform lassen sich aus (2.112) ablesen:

i) Sie ist schiefsymmetrisch,

$$[\underset{\sim}{y}, \underset{\sim}{x}] = -[\underset{\sim}{x}, \underset{\sim}{y}]\,. \tag{2.112a}$$

Dies zeigt man anhand folgender kleiner Rechnung und mit Hilfe der Eigenschaft $\mathbf{J}^T = -\mathbf{J}$

$$\begin{aligned}[\underset{\sim}{y}, \underset{\sim}{x}] &= (\underset{\sim}{x}^T\mathbf{J}^T\underset{\sim}{y})^T = -(\underset{\sim}{x}^T\mathbf{J}\underset{\sim}{y})^T \\ &= -\underset{\sim}{x}^T\mathbf{J}\underset{\sim}{y} = -[\underset{\sim}{x}, \underset{\sim}{y}]\,.\end{aligned} \tag{2.112b}$$

ii) Sie ist in beiden Faktoren linear, also z. B.

$$[\underset{\sim}{x}, \lambda_1\underset{\sim}{y}_1 + \lambda_2\underset{\sim}{y}_2] = \lambda_1[\underset{\sim}{x}, \underset{\sim}{y}_1] + \lambda_2[\underset{\sim}{x}, \underset{\sim}{y}_2]\,. \tag{2.112c}$$

Wenn $[\underset{\sim}{x}, \underset{\sim}{y}] = 0$ für alle $\underset{\sim}{y} \in \mathbb{R}^{2f}$, so folgt $\underset{\sim}{x} \equiv 0$. Das bedeutet, dass sie nicht ausgeartet ist und somit alle Eigenschaften besitzt, die man von einem Skalarprodukt erwartet.

[8] Wir sprechen hier von Vektoren über dem Phasenraum $\mathbb{P}$, während bisher $\underset{\sim}{x}$ und $\underset{\sim}{y}$ Punkte des Phasenraums selbst bezeichneten. Ist der Phasenraum ein $\mathbb{R}^{2f}$, so kann man jeden Tangentialraum mit dem Basisraum identifizieren. Ist $\mathbb{P}$ kein flacher Raum, aber eine differenzierbare Mannigfaltigkeit, dann gilt unsere Beschreibung in *Karten*. Genaueres hierzu erfährt man in Kap. 5.

Die symplektische Gruppe Sp_{2f} ist die Symmetriegruppe des $\mathbb{R}^{2f}$ mit der symplektischen Struktur $[\underset{\sim}{x}, \underset{\sim}{y}]$, (2.112), ebenso wie die Drehgruppe O(2f) die Symmetriegruppe des $\mathbb{R}^{2f}$ mit der Struktur des gewöhnlichen Skalarprodukts $(\underset{\sim}{x}, \underset{\sim}{y}) = \sum_{k=1}^{2f} x_k y_k$ ist. Die symplektische Struktur ist allerdings (als nichtausgeartete Form) nur für *gerade* Dimension $n = 2f$ definiert, während die Euklidische Struktur $(\underset{\sim}{x}, \underset{\sim}{y})$ für gerade ebenso wie für ungerade Dimension definiert und nicht ausgeartet ist.

Wir betrachten nun $2f$ Vektoren des $\mathbb{R}^{2f}$, $\underset{\sim}{x}^{(1)}, \underset{\sim}{x}^{(2)}, \ldots, \underset{\sim}{x}^{(2f)}$, die linear unabhängig sein sollen. Aus diesen bilden wir das orientierte Volumen des Parallelepipeds, das sie aufspannen,

$$[\underset{\sim}{x}^{(1)}, \underset{\sim}{x}^{(2)}, \ldots, \underset{\sim}{x}^{(2f)}] := \det \begin{pmatrix} x_1^{(1)} & \ldots & x_1^{(2f)} \\ \vdots & & \vdots \\ x_{2f}^{(1)} & \ldots & x_{2f}^{(2f)} \end{pmatrix} . \tag{2.113}$$

Behauptung Es gilt

$$\begin{aligned} &[\underset{\sim}{x}^{(1)}, \underset{\sim}{x}^{(2)}, \ldots, \underset{\sim}{x}^{(2f)}] \\ &= \frac{(-)^{[f/2]}}{f!2^f} \sum_{\pi} \sigma(\pi)[\underset{\sim}{x}^{\pi(1)}, \underset{\sim}{x}^{\pi(2)}][\underset{\sim}{x}^{\pi(3)}, \underset{\sim}{x}^{\pi(4)}] \ldots [\underset{\sim}{x}^{\pi(2f-1)}, \underset{\sim}{x}^{\pi(2f)}] , \end{aligned} \tag{2.114}$$

wobei $\pi(1), \pi(2), \ldots, \pi(2f)$ eine Permutation π der Indizes $1, 2, \ldots, 2f$ ist, $\sigma(\pi)$ das Vorzeichen dieser Permutation, d. h. $\sigma = +1$ für eine gerade, $\sigma = -1$ für eine ungerade Permutation.

Beweis

Die rechte Seite von (2.114) lautet ausgeschrieben

$$\left(\frac{(-)^{[f/2]}}{f!2^f} \sum_{n_1,\ldots,n_{2f}} J_{n_1 n_2} J_{n_3 n_4} \ldots J_{n_{2f-1} n_{2f}} \right) \left(\sum_{\pi} \sigma(\pi) x_{n_1}^{\pi(1)} \ldots x_{n_{2f}}^{\pi(2f)} \right) .$$

Der zweite Faktor in dieser Gleichung ist genau die Determinante (2.113), wenn $\{n_1, \ldots, n_{2f}\}$ eine gerade Permutation von $\{1, \ldots, 2f\}$ ist, und ist gleich minus dieser Determinante, wenn es eine ungerade Permutation ist. Bezeichnet man diese Permutation mit π', das zugehörige Vorzeichen mit $\sigma(\pi')$, so ist der letzte Ausdruck also

$$\left[\underset{\sim}{x}^{(1)}, \ldots, \underset{\sim}{x}^{(2f)}\right] \left(\frac{(-)^{[f/2]}}{f!2^f} \sum_{\pi'} J_{\pi'(1)\pi'(2)} \ldots J_{\pi'(2f-1)\pi'(2f)} \sigma(\pi') \right) .$$

Wir zeigen jetzt, dass der Faktor in der runden Klammer gleich 1 ist und beweisen somit das Lemma. Das geht folgendermaßen: Es ist $J_{i,i+f} = +1$, $J_{j+f,j} = -1$, während alle anderen Matrixelemente verschwinden.

Bei der Berechnung von $\sum_\pi \sigma(\pi) J_{\pi(1)\pi(2)} \ldots J_{\pi(2f-1)\pi(2f)}$ treten die folgenden Fälle auf,

a) $J_{i_1,i_1+f} J_{i_2,i_2+f} \ldots J_{i_f,i_f+f}$ mit $1 \leqslant i_k \leqslant f$, wobei alle i_k voneinander verschieden sind. Es gibt $f!$ solcher Produkte und alle haben den Wert $+1$, da sie aus $J_{1,f} \ldots J_{f,2f}$ immer durch Vertauschen von Index*paaren* entstehen. Die Signatur $\sigma(\pi)$ ist für alle dieselbe und sei mit $\sigma(a)$ bezeichnet;
b) Man vertauscht jetzt *ein* Paar von Indizes, also $J_{i_1,i_1+f}, \ldots J_{i_l+f,i_l} \ldots J_{i_f,i_f+f}$. Es gibt f mal $f!$ Produkte dieser Art und sie haben alle den Wert -1. Sie haben auch alle dieselbe Signatur $\sigma(\pi) \equiv \sigma(b)$ und $\sigma(b) = -\sigma(a)$;
c) Jetzt vertauschen wir zwei Paare von Indizes und erhalten $J_{i_1,i_1+f} \ldots J_{i_l+f,i_l} \ldots J_{i_k+f,i_k} \ldots J_{i_f,i_f+f}$. Von diesen Produkten gibt es $f(f-1)/2$ mal $f!$ Stück. Ihr Wert ist wieder $+1$, die Signatur ist $\sigma(c) = \sigma(a)$; usw.

Nimmt man den Signaturfaktor dazu, so tragen alle Terme mit demselben Vorzeichen bei und man erhält

$$f! \cdot \left[1 + f + \frac{f(f-1)}{2} + \ldots + 1\right] = f!2^f .$$

Es bleibt noch $\sigma(a)$ zu bestimmen: Im Produkt $J_{1,f+1} J_{2,f+2} \ldots J_{f,2f}$, das den Wert $+1$ hat, bekommt man die Anordnung $(1, f+1, 2, f+2, \ldots, f, 2f)$ aus $(1, 2, \ldots, f, f+1, \ldots, f)$ durch $(f-1) + (f-2) + \ldots + 1 = f(f-1)/2$ Vertauschungen von Nachbarn. Daher ist $\sigma(a) = (-)^{f(f-1)/2}$. Man überzeugt sich aber leicht, dass dies dasselbe ist wie $(-)^{[f/2]}$.

Mit der Aussage (2.114) lässt sich die folgende Aussage beweisen:

Für alle $\mathbf{M} \in \mathrm{Sp}_{2f}$ gilt, dass ihre Determinante gleich $+1$ ist, d. h.

$$\mathbf{M} \in \mathrm{Sp}_{2f} \quad \text{hat} \quad \det \mathbf{M} = +1 . \tag{2.115}$$

Beweis

Nach einem bekannten Determinantensatz der Linearen Algebra gilt

$$[\mathbf{M}\underset{\sim}{x}^{(1)}, \ldots, \mathbf{M}\underset{\sim}{x}^{(2f)}] = (\det \mathbf{M})[\underset{\sim}{x}^{(1)}, \ldots, \underset{\sim}{x}^{(2f)}] .$$

Da die $\underset{\sim}{x}^{(1)}, \ldots, \underset{\sim}{x}^{(2f)}$ linear unabhängig sind, ist ihre Determinante von Null verschieden und es folgt $\det \mathbf{M} = 1$, da nach (2.114) auch gilt, dass

$$\left[\mathbf{M}\underset{\sim}{x}^{(1)}, \ldots, \mathbf{M}\underset{\sim}{x}^{(2f)}\right] = \left[\underset{\sim}{x}^{(1)}, \ldots, \underset{\sim}{x}^{(2f)}\right] .$$

Man beachte diese Besonderheit der symplektischen Gruppe: im Gegensatz zu Drehgruppe $\mathrm{O}(2n)$, deren Elemente Determinante $+1$ oder -1 haben können, ist die Determinante von Elementen der Sp_{2f} gleich $+1$.

2.29 Der Liouville'sche Satz

Die Lösungen der Hamilton'schen Gleichungen $-\mathbf{J}\dot{\underset{\sim}{x}} = H_{,x}$ bezeichnen wir wie in Abschn. 1.20 mit

$$\underset{\sim}{\Phi}_{t,s}(\underset{\sim}{x}) = (\varphi^1_{t,s}(\underset{\sim}{x}), \dots, \varphi^{2f}_{t,s}(\underset{\sim}{x})) \tag{2.116}$$

und nennen sie *Flüsse* im Phasenraum. In der Tat bechreiben sie, wie die Anfangskonfiguration $\underset{\sim}{x}$, die zur Anfangszeit s vorliegt, durch den Phasenraum fließt und in die Konfiguration $\underset{\sim}{x}_t = \underset{\sim}{\Phi}_{t,s}(\underset{\sim}{x})$ übergeht, die zur Zeit t angenommen wird. Die zeitliche Entwicklung eines kanonischen Systems kann man sich wie das Fließen einer inkompressiblen Flüssigkeit vorstellen: Es stellt sich heraus, dass dieser Fluss volumen- und orientierungserhaltend ist. Gibt man also eine Menge von Anfangskonfigurationen vor, die zur Zeit s ein gewisses orientiertes Gebiet U_s im Phasenraum mit Volumen V_s ausfüllen, so wird man dieses Ensemble zu einer anderen Zeit t (später oder auch früher als s) in einem Phasenraumgebiet U_t antreffen, das mit U_s volumengleich ist, $V_t = V_s$, und das sogar dieselbe Orientierung wie U_s hat. Diese Aussage ist der Inhalt des Liouville'schen Satzes.

Diesen Satz formulieren und beweisen wir auf zwei äquivalente Weisen, um seine Bedeutung klar herauszuarbeiten. In der ersten Formulierung zeigen wir, dass die Matrix der partiellen Ableitungen (2.117), die ja genau die Jacobi-Matrix der Transformation $\mathrm{d}\underset{\sim}{x} \to \mathrm{d}\underset{\sim}{y} = (\mathbf{D}\underset{\sim}{\Phi})\,\mathrm{d}\underset{\sim}{x}$ ist, symplektisch ist und daher Determinante $+1$ hat. In der zweiten, dazu äquivalenten Formulierung zeigt man, dass der Fluss divergenzfrei ist, dass also aus dem Anfangsgebiet U_s nichts heraus- und in U_s auch nichts hineinfließen kann.

2.29.1 Lokale Form

Die Matrix der partiellen Ableitungen von $\underset{\sim}{\Phi}$ werde wie folgt abgekürzt,

$$\mathbf{D}\underset{\sim}{\Phi}_{t,s}(\underset{\sim}{x}) := \left(\frac{\partial \Phi^i_{t,s}(\underset{\sim}{x})}{\partial x_k} \right) . \tag{2.117}$$

Der *Liouville'sche Satz* sagt folgendes aus:

Satz

Es sei $\underset{\sim}{\Phi}_{t,s}(\underset{\sim}{x})$ der Fluss zu $-\mathbf{J}\dot{\underset{\sim}{x}} = H_{,x}$. Für alle $\underset{\sim}{x}$, t und s, für die der Fluss definiert ist, gilt

$$\mathbf{D}\underset{\sim}{\Phi}_{t,s}(\underset{\sim}{x}) \in \mathrm{Sp}_{2f} . \tag{2.118}$$

Die Matrix der partiellen Ableitungen ist symplektisch und hat insbesondere die Determinante $\det(\mathbf{D}\underset{\sim}{\Phi}_{t,s}(\underset{\sim}{x})) = 1$.

Durch den Fluss $\underset{\sim}{\Phi}_{t,s}(\underset{\sim}{x})$ wird der Anfangspunkt $\underset{\sim}{x}$, der zur Zeit s angenommen wird, auf den Punkt $\underset{\sim}{x}_t = \underset{\sim}{\Phi}_{t,s}(\underset{\sim}{x})$ abgebildet, der zur Zeit t

angenommen wird. Betrachtet man benachbarte Anfangskonfigurationen, die das infinitesimale Volumen $\mathrm{d}x_1 \ldots \mathrm{d}x_{2f}$ ausfüllen, so besagt die Aussage (2.118), dass dieses Volumen unter dem Fluss erhalten bleibt, inklusive seiner Orientierung, (denn die Matrix (2.117) ist genau die Jacobi-Matrix der Transformation).

Es gilt auch folgende Umkehrung:

> Es sei $\Phi_{t,s}$ der Fluss zur Differentialgleichung $-\mathbf{J}\dot{\underset{\sim}{x}} = \underset{\sim}{F}(\underset{\sim}{x}, t)$, es gelte außerdem die Aussage (2.118). Dann gibt es lokal eine Hamiltonfunktion $H(\underset{\sim}{x}, t)$ derart, dass $H_{,x} = \underset{\sim}{F}(\underset{\sim}{x}, t)$ ist.

Beweis

Es ist $-\mathbf{J}[\partial \underset{\sim}{\Phi}_{t,s}(\underset{\sim}{x})/\partial t] = H_{,x}(t) \circ \underset{\sim}{\Phi}_{t,s}$. Differenziert man die Gleichung $-\underset{\sim}{\mathbf{J}}\dot{x} = H_{,x}$ bei $\underset{\sim}{x} = \underset{\sim}{\Phi}_{t,s}$ nach $\underset{\sim}{x}$, so folgt mit Hilfe der Kettenregel $-\mathbf{J}[\partial \mathbf{D}\underset{\sim}{\Phi}_{t,s}(\underset{\sim}{x})/\partial t] = (\mathbf{D}H_{,x})(\underset{\sim}{\Phi}, t)\mathbf{D}\underset{\sim}{\Phi}_{t,s}(\underset{\sim}{x})$ und schließlich

$$\frac{\partial}{\partial t}\Big[\big(\mathbf{D}\underset{\sim}{\Phi}_{t,s}(\underset{\sim}{x})\big)^{\mathrm{T}}\mathbf{J}\big(\mathbf{D}\underset{\sim}{\Phi}_{t,s}(\underset{\sim}{x})\big)\Big] = -\big(\mathbf{D}\underset{\sim}{\Phi}_{t,s}\big)^{\mathrm{T}}\big[\mathbf{D}H_{,x} - (\mathbf{D}H_{,x})^{\mathrm{T}}\big]\big(\mathbf{D}\underset{\sim}{\Phi}_{t,s}\big) = 0\,. \tag{2.119}$$

weil $\mathbf{D}H_{,x} = (\partial^2 H/\partial x_k \partial x_i)$ symmetrisch ist.

Für $t = s$ gilt die Aussage (2.118) trivialerweise. Das Resultat (2.119) sagt, dass sie dann für alle t richtig ist.

Zur Umkehrung: Die zu (2.119) analoge Gleichung sagt jetzt aus, dass $\mathbf{D}\underset{\sim}{F} - (\mathbf{D}\underset{\sim}{F})^{\mathrm{T}} = 0$ bzw. $\operatorname{rot} \underset{\sim}{F} = 0$. Dann gibt es aber (zumindest lokal) eine Funktion H derart, dass $\underset{\sim}{F} = H_{,x}$.

2.29.2 Integrale Form

Man kann die Aussage des Liouville'schen Satzes am Beispiel einer Menge von Anfangskonfigurationen, die zur Zeit s das orientierte Phasenraumgebiet U_s mit Volumen V_s ausfüllen, anschaulich machen. Zum Zeitpunkt s gilt

$$V_s = \int_{U_s} \mathrm{d}\underset{\sim}{x}\,,$$

wobei über das vorgegebene Gebiet U_s integriert wird. Zu einer anderen Zeit t ist dann

$$V_t = \int_{U_t} \mathrm{d}\underset{\sim}{y} = \int_{U_s} \mathrm{d}\underset{\sim}{x} \det\left(\frac{\partial \underset{\sim}{y}}{\partial \underset{\sim}{x}}\right) = \int_{U_s} \mathrm{d}\underset{\sim}{x} \det(\mathbf{D}\underset{\sim}{\Phi}_{t,s})\,,$$

denn bei der Transformation eines orientierten Vielfachintegrals auf neue Variable wird das Volumenelement mit der Determinante der entsprechenden Jacobi-Matrix multipliziert. Für t in der Nähe von s kann man nach $(t-s)$ entwickeln,

$$\underset{\sim}{\Phi}_{t,s}(\underset{\sim}{x}) = \underset{\sim}{x} + \underset{\sim}{F}(\underset{\sim}{x}, t)\cdot(t-s) + O((t-s)^2); ,$$

$$\text{wo} \quad \underset{\sim}{F}(\underset{\sim}{x}, t) = \mathbf{J}H_{,x} = \left(\frac{\partial H}{\partial \underset{\sim}{p}}, -\frac{\partial H}{\partial \underset{\sim}{q}}\right)$$

ist. Für die Ableitung nach $\underset{\sim}{x}$ gilt nach der Definition (2.117) somit

$$\mathbf{D}\underset{\sim}{\Phi}_{t,s}(\underset{\sim}{x}) = \mathbb{1} + \mathbf{D}\underset{\sim}{F}(\underset{\sim}{x}, t)\cdot(t-s) + O((t-s)^2)\,,$$

oder ausgeschrieben,

$$\frac{\partial \varphi^i_{t,s}(\underset{\sim}{x})}{\partial x^k} = \delta_{ik} + \frac{\partial F^i}{\partial x^k}(t-s) + O((t-s)^2)\,.$$

Bildet man hiervon die Determinante, so kann man folgende, leicht zu beweisende Hilfsformel benutzen,

$$\det(\mathbb{1} + \mathbf{A}\varepsilon) \equiv \det(\delta_{ik} + A_{ik}\varepsilon) = 1 + \varepsilon\mathrm{Sp}\mathbf{A} + O(\varepsilon^2)\,,$$

wo Sp $\mathbf{A} = \sum_i A_{ii}$ die Spur der Matrix $\mathbf{A}$ ist und ε in unserem Fall mit $(t-s)$ identifiziert werden muss. Es folgt

$$\det(\mathbf{D}\underset{\sim}{\Phi}_{t,s}(\underset{\sim}{x})) = 1 + (t-s)\sum_{i=1}^{2f}\frac{\partial F^i}{\partial x^i} + O((t-s)^2)\,.$$

Die Spur $\sum_{i=1}^{2f} \partial F^i/\partial x^i$ ist nichts anderes als eine Divergenz im $2f$-dimensionalen Phasenraum, von der man leicht zeigt, dass sie verschwindet: Mit $\underset{\sim}{F} = \mathbf{J}H_{,x}$ folgt

$$\operatorname{div}\underset{\sim}{F} := \sum_{i=1}^{2f}\frac{\partial F^i}{\partial x^i} = \frac{\partial}{\partial \underset{\sim}{q}}\left(\frac{\partial H}{\partial \underset{\sim}{p}}\right) + \frac{\partial}{\partial \underset{\sim}{p}}\left(-\frac{\partial H}{\partial \underset{\sim}{q}}\right) = 0\,.$$

Damit ist gezeigt, dass $V_t = V_s$ ist. Solange der Fluss definiert ist, kann das ursprüngliche Gebiet U_s im Laufe der Zeit seine Lage und Form zwar ändern, nicht aber sein Volumen und seine Orientierung.

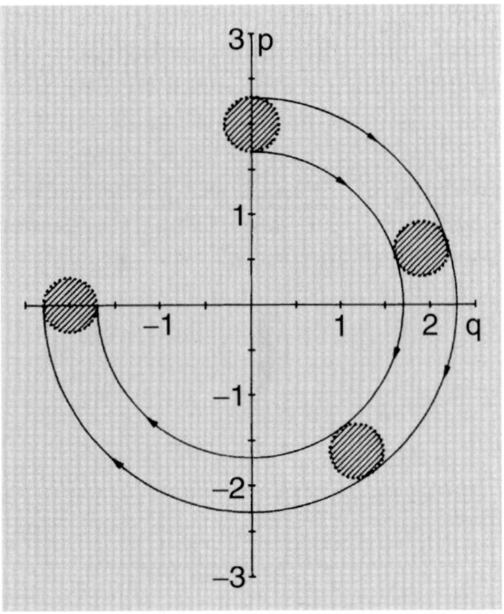

Abb. 2.12. In den Einheiten von Abschn. 1.17.1 ist die Periode τ^0 des harmonischen Oszillators gleich 2π. Ein kreisförmiges Gebiet von Anfangskonfigurationen wandert unverändert und gleichförmig wie auf einem Uhrzeiger um den Ursprung. Die vier eingezeichneten Positionen werden zu den Zeiten $\tau = 0,\ 0{,}2\tau^0,\ 0{,}4\tau^0$, bzw. $0{,}75\tau^0$ angenommen

2.30 Beispiele zum Liouville'schen Satz

Beispiele

i) Ein sehr einfaches Beispiel ist durch die linearen, autonomen Systeme mit $f = 1$ gegeben, die wir in Abschn. 2.26 studiert haben. Hier ist der Fluss $\underset{\sim}{\Phi}_{t,s}(\underset{\sim}{x})$ dadurch gegeben, dass die Anfangskonfiguration $\underset{\sim}{x}$ mit der Matrix $\underset{\sim}{P}(t-s)$ multipliziert wird, deren Determinante gleich 1 ist. Im Spezialfall des harmonischen Oszillators etwa laufen alle Phasenraumpunkte mit konstanter Winkelgeschwindigkeit auf Kreisen um den Ursprung wie Zeiger an der Kirchturmuhr. Ein vorgegebenes U_s wandert also unverändert um den Ursprung. Das ist in Abb. 2.11 und 2.12 skizziert.

ii) Weniger trivial ist das Beispiel des ebenen mathematischen Pendels, das wir in der dimensionslosen Form des Abschn. 1.17.2 notieren,

$$\frac{\mathrm{d}\, z_1}{\mathrm{d}\,\tau} = z_2(\tau)\,, \quad \frac{\mathrm{d}\, z_2}{\mathrm{d}\,\tau} = -\sin z_1(\tau)\,,$$

wo τ die dimensionslose Zeitvariable $\tau = \omega t$ ist und die reduzierte Energie als

$$\varepsilon := E/mgl = \tfrac{1}{2} z_2^2 + (1 - \cos z_1)$$

definiert waren. ε ist entlang jeder Phasenbahn konstant.

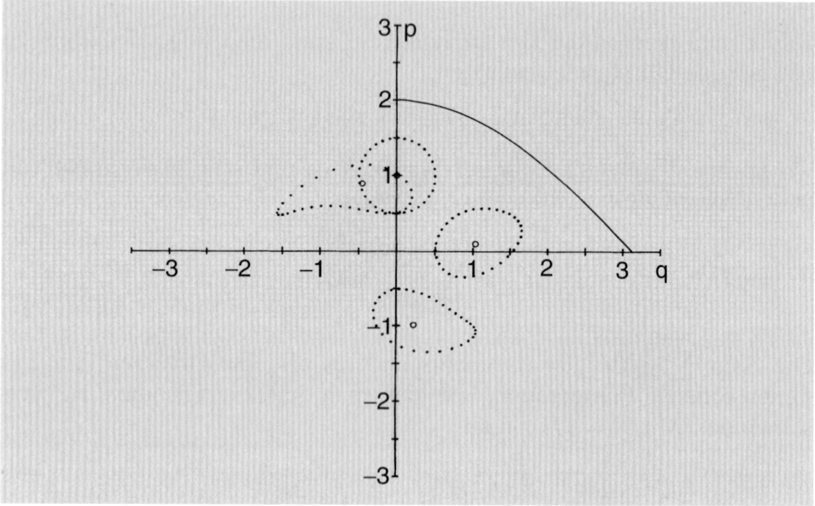

Abb. 2.13. Ein kreisförmiges Gebiet von Anfangskonfigurationen (bei $\tau = 0$) des ebenen mathematischen Pendels unterhalb der Kriechbahn wandert langsamer als im Fall des Oszillators aus Abb. 2.12 um den Ursprung und wird dabei mehr und mehr deformiert. Die eingezeichneten Positionen werden, dem Uhrzeigersinn nach, zu den Zeiten $\tau = 0$, $\tau^0/4$, $\tau^0/2$, bzw. τ^0 angenommen. τ^0 ist dabei die Periode des harmonischen Oszillators, der dem Grenzfall kleiner Ausschläge entspricht

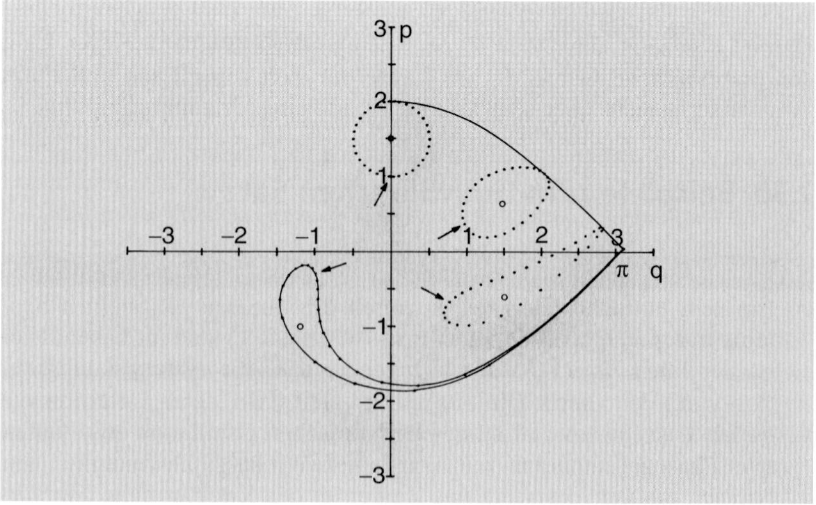

Abb. 2.14. Selbes System wie in Abb. 2.13, allerdings liegt jetzt ein Randpunkt auf der Kriechbahn. Die eingezeichneten Lagen gehören zu den Zeiten $\tau = 0$, $0{,}2\tau^0$, $0{,}4\tau^0$, bzw. $0{,}75\tau^0$. Die Pfeile verfolgen den Punkt mit der Anfangskonfiguration ($q = 0$, $p = 1$), die offenen Punkte zeigen das Wandern des ursprünglichen Kreismittelpunkts

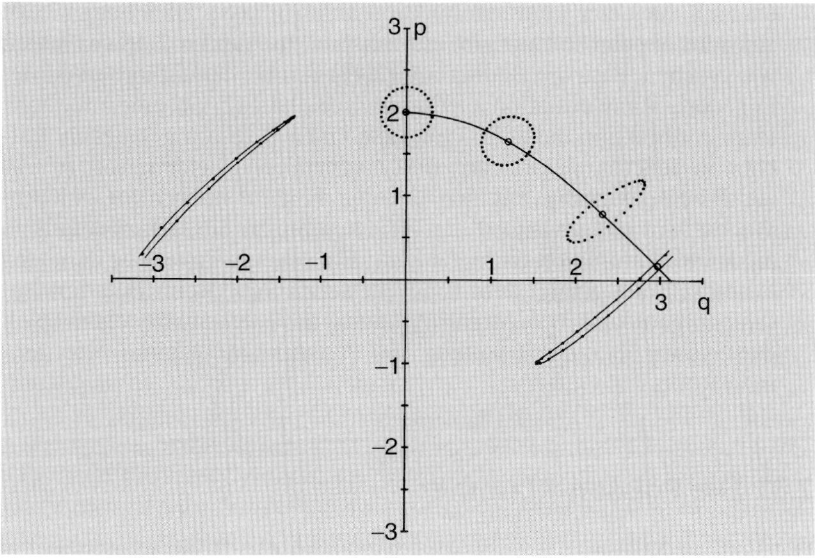

Abb. 2.15. Selbes System wie in Abb. 2.13, 2.14, wobei jetzt der Mittelpunkt des Kreises auf der Kriechbahn liegt. Die Punkte auf der Kriechbahn laufen asymptotisch in den Punkt ($q = \pi$, $p = 0$), während Punkte unterhalb und oberhalb der Kriechbahn umlaufen bzw. durchschwingen können. Die eingezeichneten Lagen gehören zu den Zeiten $\tau = 0$, $0{,}1\tau^0$, $0{,}25\tau^0$, bzw. $0{,}5\tau^0$ (im Uhrzeigersinn)

Die Abb. 1.10 aus Abschn. 1.17 zeigt die Phasenbahnen im Phasenraum (z_1, z_2), (der Klarheit halber dort mit q anstelle von z_1, p anstelle von z_2 bezeichnet). Gibt man z. B. ein kreisförmiges Gebiet U_s von Anfangskonfigurationen vor, so ergeben sich Bilder von der Art der in den Abb. 2.13–15 gezeigten. Die Periode des harmonischen Oszillators ist, in diesen dimensionslosen Einheiten, $\tau^{(0)} = \omega T^{(0)} = 2\pi$. Die Bilder zeigen jeweils drei Positionen des Gebietes U_t, die das Anfangsgebiet U_s zu den in den Bildunterschriften angegebenen Zeiten $\kappa\tau^{(0)}$ (also Vielfachen von $\tau^{(0)}$) annimmt. Da die Bewegung periodisch ist, muss man sich die Bilder auf einen Zylinder mit Umfang 2π aufgebracht denken, so dass die beiden Punkte $(\pi, 0)$ und $(-\pi, 0)$ identifiziert werden. Man sieht die Verformung des Konfigurationsgebietes, die besonders dann sehr ausgeprägt ist, wenn ein Phasenraumpunkt auf einer „Kriechbahn" (vgl. Abschn. 1.23, (1.60)) mit reduzierter Energie $\varepsilon = 2$ liegt, d. h. beispielsweise die Anfangskonfiguration ($z_1 = 0$, $z_2 = 2$) hat. Ein solcher Punkt kann auch für sehr große Zeiten nur bis zum Punkt ($q = \pi$, $p = 0$) wandern, während Nachbarpunkte mit $\varepsilon > 2$ mehrfach „durchschwingen", solche mit $\varepsilon < 2$ den Ursprung mehrfach umlaufen.

Man sieht aber deutlich, dass bei der Deformation des ursprünglichen Gebietes Volumen und Orientierung erhalten bleiben.

iii) Geladene Teilchen in äußeren elektromagnetischen Feldern gehorchen der Bewegungsgleichung (2.28)

$$m\ddot{\boldsymbol{r}} = e\boldsymbol{E}(\boldsymbol{r}, t) + \frac{e}{c}\dot{\boldsymbol{r}} \times \boldsymbol{B}(\boldsymbol{r}, t) \,,$$

die sich aus einer Lagrangefunktion ableiten lässt. Gleichung (2.30) aus dem Abschn. 2.8 (ii) gibt ein Beispiel. In Abschn. 2.16 (ii) hatten wir gesehen, dass die Bedingung (2.42) für die Durchführbarkeit der Legendre-Transformation erfüllt ist und dass (2.49) eine mögliche Hamiltonfunktion darstellt. Gibt man einen Satz von geladenen Teilchen in äußeren elektrischen und magnetischen Feldern vor, so tritt zur Wechselwirkung mit den äußeren Feldern noch die Coulomb-Wechselwirkung zwischen den Teilchen hinzu, die sich ebenfalls in die Hamiltonfunktion einfügen lässt. Ein solches System ist demnach kanonisch und genügt dem Liouville'schen Satz. Beim Bau von Beschleunigern und von Strahlführungen für Elementarteilchen spielt dieser Satz über die Erhaltung des Phasenraumvolumens eine zentrale Rolle.

2.31 Die Poisson-Klammer

Die Poisson-Klammer ist eine schiefsymmetrische Bilinearkombination aus Ableitungen von dynamischen Größen nach Koordinaten und Impulsen. Mit dynamischer Größe ist damit jede physikalisch relevante Funktion der verallgemeinerten Koordinaten und Impulse gemeint wie z. B. die kinetische Energie, die Hamiltonfunktion, der gesamte Drehimpuls oder andere. Es sei $g(\underline{q}, \underline{p}, t)$ eine solche dynamische Größe. Die Poisson-Klammer aus g und der Hamiltonfunktion taucht in natürlicher Weise auf, wenn man die gesamte zeitliche Änderung von g entlang einer physikalischen Bahn im Phasenraum berechnet. Es ist nämlich

$$\begin{aligned}\frac{\mathrm{d}g}{\mathrm{d}t} &= \frac{\partial g}{\partial t} + \sum_{i=1}^{f} \frac{\partial g}{\partial q_i}\dot{q}_i + \sum_{i=1}^{f} \frac{\partial g}{\partial p_i}\dot{p}_i \\ &= \frac{\partial g}{\partial t} + \sum_{i=1}^{f} \left(\frac{\partial g}{\partial q_i}\frac{\partial H}{\partial p_i} - \frac{\partial g}{\partial p_i}\frac{\partial H}{\partial q_i} \right) \equiv \frac{\partial g}{\partial t} + \{H, g\} \,,\end{aligned}$$

wobei wir im zweiten Schritt die kanonischen Bewegungsgleichungen (2.43) verwendet und die Summe im zweiten Ausdruck durch das Klammersymbol $\{\,,\}$ abgekürzt haben. Die Poisson-Klammer aus g und H beschreibt die zeitliche Entwicklung der Größe g; außerdem stellt sich heraus, dass die Poisson-Klammer unter kanonischen Transformationen invariant ist. Natürlich kann man diese Klammer auch aus zwei beliebigen dynamischen Größen $f(\underline{q}, \underline{p})$ und $g(\underline{q}, \underline{p})$ bilden. Schließlich sei noch erwähnt, dass die Poisson-Klammer formal und inhaltlich ein Analogon in der Quantenmechanik findet, nämlich den Kommutator. In der Quantenmechanik werden dynamische Größen (man sagt auch *Observable*) durch Operatoren (genauer, durch selbstadjungierte Operatoren über einem Hilbertraum) dargestellt. Der Kommutator zweier Operatoren gibt Auskunft darüber, ob die entsprechenden Observablen gleichzeitig gemessen werden können. Die Poisson-Klammer ist demnach nicht nur ein wichtiger Begriff der kanonischen Mechanik, sondern gibt Hinweise auf die tiefere Struktur und Verwandtschaft der Mechanik und der Quantenmechanik.

Es seien $f(\underset{\sim}{x})$ und $g(\underset{\sim}{x})$ zwei dynamische Größen, also Funktionen der Koordinaten und Impulse, die mindestens C^1 sein müssen. Ihre Poisson-Klammer $\{f, g\}$ ist ein Skalarprodukt von Typus (2.112) und ist wie folgt definiert[9]

$$\{f, g\}(\underset{\sim}{x}) := \sum_{i=1}^{f} \left(\frac{\partial f}{\partial p_i} \frac{\partial g}{\partial q_i} - \frac{\partial f}{\partial q_i} \frac{\partial g}{\partial p_i} \right) . \qquad (2.120)$$

Es gilt dann nämlich

$$\begin{aligned} \{f, g\}(\underset{\sim}{x}) &= -[f_{,x}, g_{,x}](\underset{\sim}{x}) \\ &= -\left(\frac{\partial f}{\partial q_1} \cdots \frac{\partial f}{\partial q_f} \frac{\partial f}{\partial p_1} \cdots \frac{\partial f}{\partial p_f} \right) \begin{pmatrix} 0 & \mathbb{1} \\ -\mathbb{1} & 0 \end{pmatrix} \begin{pmatrix} \partial g / \partial q_1 \\ \vdots \\ \partial g / \partial q_f \\ \partial g / \partial p_1 \\ \vdots \\ \partial g / \partial p_f \end{pmatrix} . \end{aligned} \qquad (2.121)$$

Damit hat man eine wichtige Eigenschaft der Poisson-Klammer festgestellt: Sie ist unter kanonischen Transformationen invariant. Es sei Ψ eine solche Transformation, die

$$\underset{\sim}{x} = (q_1, \ldots, q_f, p_1, \ldots, p_f)$$

in $\Psi(\underset{\sim}{x}) = (Q_1(\underset{\sim}{x}), \ldots, Q_f(\underset{\sim}{x}), P_1(\underset{\sim}{x}), \ldots, P_f(\underset{\sim}{x}))$ überführt. Nach Abschn. 2.27 und 2.28 ist $\mathbf{D}\Psi(\underset{\sim}{x}) \in \mathrm{Sp}_{2f}$. Man muss sich klarmachen, dass Ψ den Phasenraum auf sich abbildet, $\Psi : \mathbb{R}^{2f} \to \mathbb{R}^{2f}$, während f und g den $\mathbb{R}^{2f}$ auf $\mathbb{R}$ abbilden. f und g sind Vorschriften, wie man aus ihren Argumenten im $\mathbb{R}^{2f}$ reelle Funktionen bilden soll, z. B. $f = q^2$, $g = (q^2 + p^2)/2$. Man kann diese Vorschrift auf die alten Koordinaten $(\underset{\sim}{q}, \underset{\sim}{p})$ oder die neuen $(\underset{\sim}{Q}, \underset{\sim}{P})$ anwenden. Es gilt dann der folgende

Satz 2.6

Für alle f, g und $\underset{\sim}{x}$ gilt

$$\{f \circ \Psi, g \circ \Psi\}(\underset{\sim}{x}) = \{f, g\} \circ \Psi(\underset{\sim}{x}) , \qquad (2.122)$$

wenn $\Psi(\underset{\sim}{x})$ kanonisch ist. In Worten: Transformiert man die Größen f und g auf die neuen Variablen und bildet dann ihre Poisson-Klammer, so ergibt sich dasselbe, wie wenn man das Ergebnis ihrer ursprünglichen Poisson-Klammer auf die neuen Variablen transformiert.

[9] Die Poisson-Klammer ist hier so definiert, dass sie (ohne Vorzeichenwechsel) dem Kommutator $[f, g]$ der Quantenmechanik entspricht.

Beweis

Man bilde die Ableitungen

$$\frac{\partial}{\partial x_i}(f \circ \Psi)(\underset{\sim}{x}) = \sum_{k=1}^{2f} \left.\frac{\partial f}{\partial y_k}\right|_{\underset{\sim}{y}=\Psi(\underset{\sim}{x})} \cdot \frac{\partial \Psi_k}{\partial x_i}$$

oder in kompakter Schreibweise

$$(f \circ \Psi)_{,x} = (\mathbf{D}\Psi)^{\mathrm{T}}(\underset{\sim}{x}) \cdot f_{,y}(\Psi(\underset{\sim}{x})) \, .$$

Nach Voraussetzung ist Ψ kanonisch, d. h. $\mathbf{D}\Psi$ und $(\mathbf{D}\Psi)^{\mathrm{T}}$ sind symplektisch. Daher gilt

$$\begin{aligned}[(f \circ \Psi)_{,x}, (g \circ \Psi)_{,x}](\underset{\sim}{x}) &= [(D\Psi)^{\mathrm{T}}(\underset{\sim}{x}) f_{,y}(\Psi(\underset{\sim}{x})), (D\Psi)^{\mathrm{T}}(\underset{\sim}{x}) g_{,y}(\Psi(\underset{\sim}{x}))] \\ &= [f_{,y}(\Psi(\underset{\sim}{x})), g_{,y}(\Psi(\underset{\sim}{x}))] = \{f, g\} \circ \Psi(\underset{\sim}{x}) \, .\end{aligned}$$

Es ist auch folgende Umkehrung dieses Satzes richtig:

Satz 2.7

Falls die Aussage (2.122) identisch gilt, oder falls sogar nur die Aussage

$$\{x_i \circ \Psi, x_k \circ \Psi\}(\underset{\sim}{x}) = \{x_i, x_k\} \circ \Psi(\underset{\sim}{x}) \, , \tag{2.123}$$

für alle $\underset{\sim}{x}$ und i, k gilt, so ist die Transformation $\Psi(\underset{\sim}{x})$ kanonisch.

Beweis

Aus der Definition (2.120) folgt, dass $\{x_i, x_k\} = -J_{ik}$ ist. Dies ist nach Voraussetzung invariant unter der Transformation Ψ, d. h. $\{y_m, y_n\}(\underset{\sim}{x}) = -[(\mathbf{D}\Psi)^{\mathrm{T}}(\underset{\sim}{x})\hat{\boldsymbol{e}}_m, (\mathbf{D}\Psi)^{\mathrm{T}}\hat{\boldsymbol{e}}_n] = -[\hat{\boldsymbol{e}}_m, \hat{\boldsymbol{e}}_n] = -J_{mn}$, wo $\hat{\boldsymbol{e}}_m$ und $\hat{\boldsymbol{e}}_n$ Einheitsvektoren im $\mathbb{R}^{2f}$ sind. Daher ist $(\mathbf{D}\Psi)\mathbf{J}(\mathbf{D}\Psi)^{\mathrm{T}} = \mathbf{J}$.

Man beachte, (2.123) lautet in $\underset{\sim}{q}$ und $\underset{\sim}{p}$, $\underset{\sim}{Q}$ und $\underset{\sim}{P}$ ausgeschrieben

$$\begin{aligned}\{Q_i, Q_j\}(\underset{\sim}{x}) &= \{q_i, q_j\}(\underset{\sim}{x}) = 0 \\ \{P_i, P_j\}(\underset{\sim}{x}) &= \{p_i, p_j\}(\underset{\sim}{x}) = 0 \\ \{P_i, Q_j\}(\underset{\sim}{x}) &= \{p_i, q_j\}(\underset{\sim}{x}) = \delta_{ij} \, .\end{aligned} \tag{2.124}$$

Kanonische Transformationen lassen sich daher auf mehrere äquivalente Arten charakterisieren: Eine Transformation $\Psi : (\underset{\sim}{q}, \underset{\sim}{p}) \to (\underset{\sim}{Q}, \underset{\sim}{P})$ ist kanonisch, wenn sie

a) aus einer erzeugenden Funktion hervorgeht und die kanonischen Gleichungen (2.43) unverändert lässt, oder
b) alle Poisson-Klammern zwischen dynamischen Größen f und g invariant lässt, oder
c) nur schon den Satz von Poisson-Klammern (2.124) bestehen lässt, oder
d) wenn die Matrix ihrer Ableitungen symplektisch ist, $\mathbf{D}\Psi \in \mathrm{Sp}_{2f}$.

2.32 Eigenschaften der Poisson-Klammern

Die Hamilton'schen Gleichungen (2.43) lassen sich selbst durch Poisson-Klammern ausdrücken. Man rechnet leicht nach, dass

$$\dot{q}_k = \{H, q_k\}\,; \qquad \dot{p}_k = \{H, p_k\}\,, \tag{2.125}$$

oder auch in der kompakten Form

$$\dot{x}_k = -[H_{,x}, x_{k,x}] = \sum_{i=1}^{2f} J_{ki} \frac{\partial H}{\partial x_i}$$

gilt.

Es sei $g(q, p, t)$ eine dynamische Größe (mindestens C^1 in allen ihren Variablen). Wir bilden wie oben ihre Ableitung nach der Zeit und verwenden die kanonischen Gleichungen

$$\begin{aligned}\frac{\mathrm{d}}{\mathrm{d}t} g(\underset{\sim}{q}, \underset{\sim}{p}, t) &= \frac{\partial g}{\partial t} + \sum_{k=1}^{f} \left(\frac{\partial g}{\partial q_k} \dot{q}_k + \frac{\partial g}{\partial p_k} \dot{p}_k \right) \\ &= \frac{\partial g}{\partial t} + \{H, g\}\,. \end{aligned} \tag{2.126}$$

Das ist die Verallgemeinerung von (2.125) auf beliebige Größen $g(\underset{\sim}{q}, \underset{\sim}{p}, t)$. Für ein Integral der Bewegung gilt speziell

$$\frac{\partial g}{\partial t} + \{H, g\} = 0 \tag{2.127a}$$

und, falls g nicht explizit von der Zeit abhängt,

$$\{H, g\} = 0\,. \tag{2.127b}$$

Die Poisson-Klammer (2.120) hat natürlich alle Eigenschaften (2.112a–2.112c) des symplektischen Skalarproduktes. Außerdem gelten die folgenden Eigenschaften:

$$\{g, q_k\} = \frac{\partial g}{\partial p_k}\,; \qquad \{g, p_k\} = -\frac{\partial g}{\partial q_k}\,. \tag{2.128}$$

Für drei beliebige dynamische Größen $u(\underset{\sim}{q}, \underset{\sim}{p})$, $v(\underset{\sim}{q}, \underset{\sim}{p})$ und $w(\underset{\sim}{p}, \underset{\sim}{q})$ beweist man die *Jacobi'sche Identität*

$$\{u, \{v, w\}\} + \{v, \{w, u\}\} + \{w, \{u, v\}\} = 0\,. \tag{2.129}$$

Diese wichtige Identität kann man entweder durch direktes Nachrechnen bestätigen, indem man von der Definition (2.120) ausgeht, oder mithilfe des Skalarprodukts (2.112): Der Übersichtlichkeit halber kürzen wir die ersten und zweiten partiellen Ableitungen als $u_i := \partial u / \partial x^i$, bzw. $u_{ik} := \partial^2 u / \partial x^i \partial x^k$ ab. Dann gilt

$$\begin{aligned}\{u, \{v; w\}\} &= -[u_{,x}, \{v, w\}_{,x}] = +[u_{,x}, [v_{,x}, w_{,x}]_{,x}] \\ &= \sum_{i=1}^{2f} \sum_{k=1}^{2f} \sum_{m=1}^{2f} \sum_{n=1}^{2f} u_i J_{ik} \frac{\partial}{\partial x^k} (v_m J_{mn} w_n)\,. \end{aligned}$$

Die linke Seite von (2.129) ist damit

$$\{u,\{v,w\}\}+\{v,\{w,u\}\}+\{w,\{u,v\}\}=$$
$$\sum_{ikmn} u_i J_{ik} J_{mn}(v_{mk}w_n+v_m w_{nk})+\sum_{ikmn} v_i J_{ik} J_{mn}(w_{mk}u_n+w_m u_{nk})$$
$$+\sum_{ikmn} w_i J_{ik} J_{mn}(u_{mk}v_n+u_m v_{nk}) \,.$$

Die sechs Terme dieser Summe sind paarweise entgegengesetzt gleich. Zum Beispiel, nennt man im letzten Term auf der rechten Seite die Indizes wie folgt um, $m \to i$, $i \to n$, $k \to m$ und $n \to k$, so wird er zu $\sum_{nmik} w_n J_{nm} J_{ik} u_i v_{km}$. Da $v_{km} = v_{mk}$, aber $J_{nm} = -J_{mn}$ gilt, hebt er sich gegen den ersten Term weg. In derselben Weise zeigt man, dass der zweite und der dritte, und ebenso der vierte und der fünfte Term sich wegheben.

Aus der Jacobi'schen Identität folgt das *Poisson'sche Theorem*:

Satz 2.8

Die Poisson-Klammer aus zwei Bewegungsintegralen u und v ist wieder ein Bewegungsintegral.

Beweis

Es sei $\{u,v\}=w$. Dann ist nach (2.126)

$$\frac{\mathrm{d}}{\mathrm{d}t}w=\frac{\partial}{\partial t}w+\{H,w\}$$

und mit (2.129) und unter Ausnutzung der Antisymmetrie der Poisson-Klammer

$$\begin{aligned}\frac{\mathrm{d}}{\mathrm{d}t}w&=\frac{\mathrm{d}}{\mathrm{d}t}\{u,v\}\\&=\left\{\frac{\partial u}{\partial t},v\right\}+\left\{u,\frac{\partial v}{\partial t}\right\}-\{u,\{v,H\}\}-\{v,\{H,u\}\} \qquad (2.130)\\&=\left\{\frac{\partial u}{\partial t}+\{H,u\},v\right\}+\left\{u,\frac{\partial v}{\partial t}+\{H,v\}\right\}\\&=\left\{\frac{\mathrm{d}u}{\mathrm{d}t},v\right\}+\left\{u,\frac{\mathrm{d}v}{\mathrm{d}t}\right\}\,.\end{aligned}$$

Wenn also $(\mathrm{d}u/\mathrm{d}t)=0$ und $(\mathrm{d}v/\mathrm{d}t)=0$, so ist auch $(\mathrm{d}/\mathrm{d}t)\{u,v\}=0$. Auch wenn u und v nicht erhalten sind, ist (2.130) ein interessantes Ergebnis: Für die Ableitung der Poisson-Klammer gilt die Produktregel.

2.33 Infinitesimale kanonische Transformationen

Eine besonders wichtige Klasse von kanonischen Transformationen sind diejenigen, die sich stetig in die Identität überführen lassen. In diesem Fall kann man auch solche kanonischen Transformationen betrachten, die sich von der Identität nur infinitesimal unterscheiden. Das bedeutet, dass man die lokale Wirkung von kanonischen Transformationen untersuchen kann – in ganz ähnlicher Weise, wie wir das für die Drehungen in Abschn. 2.22 getan haben.

Wir gehen aus von der Klasse (B) der kanonischen Transformationen, (2.83) in Abschn. 2.23, und speziell der identischen Abbildung

$$S_{\mathrm{E}} = \sum_{k=1}^{f} q_k P_k : (\underset{\sim}{q}, \underset{\sim}{p}, H) \mapsto (\underset{\sim}{Q} = \underset{\sim}{q}, \underset{\sim}{P} = \underset{\sim}{p}, \tilde{H} = H) \tag{2.131}$$

des Beispiels 2.24 (i).

Wir setzen nun

$$S(\underset{\sim}{q}, \underset{\sim}{P}, \varepsilon) = S_{\mathrm{E}} + \varepsilon\sigma(\underset{\sim}{q}, \underset{\sim}{P}) + O(\varepsilon^2) , \tag{2.132}$$

wo ε ein kontinuierlicher Parameter ist. (Wir betrachten hier zunächst nur zeitunabhängige Transformationen.) Die Funktion

$$\sigma(\underset{\sim}{q}, \underset{\sim}{P}) = \left.\frac{\partial S}{\partial \varepsilon}\right|_{\varepsilon=0} \tag{2.133}$$

bezeichnet man als *Erzeugende der infinitesimalen Transformation* (2.132). Aus (2.85) folgt dann

$$Q_i = \frac{\partial S}{\partial P_i} = q_i + \varepsilon \frac{\partial \sigma}{\partial P_i} + O(\varepsilon^2) \tag{2.134a}$$

$$p_j = \frac{\partial S}{\partial q_j} = P_j + \varepsilon \frac{\partial \sigma}{\partial q_j} + O(\varepsilon^2) . \tag{2.134b}$$

Dabei hängen die Ableitungen $\partial\sigma/\partial P_i$, $\partial\sigma/\partial q_i$, ebenso wie $\sigma(\underset{\sim}{q}, \underset{\sim}{P})$ von den alten Koordinaten und den neuen Impulsen ab. Bleibt man jedoch in der ersten Ordnung von ε, so muss man konsistenterweise in diesen Funktionen $\underset{\sim}{P}$ durch $\underset{\sim}{p}$ ersetzen. Andernfalls würde man Terme der Ordnung ε^2 einführen, müsste dann aber auch im oben gemachten Ansatz bis zu dieser Ordnung inklusive entwickeln. Die infinitesimalen Änderungen der Variablen $\underset{\sim}{q}$ und $\underset{\sim}{p}$ folgen aus (2.134)

$$\delta q_i = Q_i - q_i = \frac{\partial \sigma(\underset{\sim}{q}, \underset{\sim}{p})}{\partial p_i} \varepsilon \tag{2.135a}$$

$$\delta p_j = P_j - p_j = -\frac{\partial \sigma(\underset{\sim}{q}, \underset{\sim}{p})}{\partial q_j} \varepsilon . \tag{2.135b}$$

Beachtet man (2.128), so kann man dies auch in der symmetrischen Form schreiben

$$\delta q_i = \{\sigma(\underset{\sim}{q}, \underset{\sim}{p}), q_i\}\varepsilon \tag{2.136a}$$

$$\delta p_j = \{\sigma(\underset{\sim}{q}, \underset{\sim}{p}), p_j\}\varepsilon\,, \tag{2.136b}$$

ohne weiteres Vorzeichen. Die Gleichungen (2.136) sagen folgendes aus: Die infinitesimale kanonische Transformation (2.132) verschiebt die verallgemeinerten Koordinaten und Impulse proportional zu ε und zur Poisson-Klammer aus der Erzeugenden (2.133) und der entsprechenden Variablen. Man kann dies übrigens auch in Form des symplektischen Skalarprodukts (2.112) schreiben,

$$\delta x_i = -[\sigma(\underset{\sim}{x})_{,x}, x_{i,x}]\varepsilon\,, \tag{2.136'}$$

eine Form, die zeigt, dass das Transformationsverhalten (2.136) unter weiteren, *endlichen* kanonischen Transformationen invariant bleibt.

Ein besonders interessanter Spezialfall ist der folgende: Es sei

$$S(\underset{\sim}{q}, \underset{\sim}{P}, \varepsilon = \mathrm{d}t) = S_{\mathrm{E}} + H(\underset{\sim}{q}, \underset{\sim}{p})\,\mathrm{d}t\,. \tag{2.137}$$

Die Gleichungen (2.135) bzw. (2.136) sind dann genau die Hamilton'schen Gleichungen (2.43) bzw. (2.125) (hier mit $\delta q_i \equiv \mathrm{d}q_i$, $\delta p_j \equiv \mathrm{d}p_j$)

$$\mathrm{d}q_i = \{H, q_i\}\,\mathrm{d}t\,; \qquad \mathrm{d}p_j = \{H, p_j\}\,\mathrm{d}t\,. \tag{2.138}$$

Die Hamiltonfunktion „schiebt das System an“: sie ist die Erzeugende für diejenige infinitesimale, kanonische Transformation, die der tatsächlichen Bewegung $(\mathrm{d}q_i, \mathrm{d}p_j)$ des Systems im Zeitintervall $\mathrm{d}t$ entspricht.

2.34 Integrale der Bewegung

Man kann ganz allgemein die Frage stellen, wie sich eine dynamische Größe $f(\underset{\sim}{q}, \underset{\sim}{p})$ unter einer infinitesimalen Transformation vom Typus (2.132) verhält. Rechnet man formal nach, so ist

$$\begin{aligned}\delta_\sigma f(\underset{\sim}{q}, \underset{\sim}{p}) &= \sum_{k=1}^{f}\left(\frac{\partial f}{\partial q_k}\delta q_k + \frac{\partial f}{\partial p_k}\delta p_k\right)\\ &= \sum_{k=1}^{f}\left(\frac{\partial f}{\partial q_k}\frac{\partial \sigma}{\partial p_k} - \frac{\partial f}{\partial p_k}\frac{\partial \sigma}{\partial q_k}\right)\varepsilon\\ &= \{\sigma, f\}\varepsilon\,.\end{aligned} \tag{2.139}$$

Wählen wir zum Beispiel $\varepsilon = \mathrm{d}t$, $\sigma = H$: Dann gibt (2.139), falls $\partial f/\partial t = 0$ ist,

$$\frac{\mathrm{d}f}{\mathrm{d}t} = \{H, f\}\,, \tag{2.140}$$

d. h. die schon bekannte Gleichung für die zeitliche Änderung von f, (2.126). Man kann nun umgekehrt die Frage stellen, wie die Hamiltonfunktion H sich unter einer infinitesimalen kanonischen Transformation ändert, die durch die Funktion $f(\underset{\sim}{q}, \underset{\sim}{p})$ erzeugt wird. Die Antwort steht in (2.139),

$$\delta_f H = \{f, H\}\varepsilon \,. \tag{2.141}$$

Insbesondere bedeutet $\{f, H\} = 0$, dass H unter dieser Transformation invariant ist. Wenn das so ist, dann folgt aus (2.140) mit $\{f, H\} = -\{H, f\}$, dass f ein Integral der Bewegung ist.

Um diese Reziprozität noch besser hervortreten zu lassen, schreiben wir (2.140) in der Notation

$$\delta_H f = \{H, f\}\,\mathrm{d}t \tag{2.140'}$$

und vergleichen mit (2.141). Man sieht, dass $\delta_f H$ genau dann Null ist, wenn $\delta_H f$ verschwindet. Wenn also die durch $f(\underset{\sim}{p}, \underset{\sim}{q})$ erzeugte infinitesimale kanonische Transformation die Hamiltonfunktion invariant lässt, so ist die dynamische Größe f entlang der physikalischen Bahnen konstant. Ebenso gilt die Umkehrung dieser Aussage.

Man sieht die enge Beziehung zum Theorem von E. Noether für Lagrange-Systeme, Abschn. 2.19. Wir wollen das an zwei Beispielen nachprüfen (s. auch Abschn. 2.19 i) und ii)).

i) Wir betrachten infinitesimale *Translationen in der Richtung* $\hat{\boldsymbol{a}}$ für das durch

$$H = \sum_{i=1}^{n} \frac{\boldsymbol{p}_i^2}{2m_i} + U(\boldsymbol{r}_1, \ldots, \boldsymbol{r}_n) \tag{2.142}$$

beschriebene n-Teilchen-System. H sei invariant unter der zunächst noch endlichen kanonischen Transformation

$$S(\boldsymbol{r}_1, \ldots, \boldsymbol{r}_n; \boldsymbol{p}'_1, \ldots, \boldsymbol{p}'_n) = \sum_{i=1}^{n} \boldsymbol{r}_i \cdot \boldsymbol{p}'_i + \boldsymbol{a} \cdot \sum_{i=1}^{n} \boldsymbol{p}'_i \,, \tag{2.143}$$

wo $\boldsymbol{a}$ ein konstanter Vektor mit Betrag a und Richtung $\hat{\boldsymbol{a}}$ ist. (Die ungestrichenen $\boldsymbol{r}_i$ und $\boldsymbol{p}_i$ sind die alten Variablen q_k und p_k, die Gestrichenen bezeichnen die Neuen, also Q_k und P_k.)
Allgemein ist

$$Q_k = \frac{\partial S}{\partial P_k} \quad \text{hier also} \quad \boldsymbol{r}'_i = \boldsymbol{r}_i + \boldsymbol{a}$$

$$(k = 1, \ldots, f = 3n) \quad (i = 1, \ldots, n) \quad \text{sowie}$$

$$p_k = \frac{\partial S}{\partial q_k}\,, \quad \text{hier also} \quad \boldsymbol{p}_i = \boldsymbol{p}'_i \,.$$

Es reicht schon aus, den Betrag des Translationsvektors $a = |\boldsymbol{a}|$ infinitesimal klein zu wählen. Diese dann infinitesimale Translation wird durch

$$\sigma = \left.\frac{\partial S}{\partial a}\right|_{a=0} = \hat{\boldsymbol{a}} \cdot \sum_{i=1}^{n} \boldsymbol{p}_i$$

erzeugt. Da H invariant ist, gilt $\{\sigma, H\} = 0$ und somit nach (2.140) auch $\mathrm{d}\sigma/\mathrm{d}t = 0$. σ, die Projektion des Gesamtimpulses auf die Richtung $\hat{\boldsymbol{a}}$, ist Integral der Bewegung.

ii) Dasselbe System (2.142) sei invariant unter beliebigen Drehungen des Koordinatensystems. Betrachten wir infinitesimale Drehungen mit Drehvektor $\boldsymbol{\varphi} = \varepsilon\hat{\boldsymbol{\varphi}}$, so ist nach (2.69) des Abschn. 2.22

$$\left.\begin{aligned} \boldsymbol{r}_i' &= [\mathbb{1} - (\boldsymbol{\varphi} \cdot \boldsymbol{J})]\boldsymbol{r}_i + O(\varepsilon^2) \\ \boldsymbol{p}_i' &= [\mathbb{1} - (\boldsymbol{\varphi} \cdot \boldsymbol{J})]\boldsymbol{p}_i + O(\varepsilon^2) \end{aligned}\right. \quad (i = 1, \dots, n) \,.$$

Die Erzeugende $S(\boldsymbol{r}_i, \boldsymbol{p}_k')$ ist gegeben durch

$$S = \sum_{i=1}^{n} \boldsymbol{r}_i \cdot \boldsymbol{p}_i' - \sum_{i=1}^{n} \boldsymbol{p}_i' \cdot (\boldsymbol{\varphi} \cdot \boldsymbol{J})\boldsymbol{r}_i \,. \tag{2.144}$$

Zur Notation: Mit $(\boldsymbol{\varphi} \cdot \boldsymbol{J})$ ist die 3×3 Matrix

$$(\boldsymbol{\varphi} \cdot \boldsymbol{J})_{ab} = \varepsilon[\hat{\varphi}_1(\mathbf{J}_1)_{ab} + \hat{\varphi}_2(\mathbf{J}_2)_{ab} + \hat{\varphi}_3(\mathbf{J}_3)_{ab}]$$

gemeint. Der zweite Term in (2.144) enthält das Skalarprodukt aus den Vektoren $\boldsymbol{p}_i'$ und $(\boldsymbol{\varphi} \cdot \boldsymbol{J})\boldsymbol{r}_i$.
Man bestätigt zunächst, dass die Erzeugende (2.144) die richtige Transformation beschreibt,

$$Q_k = \frac{\partial S}{\partial P_k}\,, \quad \text{somit} \quad \boldsymbol{r}_i' = \boldsymbol{r}_i - (\boldsymbol{\varphi} \cdot \boldsymbol{J})\boldsymbol{r}_i$$

$$p_k = \frac{\partial S}{\partial q_k}\,, \quad \text{also} \quad \boldsymbol{p}_i = \boldsymbol{p}_i' - \boldsymbol{p}_i'(\boldsymbol{\varphi} \cdot \boldsymbol{J}) \,.$$

Weil die $\mathbf{J}_i$ schiefsymmetrisch sind, gibt die zweite Gleichung $\boldsymbol{p}_i = [\mathbb{1} + (\boldsymbol{\varphi} \cdot \boldsymbol{J})]\boldsymbol{p}_i'$. Multipliziert man dies von links mit $[\mathbb{1} - (\boldsymbol{\varphi} \cdot \boldsymbol{J})]$ und bleibt wie vereinbart in der ersten Ordnung in ε, so folgt die richtige Transformationsgleichung. Aus (2.144) folgt nun noch

$$\sigma = \left.\frac{\partial S}{\partial \varepsilon}\right|_{\varepsilon=0} = -\sum_{i=1}^{n} \boldsymbol{p}_i \cdot (\hat{\boldsymbol{\varphi}} \cdot \boldsymbol{J})\boldsymbol{r}_i \,.$$

Nach (2.66) und (2.69) des Abschn. 2.22 ist

$$(\hat{\boldsymbol{\varphi}} \cdot \boldsymbol{J})\boldsymbol{r}_i = \hat{\boldsymbol{\varphi}} \times \boldsymbol{r}_i \,,$$

und somit

$$\boldsymbol{p}_i \cdot (\hat{\boldsymbol{\varphi}} \cdot \boldsymbol{J})\boldsymbol{r}_i = \boldsymbol{p}_i \cdot (\hat{\boldsymbol{\varphi}} \times \boldsymbol{r}_i) = \hat{\boldsymbol{\varphi}} \cdot (\boldsymbol{r}_i \times \boldsymbol{p}_i) = \hat{\boldsymbol{\varphi}} \cdot \boldsymbol{\ell}_i \,.$$

Die Erhaltungsgröße σ ist hier die Projektion des gesamten Drehimpulses $\boldsymbol{L} = \sum_{i=1}^{n} \boldsymbol{\ell}_i$ auf die Richtung $\hat{\boldsymbol{\varphi}}$. Da H sogar für alle

Richtungen $\hat{\varphi}$ invariant sein soll, ist $\boldsymbol{L} = (L_1, L_2, L_3)$ selbst erhalten und es gilt

$$\{H, L_a\} = 0\,; \quad a = 1, 2, 3\,. \tag{2.145}$$

2.35 Hamilton-Jacobi'sche Differentialgleichung

Die allgemeine Diskussion kanonischer Transformationen in Abschn. 2.23 hat gezeigt, dass die Bewegungsgleichungen eines kanonischen Systems elementar lösbar werden, wenn es gelingt, alle Koordinaten zu *zyklischen* zu machen. Das ist insbesondere dann der Fall, wenn es gelingt, eine zeitabhängige kanonische Transformation zu finden, die $\tilde{H}$ zu Null macht, also

$$\{\underset{\sim}{q}, \underset{\sim}{p}, H(\underset{\sim}{q}, \underset{\sim}{p}, t)\} \xrightarrow[S^*(\underset{\sim}{q}, \underset{\sim}{P}, t)]{} \left\{\underset{\sim}{Q}, \underset{\sim}{P}, \tilde{H} = H + \frac{\partial S^*}{\partial t} = 0\right\}. \tag{2.146}$$

Diese spezielle Klasse von Erzeugenden sei mit $S^*(\underset{\sim}{q}, \underset{\sim}{P}, t)$ bezeichnet. Die Forderung lautet also

$$\tilde{H} = H\left(q_i, p_k = \frac{\partial S^*}{\partial q_k}, t\right) + \frac{\partial S^*}{\partial t} = 0\,. \tag{2.147}$$

Das ist eine partielle Differentialgleichung erster Ordnung für die Funktion $S^*(\underset{\sim}{q}, \underset{\sim}{\alpha}, t)$, wo $\underset{\sim}{\alpha} = (\alpha_1, \ldots, \alpha_f)$ Parameter sind, $\{q_1, \ldots, q_f, t\}$ die Variablen. Die α_k sind nichts anderes als die neuen Impulse P_k, denn $\dot{P}_k = 0$, da $\tilde{H}$ verschwindet. Die neuen Koordinaten Q_k sind aber ebenfalls alle konstant und sind durch

$$Q_k = \frac{\partial S^*(\underset{\sim}{q}, \underset{\sim}{\alpha}, t)}{\partial \alpha_k} = \beta_k \tag{2.148}$$

gegeben. Die letzte Gleichung kann man genau dann nach

$$q_k = q_k(\underset{\sim}{\alpha}, \underset{\sim}{\beta}, t) \tag{2.149}$$

auflösen, wenn

$$\det\left(\frac{\partial^2 S^*}{\partial \alpha_k \partial q_l}\right) \neq 0 \tag{2.150}$$

ist. Wenn $S^*(\underset{\sim}{q}, \underset{\sim}{\alpha}, t)$ diese Bedingung erfüllt, so heißt S^* vollständige Lösung von (2.147). Man kann also sagen: die partielle Differentialgleichung (2.147) für $S^*(\underset{\sim}{q}, \underset{\sim}{\alpha}, t)$, die von $(f+1)$ Variablen abhängt, ist äquivalent zu dem System (2.43) der Hamilton'schen Gleichungen. Sie heißt *Hamilton-Jacobi'sche Differentialgleichung* und wird in der Theorie der partiellen Differentialgleichungen ausführlich behandelt.

Ein wichtiger Spezialfall ist der einer nicht explizit zeitabhängigen Hamiltonfunktion. In diesem Fall genügt es,

$$S^*(\underset{\sim}{q}, \underset{\sim}{\alpha}, t) = S(\underset{\sim}{q}, \underset{\sim}{\alpha}) - Et \tag{2.151}$$

zu setzen, da $H(q, p)$ entlang Bahnkurven konstant und gleich der Energie E ist. Man nennt S die *verkürzte Wirkungsfunktion*. Sie ist Lösung der von der Zeit unabhängigen Differentialgleichung, die aus (2.147) entsteht,

$$H\left(q_i, \frac{\partial S}{\partial q_k}\right) = E \,. \tag{2.152}$$

Dies ist eine verkürzte Form der Differentialgleichung (2.147).

2.36 Einfache Anwendungen der Hamilton-Jacobi'schen Differentialgleichung

Beispiele

i) Als Beispiel betrachten wir die Bewegung eines freien Teilchens, d. h. $H = \boldsymbol{p}^2/2m$. Die Hamilton-Jacobi'sche Differentialgleichung lautet jetzt

$$\frac{1}{2m}(\nabla_r S^*(\boldsymbol{r}, \boldsymbol{\alpha}, t))^2 + \frac{\partial S^*}{\partial t} = 0 \,,$$

deren Lösung man leicht errät. Sie ist

$$S^*(\boldsymbol{r}, \boldsymbol{\alpha}, t) = \boldsymbol{\alpha} \cdot \boldsymbol{r} - \frac{\boldsymbol{\alpha}^2}{2m} t + c \,.$$

Aus (2.148) hat man noch

$$\boldsymbol{\beta} = \nabla_\alpha S^* = \boldsymbol{r} - \frac{\boldsymbol{\alpha}}{m} t \,,$$

d. h. die erwartete Lösung $\boldsymbol{r}(t) = \boldsymbol{\beta} + \boldsymbol{\alpha} t/m$. Man erkennt noch eine interessante Eigenschaft der Lösungen, nämlich: Sei $\boldsymbol{r}(t) = (r_1(t), r_2(t), r_3(t))$. Dann ist

$$\dot{r}_i = \frac{1}{m}\frac{\partial S^*}{\partial r_i} \,; \quad i = 1, 2, 3 \,.$$

Das bedeutet, dass die Teilchenbahnen $\boldsymbol{r}(t)$ auf den Flächen $S^*(\boldsymbol{r}, \boldsymbol{\alpha}, t) = \text{const}$ senkrecht stehen. Das ist ein Zusammenhang zwischen diesen Flächen und den Teilchenbahnen als deren Orthogonaltrajektorien, der in der Quantenmechanik eine tiefere Bedeutung bekommt.

ii) Es sei $H = (\boldsymbol{p}^2/2m) + U(\boldsymbol{r})$. Diesmal setzen wir gleich die verkürzte Wirkungsfunktion S an, für die (2.152)

$$\frac{1}{2m}(\nabla S)^2 + U(\boldsymbol{r}) = E \tag{2.153}$$

zu lösen ist. Entlang Bahnkurven ist aber $E = (\boldsymbol{p}^2/2m) + U(\boldsymbol{r})$ konstant und die Differentialgleichung für S reduziert sich auf

$$(\nabla S)^2 = \boldsymbol{p}^2 \,.$$

Sie wird durch das Integral

$$S = \int_{r_0}^{r_1} (\boldsymbol{p} \cdot \mathrm{d}\boldsymbol{r}) + S_0 \tag{2.154}$$

gelöst, wenn dieses entlang der Bahn zur Energie E genommen wird. Sei diese Bahn durch ihre Bogenlänge charakterisiert, $\boldsymbol{r} = \boldsymbol{r}(\lambda)$. Dann ist

$$\frac{\partial S}{\partial r_i} = \frac{\partial S}{\partial \lambda}\frac{\partial \lambda}{\partial r_i} ,$$

$$(\nabla S)^2 = \left(\frac{\partial S}{\partial \lambda}\right)^2 \sum_{i=1}^{3} \left(\frac{\partial \lambda}{\partial r_i}\right)^2 .$$

Die Lösung (2.154) lautet dann

$$S = \int_{\lambda_0}^{\lambda} \mathrm{d}\lambda' \sqrt{2m\big[E - U\big(\boldsymbol{r}(\lambda')\big)\big] / \sum_{i=1}^{3} \left(\frac{\partial \lambda}{\partial r_i}\right)^2} + S_0 \quad \text{mit}$$

$\boldsymbol{r}_0 = \boldsymbol{r}(\lambda_0)$.

Bemerkungen

i) Zunächst möchten wir zeigen, dass die Erzeugende $S^*(\underset{\sim}{q}, \underset{\sim}{\alpha}, t)$ als Funktion von $\underset{\sim}{q}$ mit dem Wirkungsintegral (2.26) nahe verwandt ist. Es sei vorausgesetzt, dass die Legendre-Transformation zwischen H und L existiert. Bildet man die Zeitableitung von S^* und verwendet (2.147), so gilt

$$\frac{\mathrm{d}\, S^*}{\mathrm{d}\, t} = \frac{\partial S^*}{\partial t} + \sum_i \frac{\partial S^*}{\partial q_i}\dot{q}_i = \left[-H(\underset{\sim}{q}, \underset{\sim}{p}, t) + \sum_i p_i \dot{q}_i\right]_{\underset{\sim}{p} = \partial S^*/\partial \underset{\sim}{q}} .$$

Da man problemlos die Variablen $\underset{\sim}{p}$ eliminieren kann, lässt sich die rechte Seite dieser Gleichung als Lagrangefunktion $L(\underset{\sim}{q}, \underset{\sim}{\dot{q}}, t)$ lesen. Integriert man über die Zeit zwischen zwei festen Randpunkten t_0 und t, so ist

$$S^*\big(\underset{\sim}{q}(t), \underset{\sim}{\alpha}, t\big) = \int_{t_0}^{t} \mathrm{d}t' L(\underset{\sim}{q}, \underset{\sim}{\dot{q}}, t') , \tag{2.155}$$

wobei man sich die Lösungen der Bewegungsgleichungen für $\underset{\sim}{q}(t)$ eingesetzt denken muss. Das Wirkungsintegral lässt sich als erzeugende Funktion für solche kanonische Transformationen lesen, die das System von einem Zeitpunkt zu einem anderen „anschieben".

ii) Das Integral der rechten Seite von (2.155), in das man diejenige physikalische Bahn $\varphi(t)$ eingesetzt hat, die zwischen den Randwerten $(t_1, \underset{\sim}{a})$ und $(t_2, \underset{\sim}{b})$ verläuft, wird *Hamilton'sche Prinzipalfunktion* genannt. Setzen wir voraus, dass die Lagrangefunktion nicht explizit von der Zeit abhängt, so hängt diese Funktion außer von $\underset{\sim}{a}$ und $\underset{\sim}{b}$ nur von der Zeitdifferenz $\tau = t_2 - t_1$ ab,

$$I_0 \equiv I_0(\underset{\sim}{a}, \underset{\sim}{b}, \tau) = \int_{t_1}^{t_2} \mathrm{d}t \, L\big(\dot{\underset{\sim}{\varphi}}(t), \underset{\sim}{\varphi}(t)\big) .$$

Man beachte den Unterschied zum Wirkungsintegral (2.26): Dort ist $I[\underset{\sim}{q}]$ ein glattes Funktional von $\underset{\sim}{q}$, wobei $\underset{\sim}{q}$ eine beliebige glatte Funktion der Zeit mit den dort vorgegebenen Randwerten ist. In I_0 dagegen ist die physikalische Lösung $\varphi(t)$ eingesetzt worden, so dass I_0 Extremalwert von $I[\underset{\sim}{q}]$ ist. Dieses I_0 ist eine gewöhnliche, glatte Funktion der Randwerte $(t_1, \underset{\sim}{a})$ und $(t_2, \underset{\sim}{b})$. Unter der angegebenen Voraussetzung hängt sie sogar nur von der Zeitdifferenz τ ab.

Betrachten wir jetzt eine glatte Änderung der Anfangs- und Endwerte der verallgemeinerten Koordinaten $\underset{\sim}{q}$, sowie der Laufzeit τ, d. h. ersetzen wir $\varphi(t)$ durch die Lösung $\underset{\sim}{\phi}(s, t)$ der Bewegungsgleichungen, die folgende Bedingungen erfüllt: $\phi(s, t)$ ist in s differenzierbar und geht für $s \to 0$ in die ursprüngliche Lösung über, $\phi(s = 0, t) = \varphi(t)$; die Bahn ϕ läuft von $\underset{\sim}{a}' = \underset{\sim}{a} + \delta\underset{\sim}{a}$ nach $\underset{\sim}{b}' = \underset{\sim}{b} + \delta\underset{\sim}{b}$ in der Laufzeit $\tau' = \tau + \delta\tau$. Wie antwortet die Funktion I_0 auf diese Änderungen? Die Antwort wird durch Aufgabe 2.30 gegeben. Bezeichnen $\underset{\sim}{p}^a$ und $\underset{\sim}{p}^b$ die Werte der zu $\underset{\sim}{q}$ kanonisch konjugierten Impulse zu den Zeiten t_1 bzw. t_2, dann gilt

$$\frac{\partial I_0}{\partial \tau} = -E , \qquad \frac{\partial I_0}{\partial a_i} = -p_i^a , \qquad \frac{\partial I_0}{\partial b_k} = p_k^b ,$$

oder, als Variation ausgedrückt,

$$\delta I_0 = -E\delta\tau - \sum_{i=1}^{f} p_i^a \delta a_i + \sum_{k=1}^{f} p_k^b \delta b_k .$$

Mithilfe der Funktion I_0 und mit diesen Ergebnissen lässt sich die in Abschn. 2.6 aufgeworfene Frage beantworten, von welcher Art das Extremum (2.26) im Einzelfall ist. Streng genommen müsste man dazu die zweite Variation von I, Gleichung (2.26), nach $\delta\underset{\sim}{q}$ für jede physikalische Bahn mit vorgegebenen Randwerten berechnen. Da dies i. Allg. schwierig ist, kann man sich wie folgt behelfen.

Man betrachtet solche benachbarten (physikalischen) Bahnen, die alle denselben Anfangswert $\underset{\sim}{a}$ annehmen, sich aber im Anfangswert der Impulse $\underset{\sim}{p}^a$ unterscheiden. Diese Trajektorien lässt man über das feste Zeitintervall $\tau = t_2 - t_1$ laufen und vergleicht die erreichten Endpositionen $\underset{\sim}{b}(\underset{\sim}{p}^a)$, bzw. berechnet die partiellen Ableitungen

$M_{ik} := \partial b_i / \partial p^a_k$. Die Inverse dieser Matrix enthält die zweiten, gemischten Ableitungen von I_0 nach $\underset{\sim}{a}$ und $\underset{\sim}{b}$,

$$(\mathbf{M}^{-1})_{ik} \equiv \frac{\partial p^a_i}{\partial b_k} = -\frac{\partial^2 I_0}{\partial a_i \partial b_k} \,.$$

Die Matrix **M** hat i. Allg. den maximalen Rang f, ihre Inverse existiert und I_0 ist ein Minimum (oder Maximum). Für bestimmte Werte von τ kann es aber vorkommen, dass einer oder mehrere der Endwerte b_i bei Variation der Anfangsimpulse ungeändert bleiben. An dieser Stelle hat **M** einen kleineren Rang. Solche Endwerte $\underset{\sim}{b}$ in denen **M** singulär wird, nennt man zu $\underset{\sim}{a}$ *konjugierte Punkte*. Hat man zur Berechnung von I_0 gerade ein solches Paar von konjugierten Punkten als Randwerte gewählt, so ist I_0 kein Minimum mehr.
Ein einfaches Beispiel ist die kräftefreie Bewegung auf der S^2, der Kugeloberfläche im $\mathbb{R}^3$. Die physikalischen Bahnen sind Großkreise. Ist $\underset{\sim}{b}$ nicht Antipodenpunkt von $\underset{\sim}{a}$, so gibt es einen kürzesten und einen längsten Großkreisbogen, die $\underset{\sim}{a}$ und $\underset{\sim}{b}$ verbinden. I_0 für den kürzesten Weg berechnet, ist ein Minimum. Ist $\underset{\sim}{b}$ jedoch der Antipode von $\underset{\sim}{a}$, so treffen alle Bahnen, die von $\underset{\sim}{a}$ mit demselben Betrag des Impulses p^a, aber in verschiedener Richtung ausgehen, zur selben Zeit in $\underset{\sim}{b}$ ein. Der Punkt $\underset{\sim}{b}$ ist konjugiert zu $\underset{\sim}{a}$, I_0 ist ein Sattelpunkt des Wirkungsintegrals (2.26).
Als zweites Beispiel betrachten wir den eindimensionalen harmonischen Oszillator, für den wir die reduzierten Variablen aus Abschn. 1.17.1 verwenden. Bezeichnen (a, p^a) und (b, p^b) wie oben die Randwerte im Phasenraum, τ die Laufzeit von a nach b, so lautet die entsprechende Lösung der Bewegungsgleichungen

$$\varphi(t) = \frac{1}{\sin\tau}[a\sin(t_2 - t) + b\sin(t - t_1)] \,.$$

Diese Bahn ist periodisch. In den hier verwendeten Einheiten ist die Periode $T = 2\pi$. Die Randwerte des Impulses sind mit $\tau = t_2 - t_1$

$$p^a = \dot\varphi(t_1) = \frac{-a\cos\tau + b}{\sin\tau} \,, \qquad p^b = \dot\varphi(t_2) = \frac{-a + b\cos\tau}{\sin\tau} \,.$$

Die Energie ist durch

$$\begin{aligned} E &= \frac{1}{2}(\dot\varphi^2(t) + \varphi^2(t)) = \frac{a^2 + b^2 - 2ab\cos\tau}{2\sin^2\tau} \\ &= \frac{1}{2}(a^2 + (p^a)^2) = \frac{1}{2}(b^2 + (p^b)^2) \end{aligned}$$

gegeben. Ebenso berechnet man die Lagrangefunktion $L = 1/2\big(\dot\varphi^2(t) - \varphi^2(t)\big)$ und die Funktion I_0 entlang der angegebenen Bahn

$$I_0(a, b, \tau) = \int_{t_1}^{t_2} \mathrm{d}t\, L\big(\dot\varphi(t), \varphi(t)\big) = \frac{(a^2 + b^2)\cos\tau - 2ab}{2\sin\tau} \,.$$

Man bestätigt die Beziehungen $\partial I_0/\partial\tau = -E$, $\partial I_0/\partial a = -p^a$, $\partial I_0/\partial b = p^b$. Berechnet man jetzt die Matrix $\mathbf{M}$ (die hier eindimensional ist) bzw. ihre Inverse, so findet man

$$\mathbf{M} = \frac{\partial b}{\partial p^a} = \sin\tau \quad \text{bzw.} \quad \mathbf{M}^{-1} = -\frac{\partial^2 I_0}{\partial b \partial a} = \frac{1}{\sin\tau}\,.$$

$\mathbf{M}^{-1}$ wird singulär bei $\tau = \pi$ und bei $\tau = 2\pi$, d. h. nach der halben Periode $T/2$ bzw. der ganzen Periode T.
Halten wir die Anfangsposition a fest, aber variieren den Anfangsimpuls p^a, so ist die Endposition durch

$$b(p^a, \tau) = p^a \sin\tau + a\cos\tau$$

gegeben. Als Funktion von a, p^a und τ ausgedrückt ist

$$I_0(a, p^a, \tau) = \frac{1}{2}\sin\tau\{[(p^a)^2 - a^2]\cos\tau - ap^a\sin\tau\}\,.$$

Man trägt die Funktion $b(p^a, \tau)$ für verschiedene Werte von p^a über der Laufzeit τ auf. Für $0 \le \tau \le \pi$ schneiden diese Kurven sich (außer in a) nicht. Für $\tau = \pi$ dagegen gehen sie alle durch $b(p^a, \pi) = -a$, unabhängig von p^a. Dort wird $\mathbf{M}^{-1}$ singulär. Die Punkte a und $-a$ sind daher konjugierte Punkte. Solange τ kleiner als π bleibt, ist das Wirkungsintegral I ein Minimum. Ist aber $\tau = \pi$, dann laufen alle Bahnen zu festem Ort a, aber unterschiedlichem Impuls p^a nach der Zeit $\tau = \pi$ durch den Punkt $b = -a$, wie im Hamilton'schen Prinzip gefordert. (Man skizziere diese Bahnen durch a, über der Laufzeit τ aufgetragen!) Da $I_0(a, p^a, \tau = \pi)$ jetzt immer gleich Null ist, ist das Extremum von I hier ein Sattelpunkt.

2.37 Hamilton-Jacobi-Gleichung und integrable Systeme

Eine ausführliche Darstellung der allgemeinen Lösungsmethoden für die Hamilton-Jacobi'sche Differentialgleichung (2.147) würde den Rahmen dieses Buches sprengen. Statt dessen gehen wir auf die Frage ein, inwieweit die kanonischen Bewegungsgleichungen lokale oder sogar globale Lösungen besitzen und was sich darüber mithilfe von (2.147) aussagen lässt. Wir diskutieren die vollständig integrablen Hamilton'schen Systeme und geben einige Beispiele dafür an. Auf die allgemeine Definition von Winkel- und Wirkungsvariablen folgt dann ein kurzer Abriss der Störungsrechnung für Hamilton'sche Systeme wie sie für die Himmelsmechanik typisch ist.

2.37.1 Lokale Glättung von Hamilton'schen Systemen

Die Hamilton-Jacobi'sche Differentialgleichung (2.147) besitzt *lokal* immer eine vollständige Lösung, d. h. in einer Umgebung eines beliebigen Punktes $\underset{\sim}{x}_0 \equiv (\underset{\sim}{q}_0, \underset{\sim}{p}_0)$ im Phasenraum kann man immer eine kanonische Transformation finden, deren Erzeugende $S^*(\underset{\sim}{q}, \underset{\sim}{\alpha}, t)$ der Bedingung $\det(\partial^2 S^*/\partial q_i \partial \alpha_k) \neq 0$, (2.150), genügt und die die Hamiltonfunktion auf $\tilde{H} = 0$ transformiert. Diese Aussage folgt z. B. aus der expliziten Lösung (2.155) oder deren Verallgemeinerung

$$S^*\big(\underset{\sim}{q}(t), \underset{\sim}{\alpha}, t\big) = S_0^*(\underset{\sim}{q}_0) + \int\limits_{(\underset{\sim}{q}_0, t_0)}^{(\underset{\sim}{q}, t)} \mathrm{d}t' L(\underset{\sim}{q}, \dot{\underset{\sim}{q}}, t) \,. \tag{2.156}$$

Hierbei ist $S^*(\underset{\sim}{q}_0)$ eine Funktion, die eine vorgegebene Anfangsbedingung für S^* darstellt, derart, dass $\underset{\sim}{p}_0 = \partial S_0^*(\underset{\sim}{q})/\partial \underset{\sim}{q}|_{\underset{\sim}{q}_0}$ gilt. Im zweiten Term ist die physikalische Lösung einzusetzen, die $(\underset{\sim}{q}_0, t_0)$ mit $(\underset{\sim}{q}, t)$ verbindet und die man aus den Euler-Lagrange-Gleichungen (2.27) gewonnen hat. Schließlich müssen t und t_0 so nahe beieinanderliegen, dass physikalische Lösungskurven $\underset{\sim}{q}(t)$, die bei $t = t_0$ in der Nähe von $\underset{\sim}{q}_0$ liegen, sich nicht schneiden. (Man beachte, dass wir hier den Graphen von $\underset{\sim}{q}$ als Funktion der Zeit meinen und nicht das Phasenporträt). Daher stammt die Aussage, dass die Existenz vollständiger Lösungen im allgemeinen Fall nur *lokal* garantiert ist. Natürlich handelt es sich hier nur um eine Existenzaussage für Lösungen der Bewegungsgleichungen und nicht um deren praktische Konstruktion. Um die Lösungen wirklich anzugeben, kann es ebenso schwierig sein, die Euler-Lagrange-Gleichungen bzw. die kanonischen Gleichungen selbst zu lösen, wie vollständige Lösungen der Hamilton-Jacobi-Gleichung (2.147) zu finden.

Ohne die Lösungen explizit zu kennen, lassen sich aber interessante allgemeine Aussagen für den Fall autonomer Systeme gewinnen. Wir betrachten ein autonomes System, das durch die Hamiltonfunktion $H(\underset{\sim}{q}, \underset{\sim}{p})$ definiert ist. Dabei sei H so beschaffen, dass die Bedingung $\det(\partial^2 H/\partial p_i \partial p_k) \neq 0$ erfüllt ist, d. h. dass die Legendre-Transformation existiert und umkehrbar eindeutig ist. Zunächst stellen wir fest, dass man anstelle von (2.151) den allgemeineren Ansatz

$$S^*(\underset{\sim}{q}, \underset{\sim}{\alpha}, t) = S(\underset{\sim}{q}, \underset{\sim}{\alpha}) - \Sigma(\underset{\sim}{\alpha})t \tag{2.157}$$

verwenden kann, wo $\Sigma(\underset{\sim}{\alpha})$ eine beliebige, differenzierbare Funktion der neuen (erhaltenen) Impulse sein darf. Anstelle von (2.152) erhält man dann

$$H\Big(\underset{\sim}{q}, \frac{\partial S}{\partial \underset{\sim}{q}}\Big) = \Sigma(\underset{\sim}{\alpha}) \,. \tag{2.158}$$

Da wir auf die neuen Koordinaten $(\underset{\sim}{Q}, \underset{\sim}{P} \equiv \underset{\sim}{\alpha})$ derart transformieren, dass alle Q_j zyklisch werden, bedeutet (2.158)

$$\hat{H}(\underset{\sim}{\alpha}) \equiv H(\underset{\sim}{q}(\underset{\sim}{Q}, \underset{\sim}{\alpha}), \underset{\sim}{\alpha}) = \Sigma(\underset{\sim}{\alpha})\,. \qquad (2.158')$$

Z. B. könnten wir $\Sigma(\underset{\sim}{\alpha}) = \alpha_f = E$ wählen und würden somit zu (2.152) zurückkehren mit der Vorschrift, dass $P_f \equiv \alpha_f$ gleich E sein soll.

Ohne Beschränkung der Allgemeinheit können wir annehmen, dass die Ableitung $\partial H/\partial p_f$ lokal von Null verschieden ist (andernfalls muss man die Variablen umordnen). Dann kann man die Gleichung

$$H(q_1, \ldots, q_f, p_1, \ldots, p_f) = \Sigma$$

lokal nach p_f auflösen,

$$p_f = -h(q_1, \ldots, q_{f-1}, q_f; p_1, \ldots, p_{f-1}, \Sigma)\,.$$

Betrachtet man q_f formal als Zeitvariable, $\tau := q_f$, so kann man h als Hamiltonfunktion für ein zeitabhängiges System mit $(f-1)$ Freiheitsgraden lesen, das überdies von der Konstanten Σ abhängt. Man zeigt in der Tat, dass folgende kanonische Gleichungen gelten:

$$\frac{\mathrm{d}q_i}{\mathrm{d}\tau} = \frac{\partial h}{\partial p_i}\,, \quad \frac{\mathrm{d}p_i}{\mathrm{d}\tau} = -\frac{\partial h}{\partial q_i}\,, \qquad \text{für} \quad i = 1, \ldots, f-1\,.$$

Aus der Gleichung

$$\begin{aligned} H(q_1, \ldots, q_{f-1}, \tau; p_1, \ldots, p_{f-1}, \\ -h(q_1, \ldots, q_{f-1}, \tau; p_1, \ldots, p_{f-1}, \Sigma)) = \Sigma \end{aligned}$$

folgt nämlich durch Ableitung nach p_i (für $i = 1, \ldots, f-1$)

$$\frac{\partial H}{\partial p_i} + \frac{\partial H}{\partial p_f}\frac{\partial p_f}{\partial p_i} = 0\,.$$

Es ist aber $\partial H/\partial p_i = \dot{q}_i$, $\partial H/\partial p_f = \dot{q}_f$ und $\partial p_f/\partial p_i = -\partial h/\partial p_i$ und somit $\mathrm{d}q_i/\mathrm{d}\tau = \dot{q}_i/\dot{q}_f = \partial h/\partial p_i$. Durch Ableitung nach q_i folgt ebenso

$$\frac{\partial H}{\partial q_i} + \frac{\partial H}{\partial p_f}\left(-\frac{\partial h}{\partial q_i}\right) = 0$$

und daraus die zweite der kanonischen Gleichungen mit h als Hamiltonfunktion. Die Hamilton-Jacobi-Gleichung zu diesem formal entstandenen, zeitabhängigen System

$$\frac{\partial S^*}{\partial \tau} + h\left(q_1, \ldots, q_{f-1}, \tau; \frac{\partial S^*}{\partial q_1}, \ldots, \frac{\partial S^*}{\partial q_{f-1}}, \Sigma\right) = 0$$

besitzt lokal immer ein vollständiges Integral $S^*(q_1, \ldots, q_{f-1}, \alpha_1, \ldots, \alpha_{f-1}, \Sigma, \tau)$. Vollständig bedeutet dabei, dass

$$\det\left(\frac{\partial^2 S*}{\partial q_i \partial \alpha_i}\right) \neq 0\,, \quad i, j = 1, \ldots, f-1 \qquad (*)$$

ist. Nehmen wir an, dass $\Sigma(\underset{\sim}{\alpha})$ in (2.158) explizit von α_f abhängt und $\partial\Sigma/\partial\alpha_f \neq 0$ ist, so zeigt man, dass die Bedingung (*) auch dann erfüllt ist, wenn i und j bis f laufen. (Hinweis: Man leite (2.158) nach α_f ab.) Damit haben wir den folgenden Glättungssatz für autonome Hamilton'sche Systeme bewiesen.

Satz 2.9 Glättungssatz

Es sei $(\underset{\sim}{q}, \underset{\sim}{p})$ ein Punkt im Phasenraum, in dem nicht alle Ableitungen $\partial H/\partial q_i$ und $\partial H/\partial p_j$ verschwinden,

$$(\dot{\underset{\sim}{q}}, \dot{\underset{\sim}{p}}) = \left(\frac{\partial H}{\partial \underset{\sim}{p}}, -\frac{\partial H}{\partial \underset{\sim}{q}}\right) \neq (\underset{\sim}{0}, \underset{\sim}{0}) .$$

(Dieser Punkt darf demnach keine Gleichgewichtslage sein). Dann hat die verkürzte Gl. (2.158) lokal ein vollständiges Integral $S(\underset{\sim}{q}, \underset{\sim}{\alpha})$, d. h. die Bedingung (2.150) ist erfüllt.

Die neuen Koordinaten Q_i sind zyklisch und sind durch $Q_i = \partial S^*/\partial\alpha_i$ gegeben. Ihre Ableitungen nach der Zeit folgen aus (2.158′) und den kanonischen Gleichungen

$$\dot{Q}_i = \frac{\partial \hat{H}}{\partial \alpha_i} = \frac{\partial \Sigma(\underset{\sim}{\alpha})}{\partial \alpha_i} .$$

Wählt man speziell $\Sigma(\underset{\sim}{\alpha}) = \alpha_f = E$, so gilt

$$\begin{aligned} &\dot{Q}_i = 0 \quad \text{für} \quad i = 1, \ldots, f-1 , \\ &\dot{Q}_f = 1 , \\ &\dot{P}_k = 0, \; k = 1, \ldots, f , \end{aligned} \tag{2.159}$$

und somit

$$Q_i \equiv \beta_i = \text{const}, i = 1, \ldots, f-1; \; Q_f = t - t_0 = \frac{\partial S^*(\underset{\sim}{q}, \underset{\sim}{\alpha})}{\partial \alpha_f} ,$$

$$P_k \equiv \alpha_k = \text{const}, k = 1, \ldots, f .$$

Die Bedeutung dieses Satzes ist die folgende: Der Fluss eines autonomen Systems lässt sich in einer Umgebung eines jeden Punktes, der nicht gerade eine Gleichgewichtslage ist, wie in Abb. 2.16 skizziert, glätten. Lokal gesehen, kann man ihn durch Transformation der Phasenraumvariablen in einen geradlinig-gleichförmigen Fluss (z. B.) parallel zur Q_f-Achse strecken. Außerhalb von Gleichgewichtslagen sind alle autonomen Hamilton'schen Systeme (mit $\det(\partial^2 H/\partial p_i \partial p_k) \neq 0$) lokal äquivalent.[10]

Die interessanten und systemspezifischen Eigenschaften Hamilton'scher oder allgemeiner Systeme treten daher *global* und bei den *Gleichgewichtslagen* auf. Wir kehren in Kap. 6 zu diesen Fragen zurück.

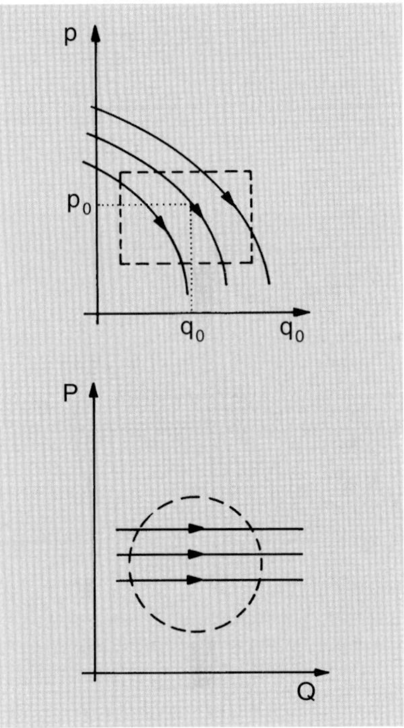

Abb. 2.16. Lokal und außerhalb von Gleichgewichtslagen lässt sich ein dynamisches System glätten

[10]Der Satz ist ein Spezialfall des Glättungssatzes für allgemeine, autonome, differenzierbare Systeme: Das System $\dot{\underset{\sim}{x}} = \underset{\sim}{F}(\underset{\sim}{x})$ von Differentialgleichungen erster Ordnung lässt sich in einer Umgebung eines jeden Punktes $\underset{\sim}{x}_0$, der nicht Gleichgewichtslage ist (d. h. wo $\underset{\sim}{F}(\underset{\sim}{x}_0) \neq 0$ ist), auf die Form $\dot{\underset{\sim}{z}} = (1, 0, \ldots, 0)$ transformieren, d. h. $\dot{z}_1 = 1$, $\dot{z}_2 = 0 \ldots = \dot{z}_f$; s. z. B. (Arnol'd 1991).

Beispiel Harmonischer Oszillator in einer Dimension

Als Beispiel betrachten wir den harmonischen Oszillator in der speziellen Form des Abschn. 1.17.1, wobei wir der Übersicht halber wieder q statt z_1, p statt z_2 und t anstelle von τ schreiben, ($q \equiv z_1$ und $p \equiv z_2$ tragen wie dort die Dimension von $(\text{Energie})^{1/2}$, während t in Einheiten von ω^{-1} gemessen wird.) In diesen Einheiten ist $H = \frac{1}{2}(p^2 + q^2)$. Wählen wir $\Sigma(\alpha)$ in (2.157) wie folgt: $\Sigma(\alpha) = P > 0$, so lautet die zugehörige Hamilton-Jacobi-Gleichung

$$\frac{1}{2}\left(\frac{\partial S}{\partial q}\right)^2 + \frac{1}{2}q^2 = P \, .$$

Sie lässt sich elementar integrieren: Es ist $(\partial S/\partial q) = \sqrt{2P - q^2}$ und folglich

$$S(q, P) = \int_0^q \mathrm{d}q' \sqrt{2P - q'^2} \quad \text{mit} \quad |q| < \sqrt{2P} \, .$$

Es ist

$$\frac{\partial^2 S}{\partial q \partial P} = \frac{1}{\sqrt{2P - q^2}} \neq 0 \quad \text{und}$$

$$p = \frac{\partial S}{\partial q} = \sqrt{2P - q^2} \, ,$$

$$Q = \frac{\partial S}{\partial P} = \int_0^q \mathrm{d}q' \frac{1}{\sqrt{2P - q'^2}} = \arcsin \frac{q}{\sqrt{2P}} \, .$$

Wegen der Mehrdeutigkeit muss man Q zunächst auf das Intervall $Q \in (-\pi/2, +\pi/2)$ einschränken. Löst man aber nach q und p auf, so erhält man

$$q = \sqrt{2P} \sin Q \, ,$$
$$p = \sqrt{2P} \cos Q \, ,$$

und kann diese Einschränkung offensichtlich fallen lassen.

Man bestätigt leicht, dass die Transformation $(q, p) \mapsto (Q, P)$ kanonisch ist, indem man z. B. nachprüft, dass $M = \partial(q, p)/\partial(Q, P)$ symplektisch ist oder, dass $P \,\mathrm{d}Q - p \,\mathrm{d}q$ ein totales Differential und zwar gleich $\mathrm{d}(P \sin Q \cos Q)$ ist.

Natürlich ist uns das Ergebnis aus dem Beispiel (ii) des Abschn. 2.24 bekannt. Hier ist die Glättung sogar global gelungen, s. Abb. 2.17: In den gewählten Einheiten läuft der Phasenpunkt in der (q, p)-Ebene mit Winkelgeschwindigkeit 1 auf einem Kreis mit Radius $\sqrt{2P}$. In der (Q, P)-Ebene läuft er geradlinig-gleichförmig mit der Geschwindigkeit 1 parallel zur Q-Achse. Da die Frequenz nicht von der Amplitude abhängt, werden alle Bahnen in beiden Darstellungen mit derselben, konstanten Geschwindigkeit durchlaufen.

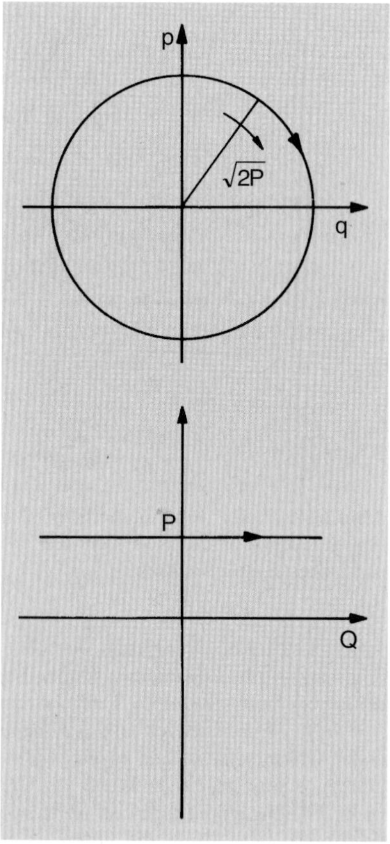

Abb. 2.17. Beim Oszillator gelingt die Glättung sogar global

2.37.2 Integrable Systeme

Die mechanischen Systeme, die sich vollständig und global integrieren lassen, sind die Ausnahmen in der ungeheuren Vielfalt aller dynamischen Systeme. In diesem Abschnitt wollen wir einige Aussagen und Sätze zusammenstellen und diese durch Beispiele von integrablen Systemen illustrieren.

Grob gesprochen sind die Chancen, vollständige Lösungen für ein gegebenes System angeben zu können, umso besser, je mehr Integrale der Bewegung vorliegen. Beispiele sind:

Beispiele

i) Die Bewegung eines Teilchens in einer Dimension, unter Einfluss eines Potentials $U(q)$ (Abschn. 1.16). Das System hat einen Freiheitsgrad, $f=1$, der Phasenraum hat Dimension 2. Es gibt eine Erhaltungsgröße, die Energie.
ii) Die Bewegung eines Teilchens in drei Dimensionen in einem Zentralpotential (Abschn. 1.24). Hier ist $f=3$, $\dim P=6$. Erhaltungsgrößen sind die Energie E, die Drehimpulskomponenten ℓ_i und somit auch $\boldsymbol{\ell}^2$.

Allgemein sind die dynamischen Größen $g_2(\underset{\sim}{q}, \underset{\sim}{p}), \dots, g_m(\underset{\sim}{q}, \underset{\sim}{p})$ Integrale der Bewegung, wenn die Poisson-Klammern $\{H, g_i\}=0$ sind für $i=2, \dots, m$.

Jede dieser Funktionen g_i kann als Erzeugende einer infinitesimalen kanonischen Transformation verwendet werden (Abschn. 2.33). Dabei ist es von Interesse, wie sich die jeweils anderen Funktionen verändern. Im Beispiel (ii) etwa erzeugt ℓ_3 eine infinitesimale Drehung um die 3-Achse und es gilt

$$\{\ell_3, H\}=0, \quad \{\ell_3, \boldsymbol{\ell}^2\}=0, \quad \{\ell_3, \ell_1\}=-\ell_2, \quad \{\ell_3, \ell_2\}=+\ell_1 \, .$$

Unter der Drehung um die 3-Achse ändern sich die Werte der Energie E und des Betrags $\ell=\sqrt{\boldsymbol{\ell}^2}$ des Drehimpulses nicht, wohl aber die Werte von ℓ_1 und ℓ_2. Aus einer Bahnkurve mit festen Werten $(E, \boldsymbol{\ell}^2, \ell_3, \ell_1, \ell_2)$ wird eine Bahn mit den Werten $(E, \boldsymbol{l}^2, \ell_3, \ell_1' \simeq \ell_1 - \varepsilon\ell_2, \ell_2' \simeq \ell_2 + \varepsilon\ell_1))$. Es gibt also Integrale der Bewegung, die untereinander „vertauschen“ (d. h. deren Poisson-Klammer $\{g_i, g_k\}$ verschwindet) und solche, die das nicht tun. Diese beiden Gruppen muss man unterscheiden, denn nur die erste ist für die Frage der Integrabilität relevant. Das führt zur folgenden

Definition

Die linear unabhängigen dynamischen Größen $g_1(\underset{\sim}{q}, \underset{\sim}{p}) \equiv H(\underset{\sim}{q}, \underset{\sim}{p})$, $g_2(\underset{\sim}{q}, \underset{\sim}{p}), \dots g_m(\underset{\sim}{q}, \underset{\sim}{p})$ stehen in *Involution* zueinander, wenn alle ihre Poisson-Klammern verschwinden.

$$\{g_i(\underset{\sim}{q}, \underset{\sim}{p}), g_k(\underset{\sim}{q}, \underset{\sim}{p})\}=0 \, , \quad i, k=1, \dots, m \, . \tag{2.160}$$

Im Beispiel (ii) oben stehen $H, \boldsymbol{\ell}^2$ und ℓ_3 (oder jede andere feste Komponente ℓ_i) in Involution zueinander. Wir betrachten weitere Beispiele.

Beispiele

iii) Im Zweikörperproblem mit Zentralkraft stehen von den zehn Integralen der Bewegung (s. Abschn. 1.12) die sechs Größen

$$H_{\text{rel}} = \frac{\boldsymbol{p}^2}{2\mu} + U(r),\, \boldsymbol{P},\, \boldsymbol{\ell}^2,\, \ell_3 \tag{2.161}$$

in Involution. Hierbei ist $\boldsymbol{P}$ der Schwerpunktsimpuls, $\boldsymbol{\ell}$ der relative Drehimpuls.

iv) (Hier greifen wir auf Kap. 3 vor). Beim kräftefreien starren Körper (der $f = 6$ hat) stehen die kinetische Energie $H_{\text{rel}} = \frac{1}{2}\boldsymbol{\omega} \cdot \boldsymbol{L}$, der Schwerpunktsimpuls $\boldsymbol{P}$, sowie $\boldsymbol{L}^2$ und L_3 in Involution (s. Abschn. 3.14).

Alle genannten Beispiele sind voll integrabel, wobei auffällt, dass die Zahl der Konstanten der Bewegung, die in Involution stehen, gleich der Zahl der Freiheitsgrade f ist. Im Beispiel (iii) ist $f = 6$ und es gibt die 6 Integrale (2.161). Betrachtet man dagegen das Dreikörperproblem mit Zentralkräften, so ist $f = 9$. Die Zahl der in Involution stehenden Integrale bleibt aber dieselbe wie in (2.161), nämlich 6. Das Dreikörperproblem ist tatsächlich nicht mehr allgemein integrierbar.

Beispiel

v) Umgekehrt, wenn wir ein kanonisches System vermittels der Hamilton-Jacobi-Gleichung (2.147) lösen können, so erhalten wir die f Integrale der Bewegung (2.148): $Q_k = \partial S^*(\underset{\sim}{q}, \underset{\sim}{\alpha}, t)/\partial\alpha_k$, $k = 1, \ldots, f$, für die natürlich $\{Q_i, Q_k\} = 0$ gilt.

Auch hier genügt die Existenz von f unabhängigen Integralen der Bewegung, um das System von $2f$ kanonischen Gleichungen zu lösen. Genauere Auskunft über diese Zusammenhänge gibt folgender Satz von Liouville:

Satz 2.10 Satz über integrale Systeme

Es seien $g_1 \equiv H, g_2, \ldots, g_f$ dynamische Größen, die über dem $2f$-dimensionalen Phasenraum $\mathbb{P}$ des durch H beschriebenen autonomen, kanonischen Systems definiert sind. Die $g_i(\underset{\sim}{x})$ mögen in Involution stehen,

$$\{g_i, g_k\} = 0, \quad i, k = 1, \ldots, f\,, \tag{2.162}$$

und mögen in folgendem Sinn unabhängig sein: An jedem Punkt der Flächen

$$S = \{\underset{\sim}{x} \in \mathbb{P} | g_i(\underset{\sim}{x}) = c_i, i = 1, \ldots, f\} \qquad (2.163)$$

sind die Differentiale $\mathrm{d}g_1, \ldots, \mathrm{d}g_f$ linear unabhängig. Dann gilt:

a) S ist eine glatte Hyperfläche, die unter dem zu H gehörenden Fluss invariant bleibt. Wenn S außerdem kompakt und zusammenhängend ist, so kann man S diffeomorph auf einen f-dimensionalen Torus

$$T^f = S^1 \times \ldots \times S^1 \quad (f\text{-mal}) \qquad (2.163')$$

abbilden (wo S^1 der Kreis mit Radius 1 ist).

b) Jeder Kreis S^1 wird durch eine Winkelkoordinate $\theta_i \in [0, 2\pi]$ beschrieben. Auf S ist die allgemeinste Bewegung eine quasiperiodische Bewegung, die Lösung der transformierten Bewegungsgleichungen

$$\frac{\mathrm{d}\theta_i}{\mathrm{d}t} = \omega^{(i)}, \quad i = 1, \ldots, f \qquad (2.164)$$

ist.

c) Die kanonischen Gleichungen lassen sich durch Quadraturen (d. h. durch gewöhnliche Integration) lösen.

Den Beweis führt man am besten mit den eleganten Hilfsmitteln des 5. Kapitels. Da wir diese noch nicht zur Verfügung haben, verzichten wir auf den Beweis und verweisen auf (Arnol'd 1988, Abschn. 49), wo er ausführlich dargelegt ist.

Eine Bewegung $\underset{\sim}{\Phi}$ in $\mathbb{P}$ heißt quasiperiodisch mit den Basisfrequenzen $\omega^{(1)}, \ldots, \omega^{(f)}$, wenn alle f Komponenten von $\underset{\sim}{\Phi}(t, s; \underset{\sim}{y})$ periodisch sind (mit den Perioden $(2\pi/\omega^{(i)})$) und wenn diese Frequenzen rational unabhängig sind, d. h. mit $r_i \in \mathbb{Z}$ gilt

$$\sum_{i=1}^{f} r_i \omega^{(i)} = 0 \quad \text{nur wenn} \quad r_1 = \ldots = r_f = 0\,. \qquad (2.165)$$

Der Satz umfasst alle bis heute bekannten integrablen Systeme. Wir betrachten zwei Beispiele.

Beispiele

vi) Zwei gekoppelte lineare Oszillatoren (s. auch Prakt. Übung 1). Hier ist $f = 2$ und

$$H = \frac{(p_1^2 + p_2^2)}{2m} + \frac{1}{2} m\omega_0^2 (q_1^2 + q_2^2) + \frac{1}{2} m\omega_1^2 (q_1 - q_2)^2\,.$$

Zwei Integrale der Bewegung, die in Involution stehen, sind die folgenden

$$g_1 = \frac{1}{4m}(p_1+p_2)^2 + \frac{1}{4}m\omega_0^2(q_1+q_2)^2 ,$$
$$g_2 = \frac{1}{4m}(p_1-p_2)^2 + \frac{1}{4}m(\omega_0^2+2\omega_1^2)(q_1-q_2)^2$$

für die allerdings $H = g_1 + g_2$ gilt. Diese Zerlegung von H entspricht der Transformation auf die beiden Normalschwingungen des Systems, $z_{1,2} := (q_1 \pm q_2)/\sqrt{2}$, g_1 und g_2 stellen die Energien dieser entkoppelten Schwingungen dar. Führt man in Anlehnung an das Beispiel 2.24 (ii) neue kanonische Variable $\{Q_i \equiv \Theta_i,\ P_i \equiv I_i\}$ ein, derart, dass

$$H = g_1 + g_2 = \omega_0 I_1 + \sqrt{\omega_0^2 + 2\omega_1^2}\, I_2 ,$$

so gilt $\Theta_1 = \omega_0 t + \beta_1, \Theta_2 = \sqrt{\omega_0^2+2\omega_1^2}\,t + \beta_2$. Für feste Werte von I_1 und I_2 ist die Fläche S, (2.163), ein Torus T^2. Sind die beiden Frequenzen $\omega^{(1)} = \omega_0$ und $\omega^{(2)} = \sqrt{\omega_0^2+2\omega_1^2}$ rational abhängig, d. h. gilt $n_1\omega^{(1)} = n_2\omega^{(2)}$, mit n_1, n_2 positiven ganzen Zahlen, die relative Primzahlen sind, so ist die Bewegung periodisch mit der Periode $T = 2\pi/(n_1\omega^{(1)}) = 2\pi/(n_2\omega^{(2)})$. Die Bahn auf dem Torus T^2 schließt sich. Sind die Frequenzen dagegen rational unabhängig, so schließt sich die Kurve nie. In diesem Fall liegt sie auf T^2 dicht.

vii) Sphärisches, mathematisches Pendel: Bezeichnet R die Pendellänge, m seine Masse, θ die Auslenkung von der Vertikalen und ϕ den Azimuth in der horizontalen Ebene (s. Abb. 2.18), so lautet die Hamiltonfunktion

$$H = \frac{p_\theta^2}{2mR^2} + \frac{p_\phi^2}{2mR^2\sin^2\theta} + mgR(1-\cos\theta) ,$$

wobei $p_\theta = mR^2\,\mathrm{d}\theta/\mathrm{d}t$, $p_\phi = mR^2\sin^2\theta\,\mathrm{d}\phi/\mathrm{d}t$ gilt.

Die Koordinate ϕ ist zyklisch. Folglich ist $p_\phi = \ell = \text{const}$. Wir haben als Integrale der Bewegung

$$g_1 = H, \quad g_2 = p_\phi$$

und es gilt $\{g_1, g_2\} = 0$. Das System ist also vollständig integrabel. In der Tat, setzen wir $q_1 = \theta$, $q_2 = \phi$, $\tau = \omega t$, $p_1 = (\mathrm{d}/\mathrm{d}\tau)q_1$ und $p_2 = \sin^2 q_1\,\mathrm{d}q_2/\mathrm{d}\tau$ und führen folgende Parameter ein,

$$\varepsilon := \frac{E}{mgR}, \quad \omega^2 := \frac{g}{R}, \quad a^2 := \frac{\ell^2}{m^2 gR^3}$$

so ist

$$\varepsilon = \frac{1}{2}p_1^2 + \frac{a^2}{2\sin^2 q_1} + (1-\cos q_1) \equiv \frac{1}{2}p_1^2 + U(q_1) .$$

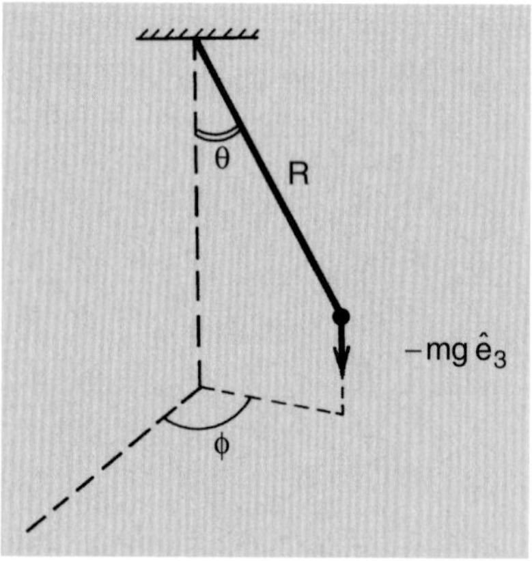

Abb. 2.18. Koordinaten zur Beschreibung des Kugelpendels

Die Bewegungsgleichungen lauten

$$\frac{\mathrm{d}q_1}{\mathrm{d}\tau} = p_1 = \pm\sqrt{2[\varepsilon - U(q_1)]}\,,$$
$$\frac{\mathrm{d}p_1}{\mathrm{d}\tau} = \frac{a^2 \cos q_1}{\sin^3 q_1} - \sin q_1\,,$$
$$\frac{\mathrm{d}q_2}{\mathrm{d}\tau} = \frac{a}{\sin^2 q_1}\,.$$

Sie lassen sich vollständig integrieren, denn aus der ersten Gleichung folgt:

$$\tau = \int \frac{\mathrm{d}q_1}{\sqrt{2[\varepsilon - U(q_1)]}}\,,$$

während aus der ersten und der dritten folgt:

$$q_2 = a \int \frac{\mathrm{d}q_1}{\sin^2 q_1 \sqrt{2[\varepsilon - U(q)]}}\,.$$

2.37.3 Winkel- und Wirkungsvariable

Es sei ein autonomes, Hamilton'sches System zunächst mit $f = 1$ gegeben, das für ein gewisses Intervall $E_0 \le E \le E_1$ der Energie periodische Bahnen besitzen möge. Es sei Γ_E eine periodische Bahn zur Energie E. Dann ist die Periode $T(E)$ einer Bahn Γ_E gleich der Änderung $\mathrm{d}F(E)/\mathrm{d}E$ der von dieser Bahn eingeschlossenen Fläche im Phasenraum,

$$T(E) = \frac{\mathrm{d}}{\mathrm{d}E} \oint\limits_{\Gamma_E} p\,\mathrm{d}q = \frac{\mathrm{d}F(E)}{\mathrm{d}E}$$

(s. Aufgabe 2.1). Da $T(E)$ mit der Kreisfrequenz über $\omega(E) = 2\pi/T(E)$ zusammenhängt, definiert man die Größe

$$I(E) := \frac{1}{2\pi} F(E) = \frac{1}{2\pi} \oint\limits_{\Gamma_E} p\,\mathrm{d}q\,. \tag{2.166}$$

Man nennt sie *Wirkungsvariable*. Außer in Gleichgewichtslagen ist $T(E) = 2\pi\,\mathrm{d}I(E)/\mathrm{d}E$ ungleich Null. Es existiert daher die Umkehrfunktion $E = E(I)$. Es ist sinnvoll, nach einer kanonischen Transformation

$$\{q, p\} \mapsto \{\Theta, I\}$$

zu suchen derart, dass die transformierte Hamiltonfunktion gerade $E(I)$ und I der neue (konstante) Impuls ist. Mit (2.152) und (2.85) heißt das

$$p = \frac{\partial S(q, I)}{\partial q}; \quad \Theta = \frac{\partial S(q, I)}{\partial I}; \quad H\left(q, \frac{\partial S}{\partial q}\right) = E(I)\,. \tag{2.167}$$

Die neue Variable Θ nennt man *Winkelvariable*. Es ist dann

$$I = \text{const} \in \Delta \,,$$

wobei das Intervall Δ aus dem Intervall $[E_0, E_1]$ für E folgt. Die Bewegungsgleichung für Θ hat die einfache Form

$$\dot{\Theta} = \frac{\partial E(I)}{\partial I} \equiv \omega^{(I)} = \text{const} \,.$$

Die möglichen Bahnen liegen in der $(Q \equiv \Theta,\, P \equiv I)$-Beschreibung des Phasenraums zunächst in einem Streifen der Breite Δ parallel zur Θ-Achse. Jede von ihnen hat die Darstellung $(\Theta = \omega^{(I)} t + \Theta_0,\, I = \text{const.})$, läuft also parallel zur Abszisse. Da aber Θ die Periode $2\pi/\omega^{(I)}$ hat, muss man Θ modulo 2π lesen: Der Phasenraum wird zu einem Stück eines Zylinders mit Radius 1 und Breite Δ. Die physikalischen periodischen Bahnen liegen demnach auf der Mannigfaltigkeit $\Delta \times S^1$ in $\mathbb{P}$.

Für ein autonomes Hamilton'sches System mit $f > 1$ Freiheitsgraden, das f Integrale der Bewegung in Involution besitzt, wählt man als Winkelvariable die Winkelkoordinaten, die den Torus (2.163′) beschreiben. Die zugehörigen Wirkungsvariablen sind dann

$$I_k(c_1, \ldots, c_f) = \frac{1}{2\pi} \oint\limits_{\Gamma_k} \Sigma p_i \,\mathrm{d}q_i \,,$$

wobei über diejenige Kurve in $\mathbb{P}$ integriert wird, die das Bild von $(\theta_i = \text{const.}$ für $i \neq k,\, \theta_k \in S^1)$ ist. Die Bewegungsmannigfaltigkeit ist dann von der Form

$$\Delta_1 \times \ldots \times \Delta_f \times (S^1)^f = \Delta_1 \times \ldots \times \Delta_f \times T^f \,. \tag{2.168}$$

Das Beispiel (vi) illustriert den Fall $f = 2$ für zwei entkoppelte Oszillatoren. Im Beispiel (vii) sind ε (Energie) und a (azimuthaler Drehimpuls) Konstante der Bewegung und es gilt

$$I_1(\varepsilon, a) = \frac{1}{2\pi} \oint p_1 \,\mathrm{d}q_1 = \frac{1}{2\pi} \oint \sqrt{2[\varepsilon - U(q_1)]} \,\mathrm{d}q_1 \,,$$
$$I_2(\varepsilon, a) = \frac{1}{2\pi} \oint p_2 \,\mathrm{d}q_2 = a \,.$$

Löst man die erste dieser Gleichungen nach ε auf, $\varepsilon = \varepsilon(I_1, a)$, so ist

$$\dot{\Theta} = \frac{\partial \varepsilon(I_1, a)}{\partial I_1} \equiv \omega_1$$

die Frequenz der Bewegung in Θ (der Auslenkung von der Vertikalen).

2.38 Störungen an quasiperiodischen Hamilton'schen Systemen

Die Behandlung von Störungen an integrierbaren, quasiperiodischen Hamilton'schen Systemen ist von großer Bedeutung für die Himmelsmechanik und für Hamilton'sche Systeme im Allgemeinen. Dieses Teilgebiet der Mechanik ist jedoch so umfangreich, dass wir hier die Aufgabenstellung der Störungstheorie nur andeuten können und im übrigen auf die Literatur verweisen müssen; s. z. B. den gut lesbaren Artikel (Rüßmann 1979).

Es sei ein autonomes, integrables System gegeben, für das bereits Winkel- und Wirkungsvariable eingeführt seien. Es werde durch die Hamiltonfunktion $H_0(\underset{\sim}{I})$ beschrieben.

Diesem System wird eine kleine Störung hinzugefügt, so dass die Hamiltonfunktion des gestörten Systems durch

$$H(\underset{\sim}{\theta}, \underset{\sim}{I}, \mu) = H_0(\underset{\sim}{I}) + \mu H_1(\underset{\sim}{\theta}, \underset{\sim}{I}, \mu) \tag{2.169}$$

gegeben ist. In den Winkelvariablen $\underset{\sim}{\theta}$ soll H hierbei 2π-periodisch und μ soll ein reeller Parameter sein, der die Stärke der Störung misst.

Als Beispiel möge das *restringierte Dreikörperproblem* dienen, das wie folgt definiert ist: Zwei Massenpunkte P_1 und P_2 mit den Massen m_1 und m_2 bewegen sich unter der Wirkung der Gravitationskraft auf Kreisbahnen um den gemeinsamen Schwerpunkt. Dieses Problem ist vollständig lösbar (s. Abschn. 1.7.2) und wird durch ein H_0 beschrieben, das nur von zwei Integralen der Bewegung, den Wirkungsvariablen, abhängt. Man fügt einen dritten Massenpunkt P hinzu, der sich in der Bahnebene von P_1 und P_2 bewegen soll und dessen Masse gegenüber m_1 und m_2 vernachlässigbar sei, so dass er deren Bewegung nicht stört. Die Aufgabe ist es, die Bewegung des Punktes P zu berechnen. Dies ist ein Modell für die Bewegung des Mondes im System Erde-Sonne oder für die Bewegung eines Asterioden bezüglich des Systems Sonne-Jupiter.

Es gilt also

a) $H(\underset{\sim}{\theta}, \underset{\sim}{I}, \mu)$ ist eine reell-analytische Funktion von $\underset{\sim}{\theta} \in T^f$, $\underset{\sim}{I} \in \Delta_1 \times \ldots \times \Delta_f$, wie in (2.168), und $\mu \in I \subset \mathbb{R}$ aus einem Intervall, das den Nullpunkt einschließt.
b) H ist mehrfach periodisch in θ_i,

$$H(\underset{\sim}{\theta} + 2\pi \hat{e}_i, \underset{\sim}{I}, \mu) = H(\underset{\sim}{\theta}, \underset{\sim}{I}, \mu), \qquad i = 1, 2, \ldots, f,$$

wo $\hat{e}_i$ der i-te Einheitsvektor ist.
c) Für $\mu = 0$ ist das Problem schon in einer Form, die direkt und vollständig integrierbar ist. Es ist $\det(\partial^2 H/\partial I_k \partial I_i) \neq 0$. Die ungestörten Lösungen lauten:

$$\theta_i^{(0)}(t) = \frac{\partial H_0(\underset{\sim}{I})}{\partial I_i} t + \beta_i^{(0)} \; ; \; I_i^{(0)} = \alpha_i^{(0)} \; , \; i = 1, \dots , f \tag{2.170}$$

mit $\alpha_i^{(0)} \in \Delta_i$.

Die Aufgabe der Störungsrechnung ist es, die Lösungen des gestörten Systems für kleine Werte von μ zu konstruieren. Wir haben vorausgesetzt, dass H in μ reell-analytisch ist. Daher lässt sich jede Lösung (2.170) für jedes *endliche* Zeitintervall I_t und für kleine Werte von μ, mit $|\mu| < \mu_0(I_t)$ für ein geeignetes, von I_t abhängiges, μ_0 fortsetzen. Die physikalisch interessantere, aber leider wesentlich schwierigere Frage ist die nach der Existenz von Lösungen, die für *alle* Zeiten definiert sind. Nur wenn man diese konstruieren kann, hat man beispielsweise die Möglichkeit zu entscheiden, ob die quasiperiodische Bewegung unseres Planetensystems über große Zeiträume stabil ist. Diese Frage ist bis heute weitgehend offen.[11]

Die Störungstheorie, die wir hier nicht ausführen können, macht von zwei Ideen Gebrauch. Die erste ist es, in systematischer Weise nach dem Parameter μ zu entwickeln und die entstehenden Gleichungen Ordnung für Ordnung in μ nacheinander zu lösen. Man setzt

$$\begin{aligned} \theta_k &= \theta_k^{(0)} + \mu\theta_k^{(1)} + \mu^2\theta_k^{(2)} + \dots \; ; \quad \theta_k^{(0)} = \omega_k t + \beta_k \; , \\ I_k &= I_k^{(0)} + \mu I_k^{(1)} + \mu^2 I_k^{(2)} + \dots \; ; \quad I_k^{(0)} = \alpha_k \; , \end{aligned} \tag{2.171}$$

geht damit in die kanonischen Gleichungen

$$\dot{\theta}_k = \{H, \theta_k\}, \qquad \dot{I}_k = \{H, I_k\}$$

ein und vergleicht die Terme zu jeder Ordnung μ^n. Zur Ordnung μ^1 z. B. ergibt sich

$$\begin{aligned} \dot{\theta}_k^{(1)} &= \{H_1, \theta_k^{(0)}\} \simeq \frac{\partial H_1(\underset{\sim}{\theta}^{(0)}, \underset{\sim}{I}^{(0)})}{\partial I_k^{(0)}} \; , \\ \dot{I}_k^{(1)} &= \{H_1, I_k^{(0)}\} \simeq -\frac{\partial H_1(\underset{\sim}{\theta}^{(0)}, \underset{\sim}{I}^{(0)})}{\partial \theta_k^{(0)}} \; . \end{aligned} \tag{2.172}$$

Dabei sind auf der rechten Seite die ungestörten Lösungen $\underset{\sim}{\theta}^{(0)}$ und $\underset{\sim}{I}^{(0)}$ einzusetzen, da sonst Terme von höherer Ordnung in μ auftreten würden. Da H_1 als mehrfach periodisch vorausgesetzt wurde, kann man H_1 als Fourierreihe schreiben

$$\begin{aligned} H_1(\underset{\sim}{\theta}^{(0)}, \underset{\sim}{I}^{(0)}) &= \sum_{m_1 \dots m_f} C_{m_1 \dots m_f}(\underset{\sim}{\alpha}) \exp\left\{ i \sum_{k=1}^{f} m_k \theta_k^{(0)} \right\} \\ &= \sum C_{m_1 \dots m_f}(\underset{\sim}{\alpha}) \exp\{ i \sum m_k(\omega_k t + \beta_k) \} \; . \end{aligned}$$

[11] Es gibt neuerdings Evidenz dafür, dass die Bewegung des Planeten Pluto chaotisch, d. h. auf lange Sicht instabil ist (G. J. Sussmann und J. Wisdom, Science **241**, 433 (1988)). Da Pluto an alle anderen Planeten gravitativ koppelt, teilt sich dieses irreguläre Verhalten, wenn auch schwach, dem ganzen System mit.

Die Gleichungen (2.172) lassen sich dann integrieren. Man erhält Summanden mit der Zeitabhängigkeit

$$\frac{1}{\sum m_k \omega_k} \exp\{i \sum m_k \omega_k t\} \, ,$$

die i. Allg. klein bleiben, falls $\sum m_k \omega_k$ nicht verschwindet. Falls aber $\sum m_k \omega_k = 0$, so wachsen $\underset{\sim}{\theta}^{(1)}$ und $\underset{\sim}{I}^{(1)}$ linear mit der Zeit an. Diese Art von Störung heißt *säkulare Störung*.

Der einfachste Fall liegt vor, wenn die Frequenzen ω_k rational unabhängig sind [s. (2.165)]. Der zeitliche Mittelwert einer stetigen Funktion F über den quasiperiodischen Fluss $\underset{\sim}{\theta}^{(0)}(t) = \underset{\sim}{\omega} t + \underset{\sim}{\beta}$ ist dann gleich dem räumlichen Mittelwert von F auf dem Torus T^f,[12]

$$\lim_{T\to\infty} \frac{1}{T} \int_0^T \mathrm{d}t \, F\big(\underset{\sim}{\theta}(t)\big) = \frac{1}{(2\pi)^f} \int_{T^f} \mathrm{d}\theta_1 \dots \mathrm{d}\theta_f \, F(\underset{\sim}{\theta}) =: \langle F \rangle \, . \quad (2.173)$$

Mit dem säkularen Term allein folgen dann aus (2.172) die genäherten Gleichungen

$$\dot{\theta}_k^{(1)} = \frac{\partial}{\partial I_k^{(0)}} \langle H_1 \rangle \, , \quad \dot{I}_k^{(1)} = 0 \, . \quad (2.174)$$

Die zweite Idee ist, das Ausgangssystem (2.169) durch sukzessive kanonische Transformationen so umzuschreiben, dass die transformierte Hamiltonfunktion $\tilde{H}$ bis auf Terme von zunehmend hoher Ordnung in μ nur von den Wirkungsvariablen $\underset{\sim}{I}$ abhängt. Dieser Weg erfordert eine umfangreiche Analyse und steckt voller Subtilitäten. Wir beschränken uns hier darauf das wichtigste Resultat zu zitieren, das für Stabilitätsfragen Hamilton'scher Systeme relevant ist.

2.39 Autonome, nichtausgeartete Hamilton'sche Systeme in der Nähe von integrablen Systemen

Die Bewegungsmannigfaltigkeit eines autonomen integrablen Systems $H_0(\underset{\sim}{I})$ ist die in (2.168) Angegebene. Wir wollen annehmen, dass die Frequenzen $\{\omega_i\}$ rational unabhängig sind [vgl. (2.165)]. Für feste Werte der Wirkungsvariablen $I_k = \alpha_k$ umläuft jede Lösungskurve den Torus T^f ohne zu schließen und überdeckt ihn dicht: die quasiperiodische Bewegung ist *ergodisch*. Nach genügend langer Zeit kehrt die Bahn in eine beliebig kleine Umgebung ihres Ausgangspunktes zurück ohne zu schließen. Diese Situation kürzt man mit dem Ausdruck *nichtresonante Tori* ab.[13]

Diesem System werde nun eine kleine, Hamilton'sche Störung hinzuaddiert, so dass es durch

$$H(\underset{\sim}{\theta}, \underset{\sim}{I}) = H_0(\underset{\sim}{I}) + \mu H_1(\underset{\sim}{\theta}, \underset{\sim}{I}, \mu) \quad (2.175)$$

[12] Gleichung (2.173) gilt sicher für die Funktion $f_k = \exp\{\mathrm{i} \sum k_j \theta_j(t)\}$ mit $\theta_j(t) = \omega_j t + \beta_j$, und gibt hier $\langle f_k \rangle = 0$, außer für $k_1 = \ldots = k_f = 0$. Jede stetige Funktion F lässt sich durch endliche Linearkombinationen $F = \sum c_k f_k$ approximieren.

[13] Sind die Frequenzen dagegen rational abhängig, so spricht man von resonanten Tori, s. Beispiel (vi) in Abschn. 2.37.2. In diesem Fall ist die Bewegung quasiperiodisch mit einer Anzahl von Frequenzen, die kleiner als f ist.

beschrieben wird. Dann ist die Frage, in welchem Sinne dieses System stabil ist, d. h. ob die Störung die Struktur der Bewegungsmannifaltigkeit des Systems $H_0(\underset{\sim}{I})$ nur wenig verändert oder ob sie diese ganz zerstören kann. Das wichtigste Resultat, das diese Frage teilweise beantwortet, ist ein Satz von Kolmogorov, Arnol'd und Moser, den wir wenigstens qualitativ wiedergeben wollen.

Satz 2.11 KAM-Theorem

Sind in einem integrablen Hamilton'schen System H_0 die Frequenzen rational unabhängig und sind sie sogar genügend irrational, so hat das gestörte System $H = H_0 + \mu H_1$ für kleines μ überwiegend solche Lösungen, die ebenfalls quasiperiodisch sind und die sich nur wenig von denen von H_0 unterscheiden. Die meisten nicht-resonanten Tori von H_0 werden nur wenig deformiert. Das gestörte System besitzt also ebenfalls solche Tori, die von den Bahnen dicht überdeckt werden.

Genügend irrational heißt für den Fall einer einzigen Frequenz, dass es positive Zahlen γ und α gibt, derart dass

$$\left|\omega - \frac{n}{m}\right| \geq \gamma m^{-\alpha} \tag{2.176a}$$

für alle ganzen Zahlen m und n. Für f rational unabhängige Frequenzen heißt das, dass

$$\left|\sum r_i \omega_i\right| \geq \gamma |\boldsymbol{r}|^{\alpha}\,, \qquad r_i \in \mathbb{Z}\,, \tag{2.176b}$$

erfüllt sein muss.

Schon Systeme dieser Art mit $f = 2$ zeigen viele interessante Eigenschaften, die man im Detail analysieren kann (s. z. B. Guckenheimer, Holmes 2001, Abschn. 4.8). Den allgemeinen Fall findet man z. B. in (Rüßmann 1979).

Das KAM-Theorem war ein wesentlicher Schritt im Verständnis der Dynamik von quasiperiodischen Hamilton'schen Systemen. Es macht starke Aussagen über Langzeitstabilität unter gewissen, allerdings stark begrenzten Bedingungen. Deshalb kann man das qualitative Verhalten nur für eine kleine, eingeschränkte Klasse von Systemen daraus herleiten, u. a. für das oben skizzierte restringierte Dreikörperproblem. Auf die Frage der Stabilität unseres Planetensystems ist es streng genommen schon nicht mehr anwendbar. Insbesondere sagt es nichts darüber aus, wie sich das System verhält, wenn Resonanzen auftreten, d. h. wenn die $\{\omega_i\}$ nicht mehr rational unabhängig sind. Wir kommen in Kap. 6, Abschn. 6.6 darauf zurück.

2.40 Beispiele, Mittelungsmethode

2.40.1 Anharmonischer Oszillator

Wir betrachten folgendes einfache Beispiel, das wir auf zwei verschiedene Weisen behandeln wollen:

$$H = \frac{p^2}{2m} + \frac{1}{2} m\omega_0^2 q^2 + \mu q^4 , \qquad (2.177)$$

d. h. in der Notation von (2.175):

$$H_0 = \frac{p^2}{2m} + \frac{1}{2} m\omega_0^2 q^2 , \qquad H_1 = q^4 .$$

Ohne die anharmonische Störung hängt die Energie $E^{(0)}$ einer periodischen Lösung mit der Maximalamplitude $q_{\max}$ über $(q_{\max})^2 = 2E^{(0)}/m\omega_0^2$ zusammen. Setzen wir

$$x := \frac{q}{q_{\max}} \quad \text{und} \quad \varepsilon := \mu \frac{4E^{(0)}}{m^2\omega_0^4} .$$

so ist die potentielle Energie des anharmonischen Oszillators

$$U(q) = \frac{1}{2} m\omega_0^2 q^2 + \mu q^4 = E^{(0)}(1+\varepsilon x^2)x^2 .$$

Soll die gestörte Schwingung dieselbe Maximalamplitude $q_{\max}$, d. h. $x_{\max} = 1$ erreichen, so muss die Energie $E = E^{(0)}(1+\varepsilon)$ gewählt werden. Wir wollen die Periode des gestörten Systems bis zur Ordnung ε berechnen.

Gleichung (1.56) ergibt

$$T = \sqrt{\frac{2m}{E}} \int_{-q_{\max}}^{q_{\max}} \mathrm{d}q \left(1 - \frac{m\omega_0^2}{2E} q^2 + \frac{\mu}{E} q^4\right)^{-1/2}$$

$$= \frac{2}{\omega_0\sqrt{1+\varepsilon}} \int_{-1}^{+1} \mathrm{d}x \left(1 - \frac{x^2}{1+\varepsilon} - \frac{\varepsilon}{1+\varepsilon} x^4\right)^{-1/2} .$$

In der Nähe von $\varepsilon = 0$ ergibt sich

$$T(\varepsilon = 0) = \frac{2}{\omega_0} \int_{-1}^{+1} \frac{\mathrm{d}x}{\sqrt{1-x^2}} = \frac{2\pi}{\omega_0} ,$$

$$\left.\frac{\mathrm{d}T}{\mathrm{d}\varepsilon}\right|_{\varepsilon=0} = -\frac{1}{\omega_0} \left\{ \int_{-1}^{+1} \frac{\mathrm{d}x}{\sqrt{1-x^2}} + \int_{-1}^{+1} \frac{x^2\,\mathrm{d}x}{\sqrt{1-x^2}} \right\} = -\frac{3}{4} \frac{2\pi}{\omega_0} .$$

Die gestörte Lösung mit derselben Maximalamplitude hat die Frequenz $\omega = \omega_0\,(1+\frac{3}{4}\varepsilon) + O(\varepsilon^2)$ und lautet daher

$$q(t) \simeq q_{\max} \sin[(1+\tfrac{3}{4}\varepsilon)\omega_0 t + \varphi_0]\,. \tag{2.178}$$

Vergleicht man sie mit der ungestörten Schwingung $q^{(0)}(t) = q_{\max}\sin(\omega_0 t + \varphi_0)$, so steht sie nach der Zeit $\Delta = 4\pi/(3\varepsilon\omega_0)$ in Gegenphase zu $q^{(0)}(t)$. Über lange Zeiten entfernt sie sich weit von der ungestörten Bewegung.

Wir behandeln jetzt dasselbe System mit den Methoden des Abschn. 2.38. Die Wirkungsvariable (2.166) des ungestörten Oszillators ist

$$I^{(0)} = \frac{1}{2\pi} 2 \int\limits_{-q_{\max}}^{q_{\max}} \mathrm{d}q \sqrt{2m(E^{(0)} - \tfrac{1}{2}m\omega_0^2 q^2)}$$

$$= \frac{2E^{(0)}}{\pi\omega_0} \int\limits_{-1}^{+1} \mathrm{d}x\,\sqrt{1-x^2} = \frac{E^{(0)}}{\omega_0}$$

und somit $H_0(I^{(0)}) = E^{(0)} = I^{(0)}\omega_0$. Die Winkelvariable $\theta^{(0)}$ haben wir im Beispiel des Abschn. 2.37.1 berechnet [s. auch Abschn. 2.24, Beispiel (ii)]. Es ist

$$q^{(0)}(t) = q_{\max}\sin\theta^{(0)}$$

mit

$$q_{\max} = \sqrt{\frac{2I^{(0)}}{m\omega_0}} \quad \text{und} \quad \theta^{(0)} = \omega_0 t + \varphi_0\,.$$

Setzen wir dies in den Störungsterm ein, so ist

$$H_1(\theta^{(0)}, I^{(0)}) = \frac{4I^{(0)2}}{m^2\omega_0^2}\sin^4\theta^{(0)}\,.$$

Man berechnet nun den Mittelwert von $\sin^4\theta^{(0)}$ über den Torus $T^1 = S^1$

$$\int\limits_0^{2\pi} \sin^4\theta^{(0)}\,\mathrm{d}\theta^{(0)} = \frac{3}{8}\,2\pi = \frac{3\pi}{4}\,.$$

Damit ist der Mittelwert von H_1, (2.173), $\langle H_1\rangle = \frac{3}{2}I^{(0)2}/(m^2\omega_0^2)$.

Geht man damit in (2.174) ein, so ergibt sich

$$\dot{\theta}^{(1)}(t) = \frac{\partial}{\partial I^{(0)}}\langle H_1\rangle = \frac{3I^{(0)}}{m^2\omega_0^2}\,, \qquad \dot{I}^{(1)}(t) = 0\,. \tag{2.179}$$

In erster Ordnung im Parameter μ, der die Stärke der Störung misst, erhält man gemäß (2.171)

$$\frac{1}{t}\theta(t) \simeq \omega_0 + \frac{3\mu I^{(0)}}{m^2\omega_0^2} = \omega_0\left(1+\frac{3}{4}\varepsilon\right)\,, \tag{2.180}$$

$$I(t) \simeq I^{(0)}$$

mit ε wie eingangs definiert. Gleichung (2.180) ist genau das frühere Ergebnis (2.178): Die Frequenz wird etwas vergrößert, die Wirkungsvariable bleibt in dieser Ordnung konstant.

2.40.2 Mittelung von Störungen

Das Ergebnis (2.174) für die Bewegung in erster Ordnung Störungstheorie enthält den Mittelwert von H_1 über den Torus (2.173). Dieser Mittelwert ist zugleich ein zeitlicher Mittelwert (wenn die Frequenzen rational unabhängig sind). Dies ist ein Spezialfall einer allgemeinen Situation, die man wie folgt beschreiben kann. Der Einfachheit halber betrachten wir den Fall $f = 1$. Das ungestörte System besitzt die Periode $T_0 = 2\pi/\omega$. Wir wählen eine Zeit t, die groß ist im Vergleich zu T_0, aber immer noch klein im Vergleich zu $\Delta \sim (1/\mu)T_0$, wo μ wieder die Stärke der Störung misst. Man vergleiche mit dem Beispiel des Abschn. 2.40.1, wo $\Delta = 4\pi/(3\varepsilon\omega_0)$ die Zeit ist, in der das System ganz aus der Phase gerät. Am Beispiel der Lösung (2.178) des gestörten Oszillators ist (wenn wir der Einfachheit halber $\varphi_0 = 0$ wählen)

$$q(t) \simeq \sin\left(\frac{2\pi}{T_0}t\right)\cos\left(\frac{2\pi}{\Delta}t\right) + \cos\left(\frac{2\pi}{T_0}t\right)\sin\left(\frac{2\pi}{\Delta}t\right) ,$$

was für $T_0 < t \ll \Delta$ genähert

$$\begin{aligned} q(t) &\simeq \sin\left(\frac{2\pi}{T_0}t\right) + \frac{2\pi}{\Delta}t\cos\left(\frac{2\pi}{T_0}t\right) \\ &= \sin\left(\frac{2\pi}{T_0}t\right) + \frac{3}{2}\varepsilon\omega_0 t\cos\left(\frac{2\pi}{T_0}t\right) \end{aligned}$$

ist. Der ungestörten Sinuslösung ist ein Term überlagert, der proportional t und proportional dem vergleichsweise rasch oszillierenden Term $\cos(2\pi t/T_0)$ ist, insgesamt aber klein ist. In derselben Zeit ändert sich die Wirkungsvariable nicht, oder erst in zweiter Ordnung der Störung.

Allgemeiner, wenn die Gleichungen $\dot{\theta}^{(0)} = \omega^{(0)}(I^{(0)})$, $\dot{I}^{(0)} = 0$ wie folgt gestört werden,

$$\begin{aligned} \dot{\theta} &= \omega^{(0)}(I^{(0)}) + \mu f(\theta, I) , \\ \dot{I} &= \mu g(\theta, I) , \end{aligned} \tag{2.181}$$

wo f und g periodische Funktionen in θ sind, dann wird die Änderung der Wirkungsvariablen in der Zeit t durch

$$\delta I \simeq \mu t\left\{\frac{1}{t}\int_0^t \mathrm{d}t'\, g\big(\theta^{(0)}(t'), I^{(0)}\big)\right\}$$

gegeben sein. Wegen $t > T_0$ ist der Ausdruck in geschweiften Klammern genähert das Zeitmittel über die ungestörte Bewegung. Dies ist hier aber gleich dem Mittelwert über den Torus T^1. Daher wird man vermuten, dass $I(t)$ im Mittel durch die Differentialgleichung

$$\dot{\bar{I}} = \mu\langle g\rangle = \mu\frac{1}{2\pi}\int_0^{2\pi} \mathrm{d}\theta\; g(\theta, I) \tag{2.182}$$

beschrieben wird.

Kehren wir zum Spezialfall einer Hamilton'schen Störung zurück,

$$H = H_0(I) + \mu H_1(\theta, I)\,,$$

so lautet die zweite Gleichung (2.181)

$$\dot{I} = -\mu\frac{\partial H_1}{\partial\theta}\,.$$

Da H_1 periodisch vorausgesetzt ist, ist der Mittelwert von $\partial H_1/\partial\theta$ über den Torus Null und wir erhalten als gemittelte Gleichung (2.182)

$$\dot{\bar{I}} = 0\,,$$

in Übereinstimmung mit den Ergebnissen der Störungstheorie. Das bedeutet, dass die Wirkungsvariable sich über Zeiten der Größenordnung t, mit $T_0 < t < \Delta$, nicht ändert. Dynamische Größen, die diese Eigenschaft haben, nennt man *adiabatische Invarianten*. Die charakteristische Zeit, die in die Definition solcher Invarianten eingeht, ist t mit $t < \Delta \simeq T_0/\mu$. Es ist daher sinnvoll, in dem gestörten System $H(\underset{\sim}{\theta}, \underset{\sim}{I}, \mu)$ den Parameter $\mu = \eta t$ zu setzen. Das System ist dann für $0 \le t < (1/\eta)$ ein langsam verändertes gestörtes System. Eine dynamische Größe $F(\underset{\sim}{\theta}, \underset{\sim}{I}, \mu) : \mathbb{P} \to \mathbb{R}$ heißt dann *adiabatische Invariante*, wenn es zu jedem positiven c ein η_0 gibt derart, dass für $\eta < \eta_0$ und $0 \le t < (1/\eta)$

$$\left| F\big(\underset{\sim}{\theta}(t), \underset{\sim}{I}(t), \eta t\big) - F\big(\underset{\sim}{\theta}(0), \underset{\sim}{I}(0), 0\big)\right| < c \tag{2.183}$$

(s. Arnol'd 1973, 1983).

Die Störung auf der rechten Seite von (2.181) muss nicht Hamilton'sch sein. Wir haben also allgemeinere dynamische Systeme der Form

$$\dot{\underset{\sim}{x}} = \mu \underset{\sim}{f}(\underset{\sim}{x}, t, \mu) \tag{2.184}$$

mit $\underset{\sim}{x} \in \mathbb{P}$, $0 \le \mu \ll 1$, wo $\underset{\sim}{f}$ in der Zeit periodisch sein soll, mit der Periode T_0. Definiert man

$$\langle \underset{\sim}{f}\rangle(\underset{\sim}{x}) := \frac{1}{T_0}\int_0^{T_0} \mathrm{d}t\; \underset{\sim}{f}(\underset{\sim}{x}, t, 0)\,,$$

so kann man stets $f = \langle f\rangle(x) + g(\underset{\sim}{x}, t, \mu)$ setzen, d. h. $\langle f\rangle$ in seinen Mittelwert und einen oszillatorischen Teil zerlegen. Wir substituieren

$$\underset{\sim}{x} = \underset{\sim}{y} + \mu \underset{\sim}{S}(\underset{\sim}{y}, t, \mu)$$

und differenzieren diese Gleichung nach t. Dies gibt

$$\frac{\partial y_k}{\partial t} + \mu \sum \frac{\partial S_k}{\partial y_i} \frac{\partial y_i}{\partial t} = \sum_i \left(\delta_{ik} + \mu \frac{\partial S_k}{\partial y_i} \right) \frac{\partial y_i}{\partial t} = \dot{x}_k - \mu \frac{\partial S_k}{\partial t}$$

$$= \mu \langle f_k \rangle (\underset{\sim}{x}) + \mu g_k(\underset{\sim}{x}, t, \mu) - \mu \frac{\partial S_k}{\partial t} \, .$$

Wählt man $\underset{\sim}{S}$ so, dass $(\partial S_k/\partial t) = g_k(\underset{\sim}{y}, t, 0)$ ist und vernachlässigt man Terme von höherer Ordnung als μ^1, so ergibt sich anstelle von (2.184) das gemittelte, jetzt autonome, System

$$\dot{\underset{\sim}{y}} = \mu \langle \underset{\sim}{f} \rangle (\underset{\sim}{y}) \tag{2.185}$$

(s. Guckenheimer-Holmes 2001, Abschn.4.1).

Kehren wir noch einmal zum Beispiel 2.40.1 zurück. Im ersten Zugang hatten wir die Aufgabe so gestellt, dass wir nach der gestörten Lösung mit derselben Maximalamplitude wie die der ungestörten fragten. Jetzt haben wir die Störung in zeitabhängiger Weise „hochgefahren“, indem wir $\mu = \eta t$ von $t = 0$ bis t langsam (adiabatisch) haben wachsen lassen. Dabei stellt sich heraus, dass die Lösung mit Energie $E^{(0)}$ und Maximalamplitude $q_{\max}$ des ungestörten Systems in die Lösung mit der Energie $E = E^{(0)}(1 + \varepsilon)$ und derselben Amplitude des gestörten Systems übergeht.

Eine warnende Bemerkung ist hier angebracht. Leider ist es nicht immer so wie in den einfachen Beispielen oben, dass kleine Störungen die Lösungen nur wenig deformieren. Als Beispiel sei der Fall genannt, bei dem die Zeitabhängigkeit der Störung in Resonanz mit einer der Frequenzen des ungestörten Systems ist. Hier hat auch ein kleiner Störterm eine große Wirkung.

Anhang: Praktische Übungen

1 Kleine Schwingungen

Ein Lagrange'sches System habe f Freiheitsgrade und werde durch verallgemeinerte Koordinaten $\{q_i\}$ beschrieben. Diese Koordinaten sollen um ihre Ruhelagen q_i^0 schwingen können. Man kann sich dieses System als ein Gitter oder Netz vorstellen, dessen Grundkonfiguration durch die Ruhelagen $(q_1^0, \dots, q_f^0)$ gegeben ist und das um diese Konfiguration herum schwingen kann. Die potentielle Energie $U(q_1, \dots, q_f)$ hat demnach ein absolutes Minimum U_0 bei $(q_1^0, \dots, q_f^0)$.

Der Grenzfall *kleiner* Schwingungen liegt dann vor, wenn wir die potentielle Energie durch

$$U(q_1, \dots, q_f) \simeq U_0 + \frac{1}{2} \sum_{i,k=1}^{f} u_{ik}(q_i - q_i^0)(q_k - q_k^0) \tag{A.1}$$

d. h. durch die quadratische Näherung, approximieren dürfen. In einer Dimension ($f = 1$) entspricht das der Näherung kleiner Ausschläge des ebenen Pendels, d. h. dem harmonischen Oszillator. Für $f > 1$ ergibt sich ein System von gekoppelten, harmonischen Oszillatoren.

Klarerweise ist nur der symmetrische Anteil der Koeffizienten u_{ik} relevant, $a_{ik} := \frac{1}{2}(u_{ik} + u_{ki})$. Wegen der Minimumsbedingung ist die Matrix

$$\mathbf{A} = \{a_{ik}\}$$

nicht nur reell und symmetrisch, sondern auch positiv. Das bedeutet, dass alle ihre Eigenwerte reell und positiv-semidefinit sind.

Es ist sinnvoll, als neue Variablen die Auslenkungen

$$z_i := q_i - q_i^0$$

von der Ruhelage einzuführen. Die kinetische Energie ist eine quadratische Form in den Zeitableitungen der q_i bzw. z_i,

$$T = \frac{1}{2} \sum_{i,k} t_{ik}\, \dot{z}_i \dot{z}_k$$

mit symmetrischen Koeffizienten. Die Matrix $\{t_{ik}\}$ ist nichtsingulär und ebenfalls positiv. Somit kann man die Lagrangefunktion in der natürlichen Form aufstellen

$$L = \frac{1}{2} \sum_{i,k} (t_{ik}\, \dot{z}_i \dot{z}_k - a_{ik}\, z_i z_k) , \tag{A.2}$$

aus der sich das folgende System von gekoppelten Oszillatorgleichungen ergibt

$$\sum_{k=1}^{f} t_{ik}\, \ddot{z}_k + \sum_{j=1}^{f} a_{ij}\, z_j = 0 , \quad i = 1, \ldots , f . \tag{A.3}$$

Dieses System, das für $f = 1$ in die wohlbekannte Gleichung für den harmonischen Oszillator übergeht, löst man durch den Ansatz

$$z_i = a_i\, \mathrm{e}^{\mathrm{i}\Omega t}$$

mit dem Ziel, die möglichen Frequenzen Ω und Amplituden a_i zu bestimmen. Der komplexe Ansatz wird gewählt, damit man einfacher rechnen kann; bei den resultierenden Eigenschwingungen muss man hernach den Realteil davon nehmen. Setzt man dies in die Bewegungsgleichungen (A.3) ein, so ergibt sich ein System von linearen, gekoppelten Gleichungen

$$\sum_{j=1}^{f} (-\Omega^2 t_{ij} + a_{ij}) a_j = 0 . \tag{A.4}$$

Dieses hat dann und nur dann eine nichttriviale Lösung, wenn die Determinante verschwindet,

$$\det(a_{ij} - \Omega^2 t_{ij}) \stackrel{!}{=} 0 \,. \tag{A.5}$$

Diese Gleichung hat f positiv-semidefinite Lösungen

$$\Omega_l^2 \,, \quad l = 1, \dots, f \,,$$

welche man die Eigenfrequenzen des Systems nennt.

Als Beispiel betrachten wir zwei identische ebene Pendel im Grenzfall kleiner Ausschläge, die durch eine harmonische Feder derart verbunden sind, dass diese völlig entspannt ist, wenn beide Pendel ruhen. Anschaulich kann man sich hier überlegen, dass die beiden Eigenfrequenzen dieses Systems folgenden Bewegungen entsprechen: (1) Die Pendel schwingen im Gleichtakt, wobei die Feder ständig entspannt bleibt; (2) die Pendel schwingen genau im Gegentakt. Wir wollen sehen, wie dies aus dem allgemeinen Fall herauskommt. Es ist

$$T = \frac{1}{2} m (\dot{z}_1^2 + \dot{z}_2^2) \,,$$
$$U = \frac{1}{2} m \omega_0^2 (z_1^2 + z_2^2) + \frac{1}{2} m \omega_1^2 (z_1 - z_2)^2 \,.$$

Das System (A.4) lautet hier (den gemeinsamen Faktor m herausgenommen)

$$\begin{pmatrix} (\omega_0^2 + \omega_1^2) - \Omega^2 & -\omega_1^2 \\ -\omega_1^2 & (\omega_0^2 + \omega_1^2) - \Omega^2 \end{pmatrix} \begin{pmatrix} a_1 \\ a_2 \end{pmatrix} = 0 \,. \tag{A.4'}$$

Die Bedingung (A.5) ergibt eine quadratische Gleichung in Ω^2, deren Lösungen

$$\Omega_1^2 = \omega_0^2 \,, \quad \Omega_2^2 = \omega_0^2 + 2\omega_1^2$$

sind. Setzt man diese der Reihe nach in das Gleichungssystem (A.4′) ein, so ergibt sich für

$$\Omega_1 = \omega_0 : a_2^{(1)} = a_1^{(1)} \,, \quad \text{für}$$
$$\Omega_2 = \sqrt{\omega_0^2 + 2\omega_1^2} : a_2^{(2)} = -a_1^{(2)} \,.$$

(Die Normierung bleibt frei und man kann o.B.d.A. $a_1^{(i)} = 1/\sqrt{2}$ wählen.) Man erhält tatsächlich die erwarteten Lösungen (1) und (2). Kombiniert man die Variablen z_i linear, entsprechend diesen Lösungen,

$$Q_1 := \sqrt{m} \sum_i a_i^{(1)} z_i = (z_1 + z_2)\sqrt{m/2} \,,$$
$$Q_2 := \sqrt{m} \sum_i a_i^{(2)} z_i = (z_1 - z_2)\sqrt{m/2} \,,$$

so entkoppelt das System vollständig. Die Lagrangefunktion wird zu

$$L = \frac{1}{2} \sum_{l=1}^{2} (\dot{Q}_l^2 - \Omega_l^2 Q_l^2) ,$$

d. h. sie besteht aus der Summe von zwei unabhängigen linearen Oszillatoren. Die neuen, entkoppelten Variablen Q_l nennt man *Normalkoordinaten* des Systems. Sie entstehen aus den Eigenvektoren der Matrix $(a_{ij} - \Omega_l^2 t_{ij})$ und sind deren Eigenwerten Ω_l^2 zugeordnet.

Im allgemeinen Fall $(f > 2)$ geht man genauso vor: Hat man aus (A.5) die Eigenfrequenzen bestimmt, so setzt man diese der Reihe nach in das Gleichungssystem (A.4) ein, löst dieses und bestimmt (bis auf Normierung) den zu Ω_l^2 gehörenden Eigenvektor $(a_1^{(l)}, \dots , a_f^{(l)})$. Sind alle Eigenwerte Ω_l^2 verschieden, so sind die Eigenvektoren bis auf ihre Norm eindeutig festgelegt. Wir schreiben (A.4) für zwei verschiedene Eigenwerte auf,

$$\sum_j (-\Omega_q^2 t_{ij} + a_{ij}) a_j^{(q)} = 0 \qquad (*)$$

$$\sum_i (-\Omega_p^2 t_{ji} + a_{ji}) a_i^{(p)} = 0 , \qquad (**)$$

multiplizieren die erste Gleichung von links mit $a_i^{(p)}$ und summieren über i, die zweite mit $a_j^{(q)}$ und summieren hier noch über j. Subtrahiert man die entstehenden Gleichungen und nutzt die Symmetrie von t_{ij} und von a_{ij} aus, so heben sich die Terme mit a_{ij} heraus und es bleibt

$$\left(\Omega_p^2 - \Omega_q^2\right) \sum_{i,j} a_i^{(p)} t_{ij} a_j^{(q)} = 0 .$$

Da $\Omega_p^2 \neq \Omega_q^2$ ist, muss die Doppelsumme für $p \neq q$ verschwinden. Im Fall $p = q$ kann man die Eigenvektoren stets so normieren, dass diese Doppelsumme gerade 1 ergibt, insgesamt also

$$\sum_{i,j} a_i^{(p)} t_{ij} a_j^{(q)} = \delta_{pq} . \qquad (a)$$

Geht man hiermit in (*) ein, so folgt noch

$$\sum_{i,j} a_i^{(p)} a_{ij} a_j^{(q)} = \Omega_p^2 \sum a_i^{(p)} t_{ij} a_j^{(q)} = \Omega_p^2 \delta_{pq} , \qquad (b)$$

mit anderen Worten, die Matrizen t_{ij} und a_{ij} werden gleichzeitig auf Diagonalform gebracht. Wir setzen nun

$$z_i = \sum_p a_i^{(p)} Q_p . \qquad (A.6)$$

Setzt man diese Entwicklung in die Lagrangefunktion (A.2) ein, so ergibt sich in den neuen Koordinaten

$$L = \frac{1}{2} \sum_{p=1}^{f} (\dot{Q}_p^2 - \Omega_p^2 Q_p^2) , \tag{A.7}$$

und somit wieder eine Transformation auf Normalschwingungen.

Sind einige der Eigenfrequenzen ausgeartet, so liegen die zugehörigen Eigenvektoren nicht mehr eindeutig fest. Mit bekannten Methoden der Linearen Algebra kann man aber in dem Unterraum, der zu den ausgearteten Eigenwerten $\Omega_{r_1} = \Omega_{r_2} = \ldots = \Omega_{r_s}$ (s ist der Ausartungsgrad) gehört, s linear unabhängige Eigenvektoren und damit s linear unabhängige Normalkoordinaten konstruieren. Wir gehen hier nicht weiter darauf ein.

Man kann sich eine Reihe von Beispielen ausdenken wie etwa eine lineare Kette von n Oszillatoren oder ein ebenes Gitter von mit Federn verbundenen Massenpunkten usw., für die man die Matrizen t_{ik} und a_{ik} aufstellen kann. Verfügt man auf dem PC über Programme für Matrizenrechnung, so kann man die Eigenfrequenzen und Normalkoordinaten ohne Schwierigkeiten ermitteln.

2 Ebenes Pendel und Liouville'scher Satz

Es soll das Beispiel (ii) aus Abschn. 2.30 numerisch und zeichnerisch ausgeführt werden.

Lösung Mit den Bezeichnungen des Abschn. 1.17.2 verwendet man als dimensionslose Variable $z_1 = \varphi$, den Winkelausschlag als verallgemeinerte Koordinate, $z_2 = \dot{\varphi}/\omega$ als verallgemeinerten Impuls, wobei $\omega = \sqrt{g/l}$ die Frequenz des zugehörigen harmonischen Oszillators ist (d. h. des Grenzfalls kleiner Schwingungen). Die Zeit misst man in Einheiten des Inversen dieser Frequenz, d. h. man verwendet die Variable $\tau = \omega t$. Dann ist die in Einheiten von mgl gemessene Energie

$$\varepsilon = \frac{E}{mgl} = \frac{1}{2} z_2^2 + (1 - \cos z_1) . \tag{A.8}$$

ε ist positiv semidefinit und ist eine Konstante entlang jeder Lösung, $\varepsilon < 2$ sind die echten Pendelschwingungen, $\varepsilon = 2$ sind die Kriechbahnen, für $\varepsilon > 2$ schwingt das Pendel durch. Die Bewegungsgleichungen (1.41) geben die Differentialgleichung zweiter Ordnung für $z_1(\tau)$

$$\frac{\mathrm{d}^2 z_1}{\mathrm{d}\tau^2} = - \sin z_1(\tau) \tag{A.9}$$

Man bestätigt zunächst, dass z_1 und z_2 wirklich zueinander konjugierte Variable sind, wenn man τ als Zeitparameter eingeführt hat. Dazu bilde man die dimensionslose Lagrangefunktion

$$\begin{aligned}\lambda := \frac{L}{mgl} &= \frac{1}{2\omega^2}\left(\frac{\mathrm{d}\varphi}{\mathrm{d}t}\right)^2 - (1-\cos\varphi)\\ &= \frac{1}{2}\left(\frac{\mathrm{d}z_1}{\mathrm{d}\tau}\right)^2 - (1-\cos z_1)\end{aligned}$$

und dann wie üblich deren Ableitung nach $(\mathrm{d}z_1/\mathrm{d}\tau)$. Das ergibt $z_2 = \mathrm{d}z_1/\mathrm{d}\tau = (\mathrm{d}\varphi/\mathrm{d}t)/\omega$.

Für die Darstellung des Phasenporträts, Abb. 1.10, reicht es aus, z_2 als Funktion von z_1 aus (A.8) zu berechnen. Dabei weiß man aber nicht, wie diese Phasenbahnen als Funktion der Zeit durchlaufen werden. Da wir hier die zeitliche Evolution eines Gebietes von Anfangskonfigurationen studieren wollen, müssen wir die Differentialgleichung (A.9) integrieren. Diese Integration führt man numerisch aus, z. B. mit Hilfe eines der Runge-Kutta'schen Verfahren (s. Abramowitz und Stegun 1965, Abschn. 25.5.22). Gleichung (A.8) hat die Form $y'' = -\sin y$. Ist h die Schrittweite und sind y_n, y'_n die Werte der gesuchten Funktion und ihrer Ableitung an der Stützstelle τ_n, so bekommt man ihre Werte bei $\tau_{n+1} = \tau_n + h$ über folgende Schritte: Man setzt $y \equiv z_1$, $y' \equiv z_2$; y_n, y'_n werden vorgegeben (z. B. über (A.8)). Es seien

$$\begin{aligned}k_1 &= -h\sin y_n\\ k_2 &= -h\sin\left(y_n + \frac{h}{2}y'_n + \frac{h}{8}k_1\right)\\ k_3 &= -h\sin\left(y_n + hy'_n + \frac{h}{2}k_2\right).\end{aligned}\tag{A.10}$$

Dann gilt

$$\begin{aligned}y_{n+1} &= y_n + h[y'_n + \tfrac{1}{6}(k_1 + 2k_2)] + O(h^4)\\ y'_{n+1} &= y'_n + \tfrac{1}{6}k_1 + \tfrac{2}{3}k_2 + \tfrac{1}{6}k_3 + O(h^4).\end{aligned}\tag{A.11}$$

Diese Gleichungen lassen sich leicht programmieren. Man gibt eine Anfangskonfiguration $(y_0 = z_1(0), y'_0 = z_2(0))$ vor, wählt zum Beispiel $h = \pi/30$ und lässt das Integrationsprogramm für eine vorgebbare Zeitspanne τ laufen. In der dimensionslosen Variablen τ hat der harmonische Oszillator die Periode $T^{(0)} = 2\pi$. Es ist also naheliegend, (A.9) für die Zeit $T^{(0)}$ oder Teile davon zu integrieren, um zu sehen, wie die Phasenpunkte des ebenen Pendels gegenüber denen des harmonischen Oszillators zurückbleiben: Punkte mit $0 < \varepsilon \ll 2$ laufen fast so schnell wie die des Oszillators; je näher ε an 2 von unten herankommt, um so langsamer bewegen sie sich relativ zum Oszillator. Punkte auf der Kriechbahn ($\varepsilon = 2$), die bei $(z_1 = 0, z_2 = 2)$ starten, können auch in sehr langen Zeiten nie den ersten Quadranten der (z_1, z_2)-Ebene verlassen.

In den Abb. 2.13–15 haben wir 32 Punkte auf einem Kreis mit Radius $r = 0{,}5$ und den Mittelpunkt dieses Kreises von der Anfangskonfiguration $(z_1 = r\cos\alpha, z_2 = r_0 + r\sin\alpha)$ während der angegebenen

Zeiten laufen lassen. Man kann dabei den Weg jedes einzelnen Punktes verfolgen. In Abb. 2.14 ist z. B. die Wanderung des Punktes mit Anfangskonfiguration (0, 1) mit Pfeilen markiert.

Natürlich kann man auch anders geformte Abbildungen (anstelle des Kreises) als Anfangskonfiguration wählen und deren Fluss durch den Phasenraum verfolgen. Als Test des Programms schließlich ersetze man die rechte Seite von (A.9) durch $-z_1$. Dann muss das Bild der Abb. 2.12 herauskommen.

3 Zentralpotential und Liouville'scher Satz

Für Systeme mit mehr als einem Freiheitsgrad ist es schwierig, die Strömung im Phasenraum zu veranschaulichen, denn schon für $f = 2$ ist dieser vierdimensional. Folgendes Beispiel ist aber noch darstellbar. Es sei ein attraktives Zentralpotential $U(r)$, z. B. $U(r) = -(\alpha/r)\,\mathrm{e}^{-\lambda r}$, vorgegeben. Man betrachte eine Gesamtheit von Teilchen, die in der $(1, 3)$-Ebene mit Impulsen parallel zur 3-Achse einlaufen. Diese Teilchen sollen alle denselben Drehimpuls haben, d. h. das Produkt aus Stoßparameter b (Abstand der Bahn von der 3-Achse) und Impulsbetrag $p = p_3 = |\boldsymbol{p}|$ ist konstant. Man studiere, ähnlich wie in Übung 2, die Strömung im Phasenraum, wie sie auf die (r, p_r)-Ebene projiziert erscheint.

Zur Lösung geht man auf die Formeln des Abschn. 1.24 zurück. Der Phasenraum wird durch die ebenen Polarkoordinaten (r, φ) und die zugehörigen Impulse (p_r, p_φ) aufgespannt. Die Hamiltonfunktion ist

$$H = \frac{p_r^2}{2\mu} + \frac{p_\varphi^2}{2\mu r^2} + U(r) \,.$$

Die Bewegungsgleichungen sind in (1.65) und (1.66) angegeben. Da $p_\varphi = |\boldsymbol{\ell}|$ festgehalten wird, ist das System als effektives System in (r, p_r) schon Hamilton'sch. Es ist also sinnvoll, die Projektion der Strömung auf die (r, p_r)-Ebene zu studieren. Die Anfangswerte r und p_r hängen über

$$p_r = \frac{p}{r}\sqrt{r^2 - b^2}$$

zusammen, wobei $pb = |\boldsymbol{\ell}|$ fest ist.

Mechanik des starren Körpers

Einführung

Die Theorie des starren Körpers ist ein besonders wichtiges Teilgebiet der allgemeinen Mechanik: Zum einen ist der Kreisel nächst den kugelsymmetrischen Massenverteilungen des Abschn. 1.30 das einfachste Beispiel eines ausgedehnten Körpers. Zum zweiten stellt die Dynamik des starren Körpers einen besonders schönen Modellfall dar, an dem man die allgemeinen Prinzipien der kanonischen Mechanik ausprobieren und die Folgerungen aus den jeweiligen räumlichen Symmetrien besonders anschaulich studieren kann. Zum dritten stellen die Bewegungsgleichungen des Kreisels, die Euler'schen Gleichungen, ein interessantes Beispiel für *nichtlineare* Dynamik dar. (Damit ist gemeint, dass diese Gleichungen nicht in linearer Weise von den gesuchten dynamischen Variablen und deren Ableitungen abhängen.) Zum vierten schließlich führt die Beschreibung des starren Körpers wieder auf die kompakte Lie'sche Gruppe SO(3), die wir im Zusammenhang mit der Invarianz von mechanischen Bewegungsgleichungen unter Drehungen des Koordinatensystems studiert haben: Der Konfigurationsraum des nichtausgearteten Kreisels ist das direkte Produkt aus dem dreidimensionalen Raum $\mathbb{R}^3$ und der Gruppe SO(3) in dem Sinne, dass seine momentane Konfiguration durch die Angabe (i) der Lage des Schwerpunktes, (ii) der Orientierung des Körpers relativ zu einem vorgegebenen Inertialsystem vollständig bestimmt ist. Der Schwerpunkt wird durch einen Bahnvektor $\boldsymbol{r}_S(t)$ im $\mathbb{R}^3$, die Orientierung durch drei zeitabhängige Winkel beschrieben, die die Mannigfaltigkeit der SO(3) aufspannen. (Nichtausgeartet heißt hier, dass nicht alle Punkte des Körpers auf einer Achse liegen. Ist dies der Fall, so spricht man von einer Hantel. Der Konfigurationsraum der Hantel ist die Mannigfaltigkeit $\mathbb{R}^3 \times S^2$.) Schließlich gibt es einige Spezialfälle in der Theorie des starren Körpers, die sich integrieren, und solche, die sich geometrisch lösen lassen; man lernt also noch einige weitere integrable Systeme kennen.

3.1 Definition des starren Körpers

Einen starren Körper kann man sich auf zwei Arten realisiert denken:

A) Ein System von n Massenpunkten mit den Massen $m_1, \dots, m_n$, die durch *starre* Abstände verbunden sind, stellt einen starren Körper dar. Abbildung 3.1 zeigt das Beispiel $n = 4$.

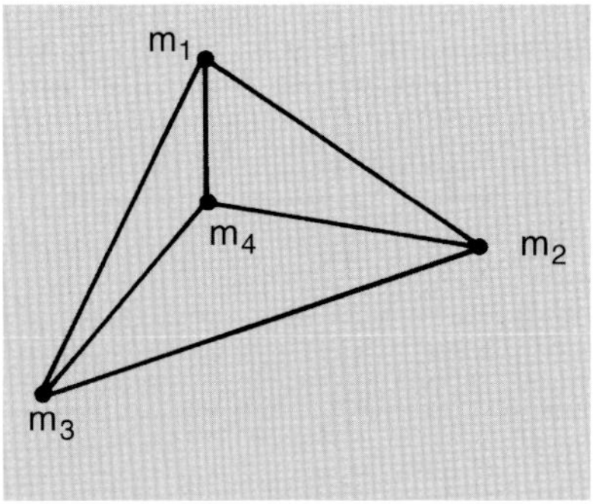

Abb. 3.1. Endlich viele Massenpunkte, deren sämtliche Abstände für alle Zeiten fest sind, bilden einen starren Körper. Das Bild zeigt das Beispiel $n = 4$

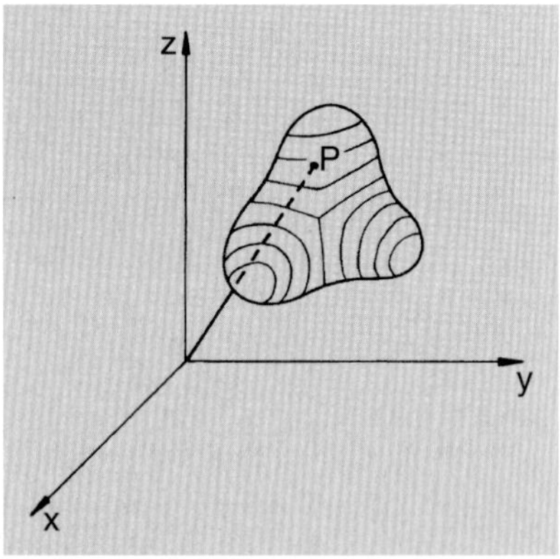

Abb. 3.2. Ein starrer Körper, der durch eine feste, unveränderliche Massenverteilung gegeben ist

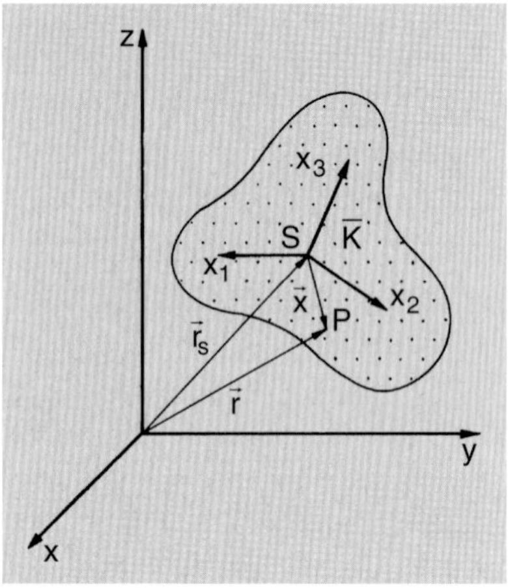

Abb. 3.3. Raumfestes Koordinatensystem **K** und das mit dem Körper starr verbundene intrinsische System $\overline{\mathbf{K}}$, das z. B. im Schwerpunkt S verankert ist

B) Ein Körper mit fest vorgegebener, kontinuierlicher Massenverteilung $\varrho(\boldsymbol{r})$, dessen Gestalt sich nicht ändert, ist ebenfalls ein starrer Körper. Das schraffierte Volumen in Abb. 3.2 zeigt ein Beispiel.

Während im Fall (A) die Gesamtmasse durch

$$M = \sum_{i=1}^{n} m_i \tag{3.1}$$

gegeben ist, ist sie im Fall (B) gleich

$$M = \int \mathrm{d}^3 r \, \varrho(\boldsymbol{r}) \,, \tag{3.2}$$

wie in Abschn. 1.30 diskutiert.

Dass die beiden Definitionen zum selben Typus von mechanischem System führen, hängt wesentlich davon ab, dass wir dem Körper keinerlei innere Freiheitsgrade zugestehen. Wird die Verteilung $\varrho(\boldsymbol{r})$ in (B) dagegen als deformierbar zugelassen, so treten innere Kräfte auf, deren Behandlung zur Mechanik der Kontinua gehört. Man kann sich leicht vorstellen, dass die Dynamik eines solchen kontinuierlichen Körpers z. B. von der des Punktsystems der Abb. 3.1 recht verschieden ist, wenn beide *nicht* starr sind.

Um den starren Körper und seine Bewegung beschreiben zu können, ist es zweckmäßig, zwei Koordinatensysteme einzuführen:

i) Ein „raumfestes" Koordinatensystem **K**, das ein Inertialsystem sein soll.
ii) Ein mit dem starren Körper fest verbundenes, also fest in ihm verankertes „körperfestes" (oder intrinsisches) Koordinatensystem $\overline{\mathbf{K}}$.

Die beiden Systeme sind in Abb. 3.3 skizziert.

Das Inertialsystem **K** ist erforderlich, um die Bewegung des starren Körpers in einfacher Weise beschreiben zu können. Das körperfeste System $\overline{\mathbf{K}}$ ist im Allgemeinen *kein* Inertialsystem, ist aber deshalb nützlich, weil die Massenverteilung und alle daraus abgeleiteten statischen Eigenschaften des Körpers in ihm besonders einfach beschreibbar sind. Betrachten wir zum Beispiel die Massendichte ϱ: Von $\overline{\mathbf{K}}$ aus gesehen ist $\overline{\varrho}(\boldsymbol{r})$ ein für allemal fest vorgegeben, ganz gleich welche Bewegung der Körper ausführt. Im System **K** dagegen ist $\varrho(\boldsymbol{r}, t)$ eine zeitabhängige Funktion, die davon abhängt, wie der Körper sich bewegt (man betrachte hierzu Aufgabe 3.9).

Es sei also S, der Ursprung von $\overline{\mathbf{K}}$, ein beliebiger, aber im Körper fest gewählter Punkt; (später wird es zweckmäßig sein, für S den Schwerpunkt zu wählen). S habe bezüglich des raumfesten Systems **K** die Koordinaten $\boldsymbol{r}_S(t)$. Ein Aufpunkt P des Körpers werde bezüglich **K** durch den Bahnvektor $\boldsymbol{r}(t)$, bezüglich $\overline{\mathbf{K}}$ durch $\boldsymbol{x}$ beschrieben. $\boldsymbol{x}$ ist nach Konstruktion zeitlich invariant, da man den Punkt P von $\overline{\mathbf{K}}$ aus ansieht.

Man kann aus dem Bild der Abb. 3.3 die Zahl der Freiheitsgrade eines starren Körpers ablesen. Um seine Lage im Raum vollständig festzulegen, genügt es, die momentane Position $\boldsymbol{r}_S(t)$ von S zu kennen, sowie die momentane Orientierung des körperfesten Systems $\overline{\mathbf{K}}$ relativ zu einem zu $\mathbf{K}$ achsenparallelen, in S zentrierten Hilfssystem. Das sind insgesamt sechs Größen: die drei Komponenten von $\boldsymbol{r}_S$, sowie die drei Winkel, die die Orientierung von $\overline{\mathbf{K}}$ festlegen. *Der starre Körper hat i. Allg. also 6 Freiheitsgrade.* Nur im Entartungsfall der Hantel sind es weniger, nämlich 5.

Die beiden Bezugssysteme, das raumfeste Inertialsystem $\mathbf{K}$ und das körperfeste System $\overline{\mathbf{K}}$, muss man sorgfältig unterscheiden. Wenn man die unterschiedliche Natur dieser beiden Systeme und ihre Rolle in der Beschreibung des Kreisels verstanden hat, dann wird die Kreiseltheorie einfach und transparent. Wie man für $\overline{\mathbf{K}}$ eine optimale Wahl treffen kann, wird in Abschn. 3.4 und Abschn. 3.10 beschrieben.

3.2 Infinitesimale Verrückung eines starren Körpers

Translatiert und rotiert man den starren Körper ein wenig, so gilt für den Aufpunkt P mit den Bezeichnungen der Abb. 3.4

$$\mathrm{d}\boldsymbol{r} = \mathrm{d}\boldsymbol{r}_S + \mathrm{d}\boldsymbol{\varphi} \times \boldsymbol{x} \,. \tag{3.3}$$

Hierbei ist $\mathrm{d}\boldsymbol{r}_S$ der Vektor, um den der Punkt S verschoben wird, wenn man den Körper als Ganzes um den Vektor $\mathrm{d}\boldsymbol{r}_S$ parallel verschiebt. Die Richtung $\hat{\boldsymbol{n}} = \mathrm{d}\boldsymbol{\varphi}/|\mathrm{d}\boldsymbol{\varphi}|$ und der Winkel $|\mathrm{d}\boldsymbol{\varphi}|$ charakterisieren die Drehung des Körpers bei festgehaltenem Bezugspunkt S.

Der *Translationsanteil* in (3.3) ist unmittelbar klar. Der Rotationsanteil folgt aus (2.66) des Abschn. 2.22, wobei man aber beachten muss, dass wir hier eine *aktive* Drehung des Körpers ausführen, dort eine *passive*, daher der Unterschied im Vorzeichen. Man kann sich die Wirkung dieser infinitesimalen Drehung auch anhand der Abb. 3.4 klarmachen. Es ist $|\mathrm{d}\boldsymbol{x}| = |\boldsymbol{x}| \cdot |\mathrm{d}\boldsymbol{\varphi}| \sin\alpha$ und $(\hat{\boldsymbol{n}}, \boldsymbol{x}, \mathrm{d}\boldsymbol{x})$ bilden eine Rechtsschraube. Also ist $\mathrm{d}\boldsymbol{x} = \mathrm{d}\boldsymbol{\varphi} \times \boldsymbol{x}$, wie behauptet.

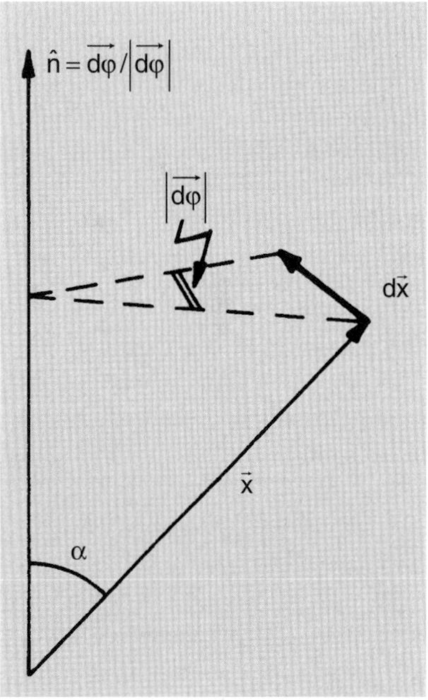

Abb. 3.4. Hilfszeichnung, die die Wirkung einer kleinen Drehung des starren Körpers klarmacht, und aus der man die Beziehung (3.3) ablesen kann

Aus (3.3) folgt eine wichtige Beziehung für die Geschwindigkeiten der Punkte P und S,

$$\boldsymbol{v} := \frac{\mathrm{d}\boldsymbol{r}}{\mathrm{d}t} \quad \text{und} \quad \boldsymbol{V} := \frac{\mathrm{d}\boldsymbol{r}_S}{\mathrm{d}t} \,, \tag{3.4a}$$

und die Winkelgeschwindigkeit

$$\boldsymbol{\omega} := \frac{\mathrm{d}\boldsymbol{\varphi}}{\mathrm{d}t} \,, \tag{3.4b}$$

nämlich

$$\boldsymbol{v} = \boldsymbol{V} + \boldsymbol{\omega} \times \boldsymbol{x} \,. \tag{3.5}$$

Sie gibt die Zerlegung der Geschwindigkeit eines Aufpunktes P in die Translationsgeschwindigkeit $\boldsymbol{V}$ des körperfesten Punktes S und in den Beitrag der *Winkelgeschwindigkeit* $\boldsymbol{\omega}$ der Drehung. Man kann leicht zeigen, dass diese Winkelgeschwindigkeit universell ist in dem Sinne, dass sie die Rotationsbewegung des Körpers charakterisiert, ohne von der speziellen Wahl des Punktes S abzuhängen. Dazu wähle man einen anderen solchen körperfesten Bezugspunkt S' mit den Koordinaten $\boldsymbol{r}'_S = \boldsymbol{r}_S + \boldsymbol{a}$. Die Beziehung (3.5) gilt auch für diese Wahl, d. h.

$$\boldsymbol{v} = \boldsymbol{V}' + \boldsymbol{\omega}' \times \boldsymbol{x}' .$$

Andererseits ist $\boldsymbol{r} = \boldsymbol{r}'_S + \boldsymbol{x}' = \boldsymbol{r}_S + \boldsymbol{a} + \boldsymbol{x}' = \boldsymbol{r}_S + \boldsymbol{x}$ und somit $\boldsymbol{x} = \boldsymbol{a} + \boldsymbol{x}'$ und $\boldsymbol{v} = \boldsymbol{V} + \boldsymbol{\omega} \times \boldsymbol{a} + \boldsymbol{\omega} \times \boldsymbol{x}'$. Diese beiden Ausdrücke für die Geschwindigkeit gelten für jede Wahl von $\boldsymbol{x}$ bzw. $\boldsymbol{x}'$. Daraus folgt

$$\boldsymbol{V}' = \boldsymbol{V} + \boldsymbol{\omega} \times \boldsymbol{a} \tag{3.6a}$$

$$\boldsymbol{\omega}' = \boldsymbol{\omega} , \tag{3.6b}$$

womit die Universalität der Winkelgeschwindigkeit gezeigt ist.

3.3 Kinetische Energie und Trägheitstensor

Von nun an sei (bis auf Ausnahmen, die ausdrücklich genannt werden) der körperfeste Bezugspunkt S in den Schwerpunkt gelegt. Das bedeutet im Fall (A) aus Abschn. 3.1

$$\sum_{i=1}^{n} m_i \boldsymbol{x}^{(i)} = 0 , \tag{3.7a}$$

im Fall (B)

$$\int \mathrm{d}^3x\, \boldsymbol{x} \varrho(\boldsymbol{x}) = 0 . \tag{3.7b}$$

Die kinetische Energie berechnen wir zur Illustration für beide Fälle (A) und (B).

i) Im diskreten Modell des starren Körpers gilt bei Verwendung von (3.5)

$$\begin{aligned} T &= \frac{1}{2}\sum_{i=1}^{n} m_i \boldsymbol{v}^{(i)^2} = \frac{1}{2}\sum m_i (\boldsymbol{V} + \boldsymbol{\omega} \times \boldsymbol{x}^{(i)})^2 \\ &= \frac{1}{2}(\sum_{i=1}^{n} m_i)\boldsymbol{V}^2 + \boldsymbol{V} \cdot \sum_{i=1}^{n} m_i (\boldsymbol{\omega} \times \boldsymbol{x}^{(i)}) + \frac{1}{2}\sum_{i=1}^{n} m_i (\boldsymbol{\omega} \times \boldsymbol{x}^{(i)})^2 . \end{aligned} \tag{3.8}$$

Im zweiten Term dieses Ausdrucks kann man die Identität $\boldsymbol{V} \cdot (\boldsymbol{\omega} \times \boldsymbol{x}^{(i)}) = \boldsymbol{x}^{(i)} \cdot (\boldsymbol{V} \times \boldsymbol{\omega})$ verwenden und erhält

$$\boldsymbol{V} \cdot \sum m_i (\boldsymbol{\omega} \times \boldsymbol{x}^{(i)}) = (\boldsymbol{V} \times \boldsymbol{\omega}) \cdot \sum m_i \boldsymbol{x}^{(i)} = 0$$

wegen der Schwerpunktsbedingung (3.7a). Der dritte Term auf der rechten Seite von (3.8) enthält das Quadrat des Vektors $\boldsymbol{\omega} \times \boldsymbol{x}^{(i)}$, das sich wie folgt umformen lässt (der Teilchenindex ist weggelassen):

$$(\boldsymbol{\omega} \times \boldsymbol{x})^2 = \boldsymbol{\omega}^2 \boldsymbol{x}^2 \sin^2 \alpha = \boldsymbol{\omega}^2 \boldsymbol{x}^2 (1 - \cos^2 \alpha)$$
$$= \boldsymbol{\omega}^2 \boldsymbol{x}^2 - (\boldsymbol{\omega} \cdot \boldsymbol{x})^2 = \sum_{\mu=1}^{3} \sum_{\nu=1}^{3} \omega^\mu [\boldsymbol{x}^2 \delta_{\mu\nu} - x_\mu x_\nu] \omega^\nu .$$

Die Zerlegung dieses letzten Ausdrucks in kartesische Koordinaten dient dazu, die Koordinaten $\boldsymbol{x}^{(i)}$, die den starren Körper abfahren, von den Komponenten der universellen Winkelgeschwindigkeit $\boldsymbol{\omega}$ zu trennen, die ja frei wählbar ist und nichts mit der spezifischen Beschaffenheit des Körpers zu tun hat. Setzt man die Ergebnisse dieser Zwischenrechnungen in (3.8) ein, so nimmt T die folgende Form an:

$$T = \frac{1}{2} M \boldsymbol{V}^2 + \frac{1}{2} \sum_{\mu=1}^{3} \sum_{\nu=1}^{3} \omega^\mu J_{\mu\nu} \omega^\nu , \tag{3.9}$$

wobei

$$J_{\mu\nu} := \sum_{i=1}^{n} m_i \big[\boldsymbol{x}^{(i)^2} \delta_{\mu\nu} - x_\mu^{(i)} x_\nu^{(i)} \big] \tag{3.10a}$$

gesetzt wurde.

ii) Im kontinuierlichen Fall geht diese Rechnung völlig analog,

$$T = \frac{1}{2} \int \mathrm{d}^3 x \, \varrho(\boldsymbol{x}) (\boldsymbol{V} + \boldsymbol{\omega} \times \boldsymbol{x})^2$$
$$= \frac{1}{2} \boldsymbol{V}^2 \int \mathrm{d}^3 x \, \varrho(\boldsymbol{x}) + (\boldsymbol{V} \times \boldsymbol{\omega}) \cdot \int \mathrm{d}^3 x \, \varrho(\boldsymbol{x}) \boldsymbol{x}$$
$$+ \frac{1}{2} \int \mathrm{d}^3 x \, \varrho(\boldsymbol{x}) \omega^\mu [\boldsymbol{x}^2 \delta_{\mu\nu} - x_\mu x_\nu] \omega^\nu .$$

Im ersten Term ist das Integral gerade die Gesamtmasse. Der zweite Term verschwindet wegen der Schwerpunktsbedingung (3.7b). Die kinetische Energie hat wieder die Form (3.9), wobei $\mathbf{J}$ jetzt durch den Ausdruck

$$J_{\mu\nu} := \int \mathrm{d}^3 x \, \varrho(\boldsymbol{x}) [\boldsymbol{x}^2 \delta_{\mu\nu} - x_\mu x_\nu] \tag{3.10b}$$

gegeben ist.[1]

Die kinetische Energie des starren Körpers, (3.9), hat demnach die allgemeine Zerlegung

$$T = T_{\text{trans}} + T_{\text{rot}} \tag{3.11}$$

in die kinetische Energie der Translationsbewegung

$$T_{\text{trans}} = \frac{1}{2} M \boldsymbol{V}^2 \tag{3.12}$$

[1] $\mathbf{J}$ ist i. Allg. zeitabhängig, wenn die Koordinaten x_i sich auf ein raumfestes System beziehen, der Körper sich aber dreht (s. Abschn. 3.11)

und die der Rotationsbewegung

$$T_{\text{rot}} = \frac{1}{2}\boldsymbol{\omega} \cdot \mathbf{J}\boldsymbol{\omega} \,. \tag{3.13}$$

Der Trägheitstensor $\mathbf{J} = \{J_{\mu\nu}\}$ ist ein Tensor zweiter Stufe, d. h. unter Drehungen verhält er sich wie folgt:
Wenn

$$x_\mu \to x'_\mu = \sum_{\nu=1}^{3} R_{\mu\nu} x_\nu \quad \text{mit} \quad \mathbf{R} \in \text{SO}(3)\,, \quad \text{so}$$

$$J_{\mu\nu} \to J'_{\mu\nu} = \sum_{\lambda=1}^{3} \sum_{\varrho=1}^{3} R_{\mu\lambda} R_{\nu\varrho} J_{\lambda\varrho} \,. \tag{3.14}$$

Dieser Tensor ist für den starren Körper charakteristisch, denn er wird durch die Angabe der Massenverteilung vollständig bestimmt. Er wird als der *Trägheitstensor* bezeichnet, was man als Hinweis auf die formale Ähnlichkeit zur trägen Masse verstehen kann, die man aus (3.12) und (3.13) abliest.
Der Tensor $\mathbf{J}$ ist über einem dreidimensionalen Euklidischen Vektorraum V definiert. Allgemein sind Tensoren zweiter Stufe Bilinearformen über V. Das Transformationsverhalten (3.14) ist dasjenige des direkten Produktes von zwei Vektoren aus V. Der Trägheitstensor zeichnet sich dadurch aus, dass er zur Untermenge der reellen und symmetrischen Tensoren über V gehört.

3.4 Eigenschaften des Trägheitstensors

In diesem und den beiden folgenden Abschnitten studieren wir den Trägheitstensor als statische Eigenschaft des starren Körpers, d. h. wir lassen diesen ruhen oder verwenden ein mit ihm starr verbundenes Bezugssystem.

Der Trägheitstensor enthält einen invarianten Anteil

$$\int \mathrm{d}^3x \, \varrho(\boldsymbol{x}) \boldsymbol{x}^2 \delta_{\mu\nu} \,,$$

der bereits diagonal ist, sowie den Anteil

$$-\int \mathrm{d}^3x \, \varrho(\boldsymbol{x}) x_\mu x_\nu \,,$$

der von der speziellen Wahl des körperfesten Systems abhängt, die man getroffen hat. Dass $\delta_{\mu\nu}$ unter Drehungen invariant ist, sieht man leicht: Für jedes $\mathbf{R} \in \text{SO}(3)$ ist in der Tat

$$\sum_{\mu,\nu=1}^{3} R_{\tau\mu} R_{\sigma\nu} \delta_{\mu\nu} = \sum_{\mu=1}^{3} (\mathbf{R})_{\tau\mu} (\mathbf{R}^{\mathrm{T}})_{\mu\sigma} = \delta_{\tau\sigma} \,.$$

Weitere Eigenschaften des Trägheitstensors lassen sich ebenfalls aus seiner Definition (3.10) ablesen:

i) **J** ist in der Massendichte $\varrho(\boldsymbol{x})$ *linear* und daher additiv. Das bedeutet, dass der Trägheitstensor eines Körpers, der durch Zusammenfügen zweier starrer Körper entsteht, gleich der Summe der Trägheitstensoren dieser Körper ist. Man sagt auch: **J** ist eine *extensive* Größe.
ii) **J** ist eine reelle, symmetrische Matrix. Explizit ausgeschrieben lautet sie

$$\mathbf{J} = \int d^3x\, \varrho(\boldsymbol{x}) \begin{pmatrix} x_2^2 + x_3^2 & -x_1x_2 & -x_1x_3 \\ -x_2x_1 & x_3^2 + x_1^2 & -x_2x_3 \\ -x_3x_1 & -x_3x_2 & x_1^2 + x_2^2 \end{pmatrix} . \tag{3.15}$$

Jede reelle und symmetrische Matrix lässt sich durch eine orthogonale Transformation $\mathbf{R}_0 \in SO(3)$ auf Diagonalform bringen

$$\mathbf{R}_0 \mathbf{J} \mathbf{R}_0^{-1} = \overset{\circ}{\mathbf{J}} = \begin{pmatrix} I_1 & 0 & 0 \\ 0 & I_2 & 0 \\ 0 & 0 & I_3 \end{pmatrix} . \tag{3.16}$$

Das bedeutet, dass man durch geeignete Wahl des körperfesten Systems erreichen kann, dass der Trägheitstensor diagonal wird. Die so ausgezeichneten Systeme, die wieder Orthogonalsysteme sind, heißen *Hauptträgheitsachsensysteme* – im Folgenden oft als HTA-Systeme abgekürzt. In einem solchen System, in dem **J** diagonal ist, gilt natürlich wieder der Ausdruck (3.15), d. h. jetzt

$$\overset{\circ}{\mathbf{J}} = \int d^3y\, \varrho(\boldsymbol{y}) \begin{pmatrix} y_2^2 + y_3^2 & 0 & 0 \\ 0 & y_3^2 + y_1^2 & 0 \\ 0 & 0 & y_1^2 + y_2^2 \end{pmatrix} , \tag{3.17}$$

woraus man folgende Eigenschaften der Eigenwerte I_i, abliest:

$$I_i \geq 0 \,, \quad i = 1, 2, 3 \tag{3.18a}$$

$$I_1 + I_2 \geq I_3 \quad \text{gilt zyklisch.} \tag{3.18b}$$

Die Matrix **J** ist also positiv semi-definit. Das ist die Aussage von (3.18a). Die Diagonalisierung des Trägheitstensors ist ein typisches Eigenwertproblem, wie man es in der Linearen Algebra kennenlernt. Die Aufgabe ist, diejenigen Richtungen $\hat{\boldsymbol{\omega}}^{(i)}$ aufzusuchen, $i = 1, 2, 3$, für die

$$\mathbf{J}\, \hat{\boldsymbol{\omega}}^{(i)} = I_i \hat{\boldsymbol{\omega}}^{(i)} \tag{3.19}$$

ist. Damit dieses Gleichungssystem eine Lösung hat, muss die Determinante

$$\det(\mathbf{J} - I_i \mathbb{1}) = 0 \tag{3.20}$$

verschwinden. Gleichung (3.20) liefert die Eigenwerte. Sie ist eine kubische Gleichung. Sie hat gemäß (3.17) und (3.18a) drei reelle, positiv-semidefinite Lösungen. Den zu einem Eigenwert I_k gehörenden Eigenvektor $\hat{\boldsymbol{\omega}}^{(k)}$ erhält man dann aus (3.19). Die Matrix $\mathbf{R}_0$ in (3.16) ist durch folgende Werte gegeben:

$$\mathbf{R}_0 = \begin{pmatrix} \hat{\omega}_1{}^{(1)} & \hat{\omega}_2{}^{(1)} & \hat{\omega}_3{}^{(1)} \\ \hat{\omega}_1{}^{(2)} & \hat{\omega}_2{}^{(2)} & \hat{\omega}_3{}^{(2)} \\ \hat{\omega}_1{}^{(3)} & \hat{\omega}_2{}^{(3)} & \hat{\omega}_3{}^{(3)} \end{pmatrix} , \tag{3.21}$$

Man zeigt leicht, dass Eigenvektoren $\hat{\boldsymbol{\omega}}^{(i)}$ und $\hat{\boldsymbol{\omega}}^{(k)}$, die zu verschiedenen Eigenwerten I_i und I_k gehören, orthogonal sind. Dazu bilde man die Differenz $\hat{\boldsymbol{\omega}}^{(i)} \cdot \mathbf{J}\hat{\boldsymbol{\omega}}^{(k)} - \hat{\boldsymbol{\omega}}^{(k)} \cdot \mathbf{J}\hat{\boldsymbol{\omega}}^{(i)}$. Unter Verwendung von (3.19) ist

$$\hat{\boldsymbol{\omega}}^{(i)} \cdot \mathbf{J}\hat{\boldsymbol{\omega}}^{(k)} - \hat{\boldsymbol{\omega}}^{(k)} \cdot \mathbf{J}\hat{\boldsymbol{\omega}}^{(i)} = (I_k - I_i)(\hat{\boldsymbol{\omega}}^{(k)} \cdot \hat{\boldsymbol{\omega}}^{(i)}) .$$

Wegen der Symmetrie von $\mathbf{J}$ ist die linke Seite gleich Null. Wenn also

$$I_k \neq I_i , \quad \text{so folgt} \quad \hat{\boldsymbol{\omega}}^{(k)} \cdot \hat{\boldsymbol{\omega}}^{(i)} = 0 . \tag{3.22}$$

Es kann natürlich vorkommen, dass zwei Eigenwerte gleich sind, $I_i = I_k$. Dann gilt der Schluss auf Orthogonalität nicht. In diesem ausgearteten Fall ist es aber dennoch möglich, zwei orthogonale Richtungen $\hat{\boldsymbol{\omega}}^{(i)}$ und $\hat{\boldsymbol{\omega}}^{(k)}$ zu wählen. Die Entartung sagt nur aus, dass es keine ausgezeichnete Wahl der Hauptträgheitsachsen gibt. Dies kann man sich an folgendem Modellfall klarmachen. Der Trägheitstensor möge nach der Diagonalisierung die Form

$$\mathring{\mathbf{J}} = \begin{pmatrix} A & 0 & 0 \\ 0 & A & 0 \\ 0 & 0 & B \end{pmatrix}$$

mit $A \neq B$ haben. Jede weitere Drehung, die nur die 1- und 2-Achse vermischt, die also die Form

$$\mathbf{R} = \begin{pmatrix} \cos\theta & \sin\theta & 0 \\ -\sin\theta & \cos\theta & 0 \\ 0 & 0 & 1 \end{pmatrix}$$

hat, lässt $\mathring{\mathbf{J}}$ ungeändert. Das bedeutet, dass jede Richtung in der $(1, 2)$-Ebene Hauptträgheitsachse zum Trägheitsmoment A ist. In dieser Ebene kann man daher zwei zueinander senkrechte Richtungen beliebig wählen. Da $B \neq A$ gilt, steht die dritte Hauptträgheitsachse auf diesen senkrecht.

iii) Die Eigenwerte I_i des Trägheitstensors nennt man die *(Haupt-) Trägheitsmomente* des starren Körpers. Wie man weiter unten sehen wird, treten sie im Drehimpuls und in der kinetischen Energie auf, wenn der Körper um die zugehörige Eigenrichtung $\hat{\boldsymbol{\omega}}^{(i)}$ rotiert. Sind alle Trägheitsmomente verschieden,

$I_1 \neq I_2 \neq I_3$, so liegt der *unsymmetrische Kreisel* vor,

in Fällen wie

$I_1 = I_2 \neq I_3$ liegt der *symmetrische Kreisel* vor,

während der Entartungsfall

$I_1 = I_2 = I_3$ dem *Kugelkreisel* entspricht.[2]

iv) Besitzt der starre Körper Symmetrieeigenschaften, so wird das Auffinden des Schwerpunktes S und der Hauptträgheitsachsen stark erleichtert. Zum Beispiel gilt folgender

Satz 3.1

Ist ein starrer Körper in Form- und Massenverteilung unter Spiegelung an einer Ebene symmetrisch, Abb. 3.5, so liegt der Schwerpunkt in dieser Ebene. In derselben Ebene liegen zwei der Hauptträgheitsachsen, die dritte steht senkrecht auf ihr.

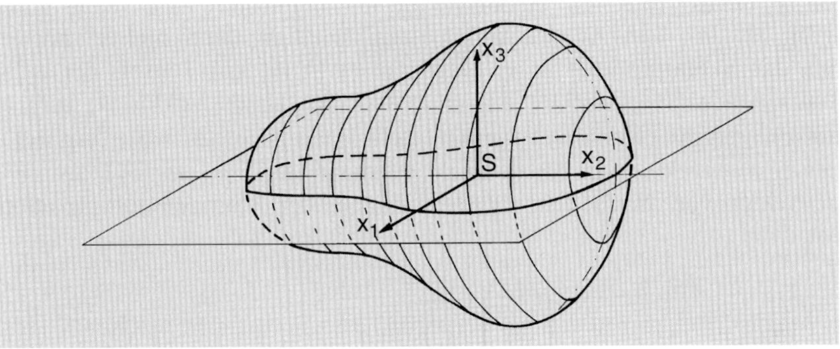

Abb. 3.5. Ein starrer Körper, der unter Spiegelung an der eingezeichneten Ebene symmetrisch ist

Beweis

Man legt versuchsweise ein Orthogonalsystem so in den Körper, dass die 1- und 2-Achse *in* der Ebene, die 3-Achse *senkrecht* zu ihr liegen. Aus Symmetriegründen gehört zu jedem Massenelement mit positivem x_3 ein dazu gleiches mit negativem x_3. Daher ist $\int d^3x\, x_3 \varrho(\boldsymbol{x}) = 0$. Vergleicht man mit (3.7b), so sieht man, dass die erste Aussage des Satzes richtig ist: S liegt in der Symmetrieebene.Es sei S bereits gefunden und das System (x_1, x_2, x_3) in S verankert. Im Ausdruck (3.15) für $\mathbf{J}$ geben die folgenden Integrale Null:

$$\int d^3x\, \varrho(\boldsymbol{x}) x_1 x_3 = 0 \,; \quad \int d^3x\, \varrho(\boldsymbol{x}) x_2 x_3 = 0 \,,$$

[2] Der Körper muss aber nicht unbedingt Kugelgestalt haben.

da für feste x_1 (bzw. x_2) die positiven Werte von x_3 entgegengesetzt gleiche Beiträge wie die entsprechenden negativen Werte $-x_3$ geben. Es bleibt also

$$\mathbf{J} = \begin{pmatrix} J_{11} & J_{12} & 0 \\ J_{12} & J_{22} & 0 \\ 0 & 0 & I_3 \end{pmatrix} .$$

Diese Matrix lässt sich aber durch eine Drehung des Systems *in* der Symmetrieebene diagonalisieren. Damit ist der zweite Teil der Behauptung bewiesen.
Ganz ähnlich argumentiert man, wenn der Körper *Axialsymmetrie* besitzt, d. h. unter Drehungen um eine Achse invariant ist. In diesem Fall liegt der Schwerpunkt auf der Symmetrieachse, die gleichzeitig eine der Hauptträgheitsachsen ist. Die beiden anderen Hauptträgheitsachsen stehen senkrecht auf der Symmetrieachse und müssen von Hand festgelegt werden.

Bemerkung

Zur Darstellung des Trägheitstensors ist folgende symbolische Schreibweise nützlich: Einen Vektor $\boldsymbol{a}$ im $\mathbb{R}^3$ schreiben wir als $|\boldsymbol{a}\rangle$, das dazu duale Objekt, das auf einen Vektor $|\boldsymbol{c}\rangle$ angewandt eine reelle Zahl gibt, als $\langle\boldsymbol{a}|$. Ein Ausdruck der Form $\langle\boldsymbol{a}|\boldsymbol{c}\rangle$ ist dann nichts anderes als das Skalarprodukt $\boldsymbol{a}\cdot\boldsymbol{c}$. Dagegen ist $|\boldsymbol{b}\rangle\langle\boldsymbol{a}|$ ein Tensor, der z. B. auf einen weiteren Vektor $|\boldsymbol{c}\rangle$ angewandt den neuen Vektor $|\boldsymbol{b}\rangle\,\langle\boldsymbol{a}|\boldsymbol{c}\rangle = (\boldsymbol{a}\cdot\boldsymbol{c})\boldsymbol{b}$ ergibt. Konkreter gesagt stellt man sich $|\boldsymbol{a}\rangle = \left(a_1, a_2, a_3\right)^T$ als *Spalten*vektor, das dazu duale Element $\langle\boldsymbol{a}| = \left(a_1, a_2, a_3\right)$ als *Zeilen*vektor vor. Nach den üblichen Regeln der Matrizenmultiplikation ist dann

$$\langle\boldsymbol{b}|\boldsymbol{a}\rangle = \begin{pmatrix} b_1 & b_2 & b_3 \end{pmatrix} \begin{pmatrix} a_1 \\ a_2 \\ a_3 \end{pmatrix} = \sum b_i a_i ,$$

$$|\boldsymbol{b}\rangle\,\langle\boldsymbol{a}| = \begin{pmatrix} b_1 \\ b_2 \\ b_3 \end{pmatrix} \begin{pmatrix} a_1 & a_2 & a_3 \end{pmatrix} = \begin{pmatrix} b_1a_1 & b_1a_2 & b_1a_3 \\ b_2a_1 & b_2a_2 & b_2a_3 \\ b_3a_1 & b_3a_2 & b_3a_3 \end{pmatrix} = \left\{b_\mu a_\nu\right\} .$$

Diese Schreibweise wurde in der Quantenmechanik von P. Dirac eingeführt, der $|\boldsymbol{a}\rangle$ einen „ket“, das duale Objekt $\langle\boldsymbol{b}|$ einen „bra“ nannte – wohl mit dem Hinweis darauf, dass beide in $\langle\boldsymbol{b}|\boldsymbol{a}\rangle$ vereinigt ein „bracket“, also eine Klammer bilden.

3.5 Der Satz von Steiner

Satz 3.2

Sei $\mathbf{J}$ der Trägheitstensor, wie er gemäß (3.15) in einem körperfesten System $\overline{\mathbf{K}}$ berechnet wird, das im Schwerpunkt S zentriert ist, und sei M die Masse des starren Körpers. Sei weiter $\overline{\mathbf{K}}'$ ein zu $\overline{\mathbf{K}}$ achsenparalleles System, das gegenüber diesem um den festen Vektor $\boldsymbol{a}$ verschoben ist. Sei $\mathbf{J}'$ der in diesem zweiten System berechnete Trägheitstensor

$$J'_{\mu\nu} = \int d^3x' \, \varrho(\boldsymbol{x}')[\boldsymbol{x}'^2 \delta_{\mu\nu} - x'_\mu x'_\nu] \tag{*}$$

mit $\boldsymbol{x}' = \boldsymbol{x} + \boldsymbol{a}$. Dann hängen $\mathbf{J}'$ und $\mathbf{J}$ wie folgt zusammen:

$$J'_{\mu\nu} = J_{\mu\nu} + M[\boldsymbol{a}^2 \delta_{\mu\nu} - a_\mu a_\nu] \,. \tag{3.23}$$

In der kompakten Notation der Dirac'schen „bracket"-Schreibweise lautet der Satz

$$\mathbf{J}' = \mathbf{J} + \mathbf{J}_a \quad \text{mit}$$

$$\mathbf{J}_a = M\big[\langle \boldsymbol{a}|\boldsymbol{a}\rangle \, \mathbb{1} - |\boldsymbol{a}\rangle \, \langle \boldsymbol{a}|\big] \,.$$

Der Beweis ist einfach, wenn man in (*) die Beziehung $\boldsymbol{x}' = \boldsymbol{x} + \boldsymbol{a}$ einsetzt und beachtet, dass alle in $\boldsymbol{x}$ linearen Integrale wegen der Schwerpunktsbedingung (3.7b) verschwinden.

Es ist auch erlaubt, das neue, körperfeste System $\overline{\mathbf{K}}'$ anders zu orientieren als in Abb. 3.6 geschehen, wo es parallel zu $\overline{\mathbf{K}}$ ist. Sei $\mathbf{R}$ die Drehmatrix, die die relative Orientierung von $\overline{\mathbf{K}}'$ und $\overline{\mathbf{K}}$ angibt. Dann lautet (3.23) allgemeiner

$$J'_{\mu\nu} = \sum_{\sigma,\tau=1}^{3} R_{\mu\sigma} R_{\nu\tau} (J_{\sigma\tau} + M[\boldsymbol{a}^2 \delta_{\sigma\tau} - a_\sigma a_\tau]) \,, \quad \text{oder} \tag{3.24}$$

$$\mathbf{J}' = \mathbf{R}(\mathbf{J} + \mathbf{J}_a)\mathbf{R}^{-1} \,.$$

Diese Formel besagt folgendes: Man dreht $\overline{\mathbf{K}}'$ vermöge der Drehung $\mathbf{R}^{-1}$ zunächst so, dass dies System nach der Drehung achsenparallel zu $\overline{\mathbf{K}}$ steht. Dann wendet man den Steiner'schen Satz in der Form (3.23) an und dreht mit $\mathbf{R}$ zurück.

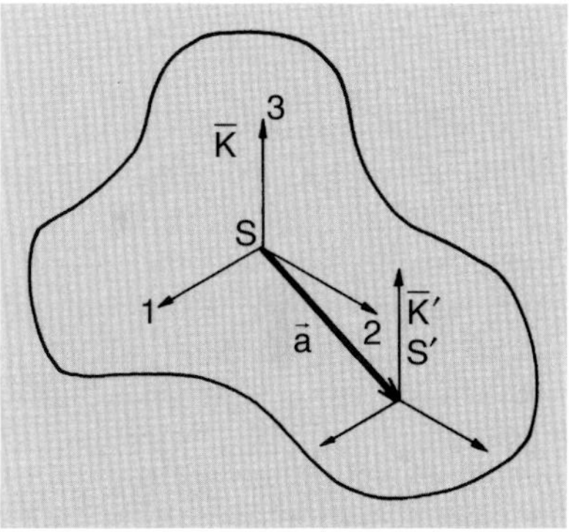

Abb. 3.6. Zum Satz von Steiner: Das System $\overline{\mathbf{K}}$ ist im Schwerpunkt S zentriert. Man möchte aber den Trägheitstensor in einem anderen körperfesten System $\overline{\mathbf{K}}'$ berechnen, das im Punkt S' verankert ist

3.6 Beispiele zum Satz von Steiner

Beispiele

i) Für eine Kugel mit Radius R und kugelsymmetrischer Massendichte $\varrho(\boldsymbol{x}) = \varrho(r)$ ist der Trägheitstensor in jedem System, das im Zentrum der Kugel verankert ist, aus Symmetriegründen gleich und diagonal. Außerdem sind die Trägheitsmomente untereinander alle gleich, $I_1 = I_2 = I_3 \equiv I$. Addiert man sie auf, so folgt aus (3.17)

$$3I = 2\int \mathrm{d}^3x\, \varrho(r) r^2 = 8\pi \int_0^R \mathrm{d}r\, \varrho(r) r^4\,,$$

also

$$I = \frac{8\pi}{3}\int_0^R \mathrm{d}r\, \varrho(r) r^4\,.$$

Außerdem gilt noch die Beziehung

$$M = 4\pi \int_0^R \mathrm{d}r\, \varrho(r) r^2$$

für die Gesamtmasse M. Ist die Kugel überdies *homogen* mit Masse belegt, so ist

$$\varrho(r) = \frac{3M}{4\pi R^3} \quad \text{für} \quad r \leqslant R\,, \quad \text{somit} \quad I = \frac{2}{5}MR^2\,.$$

ii) Ein Körper bestehe aus zwei identischen, homogenen Kugeln mit Radius R, die an ihrem Berührungspunkt T zusammengeschweißt sind. Dieser Punkt ist der Schwerpunkt des Systems und die in Abb. 3.7 eingezeichneten Achsen sind offensichtlich Hauptträgheitsachsen. Wir benutzen die Additivität des Trägheitstensors und den Steiner'schen Satz. Die einzelne Kugel trägt die halbe Gesamtmasse des Körpers, daher sind ihre Trägheitsmomente $I_0 = MR^2/5$. In einem in T zentrierten System, dessen 1- und 3-Achse tangential zu den Kugeln sind, hätte *eine* Kugel nach dem Steiner'schen Satz die Trägheitsmomente

$$I_1' = I_3' = I_0 + \frac{M}{2}R^2\,; \qquad I_2' = I_0\,.$$

Für das System aus den zwei Kugeln sind dieselben Achsen Hauptträgheitsachsen und es gilt

$$I_1 = I_3 = 2\left(I_0 + \frac{M}{2}R^2\right) = \frac{7}{5}MR^2$$

$$I_2 = 2I_0 = \frac{2}{5}MR^2\,.$$

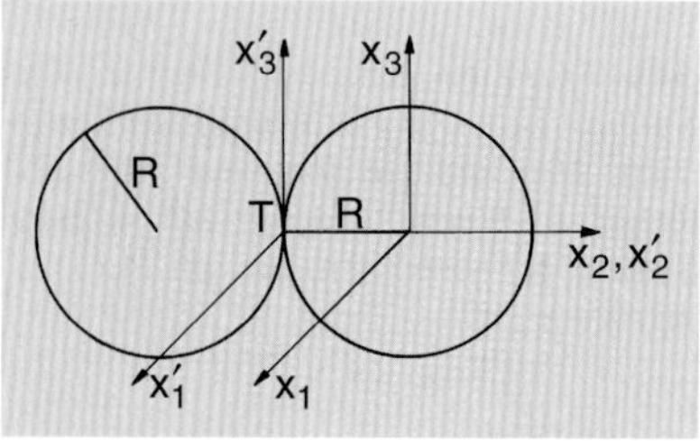

Abb. 3.7. Ein starrer Körper, der aus zwei identischen, sich berührenden Kugeln besteht. Die gestrichenen Achsen sind bereits Hauptträgheitsachsen

iii) Der homogene Kinderkreisel gibt ein Beispiel für den Steiner'schen Satz in der Form (3.23), denn sein Auflagepunkt O ist nicht der Schwerpunkt S (Abb. 3.8). Die Massendichte ist homogen und der Schwerpunkt liegt auf der Symmetrieachse, im Abstand $a = 3h/4$ vom Auflagepunkt O. (Man zeige dies!)
Sowohl im ungestrichenen System (im Schwerpunkt S verankert) als auch im gestrichenen System (im Auflagepunkt O angenommen) ist der Trägheitstensor diagonal. Das Volumen ist $V = \pi R^2 h/3$, die Dichte also $\varrho = 3M/\pi R^2 h$. Verwendet man Zylinderkoordinaten

$$x'_1 = r\cos\varphi\,, \quad x'_2 = r\sin\varphi\,, \quad x'_3 = z\,,$$

so sind die Trägheitsmomente im gestrichenen System leicht zu berechnen:

$$I'_1 = I'_2 = \varrho \int_V \mathrm{d}^3x'\,(x'^2_2 + x'^2_3) = \frac{3}{5}M(\frac{1}{4}R^2 + h^2)$$

$$I'_3 = \varrho \int_V \mathrm{d}^3x'\,(x'^2_1 + x'^2_2) = \frac{3}{10}MR^2\,.$$

Mit Hilfe des Steiner'schen Satzes lassen sich die Trägheitsmomente im ungestrichenen System berechnen,

$$I_1 = I_2 = I'_1 - Ma^2\,, \quad \text{mit} \quad a = \frac{3}{4}h\,, \quad \text{also}$$

$$I_1 = I_2 = \frac{3}{20}M(R^2 + \frac{1}{4}h^2) \quad \text{sowie} \quad I_3 = I'_3 = \frac{3}{10}MR^2\,.$$

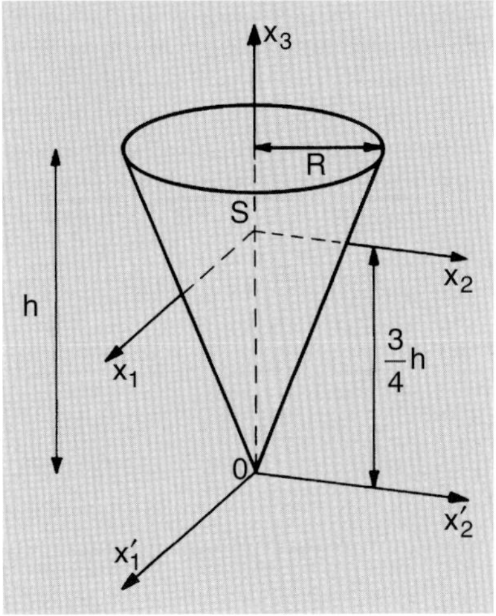

Abb. 3.8. Der Kinderkreisel als Beispiel zum Steiner'schen Satz

iv) Als letztes Beispiel betrachten wir einen Quader der Höhe a_3, mit quadratischem Querschnitt (Seitenlänge a_1), dessen Massendichte ϱ_0 homogen sein soll. Wählt man das in Abb. 3.9 eingezeichnete körperfeste System $\overline{\mathbf{K}}$, so ist der Trägheitstensor bereits diagonal. Mit $\varrho_0 = M/a_1a_2a_3$ folgt der Ausdruck $I_1 = M(a_2^2 + a_3^2)/12$ zyklisch für die Trägheitsmomente. Wir wollen nun den Trägheitstensor im körperfesten System $\overline{\mathbf{K}}'$ berechnen, dessen 3-Achse in einer Hauptdiagonalen des Quaders liegt. Wegen $a_1 = a_2$ ist auch $I_1 = I_2$. Daher kann man die 1-Achse, zunächst unter Beibehaltung der x_3-Richtung, beliebig drehen; z. B. kann man sie parallel zur Diagonalen des Stirnquadrats des Quaders legen, ohne den (diagonalen) Trägheitstensor zu ändern. Um nach $\overline{\mathbf{K}}'$ zu gelangen, muss man daher nur die Drehung um die x'_2-Achse mit dem Winkel

$$\varphi = \arctan\left(\frac{a_1\sqrt{2}}{a_3}\right)$$

durchführen,

$$\overline{\mathbf{K}} \xrightarrow[\mathbf{R}_\varphi]{} \overline{\mathbf{K}}'\,, \quad \mathbf{R}_\varphi = \begin{pmatrix} \cos\varphi & 0 & -\sin\varphi \\ 0 & 1 & 0 \\ \sin\varphi & 0 & \cos\varphi \end{pmatrix}\,.$$

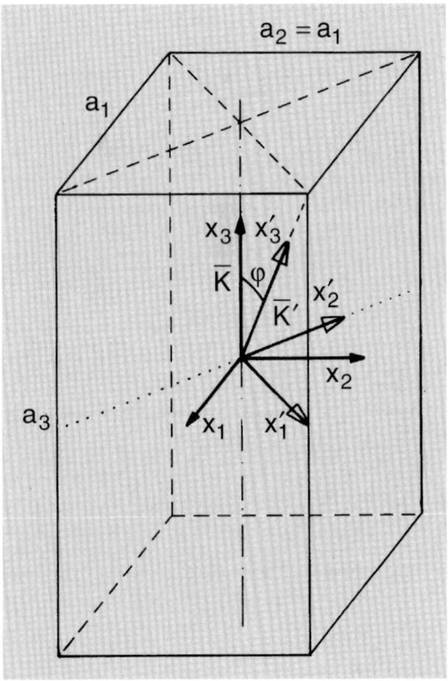

Abb. 3.9. Ein Quader, der homogen mit Masse belegt ist, als Beispiel für einen starren Körper

Für die Trägheitstensoren gilt nach (3.24) der Zusammenhang $\mathbf{J}' = \mathbf{R}\mathbf{J}\mathbf{R}^{-1}$. $\mathbf{J}'$ ist nicht mehr diagonal und man findet

$$J'_{11} = I_1 \cos^2\varphi + I_3 \sin^2\varphi = \frac{M}{12}\frac{4a_1^4 + a_1^2 a_3^2 + a_3^4}{2a_1^2 + a_3^2}$$

$$J'_{22} = I_2 = \frac{M}{12}(a_1^2 + a_3^2)$$

$$J'_{33} = I_1 \sin^2\varphi + I_3 \cos^2\varphi = \frac{M}{12}\frac{2a_1^4 + 4a_1^2 a_3^2}{2a_1^2 + a_3^2}$$

$$J'_{12} = 0 = J'_{21} = J'_{23} = J'_{32}$$

$$J'_{13} = J'_{31} = (I_1 - I_3)\sin\varphi\cos\varphi = \frac{M}{12}\frac{(a_3^2 - a_1^2)a_1 a_3\sqrt{2}}{2a_1^2 + a_3^2} .$$

Die x'_2-Richtung bleibt Hauptträgheitsachse, die x'_1- und die x'_3-Richtung sind dagegen keine Hauptträgheitsachsen, mit einer Ausnahme: Für den Fall des Würfels, d. h. für $a_1 = a_3$, verschwinden J'_{13} und J'_{31}. Für den homogenen Würfel ist also jedes im Mittelpunkt verankerte Orthogonalsystem ein Hauptträgheitsachsensystem. Bei gleicher (homogener) Massendichte ϱ_0 verhält der Würfel mit Kante a sich wie eine Kugel mit Radius $R = a\sqrt[5]{5/16\pi} \simeq 0{,}630a$. Sollen dagegen die Gesamtmassen von Würfel und Kugel gleich sein, so muss $R = a(\sqrt{5})/(2\sqrt{3}) \simeq 0{,}645a$ sein, wenn die Trägheitstensoren gleich sein sollen.

3.7 Drehimpuls des starren Körpers

Aus den allgemeinen Aussagen über mechanische Systeme, die wir in den Abschn. 1.8 – 11 kennengelernt haben, wissen wir, dass der Drehimpuls des starren Körpers in den Drehimpuls des Schwerpunkts und den relativen Drehimpuls zerlegt werden kann. Der Schwerpunktsanteil ist von der speziellen Wahl des (raumfesten) Koordinatenursprungs abhängig, der Relativdrehimpuls dagegen nicht.

Für den starren Körper ist der Relativdrehimpuls, (also der auf den Schwerpunkt bezogene Bahndrehimpuls), im diskreten Fall (A) durch

$$\boldsymbol{L} = \sum_{i=1}^{n} m_i\, \boldsymbol{x}^{(i)} \times \dot{\boldsymbol{x}}^{(i)} \qquad (3.25a)$$

gegeben, im kontinuierlichen Fall (B) dagegen durch

$$\boldsymbol{L} = \int \mathrm{d}^3x\, \varrho(\boldsymbol{x})\, \boldsymbol{x} \times \dot{\boldsymbol{x}} . \qquad (3.25b)$$

Nach (3.5) ist $\dot{\boldsymbol{x}} = \boldsymbol{\omega} \times \boldsymbol{x}$ und somit

$$\boldsymbol{L} = \int \mathrm{d}^3x\, \varrho(\boldsymbol{x})\, \boldsymbol{x} \times (\boldsymbol{\omega} \times \boldsymbol{x}) = \int \mathrm{d}^3x\, \varrho(\boldsymbol{x})\, [\boldsymbol{x}^2\boldsymbol{\omega} - (\boldsymbol{x}\cdot\boldsymbol{\omega})\boldsymbol{x}] ,$$

wobei wir uns jetzt auf den Fall (B) beschränken. In diesem letzten Ausdruck steht das Produkt aus dem Trägheitstensor (3.10b) und der Winkelgeschwindigkeit $\boldsymbol{\omega}$, also

$$\boldsymbol{L} = \mathbf{J}\boldsymbol{\omega}\,, \tag{3.26}$$

denn in Komponenten ausgeschrieben und mit (3.10b) ist

$$L_\mu = \sum_{\nu=1}^{3} \int \mathrm{d}^3x\, \varrho(\boldsymbol{x})[\boldsymbol{x}^2\delta_{\mu\nu} - x_\mu x_\nu]\omega_\nu\,. \tag{3.26'}$$

Die Beziehung (3.26) besagt, dass der (Relativ-)Drehimpuls über den Trägheitstensor mit der Drehgeschwindigkeit verknüpft ist. Dabei muss man beachten, dass $\boldsymbol{L}$ i. Allg. nicht dieselbe Richtung hat wie $\boldsymbol{\omega}$ (s. Abb. 3.10). Das ist nur dann der Fall, wenn die Richtung von $\boldsymbol{\omega}$ entlang einer der drei Hauptträgheitsachsen gewählt wird. In diesen Fällen gilt (3.26) in der Diagonalform

$$\boldsymbol{L} = I_i\boldsymbol{\omega}, \qquad \left(\boldsymbol{\omega} \parallel \boldsymbol{\omega}^{(i)}\right). \tag{3.27}$$

Das Eigenwertproblem von (3.19) bekommt damit einen weiteren physikalischen Inhalt: Man sucht diejenigen Richtungen der Winkelgeschwindigkeit $\boldsymbol{\omega}$, für die der Drehimpuls $\boldsymbol{L}$ parallel zu $\boldsymbol{\omega}$ ist. Wenn $\boldsymbol{L}$ raumfest, d. h. erhalten ist, so läuft der Kreisel in diesem Fall mit konstanter Winkelgeschwindigkeit um eine solche Richtung.

Mit Hilfe der Beziehung (3.26) kann man auch den Ausdruck (3.13) der Rotationsenergie anders interpretieren: Es ist

$$T_{\mathrm{rot}} = \frac{1}{2}\boldsymbol{\omega}\cdot\boldsymbol{L} \tag{3.28}$$

– die Rotationsenergie ist also proportional zur Projektion von $\boldsymbol{\omega}$ auf $\boldsymbol{L}$. Ist $\boldsymbol{\omega}$ parallel zu einer der Hauptträgheitsachsen, so gilt mit (3.27)

$$T_{\mathrm{rot}} = \frac{1}{2}I_i\boldsymbol{\omega}^2, \qquad \left(\boldsymbol{\omega} \parallel \boldsymbol{\omega}^{(i)}\right). \tag{3.29}$$

Die Analogie zur kinetischen Energie der Translationsbewegung, (3.12), ist jetzt besonders deutlich.

Zuletzt notieren wir denselben Zusammenhang zwischen Drehimpuls und Winkelgeschwindigkeit in der kompakten „bracket"-Notation:

$$|\boldsymbol{L}\rangle = \int \mathrm{d}^3x\, \varrho(\boldsymbol{x})\Big[\langle \boldsymbol{x}|\boldsymbol{x}\rangle\, \mathbb{1} - |\boldsymbol{x}\rangle\,\langle \boldsymbol{x}|\Big]\,|\boldsymbol{\omega}\rangle = \mathbf{J}\,|\boldsymbol{\omega}\rangle\ .$$

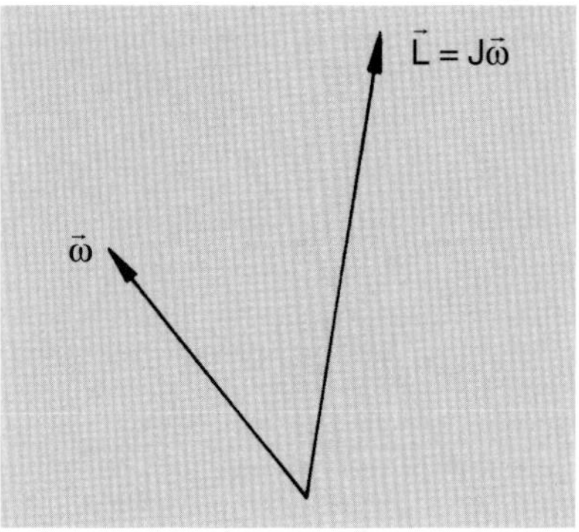

Abb. 3.10. Momentane Drehgeschwindigkeit $\boldsymbol{\omega}$ und Drehimpuls $\boldsymbol{L}$ des starren Körpers zeigen im allgemeinen nicht in dieselbe Richtung

3.8 Kräftefreie Bewegung von starren Körpern

Wenn keine äußeren Kräfte vorhanden sind, so bewegt der Schwerpunkt sich geradlinig gleichförmig (Abschn. 1.9). Der Drehimpuls $\boldsymbol{L}$ ist erhalten (Abschn. 1.10 und 1.11),

$$\frac{\mathrm{d}}{\mathrm{d}t}\boldsymbol{L} = 0\,, \tag{3.30}$$

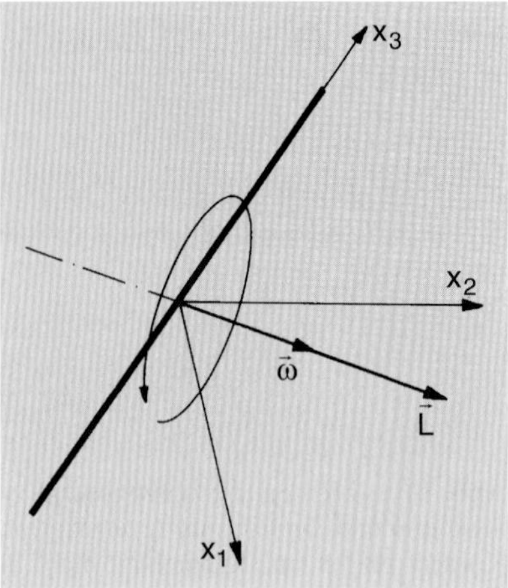

Abb. 3.11. Die Hantel als Beispiel eines ausgearteten starren Körpers

ebenso wie die kinetische Energie der Rotationsbewegung

$$\frac{d}{dt} T_{\mathrm{rot}} = \frac{1}{2} \frac{d}{dt} (\boldsymbol{\omega} \cdot \mathbf{J} \boldsymbol{\omega}) = \frac{1}{2} \frac{d}{dt} (\boldsymbol{\omega} \cdot \boldsymbol{L}) = 0 \, . \tag{3.31}$$

(Das folgt aus Abschn. 1.11 und der Erhaltung des Schwerpunktsimpulses und damit der kinetischen Energie der Translationsbewegung T_{trans}.)

Wir betrachten drei Spezialfälle:

i) *Der Kugelkreisel* hat einen von vornherein diagonalen Trägheitstensor, dessen Eigenwerte alle drei gleich sind, $I_1 = I_2 = I_3 \equiv I$. Es ist $\boldsymbol{L} = I\boldsymbol{\omega}$, d. h. die Konstanz von $\boldsymbol{L}$ impliziert die Konstanz von $\boldsymbol{\omega}$,

$$\boldsymbol{L} = \text{const.} \Rightarrow \boldsymbol{\omega} = \frac{1}{I} \boldsymbol{L} = \text{const.}$$

Der Kreisel rotiert gleichförmig um eine feste Achse.

ii) *Die Hantel* ist ein Entartungsfall, nämlich der eines linearen starren Körpers, für den (mit der Wahl der Achsen wie in Abb. 3.11 angegeben) gilt

$$I_1 = I_2 \equiv I$$
$$I_3 = 0 \, .$$

Die Hantel kann mangels Masse in der $(1, 2)$-Ebene nicht um die 3-Achse rotieren. In (3.27) ist $L_1 = I\omega_1$, $L_2 = I\omega_2$, $L_3 = 0$. Die kräftefreie Bewegung kann also (abgesehen von der Schwerpunktsbewegung) nur eine gleichförmige Rotation um eine Achse senkrecht zur 3-Achse sein.

iii) *Der (nichtausgeartete) symmetrische Kreisel* ist ein wichtiger Spezialfall, den wir aus verschiedenen Richtungen analysieren werden. Es ist, wenn die 3-Achse in die Symmetrieachse gelegt wird, $I_1 = I_2 \neq I_3$. Es sei $\boldsymbol{L}$ vorgegeben. Die 1-Achse werde in die durch $\boldsymbol{L}$ und die momentane 3-Achse aufgespannte Ebene gelegt. Die 2-Achse steht auf dieser Ebene senkrecht und daher ist wegen $L_2 = 0$ auch $\omega_2 = 0$. Folglich liegt $\boldsymbol{\omega}$ ebenfalls in der $(1, 3)$-Ebene, s. Abb. 3.12. Man kann die kräftefreie Bewegung des symmetrischen Kreisels jetzt leicht analysieren.

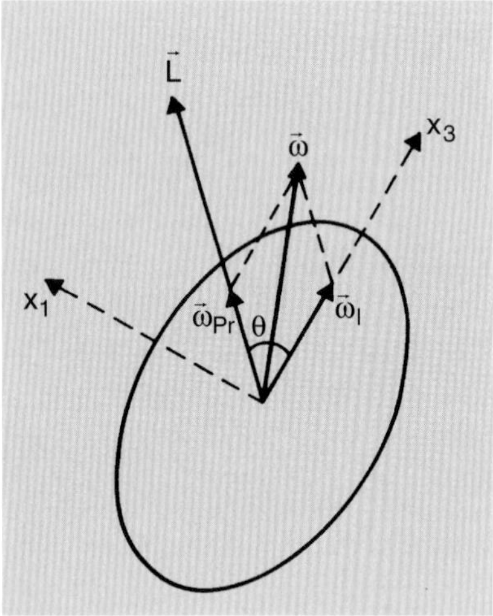

Abb. 3.12. Beispiel für einen symmetrischen Kreisel, $I_1 = I_2 \neq I_3$

Für alle Punkte, die *auf* der positiven Halbachse der Symmetrieachse liegen, steht die Geschwindigkeit $\dot{\boldsymbol{x}} = \boldsymbol{\omega} \times \boldsymbol{x}$ auf der $(1, 3)$-Ebene senkrecht (in der Abbildung nach „hinten"). Auf der anderen Halbachse zeigt diese Geschwindigkeit entsprechend nach „vorne". Die Kreiselachse rotiert also gleichförmig um die Richtung des raumfesten $\boldsymbol{L}$. Man nennt dies die *reguläre Präzession.* Für diesen Teil der Bewegung zerlege man $\boldsymbol{\omega}$ in Richtung von $\boldsymbol{L}$ und die 3-Richtung,

$$\boldsymbol{\omega} = \boldsymbol{\omega}_l + \boldsymbol{\omega}_{\mathrm{Pr}} \, . \tag{3.32}$$

Die Komponente $\boldsymbol{\omega}_l$ (longitudinal) ist für die Präzessionsbewegung irrelevant. Die Komponente ω_{Pr} lässt sich aus Abb. 3.13 berechnen. Mit

$\omega_{Pr} \equiv |\boldsymbol{\omega}_{Pr}|$ und $\omega_l = \omega_{Pr} \sin\theta$, sowie $\omega_l = L_1/I_1$ und $L_1 = |\boldsymbol{L}| \sin\theta$ folgt

$$\omega_{Pr} = \frac{|\boldsymbol{L}|}{I_1} \,. \tag{3.33}$$

Da die Symmetrieachse (d. i. die 3-Achse) um das raumfeste $\boldsymbol{L}$ präzediert und $\boldsymbol{L}$, $\boldsymbol{\omega}$ und Symmetrieachse immer in einer Ebene liegen, präzediert auch $\boldsymbol{\omega}$ um den festen Vektor $\boldsymbol{L}$ – und zwar synchron mit der 3-Achse (s. Abb. 3.14). Die Winkelgeschwindigkeit $\boldsymbol{\omega}$ überstreicht dabei den sogenannten *Spurkegel*, die Symmetrieachse überstreicht den *Nutationskegel*.

Schließlich muss man beachten, dass der Kreisel außerdem noch gleichförmig um seine Symmetrieachse rotiert. Die Winkelgeschwindigkeit für diese Bewegung ist

$$\omega_3 = \frac{L_3}{I_3} = \frac{|\boldsymbol{L}| \cos\theta}{I_3} \,. \tag{3.34}$$

Die Verhältnisse der Abb. 3.14 sind von einem raumfesten System aus gesehen. Es ist interessant, sich klarzumachen, wie die Bewegung für einen Beobachter aussieht, der sich entlang der 3-Achse ausstreckt und feste Verbindung mit dem starren Körper hält. Wir kommen hierauf im Rahmen der Euler'schen Gleichungen weiter unten zurück.

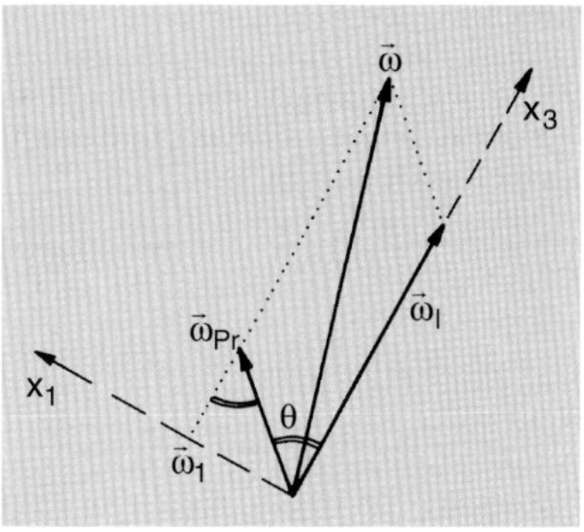

Abb. 3.13. Die Winkelgeschwindigkeit $\boldsymbol{\omega}$ wird in die Komponente $\boldsymbol{\omega}_l$ entlang der Symmetrieachse und $\boldsymbol{\omega}_{Pr}$, entlang des Drehimpulses zerlegt

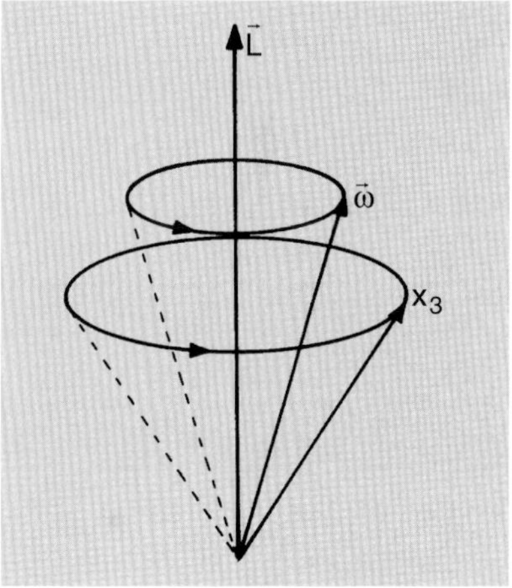

Abb. 3.14. Die Symmetrieachse $\boldsymbol{x}_3$ des symmetrischen Kreisels präzediert synchron mit der momentanen Winkelgeschwindigkeit $\boldsymbol{\omega}$ um den Drehimpuls

3.9 Die Euler'schen Winkel

Wenn wir jetzt auf die Bewegungsgleichungen für den starren Körper zusteuern, ist es besonders wichtig, die verschiedenen Koordinatensysteme, die man zur Beschreibung braucht, klar zu kennzeichnen und in der Diskussion sorgfältig auseinander zu halten. Wir wollen hier folgendermaßen vorgehen: Der Körper möge zum Zeitpunkt $t = 0$ die in Abb. 3.15 eingezeichnete Position haben. Sein Hauptträgheitsachsensystem (HTA) $\overline{\mathbf{K}}$ hat also bei $t = 0$ die links in der Abbildung eingezeichnete Lage.

Von $\overline{\mathbf{K}}$ in diesem Zeitpunkt machen wir eine Kopie $\mathbf{K}$, die wir als raumfestes Inertialsystem festhalten. Zur Zeit $t = 0$ fallen das raumfeste System $\mathbf{K}$ und das HTA-System $\overline{\mathbf{K}}$ zusammen. Zu einem anderen Zeitpunkt t möge der Körper die rechts eingezeichnete Position haben: Der Schwerpunkt hat sich unter der Wirkung eventuell vorhandener äußerer Kräfte weiterbewegt (bzw. gleichförmig geradlinig im kräftefreien Fall), außerdem hat sich der Körper als Ganzes aus seiner ursprünglichen Orientierung herausgedreht.

Wenn wir nun in S ein weiteres, zum Laborsystem $\mathbf{K}$ *achsenparalleles* Bezugssystem $\overline{\mathbf{K}}_0$ verankern, so ist die momentane Lage des starren Körpers vollständig festgelegt, wenn man den Ortsvektor $\boldsymbol{r}_S(t)$ des Schwerpunktes S sowie die Orientierung des HTA-Systems $\overline{\mathbf{K}}$ relativ zum Hilfssystem $\overline{\mathbf{K}}_0$ kennt. Der erste Teil hiervon (die Angabe $\boldsymbol{r}_S(t)$) ist

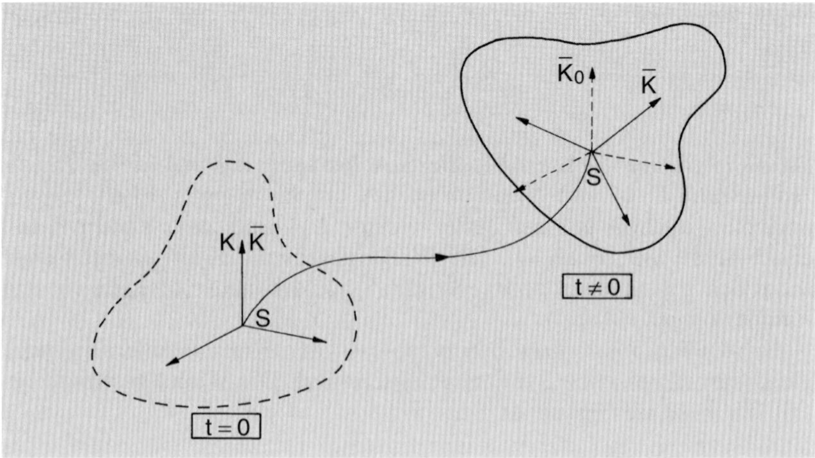

Abb. 3.15. Zwei Lagen eines starren Körpers, die er zur Zeit $t = 0$ bzw. zur Zeit $t \neq 0$ einnimmt. Das körperfeste System $\overline{\mathbf{K}}$ hat sich nicht nur fortbewegt, sondern auch gedreht

nichts anderes als die früher studierte Abtrennung der Schwerpunktsbewegung eines mechanischen Systems. Die Aufgabe, die Bewegung des starren Körpers zu beschreiben, ist also reduziert auf die Beschreibung der Bewegung des Körpers (vermittels seines HTA-Systems) relativ zu einem im Schwerpunkt verankerten System $\overline{\mathbf{K}}_0$, dessen Achsenrichtungen raumfest sind.

Diese Drehung kann man natürlich in derselben Weise parametrisieren, wie wir das in Abschn. 2.21 getan haben, d. h. durch $\mathbf{R}(\boldsymbol{\varphi}(t))$, wo der Drehvektor jetzt eine Funktion der Zeit ist.

Für das Studium der Kreiselbewegung im Rahmen der kanonischen Mechanik ist folgende, dazu äquivalente Parametrisierung vermittels der *Euler'schen Winkel* besonders adäquat: Man zerlege die allgemeine Drehung $\mathbf{R}(t) \in \mathrm{SO}(3)$ in drei aufeinanderfolgende Drehungen wie in Abb. 3.16 skizziert, d. h.

$$\mathbf{R}(t) = \mathbf{R}_3(\gamma)\mathbf{R}_\eta(\beta)\mathbf{R}_{3_0}(\alpha) \,. \tag{3.35}$$

Man dreht das System zunächst um die ursprüngliche 3-Achse um den Winkel α, sodann um die neue 2-Achse um den Winkel β, schließlich um die dabei erreichte neue 3-Achse um den Winkel γ.

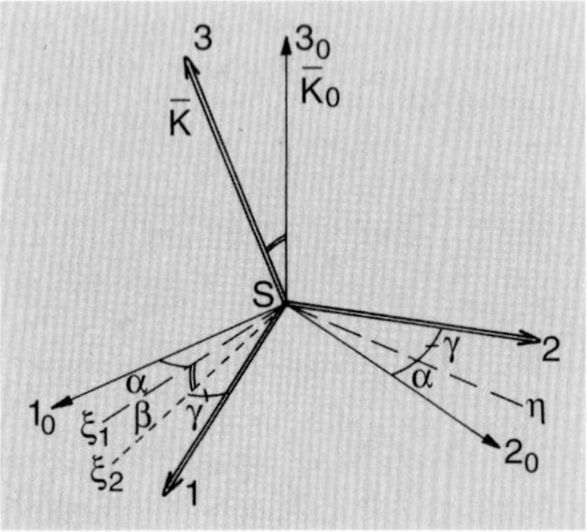

Abb. 3.16. Definition der Euler'schen Winkel gemäß (3.35). Die Zwischenposition η der 2-Achse dient als Knotenlinie

Die Bewegung wird durch die sechs Funktionen $\{\boldsymbol{r}_S(t), \alpha(t), \beta(t), \gamma(t)\}$ beschrieben – entsprechend den sechs Freiheitsgraden des starren Körpers.

Beide Beschreibungsweisen, vermittels

$$\{\boldsymbol{r}_S(t), \mathbf{R}(\boldsymbol{\varphi}(t))\} \quad \text{mit} \quad \boldsymbol{\varphi}(t) = \{\varphi_1(t), \varphi_2(t), \varphi_3(t)\} \tag{3.36}$$

wie in Abschn. 2.21, (2.64), und vermittels

$$\{\boldsymbol{r}_S(t), \theta_i(t)\} \quad \text{mit} \quad \theta_1(t) \equiv \alpha(t), \theta_2(t) \equiv \beta(t), \theta_3(t) \equiv \gamma(t) \,, \tag{3.37}$$

sind zulässig und bis auf sog. Koordinatensingularitäten gleichermaßen nützlich. Im Folgenden werden wir von diesen beiden Möglichkeiten sowie von weiteren Parametrisierungen Gebrauch machen. Die Euler'schen Winkel sind bei der Formulierung der Theorie des starren Körpers im Rahmen der kanonischen Mechanik besonders nützlich.

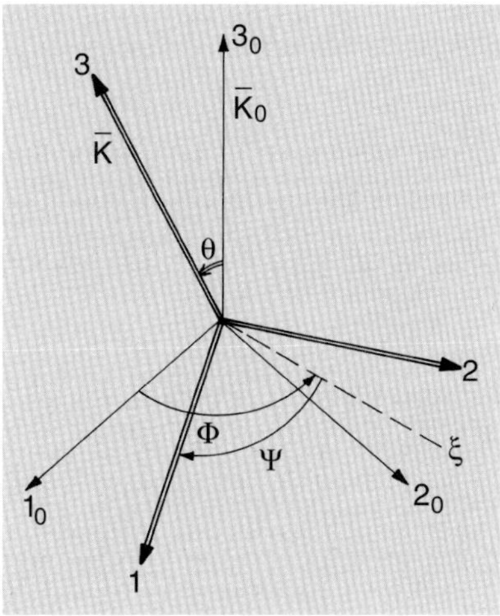

Abb. 3.17. Andere Definition der Euler'schen Winkel gemäß (3.38), bei welcher die Zwischenposition ξ der 1-Achse als Knotenlinie gewählt ist

3.10 Definition der Euler'schen Winkel

In der Mechanik des Kreisels ist eine etwas andere Definition der Euler'schen Winkel üblich, die sich von der vorhergehenden dadurch unterscheidet, dass die zweite Drehung in (3.35) nicht um die neue 2-Achse, sondern um die neue 1-Achse erfolgt (s. auch Abb. 3.17, wo der Übersichtlichkeit halber die Zwischenpositionen der 2-Achse weggelassen sind),

$$\mathbf{R}(t) = \mathbf{R}_3(\Psi)\mathbf{R}_\xi(\theta)\mathbf{R}_{3_0}(\Phi) \,. \tag{3.38}$$

Vergleicht man die Abb. 3.16 und 3.17, die denselben relativen Positionen von $\overline{\mathbf{K}}$ und $\overline{\mathbf{K}}_0$ entsprechen, so kann man leicht die Transformationsformeln ablesen, welche die eine in die andere Parametrisierung überführen. Tauscht man nämlich die 1- und 2-Achsen der beiden Abbildungen wie folgt aus,

$$(2_0\text{-Achse})_{3.16} \to (1_0\text{-Achse})_{3.17}$$
$$(1_0\text{-Achse})_{3.16} \to -(2_0\text{-Achse})_{3.17}$$

(unter Beibehaltung der 3-Achsen), so folgen die Beziehungen

$$\begin{aligned} \Phi &= \alpha + \frac{\pi}{2} \pmod{2\pi} \\ \theta &= \beta \\ \Psi &= \gamma - \frac{\pi}{2} \pmod{2\pi} \,. \end{aligned} \tag{3.39}$$

Verabredet man, die Euler'schen Winkel mit folgenden Definitionsbereichen zu verwenden

$$\begin{aligned} &0 \le \alpha \le 2\pi \,, \quad 0 \le \beta \le \pi \,, \quad 0 \le \gamma \le 2\pi \,, \quad \text{bzw.} \\ &0 \le \Phi \le 2\pi \,, \quad 0 \le \theta \le \pi \,, \quad 0 \le \Psi \le 2\pi \,, \end{aligned} \tag{3.40}$$

so muss man die 2π-Summanden in (3.39) entsprechend einrichten.

3.11 Die Bewegungsgleichungen des starren Körpers

Formuliert man den Impulssatz und den Drehimpulssatz für den starren Körper, so kann man auf die allgemeinen Sätze der Abschn. 1.9 und 1.10 zurückgreifen, wenn der Körper durch eine endliche Zahl von Massenpunkten mit starren Abständen dargestellt ist (Fall (A)). Für die kontinuierliche Massenverteilung des Falles (B) gilt das nicht. Man verlässt hier streng genommen die Mechanik von (endlich vielen) Massenpunkten und tritt in die Mechanik der Kontinua ein – wenn auch nur in einem ganz besonderen Fall. Der Impulssatz folgt erst mit der Euler'schen Verallgemeinerung (1.100) aus Abschn. 1.30 des Zusammenhangs zwischen Kraft und Beschleunigung. Ebenso lässt sich der Drehimpulssatz nur dann ableiten, wenn man voraussetzt, dass der Spannungstensor (der die Schubspannungen beschreibt) symmetrisch ist. Oder aber: man postuliert diesen Satz als unabhängiges Gesetz. Dieses Postulat geht wohl auf L. Euler (1775) zurück.

Bezeichnet

$$\boldsymbol{P} = M\boldsymbol{V}$$

den Gesamtimpuls mit $\boldsymbol{V} = \dot{\boldsymbol{r}}_S(t)$, $\boldsymbol{F}$ die Resultierende der äußeren Kräfte, dann gilt

$$\frac{\mathrm{d}}{\mathrm{d}t}\boldsymbol{P} = \boldsymbol{F} \quad \text{mit} \quad \boldsymbol{F} = \sum_{i=1}^{n} \boldsymbol{F}^{(i)} . \tag{3.41}$$

Ist $\boldsymbol{F}$ überdies eine Potentialkraft, $\boldsymbol{F} = -\boldsymbol{\nabla} U(r_S)$, so kann man eine Lagrangefunktion in natürlicher Form angeben,

$$L = \frac{1}{2}M\dot{\boldsymbol{r}}_S^2 + T_{\text{rot}} - U(\boldsymbol{r}_S) . \tag{3.42}$$

Dabei muss man aber beachten, in welchem System man den Rotationsanteil der kinetischen Energie formuliert: Im System $\overline{\mathbf{K}}_0$ (in S verankert, aber mit *raumfesten* Achsen) ist

$$T_{\text{rot}} = \frac{1}{2}\boldsymbol{\omega}(t) \cdot \tilde{\mathbf{J}}(t)\boldsymbol{\omega}(t) . \tag{3.43a}$$

Der Trägheitstensor ist hier zeit*abhängig*, da der Körper sich relativ zu $\overline{\mathbf{K}_0}$ dreht. Im HTA-System $\overline{\mathbf{K}}$ (oder jedem anderen *körper*festen System) ist dieselbe invariante Form durch

$$T_{\text{rot}} = \frac{1}{2}\overline{\boldsymbol{\omega}}(t) \cdot \mathbf{J}\overline{\boldsymbol{\omega}}(t) \tag{3.43b}$$

gegeben, wobei $\mathbf{J}$ konstant ist (im HTA-System also $J_{ik} = I_i\delta_{ik}$, die Winkelgeschwindigkeit $\overline{\boldsymbol{\omega}}(t)$ jetzt aber auf das körperfeste System $\overline{\mathbf{K}}$ bezogen. (Die Diskussion des kräftefreien symmetrischen Kreisels in Abschn. 3.8 (iii) hat gezeigt, dass die Winkelgeschwindigkeit im körperfesten System anders aussieht als in einem System mit raumfesten Achsen!)

Um die Zusammenhänge in den beiden Systemen klarzustellen, betrachten wir zunächst den vereinfachten Fall einer Drehung um die 3-Achse, bei dem wir nur das Transformationsverhalten in der (1, 2)-Ebene studieren müssen.

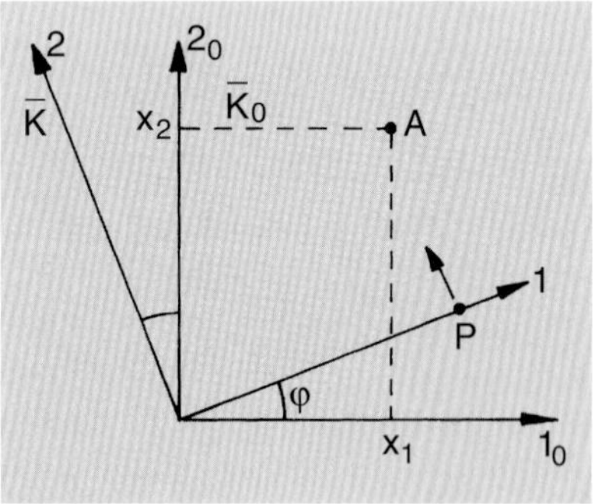

Abb. 3.18. Drehung des körperfesten Systems um die 3-Achse

Wir betrachten zunächst einen festen Punkt A, der bezüglich $\overline{\mathbf{K}_0}$ die Koordinaten (x_1, x_2, x_3) haben möge. Derselbe Punkt, von $\overline{\mathbf{K}}$ aus beschrieben, hat dann die Koordinaten, vgl. Abb. 3.18,

$$\begin{aligned} \bar{x}_1 &= x_1 \cos\varphi + x_2 \sin\varphi \\ \bar{x}_2 &= -x_1 \sin\varphi + x_2 \cos\varphi \\ \bar{x}_3 &= x_3 . \end{aligned} \tag{3.44a}$$

Das ist die passive Form der Drehung, wie wir sie in den Abschn. 2.20 und 2.21 behandelt haben. Betrachtet man nun z. B. einen fest mit der 1-Achse von $\overline{\mathbf{K}}$ verknüpften Punkt P und nimmt man an, dass $\overline{\mathbf{K}}$ gegenüber $\overline{\mathbf{K_0}}$ gleichförmig rotiert, so ist

$$\varphi \equiv \varphi(t) = \omega t \; ; \qquad P : \bar{x}_1 = a, \bar{x}_2 = 0 = \bar{x}_3 \; .$$

Durch Umkehrung der Formeln (3.44a) erhält man

$$\begin{aligned} x_1 &= \bar{x}_1 \cos \omega t - \bar{x}_2 \sin \omega t \\ x_2 &= \bar{x}_1 \sin \omega t + \bar{x}_2 \cos \omega t \\ x_3 &= \bar{x}_3 \; . \end{aligned} \tag{3.44b}$$

Für den Punkt P also $P : x_1 = a \cos \omega t,\ x_2 = a \sin \omega t,\ x_3 = 0$. (Das ist die aktive Form der Drehung.)

Im allgemeinen Fall ist die Transformation (3.44a) gegeben durch

$$\mathbf{R}(\boldsymbol{\varphi}) = \exp\left(- \sum_{i=1}^{3} \varphi_i \mathbf{J}_i \right) , \tag{3.45a}$$

wo $\boldsymbol{J} = \{\mathbf{J}_1, \mathbf{J}_2, \mathbf{J}_3\}$ die Erzeugenden von infinitesimalen Drehungen um die entsprechenden Achsen sind, vergleiche (2.70) aus Abschn. 2.22. In (3.44b) steht die Umkehrung von (3.45a), d. h. im allgemeinen Fall

$$(\mathbf{R}(\boldsymbol{\varphi}))^{-1} = (\mathbf{R}(\boldsymbol{\varphi}))^{\mathrm{T}} = \mathbf{R}(-\boldsymbol{\varphi}) = \exp\left(\sum_{i=1}^{3} \varphi_i \mathbf{J}_i \right) . \tag{3.45b}$$

Für die Vektoren $\boldsymbol{\omega}$ (Winkelgeschwindigkeit) und $\boldsymbol{L}$ (Drehimpuls), die physikalische Größen sind, gilt das (passive) Transformationsverhalten

$$\overline{\boldsymbol{\omega}} = \mathbf{R}\,\boldsymbol{\omega} \; ; \qquad \overline{\boldsymbol{L}} = \mathbf{R}\boldsymbol{L} \; , \tag{3.46}$$

wobei $\boldsymbol{\omega}$ und $\boldsymbol{L}$ sich auf $\overline{\mathbf{K}_0}$ beziehen, $\overline{\boldsymbol{\omega}}$ und $\overline{\boldsymbol{L}}$ dieselben Größen im System $\overline{\mathbf{K}}$ darstellen. Für den Zusammenhang zwischen dem (konstanten) Trägheitstensor $\mathbf{J}$ im System $\overline{\mathbf{K}}$ und demselben Trägheitstensor $\tilde{\mathbf{J}}$ im System $\overline{\mathbf{K}_0}$ gilt die *zeitabhängige* Beziehung

$$\mathbf{J} = \mathbf{R}(t)\,\tilde{\mathbf{J}}(t)\,\mathbf{R}^{\mathrm{T}}(t) \quad \text{bzw.} \quad \tilde{\mathbf{J}}(t) = \mathbf{R}^{\mathrm{T}}(t)\mathbf{J}\mathbf{R}(t) \; . \tag{3.47}$$

Dies folgt aus dem Steiner'schen Satz, (3.24) mit $\boldsymbol{a} = 0$. Man bestätigt anhand von (3.46) und (3.47), dass T_{rot}, (3.43), invariant ist.

Die Bewegungsgleichung, die die Rotation beschreibt, erhält man aus dem Drehimpulssatz: Bezogen auf das System $\overline{\mathbf{K}_0}$ besagt er, dass die zeitliche Änderung des Drehimpulses gleich dem resultierenden äußeren Drehmoment ist,

$$\frac{\mathrm{d}}{\mathrm{d}t}\boldsymbol{L} = \boldsymbol{D} \; . \tag{3.48}$$

In der diskreten Realisierung (A) des starren Körpers ist

$$\boldsymbol{L} = \sum_{i=1}^{n} m_i\, \boldsymbol{x}^{(i)} \times \dot{\boldsymbol{x}}^{(i)} \tag{3.49}$$

$$\boldsymbol{D} = \sum_{i=1}^{n} \boldsymbol{x}^{(i)} \times \boldsymbol{F}^{(i)} \tag{3.50}$$

($\boldsymbol{L}$ ist der *relative* Drehimpuls; der Drehimpuls des Schwerpunktes ist abseparriert.) Die Bewegungsgleichungen (3.41) und (3.48) haben also die allgemeine Form

Satz 3.3 Bewegungsgleichungen des Starren Körpers

$$M\ddot{\boldsymbol{r}}_{\mathrm{S}} = \boldsymbol{F}(\boldsymbol{r}_{\mathrm{S}}, \dot{\boldsymbol{r}}_{\mathrm{S}}, \vartheta_i, \dot{\vartheta}_i, t) \tag{3.51}$$

$$\dot{\boldsymbol{L}} = \boldsymbol{D}(\boldsymbol{r}_{\mathrm{S}}, \dot{\boldsymbol{r}}_{\mathrm{S}}, \vartheta_i, \dot{\vartheta}_i, t)\,, \tag{3.52}$$

wobei (3.52) auf das im Schwerpunkt S verankerte System $\overline{\mathbf{K}_0}$ bezogen ist, dessen Achsen raumfeste Richtungen haben; die Variablen ϑ_i und deren Zeitableitungen stehen für die Euler'schen Winkel und für die zugehörigen Winkelgeschwindigkeiten.

3.12 Die Euler'schen Gleichungen

In diesem Abschnitt wollen wir die Bewegungsgleichungen (3.52) auf den Fall des starren Körpers spezialisieren und anwenden. Durch Umkehrung der zweiten Gl. (3.46) folgt $\boldsymbol{L} = \mathbf{R}^{\mathrm{T}}(t)\overline{\boldsymbol{L}} = \tilde{\mathbf{J}}(t)\boldsymbol{\omega}(t)$.

Differenziert man nach der Zeit, so ist

$$\dot{\boldsymbol{L}} = \dot{\tilde{\mathbf{J}}}\boldsymbol{\omega} + \tilde{\mathbf{J}}\dot{\boldsymbol{\omega}}\,.$$

Die Zeitabhängigkeit von $\tilde{\mathbf{J}}(t)$ steckt ausschließlich in der Drehung $\mathbf{R}$ und deren Inversen $\mathbf{R}^T$ und es gilt mit Hilfe von (3.47) folgendes:

$$\dot{\tilde{\mathbf{J}}}(t) = \frac{\mathrm{d}}{\mathrm{d}t}[\mathbf{R}^{\mathrm{T}}(t)\mathbf{J}\mathbf{R}(t)] = \dot{\mathbf{R}}^{\mathrm{T}}\mathbf{J}\mathbf{R} + \mathbf{R}^{\mathrm{T}}\mathbf{J}\dot{\mathbf{R}}\,.$$

Ersetzt man hier wieder $\mathbf{J}$ durch $\tilde{\mathbf{J}}$, so folgt

$$\dot{\tilde{\mathbf{J}}}(t) = (\dot{\mathbf{R}}^{\mathrm{T}}\mathbf{R})\tilde{\mathbf{J}} + \tilde{\mathbf{J}}(\mathbf{R}^{\mathrm{T}}\dot{\mathbf{R}})\,.$$

Es sei nun

$$\boldsymbol{\Omega}(t) := \dot{\mathbf{R}}^{\mathrm{T}}(t)\mathbf{R}(t) \equiv \dot{\mathbf{R}}^{-1}(t)\mathbf{R}(t)\,. \tag{3.53}$$

Man leitet leicht folgende Eigenschaften der Matrix $\mathbf{\Omega}$ und ihrer Transponierten ab: Es gilt $\mathbf{R}^{\mathrm{T}}\mathbf{R} = \mathbb{1}$, durch Ableitung nach der Zeit also

$$\dot{\mathbf{R}}^{\mathrm{T}}\mathbf{R} + \mathbf{R}^{\mathrm{T}}\dot{\mathbf{R}} = 0\,.$$

Beachtet man noch, dass $\mathbf{\Omega}^{T} = \mathbf{R}^{T}\dot{\mathbf{R}}$ ist, so sagt diese Relation, dass $\mathbf{\Omega} + \mathbf{\Omega}^{\mathrm{T}} = 0$ ist. Dann folgt

$$\dot{\tilde{\mathbf{J}}} = \mathbf{\Omega}\tilde{\mathbf{J}} + \tilde{\mathbf{J}}\mathbf{\Omega}^{\mathrm{T}} = \mathbf{\Omega}\tilde{\mathbf{J}} - \tilde{\mathbf{J}}\mathbf{\Omega} = \left[\mathbf{\Omega}, \tilde{\mathbf{J}}\right], \tag{3.54}$$

wo [,] den Kommutator bezeichnet: $\left[\mathbf{A}, \mathbf{B}\right] := \mathbf{AB} - \mathbf{BA}$.

Um die Wirkung von $\mathbf{\Omega}$ auf einen Vektor zu berechnen, muss man zunächst die zeitliche Ableitung der Drehmatrix (3.45a) berechnen. Man zeigt, dass

$$\frac{\mathrm{d}}{\mathrm{d}t}\mathbf{R}\big(\boldsymbol{\varphi}(t)\big) = -\left[\sum_{i=1}^{3} \dot{\varphi}_i(t)\mathbf{J}_i\right]\mathbf{R}\big(\boldsymbol{\varphi}(t)\big) = -\left[\sum_{i=1}^{3} \omega_i \mathbf{J}_i\right]\mathbf{R} \tag{3.55}$$

ist, indem man die Exponentialreihe ausschreibt und Term für Term nach t differenziert und wie in Abschn. 3.2 annimmt, dass $\dot{\boldsymbol{\varphi}}$ dieselbe Richtung wie $\boldsymbol{\varphi}$ hat. In Abschn. 2.22 hatten wir gezeigt, dass die Wirkung von $(\sum \omega_i \mathbf{J}_i)$ auf einen beliebigen Vektor $\boldsymbol{b}$ im $\mathbb{R}^3$ durch das Kreuzprodukt $\boldsymbol{\omega} \times \boldsymbol{b}$ ausgedrückt werden kann,

$$\left(\sum_{i=1}^{3} \omega_i \mathbf{J}_i\right)\boldsymbol{b} = \boldsymbol{\omega} \times \boldsymbol{b}\,.$$

Man sieht natürlich ebenso, dass

$$\frac{\mathrm{d}}{\mathrm{d}t}\mathbf{R}^{\mathrm{T}}(\boldsymbol{\varphi}(t)) = \left(\sum_{i=1}^{3} \omega_i \mathbf{J}_i\right)\mathbf{R}^{\mathrm{T}}\big(\boldsymbol{\varphi}(t)\big)$$

gilt. Setzt man $\boldsymbol{b} = \mathbf{R}^{\mathrm{T}}\boldsymbol{a}$, so folgt

$$\dot{\mathbf{R}}^{\mathrm{T}}(t)\,\boldsymbol{a} = \boldsymbol{\omega} \times (\mathbf{R}^{\mathrm{T}}\boldsymbol{a})\,, \tag{3.56a}$$

und somit

$$\mathbf{\Omega}\,(t)\boldsymbol{a} = \dot{\mathbf{R}}^{\mathrm{T}}\mathbf{R}\boldsymbol{a} = \boldsymbol{\omega} \times (\mathbf{R}^{\mathrm{T}}\mathbf{R}\boldsymbol{a}) = \boldsymbol{\omega} \times \boldsymbol{a}\,. \tag{3.56b}$$

Damit ist aber

$$\begin{aligned}\dot{\boldsymbol{L}} &= \dot{\tilde{\mathbf{J}}}\boldsymbol{\omega} + \tilde{\mathbf{J}}\dot{\boldsymbol{\omega}} = (\mathbf{\Omega}\tilde{\mathbf{J}} - \tilde{\mathbf{J}}\mathbf{\Omega})\boldsymbol{\omega} + \tilde{\mathbf{J}}\dot{\boldsymbol{\omega}} \\ &= \mathbf{\Omega}\tilde{\mathbf{J}}\boldsymbol{\omega} + \tilde{\mathbf{J}}\dot{\boldsymbol{\omega}} = \boldsymbol{\omega} \times (\tilde{\mathbf{J}}\boldsymbol{\omega}) + \tilde{\mathbf{J}}\dot{\boldsymbol{\omega}} = \boldsymbol{\omega} \times \boldsymbol{L} + \tilde{\mathbf{J}}\dot{\boldsymbol{\omega}}\,,\end{aligned} \tag{3.57}$$

wobei man benutzt hat, dass nach (3.56b) $\mathbf{\Omega}\boldsymbol{\omega} = 0$ ist. Es bleibt nun noch $\dot{\boldsymbol{\omega}}$ zu berechnen,

$$\dot{\boldsymbol{\omega}} = \frac{\mathrm{d}}{\mathrm{d}t}(\mathbf{R}^{\mathrm{T}}\overline{\boldsymbol{\omega}}) = \mathbf{R}^{\mathrm{T}}\dot{\overline{\boldsymbol{\omega}}} + \dot{\mathbf{R}}^{\mathrm{T}}\overline{\boldsymbol{\omega}}\,.$$

Der zweite Term hiervon verschwindet, denn nach (3.56a) ist

$$\dot{\mathbf{R}}^{\mathrm{T}}\overline{\boldsymbol{\omega}} = \boldsymbol{\omega} \times (\mathbf{R}^{\mathrm{T}}\overline{\boldsymbol{\omega}}) = \boldsymbol{\omega} \times \boldsymbol{\omega} = 0 \,.$$

Es folgt also $\dot{\boldsymbol{\omega}} = \mathbf{R}^{\mathrm{T}}\dot{\overline{\boldsymbol{\omega}}}$. Die Gl. (3.57), in die Bewegungsgleichung (3.52) eingesetzt, ergibt damit

$$\dot{\boldsymbol{L}} = \boldsymbol{\omega} \times \boldsymbol{L} + \tilde{\mathbf{J}}\mathbf{R}^{\mathrm{T}}\dot{\overline{\boldsymbol{\omega}}} = \boldsymbol{D} \,.$$

Diese Gleichung hat den Nachteil, dass sie sowohl Größen im raumfesten als auch Größen im körperfesten System enthält. Sie lässt sich aber leicht vollständig auf das körperfeste System umrechnen: multipliziert man nämlich beide Seiten dieser Gleichung von links mit $\mathbf{R}$ und beachtet, dass $\mathbf{R}(\boldsymbol{\omega} \times \boldsymbol{L}) = \mathbf{R}\boldsymbol{\omega} \times \mathbf{R}\boldsymbol{L} = \overline{\boldsymbol{\omega}} \times \overline{\boldsymbol{L}}$ ist, so folgen die *Euler'schen Gleichungen*

$$\mathbf{J}\dot{\overline{\boldsymbol{\omega}}} + \overline{\boldsymbol{\omega}} \times \overline{\boldsymbol{L}} = \overline{\boldsymbol{D}} \,. \tag{3.58}$$

Alle in diesen Gleichungen vorkommenden Größen sind auf das körperfeste System $\overline{\mathbf{K}}$ bezogen; insbesondere ist $\mathbf{J}$ der im körperfesten System berechnete und daher zeitlich konstante Trägheitstensor, der – falls $\overline{\mathbf{K}}$ ein HTA-System ist – überdies diagonal ist. Es ist $\overline{\boldsymbol{L}} = \mathbf{J}\overline{\boldsymbol{\omega}}$, woraus man sieht, dass (3.58) für die Funktionen $\overline{\boldsymbol{\omega}}(t)$ nichtlinear sind.

Bemerkung

Wegen der Antisymmetrie der Matrix $\mathbf{\Omega}$ ist ihre Wirkung auf einen Vektor $\boldsymbol{a}$ immer von der Form (3.56b), wobei der Vektor $\boldsymbol{\omega}$ aus der Drehmatrix $\mathbf{R}(t) = \exp\{-\mathbf{S}\}$ mit $\mathbf{S} = \sum_{i=1}^{3} \varphi_i(t)\mathbf{J}_i$, berechnet wird. Es ist

$$\mathbf{\Omega} = \dot{\mathbf{R}}^{\mathrm{T}}(t)\mathbf{R}(t) = \left(\frac{\mathrm{d}}{\mathrm{d}t}\mathrm{e}^{\mathbf{S}}\right)\,\mathrm{e}^{-\mathbf{S}}$$

$$= \left(\dot{\mathbf{S}} + \frac{1}{2}\dot{\mathbf{S}}\mathbf{S} + \frac{1}{2}\mathbf{S}\dot{\mathbf{S}} + \ldots\right)(\mathbb{1} - \mathbf{S} + \ldots)$$

$$= \dot{\mathbf{S}} + \frac{1}{2}[\mathbf{S}, \dot{\mathbf{S}}] + O(\varphi^2) \,.$$

Aus den Kommutatoren $[\mathbf{J}_i, \mathbf{J}_j] = \sum_{k=1}^{3} \varepsilon_{ijk}\mathbf{J}_k$ der Erzeugenden folgt die Identität

$$[\mathbf{S}, \dot{\mathbf{S}}] \equiv [\mathbf{S}(\boldsymbol{\varphi}), \dot{\mathbf{S}}(\boldsymbol{\varphi})] = \mathbf{S}(\boldsymbol{\varphi} \times \dot{\boldsymbol{\varphi}}) \,,$$

mit deren Hilfe man $\boldsymbol{\omega}$ berechnen kann. Wenn wir wie in Abschn. 2.22 und wie oben voraussetzen, dass $\boldsymbol{\varphi} = \varphi\hat{\boldsymbol{n}}$ und $\dot{\boldsymbol{\varphi}}$ dieselbe Richtung haben, dann kommutieren $\mathbf{S}$ und $\dot{\mathbf{S}}$ und $\boldsymbol{\omega}$ ist gleich $\dot{\boldsymbol{\varphi}}$. Man kann aber auch zulassen, dass Betrag und Richtung von $\boldsymbol{\varphi}$ sich zeitlich ändern. In diesem Fall sind $\boldsymbol{\varphi}$ und $\dot{\boldsymbol{\varphi}}$ nicht parallel, der Kommutator aus $\mathbf{S}$ und $\dot{\mathbf{S}}$ ist nicht Null. Aus (3.56b), aus der Beziehung $\mathbf{S}\boldsymbol{a} = \boldsymbol{\varphi} \times \boldsymbol{a}$ und aufgrund der Rechnung oben schließt man jetzt

$$\boldsymbol{\omega} = \dot{\boldsymbol{\varphi}} + \frac{1}{2}\boldsymbol{\varphi} \times \dot{\boldsymbol{\varphi}} + O(\varphi^2) ,$$

und in analoger Weise

$$\overline{\boldsymbol{\omega}} = \dot{\boldsymbol{\varphi}} - \frac{1}{2}\boldsymbol{\varphi} \times \dot{\boldsymbol{\varphi}} + O(\varphi^2) .$$

Für die Herleitung der Euler'schen Gleichungen spielt dieser Unterschied keine Rolle, da wir immer eine *konstante* Drehung hinzunehmen können derart, dass der Betrag φ von $\boldsymbol{\varphi}$ nahe bei Null liegt.

3.13 Anwendungsbeispiel: Der kräftefreie Kreisel

Zur Illustration der Euler'schen Gleichungen betrachten wir zunächst die kräftefreie Bewegung von Kreiseln. Wenn keine äußeren Kräfte vorhanden sind, dann bewegt sich der Schwerpunkt gemäß (3.51) geradlinig und gleichförmig. In den Euler'schen Gleichungen (3.58) ist $\overline{\boldsymbol{D}} = 0$. Hat man für $\overline{\mathbf{K}}$ ein HTA-System ausgesucht, so ist $J_{ik} = I_i \delta_{ik}$ diagonal, es gilt $\overline{L_i} = I_i \overline{\omega_i}$ und (3.58) lautet

$$I_i \dot{\overline{\omega_i}} + (\overline{\boldsymbol{\omega}} \times \overline{\boldsymbol{L}})_i = 0 ,$$

wobei $(\overline{\boldsymbol{\omega}} \times \overline{\boldsymbol{L}})_1 = I_3 \overline{\omega}_2 \overline{\omega}_3 - I_2 \overline{\omega}_3 \overline{\omega}_2 = (I_3 - I_2)\overline{\omega}_2 \overline{\omega}_3$ zyklisch gilt, so dass die Bewegungsgleichungen die folgende Form annehmen:

$$\begin{aligned} I_1 \dot{\overline{\omega}}_1 &= (I_2 - I_3)\overline{\omega}_2 \overline{\omega}_3 \\ I_2 \dot{\overline{\omega}}_2 &= (I_3 - I_1)\overline{\omega}_3 \overline{\omega}_1 \\ I_3 \dot{\overline{\omega}}_3 &= (I_1 - I_2)\overline{\omega}_1 \overline{\omega}_2 . \end{aligned} \tag{3.59}$$

a) Unsymmetrischer Kreisel

Hier ist $I_1 \neq I_2 \neq I_3$. In diesem Fall sind die Gleichungen (3.59) aufgrund ihres nichtlinearen Charakters sicherlich nicht so einfach lösbar und wir werden uns weiter unten auf eine qualitative Diskussion zurückziehen müssen, die von den für den kräftefreien Fall geltenden Erhaltungsgrößen wesentlichen Gebrauch macht. Eine allgemeine Aussage lässt sich aber schon an dieser Stelle machen. Ohne Beschränkung der Allgemeinheit kann man das HTA-System so legen, dass

$$I_1 < I_2 < I_3 \tag{3.60}$$

gilt. Die rechten Seiten der ersten und der dritten Gleichung (3.59) haben dann negative Koeffizienten, die rechte Seite der zweiten Gleichung dagegen einen positiven Koeffizienten. Eine Drehung des starren Körpers um die Hauptträgheitsachse 2 (mit dem mittleren Trägheitsmoment) wird daher ein anderes Stabilitätsverhalten gegenüber kleinen

Störungen zeigen, als eine Drehung um die Achse mit dem größten bzw. dem kleinsten Trägheitsmoment: In den letzteren Fällen stellt die Bewegung sich als stabil heraus, im ersten ist sie instabil. (Genaueres findet man in Abschn. 6.2.5.)

b) Symmetrischer Kreisel

Es seien (ohne Beschränkung der Allgemeinheit)

$$I_1 = I_2 \neq I_3 \quad \text{und} \quad I_1 \neq 0,\ I_3 \neq 0\,. \tag{3.61}$$

Die Gln. (3.59) werden jetzt elementar lösbar. Zunächst ist

$$I_3 \dot{\overline{\omega}}_3 = 0\,, \quad \text{d.h.} \quad \overline{\omega}_3 = \text{const.}$$

Mit der Beziehung

$$\omega_0 := \overline{\omega}_3 \frac{I_3 - I_1}{I_1} \ (= \text{const}) \tag{3.62}$$

lauten dann die ersten beiden Gln. (3.59)

$$\dot{\overline{\omega}}_1 = -\omega_0 \overline{\omega}_2\,; \quad \dot{\overline{\omega}}_2 = \omega_0 \overline{\omega}_1\,,$$

und ihre Lösungen sind

$$\begin{aligned} \overline{\omega}_1(t) &= \omega_\perp \cos(\omega_0 t + \tau) \\ \overline{\omega}_2(t) &= \omega_\perp \sin(\omega_0 t + \tau)\,, \end{aligned} \tag{3.63}$$

wobei $\omega_\perp$ und τ frei wählbare Integrationskonstanten sind, während ω_0 in (3.62) bereits durch die Integrationskonstante $\overline{\omega_3}$ festgelegt ist. Es ist also

$$\overline{\boldsymbol{\omega}} = \left(\omega_\perp \cos(\omega_0 t + \tau),\ \omega_\perp \sin(\omega_0 t + \tau),\ \overline{\omega}_3\right)^T$$

und $\overline{\boldsymbol{\omega}}^2 = \omega_\perp^2 + \overline{\omega}_3^2$. Der Vektor $\overline{\boldsymbol{\omega}}$ hat konstante Länge und rotiert gleichförmig um die 3-Achse des HTA-Systems (das ist hier die Figuren- oder Symmetrieachse).

Für den Drehimpuls bezüglich des körperfesten Systems gilt folgendes:

$$\begin{aligned} \overline{L}_1 &= I_1 \omega_\perp \cos(\omega_0 t + \tau) \\ \overline{L}_2 &= I_1 \omega_\perp \sin(\omega_0 t + \tau) \\ \overline{L}_3 &= I_3 \overline{\omega_3} \end{aligned} \tag{3.64}$$

und $\overline{\boldsymbol{L}}^2 = I_1^2 \omega_\perp^2 + I_3^2 \overline{\omega}_3^2$. $\overline{\boldsymbol{L}}$ rotiert ebenfalls gleichförmig um die Figurenachse $\hat{\boldsymbol{f}}$. In jedem Augenblick liegen die 3-Achse, die Vektoren $\overline{\boldsymbol{\omega}}$ und $\overline{\boldsymbol{L}}$ in einer Ebene.

Es ist nicht schwer, den Zusammenhang zwischen den Integrationskonstanten $\omega_\perp$, $\overline{\omega_3}$ (bzw. ω_0) und den Erhaltungsgrößen herzustellen, die für die kräftefreie Bewegung vorliegen, nämlich die kinetische Energie T_{rot} und der Betrag des Drehimpulses.

Es gilt

$$2T_{\text{rot}} = \sum_{i=1}^{3} I_i \overline{\omega}_i^2 = I_1\,\omega_\perp^2 + I_3\,\overline{\omega}_3^2 = I_1 \left[\omega_\perp^2 + \frac{I_1 I_3}{(I_3 - I_1)^2}\omega_0^2 \right] ,$$

$$\boldsymbol{L}^2 = \overline{\boldsymbol{L}}^2 = I_1^2\omega_\perp^2 + I_3^2\overline{\omega}_3^2 = I_1^2 \left[\omega_\perp^2 + \frac{I_3^2}{(I_3 - I_1)^2}\omega_0^2 \right] .$$

Hieraus folgt

$$\omega_\perp^2 = \frac{1}{I_1(I_1 - I_3)}[\boldsymbol{L}^2 - 2I_3 T_{\text{rot}}] \qquad (3.65)$$

$$\omega_0^2 = \frac{I_1 - I_3}{I_1^2 I_3}[2I_1 T_{\text{rot}} - \boldsymbol{L}^2] . \qquad (3.66)$$

Man kann diese Ergebnisse schließlich noch auf die Beschreibung derselben Bewegung im System $\overline{\mathbf{K}_0}$ der Abb. 3.15, das jetzt ein Inertialsystem ist, übertragen. Die Figurenachse (das ist die 3-Achse von $\overline{\mathbf{K}}$) werde mit $\hat{\overline{\boldsymbol{f}}}$ bezeichnet. Dieselbe Achse, vom System $\overline{\mathbf{K}_0}$ aus gesehen, ist dann ein zeitabhängiger Einheitsvektor

$$\hat{\boldsymbol{f}}(t) = \mathbf{R}^{\mathrm{T}}(t)\hat{\overline{\boldsymbol{f}}} .$$

Da $\overline{\boldsymbol{L}}$, $\overline{\boldsymbol{\omega}}$ und $\hat{\overline{\boldsymbol{f}}}$ stets in einer Ebene liegen, liegen auch $\boldsymbol{L} = \mathbf{R}^{\mathrm{T}}\overline{\boldsymbol{L}}$, $\boldsymbol{\omega} = \mathbf{R}^{\mathrm{T}}\,\overline{\boldsymbol{\omega}}$ und $\hat{\boldsymbol{f}}$ in einer Ebene: Wegen der Erhaltung des Drehimpulses nach Betrag und Richtung steht $\boldsymbol{L}$ fest im Raum, während $\boldsymbol{\omega}$ und $\hat{\boldsymbol{f}}$ gleichförmig und synchron um diese Richtung präzedieren, s. Abb. 3.19.

Es seien θ_1 und θ_2 die Winkel zwischen $\boldsymbol{L}$ und $\boldsymbol{\omega}$ bzw. zwischen $\boldsymbol{\omega}$ und $\hat{\boldsymbol{f}}$, und es sei

$$\theta := \theta_1 + \theta_2 .$$

Man zeigt nun leicht, dass $\cos\theta$ und $\cos\theta_2$ stets dasselbe Vorzeichen haben müssen, woraus man auf die möglichen Bewegungstypen schließen kann. Es ist

$$2T_{\text{rot}} = \boldsymbol{L}\cdot\boldsymbol{\omega} \quad \text{und} \quad \cos\theta_1 = \frac{2T_{\text{rot}}}{|\boldsymbol{L}||\boldsymbol{\omega}|} .$$

Sowohl T_{rot} als auch $|\boldsymbol{L}|$ und $|\boldsymbol{\omega}|$ sind konstant und positiv. Also ist $\cos\theta_1$ konstant und positiv und somit

$$-\frac{\pi}{2} \le \theta_1 \le \frac{\pi}{2} .$$

Weiter ist

$$\boldsymbol{\omega}\cdot\hat{\boldsymbol{f}} = \overline{\boldsymbol{\omega}}\cdot\hat{\overline{\boldsymbol{f}}} = |\boldsymbol{\omega}|\cos\theta_2 = \overline{\omega}_3 = \overline{L}_3/I_3$$
$$= \overline{\boldsymbol{L}}\cdot\hat{\overline{\boldsymbol{f}}}/I_3 = \boldsymbol{L}\cdot\hat{\boldsymbol{f}}/I_3 = |\boldsymbol{L}|\cos\theta/I_3 ,$$

woraus die Behauptung folgt. Es sind also nur die zwei Bewegungstypen möglich, die wir in Abb. 3.20 skizziert haben.

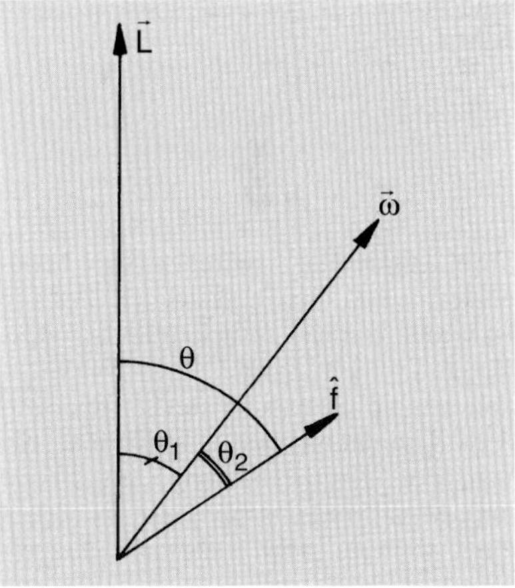

Abb. 3.19. Beim kräftefreien Kreisel steht der Drehimpuls $\boldsymbol{L}$ fest im Raum, während die momentane Winkelgeschwindigkeit $\boldsymbol{\omega}$ und die Figurenachse $\hat{\boldsymbol{f}}$ synchron (und in einer Ebene mit $\boldsymbol{L}$ liegend) um $\boldsymbol{L}$ präzedieren

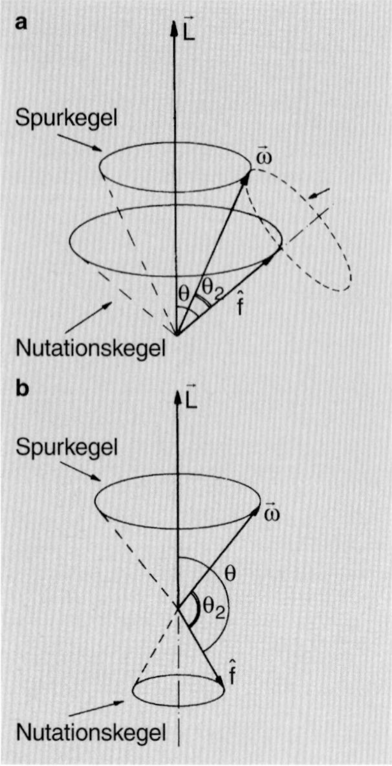

Abb. 3.20. Mögliche Bewegungen der Winkelgeschwindigkeit $\boldsymbol{\omega}$ und der Figurenachse $\hat{f}$ um den raumfesten Drehimpuls $\boldsymbol{L}$

c) Ein praktisches Beispiel: die Erde

Die Erde kann in guter Näherung als abgeplatteter, symmetrischer Kreisel betrachtet werden, für den

$$I_1 = I_2 < I_3 \quad \text{mit} \quad (I_3 - I_1)/I_1 \simeq 1/300 \tag{3.67}$$

gilt. Die Figurenachse und die Winkelgeschwindigkeit haben nicht dieselbe Richtung. Nach (3.62) und (3.63) führt die Erde also eine Präzessionsbewegung aus (solange man sie als kräftefrei annimmt), deren Frequenz ω_0 aus (3.62) zu berechnen ist. Für die Periode gilt

$$T = \frac{2\pi}{\omega_0} = \frac{2\pi I_1}{(I_3 - I_1)\overline{\omega}_3} .$$

Setzt man hier $2\pi\,/\,\overline{\omega}_3 = 1$ Tag und das Verhältnis (3.67) ein, so ergibt sich $T \simeq 300$ Tage. Experimentell ergibt sich eine Präzession mit einer Periode von 430 Tagen und einer Amplitude von einigen Metern[3].

3.14 Kräftefreier Kreisel und geometrische Konstruktionen

a) Analytische Lösung

Die Euler'schen Gleichungen (3.59) für den kräftefreien unsymmetrischen Kreisel lassen sich auf Quadraturen zurückführen. Das sieht man wie folgt. Wir setzen $\overline{\omega}_3(t) =: x(t)$ und machen Gebrauch von den beiden Erhaltungssätzen, welche für die kräftefreie Bewegung gelten:

$$2T_{\text{rot}} = \sum_{i=1}^{3} I_i \overline{\omega}_i^2 = \text{const} \tag{3.68}$$

$$\boldsymbol{L}^2 = \sum_{i=1}^{3} (I_i \overline{\omega}_i)^2 = \text{const.} \tag{3.69}$$

Bildet man

$$\boldsymbol{L}^2 - 2T_{\text{rot}} I_1 = I_2(I_2 - I_1)\overline{\omega}_2^2 + I_3(I_3 - I_1)x^2$$
$$\boldsymbol{L}^2 - 2T_{\text{rot}} I_2 = -I_1(I_2 - I_1)\overline{\omega}_1^2 + I_3(I_3 - I_2)x^2 ,$$

so folgen die Gleichungen

$$\overline{\omega}_1^2 = -\frac{1}{I_1(I_2 - I_1)}[\boldsymbol{L}^2 - 2T_{\text{rot}} I_2 - I_3(I_3 - I_2)x^2] \equiv -\alpha_0 + \alpha_2 x^2$$
$$\overline{\omega}_2^2 = \frac{1}{I_2(I_2 - I_1)}[\boldsymbol{L}^2 - 2T_{\text{rot}} I_1 - I_3(I_3 - I_1)x^2] \equiv \beta_0 - \beta_2 x^2 .$$

(Wir haben wieder die Konvention (3.60) angenommen, so dass die auftretenden Differenzen der Trägheitsmomente positiv sind.) Aus diesen Hilfsformeln ergibt die dritte Gleichung (3.59) die Differentialgleichung

$$I_3 \dot{x}(t) = (I_1 - I_2)\sqrt{(\beta_0 - \beta_2 x^2)(-\alpha_0 + \alpha_2 x^2)} , \tag{3.70}$$

[3]Die Diskrepanz zwischen der beobachteten und der berechneten Periode ist wohl darauf zurückzuführen, dass die Erde nicht starr ist. In Wirklichkeit ist die Erde auch nicht frei, sondern Drehmomenten unterworfen, die von der Wechselwirkung mit Sonne und Mond herrühren. Diese bewirken eine weitere, sehr langsame Präzession mit einer mittleren Periode von 25 800 Jahren (sog. Platonisches Jahr). Da diese adiabatisch langsam ist im Vergleich zur oben abgeschätzten, kann man die Erde doch kräftefrei annehmen (s. auch Meyers Handbuch Weltall, 1993).

die sich durch Quadratur lösen lässt. Es ist klar, dass für die beiden anderen Komponenten $\overline{\omega}_1$ und $\overline{\omega}_2$ ähnliche Differentialgleichungen gelten, die man aus (3.70) durch zyklische Permutation erhält. Damit ist gezeigt, dass die Bewegung des kräftefreien, unsymmetrischen Kreisels in körperbezogenen Koordinaten analytisch (hier durch Quadraturen) beschrieben werden kann.

Ohne diese Gleichungen wirklich zu lösen, kann man die wesentlichen Züge der Bewegung anhand der beiden folgenden, geometrischen Konstruktionen verstehen, deren erste im raumfesten System, deren zweite im körperfesten HTA-System gilt. Als Ausgangspunkt benutzt man in beiden Fällen die Erhaltungssätze der Energie und des Drehimpulses.

b) Poinsot'sche Konstruktion (im raumfesten System)

Man geht von der Erhaltungsgleichung (3.68) aus, die im raumfesten System auf zwei äquivalente Arten geschrieben werden kann,

$$2T_{\text{rot}} = \boldsymbol{\omega}(t) \cdot \boldsymbol{L} = \boldsymbol{\omega}(t) \cdot \tilde{\mathbf{J}}(t)\boldsymbol{\omega}(t) = \text{const.} \tag{3.71}$$

Da $\boldsymbol{L}$ fest im Raum steht, folgt aus (3.71), dass die Projektion von $\boldsymbol{\omega}(t)$ auf $\boldsymbol{L}$ konstant ist. Die Spitze von $\boldsymbol{\omega}(t)$ überstreicht also eine Ebene, die zu $\boldsymbol{L}$ senkrecht liegt, die sog. *invariante Ebene*. Der zweite Teil von (3.71) sagt aus, dass die Spitze von $\boldsymbol{\omega}(t)$ außerdem auf dem zeitlich veränderlichen Ellipsoid

$$\sum_{i,k=1}^{3} \tilde{J}_{ik}(t)\omega_i(t)\omega_k(t) = 2T_{\text{rot}}$$

liegt, vgl. Abb. 3.21. Da auch

$$2T_{\text{rot}} = \sum_{i=1}^{3} I_i \overline{\omega}_i^2$$

gilt, sind die Längen der Halbachsen a_i für dieses Ellipsoid durch $a_i = \sqrt{2T_{\text{rot}}/I_i}$ gegeben, denn

$$\sum_{i=1}^{3} \frac{\overline{\omega}_i^2}{(2T_{\text{rot}}/I_i)} = 1 \,. \tag{3.72}$$

Das Ellipsoid hat für vorgegebene kinetische Energie eine feste Gestalt. Vom Laborsystem aus gesehen bewegt es sich aber als Ganzes. Um die Bewegung zu verstehen, beachte man den Zusammenhang

$$\frac{\partial T_{\text{rot}}}{\partial \omega_i} = \frac{1}{2}\frac{\partial}{\partial \omega_i}\left(\sum_{k,l=1}^{3} \omega_k \tilde{J}_{kl}\omega_l\right) = \sum_{m=1}^{3} \tilde{J}_{im}\omega_m = L_i \,.$$

Dieser besagt, dass $\boldsymbol{L} = \boldsymbol{\nabla}_\omega T_{\text{rot}}$, d. h. dass $\boldsymbol{L}$ auf der Tangentialebene an das Ellipsoid im Punkt P senkrecht steht. Die invariante Ebene ist

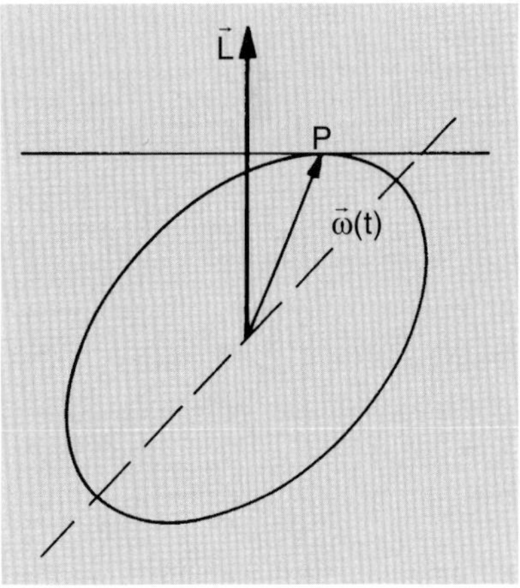

Abb. 3.21. Die Spitze von $\boldsymbol{\omega}(t)$ liegt sowohl auf der invarianten Ebene senkrecht zu $\boldsymbol{L}$ als auch auf einem Ellipsoid, das diese Ebene berührt

gleichzeitig Tangentialebene an das Ellipsoid. Die momentane Drehachse ist gerade $\boldsymbol{\omega}(t)$. Daher *rollt* das Ellipsoid auf der invarianten Ebene ab, ohne zu gleiten.

Die Spur, die der Berührungspunkt P auf der invarianten Ebene hinterlässt, nennt man *Spurkurve*. Auf dem Ellipsoid wandert P dabei entlang der sog. *Polkurve*. Diese Bewegung des Punktes P auf der invarianten Ebene bzw. auf der Oberfläche des Ellipsoids ist im Allgemeinen kompliziert. Für den gestreckten symmetrischen Kreisel mit $I_1 = I_2 > I_3$ kann man aber zeigen, dass diese beiden Kurven zu Kreisen werden.

c) Allgemeine Konstruktion im HTA-System

Mit der Beziehung $\overline{L}_i = I_i \overline{\omega}_i$ lassen sich die beiden Erhaltungsgrößen (3.68) und (3.69) auch wie folgt schreiben:

$$2T_{\text{rot}} = \sum_{i=1}^{3} \frac{\overline{L}_i^2}{I_i} \tag{3.73}$$

$$\boldsymbol{L}^2 = \sum_{i=1}^{3} \overline{L}_i^2 \,. \tag{3.74}$$

Die erste dieser Gleichungen (als Gleichungen in den Variablen $\overline{L}_1$, $\overline{L}_2$, $\overline{L}_3$ aufgefasst) beschreibt ein Ellipsoid mit den Halbachsen

$$a_i = \sqrt{2T_{\text{rot}} I_i}\,, \quad i = 1, 2, 3\,, \tag{3.75}$$

die mit der Konvention (3.60) die Ungleichungen $a_1 < a_2 < a_3$ erfüllen. Insbesondere gilt

$$2T_{\text{rot}} I_1 \le \overline{\boldsymbol{L}}^2 = \boldsymbol{L}^2 \le 2T_{\text{rot}} I_3 \,. \tag{3.76}$$

Die zweite Gleichung (3.74) stellt eine Kugel mit Radius

$$R = \sqrt{\boldsymbol{L}^2} \quad \text{und} \quad a_1 \le R \le a_3 \tag{3.77}$$

dar. Beide Gleichungen zusammen besagen, dass der Vektor $\overline{\boldsymbol{L}}$, also der Drehimpuls vom körperfesten System aus gesehen, die Schnittkurven des Ellipsoids (3.73) und der Kugel (3.74) durchläuft. Die Bedingung (3.76) bzw. (3.77) stellt sicher, dass diese beiden Flächen sich wirklich schneiden. Es ergibt sich das in Abb. 3.22 gezeigte Bild. Aus dieser Abbildung kann man ablesen, dass der Vektor $\overline{\boldsymbol{L}}$, der entlang der ausgezogenen Linien läuft, in jedem Fall periodische Bewegungen ausführt. Man sieht auch, dass Drehungen um Achsen in der Nähe der 1-Achse und der 3-Achse, das sind die Achsen mit dem kleinsten bzw. größten Trägheitsmoment, stabil sind. Solche um eine Achse in der Nachbarschaft der 2-Achse sehen dagegen recht unstabil aus und sind es tatsächlich auch, (s. Abschn. 6.2.5).

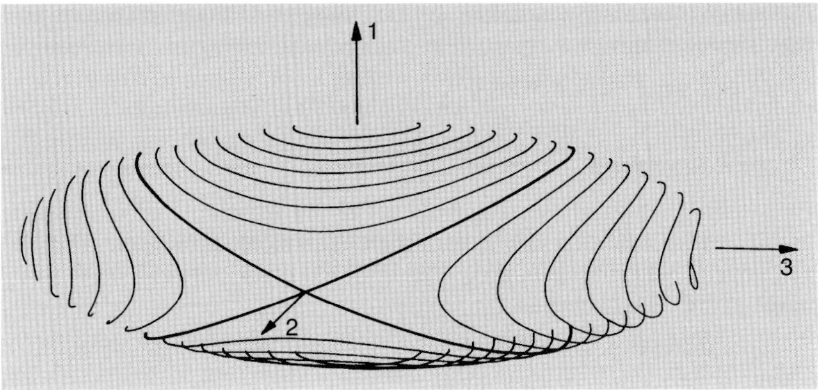

Abb. 3.22. Der Drehimpuls $\bar{L}$ vom körperfesten System aus gesehen durchläuft die Schnittkurven der Kugel (3.74) und des Ellipsoids (3.73)

3.15 Der Kreisel im Rahmen der kanonischen Mechanik

Ziel dieses Abschnittes ist es, die Bewegungsgleichungen des starren Körpers über eine Lagrangefunktion in den Euler'schen Winkeln aufzustellen, sodann die zu diesen Variablen kanonisch konjugierten Impulse zu definieren und über Legendre-Transformation die zugehörige Hamiltonfunktion zu konstruieren.

a) Winkelgeschwindigkeit und Euler'sche Winkel

Als Erstes muss man die Winkelgeschwindigkeit $\overline{\boldsymbol{\omega}}$ im HTA-System, wie in (3.35) vorgegeben, zerlegen und auf Euler'sche Winkel umrechnen. Das geschieht am einfachsten auf geometrischem Wege und anhand der Abb. 3.16. Den drei Drehungen in (3.35) entsprechen die Winkelgeschwindigkeiten $\boldsymbol{\omega}_\alpha$, $\boldsymbol{\omega}_\beta$ und $\boldsymbol{\omega}_\gamma$, wobei $\boldsymbol{\omega}_\alpha$ entlang der 3_0-Achse, $\boldsymbol{\omega}_\beta$ entlang der Knotenlinie $S\eta$ und $\boldsymbol{\omega}_\gamma$ entlang der 3-Achse liegen (s. Abb. 3.23). Bezeichnen 1, 2 und 3 die Hauptträgheitsachsen wie zuvor, so liest man aus Abb. 3.23 die folgenden Zerlegungen ab ($(\boldsymbol{\omega}_\alpha)_i$ bedeutet die Komponente von $\boldsymbol{\omega}_\alpha$ entlang der Achse i):

$$(\boldsymbol{\omega}_\beta)_1 = \dot{\beta}\sin\gamma\,; \quad (\boldsymbol{\omega}_\beta)_2 = \dot{\beta}\cos\gamma\,; \quad (\boldsymbol{\omega}_\beta)_3 = 0\,, \tag{3.78}$$

$$(\boldsymbol{\omega}_\alpha)_3 = \dot{\alpha}\cos\beta\,; \quad (\boldsymbol{\omega}_\alpha)_{\xi_2} = -\dot{\alpha}\sin\beta\,; \quad \text{woraus folgt} \tag{3.79a}$$

$$(\boldsymbol{\omega}_\alpha)_1 = -\dot{\alpha}\sin\beta\cos\gamma\,; \quad (\boldsymbol{\omega}_\alpha)_2 = \dot{\alpha}\sin\beta\sin\gamma\,, \tag{3.79b}$$

und schließlich noch

$$(\boldsymbol{\omega}_\gamma)_1 = 0\,; \quad (\boldsymbol{\omega}_\gamma)_2 = 0\,; \quad (\boldsymbol{\omega}_\gamma)_3 = \dot{\gamma}\,. \tag{3.80}$$

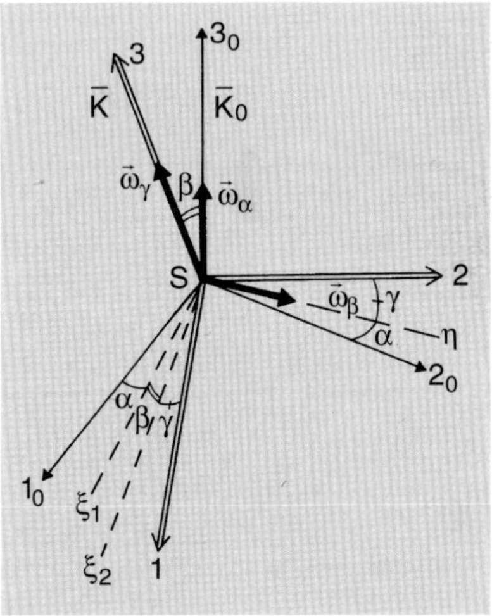

Abb. 3.23. Hilfsabbildung, mit deren Hilfe die Winkelgeschwindigkeit $\boldsymbol{\omega}$ durch Zeitableitungen der Euler'schen Winkel ausgedrückt wird. Definition wie in Abb. 3.16

Für die Winkelgeschwindigkeit $\overline{\boldsymbol{\omega}} = \boldsymbol{\omega}_\alpha + \boldsymbol{\omega}_\beta + \boldsymbol{\omega}_\gamma$ findet man also $\overline{\boldsymbol{\omega}} = (\overline{\omega}_1, \overline{\omega}_2, \overline{\omega}_3)^T$ mit

$$\begin{aligned}\overline{\omega}_1 &= \dot{\beta}\sin\gamma - \dot{\alpha}\sin\beta\cos\gamma \\ \overline{\omega}_2 &= \dot{\beta}\cos\gamma + \dot{\alpha}\sin\beta\sin\gamma \\ \overline{\omega}_3 &= \dot{\alpha}\cos\beta + \dot{\gamma}\,.\end{aligned} \tag{3.81}$$

Es ist ein Leichtes, dieses Ergebnis auf die in Abschn. 3.10 vorgestellte modifizierte Definition der Euler'schen Winkel umzurechnen. Die Beziehungen (3.39) besagen, dass man in (3.81) $\cos\gamma$ durch $-\sin\Psi$, $\sin\gamma$ durch $\cos\Psi$ ersetzen muss:

$$\begin{aligned}\overline{\omega}_1 &= \dot{\theta}\cos\Psi + \dot{\Phi}\sin\theta\sin\Psi \\ \overline{\omega}_2 &= -\dot{\theta}\sin\Psi + \dot{\Phi}\sin\theta\cos\Psi \\ \overline{\omega}_3 &= \dot{\Phi}\cos\theta + \dot{\Psi}\,.\end{aligned} \tag{3.82}$$

Falls die Funktionen $\overline{\omega}_i(t)$, für welche die Euler'schen Gleichungen (3.58) gelten, bekannt sind, kann man durch Umkehrung von (3.82) und Auflösung nach $\dot{\Phi}$, $\dot{\theta}$ und $\dot{\Psi}$ ein System von gekoppelten Differentialgleichungen gewinnen,

$$\begin{aligned}\dot{\Phi} &= [\overline{\omega}_1\sin\Psi + \overline{\omega}_2\cos\Psi]/\sin\theta \\ \dot{\theta} &= \overline{\omega}_1\cos\Psi - \overline{\omega}_2\sin\Psi \\ \dot{\Psi} &= \overline{\omega}_3 - [\overline{\omega}_1\sin\Psi + \overline{\omega}_2\cos\Psi]\cot\theta\,,\end{aligned} \tag{3.83}$$

dessen Lösungen $\{\Phi(t), \theta(t), \Psi(t)\}$ die Bewegung vollständig beschreiben.

Im HTA-System der Abb. 3.23 lässt sich mit Hilfe von (3.82) eine Lagrangefunktion L aufstellen. Die natürliche Form L ist

$$L = T - U \tag{3.84}$$

mit

$$\begin{aligned}T \equiv T_{\text{rot}} &= \frac{1}{2}\sum_{i=1}^{3} I_i\overline{\omega}_i^2 = \frac{1}{2}I_1(\dot{\theta}\cos\Psi + \dot{\Phi}\sin\theta\sin\Psi\,)^2 \\ &\quad + \frac{1}{2}I_2(-\dot{\theta}\sin\Psi + \dot{\Phi}\sin\theta\cos\Psi\,)^2 + \frac{1}{2}I_3(\dot{\Psi} + \dot{\Phi}\cos\theta\,)^2\,.\end{aligned} \tag{3.85}$$

Wir verwenden von jetzt an die *zweite* Definition der Euler'schen Winkel (s. Abschn. 3.10 und Abb. 3.17). Die Schwerpunktsbewegung soll bereits absepariert sein.

Zunächst bestätigt man, dass L in (3.84) im kräftefreien Fall ($U = 0$) wieder die Euler'schen Gleichungen in der Form (3.59) liefert:

$$\begin{aligned}\frac{\partial L}{\partial\dot{\Psi}} &= \frac{\partial T}{\partial\overline{\omega}_3}\,\frac{\partial\overline{\omega}_3}{\partial\dot{\Psi}} = I_3\overline{\omega}_3 \\ \frac{\partial L}{\partial\Psi} &= \frac{\partial T}{\partial\overline{\omega}_1}\,\frac{\partial\overline{\omega}_1}{\partial\Psi} + \frac{\partial T}{\partial\overline{\omega}_2}\,\frac{\partial\overline{\omega}_2}{\partial\Psi} = (I_1 - I_2)\overline{\omega}_1\overline{\omega}_2\,,\end{aligned}$$

so dass die Euler-Lagrange-Gleichung $\mathrm{d}/\mathrm{d}t(\partial L/\partial\dot{\Psi}) = \partial L/\partial\Psi$ in der Tat die dritte Gleichung in (3.59) liefert. Die beiden anderen folgen über zyklische Permutation.

b) Kanonische Impulse und Hamiltonfunktion

Die zu den Euler'schen Winkeln kanonisch konjugierten Impulse lassen sich einfach berechnen. Am einfachsten ist p_Ψ:

$$\begin{aligned} p_\Psi :&= \frac{\partial L}{\partial\dot{\Psi}} = I_3(\dot{\Psi} + \dot{\Phi}\cos\theta) = \overline{L}_3 = \boldsymbol{L}\cdot\hat{\boldsymbol{e}}_3 \\ &= L_1 \sin\theta\sin\Phi - L_2\sin\theta\cos\Phi + L_3\cos\theta\,. \end{aligned} \tag{3.86}$$

Hierbei ist $\hat{\boldsymbol{e}}_3$ der Einheitsvektor in Richtung der 3-Achse, den wir im letzten Schritt nach seinen Komponenten im System $\overline{\mathbf{K}_0}$ (mit raumfesten Richtungen) zerlegt haben. Der Impuls p_Φ ist etwas komplizierter:

$$\begin{aligned} p_\Phi :&= \frac{\partial L}{\partial\dot{\Phi}} = \sum_{i=1}^{3}\frac{\partial T}{\partial\overline{\omega}_i}\frac{\partial\overline{\omega}_i}{\partial\dot{\Phi}} \\ &= I_1\overline{\omega}_1\sin\theta\sin\Psi + I_2\overline{\omega}_2\sin\theta\cos\Psi + I_3\overline{\omega}_3\cos\theta \\ &= \boldsymbol{L}\cdot\hat{\boldsymbol{e}}_{3_0} = L_3\,. \end{aligned} \tag{3.87}$$

Dabei haben wir die Gleichung $\overline{L}_i = I_i\overline{\omega}_i$, benutzt sowie die Aussage, dass $(\sin\theta\sin\Psi,\ \sin\theta\cos\Psi,\ \cos\theta)$ gerade die Zerlegung des Einheitsvektors $\hat{\boldsymbol{e}}_{3_0}$ nach den Hauptträgheitsachsen ist und dass das Skalarprodukt unter Drehungen invariant ist. Schließlich bleibt noch

$$p_\theta := \frac{\partial L}{\partial\dot{\theta}} = \overline{L}_1\cos\Psi - \overline{L}_2\sin\Psi = \boldsymbol{L}\cdot\hat{\boldsymbol{e}}_\xi\,, \tag{3.88}$$

wo $\hat{\boldsymbol{e}}_\xi$ der Einheitsvektor entlang der Knotenlinie in Abb. 3.17 ist. Wir halten als Zwischenergebnis fest: Die zu den Euler'schen Winkeln Φ, θ und Ψ kanonisch konjugierten Impulse sind, der Reihe nach, die Projektionen des Drehimpulses $\boldsymbol{L}$ auf die raumfeste 3-Richtung, auf die Knotenlinie, bzw. auf die körperfeste 3-Achse.

Man bestätigt, dass

$$\det\left(\frac{\partial^2 T}{\partial\dot{\theta}_i\partial\dot{\theta}_k}\right) \neq 0$$

ist, so dass man (3.86–88) nach den $\overline{\omega}_i$ bzw. $\overline{L}_i$ auflösen kann. Man findet nach einer kleinen Rechnung

$$\begin{aligned} \overline{L}_1 &= \frac{1}{\sin\theta}(p_\Phi - p_\Psi\cos\theta)\sin\Psi + p_\theta\cos\Psi \\ \overline{L}_2 &= \frac{1}{\sin\theta}(p_\Phi - p_\Psi\cos\theta)\cos\Psi - p_\theta\sin\Psi \\ \overline{L}_3 &= p_\Psi \end{aligned} \tag{3.89}$$

und kann somit die Hamiltonfunktion aufstellen, indem man in $T = \sum \overline{L}_i^2/(2I_i)$ die Formeln (3.89) einsetzt. Man erhält den Ausdruck[4]

$$H = \frac{1}{2\sin^2\theta}(p_\Phi - p_\Psi \cos\theta)^2 \left(\frac{\sin^2\Psi}{I_1} + \frac{\cos^2\Psi}{I_2}\right) + \frac{1}{2}p_\theta^2 \left(\frac{\cos^2\Psi}{I_1} + \frac{\sin^2\Psi}{I_2}\right) + \frac{\sin\Psi\cos\Psi}{2\sin\theta} p_\theta (p_\Phi - p_\Psi\cos\theta)\left(\frac{1}{I_1} - \frac{1}{I_2}\right) + \frac{1}{2I_3}p_\Psi^2 + U \,. \tag{3.90}$$

c) Einige Poisson-Klammern

Bezeichnet man die Euler'schen Winkel wieder summarisch mit $\{\vartheta_i(t)\}$, so sind die Poisson-Klammern im Phasenraum, der durch die ϑ_i und p_{ϑ_i} aufgespannt wird, gegeben durch

$$\{f, g\}(\vartheta_i, p_{\vartheta_i}) = \sum_{i=1}^{3} \left(\frac{\partial f}{\partial p_{\vartheta_i}}\frac{\partial g}{\partial \vartheta_i} - \frac{\partial f}{\partial \vartheta_i}\frac{\partial g}{\partial p_{\vartheta_i}}\right) . \tag{3.91}$$

Besonders interessant sind die Poisson-Klammern der Drehimpulskomponenten in den beiden Systemen $\mathbf{K}$ und $\overline{\mathbf{K}_0}$, jedes für sich und untereinander. Man findet

$$\{L_1, L_2\} = -L_3 \quad \text{(zyklisch)} \tag{3.92}$$

$$\{\overline{L}_1, \overline{L}_2\} = +\overline{L}_3 \quad \text{(zyklisch)} \tag{3.93}$$

$$\{L_i, \overline{L}_j\} = 0 \quad \text{für alle } i \text{ und } j \,, \tag{3.94}$$

wobei vor allem die Vorzeichen in (3.92) und (3.93) besonders bemerkenswert sind. Man bestätigt noch, dass die Poisson-Klammern aller L_i mit der kinetischen Energie verschwinden,

$$\{L_i, T\} = 0 \quad i = 1, 2, 3 \,. \tag{3.95}$$

Es lohnt sich, über das Vorzeichen in (3.93) nachzudenken und dabei die Poisson-Klammern in (3.92) und (3.93) im Sinne von infinitesimalen kanonischen Transformationen, Abschn. 2.33, zu interpretieren.

3.16 Beispiel: Symmetrischer Kinderkreisel im Schwerefeld

Der Auflagepunkt O fällt nicht mit dem Schwerpunkt S zusammen, von dem er den Abstand

$$OS = l$$

hat. Wenn also $I_1 = I_2$ das Trägheitsmoment für Drehungen um eine Achse ist, die durch S geht und auf der Figurenachse des Kreisels senkrecht steht, dann gilt nach dem Steiner'schen Satz, Abschn. 3.5, für die

[4] Wie eben festgestellt ist p_Φ die Projektion des Drehimpulses auf die raumfeste 3_0-Achse, p_Ψ die auf die körperfeste 3-Achse. Ist U von Φ unabhängig, so ist Φ zyklisch und p_Φ ist erhalten. Ist U gleich Null und ist der Kreisel symmetrisch, d. h. $I_1 = I_2$ so ist auch Ψ zyklisch und p_Ψ ist erhalten.

Drehungen um Achsen durch O, die auf der Figurenachse (3-Achse in Abb. 3.24) senkrecht stehen,

$$I_1' = I_2' = I_1 + Ml^2 \,.$$

(I_1' und I_1 haben wir im Beispiel 3.6 (iii) berechnet.)

Mit $I_1' = I_2'$ lassen sich die beiden ersten Terme von T_{rot}, (3.85), zusammenfassen, so dass die Lagrangefunktion (3.84) für den Kinderkreisel im Schwerefeld so lautet:

$$L = \frac{1}{2}(I_1 + Ml^2)(\dot{\theta}^2 + \dot{\Phi}^2 \sin^2\theta) + \frac{1}{2}I_3(\dot{\Psi} + \dot{\Phi}\cos\theta)^2 - Mgl\cos\theta \,. \tag{3.96}$$

Die Variablen Φ und Ψ sind zyklisch, d. h. die ihnen zugeordneten generalisierten Impulse sind erhalten,

$$p_\Psi = \overline{L}_3 = I_3(\dot{\Psi} + \dot{\Phi}\cos\theta) = \text{const} \tag{3.97a}$$

$$p_\Phi = L_3 = (I_1' \sin^2\theta + I_3\cos^2\theta)\dot{\Phi} + I_3\dot{\Psi}\cos\theta = \text{const.} \tag{3.97b}$$

Außerdem ist natürlich die Energie erhalten,

$$E = \frac{1}{2}I_1'(\dot{\theta}^2 + \dot{\Phi}^2\sin^2\theta) + \frac{1}{2}I_3(\dot{\Psi} + \dot{\Phi}\cos\theta)^2 + Mgl\cos\theta = \text{const.} \tag{3.98}$$

Aus (3.97) lassen sich $\dot{\Phi}$ und $\dot{\Psi}$ isolieren. Man findet

$$\dot{\Phi} = \frac{L_3 - \overline{L}_3\cos\theta}{I_1'\sin^2\theta}\,; \quad \dot{\Psi} = \frac{\overline{L}_3}{I_3} - \dot{\Phi}\cos\theta \,, \tag{3.99}$$

und erkennt, dass als einzige Variable der Winkel $\theta(t)$ verbleibt. Setzt man diese Ausdrücke für $\dot{\Phi}$ und $\dot{\Psi}$ in (3.98) ein und verwendet die Abkürzungen

$$E' := E - \frac{\overline{L}_3^2}{2I_3} - Mgl \,, \tag{3.100}$$

$$U_{\mathrm{eff}}(\theta) := \frac{(L_3 - \overline{L}_3\cos\theta)^2}{2I_1'\sin^2\theta} - Mgl(1 - \cos\theta) \,, \tag{3.101}$$

so folgt aus (3.98) die einfache Gleichung

$$E' = \frac{1}{2}I_1'\dot{\theta}^2 + U_{\mathrm{eff}}(\theta) = \text{const} \,, \tag{3.102}$$

die man mit den Methoden aus dem ersten Kapitel diskutieren kann. Wir wollen uns hier auf eine qualitative Diskussion beschränken.

Der physikalisch zulässige Bereich ist wegen der Positivität der kinetischen Energie derjenige Bereich des Winkels θ, für den $E' \geq U_{\mathrm{eff}}(\theta)$ ist. Solange L_3 ungleich $\overline{L}_3$ ist, geht U_{eff}, (3.101), sowohl für $\theta \to 0$, als auch für $\theta \to \pi$ gegen plus Unendlich. Es sei

$$u(t) := \cos\theta(t) \tag{3.103}$$

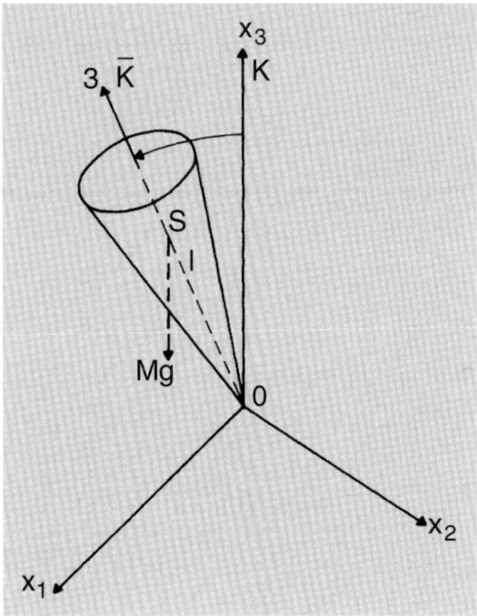

Abb. 3.24. Der symmetrische Kinderkreisel im Schwerefeld

und somit $\dot{\theta}^2 = \dot{u}^2/(1-u^2)$. Aus (3.102) entsteht dann die folgende Differentialgleichung für $u(t)$:

$$\dot{u}^2 = f(u) , \quad \text{mit} \tag{3.104}$$

$$f(u) := (1-u^2)\frac{2}{I_1'}\big(E' + Mgl(1-u)\big) - \frac{1}{I_1'^2}(L_3 - \overline{L}_3 u)^2 . \tag{3.105}$$

Nur solche $u(t)$ sind physikalisch, die im Intervall $[-1, +1]$ liegen und für welche die Funktion $f(u) \geq 0$ ist. Die Randpunkte $u = 1$ und $u = -1$ können nur dann physikalisch sein, wenn in (3.105) $L_3 = \overline{L}_3$ bzw. $L_3 = -\overline{L}_3$ ist. Im ersten Fall spricht man vom *stehenden Kreisel*, im zweiten Fall vom *hängenden* oder *invertierten Kreisel*. In allen anderen Fällen liegt der *schiefe Kreisel* vor.

Man sieht leicht, dass $f(u)$ das qualitative Verhalten hat, wie es in Abb. 3.25 gezeigt ist. Die Funktion $f(u)$ schneidet die Abszissenachse in den Punkten u_1 und u_2, die im Intervall $[-1, 1]$ liegen. Im Bereich $u_1 \leq u \leq u_2$ ist $f(u) \geq 0$. Der ebenfalls denkbare Fall $u_1 = u_2$ ist ein Spezialfall, der für ganz spezielle Anfangsbedingungen möglich ist. Im Allgemeinen wird man also ein Intervall $[u_1, u_2]$ bzw. $\theta_1 \leq \theta(t) \leq \theta_2$ vorliegen haben, in dem eine Bewegung möglich ist. Diese Bewegung lässt sich qualitativ recht gut verfolgen, wenn man die Bewegung der Kreiselachse auf einer Kugel (also der Figurenachse $\hat{f}$ auf der Einheitskugel) verfolgt. Wir setzen noch $u_0 := L_3/\overline{L}_3$. Dann entsteht die folgende Form von (3.99) für

$$\dot{\Phi} = \frac{\overline{L}_3}{I_1'}\frac{u_0 - u}{1-u^2} \tag{3.106}$$

Wenn also $u_1 \neq u_2$ ist, so bewegt sich die Spitze von $\hat{f}$ zwischen zwei Breitenkreisen mit

$$\theta_i = \arccos u_i , \quad i = 1, 2 .$$

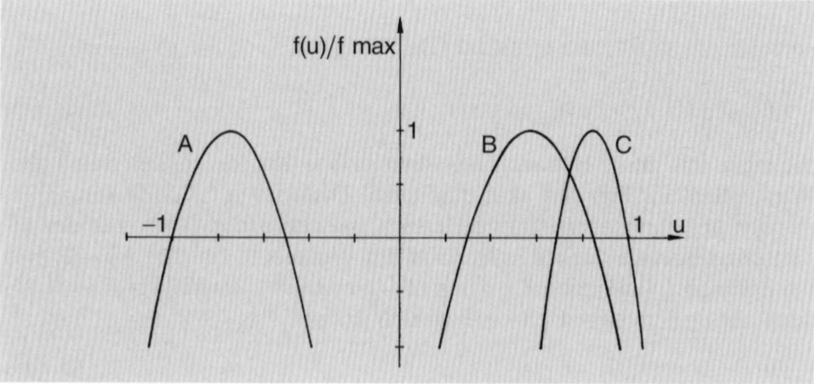

Abb. 3.25. Graph der Funktion $f(u)$, (3.105), mit $u = \cos\theta(t)$ für den Kinderkreisel. Siehe auch Praktische Übung 1

Man muss nun drei Fälle unterscheiden, je nachdem, wie u_0 relativ zu u_1 und u_2 liegt.

i) $u_0 > u_2$ (bzw. $u_0 < u_1$). Aus (3.106) folgt, dass $\dot{\Phi}$ stets dasselbe Vorzeichen hat. Es entsteht z. B. die in Abb. 3.26a skizzierte Bewegung.
ii) $u_1 < u_0 < u_2$. In diesem Fall hat $\dot{\Phi}$ am oberen Breitenkreis ein anderes Vorzeichen als am unteren und die Bewegung der Figurenachse $\hat{f}$ wird wie in Abb. 3.26b skizziert verlaufen.
iii) $u_0 = u_1$ oder $u_0 = u_2$. Jetzt verschwindet $\dot{\Phi}$ am unteren bzw. am oberen Breitenkreis. Im zweiten Fall beispielsweise entsteht die Bewegung, die in der Abb. 3.26c skizziert ist.

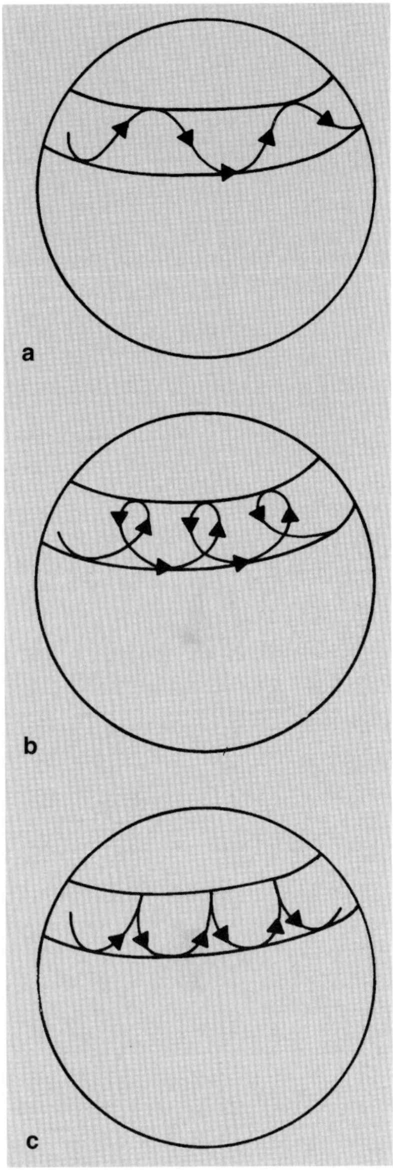

Abb. 3.26a – c. Bewegung der Spitze der Figurenachse $\hat{f}$ für den symmetrischen Kinderkreisel im Schwerefeld

3.17 Anmerkung zum Kreiselproblem

Man kann die Analyse des letzten Abschnitts noch etwas ergänzen, wenn man fragt, wann die Rotation um die vertikale Achse stabil ist. Das ist ja das Ziel beim Spiel mit dem Kinderkreisel: er soll lange Zeit und möglichst vertikal (und daher ohne Präzession) kreiseln. Weiter möchte man natürlich wissen, wie die Reibung auf der Auflagefläche den Bewegungsablauf modifiziert.

a) Vertikale Rotation (stehender Kreisel)

Wenn $\theta = 0$ ist, so ist $L_3 = \overline{L}_3$; nach (3.101) ist dann auch $U_{\text{eff}}(\theta = 0) = 0$ und somit $E' = 0$ oder $E = \overline{L}_3^2/(2I_3) + Mgl$.

Diese Rotation ist nur dann stabil, wenn $U_{\text{eff}}(0)$ bei $\theta = 0$ ein Minimum hat. In der Nähe von Null ist

$$U_{\text{eff}} \simeq \left[\frac{\overline{L}_3^2}{8I_1'} - \frac{1}{2} Mgl \right] \theta^2 \, .$$

Die zweite Ableitung von U_{eff} nach θ ist nur dann positiv, wenn $\overline{L}_3^2 > 4MglI_1'$ ist, bzw. wenn

$$\overline{\omega}_3^2 > \frac{4MglI_1'}{I_3^2} \, . \tag{3.107}$$

b) Der Fall mit Reibung

Der Fall mit Reibung lässt sich qualitativ so verfolgen: Zunächst soll ein schiefer Kreisel mit $p_\Psi = \overline{L}_3 > p_\Phi = L_3$ vorgegeben sein. Die Reibung verlangsamt kontinuierlich p_Ψ, aber ändert p_Φ praktisch nicht, bis $p_\Psi = p_\Phi$ geworden ist. In diesem Moment hat der Kreisel sich aufgerichtet. Ab jetzt nehmen p_Φ und p_Ψ beide synchron ab. Der Kreisel bleibt aber vertikal stehen, bis die Bedingung (3.107) unterschritten wird. Jetzt fängt der Kreisel bei der kleinsten Störung an zu torkeln und fällt schließlich um.

3.18 Symmetrischer Kreisel mit Reibung: Der „Aufstehkreisel“

Der Aufstehkreisel (der auf englisch *tippe top* genannt wird) ist ein symmetrischer Kreisel, dessen geometrische Gestalt praktisch die einer Kugel ist und dessen Massenverteilung so gewählt ist, dass der Schwerpunkt nicht mit dem Mittelpunkt der Kugel zusammenfällt. Unter der Voraussetzung, dass die Trägheitsmomente $I_1 = I_2$ und I_3 eine gewisse Ungleichung erfüllen (s. (3.112) weiter unten), zeigt dieser Kreisel ein verblüffendes Verhalten: Wirft man ihn auf einer realistischen, d. h. reibenden Unterlage in nahezu vertikaler Position an derart, dass der Schwerpunkt *unter* dem Kugelmittelpunkt liegt und der Drehimpuls fast vollständig in die Vertikale, die Richtung senkrecht zur Auflagefläche zeigt, so invertiert er ziemlich rasch seine Lage und rotiert nach dieser Übergangsphase für relativ lange Zeit „auf dem Kopf“, d. h. derart, dass der Schwerpunkt jetzt *über* dem Kugelmittelpunkt steht. Auch nach der Inversion seiner Lage rotiert er für einen außenstehenden Beobachter in derselben Richtung. Das bedeutet, dass der Drehimpuls noch immer in Richtung der Vertikalen zeigt und dass die Drehrichtung relativ zu einem körperfesten Beobachter sich umgekehrt hat. Da der Schwerpunkt im Schwerefeld angehoben wurde, haben die Rotationsenergie und damit auch der Drehimpuls abgenommen. Im invertierten Zustand steht der Schwerpunkt räumlich still, die Wirkung der Gleitreibung ist Null, allein die bei der Rotation auftretende Drehreibung ist aktiv. Da diese aber klein ist, verbleibt der Kreisel vergleichsweise lange in diesem Zustand, bevor er ähnlich wie der Kinderkreisel aus Abschn. 3.16 endgültig zur Ruhe kommt.

Wir analysieren dieses kuriose Verhalten in zwei Schritten. Im ersten Schritt zeigen wir auf rein geometrische Weise, dass auch in Anwesenheit der Gleitreibung auf der Auflagefläche eine spezifische Linearkombination aus L_3, der Projektion des Drehimpulses auf die Vertikale, und aus $\overline{L}_3$, der Projektion des Drehimpulses auf die Symmetrieachse des Kreisels, erhalten bleibt. Mithilfe dieses Erhaltungssatzes und unter Voraussetzung der genannten Ungleichung für die Trägheitsmomente kann man zeigen, dass die invertierte Position des rotierenden Kreisels energetisch günstiger ist als die nichtinvertierte Ruhelage. Im zweiten Schritt stellen wir Bewegungsgleichungen für diesen Kreisel mit Berücksichtigung der Gleitreibung auf, die geeignet sind, sein dynamisches Verhalten vollständig zu analysieren.

Wir machen folgende Annahmen: Der Kreisel habe Kugelgestalt, seine Massenverteilung sei zwar axialsymmetrisch, aber nicht kugelsymmetrisch, so dass der Schwerpunkt S nicht mit dem geometrischen Zentrum Z zusammenfällt. Die Längeneinheit sei so gewählt, dass der Radius der Kugel den Wert 1 hat, $R = 1$. In diesen Einheiten befindet der Schwerpunkt sich im Abstand α vom Mittelpunkt, mit $0 < \alpha < 1$. Abbildung 3.27 zeigt einen solchen Kreisel, die Symmetrieachse ($\bar{3}$), die 3-Achse ($\bar{3}_0$) des im Schwerpunkt verankerten Bezugssystems mit raumfesten Richtungen, sowie einige einfache geometrische Beziehungen in der Größe α und dem Euler'schen Winkel θ, die wir weiter unten benötigen.

Am momentanen Auflagepunkt A wirken im Allgemeinen drei verschiedene Typen von Reibungskräften: *Roll*reibung, die auftritt, wenn die Kugel auf der Ebene rollt ohne zu gleiten, *Dreh*reibung, die allein auftritt, wenn der Kreisel um eine Achse durch einen festen Auflagepunkt rotiert und *Gleit*reibung, die auftritt, wenn der Auflagepunkt über die Ebene gleitet. Wir nehmen an, dass die Auflage so beschaffen sei, dass die beim Gleiten auftretende Reibungskraft wesentlich größer ist als die Roll- oder Drehreibungskräfte (die wir im übrigen vernachlässigen). In der Tat zeigt es sich, dass die Gleitreibung für die Inversion des Kreisels verantwortlich ist.

Die momentane Geschwindigkeit des Auflagepunktes A setzt sich zusammen aus den Komponenten $(\dot{s}_1, \dot{s}_2)$ der Geschwindigkeit des Schwerpunktes parallel zur Auflageebene und aus den Relativgeschwindigkeiten, die von Änderungen der Euler'schen Winkel herrühren. Aus Abb. 3.27 liest man ab, dass eine Änderung $\dot{\Psi}$ des Euler'schen Winkels Ψ (Drehung um die Symmetrieachse $\bar{3}$) eine lineare Geschwindigkeit mit Betrag $v_\Psi = \dot{\Psi} \sin\theta$ senkrecht zur $(\bar{3}_0, \bar{3})$-Ebene bewirkt, und dass die Änderung $\dot{\Phi}$ des Winkels Φ (Drehung um die 3_0-Achse) eine Geschwindigkeit mit Betrag $v_\phi = \dot{\Phi}\alpha \sin\theta$ in derselben Richtung bewirkt. Nennen wir diese Richtung $\hat{\boldsymbol{n}}$. Eine Änderung des Euler'schen Winkels θ dagegen erzeugt eine Geschwindigkeit in einer Richtung $\hat{\boldsymbol{t}}$, die *in* der genannten Ebene liegt und somit senkrecht auf $\hat{\boldsymbol{n}}$ steht. Sie hat den Betrag $v_\theta = \dot{\theta}(1 - \alpha\cos\theta)$.

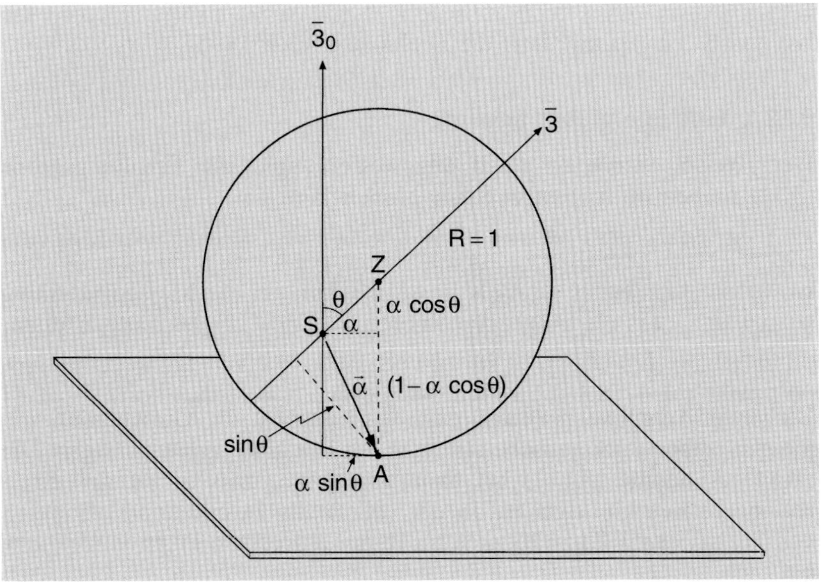

Abb. 3.27. Axialsymmetrischer Kreisel mit Kugelgestalt, der in A auf einer horizontalen Ebene aufliegt. Z ist der Mittelpunkt der Kugel, S der Schwerpunkt

Den Effekt der Reibung beschreibt man phänomenologisch wie in (6.28), Abschn. 6.3.1, d. h. man führt Reibungsterme ein derart, dass

$$\dot{p}_\Phi = -R_\Phi\,, \quad \dot{p}_\Psi = -R_\Psi\,, \tag{3.108}$$

(und einen analogen Term für $\dot{p}_\theta$). Die kanonisch konjugierten Impulse p_Φ und p_Ψ sind nichts anderes als die Projektionen L_3 bzw. $\overline{L}_3$ des Drehimpulses auf die $\bar{3}_0$-Achse, bzw. $\bar{3}$-Achse (s. Abschn. 3.15). Die Terme auf den rechten Seiten von (3.108) sind daher Drehmomente, die durch das Kreuzprodukt aus Hebelarm und Reibungskraft gegeben sind. Was die Terme R_Φ und R_Ψ angeht, so ist die beim Gleiten von A auftretende Kraftkomponente dieselbe (unabhängig von der funktionalen Abhängigkeit dieser Kraft von der Geschwindigkeit), die Hebelarme liegen in der dazu senkrechten $(\bar{3}_0, \bar{3})$-Ebene und haben die Längen $\alpha \sin\theta$ bzw. $\sin\theta$. Die Drehmomente in (3.108) stehen daher im Verhältnis

$$R_\Phi / R_\Psi = \alpha \sin\theta / \sin\theta = \alpha\,. \tag{3.109}$$

Daraus folgt der wichtige Erhaltungssatz $\dot{L}_3 - \alpha\dot{\overline{L}}_3 = 0$, bzw.

$$\lambda := L_3 - \alpha \overline{L}_3 = \text{const.} \tag{3.110}$$

Dieser Erhaltungssatz, der den Schlüssel für das Verständnis des Aufstehkreisels liefert, hat eine amüsante Entdeckungsgeschichte, die man der Arbeit[5] entnehmen kann.

Die Erhaltungsgröße λ ist nichts anderes als die Projektion des Drehimpulses auf den Vektor $\boldsymbol{a}$, der den Schwerpunkt S mit dem Auflagepunkt A verbindet (s. Abb. 3.27). In der Tat ist

$$L_3 - \alpha \overline{L}_3 = \boldsymbol{L} \cdot (\hat{\boldsymbol{e}}_{\bar{3}_0} - \alpha \hat{\boldsymbol{\eta}}) = -\boldsymbol{L} \cdot \boldsymbol{a}\,,$$

wo $\hat{\boldsymbol{\eta}} = \mathbf{R}^{-1} \hat{\boldsymbol{e}}_{\bar{3}}$ ist und $\mathbf{R}(t)$ die Drehmatrix (3.45) ist.

3.18.1 Eine Energiebetrachtung

Der Kreisel werde so rasch angeworfen, dass die Erhaltungsgröße (3.110) einen im folgenden Sinne großen Wert hat:

$$\lambda \gg \sqrt{mgI_1}\,, \tag{3.111}$$

wo m die Masse des Kreisels ist. Außerdem sei die Massenverteilung so gewählt, dass die Trägheitsmomente folgende Ungleichung erfüllen:

$$(1-\alpha) I_3 < I_1 < (1+\alpha) I_3\,. \tag{3.112}$$

Die erste Annahme bedeutet, dass wir zunächst die Gravitationsenergie gegenüber der kinetischen Energie der Rotation vernachlässigen. Die zweite Annahme (3.112) hat dann zur Folge, dass es für den Kreisel energetisch günstiger ist, in der vollständig invertierten Position (S vertikal *oberhalb* Z) zu rotieren als in der aufrechten Position (S *unterhalb* Z).

[5] St. Ebenfeld, F. Scheck: Ann. of Phys. (New York) **243**, 195 (1995)

Wenn der Kreisel nicht mehr gleitet und (quasi-)stationär um eine vertikale Achse durch den dann ruhenden Schwerpunkt rotiert, d. h. wenn $v_\theta = 0$ und $v_\Phi + v_\Psi = 0$ sind, gelten folgende Aussagen

$$\dot{s}_1 = \dot{s}_2 = 0\,, \quad \dot{\theta} = 0\,, \quad \dot{\Psi} + \alpha\dot{\Phi} = 0\,. \tag{3.113}$$

Mit $I_1 = I_2 \neq I_3$ ergibt (3.85)

$$T_{\text{rot}} = \frac{1}{2} I_1 (\dot{\theta}^2 + \dot{\Phi}^2 \sin^2\theta) + \frac{1}{2} I_3 (\dot{\Psi} + \dot{\Phi}\cos\theta)^2\,,$$

woraus die kanonisch konjugierten Impulse folgen

$$L_3 \equiv p_\Phi = \frac{\partial L}{\partial \dot{\Phi}} = \dot{\Phi}(I_1 \sin^2\theta + I_3 \cos^2\theta) + I_3 \dot{\Psi}\cos\theta\,, \tag{3.114a}$$

$$\overline{L}_3 \equiv p_\Psi = \frac{\partial L}{\partial \dot{\Psi}} = I_3(\dot{\Psi} + \dot{\Phi}\cos\theta)\,. \tag{3.114b}$$

Setzt man hier die zweite und dritte Bedingung (3.113) ein, so ist

$$T_{\text{rot}} = \frac{1}{2} F \dot{\Phi}^2 \quad \text{mit} \quad F = I_1 \sin^2\theta + I_3(\cos\theta - \alpha)^2\,.$$

Mit der dritten Bedingung (3.113) geben (3.114a) und (3.114b) außerdem für die Erhaltungsgröße (3.110)

$$\lambda = \dot{\Phi}\left(I_1 \sin^2\theta + I_3(\cos\theta - \alpha)^2\right) = \dot{\Phi}\, F\,,$$

so dass die kinetische Energie durch λ und die Funktion F ausgedrückt werden kann,

$$T_{\text{rot}} = \frac{\lambda^2}{2F(z)}\,, \qquad z = \cos\theta\,. \tag{3.115}$$

Die Funktion F hängt allein von $z = \cos\theta$ ab, $F(z) = I_1(1-z^2) + I_3(z-\alpha)^2$. Die kinetische Energie hat ihren kleinsten Wert, wenn $F(z)$ seinen größten Wert annimmt. Unter der Voraussetzung (3.112) ist dies im physikalischen Bereich von θ dann der Fall, wenn $z = -1$, d. h. $\theta = \pi$ ist. Die Funktion $F(z)$ wächst monoton im Intervall $z \in [1, -1]$. Die invertierte Position ist demnach energetisch günstiger als die aufrechte.

Die beiden anderen Möglichkeiten, die Trägheitsmomente zu wählen, d. h. $I_1 \geq (1+\alpha)I_3$ oder $I_1 \leq (1-\alpha)I_3$ ergeben ebenfalls interessante Bewegungstypen, die man ebenso anhand der kinetischen Energie analysieren kann.

3.18.2 Bewegungsgleichungen und Lösungen konstanter Energie

Unter der zwar realistischen, aber doch vereinfachenden Annahme, dass Dreh- und Rollreibung vernachlässigbar sind und nur die Gleitreibung berücksichtigt wird, sind die möglichen asymptotischen Zustände des Kreisels klarerweise solche, in denen die Gleitreibung nicht mehr aktiv ist. Ein asymptotischer Zustand hat konstante Energie und kann (außer dem trivialen Zustand der Ruhe) nur einer der folgenden sein: Rotation in aufrechter oder in vollständig invertierter Position, oder Rotation um eine nichtvertikale, veränderliche Richtung, wobei der Kreisel gleichzeitig über die Ebene rollt ohne zu gleiten.

Die einfache Energiebetrachtung aus Abschn. 3.18.1 lässt eine Reihe wichtiger Fragen offen: Welche der möglichen asymptotischen Zustände sind bei gegebenen Werten der Trägheitsmomente *stabil*? Sofern sie stabil sind, in welchen dieser asymptotischen Zustände läuft eine vorgegebene Anfangsbewegung unter der Wirkung der Gleitreibung? Wie werden einfache Kriterien der Art (3.112) durch Berücksichtigung der Schwerkraft modifiziert?

Diese Fragen berühren das Gebiet der qualitativen Dynamik, das wir in Kap. 6 – unter dem Begriff Liapunov'sche Bahnstabilität – behandeln. Eine vollständige Analyse dieses interessanten dynamischen Problems findet man in Ebenfeld und Scheck (1995) (s. Fußnote 5), die nach dem Studium von Kap. 6 verständlich sein sollte. Hier beschränken wir uns darauf, die Bewegungsgleichungen in einer dem Problem optimal angepassten Form aufzustellen und die wichtigsten Resultate der Analyse zu referieren.

Wie in Abschn. 3.9 beschrieben, verwenden wir drei Bezugssysteme: das raumfeste Inertialsystem $\mathbf{K}$, das im Schwerpunkt zentrierte System $\overline{\mathbf{K}_0}$, dessen Achsen stets zu denen von $\mathbf{K}$ parallel sind und das körperfeste System $\overline{\mathbf{K}}$, dessen 3-Achse die Symmetrieachse des Kreisels ist. In der „bra" und „ket" Schreibweise hat der Trägheitstensor im System $\overline{\mathbf{K}}$ die Form

$$\mathbf{J} = I_1 \left\{ \mathbb{1} + \frac{I_3 - I_1}{I_1} \left|\hat{e}_{\bar{3}}\right\rangle\left\langle\hat{e}_{\bar{3}}\right| \right\} ,$$

sein Inverses die Form

$$\mathbf{J}^{-1} = \frac{1}{I_1} \left\{ \mathbb{1} - \frac{I_3 - I_1}{I_3} \left|\hat{e}_{\bar{3}}\right\rangle\left\langle\hat{e}_{\bar{3}}\right| \right\} .$$

Im Bezugssystem $\overline{\mathbf{K}_0}$ hat er demnach die zeitabhängige Form

$$\tilde{\mathbf{J}}(t) = I_1 \left\{ \mathbb{1} + \frac{I_3 - I_1}{I_1} \left|\hat{\eta}\right\rangle\left\langle\hat{\eta}\right| \right\} , \tag{3.116a}$$

wobei $\hat{\eta}$ die Darstellung des Einheitsvektors $\hat{e}_{\bar{3}}$ im Bezugssystem $\overline{\mathbf{K}_0}$ ist,

$$\hat{\eta} = \mathbf{R}^{-1}(t)\hat{e}_{\bar{3}} = \mathbf{R}^{\mathrm{T}}(t)\hat{e}_{\bar{3}} .$$

Für die Inverse gilt entsprechend

$$\tilde{\mathbf{J}}^{-1} = \frac{1}{I_1} \left\{ \mathbb{1} - \frac{I_3 - I_1}{I_3} \left|\hat{\eta}\right\rangle\left\langle\hat{\eta}\right| \right\} . \tag{3.116b}$$

Die Winkelgeschwindigkeit $\boldsymbol{\omega}$ kann man aus (3.56b) entnehmen. Außerdem lässt sie sich mithilfe von (3.116b) durch den Drehimpuls $\boldsymbol{L} = \tilde{\mathbf{J}} \cdot \boldsymbol{\omega}$ ausdrücken

$$\boldsymbol{\omega}(t) = \frac{1}{I_1} \left\{ \boldsymbol{L}(t) - \frac{I_3 - I_1}{I_3} \left\langle\hat{\eta}\middle|\boldsymbol{L}\right\rangle \hat{\eta} \right\} . \tag{3.117}$$

Die zeitliche Ableitung von $\hat{\boldsymbol{\eta}}$ folgt aus (3.56a), diejenige von $\boldsymbol{L}$ ist durch das äußere Drehmoment $\boldsymbol{D}$ – bezogen auf das System $\overline{\mathbf{K}_0}$ – gegeben, während die Beschleunigung des Schwerpunktes durch die resultierende äußere Kraft $\boldsymbol{F}$ – bezogen auf das Inertialsystem $\mathbf{K}$ – bestimmt wird. Die Bewegungsgleichungen lauten daher

$$\frac{\mathrm{d}}{\mathrm{d}t}\hat{\boldsymbol{\eta}} = \boldsymbol{\omega}\times\hat{\boldsymbol{\eta}} = \frac{1}{I_1}\boldsymbol{L}\times\hat{\boldsymbol{\eta}}\,, \tag{3.118a}$$

$$\frac{\mathrm{d}}{\mathrm{d}t}\boldsymbol{L} = \boldsymbol{D}(\hat{\boldsymbol{\eta}},\boldsymbol{L},\dot{\boldsymbol{s}})\,, \tag{3.118b}$$

$$m\ddot{\boldsymbol{s}} = \boldsymbol{F}(\hat{\boldsymbol{\eta}},\boldsymbol{L},\dot{\boldsymbol{s}})\,. \tag{3.118c}$$

Der Kreisel soll ständig mit der Auflageebene in Kontakt bleiben. Daraus folgt, dass die 3-Komponente s_3 der Schwerpunktskoordinate keine unabhängige Variable ist. In der Tat muss sowohl die 3-Koordinate des Punktes A als auch die 3-Komponente seiner Geschwindigkeit

$$\boldsymbol{v} = \dot{\boldsymbol{s}} + \boldsymbol{\omega}\times\boldsymbol{a}$$

zu allen Zeiten Null sein. Man zeigt leicht, dass daraus die Bedingung

$$\dot{s}_3 + \frac{\alpha}{I_1}\left\langle\hat{\boldsymbol{e}}_{\bar{3}_0}\middle|\boldsymbol{L}\times\hat{\boldsymbol{\eta}}\right\rangle = 0 \tag{3.119}$$

folgt, die $\dot{s}_3$ als Funktion von $\hat{\boldsymbol{\eta}}$ und $\boldsymbol{L}$ ergibt. Die dritte Bewegungsgleichung (3.118c) muss man also durch

$$m\ddot{s}_{1,2} = \mathrm{Pr}_{1,2}\boldsymbol{F}$$

ersetzen, wo $\mathrm{Pr}_{1,2}$ die Projektion der äußeren Kraft auf die Auflagefläche bedeutet. Die äußere Kraft $\boldsymbol{F}$, die auf den Schwerpunkt S wirkt, ist die Summe aus der Schwerkraft $\boldsymbol{F}_{\mathrm{g}} = -mg\hat{\boldsymbol{e}}_{\bar{3}_0}$, der Normalkraft $\boldsymbol{F}_{\mathrm{n}} = g_n\hat{\boldsymbol{e}}_{\bar{3}_0}$ und der Reibungskraft $\boldsymbol{F}_{\mathrm{r}} = -g_{\mathrm{r}}\hat{\boldsymbol{v}}$. Im Punkt A wirkt dagegen nur die Kraft $\boldsymbol{F}^{(A)} = \boldsymbol{F}_{\mathrm{n}} + \boldsymbol{F}_{\mathrm{r}}$, so dass das äußere Drehmoment durch

$$\boldsymbol{D} = \boldsymbol{a}\times\boldsymbol{F}^{(A)} = (\alpha\hat{\boldsymbol{\eta}} - \hat{\boldsymbol{e}}_{\bar{3}_0})\times(g_{\mathrm{n}}\hat{\boldsymbol{e}}_{\bar{3}_0} - g_{\mathrm{r}}\hat{\boldsymbol{v}})$$

gegeben ist. Die Bewegungsgleichungen erhalten damit ihre endgültige Form

$$\frac{\mathrm{d}}{\mathrm{d}t}\hat{\boldsymbol{\eta}} = \boldsymbol{\omega}\times\hat{\boldsymbol{\eta}} = \frac{1}{I_1}\boldsymbol{L}\times\hat{\boldsymbol{\eta}}\,, \tag{3.120a}$$

$$\frac{\mathrm{d}}{\mathrm{d}t}\boldsymbol{L} = (\alpha\hat{\boldsymbol{\eta}} - \hat{\boldsymbol{e}}_{\bar{3}_0})\times(g_{\mathrm{n}}\hat{\boldsymbol{e}}_{\bar{3}_0} - g_{\mathrm{r}}\hat{\boldsymbol{v}})\,, \tag{3.120b}$$

$$m\ddot{\boldsymbol{s}}_{1,2} = -g_{\mathrm{r}}\hat{\boldsymbol{v}}\,. \tag{3.120c}$$

Der Koeffizient g_{n} der Normalkraft folgt aus der Gleichung $\ddot{s}_3 = -g + g_{\mathrm{n}}/m$, wenn man die linke Seite aus (3.119) berechnet. Dazu muss man die Orbitalableitung dieser Gleichung bilden, d. h. die zeitlichen Ableitungen von $\boldsymbol{L}$ und von $\hat{\boldsymbol{\eta}}$ durch (3.120a) und (3.120b) ersetzen. Das

Ergebnis ist

$$g_{\mathrm{n}}=\frac{mgI_1\left\{1+\alpha(\eta_3\boldsymbol{L}^2-L_3\overline{L}_3)/(gI_1^2)\right\}}{I_1+m\alpha^2(1-\eta_3^2)+m\alpha\mu\left\{(\eta_3-\alpha)\hat{\boldsymbol{e}}_{\bar{3}_0}-(1-\alpha\eta_3)\hat{\boldsymbol{\eta}}\right\}\cdot\hat{\boldsymbol{v}}}\,. \tag{3.121}$$

Hierbei ist $\eta_3=\hat{\boldsymbol{\eta}}\cdot\hat{\boldsymbol{e}}_{\bar{3}_0}$ die Projektion auf die Vertikale, für die Reibung wurde der Ansatz $g_{\mathrm{r}}=\mu g_{\mathrm{n}}$ gemacht.

Die Gleichungen (3.120) sind die Grundlage für eine vollständige Analyse des Aufstehkreisels. Einerseits lassen sich daraus eine Reihe von Eigenschaften der möglichen Bewegungen ablesen, andererseits sind sie auch für ein numerisches Studium von speziellen Lösungen gut geeignet (s. Praktische Übung 2). Wir zitieren hier die wichtigsten Ergebnisse (Referenz s. Fußnote 5).

a) Erhaltungssatz

Zunächst bestätigt man, dass der Erhaltungssatz (3.110), den wir auf geometrische Art gezeigt haben, auch aus (3.120) folgt. Die Orbitalableitung (zeitliche Ableitung entlang von Lösungskurven) von λ ist

$$-\frac{\mathrm{d}}{\mathrm{d}t}\lambda=\frac{\mathrm{d}}{\mathrm{d}t}\boldsymbol{L}\cdot\boldsymbol{a}+\boldsymbol{L}\cdot\frac{\mathrm{d}}{\mathrm{d}t}\boldsymbol{a}\,.$$

Der zweite Term auf der rechten Seite verschwindet, weil $\mathrm{d}\boldsymbol{a}/\mathrm{d}t=\alpha\mathrm{d}\hat{\boldsymbol{\eta}}/\mathrm{d}t$ aufgrund der Gleichung (3.120a) auf $\boldsymbol{L}$ senkrecht steht. Der erste ist ebenfalls Null, weil das Drehmoment $\boldsymbol{D}$ auf $\boldsymbol{a}$ senkrecht steht.

b) Asymptotische Zustände

Die asymptotischen Zustände mit konstanter Energie genügen den Bewegungsgleichungen (3.120) mit $\hat{\boldsymbol{v}}=0$, d. h. die zweite und dritte Gleichung werden durch

$$\frac{\mathrm{d}}{\mathrm{d}t}\boldsymbol{L}=\alpha g_{\mathrm{n}}\hat{\boldsymbol{\eta}}\times\hat{\boldsymbol{e}}_{\bar{3}_0}\,,\qquad m\ddot{s}_{1,2}=0$$

ersetzt und (3.121) vereinfacht sich zu

$$g_{\mathrm{n}}=mg\frac{1+\alpha(\eta_3\boldsymbol{L}^2-L_3\overline{L}_3)/(gI_1^2)}{1+m\alpha^2(1-\eta_3^2)/I_1}\,.$$

Die Lösungen konstanter Energie haben folgende generelle Eigenschaften:

a) Die Projektionen L_3 und $\overline{L}_3$ des Drehimpulses $\boldsymbol{L}$ auf die Vertikale bzw. die Symmetrieachse sind erhalten;
b) Sowohl $\boldsymbol{L}^2$ als auch $\eta_3=\hat{\boldsymbol{\eta}}\cdot\hat{\boldsymbol{e}}_{\bar{3}_0}$, die Projektion von $\hat{\boldsymbol{\eta}}$ auf die Vertikale, sind erhalten;
c) Zu allen Zeiten liegen die Vektoren $\hat{\boldsymbol{e}}_{\bar{3}_0}$, $\hat{\boldsymbol{\eta}}$ und $\boldsymbol{L}$ in einer Ebene;
d) Der Schwerpunkt steht fest im Raum, $\dot{\boldsymbol{s}}=0$.

Bewegungstypen mit konstanter Energie sind $\eta_3 = +1$ (Rotation in aufrechter Lage), $\eta_3 = -1$ (Rotation in vollständig invertierter Lage) und, falls möglich, $-1 < \eta_3 < +1$, das sind Torkelbewegungen, bei denen der Kreisel in Schräglage rotiert und gleichzeitig über die Ebene rollt ohne zu gleiten. Ob diese Torkelbewegung auftritt, hängt von der Wahl der Trägheitsmomente ab.

c) Wann steht der Kreisel auf?

Die allgemeine Antwort auf die Frage, in welchen asymptotischen Zustand eine gegebene Anfangsbedingung laufen wird, ist zu umfangreich, um sie hier darzulegen. Wir begnügen uns mit einem Beispiel, aus dem die in Abschn. 3.18.1 erhaltenen Ergebnisse folgen. Für einen vorgegebenen Wert der Erhaltungsgröße (3.110) seien folgende Hilfsgrößen definiert.

$$A := I_3(1-\alpha) - I_1 + \frac{mg\alpha I_3^2}{\lambda^2}(1-\alpha)^4$$

$$B := I_3(1+\alpha) - I_1 - \frac{mg\alpha I_3^2}{\lambda^2}(1+\alpha)^4 \,.$$

Man findet: Wenn $A > 0$ ist, so ist ein Zustand mit $\eta_3 = +1$ asymptotisch stabil. Ist dagegen $A < 0$, so ist dieser Zustand instabil. Wenn $B > 0$ ist, so ist ein Zustand mit $\eta_3 = -1$ asymptotisch stabil. Ist $B < 0$ so ist er instabil. Wenn λ hinreichend groß ist, kann man den jeweils dritten Term in A und in B vernachlässigen. Die beiden Bedingungen $A < 0$ und $B > 0$ zusammen ergeben die Ungleichung (3.112): Die aufrechte Rotation ist instabil, die Rotation in der vollständig invertierten Position ist stabil. Ganz gleich wie man den Kreisel anwirft, er wird in diesem Fall immer aufstehen.

Die anderen möglichen Fälle sind in (Ebenfeld und Scheck, 1995) dargestellt. Für hinreichend rasche Rotation findet man folgende Resultate: (i) Wenn $I_1 < I_3(1-\alpha)$ gilt, so sind sowohl die Rotation in der aufrechten als auch die Rotation in der vollständig invertierten Lage asymptotisch stabil. Es gibt zwar auch eine Torkelbewegung (mit konstanter Energie), sie ist aber nicht stabil. Diesen Kreisel könnte man indifferent nennen, denn je nach Anfangsbedingung wird er in dem einen oder anderen vertikalen Zustand landen, (ii) Wenn $I_1 > I_3(1+\alpha)$ gilt, so sind die beiden vertikalen Zustände instabil, es gibt aber einen Torkelzustand, der asymptotisch stabil ist und in dem der Kreisel landen wird, ganz gleich wie man ihn anwirft.

Anhang: Praktische Übungen

1 Symmetrischer Kreisel im Schwerefeld

Die Aufgabe ist, die Bewegungstypen des symmetrischen Kreisels, für die Abschn. 3.16 die formale Entwicklung gibt, quantitativ zu studieren.

Lösung Es ist zweckmäßig, dimensionslose Variable wie folgt einzuführen. Für die Energie E', (3.100), verwende man

$$\varepsilon := E'/Mgl\,. \tag{A.1}$$

Anstelle der Projektionen L_3 und $\overline{L}_3$ verwende man

$$\lambda := \frac{L_3}{\sqrt{I_1' Mgl}}\,, \quad \bar{\lambda} := \frac{\overline{L}_3}{\sqrt{I_1' Mgl}}\,. \tag{A.2}$$

Die auf der rechten Seite der Differentialgleichung (3.104) auftretende Funktion $f(u)$, mit $u = \cos\theta(t)$, kann man durch die dimensionslose Funktion

$$\varphi(u) := \frac{I_1'}{Mgl} f(u) = 2(1-u^2)(\varepsilon + 1 - u) - (\lambda - \bar{\lambda} u)^2 \tag{A.3}$$

ersetzen. Man macht sich leicht klar, dass der Quotient I_1'/Mgl die Dimension $(\text{Zeit})^2$ hat; $\omega := \sqrt{Mgl/I_1'}$ ist demnach eine Frequenz. Verwendet man in (3.104) die dimensionslose Variable $\tau := \omega t$ anstelle der Zeit, so geht diese Gleichung über in

$$\left(\frac{\mathrm{d}u}{\mathrm{d}\tau}\right)^2 = \varphi(u)\,. \tag{A.4}$$

Stabilität der vertikalen Rotation ist gewährleistet, wenn $\overline{L}_3^2 > 4MglI_1'$, d. h. $\bar{\lambda} > 2$. Stehender Kreisel bedeutet $\lambda = \bar{\lambda}$. Die für die Stabilität kritische Energie ist, (mit $u \to 1$), $\varepsilon_{\text{krit.}}(\lambda = \bar{\lambda}) = 0$. Beim hängenden Kreisel ist $\lambda = -\bar{\lambda}$, $u \to 1$, und somit $\varepsilon_{\text{krit.}}(\lambda = -\bar{\lambda}) = -2$.

Die für die Diskussion relevanten Gleichungen lauten

$$\left(\frac{\mathrm{d}u}{\mathrm{d}\tau}\right)^2 = \varphi(u) \quad \text{bzw.} \quad \left(\frac{\mathrm{d}\theta}{\mathrm{d}\tau}\right)^2 = \frac{\varphi(u)}{1-u^2} \tag{A.5}$$

(anstelle von (3.104)),

$$\frac{\mathrm{d}\Phi}{\mathrm{d}\tau} = \bar{\lambda}\frac{u_0 - u}{1-u^2}\,, \quad \text{mit} \quad u_0 = \frac{L_3}{\overline{L}_3} = \frac{\lambda}{\bar{\lambda}}\,. \tag{A.6}$$

Die Kurve A der Abb. 3.25 entspricht dem Fall des hängenden Kreisels, d. h. $\lambda = -\bar{\lambda}$ und $u_0 = -1$. Es ist $\varepsilon = 0$, $\lambda = 3{,}0$ gewählt. Die Kurve C zeigt einen stehenden Kreisel, wobei $\varepsilon = 2$, $\lambda = \bar{\lambda} = 5$ gewählt sind. Die Kurve B liegt dazwischen; hier ist $\varepsilon = 2$, $\lambda = 4$, $\bar{\lambda} = 6$ gewählt.

Die Differentialgleichungen (A.5) und (A.6) kann man numerisch integrieren, beispielsweise mit Hilfe der Runge-Kutta-Methode aus der Praktischen Übung 2.2, indem man

$$y = \begin{pmatrix} \dfrac{\mathrm{d}\theta}{\mathrm{d}\tau} \\ \dfrac{\mathrm{d}\Phi}{\mathrm{d}\tau} \end{pmatrix}$$

setzt und (A.10) und (A.11) aus dem Anhang von Kap. 2 als zweikomponentige Gleichungen liest. Damit kann man die Bewegung der Figurenachse in einer (θ, Φ)-Darstellung für θ zwischen den beiden, durch u_1 und u_2 festgelegten Breitenkreisen (das sind die Nullstellen der Funktion $\varphi(u)$ im Intervall $[-1, 1]$), und in Φ für einige Perioden dieser Bewegung darstellen. Das Bild auf die Einheitskugel zu übertragen und dann durch geeignete Projektion wie in Abb. 3.26 darzustellen, erfordert etwas mehr Aufwand.

2 Der Aufstehkreisel: Numerische Studien

Unter der Annahme, dass der Koeffizient der Gleitreibung proportional zu g_n, dem Koeffizienten in der Normalkraft ist, $g_\mathrm{r} = \mu g_\mathrm{n}$, integriere man die Bewegungsgleichungen (3.120) für die drei möglichen Wahlen der Trägheitsmomente.

Lösung Sei $v = \| \boldsymbol{v} \|$ der Betrag der Geschwindigkeit. Um die Unstetigkeit der rechten Seite von (3.120c) bei $\boldsymbol{v} = 0$ zu vermeiden, kann man hier $\hat{\boldsymbol{v}}$ durch

$$\hat{\boldsymbol{v}} \to \tanh(M \| \boldsymbol{v} \|) \frac{\boldsymbol{v}}{\| \boldsymbol{v} \|}$$

ersetzen, wo M eine große, positive ganze Zahl ist. Außerdem bietet es sich an, solche Einheiten der Länge, der Masse und der Zeit zu verwenden, dass nicht nur der Radius R der Kugel gleich 1 ist, sondern auch $g = 1$ und $m = 1$ sind. Damit die numerischen Lösungen ihre asymptotischen Zustände rasch erreichen, ist es sinnvoll, den Reibungskoeffizienten hinreichend groß zu wählen, zum Beispiel $\mu = 0{,}75$. Beispiele findet man in Ebenfeld und Scheck (1995) (s. Fußnote 5).

Relativistische Mechanik

Einführung

Die Mechanik, wie wir sie in den ersten drei Kapiteln kennengelernt haben, enthält zwei fundamentale Aspekte: Zum einen macht sie Gebrauch von einfachen Funktionalen wie etwa den Lagrangefunktionen, deren Eigenschaften gut zu übersehen sind. Diese stellen zwar im Allgemeinen keine direkt messbaren Größen dar, erlauben es aber, die in Form und Transformationsverhalten komplizierten Bewegungsgleichungen in einfacher Weise herzuleiten und deren besondere Symmetrien transparenter zu machen. Zum anderen setzt die bis hierher betrachtete Mechanik eine ganz spezielle Struktur der Raumzeit-Mannigfaltigkeit voraus, in der die mechanischen Bewegungen tatsächlich stattfinden: In allen bisher betrachteten Fällen haben wir als selbstverständlich vorausgesetzt, dass Bewegungsgleichungen bezüglich der allgemeinen Galilei-Transformationen (Abschn. 1.13) forminvariant sind (vgl. auch mit der Diskussion in Abschn. 1.14). Das bedeutete unter anderem, dass Lagrangefunktionen, kinetische und potentielle Energien unter solchen Transformationen invariant sein mussten.

Während das erste „Bauprinzip", wenn man es nur genügend verallgemeinert, weit über die unrelativistische Punktmechanik hinaus trägt, hat das Prinzip der Galilei-Invarianz der physikalischen Kinematik und Dynamik nur beschränkte Gültigkeit. Die mikroskopische Mechanik des täglichen Lebens, wie sie uns beim Billardspiel, bei der Arbeit mit Flaschenzügen oder beim Fahrradfahren begegnet, ebenso wie die Himmelsmechanik werden zwar bis zu sehr hoher Genauigkeit durch die Galilei-invariante Theorie der Gravitation beschrieben. Für mikroskopische Objekte wie die Elementarteilchen gilt das aber im Allgemeinen nicht mehr, ebensowenig wie für nichtmechanische Theorien wie die Maxwell'sche Theorie der elektromagnetischen Erscheinungen. Ohne den allgemeinen, *formalen* Rahmen zu sprengen, muss man das Prinzip der Galilei-Invarianz durch das allgemeinere der Lorentz- bzw. Poincaré-Invarianz ersetzen. Während in einer hypothetischen Galilei-invarianten Welt Teilchen beliebig große Geschwindigkeiten annehmen können, tritt in den Poincaré-Transformationen die (universelle) Lichtgeschwindigkeit als obere Grenzgeschwindigkeit auf. Die Galilei-invariante Mechanik erscheint so als Grenzfall, der dann eintritt, wenn alle Geschwindigkeiten klein im Vergleich zur Lichtgeschwindigkeit sind.

In diesem Kapitel lernt man, warum die Lichtgeschwindigkeit eine ausgezeichnete Rolle spielt, auf welche Weise die Lorentz-Transformationen folgen und was deren wichtigste Eigenschaften sind. Aufgrund langer Erfahrung und aufgrund von vielerlei präziser experimenteller Information glauben wir, dass *jede* physikalische Theorie (lokal) Lorentz-invariant ist.[1] Mit der Speziellen Relativitätstheorie am Beispiel der Mechanik kommt man daher mit einem weiteren Grundpfeiler der Physik in Berührung, der weit über die Mechanik hinaus von grundlegender Bedeutung ist.

4.1 Schwierigkeiten der nichtrelativistischen Mechanik

Wir wollen hier an drei Beispielen zeigen, warum die Galilei-invariante Mechanik nur begrenzte Gültigkeit haben kann.

a) Konstanz der Lichtgeschwindigkeit

In der experimentellen Physik lernt man, dass die Lichtgeschwindigkeit bezüglich Inertialsystemen eine universelle Naturkonstante mit dem Zahlenwert

$$c = 2{,}99792458 \cdot 10^8\,\mathrm{m\,s^{-1}} \tag{4.1}$$

ist. Unsere Überlegungen in Abschn. 1.14 zeigen deutlich, dass es in der Galilei-invarianten Mechanik keine universelle Geschwindigkeit geben kann, insbesondere auch keine höchste Geschwindigkeit. Man kann ja jeden mit Geschwindigkeit $\boldsymbol{v}$ bezüglich eines Inertialsystems $\mathbf{K}_1$ ablaufenden Prozess genauso gut von einem zweiten solchen System $\mathbf{K}_2$ aus anschauen, das sich gegenüber $\mathbf{K}_1$ mit der konstanten Geschwindigkeit $\boldsymbol{w}$ bewegt. Bezüglich $\mathbf{K}_2$ hat der Prozess dann die Geschwindigkeit

$$\boldsymbol{v}' = \boldsymbol{v} + \boldsymbol{w}\,, \tag{4.2}$$

d. h. die Geschwindigkeiten addieren sich linear.

b) Teilchen ohne Masse tragen Energie und Impuls

Für ein kräftefreies Teilchen der Masse m hängen kinetische Energie und Impuls über die Beziehung

$$E = T = \frac{1}{2m}\boldsymbol{p}^2 \tag{4.3}$$

zusammen. Wir kennen in der Natur elementare Teilchen, deren Masse verschwindet. Zum Beispiel ist das Photon (oder Lichtquant), der Träger der elektromagnetischen Wirkungen, ein Teilchen mit verschwindender Masse. Ein Photon trägt aber durchaus Energie und Impuls (man denke

[1] Raumspiegelung **P** und Zeitumkehr **T** ausgenommen. Es gibt Wechselwirkungen, die unter **P** und unter **T** nicht invariant sind.

etwa an den Photoeffekt), obwohl die Beziehung (4.3) hier ihren Sinn verliert, denn weder ist E bei endlichen $|\boldsymbol{p}|$ unendlich groß, noch verschwindet der Impuls, wenn E einen endlichen Wert hat.

Ein Photon ist im einfachsten Fall durch eine Kreisfrequenz ω und eine Wellenlänge λ charakterisiert, die über $\omega\lambda = 2\pi c$ zusammenhängen. Wenn die Energie E_γ des Photons proportional zu ω, der Impuls umgekehrt proportional zu λ sind, dann ergibt sich anstelle von (4.3) eine Beziehung der Form

$$T_\gamma \equiv \alpha\, |\boldsymbol{p}|\, c\,, \tag{4.4}$$

wo der Index γ an das Photon (γ-Quant) erinnern soll und α eine dimensionslose Zahl ist (sie ist gleich 1, wie sich später herausstellt). Außerdem hat das Photon nur kinetische Energie, daher ist E_γ (Gesamtenergie) $= T_\gamma$ (kinetische Energie).

Es gibt darüber hinaus sogar Prozesse, bei denen ein massives Teilchen unter vollständiger Verwandlung seiner Masse in kinetische Energie in mehrere masselose Teilchen zerfällt. Zum Beispiel zerfällt ein elektrisch neutrales π-Meson spontan in zwei Photonen,

$$\pi^0 \text{ (massiv)} \to \gamma + \gamma \text{ (masselos)}\,,$$

wo $m_{\pi^0} = 2{,}4 \cdot 10^{-28}$ kg ist. Ruht das π^0 vor dem Zerfall, so findet man, dass die Impulse der beiden Photonen sich zu Null addieren,

$$\boldsymbol{p}_\gamma^{(1)} + \boldsymbol{p}_\gamma^{(2)} = 0\,,$$

während die Summe ihrer Energien gleich m_{π^0} mal dem Quadrat der Lichtgeschwindigkeit ist,

$$T_\gamma^{(1)} + T_\gamma^{(2)} = c\left(\left|\boldsymbol{p}_\gamma^{(1)}\right| + \left|\boldsymbol{p}_\gamma^{(2)}\right|\right) = m_{\pi^0} c^2\,.$$

Ein massives Teilchen besitzt offenbar auch dann eine Energie, wenn es in Ruhe ist,

$$E(\boldsymbol{p} = 0) = mc^2\,, \tag{4.5}$$

die sogenannte *Ruheenergie*. Dies ist die Einstein'sche Relation zwischen Masse und Energie. Seine Gesamtenergie lautet dann

$$E(\boldsymbol{p}) = mc^2 + T(\boldsymbol{p})\,, \tag{4.6}$$

wo $T(\boldsymbol{p})$ zumindest für kleine Geschwindigkeiten $|\boldsymbol{p}|/m \ll c$ durch (4.3) gegeben ist, für masselose Teilchen ($m = 0$) aber durch (4.4) mit $\alpha = 1$.

Man ist natürlich neugierig, wie diese Aussagen unter einen Hut zu bringen sind. Die Antwort ist, wie man bald lernen wird, durch die vollständige Energie-Impuls-Beziehung

$$E(\boldsymbol{p}) = \sqrt{(mc^2)^2 + \boldsymbol{p}^2 c^2} \tag{4.7}$$

gegeben, die für ein freies Teilchen allgemein gültig ist und die sowohl (4.3) als auch (4.4) mit $\alpha = 1$ enthält. Die kinetische Energie $T(\boldsymbol{p})$ in

(4.6) wäre dann also gegeben durch

$$T(\boldsymbol{p}) = E(\boldsymbol{p}) - mc^2 = \sqrt{(mc^2)^2 + \boldsymbol{p}^2c^2} - mc^2 \,. \tag{4.8}$$

In der Tat, für $m = 0$ folgt $T = E = |\boldsymbol{p}|c$, während für $m \neq 0$ und kleine Impulse

$$T(\boldsymbol{p}) \simeq mc^2 \left\{ 1 + \frac{1}{2}\,\frac{\boldsymbol{p}^2c^2}{(mc^2)^2} - 1 \right\} = \frac{\boldsymbol{p}^2}{2m} \tag{4.9}$$

herauskommt, unabhängig von der Lichtgeschwindigkeit c !

c) Radioaktiver Zerfall bewegter Teilchen

Wir kennen Elementarteilchen, die zwar instabil sind, aber doch vergleichsweise „langsam" zerfallen, so dass man ihren Zerfall unter verschiedenen experimentellen Bedingungen studieren kann. Als Beispiel betrachten wir das *Myon*, das nichts anderes als eine Art schweres und instabiles Elektron ist. Seine Masse ist rund 207mal größer als die des Elektrons[2],

$$m_\mu c^2 = 206{,}77 m_{\text{e}} c^2 \,. \tag{4.10}$$

Es zerfällt spontan in ein Elektron und zwei Neutrinos,

$$\mu \to \text{e} + \nu_1 + \nu_2 \,. \tag{4.11}$$

Bringt man eine große Anzahl Myonen im Labor zur Ruhe und misst deren mittlere Lebensdauer, so findet man das Resultat[2]

$$\tau^{(0)}(\mu) = (2{,}19703 \pm 0{,}00004) \cdot 10^{-6}\,\text{s} \,. \tag{4.12}$$

Macht man dieselbe Messung an einem Strahl von Myonen, die im Labor mit der konstanten Geschwindigkeit $\boldsymbol{v}$ fliegen, so findet man den Wert

$$\tau^{(v)}(\mu) = \gamma\tau^{(0)}(\mu) \quad \text{mit} \quad \gamma = E/m_\mu c^2 = (1 - v^2/c^2)^{-1/2} \,. \tag{4.13}$$

(Die letztere Formel folgt aus $v = pc^2/E$, s. Abschn. 4.9 unten.) Zum Beispiel hat eine Messung bei $\gamma = 29{,}33$ den Wert $\tau^{(v)}(\mu) = 64{,}39 \cdot 10^{-6}\,\text{s} \simeq 29{,}3\,\tau^{(0)}(\mu)$ ergeben.[3]

Das ist ein verblüffender Effekt: Die Instabilität des Myons ist eine innere Eigenschaft dieses Elementarteilchens und hat nichts mit seinem Bewegungszustand zu tun. Die mittlere Lebensdauer stellt so etwas wie eine im Myon eingebaute Uhr dar. Was das Experiment nun aussagt, ist, dass diese Uhr langsamer geht, wenn die Uhr und der Beobachter, der sie abliest, relativ zueinander bewegt sind, als wenn sie ruhen. Der Zusammenhang (4.13) sagt sogar, dass die Lebensdauer für den ruhenden Beobachter unendlich lang wird, wenn $|\boldsymbol{v}|$ sich der Lichtgeschwindigkeit nähert.

Würden wir dagegen die Galilei-invariante Kinematik auf dieses Problem anwenden, so wäre die Lebensdauer im bewegten Zustand dieselbe

[2] Diese Ergebnisse und zugehörige Literaturangaben findet man in: Review of Particle Properties, Eur. Phys. J. **C15**, 1–878 (2000),
siehe auch http://pdg.lbl.gov.

wie im ruhenden. Wiederum besteht kein Widerspruch zum relativistischen Zusammenhang (4.13), denn $\gamma \simeq 1 + \boldsymbol{v}^2/2c^2$. Für $|\boldsymbol{v}| \ll c$ gilt also der unrelativistische Zusammenhang.

4.2 Die Konstanz der Lichtgeschwindigkeit

Ausgangs- und Angelpunkt der Speziellen Relativitätstheorie ist die folgende, durch viele Experimente direkt und indirekt bestätigte Aussage, die wir als Postulat formulieren:

Postulat 4.1

Das Licht breitet sich im Vakuum bezüglich jedes Inertialsystems in allen Richtungen mit der universellen Geschwindigkeit c, (4.1) aus. Diese Geschwindigkeit ist also eine Naturkonstante.

Da der Wert der Lichtgeschwindigkeit c zu $299\,792\,458\,\mathrm{m\,s^{-1}}$ festgelegt ist und da man über äußerst präzise Methoden der Zeitmessung verfügt, wird das Meter heute als diejenige Länge definiert, die das Licht in $1/299\,792\,458$ Sekunden zurücklegt.

Das Postulat steht im klaren Widerspruch zur Galilei-Invarianz, die wir in Abschn. 1.13 studiert haben. Nach (1.28) sind zwei beliebige Inertialsysteme im unrelativistischen Grenzfall durch das Gesetz

$$\begin{aligned} t' &= \lambda t + s\,, \quad (\lambda = \pm 1) \\ \boldsymbol{x}' &= \mathbf{R}\boldsymbol{x} + \boldsymbol{w}\,t + \boldsymbol{a} \end{aligned} \tag{4.14}$$

verknüpft, demzufolge die Geschwindigkeiten (bei $\mathbf{R} = \mathbb{1}$) ein und desselben Vorgangs über $\boldsymbol{v}' = \boldsymbol{v} + \boldsymbol{w}$ zusammenhängen. Gilt das Postulat 4.1, so muss ein anderer Zusammenhang an die Stelle von (4.14) treten, der die Lichtgeschwindigkeit als obere Grenzgeschwindigkeit beim Übergang von einem Inertialsystem zum anderen invariant lässt, der aber für $\boldsymbol{v}^2 \ll c^2$ in (4.14) übergeht.

Um die Konsequenzen des Postulats präzise zu fassen, denke man sich das folgende prinzipielle Experiment ausgeführt: Es seien zwei Inertialsysteme $\mathbf{K}$ und $\mathbf{K}'$ vorgegeben (zu deren Definition vgl. Abschn. 1.3). Im System $\mathbf{K}$ werde zur Zeit t_A am Ort $\boldsymbol{x}_A$ ein Lichtblitz erzeugt. Dieser Lichtblitz breitet sich im Vakuum in Form einer Kugelwelle um den Punkt $\boldsymbol{x}_A$ mit der konstanten Geschwindigkeit c aus. Wird dieses Signal zu einem späteren Zeitpunkt $t_B > t_A$ am Ort $\boldsymbol{x}_B$ gemessen, so gilt klarerweise $|\boldsymbol{x}_B - \boldsymbol{x}_A| = c(t_B - t_A)$, oder für die Quadrate

$$(\boldsymbol{x}_B - \boldsymbol{x}_A)^2 - c^2(t_B - t_A)^2 = 0\,. \tag{4.15}$$

Solche Punkte $(t_i, \boldsymbol{x}_i)$, bei denen man außer den drei räumlichen Koordinaten auch die Zeit angibt, zu der an diesem Punkt etwas geschieht (Emission oder Nachweis eines Signals), nennt man *Weltpunkte* oder *Ereignisse*. Der Verlauf eines Signals, der als parametrisierte Kurve $(t, \boldsymbol{x}(t))$ angebbar ist, heißt dementsprechend *Weltlinie*.

[3] J. Bailey et al.: Nucl. Phys. B **150**, 1 (1979).

Bezüglich des zweiten Systems $\mathbf{K}'$ möge der Weltpunkt $(t_A, \boldsymbol{x}_A)$ die Koordinaten $(t'_A, \boldsymbol{x}'_A)$, der Weltpunkt $(t_B, \boldsymbol{x}_B)$ die Koordinaten $(t'_B, \boldsymbol{x}'_B)$ haben. Aus dem Postulat 4.1 folgt, dass diese über dieselbe Beziehung (4.15) zusammenhängen müssen,

$$(\boldsymbol{x}'_B - \boldsymbol{x}'_A)^2 - c^2(t'_B - t'_A)^2 = 0$$

mit derselben, universellen Konstanten c. Mit anderen Worten, die spezielle Form

$$z^2 - (z^0)^2 = 0 , \tag{4.16}$$

die den räumlichen Abstand $|z| = |\boldsymbol{x}_B - \boldsymbol{x}_A|$ zweier Weltpunkte A und B mit der Differenz $z^0 \equiv c(t_B - t_A)$ ihrer zeitlichen Koordinaten verknüpft, muss invariant sein unter allen Transformationen, die Inertialsysteme in Inertialsysteme überführen. Einige Untergruppen der Galilei-Transformationen lassen die Form (4.16) in der Tat invariant, nämlich die

i) Translationen $t' = t + s$ und $\boldsymbol{x}' = \boldsymbol{x} + \boldsymbol{a}$,
ii) Rotationen $t' = t$ und $\boldsymbol{x}' = \mathbf{R}\boldsymbol{x}$.

Das gilt aber nicht für relativ zueinander bewegte Inertialsysteme, wo nach (4.14) (zum Beispiel) $t' = t$ und $\boldsymbol{x}' = \boldsymbol{x} + \boldsymbol{w}\, t$ gilt. Welche allgemeinste Transformation

$$(t, \boldsymbol{x}) \underset{\boldsymbol{\Lambda}}{\longrightarrow} (t', \boldsymbol{x}') \tag{4.17}$$

tritt anstelle von (4.14) derart, dass die Invarianz der Form (4.16) garantiert ist?

4.3 Die Lorentz-Transformationen

Um die Schreibweise zu erleichtern und zu vereinheitlichen, werden folgende Bezeichnungen eingeführt:

$$x^0 := ct$$
$$\boldsymbol{x} := (x^1, x^2, x^3) .$$

Indizes, die nur die räumlichen Komponenten durchlaufen, werden mit lateinischen Buchstaben $i, j, k, \ldots$ bezeichnet. Möchte man die Raumkomponenten und die Zeit ohne Unterschied behandeln, so verwendet man griechische Indizes $\mu, \nu, \varrho, \ldots$, die die Werte 0, 1, 2, 3 annehmen, d. h.

$x^\mu : \mu = 0, 1, 2, 3$ bezeichnet den Weltpunkt $(x^0 = ct, x^1, x^2 x^3)$,

$x^i : i = 1, 2, 3$ bezeichnet dessen räumlichen Anteil.

Man schreibt auch gerne x im ersten Fall, und $\boldsymbol{x}$ im zweiten, so dass

$$x = \left(x^\mu\right) = (x^0, \boldsymbol{x}) .$$

In dieser Schreibweise lautet die Form (4.15)

$$(x_B^0 - x_A^0)^2 - (\boldsymbol{x}_B - \boldsymbol{x}_A)^2 = 0\,.$$

Diese Form erinnert an die quadrierte Norm eines Vektors im Euklidischen n-dimensionalen Raum $\mathbb{R}^n$, die man auf verschiedene Weise schreiben kann:

$$x_{\mathrm{E}}^2 = \sum_{i=1}^{n}(x^i)^2 = \sum_{i=1}^{n}\sum_{k=1}^{n} x^i \delta_{ik} x^k = (x, x)_{\mathrm{E}} \qquad (4.18)$$

(Der Index E steht für Euklidisch.).

Hierbei ist δ_{ik}, das Kronecker'sche Symbol, ein metrischer Tensor und ist als solcher invariant unter Drehungen im $\mathbb{R}^n$, also

$$\mathbf{R}^{\mathrm{T}}\boldsymbol{\delta}\mathbf{R} = \boldsymbol{\delta}\,.$$

Ein uns gut bekanntes Beispiel ist der $\mathbb{R}^3$, der dreidimensionale Euklidische Raum mit der Metrik

$$\delta_{ik} = \begin{pmatrix} 1 & 0 & 0 \\ 0 & 1 & 0 \\ 0 & 0 & 1 \end{pmatrix}\,.$$

In Analogie zu diesem Beispiel führen wir in vier Raumzeit-Dimensionen den folgenden metrischen Tensor ein:

$$g_{\mu\nu} = g^{\mu\nu} := \begin{pmatrix} 1 & 0 & 0 & 0 \\ 0 & -1 & 0 & 0 \\ 0 & 0 & -1 & 0 \\ 0 & 0 & 0 & -1 \end{pmatrix}\,. \qquad (4.19)$$

Mit seiner Hilfe lässt sich die invariante Form (4.15) schreiben als

$$\sum_{\mu=0}^{3}\sum_{\nu=0}^{3}(x_B^\mu - x_A^\mu) g_{\mu\nu} (x_B^\nu - x_A^\nu) = 0\,. \qquad (4.20)$$

Bevor wir fortfahren, möchten wir schon hier darauf hinweisen, dass es auf die Stellung der (griechischen) Indizes ankommt und dass man „oben" (*kontra*variant) von „unten" (*ko*variant) unterscheiden muss. Zum Beispiel ist

$$(x^\mu) = (x^0, \boldsymbol{x})\,, \quad \text{aber} \quad (x_\lambda) := \Big(\sum_{\mu=0}^{3} g_{\lambda\mu} x^\mu\Big) = (x^0, -\boldsymbol{x})\,. \qquad (4.21)$$

Das in (4.20) vorkommende verallgemeinerte Skalarprodukt als Beispiel kann man auf verschiedene Weisen schreiben, nämlich

$$(z, z) = (z^0)^2 - \boldsymbol{z}^2 = \sum_{\mu\nu} z^\mu g_{\mu\nu} z^\nu = \sum_{\mu} z^\mu z_\mu = \sum_{\nu} z_\nu z^\nu\,. \qquad (4.22)$$

Dabei beachte man, dass die Summationsindizes immer in Paaren vorkommen, wo der eine „oben", der andere „unten" steht. Man kann nur kontravariante mit kovarianten Indizes aufsummieren. Da dies immer so ist, ist es bequem, die *Einstein'sche Summenkonvention* einzuführen, die besagt, dass Ausdrücke der Form

$$A_\alpha B^\alpha \quad \text{immer als} \quad \sum_{\alpha=0}^{3} A_\alpha B^\alpha$$

zu verstehen sind.

Bemerkung

Die *bra-* und *ket*-Schreibweise, die wir in Kap. 3 benutzt haben, lässt sich auch hier sinnvoll einsetzen. Ein Punkt x im $\mathbb{R}^4$ oder ein Tangentialvektor $a = (a^0, \boldsymbol{a})^T$ wird dann als vierkomponentige Spalte dargestellt:

$$|x\rangle = \left(x^0, |\boldsymbol{x}\rangle\right)^T, \quad \text{bzw.} \quad |a\rangle = \left(a^0, |\boldsymbol{a}\rangle\right)^T .$$

Die dazu dualen Objekte sind

$$\langle x| = \left(x^0, -\langle \boldsymbol{x}|\right), \quad \text{bzw.} \quad \langle a| = \left(a^0, -\langle \boldsymbol{a}|\right).$$

Das „bracket" stellt dann korrekt das neue Skalarprodukt $\langle y|x\rangle = y^0 x^0 - \langle \boldsymbol{y}|\boldsymbol{x}\rangle = y^0 x^0 - \boldsymbol{y}\cdot\boldsymbol{x}$ dar.

Der metrische Tensor $g_{\mu\nu}$ und sein Inverses $g^{\mu\nu}$, (4.19), haben folgende Eigenschaften:

i) Er ist unter den gesuchten Transformationen (4.17) invariant.
ii) Es gilt $g_{\alpha\beta} g^{\beta\gamma} = \delta_\alpha^\gamma$, wo δ_α^γ das Kroneckersymbol ist:

$$g_{\alpha\beta} = g_{\alpha\mu} g^{\mu\nu} g_{\nu\beta} = g^{\alpha\beta} .$$

iii) $\det \mathbf{g} = -1$.
iv) $\mathbf{g}^{-1} = \mathbf{g} = \mathbf{g}^{\mathrm{T}}$.

Die Aufgabe, die in (4.17) gestellt ist, besteht darin, die allgemeinste affine Transformation

$$x \xrightarrow[(\boldsymbol{\Lambda},a)]{} x' : x'^\mu = \Lambda^\mu{}_\sigma x^\sigma + a^\mu \tag{4.23}$$

zu konstruieren, welche die Invarianz von (4.15) garantiert. Jede solche Transformation führt Inertialsysteme in Inertialsysteme über, denn eine gleichförmig geradlinige Bewegung geht wieder in eine solche über.

Bildet man die Form (4.15) bzw. (4.20) in beiden Koordinatensystemen $\mathbf{K}$ und $\mathbf{K}'$,

$$(x_B^\mu - x_A^\mu) g_{\mu\nu} (x_B^\nu - x_A^\nu) = 0 = (x_B'^\alpha - x_A'^\alpha) g_{\alpha\beta} (x_B'^\beta - x_A'^\beta)$$

(dabei haben wir bereits die Summenkonvention verwendet), und setzt den allgemeinen Ansatz (4.23) ein, so fällt der Translationsanteil ganz heraus, während sich für die homogene Transformation $\mathbf{\Lambda}$, die eine 4×4-Matrix ist, die Forderung

$$\Lambda^{\sigma}{}_{\mu} g_{\sigma\tau} \Lambda^{\tau}{}_{\nu} \stackrel{!}{=} \alpha\, g_{\mu\nu} \tag{4.24}$$

ergibt, wobei α eine reelle und positive Zahl ist, die zunächst unbestimmt bleibt. Übrigens, wenn man verabredet, den kontravarianten Vektor (x^{μ}) mit x, die gesuchte Transformation $\Lambda^{\mu}{}_{\nu}$ mit $\mathbf{\Lambda}$ abzukürzen,

$$x \equiv \left(x^{\mu}\right) \qquad \mathbf{\Lambda} \equiv \left\{\Lambda^{\mu}{}_{\nu}\right\} ,$$

so kann man (4.23) und (4.24) in der kompakten Form

$$x' = \mathbf{\Lambda} x + a \tag{4.23$'$}$$

$$\mathbf{\Lambda}^{\mathrm{T}} \mathbf{g} \mathbf{\Lambda} = \alpha\, \mathbf{g} \tag{4.24$'$}$$

schreiben, wobei x ein Spaltenvektor, $\mathbf{\Lambda}$ eine 4×4-Matrix ist und die üblichen Regeln der Matrizenmultiplikation anzuwenden sind. Zum Beispiel kann man für die Wahl $\alpha = 1$ aus (4.24′) durch Linksmultiplikation mit $\mathbf{g}^{-1} = \mathbf{g}$ die Matrix $\mathbf{\Lambda}^{-1}$ bestimmen,

$$\mathbf{\Lambda}^{-1} = \mathbf{g} \mathbf{\Lambda}^{\mathrm{T}} \mathbf{g} , \tag{4.25}$$

oder in Komponenten,

$$(\mathbf{\Lambda}^{-1})^{\alpha}{}_{\beta} = g^{\alpha\mu}\, \Lambda^{\nu}{}_{\mu} g_{\nu\beta} (=: \Lambda_{\beta}{}^{\alpha}) ,$$

– was man auch mit in anderer Weise als bisher versetzten Indizes als $\Lambda_{\beta}{}^{\alpha}$ schreiben könnte: der Erste „unten“ und der Zweite „oben“. Diese Schreibweise wird aber der Klarheit halber im Folgenden nicht verwendet.

Da die Matrix $\mathbf{g}$ nicht singulär ist, folgt aus (4.24), dass auch $\mathbf{\Lambda}$ nicht singulär ist, denn es gilt

$$(\det \mathbf{\Lambda})^2 = \alpha^4 .$$

Was kann man über die Zahl α aufgrund der physikalischen Erfahrung aussagen? Dazu betrachten wir zwei beliebige Weltpunkte A und O, deren Differenz $z := x_A - x_O$ nicht unbedingt die Beziehung (4.15) bzw. (4.16) erfüllen soll. Für ihren verallgemeinerten Abstand $d := (z^0)^2 - (\boldsymbol{z})^2$ gilt dann bezüglich des Koordinatensystems $\mathbf{K}'$

$$d' := (z'^0)^2 - (\boldsymbol{z}')^2 = \alpha[(z^0)^2 - (\boldsymbol{z})^2] = \alpha\, d .$$

Beispielsweise für Drehungen im $\mathbb{R}^3$, die ja die Bedingung (4.15) erfüllen, bedeutet dies, dass der räumliche Abstand $\sqrt{\boldsymbol{z}^2}$ vom zweiten Koordinatensystem aus gemessen um den Faktor $\sqrt{\alpha}$ gestreckt oder gestaucht erscheint. Im allgemeinen Fall wird im System $\mathbf{K}'$ jeder Raumabstand und jedes Zeitintervall um den Faktor $\sqrt{\alpha}$ gegenüber dem System $\mathbf{K}$ verändert gemessen. Das bedeutet entweder, dass jedes Kraftgesetz und jede Bewegungsgleichung, die von räumlichen Abständen und von Zeitdifferenzen abhängen, in verschiedenen Bezugssystemen physikalisch unterschiedlich sind, oder dass die Naturgesetze unter den Skalentransformationen $x^\mu \to x'^\mu = \sqrt{\alpha} x^\mu$ invariant sein müssen.

Die erste Möglichkeit widerspricht der durch die Erfahrung bestätigten Galilei-Invarianz der Mechanik, die ja im Grenzfall kleiner Geschwindigkeiten herauskommen muss. Die zweite Möglichkeit steht aber ebenso im Widerspruch zur Erfahrung, denn die uns bekannten Kraftgesetze enthalten dimensionsbehaftete Größen und sind keineswegs invariant unter Skalentransformationen in räumlichen und zeitlichen Abständen. Aus diesem selben Grund haben wir die gesuchte Verknüpfung (4.23) als *affine* Transformation angesetzt. Es liegt also aus der physikalischen Erfahrung heraus nahe, die Konstante α gleich 1 zu setzen,

$$\alpha = 1 . \tag{4.26}$$

Wir können dies auch so formulieren:

Postulat 4.2

Die allgemeinste, affine Transformation $x \to x' = \mathbf{\Lambda} x + a$, $y \to y' = \mathbf{\Lambda} y + a$, (4.23), soll den verallgemeinerten Abstand $z^2 = (z^0)^2 - \boldsymbol{z}^2$ invariant lassen auch dann, wenn z^2 nicht verschwindet, ($z = y - x$ gesetzt).

Man kann dieses auf physikalische Erfahrung gegründete Postulat noch auf eine andere Weise erhalten: Wir waren ausgegangen vom Begriff des Inertialsystems als einem System, in dem die kräftefreie Bewegung die geradlinige, gleichförmige ist. Mit anderen Worten, ein solches System ist dadurch ausgezeichnet, dass die Dynamik, also die Bewegungsgleichungen der Physik, eine besonders einfache Form haben. Die Klasse aller Inertialsysteme ist die Klasse der Bezugssysteme, in denen die Bewegungsgleichungen dieselbe Form haben. Per Ansatz und Definition führen die Transformationen $x' = \mathbf{\Lambda} x + a$, $y' = \mathbf{\Lambda} y + a$, (4.23), Inertialsysteme in Inertialsysteme über. Da die Dynamik von dimensionsbehafteten Größen bestimmt wird und daher sicher nicht skaleninvariant ist, da außerdem das Postulat 4.1 erfüllt sein soll, muss die quadrierte Norm von $z = x - y$, $z^2 = z^\mu g_{\mu\nu} z^\nu$ unter den Transformationen (4.23) invariant bleiben.

Im Postulat 4.2 steckt bereits empirische Erfahrung: ebenso wie in der nichtrelativistischen Mechanik kommt es auf Längen, Zeiten und die Einheiten an, in denen sie gemessen und an verschiedenen Weltpunkten verglichen werden. Wesentlich stärker und allgemeiner ist das

Postulat 4.3 Postulat der speziellen Relativität

Die Naturgesetze sind unter der Gruppe der Transformationen $(\mathbf{\Lambda}, a)$ invariant.

Dieses Postulat enthält das Postulat 4.2, geht aber darüber hinaus, indem es aussagt, dass *alle* lokalen physikalischen Theorien, also nicht nur die Mechanik, unter den Transformationen $(\mathbf{\Lambda}, a)$ invariant sind. Das ist natürlich eine sehr starke Aussage, die weit über die Mechanik hinausreicht. Tatsächlich gilt sie für die Elektrodynamik ebenso wie für die Physik der Elementarteilchen (die Raumspiegelung **P** und die Zeitumkehr **T** ausgenommen), bei räumlichen Dimensionen von der Größenordnung 10^{-15} m und darunter. Die spezielle Relativitätstheorie gehört sogar zu den am besten bestätigten theoretischen Grundlagen der Physik.

Mit dem Postulat 4.2 ist der verallgemeinerte Abstand zweier Weltpunkte x und y eine Invariante unter den Transformationen $(\mathbf{\Lambda}, a)$, (4.23), auch wenn er nicht gleich Null ist.

$$(y-x)^2 = (y^\alpha - x^\alpha) g_{\alpha\beta} (y^\beta - x^\beta) = \text{invariant} .$$

Dabei kann diese Größe positiv, negativ oder Null sein. Das kann man anschaulich sehen, wenn man den Differenzvektor $z = y - x$ so aufzeichnet, dass der Raumanteil $\boldsymbol{z}$ symbolisch durch eine Achse (die Abszisse der Abb. 4.1), der Zeitanteil z^0 durch eine zweite Achse senkrecht zur ersten (die Ordinate in der Figur) dargestellt wird. Die Flächen $z^2 = \text{const.}$ sind axialsymmetrische Hyperboloide oder, falls $z^2 = 0$, Kegel im Raum- und Zeitkontinuum. Die Hyperboloide schmiegen sich an den Kegel an. Dieser Kegel heißt *Lichtkegel*, die Vektoren z, die auf ihm liegen, nennt man *lichtartig*. Einen Vektor z, für den $z^2 > 0$, d. h. $(z^0)^2 > \boldsymbol{z}^2$ ist, nennt man *zeitartig*; einen Vektor mit $z^2 < 0$ nennt man *raumartig*.

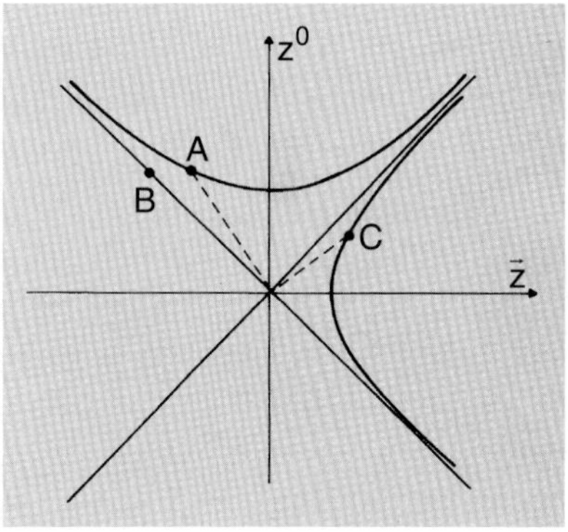

Abb. 4.1. Schematische Darstellung der vierdimensionalen Raumzeit. z^0 ist die Zeitachse, $\boldsymbol{z}$ symbolisiert die drei Raumrichtungen

Diese Bezeichnungen sind unabhängig davon, ob man den metrischen Tensor, wie hier geschehen, mit der Signatur $(+, -, -, -)$ gewählt hat oder mit der Signatur $(-, +, +, +)$. Daher sind sie wichtig. In der Abb. 4.1 ist der Punkt A zeitartig, der Punkt B lichtartig und der Punkt C raumartig. Auf Englisch spricht man vom *light cone*, die drei Typen von Vektoren heißen, der Reihe nach, A: *timelike*, B: *lightlike* und C: *spacelike*.

Betrachten wir die Wirkung der Transformationen $(\mathbf{\Lambda}, a)$: Die Translation $(0, a)$ hat keinen Effekt, da a sich in den Differenzen $y - x$ heraushebt. Der homogene Anteil $(\mathbf{\Lambda}, 0)$ verschiebt die Punkte A und C auf den eingezeichneten Hyperboloiden, B auf dem Lichtkegel.

Beispiele für die drei Fälle sind

$$\text{zeitartiger Vektor} \quad (z^0, \boldsymbol{0}) \quad \text{mit} \quad z^0 = \sqrt{z^2} , \tag{4.27a}$$

$$\text{raumartiger Vektor} \quad (0, z^1, 0, 0) \quad \text{mit} \quad z^1 = \sqrt{-z^2} , \tag{4.27b}$$

$$\text{lichtartiger Vektor} \quad (1, 1, 0, 0) . \tag{4.27c}$$

Diese drei Formen kann man als Grundformen auffassen, da man jeden zeitartigen Vektor über eine Lorentz-Transformation auf die Form (4.27a) bringen kann. Ebenso kann man jeden raumartigen Vektor in die kanonische Form (4.27b), jeden lichtartigen Vektor in die kanonische Form (4.27c) transformieren.

Die Weltpunkte x und y liegen in einem vierdimensionalen, affinen Raum. Legt man einen Ursprung (durch die Wahl eines Koordinatensystems) fest, so wird daraus der Vektorraum $\mathbb{R}^4$. Die Abstände $y - x$ solcher Weltpunkte sind Elemente des $\mathbb{R}^4$. Die metrische Struktur $g_{\mu\nu}$, (4.19), macht daraus die *Minkowski Raumzeit-Mannigfaltigkeit.* Diese ist wesentlich verschieden von der Galilei Raumzeit: In der Galilei'schen Raumzeit-Mannigfaltigkeit ist es zwar nicht sinnvoll zu sagen, zwei Ereignisse hätten zu verschiedenen Zeiten *am selben Ort* stattgefunden (solange man nicht ein festes Koordinatensystem vorgibt), es ist aber durchaus sinnvoll zu sagen, zwei Ereignisse hätten *gleichzeitig* stattgefunden, denn die Gleichzeitigkeit geht bei einer Galilei-Transformation nicht verloren (siehe auch die Diskussion in Abschn. 1.14). Dieser absolute Charakter der Gleichzeitigkeit besteht unter Lorentz-Transformationen nicht mehr. Wir gehen hierauf weiter unten genauer ein (Abschn. 4.7).

4.4 Analyse der Lorentz- und Poincaré-Transformationen

Die Transformationen $(\mathbf{\Lambda}, a)$ bilden die Klasse all derjenigen affinen Koordinatentransformationen, die den verallgemeinerten Abstand $(x-y)^2 = (x^0 - y^0)^2 - (\boldsymbol{x} - \boldsymbol{y})^2$ zweier Weltpunkte invariant lassen. Sie bilden eine Gruppe, die *inhomogene Lorentz-Gruppe* (iL) oder, wie man auch sagt, die *Poincaré-Gruppe*. Dass es sich wirklich um eine Gruppe handelt, beweist man, indem man die Gruppenaxiome nachprüft.

1) Es gibt eine Verknüpfungsrelation für die Ausführung zweier Transformationen nacheinander, wobei die homogenen Anteile $\mathbf{\Lambda}_i$ einfach als Matrizen multipliziert werden, die Translationsanteile wie folgt zusammengesetzt werden:
$$(\mathbf{\Lambda}_2, a_2)(\mathbf{\Lambda}_1, a_1) = (\mathbf{\Lambda}_2\mathbf{\Lambda}_1, \mathbf{\Lambda}_2 a_1 + a_2) .$$
2) Die Verknüpfung von mehr als zwei Transformationen ist assoziativ, z. B.
$$(\mathbf{\Lambda}_3, a_3)[(\mathbf{\Lambda}_2, a_2)(\mathbf{\Lambda}_1, a_1)] = [(\mathbf{\Lambda}_3, a_3)(\mathbf{\Lambda}_2, a_2)](\mathbf{\Lambda}_1, a_1) ,$$
denn sowohl der homogene Anteil $\mathbf{\Lambda}_3$, $\mathbf{\Lambda}_2$, $\mathbf{\Lambda}_1$, als auch der Translationsanteil $\mathbf{\Lambda}_3\mathbf{\Lambda}_2 a_1 + \mathbf{\Lambda}_3 a_2 + a_3$ dieses Produktes sind assoziativ.
3) Es existiert eine Einheit, die identische Transformation $\mathbf{E} = (\mathbf{\Lambda} = \mathbb{1}, a = 0)$.
4) Zu jeder Transformation $(\mathbf{\Lambda}, a)$ gibt es eine Inverse, da $\mathbf{\Lambda}$ wegen (4.24) nicht singulär ist. Die Inverse ist durch $(\mathbf{\Lambda}, a)^{-1} = (\mathbf{\Lambda}^{-1}, -\mathbf{\Lambda}^{-1} a)$ gegeben, wie man leicht verifiziert.

Man sieht aus diesen Überlegungen auch, dass die Matrizen $\mathbf{\Lambda}$ für sich alleine eine Gruppe bilden. Diese nennt man die *homogene Lorentz-Gruppe* L. Deren besondere Eigenschaften folgen aus (4.24) und der Wahl $\alpha = 1$. Es gilt nämlich

i) $(\det \mathbf{\Lambda})^2 = 1$, d. h. entweder ist $\det \mathbf{\Lambda} = +1$ oder $\det \mathbf{\Lambda} = -1$, da $\mathbf{\Lambda}$ reell ist. Im ersten Fall spricht man von *eigentlichen Lorentz-Transformationen*;
ii) $(\Lambda^0{}_0)^2 \geq 1$, d. h. entweder ist $\Lambda^0{}_0 \geq +1$ oder $\Lambda^0{}_0 \leq -1$. Dies beweist man, indem man die spezielle Komponente $\mu = \nu = 0$ von (4.24) ausschreibt,

$$\Lambda^\sigma{}_0 g_{\sigma\tau} \Lambda^\tau{}_0 = (\Lambda^0{}_0)^2 - \sum_{i=1}^{3} (\Lambda^i{}_0)^2 = 1 .$$

Die Transformationen mit $\Lambda^0{}_0 \geq +1$ nennt man *orthochron*. Sie bilden die Zeit „vorwärts" ab (im Gegensatz zu denen mit $\Lambda^0{}_0 \leq -1$, die Zukunft mit Vergangenheit verknüpfen).

Es gibt also vier Typen von homogenen Lorentz-Transformationen, die man mit $L_+^\uparrow$, $L_+^\downarrow$, $L_-^\uparrow$, $L_-^\downarrow$ bezeichnet, wobei der Index + oder − die Eigenschaft $\det \mathbf{\Lambda} = +1$ bzw. $\det \mathbf{\Lambda} = -1$ abkürzt, der Pfeil nach oben bzw. nach unten die Eigenschaft $\Lambda_0^0 \geq +1$ bzw. $\Lambda_0^0 \leq -1$ bezeichnet. Spezielle Beispiele für alle vier Typen sind die folgenden:

Die Identität gehört zum Zweig $L_+^\uparrow$,

$$\mathbf{E} = \begin{pmatrix} 1 & 0 & 0 & 0 \\ 0 & 1 & 0 & 0 \\ 0 & 0 & 1 & 0 \\ 0 & 0 & 0 & 1 \end{pmatrix} \in L_+^\uparrow . \tag{4.28}$$

Die Spiegelung der Raumachsen gehört zum Zweig $L_-^\uparrow$,

$$\mathbf{P} = \begin{pmatrix} 1 & & & \\ & -1 & & \\ & & -1 & \\ & & & -1 \end{pmatrix} \in L_-^\uparrow . \tag{4.29}$$

Die Umkehrung der Zeitrichtung gehört zu $L_-^\downarrow$,

$$\mathbf{T} = \begin{pmatrix} -1 & & & \\ & 1 & & \\ & & 1 & \\ & & & 1 \end{pmatrix} \in L_-^\downarrow , \tag{4.30}$$

während das Produkt **PT** zu $L_+^\downarrow$ gehört,

$$\mathbf{PT} = \begin{pmatrix} -1 & & & \\ & -1 & & \\ & & -1 & \\ & & & -1 \end{pmatrix} \in L_+^\downarrow\,. \tag{4.31}$$

Bevor wir fortfahren, möchten wie hier einige Bemerkungen einschieben, die für das Folgende wichtig sind.

Bemerkungen

i) Die vier diskreten Transformationen (4.28–4.31) bilden selbst eine Gruppe, die *Klein'sche Gruppe*,

$$\{\mathbf{E}, \mathbf{P}, \mathbf{T}, \mathbf{PT}\}\,, \tag{4.32}$$

wovon man sich am besten direkt überzeugt.

ii) Man kann sich leicht vorstellen, dass man beliebige Transformationen aus *verschiedenen* Zweigen nicht stetig ineinander überführen kann. Denn solange $\mathbf{\Lambda}$ reell ist, sind Transformationen mit $\det \mathbf{\Lambda} = +1$ von denen mit $\det \mathbf{\Lambda} = -1$ (und ebenso solche mit $\Lambda^0_0 \geq +1$ von denen mit $\Lambda^0_0 \leq -1$) unstetig getrennt. Gibt man jedoch $\mathbf{\Lambda} \in L_+^\uparrow$ vor, so liegt das Produkt $\mathbf{\Lambda P}$ in $L_-^\uparrow$, das Produkt $\mathbf{\Lambda T}$ in $L_-^\downarrow$ und das Produkt $\mathbf{\Lambda}(\mathbf{PT})$ in $L_+^\downarrow$. Kennt man die Transformationen aus $L_+^\uparrow$ so kann man durch Multiplikation mit **P**, **T** oder (**PT**) daraus die anderen Zweige erzeugen. Diese Verhältnisse sind in Tab. 4.1 zusammengefasst.

Schließlich folgt noch, dass der Zweig $L_+^\uparrow$ eine Untergruppe der homogenen Lorentz-Gruppe bildet, die *eigentliche, orthochrone Lorentz-Gruppe*. Das sieht man leicht ein: Das Hintereinanderschalten zweier Transformationen aus $L_+^\uparrow$ führt nicht aus diesem Zweig heraus. Er enthält die Identität und das Inverse jedes seiner Elemente. Für die drei anderen Zweige gilt das nicht.

iii) Die eigentlichen, orthochronen Transformation heißen auf Englisch *proper* und *orthochronous*, die Raumspiegelung wird *space reflec-*

$L_+^\uparrow$ ($\det \mathbf{\Lambda} = 1$, $\Lambda^0{}_0 \geq 1$) *Beispiele*: **E**, Drehungen, spezielle Lorentz-transformationen	$L_+^\downarrow$ ($\det \mathbf{\Lambda} = 1$, $\Lambda^0{}_0 \leq -1$) *Beispiele*: **PT**, sowie alle $\mathbf{\Lambda}(\mathbf{PT})$ mit $\mathbf{\Lambda} \in L_+^\uparrow$
$L_-^\uparrow$ ($\det \mathbf{\Lambda} = -1$, $\Lambda^0{}_0 \geq 1$) *Beispiele*: **P**, sowie alle $\mathbf{\Lambda P}$ mit $\mathbf{\Lambda} \in L_+^\uparrow$	$L_-^\downarrow$ ($\det \mathbf{\Lambda} = -1$, $\Lambda^0{}_0 \leq -1$) *Beispiele*: **T**, sowie alle $\mathbf{\Lambda T}$ mit $\mathbf{\Lambda} \in L_+^\uparrow$

Tab. 4.1. Die vier disjunkten Zweige der homogenen Lorentz-Gruppe

tion oder auch *parity* genannt, die Zeitumkehr heißt *time reversal*. Die Untergruppe $L_+^\uparrow$ nennt man auf Englisch *group of proper, orthochronous Lorentz transformations*.

4.4.1 Drehungen und Spezielle Lorentz-Transformationen

Die uns wohlbekannten Drehungen im dreidimensionalen Raum (Abschn. 2.21) lassen den räumlichen Abstand $|\boldsymbol{x}-\boldsymbol{y}|$ invariant. Da sie die Zeitkomponenten eines Vierervektors nicht ändern, lassen die Transformationen

$$\mathbf{\Lambda}(\mathbf{R}) \equiv \mathcal{R} := \left(\begin{array}{c|ccc} 1 & 0 & 0 & 0 \\ \hline 0 & & & \\ 0 & & (\mathbf{R}) & \\ 0 & & & \end{array}\right) \tag{4.33}$$

mit $\mathbf{R} \in \mathrm{SO}(3)$, die Form $(z^0)^2-(\boldsymbol{z})^2$ invariant und sind somit Lorentz-Transformationen. Es ist $\mathcal{R}^0{}_0=+1$ und $\det\mathcal{R}=\det\mathbf{R}=+1$, daher gehören sie zum Zweig $L_+^\uparrow$ der homogenen Lorentz-Gruppe.

Von besonderer Bedeutung sind die sogenannten *Speziellen Lorentz-Transformationen*, welche die relativistische Verallgemeinerung der Speziellen Galilei-Transformationen

$$t'=t$$
$$\boldsymbol{x}'=\boldsymbol{x}-\boldsymbol{v}t \tag{4.34}$$

darstellen. Wie wir wissen, betreffen diese Transformationen den Fall, in dem die beiden Inertialysteme **K** und **K**$'$ sich mit konstanter Geschwindigkeit $\boldsymbol{v}$ relativ zueinander bewegen. Abbildung 4.2 zeigt das Beispiel der Bewegung entlang der räumlichen 1-Achse, $\boldsymbol{v}=v\hat{\boldsymbol{e}}_1$. Die zur 1-Achse transversalen, räumlichen Koordinaten werden dabei sicherlich nicht verändert, d. h.

$$z'^2=z^2\,, \quad z'^3=z^3\,.$$

Für die restlichen Komponenten des Vierervektors z bedeutet dies, dass die Form $(z^0)^2-(z^1)^2$ invariant bleiben muss,

$$(z^0)^2-(z^1)^2=(z^0+z^1)(z^0-z^1)=\text{invariant}\,.$$

Es muss also

$$z'^0+z'^1=f(v)(z^0+z^1)\,, \quad (z'^0-z'^1)=\frac{1}{f(v)}(z^0-z^1)$$

mit den Bedingungen $f(v)>0$ und $\lim_{v\to 0} f(v)=1$ gelten. Außerdem soll der Ursprung O' von **K**$'$ sich relativ zu **K** mit der Geschwindigkeit $\boldsymbol{v}$ bewegen, d. h. für den Punkt O' gilt

$$z'^1=\frac{1}{2}\left(f-\frac{1}{f}\right)z^0+\frac{1}{2}\left(f+\frac{1}{f}\right)z^1=0\,, \quad z^1=\frac{v}{c}z^0\,.$$

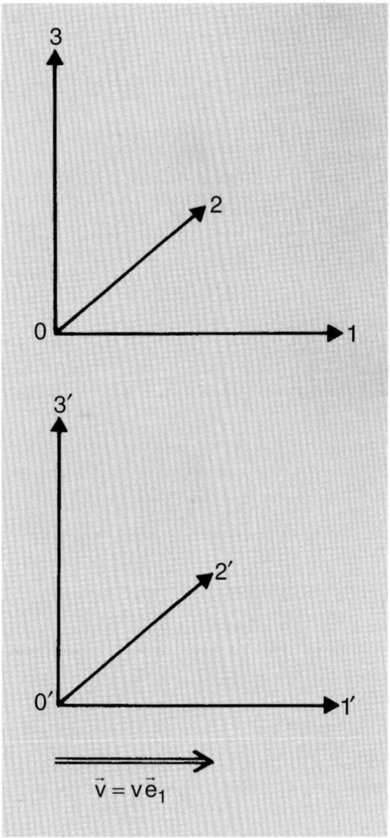

Abb. 4.2. **K** und **K**$'$ sind Inertialsysteme, die sich mit konstanter Geschwindigkeit relativ zueinander bewegen. Bei $t=0$ bzw. für $\boldsymbol{v}=0$ sollen die Systeme zusammenfallen

Daraus folgt

$$(f^2-1)+\frac{v}{c}(f^2+1)=0\,,$$

und somit

$$f(v)=\sqrt{\frac{1-(v/c)}{1+(v/c)}}\,. \tag{4.35}$$

Es seien noch folgende, allgemein übliche Abkürzungen eingeführt:

$$\beta:=\frac{|\boldsymbol{v}|}{c}\,,\quad \gamma:=\frac{1}{\sqrt{1-\beta^2}}\,. \tag{4.36}$$

Dann sieht man leicht, dass z^1 und z^0 sich transformieren wie

$$\begin{pmatrix} z'^0 \\ z'^1 \end{pmatrix}=\frac{1}{2}\begin{pmatrix} f+(1/f) & f-(1/f) \\ f-(1/f) & f+(1/f) \end{pmatrix}\begin{pmatrix} z^0 \\ z^1 \end{pmatrix}$$
$$=\begin{pmatrix} \gamma & -\gamma\beta \\ -\gamma\beta & \gamma \end{pmatrix}\begin{pmatrix} z^0 \\ z^1 \end{pmatrix}$$

mit $0\le\beta\le 1$, $\gamma\ge 1$. Nimmt man die 2- und 3-Koordinaten hinzu, so lautet die gesuchte Spezielle Lorentz-Transformation

$$\boldsymbol{\Lambda}(-\boldsymbol{v})\equiv\mathbf{L}(-\boldsymbol{v})_{\boldsymbol{v}=v\hat{\boldsymbol{e}}_1}=\begin{pmatrix} \gamma & -\gamma\beta & 0 & 0 \\ -\gamma\beta & \gamma & 0 & 0 \\ 0 & 0 & 1 & 0 \\ 0 & 0 & 0 & 1 \end{pmatrix}\,. \tag{4.37}$$

Sie hat die Eigenschaften $L^0{}_0\ge+1$, $\det\mathbf{L}=+1$, und gehört daher ebenfalls zum Zweig $\mathrm{L}_+^\uparrow$.

Ohne Beschränkung der Allgemeinheit kann man $f(v)$, (4.35), auch durch den Ansatz

$$f(v)=\exp(-\lambda(v)) \tag{4.38}$$

parametrisieren. Wie wir weiter unten sehen werden (Abschn. 4.6), ist der Parameter λ eine relativistische Verallgemeinerung (des Betrages) der Geschwindigkeit und wird daher im Englischen oft *rapidity* genannt. Die Transformation (4.37) hat jetzt die Form

$$\mathbf{L}(-v\hat{\boldsymbol{e}}_1)=\begin{pmatrix} \cosh\lambda & -\sinh\lambda & 0 & 0 \\ -\sinh\lambda & \cosh\lambda & 0 & 0 \\ 0 & 0 & 1 & 0 \\ 0 & 0 & 0 & 1 \end{pmatrix} \tag{4.39}$$

mit dem Zusammenhang

$$\tanh\lambda=\frac{|\boldsymbol{v}|}{c}=\beta\,. \tag{4.40}$$

Wenn die Geschwindigkeit $\boldsymbol{v}$ nicht die Richtung der 1-Achse hat, so nimmt die Transformation (4.37) die folgende Gestalt an,

$$\mathbf{L}(-\boldsymbol{v}) = \begin{pmatrix} \gamma & -\gamma \frac{v^k}{c} \\ -\gamma \frac{v^i}{c} & \delta^{ik} + \frac{\gamma^2}{1+\gamma} \frac{v^i v^k}{c^2} \end{pmatrix} . \tag{4.41}$$

Dass dem so ist, kann man sich wie folgt klarmachen: Die Matrix (4.37), die den Fall $\boldsymbol{v} = v\hat{\boldsymbol{e}}_1$ beschreibt, ist symmetrisch. Sie transformiert die Zeitkoordinate und die 1-Koordinate in nichttrivialer Weise, lässt aber die Richtungen senkrecht zu $\boldsymbol{v}$ invariant. Es gilt insbesondere

$$z'^0 = \gamma[z^0 - \beta z^1] = \gamma \left[z^0 - \frac{1}{c} \boldsymbol{v} \cdot \boldsymbol{z} \right]$$

$$z'^1 = \gamma[-\beta z^0 + z^1] = \gamma \left[-\frac{v^1}{c} z^0 + z^1 \right] .$$

Hat $\boldsymbol{v}$ eine beliebige Richtung im Raum, so könnte man das Koordinatensystem zunächst vermittels der Drehung $\mathcal{R}$ so drehen, dass die neue 1-Achse in Richtung von $\boldsymbol{v}$ zeigt. Die Spezielle Lorentz-Transformation $\mathbf{L}$ hätte dann genau die Gestalt (4.37). Zuletzt würde man die Drehung wieder rückgängig machen. Da $\mathbf{L}$ symmetrisch ist, ist auch das Produkt $\mathcal{R}^{-1}\mathbf{L}\mathcal{R}$ symmetrisch. Ohne eine solche Drehung $\mathcal{R}$ explizit anzugeben, kann man die gesuchte spezielle Transformation folgendermaßen ansetzen

$$\mathbf{L}(-\boldsymbol{v}) = \begin{pmatrix} \gamma & -\gamma v^k/c \\ -\gamma v^i/c & T^{ik} \end{pmatrix} \quad \text{mit} \quad T^{ik} = T^{ki} .$$

Da T^{ik} für verschwindende Geschwindigkeit in die Einheitsmatrix übergeht, können wir T^{ik} zerlegen gemäß

$$T^{ik} = \delta^{ik} + a \frac{v^i v^k}{c^2} .$$

Den Koeffizienten a bestimmt man, indem man wieder die Kenntnis der Koordinaten des Ursprungs O' von $\mathbf{K}'$ in beiden Systemen ausnutzt. Für O' gilt bezüglich $\mathbf{K}'$

$$z'^i = -\gamma \frac{1}{c} v^i z^0 + \sum_{k=1}^{3} T^{ik} z^k = 0 .$$

Bezüglich des Systems $\mathbf{K}$ bewegt sich O' mit der konstanten Geschwindigkeit $\boldsymbol{v}$, d. h. $z^k = v^k z^0/c$. Aus diesen beiden Gleichungen ergibt sich die Forderung

$$\sum_k T^{ik} \frac{v^k}{c} = \frac{1}{c} \left[1 + a \frac{\boldsymbol{v}^2}{c^2} \right] v^i \stackrel{!}{=} \gamma \frac{v^i}{c}$$

oder $1 + a\beta^2 = \gamma$, woraus $a = \gamma^2/(\gamma+1)$ folgt. Damit ist (4.41) konstruiert.

4.4.2 Bedeutung der Speziellen Lorentz-Transformationen

Zunächst bestätigt man, dass die Transformation (4.41) im Limes kleiner Geschwindigkeiten in die Spezielle Galilei-Transformation (4.34) übergeht. Dazu entwickle man die Matrix nach $\beta = |\boldsymbol{v}|/c$ bis zur ersten Ordnung. Es ist

$$\mathbf{L}(-\boldsymbol{v}) = \begin{pmatrix} 1 & -v^k/c \\ -v^i/c & \delta^{ik} \end{pmatrix} + O(\beta^2)\,,$$

so dass die Gleichungen $t' = t$ und $z' = -vt + z$ tatsächlich herauskommen, wenn man die Terme der Ordnung β^2 vernachlässigt. Das Transformationsgesetz (4.34) gilt näherungsweise, solange $(\boldsymbol{v}/c)^2 \ll 1$ bleibt. Für die Bewegung der Planeten unseres Sonnensystems ist das eine ausgezeichnete Näherung. Zum Beispiel hat die Erde eine Bahngeschwindigkeit von etwa 30 km/s, so dass $(v/c)^2 \simeq 10^{-8}$ ist. Elementarteilchen dagegen kann man leicht auf Geschwindigkeiten bringen, die der Lichtgeschwindigkeit sehr nahe kommen. Dann gibt (4.41) ein wesentlich anderes Transformationsverhalten als (4.34).

Man kann mit der Speziellen Lorentz-Transformation (4.41) die Vorstellung verbinden, dass $\mathbf{K}'$ ein in einem Elementarteilchen fest verankertes System sei und dass dieses Teilchen sich folglich mit der konstanten Geschwindigkeit $\boldsymbol{v}$ relativ zum Inertialsystem $\mathbf{K}$ bewege. $\mathbf{K}'$ nennt man dann das *Ruhesystem* des Teilchens, $\mathbf{K}$ ist z. B. das Laborsystem. Die Transformation (4.41) vermittelt den Übergang zwischen Laborsystem und Ruhesystem, sie „schiebt" in diesem Sinn das Teilchen auf die Geschwindigkeit $\boldsymbol{v}$ an (daher der englische Ausdruck „boost" für die Transformation (4.41)). Wir greifen ein wenig vor, wenn wir den folgenden Vierervektor definieren,

$$\omega := (\gamma c, \gamma \boldsymbol{v})^T \tag{4.42}$$

(eine bessere Begründung folgt in Abschn. 4.8). Für diesen Vektor gilt

$$\omega^2 = (\omega^0)^2 - (\boldsymbol{\omega})^2 = \gamma^2 c^2 (1 - \boldsymbol{v}^2/c^2) = c^2\gamma^2(1-\beta^2) = c^2\,.$$

Wendet man die Matrix (4.41) auf ω an, so folgt

$$\mathbf{L}(-\boldsymbol{v})\omega = \gamma \begin{pmatrix} \gamma & -\frac{\gamma}{c}\langle \boldsymbol{v}| \\ -\frac{\gamma}{c}|\boldsymbol{v}\rangle & \mathbb{1} + \left(\frac{\gamma^2}{c^2(1+\gamma)}\right)|\boldsymbol{v}\rangle\langle \boldsymbol{v}| \end{pmatrix} \begin{pmatrix} c \\ |\boldsymbol{v}\rangle \end{pmatrix} = \begin{pmatrix} c \\ \boldsymbol{0} \end{pmatrix} = \omega^{(0)} \tag{4.43}$$

mit $\omega^{(0)} = (c, \boldsymbol{0})^T$. Dieser Vektor hat daher mit der relativistischen Verallgemeinerung der Geschwindigkeit bzw. des Impulses zu tun. $\mathbf{L}(-\boldsymbol{v})$ transformiert von der Geschwindigkeit $\boldsymbol{v}$ auf Null, daher das Minuszeichen in der Definition oben. Wir kommen auf die Bedeutung von ω später zurück, fahren aber zunächst mit einigen Bemerkungen und sodann mit der Analyse der Lorentz-Transformationen fort.

Bemerkungen

i) Die Formel für die Spezielle Lorentz-Transformation in beliebiger Richtung und ihre Wirkung auf Vektoren wird mit der *bra-* und *ket-*Schreibweise etwas übersichtlicher. Es ist

$$\mathbf{L}(-\boldsymbol{v}) = \begin{pmatrix} \gamma & -(\frac{\gamma}{c})\langle \boldsymbol{v}| \\ -(\frac{\gamma}{c})|\boldsymbol{v}\rangle & \mathbb{1} + (\frac{\gamma^2}{c^2(1+\gamma)})|\boldsymbol{v}\rangle\langle \boldsymbol{v}| \end{pmatrix} .$$

Lässt man diese 4×4-Matrix auf einen Spaltenvektor a wirken, der selbst in Zeitanteil a^0 und Raumanteil $|\boldsymbol{a}\rangle$ zerlegt ist, d.h. der die Form $a = (a^0, |\boldsymbol{a}\rangle)^T$ hat, dann zeigt das eben durchgerechnete Beispiel, wie daraus wieder ein Vierervektor desselben Typs wird.

ii) Der explizite Ausdruck für die Spezielle Lorentz-Transformation (4.41) ist nur dann wohldefiniert, wenn der Betrag der Geschwindigkeit kleiner oder gleich c bleibt. Für $|\boldsymbol{v}| \to \infty$ strebt γ nach plus Unendlich. Die Lichtgeschwindigkeit ist eine obere Grenzgeschwindigkeit in dem Sinne, dass ein massives Teilchen sich ihr von unten her nähern, sie aber nie überschreiten kann. In diesem Zusammenhang sei besonders auf Aufg. 4.16 und ihre Lösung hingewiesen.

iii) Man überzeugt sich leicht, dass $\mathbf{L}(\boldsymbol{v})$ auf $\omega^{(0)} = (c, \boldsymbol{0})^T$ angewandt den Vektor $\omega = \gamma(c, \boldsymbol{v})^T$ ergibt, d.h. dass $\mathbf{L}(\boldsymbol{v})$ und $\mathbf{L}(-\boldsymbol{v})$ Inverse zueinander sind, $\mathbf{L}(\boldsymbol{v})\mathbf{L}(-\boldsymbol{v}) = \mathbb{1}_{4\times 4}$.

4.5 Zerlegung von Lorentz-Transformationen in ihre Komponenten

4.5.1 Satz über orthochrone eigentliche Lorentz-Transformationen

Über die Struktur der homogenen, eigentlichen und orthochronen Lorentz-Gruppe $\text{L}_+^\uparrow$ gibt folgender Satz Auskunft:

Satz 4.1 Zerlegungssatz

Jede Transformation $\mathbf{\Lambda}$ aus $\text{L}_+^\uparrow$ lässt sich in eindeutiger Weise als Produkt aus einer Drehung und einer darauf folgenden Speziellen Lorentz-Transformation schreiben,

$$\mathbf{\Lambda} = \mathbf{L}(\boldsymbol{v})\mathcal{R} \quad \text{mit} \quad \mathcal{R} = \begin{pmatrix} 1 & 0 \\ 0 & \mathbf{R} \end{pmatrix} , \quad \mathbf{R} \in \text{SO}(3) . \tag{4.44}$$

Dabei sind die Parameter der beiden Transformationen durch die folgenden Ausdrücke gegeben

$$v^i/c = \Lambda^i{}_0/\Lambda^0{}_0 \tag{4.45}$$

$$R^{ik} = \Lambda^i{}_k - \frac{1}{1+\Lambda^0{}_0}\Lambda^i{}_0\Lambda^0{}_k . \tag{4.46}$$

Beweis

Zunächst prüft man nach, dass die durch (4.45) definierte Geschwindigkeit eine zulässige Geschwindigkeit ist, d. h. dass sie die Lichtgeschwindigkeit nicht überschreitet. Das folgt aus (4.24) (mit $\alpha = 1$),

$$\mathbf{\Lambda}^{\mathrm{T}}\mathbf{g}\mathbf{\Lambda} = \mathbf{g} \quad \text{bzw.} \tag{4.47}$$

$$\Lambda^{\mu}{}_{\sigma} g_{\mu\nu} \Lambda^{\nu}{}_{\tau} = g_{\sigma\tau} \,. \tag{4.47'}$$

Für die Wahl $\sigma = \tau = 0$, bzw. $\sigma = i$, $\tau = k$, bzw. $\sigma = 0$, $\tau = i$ folgen hieraus die Gleichungen

$$(\Lambda^{0}{}_{0})^2 - \sum_{i=1}^{3} (\Lambda^{i}{}_{0})^2 = 1 \tag{4.48a}$$

$$\Lambda^{0}{}_{i}\Lambda^{0}{}_{k} - \sum_{j=1}^{3} \Lambda^{j}{}_{i}\Lambda^{j}{}_{k} = -\delta_{ik} \tag{4.48b}$$

$$\Lambda^{0}{}_{0}\Lambda^{0}{}_{i} - \sum_{j=1}^{3} \Lambda^{j}{}_{0}\Lambda^{j}{}_{i} = 0 \,. \tag{4.48c}$$

Gemäß (4.48a) ist in der Tat

$$\frac{\boldsymbol{v}^2}{c^2} = \frac{\sum (\Lambda^{i}{}_{0})^2}{(\Lambda^{0}{}_{0})^2} = \frac{(\Lambda^{0}{}_{0})^2 - 1}{(\Lambda^{0}{}_{0})^2} \le 1 \,.$$

Aus dem allgemeinen Ausdruck (4.41) für eine Spezielle Lorentz-Transformation folgt dann

$$L^{0}{}_{0}(\boldsymbol{v}) = \Lambda^{0}{}_{0}\,; \qquad L^{0}{}_{i}(\boldsymbol{v}) = L^{i}{}_{0}(\boldsymbol{v}) = \Lambda^{i}{}_{0}$$
$$L^{i}{}_{k}(\boldsymbol{v}) = \delta^{ik} + \frac{1}{1+\Lambda^{0}{}_{0}} \Lambda^{i}{}_{0}\Lambda^{k}{}_{0} \,. \tag{4.49}$$

Es sei nun

$$\mathcal{R} := \mathbf{L}^{-1}(\boldsymbol{v})\mathbf{\Lambda} = \mathbf{L}(-\boldsymbol{v})\mathbf{\Lambda} \,. \tag{4.50}$$

Man muss nur zeigen, dass $\mathcal{R}$ eine Drehung ist. Dies folgt mit Hilfe von (4.48a) und (4.48c) durch Ausmultiplizieren in (4.50),

$$\mathcal{R}^{0}{}_{0} = (\Lambda^{0}{}_{0})^2 - \sum_{i} (\Lambda^{i}{}_{0})^2 = 1$$
$$\mathcal{R}^{0}{}_{i} = \Lambda^{0}{}_{0}\Lambda^{0}{}_{i} - \sum_{j} \Lambda^{j}{}_{0}\Lambda^{j}{}_{i} = 0 \,.$$

Bei dieser Gelegenheit berechnet man auch gleich noch die Raum-Raum-Komponenten dieser Drehung,

$$\mathcal{R}^{i}{}_{k} = \Lambda^{i}{}_{k} - \Lambda^{i}{}_{0}\Lambda^{0}{}_{k} + \frac{1}{1+\Lambda^{0}{}_{0}} \Lambda^{i}{}_{0} \sum_{j} \Lambda^{j}{}_{0}\Lambda^{j}{}_{k} \,.$$

Verwendet man im letzten Term (4.48c), so folgt die Behauptung (4.46). Es bleibt nun noch zu zeigen, dass die Zerlegung (4.44) eindeutig ist. Wir gehen daher von der gegenteiligen Annahme aus, dass es zwei verschiedene Geschwindigkeiten $\boldsymbol{v}$ und $\bar{\boldsymbol{v}}$, sowie zwei verschiedene Drehungen $\mathbf{R}$ und $\bar{\mathbf{R}}$ aus SO(3) gebe derart, dass

$$\mathbf{\Lambda} = \mathbf{L}(\boldsymbol{v})\mathcal{R} = \mathbf{L}(\bar{\boldsymbol{v}})\bar{\mathcal{R}}$$

gelte. Daraus würde folgen, dass

$$\mathbf{L}(-\boldsymbol{v})\mathbf{\Lambda}\mathcal{R}^{-1} = \mathbb{1} = \mathbf{L}(-\boldsymbol{v})\mathbf{L}(\bar{\boldsymbol{v}})\bar{\mathcal{R}}\mathcal{R}^{-1}\ .$$

Nimmt man hiervon etwa die Zeit-Zeit-Komponente, so ist

$$1 = \sum_{\nu=0}^{3} L^0{}_\nu(-\boldsymbol{v})L^\nu{}_0(\bar{\boldsymbol{v}}) = \left[1 - \frac{1}{c^2}\boldsymbol{v}\cdot\bar{\boldsymbol{v}}\right] \Big/ \sqrt{(1-\boldsymbol{v}^2/c^2)(1-\bar{\boldsymbol{v}}^2/c^2)}\ .$$

Diese Gleichung kann nur richtig sein, wenn $\boldsymbol{v} = \bar{\boldsymbol{v}}$ ist. Dann ist aber auch $\mathcal{R} = \bar{\mathcal{R}}$, womit der Satz bewiesen ist.

4.5.2 Korollar zum Zerlegungssatz und einige Konsequenzen

Man beachte die Reihenfolge der Faktoren in der Zerlegung (4.44): Die Drehung $\mathcal{R}$ wird zuerst ausgeführt, es folgt die Spezielle Transformation $\mathbf{L}(\boldsymbol{v})$. Man kann auch eine eindeutige Zerlegung der Transformation $\mathbf{\Lambda} \in \mathrm{L}_+^\uparrow$ mit der umgekehrten Reihenfolge der Faktoren beweisen, nämlich

$$\mathbf{\Lambda} = \mathcal{R}\mathbf{L}(\boldsymbol{w}) \quad \text{mit} \quad \mathcal{R} = \begin{pmatrix} 1 & 0 \\ 0 & \mathbf{R} \end{pmatrix}, \quad \mathbf{R} \in \mathrm{SO}(3)\ , \tag{4.51}$$

wobei die Größe $\boldsymbol{w}$ durch

$$\frac{w^i}{c} := \Lambda^0{}_i / \Lambda^0{}_0 \tag{4.52}$$

gegeben ist, $\mathbf{R}$ aber dieselbe Drehung wie in (4.46) ist. Zum Beweis geht man von der zu (4.47) analogen Relation

$$\mathbf{\Lambda}\mathbf{g}\mathbf{\Lambda}^{\mathrm{T}} = \mathbf{g} \tag{4.53}$$

$$\Lambda^\sigma{}_\mu g^{\mu\nu} \Lambda^\tau{}_\nu = g^{\sigma\tau} \tag{4.53'}$$

aus, die nichts anderes aussagt, als dass mit $\mathbf{\Lambda}$ auch deren Inverse $\mathbf{\Lambda}^{-1} = \mathbf{g}\mathbf{\Lambda}^{\mathrm{T}}\mathbf{g}$ zu $\mathrm{L}_+^\uparrow$ gehört, und führt die analogen Schritte wie in Abschn. 4.5.1 aus.

Man rechnet leicht nach, dass $\boldsymbol{v} = \mathbf{R}\boldsymbol{w}$ ist. Das ist nicht überraschend, denn durch Vergleich von (4.44) und (4.51) folgt

$$\mathbf{L}(\boldsymbol{v}) = \mathcal{R}\mathbf{L}(\boldsymbol{w})\mathcal{R}^{-1} = \mathbf{L}(\mathbf{R}\boldsymbol{w})\ . \tag{4.54}$$

Der Zerlegungssatz hat einige für das Folgende wichtige Konsequenzen:

i) Mit Hilfe des Satzes kann man beweisen, dass jeder zeitartige Vierervektor in die Grundform (4.27a), jeder Raumartige in die Form (4.27b), jeder Lichtartige in die Form (4.27c) gebracht werden kann. Wir zeigen dies am Beispiel eines zeitartigen Vektors: $z = (z^0, \boldsymbol{z})$, mit $z^2 = (z^0)^2 - \boldsymbol{z}^2 > 0$. Durch eine Drehung nimmt er die Form $(z^0, z^1, 0, 0)$ an. Falls z^0 negativ ist, so wende man noch **PT** auf z an, so dass $z^0 > |z^1|$ wird. Die Spezielle Lorentz-Transformation entlang der 1-Achse mit dem Parameter λ aus der Gleichung

$$\mathrm{e}^{\lambda} = \sqrt{(z^0 - z^1)/(z^0 + z^1)}$$

bringt den Vektor auf die behauptete Form. Bitte rechnen Sie das nach.

ii) Die Gruppe $\mathrm{L}_+^\uparrow$ ist eine Lie'sche Gruppe, die die Drehgruppe SO(3) als Untergruppe enthält. Der Zerlegungssatz sagt aus, dass $\mathrm{L}_+^\uparrow$ von sechs reellen Parametern abhängt: den drei Drehwinkeln und den drei Komponenten der Geschwindigkeit. Ihre Lie'sche Algebra besteht also aus sechs Erzeugenden. Etwas präziser entsprechen den reellen Winkeln der Drehungen die *Richtungen* der Speziellen Lorentz-Transformationen und der rapidity-Parameter λ. Dieser Parameter hat den Wertevorrat $[0, \infty)$. Während die Mannigfaltigkeit der Drehwinkel kompakt ist, ist es diejenige von λ nicht. Die Lorentz-Gruppe ist in der Tat eine nichtkompakte Lie'sche Gruppe. Ihre Struktur und ihre Darstellungen sind daher nicht einfach und erfordern ein gesondertes Studium, auf das wir hier nicht eingehen können.

iii) Es ist aber nicht schwer, die sechs Erzeugenden von $\mathrm{L}_+^\uparrow$ aufzustellen. Die Erzeugenden für Drehungen kennen wir aus Abschn. 2.22. Ergänzt um die Zeit-Zeit-, die Raum-Zeit- und die Zeit-Raum-Komponenten haben sie die Form

$$\mathbf{J}_i = \left(\begin{array}{c|ccc} 0 & 0 & 0 & 0 \\ \hline 0 & & & \\ 0 & & (\mathbf{J}_i) & \\ 0 & & & \end{array}\right), \tag{4.55}$$

wo $(\mathbf{J}_i)$ die in (2.68) angegebenen 3×3-Matrizen sind. Die Erzeugenden für infinitesimale Spezielle Transformationen lassen sich analog ableiten. Das Beispiel der Transformation entlang der 1-Achse, (4.39), enthält die Untermatrix

$$\mathbf{A} := \begin{pmatrix} \cosh\lambda & \sinh\lambda \\ \sinh\lambda & \cosh\lambda \end{pmatrix} = \mathbb{1} \sum_{n=0}^{\infty} \frac{\lambda^{2n}}{(2n)!} + \mathbf{K} \sum_{n=0}^{\infty} \frac{\lambda^{2n+1}}{(2n+1)!}$$

$$\text{mit} \quad \mathbf{K} = \begin{pmatrix} 0 & 1 \\ 1 & 0 \end{pmatrix} .$$

Diese Matrix (es ist die Pauli-Matrix $\sigma^{(1)}$) hat die Eigenschaften

$$\mathbf{K}^{2n} = \mathbb{1}\,, \quad \mathbf{K}^{2n+1} = \mathbf{K}\,,$$

so dass gilt

$$\mathbf{A} = \sum_{n=0}^{\infty} \left\{ \frac{\lambda^{2n}}{(2n)!}\mathbf{K}^{2n} + \frac{\lambda^{2n+1}}{(2n+1)!}\mathbf{K}^{2n+1} \right\} = \exp(\lambda \mathbf{K})\,.$$

Diese Exponentialreihe kann man auch schreiben als

$$\mathbf{A} = \lim_{k\to\infty} \left(\mathbb{1} + \frac{\lambda}{k}\mathbf{K} \right)^k\,,$$

womit ausgedrückt wird, dass die *endliche* Spezielle Transformation durch Hintereinanderschalten von *Infinitesimalen* erzeugt wird. Daraus liest man die Erzeugende für infinitesimale Spezielle Lorentz-Transformationen entlang der 1-Achse ab:

$$\mathbf{K}_1 = \begin{pmatrix} 0 & 1 & 0 & 0 \\ 1 & 0 & 0 & 0 \\ 0 & 0 & 0 & 0 \\ 0 & 0 & 0 & 0 \end{pmatrix}\,. \qquad (4.56)$$

Es ist leicht zu erraten, wie die Erzeugenden $\mathbf{K}_2$ und $\mathbf{K}_3$ für Transformationen entlang der 2- bzw. der 3-Achse aussehen, nämlich

$$\mathbf{K}_2 = \begin{pmatrix} 0 & 0 & 1 & 0 \\ 0 & 0 & 0 & 0 \\ 1 & 0 & 0 & 0 \\ 0 & 0 & 0 & 0 \end{pmatrix}\,; \quad \mathbf{K}_3 = \begin{pmatrix} 0 & 0 & 0 & 1 \\ 0 & 0 & 0 & 0 \\ 0 & 0 & 0 & 0 \\ 1 & 0 & 0 & 0 \end{pmatrix}\,. \qquad (4.57)$$

Der Zerlegungssatz sagt nun, dass jedes $\mathbf{\Lambda}$ aus $\mathrm{L}_+^\uparrow$ in folgender Form dargestellt werden kann:

$$\mathbf{\Lambda} = \exp(-\boldsymbol{\varphi}\cdot\boldsymbol{J})\exp(\lambda\hat{\boldsymbol{w}}\cdot\boldsymbol{K})\,. \qquad (4.58)$$

Dabei ist $\boldsymbol{J} = (\mathbf{J}_1, \mathbf{J}_2, \mathbf{J}_3)$, $\boldsymbol{K} = (\mathbf{K}_1, \mathbf{K}_2, \mathbf{K}_3)$ und $\lambda = \operatorname{arctanh}|\boldsymbol{w}|/c$.

iv) Es ist instruktiv, die Kommutatoren der Matrizen $\mathbf{J}_i$ und $\mathbf{K}_k$ aus (4.56), (4.57) bzw. (2.68) zu berechnen. Durch explizites Nachrechnen findet man

$$[\mathbf{J}_1, \mathbf{J}_2] \equiv \mathbf{J}_1\mathbf{J}_2 - \mathbf{J}_2\mathbf{J}_1 = \mathbf{J}_3 \qquad (4.59\text{a})$$

$$[\mathbf{J}_1, \mathbf{K}_1] = 0 \qquad (4.59\text{b})$$

$$[\mathbf{J}_1, \mathbf{K}_2] = \mathbf{K}_3\,; \quad [\mathbf{K}_1, \mathbf{J}_2] = \mathbf{K}_3 \qquad (4.59\text{c})$$

$$[\mathbf{K}_1, \mathbf{K}_2] = -\mathbf{J}_3\,. \qquad (4.59\text{d})$$

Alle weiteren Kommutatoren erhält man aus diesen indem man die Indizes zyklisch permutiert.

Beachtet man, dass diese Matrizen infinitesimale Transformationen erzeugen, so kann man sich die Relationen (4.59) bis zu einem gewissen Grad anschaulich machen. Zum Beispiel besagt (4.59a), dass zwei infinitesimale Drehungen mit dem Winkel ε_1 um die 1-Achse und mit dem Winkel ε_2 um die 2-Achse, wenn man sie in verschiedener Reihenfolge hintereinander ausführt, sich um eine Drehung um die 3-Achse mit dem Drehwinkel $\varepsilon_1\varepsilon_2$ unterscheiden:

$$\mathbf{R}^{-1}(0, \varepsilon_2, 0)\mathbf{R}^{-1}(\varepsilon_1, 0, 0)\mathbf{R}(0, \varepsilon_2, 0)\mathbf{R}(\varepsilon_1, 0, 0) = \mathbf{R}(0, 0, \varepsilon_1\varepsilon_2) + \text{Terme dritter Ordnung}\,.$$

(Man arbeite dies aus!) Gleichung (4.59b) sagt, dass eine Drehung um die Richtung, in der eine Spezielle Lorentz-Transformation ausgeführt wird, diese nicht ändert. Gleichung (4.59c) drückt aus, dass die drei Matrizen $(\mathbf{K}_1, \mathbf{K}_2, \mathbf{K}_3)$ unter Drehungen sich wie ein gewöhnlicher Vektor im $\mathbb{R}^3$ verhalten (daher auch die Schreibweise $\boldsymbol{K}$, s. oben).

Am interessantesten ist die Vertauschungsrelation (4.59d): Führt man zwei Spezielle Lorentz-Transformationen in Richtung der 1- und 2-Achse hintereinander aus und macht sie in der umgekehrten Reihenfolge wieder rückgängig, so resultiert eine reine Drehung um die 3-Achse. Um dies klar zu sehen, betrachten wir

$$\mathbf{L}_1 \simeq \mathbb{1} + \lambda_1\mathbf{K}_1 + \frac{1}{2}\lambda_1^2\mathbf{K}_1^2\,; \quad \mathbf{L}_2 \simeq \mathbb{1} + \lambda_2\mathbf{K}_2 + \frac{1}{2}\lambda_2^2\mathbf{K}_2^2$$

mit $\lambda_i \ll 1$. Dann ist in zweiter Ordnung in den λ_i

$$\mathbf{L}_2^{-1}\mathbf{L}_1^{-1}\mathbf{L}_2\mathbf{L}_1 \simeq \mathbb{1} - \lambda_1\lambda_2[\mathbf{K}_1, \mathbf{K}_2] = \mathbb{1} + \lambda_1\lambda_2\mathbf{J}_3\,. \tag{4.60}$$

Das bedeutet in einem Beispiel folgendes: Ein Elementarteilchen, etwa ein Elektron, trägt einen Eigendrehimpuls (oder Spin). Dieses Teilchen möge den Impuls $\boldsymbol{p}_0 = 0$ haben. Die oben beschriebene Folge von Speziellen Lorentz-Transformationen bringt den Impuls schließlich wieder zu seinem Anfangswert $\boldsymbol{p}_0 = 0$ zurück, der Eigendrehimpuls dreht sich dabei aber ein wenig um die 3-Achse. (Diese Aussage ist die Grundlage der sogenannten Thomas-Präzession, die in den spezialisierten Büchern über Relativitätstheorie diskutiert wird und die eine Reihe von Anwendungen hat.)

4.6 Addition von relativistischen Geschwindigkeiten

Der Vektor $\boldsymbol{v}$, der die Spezielle Galilei-Transformation (4.34) bzw. die Spezielle Lorentz-Transformation (4.41) charakterisiert, stellt die Relativgeschwindigkeit der beiden Inertialsysteme $\mathbf{K}_0$ und $\mathbf{K}'$ dar, zwischen denen diese Transformationen vermitteln. Zum Beispiel kann man sich vorstellen, dass $\mathbf{K}'$ in einem Teilchen verankert ist, das sich relativ zum im Ursprung des Systems $\mathbf{K}_0$ sitzenden Beobachter mit der konstanten Geschwindigkeit $\boldsymbol{v}$ bewegt. Wir nehmen an, diese Geschwindigkeit sei dem Betrage nach kleiner als die Lichtgeschwindigkeit c. Natürlich darf man das System $\mathbf{K}_0$ auch durch ein anderes System $\mathbf{K}_1$ ersetzen, relativ zu dem sich das System $\mathbf{K}_0$ mit der Geschwindigkeit $\boldsymbol{w}$ bewegt, deren Betrag ebenfalls kleiner als c sein möge. Wie sieht dann die Spezielle Transformation aus, die die Bewegung des Systems $\mathbf{K}'$ (Ruhesystem des Teilchens) relativ zu $\mathbf{K}_1$ beschreibt?

Für den Fall der Galilei-Transformation (4.34) ist das einfach zu beantworten: $\mathbf{K}'$ bewegt sich relativ zu $\mathbf{K}_1$ mit der konstanten Geschwindigkeit $\boldsymbol{u} = \boldsymbol{v} + \boldsymbol{w}$. Wenn insbesondere $\boldsymbol{v}$ und $\boldsymbol{w}$ parallel sind und wenn z. B. $|\boldsymbol{v}|$ und $|\boldsymbol{w}|$ größer als $c/2$ sind, so hat der Vektor $\boldsymbol{u}$ einen Betrag größer als c.

Im relativistischen Fall sieht dieses Additionsgesetz der Geschwindigkeiten ganz anders aus. Ohne Beschränkung der Allgemeinheit können wir $\boldsymbol{v}$ in die 1-Richtung legen. Es sei λ der zugehörige Parameter,

$$\tanh\lambda = \frac{|\boldsymbol{v}|}{c} \equiv \frac{v}{c}\,, \qquad \text{bzw.} \quad \mathrm{e}^{\lambda} = \sqrt{\frac{1+v/c}{1-v/c}}\,,$$

so dass die Transformation zwischen $\mathbf{K}_0$ und $\mathbf{K}'$ so aussieht:

$$\mathbf{L}(\boldsymbol{v} = v\hat{\boldsymbol{e}}_1) = \begin{pmatrix} \cosh\lambda & \sinh\lambda & 0 & 0 \\ \sinh\lambda & \cosh\lambda & 0 & 0 \\ 0 & 0 & 1 & 0 \\ 0 & 0 & 0 & 1 \end{pmatrix}. \tag{4.61}$$

Der interessanteste Fall ist sicherlich der, wo $\boldsymbol{w}$ parallel zu und gleichgerichtet mit $\boldsymbol{v}$ ist, d. h. wo man zweimal hintereinander in derselben Richtung „angeschoben" hat. $\mathbf{L}(\boldsymbol{w} = w\hat{\boldsymbol{e}}_1)$ hat dann dieselbe Form (4.61), wobei λ durch den Parameter μ ersetzt wird, für den gilt

$$\tanh\mu = \frac{w}{c}\,, \qquad \text{bzw.} \quad \mathrm{e}^{\mu} = \sqrt{\frac{1+w/c}{1-w/c}}\,.$$

Das Produkt $\mathbf{L}(w\boldsymbol{e}_1)\mathbf{L}(v\boldsymbol{e}_1)$ ist wieder eine Spezielle Lorentz-Transformation in der 1-Richtung, die mit Hilfe der Additionstheoreme der Hyperbelfunktionen leicht zu berechnen ist. Man findet

$$\mathbf{L}(w\boldsymbol{e}_1)\mathbf{L}(v\boldsymbol{e}_1) = \begin{pmatrix} \cosh(\lambda+\mu) & \sinh(\lambda+\mu) & 0 & 0 \\ \sinh(\lambda+\mu) & \cosh(\lambda+\mu) & 0 & 0 \\ 0 & 0 & 1 & 0 \\ 0 & 0 & 0 & 1 \end{pmatrix} \equiv \mathbf{L}(u\boldsymbol{e}_1)\,.$$

Hieraus ergibt sich die Beziehung

$$\mathrm{e}^{\lambda+\mu} = \sqrt{\frac{1+u/c}{1-u/c}} = \sqrt{\frac{(1+v/c)(1+w/c)}{(1-v/c)(1-w/c)}}\,,$$

aus der man das folgende Additionsgesetz (für parallele Geschwindigkeiten) ableitet

$$\frac{u}{c} = \frac{v/c + w/c}{1 + vw/c^2} . \tag{4.62}$$

Diese Formel hat zwei interessante Eigenschaften:

(i) Sind beide Geschwindigkeiten v und w klein gegenüber der Lichtgeschwindigkeit, so ist

$$u = v + w + O(vw/c^2) . \tag{4.63}$$

d. h. es kommt, wie erwartet, das nichtrelativistische Additionsgesetz heraus. Die ersten relativistischen Korrekturen sind von der Ordnung $1/c^2$.

(ii) Solange v und w beide kleiner als c sind, gilt dies auch für u. Ist eine der beiden Geschwindigkeiten gleich c, die andere kleiner als c, oder sind beide gleich c, so ist auch u gleich c. Die Lichtgeschwindigkeit wird aber nie überschritten.

Liegen $\boldsymbol{v}$ und $\boldsymbol{w}$ nicht in derselben Richtung, so werden die Verhältnisse etwas komplizierter, die Schlussfolgerung bleibt aber dieselbe. Als Beispiel betrachten wir eine Spezielle Lorentz-Transformation entlang der 1-Richtung, gefolgt von einer ebensolchen entlang der 2-Richtung. Diesmal wählen wir die Form (4.37) bzw. (4.41) mit dem Argument $+\boldsymbol{v}$ und beachten, dass die Parameter γ und β wie folgt zusammenhängen:

$$\gamma_i = 1/\sqrt{1-\beta_i^2} \quad \text{bzw.} \quad \beta_i\gamma_i = \sqrt{\gamma_i^2 - 1}, \quad i = 1, 2 . \tag{4.64}$$

Dann finden wir durch Ausmultiplizieren der Matrizen $\mathbf{L}(v_2\hat{\boldsymbol{e}}_2)$ und $\mathbf{L}(v_1\hat{\boldsymbol{e}}_1)$

$$\mathbf{\Lambda} \equiv \mathbf{L}(v_2\hat{\boldsymbol{e}}_2)\mathbf{L}(v_1\hat{\boldsymbol{e}}_1) = \begin{pmatrix} \gamma_1\gamma_2 & \gamma_1\gamma_2\beta_1 & \gamma_2\beta_2 & 0 \\ \gamma_1\beta_1 & \gamma_1 & 0 & 0 \\ \gamma_1\gamma_2\beta_2 & \gamma_1\gamma_2\beta_1\beta_2 & \gamma_2 & 0 \\ 0 & 0 & 0 & 1 \end{pmatrix} . \tag{4.65}$$

Diese Transformation ist weder eine Spezielle – da nicht symmetrisch, noch eine reine Drehung – da $\Lambda^0{}_0$ nicht 1 ist. Als Produkt zweier Spezieller Transformationen liegt sie im Zweig $L_+^\uparrow$. Sie muss daher ein Produkt aus beiden Sorten von Transformationen sein. Wenden wir den Zerlegungssatz 4.5.1 in der Form (4.44) auf $\mathbf{\Lambda}$ an, so ergibt sich

$$\mathbf{\Lambda} = \mathbf{L}(\boldsymbol{u})\mathcal{R}(\boldsymbol{\varphi}) \tag{4.66}$$

mit $u^i/c = \Lambda^i{}_0/\Lambda^0{}_0 = (\beta_1/\gamma_2, \beta_2, 0)$, während die Gleichungen (4.46) für die Drehung unter Verwendung von (4.64) ergeben

$$R^{11} = R^{22} = (\gamma_1 + \gamma_2)/(1 + \gamma_1\gamma_2) , \quad R^{33} = 1$$
$$R^{12} = -R^{21} = -\sqrt{(\gamma_1^2 - 1)(\gamma_2^2 - 1)}/(1 + \gamma_1\gamma_2) ,$$
$$R^{13} = R^{23} = 0 = R^{31} = R^{32} .$$

Die Drehung erfolgt um die 3-Achse $\hat{\boldsymbol{\varphi}} = \hat{\boldsymbol{e}}_3$, und hat den Drehwinkel

$$\begin{aligned}\varphi &= -\arctan\sqrt{(\gamma_1^2-1)(\gamma_2^2-1)}/(\gamma_1+\gamma_2) \\ &= -\arctan\left[\beta_1\beta_2/\left(\sqrt{1-\beta_1^2}+\sqrt{1-\beta_2^2}\right)\right] .\end{aligned} \tag{4.66a}$$

Für die Geschwindigkeit u gilt

$$\left(\frac{\boldsymbol{u}}{c}\right)^2 = \beta_1^2+\beta_2^2-\beta_1^2\beta_2^2 = \frac{\gamma_1^2\gamma_2^2-1}{\gamma_1^2\gamma_2^2} , \tag{4.66b}$$

so dass immer $u \leq c$ gilt. Wenn $\boldsymbol{v}$ und $\boldsymbol{w}$ beliebige Richtungen relativ zueinander haben, so ist das zu $\boldsymbol{u}$ gehörende γ stets gleich dem Produkt aus γ_1 und γ_2 und $(1+\boldsymbol{v}\cdot\boldsymbol{w}/c^2)$. Solange beide größer als 1 sind, ist $\gamma \geq \gamma_1\gamma_2(1-\beta_1\beta_2)$ größer als oder gleich 1. Die Lichtgeschwindigkeit wird nicht überschritten.

Diese etwas verwickelten Verhältnisse werden einfach, wenn alle vorkommenden Geschwindigkeiten klein gegen die Lichtgeschwindigkeit sind. In Abschn. 4.4.2 hatten wir schon nachgeprüft, dass der nichtrelativistische Grenzfall einer Speziellen Lorentz-Transformation $\mathbf{L}(\boldsymbol{v})$ genau die entsprechende Spezielle Galilei-Transformation ergibt. Sind im Beispiel (4.65) sowohl v_1 als auch v_2 klein gegen c, so ist

$$\begin{aligned}\boldsymbol{u} &\simeq v_1\boldsymbol{e}_1 + v_2\boldsymbol{e}_2 \\ \varphi &= -\arctan\left[\frac{v_1v_2}{c^2}\left(1+O\left(\frac{v_i^2}{c^2}\right)\right)\right] \simeq 0 .\end{aligned}$$

Die beiden Geschwindigkeiten addieren sich vektoriell und die Drehung um die 3-Achse ist die Identität. Die induzierte Drehung in (4.66) ist ein rein relativistisches Phänomen. Im Kleinen, d. h. infinitesimal ausgedrückt, geht sie auf den Kommutator (4.59d) zurück, den wir in Abschn. 4.5.2 (iv) diskutiert und interpretiert haben.

4.7 Galilei- und Lorentz-Raumzeit-Mannigfaltigkeiten

Während Translationen (in Ort und Zeit) und Drehungen in der Galilei- und in der Lorentz-Gruppe dieselben sind, sind die Speziellen Transformationen in den beiden Fällen wesentlich verschieden. In diesem Abschnitt wollen wir zeigen, dass die Raumzeit-Mannigfaltigkeiten, die man mit der Galilei-Gruppe bzw. der Lorentz-Gruppe als Invarianzgruppe ausstattet, infolgedessen ganz unterschiedliche Struktur bekommen.

Wir betrachten zunächst das Beispiel einer Speziellen Transformation mit Geschwindigkeit $w = \beta c$ entlang der 1-Achse in der passiven Lesart. Mit $x^0 = ct$ lautet sie für den Fall der Galilei-Gruppe

$$\begin{aligned}x'^0 &= x^0 & x'^2 &= x^2 \\ x'^1 &= x^1 - \beta x^0 ; & x'^3 &= x^3 .\end{aligned} \tag{4.67}$$

Die Lichtgeschwindigkeit ist hier in $x^0 = ct$ und im Term $-\beta x^0 = -vt$ künstlich und nur zum Vergleich eingeführt. Für den Fall der Lorentz-Gruppe lautet die Wirkung derselben Transformation

$$\begin{aligned} x'^0 &= \gamma[x^0 - \beta x^1]\,; & x'^2 &= x^2 \\ x'^1 &= \gamma[-\beta x^0 + x^1]\,; & x'^3 &= x^3\,. \end{aligned} \tag{4.68}$$

Dabei beziehen sich die Koordinaten x^μ auf das Inertialsystem $\mathbf{K}$, die Koordinaten x'^μ beziehen sich auf $\mathbf{K}'$, das sich relativ zu $\mathbf{K}$ mit der Geschwindigkeit $\boldsymbol{w} = \beta c \hat{\boldsymbol{e}}_1$ bewegt. Im System $\mathbf{K}$ seien drei kräftefreie Massenpunkte A, B und C vorgegeben, die zur Zeit $t = 0$ die Positionen $\boldsymbol{x}^{(A)} = (0, 0, 0)$, $\boldsymbol{x}^{(B)} = \boldsymbol{x}^{(C)} = (\Delta, 0, 0)$ haben mögen. A soll ruhen, B sich mit der Geschwindigkeit $\boldsymbol{v} = 0{,}1c\,\hat{\boldsymbol{e}}_1$, C sich mit der Geschwindigkeit $\boldsymbol{w} = \beta c \hat{\boldsymbol{e}}_1$ bewegen, wobei $\beta = 1/\sqrt{3} \simeq 0{,}58$ gewählt ist. Alle drei führen eine geradlinig-gleichförmige Bewegung aus, d. h. sie durchlaufen Geraden in der (x^1, t)-Ebene. Nach der Zeit $t = \Delta/c$ zum Beispiel haben sie die in den Abb. 4.3a und b eingezeichneten Positionen A_1, B_1 bzw. C_1 erreicht. Betrachtet man dieselben Bewegungen vom Bezugssystem $\mathbf{K}'$ aus, so ergibt sich in der Lorentz-invarianten Welt ein ganz anderes Bild als in der Galilei-invarianten Welt:

a) Nach den nichtrelativistischen Gleichungen (4.67) fallen die Positionen der drei Massenpunkte in $\mathbf{K}'$ bei $t' = 0$ mit denen bezüglich $\mathbf{K}$ zusammen. Nach Ablauf der Zeit $t = \Delta/c$ haben sie die in Abb. 4.3a eingezeichneten Positionen A'_1, B'_1 bzw. C'_1 erreicht. Man sieht an der Abbildung deutlich, dass die Zeit eine vor den Raumrichtungen ausgezeichnete Rolle spielt. Was bezüglich $\mathbf{K}$ gleichzeitig geschieht, geschieht auch für den Beobachter in $\mathbf{K}'$ zu gleichen Zeiten. Wie in Abschn. 1.14 (ii) diskutiert, ist es ohne Kenntnis des Zusammenhangs (4.67) zwischen den beiden Systemen zwar nicht möglich, räumliche Positionen von Punkten zu *verschiedenen* Zeiten zu vergleichen, (z. B. A_0 mit A_1, $A'_0 = A_0$ mit A'_1). Der Vergleich von Positionen, die zu *gleichen* Zeiten durchlaufen werden, ist aber unabhängig vom gewählten Bezugssystem und daher physikalisch sinnvoll. Zum Beispiel: Messen ein Beobachter in $\mathbf{K}$ und ein anderer Beobachter in $\mathbf{K}'$ die räumlichen Positionen von A und C zur Zeit $t = t' = 0$, sowie zu beliebigen anderen Zeiten $t = t'$, so finden sie beide als Ergebnis, dass A und C geradlinig-gleichförmige Bewegungen ausführen und dass die Differenz ihrer Geschwindigkeiten $\boldsymbol{w} = \beta c\,\hat{\boldsymbol{e}}_1$ ist.

b) Sind die beiden Bezugssysteme durch die Lorentz-Transformation (4.68) verknüpft, so ergeben sich von $\mathbf{K}'$ aus gesehen die Bahnen $A'_0A'_1$, $B'_0B'_1$ bzw. $C'_0C'_1$ wie in Abb. 4.3b eingezeichnet. An diesem Bild kann man zwei wichtige Beobachtungen machen. Erstens sieht man, dass die Gleichzeitigkeit von Ereignissen jetzt systemabhängig geworden ist. Die bezüglich $\mathbf{K}$ gleichzeitigen Ereignisse A_0 und $B_0 = C_0$ liegen im System $\mathbf{K}'$ auf der Geraden $x'^0 = -\beta x'^1$, finden also zu verschiedenen Zeiten statt. (Ebenso liegen die in $\mathbf{K}$

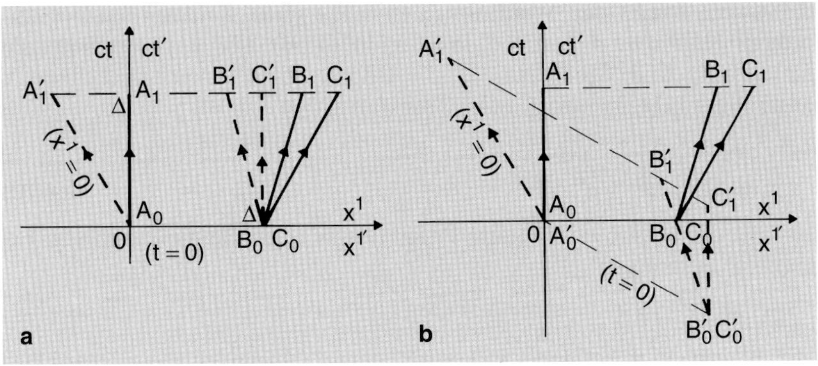

Abb. 4.3a,b. Geradlinig-gleichförmige Bewegung dreier Massenpunkte mit unterschiedlichen Anfangsgeschwindigkeiten, wie sie von zwei verschiedenen Inertialsystemen **K** und **K**′ aus beobachtet wird. (**a**): **K** und **K**′ sind durch eine Spezielle Galilei-Transformation verknüpft, (**b**): **K** und **K**′ sind durch eine Spezielle Lorentz-Transformation verknüpft

gleichzeitigen Punkte A_1, B_1 und C_1 im System $\mathbf{K}'$ auf der Geraden $x'^0 = -\beta x'^1 + \gamma(1-\beta^2)$.) Zweitens zeigt das Bild 4.3b eine Symmetrie zwischen x^0 und x^1, die das nichtrelativistische Bild 4.3a nicht besitzt. Die Bilder der Linien $t = 0$ und $x^1 = 0$ liegen im System $\mathbf{K}'$ symmetrisch zur Winkelhalbierenden des ersten Quadranten. (Da wir B_0 die Koordinaten $(\Delta, 0)$, A_1 die Koordinaten $(0, \Delta)$ gegeben haben, liegen deren Bilder B'_0 und A'_1 ebenfalls symmetrisch bezüglich derselben Achse.)
Was kann man allgemein über die Struktur der Galilei-Raumzeit und der Lorentz-invarianten Minkowski-Raumzeit aussagen? Beides sind Mannigfaltigkeiten mit der Topologie eines $\mathbb{R}^4$. Die Wahl eines Koordinatensystems, die man in der Regel im Blick auf ein lokales physikalisches Geschehen trifft, kann man sich als Wahl einer „Karte“ aus dem „Atlas“ vorstellen, der die Mannigfaltigkeit beschreibt. (Als Steuermann eines Bootes sucht man sich aus dem Atlas aller Meere eine Karte heraus, die eine lokale Umgebung der augenblicklichen Route beschreibt. Die Bahn des Schiffes ist das physikalische Geschehen, die Wahl der Karte ist die Wahl eines geeigneten lokalen Koordinatensystems.)

a) Galilei-invariante Raumzeit

In einer unter Galilei-Transformationen invarianten Welt hat die Zeit einen absoluten Charakter: Die Aussage, dass zwei Ereignisse gleichzeitig stattfinden, ist unabhängig von ihrem räumlichen Abstand und unabhängig vom Koordinatensystem, das man ausgewählt hat. Es sei P_Q die (vierdimensionale) Galilei-Raumzeit, $M \equiv \mathbb{R}_t$ die (eindimensionale) Zeit-Mannigfaltigkeit (hier die Linie $\mathbb{R}^1$). Es werde zunächst ein beliebiges Koordinatensystem **K** ausgewählt, in dem die Bahnen von physikalischen Teilchen durch Weltlinien $(t, \boldsymbol{x}(t))$ beschrieben werden. Wir betrachten die Projektion

$$\pi : P_G \to M : (t, \boldsymbol{x}) \mapsto t\,, \tag{4.69}$$

die jedem Punkt der Weltlinie $(t, \boldsymbol{x}) \in P_{\mathrm{G}}$ seine Zeitkoordinate t zuordnet. Hält man t fest, so fasst π in (4.69) alle $\boldsymbol{x}$ zusammen, die gleichzeitig sind. Sind t' und $\boldsymbol{x}'$ die Bilder dieses festen t und dieser $\boldsymbol{x}$ unter einer allgemeinen Galilei-Transformation

$$\begin{aligned} t' &= t + s \\ \boldsymbol{x}' &= \mathbf{R}\boldsymbol{x} + \boldsymbol{w}t + \boldsymbol{a}\,, \end{aligned} \tag{4.70}$$

so fasst die in (4.69) definierte Projektion wieder alle gleichzeitigen Ereignisse zusammen,

$$\pi : (t', \boldsymbol{x}') \mapsto t'\,.$$

Die Projektion π hat daher in koordinatenunabhängiger Weise eine klare Bedeutung. Betrachtet man ein Intervall I in $\mathbb{R}_t$, das den Punkt t enthält, so hat das Urbild von I unter π die Struktur Zeitintervall $\times$ dreidimensionaler affiner Raum,

$$\pi^{-1} : I \to \pi^{-1}(I) \in P_{\mathrm{G}} \quad \text{isomorph zu} \quad I \times \mathbb{E}^3\,. \tag{4.71}$$

Diese Eigenschaft bedeutet, dass P_{G} ein *affines Faserbündel* über der eindimensionalen Zeit-Mannigfaltigkeit $M = \mathbb{R}_t$ ist.

Die in (4.69) auftretende Weltlinie bezieht sich auf ein ausgewähltes Beobachtersystem **K**, d. h. der Beobachter verwendet seine Position als Bezugspunkt (Ursprung von **K**). Dies drückt aus, dass man stets zwei (oder mehr) physikalische Ereignisse in P_{G} miteinander vergleicht, in Koordinaten also die Differenz $x_B - x_A = (t_B - t_A, \boldsymbol{x}_B - \boldsymbol{x}_A)$ anschaut. Die Projektion (4.69) fragt nach *gleichzeitigen* Ereignissen, d. h. solchen mit $t_B = t_A$. Somit kann man für diese Projektion folgende, von der Wahl eines Systems **K** unabhängige Definition geben:

Sind $x_A = (t_A, \boldsymbol{x}_A)$ und $x_B = (t_B, \boldsymbol{x}_B)$ Punkte aus P_{G}, so fasst die Projektion π alle diejenigen Punkte als äquivalent auf, $x_A \sim x_B$, für die $t_A = t_B$ ist.

Bemerkung

Die Definition des Faserbündels lautet folgendermaßen: Es seien P und M differenzierbare Mannigfaltigkeiten, F ein affiner Raum. Es existiere eine surjektive und reguläre, differenzierbare Abbildung (Projektion) π von P auf M mit folgender Eigenschaft: Zu jedem Punkt t gibt es eine Umgebung U, deren Urbild unter π zum Produkt $U \times F$ diffeomorph ist. Mit anderen Worten, die Abbildung

$$\Phi : \pi^{-1}(U) \to U \times F \tag{4.72}$$

des Urbildes von U in P auf das direkte Produkt $U \times F$ ist ein Diffeomorphismus. P heißt *Totalraum* und M heißt *Basisraum*. Dass π regulär sein soll, bedeutet insbesondere, dass die Dimension von M kleiner als oder gleich der Dimension von P sein muss, $\dim M \leq \dim P$. F heißt die *Faser* über dem Punkt $t \in M$, für deren Dimension stets $\dim F + \dim M = \dim P$ gilt. Die Abbildung Φ, (4.72), nennt man *Bündelkarte* oder *lokale Trivialisierung* des Bündels. Falls man eine Bündelkarte Φ

finden kann, für die U gleich ganz M ist, so nennt man das Bündel *trivial*. Man kann es in diesem Fall in der Form eines direkten Produktes $M \times F$ darstellen. (Was differenzierbare Mannigfaltigkeit genauer bedeutet, erklären wir in Kap. 5. Es genügt aber sich daran zu erinnern, dass wir physikalische Vorgänge durch Differentialgleichungen beschreiben, die zugrundeliegenden Mannigfaltigkeiten folglich so beschaffen sein müssen, dass man darauf differenzieren kann.)

Welche Art Bündel liegt im Fall der Galilei-Raumzeit P_G vor? Würde man in (4.70) die Speziellen Transformationen ausschließen, d. h. $\boldsymbol{w} = 0$ setzen, so gäbe es analog zur Projektion (4.69) eine kanonische, vom gewählten System unabhängige Projektion auf den dreidimensionalen Raum. Dann wäre P_G in der Tat trivial, hätte also global die Produktstruktur $\mathbb{R}_t \times \mathbb{R}^3$. Lässt man aber die Speziellen Transformationen ($\boldsymbol{w} \neq 0$) in (4.70) zu, so zeigt das oben diskutierte Beispiel oder der etwas allgemeinere Fall der Abb. 4.4, dass die Realisierung der Projektion auf den Raum nicht mehr unabhängig vom gewählten Bezugssystem (bzw. der gewählten Karte) ist. Das Bündel

$$P_G(\pi : P_G \to M = \mathbb{R}_t, \text{Faser } F = \mathbb{E}^3)$$

hat daher zwar die *lokale* Struktur $\mathbb{R}_t \times \mathbb{E}^3$, *global* ist es aber nicht trivial.

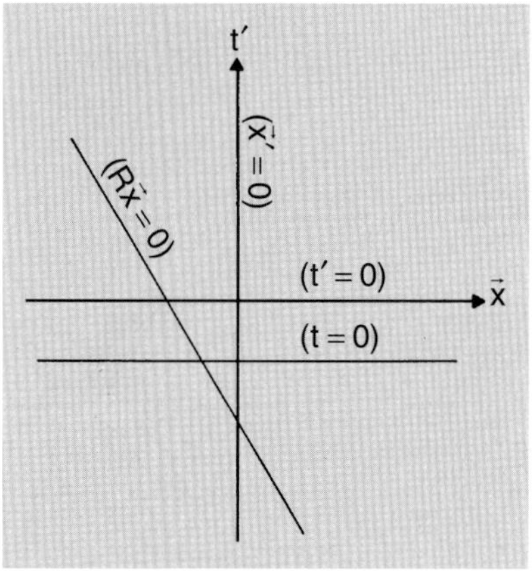

Abb. 4.4. In der Galilei-Raumzeit P_G hat die Zeit zwar absoluten Charakter, die Projektion von P_G auf den Raumanteil hängt aber vom gewählten Bezugssystem ab

b) Lorentz-invariante Raumzeit

Das Beispiel (4.68) und die Abb. 4.3b zeigen klar, dass die mit den Lorentz-Transformationen ausgestattete Raumzeit nicht mehr die Bündelform der Galilei-Raumzeit hat. Weder die Projektion auf die Zeitachse noch die auf den dreidimensionalen Raum ist auf kanonische Weise vorgebbar. Im Gegenteil, Raum und Zeit erscheinen jetzt wirklich gleichberechtigt und werden bei Speziellen Lorentz-Transformationen in symmetrischer Weise vermischt.

Nicht nur die *räumlichen* Abstände zwischen verschiedenen Ereignissen, sondern auch ihre *zeitlichen* Abstände sind jetzt abhängig vom gewählten Inertialsystem (allerdings in einer korrelierten Weise, nämlich so, dass $(\boldsymbol{x}_{(1)} - \boldsymbol{x}_{(2)})^2 - (x^0_{(1)} - x^0_{(2)})^2$ invariant bleibt). Als Konsequenz stellt sich heraus, dass bewegte Skalen verkürzt erscheinen, bewegte Uhren langsamer schlagen. Das sind neue und wichtige Phänomene, denen wir uns jetzt zuwenden.

4.8 Bahnkurven und Eigenzeit

Eine der zunächst etwas unübersichtlichen Eigenschaften des in Abb. 4.3b illustrierten Beispiels ist die Beobachtung, dass ein und derselbe physikalische Bewegungsvorgang unterschiedlich lange dauert, je nachdem von welchem Bezugssystem aus man ihn beobachtet. Um sich von dieser Systemabhängigkeit zu lösen, liegt es nahe, den bewegten Objekten A, B oder C

jeweils eine eigene Uhr (und, falls sie ausgedehnte Körper sind, auch einen eigenen Maßstab) mitzugeben, so dass man mit den Angaben in anderen Systemen vergleichen kann. Für die geradlinig-gleichförmige Bewegung ist das besonders einfach, da das Ruhesystem des Körpers dann auch ein Inertialsystem ist.

Für beliebige, beschleunigte Bewegung ist es das beste Konzept, die Bahnkurve in der Raumzeit in geometrischer, invarianter Weise mit Hilfe eines Lorentz-skalaren Bahnparameters zu beschreiben. Das bedeutet, dass man die Weltlinie eines Massenpunktes in der Form $x(s)$ darstellt, wobei s die Bogenlänge dieser Weltlinie ist. Die Bogenlänge s ist ein vom Bezugssystem unabhängiger Bahnparameter, den man natürlich auch durch einen solchen mit der Dimension *Zeit* ersetzen kann: $s \mapsto \tau = s/c$. Tun wir dies, so beschreibt $x(\tau)$ in geometrisch invarianter Weise die räumliche und zeitliche Entwicklung der Bewegung. Man kann sich τ als diejenige Zeit vorstellen, die eine bei der Bewegung mitgeführte Uhr anzeigt. Daher nennt man τ auch die *Eigenzeit*.

Ganz beliebig kann die Weltlinie $x(\tau)$ allerdings nicht verlaufen: Das Teilchen kann sich nur mit einer solchen Geschwindigkeit bewegen, welche die Lichtgeschwindigkeit c nicht überschreitet. Das ist gleichbedeutend damit, dass an jeder Stelle der Bahn ein momentanes Ruhesystem existieren muss. Wählen wir ein beliebiges Inertialsystem aus, so hat $x(\tau)$ die Darstellung $x(\tau) = (x^0(\tau), \boldsymbol{x}(\tau))$. Zu $x(\tau)$ gibt es den Geschwindigkeitsvektor

$$\dot{x} = (\dot{x}^0, \dot{\boldsymbol{x}})^{\mathrm{T}} \quad \text{mit} \quad \dot{x}^\mu := \frac{\mathrm{d}}{\mathrm{d}\,\tau} x^\mu(\tau)\,. \tag{4.73}$$

Um die genannte Forderung zu erfüllen, muss dieser Vektor immer *zeitartig* (oder lichtartig) sein, d. h. $(\dot{x}^0)^2 \geq \dot{\boldsymbol{x}}^2$. Dann gilt aber auch die folgende Aussage: Wenn $\dot{x}^0 = \mathrm{d}\,x^0/\mathrm{d}\,\tau > 0$ an einer beliebigen Stelle der Bahn gilt, so ist dies entlang der ganzen Bahn richtig. Die Abb. 4.5 zeigt ein Beispiel für eine physikalische Weltlinie. Schließlich kann man den Bahnparameter τ sicher so normieren, dass die (invariante) Norm des Vektors (4.73) stets den Betrag c hat,

$$\dot{x}^2 \equiv \dot{x}^\mu g_{\mu\nu} \dot{x}^\nu = c^2\,. \tag{4.74}$$

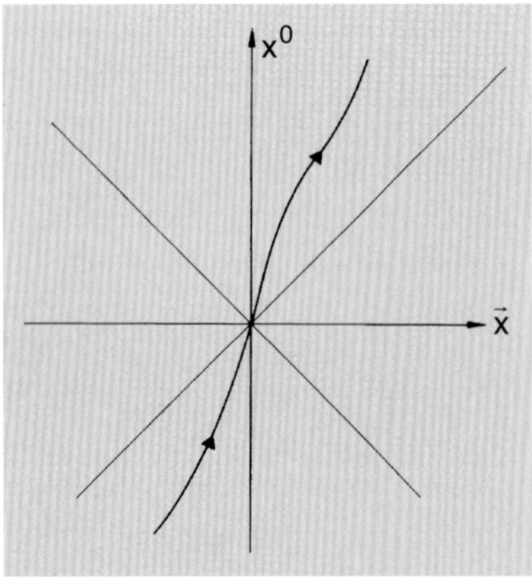

Abb. 4.5. Beispiel für eine physikalisch mögliche Weltlinie. In jedem Punkt der Bahn ist der Geschwindigkeitsvektor $\dot{x}$ zeitartig oder lichtartig (d. h. hat eine Steigung größer oder gleich 45°)

Gibt man den Parameter $\tau = \tau_0$ vor, so lässt sich $\dot{x}$ am Weltpunkt $(\tau_0, x(\tau_0))$ durch eine Lorentz-Transformation auf die Form $\dot{x} = (c, 0, 0, 0)$ bringen. Diese Transformation führt somit in das momentane Ruhesystem des Teilchens und es ist

$$\frac{\mathrm{d}\,x^0}{\mathrm{d}\,\tau} = c\,, \quad \text{d. h.} \quad \mathrm{d}\tau = \frac{1}{c}\,\mathrm{d}x^0 = \mathrm{d}t \quad (\text{bei } \tau = \tau_0)\,. \tag{4.75}$$

$\dot{x}$ ist genau der Vektor ω aus (4.42), während die Transformation in das Ruhesystem die in (4.43) angegebene ist.

Das Ergebnis (4.75) kann man folgendermaßen interpretieren: Führt man eine Uhr mit dem Teilchen entlang seiner Bahn mit, so misst diese die Eigenzeit τ. Als geometrische Variable gelesen ist τ der *Bogenlänge* proportional, $s := c\tau$, denn es gilt

$$\mathrm{d}s^2 = c^2\,\mathrm{d}\tau^2 = \mathrm{d}x^\mu g_{\mu\nu}\,\mathrm{d}x^\nu = c^2(\mathrm{d}t)^2 - (\mathrm{d}\boldsymbol{x})^2\,. \tag{4.76}$$

Man erkennt noch einmal deutlich die Bedeutung von $g_{\mu\nu}$ als dem metrischen Tensor. Die Form (4.76) ist eine Invariante. Sie gibt einen Ausdruck für das (quadrierte) *Linienelement* $\mathrm{d}s^2$.

4.9 Relativistische Dynamik

4.9.1 Relativistisches Kraftgesetz

Es seien ein Inertialsystem **K** und ein bewegtes Teilchen vorgegeben, das sich mit der (momentanen) Geschwindigkeit $\boldsymbol{v}$ relativ zu **K** bewegt. Es sei weiter $\mathbf{K}_0$ das momentane Ruhesystem des Teilchens, wobei wir die Achsen des Bezugssystems $\mathbf{K}_0$ parallel zu denen von **K** wählen. Die Verknüpfung dieser beiden Systeme ist durch die Spezielle Lorentz-Transformation (4.41) zur Geschwindigkeit $\boldsymbol{v}$ gegeben, wie im folgenden Diagramm angedeutet:

$$\mathbf{K}_0 \underset{\mathbf{L}(\boldsymbol{v})}{\overset{\mathbf{L}(-\boldsymbol{v})}{\rightleftarrows}} \mathbf{K}\,. \tag{4.77}$$

Wenn wir versuchen, das Bewegungsgesetz (1.8), das zweite Newton'sche Grundgesetz, auf den relativistischen Fall zu verallgemeinern, so müssen zwei Bedingungen erfüllt sein:

i) Der postulierte Zusammenhang zwischen der verallgemeinerten Beschleunigung $\mathrm{d}^2x(\tau)/\mathrm{d}\tau^2$ und dem relativistischen Analogon der wirkenden Kraft soll unter allen eigentlichen, orthochronen Lorentz-Transformationen *forminvariant* bleiben, oder, wie man auch sagt, die Bewegungsgleichung soll *kovariant* sein. Nur wenn sie diese Bedingung erfüllt, beschreibt sie immer den gleichen Sachverhalt, ganz gleich in welchem Bezugssystem man sie ausdrückt.
ii) Im Ruhesystem des Teilchens, ebenso wie im Falle sehr kleiner Geschwindigkeiten $|\boldsymbol{v}| \ll c$ muss die Bewegungsgleichung in die Newton'sche Gleichung (1.8) übergehen.

Es sei m die Masse des Teilchens, wie man sie aus der nichtrelativistischen Mechanik kennt. Da diese Größe somit im Bezug auf das Ruhesystem definiert ist, liegt es nahe, sie als eine innere Eigenschaft des Teilchens anzusehen, die nichts mit seinem momentanen Bewegungszustand zu tun hat. Man nennt diese Größe die *Ruhemasse* des Teilchens. Bei Elementarteilchen ist die Ruhemasse eines der fundamentalen Attribute, die für die Teilchen charakteristisch sind. Zum Beispiel trägt das Elektron die Ruhemasse

$$m_\mathrm{e} = (9{,}1093897 \pm 0{,}0000027)\cdot 10^{-31}\,\mathrm{kg}\,,$$

während das Myon, das im übrigen alle anderen Eigenschaften des Elektrons trägt, sich von diesem nur durch seine größere Ruhemasse unterscheidet, nämlich

$$m_\mu \simeq 206{,}77\, m_{\mathrm{e}} \,.$$

Ebenso wie die Eigenzeit τ ist die Ruhemasse m dann ein Lorentz-Skalar. Setzen wir daher die gesuchte Verallgemeinerung wie folgt an

$$m \frac{\mathrm{d}^2}{\mathrm{d}\tau^2} x^\mu(\tau) = f^\mu \,, \tag{4.78}$$

so ist die linke Seite ein Vierervektor unter Lorentz-Transformationen. Die Bedingung (i) verlangt dann, dass auch f^μ ein Vierervektor sei. Dann kann man aber die Gleichung (4.78) im Ruhesystem $\mathbf{K}_0$ ausdrücken und die Bedingung (ii) einbringen.

Bezüglich $\mathbf{K}_0$ ist nach (4.75) $\mathrm{d}\tau = \mathrm{d}t$, die linke Seite von (4.78) lautet also komponentenweise

$$m \frac{\mathrm{d}^2}{\mathrm{d}\tau^2} x^\mu(\tau)\Big|_{\mathbf{K}_0} = m\left(\frac{\mathrm{d}}{\mathrm{d}t}c, \frac{\mathrm{d}^2}{\mathrm{d}t^2}\boldsymbol{x}\right) = m(0, \ddot{\boldsymbol{x}}) \,.$$

Um die Bedingung (ii) zu erfüllen, muss

$$f\,|_{\mathbf{K}_0} = (f^\mu)\,|_{\mathbf{K}_0} = (0, \boldsymbol{K})$$

gelten, wo $\boldsymbol{K}$ die Newton'sche Kraft ist. Über den Zusammenhang (4.77) kann man f^μ im Inertialsystem $\mathbf{K}$ berechnen. Es gilt

$$f^\mu\,|_{\mathbf{K}} = \sum_{\nu=0}^{3} L^\mu{}_\nu(\boldsymbol{v}) f^\nu\,|_{\mathbf{K}_0} \,, \tag{4.79}$$

oder ausgeschrieben,

$$\begin{aligned} \boldsymbol{f} &= \boldsymbol{K} + \frac{\gamma^2}{1+\gamma}\frac{1}{c^2}(\boldsymbol{v}\cdot\boldsymbol{K})\boldsymbol{v} \\ f^0 &= \gamma\frac{1}{c}(\boldsymbol{v}\cdot\boldsymbol{K}) = \frac{1}{c}(\boldsymbol{v}\cdot\boldsymbol{f}) \,, \end{aligned} \tag{4.80}$$

wobei wir den Zusammenhang $\beta^2 = (\gamma^2-1)/\gamma^2$ benutzt haben. Der kovariante Ausdruck f^μ ist nichts anderes als die aus dem Ruhesystem „angeschobene" Newton'sche Kraft $(0, \boldsymbol{K})$.

4.9.2 Energie-Impulsvektor

Die oben erhaltene Bewegungsgleichung (4.78) legt es nahe, ein relativistisches Analogon zum Impuls $\boldsymbol{p}$ über den Vierervektor

$$p^\mu := m \frac{\mathrm{d}}{\mathrm{d}\tau} x^\mu(\tau) \tag{4.81}$$

zu definieren. Im Ruhesystem $\mathbf{K}_0$ hat er die Gestalt

$$p\,|_{\mathbf{K}_0} = (mc, \boldsymbol{0})^{\mathrm{T}} \,.$$

Schiebt man ihn wie (4.79) auf das System **K** an, so wird daraus

$$p\,|_{\mathbf{K}} = (\gamma m c, \gamma m \boldsymbol{v})^{\mathrm{T}} \,. \tag{4.82}$$

Dasselbe Ergebnis erhält man auch auf folgende Weise. Nach (4.76) ist $\mathrm{d}\tau$ entlang der Bahnkurven durch

$$\mathrm{d}\tau = \sqrt{(\mathrm{d}t)^2 - (\mathrm{d}\boldsymbol{x})^2/c^2} = \sqrt{1-\beta^2}\,\mathrm{d}t = \mathrm{d}t/\gamma$$

gegeben. Gleichung (4.81) besagt dann, dass

$$p^0 = m\gamma \frac{\mathrm{d}}{\mathrm{d}t}(ct) = mc\gamma \tag{4.82a}$$

$$\boldsymbol{p} = m\gamma \frac{\mathrm{d}}{\mathrm{d}t}\boldsymbol{x} = m\gamma\boldsymbol{v} \,. \tag{4.82b}$$

Die Lorentz-skalare Größe m ist die Ruhemasse des Teilchens, sie übernimmt die Rolle der aus der nichtrelativistischen Mechanik gewohnten Masse, wenn man in das Ruhesystem des Teilchens transformiert bzw. kleine Geschwindigkeiten betrachtet.

Die Zeitkomponente des Vierervektors p^μ, multipliziert mit der Lichtgeschwindigkeit c, hat die Dimension einer Energie. Wir setzen daher

$$p = (p^\mu) = \left(\frac{1}{c}E, \boldsymbol{p}\right)^{\mathrm{T}} \quad \text{mit} \quad E = \gamma m c^2 \,, \quad \boldsymbol{p} = \gamma m \boldsymbol{v} \,. \tag{4.83}$$

Diesen Vierervektor nennt man den *Energie-Impulsvektor*. Seine quadrierte Norm ist eine Invariante unter Lorentz-Transformationen und ist gleich

$$p^2 \equiv (p, p) = (p^0)^2 - \boldsymbol{p}^2 = \frac{1}{c^2}E^2 - \boldsymbol{p}^2 = m^2c^2 \,.$$

Hieraus folgt die wichtige relativistische Beziehung zwischen Energie und Impuls

$$E = \sqrt{\boldsymbol{p}^2c^2 + (mc^2)^2} \,. \tag{4.84}$$

Das ist die in (4.7) vorweggenommene, relativistische Verallgemeinerung der Energie-Impuls Beziehung für ein kräftefreies Teilchen der Masse m. Ist $\boldsymbol{p} = 0$, so ist $E = mc^2$. Die Größe mc^2 nennt man die *Ruheenergie* des (freien) Teilchens. E enthält also immer diesen Anteil, auch wenn der Impuls verschwindet. Daher ist es sinnvoll, als *kinetische* Energie die Größe

$$T := E - mc^2 \tag{4.85}$$

zu definieren. Natürlich bestätigt man als Erstes, dass bei kleinen Geschwindigkeiten die gewohnte Beziehung $T = \boldsymbol{p}^2/2m$ herauskommt. Für

$\beta \ll 1$ ist in der Tat

$$T \simeq \frac{\boldsymbol{p}^2}{2m}\left(1 - \frac{\boldsymbol{p}^2}{4m^2c^2}\right) = T_{\text{nichtrel.}} - \frac{(\boldsymbol{p}^2)^2}{8m^3c^2} \, .$$

Natürlich kann nur eine volle dynamische Theorie die in Abschn. 4.1 angeschnittenen Fragen beantworten. Dennoch eröffnet die relativistische Gleichung schon jetzt Möglichkeiten, die in der nichtrelativistischen Mechanik verschlossen waren und die wir kurz andeuten wollen. Jede Theorie der Wechselwirkungen zwischen Teilchen, die unter Lorentz-Transformationen invariant ist, enthält für freie Teilchen die Gleichung (4.84) zwischen Energie und Impuls. Aus ihr kann man folgendes ablesen:

i) Auch das ruhende Teilchen besitzt eine Energie, $E(\boldsymbol{v}=0) = mc^2$, die proportional zu seiner Masse ist. Dies ist die in Abschn. 4.1 angekündigte Einstein'sche Beziehung, die der Masse eine äquivalente Energie zuweist. Somit wird es überhaupt erst verständlich, dass ein ruhendes, massives Elementarteilchen in andere Teilchen zerfallen kann derart, dass seine Ruheenergie teilweise oder sogar ganz in *kinetische* Energie der Zerfallsprodukte umgewandelt wird. Zum Beispiel findet sich beim spontanen Zerfall eines positiven geladenen Pions in ein positiv geladenes Myon und ein Neutrino

$$\pi^+(m_\pi = 273{,}13\, m_\mathrm{e}) \to \mu^+(m_\mu = 206{,}77\, m_\mathrm{e}) + \nu(m_\nu \simeq 0)$$

circa ein Viertel seiner Ruhemasse, nämlich $(m_\pi - m_\mu)/m_\pi \cdot m_\pi c^2$, in Form von kinetischer Energie des μ^+ und des ν wieder. Das berechnet man so: Bezeichnen $(E_q/c, \boldsymbol{q})^\mathrm{T}$, $(E_p/c, \boldsymbol{p})^\mathrm{T}$ und $(E_k/c, \boldsymbol{k})^\mathrm{T}$ die Viererimpulse des Pions, des Myons, bzw. des Neutrinos, und ruht das Pion vor dem Zerfall, so ist (s. Abb. 4.6)

$$q = \left(\frac{E_q}{c}, \boldsymbol{q}\right)^\mathrm{T} = (m_\pi c, \boldsymbol{0})^\mathrm{T} \; ; \; E_p = \sqrt{(m_\mu c^2) + \boldsymbol{p}^2 c^2} \; ; \; E_k = |\boldsymbol{k}|\, c \, .$$

Die Erhaltung von Energie und Impuls verlangt, dass

$$\boldsymbol{q}^\mu = \boldsymbol{p}^\mu + \boldsymbol{k}^\mu \, , \quad \text{d. h.}$$

$$\boldsymbol{k} = -\boldsymbol{p} \quad \text{und} \quad m_\pi c^2 = \sqrt{(m_\mu c^2)^2 + \boldsymbol{p}^2 c^2} + |\boldsymbol{p}|\, c \, .$$

Daraus berechnet man den Betrag des Impulses $\boldsymbol{p}$ bzw. $\boldsymbol{k}$ zu

$$|\boldsymbol{p}| = |\boldsymbol{k}| = \frac{m_\pi^2 - m_\mu^2}{2m_\pi}\, c = 58{,}30\, m_\mathrm{e} c \, .$$

Die kinetische Energie des Neutrinos ist also $T^{(\nu)} = E_k = 58{,}30\, m_\mathrm{e} c^2$, die des Myons ist

$$T^{(\mu)} = E_p - m_\mu c^2 = 8{,}06\, m_\mathrm{e} c^2 \, .$$

Somit ist

$$T^{(\mu)} + T^{(\nu)} = E^{(\mu)} + E^{(\nu)} - m_\mu c^2$$
$$= (m_\pi - m_\mu) c^2 \simeq 0{,}243\, m_\pi c^2 = 64{,}36\, m_\mathrm{e} c^2 \, ,$$

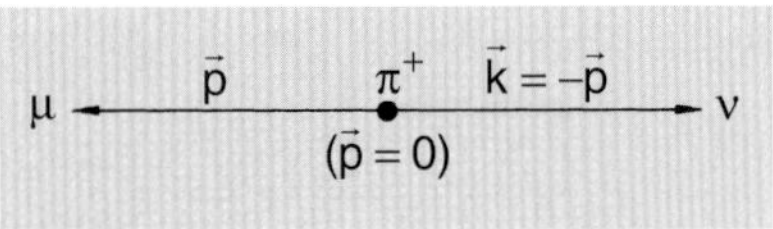

Abb. 4.6. Ein ruhendes, positiv geladenes Pion zerfällt in ein (ebenfalls positiv geladenes) Myon und ein (elektrisch neutrales) Neutrino

wie behauptet. Den Löwenanteil dieser kinetischen Energie trägt das Neutrino fort, obgleich Myon und Neutrino (im Ruhesystem des Pions) entgegengesetzt gleiche Impulse haben. Das Myon, das ja massiv ist, hat allerdings die größere Gesamtenergie, nämlich $E_p = 214{,}8\, m_e c^2$.

ii) Im Gegensatz zur nichtrelativistischen Mechanik ist der Grenzübergang zu einer verschwindenden Ruhemasse ohne Probleme möglich. Für $m = 0$ ist $E = |\boldsymbol{p}|c$, und $p = (|\boldsymbol{p}|, \boldsymbol{p})^T$. Ein Teilchen ohne Masse trägt sowohl Energie als auch Impuls. Seine Geschwindigkeit hat immer den Betrag c, wie dies aus (4.82b) folgt, ganz gleich wie klein $\boldsymbol{p}$ ist. Allerdings besitzt es kein Ruhesystem mehr, man kann ihm auf keine kausale Weise „nachlaufen" und es einholen, denn die Speziellen Lorentz-Transformationen divergieren für $|\boldsymbol{v}| \to c$. Ein Beispiel für ein masseloses Elementarteilchen kennen wir schon: das Photon. Photonen sind die elementaren Anregungen des Strahlungsfeldes. Da sie masselos sind, kann man sich vorstellen, dass die Theorie des elektromagnetischen Strahlungsfeldes nicht auf der nichtrelativistischen Mechanik aufbauen kann, sondern dass sie in einem Rahmen formuliert werden muss, der die Lichtgeschwindigkeit als natürliche Grenzgeschwindigkeit enthält. Tatsächlich ist die Maxwell'sche Theorie der elektromagnetischen Erscheinungen unter den Lorentz-Transformationen invariant.
Von den Neutrinos wissen wir heute, dass mindestens einige von ihnen eine nichtverschwindende Masse tragen. Diese ist allerdings sehr klein im Vergleich mit der Masse des Elektrons und mit E/c^2 in typischen physikalischen Prozessen der Schwachen Wechselwirkung, so dass man sie oft und in sehr guter Näherung wie streng masselose Teilchen behandeln kann.

Wir fassen zusammen: Der Zustand eines freien Teilchens der Ruhemasse m wird durch den Energie-Impulsvektor $p = (E/c, \boldsymbol{p})^T$ charakterisiert, dessen Norm invariant ist und für den

$$p^2 = \frac{1}{c^2}E^2 - \boldsymbol{p}^2 = m^2c^2$$

gilt. Dieser Vierervektor ist daher immer zeitartig, oder lichtartig (falls $m = 0$). Trägt man wie in Abb. 4.7 die Komponente p^0 als Ordinate, die Raumkomponenten $\boldsymbol{p}$ symbolisch als Abszisse auf, so liegt p auf einem rotationssymmetrischen Hyperboloid. Da die Energie E positiv sein soll, kommt nur die obere Schale des Hyperboloids in Betracht. Diese Fläche nennt man die *Massenschale* des Teilchens der Masse m. Sie beschreibt entweder alle physikalisch möglichen Zustände des freien Teilchens oder, anders gelesen, einen fest vorgegebenen Zustand mit Energie und Impuls p, von allen möglichen Inertialsystemen aus angeschaut.

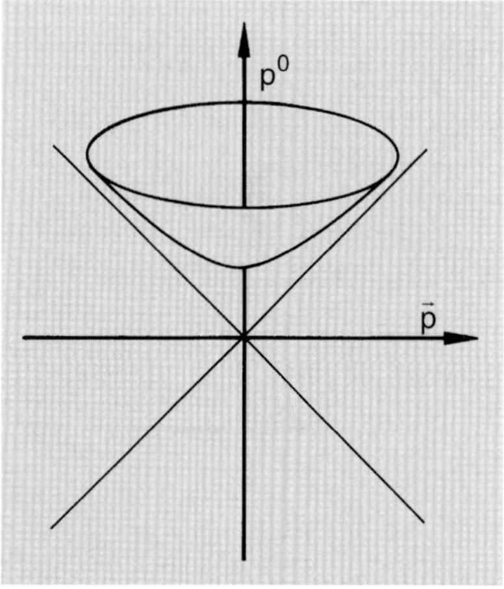

Abb. 4.7. Schematische Darstellung von Energie und Impuls eines Teilchens. Die Punkte $(p^0 = E/c, \boldsymbol{p})$ liegen auf der oberen Schale des Hyperboloids $p^2 = (p^0)^2 - \boldsymbol{p}^2 = m^2c^2$, (4.92)

4.9.3 Die Lorentz-Kraft

Die Bewegungsgleichung eines geladenen Teilchens in elektrischen und magnetischen Feldern haben wir in den Abschn. 1.21 und 2.8 behandelt. Die Lorentz-Kraft, die in (1.50) und (2.28) auftrat, enthält die Geschwindigkeit. Schreiben wir für diesen Fall die Bewegungsgleichung (4.78) bezüglich eines gewählten Inertialsystems auf, so lautet ihr *Raum*anteil, mit $\dot{x} = (\gamma c, \gamma \boldsymbol{v})$ und $(\mathrm{d}/\mathrm{d}\tau) = \gamma(\mathrm{d}/\mathrm{d}t)$,

$$m\gamma \frac{\mathrm{d}}{\mathrm{d}t}\boldsymbol{p} = m\gamma \frac{\mathrm{d}}{\mathrm{d}t}(\gamma \boldsymbol{v}) = \gamma e \left(\boldsymbol{E} + \frac{1}{c}\boldsymbol{v} \times \boldsymbol{B} \right) . \qquad (*)$$

Wir zeigen nun zunächst, dass ihr *Zeit*anteil aus (*) folgt und durch

$$m\gamma \frac{\mathrm{d}}{\mathrm{d}t}(\gamma c) = \gamma \frac{e}{c} \boldsymbol{E} \cdot \boldsymbol{v} \qquad (**)$$

gegeben ist: Berechnet man das Skalarprodukt aus Gleichung (*) und $\boldsymbol{v}/c$, so ist die rechte Seite $\gamma(e/c)\boldsymbol{E} \cdot \boldsymbol{v}$. Man erhält also

$$\begin{aligned} \gamma \frac{e}{c} \boldsymbol{E} \cdot \boldsymbol{v} &= m\gamma \frac{\boldsymbol{v}}{c} \frac{\mathrm{d}}{\mathrm{d}t}(\gamma \boldsymbol{v}) = mc\gamma \boldsymbol{\beta} \frac{\mathrm{d}}{\mathrm{d}t}(\gamma \boldsymbol{\beta}) \\ &= mc \frac{1}{2} \frac{\mathrm{d}}{\mathrm{d}t}(\gamma \boldsymbol{\beta})^2 = mc \frac{1}{2} \frac{\mathrm{d}}{\mathrm{d}t}(\gamma^2 \beta^2) . \end{aligned}$$

Hier haben wir $\boldsymbol{\beta} = \boldsymbol{v}/c$ gesetzt. Nun ist

$$\gamma^2 \beta^2 = \frac{\beta^2}{1 - \beta^2} = \gamma^2 - 1 ,$$

so dass,

$$\gamma \frac{e}{c} \boldsymbol{E} \cdot \boldsymbol{v} = mc \frac{1}{2} \frac{\mathrm{d}}{\mathrm{d}t} \gamma^2 = mc\gamma \frac{\mathrm{d}}{\mathrm{d}t} \gamma$$

folgt, womit (**) bewiesen ist. Nun zeigen wir, dass die Bewegungsgleichungen (*) und (**) sich kovariant wie folgt zusammenfassen lassen:

$$m \frac{\mathrm{d}}{\mathrm{d}\tau} u^\mu = \frac{e}{c} F^{\mu\nu} u_\nu \qquad (4.86)$$

d. h. dass die relativistische Schreibweise der Lorentz-Kraft

$$K^\mu = \frac{e}{c} F^{\mu\nu} u_\nu \qquad (4.87)$$

lautet. Dabei ist $F^{\mu\nu}$ ein Tensor bezüglich Lorentz-Transformationen. Er ist antisymmetrisch, da mit $u_\mu u^\mu = \text{const.}$ aus (4.86) die Beziehung $u_\mu F^{\mu\nu} u_\nu = 0$ folgt, und ist durch

$$F^{\mu\nu} = \begin{pmatrix} 0 & -E^1 & -E^2 & -E^3 \\ E^1 & 0 & -B^3 & B^2 \\ E^2 & B^3 & 0 & -B^1 \\ E^3 & -B^2 & B^1 & 0 \end{pmatrix} \qquad (4.88)$$

gegeben. Der Tensor $F^{\mu\nu}$, der die Lorentz-Kraft liefert, liegt eindeutig fest. Um dies zu beweisen, beachtet man, dass u_ν (mit unterem Index) durch $u_\nu = g_{\nu\sigma} u^\sigma = (\gamma c, -\gamma \boldsymbol{v})$ gegeben ist und multipliziert die rechte Seite von (4.87) einfach aus.

Die relativistische Lorentz-Kraft hat also eine andere Form als die in Abschn. 4.9.1 angegebene. Sie entsteht nicht durch „Anschieben" einer von der Geschwindigkeit unabhängigen Newtonschen Kraft, sondern entsteht durch Anwendung des Tensors (4.88) auf die Geschwindigkeit u^μ. Dieser Tensor, der antisymmetrisch ist, heißt *Feldstärkentensor*. Seine Zeit-Raum-Komponenten sind die Komponenten des elektrischen Feldes,

$$F^{i0} = -F^{0i} = E^i \ . \tag{4.89a}$$

Seine Raum-Raum-Komponenten enthalten das magnetische Feld gemäß

$$F^{21} = -F^{12} = B^3 \quad \text{(zyklisch)} \ . \tag{4.89b}$$

Die kovariante Form der Bewegungsgleichung (4.86) eines geladenen Teilchens in elektrischen und magnetischen Feldern zeigt, dass diese Felder nicht die Raumkomponenten von Vierervektoren sind, sondern, dass sie wegen (4.88) bzw. (4.89) Komponenten eines Tensors über M^4 sind. Das bedeutet insbesondere, dass elektrische und magnetische Felder bei Speziellen Lorentz-Transformationen ineinander transformiert werden. Zum Beispiel erzeugt ein bezüglich eines Beobachters ruhendes, geladenes Teilchen ein kugelsymmetrisches, elektrisches Feld, aber kein Magnetfeld. Bewegen sich das Teilchen und der Beobachter dagegen mit konstanter Relativgeschwindigkeit $\boldsymbol{v}$, so misst der Beobachter sowohl elektrische als auch magnetische Felder (s. z. B. Jackson 1998, Abschn. 11.10).

4.10 Zeitdilatation und Längenkontraktion

Wir denken uns eine Uhr gegeben, die in festen Intervallen Δt tickt und deren Zeitschlag wir aus verschiedenen Inertialsystemen heraus registrieren. Das ist eine sinnvolle Vorstellung, denn genaue Zeitmessungen werden durch die Angabe einer atomaren oder molekularen Frequenz (und deren Vergleich mit anderen Frequenzen) ausgeführt. Solche Frequenzen sind innere Eigenschaften des betrachteten atomaren oder molekularen Systems und hängen nicht vom Bewegungszustand des Systems als Ganzem ab.

Für einen Beobachter, der die Uhr in einem Inertialsystem ruhen sieht, sind zwei aufeinanderfolgende Schläge durch das Raum-Zeit-Intervall $\{\mathrm{d}\boldsymbol{x} = 0,\ \mathrm{d}t = \Delta t\}$ getrennt. Dieser Beobachter berechnet daraus das invariante Intervall in der Eigenzeit zu

$$\mathrm{d}\tau = \sqrt{(\mathrm{d}t)^2 - (\mathrm{d}\boldsymbol{x})^2/c^2} = \Delta t \ .$$

Ein anderer Beobachter, der sich relativ zum ersten Beobachter und damit relativ zur Uhr mit der konstanten Geschwindigkeit $\boldsymbol{v}$ bewegt, sieht zwei aufeinanderfolgende Schläge durch das Raum-Zeit-Intervall $\{\Delta t', \Delta\boldsymbol{x}' = \boldsymbol{v}\Delta t'\}$ getrennt. Er berechnet daraus als Eigenzeitintervall

$$\mathrm{d}\tau' = \sqrt{(\Delta t')^2 - (\Delta\boldsymbol{x}')^2/c^2} = \sqrt{1-\beta^2}\,\Delta t' \,.$$

Da die Eigenzeit eine Lorentz-invariante Größe ist, gilt $\mathrm{d}\tau' = d\tau$. Das bedeutet, dass der zweite Beobachter, für den sich die Uhr bewegt, diese mit der gedehnten Periode

$$\Delta t' = \frac{\Delta t}{\sqrt{1-\beta^2}} = \gamma\Delta t \qquad (4.90)$$

schlagen sieht. Dies ist das wichtige Phänomen der *Zeitdilatation*: Für den Beobachter, der die Uhr in Bewegung sieht, läuft sie mit einem um den Faktor γ gedehnten Zeitintervall gegenüber dem Intervall im Ruhesystem der Uhr. Ein Beispiel für die Beobachtbarkeit der Zeitdilatation haben wir in Abschn. 4.1 (iii) bereits diskutiert. Das dort genannte Experiment bestätigt den in (4.90) ausgedrückten Effekt mit folgender Genauigkeit: Die Differenz $\Delta t - \Delta t'/\gamma$ ist tatsächlich Null innerhalb des experimentellen Fehlers

$$\frac{\tau^{(0)}(\mu) - \tau^{(v)}(\mu)/\gamma}{\tau^{(0)}(\mu)} = (0{,}2 \pm 0{,}9) \times 10^{-3} \,.$$

Ein weiterer, damit nahe verwandter Effekt der Speziellen Lorentz-Transformationen ist die *Längenkontraktion*, die wir hier kurz diskutieren wollen. Obwohl sie mit der Zeitdilatation nahe verwandt ist, ist sie ein bisschen schwieriger zu beschreiben als die Zeitdilatation, weil die Bestimmung der Länge eines Maßstabes eigentlich eine Messung von zwei Raumpunkten zur gleichen Zeit verlangt. Da diese Punkte dann aber raumartig getrennt sind, geht das nicht über eine physikalische, kausale Messung durchzuführen. Man könnte sich höchstens so behelfen, dass man zwei gleich lange Maßstäbe aufeinander zulaufen lässt und ihre Lage in dem Augenblick vergleicht, wo sie sich überdecken. Die folgende Überlegung führt aber ebenfalls zum Ziel: Wir denken uns zwei Landmarken an den Raumpunkten

$$\boldsymbol{x}^{(A)} = (0,0,0) \quad \text{und} \quad \boldsymbol{x}^{(B)} = (L_0,0,0)$$

im Inertialsystem $\mathbf{K}_0$ vorgegeben und versuchen, deren räumlichen Abstand zu ermitteln. Dazu schicken wir einen Beobachter mit der bekannten, festen Geschwindigkeit $\boldsymbol{v} = (v,0,0)$, mit $v < c$, auf die Reise von A nach B, wie in Abb. 4.8 dargestellt. Von $\mathbf{K}_0$ aus gesehen verlässt er A zur Zeit $t = 0$ und erreicht den Punkt B, der inzwischen nach C gewandert ist, zur Zeit $t = T_0$. Im Fall der Galilei-Transformationen, d. h. im Fall nichtrelativistischer Bewegung, würde man auf den Abstand

$$L_0 \equiv \left|\boldsymbol{x}^{(B)} - \boldsymbol{x}^{(A)}\right| = vT_0$$

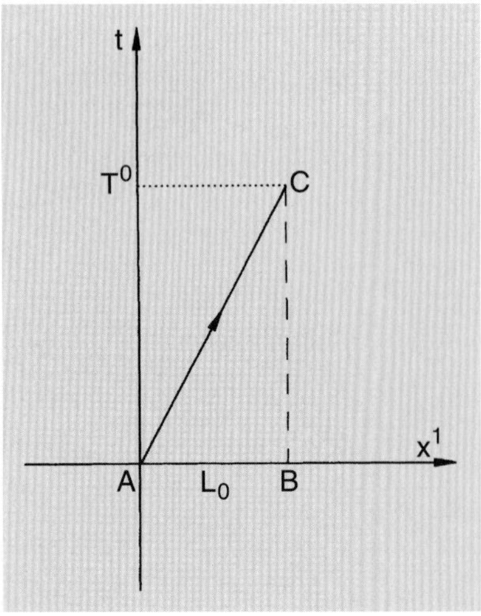

Abb. 4.8. Ein mit konstanter Geschwindigkeit reisender Beobachter möchte den Abstand der Punkte A und B bestimmen. Er findet $L = L_0/\gamma$

schließen. In der relativistischen, Lorentz-invarianten Welt kommt ein anderes Ergebnis heraus. Auf einer mitgeführten Uhr ist bei Erreichen von C die Zeit $T = T_0/\gamma$ verstrichen, wo $\gamma = (1 - v^2/c^2)^{-1/2}$ ist. Der reisende Beobachter schließt daher auf die Länge

$$L = vT = vT_0/\gamma = L_0/\gamma \tag{4.91}$$

zwischen den Punkten A und B. Mit anderen Worten: Für den besagten Beobachter bewegt sich der Maßstab AB mit der Geschwindigkeit $-\boldsymbol{v}$; er erscheint ihm um den Faktor $1/\gamma$ verkürzt. Das ist das Phänomen der *Lorentz-Kontraktion*.

Man überlegt sich leicht, dass Maßstäbe, die in der 2-Richtung oder in der 3-Richtung oder sonst irgendwie in der von diesen Achsen aufgespannten Ebene orientiert sind, nicht kontrahiert erscheinen, sondern unverändert bleiben. Die Lorentz-Kontraktion bedeutet daher präziser, dass bewegte, räumlich ausgedehnte Objekte in der Richtung der Geschwindigkeit $\boldsymbol{v}$ kontrahiert erscheinen. Die Dimensionen senkrecht zu $\boldsymbol{v}$ bleiben unverändert.

Eine reich bebilderte, elementare Diskussion von Zeitdilatation und Längenkontraktion, sowie einiger scheinbarer Paradoxa findet man in dem schönen Buch [Ellis-Williams (1994)].

4.11 Mehr über die Bewegung kräftefreier Teilchen

Per Definition ist der Zustand eines kräftefreien Teilchens ein solcher, bei dem der relativistische Energie-Impulsvektor (4.83) auf dem Massenhyperboloid (der „Massenschale")

$$p^2 = E^2/c^2 - \boldsymbol{p}^2 = m^2c^2 \tag{4.92}$$

liegt. Diese kräftefreie, relativistische Bewegung wollen wir mit den Methoden der kanonischen Mechanik beschreiben.

Da es sich um kräftefreie Bewegung in einem geometrisch flachen Raum handelt, werden die Lösungen des Hamilton'schen Extremalprinzips einfach gerade Linien im Raum-Zeit-Kontinuum sein. Daher wird man für das Wirkungsintegral (2.26) das Integral über den Weg zwischen zwei Raum-Zeit-Punkten A und B ansetzen, wobei A und B relativ zueinander zeitartig liegen müssen.

$$I[x] = \kappa \int_A^B \mathrm{d}s\,, \quad \text{mit} \quad (x^{(B)} - x^{(A)})^2 > 0\,. \tag{4.93}$$

Wie wir in Abschn. 2.36 gezeigt haben, sind das Wirkungsintegral und die Erzeugende S^*, die der Hamilton-Jacobi'schen Differentialgleichung genügt, nahe verwandt. Denkt man sich in (4.93) die Lösungen bereits eingesetzt, so ist

$$S^* = \kappa \int\limits_A^B \mathrm{d}s \,. \tag{4.94}$$

Die Größe κ ist eine Konstante, deren Dimension man leicht bestimmen kann: Die Wirkung hat die Dimension Energie $\times$ Zeit, s hat die Dimension einer Länge, daher muss κ die Dimension einer Energie geteilt durch die einer Geschwindigkeit haben oder, was auf dasselbe hinausläuft, die Dimension Masse $\times$ Geschwindigkeit. Andererseits soll I bzw. S^* eine Lorentz-invariante Größe sein. Als einzige invariante Parameter stehen die Ruhemasse des Teilchens und die Lichtgeschwindigkeit zur Verfügung, d. h. κ wird bis auf ein Vorzeichen das Produkt mc sein. Tatsächlich werden wir gleich bestätigen, dass $\kappa = -mc$ die richtige Wahl ist.

In einem beliebigen, aber fest gewählten Inertialsystem ist $\mathrm{d}s = c\,\mathrm{d}\tau = \sqrt{1 - \boldsymbol{v}^2/c^2}\, c\,\mathrm{d}t$ mit $\boldsymbol{v} = \mathrm{d}\boldsymbol{x}/\mathrm{d}t$. Somit ist mit $\kappa = -mc$

$$I = -mc^2 \int\limits_{t^{(A)}}^{t^{(B)}} \sqrt{1 - \boldsymbol{v}^2/c^2}\, \mathrm{d}t = \int\limits_{t^{(A)}}^{t^{(B)}} L\, \mathrm{d}t \,.$$

Daraus liest man die (natürliche Form der) Lagrangefunktion ab, deren Euler-Lagrange-Gleichungen die relativistische, kräftefreie Bewegung beschreiben. Entwickelt man diese Lagrangefunktion nach v/c, so ergibt sich wie erwartet die entsprechende nichtrelativistische Form

$$L = -mc^2 \sqrt{1 - \boldsymbol{v}^2/c^2} \simeq -mc^2 + \frac{1}{2} m \boldsymbol{v}^2 \,, \tag{4.95}$$

allerdings ergänzt durch den Term $-mc^2$. Die Form (4.95) der Lagrangefunktion ist etwas unbefriedigend, da L auf ein festes System bezogen ist und daher nicht manifest invariant formuliert ist. Das liegt daran, dass wir eine Zeitkoordinate t eingeführt haben, die als Zeitkomponente eines Vierervektors nicht invariant ist. Führt man statt dessen einen Lorentz-*invarianten* Zeitparameter τ (mit der Dimension einer Zeit) ein, so lautet (4.93)

$$I = -mc \int\limits_{\tau^{(A)}}^{\tau^{(B)}} \mathrm{d}\tau \sqrt{\frac{\mathrm{d}x^\alpha}{\mathrm{d}\tau} \frac{\mathrm{d}x_\alpha}{\mathrm{d}\tau}} \,, \tag{4.96}$$

und die invariante Lagrangefunktion lautet

$$L_{\mathrm{inv}} = -mc \sqrt{\frac{\mathrm{d}x^\alpha}{\mathrm{d}\tau} \frac{\mathrm{d}x_\alpha}{\mathrm{d}\tau}} = -mc\sqrt{\dot{x}^2} \,, \tag{4.97}$$

wo wir $\dot{x}^\alpha = \mathrm{d}x^\alpha/\mathrm{d}\tau$ geschrieben haben. Man erkennt auch hier wieder, dass $\dot{x}^2 > 0$, $\dot{x}$ also zeitartig sein muss. Die Euler-Lagrange-Gleichungen zur Wirkung (4.96), die aus dem Hamilton'schen Extremalprinzip folgen, lauten

$$\frac{\partial L_{\text{inv}}}{\partial x^\alpha} - \frac{\mathrm{d}}{\mathrm{d}\,\tau}\frac{\partial L_{\text{inv}}}{\partial \dot{x}^\alpha} = 0\,, \qquad \text{somit} \quad mc\frac{\mathrm{d}}{\mathrm{d}\,\tau}\frac{\dot{x}_\alpha}{\sqrt{\dot{x}^2}} = 0\,.$$

Dabei ist

$$p_\alpha = \frac{\partial L_{\text{inv}}}{\partial \dot{x}^\alpha} = -mc\frac{\dot{x}_\alpha}{\sqrt{\dot{x}^2}} \tag{4.98}$$

der zu x^α konjugierte Impuls, der der Nebenbedingung

$$p^2 - m^2c^2 = 0 \tag{4.99}$$

genügt. Bildet man die Hamiltonfunktion nach den Regeln des zweiten Kapitels, so ergibt sich

$$H = \dot{x}^\alpha p_\alpha - L_{\text{inv}} = mc[-\dot{x}^2/\sqrt{\dot{x}^2} + \sqrt{\dot{x}^2}] = 0\,.$$

Die Hamiltonfunktion verschwindet letztlich deshalb, weil diese Beschreibung der Bewegung einen überzähligen Freiheitsgrad enthält, nämlich die Zeitkoordinate von $\dot{x}$, und somit die Dynamik in der Nebenbedingung (4.99) steckt. Man sieht dies aber auch daran, dass die Legendre-Transformation von L_{inv} auf H gar nicht durchführbar ist: Die hierfür notwendige Bedingung

$$\det\left(\frac{\partial^2 L_{\text{inv}}}{\partial \dot{x}^\beta \partial \dot{x}^\alpha}\right) \neq 0$$

ist nämlich nicht erfüllt. In der Tat rechnet man nach, dass

$$\frac{\partial^2 L_{\text{inv}}}{\partial \dot{x}^\beta \partial \dot{x}^\alpha} = -\frac{mc}{(\dot{x}^2)^{3/2}}[\dot{x}^2 g_{\alpha\beta} - \dot{x}_\alpha \dot{x}_\beta]$$

gilt. Die Determinante dieser Matrix ist gleich Null, was man wie folgt einsieht. Es sei

$$A_{\alpha\beta} := \dot{x}^2 g_{\alpha\beta} - \dot{x}_\alpha \dot{x}_\beta\,.$$

Das lineare, homogene Gleichungssystem $A_{\alpha\beta}u^\beta = 0$ hat genau dann eine nichttriviale Lösung, wenn $\det \mathbf{A} = 0$. Wenn wir also ein $u^\beta \neq (0,0,0,0)$ angeben können, das Lösung dieses Gleichungssystems ist, so muss die Determinante von $\mathbf{A}$ verschwinden. Ein solches u^β ist aber durch $u^\beta = c\dot{x}^\beta$ gegeben, denn es gilt für jedes $\dot{x}^\beta \neq 0$

$$A_{\alpha\beta}\dot{x}^\beta = \dot{x}^2\dot{x}_\alpha - \dot{x}^2\dot{x}_\alpha = 0\,.$$

Damit begegnen wir zum ersten Mal einem Lagrange'schen System, das nicht auf kanonische Weise zu einem Hamilton'schen System äquivalent ist. Es ist dies ein Beispiel für Lagrange'sche (oder Hamilton'sche) Systeme mit Nebenbedingungen, die man für sich genommen diskutieren müsste.

Im vorliegenden Fall könnte man wie folgt vorgehen. Man lässt die Nebenbedingung (4.99) zunächst außer acht und führt sie in die Hamiltonfunktion vermittels eines Lagrange'schen Multiplikators ein. Mit H wie oben setzt man

$$H' = H + \lambda \Psi(p)\,, \quad \text{mit} \quad \Psi(p) := p^2 - m^2c^2\,;$$

λ bezeichnet den Multiplikator. Die Koordinaten und Impulse erfüllen die kanonischen Poissonklammern

$$\{x^\alpha, x_\beta\} = 0 = \{p^\alpha, p_\beta\}\,; \quad \{p^\alpha, x_\beta\} = \delta^\alpha_\beta\,.$$

Die kanonischen Gleichungen ergeben im vorliegenden Fall

$$\begin{aligned}\dot{x}^\alpha &= \{H', x^\alpha\} = \{\lambda, x^\alpha\}\Psi(p) + \lambda\{\Psi(p), x^\alpha\} \\ &= \lambda\{p^2 - m^2c^2, x^\alpha\} = \lambda\{p^2, x^\alpha\} = 2\lambda p^\alpha \\ \dot{p}^\alpha &= \{H', p^\alpha\} = \{\lambda, p^\alpha\}\Psi(p) = 0\,,\end{aligned}$$

wobei wir ausgenutzt haben, dass die Nebenbedingung $\Psi(p) = 0$ lauten soll.

Mit der Beziehung (4.98) zwischen p^α und $\dot{x}^\alpha$ folgt dann $\lambda = -\sqrt{\dot{x}^2}/(2mc)$. Die Bewegungsgleichung ist dieselbe wie oben, $\dot{p}_\alpha = 0$.

4.12 Die Konforme Gruppe

In Abschn. 4.3 hatten wir argumentiert, dass Naturgesetze für massive Teilchen immer dimensionsbehaftete Größen enthalten, dass sie daher nicht skaleninvariant sind und folglich, dass das Transformationsgesetz (4.23) in der Forderung (4.24) mit der Wahl $\alpha = 1$ gelten muss. In einer Welt, in der es nur Strahlung gibt, gilt diese Einschränkung nicht mehr. Es ist daher von Interesse zu fragen, welche die allgemeinsten Transformationen sind, die die Invarianz der Form

$$z^2 = 0\,, \quad \text{mit} \quad z = x_A - x_B \quad \text{und} \quad x_A, x_B \in M^4$$

garantieren. Dazu gehören sicher die Poincaré-Transformationen, die wir für den Fall $\alpha = 1$ konstruiert hatten. Wie wir gesehen haben, bilden diese eine Gruppe, die 10 Parameter hat. Als weitere, lineare Transformationen kommen jetzt noch die Streckungen

$$x'^\mu = \lambda x^\mu \quad \text{mit} \quad \lambda \in \mathbb{R}$$

hinzu, die einen Parameter enthalten und für sich eine Gruppe bilden.

Man kann nun zeigen, dass es daneben noch eine Klasse von nichtlinearen Transformationen gibt, die den Lichtkegel invariant lassen. Diese lauten (Aufgabe 4.15)

$$x^\mu \longmapsto x'^\mu = \frac{x^\mu + x^2 c^\mu}{1 + 2(c \cdot x) + c^2 x^2}\,. \tag{4.100}$$

Sie enthalten vier Parameter, c^μ, und werden als *Spezielle Konforme Transformationen* bezeichnet. Auch diese bilden eine Untergruppe: Sie enthalten die Einheit (mit $c^\mu = 0$); das Hintereinanderschalten zweier Transformationen vom Typus (4.100) liefert wieder eine solche, denn es gilt

$$x'^\mu = \frac{x^\mu + x^2 c^\mu}{\sigma(c,x)} \quad \text{mit} \quad \sigma(c,x) := 1 + 2(c \cdot x) + c^2 x^2 \,,$$

$$x'^2 = \frac{x^2}{\sigma(c,x)} \,, \quad \text{sowie}$$

$$x''^\mu = \frac{x'^\mu + x'^2 d^\mu}{\sigma(d,x')} = \frac{x^\mu + x^2(c^\mu + d^\mu)}{\sigma(c+d,x)} \,.$$

Die Inverse zu (4.100) schließlich ist durch die Wahl $d^\mu = -c^\mu$ gegeben.

Auf diese Weise entsteht insgesamt die sogenannte *Konforme Gruppe* über dem Minkowski-Raum M^4. Sie hat

$$10 + 1 + 4 = 15$$

Parameter und spielt in Feldtheorien, die keine massenbehafteten Teilchen enthalten, eine wichtige Rolle.

Geometrische Aspekte der Mechanik

Einführung

Die Mechanik trägt in vielerlei Hinsicht geometrische Züge, die an verschiedenen Stellen in den ersten vier Kapiteln deutlich hervorgetreten sind. Die Struktur des Raumzeit-Kontinuums in der nichtrelativistischen und der speziell-relativistischen Mechanik, in welches die Dynamik eingebettet ist, ist ein erstes und wichtiges Beispiel. Besonders aber die Formulierung der Lagrange'schen Mechanik sowie der kanonischen Hamilton-Jacobi'schen Mechanik auf dem Raum der verallgemeinerten Koordinaten bzw. dem Phasenraum bringt starke geometrische Züge dieser Mannigfaltigkeiten zutage. (Man denke z. B. an die symplektische Struktur des Phasenraums und den Liouville'schen Satz.) Die geometrische Natur der Mechanik wird allein schon dadurch deutlich, dass sie wesentliche Impulse für die Entwicklung der modernen Differentialgeometrie gegeben hat. Umgekehrt hat die abstrakte Ausformulierung der Differentialgeometrie (und einiger damit verwandter mathematischer Disziplinen) erst das Rüstzeug für die Behandlung moderner Probleme der qualitativen Mechanik geschaffen – ein eindrucksvolles Beispiel für die gegenseitige Befruchtung von reiner Mathematik und Theoretischer Physik.

In diesem Kapitel zeigen wir, wie die kanonische Mechanik auf ganz natürliche Weise zu einer differentialgeometrischen Beschreibungsweise überleitet. Wir entwickeln die wichtigsten elementaren Hilfsmittel der Differentialgeometrie und formulieren die Mechanik in dieser Sprache.

Aus Platzgründen kann dieses Kapitel die geometrische Formulierung der Mechanik nicht in allen Aspekten behandeln. Es bietet eine Einführung, die die Notwendigkeit der geometrischen Sprache motiviert und die Grundlagen soweit bereitstellt, dass ein relativ glatter Übergang zu den mathematischen Büchern (siehe Literaturhinweise) über Mechanik hergestellt wird. Der für den Anfänger große Abstand zwischen den mehr physikalisch formulierten Texten und der modernen mathematischen Literatur soll auf diese Weise verringert oder ganz überwunden werden. Gleichzeitig öffnet sich damit der Zugang zu den neueren Forschungsrichtungen der modernen Mechanik.

Das Studium der geometrischen Struktur der Mechanik hat über dieses Gebiet hinaus in den letzten Jahren an Bedeutung gewonnen. Wir wissen heute, dass alle fundamentalen Wechselwirkungen der

Natur ausgeprägte geometrische Strukturen tragen. Auch hier ist die Mechanik Eingangstor und Basis für die ganze Theoretische Physik: Studiert man jene geometrischen Aspekte der elementaren Wechselwirkungen, so kommt man immer wieder auf die Mechanik zurück, die viele der wesentlichen Bauprinzipien entwickelt.

5.1 Mannigfaltigkeiten von verallgemeinerten Koordinaten

Im Abschn. 2.11 wurde bewiesen, dass jede diffeomorphe Abbildung der Koordinaten $\{\underset{\sim}{q}\}$ auf neue Koordinaten $\{\underset{\sim}{q}'\}$

$$F : \{\underset{\sim}{q}\} \to \{\underset{\sim}{q}'\} : q_i = f_i(\underset{\sim}{q}', t), \dot{q}_i = \sum_{k=1}^{f} \frac{\partial f_i}{\partial q'_k} \dot{q}'_k + \frac{\partial f_i}{\partial t} \tag{5.1}$$

die Bewegungsgleichungen forminvariant lässt. Dies besagt, dass eine Auswahl eines Satzes $\{\underset{\sim}{q}\}$ von generalisierten Koordinaten, abgesehen von rein praktischen Gesichtspunkten, so gut ist wie jede andere, die mit der Ersten umkehrbar eindeutig und in differenzierbarer Weise verknüpft ist. Das physikalische System, das man beschreiben möchte, ist unabhängig von der speziellen Wahl, die man trifft, oder, etwas lockerer geschrieben, „die Physik ist die gleiche", welche Koordinaten man auch verwendet. Dass die Transformation *umkehrbar eindeutig* sein muss, ist selbstverständlich, denn man darf weder in der einen noch in der anderen Richtung Information verlieren. Die Zahl der unabhängigen Freiheitsgrade muss die gleiche bleiben. Dass die Abbildung in beiden Richtungen *differenzierbar* sein soll, ist eine sinnvolle Forderung, denn die differenzierbare Struktur der Bewegungsgleichungen soll unangetastet erhalten bleiben.

Jede solche Wahl der Koordinaten gibt eine mögliche konkrete Darstellung des mechanischen Systems. Natürlich gibt es geschickte oder ungeschickte Auswahlmöglichkeiten, d. h. solche, die dem Problem optimal angepasst sind, indem sie z. B. möglichst viele zyklische Koordinaten enthalten, bzw. solche, die eine Lösung der Bewegungsgleichungen eher erschweren. Diese Bemerkung betrifft die praktische *Lösbarkeit* der Bewegungsgleichungen, nicht aber die *Struktur* der Koordinaten-Mannigfaltigkeit, in die das mechanische System eingebettet ist.

In der Mechanik entsteht ein Satz von f verallgemeinerten Koordinaten aus der Einschränkung von Freiheitsgraden, die ursprünglich – beispielsweise für ein N-Teilchen-System – im $\mathbb{R}^{3N}$ liegen, durch $\Lambda = 3N - f$ holonome Zwangsbedingungen. Diese neuen Variablen liegen im Allgemeinen nicht mehr im $\mathbb{R}^f$. Wir betrachten zwei Beispiele zur Illustration:

Beispiele

i) Das ebene Pendel, das wir in den Abschn. 1.17.2 und (2.30) (ii) ausführlich studiert haben und das einen Freiheitsgrad besitzt. Hier ist eine natürliche Wahl für die generalisierte Koordinate der Winkel $q \equiv \varphi$, der den Ausschlag von der Ruhelage misst. Diese Variable durchläuft den Wertevorrat $[-\pi, +\pi]$, liegt demnach auf dem Einheitskreis S^1.

ii) Der starre Körper, dessen Bewegungsmannigfaltigkeit wir in Kap. 3 studiert haben. Drei der generalisierten Koordinaten beschreiben die uneingeschränkte Bewegung des Schwerpunkts und liegen daher im $\mathbb{R}^3$. Die drei anderen sind in den Orientierungen $\mathbf{R}(\vartheta_i)$ des Kreisels relativ zu einem System mit raumfesten Achsen enthalten, die in der Mannigfaltigkeit SO(3) der Drehgruppe liegen. Man kann diese auf verschiedene Arten charakterisieren: Zum Beispiel durch Angabe einer Richtung, um die gedreht werden soll und den zugehörigen Drehwinkel $(\hat{\boldsymbol{n}}, \varphi)$; oder durch die Angabe von drei Euler'schen Winkeln $(\vartheta_1, \vartheta_2, \vartheta_3)$ in der einen oder der anderen Definition der Abschn. 3.9, 3.10. Die genaue Struktur dieser Mannigfaltigkeit lernt man in Abschn. 5.2.3 und aus Aufgabe 3.11. Es ist aber schon jetzt klar, dass diese recht verschieden von einem Euklidischen dreidimensionalen Raum ist und dass man weitere geometrische Hilfsmittel braucht, um sie zu beschreiben.

Die *Lösungen* der Bewegungsgleichungen (vgl. Abschn. 1.20), $\underset{\sim}{q}(t, t_0, \underset{\sim}{q}_0) = \underset{\sim}{\Phi}_{t,t_0}(\underset{\sim}{q}_0)$ sind Kurven in der Mannigfaltigkeit Q der Koordinaten. Insofern ist Q der physikalische Raum, in dem wirkliche Bewegungen ablaufen. Um aber Bewegungsgleichungen aufstellen und Lösungen konstruieren zu können, braucht man auch die zeitlichen Ableitungen $\mathrm{d}\underset{\sim}{q}/\mathrm{d}t \equiv \dot{\underset{\sim}{q}}$ der Koordinaten sowie Funktionen $L(\underset{\sim}{q}, \dot{\underset{\sim}{q}}, t)$ (Lagrangefunktionen) über dem Raum M der $\underset{\sim}{q}$ und der $\dot{\underset{\sim}{q}}$, die man etwa in das Wirkungsintegral $I[\underset{\sim}{q}]$ einsetzt und aus denen man über das Hamilton'sche oder ein anderes Extremalprinzip Differentialgleichungen zweiter Ordnung ableitet. Zum Beispiel kann man für $f = 1$ die physikalischen Lösungen konstruieren, wenn man das Geschwindigkeitsfeld $(q, \dot{q})$ kennt und aufzeichnet. Abbildung 5.1 zeigt das Beispiel des harmonischen Oszillators (vgl. auch Abschn. 1.17.1). Dies bedeutet, dass man Vektorfelder über M und damit die zu Q gehörigen Tangentialräume $T_x Q$ für alle x aus Q betrachten muss.

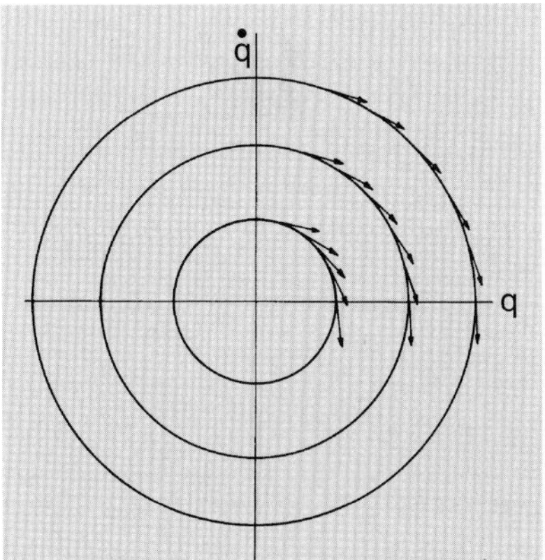

Abb. 5.1. Geschwindigkeitsfeld im Raum der Koordinaten und deren Zeitableitungen für den eindimensionalen harmonischen Oszillator

Etwas Ähnliches gilt, wenn man statt der Variablen $(\underset{\sim}{q}, \dot{\underset{\sim}{q}})$ die Phasenraumvariablen $(\underset{\sim}{q}, \underset{\sim}{p})$ verwenden möchte. Wir erinnern daran, dass $\underset{\sim}{p}$ als Ableitung der Lagrangefunktion nach $\dot{\underset{\sim}{q}}$ definiert ist,

$$p_i := \frac{\partial L}{\partial \dot{q}^i} \,. \tag{5.2}$$

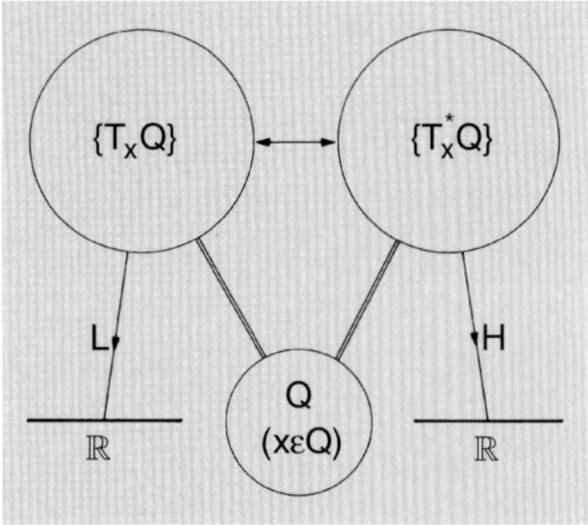

Abb. 5.2. Die physikalische Bewegung läuft in der Koordinatenmannigfaltigkeit Q ab. Lagrangefunktion L und Hamiltonfunktion H sind aber auf den Tangentialräumen bzw. den Kotangentialräumen definiert

Wenn L eine (skalare) Funktion auf dem Raum der q und $\dot{q}$ ist, d. h. auf den Tangentialräumen $T_x Q$ lebt, so führt die Definition (5.2) in die dazu *dualen* Räume $T_x^* Q$, die sogenannten *Kotangentialräume*.

Diese Bemerkungen legen es nahe, das betrachtete mechanische System von einer speziellen Wahl der generalisierten Koordinaten $\{q\}$ zu lösen und in dem Sinne zu abstrahieren, dass man die Mannigfaltigkeit Q der physikalischen Bewegungen *koordinatenfrei* definiert und beschreibt. Die Auswahl von Koordinatensätzen $\{q\}$ oder $\{q'\}$ ist dann gleichbedeutend mit der Beschreibung von Q in lokalen Koordinaten oder, wie man auch sagt, in *Karten*. Außerdem wird man dazu geführt, verschiedene geometrische Objekte auf der Mannigfaltigkeit Q – wie etwa die Vektorfelder –, sowie auf den Tangentialräumen $T_x Q$ und den Kotangentialräumen $T_x^* Q$ zu studieren. Beispiele sind die Lagrangefunktionen L, die auf den $T_x Q$, und die Hamiltonfunktionen, die auf den $T_x^* Q$ definiert sind und die von dort in die reellen Zahlen führen.

Die Abb. 5.2 skizziert diese Zusammenhänge. Weitere Beispiele für andere geometrische Objekte als Funktionen oder Vektorfelder über Mannigfaltigkeiten werden wir weiter unten kennenlernen. Hier möge der Hinweis, der den Leser und die Leserin neugierig machen soll, auf die Poisson-Klammern über T^*M und auf die Volumenform, die im Liouville'schen Satz auftritt, genügen.

Eine glatte Mannigfaltigkeit, die wir aus der Linearen Algebra und der Analysis gut kennen, ist der n-dimensionale Euklidische Raum $\mathbb{R}^n$. Dass dieser allein nicht ausreicht, verallgemeinerte (d. h. nichtelementare) mechanische Systeme zu beschreiben, haben wir schon am Beispiel des Pendels und des Kreisels für die Koordinatenmannigfaltigkeit Q festgestellt. Wir werden sehen, dass auch das sog. *Tangentialbündel*

$$TQ := \{T_x Q \mid x \in Q\} , \tag{5.3}$$

die Menge aller Tangentialräume, und das sog. *Kotangentialbündel*

$$T^*Q := \{T_x^* Q \mid x \in Q\} \tag{5.4}$$

glatte Mannigfaltigkeiten sind. Hat man nun beispielsweise ein konservatives System vorliegen oder ein System mit gewissen Symmetrien, so liegen die Lösungsscharen auf Hyperflächen im $2f$-dimensionalen Phasenraum, die zu fester Energie gehören bzw. mit den gestellten Symmetrieforderungen verträglich sind. Diese Hyperflächen sind i. Allg. wieder glatte Mannigfaltigkeiten, die sich aber nicht immer in den $\mathbb{R}^{2f}$ einbetten lassen. Man muss daher lernen, solche physikalischen Mannigfaltigkeiten M zu beschreiben, indem man sie wenigstens lokal auf gleichdimensionale Euklidische Räume abbildet. Oder anschaulich gesprochen: Man projiziert alles, was auf der Mannigfaltigkeit M geschieht, auf einen Satz von Karten herunter, von denen jede eine lokale Umgebung von M wiedergibt. Weiß man dann noch, wie man benachbarte Karten aneinandersetzen muss, und verfügt man über einen vollständigen Satz solcher Karten, so hat man ein getreues Abbild der ganzen Mannigfaltigkeit, wie kompliziert diese global gesehen auch sein mag.

In den folgenden Abschnitten definieren und diskutieren wir die hier angedeuteten Begriffe und illustrieren sie mit einigen Beispielen. Zur Notation sei noch folgendes vereinbart: Es sei

Q die Mannigfaltigkeit der generalisierten Koordinaten, deren Dimension die Zahl f der Freiheitsgrade des betrachteten Systems ist,
M eine (endlichdimensionale) Mannigfaltigkeit im Allgemeinen.

5.2 Differenzierbare Mannigfaltigkeiten

5.2.1 Der Euklidische Raum $\mathbb{R}^n$

Die Definition einer differenzierbaren Mannigfaltigkeit knüpft direkt an unsere Kenntnis des n-dimensionalen Euklidischen Raums $\mathbb{R}^n$ an. Dieser Raum ist ein *topologischer* Raum, d. h. er lässt sich mittels eines Satzes offener Teilmengen überdecken, welcher einige sehr natürliche Bedingungen erfüllt. Im $\mathbb{R}^n$ kann man zu je zwei verschiedenen Punkten immer Umgebungen dieser Punkte angeben, die sich nicht überlappen: man sagt, der $\mathbb{R}^n$ ist ein *Hausdorff'scher Raum*. Für den $\mathbb{R}^n$ kann man immer einen Satz B von offenen Mengen angeben, derart, dass jede offene Teilmenge des $\mathbb{R}^n$ als Vereinigung von Elementen aus B dargestellt werden kann. Den Satz B nennt man Basis. Man kann sogar für jeden Punkt des $\mathbb{R}^n$ eine abzählbare Menge von Umgebungen $\{U_i\}$ von p angeben, so dass es für jede Umgebung U von p ein i gibt, für welches die Umgebung U_i ganz in U enthalten ist. Aus diesen $\{U_i\}$ kann man auch eine Basis im obigen Sinne machen: Der $\mathbb{R}^n$ hat also sicher eine *abzählbare Basis*. Dies alles fasst man zusammen, indem man sagt: Der $\mathbb{R}^n$ ist ein topologischer, Hausdorff'scher Raum mit abzählbarer Basis.

Genau diese Forderungen nimmt man in die Definition einer Mannigfaltigkeit auf. Auch wenn sie zunächst etwas kompliziert klingen, sind dies für die in der Mechanik wichtigen Fälle nahezu selbstverständliche Eigenschaften. Man geht daher als Physiker oft stillschweigend darüber hinweg. (Umgekehrt, wer es schon an dieser Stelle sehr genau wissen will, der lese die topologischen und mengentheoretischen Grundlagen in den im Anhang genannten mathematischen Büchern nach.)

Der $\mathbb{R}^n$ hat aber noch mehr Struktur. Er ist ein n-dimensionaler reeller Vektorraum, auf dem ein natürliches inneres Produkt und damit eine Norm existieren.

Bezeichnen $p = (p_1, \dots , p_n)$ und $q = (q_1, \dots , q_n)$ zwei Elemente aus $\mathbb{R}^n$, so sind das innere Produkt und die Norm bekanntlich durch

$$p \cdot q := \sum_{i=1}^{n} p_i q_i \,, \qquad |p| := \sqrt{p \cdot p} \tag{5.5}$$

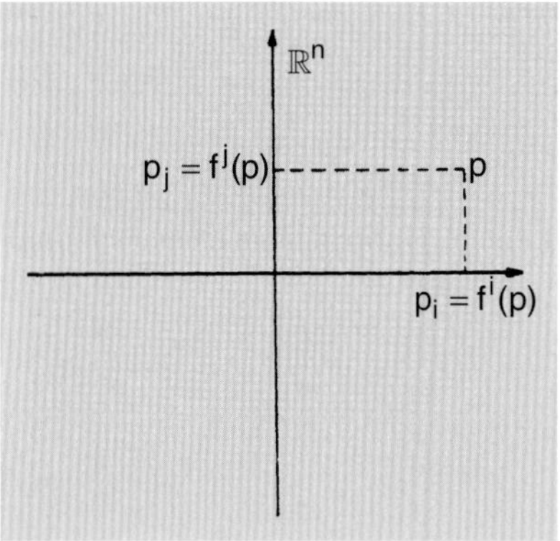

Abb. 5.3. Die Koordinatenfunktionen f^i, f^j ordnen jedem Punkt des $\mathbb{R}^n$ seine Koordinaten p^i, p^j zu

definiert. Der $\mathbb{R}^n$ ist also auch ein metrischer Raum, denn die aus (5.5) sich ergebende Norm

$$d(p,q) := |p-q| \tag{5.6}$$

hat alle Eigenschaften einer Metrik. Sie ist nicht ausgeartet, d. h. $d(p,q)$ verschwindet genau dann, wenn $p=q$ ist; sie ist symmetrisch, $d(p,q)=d(q,p)$; und sie erfüllt die Schwarzsche Ungleichung

$$d(p,r) \le d(p,q) + d(q,r)\ .$$

Schließlich wissen wir, dass der $\mathbb{R}^n$ als Träger für *glatte* Funktionen dienen kann,

$$f : U \subset \mathbb{R}^n \to \mathbb{R}\ ,$$

die offene Teilmengen U des $\mathbb{R}^n$ auf die reellen Zahlen abbilden. Glatt oder C^∞ heißt die Funktion f dann, wenn alle gemischten, partiellen Ableitungen von f an jedem Punkt $u \in U$ existieren und stetig sind.

Als Beispiel betrachte man die Funktion f^i, die jedem Element $p \in \mathbb{R}^n$ seine i-te Koordinate p_i zuordnet, wie in Abb. 5.3 dargestellt,

$$f^i := \mathbb{R}^n \to \mathbb{R} : p = (p_1, \ldots, p_i, \ldots, p_n) \mapsto p_i\ , \quad i = 1, 2, \ldots, n\ . \tag{5.7}$$

Diese Funktionen $f^i(p) = p_i$ nennt man die *natürlichen Koordinatenfunktionen* von $\mathbb{R}^n$.

5.2.2 Glatte oder differenzierbare Mannigfaltigkeiten

Die im Abschn. 5.1 skizzierten physikalischen Mannigfaltigkeiten sind oft keine Euklidischen Räume, sind aber wohl topologische Räume (Hausdorff'sch mit abzählbarer Basis), die differenzierbare Strukturen tragen. Sie sehen, qualitativ gesagt, zumindest *lokal* wie Euklidische Räume aus.

Es sei M ein solcher topologischer Raum und habe die Dimension $\dim M = n$. Per Definition ist eine *Karte* oder *lokales Koordinatensystem* in M ein Homöomorphismus

$$\varphi : U \subset M \to \varphi(U) \subset \mathbb{R}^n \tag{5.8}$$

einer offenen Menge U von M auf eine offene Menge $\varphi(U)$ des $\mathbb{R}^n$, wie in Abb. 5.4 angedeutet. In der Tat, schaltet man die Koordinatenfunktionen (5.7) hinter die Abbildung (5.8), so erhält man für jeden Punkt $p \in U \subset M$ eine Koordinatendarstellung im $\mathbb{R}^n$

$$x^i = f^i \circ \varphi \quad \text{bzw.} \quad \varphi(p) = (x^1(p), \ldots, x^n(p)) \in \mathbb{R}^n\ . \tag{5.9}$$

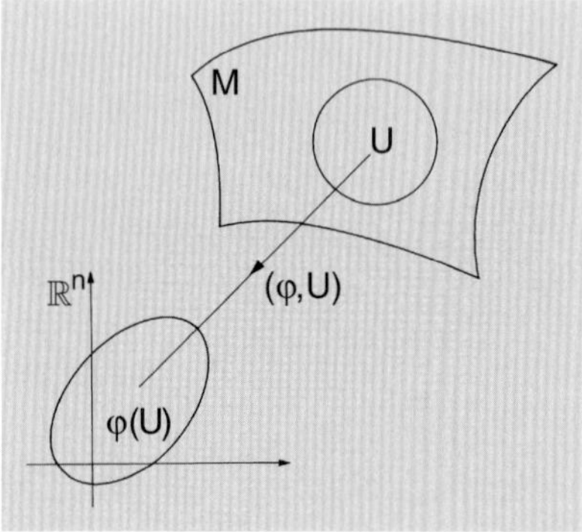

Abb. 5.4. Die Kartenabbildung φ bildet einen offenen Bereich U der Mannigfaltigkeit M homöomorph auf einen Bereich $\varphi(U)$ des $\mathbb{R}^n$ ab, wo $n = \dim M$ ist

Damit hat man die Möglichkeit gewonnen, auf $U \subset M$ (d. h. lokal auf der Mannigfaltigkeit M) allerhand geometrische Objekte zu definieren wie Kurven auf M, Vektorfelder über M etc. Das wird aber im Allgemeinen nicht ausreichen: Man möchte solche Objekte, die physikalische

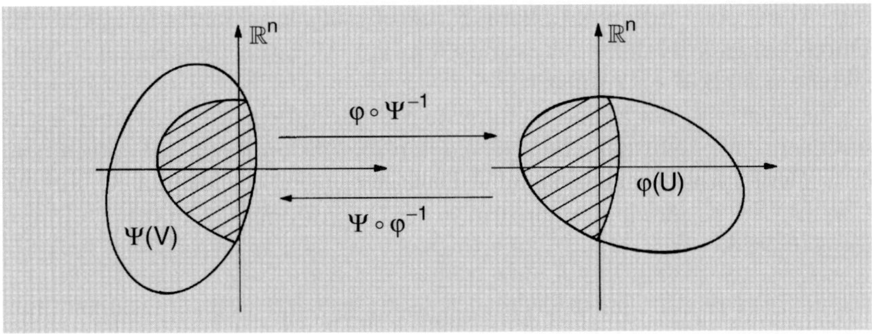

Abb. 5.5. Zwei auf M überlappende offene Umgebungen U und V werden durch die Karten φ und Ψ auf die Bereiche $\varphi(U)$ bzw. $\Psi(V)$ in zwei Kopien des $\mathbb{R}^n$ abgebildet. Das Überlappgebiet auf M wird dabei auf die schraffierten Zonen abgebildet. Diese hängen über die Funktionen $(\varphi \circ \Psi^{-1})$ bzw. $(\Psi \circ \varphi^{-1})$ diffeomorph zusammen

Größen darstellen, möglichst auf *ganz* M studieren können. Außerdem müssen physikalische Zusammenhänge zwischen solchen Größen unabhängig von der Auswahl des lokalen Koordinatensystems sein (man spricht von Kovarianz physikalischer Gleichungen). Dies führt in ganz natürlicher Weise auf die folgende Konstruktion:

Man decke die Mannigfaltigkeit M mit offenen Teilmengen U, V, W, ... ab, so dass jeder Punkt $p \in M$ in mindestens einer solchen Teilmenge liegt. Zu jedem Teilgebiet U, V, ... werde ein Homöomorphismus $\varphi, \psi, \ldots$ gewählt, so dass U auf $\varphi(U)$ im $\mathbb{R}^n$, V auf $\psi(V)$ im $\mathbb{R}^n, \ldots$, abgebildet werden. Wenn U und V auf M teilweise überlappen, so überlappen auch deren Bilder $\varphi(U)$ bzw. $\psi(V)$ auf $\mathbb{R}^n$ teilweise, wie in Abb. 5.5 skizziert. Die hintereinander geschalteten Abbildungen $\varphi \circ \psi^{-1}$ und deren Inverse $\psi \circ \varphi^{-1}$ führen dann zwischen den entsprechenden Teilen der Bilder $\varphi(U)$ und $\psi(V)$ (in der Abbildung schraffiert) hin und her, d. h. bilden offene Teilmengen des $\mathbb{R}^n$ aufeinander ab. Wenn diese Abbildungen $(\varphi \circ \psi^{-1})$ und $(\psi \circ \varphi^{-1})$ glatt sind, so sagt man, dass die beiden Karten oder Koordinatensysteme (φ, U) und (ψ, V) *glatt überlappen*. Man spricht dann von einem *Kartenwechsel*. Wenn man noch vereinbart, dass diese Bedingung trivial erfüllt ist, wenn U und V gar nicht überlappen, dann hat man die Möglichkeit geschaffen, die ganze Mannigfaltigkeit M durch einen Atlas von Karten zu beschreiben.

Ein Atlas ist eine Sammlung von Karten auf M derart, dass

A 1) jeder Punkt von M im Bereich von mindestens einer Karte liegt,
A 2) je zwei Karten des Atlas glatt überlappen.

Was hat man damit gewonnen? Verfügt man über einen solchen Atlas, so kann man geometrische Objekte, die auf M definiert sind, z. B. differenzieren. Das tut man, indem man sie auf die Karten des Atlas herunterprojiziert und ihre dort erscheinenden Bilder (die jetzt in Räumen $\mathbb{R}^n$ liegen) nach den Regeln der Analysis differenziert. Da die Karten des Atlasses untereinander diffeomorph zusammenhängen, kann man diese Prozedur über ganz M erstrecken. In diesem Sinne definiert ein Atlas eine differenzierbare Struktur auf der Mannigfaltigkeit M. Durch seine Vorgabe wird es möglich, auf M einen mathematisch konsistenten Kalkül einzuführen.

Es bleibt da noch eine technische Schwierigkeit, die man aber leicht auflösen kann. Mit der oben gegebenen Definition kann es vorkommen, dass zwei formal verschiedene Atlasse denselben Kalkül auf M liefern. Um dies zu vermeiden, ergänzt man die Definitionen (A 1) und (A 2) um die Folgende:

A 3) jede Karte, die mit allen anderen Karten glatt überlappt, soll bereits zum Atlas dazugehören.

Man spricht dann von einem *vollständigen* (auch: *maximalen*) *Atlas*, den wir mit $\mathcal{A}$ bezeichnen wollen.

Damit haben wir erreicht, was wir für die Beschreibung von physikalischen Zusammenhängen und Gesetzen auf nicht-Euklidischen Räumen brauchen. Die Objekte, die sich auf M definieren lassen, können durch Kartenabbildungen „veranschaulicht" werden. Man kann sie einem konsistenten Kalkül unterwerfen, wie man ihn aus dem $\mathbb{R}^n$ kennt.

Zusammenfassend kann man sagen, dass die topologische Struktur durch die Definition der Mannigfaltigkeit M (mit Atlas) gegeben ist, die differenzierbare Struktur auf M durch die Angabe eines vollständigen differenzierbaren Atlas $\mathcal{A}$ von Karten auf M festgelegt wird. Eine glatte (oder differenzierbare) Mannigfaltigkeit wird also durch die Angabe des Paares $(M, \mathcal{A})$ definiert. (Es gibt Mannigfaltigkeiten, auf denen nichtäquivalente differenzierbare Strukturen existieren).

5.2.3 Beispiele für glatte Mannigfaltigkeiten

Wir betrachten einige Beispiele von differenzierbaren Mannigfaltigkeiten.

Beispiele

i) Der $\mathbb{R}^n$ ist selber eine differenzierbare Mannigfaltigkeit. Die Koordinatenfunktionen $(f^1, f^2, \dots, f^n)$ induzieren die identische Abbildung

$$\mathrm{id} : \mathbb{R}^n \to \mathbb{R}^n$$

des $\mathbb{R}^n$ auf sich. Sie liefern somit einen Atlas auf $\mathbb{R}^n$, der aus einer einzigen Karte besteht. Um daraus einen vollständigen Atlas zu machen, nimmt man noch die Menge ϑ aller Karten auf $\mathbb{R}^n$ mit dazu, die mit der Identität id verträglich sind. Das sind alle Diffeomorphismen $\Phi : U \to \Phi(U) \subset \mathbb{R}^n$ auf dem $\mathbb{R}^n$. Die so entstehende differenzierbare Struktur heißt *kanonisch*.

ii) Kugel vom Radius R im $\mathbb{R}^3$: Wir betrachten die Sphäre

$$S_R^2 := \{\boldsymbol{x} = (x^1, x^2, x^3) \in \mathbb{R}^3 \mid \boldsymbol{x}^2 = (x^1)^2 + (x^2)^2 + (x^3)^2 = R^2\} ,$$

die wir uns in den $\mathbb{R}^3$ eingebettet denken. Ein Atlas, der diese zweidimensionale glatte Mannigfaltigkeit im $\mathbb{R}^2$ darstellt, besteht aus mindestens zwei Karten. Für diese wollen wir ein Beispiel konstruieren. Es seien die Punkte

$$N = (0, 0, R)\,, \qquad S = (0, 0, -R)$$

als Nord- bzw. Südpol bezeichnet. Auf der S_R^2 definiere man zwei offene Umgebungen

$$U : S_R^2 - \{N\} \quad \text{und} \quad V := S_R^2 - \{S\}\,.$$

Die Kartenabbildungen $\varphi : U \to \mathbb{R}^2$, $\psi : V \to \mathbb{R}^2$ werden wie folgt definiert: φ projiziert den Bereich U vom Nordpol aus auf die Äquatorebene $x^3 = 0$, während ψ den Bereich V vom Südpol aus auf eine Kopie derselben Ebene projiziert (Abb. 5.6). Ist $p = (x^1, x^2, x^3)$ ein Punkt aus U auf der Sphäre, so ist seine Projektion im $\mathbb{R}^2$ durch

$$\varphi(p) = \frac{R}{R - x^3}(x^1, x^2)$$

gegeben. Betrachtet man denselben Punkt als Element aus dem Bereich V, so ist seine Projektion auf den $\mathbb{R}^2$ durch

$$\psi(p) = \frac{R}{R + x^3}(x^1, x^2)$$

gegeben. Nun wollen wir nachprüfen, dass $\psi \circ \varphi^{-1}$ auf dem Durchschnitt der Bereiche U und V ein Diffeomorphismus ist. Es ist

$$\varphi(U \cap V) = \mathbb{R}^2 - \{0\} = \psi(U \cap V)\,.$$

Es sei nun $y = (y^1, y^2)$ ein Punkt aus der Äquatorebene ohne Nullpunkt, $y \in \mathbb{R}^2 - \{0\}$. Das Urbild dieses Punktes auf der betrachteten Mannigfaltigkeit ist

$$p = \varphi^{-1}(y) = (x^1 = \lambda y^1, x^2 = \lambda y^2, x^3)\,,$$

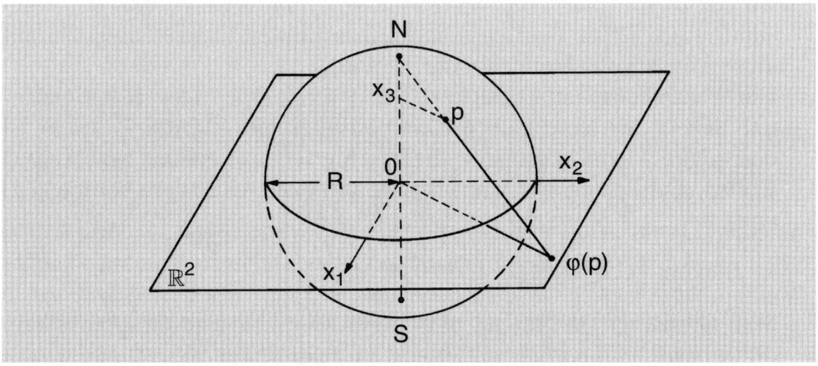

Abb. 5.6. Zur Beschreibung der Kugeloberfläche braucht man mindestens zwei Karten. Hier werden diese durch stereographische Projektion vom Nordpol bzw. Südpol erzeugt

wobei $\lambda = (R - x^3)/R$ ist und x^3 aus der Bedingung $\lambda^2 \boldsymbol{u}^2 + (x^3)^2 = R^2$ bestimmt ist, wo $\boldsymbol{u}^2 = (y^1)^2 + (y^2)^2$ gesetzt ist. Man findet leicht, dass

$$x^3 = \frac{\boldsymbol{u}^2 - R^2}{\boldsymbol{u}^2 + R^2} R$$

und somit $\lambda = 2R^2/(\boldsymbol{u}^2 + R^2)$ ist, womit man

$$p = \varphi^{-1}(y) = \frac{1}{\boldsymbol{u}^2 + R^2}(2R^2 y^1, 2R^2 y^2, R(\boldsymbol{u}^2 - R^2))$$

erhält. Schaltet man nun die Abbildung ψ hinterher und beachtet, dass der Faktor $R/(R + x^3) = (\boldsymbol{u}^2 + R^2)/2\boldsymbol{u}^2$ ist, so ergibt sich auf $\mathbb{R}^2 - \{0\}$

$$\psi \circ \varphi^{-1}(y) = \frac{R^2}{\boldsymbol{u}^2}(y^1, y^2) .$$

Das ist aber ein Diffeomorphismus von $\mathbb{R}^n - \{0\}$ auf $\mathbb{R}^n - \{0\}$. Schließlich sieht man, dass man diese Konstruktion ohne Weiteres auf die Sphäre S^m_R im Raum $\mathbb{R}^{m+1}$ anwenden kann.

iii) Der Torus T^m: Für die Mechanik besonders wichtig sind die m-dimensionalen Tori T^m. Ein solcher Torus T^m ist definiert als Produktraum aus m Exemplaren des Einheitskreises,

$$T^m = S^1 \times S^1 \times \ldots \times S^1 \quad (m\text{-mal}) .$$

Für $m = 2$ zum Beispiel ergibt sich ein Gebilde von der Form eines Fahrradschlauches oder Rettungsringes. Dieser Torus T^2 ist homöomorph zum Raum, den man aus einem Quadrat mit Seitenlänge 1 $\{x, y \mid 0 \le x \le 1, 0 \le y \le 1\}$ erhält, wenn man je zwei Punkte $(0, y)$ und $(1, y)$ miteinander identifiziert, ebenso die Punkte $(x, 0)$ und $(x, 1)$. Einen Atlas für T^2 erhält man beispielsweise aus den folgenden drei Karten,

$$\varphi_k^{-1}(\alpha_k, \beta_k) = (\mathrm{e}^{\mathrm{i}\alpha_k}, \mathrm{e}^{\mathrm{i}\beta_k}) \in T^2 , \qquad k = 1, 2, 3 ,$$

wo $\alpha_1, \beta_1 \in (0, 2\pi)$, $\alpha_2, \beta_2 \in (-\pi, +\pi)$, $\alpha_3, \beta_3 \in (-\pi/2, \pi/2)$ gewählt sind. (Man überlege sich anhand einer Skizze, dass T^2 auf diese Weise vollständig überdeckt wird.)

iv) Die Parametermannigfaltigkeit der Drehgruppe: Der Rotationsanteil SO(3) der Bewegungsmannigfaltigkeit des starren Körpers ist eine glatte Mannigfaltigkeit, die wir hier etwas genauer beschreiben wollen. Betrachten wir zunächst die Gruppe SU(2) der (komplexen) unitären 2×2 Matrizen mit Determinante 1,

$$\mathrm{SU}(2) : \left\{ \mathbf{U} \in M_2(\mathbb{C}) \mid \mathbf{U}^\dagger \mathbf{U} = \mathbb{1},\ \det \mathbf{U} = 1 \right\} .$$

Man überzeugt sich leicht, dass diese Matrizen eine Gruppe bilden, die *unitäre, unimodulare Gruppe in zwei komplexen Dimensionen* genannt wird. $\mathbf{U}^\dagger$ bezeichnet dabei die komplex konjugierte, transponierte Matrix, d. h. es ist $(\mathbf{U}^\dagger)_{mn} = (U_{nm})^*$. Jede solche Matrix lässt sich in der folgenden Form schreiben

$$\mathbf{U} = \begin{pmatrix} a & b \\ -b^* & a^* \end{pmatrix} \quad \text{mit} \quad |a|^2 + |b|^2 = 1 ,$$

was man durch Nachrechnen bestätigt. Schreibt man die komplexen Zahlen a und b nach Real- und Imaginärteil zerlegt, d. h. $a = x^1 + \mathrm{i}x^2$ und $b = x^3 + \mathrm{i}x^4$, so lautet die Bedingung $\det \mathbf{U} = 1$ jetzt

$$(x^1)^2 + (x^2)^2 + (x^3)^2 + (x^4)^2 = 1 .$$

Versteht man die x^i als Koordinaten in einem Euklidischen Raum $\mathbb{R}^4$, dann beschreibt diese Gleichung die Einheitssphäre S^3, die in diesen Raum eingebettet ist. Wir parametrisieren die reellen Koordinaten x^i durch drei Winkel u, v und w derart, dass die Bedingung für ihre Quadrate automatisch erfüllt wird und dass jeder Punkt der Sphäre eindeutig dargestellt wird:

$$\begin{aligned} x^1 &= \cos u \cos v , \\ x^2 &= \cos u \sin v , \qquad u \in [0, (\pi/2)] , \\ x^3 &= \sin u \cos w , \qquad v, w \in [0, 2\pi) , \\ x^4 &= \sin u \sin w . \end{aligned}$$

Wir wissen aus dem Beispiel (ii) oben, dass S^3 eine glatte Mannigfaltigkeit ist. Jede geschlossene Kurve auf der Fläche S^3 lässt sich zu einem Punkt zusammenziehen. Daher ist S^3 einfach zusammenhängend. Wir wollen jetzt zeigen, welcher Zusammenhang zwischen dieser Mannigfaltigkeit und der Parametermannigfaltigkeit der SO(3) besteht.

Dazu kehren wir zur Darstellung der Drehmatrizen $\mathbf{R} \in \mathrm{SO}(3)$ als Funktion von Euler'schen Winkeln zurück, die wir in (3.35) des Abschn. 3.9 definiert haben. Setzt man die Ausdrücke (2.68) für die Erzeugenden ein und multipliziert man die drei Matrizen in (3.35) aus, so erhält man

$$\mathbf{R}(\alpha, \beta, \gamma) = \begin{pmatrix} \cos\gamma\cos\beta\cos\alpha & \cos\gamma\cos\beta\sin\alpha & -\cos\gamma\sin\beta \\ -\sin\gamma\sin\alpha & +\sin\gamma\cos\alpha & \\ -\sin\gamma\cos\beta\cos\alpha & -\sin\gamma\cos\beta\sin\alpha & \sin\gamma\sin\beta \\ -\cos\gamma\sin\alpha & +\cos\gamma\cos\alpha & \\ \sin\beta\cos\alpha & \sin\beta\sin\alpha & \cos\beta \end{pmatrix} .$$

Nun definiert man folgende Abbildung von S^3 auf SO(3):

$$f : S^3 \to \mathrm{SO}(3) , \quad \text{mit} \quad \begin{cases} \gamma = v + w \pmod{2\pi} \\ \beta = 2u \\ \alpha = v - w \pmod{2\pi} . \end{cases}$$

Wählt man α und γ aus dem Intervall $[0, 2\pi]$, β aus dem Intervall $[0, \pi]$, so sieht man leicht, dass die Abbildung f surjektiv ist. Die Matrixelemente von $\mathbf{R}$ und die Winkel u, v, w hängen z. B. folgendermaßen zusammen,

$$R_{33} = \cos(2u) ,$$
$$R_{31} = \sqrt{1 - R_{33}^2}\cos(v - w) , \quad R_{13} = -\sqrt{1 - R_{33}^2}\cos(v + w) ,$$
$$R_{32} = \sqrt{1 - R_{33}^2}\sin(v - w) , \quad R_{23} = \sqrt{1 - R_{33}^2}\sin(v + w) ,$$

(die restlichen Einträge ergänzt man leicht). Sei $x \in S^3$ ein Punkt auf der Sphäre. Der Punkt $x(u, v, w)$ und sein Antipode $x' = -x$, den man mit der Wahl $u' = u$, $v' = v + \pi \pmod{2\pi}$, $w' = w + \pi \pmod{2\pi}$ erhält, haben dasselbe Bild in SO(3), denn es ist $\gamma' = v' + w' = v + w + 2\pi \pmod{2\pi} = \gamma + 2\pi \pmod{2\pi}$, $\alpha' = \alpha + 2\pi \pmod{2\pi}$ und $\beta' = \beta$. Die Mannigfaltigkeit SO(3) ist ein Bild der S^3, wobei x und $-x$ auf dasselbe Element von SO(3) abgebildet werden. Die Mannigfaltigkeit SO(3), mit anderen Worten, ist die S^3, bei der Antipodenpunkte identifiziert werden. Wenn entgegengesetzte Punkte auf einer Kugeloberfläche identifiziert werden müssen, dann gibt es aber zwei Klassen von geschlossenen Kurven: nämlich (a) diejenigen, die zum selben Punkt zurückkehren und die man daher zu einem Punkt zusammenziehen kann, und (b) diejenigen, die in x starten und in $-x$ enden und die sich nicht zu Punkten zusammenziehen lassen. Dieses Ergebnis besagt, dass die Mannigfaltigkeit von SO(3) zweifach zusammenhängend ist.

Wir bemerken noch, dass wir hier auf eine tiefere Verwandtschaft der Gruppen SU(2) und SO(3) gestoßen sind, die in der Quantenmechanik für die Beschreibung des inneren Drehimpulses (Spin) wichtig sein wird. Die Mannigfaltigkeit der SU(2) ist die einfach zusammenhängende S^3.

5.3 Geometrische Objekte auf Mannigfaltigkeiten

Als Nächstes wollen wir allerlei geometrische Objekte, die auf glatten Mannigfaltigkeiten definiert sind und die für die Mechanik von Bedeutung sind, einführen und ordnen. Beispiele dafür gibt es viele: etwa *Funktionen* wie die Lagrange- und Hamiltonfunktionen, *Kurven* auf Mannigfaltigkeiten wie die Lösungskurven von Bewegungsgleichungen, *Vektorfelder* wie das Geschwindigkeitsfeld eines vorgegebenen Systems, *Formen* von der Art des Volumenelementes, das im Liouville'schen Satz auftritt, und andere mehr.

Wir beginnen mit dem ziemlich allgemeinen Begriff einer Abbildung einer glatten Mannigfaltigkeit M mit Atlas $\mathcal{A}$ auf eine andere solche (oder sich selbst),

$$F : (M, \mathcal{A}) \to (N, \mathcal{B}) \,. \tag{5.10}$$

F bildet den Punkt p, der in einer offenen Umgebung U von M liegt, auf den Punkt $F(p)$ in N ab, der natürlich im Bildbereich $F(U)$ von U liegt. Die Dimensionen von M und N seien m bzw. n.

Nehmen wir an, (φ, U) sei eine Karte aus dem Atlas $\mathcal{A}$ und (ψ, V) sei eine Karte für die Bildmannigfaltigkeit N derart, dass $F(U)$ in V enthalten ist. Dann ist die Zusammensetzung

$$\psi \circ F \circ \varphi^{-1} : \varphi(U) \subset \mathbb{R}^m \to \psi(V) \subset \mathbb{R}^n \tag{5.11}$$

eine Abbildung zwischen den Euklidischen Räumen $\mathbb{R}^m$ und $\mathbb{R}^n$. Auf diesem Niveau kann man wieder danach fragen, ob diese Abbildung stetig oder sogar differenzierbar ist. Damit liegt die folgende Definition nahe: Die Abbildung F, (5.10), soll *glatt* oder differenzierbar heißen, wenn die Abbildung (5.11) diese Eigenschaft hat für jeden Punkt $p \in U \subset M$, jede Karte $(\varphi, U) \in \mathcal{A}$ und jede Karte $(\psi, V) \in \mathcal{B}$, wenn das Bild $F(U)$ in V enthalten ist.

Im Folgenden werden wir sehen, dass wir den Abbildungen vom Typ (5.10) bereits mehrfach in den früheren Kapiteln begegnet sind, auch wenn wir sie nicht in dieser kompakten und allgemeinen Art formuliert haben. Das wird klarer, wenn wir beachten, dass als Sonderfälle von (5.10) die Folgenden auftreten:

(i) Die Ausgangsmannigfaltigkeit ist der eindimensionale Euklidische Raum $(\mathbb{R}, \vartheta)$, zum Beispiel die Zeitachse $\mathbb{R}_t$. Die Kartenabbildung φ ist jetzt einfach die Identität auf $\mathbb{R}$. In diesem Fall sind die Abbildungen F, (5.10), glatte Kurven auf der Zielmannigfaltigkeit $(N, \mathcal{B})$ – etwa physikalische Bahnkurven.
(ii) Die Zielmannigfaltigkeit ist $\mathbb{R}$, d. h. die Kartenabbildung ψ ist jetzt die Identität. Die Abbildung F ist eine glatte Funktion auf M – beispielsweise die Lagrangefunktion.
(iii) Ausgangs- und Zielmannigfaltigkeit sind identisch. Hier kann es sich beispielsweise um Diffeomorphismen von M handeln.

5.3.1 Funktionen und Kurven auf Mannigfaltigkeiten

Eine glatte *Funktion* auf einer Mannigfaltigkeit M ist eine Abbildung von M auf die reellen Zahlen,

$$f : M \to \mathbb{R} : p \in M \mapsto f(p) \in \mathbb{R} \,, \tag{5.12}$$

die im oben erläuterten Sinne differenzierbar ist.

Ein Beispiel ist die Hamiltonfunktion, die, falls zeitunabhängig, jedem Punkt des Phasenraums P eine reelle Zahl zuordnet. (Falls sie explizit zeitabhängig ist, ordnet sie jedem Punkt aus dem direkten Produkt Phasenraum $\times$ Zeitachse $P \times \mathbb{R}_t$ eine reelle Zahl zu). Ein anderes Beispiel wird durch die in Abschn. 5.2.2 eingeführten Karten geliefert: Die Abbildungen $x^i = f^i \circ \varphi$ in (5.9), mit den in (5.7) definierten Funktionen f^i, sind Funktionen auf M, denn sie ordnen jedem Punkt $p \in U \subset M$ seine i-te Koordinate in der Karte (φ, U) zu.

Die Gesamtheit aller glatten reellen Funktionen auf M bezeichnet man oft mit $\mathcal{F}(M)$.

Der Begriff einer glatten Kurve $\gamma(\tau)$ ist uns im Euklidischen Raum $\mathbb{R}^n$ wohlvertraut. Als Abbildung aufgefasst, führt sie von einem offenen Intervall I der reellen Achse $\mathbb{R}$ (z. B. der Zeitachse $\mathbb{R}_t$) in den $\mathbb{R}^n$,

$$\gamma : I \subset \mathbb{R} \to \mathbb{R}^n : \tau \in I \mapsto \gamma(\tau) \in \mathbb{R}^n \tag{5.13a}$$

(Das Intervall kann bei $-\infty$ beginnen und/oder bei $+\infty$ aufhören.). Wenn $\{e_i\}$ eine Basis des $\mathbb{R}^n$ ist, so ist

$$\gamma(\tau) = \sum_{i=1}^{n} \gamma^i(\tau) e_i \,. \tag{5.13b}$$

Glatte Kurven auf einer beliebigen Mannigfaltigkeit N definiert man nach dem Muster von (5.10), indem man wie in (5.11) über die Kartenabbildung geht,

$$\gamma : I \subset \mathbb{R} \to N : \tau \in I \mapsto \gamma(\tau) \in N \,. \tag{5.14}$$

Ist (ψ, V) Karte auf N, so gilt für den Teil der Kurve, der in V liegt, dass $\psi \circ \gamma$ eine glatte Kurve im $\mathbb{R}^n$ ist (vgl. (5.11) mit $\varphi = \mathrm{id}$). Vermittels des vollständigen Atlasses, mit dem N ausgestattet ist, kann man die Kurve als Ganzes von Karte zu Karte verfolgen.

An die Kurven- und Funktionsbegriffe schließen wir hier zwei Bemerkungen an, die für das Folgende wichtig sind. Dazu kehren wir zunächst zu dem einfacheren Fall (5.13) von Kurven auf dem $\mathbb{R}^n$ zurück.

i) Glatte Kurven erscheinen oft als Lösungen von Differentialgleichungen erster Ordnung. Es sei τ_0 im Intervall I gelegen, es sei $p_0 = \gamma(\tau_0) \in \mathbb{R}^n$ der Punkt der Kurve, der zur „Zeit“ τ_0 durchlaufen wird. Bildet man die Ableitung

$$\dot{\gamma}(\tau) = \frac{\mathrm{d}\,\gamma(\tau)}{\mathrm{d}\,\tau} \,, \quad \text{so ist} \quad \dot{\gamma}(\tau_0) = \sum_{i=1}^{n} \dot{\gamma}^i(\tau_0) e_i =: v_{p_0}$$

der Tangentialvektor an die Kurve im Punkt p_0. Nun denke man sich alle Tangentialvektoren v_p an die Kurve in allen ihren Punkten $p \in \gamma(\tau)$ aufgezeichnet. Das entstehende Bild erinnert an die stückweise Konstruktion von Lösungskurven in der Mechanik, hier der Kurve $\gamma(\tau)$. Allerdings braucht man dazu noch mehr: Die Tangentialvektoren müssen in allen Punkten (nicht nur entlang der einen Kurve $\gamma(\tau)$) eines Teilgebietes des $\mathbb{R}^n$ (oder des ganzen $\mathbb{R}^n$) bekannt sein und das so entstehende Vektor*feld* muss (in einem noch präziser zu fassenden Sinn) selbst glatt sein. Dann ist $\gamma(\tau)$ ein Repräsentant einer ganzen Schar von Lösungen der Differentialgleichung erster Ordnung

$$\dot{\alpha}(\tau) = v_{\alpha(\tau)} \ . \tag{5.15}$$

Als Beispiel betrachten wir ein mechanisches System mit einem Freiheitsgrad, den eindimensionalen harmonischen Oszillator. Es sei wie früher (vgl. Abschn. 1.17.1)

$$\underset{\sim}{x} = \begin{pmatrix} q \\ p \end{pmatrix} \ ; \quad H = \frac{1}{2}(p^2 + q^2) \ .$$

Es gilt $\dot{\underset{\sim}{x}} = \mathbf{J}H_{,x} \equiv X_{\mathrm{H}}$ mit

$$X_{\mathrm{H}} = \begin{pmatrix} \partial H/\partial p \\ -\partial H/\partial q \end{pmatrix} = \begin{pmatrix} p \\ -q \end{pmatrix} .$$

Der Punkt $\underset{\sim}{x}$ liegt in der zweidimensionalen Mannigfaltigkeit $N = \mathbb{R}^2$, das Vektorfeld X_{H} heißt das *Hamilton'sche Vektorfeld*. Die Lösungen der Differentialgleichung (5.15), hier also $\dot{\underset{\sim}{x}} = X_{\mathrm{H}}$,

$$\underset{\sim}{x}(\tau) \equiv \Phi_{\tau-\tau_0}(\underset{\sim}{x}_0) = \begin{pmatrix} q_0 \cos(\tau - \tau_0) + p_0 \sin(\tau - \tau_0) \\ -q_0 \sin(\tau - \tau_0) + p_0 \cos(\tau - \tau_0) \end{pmatrix}$$

sind Kurven auf N, deren jede einzelne durch die Anfangsbedingung

$$\underset{\sim}{x}(\tau_0) = \underset{\sim}{x}_0 = \begin{pmatrix} q_0 \\ p_0 \end{pmatrix}$$

festgelegt wird.

ii) Es sei y ein fester, aber beliebiger Punkt des $\mathbb{R}^n$. Wir betrachten die Menge $T_y\mathbb{R}^n$ aller Tangentialvektoren (an alle möglichen glatten Kurven, die durch y gehen) am Punkt y, vgl. Abb. 5.7. Diese bilden einen Vektorraum, denn man kann sie addieren und mit reellen Zahlen multiplizieren. Man zeigt auch leicht, dass dieser Vektorraum $T_y\mathbb{R}^n$ isomorph zum $\mathbb{R}^n$ ist. In diesem Fall ist es gerechtfertigt, die Vektoren v, wie in Abb. 5.7 geschehen, in demselben Raum einzuzeichnen wie die Kurven durch den Punkt y.
Betrachtet man nun die glatte Funktion $f(x)$ auf dem $\mathbb{R}^n$ (bzw. einer offenen Umgebung des Punktes y), sowie einen Vektor $v = \sum v^i e_i$ aus $T_y\mathbb{R}^n$, so kann man die Ableitung von $f(x)$ im Punkt y und in der Richtung des Tangentialvektors v bilden. Sie ist bekanntlich durch

$$v(f) := \sum_{i=1}^{n} v^i \left. \frac{\partial f}{\partial x^i} \right|_{x=y} \tag{5.16}$$

gegeben. Diese Richtungsableitung ordnet jeder Funktion $f(x) \in \mathcal{F}(\mathbb{R}^n)$ eine durch (5.16) gegebene reelle Zahl zu,

$$v : \mathcal{F}(\mathbb{R}^n) \to \mathbb{R} : f \mapsto v(f) \ ,$$

und hat die folgenden Eigenschaften:

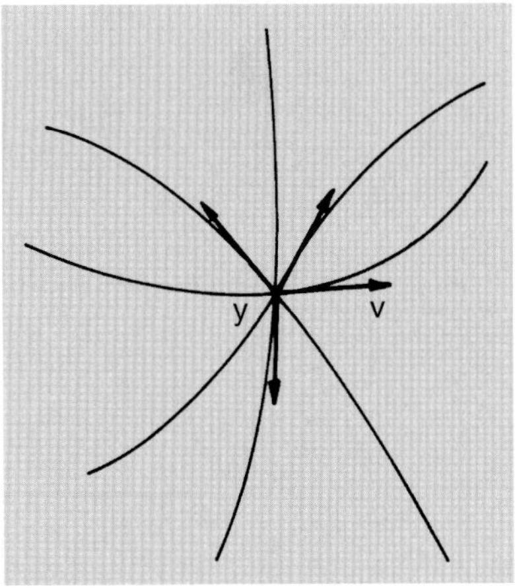

Abb. 5.7. Die Tangentialvektoren an alle möglichen glatten Kurven durch einen festen Punkt y des $\mathbb{R}^n$ bilden einen Vektorraum, den Tangentialraum $T_y\mathbb{R}^n$

Sind $f(x)$ und $g(x)$ zwei Funktionen auf dem $\mathbb{R}^n$, a und b zwei reelle Zahlen, so gilt die

V 1) *R-Linearität:*

$$v(af+bg)=av(f)+bv(g) \quad \text{und die} \tag{5.17}$$

V 2) *Leibniz-Regel:*

$$v(f\cdot g)=v(f)g(y)+f(y)v(g)\,. \tag{5.18}$$

Die Richtungsableitung des Produkts zweier Funktionen ist gleich der Richtungsableitung der ersten Funktion mal dem Funktionswert der zweiten am betrachteten Punkt plus dem analogen Term, in dem erste und zweite Funktion vertauscht sind.

5.3.2 Tangentialvektoren an eine glatte Mannigfaltigkeit

Stellt man sich eine glatte zweidimensionale Mannigfaltigkeit M als Hyperfläche vor, die in den $\mathbb{R}^3$ eingebettet ist, so liegen die Tangentialvektoren an M im Punkt y in der Tangentialebene, die M in y berührt, und T_yM ist der Vektorraum $\mathbb{R}^2$. Das gilt allgemein: Ist M eine n-dimensionale Hyperfläche im $\mathbb{R}^{n+1}$, so ist T_yM ein Vektorraum mit Dimension n. In jedem Fall kann man mit Elementen aus T_yM Richtungsableitungen von Funktionen auf M bilden. Diese haben die Eigenschaften (V 1) und (V 2).

Für eine beliebige, abstrakt definierte Mannigfaltigkeit verwendet man genau diese Eigenschaften zur *Definition von Tangentialvektoren*: Ein Tangentialvektor v an M im Punkt $p \in M$ ist eine reellwertige Funktion, die auf eine glatte Funktion angewandt eine reelle Zahl liefert,

$$v : \mathcal{F}(M) \to \mathbb{R} \tag{5.19}$$

mit den Eigenschaften (V 1) und (V 2), d. h.

$$v(af+bg)=av(f)+bv(g)\,; \tag{V 1}$$

$$v(fg)=v(f)g(p)+f(p)v(g)\,, \tag{V 2}$$

wobei $f,\, g \in \mathcal{F}(M)$ und $a, b \in \mathbb{R}$. Die zweite Eigenschaft insbesondere zeigt, dass v wie eine Derivation wirkt, was aus dem anschaulichen Fall des $\mathbb{R}^n$ einleuchtet. Der Raum T_pM aller Tangentialvektoren in $p \in M$ ist ein Vektorraum über $\mathbb{R}$, wenn man Addition von Vektoren und ihre Multiplikation mit reellen Zahlen wie üblich definiert,

$$\begin{aligned}(v_1+v_2)(f)&=v_1(f)+v_2(f)\\ (av)(f)&=av(f)\end{aligned} \tag{5.20}$$

für alle Funktionen f auf M und alle reellen Zahlen a. Dieser Vektorraum hat dieselbe Dimension wie die Mannigfaltigkeit M.

Partielle Ableitungen einer Funktion $g \in \mathcal{F}(M)$ kann man auf M i. Allg. nicht bilden, wohl aber für das Bild von g in lokalen Karten. Sei also (φ, U) eine Karte, $p \in U$ ein Punkt von M und g eine Funktion auf M. Dann ist die Ableitung von $g \circ \varphi^{-1}$ nach der natürlichen Koordinatenfunktion f^i, (5.7), am Bildpunkt $\varphi(p)$ im $\mathbb{R}^n$ wohldefiniert,

$$\partial_i \bigg|_p (g) \equiv \frac{\partial g}{\partial x^i}\bigg|_p := \frac{\partial (g \circ \varphi^{-1})}{\partial f^i}(\varphi(p)) \,. \tag{5.21}$$

Die Funktionen

$$\partial_i \bigg|_p \equiv \frac{\partial}{\partial x^i}\bigg|_p : \mathcal{F}(M) \to \mathbb{R} : g \mapsto \frac{\partial g}{\partial x^i}\bigg|_p \,, \qquad i = 1, 2, \ldots, n \tag{5.22}$$

besitzen die Eigenschaften (V 1) und (V 2) und sind daher Tangentialvektoren an M im Punkt $p \in U \subset M$.

Mit den in (5.22) definierten Objekten hat man zweierlei gewonnen: Erstens kann man mit ihrer Hilfe partielle Ableitungen von glatten Funktionen g auf M definieren, indem man g vermittels Karten auf einen Euklidischen Raum projiziert. Zweitens kann man ohne große Schwierigkeiten zeigen (O'Neill, 1983), dass die Vektoren

$$\partial_1|_p, \partial_2|_p, \ldots, \partial_n|_p$$

eine Basis des Tangentialraums T_pM bilden und dass jeder Vektor T_pM die Kartendarstellung

$$v = \sum_{i=1}^{n} v(x^i)\partial_i|_p \tag{5.23}$$

besitzt, wo x^i die in (5.9) definierten Koordinaten sind.

Wir halten als Ergebnis fest: An jedem Punkt p der glatten, aber sonst beliebigen Mannigfaltigkeit M, ist ein Vektorraum T_pM angeheftet, in dem die Tangentialvektoren an M im Punkt p liegen und der dieselbe Dimension wie M hat. Ist (φ, U) eine Karte auf M, die den Punkt p enthält, so bilden die n Vektoren $\partial_i|_p, i = 1, \ldots, n$ aus (5.22) eine Basis von T_pM: sie sind linear unabhängig und jeder Vektor v aus T_pM lässt sich als Linearkombination aus ihnen darstellen.

5.3.3 Das Tangentialbündel einer Mannigfaltigkeit

Zu allen Punkten $p, q, r, \ldots$ der glatten Mannigfaltigkeit gibt es eigene Tangentialräume T_pM, T_qM, T_rM, $\ldots$, die zwar dieselbe Dimension haben, aber alle voneinander verschieden sind. Daher stellt man sie zeichnerisch gerne dar wie in Abb. 5.8 gezeigt, nämlich so, dass sie sich nicht schneiden. (Würde man sie als Tangenten an M darstellen, so würden sie sich scheinbar schneiden.)

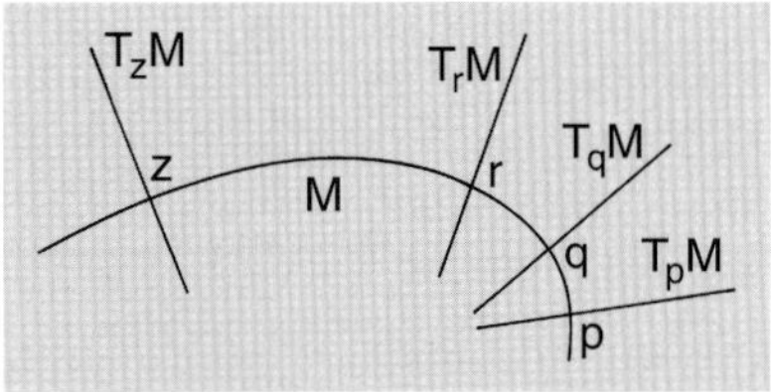

Abb. 5.8. Die Tangentialräume in den Punkten p, q, $\ldots$ der Mannigfaltigkeit M bilden das Tangentialbündel TM von M

Man kann unschwer zeigen, dass die disjunkte Vereinigung aller Tangentialräume

$$TM := \bigcup_{p \in U} T_pM \tag{5.24}$$

selbst eine glatte Mannigfaltigkeit ist. Diese Mannigfaltigkeit TM nennt man das Tangentialbündel. Wenn M die Dimension $\dim M = n$ hat, so hat das Tangentialbündel die Dimension

$$\dim TM = 2n \ .$$

Die Ausgangsmannigfaltigkeit M nennt man *Basisraum*, der einzelne Tangentialraum T_pM im Punkt p heißt *Faser* im Punkt p. Diese Faserstruktur von TM ist in Abb. 5.8 symbolisch dargestellt. Die Mannigfaltigkeit TM kann man, genauso wie die Basis M selbst, durch Angabe von lokalen Karten und Vorgabe eines vollständigen Atlasses von solchen beschreiben. Tatsächlich wird eine differenzierbare Struktur der Mannigfaltigkeit TM durch die von M auf natürliche Weise vorgegeben. Ohne auf die (natürlich unersetzlichen) strengen Begriffsbildungen einzugehen, kann man qualitativ folgendes sagen: Jede Karte (φ, U) ist eine differenzierbare Abbildung der Umgebung U von M auf den $\mathbb{R}^n$. Man betrachtet nun $TU := \bigcup_{p \in U} T_pM$, die durch $U \subset M$ vorgegebene offene Teilmenge von TM. Unter der Abbildung φ von U nach $\mathbb{R}^n$ werden die Tangentialvektoren im Punkt p (etwa an Kurven durch p) in linearer Weise auf die Tangentialvektoren an $\mathbb{R}^n$ im Bildpunkt $\varphi(p)$ abgebildet,

$$T\varphi : TU \to \varphi(U) \times \mathbb{R}^n \ ;$$

von $T\varphi$ kann man zeigen, dass sie alle Eigenschaften einer Kartenabbildung hat. Für jede Karte (φ, U) aus dem Atlas für M entsteht auf diese Weise eine Karte $(T\varphi, TU)$ für TM, die man die zu (φ, U) assoziierte Bündelkarte nennt. (Zur Definition der Tangentialabbildung kommen wir in Abschn. 5.4.1.)

Ein Punkt aus TM wird durch zwei Angaben

$$(p, v) \quad \text{mit} \quad p \in M \quad \text{und} \quad v \in T_pM$$

festgelegt, d. h. durch den Fußpunkt p der Faser T_pM und durch den Vektor v in diesem Vektorraum. Es gibt damit auf ganz natürliche Weise eine *Projektion* von TM auf den Basisraum M,

$$\pi : TM \to M : (p, v) \mapsto p, \quad p \in M, \ v \in T_pM \ , \tag{5.25}$$

die jedem Element aus der Faser T_pM den Fußpunkt p zuordnet.

Die Lagrange'sche Formulierung der Mechanik gibt uns ein schönes Beispiel für den Begriff des Tangentialbündels, das wir hier genauer betrachten wollen. Es sei Q die Mannigfaltigkeit der physikalischen Bewegungen eines mechanischen Systems. Es sei u ein Punkt aus Q, der in Karten durch $\{\underset{\sim}{q}\}$ dargestellt wird. Wir betrachten alle möglichen, glatten Kurven $\gamma(\tau)$, die durch diesen Punkt gehen, wo der Bahnparameter τ jeweils so gewählt sein soll, dass $u = \gamma(0)$ gilt. Die Tangentialvektoren $v_u = \dot{\gamma}(0)$, die in Karten als $\{\dot{\underset{\sim}{q}}\}$ erscheinen, spannen den Vektorraum T_uQ auf.

Die Lagrangefunktion eines autonomen Systems ist lokal als Funktion $L(\underset{\sim}{q}, \dot{\underset{\sim}{q}})$ definiert, wobei $\underset{\sim}{q}$ ein beliebiger Punkt aus der physikalischen Mannigfaltigkeit Q ist, $\dot{\underset{\sim}{q}}$ die Menge der Tangentialvektoren in diesem Punkt, beide in lokalen Karten von TQ dargestellt. Damit ist klar, dass die Lagrangefunktion eine Funktion auf dem Tangentialbündel TQ ist, wie in Abb. 5.2 vorweggenommen,

$$L : TQ \to \mathbb{R} .$$

Sie ist über den Punkten (p, v) des Tangentialbündels TQ definiert, lokal ist sie also eine Funktion der verallgemeinerten Koordinaten $\underset{\sim}{q}$ und Geschwindigkeiten $\dot{\underset{\sim}{q}}$. Erst die physikalische Forderung des Hamilton'schen Extremalprinzips bestimmt die physikalischen Bahnen $\underset{\sim}{q}(t) = \underset{\sim}{\Phi}(t)$ über Differentialgleichungen, die mit Hilfe der Lagrangefunktion gebildet werden. Mehr darüber folgt im Abschn. 5.5.

Wir schließen diesen Teilabschnitt mit der Bemerkung, dass die Mannigfaltigkeit TM lokal die Produktstruktur $M \times \mathbb{R}^n$ hat, global aber komplizierter aussehen kann.

5.3.4 Vektorfelder auf glatten Mannigfaltigkeiten

Vektorfelder von der Art des in Abb. 5.9 skizzierten treten in der Physik allenthalben auf und sind daher für den Physiker Beispiele für einen intuitiv wohlvertrauten Begriff. Man kennt Strömungsfelder, Geschwindigkeitsfelder, Kraftfelder oder spezielle Beispiele aus der Mechanik wie Hamilton'sche Vektorfelder. In den beiden vorangehenden Abschnitten haben wir alle möglichen Tangentialvektoren $v_p \in T_pM$ an die Mannigfaltigkeit M in einem festen Punkt $p \in M$ betrachtet. Beim Begriff des Vektor*feldes* geht es um etwas anderes: nämlich eine Vorschrift, wie jedem Punkt p von M ein einziger ausgewählter Tangentialvektor v_p aus dem Tangentialraum T_pM zugeordnet werden soll[1]. Ist beispielsweise die stationäre Strömung einer Flüssigkeit in einem Gefäß vorgegeben, so ist die Strömungsgeschwindigkeit in jedem Punkt innerhalb des Gefäßes eindeutig festgelegt. Gleichzeitig liegt sie im Tangentialraum, der zu diesem Punkt gehört. Das Strömungsfeld wählt in jedem Punkt einen speziellen Vektor aus dem zugehörigen Tangentialraum aus.

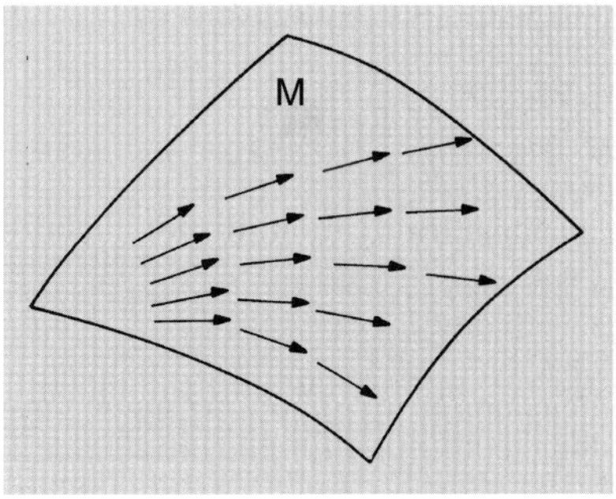

Abb. 5.9. Skizze eines glatten Vektorfeldes auf der Mannigfaltigkeit M

Diese Überlegungen werden durch die folgenden Definitionen in präzise Form gefasst:

Definition Vektorfeld

VF 1) Ein *Vektorfeld* V auf der glatten Mannigfaltigkeit M ist eine Funktion, die jedem Punkt p von M einen Tangentialvektor V_p aus T_pM zuordnet,

$$V : M \to TM : p \in M \mapsto V_p \in T_pM . \tag{5.26}$$

Gemäß (5.19) wirken Tangentialvektoren auf glatte Funktionen auf M und liefern deren verallgemeinerte Richtungsableitungen. Ein Vektorfeld wirkt ebenso auf glatte Funktionen,

[1] Im Folgenden nennen wir V_p, d. i. die Einschränkung des Vektorfeldes auf T_pM, oft den *Repräsentanten des Feldes* in T_pM.

$$V : \mathcal{F}(M) \to \mathcal{F}(M)$$

wenn man vereinbart, in jedem Punkt $p \in M$ den Repräsentanten V_p des Vektorfeldes V auf die Funktion anzuwenden,

$$(Vf)(p) := V_p(f)\,; \quad f \in \mathcal{F}(M)\,. \tag{5.27}$$

Hiermit kann man definieren, wann V glatt heißen soll:

VF 2) Das Vektorfeld V heißt glatt oder differenzierbar, wenn Vf für alle glatten Funktionen auf M glatt ist.

Das Vektorfeld V führt von M nach TM, indem es jedem $p \in M$ das Element (p, V_p) in TM zuordnet. Wendet man auf dieses die in (5.25) definierte Projektion π an, so kommt die Identität auf M heraus. Eine solche Abbildung

$$\sigma : M \to TM\,,$$

die die Eigenschaft $\pi \circ \sigma = \mathrm{id}_M$ hat, nennt man *Schnitt in TM*. Ein Vektorfeld ist also ein differenzierbarer Schnitt.

In Koordinaten, d. h. in einer Karte (φ, U) kann man Koordinatenvektorfelder, oder kurz *Basisfelder*, zur lokalen Darstellung eines Vektorfeldes verwenden. Für jeden Punkt p der offenen Umgebung $U \subset M$ ist $\partial_i|_p$ durch (5.21) und (5.22) definiert. Das Basisfeld ∂_i ist damit durch die Zuordnung

$$\partial_i : U \to TU : p \in U \mapsto \partial_i|_p \tag{5.28}$$

auf U als Vektorfeld definiert. Da die Funktionen $g \circ \varphi^{-1}$, die in (5.21) auftreten, differenzierbar sind, ist klar, dass ∂_i ein glattes Vektorfeld auf U ist. Bezeichnet $\varphi(p) = (x^1(p), \dots, x^n(p))$ wie in Abschn. 5.2.2 die Kartenabbildung, so hat jedes glatte Vektorfeld V die lokale Darstellung (auf U)

$$V = \sum_{i=1}^{n} (Vx^i)\partial_i\,, \tag{5.29}$$

Schließlich kann man diese lokalen Darstellungen auf den Kartenbereichen U, V, ... eines vollständigen Atlasses $\mathcal{A}$ zusammenfügen und erhält eine auf die ganze Mannigfaltigkeit M ausgedehnte Darstellung des Vektorfeldes V. Die Basisfelder auf zwei verschiedenen, sich überschneidenden Umgebungen U und V der Karten (φ, U) und (ψ, V) hängen dabei folgendermaßen zusammen. Geht man zu (5.21) zurück, so ist nach der Kettenregel

$$\frac{\partial(g \circ \varphi^{-1})}{\partial f^i} = \sum_{k=1}^{n} \frac{\partial(g \circ \psi^{-1})}{\partial f^k} \cdot \frac{\partial(\psi^k \circ \varphi^{-1})}{\partial f^i}\,.$$

Bezeichnen wir die Ableitungen (5.21) mit $\partial_i^{\varphi}|_p$ bzw. $\partial_i^{\psi}|_p$, indem wir zusätzlich die lokale Kartenabbildung φ bzw. ψ angeben, so gilt demnach im Überlappgebiet von U und V

$$\partial_i^{\varphi}|_p(g) = \sum_{k=1}^{n} \partial_k^{\psi}|_p(g) \frac{\partial(\psi^k \circ \varphi^{-1})}{\partial f^i} \tag{5.30}$$

Die Matrix, die hier auf der rechten Seite erscheint, ist die Jacobi-Matrix $\mathbf{J}_{\psi\circ\varphi^{-1}}$ der Übergangsabbildung $\psi \circ \varphi^{-1}$. Auf diese Weise lassen sich die Basisfelder ∂_i^{φ} auf U, ∂_k^{ψ} auf V usw. miteinander verknüpfen, die Darstellung (5.29) gilt in diesem Sinne auf ganz M.

Die Menge aller glatten Vektorfelder X auf M wird mit $\mathcal{X}(M)$ oder auch $\mathcal{V}(M)$ bezeichnet. Ein Beispiel haben wir in Abschn. 5.3.1 kennengelernt, das Hamilton'sche Vektorfeld im Fall eines zweidimensionalen Phasenraumes. Bezeichnen $x^1 = q$ und $x^2 = p$ die lokalen Koordinaten, so ist

$$X_{\mathrm{H}} = \frac{\partial H}{\partial p}\partial_1 - \frac{\partial H}{\partial q}\partial_2 \, ,$$

und $v_{\mathrm{H}}^i = X_{\mathrm{H}}(x^i)$ ist das im Beispiel auftretende Vektorfeld.

Gemäß (5.19) ordnet ein Tangentialvektor v aus T_pM einer glatten Funktion f eine reelle Zahl zu. Für ein Vektor*feld* gilt diese Aussage für jeden Punkt p der Mannigfaltigkeit, wie in (5.27) angegeben. Betrachtet man diese Gleichung als Funktion von p, so sieht man, dass durch die Wirkung des Feldes V auf die Funktion f wieder eine glatte Funktion auf M entsteht,

$$\begin{aligned} V \in \mathcal{V}(M) &: f \in \mathcal{F}(M) \to Vf \in \mathcal{F}(M) \\ &: f(p) \mapsto V_p(f) \, . \end{aligned} \tag{5.31}$$

Diese Zuordnung von Funktionen aus $\mathcal{F}(M)$ hat die Eigenschaften (V 1) und (V 2) aus Abschn. 5.3.2, d. h. sie wirkt auf f wie eine Derivation. Man kann Vektorfelder daher als Derivationen auf der Menge $\mathcal{F}(M)$ der glatten Funktionen auf M auffassen.[2] Ausgehend von dieser Interpretation kann man den Kommutator von zwei Vektorfeldern X und Y aus $\mathcal{V}M$ definieren,

$$Z = [X, Y] := XY - YX \, . \tag{5.32}$$

X oder Y, auf eine glatte Funktion f angewandt, ergeben wieder Funktionen. Da man somit $X(Yf)$ und $Y(Xf)$ bilden kann, ist die Wirkung des Kommutators auf f durch

$$Zf = X(Yf) - Y(Xf)$$

gegeben, was wieder eine glatte Funktion auf M ist. Man rechnet nun nach, dass Z die Eigenschaften (V 1) und (V 2) erfüllt, insbesondere, dass $Z(fg) = (Zf)g + f(Zg)$ gilt. Dabei ist die Kommutatorbildung in (5.32) wichtig: nur in der Differenz heben sich die gemischten Terme $(Xf)(Yg)$ und $(Yf)(Xg)$ weg. Der Kommutator ist also selbst wieder eine Derivation für die glatten Funktionen auf M, bzw. ein glattes Vektorfeld auf M. Für die Produkte XY bzw. YX gilt das nicht! In jedem

[2] Die genaue Aussage lautet: Der reelle Vektorraum der $\mathbb{R}$-linearen Derivationen auf $\mathcal{F}(M)$ ist isomorph zum reellen Vektorraum $\mathcal{V}(M)$.

Punkt $p \in M$ definiert (5.32) einen Tangentialvektor Z_p in T_pM, der durch $Z_p(f) = X_p(Yf) - Y_p(Xf)$ festgelegt ist.

Der Kommutator der Basisfelder im Bereich ein und derselben Karte verschwindet, $[\partial_i, \partial_k] = 0$. Dies drückt nichts anderes als die Gleichheit der gemischten zweiten Ableitungen von glatten Funktionen aus. Ohne hierauf näher eingehen zu können, schließen wir die Bemerkung an, dass $[X, Y]$ auch als sogenannte Lie-Ableitung des Feldes Y nach dem Feld X gelesen und gedeutet werden kann. Qualitativ gesagt geht es dabei um folgendes: Ein Vektorfeld X definiert einen Fluss, nämlich die Gesamtheit aller Lösungen der Differentialgleichung (wie in (5.15)) $\dot{\alpha}(\tau) = X_{\alpha(\tau)}$. Man kann danach fragen, wie sich differentialgeometrische Objekte (Funktionen, Vektorfelder etc.) entlang dieses Flusses ändern, sie also entlang des Vektorfeldes X differenzieren. Diese Art der Ableitung nennt man die Lie-Ableitung und bezeichnet sie mit L_X. Lässt man diese auf Vektorfelder wirken, so ist $L_X Y = [X, Y]$. Sie hat die Eigenschaft $L_{[X,Y]} = [L_X, L_Y]$ (s. Abschn. 5.5.5).

5.3.5 Äußere Formen

Es sei $\gamma(\tau)$ eine glatte Kurve auf der Mannigfaltigkeit M,

$$\gamma = \{\gamma^1, \dots, \gamma^n\} : I \subset \mathbb{R} \to M : \tau \mapsto \gamma(\tau) ,$$

die bei $\tau_0 = 0$ durch den Punkt $p = \gamma(0)$ gehen möge. Es werde außerdem eine glatte Funktion f auf M betrachtet. Die Richtungsableitung dieser Funktion im Punkt p, und zwar in Richtung des Tangentialvektors $v_p = \dot{\gamma}(0)$ an die Kurve genommen, ist dann

$$\mathrm{d}f_p(v_p) = \frac{\mathrm{d}}{\mathrm{d}\tau} f\big(\gamma(\tau)\big)|_{\tau=0} . \tag{5.33}$$

Dies ist ein Beispiel für eine differenzierbare Abbildung des Tangentialraumes T_pM im Punkt p auf die reellen Zahlen, denn

$$\mathrm{d}f_p : T_pM \to \mathbb{R}$$

ordnet jedem v_p die reelle Zahl $\mathrm{d}f(\gamma(\tau))/\mathrm{d}\tau|_{\tau=0}$ zu. Diese Abbildung ist linear. Klarerweise bilden die linearen Abbildungen von T_pM in die reellen Zahlen den zu T_pM dualen Vektorraum. Diesen notiert man als T_p^*M und bezeichnet ihn als *Kotangentialraum* an M im Punkt p. Die disjunkte Vereinigung aller Kotangentialräume über alle Punkte p aus M,

$$\bigcup_{p\in M} T_p^*M =: T^*M \tag{5.34}$$

wird (in Analogie zum Tangentialbündel TM) das *Kotangentialbündel* genannt. Die Elemente aus T_p^*M seien mit ω_p bezeichnet. Im Beispiel (5.33) kann man natürlich den Fußpunkt p entlang der Kurve $\gamma(\tau)$ wandern lassen, oder, falls eine ganze Schar von solchen Kurven existiert, die M überdeckt, den Punkt p über ganz M wandern lassen. Dann entsteht so etwas wie ein „Feld" von Richtungsableitungen auf ganz M, das linear und differenzierbar ist. Ein solches geometrisches Objekt, das gewissermaßen dual zum früher definierten Vektorfeld ist, nennt man *Differentialform vom Grad 1* oder auch kurz *Einsform*. Die präzise Definition lautet folgendermaßen:

Definition

DF 1) Eine Einsform ist eine Zuordnung,

$$\omega : M \to T^*M : p \mapsto \omega_p \in T_p^*M \,, \tag{5.35}$$

die jedem Punkt $p \in M$ ein Element ω_p im Kotangentialraum T_p^*M zuordnet. ω_p ist dabei eine lineare Abbildung des Tangentialraumes T_pM auf die reellen Zahlen, d. h. $\omega_p(v_p)$ ist eine reelle Zahl.

Da ω an jedem Punkt p auf Tangentialvektoren v_p wirkt, kann man diese Einsform auf glatte Vektor*felder* X wirken lassen: Das Ergebnis $\omega(X)$ ist dann die reelle Funktion, deren Wert im Punkt p durch $\omega_p(X_p)$ gegeben ist. Damit kann man die Definition (DF 1) ergänzen um den Begriff der Differenzierbarkeit von Formen, nämlich

Definition

DF 2) Die Form ω heißt *glatt*, wenn die Funktion $\omega(X)$ für jedes Vektorfeld $X \in \mathcal{V}(M)$ glatt ist.

Die Menge aller glatten Einsformen wird oft mit $\mathcal{X}^*(M)$ bezeichnet, womit darauf hingewiesen wird, dass sie die Menge der zu den Vektorfeldern dualen Objekte ist. Die Menge der glatten Vektorfelder hatten wir mit $\mathcal{X}(M)$ bzw. $\mathcal{V}(M)$ bezeichnet.

Das Differential einer glatten Funktion auf M

$$\mathrm{d}f : TM \to \mathbb{R} : X \mapsto X(f) \,, \tag{5.36}$$

das so definiert ist, dass $(\mathrm{d}f)(X) = X(f)$ ist, ist ein Beispiel für eine glatte Differentialform vom Grad 1 auf M. Als spezielle Beispiele für glatte Funktionen auf M haben wir die Kartenabbildungen (5.9)

$$\varphi(p) = \{x^1(p), \ldots , x^n(p)\}$$

betrachtet. Wir betrachten das Differential (5.36) dieser Funktionen x^i auf der Umgebung $U \subset M$, für die die Karte gilt

$$\mathrm{d}x^i : TU \to \mathbb{R} \,.$$

Sei $v = (v(x^1), \ldots , v(x^n))$ ein Tangentialvektor aus dem Tangentialraum T_pM in einem Punkt p von U. Lässt man die Einsform $\mathrm{d}x^i$ auf v wirken, so ist der entstehende reelle Zahlenwert die Komponente $v(x^i)$ des Tangentialvektors,

$$\mathrm{d}x^i(v) = v(x^i) \,.$$

Das sieht man ein, wenn man sich die Kartendarstellung (5.23) von v in Erinnerung ruft und die Wirkung von $\mathrm{d}x^i$ auf den Basisvektor $\partial_{j|p}$, (5.22), ausrechnet. Es ist nämlich

$$\mathrm{d}x^i(\partial_{j|p}) = \left.\frac{\partial}{\partial x^j}\right|_p \mathrm{d}x^i = \delta^i_j \,.$$

Mit diesem Ergebnis macht man sich leicht klar, dass die aus den Koordinaten erhaltenen Einsformen $\mathrm{d}x^i$ in jedem Punkt p aus U eine Basis des Kotangentialraumes T_p^*M bilden. Die Basis $\{\mathrm{d}x^i\,|_p\}$ von T_pM ist die Dualbasis zur Basis $\partial_{i|p}$ von T_pM.

Man nennt diese Einsformen $\mathrm{d}x^1, \dots, \mathrm{d}x^n$ daher *Basis-Differentialformen vom Grad 1* auf U. Das bedeutet, dass man jede glatte Einsform durch

$$\omega = \sum_{i=1}^{n} \omega(\partial_i)\,\mathrm{d}x^i \tag{5.37}$$

darstellen kann. Dabei ist $\omega(\partial_i)$ in jedem Punkt p diejenige reelle Zahl, die bei der Wirkung der Einsform ω auf das Basisfeld ∂_i entsteht, vgl. (DF 1) und (DF 2). Die Darstellung (5.37) gilt auf der Kartenumgebung U. Da man die ganze Mannigfaltigkeit M mit Karten eines vollständigen Atlasses überdecken kann, die diffeomorph aneinandergesetzt werden, kann man aus (5.37) eine globale, auf ganz M gültige Darstellung von ω gewinnen, d. h. man „globalisiert" den lokalen Ausdruck (5.37) durch Anstückeln der Karten (φ, U), (ψ, V), … .

Ein Beispiel für diese Darstellung ist das totale Differential einer glatten Funktion g auf M. Für solche Funktionen gilt $\mathrm{d}g(\partial_i) = \partial g/\partial x^i$ und somit $\mathrm{d}g = \sum_{i=1}^{n}(\partial g/\partial x^i)\,\mathrm{d}x^i$ auf $U \subset M$.

Wir fassen noch einmal die zueinander dualen Begriffe des Vektorfeldes und der Einsform über der Mannigfaltigkeit M zusammen: Das Vektorfeld X legt in jedem Tangentialraum T_pM über $p \in M$ einen Repräsentanten X_p fest, vgl. Eigenschaft (VF 1), der in differenzierbarer Weise auf glatte Funktionen gemäß den Regeln (V 1) und (V 2) wirkt. Spezielle Vektorfelder sind die Basisfelder $\{\partial_i\}$, die kartenweise definiert sind.

Die Einsform ω schreibt in jedem Punkt p einen bestimmten Repräsentanten ω_p aus T_p^*M vor, der somit als lineare Abbildung auf Elemente X_p aus T_pM wirkt. $\omega(X)$ ist eine glatte Funktion des Fußpunktes p. Spezielle Einsformen sind durch die Menge der Differentiale $\mathrm{d}x^i$ gegeben. Die $\mathrm{d}x^i$ sind Basisformen. Die Basis $\{\mathrm{d}x^i\,|_p\}$ von T_p^*M ist dual zur Basis $\{\partial_i\,|_p\}$ von T_pM.

5.4 Kalkül auf Mannigfaltigkeiten

In diesem letzten vorbereitenden Abschnitt zeigen wir, wie man aus den in Abschn. 5.3 eingeführten Objekten neue gewinnen und wie man mit ihnen rechnen kann. Wie führen die Begriffe des *äußeren Produkts* und der *äußeren Ableitung* ein, die in einem gewissen Sinn die Verallgemeinerung und die Systematisierung des Vektorproduktes im $\mathbb{R}^3$ bzw. der Gradienten-, Rotations- und Divergenzbildung bei Funktionen und Vektorfeldern auf dem $\mathbb{R}^3$ darstellen. Auch diskutieren wir kurz Integralkurven von glatten Vektorfeldern und kommen damit auf Ergebnisse des ersten Kapitels zurück. Wiederum sind dabei der Begriff der glatten Abbildung von Mannigfaltigkeiten aufeinander und die dadurch induzierten linearen Transformationen der Tangential- und der Kotangentialräume wichtig, mit denen wir daher beginnen.

5.4.1 Differenzierbare Abbildungen von Mannigfaltigkeiten

Zu Anfang des Abschn. 5.3 haben wir glatte Abbildungen

$$F : (M, \mathcal{A}) \to (N, \mathcal{B}) \tag{5.38}$$

der Mannigfaltigkeit M mit differenzierbarer Struktur $\mathcal{A}$ auf die Mannigfaltigkeit N mit differenzierbarer Struktur $\mathcal{B}$ definiert. Die Differenzierbarkeit ist, wie immer, nur über Karten in Euklidischen Räumen gegeben gemäß (5.11).

Es ist nicht schwer, das Transformationsverhalten von geometrischen Objekten auf M unter der Abbildung (5.38) abzuleiten. Für *Funktionen* geht das am einfachsten: Sei beispielsweise f als glatte Funktion auf der Zielmannigfaltigkeit N gegeben,

$$f : N \to \mathbb{R} : q \in N \mapsto f(q) \in \mathbb{R} .$$

Wenn q das Bild des Punktes $p \in M$ unter der Abbildung F ist, $q = F(p)$, so ist die Zusammensetzung $f \circ F$ eine glatte Funktion auf der Ausgangsmannigfaltigkeit. Diese ist die von N auf M *zurückgezogene Funktion* f (*Zurückziehung*, *pull-back*). Das Zurückziehen über die Abbildung F wird mit F^* bezeichnet,

$$F^* f = f \circ F : p \in M \mapsto f(F(p)) \in \mathbb{R} . \tag{5.39}$$

Man kann also eine auf N gegebene Funktion auf M zurück transportieren. (Umgekehrt, eine Funktion von der Ausgangs- auf die Zielmannigfaltigkeit „vorwärts“ zu übertragen, ist natürlich nur dann möglich, wenn F auch umkehrbar ist und die Umkehrung glatt ist. Das ist beispielsweise für Diffeomorphismen der Fall.)

Die *Vektorfelder* auf M werden unter (5.38) auf solche auf N abgebildet. Vektorfelder wirken auf Funktionen wie in Abschn. 5.3.4 beschrieben. Ist X ein Vektorfeld auf M, X_p sein Repräsentant in T_pM, dem Tangentialraum in $p \in M$, und ist g eine glatte Funktion auf der Zielmannigfaltigkeit N, so ist $(g \circ F)$ eine Funktion auf M, auf die man X_p anwenden kann, $X_p(g \circ F)$. Liest man dies als Zuordnung

$$(X_F)_q : g \in \mathcal{F}(N) \mapsto X_p(g \circ F) \in \mathbb{R} ,$$

dann sieht man, dass $(X_F)_q$ ein Tangentialvektor an die Zielmannigfaltigkeit im Punkt $q = F(p)$ ist. Man muss dazu nur nachprüfen,

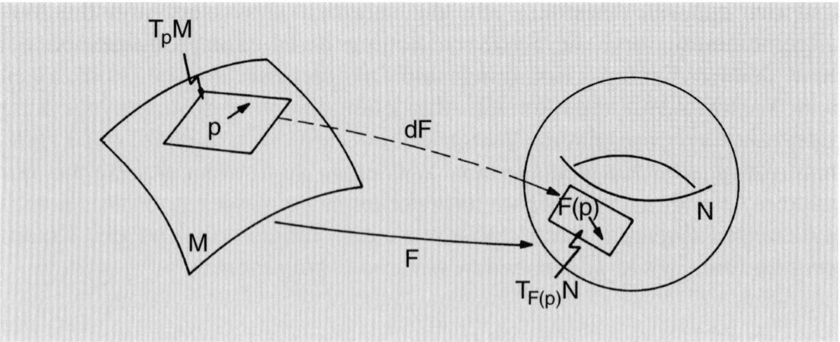

Abb. 5.10. Die glatte Abbildung F von M nach N induziert eine lineare Abbildung $\mathrm{d}F$ des Tangentialraumes T_pM in p auf den Tangentialraum T_qN im Bildpunkt $q = F(p)$

dass die Bedingungen (V 1) und (V 2) erfüllt sind. (V 1) ist offensichtlich, so dass wir nur die Leibniz-Regel (V 2) nachprüfen müssen: Für zwei Funktionen f und g auf N gilt in den Punkten $p \in M$ bzw. $q = F(p) \in N$

$$\begin{aligned} X_F(fg) &= X((f \circ F)(g \circ F)) \\ &= X(f \circ F)g(F(p)) + f(F(p))X(g \circ F) \\ &= X_F(f)g(q) + f(q)X_F(g) \,. \end{aligned}$$

$(X_F)_q$ ist also ein Tangentialvektor aus T_qN.

Auf diese Weise induziert die differenzierbare Abbildung F eine lineare Abbildung der Tangentialräume aufeinander, die man die zu F gehörende *Differentialabbildung* $\mathrm{d}F$ nennt. Diese Abbildung

$$\mathrm{d}F : TM \to TN : X \mapsto X_F \tag{5.40a}$$

ist punktweise über

$$\mathrm{d}F_p : T_pM \to T_qN : X_p \mapsto (X_F)_q \,; \quad q = F(p) \tag{5.40b}$$

definiert[3]. $X_F = \mathrm{d}F(X)$ ist das Bild eines Vektorfeldes X; für dessen Wirkung auf Funktionen f (auf N) gilt

$$\mathrm{d}F_p(X)(f) = X(f \circ F), \quad X \in \mathcal{V}(M),\, f \in \mathcal{F}(N) \,.$$

Die Abb. 5.10 illustriert die Abbildungen F und $\mathrm{d}F$. Dabei haben wir die Tangentialräume in p und seinem Bildpunkt $q = F(p)$ ausnahmsweise als Tangentialebenen gezeichnet. Wenn F insbesondere ein Diffeomorphismus ist, dann ist die zugehörige Differentialabbildung ein linearer Isomorphismus der Tangentialräume, (für ein physikalisches Beispiel s. Abschn. 6.2.2).

Für *äußere Differentialformen* kann man Folgendes aussagen: Es sei $\omega \in \mathcal{X}^*(N)$ eine Einsform auf N. Wie wir wissen, wirkt sie auf Vektorfelder über N. Da diese aber mit denen über M vermittels der Abbildung (5.40a) zusammenhängen, kann man die Form ω, die auf N definiert ist, auf eine solche über M „zurückziehen". Diese über die

[3] Wir bezeichnen sie weiter unten auch mit TF, wie in der mathematischen Literatur gebräuchlich.

Abbildung F zurückgezogene Form wird mit $F^*\omega$ bezeichnet. Sie ist definiert als

$$(F^*\omega)(X) = \omega\big(\mathrm{d}F(X)\big)\,, \qquad X \in \mathcal{V}(M)\,. \tag{5.41}$$

5.4.2 Integralkurven von Vektorfeldern

In den Abschn. 1.16, 1.18 bis 1.20 haben wir die Schar der Lösungen von (physikalischen) Systemen von Differentialgleichungen erster Ordnung zu verschiedenen Anfangsbedingungen betrachtet. In der kanonischen Mechanik sind diese Gleichungen die Hamilton-Jacobi'schen, so dass auf der rechten Seite von (1.42) das Hamilton'sche Vektorfeld erscheint. Glatte Vektorfelder und Integralkurven von Vektorfeldern sind geometrische Objekte, die in der Physik an vielen Stellen vorkommen. Wir erklären zunächst den Begriff des Tangentialfeldes einer Kurve α auf der Mannigfaltigkeit M. Die Kurve α bildet ein Intervall I der reellen τ-Achse $\mathbb{R}_\tau$ auf M ab. Das Tangentialvektorfeld auf $\mathbb{R}_\tau$ ist einfach durch die Ableitung $\mathrm{d}/\mathrm{d}\tau$ gegeben. Dieses Feld kann man mittels der linearen Abbildung $\mathrm{d}\alpha$ im Sinne von (5.40) auf die Tangentialvektoren an die Kurve α abbilden. Es entsteht dabei

$$\dot{\alpha} := \mathrm{d}\alpha \circ \frac{\mathrm{d}}{\mathrm{d}\tau}\,,$$

das Tangentialvektorfeld an die Kurve $\alpha : I \to M$. Andererseits kann man sich für ein beliebiges glattes Vektorfeld X dessen Repräsentanten aus den Tangentialräumen $T_{\alpha(\tau)}M$ heraussuchen, d. h. das Vektorfeld $X_{\alpha(\tau)}$ entlang der Kurve α betrachten. Ist die Kurve nun so beschaffen, dass $X_{\alpha(\tau)}$ mit dem Tangentialfeld $\dot{\alpha}$ zusammenfällt, so nennt man sie *Integralkurve* des Vektorfeldes. Man hat damit eine Differentialgleichung für $\alpha(\tau)$, nämlich

$$\dot{\alpha} = X \circ \alpha \quad \text{oder} \quad \dot{\alpha}(\tau) = X_{\alpha(\tau)} \quad \text{für alle} \quad \tau \in I\,. \tag{5.42}$$

In lokalen Koordinaten ausgeschrieben erhält man das System von Differentialgleichungen erster Ordnung

$$\frac{\mathrm{d}}{\mathrm{d}\tau}(x^i \circ \alpha) = X^i(x^1 \circ \alpha, \ldots, x^n \circ \alpha)\,. \tag{5.43}$$

Dies ist ein System vom Typus des in Kap. 1 betrachteten, s. (1.42). (Im Gegensatz zu dort ist die rechte Seite von (5.43) nicht explizit von τ abhängig. Das bedeutet, dass der Fluss dieses Systems stationär ist.) Somit gilt der Existenz- und Eindeutigkeitssatz 1.9 für das System (5.43).

Als Beispiel betrachten wir das Hamilton'sche Vektorfeld für ein System mit einem Freiheitsgrad, $f = 1$, das auf einem zweidimensionalen Phasenraum lebt (vgl. Abschn. 5.3.1 und 5.3.4),

$$X_H = \frac{\partial H}{\partial p}\partial_q - \frac{\partial H}{\partial q}\partial_p\,.$$

Es ist $\{x^1 \circ \alpha, x^2 \circ \alpha\}(\tau) = \{q(\tau), p(\tau)\}$ genau dann Integralkurve von X_{H}, wenn die Gleichungen

$$\frac{\mathrm{d}\,q}{\mathrm{d}\,\tau} = \frac{\partial H}{\partial p} \quad \text{und} \quad \frac{\mathrm{d}\,p}{\mathrm{d}\,\tau} = -\frac{\partial H}{\partial q}$$

erfüllt sind. Wenn der Phasenraum ein $\mathbb{R}^2$ ist, dann ist die Kartendarstellung trivial (Identität auf $\mathbb{R}^2$), und man kann $\alpha(\tau) = \{q(\tau), p(\tau)\}$ schreiben.

Der Existenz- und Eindeutigkeitssatz garantiert, dass es zu jedem Punkt p auf M genau eine Integralkurve α gibt, für die p der Anfangspunkt ist, $p = \alpha(0)$. Diese Kurve wird man auf M so lange verlängern, wie das möglich ist. Dabei entsteht die (durch den Satz 1.9 eindeutig festgelegte) *maximale* Integralkurve $\alpha_p(\tau)$. Man sagt, das Vektorfeld X sei *vollständig*, wenn jede ihrer maximalen Integralkurven auf der ganzen reellen Achse $\mathbb{R}_\tau$ definiert ist.

Für ein vollständiges Vektorfeld stellt die Gesamtheit aller maximalen Integralkurven, d. h.

$$\Phi(p, \tau) := \alpha_p(\tau)$$

den *Fluss* des Vektorfeldes dar. Hält man den Zeitparameter τ fest, so gibt $\Phi(p, \tau)$ die Position der Bahnpunkte an, die nach der festen Zeit τ aus den Anfangspunkten p entstehen. Hält man dagegen p fest und lässt τ variieren, so entsteht die maximale Integralkurve, die durch den Punkt p geht. (Mehr darüber in Abschn. 6.2.1).

Flüsse von vollständigen Vektorfeldern haben wir im ersten Kapitel kennengelernt. Die Flüsse von Hamilton'schen Vektorfeldern hatten speziell die Eigenschaft, dass sie volumen- und orientierungserhaltend sind. Sie sind also vergleichbar mit den Flussbildern von inkompressiblen, reibungsfreien Flüssigkeiten.

5.4.3 Äußeres Produkt von Einsformen

Wir betrachten zunächst zwei einfache Beispiele für Formen über der Mannigfaltigkeit $M = \mathbb{R}^3$. Es sei $\boldsymbol{K} = (K^1, K^2, K^3)$ ein Kraftfeld und $\boldsymbol{v}$ das Geschwindigkeitsvektorfeld einer physikalischen Bewegung im $\mathbb{R}^3$. Dann ist die pro Zeiteinheit geleistete Arbeit, die Leistung, durch das Skalarprodukt $\boldsymbol{K} \cdot \boldsymbol{v}$ gegeben. Dies kann man als die Wirkung der Einsform $\omega_K := \sum_1^3 K^i \,\mathrm{d}x^i$ auf den Tangentialvektor $\boldsymbol{v}$ schreiben,

$$\omega_K(\boldsymbol{v}) = \sum K^i v^i = \boldsymbol{K} \cdot \boldsymbol{v} \,.$$

In einem zweiten Beispiel sei $\boldsymbol{v}$ das Geschwindigkeitsfeld einer Flüssigkeit im orientierten $\mathbb{R}^3$. Es soll der Fluss durch eine glatte Fläche im $\mathbb{R}^3$ betrachtet werden. In einem Punkt x dieser Fläche denken wir uns das Flächenelement durch zwei Tangentialvektoren $\boldsymbol{t}$ und $\boldsymbol{s}$ aufgespannt. Der Fluss (inklusive Vorzeichen) durch das von $\boldsymbol{t}$ und $\boldsymbol{s}$ aufgespannte Parallelogramm ist dann durch das Spatprodukt

$$\boldsymbol{\Phi}_v(\boldsymbol{t}, \boldsymbol{s}) = v^1(t^2 s^3 - t^3 s^2) + v^2(t^3 s^1 - t^1 s^3) + v^3(t^1 s^2 - t^2 s^1)$$

gegeben. Auch diese Größe kann man als äußere Form auffassen, die hier allerdings auf *zwei* Tangentialvektoren wirkt. Sie hat folgende Eigenschaften: In beiden Argumenten ist die Form $\boldsymbol{\Phi}_v$ linear. Außerdem ist sie schiefsymmetrisch, denn vertauscht man $\boldsymbol{t}$ und $\boldsymbol{s}$, so ändert das von ihnen aufgespannte Parallelogramm seine Orientierung, der Fluss ändert sein Vorzeichen. Eine Form mit diesen Eigenschaften nennt man *äußere Zweiform* über dem $\mathbb{R}^3$.

Solche Zweiformen kann man beispielsweise aus zwei äußeren Einsformen erhalten, wenn man für diese ein Produkt definiert, das bilinear und schiefsymmetrisch ist. Dieses Produkt nennt man das *äußere Produkt*. Es ist wie folgt definiert: Das äußere Produkt zweier Basis-Einsformen $\mathrm{d}x^i$ und $\mathrm{d}x^k$ wird mit $\mathrm{d}x^i \wedge \mathrm{d}x^k$ bezeichnet und ist durch seine Wirkung auf zwei beliebige Tangentialvektoren aus T_pM definiert (das Symbol $\wedge$ heißt „*Dachprodukt*“, auf English *wedge product*),

$$(\mathrm{d}x^i \wedge \mathrm{d}x^k)(s,t) = s^i t^k - s^k t^i \,. \tag{5.44}$$

Da man jede Einsform als Linearkombination der Basisformen darstellen kann, ist das äußere Produkt der Einsformen ω und θ in jedem Punkt p einer Mannigfaltigkeit M durch

$$\begin{aligned}(\omega \wedge \theta)_p(v,w) &= \omega_p(v)\theta_p(w) - \omega_p(w)\theta_p(v) \\ &= \det\begin{pmatrix} \omega_p(v) & \omega_p(w) \\ \theta_p(v) & \theta_p(w)\end{pmatrix}\end{aligned} \tag{5.45}$$

gegeben. Dabei sind v und w Elemente aus T_pM. Die glatten Einsformen ω und θ ordnen jedem Punkt $p \in M$ die Elemente ω_p bzw. θ_p aus T_p^*M zu. Das äußere Produkt $\omega \wedge \theta$ ist punktweise und somit auf ganz M definiert.

Ebenso wie die speziellen Einsformen $\mathrm{d}x^i$ als Basis für alle Einsformen dienen können, kann man jede Zweiform $\overset{2}{\omega}$ als Linearkombination der Basis-Zweiformen $\mathrm{d}x^i \wedge \mathrm{d}x^k$ mit $i < k$ darstellen,

$$\overset{2}{\omega} = \sum_{i<k=1}^{n} \omega_{ik}\, \mathrm{d}x^i \wedge \mathrm{d}x^k \,. \tag{5.46}$$

(Die Beschränkung $i < k$ berücksichtigt, dass $\mathrm{d}x^k \wedge \mathrm{d}x^i = -\mathrm{d}x^i \wedge \mathrm{d}x^k$ ist.)

Die Koeffizienten sind dabei durch die Wirkung von $\overset{2}{\omega}$ auf die entsprechenden Basisvektorfelder gegeben,

$$\omega_{ik} = \overset{2}{\omega}(\partial_i, \partial_k) \,. \tag{5.47}$$

Dieses äußere Produkt kann man auf drei, vier usw. Einsformen erweitern. So ist das k-fache äußere Produkt als

$$(\omega_1 \wedge \omega_2 \wedge \ldots \wedge \omega_k)(v^{(1)}, v^{(2)}, \ldots, v^{(k)}) = \det(\omega_i(v^{(j)})) \tag{5.48}$$

definiert. Es ist in seinen k Argumenten linear und vollständig antisymmetrisch. Basis-k-Formen sind die Produkte

$$\mathrm{d}x^{i_1} \wedge \mathrm{d}x^{i_2} \wedge \ldots \wedge \mathrm{d}x^{i_k} \quad \text{mit} \quad i_1 < i_2 < \ldots < i_k \,. \tag{5.49}$$

Davon gibt es $\binom{n}{k}$ Stück. Insbesondere, wenn $k = 1$ oder $k = n$ ist, so gibt es genau eine solche k-Form. Ist $k > n$, so müssen in (5.49) mindestens zwei Einsformen gleich sein. Wegen der Antisymmetrie der Form (5.49) ist sie dann aber gleich Null. Der höchste Grad, den eine äußere Form über der n-dimensionalen Mannigfaltigkeit M haben kann, ist $k = n$. Bemerkenswert ist, dass die Form (5.49) für $k = n$ proportional zum orientierten Volumenelement eines n-dimensionalen Vektorraumes ist.

Wie man an den Beispielen sieht, ist das äußere Produkt eine Verallgemeinerung des Vektorproduktes im $\mathbb{R}^3$. In einem gewissen Sinn ist es sogar einfacher als dieses, denn in Mehrfachprodukten wie (5.48) oder (5.49) gibt es keine Probleme der Setzung von Klammern. Das Produkt ist assoziativ.

5.4.4 Die äußere Ableitung

Wir haben im vorigen Abschnitt gesehen, dass man aus äußeren Einsformen durch Bildung des äußeren Produkts Zweiformen oder höhere Formen gewinnen kann. Hier lernen wir eine andere Möglichkeit kennen, äußere Formen höheren Grades zu gewinnen: Die *Cartan'sche* oder *äußere Ableitung*.

Zunächst fassen wir in einer Definition noch einmal zusammen, was der letzte Abschnitt über glatte Differentialformen vom Grad k aussagt.

Definition

DF 3) Eine k-Form ist eine Zuordnung

$$\overset{k}{\omega} : M \to (T^*M)^k : p \mapsto \overset{k}{\omega}_p \,, \tag{5.50}$$

die jedem Punkt $p \in M$ ein Element aus $(T_p^*M)^k$, dem k-fachen direkten Produkt des Kotangentialraums, zuordnet, $\overset{k}{\omega}_p$ ist dabei eine multilineare schiefsymmetrische Abbildung von $(T_pM)^k$ auf die reellen Zahlen, d. h. $\overset{k}{\omega}_p$ wirkt auf k Vektorfelder in linearer Weise

$$\overset{k}{\omega}_p(X_1, \ldots , X_k) \in \mathbb{R} \,, \tag{5.51}$$

und ist in allen k Argumenten schiefsymmetrisch.

Fasst man die reelle Zahl (5.51) als Funktion des Fußpunktes p auf, so sagt man, in Analogie zu (DF 2) aus Abschn. 5.3.5:

Definition

DF 4) Die k-Form $\overset{k}{\omega}$ heißt glatt, wenn die Funktion $\overset{k}{\omega}(X_1, \ldots, X_k)$ für alle glatten Vektorfelder $X_i \in \mathcal{V}(M)$ differenzierbar ist. Jede solche glatte k-Form lässt sich lokal (d. h. kartenweise), in eindeutiger Weise als Linearkombination der Basisformen (5.49) darstellen,

$$\overset{k}{\omega} = \sum_{i_1 < i_2 < \ldots < i_k} \omega_{i_1 \ldots i_k} \, \mathrm{d}x^{i_1} \wedge \ldots \wedge \mathrm{d}x^{i_k} \,. \tag{5.52}$$

Die Koeffizienten sind dabei durch die Wirkung von $\overset{k}{\omega}$ auf die entsprechenden Basisvektorfelder $\partial_{i_1}, \ldots, \partial_{i_k}$ gegeben.

Man kann Funktionen auf M als Formen vom Grad Null auffassen. Wie in Abschn. 5.3.5 gezeigt, macht die gewöhnliche totale Ableitung aus einer Funktion eine Einsform. In lokaler Darstellung war nämlich

$$\mathrm{d}g = \sum_{i=1}^{n} \frac{\partial g}{\partial x^i} \, \mathrm{d}x^i \,, \tag{5.53}$$

dabei sind $\partial g / \partial x^i$ die partiellen Ableitungen, d. h. das Ergebnis der Wirkung der Einsform $\mathrm{d}g$ auf die Basisfelder ∂_i, während die $\mathrm{d}x^i$ die Basis-Einsformen sind.

Die Cartan'sche Ableitung verallgemeinert diesen Schritt auf glatte Formen beliebigen Grades. Diese Ableitung bildet glatte k-Formen in linearer Weise auf $(k+1)$-Formen ab,

$$\mathrm{d} : \overset{k}{\omega} \longmapsto \overset{k+1}{\omega} \,, \tag{5.54}$$

und ist durch folgende Eigenschaften definiert und eindeutig festgelegt:

Definition

CA 1) Für Funktionen g auf M ist $\mathrm{d}g$ das übliche totale Differential,
CA 2) für zwei Differentialformen, vom Grad k bzw. l gilt

$$\mathrm{d}(\overset{k}{\omega} \wedge \overset{l}{\omega}) = (\mathrm{d}\overset{k}{\omega}) \wedge \overset{l}{\omega} + (-)^k \overset{k}{\omega} \wedge (\mathrm{d}\overset{l}{\omega}) \,.$$

CA 3) Wird $\overset{k}{\omega}$ lokal wie in (5.52) dargestellt, so ist die Wirkung der äußeren Ableitung

$$\mathrm{d}\overset{k}{\omega} = \sum_{i_1 < \ldots < i_k} \mathrm{d}\omega_{i_1 \ldots i_k}(x^1, \ldots, x^n) \wedge \mathrm{d}x^{i_1} \wedge \ldots \wedge \mathrm{d}x^{i_k} \,;$$

dabei ist $\mathrm{d}\omega_{i_1, \ldots, i_k}(x^1, \ldots, n^n)$ das totale Differential und wird wie in (5.53) durch Basis-Einsformen ausgedrückt.

Diese äußere Ableitung ist ein lokaler und linearer Operator; die Eigenschaft (CA 2) umschreibt man auch damit, dass man sagt, d sei eine Antiderivation (bezüglich des äußeren Produkts $\wedge$). Sie hat die bemerkenswerte Eigenschaft, dass sie, zweimal hintereinandergeschaltet, Null ergibt,

$$\mathrm{d} \circ \mathrm{d} = 0 \,. \tag{5.55}$$

Wir beweisen diese Aussage für glatte Funktionen $g \in \mathcal{F}(M)$. Es ist $\mathrm{d}g = \sum_{i=1}^{n} (\partial g/\partial x^i)\,\mathrm{d}x^i$ und nach (CA 3)

$$\begin{aligned}(\mathrm{d} \circ \mathrm{d})g = \mathrm{d}(\mathrm{d}g) &= \sum_i \mathrm{d}(\partial g/\partial x^i) \wedge \mathrm{d}x^i \\ &= \sum_i \left(\sum_{k<i} + \sum_{k>i}\right) \frac{\partial^2 g}{\partial x^k \partial x^i}\,\mathrm{d}x^k \wedge \mathrm{d}x^i \,.\end{aligned}$$

Vertauscht man im zweiten Summanden der runden Klammern $\mathrm{d}x^k$ und $\mathrm{d}x^i$ und nennt die Indizes um, so ergibt sich ein Minuszeichen und

$$(\mathrm{d} \circ \mathrm{d}) = \sum_{k<i} \left(\frac{\partial^2 g}{\partial x^k \partial x^i} - \frac{\partial^2 g}{\partial x^i \partial x^k} \right) \mathrm{d}x^k \wedge \mathrm{d}x^i = 0 \,.$$

Dies ist Null, da bei glatten Funktionen die gemischten Ableitungen gleich sind. Dass (5.55) für jede k-Form gilt, folgt aus diesem Ergebnis und der Produktregel (CA 2).

5.4.5 Äußere Ableitung und Vektoren im $\mathbb{R}^3$

Wir betrachten als Beispiel die Mannigfaltigkeit $M = \mathbb{R}^3$, den dreidimensionalen Euklidischen Raum. Für eine glatte Funktion $f(\boldsymbol{x})$ gilt die äußere Ableitung

$$\mathrm{d}f = \sum_{i=1}^{3} \left(\partial f/\partial x^i\right) \mathrm{d}\,x^i \,.$$

Das ist hier das wohlbekannte Differential von f.

Auf das Basisfeld ∂_k angewandt, ergibt sich

$$\mathrm{d}f(\partial_k) = \partial f/\partial x^k \,.$$

Es entsteht dabei das Tripel $\{\partial f/\partial x^1, \partial f/\partial x^2, \partial f/\partial x^3\} = \boldsymbol{\nabla} f$, das den gewöhnlichen Gradienten von f im $\mathbb{R}^3$ darstellt.

Das äußere Produkt zweier Formen $\overset{k}{\omega}$ und $\overset{l}{\omega}$ ist eine äußere Form vom Grad $(k+l)$. Funktionen sind als Nullformen zu lesen. Daher ist das äußere Produkt von f und g das gewöhnliche Produkt. Die Regel (CA 2) ist dann die wohlbekannte Produktregel

$$\boldsymbol{\nabla}(fg) = (\boldsymbol{\nabla} f)g + f(\boldsymbol{\nabla} g) \,.$$

Es werde weiter die Einsform

$$\overset{1}{\omega}_{\boldsymbol{a}} = \sum_{i=1}^{3} a_i(\boldsymbol{x})\,\mathrm{d}x^i \tag{5.56}$$

betrachtet. Die äußere Ableitung davon ist

$$\begin{aligned}\mathrm{d}\overset{1}{\omega}_{\boldsymbol{a}} &= \left(-\frac{\partial a_1}{\partial x^2} + \frac{\partial a_2}{\partial x^1}\right)\mathrm{d}x^1 \wedge \mathrm{d}x^2 + \left(-\frac{\partial a_1}{\partial x^3} + \frac{\partial a_3}{\partial x^1}\right)\mathrm{d}x^1 \wedge \mathrm{d}x^3 \\ &\quad + \left(-\frac{\partial a_2}{\partial x^3} + \frac{\partial a_3}{\partial x^2}\right)\mathrm{d}x^2 \wedge \mathrm{d}x^3 \,.\end{aligned} \tag{5.57}$$

Fasst man $\{a_1(\boldsymbol{x}), a_2(\boldsymbol{x}), a_3(\boldsymbol{x})\}$ als Komponenten eines Vektorfeldes $\boldsymbol{a}(\boldsymbol{x})$ auf, so sieht man, dass die Koeffizienten der Zweiform $\mathrm{d}\overset{1}{\omega}_a$ die Komponenten von $\operatorname{rot}\boldsymbol{a}(\boldsymbol{x})$ sind.

Diese Ergebnisse und Identifikationen haben mit der Dimension 3 des betrachteten Raumes $M = \mathbb{R}^3$ zu tun.

Der dreidimensionale Euklidische Raum besitzt eine Metrik (s. Abschn. 5.2.1) und ist sogar orientierbar, denn man kann das orientierte Volumen aus drei linear unabhängigen Vektoren aufstellen. Wenn also $(\hat{\boldsymbol{e}}_1, \hat{\boldsymbol{e}}_2, \hat{\boldsymbol{e}}_3)$ ein Satz von orthonormierten Vektoren aus dem Tangentialraum $T_x\mathbb{R}^3$ ist, so kann man jeder k-Form ω eine $(n-k) = (3-k)$-Form zuordnen, die mit $*\omega$ bezeichnet wird und wie folgt definiert ist:

$$(*\omega)(\hat{\boldsymbol{e}}_{k+1}, \dots, \hat{\boldsymbol{e}}_3) := \omega(\hat{\boldsymbol{e}}_1, \dots, \hat{\boldsymbol{e}}_k)\,, \quad 0 \le k \le n = 3\,. \tag{5.58}$$

Diese Zuordnungsvorschrift, die für jede orientierte, n-dimensionale Mannigfaltigkeit eingeführt werden kann, heißt Hodge'scher Sternoperator. Im $\mathbb{R}^3$ ordnet er jeder Dreiform eine Nullform (d. i. eine Funktion) und umgekehrt zu, ebenso jeder Einsform eine Zweiform und umgekehrt. Zum Beispiel:

$$\begin{aligned}&* \mathrm{d}x^1 = \mathrm{d}x^2 \wedge \mathrm{d}x^3 \quad \text{(zyklisch)} && \text{(Zweiform)}\\ &* \mathrm{d}x^2 \wedge \mathrm{d}x^3 = \mathrm{d}x^1 = *(*\mathrm{d}x^1) \quad \text{(zyklisch)} && \text{(Einsform)}\\ &* \mathrm{d}x^1 \wedge \mathrm{d}x^2 \wedge \mathrm{d}x^3 = 1 && \text{(Nullform)}\,.\end{aligned}$$

Ordnet man dem Vektorfeld $\boldsymbol{a}(\boldsymbol{x})$ die Einsform (5.56) zu, so ist deren äußere Ableitung durch die Zweiform (5.57) gegeben. Wendet man auf diese die Sternoperation an, so entsteht eine Einsform

$$\overset{1}{\omega}_{\boldsymbol{b}} := *\mathrm{d}\overset{1}{\omega}_{\boldsymbol{a}} \equiv \sum_{i=1}^{3} b_i(\boldsymbol{x})\,\mathrm{d}x^i = \left(\frac{\partial a_2}{\partial x^1} - \frac{\partial a_1}{\partial x^2}\right)\mathrm{d}x^3 + (\text{zykl.})\,,$$

wo wir $b_1 = (\partial a_3/\partial x^2) - (\partial a_2/\partial x^3)$ (zyklisch) gesetzt haben. Es ergibt sich wieder eine Form der Art (5.56), diesmal mit den Komponenten von $\operatorname{rot}\boldsymbol{a}(\boldsymbol{x})$. Dass dem so ist, liegt an der Dimension des betrachteten Raumes $\mathbb{R}^3$: Die Sternoperation macht aus Zweiformen Einsformen (und umgekehrt). Der Raum der Einsformen hat die Dimension $\binom{n}{1}$, der Raum der Zweiformen die Dimension $\binom{n}{2}$. Für $n = 3$

ist aber $\binom{3}{1} = \binom{3}{2} = 3$, d. h. diese Dimensionen sind gleich, die beiden Räume sind isomorph zueinander. Das kann man z. B. ausnutzen, um die Verwandtschaft des äußeren Produkts aus Abschn. 5.4.3 mit dem Vektorprodukt im $\mathbb{R}^3$ festzustellen. Für zwei Vektoren $\boldsymbol{a}$, $\boldsymbol{b}$ bilde man die Einsformen $\omega_{\boldsymbol{a}}$, $\omega_{\boldsymbol{b}}$ nach dem Muster (5.56). Bildet man nun deren äußeres Produkt und wendet hierauf die Sternoperation an, so entsteht

$$\begin{aligned} *(\overset{1}{\omega}_{\boldsymbol{a}} \wedge \overset{1}{\omega}_{\boldsymbol{b}}) &= (a_1 b_2 - a_2 b_1) * (\mathrm{d}x^1 \wedge \mathrm{d}x^2) + \text{zykl.} \\ &= (a_1 b_2 - a_2 b_1)\, \mathrm{d}x^3 + \text{zykl.} \\ &= \overset{1}{\omega}_{\boldsymbol{a}\times\boldsymbol{b}} \,. \end{aligned} \tag{5.59}$$

Man versteht jetzt, in welchem Sinne das $\wedge$-Produkt das gewöhnliche Vektorprodukt verallgemeinert.

Schließlich kann man einem Vektor $\boldsymbol{a}$ noch folgende Zweiform zuordnen,

$$\overset{2}{\omega}_a := a_1\, \mathrm{d}x^2 \wedge \mathrm{d}x^3 + \text{zykl.} \tag{5.60}$$

Nimmt man von dieser die äußere Ableitung, so entsteht eine Dreiform, deren Koeffizient die Divergenz von $\boldsymbol{a}$ ist,

$$\mathrm{d}\overset{2}{\omega}_{\boldsymbol{a}} = \left(\frac{\partial a_1}{\partial x^1} + \frac{\partial a_2}{\partial x^2} + \frac{\partial a_3}{\partial x^3} \right) \mathrm{d}x^1 \wedge \mathrm{d}x^2 \wedge \mathrm{d}x^3 \,. \tag{5.61}$$

Man kann auf beide Ausdrücke (5.60) und (5.61) die Sternoperation anwenden und erhält

$$*\overset{2}{\omega}_{\boldsymbol{a}} = \overset{1}{\omega}_{\boldsymbol{a}} \quad \text{bzw.} \quad *(\mathrm{d}\overset{2}{\omega}_{\boldsymbol{a}}) = \operatorname{div} \boldsymbol{a} \,.$$

Die Dimension $n = 3$ ist dabei wesentlich, wenn man das Kreuzprodukt $\boldsymbol{a} \times \boldsymbol{b}$ wieder als Vektor lesen will. In anderen Dimensionen gibt es diese Isomorphie nicht. Allerdings gibt es auch im $\mathbb{R}^3$ Unterschiede zwischen den Vektoren $\boldsymbol{a}$, $\boldsymbol{b}$ auf der einen Seite und $\boldsymbol{a} \times \boldsymbol{b}$ auf der anderen. Zum Beispiel $\boldsymbol{a} \equiv \boldsymbol{r}$ (Ortsvektor) und $\boldsymbol{b} \equiv \boldsymbol{p}$ (Impulsvektor) sind *ungerade* unter Raumspiegelung, ihr Kreuzprodukt $\boldsymbol{\ell} = \boldsymbol{r} \times \boldsymbol{p}$ ist *gerade*. Im zweiten Fall spricht man auch von einem *Axialvektor*.

Bemerkung

Man mag sich wundern, warum man eine Einsform wie (5.56) für die Darstellung eines Vektorfeldes verwenden kann, das doch eigentlich die Form $\sum a^i(\boldsymbol{x})\partial_i$ hat. Der Grund hierfür liegt darin, dass der $\mathbb{R}^3$ eine Metrik besitzt, die auf Vektorfelder wirkt: $g(v, w)$ mit $g(\partial_i, \partial_k) = g_{ik}$ (hier gleich δ_{ik}). Liest man die Metrik $g(v, w)$ als Abbildung von w auf v, so sieht man, dass sie einen Isomorphismus von $\mathfrak{X}^*(M)$ nach $\mathfrak{X}(M)$ erzeugt.

5.5 Hamilton-Jacobi'sche und Lagrange'sche Mechanik

In den Abschn. 5.1 und 5.3.3 haben wir die in Abb. 5.2 illustrierten Mannigfaltigkeiten der verallgemeinerten Koordinaten und deren Tangential- und Kotangentialbündel kennengelernt, auf denen die Lagrange- bzw. die Hamiltonfunktion definiert sind. In diesem Abschnitt präzisieren und vertiefen wir diese Zusammenhänge und studieren einige geometrische Objekte auf den Mannigfaltigkeiten der Abb. 5.2, die uns in anderer Gestalt aus dem zweiten Kapitel teilweise schon bekannt sind. Insbesondere definieren und studieren wir die sogenannte kanonische Zweiform auf dem Phasenraum, in der sich dessen symplektische Struktur (s. Abschn. 2.28) ausdrückt mit allen daraus folgenden Ergebnissen (Liouville'scher Satz, Poisson-Klammern etc.). Wir betrachten die Hamilton'schen Vektorfelder, d. h. die kanonischen Gleichungen in geometrischer Sprache, die geometrische Formulierung der Lagrange'schen Mechanik, sowie die Beziehungen zwischen diesen beiden Darstellungen.

5.5.1 Koordinaten-Mannigfaltigkeit Q, Geschwindigkeitsraum TQ und Phasenraum T^*Q

Im Abschn. 5.3.3 hatten wir uns klargemacht, dass Lagrangefunktionen $L(\underset{\sim}{q}, \dot{\underset{\sim}{q}}, t)$ als glatte *Funktionen* auf dem Tangentialbündel TQ zur Koordinaten-Mannigfaltigkeit Q definiert sind,

$$L : TQ \to \mathbb{R} \,, \tag{5.62}$$

d. h. $L \in \mathcal{F}(TQ)$. In dieser Schreibweise haben wir bereits einen lokalen Kartenausdruck benutzt: $\{q\} = \{q^1, \dots, q^f\}$ stellt kartenweise den Punkt $u \in Q$ dar, wobei $f = \dim Q$ die Zahl der Freiheitsgrade ist, während $\{\dot{q}\} = \{\dot{q}^1, \dots, \dot{q}^f\}$ die Komponenten eines beliebigen Tangentialvektors $v_u = \sum_{i=1}^{f} \dot{q}^i \partial_i \in T_u Q$ darstellt. Man darf sich durch die Notation nicht verwirren lassen: die $\{\dot{q}\}$ sind die Tangentialvektoren an alle möglichen Kurven $\gamma(t)$ durch $u \in Q$. Erst wenn man *Lösungen* der aus der Lagrangefunktion abgeleiteten Bewegungsgleichungen erhalten hat, d. h. Funktionen der Form $\underset{\sim}{q} = \underset{\sim}{\Phi}(t, t_0, \underset{\sim}{q}_0)$, bauen deren Tangentialvektoren das Geschwindigkeitsfeld auf, das realen physikalischen Bewegungen entspricht.

L ist in (5.62) wirklich als *Funktion* auf der Mannigfaltigkeit TQ zu verstehen und nicht wie in Abschn. 5.3.5 als eine Abbildung, die den Tangentialvektoren aus TQ reelle Zahlen zuordnet (also nicht als äußere Einsform). Dies wollen wir etwas genauer erläutern. Zunächst stellt man fest, dass TQ, das Tangentialbündel einer glatten Mannigfaltigkeit Q, selbst eine glatte Mannigfaltigkeit der Dimension $\dim TQ = 2 \dim Q$ ist. Wenn (φ, U) lokale Karten von $(M, \mathcal{A})$ sind, die dem vollständigen Atlas $\mathcal{A}$ angehören, so bilde man die zugehörige Tangentialabbildung $T\varphi$

nach dem Muster von (5.40), die für $U \in M$ den Bereich $TU = U \times T_u M$, $u \in U$, aus TM nach $\varphi(U) \times \mathbb{R}^m$ abbildet. Dann kann man zeigen, dass $T\mathcal{A} = \{(T\varphi, TU)\}$ ein vollständiger Atlas für TM ist. Man kann also glatte Funktionen auf TQ definieren.

Im einfachsten Fall hat eine Lagrangefunktion (lokal) die Form (sogenannte natürliche Form)

$$L = T_{\text{kin}}(\underset{\sim}{q}, \dot{\underset{\sim}{q}}) - V(\underset{\sim}{q}) , \tag{5.63}$$

wo V ein Potential ist, während T_{kin} die kinetische Energie ist, die etwa die Form

$$T_{\text{kin}} = \frac{1}{2} \sum_{i,k=1}^{f} \dot{q}^i g_{ik}(\underset{\sim}{q}) \dot{q}^k \tag{5.64}$$

haben kann. Der Tensor $g_{ik}(q)$ ist dabei die Matrixform einer Metrik, die vom Fußpunkt $\underset{\sim}{q}$ abhängen kann. Für ein einzelnes Teilchen im $\mathbb{R}^3$ ist $g_{ik} = \delta_{ik}$, i und $k = 1, 2, 3$. Ein von der Geschwindigkeit unabhängiges Potential $V(u)$, $u \in Q$, ist zunächst natürlich als Funktion auf Q definiert. Sie lässt sich aber gemäß Abschn. 5.4.1 leicht nach TQ hinaufbefördern. Ist nämlich $\pi : TQ \to Q$ die natürliche Projektion, (5.25), so ist die von Q auf TQ zurückgezogene Funktion durch

$$\pi^* V = V \circ \pi$$

gegeben. Die Wirkung von $\pi^* V$ auf Elemente v_u aus $T_u Q$ ist trivial einfach: π projiziert auf den Basispunkt u, d. h. schneidet den Vektoranteil einfach weg. Die kinetische Energie (5.64) ist dagegen auf nichttriviale Weise auf TQ definiert. Um dies besser zu verstehen, geben wir zuerst eine präzise Definition der *Metrik*.

Wir haben bisher die glatten Vektorfelder $\mathcal{X}(M)$ und die glatten Einsformen $\mathcal{X}^*(M)$ kennengelernt, Abschn. 5.3.4, 5. Die Ersten nennt man auch *kontravariante* Tensoren der Stufe 1 und schreibt daher auch manchmal

$$\mathcal{X}(M) \equiv \mathcal{T}_0^1(M) . \tag{5.65a}$$

Die Zweiten nennt man auch *kovariante* Tensoren der Stufe 1 und schreibt entsprechend

$$\mathcal{X}^*(M) \equiv \mathcal{T}_1^0(M) . \tag{5.65b}$$

Weiterhin haben wir spezielle geometrische Objekte kennengelernt, die man als Tensoren höheren Grades lesen kann. Zum Beispiel sind Zweiformen, die als äußeres Produkt von zwei Einsformen entstanden sind, $\overset{2}{\omega} = \overset{1}{\omega}_a \wedge \overset{1}{\omega}_b$, bilineare und glatte Abbildungen, die vom Produkt $TM \times TM$ nach $\mathbb{R}$ gehen, und stellen kontravariante Tensoren der Stufe 2 dar, die in diesem Fall überdies antisymmetrisch sind.

Allgemeine Tensoren T_s^r mit r *kontra*varianten und s *ko*varianten Indizes sind als multilineare Abbildungen von r Kopien von T^*M und s

Kopien von TM in die reellen Zahlen definiert,

$$(T^r_s)_p : (T^*_p M)^r (T_p M)^s \longrightarrow \mathbb{R} \, . \tag{5.66}$$

Ein *Tensorfeld* vom Typ $\binom{r}{s}$ ordnet jedem Punkt $p \in M$ einen Tensor (5.66) zu in derselben Weise, wie die Spezialfälle der Vektorfelder, (5.26), und der Einsformen, (5.35). Die *Menge aller glatten Tensorfelder* vom Typ $\binom{r}{s}$ auf der Mannigfaltigkeit M bezeichnet man mit $\mathcal{T}^r_s(M)$. Wiederum sind $\mathcal{X}(M)$ und $\mathcal{X}^*(M)$ Spezialfälle davon, s. (5.65). Hier wollen wir nicht mehr als die Metrik definieren, die ein spezielles solches Tensorfeld ist.

Etwas locker gesprochen dient eine Metrik dazu, Normen von Vektoren und Skalarprodukte von Vektoren zu definieren (und damit auch festzulegen, wann Vektoren orthogonal sind). Auch kann man mit Hilfe des metrischen Tensors aus einem Vektor (d. i. einem kontravarianten Tensor erster Stufe) ein kovariantes Objekt (einen kovarianten Tensor erster Stufe) machen. In jedem Fall wirkt die Metrik auf Vektoren, d. h. auf Elemente des Tangentialraums, und somit ist die folgende Definition plausibel:

Definition Metrik

ME) Eine Metrik auf einer glatten Mannigfaltigkeit M ist ein Tensorfeld g aus $\mathcal{T}^0_2(M)$ (den glatten kovarianten Tensorfeldern der Stufe 2), dessen Repräsentant in jedem Punkt $p \in M$ symmetrisch und nicht ausgeartet ist, d. h.

i) $g_p(v_p, w_p) = g_p(w_p, v_p)$ für alle $v_p, w_p \in T_p M$ und in jedem $p \in M$,

ii) wenn $g_p(v_p, w_p) = 0$ für festes v_p und für alle $w_p \in T_p M$ gilt, so ist $v_p = 0$, in jedem Punkt $p \in M$.

Als Abbildung gelesen, und in Analogie zu (5.26) und (5.35) haben wir

$$g \in \mathcal{T}^0_2(M) : M \to T^*M \times T^*M : p \mapsto g_p \, , \quad \text{wo} \tag{5.67a}$$

$$g_p : T_p M \times T_p M \to \mathbb{R} : v, w \mapsto g_p(v, w) \, . \tag{5.67b}$$

Lokal kann man die Metrik auf Basisfelder anwenden und erhält damit den sogenannten *metrischen Tensor*

$$g_p(\partial_i, \partial_k) =: g_{ik}(p) \, . \tag{5.68}$$

Die Aussagen ME(i) und ME(ii) bedeuten dann (i): $g_{ik}(p) = g_{ki}(p)$; (ii): die Matrix $\{g_{ik}(p)\}$ ist nichtsingulär. Ihre Inverse wird mit g^{ik} bezeichnet. Mit der Zerlegung (5.29) von Vektorfeldern nach Basisfeldern ist dann

$$g_p(v, w) = \sum_{i,k=1}^{n} v^i g_{ik}(p) w^k \, , \tag{5.69}$$

wo v^i, w^k die Komponenten von v_p bzw. w_p in einer lokalen Darstellung von T_pM sind. Dasselbe noch einmal anders ausgedrückt: Man kann den metrischen Tensor lokal als Linearkombination

$$\mathbf{g} = \sum_{i,k} g_{ik}(p)\,\mathrm{d}x^i \otimes \mathrm{d}x^k \tag{5.70}$$

von Tensorprodukten aus Basisformen $\mathrm{d}x^i$ und $\mathrm{d}x^k$ schreiben.[4]

Jetzt versteht man, wie die Form (5.64) der kinetischen Energie als Funktion auf TQ entsteht. Es sei $v_u \in T_uQ$ dargestellt als $v_u = \sum \dot{q}^i \partial_i$. Dann ist $T_{\text{kin}} = g_u(v_u, v_u)$. Man versteht aber noch wesentlich mehr: Wendet man g_p, (5.67), auf nur *ein* Vektorfeld an, so entsteht eine Abbildung von TM nach T^*M,

$$g_p : TM \to TM^* : w \mapsto g_p(\bullet, w)\,, \qquad (\bullet \text{ bedeutet Leerstelle})\,,$$

oder anders gesagt, $g_p(\bullet, w)$ ist eine Einsform, $g_p(\bullet, w) =: \omega_w$, die auf den Tangentialvektor $v \in T_pM$ angewandt die reelle Zahl $g_p(v, w)$ ergibt. Über die Metrik kann man jedem Vektorfeld $X \in \mathcal{X}(M)$ die glatte Einsform $g(\bullet, X) \in \mathcal{X}^*(M)$ zuordnen und umgekehrt.

Genau dies tritt auf, wenn man lokal (in Karten) die zu den q^i kanonisch konjugierten Impulse $p_i := \partial L/\partial \dot{q}^i$ einführt. Mit (5.63) und (5.64) ist

$$p_i = \frac{\partial T}{\partial \dot{q}^i} = \sum_k g_{ik}(p)\dot{q}^k \equiv g_p(\bullet, \sum \dot{q}^k \partial_k)\,. \tag{5.71}$$

Der Übergang von den Variablen $\{q^i, \dot{q}^j\}$ zu den Variablen $\{q^i, p_j\}$, den wir aus dem zweiten Kapitel kennen, bedeutet in Wirklichkeit, dass man von einer Beschreibung der Mechanik auf dem Tangentialbündel TQ zu einer solchen auf dem Kotangentialbündel T^*Q übergeht. Existiert eine Metrik auf Q, so kann man die oben skizzierte Isomorphie herstellen. Im Allgemeinen aber kann man die beiden Räume nicht kanonisch identifizieren. Auf jeden Fall, ob es eine solche Metrik gibt oder nicht, sind TQ und T^*Q verschiedene Räume, der Übergang von der Lagrange'schen Formulierung zur Hamilton'schen ist also mehr als eine einfache Variablentransformation.

Das Kotangentialbündel T^*Q ist ebenso eine glatte Mannigfaltigkeit wie TQ und Q. In der Mechanik ist T^*Q der Phasenraum und wird in lokalen Karten durch Koordinaten $\{q^i, p_k\}$ dargestellt, wobei p_k den Charakter einer Einsform trägt, s. (5.71). Die Lagrangefunktion ist auf TQ erklärt, die Hamiltonfunktion auf T^*Q (vgl. Abb. 5.2). Zwischen beiden Darstellungen vermittelt die Legendre-Transformation $\mathcal{L}$, wie in Kap. 2 ausgeführt.

Den allgemeinen Fall (ohne Metrik) der Verknüpfung von TQ und T^*Q, der auch auf unendlich-dimensionale Mannigfaltigkeiten Q anwendbar ist, findet man in [Abraham, Marsden (1981)] unter dem Stichwort Faserableitung. Wir können hier, ohne weitere mathematische Begriffe einzuführen, nicht darauf eingehen, haben aber die wesentlichen Züge an dem eingeschränkten Fall mit Metrik oben aufgezeigt.

[4] Man kann mit Methoden der Linearen Algebra zeigen, dass man in jedem Punkt $p \in M$ eine Basis derart finden kann, dass g_{ik} diagonal wird, $\mathbf{g} = \sum_{i=1}^n \varepsilon_i\,\mathrm{d}x^i \otimes \mathrm{d}x^i$, mit $\varepsilon_i = \pm 1$. Sind alle ε_i gleich $+1$, so spricht man von einer Riemann'schen Metrik, in allen anderen Fällen von einer pseudo- oder semi-Riemann'schen Metrik.

5.5.2 Die kanonische Einsform auf dem Phasenraum

Die Hamiltonfunktion ist auf der Mannigfaltigkeit $M := T^*Q$ definiert, s. Abb. 5.11, die in der Mechanik eine zentrale Rolle spielt. Wir formulieren die Mechanik zunächst in ihrer kanonischen Form auf dem Phasenraum. Zur Lagrange'schen Formulierung (auf TQ) kehren wir weiter unten im Abschn. 5.6 noch einmal kurz zurück. Unser unmittelbares Ziel ist es, die aus Kap. 2 bekannte geometrisch-symplektische Struktur der Mechanik im Phasenraum klar herauszuarbeiten und von einer höheren Warte aus zu verstehen. Einen möglichen Zugang bietet die sogenannte kanonische Einsform θ_0 auf dem Phasenraum

$$\theta_0 : M \to T^*M : m \in M \mapsto (\theta_0)_m \in T^*_m M \,, \tag{5.72}$$

die wie folgt definiert wird. Es sei zunächst α eine beliebige (glatte) Einsform auf der Koordinatenmannigfaltigkeit Q

$$\alpha : Q \to T^*Q : u \in Q \mapsto \alpha_u \in T^*_u Q \,. \tag{5.73}$$

Die Form θ_0 soll auf $M = T^*Q$ definiert werden. Da α eine Abbildung von Q nach M vermittelt, kann man θ_0 über diese Abbildung von M nach Q zurückziehen. Dabei entsteht $(\alpha^*\theta_0)$ als Einsform, diesmal auf der Basismannigfaltigkeit Q. Mit dieser Vorbemerkung wird die folgende Definition verständlich:

Definition Kanonische Einsform

K1F) Die *kanonische Einsform* θ_0 ist diejenige Form auf $M = T^*Q$, deren über eine beliebige glatte Einsform α (5.73) auf Q zurückgezogene Form gerade dieses α ergibt. In einer Formel ausgedrückt, gilt

$$(\alpha^*\theta_0) = \alpha \quad \text{für alle} \quad \alpha \in \mathfrak{X}^*(Q) \,. \tag{5.74}$$

θ_0 ist damit eindeutig festgelegt.

Wenn (φ, U) eine Karte der Umgebung $U \subset Q$ ist, so induziert diese die Kartenabbildungen $(T\varphi, TU)$ für $TU \subset TQ$ bzw. $(T^*\varphi, T^*U)$ für $T^*U \subset T^*Q$, wie in Abb. 5.11 dargestellt. Ein Punkt $u \in U$ hat das Bild $\{q^i\} = \{\varphi^i(u)\}$, das im Bereich $U' = \varphi(U)$ des $\mathbb{R}^f$ liegt. Ein Tangentialvektor $v_u \in T_uQ$ (mit $u \in U$) mit seinem Fußpunkt u hat das Bild $\{q^i = \varphi^i(u), v^i = T\varphi^i(v) \equiv \dot{q}^i\}$ in $U' \times \mathbb{R}^f$. Ebenso hat jede Einsform $\alpha_u \in T^*_u Q$ das Bild $\{q^i, \alpha_i \equiv p_i\}$ in $U' \times \mathbb{R}^{f*}$. Die lokale Form von α_u ist nach (5.37) also

$$\alpha_u = \sum_{j=1}^{f} \alpha_j(\underset{\sim}{q})\,\mathrm{d}q^j \equiv \sum_{j=1}^{f} p_j\,\mathrm{d}q^j \,. \tag{5.75}$$

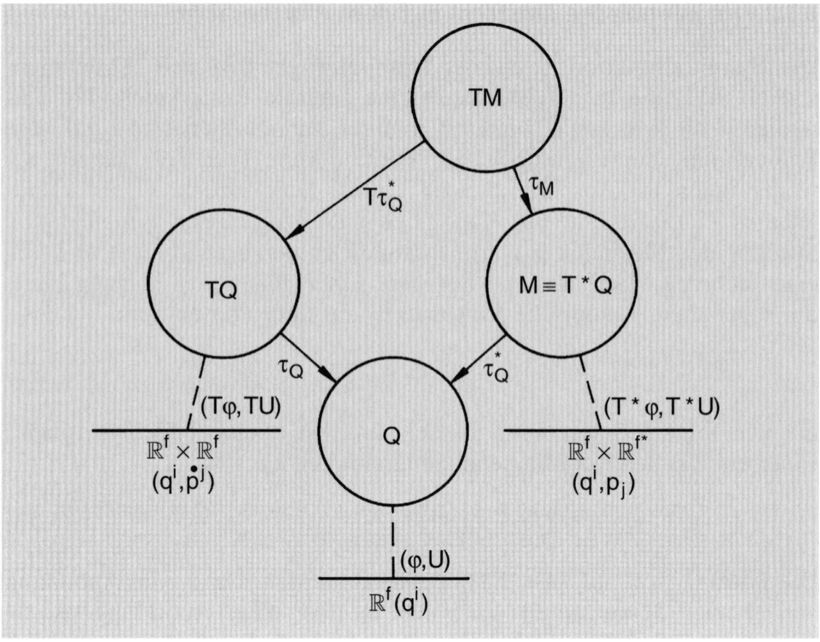

Abb. 5.11. Das Kotangentialbündel $M := T^*Q$ ist der Phasenraum. M ist selbst eine glatte Mannigfaltigkeit und besitzt daher u. a. ein Tangentialbündel $TM = T(T^*Q)$. τ_Q und τ_Q^* sind die kanonischen Projektionen von TQ bzw. T^*Q nach Q, τ_M die von TM nach M. TM wird mit TQ durch die Tangentialabbildung zu τ_Q^* verknüpft

In lokaler Form sagt die definierende Gleichung (5.74) etwas sehr Einfaches aus: $(\theta_0)_m$ als Einsform aus $T_m^* M = T_m^*(T^*Q)$ hat allgemein die lokale Form

$$(\theta_0)_m = \sum_i \sigma_i \,\mathrm{d}q^i + \sum_k \tau^k \,\mathrm{d}p_k \,,$$

wobei die σ_i und τ^k glatte Funktionen von $(\underset{\sim}{q}, \underset{\sim}{p})$ sind. Die Bedingung (5.74) bedeutet, dass

$$\sigma_i(\underset{\sim}{q}, \underset{\sim}{\alpha}(\underset{\sim}{q})) = \sigma_i(\underset{\sim}{q}, \underset{\sim}{p}) \stackrel{!}{=} p_i$$
$$\tau^k(\underset{\sim}{q}, \underset{\sim}{\alpha}(\underset{\sim}{q})) = \tau^k(\underset{\sim}{q}, \underset{\sim}{p}) \stackrel{!}{=} 0$$

sein müssen. Die kanonische Einsform hat lokal daher dieselbe Gestalt (5.75) wie α_u,

$$(\theta_0)_m = \sum_{i=1}^{f} p_i \,\mathrm{d}q^i \,, \qquad m \in M = T^*Q \,. \tag{5.76}$$

Die kanonische Einsform θ_0 ist aber auf dem Phasenraum $M = T^*Q$ definiert, d. h. $(\theta_0)_m$ liegt in $T_m^* M$, im Gegensatz zu der (beliebigen) Einsform α, die ein Stockwerk tiefer zu Hause ist.

Bemerkung

Die kanonische Einsform ist der Schlüssel für die geometrische Formulierung der Mechanik auf dem Phasenraum. Mit Hilfe der oben gegebenen Definition kann man sich folgende Zusammenhänge klarmachen, wobei man am besten Abb. 5.11 zu Rate zieht. Es seien $u \in Q$ ein fester Punkt in der Basis Q, v_u ein Tangentialvektor aus $T_u Q$, und α_u eine Einsform aus $T_m^* Q$. $r := \alpha_u(v_u)$ ist dann eine reelle Zahl, die wir vermöge der Definition (5.74) auch als $r = (\alpha^* \theta_0)_u(v_u)$ schreiben können. Wenn α den Basisraum Q auf T^*Q abbildet, so bildet die zugehörige Tangentialabbildung $T\alpha$ die Mannigfaltigkeit TQ auf TM ab, den Fußpunkt u immer festgehalten. Es sei $w_u \in T_{\alpha_u} M$ das Urbild von α_u bei der Projektion τ_M, d. h. $w_u = \tau_M^{-1}(\alpha_u)$. Dann ist $w_u = T\alpha(v_u)$ und dieselbe reelle Zahl $r = \alpha_u(v_u)$ ist auch durch

$$r = (\theta_0)_{m=\alpha_u}(w_u) = \alpha_u \circ T\tau_Q^*(w_u)$$

gegeben. Man kann diese letzte Gleichung zur Definition von θ_0 verwenden [Abraham-Marsden (1981), Abschn. 3.2.10], der Weg zur lokalen Form (5.76) ist dann aber mühsamer.

Dass θ_0 wirklich eindeutig festgelegt ist, kann man sich klarmachen, indem man beachtet, dass die Bedingung (K1F) für alle α_u gelten soll: Diese füllen den Raum $T_u^* Q$ vollständig aus. Da auch v_u beliebig wählbar ist, füllt man mit dessen Urbild w_u den ganzen Raum $T_{\alpha_u} M$ aus.

Wiederum etwas locker gesprochen, ist (K1F) eine Vorschrift, beliebige glatte Einsformen auf Q als eine spezielle Einsform auf T^*Q zu lesen. Sie ist insofern kanonisch und für das Kotangentialbündel charakteristisch, als Einsformen auf T^*Q leben und bei Abbildungen *zurück*gezogen werden (im Gegensatz zu Vektorfeldern, die „vorwärts" abgebildet werden). Die lokale Darstellung (5.76) ist schon ausreichend, weil man wie gewohnt die Karten eines vollständigen Atlasses aneinanderreihen und somit θ_0 auf ganz $M = T^*Q$ beschreiben kann. Natürlich ist die in (5.74) gegebene Definition, oder die in der Bemerkung beschriebene, dazu äquivalente, ganz frei von Koordinaten.

Es sei $F = \psi \circ \varphi^{-1}$ eine Übergangsabbildung aus der Karte (φ, U) in die Karte (ψ, V). Sie bildet den Punkt $\{q\} = \varphi(u)$ aus dem Überlappgebiet der Bilder von U und V auf den Punkt $\{Q\} = \psi(u)$ ab. Das ist derselbe Punkt im $\mathbb{R}^f$, aber ausgedrückt in anderen Koordinaten. Ein Tangentialvektor $v \in T_u Q$, dessen Koordinatenbild im ersten Fall $\{\dot{q}\}$, im zweiten $\{\dot{Q}\}$ ist, wird dabei mit der Tangentialabbildung TF transformiert, während Einsformen gemäß (5.41) zurückgezogen werden. Die kanonische Einsform behält dabei die gleiche lokale Gestalt (5.76). In der Tat ist (s. (2.107b))

$$p_i = \sum_{k=1}^{f} \frac{\partial Q^k}{\partial q^i} P_k ,$$

und somit

$$\sum_i p_i \, \mathrm{d}q^i = \sum_i \sum_k P_k \frac{\partial Q^k}{\partial q^i} \, \mathrm{d}q^i = \sum_k P_k \, \mathrm{d}Q^k \,. \tag{5.77}$$

Dieses Resultat ist selbstverständlich, denn die Definition (5.74) legt θ_0 auf ganz T^*Q fest und die lokale Form (5.76) gilt in jeder Karte. Etwas weniger selbstverständlich ist die folgende Aussage:

Satz 5.1

Es sei $F : Q \to Q$ ein Diffeomorphismus (d. h. eine differenzierbare Abbildung vom Typus (5.38), die umkehrbar eindeutig ist und deren Inverse ebenfalls differenzierbar ist). Die Zurückziehung von $\alpha_u \in T_u^*Q$ (α ist Einsform auf Q) ist dann in beiden Richtungen definiert, so dass F einen Diffeomorphismus $T^*F : T^*Q \to T^*Q$ induziert. Dann gilt

$$(T^*F)^*\theta_0 = \theta_0 \,, \tag{5.78}$$

d. h. die kanonische Einsform wird einfach zurückgezogen, ist in diesem Sinne also invariant.

Den Beweis kann man koordinatenfrei führen (Abraham-Marsden (1981), Satz 3.2.12). In Koordinaten läuft er auf die Rechnung (5.77) hinaus.

5.5.3 Die kanonische Zweiform als symplektische Form auf M

Die kanonische Zweiform ist definiert als die negative äußere Ableitung der Einsform θ_0 (K1F), (5.74),

Definition Kanonische Zweiform

$$\text{K2F)} \quad \omega_0 := -\,\mathrm{d}\theta_0 \,. \tag{5.79}$$

Sie ist geschlossen, $\mathrm{d}\omega_0 = -d \circ d \, \theta_0 = 0$. Ihre lokale Form folgt aus derjenigen von θ_0, (5.76),

$$(\omega_0)_m = \sum_{i=1}^{f} \mathrm{d}q^i \wedge \mathrm{d}p_i \quad m \in M \,. \tag{5.80}$$

Ihre Bedeutung liegt darin, dass sich in ihrer Existenz die symplektische Struktur des Phasenraums zeigt. Das wird aus den folgenden Sätzen und Aussagen klar werden.

Als Zweiform über $M = T^*Q$ ist sie eine bilineare Abbildung von $TM \times TM$ in die reellen Zahlen, sie wirkt also auf Paare $(w^{(a)}, w^{(b)})$ von Vektorfeldern auf M, d. h. $(\omega_0)_m$ wirkt auf Paare $(w_m^{(a)}, w_m^{(b)})$

von Tangentialvektoren aus $T_m M$, die Repräsentanten der Vektorfelder $w^{(a)}$ und $w^{(b)}$ sind. Jedes solches Vektorfeld hat lokal die Gestalt

$$w = \sum_{i=1}^{f} w^i \frac{\partial}{\partial q^i} + \sum_{k=1}^{f} \overline{w}_k \frac{\partial}{\partial p_k} , \tag{5.81}$$

so dass

$$(\omega_0)_m (w_m^{(a)}, w_m^{(b)}) = \sum_{i=1}^{f} (w^{(a)i} \overline{w}_i^{(b)} - \overline{w}_i^{(a)} w^{(b)i}) . \tag{5.82}$$

Wenn man vereinbart, $\mathrm{d}q^1, \ldots, \mathrm{d}q^f$ als die ersten f Basisformen $\eta^i := \mathrm{d}q^i$ zu betrachten, $\mathrm{d}p_1 \ldots \mathrm{d}p_f$ als die zweite Gruppe von f Basisformen $\eta^{i+f} := \mathrm{d}p_i$, und wenn man (ω_0) in der allgemeinen Form

$$(\omega_0)_m = \sum_{i,k} \omega_{ik} \eta^i \wedge \eta^k \tag{5.82'}$$

schreibt, dann sieht man leicht, dass die Koeffizienten ω_{ik} durch

$$\omega_{ik} = \begin{pmatrix} 0_{f\times f} & \mathbb{1}_{f\times f} \\ -\mathbb{1}_{f\times f} & 0_{f\times f} \end{pmatrix}$$

gegeben sind. Diese Matrix ist genau die Matrix $\mathbf{J}$ aus (2.100). Da $\mathbf{J}$ nichtsingulär ist, sieht man, dass $(\omega_0)_m$ eine *nicht ausgeartete, schiefsymmetrische* Zweiform ist. Das gilt für jeden Punkt $m \in M$, daher ist ω_0 als kanonische Zweiform auf M nicht ausgeartet und schiefsymmetrisch. Die Form ω_0 muss mit den kanonischen Gleichungen (2.96) eng verwandt sein. Bevor wir darauf eingehen, wollen wir eine interessante Eigenschaft des Kotangentialbündels $M = T^*Q$ aufzeigen.

Bildet man k-fache äußere Produkte von $(\omega_0)_m$ mit sich selbst, so entstehen Formen vom Grad $2k$, zum Beispiel

$$\begin{aligned}(\omega_0)_m \wedge (\omega_0)_m &= \sum_{i_1,i_2=1}^{f} \mathrm{d}q^{i_1} \wedge \mathrm{d}p_{i_1} \wedge \mathrm{d}q^{i_2} \wedge \mathrm{d}p_{i_2} \\ &= -2! \sum_{i_1<i_2} \mathrm{d}q^{i_1} \wedge \mathrm{d}q^{i_2} \wedge \mathrm{d}p_{i_1} \wedge \mathrm{d}p_{i_2} \\ (\omega_0)_m \wedge (\omega_0)_m \wedge (\omega_0)_m &= -3! \sum_{i_1<i_2<i_3} \mathrm{d}q^{i_1} \wedge \mathrm{d}q^{i_2} \wedge \mathrm{d}q^{i_3} \\ &\qquad \wedge \mathrm{d}p_{i_1} \wedge \mathrm{d}p_{i_2} \wedge \mathrm{d}p_{i_3} .\end{aligned}$$

Die höchste Form, die auf diese Weise gebildet werden kann, hat den Grad $2f$ und lautet

$$\begin{aligned}\underbrace{(\omega_0)_m \wedge \ldots \wedge (\omega_0)_m}_{f\text{-fach}} = f!(-)^{[f/2]} \mathrm{d}q^1 \wedge \mathrm{d}q^2 \wedge \ldots \wedge \mathrm{d}q^f \\ \wedge \mathrm{d}p_1 \wedge \ldots \wedge \mathrm{d}p_f ,\end{aligned} \tag{5.83a}$$

wobei $[f/2]$ die größte ganze Zahl kleiner oder gleich $f/2$ ist. Dabei entsteht offenbar die orientierte *Volumenform*

$$\Omega := \frac{(-)^{[f/2]}}{f!}\omega_0 \wedge \ldots \wedge \omega_0 \quad (f \text{ Faktoren}) \tag{5.83b}$$

auf T^*Q, die punktweise durch (5.83a) gegeben ist. Das ist ein wichtiges Ergebnis: Auf dem Kotangentialbündel einer glatten Mannigfaltigkeit hat man immer die Formen $\theta_0, \omega_0 = -\mathrm{d}\theta_0$ und somit die Volumenform (5.83). Das Kotangentialbündel einer Mannigfaltigkeit Q ist also immer orientierbar, auch dann, wenn Q selbst nicht orientierbar ist. Für die Mechanik haben wir gleichzeitig die Grundlage für den Liouville'schen Satz gewonnen. Nur aufgrund des Ergebnisses (5.83) ist es möglich, von volumen- und orientierungserhaltenden Flüssen auf dem Phasenraum zu sprechen.

Die besonderen Eigenschaften des Phasenraums, die wir im zweiten Kapitel anhand der kanonischen Bewegungsgleichungen (2.96) sozusagen „zu Fuß" erkundet haben, beruhen auf einer tieferliegenden geometrischen Struktur, deren wichtigste Eigenschaften wir hier kurz zusammenstellen. (Wenn man möchte, kann man den folgenden Abschnitt bei der ersten Lektüre überspringen.)

5.5.4 Symplektische Zweiform und Satz von Darboux

Ebenso wie die Metrik auf einer Riemann'schen oder semi-Riemann'schen Mannigfaltigkeit ist die kanonische Zweiform ein kovarianter Tensor zweiter Stufe auf der Mannigfaltigkeit M. Wie die Metrik ist sie nicht ausgeartet. Während die Metrik zu den symmetrischen Tensoren gehört, gehört ω_0 zur Menge der antisymmetrischen Formen zweiten Grades.

Es sei M eine glatte Mannigfaltigkeit der Dimension $\dim M = n$, ω (zunächst allgemein) ein kovarianter Tensor,

$$\omega \in \mathcal{T}_2^0(M) : M \to T^*M \times T^*M : p \mapsto (\omega)_p \,. \tag{5.84}$$

Man sagt, ω sei *nicht ausgeartet*, wenn $(\omega)_p$ für jeden Punkt $p \in M$ diese Eigenschaft hat. Der Raum T_pM ist ein Vektorraum der Dimension n, $T_pM \times T_pM$ hat die Dimension $2n$, und $(\omega)_p$ bildet $T_pM \times T_pM$ auf die reellen Zahlen ab.

Man kann nun Folgendes zeigen:

a) Ist $(\omega)_p$ *symmetrisch* und nicht ausgeartet, d. h. die Matrix $\omega_{ik} = (\omega)_p(\partial_i, \partial_k)$ ist nichtsingulär, dann gibt es eine geordnete Basis von T_pM und die dazu duale Basis von T_p^*M derart, dass diese Matrix diagonal ist und die Eigenwerte $\varepsilon_i = \pm 1$ hat (s. Fußnote zu (5.70)).
b) Ist (ω_p) *antisymmetrisch* und hat die Matrix $\{\omega_{ik}\}$ den Rang r, so ist r eine *gerade* Zahl und es gibt eine geordnete Basis von T_pM und

die dazu duale von $T_p^* M$ derart, dass

$$(\omega)_p = \sum_{i=1}^{r/2} \mathrm{d}x^i \wedge \mathrm{d}x^{i+r/2}$$

gilt, bzw. dass die Matrix die Form

$$\{\omega_{ik}\} = \begin{pmatrix} 0 & \mathbb{1} & 0 \\ -\mathbb{1} & 0 & 0 \\ 0 & 0 & 0 \end{pmatrix}$$

hat, wobei $\mathbb{1}$ die Einheitsmatrix in der Dimension $r/2$ ist. In diesem Fall kann ω nur dann nicht ausgeartet sein, wenn die Dimension n von M eine gerade Zahl ist, der Rang r ist dann $r = 2n$.

Daran schließt sich der folgende Satz an:

Satz 5.2

Es sei ω eine antisymmetrische Zweiform auf der Mannigfaltigkeit M (nach dem Muster von (5.84)). Dann ist ω genau dann nicht ausgeartet, wenn M eine *geradzahlige* Dimension $n = 2k$ hat und wenn das k-fache äußere Produkt $\omega \wedge \ldots \wedge \omega$ eine Volumenform auf M ist.

Anders ausgedrückt: Gibt es auf M eine nicht ausgeartete schiefsymmetrische Zweiform, so ist M orientierbar. Als orientierte Volumenform bietet sich dann (5.83) an,

$$\Omega_\omega = \frac{(-)^{[k]}}{(2k)!} \omega \wedge \ldots \wedge \omega \quad (k\text{-fach}) , \tag{5.85}$$

mit $\dim M = n = 2k$.

Den Zusammenhang mit der symplektischen Gruppe, die wir in Abschn. 2.28 studiert haben, sieht man auf dem Weg über die folgenden Definitionen.

Definition

SYF) *Symplektische Form* soll jede nicht ausgeartete, schiefsymmetrische Zweiform σ auf einem Vektorraum V mit gerader Dimension $n = 2k$ heißen. (Im Fall oben ist $\sigma \equiv (\omega)_p$ und $V \equiv T_p M$).

SYV) Der Begriff *Symplektischer Vektorraum* bezeichnet das Paar (V, σ), wobei $\dim V = 2k$ ist und σ die Eigenschaft (SYF) hat.

SYT) *Symplektische Transformationen* sind solche, die die symplektische Struktur (SYV) erhalten, d. h. sind (V, σ) und (W, τ) symplektische Vektorräume, so ist

$$F : V \to W$$

genau dann symplektisch, wenn die auf V zurückgezogene Form τ gerade σ ergibt, $F^* \tau = \sigma$.

Die Räume V und W müssen dabei nicht dieselbe Dimension haben. Haben sie aber dieselbe Dimension $n = 2k$, so erhält die Abbildung F das orientierte Volumen. Man zeigt nämlich leicht, dass $F^*\Omega_\tau = \Omega_\sigma$ gilt, wo Ω_τ und Ω_σ die Standard-n-Formen (5.85) auf W bzw. V sind. Für symplektische Transformationen gilt die folgende Aussage:

Die symplektischen Abbildungen des symplektischen Vektorraums (V, σ) auf sich selbst,

$$F : (V, \sigma) \to (V, \sigma) , \quad F^*\sigma = \sigma ,$$

bilden die symplektische Gruppe $\mathrm{Sp}_{2k}(\mathbb{R})$. Zum Beweis wählen wir diejenige Basis $\{\mathrm{e}^i\}$ von V, in der σ die kanonische Form

$$\{\sigma_{ik}\} = \begin{pmatrix} 0 & \mathbb{1} \\ -\mathbb{1} & 0 \end{pmatrix} \equiv \mathbf{J}$$

hat. In derselben Basis wird F durch die Matrix $\{F^i{}_k\}$ dargestellt, d. h. $\mathrm{e}'^i = \sum_{k=1}^n F^i{}_k \mathrm{e}^k$. Die Bedingung $F^*\sigma = \sigma$ bedeutet, dass $\sigma(\mathrm{e}'^i, e'^j) = \sigma(\mathrm{e}^i, \mathrm{e}^j)$ sein soll, bzw.

$$\mathbf{F}^{\mathrm{T}}\mathbf{J}\mathbf{F} = \mathbf{J} .$$

Das ist aber genau (2.111) und es folgt, dass jedes solche $\mathbf{F}$ zu $\mathrm{Sp}_{2k}(\mathbb{R})$ gehört.

Die oben gemachten Aussagen und Definitionen gelten zunächst für den Repräsentanten $(\omega)_p$ von ω als schiefsymmetrischer Zweiform auf M. Sie lassen sich aber auf ω selbst, damit also auf ganz M vermöge der folgenden Aussage übertragen :

Satz 5.3 Satz von Darboux

Es sei ω eine nicht ausgeartete Zweiform auf der Mannigfaltigkeit M mit gerader Dimension $n = 2k$. Dann ist ω genau dann geschlossen, d. h. $\mathrm{d}\omega = 0$, wenn es in jedem Punkt $p \in M$ eine Karte (φ, U) gibt derart, dass $\varphi(p) = 0$ und dass mit

$$\varphi(p') = (x^1(p') \dots x^k(p') \dots x^{2k}(p'))$$

für jedes $p' \in U \subset M$, die Form ω lokal als

$$\omega = \sum_{i=1}^{k} \mathrm{d}x^i \wedge \mathrm{d}x^{i+k} \tag{5.86}$$

dargestellt werden kann.

Den Beweis für diesen Satz, ebenso wie den für die anderen Aussagen dieses Abschnittes findet man in Abraham-Marsden (1981). Einen einfachen und eleganten Beweis des Satzes von Darboux findet man in Hofer-Zehnder (1994).

Wir schließen hier noch folgende Definitionen und Bemerkungen an, die die Definitionen (SYF), (SYV) und (SYT) auf beliebige Mannigfaltigkeiten erweitern.

Definition

S 1) Eine *symplektische Form* auf einer Mannigfaltigkeit M mit $\dim M = n = 2k$ ist eine nicht ausgeartete, schiefsymmetrische und geschlossene Zweiform ω,

$$\mathrm{d}\omega = 0\,. \tag{5.87}$$

S 2) Ein Paar (M, ω), wo ω die Eigenschaft (S 1) hat, nennt man eine *symplektische Mannigfaltigkeit.*

S 3) Diejenigen Karten, in denen (5.86) gilt und deren Existenz durch den Satz von Darboux gesichert ist, nennt man *symplektische Karten*, ihre Koordinaten nennt man *kanonische Koordinaten.*

S 4) Eine glatte Abbildung F, die zwei symplektische Mannigfaltigkeiten (M, σ) und (N, τ) verknüpft, heißt symplektisch, wenn $F^*\tau = \sigma$ gilt. Solche Abbildungen sind die kanonischen Transformationen der Mechanik, wenn Ur- und Zielmannigfaltigkeit dieselben sind.

Diese Begriffsbildungen gehören zur sogenannten symplektischen Geometrie, deren Bedeutung für die Mechanik schon hier klar erkennbar ist. Sie scheint darüber hinaus für viele Gebiete der Physik wichtig zu sein und führt daher direkt in die moderne Forschung, siehe auch [Guillemin-Sternberg (1986)].

5.5.5 Die kanonischen Gleichungen

In Kap. 2, Abschn. 2.25, haben wir gezeigt, dass man die kanonischen Gleichungen (2.43) in der Form (2.97)

$$\dot{\underset{\sim}{x}} = \mathbf{J} H_{,x} \equiv (X_{\mathrm{H}})_x \tag{5.88}$$

schreiben kann. Dabei ist $\underset{\sim}{x}$ ein Punkt des Phasenraums, $H_{,x}$ und $\mathbf{J}$ wie in (2.100) definiert. Gleichung (5.88) verstehen wir jetzt als eine lokale Kartendarstellung. Die rechte Seite, die wir in Abschn. 5.3.1 als Hamilton'sches Vektorfeld bezeichnet haben, ist dann auch ein Koordinatenausdruck, was wir durch den Index x andeuten. Aufgrund der Ergebnisse des Abschn. 5.5.3 ist es klar, dass die kanonische Zweiform dazu dienen wird, die kanonischen Gleichungen der Mechanik in koordinatenfreier Weise, d. h. direkt auf T^*Q, dem Kotangentialbündel der Koordinatenmannigfaltigkeit Q, zu formulieren.

Es sei $M = T^*Q$ wie bisher. Vektorfelder auf M ordnen jedem Punkt $p \in M$ ein Element aus T_pM, dem Tangentialraum in p, zu

$$X \in \mathcal{X}(M) : M \to TM : p \mapsto X_p\,,$$

wobei X_p in Karten die lokale Form (5.81) hat. Gleichung (5.88) definiert das Hamilton'sche Vektorfeld zunächst in Karten und somit komponentenweise. In der Notation von (5.88) also

$$(X_{\mathrm{H}})^i = \frac{\partial H}{\partial p_i}\,; \quad \overline{(X_{\mathrm{H}})_k} = -\frac{\partial H}{\partial q^k}\,. \tag{5.89}$$

Diese partiellen Ableitungen von H kommen auch in der äußeren Ableitung $\mathrm{d}H$ vor. Da H eine Funktion auf M ist, ist ihre äußere Ableitung gleich dem totalen Differential. Lokal ausgedrückt ist demnach

$$\mathrm{d}H = \sum_{i=1}^{f} \frac{\partial H}{\partial q^i}\mathrm{d}q^i + \sum_{j=1}^{f} \frac{\partial H}{\partial p_j}\mathrm{d}p_j\,. \tag{*}$$

Wie wir wissen, ist

$$\begin{pmatrix} (X_{\mathrm{H}})^i \\ \\ \overline{(X_{\mathrm{H}})_k} \end{pmatrix} = \begin{pmatrix} 0 & \mathbb{1} \\ \\ -\mathbb{1} & 0 \end{pmatrix} \begin{pmatrix} \dfrac{\partial H}{\partial q^i} \\ \dfrac{\partial H}{\partial p_j} \end{pmatrix}$$

oder $(X_{\mathrm{H}})_x = \mathbf{J}(\mathrm{d}H)_x$, wobei der Index x wieder darauf hinweist, dass hier Koordinatenausdrücke verglichen werden.

Da $\mathbf{J}^{-1} = -\mathbf{J}$ ist, kann man auch $-\mathbf{J}(X_{\mathrm{H}})_x = (\mathrm{d}H)_x$ schreiben. Hieraus lässt sich eine koordinatenfreie Definition des Hamilton'schen Vektorfeldes lesen: $\mathbf{J}$ ist nichts anderes als die Matrix einer lokalen Darstellung (5.82′) der kanonischen Zweiform ω_0. Eine solche Zweiform ω wirkt auf Paare von Vektorfeldern. Ähnlich wie im Fall der Metrik kann man ω auch auf nur *ein* Vektorfeld wirken lassen, z. B. $\omega(V, \bullet)$, wo der Punkt eine Leerstelle bezeichnet. So gelesen bildet sie das Tangentialbündel TM auf $\mathbb{R}$ ab, wirkt also wie eine äußere Form vom Grad 1. Somit ist folgende *Definition* sinnvoll:

Definition Hamilton'sches System

HVF) Es sei (M, ω) eine symplektische Mannigfaltigkeit, d. h. $\dim M = 2f$ ist geradzahlig und ω hat die Eigenschaften (S 1). Die Hamiltonfunktion H sei als glatte Funktion auf $M = T^*Q$ gegeben. Dann wird X_H, das *Hamilton'sche Vektorfeld*, durch die Bedingung

$$\omega(X_{\mathrm{H}}, \bullet) = \mathrm{d}H \tag{5.90}$$

definiert. Das Tripel $(M, \omega, X_{\mathrm{H}})$ nennt man ein *Hamilton'sches System*.

Ist $Y \in \mathcal{X}(M)$ ein beliebiges Vektorfeld auf M, so ist nach (5.90)

$$\omega(X_{\mathrm{H}}, Y) = \mathrm{d}H(Y)\,.$$

Da ω nicht ausgeartet ist, liegt X_{H} eindeutig fest, denn wären X_{H} und X'_{H} zwei verschiedene Felder zur selben Funktion H, so wäre $\omega(X_{\mathrm{H}} - X'_{\mathrm{H}}, Y)$

$=0$ für beliebige Y. Das kann nur sein, wenn $X_\mathrm{H} - X'_\mathrm{H}$ identisch verschwindet. Andererseits kann $\mathrm{d}H(Y)$ nicht für alle Y verschwinden, es sei denn $H=0$. Daher existiert ein X_H zu jedem H.

Dass die definierende Gleichung (5.90) in Koordinaten genau die Ausdrücke (5.89) liefert, rechnet man leicht nach,

$$\omega_p(X_\mathrm{H}, \bullet) = \sum_{i=1}^{f} (X_\mathrm{H})^i \,\mathrm{d}p_i - \sum_{k=1}^{f} \overline{(X_\mathrm{H})_k}\,\mathrm{d}q^k \,.$$

Vergleicht man mit $\mathrm{d}H$, Gl. (*), so ergibt sich (5.89). Die Definition (5.90) ist jedoch koordinatenfrei und ist auch nicht auf endlich viele Dimensionen beschränkt.

Die Integralkurven von X_H, d. h. die Lösungen der Differentialgleichung

$$\dot{\gamma}(t) = (X_\mathrm{H})_{\gamma(t)} \tag{5.91}$$

sind die physikalisch möglichen Bewegungen des durch die Hamiltonfunktion H beschriebenen Systems. Ausgedrückt in lokalen Koordinaten ergibt (5.91) die Gleichung (5.88), das sind aber genau die kanonischen Gleichungen (2.43).

Wenn H nicht explizit von der Zeit abhängt und wenn $\gamma(t)$ eine Lösung von (5.91) ist, so gilt

$$\frac{\mathrm{d}}{\mathrm{d}t} H\big(\gamma(t)\big) = \mathrm{d}H(\dot{\gamma}) = \mathrm{d}H\big(X_\mathrm{H}(\gamma(t))\big) = \omega\big(X_\mathrm{H}(\gamma), X_\mathrm{H}(\gamma)\big) = 0 \,.$$

Das ist die wohlbekannte Aussage, dass H entlang einer Lösungskurve konstant ist.

Es ist nicht schwer, mit den bisher entwickelten Begriffen und Ergebnissen den Liouville'schen Satz (Abschn. 2.29) noch einmal aufzustellen. In geometrischer Sprache lautet er folgendermaßen.

Satz 5.4 Satz von Liouville

Es sei $(M, \omega, X_\mathrm{H})$ ein Hamilton'sches System, d. h. auf der Mannigfaltigkeit M mit gerader Dimension sind die geschlossene, nicht ausgeartete Zweiform ω sowie ein Hamilton'sches Vektorfeld X_H (durch (5.90) definiert) gegeben.

Es sei Φ_t der Fluss des Vektorfeldes X_H, d. i. die Schar der Integralkurven zu allen möglichen Anfangsbedingungen. Dann ist Φ_t für alle t symplektisch, d. h. $\Phi_t^* \omega = \omega$. Somit ist auch das orientierte Volumen Ω_ω, (5.85), erhalten.

Diesen Satz haben wir in Abschn. 2.29 auf zwei äquivalenten Wegen bewiesen. Der Beweis in der jetzt entwickelten geometrischen Sprache ist in verschiedener Hinsicht instruktiv und wir möchten ihn hier wenigstens skizzieren. (Man kann ihn auch beim ersten Durchgang überspringen und gleich zum folgenden Abschnitt übergehen.)

Er macht wesentlich Gebrauch von der sogenannten *Lie'schen Ableitung* und von der Aussage, dass die symplektische Form ω geschlossen ist. Die Lie'sche Ableitung, die mit L_X bezeichnet wird und in der X ein glattes Vektorfeld auf der Mannigfaltigkeit M ist, entsteht aus der folgenden geometrischen Vorstellung. Das Vektorfeld X besitzt (mindestens lokal auf M) den Fluss Φ_τ, d. i. die Schar aller Lösungen der Differentialgleichung (5.42). Es sei T ein beliebiges, differenzierbares, geometrisches Objekt auf M, z. B. eine Funktion, ein Vektorfeld, eine k-Form oder ein $\binom{r}{s}$-Tensorfeld. Fragt man nun, wie das Objekt T entlang der Flusslinien Φ_τ des Vektorfeldes X sich differentiell ändert, so ist die Antwort für Funktionen einfach zu geben: Im Punkt $p \in M$ ist das die Richtungsableitung

$$\mathrm{d}f_p(X_p) =: (L_X f)_p \,,$$

wie in (5.33) vorgegeben. Man kann dieselbe Ableitung auch als

$$\frac{\mathrm{d}}{\mathrm{d}\tau} f(\Phi_\tau(p))\bigg|_{\tau=0} = \frac{\mathrm{d}}{\mathrm{d}\tau} \Phi_\tau^* f(p)\bigg|_{\tau=0}$$

schreiben, wobei die rechte Seite wie in (5.39) zu lesen ist und $\Phi_{\tau=0}(p) = p$ sei. Ist T ein anderes Vektorfeld $T \equiv Y$, so ist die Lie'sche Ableitung, wie in Abschn. 5.3.4 erklärt, durch den Kommutator $[X, Y] =: L_X Y$ gegeben. (Definiert man L_X als Differentialoperator auf der Algebra der glatten Tensorfelder über M mit der Maßgabe, dass er auf Funktionen und Vektorfeldern genau die oben angegebene Wirkung haben soll, dann liegt L_X eindeutig fest [Abraham-Marsden (1981)]. Dazu äquivalent ist die folgende Definition.)

Wegen des Existenz- und Eindeutigkeitssatzes für Differentialgleichungen vom Typus (5.42) ist der Fluss Φ_τ von X (mindestens lokaler) Diffeomorphismus. Man kann geometrische Objekte T vermittels Φ_τ demnach nach Belieben vor- und rücktransportieren (s. Abschn. 5.4.1) und entlang dieses Flusses differenzieren.[5]

Es sei nun $T \equiv \alpha$ speziell eine schiefsymmetrische k-Form auf M, X ein Vektorfeld, Φ_τ sein (lokaler) Fluss wie oben. Dann erfüllt die Lie'sche Ableitung nach dem oben Gesagten die Identität

$$\frac{\mathrm{d}}{\mathrm{d}\tau} \Phi_\tau^* \alpha = \Phi_\tau^* L_X \alpha \,. \tag{5.92}$$

Die Lie'sche Ableitung L_X am Punkt $q = \Phi_\tau(p)$, nach p zurückgezogen, ist die Ableitung der von q nach p zurückgezogenen Form α nach dem Bahnparameter τ.

Die äußere Form $L_X\alpha$ ist wie α selber eine k-Form. Funktionen werden dabei als Nullformen gelesen, für die $L_X f = \mathrm{d}f(X)$ gilt. Man kann zeigen, dass L_X sich allgemein durch die äußere Ableitung ausdrücken lässt. Setzt man in α das Vektorfeld X als erstes Argument ein, so entsteht die $(k-1)$-Form $\alpha(X, \bullet(k-1)\bullet)$ mit $(k-1)$ Leerstellen. Leitet man diese mit d ab, so entsteht wieder eine k-Form, $\mathrm{d}(\alpha(X, \bullet(k-1)\bullet))$. Leitet man andererseits α zuerst ab, so entsteht die $(k+1)$-Form $\mathrm{d}\alpha$. Setzt man in diese X ein, so hat man wieder eine k-Form

[5] V. I. Arnol'd nennt die Lie'sche Ableitung daher die Ableitung des Flussfischers. Der Fischer hat nur den Fluss, in dem er angelt, im Auge. Alle Objekte, die auf dem Fluss an ihm vorbeiziehen, differenziert er – wenn überhaupt – in Richtung des Flusslaufes [Arnol'd (1988)].

$(\mathrm{d}\alpha)(X, \bullet(k)\bullet)$.[6] Es gilt nun

$$L_X\alpha = (\mathrm{d}\alpha)(X, \bullet(k)\bullet) + \mathrm{d}(\alpha(X, \bullet(k-1)\bullet)) \,. \tag{5.93}$$

Den Beweis, der per Induktion geführt wird, findet man z. B. in [Abraham-Marsden (1981)].

Mit den Identitäten (5.92) und (5.93) folgt der Liouville'sche Satz unmittelbar. Es ist jetzt die symplektische Form ω einzusetzen, sowie der Fluss des Hamilton'schen Vektorfeldes. Mit τ durch die Zeitvariable t ersetzt, ist

$$\begin{aligned}\frac{\mathrm{d}}{\mathrm{d}t}\Phi_t^*\omega &= \Phi_t^* L_{X_\mathrm{H}}\omega \\ &= \Phi_t^*[(\mathrm{d}\omega)(X_\mathrm{H}, \bullet, \bullet) + \mathrm{d}(\omega(X_\mathrm{H}, \bullet))] \,.\end{aligned}$$

Der erste Term hiervon verschwindet, weil ω geschlossen ist. Der zweite verschwindet ebenfalls, da mit der Definition (5.90) $\mathrm{d}[\omega(X_\mathrm{H}, \bullet)] = \mathrm{d}\circ \mathrm{d}H = 0$ ist. Da schließlich $\Phi_{t=0}$ die Identität ist, folgt die Behauptung $\Phi_t^*\omega = \omega$ für alle t, für die der Fluss definiert ist.

5.5.6 Die Poisson-Klammer

In den Liouville'schen Satz geht das Geschlossensein von ω, der symplektischen Form, wesentlich ein. In diesem Abschnitt stellen wir (noch einmal) den Zusammenhang zwischen dieser Form und der Poisson-Klammer her, wobei die Bedeutung von $\mathrm{d}\omega = 0$ aus einer anderen Blickrichtung beleuchtet wird. (Hier steht „noch einmal", weil wir in Abschn. 2.31 schon festgestellt haben, dass die Poisson-Klammer zweier Größen dasselbe ist wie das schiefsymmetrische Skalarprodukt ihrer Ableitungen, das unter symplektischen Transformationen invariant ist.)

Die dynamischen Größen f und g, die in die Definition (2.120) der Poisson-Klammer eingesetzt werden, sind glatte Funktionen auf dem Phasenraum $M = T^*Q$. M ist eine symplektische Mannigfaltigkeit. Nach dem Muster der Hamiltonfunktion, die auch eine glatte Funktion auf M ist, kann man den Größen f und g durch (5.90) Vektorfelder X_f bzw. X_g zuordnen. Diese Vektorfelder werden somit durch

$$\omega(X_f, \bullet) = \mathrm{d}f \quad \text{bzw.} \quad \omega(X_g, \bullet) = \mathrm{d}g \tag{5.94}$$

auf eindeutige Weise definiert.

Die Poisson-Klammer aus f und g ist dann nichts anderes als der Ausdruck

$$\{f, g\} := \omega(X_g, X_f) \,. \tag{5.95}$$

Wir fassen (5.95) als Definition auf und prüfen nach, dass sie lokal mit der Definition (2.120) übereinstimmt. Nach (5.94) ist X_f lokal

$$X_f = \left(\frac{\partial f}{\partial \underset{\sim}{p}}, -\frac{\partial f}{\partial \underset{\sim}{q}}\right) ,$$

[6] Diese Vorschrift wird *inneres Produkt* genannt: $i_X\alpha(Y_1, \ldots, Y_k) := \alpha(X, Y_1, \ldots, Y_k)$ heißt inneres Produkt von X mit α. Die Identität (5.93) lautet dann $L_X\alpha = i_X(\mathrm{d}\alpha) + \mathrm{d}(i_X\alpha)$, $\mathrm{d}\alpha$ ist $(k+1)$-Form, $i_X\alpha$ ist $(k-1)$-Form.

X_g entsprechend. Setzt man dies in ω ein, so ist gemäß (5.82)

$$\omega(X_g, X_f) = \frac{\partial g}{\partial \underset{\sim}{p}}\left(-\frac{\partial f}{\partial \underset{\sim}{q}}\right) - \left(-\frac{\partial g}{\partial \underset{\sim}{q}}\right)\frac{\partial f}{\partial \underset{\sim}{p}} = \{f, g\}\,,$$

genau wie in (2.120). Während dieser letzte Ausdruck in Karten formuliert ist, gilt die Definition (5.95) koordinatenfrei auf der Mannigfaltigkeit M.

Man kann die Eigenschaften der Poisson-Klammern, die wir aus dem zweiten Kapitel kennen, in koordinatenfreier Form formulieren und beweisen. Es gilt Folgendes:

i) Die Poisson-Klammer lässt sich durch Lie-Ableitungen ausdrücken, nämlich

$$\begin{aligned}\{f, g\} &= L_{X_f} g = \mathrm{d}g(X_f)\\ &= -L_{X_g} f = -\mathrm{d}f(X_g)\,.\end{aligned} \tag{5.96}$$

(Man rechne dies in lokaler Form nach.)
Vergleicht man mit der Definition (5.92) der Lie-Ableitung, so folgen die Aussagen (ii) und (iii):

ii) Die Größe f ist entlang des Flusses von X_g genau dann konstant, wenn $\{f, g\} = 0$ ist. Dasselbe gilt mit f und g vertauscht.
Zum Beispiel: Es sei Ψ_τ der Fluss von X_g. Dann ist wie in (5.92)

$$\frac{\mathrm{d}}{\mathrm{d}\tau}(\Psi_\tau^* f) = \frac{\mathrm{d}}{\mathrm{d}\tau}(f \circ \Psi_\tau) = \Psi_\tau^* L_{X_g} f = -\Psi_\tau^*\{f, g\}\,.$$

Dies ist Null dann und nur dann, wenn die Poisson-Klammer verschwindet.

iii) Es sei Φ_t der Fluss des Hamilton'schen Vektorfeldes X_{H}, g eine dynamische Größe wie bisher. Dann zeigt man in derselben Weise wie bei (ii), dass

$$\frac{\mathrm{d}}{\mathrm{d}t}(g \circ \Phi_t) = \{H, g \circ \Phi_t\}\,. \tag{5.97}$$

Das ist aber genau (2.126), wenn g nicht explizit von der Zeit abhängt. Wie wir wissen, kann man die kanonischen Bewegungsgleichungen selbst in dieser Form (5.97) schreiben, s. (2.125). Was man gegenüber Kap. 2 gewonnen hat ist dies: Die Definition (5.95), die Ausdrücke (5.96) und die Bewegungsgleichungen (5.97) sind koordinatenfrei (ohne Karten) formuliert und sind auch nicht auf den Fall von endlich vielen Freiheitsgraden beschränkt.

Man kann noch einige weitere Eigenschaften von Poisson-Klammern in dieser geometrischen Sprache formulieren. Da wir diese in lokaler Form schon aus Kap. 2 kennen, beschränken wir uns auf einige besonders charakteristische Beispiele.

Verknüpft man die glatten Funktionen $\mathcal{F}(M)$, die einen reellen Vektorraum bilden, auf dem Phasenraum über die Poisson-Klammern, so entsteht eine Lie'sche Algebra. Um dies zu zeigen, muss man sich überzeugen, dass $\{f, g\}$ bilinear ist, dass $\{f, f\}$ verschwindet und dass die Jacobi'sche Identität

$$\{f, \{g, h\}\} + \{g, \{h, f\}\} + \{h, \{f, g\}\} = 0 \tag{5.98}$$

erfüllt ist. In lokaler Form ist diese einfach nachzurechnen (s. Abschn. 2.33, (2.129)). In kartenfreier Form geht man so vor: Man definiert eine Poisson-Klammer für die Einsformen $\mathrm{d}f$, $\mathrm{d}g$ (statt Funktionen, wie bisher) über

$$\{\mathrm{d}f, \mathrm{d}g\} := \omega([X_f, X_g], \bullet)\,. \tag{5.99}$$

Diese Poisson-Klammer ist selbst wieder eine Einsform und es gilt $\mathrm{d}\{f, g\} = \{\mathrm{d}f, \mathrm{d}g\}$, womit der Zusammenhang mit der Poisson-Klammer von Funktionen hergestellt ist. (Den Beweis findet man z. B. bei Abraham-Marsden, (1981)) Mit diesem Ergebnis, der Definition (5.99) und den Formeln (5.94) folgt, dass das zur Funktion $\{f, g\}$ gehörende Vektorfeld $X_{\{f,g\}}$, das über $\omega(X_{\{f,g\}}, \bullet) = \mathrm{d}\{f, g\}$ definiert ist, gleich dem Kommutator aus X_f und X_g ist, $X_{\{f,g\}} = [X_f, X_g]$.

Schreibt man nun die einzelnen Summanden von (5.98) unter Verwendung der Formel (5.96) auf, so ist

$$\begin{aligned}
\{f, \{g, h\}\} &= L_{X_f}(L_{X_g} h) \\
\{g, \{h, f\}\} &= -L_{X_g}(L_{X_f} h) \\
\{h, \{f, g\}\} &= -L_{X_{\{f,g\}}} h = -[L_{X_f}, L_{X_g}] h\,,
\end{aligned}$$

wobei im letzten Schritt die Eigenschaft $L_{[V,W]} = [L_V, L_W]$ der Lie-Ableitung benutzt wird. Addiert man die drei Terme, so ergibt sich die Identität (5.98). Diesen Beweis haben wir bewusst nur skizziert, weil es uns hier auf etwas anderes ankommt: In die Definition (5.95) der Poisson-Klammer, versehen mit der Definition (5.94) für die auftretenden Vektorfelder, geht wesentlich ein, dass die kanonische Zweiform *geschlossen* ist. Dies ist letztlich der Grund dafür, dass $\mathcal{F}(M)$ mit der Verknüpfung $\{\,,\}$ eine Lie'sche Algebra bildet.

Im Lichte der Diskussion in Abschn. 2.32 ist auch folgender Satz interessant:

Satz 5.5

Es sei (φ, U) eine Karte aus dem Atlas für die symplektische Mannigfaltigkeit (M, ω) derart, dass Punkte $u \in U$ durch $q^1, \ldots, q^f$, $p_1, \ldots, p_f$ dargestellt werden. Dann ist diese Karte genau dann symplektisch (was bedeutet, dass $\omega = \sum_{i=1}^{f} \mathrm{d}q^i \wedge \mathrm{d}p_i$ ist), wenn die folgenden Poisson-Klammern erfüllt sind,

$$\{q^i, q^j\} = 0 = \{p_i, p_j\}, \quad \{p_j, q^i\} = \delta^i_j\,. \tag{5.100}$$

Beweis

(a) Ist die Karte symplektisch, so rechne man einfach nach, dass (5.100) gilt. (b) Man setze diese Gleichungen voraus und bestimme die Matrixdarstellung $\mathbf{\Omega} \equiv (\omega_{ik})$ von ω im Bereich der Karte (φ, U). $\mathbf{\Omega}$ ist nicht singulär und besitzt daher die Inverse $(\sigma^{ik}) = \mathbf{\Sigma}$. Mit (5.96) und (5.95) ist

$$\{q^i, q^k\} = \mathrm{d}q^i(X_{q^k}) = (X_{q^k})^i = \sigma^{ik}\,, \quad i, k = 1, \ldots, f\,.$$

Genauso zeigt man, dass $\{p_i, p_k\} = \sigma^{i+f,k+f}$ und $\{q^i, p_k\} = \sigma^{i,k+f} = -\sigma^{k+f,i}$. Nach Voraussetzung ist

$$\mathbf{\Sigma} = \begin{pmatrix} 0 & -\mathbb{1} \\ \mathbb{1} & 0 \end{pmatrix} = -\mathbf{J} = \mathbf{J}^{-1}\,,$$

wo $\mathbf{J}$ wie in (2.100) definiert ist. Es folgt, dass $\mathbf{\Omega} = \mathbf{J}$, die Karte somit symplektisch ist.

Schließlich finden wir den Satz über Invarianz von Poisson-Klammern unter kanonischen Transformationen, (2.122), in folgender Form wieder:

Es sei F ein Diffeomorphismus, der zwei symplektische Mannigfaltigkeiten verknüpft, $F : (M, \omega) \to (N, \varrho)$. Diese Abbildung ist genau dann symplektisch, wenn sie die Poisson-Klammern von Funktionen bzw. von Einsformen erhält, d. h.

$$\{F^* f, F^* g\} = F^*\{f, g\} \quad \text{für alle} \quad f, g \in \mathcal{F}(N)\,.$$

F^* erhält dann die Lie-Algebrastruktur auf dem Vektorraum der glatten Funktionen.

5.5.7 Zeitabhängige Hamilton'sche Systeme

Die vorangegangenen Abschnitte sind als Einführung in die mathematischen Grundlagen der Hamilton-Jacobi-Theorie gedacht und sollten ausreichen, um die Theorie der zeitabhängigen Systeme ohne große Schwierigkeiten zu bewältigen. Wir verweisen auf die spezialisierte mathematische Literatur und beschränken uns hier auf einige Bemerkungen.

Für zeitabhängige Hamiltonfunktionen $H : M \times \mathbb{R}_t \to \mathbb{R}$ sind auch deren Hamilton'sche Vektorfelder zeitabhängig, ordnen also den Punkten (m, t) aus dem direkten Produkt von Phasenraum und Zeitachse Tangentialvektoren in $T_m M \times \mathbb{R}$ zu. Die Mannigfaltigkeit $M \times \mathbb{R}_t$ kann nicht symplektisch sein, da sie ungerade Dimension hat. Die kanonische Zweiform ω auf M hat in ihr aber maximalen Rang (nämlich $2f$, wo $f = \dim Q$). In einer lokalen Kartendarstellung von $(m, t) \in U \times \mathbb{R}_t$, $U \subset M$, wo $(m, t) = (q^1, \ldots, q^f, p_1, \ldots, p_f, \tau)$, hat ω die Form

$$\omega\,|_U = \sum_{i=1}^{f} \mathrm{d}q^i \wedge \mathrm{d}p_i$$

des Darboux'schen Satzes, wenn die Karte auf M eine symplektische ist. Für ω galt $\omega = -\mathrm{d}\theta$, somit gilt lokal

$$\mathrm{d}(\theta - \sum p_i \,\mathrm{d}q^i) = 0\,.$$

Da die in Klammern stehende Einsform geschlossen ist, kann man sie lokal als äußere Ableitung d einer Funktion darstellen (Poincaré'sches Lemma), d. h.

$$\theta = \sum p_i \,\mathrm{d}q^i + \mathrm{d}\tau\,.$$

Übrigens ist dann $\theta \wedge \mathrm{d}\theta \wedge \ldots \wedge \mathrm{d}\theta$, mit f Faktoren $\mathrm{d}\theta$, eine Volumenform auf $M \times \mathbb{R}_t$.

Die jetzt neu hinzukommende Zeitabhängigkeit der Hamilton'schen Vektorfelder lässt sich leicht in den aus den vorhergehenden Abschnitten bekannten, zeitunabhängigen Fall einbauen. Ein solches Vektorfeld

$$X : M \times \mathbb{R} \to TM$$

ist für jedes festgehaltene $t \in \mathbb{R}$ ein Vektorfeld auf M. Man ordnet ihm ein Vektorfeld $\tilde{X}$ auf $M \times \mathbb{R}$ vermöge

$$\tilde{X} : M \times \mathbb{R} \to T(M \times \mathbb{R}) \cong TM \times T\mathbb{R}$$

zu, indem man

$$(m, t) \mapsto (X(m, t), (t, 1))$$

setzt. Für Integralkurven von $\tilde{X}$ kann man Folgendes aussagen: Ist $\gamma : I \to M$ eine Integralkurve von X, die durch den Punkt m geht, so ist $\tilde{\gamma} : I \to M \times \mathbb{R}$ genau dann diejenige Integralkurve von $\tilde{X}$, die durch den Punkt $(m, 0)$ geht, wenn $\tilde{\gamma}(t) = (\gamma(t), t)$ ist. Das kann man leicht nachprüfen. Dazu schreibe man

$$\tilde{\gamma}(t) = (\gamma(t), \tau(t))\,.$$

Dies ist Integralkurve von $\tilde{X}$, wenn

$$\tilde{\gamma}'(t) = (\gamma'(t), \tau'(t)) = \tilde{X}(\tilde{\gamma}(t))$$

ist, d. h. wenn

$$\gamma'(t) = X(\gamma(t), t) \quad \text{und} \quad \tau'(t) = 1$$

ist. Da aber $\tau(0) = 0$ sein soll, folgt $\tau(t) = t$.

Den Fluss von $\tilde{X}$ kann man durch den von X ausdrücken,

$$\tilde{\Phi}_t(m, s) = (\Phi_{t,s}(m), (t + s))\,.$$

Ist M der Phasenraum und H eine zeitabhängige Hamiltonfunktion auf $M \times \mathbb{R}$, so ist $H(m, t)$ für jedes feste t eine Funktion auf M,

$$H_t(m) := H(m, t) : M \to \mathbb{R}\,,$$

deren Vektorfeld X_{H_t} wie bisher bestimmt wird. Es sei dann

$$X_{\mathrm{H}} : M \times \mathbb{R} \to TM : (m, t) \mapsto X_{\mathrm{H}_t}(m)$$

und $\tilde{X}_{\mathrm{H}}$ das zugehörige Vektorfeld, das wie oben konstruiert wird. Die zugehörigen Integralkurven von $\tilde{X}_{\mathrm{H}}$ bewegen sich durch $M \times \mathbb{R}$, die von X_{H} durch M allein. Die letzteren sind das, was wir in Kap. 1 Phasenporträts genannt hatten.

In jeder symplektischen Karte gelten die kanonischen Bewegungsgleichungen, d. h. $\gamma : I \to U$ (mit $I \subset \mathbb{R}$ und $U \subset M$) ist genau dann eine Integralkurve von X_{H}, wenn die Gleichungen

$$\left.\begin{aligned} \frac{\mathrm{d}}{\mathrm{d}t}[q^i(\gamma(t))] &= \frac{\partial H(\gamma(t), t)}{\partial p_i} \\ \frac{\mathrm{d}}{\mathrm{d}t}[p_i(\gamma(t))] &= -\frac{\partial H(\gamma(t), t)}{\partial q^i} \end{aligned}\right\} \quad i = 1, \ldots, f$$

erfüllt sind.

In diesem Rahmen lassen sich auch die kanonischen Transformationen definieren, die uns aus Kap. 2 wohlbekannt sind. Man kann sogar eine einheitliche Formulierung der (vier verschiedenen) Ansätze für die erzeugende Funktion aufstellen und mit deren Hilfe die Hamilton-Jacobi'sche Differentialgleichung aufstellen. Da dies etwas mehr Aufwand benötigt und den Rahmen dieses Buches sprengen würde, brechen wir die Diskussion hier ab und verweisen auf die spezialisierte Literatur, z. B. [Abraham-Marsden (1981), Kap. 5].

5.6 Lagrange'sche Mechanik und Lagrangegleichungen

Die Lagrangefunktion ist als glatte Funktion auf dem Tangentialbündel TQ der Koordinaten-Mannigfaltigkeit Q definiert, $L : TQ \to \mathbb{R}$. Gleichzeitig erscheint sie – wie wir aus dem zweiten Kapitel wissen – in den Ausdrücken für die Legendre-Transformation von der Lagrange'schen Form der Mechanik, die auf TQ formuliert wird, zur Hamilton-Jacobi'schen, die auf T^*Q lebt, und umgekehrt. Dabei geht es um mehr als eine simple Variablentransformation, wie die geometrische Methode dies deutlich zeigt. Die Hamilton-Jacobi'sche Formulierung ist charakteristisch für den Phasenraum, d. h. das Kotangentialbündel T^*Q. In diesem Abschnitt lernt man, dass die Lagrange'sche Mechanik auch geometrisch von dieser ziemlich verschieden ist. Auf dem Tangentialbündel TQ lassen sich auf natürliche Weise Differentialgleichungen *zweiter* Ordnung aufstellen (die uns bekannten Lagrange-Gleichungen), auf T^*Q aber nicht.

5.6.1 Zusammenhang der beiden Formulierungen der Mechanik

In lokalen Koordinaten ist der erste Schritt der Legendre-Transformation die Zuordnung

$$\Phi_{\mathrm{L}} : \{q^i, \dot{q}^j\} \mapsto \left\{q^i, \frac{\partial L}{\partial \dot{q}^j} =: p_j\right\} . \tag{5.101}$$

Auf den Mannigfaltigkeiten TQ und T^*Q selbst bedeutet (5.101), dass den Elementen aus T_uQ, bei festgehaltenem Basispunkt $u \in Q$, Elemente aus T_u^*Q über die Ableitungen der Lagrangefunktion L zugeordnet werden. Mit anderen Worten, die Faser T_uQ über $u \in Q$ des Tangentialbündels TQ wird auf die Faser T_u^*Q des Kotangentialbündels T^*Q über demselben Basispunkt abgebildet. Diese Abbildung ist linear und geschieht über die partiellen Ableitungen der Lagrangefunktion innerhalb der Faser T_uQ, (in Karten: q bleibt fest, nach $\dot{q}$ wird abgeleitet). Sei also v_u Element aus T_uQ, der Faser von TQ über u. Die Einschränkung der Lagrangefunktion auf diese Faser sei mit L_u bezeichnet. Dann ist Φ_{L} (5.101), die Zuordnung

$$\Phi_{\mathrm{L}} : T_uQ \to T_u^*Q : v_u \mapsto DL_u(v_u)\,, \tag{5.102}$$

wo D die Ableitung von L bezeichnet. Die präzise Definition von D auf Mannigfaltigkeiten würde hier zu weit weg führen. Es mögen daher folgende, etwas qualitative Bemerkungen genügen, die die Verhältnisse in Karten klarstellen. Es sei (φ, U) eine Karte aus dem Atlas für Q, $(T\varphi, TU)$ die durch diese induzierte Karte für TQ. Ist $L^{(\varphi)}$ die Einschränkung der Lagrangefunktion auf die Bereiche dieser Karten, so ist $L^{(\varphi)} \circ T\varphi^{-1}$ eine Funktion auf $\mathbb{R}^f \times \mathbb{R}^f$, wie man aus Abb. 5.12 ablesen kann.

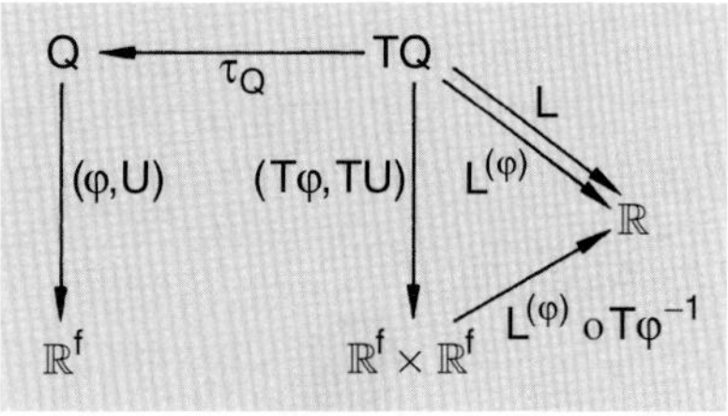

Abb. 5.12. Die Lagrangefunktion L ist auf dem Tangentialbündel TQ definiert. Ihre Darstellung in Karten $L^{\varphi} \circ T\varphi^{-1}$ ist die lokale Form, die man aus Kap. 2 kennt

Wenn wir die Ableitungen nach dem ersten und zweiten Argument mit D_1 bzw. D_2 bezeichnen, so ist

$$D_1 L^{(\varphi)} \circ T\varphi^{-1} = \left\{\frac{\partial L}{\partial q^i}\right\} \tag{5.103a}$$

$$D_2 L^{(\varphi)} \circ T\varphi^{-1} = \left\{\frac{\partial L}{\partial \dot{q}^i}\right\}\,. \tag{5.103b}$$

Die Ableitung DL_u, die in (5.102) auftritt, lässt den Basispunkt u fest und ist daher vom Typus (5.103b).

Mit Φ_{L} haben wir eine durch die Lagrangefunktion induzierte Abbildung von TQ nach T^*Q, mit deren Hilfe wir die kanonischen Formen (K1F), (5.74), und (K2F), (5.79) auf TQ herüberziehen können. Wenn Φ_{L} eine reguläre Abbildung ist,[7] dann ist sie auch symplektisch, d. h. man kann die kanonische Mechanik auf T^*Q nach TQ zurückziehen. Ist Φ_{L} sogar ein Diffeomorphismus, dann sind die beiden Formulierungen der Mechanik vollständig äquivalent. Aus dem zweiten Kapitel ist bekannt, dass dies genau dann der Fall ist, wenn (in Karten) die Matrix der zweiten Ableitungen von L nach $\dot{q}$ nirgends singulär ist, d. h. wenn überall gilt

$$\det\left(\frac{\partial^2 L}{\partial \dot{q}^k \partial \dot{q}^i}\right) \neq 0\,. \tag{5.104}$$

Streng genommen muss man die Fälle, wo Φ_{L} regulär ist und und wo Φ_{L} sogar ein Diffeomorphismus ist, unterscheiden. Im ersten Fall gilt die Bedingung (5.104) nur lokal, im Zweiten aber in allen Kartenbereichen.

[7] Eine Abbildung $\Phi : M \to N$ heißt im Punkt $p \in M$ regulär, wenn die zugehörige Tangentialabbildung von T_pM nach $T_{\Phi(p)}N$ surjektiv ist.

Im Folgenden setzen wir voraus, dass L so beschaffen ist, dass $\Phi_{\rm L}$ ein Diffeomorphismus ist.

5.6.2 Die Lagrange'sche Zweiform

Die kanonische Zweiform ω_0, die in (5.79) definiert ist, kann man über $\Phi_{\rm L}$ nach TQ zurückziehen. Dabei entsteht die

$$\text{Lagrange'sche Zweiform:} \qquad \omega_{\rm L} := \Phi_{\rm L}^* \omega_0 \,. \tag{5.105}$$

Die Zurückziehung von ω_0, die auf T^*Q definiert ist, nach $\omega_{\rm L}$ auf TQ geschieht dabei wie in Abschn. 5.4.1, (5.41), beschrieben. Die Form $\omega_{\rm L}$ ist genau wie ω_0 geschlossen,

$$\mathrm{d}\omega_{\rm L} = 0 \,.$$

Dies folgt, weil die äußere Ableitung einer zurückgezogenen Form $\mathrm{d}(F^*\omega)$ gleich der Zurückziehung der äußeren Ableitung $F^*(\mathrm{d}\omega)$ der ursprünglichen Form ist, (s. Aufgabe 5.11).

Die Zurückziehung vertauscht übrigens auch mit der Einschränkung auf offene Umgebungen der Mannigfaltigkeit, auf der eine Form ω definiert ist. Ist $F : M \to N$ und ist $\overset{k}{\omega}$ äußere k-Form auf N, so gilt

$$(F^* \overset{k}{\omega})|_{U \in M} = F^*(\overset{k}{\omega}|_{F(U) \in N}) \,.$$

Daher kann man $\omega_{\rm L}$ auch in Karten aus der lokalen Darstellung (5.80) von ω_0 berechnen. Es sei U ein Kartenbereich auf Q, TU der entsprechende Bereich auf TQ. Dann gilt im Bereich der Karte (φ, U)

$$\begin{aligned} \omega_{\rm L}|_{TU} &= (\Phi_{\rm L}^*\omega_0)|_{TU} = \Phi_{\rm L}^*(\omega_0|_{T^*U}) \\ &= \Phi_{\rm L}^*\left(\sum \mathrm{d}q^i \wedge \mathrm{d}p_i\right) \\ &= \sum \mathrm{d}(\Phi_{\rm L}^* q^i) \wedge \mathrm{d}(\Phi_{\rm L}^* p_i) \,, \end{aligned}$$

dabei haben wir benutzt, dass für beliebige Formen σ und τ die Relation $F^*(\sigma \wedge \tau) = (F^*\sigma) \wedge (F^*\tau)$ gilt und dass die äußere Ableitung mit F^* vertauscht. Im zuletzt entstandenen Ausdruck für $\omega_{\rm L}$ oben stehen die auf TQ zurückgezogenen Funktionen q^i bzw. p_k für die

$$\Phi_{\rm L}^* q^i = q^i \,, \qquad \Phi_{\rm L}^* p_k = \frac{\partial L}{\partial \dot{q}^k}$$

gilt. Somit ist

$$\omega_{\rm L}|_{TU} = \sum_i \mathrm{d}q^i \wedge \mathrm{d}\left(\frac{\partial L}{\partial \dot{q}^i}\right) .$$

Die äußere Ableitung der Funktion $\partial L / \partial \dot{q}^i$ ist leicht auszurechnen und so entsteht

$$\omega_{\rm L}\Big|_{TU} = \sum_{i,k} \left(\frac{\partial^2 L}{\partial q^k \partial \dot{q}^i} \mathrm{d}q^i \wedge \mathrm{d}q^k + \frac{\partial^2 L}{\partial \dot{q}^i \partial \dot{q}^k} \mathrm{d}q^i \wedge \mathrm{d}\dot{q}^k \right) . \tag{5.106}$$

Dasselbe Ergebnis bekommt man auch, wenn man die kanonische Einsform (5.74) nach TQ zurückzieht, $\theta_\mathrm{L} := \Phi_\mathrm{L}^* \theta_0$. In Karten ist sie

$$\theta_\mathrm{L}\big|_{TU} = \sum \frac{\partial L}{\partial \dot{q}^i} \mathrm{d}q^i \, .$$

Bildet man hiervon die negative äußere Ableitung, $\omega_\mathrm{L} = -\mathrm{d}\theta_\mathrm{L}$, so entsteht wieder der Ausdruck (5.106).

Ist die Abbildung Φ_L regulär oder sogar Diffeomorphismus, so ist Φ_L eine symplektische Abbildung der symplektischen Mannigfaltigkeiten (T^*Q, ω_0) und (TQ, ω_L) aufeinander.

5.6.3 Energie als Funktion auf *TQ* und Lagrange'sches Vektorfeld

Ebenfalls im Rahmen der Legendre-Transformation hatten wir im Kap. 2 die Funktion

$$E(\underset{\sim}{q}, \underset{\sim}{\dot{q}}, t) = \sum \dot{q}^i \frac{\partial L}{\partial \dot{q}^i} - L(\underset{\sim}{q}, \underset{\sim}{\dot{q}}, t) \tag{5.107}$$

gebildet, aus der nach Transformation auf die Variablen $\underset{\sim}{q}$ und $\underset{\sim}{p}$ (bei Verwendung der Bedingung (5.104)) die Hamiltonfunktion $H(\underset{\sim}{q}, \underset{\sim}{p}, t)$ entstand. Für autonome Systeme war dies der Ausdruck für die Energie, die dann Erhaltungsgröße ist. Aus der Hamiltonfunktion und der kanonischen Zweiform ω_0 konstruiert man das Hamilton'sche Vektorfeld, das in (HVF) und (5.90) definiert wurde. Eine ähnliche Konstruktion kann man auf TQ durchführen. Dazu erklären wir zunächst die Funktion E, deren Kartenausdruck durch (5.107) gegeben ist, direkt auf der Mannigfaltigkeit TQ. Der Anteil L ist als Funktion auf TQ bereits gegeben. Dem ersten Term auf der rechten Seite von (5.107) gibt man auf TQ vermöge der Definition

$$W : TQ \to \mathbb{R} : v_u \mapsto \Phi_\mathrm{L}(v_u) v_u \tag{5.108a}$$

einen Sinn, wobei $u \in Q$ sowie $v_u \in TQ$ genommen sind. Gemäß (5.102) ist $\Phi_\mathrm{L}(v_u)$ eine lineare Abbildung von $T_u Q$ nach $\mathbb{R}$, d. h. ist selbst Element aus $T_u^* Q$ und wirkt somit auf $v_u \in TQ$. Man überzeugt sich leicht, dass W den Koordinatenausdruck $\sum \dot{q}^i \partial L / \partial \dot{q}^i$ hat. W heißt die *Wirkung*.

Als Funktion auf TQ ist die *Energiefunktion* dann über

$$E := W - L \tag{5.108b}$$

definiert. In Analogie zur Formulierung auf dem Phasenraum, Abschn. 5.5.5, bilden wir die äußere Ableitung $\mathrm{d}E$ und definieren das zu L gehörende Lagrange'sche Vektorfeld über die Lagrange'sche Zweiform ω_L wie folgt:

Definition Lagrange'sches Vektorfeld

LVF) Auf TQ seien die Funktion $E = W - L$ und die Zweiform $\omega_\mathrm{L} = \Phi_\mathrm{L}^* \omega_0$ gegeben, wobei Φ_L regulär (bzw. Diffeomorphismus) sein soll. Dann wird das *Lagrange'sche Vektorfeld* X_E durch die Gleichung

$$\omega_\mathrm{L}(X_\mathrm{E}, \bullet) = \mathrm{d}E \tag{5.109}$$

in eindeutiger Weise definiert.

In lokaler Form (d. i. in Karten) wird E durch (5.107) dargestellt und es ist

$$\begin{aligned}
\mathrm{d}E|_{TU} &= \sum_{i,k} \left(\frac{\partial L}{\partial \dot{q}^i} \delta^{ik} + \dot{q}^i \frac{\partial^2 L}{\partial \dot{q}^k \partial \dot{q}^i} \right) \mathrm{d}\dot{q}^k + \sum_{i,k} \dot{q}^i \frac{\partial^2 L}{\partial q^k \partial \dot{q}^i} \mathrm{d}q^k \\
&\quad - \sum_k \frac{\partial L}{\partial q^k} \mathrm{d}q^k - \sum_k \frac{\partial L}{\partial \dot{q}^k} \mathrm{d}\dot{q}^k \\
&= \sum_{i,k} \dot{q}^i \frac{\partial^2 L}{\partial \dot{q}^k \partial \dot{q}^i} \mathrm{d}\dot{q}^k + \sum_{i,k} \left(\dot{q}^i \frac{\partial^2 L}{\partial q^k \partial \dot{q}^i} - \frac{\partial L}{\partial q^i} \delta^{ik} \right) \mathrm{d}q^k \, .
\end{aligned}$$

Es ist instruktiv, (5.109) und das Vektorfeld X_E in lokaler Form und explizit aufzuschreiben. Der Einfachheit halber tun wir dies für den Fall eines Freiheitsgrades, $f = 1$. Der allgemeine Fall ist nicht schwieriger und wird im nächsten Abschnitt behandelt. Bezeichnen ∂ und $\overline{\partial}$ die Basisfelder $\partial / \partial q^i$ bzw. $\partial / \partial \dot{q}^i$, so lautet X_E in Komponenten $X_\mathrm{E} = v\partial + \overline{v}\overline{\partial}$ und ein beliebiges anderes Vektorfeld $Y = w\partial + \overline{w}\overline{\partial}$, Mit (5.106) folgt dann

$$\omega_\mathrm{L}(X_\mathrm{E}, Y) = \frac{\partial^2 L}{\partial \dot{q}^2} (v\overline{w} - \overline{v}w) \, ,$$

während $\mathrm{d}E$, auf Y angewandt, lokal Folgendes ergibt:

$$\mathrm{d}E(Y) = \left(\dot{q} \frac{\partial^2 L}{\partial q \partial \dot{q}} - \frac{\partial L}{\partial q} \right) w + \dot{q} \frac{\partial^2 L}{\partial \dot{q}^2} \overline{w}$$

Setzt man diese Ausdrücke in die Gleichung $\omega_\mathrm{L}(X_\mathrm{E}, Y) = \mathrm{d}E(Y)$ mit beliebigem Y ein, so ergibt der Vergleich der Koeffizienten von $\overline{w}$ bzw. w

$$v = \dot{q}, \quad \overline{v} = \left(\frac{\partial L}{\partial q} - \dot{q} \frac{\partial}{\partial q} \frac{\partial L}{\partial \dot{q}} \right) \Big/ \frac{\partial^2 L}{\partial \dot{q}^2} \, .$$

Man sieht, dass die Bedingung (5.104) wesentlich eingeht. Versucht man jetzt nach dem Muster von (5.91) die Integralkurven des Lagrange'schen Vektorfeldes X_E, zu bestimmen,

$$\dot{c}(t) = (X_\mathrm{E})_{c(t)} \, ,$$

wo $c : I \subset \mathbb{R} \to TQ$ eine Kurve auf TQ ist, so ist $c(t)$ in Karten $\big(q(t), \dot{q}(t)\big)^T$ und erfüllt die Differentialgleichungen

$$\dot{q}(t) = v = \dot{q}$$
$$\ddot{q}(t) = \overline{v} = \left(\frac{\partial L}{\partial q} - \dot{q}\frac{\partial}{\partial q}\frac{\partial L}{\partial \dot{q}}\right) \Big/ \frac{\partial^2 L}{\partial \dot{q}^2} \,.$$

Die Erste dieser Gleichungen besagt, dass die zeitliche Ableitung der ersten Koordinate gleich der zweiten Koordinate ist. Die Zweite hat eine etwas überraschende Form: Sie ergibt sich zwar aus der Lagrange'schen Gleichung

$$\frac{\partial L}{\partial q} - \frac{\mathrm{d}}{\mathrm{d}t}\frac{\partial L}{\partial \dot{q}} = 0 \,,$$

wenn man die Differentiation nach t ausführt und die Gleichung dann nach $\ddot{q}$ auflöst; sie ist aber eine Differentialgleichung *zweiter* Ordnung und somit geometrisch etwas Anderes als die kanonischen Gleichungen (5.91). Diesen neuen Umstand wollen wir etwas näher betrachten.

5.6.4 Vektorfelder auf dem Geschwindigkeitsraum *TQ* und Lagrange'sche Gleichungen

Ein glattes Vektorfeld X, das auf dem Tangentialbündel TQ einer Mannigfaltigkeit Q definiert ist, führt von TQ nach $T(TQ)$,

$$X : TQ \to T(TQ) \,.$$

Bezeichnet τ_Q die Projektion von TQ auf Q, $T\tau_Q$ die zugehörige Tangentialabbildung, so führt die Zusammensetzung $T\tau_Q \circ X$ von TQ wieder nach TQ, wie in Abb. 5.13 skizziert.

Wenn nun dabei die Identität auf TQ herauskommt, d. h. $T\tau_Q \circ X = \mathrm{id}_{TQ}$ ist, dann definiert das Vektorfeld X eine Differentialgleichung zweiter Ordnung. In der Tat gilt der folgende *Satz*:

Satz 5.6

Das glatte Vektorfeld X besitzt die Eigenschaft

$$T\tau_Q \circ X = \mathrm{id}_{TQ} \qquad (5.110)$$

genau dann, wenn jede Integralkurve $c : I \to TQ$ von X die Differentialgleichung

$$(\tau_Q \circ c)^\bullet = c \qquad (5.111)$$

erfüllt.

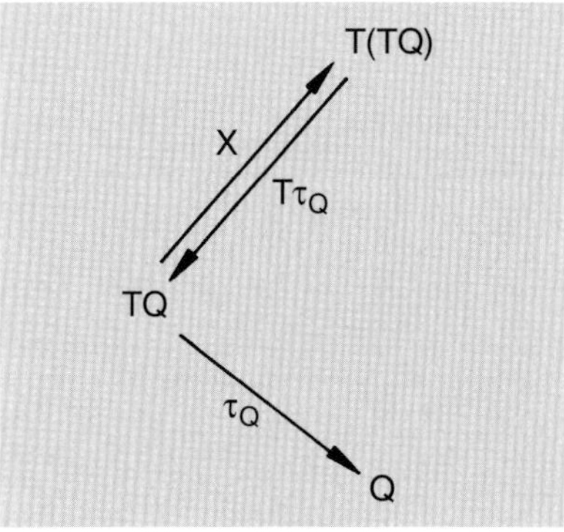

Abb. 5.13. Ein Vektorfeld auf TQ erzeugt eine Gleichung zweiter Ordnung, wenn es die Bedingung (5.110) erfüllt

Das ist nicht schwer zu zeigen. Durch jeden Punkt $v_u \in TQ$ geht eine Kurve c derart, dass $\dot{c}(\tau) = X(c(\tau))$ mit $\tau \in I$ gilt. $T\tau_Q \circ X$ ist auf TQ genau dann die Identität, wenn $T\tau_Q \circ \dot{c}(\tau) = c(\tau)$ gilt. Es ist aber

$$T\tau_Q \circ \dot{c}(\tau) = T\tau_Q \circ Tc(\tau, 1) = T(\tau_Q \circ c)(\tau, 1) = (\tau_Q \circ c)^\bullet(\tau) \,.$$

Damit ist (5.111) bewiesen.

Aus physikalischer Sicht sind die Integralkurven c von X eigentlich nicht genau die Lösungen, die wir suchen. Vielmehr interessieren die Bahnkurven γ auf der Basismannigfaltigkeit Q selbst. Dies sind die wirklichen physikalischen Bahnen in der Mannigfaltigkeit der generalisierten Koordinaten, die wir in Karten früher mit $\underset{\sim}{\Phi}_{s,t}(q_0)$ bezeichnet hatten. Es ist aber nicht schwer, aus c (Integralkurve von X auf TQ) und τ_Q (Projektion von TQ nach Q) diese Kurven zu konstruieren. Es ist $\gamma := \tau_Q \circ c : I \to Q$ eine Kurve auf Q, denn $c : I \to TQ$ und $\tau_Q : TQ \to Q$. Eine solche, dem Vektorfeld X zugeordnete Kurve nennt man *Basisintegralkurve*. Die Bedingung (5.111) kann man damit auch als $\dot{\gamma} = c$ lesen, was bedeutet: das Vektorfeld X definiert eine Differentialgleichung zweiter Ordnung genau dann, wenn jede seiner Integralkurven c gleich der Ableitung seiner zugehörigen Basisintegralkurve $\gamma = \tau_Q \circ c$ ist.

Schreiben wir das Lagrange'sche Vektorfeld X_{E} in Karten als

$$X_{\mathrm{E}} = \sum v^i \partial_i + \sum \overline{v}^i \overline{\partial}_i$$

mit $\partial_i := \partial/\partial q^i$ und $\overline{\partial}_i := \partial/\partial \dot{q}^i$ wie im Abschn. 5.6.3, so ist (wie dort am Beispiel gezeigt) $v^i = \dot{q}^i$. Die Komponenten $\overline{v}^i = \overline{v}^i(\underset{\sim}{q}, \underset{\sim}{\dot{q}})$ erfüllen die Differentialgleichungen

$$\frac{\mathrm{d}^2}{\mathrm{d}t^2} q^i(t) = \overline{v}^i(\underset{\sim}{q}(t), \underset{\sim}{\dot{q}}(t)) \,. \tag{5.112}$$

Dabei ist $\left(q^i, \dot{q}^i\right)^T$ wie oben die Kartendarstellung des Punktes $c(t)$ bzw. $\dot{\gamma}(t)$.

In der Kartendarstellung erhält man natürlich wieder die Lagrange'schen Gleichungen. Um dies auch im allgemeinen Fall ($f > 1$) zu sehen, bilden wir $\omega_{\mathrm{L}}(X_{\mathrm{E}}, Y)$ sowie $\mathrm{d}E(Y)$ für ein beliebiges Vektorfeld

$$Y = \sum w^i \partial_i + \sum \overline{w}^i \overline{\partial}_i \,,$$

setzen diese Ausdrücke gleich und vergleichen die Koeffizienten von w^i bzw. $\overline{w}^i$. Es ist

$$\begin{aligned} \omega_{\mathrm{L}}(X_{\mathrm{E}}, Y) = &\sum_{i,k} \frac{\partial^2 L}{\partial q^k \partial \dot{q}^i} (v^i w^k - v^k w^i) \\ &+ \sum_{i,k} \frac{\partial^2 L}{\partial \dot{q}^k \partial \dot{q}^i} (v^i \overline{w}^k - \overline{v}^k w^i) \,. \end{aligned} \tag{*}$$

Man berechnet ebenso $\mathrm{d}E(Y)$,

$$\mathrm{d}E(Y) = \sum_{i,k} \dot{q}^i \frac{\partial^2 L}{\partial \dot{q}^k \partial \dot{q}^i} \overline{w}^k + \sum_{i,k} \left(\dot{q}^i \frac{\partial^2 L}{\partial q^k \partial \dot{q}^i} - \frac{\partial L}{\partial q^i} \delta^{ik} \right) w^k \,. \tag{**}$$

In dem Ausdruck (*) setzt man $v^i = \dot{q}^i$ ein und setzt ihn gleich dem Ausdruck (**). Die Terme in $\overline{w}^k$ fallen heraus, während der Vergleich der Koeffizienten von w^k die Gleichung ergibt,

$$\frac{\partial L}{\partial q^k} - \sum_i \frac{\partial^2 L}{\partial q^i \partial \dot{q}^k} \dot{q}^i - \sum_i \frac{\partial^2 L}{\partial \dot{q}^i \partial \dot{q}^k} \overline{v}^i = 0 \,.$$

Wenn man andererseits die Aussage (5.112) hier einsetzt, so entsteht aus diesen Gleichungen

$$\frac{\partial L}{\partial q^k} - \frac{\mathrm{d}}{\mathrm{d}t} \frac{\partial L}{\partial \dot{q}^k} = 0 \,,$$

d. h. wie erwartet, der Satz der Lagrange-Gleichungen.

5.6.5 Legendre-Transformation und Zuordnung von Lagrange- und Hamiltonfunktion

Wir hatten vorausgesetzt, dass die Abbildung Φ_L, (5.102), von $T_u Q$ nach $T_u^* Q$, ($u \in Q$), ein Diffeomorphismus ist. Lokal bedeutet dies, dass die Bedingung (5.104) überall erfüllt ist. Ist dies der Fall, so wissen wir aus Kap. 2, dass man beliebig von der Lagrange'schen zur Hamilton-Jacobi'schen Mechanik und umgekehrt übergehen kann, s. Abschn. 2.15. In diesem Abschnitt soll die Beziehung in der geometrischen Sprache beleuchtet werden.

Ist Φ_L Diffeomorphismus, so lassen sich geometrische Objekte beliebig zwischen TQ und T^*Q hin- und herschieben. Ist zum Beispiel $X : TQ \to T(TQ)$ ein Vektorfeld auf TQ, so ist

$$Y := T\Phi_\mathrm{L} \circ X \circ \Phi^{-1} : T^*Q \to T(T^*Q)$$

ein Vektorfeld auf der Mannigfaltigkeit T^*Q. Hierbei ist $T\Phi_\mathrm{L}$ die zu Φ_L gehörende Tangentialabbildung. Sie verknüpft $T(TQ)$ mit $T(T^*Q)$ und ist, da Φ_L Diffeomorphismus ist, ein Isomorphismus.

Es gelten dann die folgenden Aussagen:

i) Satz 5.7

Die Lagrangefunktion sei so beschaffen, dass Φ_L ein Diffeomorphismus ist. Es sei E als Funktion auf TQ wie in (5.108) definiert. Schließlich sei

$$H := E \circ \Phi_\mathrm{L}^{-1} : T^*Q \to \mathbb{R}$$

als Funktion auf T^*Q definiert.

Dann sind das Lagrange'sche Vektorfeld X_E und das zu H gemäß der Definition (5.90) gehörende Vektorfeld X_H durch

$$T\Phi_\mathrm{L} \circ X_\mathrm{E} \circ \Phi_\mathrm{L}^{-1} = X_\mathrm{H} \qquad (5.113)$$

verknüpft. Die Integralkurven von X_E werden über Φ_L auf die von X_H abgebildet. X_E und X_H haben dieselben Basisintegralkurven (d. h. dieselben physikalischen Lösungen auf Q).

Zum Beweis genügt es, die Beziehung (5.113) zu zeigen, die restlichen Aussagen folgen dann unmittelbar. Sei $v \in TQ$, $w \in T_v(TQ)$, v^* sei das Bild von v unter Φ_L und w^* das Bild von w unter der Tangentialabbildung $T\Phi_L$, $w^* = T_v\Phi_L(w)$. Dann ist an der Stelle v

$$\omega_0(T\Phi_L(X_E), w^*) = \omega_L(X_E, w) = dE(w) = d(H \circ \Phi_L)(w) .$$

Andererseits gilt auch

$$\omega_0(T\Phi_L(X_E), w^*) = dH(w^*) = \omega_0(X_H, w^*)$$

an der Stelle $v^* = \Phi_L(v)$. Da $T\Phi_L$ Isomorphismus ist, ω_0 nicht ausgeartet ist und w^* beliebig gewählt werden kann, folgt die Behauptung (5.113). Damit ist auch klar, dass die Integralkurven von X_E und X_H über Φ_L verknüpft sind. Schließlich, bezeichnen τ_Q und τ_Q^* die Projektion von TQ bzw. T^*Q nach Q, so ist $\tau_Q = \tau_Q^* \circ \Phi_L$. Dann sind aber die Basisintegralkurven identisch.

ii) Die kanonische Einsform θ_0, (5.74), ist eng verwandt mit der Wirkung W, (5.108a). Ist $H = E \circ \Phi_L^{-1}$,so gilt

$$\theta_0(X_H) = W \circ \Phi_L^{-1} . \tag{5.114a}$$

Umgekehrt, ist $\theta_L := \Phi_L^* \theta_0$ die auf TQ zurückgezogene kanonische Einsform, so gilt

$$\theta_L(X_E) = W . \tag{5.114b}$$

In Karten ist das leicht einzusehen: (5.114a) zum Beispiel sagt, dass $\theta_0(X_H) \circ \Phi_L$ gerade W sei. Nun ist

$$\theta_0(X_H) = \sum_i p_i \frac{\partial H}{\partial p_i}$$

und somit

$$\theta_0(X_H) \circ \Phi_L = \sum_i \frac{\partial L}{\partial \dot{q}^i} \dot{q}^i = W .$$

iii) Schließlich kann man die Transformation (5.102) auch in umgekehrter Richtung, d. h. von T^*Q nach TQ wie folgt definieren. Es sei H eine glatte Funktion auf T^*Q. Nach dem Modell der Definition (5.102) definiere man die Abbildung

$$\Phi_H : T^*Q \to T^{**}Q \cong TQ . \tag{5.115}$$

Wenn dieses Φ_H ein Diffeomorphismus ist,[8] so kann man in Analogie zu (ii) die Größen

$$E := H \circ \Phi_H^{-1} , \quad W := \theta_0(X_H) \circ \Phi_H^{-1} , \quad L := W - E \tag{5.116}$$

[8] Unschwer zu erraten, dass dies dann der Fall ist, wenn $\det(\partial^2 H/\partial p_k \partial p_i)$ nirgends verschwindet.

definieren und erhält damit ein Lagrange'sches System auf TQ. Bildet man zu diesem L wieder Φ_L, (5.102), so folgt, dass $\Phi_L = \Phi_H^{-1}$ ist oder $\Phi_L \circ \Phi_H = \mathrm{id}_{T^*Q}$ und $\Phi_H \circ \Phi_L = \mathrm{id}_{TQ}$.

Damit gewinnt man den folgenden Satz:

iv) Satz 5.8

Die Lagrangefunktionen auf TQ, für die die zugehörigen Φ_L Diffeomorphismen sind, und die Hamiltonfunktionen auf T^*Q, für die die entsprechenden Φ_H Diffeomorphismen sind, entsprechen sich in bijektiver Weise.

Der Beweis ist einfach und kann mit den oben eingeführten Begriffen durchgeführt werden. Man kann ihn aber auch nachlesen [Abraham-Marsden (1981), Abschn. 3.6].

Die Wechselbeziehungen zwischen den beiden Beschreibungen der Mechanik und ihre Eins-zu-Eins-Korrespondenz (unter den genannten Voraussetzungen) sind in Abb. 5.14 noch einmal zusammengefasst.

5.7 Riemann'sche Mannigfaltigkeiten in der Mechanik

Als *Riemann'sche Mannigfaltigkeit* bezeichnet man ein Paar (M, g), das aus einer differenzierbaren Mannigfaltigkeit M und einer Metrik g besteht. Differenzierbare oder glatte Mannigfaltigkeiten sind in Abschn. 5.2.2 beschrieben und definiert; die Metrik ist ein glattes Tensorfeld vom Typus $\mathcal{T}_2^0(M)$, ihre Eigenschaften sind in der Definition (ME) in Abschn. 5.5.1 zusammengefasst. Wie aus (5.67b) oder (5.69) hervorgeht, definiert die Metrik ein Skalarprodukt auf T_pM, dem Tangentialraum über dem Punkt $p \in M$. Dieses Skalarprodukt notiert man auch oft mithilfe der „bra" und „ket" Symbole $\langle \ldots |$ bzw. $| \ldots \rangle$, die zusammen eine Klammer ergeben, wie folgt

$$g_p(v, w) \equiv \langle v|w \rangle \ , \qquad v, w \in T_pM \ . \tag{5.117}$$

Der Phasenraum eines Hamilton'schen Systems ist eine symplektische Mannigfaltigkeit, vgl. die Definition (S2) in Abschn. 5.5.4. Symplektische Mannigfaltigkeiten einerseits, Riemann'sche Mannigfaltigkeiten andererseits sind sehr verschieden voneinander. Während symplektische Mannigfaltigkeiten *lokal* alle gleich aussehen, gilt dies nicht für Riemann'sche Mannigfaltigkeiten. Die erste Aussage ist der Inhalt des Darboux'schen Theorems, Abschn. 5.5.4, und äußert sich physikalisch in der Feststellung, dass jedes Hamilton'sche Vektorfeld lokal und außerhalb von kritischen Punkten geglättet werden kann (s. Abschn. 2.37.1).[9]

In diesem Abschnitt zeigen wir, dass die Koordinaten-Mannigfaltigkeit Q für gewisse Lagrange'sche, mechanische Systeme als Riemann'sche Mannigfaltigkeit mit der durch die kinetische Energie definierten

[9] Die *globalen* Eigenschaften symplektischer Mannigfaltigkeiten sind Gegenstand eines wichtigen, modernen Forschungsgebietes der Mathematik. Den gegenwärtigen Stand des Wissens findet man in dem gut lesbaren Buch (Hofer und Zehnder, 1994).

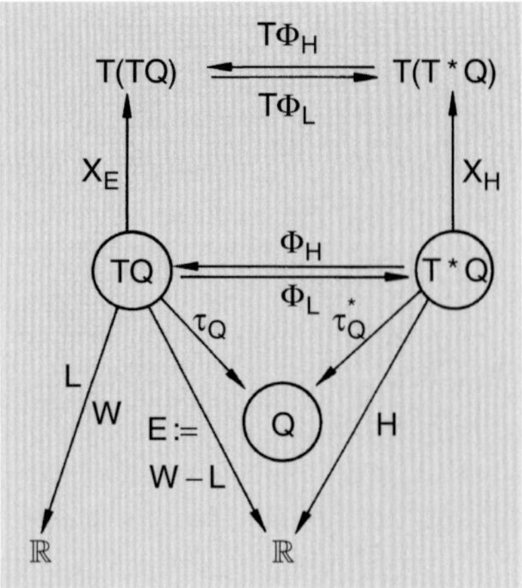

Abb. 5.14. Wenn die Bedingung (5.104) erfüllt ist, so ist die Abbildung Φ_L ein Diffeomorphismus. Ihre Inverse ist Φ_H wie in (5.115) definiert. Lagrange'sche Formulierung auf TQ und Hamilton'sche Formulierung auf T^*Q der Mechanik entsprechen sich dann in bijektiver Weise

Metrik verstanden werden kann und dass Lösungen der Euler-Lagrange-Gleichungen nichts anderes als *Geodäten* auf Q sind. Damit entdecken wir ein weiteres, anschauliches Beispiel für die geometrische Natur der Mechanik und bereiten den Boden für die Allgemeine Relativitätstheorie, die eine, in einem noch tieferen Sinne, geometrische Theorie ist.

Im Folgenden führen wir zunächst die Begriffe des Paralleltransports und des affinen Zusammenhangs ein, mit deren Hilfe man Parallelität eines Vektorfeldes definieren und die Geodätengleichung aufstellen kann. Wir zeigen dann, dass Geodäten als Lösungen von Euler-Lagrange-Gleichungen verstanden werden können und schließen dieses etwas formale Kapitel mit einem wunderschönen Anwendungsbeispiel.

5.7.1 Affiner Zusammenhang und Paralleltransport

Es sei M zunächst ein Euklidischer Raum $\mathbb{R}^n$, zusammen mit der in (5.5) bzw. (5.6) definierten Metrik. Es seien $W = \sum W^i \partial_i$, und $V = \sum V^k \partial_k$ glatte Vektorfelder auf M, $V_p \in T_pM$ der lokale Vertreter von V im Punkt p. Wenn wir fragen, wie sich das Vektorfeld W bei p in der Richtung von V_p ändert, dann ist die Antwort einfach zu geben. Wir lassen V an der Stelle p auf die Komponentenfunktionen $W^i(p)$ wirken und setzen das Ergebnis zum Vektorfeld $\sum V(W^i)\partial_i$, zusammen. Das ist der lokale Ausdruck für die natürliche *kovariante Ableitung* von W bezüglich V

$$D_V(W) = \sum_{i=1}^{n} V(W^i)\partial_i = \sum_{i,k=1}^{n} V^k \frac{\partial W^i}{\partial x^k} \partial_i \,. \tag{5.118}$$

Natürlich ist dieser Ausdruck linear in W, d. h. $D_V(\lambda_1 W_1 + \lambda_2 W_2) = \lambda_1 D_V(W_1) + \lambda_2 D_V(W_2)$, mit $\lambda_k \in \mathbb{R}$. Was seine Abhängigkeit von V angeht, so kann man die kovariante Ableitung bezüglich der Summe zweier Vektorfelder angeben, $D_{V_1+V_2} W = D_{V_1} W + D_{V_2} W$, sowie bezüglich des Vektorfeldes fV, wo f eine glatte Funktion auf M ist, nämlich $D_{fV} W = f(D_V W)$. Wendet man dagegen D_V auf das Vektorfeld $f \cdot W$ an, das durch Multiplikation des Vektorfeldes W mit einer glatten Funktion entsteht, so ist

$$\begin{aligned} D_V(fW) &= \sum_{i=1}^{n} V(fW^i)\partial_i = (Vf) \sum_{i=1}^{n} W^i \partial_i + f \sum_{i=1}^{n} V(W^i)\partial_i \\ &= (Vf)W + fD_V W \,. \end{aligned}$$

Auf einer differenzierbaren Mannigfaltigkeit M, die nicht der $\mathbb{R}^n$ ist, ist die Formel (5.118) nicht mehr richtig, die kovariante Ableitung ist sicher nicht mehr auf eine offensichtliche, natürliche Weise festgelegt. Die Frage nach der Änderung eines Vektorfeldes W in Richtung eines anderen bedeutet, dass man Elemente aus verschiedenen Tangentialräumen, also etwa $W_p \in T_pM$ mit $W_q \in T_qM$ vergleichen möchte. Damit ein solcher Vergleich möglich wird, muss man zunächst wissen, wie man den ersten Vektor W_p vermittels eines Vektorraum-Isomorphismus von T_pM nach T_qM parallel verschiebt, um ihn dort mit W_q vergleichen zu können. Die Parallelverschiebung ist i. Allg. nicht auf kanonische Weise gegeben und erfordert daher eine explizite Vorschrift, die nach dem Vorbild des Raumes $\mathbb{R}^n$ konstruiert wird. Die Festlegung, wie man parallel verschiebt, bedeutet einen *Zusammenhang* auszuwählen. Das oben skizzierte Beispiel des $\mathbb{R}^n$ zeigt, welche definierenden Eigenschaften ein Zusammenhang D mindestens erfüllen muss:

Definition Zusammenhang

ZSH) Ein Zusammenhang D auf der glatten Mannigfaltigkeit M ist eine Abbildung

$$D : \mathcal{V}(M) \times \mathcal{V}(M) \to \mathcal{V}(M)\,, \tag{5.119}$$

die folgende Eigenschaften hat:

i) Sie ist $\mathcal{F}(M)$-linear im ersten Argument, d. h.

$$D_{V_1+V_2} W = D_{V_1} W + D_{V_2} W\,, \tag{5.120a}$$

$$D_{fV} W = f \cdot (D_V W)\,, \tag{5.120b}$$

ii) sie ist $\mathbb{R}$-linear im zweiten Argument, d. h.

$$D_V(\lambda_1 W_1 + \lambda_2 W_2) = \lambda_1 D_V(W_1) + \lambda_2 D_V(W_2)\,,$$

$$\text{mit} \quad \lambda_1, \lambda_2 \in \mathbb{R}\,, \tag{5.121}$$

iii) sie erfüllt die Leibniz-Regel

$$D_V(fW) = (Vf)W + fD_V W\,, \qquad f \in \mathcal{F}(M)\,. \tag{5.122}$$

Das Vektorfeld $D_V W$ heißt *kovariante Ableitung* von W in Richtung V und bezüglich des Zusammenhangs D. Der Zusammenhang heißt auf Englisch *connection,* die kovariante Ableitung heißt *covariant derivative.*

Klarerweise ist die Parallelverschiebung bekannt, wenn sie für alle Basisvektoren bekannt ist. Wenn wir also lokal $V = \partial_i$, $W = \partial_j$ einsetzen, so ist das Ergebnis wieder ein Vektorfeld und lässt sich nach den Basisfeldern entwickeln, d. h.

$$D_{\partial_i}(\partial_j) = \sum_{k=1}^{n} \Gamma^k_{ij} \partial_k\,. \tag{5.123}$$

Diese Gleichung definiert die *Christoffel-Symbole* des Zusammenhangs D. Berechnet man beispielsweise die kovariante Ableitung eines Vektorfeldes W nach einem Basisfeld, so folgt mit (5.122) und (5.123) der lokale Ausdruck

$$D_{\partial_i}\left(\sum_k W^k \partial_k\right) = \sum_k \left\{ \frac{\partial W^k}{\partial x^i} + \sum_j \Gamma^k_{ij} W^j \right\} \partial_k \,. \tag{5.124}$$

Ein zentraler Satz der Riemann'schen Geometrie besagt, dass es einen eindeutig festgelegten, ausgezeichneten Zusammenhang gibt, der außer den allgemeinen Eigenschaften (5.120–122) noch die folgenden besitzt

$$[V, W] = D_V W - D_W V \,, \tag{5.125}$$

$$X \langle V|W\rangle = \langle D_X|W\rangle + \langle V|D_X W\rangle \quad \text{für alle} \quad X, V, W \in \mathcal{V}(M) \,. \tag{5.126}$$

Dieser spezielle Zusammenhang heißt *Levi-Civita'scher Zusammenhang*. Gleichung (5.125) sagt aus, dass der Kommutator (5.32) von V und W gleich der Differenz der kovarianten Ableitungen von W nach V bzw. von V nach W ist. Wendet man (5.125) auf zwei Basisfelder ∂_i, ∂_j an, so folgt die Symmetrie der Christoffel-Symbole in den beiden unteren Indizes

$$\Gamma^k_{ij} = \Gamma^k_{ji} \,. \tag{5.127}$$

(Diese Bedingung ist der Ausdruck dafür, dass der Levi-Civita-Zusammenhang Torsion Null hat.) Die Bedingung (5.126) sagt aus, dass der Levi-Civita-Zusammenhang *metrisch* ist. Die Ableitung D lässt sich nämlich auf andere geometrische Objekte erweitern, die auf M definiert sind, so zum Beispiel die Metrik g, die ein Tensorfeld auf M ist. Gleichung (5.126) ist dann äquivalent zu $Dg = 0$, d. h. zur Aussage, dass die kovariante Ableitung der Metrik in Richtung eines jeden glatten Vektorfeldes verschwindet.

Die Christoffel-Symbole des Levi-Civita'schen Zusammenhangs lassen sich in lokalen Koordinaten durch Ableitungen des metrischen Tensors g_{ik} und seine Inverse g^{km} ausdrücken. Diese Rechnung, die etwas Arbeit braucht, aber nicht schwierig ist, übergehen wir hier und geben direkt das Ergebnis an

$$\Gamma^k_{ij} = \frac{1}{2} \sum_m g^{km} \left(\frac{\partial g_{jm}}{\partial x^i} + \frac{\partial g_{mi}}{\partial x^j} - \frac{\partial g_{ij}}{\partial x^m} \right) \,. \tag{5.128}$$

Die Symmetrie (5.127) ist in der expliziten Formel (5.128) offensichtlich.

5.7.2 Parallele Vektorfelder und Geodäten

Eine glatte Kurve $\alpha : I \subset \mathbb{R}_\tau \to M$ ist selbst eine glatte, eindimensionale Mannigfaltigkeit. Auf dieser Untermannigfaltigkeit betrachten wir ein glattes Vektorfeld Z, in Symbolen $Z \in \mathcal{V}(\alpha)$. Bezeichnet man mit τ den Kurvenparameter, mit einem Punkt die Ableitungen nach τ und ist $\dot{\alpha}$ das

Tangentialvektorfeld an die Kurve, so ist

$$\dot{Z} = \sum \frac{\mathrm{d}\,Z^k}{\mathrm{d}\,\tau}\partial_k + \sum_k Z^k D_{\dot{\alpha}}(\partial_k)$$

$$= \sum_k \left\{ \frac{\mathrm{d}\,Z^k}{\mathrm{d}\,\tau} + \sum_{l,m} \Gamma^k_{lm} \frac{\mathrm{d}\,(x^l \circ \alpha)}{\mathrm{d}\,\tau} Z^m \right\} \partial_k \, .$$

Man sagt, das Vektorfeld Z sei *parallel*, wenn $\dot{Z} = 0$ ist. Mit dieser Begriffsbildung kann man präzisieren, wie die Parallelverschiebung eines gegebenen Tangentialvektors $z \in T_{\alpha(\tau_0)}$ längs einer Kurve α ausgeführt wird. Zu einer glatten Kurve $\alpha : I \to M$ gibt es ein eindeutig festgelegtes, paralleles Vektorfeld Z derart, dass $Z(\tau = \tau_0)$ gerade gleich z ist.

Besonders interessant ist der Spezialfall, bei dem $Z = \dot{\alpha}$, dem Tangentialvektorfeld an die Kurve gewählt wird. $\dot{Z}$ ist dann nichts anderes als das Beschleunigungsfeld $\ddot{\alpha}$. Die *Geodäten* sind solche Kurven $\gamma : I \to M$ auf M, deren Vektorfeld $\dot{\gamma}$ parallel ist. Physikalisch gesprochen sind dies Kurven, die einer Bewegung ohne Beschleunigung entsprechen, d. h. die freie Fallbewegungen auf der Mannigfaltigkeit M beschreiben.

Aus dieser Definition und den vorangegangenen Ausführungen ist klar, dass Geodäten in lokalen Koordinaten der folgenden Differentialgleichung genügen:

$$\frac{\mathrm{d}^2}{\mathrm{d}\,\tau^2}(x^l \circ \gamma) + \sum_{j,k=1}^{n} \Gamma^l_{jk}(\gamma) \frac{\mathrm{d}}{\mathrm{d}\,\tau}(x^j \circ \gamma) \frac{\mathrm{d}}{\mathrm{d}\,\tau}(x^k \circ \gamma) = 0 \, , l = 1, \dots , n \, . \tag{5.129a}$$

Die Funktionen $(x^i \circ \gamma)$ sind die Koordinatenfunktionen auf der Kurve γ. Da dies aber selbstverständlich ist und eine Verwechslung kaum möglich ist, schreibt man diese Funktionen auch abkürzend als x^i. Die Geodätengleichung nimmt dann die einfachere Form an

$$\ddot{x}^l + \sum_{j,k=1}^{n} \Gamma^l_{jk}(\gamma) \dot{x}^j \dot{x}^k = 0 \, , \qquad l = 1, \dots , n \, . \tag{5.129b}$$

Ist der zugrunde liegende Raum der flache Raum $\mathbb{R}^n$, so ist die Metrik konstant, die Christoffel-Symbole verschwinden und (5.129b) reduziert sich auf das erste Newton'sche Gesetz.

5.7.3 Geodäten als Lösungen von Euler-Lagrange-Gleichungen

Geodäten beschreiben die kräftefreien Bewegungen auf der gegebenen Mannigfaltigkeit. Sie sind Kurven extremaler Länge und somit Lösungen von Euler-Lagrange'schen Gleichungen. Das ist der Inhalt des folgenden Satzes.

Satz 5.9 Satz über Geodäten

Sei (Q, g) eine Riemann'sche Mannigfaltigkeit und

$$L : TQ \to \mathbb{R}\,, \qquad L(v) = \frac{1}{2}\,\langle v|v\rangle$$

eine Lagrangefunktion. Dann ist die Kurve γ Lösung der Euler-Lagrange'schen Gleichungen genau dann, wenn sie Geodäte auf Q ist.

Beweis

In lokalen Koordinaten ist die Lagrangefunktion

$$L(v) = \frac{1}{2}\sum_{i,j} g_{ij}(q)v^i v^j \equiv \frac{1}{2}\sum_{i,j} g_{ij}(q)\dot{q}^i\dot{q}^j\,.$$

Die Lagrange'schen Gleichungen (2.17) lauten hier

$$\frac{\mathrm{d}}{\mathrm{d}t}\left(\sum_j g_{ij}\dot{q}^j\right) - \frac{1}{2}\sum_{j,k}\frac{\partial g_{jk}}{\partial q^i}\dot{q}^j\dot{q}^k = 0\,, \tag{5.130}$$

Führt man die Zeitableitung im ersten Term aus, d. h.

$$\frac{\mathrm{d}}{\mathrm{d}t}\left(\sum_j g_{ij}\dot{q}^j\right) = \sum_j g_{ij}\ddot{q}^j + \sum_{j,k}\frac{\partial g_{ij}}{\partial q^k}\dot{q}^j\dot{q}^k\,,$$

multipliziert die ganze Gleichung von links mit der inversen Metrik g^{li} und summiert über i, so entsteht die Differentialgleichung

$$\ddot{q}^l + \sum_{i,j,k} g^{li}\left(\frac{\partial g_{ij}}{\partial q^k} - \frac{1}{2}\frac{\partial g_{jk}}{\partial q^i}\right)\dot{q}^j\dot{q}^k$$

$$= \ddot{q}^l + \frac{1}{2}\sum_{i,j,k} g^{li}\left(\frac{\partial g_{ij}}{\partial q^k} + \frac{\partial g_{ik}}{\partial q^j} - \frac{\partial g_{jk}}{\partial q^i}\right)\dot{q}^j\dot{q}^k = 0\,.$$

Im zweiten Schritt haben wir den ersten Term der runden Klammer verdoppelt, unter Ausnutzung der offensichtlichen Symmetrie dieses Anteils in j und k. In der zuletzt erhaltenen Form ist dies genau die Geodätengleichung (5.129b), wenn man den Ausdruck (5.128) für die Christoffel-Symbole einsetzt. Damit ist der Satz bewiesen.

Bemerkung

Gleichung (5.130) zeigt, dass die Geodätengleichung die Form (2.17) hat mit $L = T = g_{ik}\dot{q}^i\dot{q}^k/2$ und T der kinetischen Energie. Die Größe

$$\lambda := \int_{\tau_1}^{\tau_2} \mathrm{d}\tau\,\sqrt{\sum_{i,k} g_{ik}\big(q(\tau)\big)\dot{q}^i\dot{q}^k} = \int_{\tau_1}^{\tau_2}\mathrm{d}\tau\sqrt{2T} \tag{5.131}$$

stellt die Länge der Kurve γ mit den Randwerten $\gamma(\tau_1) = a$ und $\gamma(\tau_2) = b$ dar. Solange T nicht gleich Null ist, sind Geodäten Kurven mit extremaler Länge λ und umgekehrt, denn mit $T \neq 0$ gilt

$$\frac{\mathrm{d}}{\mathrm{d}t}\frac{\partial\sqrt{T}}{\partial\dot{q}^i} - \frac{\partial\sqrt{T}}{\partial q^i} = 0 = \frac{1}{2\sqrt{T}}\left(\frac{\mathrm{d}}{\mathrm{d}t}\frac{\partial T}{\partial\dot{q}^i} - \frac{\partial T}{\partial q^i}\right) .$$

5.7.4 Der kräftefreie, unsymmetrische Kreisel

Als Abschluss dieses Kapitels wollen wir die allgemeinen Aussagen des vorhergehenden Abschn. 5.7.3 durch ein besonders schönes Beispiel illustrieren:[10] wir zeigen, dass die Euler'schen Gleichungen (3.59) tatsächlich Geodätengleichungen auf der Riemann'schen Mannigfaltigkeit $M =$ SO(3) sind, wobei die Metrik durch den Trägheitstensor $\mathbf{J}$ bestimmt ist.

Zunächst erinnern wir daran, dass mit $\mathbf{S}(\boldsymbol{\varphi}) := \sum_{i=1}^{3} \varphi_i \mathbf{J}_i$ die Drehmatrix (3.45a) als Exponentialreihe in $\mathbf{S}$ geschrieben werden kann und dass die Wirkung von $\mathbf{S}$ auf einen Vektor gleich dem Kreuzprodukt aus $\boldsymbol{\varphi}$ und diesem Vektor ist (s. Abschn. 2.22), d. h.

$$\mathbf{R}(\boldsymbol{\varphi}) = \exp\{-\mathbf{S}(\boldsymbol{\varphi})\} \quad \text{und} \quad \mathbf{S}(\boldsymbol{\varphi})\boldsymbol{x} = \boldsymbol{\varphi} \times \boldsymbol{x} .$$

Bezüglich des Laborsystems wirkt die Matrix $\boldsymbol{\Omega}(\tau)$ aus (3.53) gemäß (3.56b) auf Vektoren. Analoges gilt auch im körperfesten System für $\overline{\boldsymbol{\omega}} = \mathbf{R}\boldsymbol{\omega}$ und $\overline{\boldsymbol{\Omega}} = \mathbf{R}\boldsymbol{\Omega}\mathbf{R}^{-1}$, d. h.

$$\overline{\boldsymbol{\Omega}}\,\overline{\boldsymbol{x}} = \overline{\boldsymbol{\omega}} \times \overline{\boldsymbol{x}} . \tag{5.132}$$

Die Lagrangefunktion ist gleich der kinetischen Energie

$$L = T = \frac{1}{2}\overline{\boldsymbol{\omega}} \cdot \mathbf{J}\overline{\boldsymbol{\omega}} , \tag{5.133}$$

ausgedrückt im körperfesten System. Sei $\mathbf{R}(\tau)$ eine Kurve auf der Mannigfaltigkeit $M =$ SO(3), die durch die Randwerte $\mathbf{R}(\tau_1) = \mathbf{R}_1$ und $\mathbf{R}(\tau_2) = \mathbf{R}_2$ gehen und die Länge (5.131) extremal machen soll. Wir zeigen, dass für jede solche Geodäte die Euler'schen Gleichungen (3.58) (ohne äußeres Drehmoment) gelten.

Sei $\mathbf{R}(\tau)$ eine Geodäte und $\mathbf{R}_0 \in$ SO(3) eine *feste* Drehung; Wir berechnen

$$\left(\frac{\mathrm{d}}{\mathrm{d}\tau}(\mathbf{R}_0\mathbf{R}(\tau))^T\right)(\mathbf{R}_0\mathbf{R}(\tau)) = \left(\frac{\mathrm{d}}{\mathrm{d}\tau}\mathbf{R}(\tau)\right)^T \mathbf{R}_0^T\mathbf{R}_0\mathbf{R}(\tau) = \dot{\mathbf{R}}^T(\tau)\mathbf{R}(\tau) .$$

Daraus folgt, dass $\boldsymbol{\Omega}$ und somit auch $\boldsymbol{\omega}$ und $\overline{\boldsymbol{\omega}}$ ungeändert bleiben, d. h. dass mit $\mathbf{R}(\tau)$ auch $(\mathbf{R}_0\mathbf{R}(\tau))$ eine Geodäte ist. Es genügt daher, diejenige Geodäte zu betrachten, für die $\mathbf{R}(\tau_1 = 0) = \mathbb{1}$ und somit $\dot{\mathbf{R}}^T(0) = \boldsymbol{\Omega}(0)$ ist. Wir berechnen die Matrix $\overline{\boldsymbol{\Omega}}$ in der Nähe von $\boldsymbol{\varphi} = 0$

$$\begin{aligned}\overline{\boldsymbol{\Omega}} = \mathbf{R}\boldsymbol{\Omega}\mathbf{R}^{-1} = \mathbf{R}(\tau)\dot{\mathbf{R}}^T(\tau) &= (\mathbb{1} - \mathbf{S} + \ldots)(\dot{\mathbf{S}} + \frac{1}{2}\dot{\mathbf{S}}\mathbf{S} + \frac{1}{2}\mathbf{S}\dot{\mathbf{S}} + \ldots) \\ &= \dot{\mathbf{S}} - \frac{1}{2}[\mathbf{S}, \dot{\mathbf{S}}] + O(\boldsymbol{\varphi}^2)\end{aligned}$$

[10] V. I. Arnol'd: Ann. Inst. Fourier **16**, 319 (1966).

und benutzen die Identität

$$[\mathbf{S},\dot{\mathbf{S}}] \equiv [\mathbf{S}(\boldsymbol{\varphi}),\dot{\mathbf{S}}(\boldsymbol{\varphi})] = \mathbf{S}(\boldsymbol{\varphi}\times\dot{\boldsymbol{\varphi}}) \,.$$

Daraus folgt[11]

$$\overline{\mathbf{\Omega}} = \mathbf{S}(\dot{\boldsymbol{\varphi}}) - \frac{1}{2}\mathbf{S}(\boldsymbol{\varphi}\times\dot{\boldsymbol{\varphi}}) + O(\boldsymbol{\varphi}^2) \,.$$

Aufgrund von (5.132) ist $\overline{\mathbf{\Omega}} = \mathbf{S}(\overline{\boldsymbol{\omega}})$ und somit schließlich

$$\overline{\boldsymbol{\omega}} = \dot{\boldsymbol{\varphi}} - \frac{1}{2}\boldsymbol{\varphi}\times\dot{\boldsymbol{\varphi}} + O(\boldsymbol{\varphi}^2) \,. \tag{5.134}$$

Setzt man (5.134) in (5.133) ein und verwendet die Symmetrie des Trägheitstensors, so ist

$$T = \frac{1}{2}\dot{\boldsymbol{\varphi}}\cdot\mathbf{J}\dot{\boldsymbol{\varphi}} - \frac{1}{2}\dot{\boldsymbol{\varphi}}\cdot\mathbf{J}(\boldsymbol{\varphi}\times\dot{\boldsymbol{\varphi}}) + O(\boldsymbol{\varphi}^2) \,.$$

Die Identität $\boldsymbol{a}\cdot(\boldsymbol{b}\times\boldsymbol{c}) = \boldsymbol{b}\cdot(\boldsymbol{c}\times\boldsymbol{a}) = \boldsymbol{c}\cdot(\boldsymbol{a}\times\boldsymbol{b})$, mit $\boldsymbol{a} = (\dot{\boldsymbol{\varphi}}\cdot\mathbf{J})^T = \mathbf{J}\cdot\dot{\boldsymbol{\varphi}}$, $\boldsymbol{b} = \boldsymbol{\varphi}$ und $\boldsymbol{c} = \dot{\boldsymbol{\varphi}}$, dient dazu, den zweiten Term in T geeignet umzuformen, wenn man jetzt die partiellen Ableitungen nach $\boldsymbol{\varphi}$ und nach $\dot{\boldsymbol{\varphi}}$ ausrechnet. In erster Ordnung findet man

$$\frac{\partial T}{\partial\boldsymbol{\varphi}} = -\frac{1}{2}\dot{\boldsymbol{\varphi}}\times(\mathbf{J}\dot{\boldsymbol{\varphi}}) + O(\boldsymbol{\varphi}) = -\frac{1}{2}\overline{\boldsymbol{\omega}}\times(\mathbf{J}\overline{\boldsymbol{\omega}}) + O(\boldsymbol{\omega}) \,.$$

In derselben Weise findet man

$$\frac{\mathrm{d}}{\mathrm{d}\,\tau}\frac{\partial T}{\partial\dot{\boldsymbol{\varphi}}} = \mathbf{J}\ddot{\boldsymbol{\varphi}} - \frac{1}{2}(\mathbf{J}\dot{\boldsymbol{\varphi}})\times\dot{\boldsymbol{\varphi}} + O(\boldsymbol{\varphi}) = \mathbf{J}\dot{\overline{\boldsymbol{\omega}}} + \frac{1}{2}\overline{\boldsymbol{\omega}}\times(\mathbf{J}\overline{\boldsymbol{\omega}}) + O(\boldsymbol{\varphi}) \,.$$

An der Stelle $\boldsymbol{\varphi} = 0$ lautet die Geodätengleichung daher

$$\frac{\mathrm{d}}{\mathrm{d}\,\tau}\frac{\partial T}{\partial\dot{\boldsymbol{\varphi}}} - \frac{\partial T}{\partial\boldsymbol{\varphi}} = \mathbf{J}\dot{\overline{\omega}} + \overline{\omega}\times(\mathbf{J}\overline{\omega}) = 0 \,. \tag{5.135}$$

Das sind aber genau die Euler'schen Kreiselgleichungen (3.58) mit $\overline{\boldsymbol{D}} = 0$. Diese Bewegungsgleichungen haben also eine einfache und anschauliche geometrische Bedeutung: Der kräftefreie Kreisel durchläuft Geodäten auf der Mannigfaltigkeit SO(3).

[11] $\boldsymbol{\varphi}$ und $\dot{\boldsymbol{\varphi}}$ sind hier unabhängige Variable. Sie haben daher nicht notwendig die gleiche Richtung.

Stabilität und Chaos

Einführung

In diesem Kapitel studieren wir eine größere Klasse von dynamischen Systemen, die über die Hamilton'schen Systeme hinausgehen. Dabei sind einerseits Systeme mit Dissipation besonders interessant, bei denen Energie durch Reibung verloren geht und bei denen Energie aus äußeren Quellen eingespeist wird, andererseits diskrete oder diskretisierte Systeme, wie sie auf natürliche Weise beim Studium von Flüssen vermittels der Poincaré-Abbildung auftreten. Dissipation bedeutet immer, dass das dynamische System an andere Systeme in einer kontrollierbaren Weise gekoppelt ist. Die Stärke solcher Kopplungen erscheint in der betrachteten Dynamik in Form von Parametern, von denen die Lösungsscharen abhängen. Verändert man diese Parameter, so kann es vorkommen, dass der Fluss des Systems beim Überschreiten gewisser kritischer Werte der Parameter eine wesentliche strukturelle Änderung erfährt. Das führt ganz natürlich auf Fragen nach der Stabilität der Lösungsmannigfaltigkeit gegenüber Veränderungen der Kontrollparameter und nach dem Charakter solcher eventuell auftretenden Strukturänderungen. Dabei lernt man, dass deterministische Systeme nicht nur das wohlgeordnete und klar beschreibbare Verhalten besitzen, das wir in den integrablen Beispielen der ersten Kapitel gefunden haben, sondern dass sie auch völlig ungeordnetes, chaotisches Verhalten zeigen können. Entgegen jahrhundertealter Vorstellung und vielleicht entgegen eigener Intuition ist chaotisches Verhalten nicht auf dissipative Systeme beschränkt (Turbulenz viskoser Flüssigkeiten, Klimadynamik, etc.). Auch rein Hamilton'sche Systeme der Himmelsmechanik haben Bereiche, in denen die Bewegungen chaotischen Charakter haben.

6.1 Qualitative Dynamik

In den früheren Kapiteln haben wir uns überwiegend mit den grundlegenden Eigenschaften mechanischer Systeme, mit Prinzipien, die zur Aufstellung ihrer Bewegungsgleichungen führen, und mit Lösungsmethoden für diese Gleichungen beschäftigt. Die integrablen Fälle hatten dabei eine besonders wichtige Bedeutung, an die wir hier nur mit zwei Argumenten erinnern: Sie ermöglichen es, spezifische Bahnkurven analytisch zu verfolgen und insbesondere die Tragweite und Bedeutung von

Erhaltungssätzen und die aus diesen folgende Einschränkung der Bewegungsmannigfaltigkeiten im Phasenraum zu studieren.

Andererseits haben wir dabei einige Fragen bisher fast ganz außer Betracht gelassen, so z. B.: Was ist das Langzeitverhalten einer periodischen Bewegung, die einer kleinen Störung unterworfen ist? Wie sieht der Fluss eines mechanischen Systems, d. i. die Gesamtheit aller seiner möglichen Bahnen, im Großen aus? Gibt es strukturelle, charakteristische Eigenschaften des Flusses, die nicht von den spezifischen Werten der Konstanten abhängen, die in den Bewegungsgleichungen vorkommen? Können „geordnete“ und „ungeordnete“ Bewegungstypen auftreten und, falls ja, wie kann man ein Maß für ungeordnete Bewegung quantitativ fassen? Wenn ein System von äußeren Kontrollparametern abhängt (Stärke einer Störung, Amplitude und Frequenz einer erzwungenen Schwingung, unterschiedlich starke Reibung usw.), gibt es kritische Werte der Parameter, bei denen der Fluss des Systems sich strukturell, d. h. im Großen, ändert?

Aus diesen Fragen erkennt man, dass die Analyse mechanischer Systeme hier in einem etwas anderen Geist angegangen wird. Man nimmt die Bewegungsgleichungen als bereits vorgegeben an (wenn auch stetig veränderbar in den Kontrollparametern). Man konzentriert sich jetzt weniger auf die einzelne Lösungskurve, sondern auf den Fluss als Ganzen, seine Stabilität, seine topologische Struktur und sein Verhalten bei großen Zeiten. Diese Art der Analyse bezeichnen wir hier als qualitative Dynamik. Sie führt in logischer Folge zur Untersuchung der Stabilität von Gleichgewichtslagen und periodischen Lösungen bzw. von Attraktoren bei dissipativen Systemen, zum Studium von Verzweigungen, das sind kritische Werte der Kontrollparameter, bei denen der Fluss eine strukturelle Änderung erfährt, und zur Analyse von ungeordneter Bewegung, falls eine solche auftritt.

6.2 Vektorfelder als dynamische Systeme

Die Dynamik vieler physikalischer Systeme lässt sich in Gestalt eines Systems von Differentialgleichungen erster Ordnung

$$\frac{\mathrm{d}}{\mathrm{d}t}\underset{\sim}{x}(t) = \underset{\sim}{F}(\underset{\sim}{x}(t), t) \tag{6.1}$$

formulieren. Hierbei ist t die Zeitvariable, $\underset{\sim}{x}(t)$ ist ein Punkt im Konfigurationsraum des Systems und $\underset{\sim}{F}$ ist ein Vektorfeld, das i. Allg. stetig und sogar differenzierbar ist. Der Raum der $\underset{\sim}{x}$ kann der Geschwindigkeitsraum sein, der lokal durch generalisierte Koordinaten q^i und Geschwindigkeiten $\dot{q}^i$ dargestellt wird, oder der Phasenraum, den wir lokal durch die q^i und die zugehörigen kanonisch konjugierten Impulse p_i darstellen. Natürlich gibt es auch Fälle, wo die Variablen $\underset{\sim}{x}$ in einer anderen Mannigfaltigkeit leben. Ein Beispiel sind die Euler'schen

Winkel, die die Rotationsbewegung von starren Körpern parametrisieren. Ist z. B. eine Bewegungsgleichung vom Typ

$$\ddot{y} + f_1(y,t)\dot{y} + f_2(y,t) = 0$$

gegeben, so lässt sie sich auf einfache Weise in die Gestalt (6.1) bringen, indem man

$$x_1(t) := y(t)\,, \qquad x_2(t) := \dot{y}(t)$$

setzt. Es ist dann $\dot{x}_1 = x_2$, $\dot{x}_2 = -f_1 x_2 - f_2$. Die Form (6.1) der Dynamik ist natürlich nicht auf Lagrange'sche oder Hamilton'sche Systeme beschränkt, sondern umfasst auch solche Systeme, bei denen Dissipation auftritt, d. h. solche, bei denen mechanische Energie aus dem betrachteten System entnommen wird oder wo Energie aus einer Quelle, die nicht zum System gerechnet wird, eingespeist wird. Insofern beschreibt (6.1) eine sehr große Klasse von dynamischen Systemen über dem Raum der $\underset{\sim}{x}$ und dem Zeitkontinuum $\mathbb{R}_t$. Gleichung (6.1) drückt in lokaler Form die zugrundeliegenden physikalischen Gesetze aus, indem sie z. B. die Beschleunigung in jedem Punkt des Raumes und zu jeder Zeit t mit dem vorgegebenen Kraftfeld verknüpft. In diesem Sinne bestimmt sie das Verhalten des Systems „im Kleinen". Über die zeitliche Entwicklung des Systems aus einer beliebigen, aber fest vorgegebenen physikalischen Anfangskonfiguration heraus gibt erst diejenige Lösung der Differentialgleichung (6.1) Auskunft, die jene Anfangsbedingungen erfüllt. Im Kepler-Problem (Abschn. 1.7.2) z. B. gebe man die Anfangsposition der Relativkoordinate r_0 und die Anfangsgeschwindigkeit $\dot{r}_0$ wie folgt vor. Es seien $T_0 \equiv \mu \dot{r}_0^2/2$ kleiner als $|U(r_0)| \equiv A/r_0$ (wo $A = Gm_1m_2$ ist und $\ell \equiv \mu|r_0 \times \dot{r}_0|$ nicht Null gewählt ist). Dann ist die spezielle Lösung, die diese Anfangskonfiguration hat, die Kepler-Ellipse zu den Parametern $p = \ell^2/A\mu$ und

$$\varepsilon = \sqrt{1 + 2(T_0 + U(r_0))\ell^2/\mu A^2}\,.$$

Diese eine Lösung sagt allerdings über die Dynamik von Massenpunkten im Feld der Gravitationskraft $\boldsymbol{F} = -\boldsymbol{\nabla} U$ nur wenig aus. Erst wenn man die Lösungen zu allen physikalisch zulässigen Anfangsbedingungen kennt, erfährt man, dass das Kepler-Problem außer der Ellipse und dem Kreis auch Hyperbel und Parabel als typische Bahnkurven zulässt. Mit anderen Worten, die Vielfalt der in (6.1) verborgenen Dynamik tritt erst zutage, wenn man alle Lösungen, d. h. den vollständigen Fluss des Vektorfeldes $\boldsymbol{F}$, kennt und überblickt.

Was wir bis hierher gesagt haben, gilt für ein System, dessen Bewegungsgesetz ein für allemal fest vorgegeben ist. Für wirkliche physikalische Systeme ist diese Voraussetzung aus folgenden Gründen höchstens in Ausnahmefällen richtig:

i) Das Kraftgesetz ist unter Umständen nicht exakt bekannt. Der Ansatz, den man dafür macht, enthält noch einen oder mehrere Parameter, die man aus den beobachteten Bewegungen bestimmen möchte.

Ein Beispiel: Bezweifelt man die Langreichweitigkeit des Coulomb'schen Potentials zwischen zwei Ladungen e_1 und e_2, so könnte man $U(r) = e_1 e_2 / r^\alpha$ mit $\alpha = 1 + \varepsilon$ ansetzen und die Abhängigkeit der Lösungen für die entsprechende Bewegungsgleichung vom Parameter ε studieren (vgl. auch Praktische Übung 4).

ii) Das Vektorfeld $\underset{\sim}{F}$ auf der rechten Seite von (6.1) beschreibt den Einfluss eines äußeren Systems, das selbst geändert werden kann. Beispiel: Ein Oszillator, der an eine äußere Schwingung mit variabler Erregungsfrequenz und variabler Amplitude gekoppelt wird.

iii) Es kann vorkommen, dass die Differentialgleichung (6.1) ein dominantes Kraftfeld enthält, für welches alle physikalisch möglichen Lösungen bekannt sind, außerdem aber noch weitere Terme, die die Kopplung des Systems an andere, äußere Systeme beschreiben und die man als Störung der zuerst genannten Lösungen auffassen kann. Beispiel: Das System Sonne-Jupiter als dominantes, gravitierendes Zweikörperproblem und ein leichter Asteroid, der sich in der Bahnebene des ersten Systems bewegt und der als Störung behandelt wird (eingeschränktes Dreikörperproblem). Das ist das Problem, das wir in den Abschn. 2.38–2.40 studiert haben.

In allen Fällen und genannten Beispielen enthält das Vektorfeld $\underset{\sim}{F}$ zusätzliche Parameter, die verändert werden können und die entscheidenden Einfluss auf die Lösungsmannigfaltigkeiten haben können. Zum Beispiel kann es vorkommen, dass Lösungen von (6.1) ihre Struktur vollständig ändern, wenn die Parameter gewisse kritische Werte überschreiten, aus stabilen Lösungen können instabile werden, aus einer periodischen Lösung können durch Verzweigung zwei entstehen, etc.

Aus diesen Bemerkungen wird deutlich, dass damit ein sehr weites Ziel gesteckt ist, nämlich das Studium von deterministischen, dynamischen Systemen auf der Basis ihrer „Bewegungsgleichung" (6.1). In dieser Allgemeinheit ist diese sogenannte *differenzierbare Dynamik* ein bei weitem nicht abgeschlossenes Gebiet. Im Gegenteil, nur wenige strenge Aussagen und auch nicht allzu viele numerisch-experimentelle Ergebnisse sind bekannt. Vertieft man diesen Zweig der Mechanik, so gelangt man bald in den Bereich der heutigen Forschung auf diesem Gebiet.

6.2.1 Einige Definitionen für Vektorfelder und ihre Integralkurven

In diesem Abschnitt möchten wir an die in Kap. 5 eingeführten Begriffe anknüpfen und einige Begriffe erklären, die für das Studium von Vektorfeldern als dynamischen Systemen wichtig sind. Die lokale Form von (6.1) reicht zum Verständnis fast aller folgenden Abschnitte aus, so dass man diesen Abschnitt überspringen kann, wenn man in der geometrischen Sprache noch nicht so geübt ist. Will man allerdings mehr über die in diesem Kapitel angeschnittenen Fragen lernen, so sind die Begriffe aus dem Kap. 5 unerlässlich, denn die Fachliteratur und die

Forschung auf diesem Gebiet machen intensiven Gebrauch von topologischen und differentialgeometrischen Begriffen und Methoden.

Gleichung (6.1) ist in Wirklichkeit ein Koordinatenausdruck der Differentialgleichung (5.42) für Integralkurven eines glatten Vektorfeldes $\mathcal{F}$ auf der Mannigfaltigkeit M. In der Physik ist M typisch der Phasenraum T^*Q oder der Geschwindigkeitsraum TQ, beide über der Basis-Mannigfaltigkeit Q der generalisierten Koordinaten gebildet.

Die Kurve $\Phi_m : I \to M$ ist Integralkurve von $\mathcal{F}$, wenn das Tangentialfeld $\dot{\Phi}_m$ mit $\mathcal{F}_{\Phi_m(t)}$, der Einschränkung auf die Kurve Φ_m zusammenfällt,

$$\dot{\Phi}_m(t) = \mathcal{F}_{\Phi_m(t)}\,, \quad t \in I \subset \mathbb{R}_t\,, \quad \mathcal{F} \in \mathfrak{X}(M)\,. \tag{6.2}$$

I ist dabei ein offenes Intervall auf der Zeitachse $\mathbb{R}_t$, das den Nullpunkt $t = 0$ enthalten soll. Die Integralkurve Φ_m soll diejenige sein, die bei $t = 0$ durch den Punkt m geht, $\Phi_m(0) = m$. Wir passen uns in der Notation an die des Abschn. 1.19 an, weil wir Ergebnisse von dort benutzen werden, lassen aber der Einfachheit halber hier die Tilde unter den Symbolen weg.

In den Koordinaten einer Karte (φ, U) entsteht die Differentialgleichung (5.43), d. h. hier

$$\frac{\mathrm{d}}{\mathrm{d}t}(x^i \circ \Phi_m) = \mathcal{F}^i(x^k \circ \Phi_m, t)\,, \tag{6.3}$$

oder, in etwas vereinfachter Notation, (6.1).

Etwas allgemeiner gilt Folgendes. Zu jedem Punkt m_0 von M gibt es eine offene Umgebung V auf M, ein offenes Intervall I der Zeitachse, das den Zeitnullpunkt $t = 0$ enthält, und eine glatte Abbildung

$$\Phi : V \times I \to M\,, \tag{6.4}$$

derart, dass für jedes feste $m \in V$ die Kurve $\Phi(m, t)$ diejenige Integralkurve $\Phi_m(t) := \Phi(m, t)$ von $\mathcal{F}$ ist, die bei $t = 0$ durch den Punkt m geht, $\Phi(m, t = 0) = m$. Diese Integralkurve existiert und liegt eindeutig fest. Das ist im Wesentlichen die Aussage des Satzes 1.9. Φ heißt *lokaler Fluss* des Vektorfeldes $\mathcal{F}$, die Integralkurven $\Phi_m : I \to M$ nennt man *Strömungs- oder Flusslinien* von Φ. Hält man in $\Phi(m, t)$ die Zeit fest und lässt den Punkt m durch V wandern, so beschreibt

$$\Phi_t(m) := \Phi(m, t)\,, \quad m \in M,\ t \text{ fest}, \tag{6.5}$$

die *Strömungsfronten* des Flusses Φ. Man kann sich diese lokale Lösungsmannigfaltigkeit wie in Abb. 6.1 skizziert vorstellen. Es sei eine Zeit $t \in I$ festgehalten. Jeder Punkt des Gebietes V fließt in dieser Zeit ein Stück entlang seiner Integralkurve Φ_m. Das Gebiet V als Ganzes wandert nach $\Phi_t(V)$.

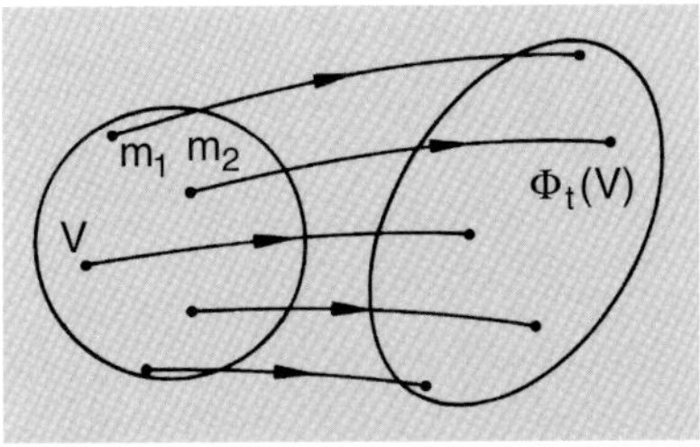

Abb. 6.1. Während der Zeit t transportiert der Fluss eines Vektorfeldes das Gebiet V nach $V' = \Phi_t(V)$. Die dabei durchlaufenen Bahnstücke sind für einige Punkte m_i eingezeichnet

Ist $I_{(m)}$ das maximal mögliche Intervall auf der Zeitachse, für welches Φ_m existiert, so ist Φ_m eindeutig bestimmt und wird maximale Integralkurve durch m genannt. Wendet man diese Überlegung auf jeden Punkt von M an, so entsteht eine eindeutig festgelegte, offene Menge

$\Omega \subset M \times \mathbb{R}_t$, auf welcher der *maximale Fluss* $\Phi : \Omega \to M$ des Vektorfeldes $\mathcal{F}$ definiert ist. Hieran knüpft die folgende

Definition Vollständiges Vektorfeld

Das Vektorfeld $\mathcal{F}$ heißt *vollständig*, wenn $\Omega = M \times \mathbb{R}_t$ ist, das heißt, wenn sein maximaler Fluss auf der ganzen Mannigfaltigkeit und für alle Zeiten definiert ist.

Das Hamilton'sche Vektorfeld für den harmonischen Oszillator z. B.,

$$(\mathcal{F}^i) \equiv (X^i_{\mathrm{H}}) = \left(\frac{\partial H}{\partial p}, -\frac{\partial H}{\partial q} \right) = (p, -q) \tag{6.6}$$

ist ein solches vollständiges Vektorfeld. Sein maximaler Fluss

$$\Phi(m \equiv (q, p), t) = \begin{pmatrix} \cos t & \sin t \\ -\sin t & \cos t \end{pmatrix} \begin{pmatrix} q \\ p \end{pmatrix}$$

(d. i. das Beispiel aus Abschn. 5.3.1 mit $t_0 = 0$) ist auf dem ganzen Phasenraum definiert. In der Praxis treten aber auch Vektorfelder auf, die nicht vollständig sind. Im Kepler-Problem z. B. muss man den Ursprung des Potentials zunächst aus der Bahnebene herausnehmen, da dieses dort singulär wird. Das zugehörige Hamilton'sche Vektorfeld ist dann auf $\mathbb{R}^2$ nicht mehr vollständig. Auch in der relativistischen Mechanik und der Allgemeinen Relativitätstheorie treten Vektorfelder auf (z. B. Geschwindigkeitsfelder von Geodäten), die nicht vollständig sind.

Für vollständige Vektorfelder ist Φ ein globaler Fluss,

$$\Phi : M \times \mathbb{R}_t \to M \,, \tag{6.7}$$

den man noch auf eine andere Weise lesen kann. Es sei wie in (6.5) die Zeit festgehalten. Dann entsteht eine glatte Abbildung von M auf sich,

$$\Phi_t : M \to M : m \to \Phi_t(m) := \Phi(m, t) \,, \tag{6.8}$$

die folgende Eigenschaften hat. Für $t = 0$ ist sie die identische Abbildung auf M, $\Phi_0 = \mathrm{id}_M$. Schaltet man (6.8) zweifach oder mehrfach hintereinander, so ist

$$\Phi_{t+s} = \Phi_t \circ \Phi_s \quad \text{für} \quad t, s \in \mathbb{R}_t \,.$$

Für jedes t ist Φ_t ein Diffeomorphismus von M. Die Inverse zu Φ_t ist Φ_{-t}. Auf diese Weise entsteht eine einparametrige Gruppe von Diffeomorphismen auf M, die durch den Fluss Φ und die Zuordnung $t \mapsto \Phi_t$ erzeugt wird. Jedes vollständige Vektorfeld definiert eine solche einparametrige Gruppe von Diffeomorphismen und umgekehrt. Jede Gruppe $\Phi : M \times \mathbb{R} \to M$, die von einem reellen Parameter abhängt, definiert ein vollständiges Vektorfeld.

6.2.2 Gleichgewichtslagen und Linearisierung von Vektorfeldern

Die Bewegungsgesetze für ein physikalisches System seien in der lokalen Gestalt (6.1) oder, im allgemeinen Fall, in der Gestalt (6.2) formuliert. Obwohl eigentlich erst die Gesamtheit aller ihrer Lösungen die Dynamik des betrachteten Systems beschreibt, ist es üblich, (6.1) bzw. (6.2) schon als *dynamisches System* zu bezeichnen.

Von nun an behandeln wir dynamische Systeme in der vereinfachten Form (6.1), d. h. als Differentialgleichung für Integralkurven von Vektorfeldern auf $\mathbb{R}^n$. Für Mannigfaltigkeiten, die nicht ein $\mathbb{R}^n$ sind, heißt das, dass wir in lokalen Karten arbeiten. Ausnahmen davon, die Aussagen für dynamische Systeme auf allgemeineren Mannigfaltigkeiten machen, werden ausdrücklich erwähnt.

Ein Punkt $\underset{\sim}{x}_0$ heißt *Gleichgewichtslage* des Vektorfeldes $\underset{\sim}{F}$, wenn $\underset{\sim}{F}(\underset{\sim}{x}_0) = 0$ ist. Man spricht auch, in gleicher Bedeutung, von *singulären* oder *kritischen Punkten* eines Vektorfeldes. Betrachten wir beispielsweise ein autonomes System, so vereinfacht sich (6.1) zu

$$\dot{\underset{\sim}{x}}(t) = \underset{\sim}{F}(\underset{\sim}{x}(t)) \,. \tag{6.9}$$

An einem kritischen Punkt $\underset{\sim}{x}_0$ verschwindet der Geschwindigkeitsvektor und das System kann sich aus diesem Punkt nicht herausbewegen. Die Gl. (6.9) sagt aber nichts darüber aus, ob diese Konfiguration $\underset{\sim}{x}_0$ gegenüber kleinen Störungen stabil oder instabil ist. Darüber erfährt man mehr, wenn man (6.9) um den Punkt $\underset{\sim}{x}_0$ herum linearisiert. Zu diesem Zweck führen wir die folgenden Definitionen ein:

i) Linearisierung in der Umgebung eines kritischen Punktes: In der Sprache des Abschn. 6.2.1 ist die Linearisierung des Vektorfeldes $\mathcal{F}$ an einem kritischen Punkt m_0 definiert als lineare Abbildung

$$\mathcal{F}'(m_0) : T_{m_0}M \to T_{m_0}M \,,$$

die jedem Tangentialvektor $v \in T_{m_0}M$ die Ableitung

$$\mathcal{F}'(m_0) \cdot v = \frac{\mathrm{d}}{\mathrm{d}t}(T\Phi_{m_0}(t) \cdot v)|_{t=0}$$

zuordnet. Dabei ist Φ der Fluss von $\mathcal{F}$ und $T\Phi$ die zu Φ gehörende Tangentialabbildung.
In der vereinfachten Form (6.9), die auf einem $\mathbb{R}^n$ gilt, bedeutet Linearisierung einfach, dass man um die Stelle $\underset{\sim}{x} = \underset{\sim}{x}_0$ herum entwickelt. Sei also $\underset{\sim}{y} = \underset{\sim}{x} - \underset{\sim}{x}_0$ und $\underset{\sim}{F}(\underset{\sim}{x}_0) = 0$.
Dann entsteht die lineare Differentialgleichung

$$\dot{y}^i(t) = \sum_{k=1}^{n} \left.\frac{\partial F^i}{\partial x^k}\right|_{\underset{\sim}{x}_0} y^k(t) \tag{6.10a}$$

oder, in kompakter Schreibweise

$$\dot{\underset{\sim}{y}}(t) = \mathbf{D}\underset{\sim}{F}|_{\underset{\sim}{x}_0} \cdot \underset{\sim}{y}(t) \,. \tag{6.10b}$$

Dies ist eine Differentialgleichung vom Typus der in Abschn. 1.21 studierten. Das Symbol $\mathbf{D}\underset{\sim}{F}$ bedeutet die Matrix der partiellen Ableitungen, ähnlich wie im Abschn. 2.29.1. Für ein autonomes System (6.9) ist die Matrix von der Zeit unabhängig, das entstehende lineare System (6.10) ist homogen und autonom.

Etwas allgemeiner ist der folgende Fall (Beispiel s. Aufgabe 1.22).

ii) Linearisierung in der Nähe einer Lösungskurve: Sei $\underset{\sim}{\Phi}(t)$ eine Lösungskurve von (6.1) und sei $\underset{\sim}{y}(t) = \underset{\sim}{x}(t) - \underset{\sim}{\Phi}(t)$. Dann folgt aus (6.1), dass

$$\begin{aligned}\dot{\underset{\sim}{y}}(t) &= \underset{\sim}{F}\big(\underset{\sim}{y}(t) + \underset{\sim}{\Phi}(t), t\big) - \dot{\underset{\sim}{\Phi}}(t) \\ &= \underset{\sim}{F}\big(\underset{\sim}{y}(t) + \underset{\sim}{\Phi}(t), t\big) - \underset{\sim}{F}(\underset{\sim}{\Phi}(t), t)\,.\end{aligned}$$

Entwickelt man die rechte Seite nach Taylor um die Bahnkurve $\underset{\sim}{\Phi}(t)$ so entsteht die lineare und homogene Differentialgleichung

$$\dot{y}^i(t) = \sum_k \frac{\partial F^i}{\partial x^k}\big(\underset{\sim}{x} = \underset{\sim}{\Phi}(t), t\big) y^k(t)\,, \tag{6.11}$$

in der die partiellen Ableitungen von $\underset{\sim}{F}$ entlang der Bahn $\underset{\sim}{\Phi}(t)$ zu nehmen sind. Selbst wenn $\underset{\sim}{F}$ nicht explizit von der Zeit abhängt, ist das linearisierte System (6.11) nicht autonom. Es wird erst dann autonom, wenn man als spezielle Bahnkurve eine Gleichgewichtslage $\underset{\sim}{\Phi}(t) = \underset{\sim}{x}_0$ wählt. Dann ist man wieder beim ersten Fall (6.10).

Im einfachsten Fall der Linearisierung eines autonomen Systems um eine Gleichgewichtslage haben wir das lineare, homogene und autonome System

$$\dot{\underset{\sim}{y}}(t) = \mathbf{A}\underset{\sim}{y}(t) \tag{6.12}$$

von (6.10) erhalten, wobei die Matrix $\mathbf{A}$ durch

$$A_{ik} = \left.\frac{\partial F^i}{\partial x^k}\right|_{\underset{\sim}{x}_0}$$

gegeben ist. Das System (6.12) lässt sich explizit lösen. Die Lösung zur Anfangsbedingung $\underset{\sim}{y}(s) = \underset{\sim}{y}_0$ lautet

$$\underset{\sim}{y}(t) \equiv \underset{\sim}{\Psi}_{t,s}(\underset{\sim}{y}_0) = \exp[(t-s)\mathbf{A}]\underset{\sim}{y}_0 \tag{6.13}$$

mit $\underset{\sim}{\Psi}_{s,s}(\underset{\sim}{y}_0) = \underset{\sim}{y}_0$ und

$$\exp[(t-s)\mathbf{A}] = \sum_{n=0}^{\infty} \frac{(t-s)^n}{n!}\mathbf{A}^n\,.$$

Wenn $\mathbf{A}$ in Diagonalform gegeben ist, so ist diese Reihe besonders einfach. Sind α_i die Eigenwerte von $\mathbf{A}$, dann hat die Exponentialreihe ebenfalls Diagonalform und ihre Eigenwerte sind $\exp(\lambda\alpha_i)$, $\lambda = t - s$. Die Eigenwerte der Matrix $\mathbf{A} = \mathbf{D}F$ nennt man daher *charakteristische Exponenten* des Vektorfeldes $\underset{\sim}{F}$ am Punkt $\underset{\sim}{x}_0$.

Zur Illustration betrachten wir zwei Beispiele. Das erste ist das Beispiel (i) des Abschn. 1.21, das als Linearisierung des ebenen Pendels bei $\underset{\sim}{x}=0$ aufgefasst sei. Hier ist nach (1.47)

$$\mathbf{A}=\begin{pmatrix} 0 & 1/m \\ -m\omega^2 & 0 \end{pmatrix} .$$

Die Eigenwerte von $\mathbf{A}$ sind leicht zu bestimmen. Aus der charakteristischen Gleichung $\det(\alpha\mathbb{1}-\mathbf{A})=0$ erhält man $\alpha_1=\mathrm{i}\omega$, $\alpha_2=-\mathrm{i}\omega$, d. h. für die diagonalisierte Matrix

$$\overset{0}{\mathbf{A}}=\begin{pmatrix} \mathrm{i}\omega & 0 \\ 0 & -\mathrm{i}\omega \end{pmatrix} . \tag{6.14}$$

Als zweites Beispiel geben wir dem ebenen Pendel einen Reibungsterm proportional zur Geschwindigkeit der Bewegung. In linearisierter Form entsteht die Differentialgleichung

$$m\ddot{q}+2\gamma m\dot{q}+m\omega^2 q=0 , \tag{6.15}$$

wo γ eine Konstante mit der Dimension einer Frequenz ist.
Mit der Notation des Abschn. 1.18 ist $y^1=q$, $y^2=m\dot{q}$ und (6.15) wird zu

$$\begin{pmatrix} \dot{y}^1 \\ \dot{y}^2 \end{pmatrix}=\mathbf{A}\begin{pmatrix} y^1 \\ y^2 \end{pmatrix} \quad \text{mit} \quad \mathbf{A}=\begin{pmatrix} 0 & 1/m \\ -m\omega^2 & -2\gamma \end{pmatrix} .$$

Die Eigenwerte von $\mathbf{A}$ berechnet man wie oben. Falls $\gamma^2<\omega^2$ ist, das ist der Fall schwacher Reibung, ergeben sich zwei konjugiert komplexe charakteristische Exponenten

$$|\gamma|<\omega : \overset{0}{\mathbf{A}}=\begin{pmatrix} -\gamma+\mathrm{i}\sqrt{\omega^2-\gamma^2} & 0 \\ 0 & -\gamma-\mathrm{i}\sqrt{\omega^2-\gamma^2} \end{pmatrix} . \tag{6.16a}$$

Für $\gamma^2>\omega^2$, das ist der Fall der aperiodischen Bewegung, findet man zwei reelle charakteristische Exponenten, die beide dasselbe Vorzeichen wie γ haben,

$$|\gamma|>\omega : \overset{0}{\mathbf{A}}=\begin{pmatrix} -\gamma+\sqrt{\gamma^2-\omega^2} & 0 \\ 0 & -\gamma-\sqrt{\gamma^2-\omega^2} \end{pmatrix} . \tag{6.16b}$$

In allen Fällen ist $\underset{\sim}{y_0}\equiv(y_0^1, y_0^2)=0$ eine Gleichgewichtslage. Ist die Bewegung gedämpft, d. h. ist $\gamma>0$, so sieht man an (6.16a) und (6.16b), dass alle Lösungen (6.13) für $t\to\infty$ in den Nullpunkt laufen. Dieser Punkt ist daher sicher eine stabile Gleichgewichtslage. Ist dagegen $\gamma<0$, dann werden die Schwingungen „angefacht" und jede Anfangskonfiguration außer $\underset{\sim}{y_0}=0$ läuft vom Nullpunkt weg, ganz gleich wie nahe an Null sie gewählt wird. Hier ist der Nullpunkt mit Sicherheit eine instabile Gleichgewichtslage. Im Fall der rein harmonischen Schwingung (6.14) ist der Nullpunkt wieder stabil – allerdings in einem etwas schwächeren Sinne als mit positiver

Dämpfung. Stört man den Oszillator ein wenig in seiner Ruhelage, so geht er in eine stationäre Bewegung mit kleiner Amplitude über. Er kehrt aber weder nach Null zurück, noch läuft er für große Zeiten davon. Offenbar ist die Ruhelage hier in einem anderen Sinne „stabil“ als beim gedämpften Oszillator. Diesen unterschiedlichen Stabilitätsbegriffen wollen wir etwas genauer nachgehen.

6.2.3 Stabilität von Gleichgewichtslagen

Es sei $\underset{\sim}{x}_0$ kritischer Punkt des Vektorfeldes $\underset{\sim}{F}$, d. h. $\underset{\sim}{F}(\underset{\sim}{x}_0, t) = 0$, $\underset{\sim}{x}_0$ ist Gleichgewichtslage des dynamischen Systems (6.1) oder (6.9). Dann wird die Stabilität dieses Punktes durch folgende Definition genauer qualifiziert:

Definition 6.1 Liapunov- und asymptotische Stabilität

S 1) Der Punkt $\underset{\sim}{x}_0$ heißt *stabil* (oder Liapunov-stabil), wenn zu jeder Umgebung U von $\underset{\sim}{x}_0$ noch eine weitere Umgebung V von $\underset{\sim}{x}_0$ existiert derart, dass die Integralkurve, die zur Zeit $t = 0$ durch ein beliebiges $\underset{\sim}{x} \in V$ geht, für $t \to +\infty$ existiert und das Gebiet U für $t \geq 0$ nie verlässt. In Symbolen ausgedrückt gilt also $\underset{\sim}{x} \in V : \underset{\sim}{\Phi}_{\underset{\sim}{x}}(t) \in U$ für alle $t \geq 0$.

S 2) Der Punkt $\underset{\sim}{x}_0$ heißt *asymptotisch stabil*, wenn es zu $\underset{\sim}{x}_0$ eine Umgebung U gibt derart, dass die Integralkurve $\underset{\sim}{\Phi}_x$ durch ein beliebiges $x \in U$ für $t \to +\infty$ definiert ist und im Limes $t \to \infty$ nach $\underset{\sim}{x}_0$ läuft, d. h., wenn $\underset{\sim}{\Phi}(\underset{\sim}{x}, t)$ den Fluss bezeichnet, es gilt

$$\underset{\sim}{\Phi}(U, s) \subset \underset{\sim}{\Phi}(U, t) \subset U \quad \text{für} \quad s > t > 0 \quad \text{und}$$

$$\lim_{t \to +\infty} \underset{\sim}{\Phi}_{\underset{\sim}{x}}(t) = \underset{\sim}{x}_0 \quad \text{für alle} \quad \underset{\sim}{x} \in U \,.$$

Im ersten Fall bleiben Bahnen, die zu einer Anfangskonfiguration nahe bei $\underset{\sim}{x}_0$ gehören, immer in der Nähe dieses Punktes. Im zweiten Fall laufen sie für große Zeiten in den kritischen Punkt hinein. Klarerweise umschließt (S2) die Situation von (S1): Ein asymptotisch stabiler Punkt ist auch Liapunov-stabil.

Etwas genauere Auskunft darüber, wie rasch die Punkte der Umgebung U aus (S2) mit wachsender Zeit nach $\underset{\sim}{x}_0$ wandern, gibt der folgende Satz.

Satz 6.1

I) Es sei $\underset{\sim}{x}_0$ Gleichgewichtslage des dynamischen Systems (6.1), das in der Nähe von $\underset{\sim}{x}_0$ durch die Linearisierung (6.10b) approximiert wird. Für alle Eigenwerte α_i von $\mathbf{D}\underset{\sim}{F}|_{\underset{\sim}{x}_0}$ gelte $\mathrm{Re}\{\alpha_i\} < -c < 0$. Dann gibt es eine Umgebung U von $\underset{\sim}{x}_0$ derart, dass der Fluss von $\underset{\sim}{F}$ auf U (für den also $\underset{\sim}{\Phi}(U, t = 0) = U$) für alle positiven Zeiten definiert ist, und eine endliche, reelle Konstante d derart, dass für alle $\underset{\sim}{x} \in U$ und alle $t \geq 0$ gilt:

$$\| \underset{\sim}{\Phi}_{\underset{\sim}{x}}(t) - \underset{\sim}{x}_0 \| \leq d\, \mathrm{e}^{-ct} \| \underset{\sim}{x} - \underset{\sim}{x}_0 \| \ . \tag{6.17}$$

Dabei bedeutet $\| \ldots \|$ den Abstand. Das Ergebnis (6.17) sagt aus, dass die Bahnkurve durch $\underset{\sim}{x} \in U$ gleichmäßig und exponentiell nach $\underset{\sim}{x}_0$ konvergiert.

Ein Kriterium für Instabilität einer Gleichgewichtslage gibt der folgende Satz:

Satz 6.2

II) Es sei $\underset{\sim}{x}_0$ Gleichgewichtslage des dynamischen Systems (6.1). Wenn $\underset{\sim}{x}_0$ stabil ist, so hat keiner der Eigenwerte von $\mathbf{D}\underset{\sim}{F}|_{\underset{\sim}{x}_0}$, der Linearisierung von (6.1), einen positiven Realteil.

Die Beweise für diese Sätze, die man bei (Hirsch, Smale 1974) findet, lassen wir hier aus. Wir wollen statt dessen die gewonnenen Aussagen durch Beispiele illustrieren und für den zweidimensionalen Fall die Normalformen der Linearisierung (6.10) angeben.

Zunächst muss man sich darüber klar sein, dass die Definitionen (S1), (S2) und die Sätze 6.1 und 6.2 für beliebige, glatte Vektorfelder gelten, also nicht nur für lineare Systeme. Die Linearisierung (6.10) klärt die Verhältnisse im Allgemeinen nur in der unmittelbaren Nachbarschaft des kritischen Punktes $\underset{\sim}{x}_0$. Wie groß der Bereich um $\underset{\sim}{x}_0$ wirklich ist, aus dem im Falle asymptotischer Stabilität alle Integralkurven für $t \to \infty$ nach $\underset{\sim}{x}_0$ laufen, ist damit – außer für lineare Systeme – noch offen. Wir kommen weiter unten darauf zurück.

Für ein System mit einem Freiheitsgrad, $f = 1$, ist der Raum, auf dem das dynamische System (6.1) definiert ist, zweidimensional. In der linearisierten Form (6.10) gilt

$$\begin{pmatrix} \dot{y}^1 \\ \dot{y}^2 \end{pmatrix} = \begin{pmatrix} a_{11} & a_{12} \\ a_{21} & a_{22} \end{pmatrix} \begin{pmatrix} y^1 \\ y^2 \end{pmatrix}$$

mit $a_{ik} := (\partial F^i / \partial x^k)|_{\underset{\sim}{x}_0}$. Die Eigenwerte erhält man aus dem charakteristischen Polynom $\det(\alpha \mathbb{1} - \mathbf{A}) = 0$, d. h. aus der Gleichung

$$\alpha^2 - \alpha(a_{11} + a_{22}) + a_{11}a_{22} - a_{12}a_{21} = 0 \, ,$$

die man auch durch die Spur $s := \mathrm{Sp}\mathbf{A}$ und die Determinante $d := \det \mathbf{A}$ ausdrücken kann,

$$\alpha^2 - s\alpha + d = 0 \, . \tag{6.18}$$

Bekanntlich gilt für die Wurzeln dieser Gleichung

$$\alpha_1 + \alpha_2 = s \, , \quad \alpha_1 \alpha_2 = d \, .$$

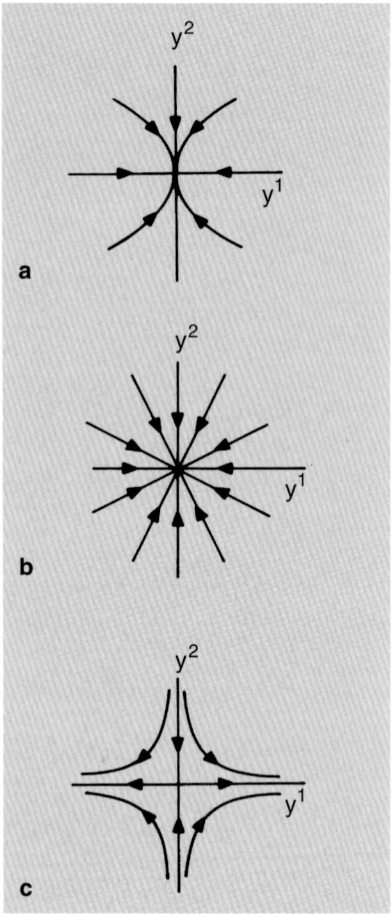

Abb. 6.2a – c. Typisches Verhalten eines Systems mit einem Freiheitsgrad in der Nähe einer Gleichgewichtslage. In den Fällen (**a**) und (**b**) ist diese asymptotisch stabil und hat die Struktur eines Knotens. Im Fall (**c**) ist sie instabil und hat die Struktur eines Sattelpunkts

Ist die Diskriminante $D := s^2 - 4d$ positiv oder Null, so sind die Lösungen α_1, α_2 von (6.18), die charakteristischen Exponenten, reell. Es sind dann folgende Fälle möglich:

i) $\alpha_1 < \alpha_2 < 0$, d. h. $d > 0$ und $s < -2\sqrt{d} < 0$. Ist $\mathbf{A}$ diagonal, so lauten die Lösungen $y^1 = \exp(\alpha_1 t) y_0^1$, $y^2 = \exp(\alpha_2 t) y_0^2$ und es entsteht das Bild der Abb. 6.2a. Der Nullpunkt ist asymptotisch stabil und zeigt das Bild eines Knotens.
ii) $\alpha_1 = \alpha_2 < 0$. Dies ist ein Entartungsfall von (i), der im Bild 6.2b gezeigt ist.
iii) $\alpha_2 < 0 < \alpha_1$, d. h. $d < 0$. In diesem Fall ist der Nullpunkt instabil. Die Bahnkurven zeigen das typische Bild eines Sattelpunktes, siehe Abb. 6.2c.

Ist die Diskriminante D negativ, so sind die charakteristischen Exponenten konjugiert komplexe Zahlen

$$\alpha_1 = \sigma + \mathrm{i}\varrho\,, \quad \alpha_2 = \sigma - \mathrm{i}\varrho\,,$$

wo σ und ϱ reelle Zahlen sind. Hier ist $s = 2\sigma$, $d = \sigma^2 + \varrho^2$. Die hier möglichen Fälle sind in Abb. 6.3 am Beispiel des gedämpften (bzw. angefachten) Oszillators (6.16a) illustriert. Das Bild zeigt die Lösung zur Anfangsbedingung $y_0^1 = 1$, $y_0^2 = 0$ von (6.15),

$$y^1(\tau) \equiv q(\tau) = \left[\cos(\tau\sqrt{1-g^2}) + \frac{g}{\sqrt{1-g^2}}\sin(\tau\sqrt{1-g^2})\right]\mathrm{e}^{-g\tau}$$
$$y^2(\tau) \equiv \dot{q}(\tau) = -\frac{1}{\sqrt{1-g^2}}\sin(\tau\sqrt{1-g^2})\,\mathrm{e}^{-g\tau}\,. \qquad (6.19)$$

Dabei ist $\tau := \omega t$ und $g := \gamma/\omega$ gesetzt. Für g sind die Werte $g = 0$ (Kurve A), $g = 0{,}15$ (Kurve B) und $g = -0{,}15$ (Kurve C) gewählt. Für unsere Analyse bedeuten diese Beispiele:

iv) Kurve A: Hier ist $\sigma = 0$, $\varrho = \omega$, d. h. $s = 0$ und $d \geq 0$. Der Nullpunkt ist stabil, aber nicht asymptotisch stabil. Man spricht in diesem Fall von einem *Zentrum*.
v) Kurve B: Hier ist $\sigma = -\gamma < 0$, $\varrho \equiv \sqrt{\omega^2 - \gamma^2}$, d. h. $s < 0$, $d \geq 0$. Jetzt ist der Nullpunkt asymptotisch stabil.
vi) Kurve C: Jetzt ist $\sigma = -\gamma$ positiv, ϱ wie bei (v), d. h. $s > 0$, $d \geq 0$. Die Lösungen laufen spiralförmig vom Ursprung weg. Dieser ist für $t \to +\infty$ instabil.

Diese Diskussion zeigt die typischen Fälle, die auftreten können. In Abb. 6.4 sind die verschiedenen Stabilitätsbereiche in der Ebene der Parameter (s, d) bezeichnet. Der Leser, die Leserin möge in die einzelnen Bereiche eintragen, welche Struktur die jeweilige Gleichgewichtslage hat. (Die Diskussion lässt sich übrigens vervollständigen, wenn man die reelle Normalform der Matrix $\mathbf{A}$ heranzieht und alle denkbaren Fälle betrachtet.)

6.2.4 Kritische Punkte von Hamilton'schen Vektorfeldern

Es ist interessant, die oben eingeführten Stabilitätskriterien an kanonischen Systemen auszuprobieren. Für diese gelten die kanonischen Gleichungen (2.97)

$$\dot{\underset{\sim}{x}} = \mathbf{J} H_{,\underset{\sim}{x}} \,, \tag{6.20}$$

wobei $\mathbf{J}$ in (2.100) definiert ist und die Eigenschaften

$$\det \mathbf{J} = 1 \,, \quad \mathbf{J}^{\mathrm{T}} = \mathbf{J}^{-1} = -\mathbf{J}, \quad \mathbf{J}^2 = -\mathbb{1} \tag{*}$$

hat. Hat das System (6.20) bei $\underset{\sim}{x}_0$ eine Gleichgewichtslage, so verschwindet dort das Hamilton'sche Vektorfeld X_{H}. Da die Matrix $\mathbf{J}$ nicht singulär ist, verschwindet auch die Ableitung $H_{,x}$ bei $\underset{\sim}{x}_0$. Wir linearisieren wieder um die Stelle $\underset{\sim}{x}_0$ herum, d. h. wir setzen $\underset{\sim}{y} = \underset{\sim}{x} - \underset{\sim}{x}_0$ und entwickeln die rechte Seite von (6.20) nach dieser Variablen. Es entsteht die lineare Gleichung

$$\dot{\underset{\sim}{y}} = \mathbf{A} \underset{\sim}{y}$$

mit $\mathbf{A} = \mathbf{JB}$ und $\mathbf{B} = \{\partial^2 H / \partial x^k \partial x^i |_{\underset{\sim}{x} = \underset{\sim}{x}_0}\}$.

Die Matrix $\mathbf{B}$ ist symmetrisch, $\mathbf{B} = \mathbf{B}^{\mathrm{T}}$. Daher folgt mit (*)

$$\mathbf{A}^{\mathrm{T}} \mathbf{J} + \mathbf{J} \mathbf{A} = 0 \,. \tag{6.21}$$

Eine Matrix, die die Beziehung (6.21) erfüllt, nennt man *infinitesimal symplektisch*. Diese Bezeichnung wird verständlich, wenn man eine symplektische Matrix $\mathbf{M}$ betrachtet, die sich nur wenig von $\mathbb{1}$ unterscheidet,

$$\mathbf{M} = \mathbb{1} + \varepsilon \mathbf{A} + O(\varepsilon^2) \,.$$

Aus der definierenden Gleichung (2.111), $\mathbf{M}^{\mathrm{T}} \mathbf{J} \mathbf{M} = \mathbf{J}$, folgt in der Tat die Beziehung (6.21) in erster Ordnung in ε.[1]

Für Matrizen $\mathbf{A}$, die die Bedingung (6.21) erfüllen, lässt sich folgender Satz aufstellen:

Satz 6.3

Ist α ein Eigenwert der infinitesimal symplektischen Matrix $\mathbf{A}$ mit der Multiplizität k, so ist auch $-\alpha$ Eigenwert von $\mathbf{A}$ und hat dieselbe Multiplizität. Wenn der Eigenwert $\alpha = 0$ vorkommt, so hat er *gerade* Multiplizität.

Der Beweis macht von den Eigenschaften (*), von $\mathbf{B} = \mathbf{B}^{\mathrm{T}}$ und von bekannten Eigenschaften der Determinante Gebrauch. Die Eigenwerte erhält man als die Nullstellen des charakteristischen Polynoms $P(\alpha) := \det(\alpha \mathbb{1} - \mathbf{A})$. Es genügt demnach zu zeigen, dass $\det(\alpha \mathbb{1} - \mathbf{A})$

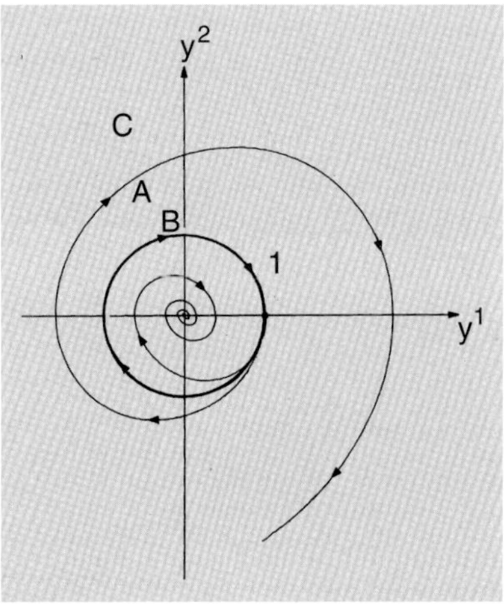

Abb. 6.3. Natur der Gleichgewichtslage (0, 0) bei Auftreten konjugiert komplexer charakteristischer Exponenten. Die Kurven, die alle von der Anfangskonfiguration (1, 0) ausgehen, zeigen das Beispiel des Oszillators (6.15) mit der expliziten Lösung (6.19)

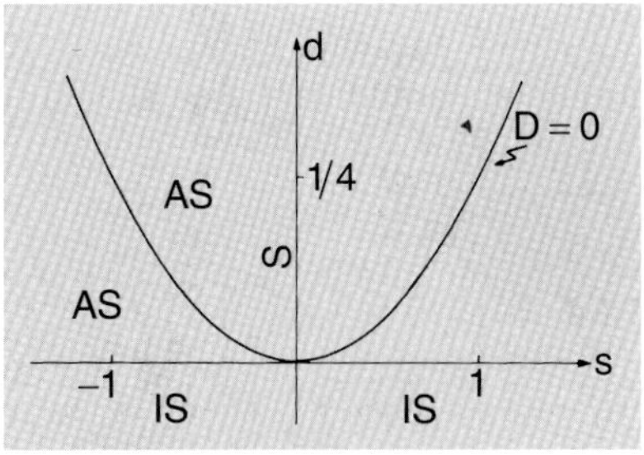

Abb. 6.4. Für ein System mit $f = 1$ werden die verschiedenen Stabilitätsbereiche durch Spur s und Determinante d der Linearisierung A bestimmt. AS bedeutet asymptotisch stabil (die Gleichgewichtslage hat Knotenstruktur). S bedeutet stabil (Zentrum), IS bedeutet instabil (Sattelpunkt)

[1] In Abschn. 5.5.4 sind symplektische Transformationen basisfrei definiert, s. Definition (SYT). Wählt man diese ebenfalls infinitesimal, $\mathbf{F} = \mathrm{id} + \varepsilon \mathbf{A}$, so entsteht in der Ordnung ε die Bedingung (6.21) in der Form $\omega(\mathbf{A}\hat{\boldsymbol{e}}, \hat{\boldsymbol{e}}') + \omega(\hat{\boldsymbol{e}}, \mathbf{A}\hat{\boldsymbol{e}}') = 0$.

$=\det(\alpha \mathbb{1}+\mathbf{A})$ ist. Das sieht man durch folgende Schritte

$$\begin{aligned}P(\alpha) &= \det(\alpha \mathbb{1}-\mathbf{A}) = \det(-\alpha \mathbf{J}^2 - \mathbf{JB}) = \det \mathbf{J} \det(-\alpha \mathbf{J}-\mathbf{B}) \\ &= \det(-\alpha \mathbf{J}-\mathbf{B})^{\mathrm{T}} = \det(\alpha \mathbf{J}-\mathbf{B}) = \det(\alpha \mathbb{1} - \mathbf{J}^{-1}\mathbf{B}) \\ &= \det(\alpha \mathbb{1}+\mathbf{JB}) = \det(\alpha \mathbb{1}+\mathbf{A})\,.\end{aligned}$$

Damit ist der Satz bewiesen.

Die hier gewonnene Aussage zeigt, dass die Voraussetzungen des Satzes 6.1 aus dem vorhergehenden Abschn. 6.2.3 für kanonische Systeme nicht erfüllbar sind. Solche Systeme können also keine asymptotisch stabilen Gleichgewichtslagen haben. Der Satz 6.2 aus Abschn. 6.2.3 ist dagegen auf kanonische Systeme anwendbar, für die er aussagt, dass die Gleichgewichtslage nur dann stabil sein kann, wenn alle Eigenwerte rein imaginär sind.

Als Beispiel betrachte man den Fall kleiner Schwingungen um ein Minimum der potentiellen Energie, der in der Praktischen Übung 1 beschrieben ist. Entwickelt man das Potential um das Minimum $\underset{\sim}{q}_0$ und behält nur Terme der zweiten Ordnung in der Abweichung $\underset{\sim}{q}-\underset{\sim}{q}_0$ von $\underset{\sim}{q}_0$, so sind die Bewegungsgleichungen linear. Nach der Transformation auf Normalkoordinaten hat die Lagrangefunktion die Form (A.7) der Übung 1, aus der sich die Hamiltonfunktion

$$H=\frac{1}{2}\sum_{i=1}^{f}(P_i^2+\Omega_i^2 Q_i^2)$$

ergibt. Setzt man noch $Q_i' := \sqrt{\Omega_i}\,Q_i$, und $P_i' = P_i/\sqrt{\Omega_i}$, so nimmt H die Form an

$$H=\frac{1}{2}\sum_{i=1}^{f}\Omega_i(P_i'^2+Q_i'^2)\,. \tag{6.22}$$

Daraus berechnet man die Matrix $\mathbf{A}=\mathbf{JB}$, die (6.21) genügt. Sie nimmt hier eine besonders einfache Standardform an, nämlich

$$\mathbf{A}=\left(\begin{array}{cc|cc} & & \Omega_1 & 0 \\ & 0 & & \\ & & 0 & \Omega_f \\ \hline -\Omega_1 & & & \\ & & & 0 \\ 0 & -\Omega_f & & \end{array}\right)\,. \tag{6.23}$$

Man kann Folgendes zeigen: Die Linearisierung eines Hamilton'schen Systems hat diese Standardform (6.23), wenn die Hamiltonfunktion des linearisierten Systems positiv definit ist. Bei kleinen Schwingungen um ein Minimum des Potentials hat H in der Tat diese Eigenschaft. Diagonalisiert man die Matrix (6.23), so findet man als charakteristische Exponenten die rein imaginären Werte

$$\pm \mathrm{i}\Omega_1, \pm \mathrm{i}\Omega_2, \ldots, \pm \mathrm{i}\Omega_f .$$

Ein System, für das **A** die Standardform (6.23) hat, verstößt also nicht gegen das Instabilitätskriterium des zweiten Satzes aus Abschn. 6.2.3. Die Stelle $\underset{\sim}{x}_0$ hat eine Chance, stabil zu sein, auch wenn dies durch die obigen Sätze nicht entschieden wird. Um hier weiterzukommen, versucht man, eine glatte Hilfsfunktion $V(\underset{\sim}{x})$ zu finden, die bei $\underset{\sim}{x}_0$ verschwindet und in einer Umgebung U von $\underset{\sim}{x}_0$ positiv ist. Im Beispiel (6.22) könnte dies die Energiefunktion (mit $x^i \equiv Q'_i, x^{i+f} = P'_i, i = 1, \ldots, f$)

$$V(\underset{\sim}{x}) \equiv E(\underset{\sim}{x}) = \frac{1}{2}\sum_{i=1}^{f} \Omega_i[(x^{i+f})^2 + (x^i)^2]$$

sein. Dann bilde man die zeitliche Ableitung von $V(\underset{\sim}{x})$ entlang von Lösungskurven. Ist diese in ganz U negativ oder Null, so heißt dies, dass keine Lösung nach außen, von $\underset{\sim}{x}_0$ weg, läuft. Der Punkt $\underset{\sim}{x}_0$ ist dann stabil.

Bemerkung

Eine Hilfsfunktion mit diesen Eigenschaften nennt man *Liapunov-Funktion*. Der Test auf Stabilität vermittels einer Liapunov-Funktion lässt sich auch auf nichtkanonische Systeme anwenden und dort noch verschärfen. Ist nämlich die Ableitung von $V(\underset{\sim}{x})$ entlang der Lösungskurven in ganz U negativ, so laufen alle Lösungen nach innen, auf $\underset{\sim}{x}_0$ zu. Dieser Punkt ist dann auch asymptotisch stabil. Wir illustrieren dies am Beispiel des Oszillators (6.15), mit und ohne Dämpfung. Die Stelle $(q = 0, \dot{q} = 0)$ ist Gleichgewichtslage. Als Liapunov-Funktion bietet sich die Energiefunktion an,

$$V(q, \dot{q}) := \frac{1}{2}(\dot{q}^2 + \omega^2 q^2) \quad \text{mit} \quad V(0, 0) = 0 . \tag{6.24}$$

Man bilde nun die Orbitalableitung der Funktion V, das ist $\dot{V}$ entlang von Lösungskurven ausgewertet,

$$\begin{aligned} \dot{V} &= \frac{\partial V}{\partial q}\dot{q} + \frac{\partial V}{\partial \dot{q}}\ddot{q} = \omega^2 q\dot{q} - 2\gamma\dot{q}^2 - \omega^2 q\dot{q} \\ &= -2\gamma\dot{q}^2 , \end{aligned} \tag{6.25}$$

wobei wir im zweiten Schritt $\ddot{q}$ vermittels (6.15) durch q und $\dot{q}$ ersetzt haben. Für $\gamma = 0$ ist $\dot{V}$ überall identisch Null. Keine Lösung läuft nach außen oder innen, der Punkt (0, 0) ist ein Zentrum und somit stabil. Für $\gamma > 0$ ist $\dot{V}$ entlang aller Lösungen negativ. Die Lösungen laufen nach innen und (0,0) ist asymptotisch stabil.

6.2.5 Stabilität und Instabilität beim kräftefreien Kreisel

Ein schönes Beispiel für ein nichtlineares System mit stabilen und instabilen Gleichgewichtslagen hat man bei der Bewegung eines kräftefreien, unsymmetrischen Kreisels vorliegen. Wie in Abschn. 3.13, (3.60), seien die Hauptträgheitsachsen so benannt, dass $0 < I_1 < I_2 < I_3$ gilt. Setzen wir

$$x^i := \overline{\omega}_i \quad \text{und} \quad F^1 := \frac{I_2 - I_3}{I_1} x^2 x^3 \quad \text{(zyklisch)} ,$$

so nehmen die Euler'schen Gleichungen (3.59) die Form (6.1) an,

$$\dot{x}^1 = -\frac{I_3 - I_2}{I_1} x^2 x^3 , \quad \dot{x}^2 = +\frac{I_3 - I_1}{I_2} x^3 x^1 , \quad \dot{x}^3 = -\frac{I_2 - I_1}{I_3} x^1 x^2 . \tag{6.26}$$

Dabei haben wir die rechten Seiten so geschrieben, dass die auftretenden Differenzen $I_i - I_k$ positiv sind.

Dieses dynamische System hat drei Gleichgewichtslagen, nämlich

$$\underset{\sim}{x}_0^{(1)} = (\omega, 0, 0) , \quad \underset{\sim}{x}_0^{(2)} = (0, \omega, 0) , \quad \underset{\sim}{x}_0^{(3)} = (0, 0, \omega) ,$$

deren Stabilität wir untersuchen wollen. ω ist dabei eine beliebige Konstante. Man setzt wieder $\underset{\sim}{y} = \underset{\sim}{x} - \underset{\sim}{x}_0^{(i)}$ und linearisiert die Gleichungen (6.26). In der Umgebung der Stelle $\underset{\sim}{x}_0^{(1)}$ z. B. entsteht das lineare System

$$\dot{\underset{\sim}{y}} \equiv \begin{pmatrix} \dot{y}^1 \\ \dot{y}^2 \\ \dot{y}^3 \end{pmatrix} = \begin{pmatrix} 0 & 0 & 0 \\ 0 & 0 & \omega \frac{I_3 - I_1}{I_2} \\ 0 & -\omega \frac{I_2 - I_1}{I_3} & 0 \end{pmatrix} \begin{pmatrix} y^1 \\ y^2 \\ y^3 \end{pmatrix} \equiv \mathbf{A} \underset{\sim}{y} .$$

Die charakteristischen Exponenten sind aus $\det(\alpha \mathbb{1} - \mathbf{A}) = 0$ leicht zu berechnen und ergeben sich zu

$$\alpha_1^{(1)} = 0 , \quad \alpha_2^{(1)} = -\alpha_3^{(1)} = \mathrm{i}\omega \sqrt{(I_2 - I_1)(I_3 - I_1)/I_2 I_3} . \tag{6.27a}$$

Dieselbe Analyse führt zu folgenden charakteristischen Exponenten bei $\underset{\sim}{x}_0^{(2)}$ bzw. $\underset{\sim}{x}_0^{(3)}$:

$$\alpha_1^{(2)} = 0 , \quad \alpha_2^{(2)} = -\alpha_3^{(2)} = \omega \sqrt{(I_3 - I_2)(I_2 - I_1)/I_1 I_3} \tag{6.27b}$$

$$\alpha_1^{(3)} = 0 , \quad \alpha_2^{(3)} = -\alpha_3^{(3)} = \mathrm{i}\omega \sqrt{(I_3 - I_2)(I_3 - I_1)/I_1 I_2} . \tag{6.27c}$$

Im Fall (6.27b) hat einer der charakteristischen Exponenten einen positiven Realteil. Nach Satz 6.2 aus Abschn. 6.2.3 ist $\underset{\sim}{x}_0^{(2)}$ daher mit Sicherheit keine stabile Gleichgewichtslage. Dies bestätigt die in Abschn. 3.14 (iii) aus der Abb. 3.22 gewonnene Vermutung, dass Drehungen um die Achse mit dem mittleren Trägheitsmoment nicht stabil sind.

Bei den beiden anderen Gleichgewichtslagen sind die charakteristischen Exponenten (6.27a) und (6.27c) entweder Null oder rein imaginär. Die Gleichgewichtslagen $\underset{\sim}{x}_0^{(1)}$ und $\underset{\sim}{x}_0^{(3)}$ haben daher eine Chance, stabil zu sein. Die Bestätigung für diese Vermutung erhält man mit Hilfe der folgenden Liapunov-Funktion (vgl. die Bemerkung im vorhergehenden Abschnitt) für die Stelle $\underset{\sim}{x}_0^{(1)}$ bzw. $\underset{\sim}{x}_0^{(3)}$:

$$V^{(1)}(\underset{\sim}{x}) := \frac{1}{2}[I_2(I_2 - I_1)(x^2)^2 + I_3(I_3 - I_1)(x^3)^2]$$
$$V^{(3)}(\underset{\sim}{x}) := \frac{1}{2}[I_1(I_3 - I_1)(x^1)^2 + I_2(I_3 - I_2)(x^2)^2]$$

$V^{(1)}$ verschwindet bei $\underset{\sim}{x} = \underset{\sim}{x}_0^{(1)}$ und ist in der Umgebung dieses Punktes überall positiv. Bildet man die zeitliche Ableitung von $V^{(1)}$ entlang von Lösungskurven, so ergibt sich mit Hilfe der Bewegungsgleichungen (6.26)

$$\begin{aligned}\dot{V}^{(1)}(\underset{\sim}{x}) &= I_2(I_2 - I_1)x^2\dot{x}^2 + I_3(I_3 - I_1)x^3\dot{x}^3 \\ &= [(I_2 - I_1)(I_3 - I_1) - (I_3 - I_1)(I_2 - I_1)]x^1x^2x^3 = 0\,.\end{aligned}$$

Ein analoges Resultat findet man für $V^{(3)}(\underset{\sim}{x})$. Es folgt, dass die Gleichgewichtslagen $\underset{\sim}{x}_0^{(1)}$ und $\underset{\sim}{x}_0^{(3)}$ stabil, aber nicht asymptotisch stabil sind, bzw. nicht Liapunov-stabil im Sinne von (St 3), s. Abschn. 6.3.2, sind.

6.3 Langzeitverhalten dynamischer Flüsse und Abhängigkeit von äußeren Parametern

In diesem Abschnitt behandeln wir überwiegend dissipative Systeme, d. h. solche, bei denen Energie durch die Wirkung von Reibungskräften verlorengeht. Das einfache Beispiel des gedämpften Oszillators (6.15), das in Abb. 6.3 illustriert ist, mag den Eindruck erwecken, dass die Dynamik solcher Systeme besonders einfach und nicht sonderlich interessant sei. Dieser Eindruck ist nicht richtig. Das Verhalten dissipativer Systeme kann weitaus komplexer sein als der einfache Zerfall der Bewegung, bei dem alle Bahnen mit wachsender Zeit exponentiell in einen asymptotisch stabilen Punkt laufen. Das ist z. B. dann der Fall, wenn das System auch einen Mechanismus enthält, der im Zeitmittel den Energieverlust kompensiert und daher das System in Bewegung hält. Es gibt neben Stabilitätspunkten auch andere, höherdimensionale Gebilde, an die sich gewisse Teilmengen von Bahnkurven asymptotisch anschmiegen. Bei der Annäherung an diese *Attraktoren* bei $t \to +\infty$ verlieren die Bahnen praktisch jede Erinnerung an ihre Anfangsbedingung, obwohl die Dynamik streng deterministisch ist. Es gibt aber auch Systeme, bei denen Bahnen auf einem Attraktor mit unmittelbar benachbarten Anfangsbedingungen bei wachsender Zeit exponentiell auseinanderlaufen, natürlich ohne sich jemals zu schneiden. Das ist der Fall bei dynamischen Systemen mit sogenannten *seltsamen Attraktoren.* Hier tritt eine für die Entstehung des deterministischen Chaos wesentliche Eigenschaft auf, nämlich eine extrem hohe Empfindlichkeit gegenüber den

Anfangsbedingungen. Zwei Bahnen mit exponentiell wachsendem Abstand haben praktisch ununterscheidbare Anfangskonfigurationen.

Diese seltsamen Attraktoren treten erstmals bei drei Variablen auf. In der Punktmechanik heißt das, dass der Phasenraum Dimension 4 oder höher haben muss. Es ist klar, dass die vollständige Darstellung des gesamten Flusses eines dynamischen Systems in höheren Dimensionen schwierig oder unmöglich wird. Andererseits, wenn es sich um Bewegungen handelt, die ganz im Endlichen verbleiben und die in der Nähe einer periodischen Lösung verlaufen, dann ist es unter Umständen ausreichend, die Durchstoßpunkte der Bahnen durch eine Hyperfläche kleinerer Dimension zu studieren, die senkrecht auf der periodischen Lösung steht (Poincaré-Abbildung). Eine solche Vorschrift führt zu einer Diskretisierung des Flusses. Man betrachtet den Fluss nur zu diskreten Zeiten t_0, t_0+T, t_0+2T, etc., wo T die Periode der Referenzbahn ist. Diese Abbildung des Flusses auf eine Hyperfläche gibt i. Allg. schon ein gutes Bild seiner Topologie.

Manchmal kann es sogar ausreichen, eine einzige Variable an diskreten, ausgezeichneten Punkten (z. B. Maxima einer Funktion) zu betrachten und deren Langzeitverhalten zu studieren. Dann entsteht eine Art Wiederkehr-Abbildung in einer Dimension, die man sich als stroboskopische Betrachtung des Systems vorstellen kann. Ist sie gut gewählt, so kann sie wiederum Hinweise auf das Verhalten des Systems als Ganzes geben.

Im Allgemeinen hängen dynamische Systeme von einem oder mehreren Parametern ab, die die Stärke von äußeren Einflüssen auf das System kontrollieren. Man denke an das Beispiel erzwungener Schwingungen, wo Frequenz und Amplitude der Erregerschwingung verändert werden können. Fährt man die äußeren Kontrollparameter durch, so können kritische Werte auftreten, bei denen der Fluss des Systems eine drastische, strukturelle Änderung erfährt. Solche kritischen Werte nennt man *Verzweigungen* oder *Bifurkationen*. Auch sie spielen eine wichtige Rolle bei der Entstehung von deterministischem Chaos.

In diesem Abschnitt definieren und diskutieren wir die hier angeschnittenen Begriffe etwas präziser und illustrieren sie mit einigen Beispielen.

6.3.1 Strömung im Phasenraum

Wir betrachten ein zusammenhängendes Gebiet U_0 von Anfangsbedingungen im Phasenraum, welches das orientierte Volumen V_0 haben soll.

i) Für *Hamilton'sche Systeme* sagt der Liouville'sche Satz, Abschn. 2.29, dass der Fluss Φ des Systems diese Anfangsmenge wie ein zusammenhängendes Gebilde aus einer inkompressiblen Flüssigkeit durch den Phasenraum transportiert. Gesamtvolumen und Orientierung bleiben erhalten, zu jeder Zeit t hat das aus U_0 entstandene Gebilde U_t dasselbe Volumen $V_t = V_0$. Das kann allerdings auf ganz verschiedene Weise geschehen: Für ein System mit zwei Freiheitsgraden, $f = 2$, (d. h. mit vierdimensionalem Phasenraum) sei ein vierdimensionaler Ball U_0 als Satz von Anfangskonfigurationen vorgegeben. Der Fluss des Hamilton'schen Vektorfeldes kann nun so beschaffen sein, dass dieser Ball unverändert oder nahezu unverändert durch den Phasenraum wandert. Im anderen Extrem kann er aber auch Punkte in einer Richtung von U_0 exponentiell auseinandertreiben, etwa proportional zu $\exp(\alpha t)$, gleichzeitig Punkte in einer dazu senkrechten Richtung exponentiell zusammenziehen, also proportional zu $\exp(-\alpha t)$, derart, dass das Gesamtvolumen erhalten bleibt.[2] Der Liouville'sche Satz wird in beiden Fällen respektiert. Im ersten Fall besitzen die Bahnen durch U_0 eine gewisse Stabilität, während sie im zweiten Fall in dem Sinne instabil sind, als zwei Bahnen mit nur wenig verschiedenen Anfangsbedingungen exponentiell auseinanderlaufen können. Aus einer Beobachtung an solchen Bahnen zu einer großen Zeit $t > 0$ kann man praktisch nicht mehr auf die Anfangsbedingung schließen, obgleich das System streng deterministisch ist.

ii) Für *dissipative Systeme* ist das Volumen V_0 der Anfangsmenge U_0 nicht erhalten, sondern wird für wachsende positive Zeiten monoton abnehmen. Das kann so geschehen, dass das Gebiet in allen unabhängigen Richtungen mehr oder minder gleichmäßig zusammenschrumpft. Es kann aber auch vorkommen, dass eine Richtung auseinanderläuft, während andere, dazu orthogonale derart verstärkt schrumpfen, dass das Volumen insgesamt abnimmt.

Das Maß für Konstanz, Zu- oder Abnahme von Volumina im Phasenraum ist die Jacobi-Determinante der Matrix der partiellen Ableitungen des Flusses, $\mathbf{D}\Phi$, (2.117). Ist diese Determinante gleich 1, so gilt der Liouville'sche Satz. Ist sie kleiner als 1, so schrumpft das Phasenvolumen. Wenn immer die Jacobi-Determinante von Null verschieden ist, ist der Fluss umkehrbar. Wenn sie dagegen Null wird, so ist der Fluss an dieser Stelle irreversibel. Eine einfache phänomenologische Weise, dissipative Terme in die kanonischen Gleichungen einzuführen, besteht darin, dass man die Differentialgleichung für $\underset{\sim}{p}(t)$ wie folgt abändert,

$$\dot{p}_j = -\frac{\partial H}{\partial q^j} - R_j(\underset{\sim}{q}, \underset{\sim}{p}) \,. \tag{6.28}$$

Berechnet man die zeitliche Ableitung von H entlang von Lösungskurven der Bewegungsgleichungen, so findet man

$$\frac{\mathrm{d}H}{\mathrm{d}t} = \sum \frac{\partial H}{\partial q^i}\dot{q}^i + \sum \frac{\partial H}{\partial p_j}\dot{p}_j = -\sum_{i=1}^{f} \dot{q}^i R_i(\underset{\sim}{q}, \underset{\sim}{p}) \,. \tag{6.29}$$

Je nachdem, wie die dissipativen Terme R_i beschaffen sind, nimmt die Energie ab, bis das System zur Ruhe kommt oder bis der Fluss

[2] Für eindimensionale Systeme kann diese extreme Verformung in der Regel höchstens linear in der Zeit geschehen, siehe Aufgabe 6.3

auf eine Untermannigfaltigkeit geströmt ist, auf der die dissipative Größe $\sum \dot{q}^i R_i(\underset{\sim}{q}, \underset{\sim}{p})$ verschwindet.

Im Beispiel (6.15) des gedämpften Oszillators ist $H = (p^2/m + m\omega^2 q^2)/2$ und $R = 2\gamma m\dot{q}$, so dass

$$\frac{\mathrm{d}\,H}{\mathrm{d}\,t} = -2\gamma m\dot{q}^2 = -\frac{2\gamma}{m}p\,. \tag{6.30}$$

Die Abnahme der Energie hört in diesem Beispiel erst dann auf, wenn das System zur Ruhe kommt, d. h., in diesem Fall, wenn es in den asymptotisch stabilen Punkt $(0, 0)$ läuft.

6.3.2 Allgemeinere Stabilitätskriterien

Für dynamische Systeme, deren Fluss ein asymptotisches Verhalten von der oben beschriebenen Art zeigt (nämlich, dass er lokal auf eine niedrigdimensionale Mannigfaltigkeit absinkt), muss man die Stabilitätskriterien des Abschn. 6.2.3 etwas verallgemeinern. Wenn nämlich gewisse Flusslinien für $t \to \infty$ sich z. B. einer periodischen Bahn nähern, so kann das auf unterschiedliche Weise geschehen. Überdies handelt es sich dabei um *lokales* Verhalten von Flüssen und man wird die Frage stellen, ob es gewisse Teilmengen des Phasenraums $\mathbb{R}^{2f}$ (bzw. der Mannigfaltigkeit M, auf der das dynamische System definiert ist) gibt, die für große Zeiten unter dem Fluss erhalten bleiben, ohne zu „zerlaufen".

Die für diese Diskussion wichtigen Begriffe sind in den folgenden Definitionen zusammengefasst.

Es sei F ein vollständiges Vektorfeld auf dem $\mathbb{R}^n$ oder auf dem Phasenraum $\mathbb{R}^{2f}$ oder, noch allgemeiner, auf der Mannigfaltigkeit M, je nachdem, welches dynamische System vorliegt. Es sei B ein Teilbereich von M, dessen Punkte mögliche Anfangsbedingungen für den Fluss Φ_t der Differentialgleichung (6.1) sind,

$$\Phi_{t=0}(B) = B\,.$$

Für positive oder negative Zeiten t wandert dieser Bereich nach $\Phi_t(B)$, wobei $\Phi_t(B)$ in B enthalten sein kann, oder ganz oder teilweise aus B herausströmen kann. Den ersten Fall präzisiert man wie folgt:

i) Gilt für wachsende Zeit, d. h. für alle $t \geq 0$,

$$\Phi_t(B) \subset B\,, \tag{6.31}$$

so nennt man den Bereich B *positiv invariant*.

ii) Analog, galt die Aussage (6.31) in der Vergangenheit, d. h. für alle $t \leq 0$, so heißt B *negativ invariant*.

iii) Schließlich nennt man den Bereich B *invariant*, wenn sein Bild unter dem Fluss für alle t in B enthalten ist,

$$\Phi_t(t) \subset B \quad \text{für alle} \quad t\,. \tag{6.32}$$

iv) Hat der Fluss mehrere, benachbarte Bereiche, für die (6.32) gilt, so gilt diese Aussage natürlich auch für deren Vereinigung. Es ist daher sinnvoll, ein solches Gebiet B als *Minimalbereich* zu bezeichnen, wenn es abgeschlossen, nicht leer und im Sinne von (6.32) invariant ist und wenn es sich nicht in weitere Teilbereiche mit den gleichen Eigenschaften zerlegen lässt.

Treten im Fluss Φ_t eines dynamischen Systems geschlossene, d. h. periodische Bahnen auf, so gilt für jeden Punkt m einer geschlossenen Bahnkurve $\Phi_{t+T}(m) = \Phi_t(m)$. Hierbei ist T die Periode der geschlossenen Bahn. Ebenso wie Gleichgewichtslagen sind solche geschlossenen Bahnen eher die Ausnahme in der Lösungsmannigfaltigkeit dynamischer Systeme. Daher nennt man sowohl die Gleichgewichtslagen als auch die periodischen Lösungen *kritische Elemente* des Vektorfeldes F, das im dynamischen System (6.1) auftritt. Man kann sich leicht überlegen, dass kritische Elemente eines Vektorfeldes Minimalbereiche im Sinne der Definition (iii), (6.32) und (iv) sind.

Lösungskurven, die für wachsende Zeiten nebeneinander herlaufen oder aufeinander zustreben, können das in unterschiedlicher Weise tun. Diese Art von „bewegter" Stabilität führt zu folgenden Definitionen. Wir betrachten eine Referenzbahn (A), die vom Massenpunkt m_A durchlaufen wird (das kann z. B. ein kritisches Element sein), sowie eine weitere Bahn (B) in ihrer Nähe, auf der ein Punkt m_B läuft. Zur Zeit $t = 0$ sollen m_A in m_A^0 und m_B in m_B^0 starten. Ihr Abstand sei dabei kleiner als ein vorgegebenes $\delta > 0$,

$$\| m_B^0 - m_A^0 \| < \delta \quad (t = 0) . \tag{6.33}$$

Die betrachteten Bahnen sollen (mindestens für $t \geq 0$) vollständig sein, d. h. sie sollen im Limes $t \to \pm\infty$ existieren (oder mindestens für $t \to +\infty$).

Definition 6.2 Bahnstabilität

Die Referenzbahn (A) heißt stabil in einer der folgenden Bedeutungen, wenn

St 1) man für jede Testbahn (B), die (6.33) erfüllt, ein $\varepsilon > 0$ angeben kann derart, dass (B) als Ganzes eine Röhre mit Radius ε um die Bahn (A) für $t \geq 0$ nie verlässt (*Bahnstabilität*); bzw.

St 2) der Abstand der aktuellen Position von $m_B(t)$ von der Bahn (A) im Limes $t \to +\infty$ nach Null geht (*asymptotische Stabilität*); bzw.

St 3) der Abstand der aktuellen Positionen von m_A und m_B zur Zeit t, für $t \to +\infty$ nach Null strebt (*Liapunov-Stabilität*).

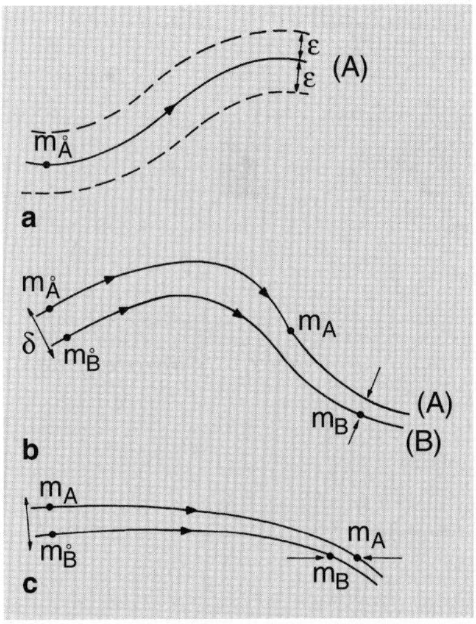

Abb. 6.5a – c. Stabilität einer Bahn (A) am Beispiel eines Systems in zwei Dimensionen, (**a**) Bahnstabilität, (**b**) asymptotische Stabilität, (**c**) Liapunov-Stabilität

Die drei Typen von Stabilität sind für das Beispiel eines dynamischen Systems in zwei Dimensionen in Abb. 6.5 skizziert. Klarerweise kann man dieselben Kriterien auch auf den Limes $t \to -\infty$ anwenden.

Ein Spezialfall ist der, bei dem m_A^0 eine Gleichgewichtslage ist, die Bahn (A) also nur aus einem Punkt besteht. Die Bahnstabilität (St 1) ist die schwächste Form und entspricht dem Fall (S1) aus Abschn. 6.2.3. Die beiden anderen Fälle (St 2) und (St 3) sind jetzt äquivalent und entsprechen dem Fall (S2).

Bemerkungen

Für Vektorfelder auf zweidimensionalen Mannigfaltigkeiten werden die Verhältnisse besonders einfach. Es gelten die folgenden Sätze:

Satz 6.4

I) Sei F Vektorfeld auf der kompakten, zusammenhängenden Mannigfaltigkeit M (mit $\dim M = 2$) und sei B ein Minimalbereich im Sinne der Definition (iv) oben. Dann ist B entweder ein kritischer Punkt oder eine periodische Bahn, oder aber $B = M$ und M hat die Struktur eines zweidimensionalen Torus T^2.

II) Ist M außerdem noch orientierbar und enthält die Integralkurve $\Phi_t(m)$ für $t \geq 0$ keine kritischen Punkte, so gilt: Entweder überstreicht $\Phi_t(m)$ ganz M, für das $M = T^2$, oder $\Phi_t(m)$ ist eine geschlossene Bahn.

Die Beweise findet man bei (Abraham-Marsden, 1981).

Als Beispiel für ein System auf dem Torus T^2 betrachten wir zwei ungekoppelte harmonische Oszillatoren:

$$\dot{p}_1 + \omega_1^2 q_1 = 0\,, \quad \dot{p}_2 + \omega_2^2 q_2 = 0\,. \tag{6.34}$$

Führen wie die kanonische Transformation (2.93) für jeden dieser Oszillatoren aus, d. h. setzen wir

$$q_i = \sqrt{2P_i/\omega_i}\,\sin Q_i\,, \quad p_i = \sqrt{2\omega_i P_i}\,\cos Q_i\,, \quad i = 1, 2\,,$$

so erhält man $\dot{P}_i = 0$, $\dot{Q}_i = \omega_i$, $i = 1, 2$ und hieraus $P_i(t) = I_i = \text{const}$ und $Q_i(t) = \omega_i t + Q_i(0)$. Die Integrationskonstanten I_1, I_2 sind proportional zu den Energien der beiden Oszillatoren, $I_i = E_i/\omega_i$, wo $E_i = (p_i^2 + \omega_i^2 q_i^2)/2$ ist. Die vollständigen Lösungen

$$P_1 = I_1\,, \quad P_2 = I_2\,, \quad Q_1 = \omega_1 t + Q_1(0)\,, \quad Q_2 = \omega_2 t + Q_2(0) \tag{6.35}$$

liegen auf Tori T^2 im vierdimensionalen Phasenraum $\mathbb{R}^4$, die durch die Konstanten I_1 und I_2 festgelegt sind. Ist das Frequenzverhältnis ω_2/ω_1 rational,

$$\omega_2/\omega_1 = n_2/n_1\,, \quad n_i \in \mathbb{N}\,,$$

so ist die kombinierte Bewegung auf einem gegebenen Torus periodisch und hat die Periode $T = 2\pi n_1/\omega_1 = 2\pi n_2/\omega_2$. Ist das Verhältnis ω_2/ω_1 irrational, dann gibt es keine geschlossenen Bahnen und die Lösungskurven überdecken den Torus dicht.

Ein weiteres, diesmal nichtlineares Beispiel lernen wir weiter unten (Abschn. 6.3.4) kennen.

6.3.3 Attraktoren

Es sei F ein vollständiges Vektorfeld auf $M = \mathbb{R}^n$ (bzw. einer anderen glatten Mannigfaltigkeit M), das ein dynamisches System vom Typus (6.1) bestimmt. Eine Teilmenge A von M wird *Attraktor* des dynamischen Systems genannt, wenn sie abgeschlossen und (im Sinne der Definition 6.3.2 (iii)) invariant ist und außerdem die folgenden Bedingungen erfüllt:

i) A liegt innerhalb einer offenen Umgebung U_0 von M, die selbst positiv invariant ist, d. h. nach Definition 6.3.2 (i)

$$\Phi_t(U_0) \subset U_0 \quad \text{für} \quad t \geq 0$$

erfüllt;

ii) zu jeder anderen offenen Umgebung V von A, die ganz in U_0 liegt (d. h. $A \subset V \subset U_0$) kann man eine positive Zeit $T > 0$ angeben, von der an das Bild von U_0 unter dem Fluss Φ_t von F ganz in V liegen wird,

$$\Phi_t(U_0) \subset V \quad \text{für alle} \quad t \geq T \, .$$

Die erste Bedingung sagt aus, dass es überhaupt offene Bereiche von M geben soll, die den Attraktor enthalten und die unter der Wirkung des Flusses für große Zeiten nicht zerlaufen. Die zweite Bedingung sagt dann, dass Integralkurven in solchen Bereichen um den Attraktor asymptotisch auf diesen hin laufen. Der gedämpfte Oszillator, Abb. 6.3, hat den Ursprung als Attraktor. Für U_0 kann man den ganzen $\mathbb{R}^2$ nehmen, denn jede Bahn wird spiralförmig nach $(0, 0)$ hineingezogen. Es kann aber auch vorkommen, dass M mehrere Attraktoren (die nicht Punkte sein müssen) besitzt und dass jeder Attraktor infolgedessen den Fluss nur in einem endlichen Teilbereich von M an sich zieht. Man definiert daher das *Becken eines Attraktors* als die Vereinigung aller offenen Umgebungen von A, die beide Bedingungen (i) und (ii) erfüllen. In Aufgabe 6.6 findet man ein einfaches Beispiel.

Im Zusammenhang der Bedingung (ii) kann man schließlich noch die Frage stellen, ob man für festes U_0 die Umgebung V so wählen kann, dass diese selbst im Laufe der Zeit (unter der Wirkung des Flusses) nicht aus U_0 herauswandert, d. h. ob $V_t \equiv \Phi_t(V) \subset U_0$ für alle $t \geq 0$ gilt. Ist das der Fall, so nennt man den Attraktor A stabil. Zwei Beispiele mögen den Begriff des Attraktors etwas eingehender veranschaulichen.

Beispiel 6.1 Erzwungene Schwingungen (Van der Pol'sche Gleichung)

Das Modell (6.15) für gedämpfte oder angefachte Bewegung eines Pendels kann aus mehreren Gründen nur in einem kleinen Bereich physikalisch sinnvoll sein. Als lineare Gleichung sagt sie, dass mit $q(t)$ auch jedes $\bar{q}(t) = \lambda q(t)$ Lösung ist, wo λ eine beliebige reelle Konstante ist. Durch diese Reskalierung kann man die Amplitude und die Geschwindigkeit beliebig groß machen. Dann kann aber die Annahme, dass die

Reibung proportional zu $\dot{q}$ ist, keine gute Näherung mehr sein. Andererseits, wählt man γ negativ, so wächst nach (6.30) die Energie, die in das System eingespeist wird, über alle Grenzen. Es ist klar, dass beiden Extrapolationen – der Reskalierung und der beliebigen Energiezufuhr – durch nichtlineare, dynamische Terme Grenzen gesetzt sein müssen.

In einem verbesserten Modell wird man dem Koeffizienten γ eine Abhängigkeit von der Amplitude geben, die so beschaffen ist, dass der Oszillator stabilisiert wird, d. h. dass er angefacht wird, solange seine Amplitude unter einem kritischen Wert liegt, aber gedämpft wird, wenn sie darüber liegt. Bezeichnet $u(t)$ die Auslenkung von der Ruhelage, so soll statt (6.15) die Gleichung

$$m\ddot{u}(t) + 2m\gamma(u)\dot{u}(t) + m\omega^2 u(t) = 0 \quad \text{mit} \tag{6.36a}$$

$$\gamma(u) := -\gamma_0(1 - u^2(t)/u_0^2) \tag{6.36b}$$

gelten, wo $\gamma_0 > 0$ und u_0 Konstante sind. u_0 ist der kritische Ausschlag, oberhalb dessen die Bewegung gedämpft wird. Für kleine Ausschläge ist $\gamma(u)$ negativ, d. h. die Bewegung wird verstärkt.

Als dimensionslose Variable seien

$$\tau := \omega t\,, \quad q(\tau) := (\sqrt{2\gamma_0}/u_0\sqrt{\omega})u(t)$$

eingeführt. Außerdem sei $p := \dot{q}(\tau)$ gesetzt. Dann kann man die Bewegungsgleichung in der Form (6.28) schreiben, mit

$$H = \frac{1}{2}(p^2 + q^2) \quad \text{und} \quad R(q, p) = -(\varepsilon - q^2)p\,, \varepsilon := 2\gamma_0/\omega$$

und somit (die Ableitung nach τ ist wieder mit dem Punkt bezeichnet)

$$\dot{q} = p$$

$$\dot{p} = -q + (\varepsilon - q^2)p\,. \tag{6.36c}$$

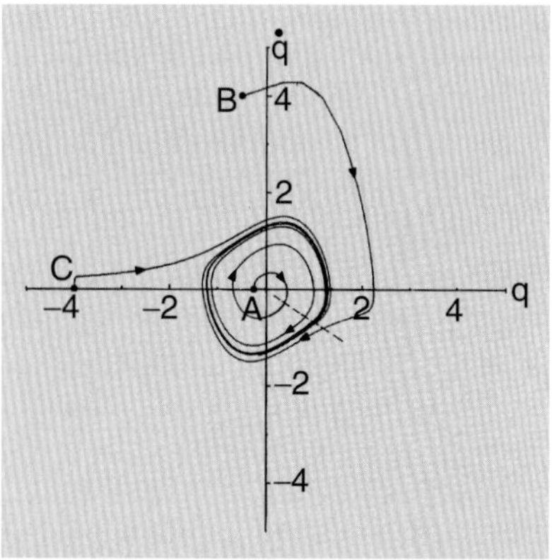

Abb. 6.6. Das dynamische System (6.36) besitzt einen Attraktor, auf den Bahnkurven im inneren sowie im äußeren Bereich $t \to +\infty$ exponentiell hin laufen. Der Steuerparameter ist $\varepsilon = 0{,}4$. Das gestrichelte Geradenstück ist ein Transversalschnitt

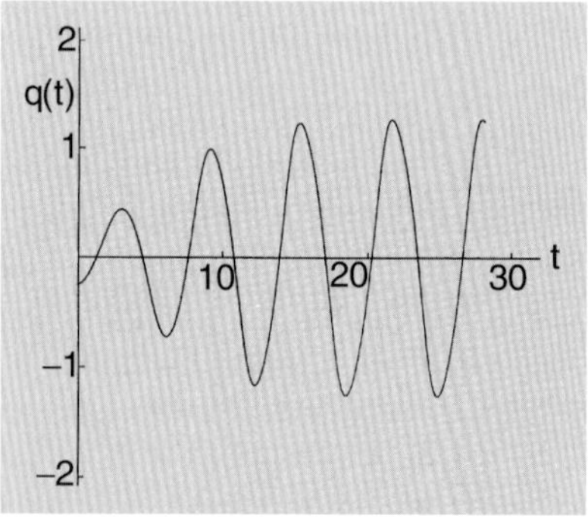

Abb. 6.7. Zeitlicher Verlauf der Bewegung des Punktes A der Abb. 6.6 mit Anfangsbedingung $(q = -0{,}25,\ p = 0)$ für $\varepsilon = 0{,}4$. Er stellt sich rasch auf die periodische Bahn des Attraktors ein

Abbildung 6.6 zeigt drei Lösungen dieses Modells für die Wahl $\varepsilon = 0{,}4$, die durch numerische Integration des Systems (6.36c) gewonnen wurden. Das Bild zeigt klar, dass die Lösungen rasch (nämlich exponentiell) auf eine *Grenzkurve* zustreben, die selbst periodische Lösung des Systems ist. Der Punkt A mit Anfangsbedingung $q_0 = -0{,}25$, $p_0 = 0$ läuft zunächst nach außen und schmiegt sich von innen an den Attraktor, während $B(q_0 = -0{,}5,\ p_0 = 4)$ und $C(q_0 = -4,\ p_0 = 0)$ von außen an die Grenzkurve heranlaufen. In diesem Fall ist der Attraktor offenbar eine geschlossene, also periodische Bahn. (Wir lesen das aus der Abb. 6.6 ab, aber haben es nicht in Strenge bewiesen.) Die Abb. 6.7 zeigt die Koordinate $q(\tau)$ des Punktes A als Funktion des Zeitparameters τ. Man sieht, wie er sich nach etwa dem Zwanzigfachen der inversen Frequenz des ungestörten Oszillators auf die periodische Bewegung auf dem Attraktor einstellt. Auf dem Attraktor ist die Energie des Oszillators $E = (p^2 + q^2)/2$ im zeitlichen Mittel erhalten. Das bedeutet, dass im Mittel gleich viel Energie durch den treibenden Term proportional zu ε zugeführt wird, wie durch die Dämpfung verlorengeht. Nach (6.29) ist $\mathrm{d}E/\mathrm{d}\tau = \varepsilon p^2 - q^2 p^2$.

Im zeitlichen Mittel ist $\langle \mathrm{d}\, E/\mathrm{d}\, \tau \rangle = 0$, und demnach

$$\varepsilon \langle p^2 \rangle = \langle q^2 p^2 \rangle \,, \tag{6.37}$$

wobei $\varepsilon \langle p^2 \rangle$ die mittlere Zufuhr an Energie ist, $\langle q^2 p^2 \rangle$ der mittlere Reibungsverlust.

Für $\varepsilon = 0{,}4$ hat der Attraktor noch eine gewisse Ähnlichkeit mit einem Kreis und die Schwingung der Abb. 6.7 sieht noch einigermaßen harmonisch aus. Wählt man jedoch ε wesentlich größer, so wird die Grenzkurve stark deformiert und nimmt die Form einer Hysteresekurve an. Gleichzeitig zeigt $q(\tau)$ ein von einer Sinuskurve stark abweichendes Verhalten. Abbildung 6.8 zeigt das Beispiel $\varepsilon = 5{,}0$. Der zeitliche Verlauf von $q(\tau)$ zeigt deutlich, dass mindestens zwei verschiedene Zeitskalen auftreten.

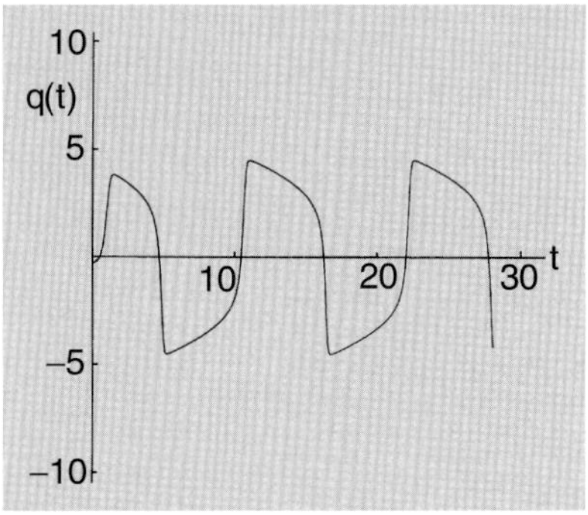

Abb. 6.8. Zeitlicher Verlauf der Bewegung des Punktes A mit Anfangsbedingung $(-0{,}25, 0)$, hier für $\varepsilon = 5{,}0$

Das zweite Beispiel knüpft eng an das Erste an und benutzt dessen Resultate:

Beispiel 6.2 Zwei gekoppelte Van der Pol'sche Oszillatoren

Wir betrachten zwei identische Systeme vom Typ (6.36c) und koppeln sie über eine lineare Wechselwirkung. Um Resonanzen zu vermeiden, führen wir in eine der beiden Gleichungen einen Extraterm ein, der dessen Frequenz etwas verstimmt. Die Bewegungsgleichungen lauten dann

$$\begin{aligned} \dot{q}_i &= p_i \,, \quad i = 1, 2 \\ \dot{p}_1 &= -q_1 + (\varepsilon - q_1^2) p_1 + \lambda (q_2 - q_1) \\ \dot{p}_2 &= -q_2 - \varrho q_2 + (\varepsilon - q_2^2) p_2 + \lambda (q_1 - q_2) \,. \end{aligned} \tag{6.38}$$

Dabei sorgt ϱ für die Abweichung der ungestörten Frequenzen voneinander, λ beschreibt die Kopplung; beide Parameter sollen klein sein.

Für $\lambda = \varrho = 0$ haben wir in jeder Variablen das Bild 6.6 des ersten Beispiels: zwei Grenzkurven in zueinander orthogonalen Ebenen des $\mathbb{R}^4$, deren Form einem Kreis äquivalent ist. Ihr Produkt definiert also einen Torus T^2 im $\mathbb{R}^4$. Dieser Torus ist ein Attraktor im $\mathbb{R}^4$. Bahnkurven in seiner Nähe laufen exponentiell auf ihn zu. Für kleine Störung, d. h. $\varrho, \lambda \ll \varepsilon$ kann man zeigen, dass er als Attraktor für das gekoppelte System stabil bleibt (Guckenheimer, Holmes 2001, Abschn. 1.8). Man beachte aber den Unterschied zum Hamilton'schen System (6.35). Dort ist der Torus zu vorgegebenen Energien E_1, E_2 die Bewegungsmannigfaltigkeit selbst. Hier dagegen ist er der Attraktor, auf den die Bahnen für $t \to +\infty$ näherungsweise exponentiell zustreben. Die Bewegungsmannigfaltigkeit ist vierdimensional, aber mit wachsender Zeit sinkt sie auf eine zweidimensionale Untermannigfaltigkeit ab.

In beiden Beispielen kann man sich leicht Überblick über die Becken verschaffen, aus denen der Attraktor die Bahnen „ansaugt".

6.3.4 Die Poincaré-Abbildung

Eine besonders anschauliche, weil topologische Methode, das Verhalten des Flusses eines dynamischen Systems in der Nähe einer geschlossenen Bahn zu studieren, ist die Methode der Poincaré-Abbildung, die wir als Nächstes studieren wollen. Sie besteht im Wesentlichen darin, dass man anstelle des gesamten Flussbildes lokale Transversalschnitte des Flusses betrachtet, d. h. dass man die Durchstoßpunkte der Integralkurven durch eine lokale Hyperebene studiert. Liegt der Fluss zum Beispiel in einem zweidimensionalen Raum $\mathbb{R}^2$, so lässt man ihn lokal durch Linienstücke hindurchtreten, die so gelegt sind, dass sie selbst keine Integralkurven enthalten. Nun betrachtet man die Menge der Durchstoßpunkte durch diese Linienstücke für verschiedene Integralkurven und versucht anhand des entstehenden Bildes in einer um 1 kleineren Dimension die Struktur des Flusses zu analysieren. In Abb. 6.6 ist ein solcher lokaler Transversalschnitt gestrichelt eingezeichnet. Betrachtet man nur die Folge der Schnittpunkte der Bahn, die von A ausgeht, mit diesem Linienstück, so sieht man bereits in dem entstehenden eindimensionalen Bild die exponentielle Annäherung an den Attraktor (siehe auch Aufgabe 6.10).

Ist der Fluss dreidimensional, so schneidet man ihn lokal mit Ebenen oder anderen zweidimensionalen, glatten Flächenstücken S, die selbst keine Integralkurven enthalten. Es entsteht ein Bild von der Art des in Abb. 6.9 skizzierten: Die periodische Bahn Γ durchstößt den Transversalschnitt S stets im selben Punkt, während eine benachbarte, nichtperiodische Bahn die Fläche S in einer Folge von distinkten Punkten schneidet. Aus diesen Beispielen abstrahieren wir folgende Definition:

Es sei F ein Vektorfeld auf $M = \mathbb{R}^n$ (oder einer anderen n-dimensionalen Mannigfaltigkeit). Ein *lokaler Transversalschnitt* von F im Punkt $x \in M$ ist eine offene Umgebung S auf einer Hyperfläche (bzw. eine Untermannigfaltigkeit S von M) mit $\dim S = \dim M - 1 = n - 1$, die den Punkt x enthält und die so gewählt ist, dass das Vektorfeld $F(s)$ an keiner Stelle $s \in S$ im Tangentialraum $T_s S$ liegt.

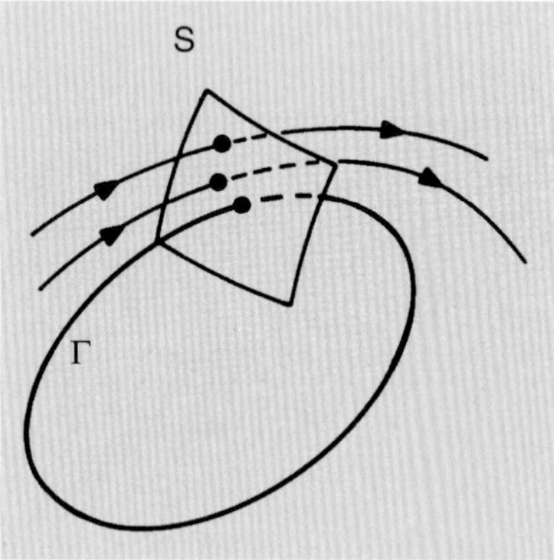

Abb. 6.9. Transversalschnitt an einer periodischen Bahn im $\mathbb{R}^3$

Mit der zuletzt genannten Bedingung ist sichergestellt, dass alle Flusslinien, die durch Punkte s von S gehen, dieses S wirklich schneiden und dass keine von ihnen in S verläuft. Es sei nun Γ eine periodische Bahn mit Periode T und S ein lokaler Transversalschnitt in einem Punkt x_0, der auf Γ liegt. Ohne Einschränkung der Allgemeinheit können wir $x_0(t = 0) = 0$ setzen. Klarerweise gilt auch $x_0(nT) = 0$. Da F an der Stelle x_0 nicht verschwindet, gibt es den Transversalschnitt S immer. Es sei S_0 eine offene Umgebung von $x_0 = 0$, die ganz in S liegt. Wir fragen nun, nach welcher Zeit $\tau(x)$ ein beliebiger Punkt $x \in S_0$, der dem Fluss von F folgt, zum ersten Mal wieder auf den Transversalschnitt S trifft. Für x_0 gilt natürlich $\tau(x_0) = T$ und $\Phi_T(x_0) = \Phi_0(x_0) = x_0$. Benachbarte Punkte aber können früher oder später als x_0 wieder auf S eintreffen, oder kehren nie auf den Transversalschnitt zurück. Dabei wird aus der anfänglichen Umgebung S_0 nach einmaligem Umlauf die

Umgebung S_1, die aus der Menge der Punkte

$$S_1 = \{\Phi_{\tau(x)}(x) | x \in S_0\} \tag{6.39}$$

besteht. Man beachte aber, dass die Punkte von S_0 unterschiedlich lange für ihren ersten Umlauf zurück nach S brauchen und dass S_1 somit nicht eine Strömungsfront des Flusses ist.

Diese so entstehende Abbildung

$$\Pi : S_0 \to S_1 : x \mapsto \Phi_{\tau(x)} \tag{6.40}$$

heißt *Poincaré-Abbildung*. Sie beschreibt das Verhalten des Flusses zu diskretisierten Zeitpunkten auf einer Mannigfaltigkeit S, deren Dimension um eins niedriger als die der ursprünglichen Mannigfaltigkeit M ist, auf der das dynamische System definiert ist. Abbildung 6.10 zeigt einen zweidimensionalen Transversalschnitt für einen Fluss auf $M = \mathbb{R}^3$.

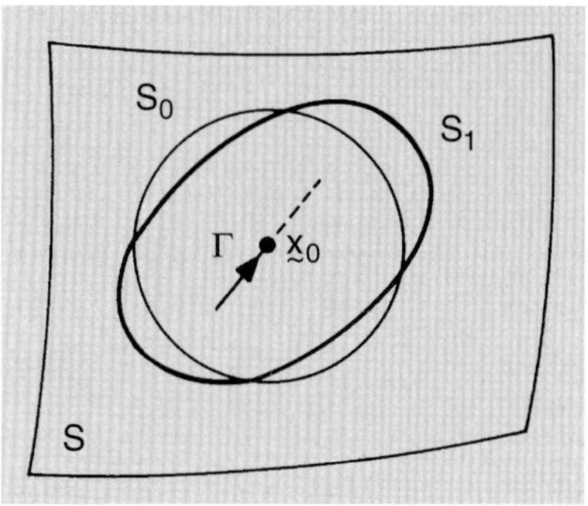

Abb. 6.10. Poincaré-Abbildung eines Anfangsgebietes S_0 in der Umgebung der periodischen Bahn Γ. Der Durchstoßpunkt x_0 von Γ ist Fixpunkt der Abbildung

Natürlich kann man die Abbildung (6.40) iterieren, indem man nach dem Bild S_2 von S_1 nach einem weiteren Umlauf aller seiner Punkte fragt usw. Es entsteht eine Folge von offenen Umgebungen

$$S_0 \underset{\Pi}{\longrightarrow} S_1 \underset{\Pi}{\longrightarrow} S_2 \ldots \underset{\Pi}{\longrightarrow} S_n \,,$$

die auseinanderlaufen können oder mehr oder minder gleich bleiben, oder aber asymptotisch auf die periodische Bahn Γ zusammenschrumpfen können. Damit hat man ein nützliches Kriterium zur Hand, mit dem man das Langzeitverhalten des Flusses in der Nähe einer periodischen Bahn (allgemeiner sogar in der Nähe eines Attraktors) untersuchen und damit die Stabilität dieser Bahn (des Attraktors) testen kann.

Für die Frage der Stabilität in der Nähe der periodischen Bahn Γ genügt es, die Poincaré-Abbildung im Punkt x_0 zu linearisieren, d. h. die Abbildung

$$\mathbf{D}\Pi(0) = \left\{ \left. \frac{\partial \Pi^i}{\partial x^k} \right|_{x=0} \right\} \tag{6.41}$$

zu betrachten. (Für eine allgemeinere Mannigfaltigkeit M ist das die Tangentialabbildung $T\Pi$ im Punkt $x_0 \in M$.) Die Eigenwerte der Matrix (6.41) nennt man *charakteristische Multiplikatoren* des Vektorfeldes F bei der periodischen Bahn Γ. Sie geben Auskunft über Stabilität oder Instabilität in einer Umgebung der geschlossenen Bahn Γ. Es gelten folgende Aussagen:

Es sei Γ eine geschlossene Bahn des dynamischen Systems F und Π eine Poincaré-Abbildung in $x_0 = 0$. Liegen alle charakteristischen Multiplikatoren strikt innerhalb des Einheitskreises, so schmiegt sich der Fluss für $t \to +\infty$ an die Bahn Γ an. Diese Bahn ist asymptotisch stabil. Ist dagegen einer der Eigenwerte von $\mathbf{D}\Pi(0)$ dem Betrag nach größer als eins, so ist Γ instabil.

Wir betrachten zwei Beispiele, das Erste für Flüsse in der Ebene, bei denen die Transversalschnitte eindimensional sind, das Zweite für Flüsse auf einem Torus T^2 oder in seiner Nähe.

Beispiel 6.3

$$\dot{x}_1 = \mu x_1 - x_2 - (x_1^2 + x_2^2)^n x_1$$
$$\dot{x}_2 = \mu x_2 + x_1 - (x_1^2 + x_2^2)^n x_2 \,. \tag{6.42a}$$

Hierbei sei $\mu \in \mathbb{R}$, $n = 1, 2, 3$. Ohne die linearen Kopplungsterme $-x_2$ in der ersten und x_1 in der zweiten Gleichung wäre das System (6.42) unter Drehungen in der (x_1, x_2)-Ebene invariant. Andererseits, ohne die Nichtlinearität und für $\mu = 0$ hätte man die Gleichungen $\dot{x}_1 = -x_2$, $\dot{x}_2 = x_1$, deren Lösungen gleichmäßig auf konzentrischen Kreisen mit dem Ursprung als Mittelpunkt umlaufen. Fängt man diese gleichförmige Drehung auf, indem man ebene Polarkoordinaten $x_1 = r\cos\phi$, $x_2 = r\sin\phi$ einführt, so entsteht aus (6.42a) das entkoppelte System

$$\dot{r} = \mu r - r^{2n+1} \equiv -\frac{\partial}{\partial r} U(r, \phi)$$
$$\dot{\phi} = 1 \equiv -\frac{\partial}{\partial \phi} U(r, \phi) \,. \tag{6.42b}$$

Die rechte Seite der ersten Gleichung (6.42b) kann man als Gradientenfluss schreiben, wobei

$$U(r, \phi) = -\frac{1}{2}\mu r^2 + \frac{1}{2n+2} r^{2n+2} - \phi \tag{6.43}$$

gesetzt ist. Für $\mu < 0$ ist $r = 0$ kritischer Punkt, in dessen Nähe die Bahnen mit $r = \exp(\mu t)$ spiralförmig nach $(0, 0)$ streben. Dieser Punkt ist daher asymptotisch stabil. Für $\mu > 0$ wird der Ursprung instabil. Gleichzeitig tritt eine periodische Lösung

$$x_1 = R(\mu)\cos t \,, \quad x_2 = R(\mu)\sin t \quad \text{mit} \quad R(\mu) = \sqrt[2n]{\mu}$$

auf, die sich als asymptotisch stabiler Attraktor herausstellt. Lösungen von (6.42a), die außerhalb des Kreises mit Radius $R(\mu)$ starten, umlaufen diesen spiralförmig und nähern sich ihm dabei exponentiell. Lösungen, die im Inneren starten, laufen mit wachsendem Radius ebenfalls spiralförmig um den Ursprung herum und schmiegen sich dem Attraktor von innen an (man skizziere dies!). In diesem Beispiel ist es leicht, eine Poincaré-Abbildung anzugeben. Es genügt, das Flussbild mit einer Halbachse $\phi = \phi_0 = \text{const.}$ in der (x_1, x_2)-Ebene zu schneiden. Gibt man einen Punkt (x_1^0, x_2^0) auf dieser Halbachse vor und ist $r_0 := \sqrt{(x_1^0)^2 + (x_2^0)^2}$, so landet er nach der Zeit $t = 2\pi$ wieder auf dieser Halbachse und hat dann den Abstand $r_1 = \Pi(r_0)$ vom Ursprung, wobei r_1 sich aus r_0 vermittels der ersten Gleichung des Systems (6.42b) berechnet. Ist nämlich Ψ_t der Fluss dieser Gleichung, so ist $r_1 = \Psi_{t=2\pi}(r_0)$.

Wir betrachten den Spezialfall $n = 1$ mit $\mu > 0$ und wählen als Zeitvariable $\tau := \mu t$. Dann geht das System (6.42b) über in

$$\frac{\mathrm{d}r}{\mathrm{d}\tau} = r\left(1 - \frac{1}{\mu} r^2\right) \,, \quad \frac{\mathrm{d}\phi}{\mathrm{d}\tau} = \frac{1}{\mu} \,. \tag{6.44}$$

Mit dem Ansatz $r(\tau) = 1/\sqrt{\varrho(\tau)}$ ergibt sich die Hilfsgleichung $\mathrm{d}\varrho/\mathrm{d}\tau = 2[(1/\mu) - \varrho]$, die sich ohne Schwierigkeiten integrieren lässt. Es ist $\varrho(c, \tau) = (1/\mu) + c\exp(-2\tau)$, wo c eine Integrationskonstante ist, die durch die Anfangsbedingung $\varrho(\tau = 0) = \varrho_0 = 1/r_0^2$ festgelegt ist. Die Integralkurve von (6.44), die durch den Anfangspunkt (r_0, ϕ_0) geht, ist damit

$$\Phi_\tau(r_0, \phi_0) = (1/\sqrt{\varrho(c, \tau)}, \phi_0 + \tau/\mu \bmod 2\pi) \tag{6.45}$$

mit $c = (1/r_0^2) - (1/\mu)$. Die Poincaré-Abbildung, die (r_0, ϕ_0) auf $(r_1, \phi_1 = \phi_0)$ abbildet, ist somit durch (6.45) mit $\tau = 2\pi$ gegeben,

$$\Pi(r_0) = \left[\frac{1}{\mu} + \left(\frac{1}{r_0^2} - \frac{1}{\mu}\right) \mathrm{e}^{-4\pi}\right]^{-1/2} . \tag{6.46}$$

Sie hat den Fixpunkt $r_0 = \sqrt{\mu}$, der zur periodischen Lösung gehört. Linearisiert man sie in der Nähe dieses Fixpunktes, so ist

$$\mathbf{D}\Pi(r_0 = \sqrt{\mu}) = \left.\frac{\mathrm{d}\Pi}{\mathrm{d}r_0}\right|_{r_0=\sqrt{\mu}} = \mathrm{e}^{-4\pi} .$$

Der charakteristische Multiplikator $\lambda = \exp(-4\pi)$ ist kleiner als 1 und somit ist die periodische Bahn ein asymptotisch stabiler Attraktor.

Beispiel 6.4

Es werde der Fluss eines autonomen Hamilton'schen Systems mit $f = 2$ betrachtet, das zwei Integrale der Bewegung besitzt. Wir stellen uns vor, dass wir eine kanonische Transformation gefunden haben, die beide Koordinaten zu zyklischen macht,

$$\{q_1, q_2, p_1, p_2, H\} \mapsto \{\theta_1, \theta_2, I_1, I_2, \tilde{H}\} , \tag{6.47}$$

wobei $\tilde{H} = \omega_1 I_1 + \omega_2 I_2$ mit Konstanten ω_1, ω_2 herauskommt. Die ungekoppelten Oszillatoren (6.34) geben ein Beispiel dafür. $\theta_i(\underset{\sim}{q}, \underset{\sim}{p})$ sind die neuen Koordinaten, $I_i(\underset{\sim}{q}, \underset{\sim}{p})$ sind die neuen Impulse. Da beide θ_i zyklisch sind, ist

$$\dot{I}(\underset{\sim}{q}, \underset{\sim}{p}) = 0 \quad \text{bzw.} \quad I_i(\underset{\sim}{q}, \underset{\sim}{p}) = \text{const} = I_i(\underset{\sim}{q}_0, \underset{\sim}{p}_0)$$

entlang von Lösungskurven. In der Basis der alten Koordinaten heißt dies, dass die Poisson-Klammern

$$\{H, I_i\} \quad \text{und} \quad \{I_i, I_j\} , \quad (i, j = 1, 2) \tag{6.48}$$

verschwinden.[3] Für die neuen Koordinaten gilt

$$\dot{\theta}_i = \frac{\partial \tilde{H}}{\partial I_i} = \omega_i \quad \text{bzw.} \quad \theta_i(t) = \omega_i t + \theta_i^0 . \tag{6.49}$$

Aus (6.49) ersieht man, dass die Bewegungsmannigfaltigkeit ein Torus T^2 ist, der in den vierdimensionalen Phasenraum eingebettet ist. Als

[3] H, I_1 und I_2 stehen in Involution zueinander, s. Abschn. 2.37.2.

Tranversalschnitt für die Poincaré-Abbildung bietet sich auf natürliche Weise ein Flächenstück S an, das den Torus schneidet und auf diesem senkrecht steht. Ist $\theta_1(t) = \omega_1 t + \theta_1^0$ die Winkelvariable, die entlang des Torus läuft, $\theta_2 = \omega_2 t + \theta_2^0$ die Variable, die seinen Querschnitt umfährt, so kehrt ein Punkt s aus $S_0 \subset S$ nach der Zeit $T = (2\pi/\omega_1)$ zum ersten Mal auf S zurück.

Ohne Einschränkung können wir die Zeit in Einheiten dieser Periode T messen, $\tau := t/T$ und $\theta_1^0 = 0$ wählen. Dann gilt

$$\theta_1(\tau) = 2\pi\tau \ , \quad \theta_2(\tau) = 2\pi\tau\omega_2/\omega_1 + \theta_2^0 \ . \tag{6.49'}$$

Die Poincaré-Abbildung bildet Punkte der Schnittkurve C des Torus mit dem Flächenstück S auf Punkte derselben Kurve ab. Die Schnittpunkte einer Bahnkurve (6.49′) mit S erscheinen jetzt nacheinander bei $\tau = 0, 1, 2 \ldots$. Ist das Verhältnis ω_2/ω_1 rational, $\omega_2/\omega_1 = m/n$, so besteht die Folge der ersten $(n-1)$-Bilder des Punktes $\theta_2 = \theta_2^0$ unter der Poincaré-Abbildung aus $(n-1)$ verschiedenen Punkten auf C, während das n-te Bild mit dem Ausgangspunkt zusammenfällt.

Ist das Verhältnis ω_2/ω_1 irrational, so wird ein Punkt s_0 auf C bei jeder Abbildung um den konstanten Azimutwinkel $2\pi\omega_2/\omega_1$ verschoben, kehrt aber nie zur Ausgangsposition zurück. Für große Zeiten wird die Kurve C zwar unstetig, aber dicht überdeckt.

6.3.5 Verzweigungen von Flüssen bei kritischen Punkten

Im Beispiel 6.3 des vorhergehenden Abschnitts, (6.42), hat sich herausgestellt, dass die Struktur des Flusses für positive oder negative Werte des Parameters μ wesentlich verschieden ist. Für $\mu < 0$ ist der Nullpunkt einziges kritisches Element und ist dann eine asymptotisch stabile Gleichgewichtslage. Für $\mu > 0$ hat der Fluss die kritischen Elemente $\{0, 0\}$ und $\{R(\mu)\cos t, R(\mu)\sin t\}$. Das Erste von diesen ist jetzt eine instabile Gleichgewichtslage, das Zweite ist eine geschlossene Kurve, die sich als asymptotisch stabiler Attraktor herausstellt. Lässt man μ von negativen zu positiven Werten variieren, so zweigt bei $\mu = 0$ aus der für negative μ asymptotisch stabilen Gleichgewichtslage eine stabile, periodische Bahn ab. Gleichzeitig wird die Gleichgewichtslage instabil, wie in Abb. 6.11 skizziert. Man könnte diesen Sachverhalt auch so ausdrücken, dass der Ursprung für $\mu < 0$ wie eine *Senke* des Flusses wirkt, für $\mu > 0$ dagegen wie eine *Quelle*, während im gleichen Bereich die periodische Bahn mit Radius $R(\mu)$ zu einer Senke wird. Punkte der Art wie die Stelle $(\mu = 0, r = 0)$ in diesem speziellen Beispiel, an denen der Fluss sich strukturell ändert, nennt man Verzweigungen. Im allgemeinen Fall liegt ein dynamisches System vor,

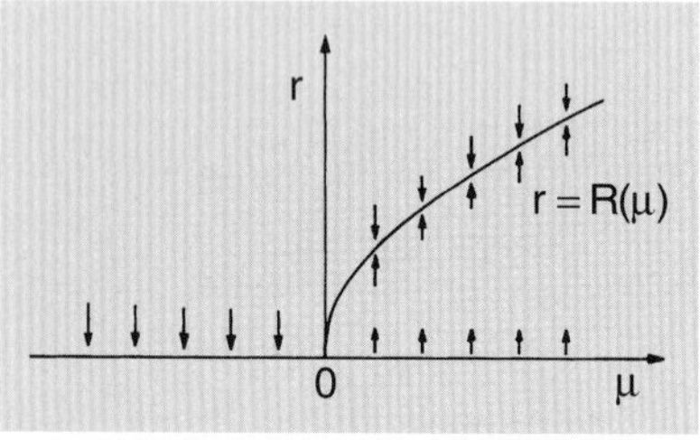

Abb. 6.11. Im System (6.42) ist $r = 0$ für $\mu < 0$ asymptotisch stabil. Bei $\mu = 0$ zweigt eine periodische Lösung (Kreis mit Radius $R(\mu)$) ab, die asymptotisch stabiler Attraktor ist. Der Punkt $r = 0$ wird für $\mu > 0$ instabil

$$\dot{x} = F(\mu, x) \ , \tag{6.50}$$

dessen Vektorfeld von einem Satz $\mu = \{\mu_1, \mu_2, \ldots, \mu_k\}$ von k Kontrollparametern abhängt. Die kritischen Punkte des Systems (6.50) sind diejenigen Werte x_0, für die das Vektorfeld F verschwindet,

$$F(\mu, x_0) = 0 \,. \tag{6.51}$$

Die Lösungen dieser Gleichung (6.51) hängen i. Allg. von den Werten der Parameter μ ab und sind genau dann glatte Funktionen von μ, wenn die Matrix der Ableitungen $\mathbf{D}F = \{\partial F^i(\mu, x)/\partial x^k\}$ an der Stelle x_0 eine nichtverschwindende Determinante hat. Das ist eine Folge des Theorems über implizite Funktionen, das unter dieser Bedingung garantiert, dass man die implizite Gleichung (6.51) nach x_0 auflösen kann. Diejenigen Punkte (μ, x_0), an denen diese Bedingung *nicht* erfüllt ist, an denen $\mathbf{D}F$ also mindestens einen Eigenwert gleich Null hat, erfordern daher besondere Aufmerksamkeit: Hier können mehrere Zweige unterschiedlicher Stabilität zusammenlaufen oder voneinander abzweigen. Tritt dies ein, so ändert der Fluss beim Durchgang durch diesen Punkt seine Struktur. Solche Punkte (μ, x_0), an denen die Determinante von $\mathbf{D}F$ verschwindet oder, dazu äquivalent, wo $\mathbf{D}F$ mindestens einen Eigenwert gleich Null hat, nennt man *Verzweigungen* oder *Bifurkationen*.

Eine allgemeine Diskussion der Lösungen von (6.51) und eine vollständige Klassifikation von Verzweigungen ist etwas technisch und umfangreich. Eine gute Darstellung dessen, was darüber bekannt ist, findet man bei (Guckenheimer, Holmes 2001). Wir beschränken uns hier auf eine kurze Diskussion von Verzweigungen der Kodimension 1.[4]

Das Vektorfeld F hängt jetzt nur von einem Parameter μ ab, aber immer noch von der n-dimensionalen Variablen x. Ist (μ_0, x_0) ein Punkt, an dem eine Verzweigung von kritischen Punkten auftritt, so sind die beiden folgenden Formen der Matrix $\mathbf{D}F$ am Bifurkationspunkt typisch (s. Guckenheimer, Holmes 2001):

$$\mathbf{D}F(\mu, x)|_{\mu_0, x_0} = \begin{pmatrix} 0 & 0 \\ 0 & \mathbf{A} \end{pmatrix} , \tag{6.52}$$

wo $\mathbf{A}$ eine $(n-1) \times (n-1)$ Matrix ist, und

$$\mathbf{D}F(\mu, x)|_{\mu_0, x_0} = \begin{bmatrix} 0 & -\omega & 0 \\ \omega & 0 & 0 \\ 0 & 0 & \mathbf{B} \end{bmatrix} , \tag{6.53}$$

wo B eine $(n-2) \times (n-2)$ Matrix ist.

Im ersten Fall (6.52) hat $\mathbf{D}F$ einen Eigenwert gleich Null, der für die Verzweigung verantwortlich ist. Da es auf die restliche Matrix $\mathbf{A}$ nicht ankommt, können wir die Dimension der Matrix $\mathbf{D}F$ im Falle (6.52) als $n = 1$ wählen. Die Matrix $\mathbf{A}$ tritt dann gar nicht auf. Außerdem kann man ohne Einschränkung den jeweils betrachteten kritischen Punkt x_0 nach Null legen und auch den Kontrollparameter, falls notwendig, so umdefinieren, dass der Verzweigungspunkt bei $\mu = 0$ liegt. Dann treten folgende Typen auf:

[4] Kodimension einer Verzweigung ist die kleinste Dimension eines Parameterraums $\{\mu_1, \ldots, \mu_k\}$, bei der diese Verzweigung auftritt.

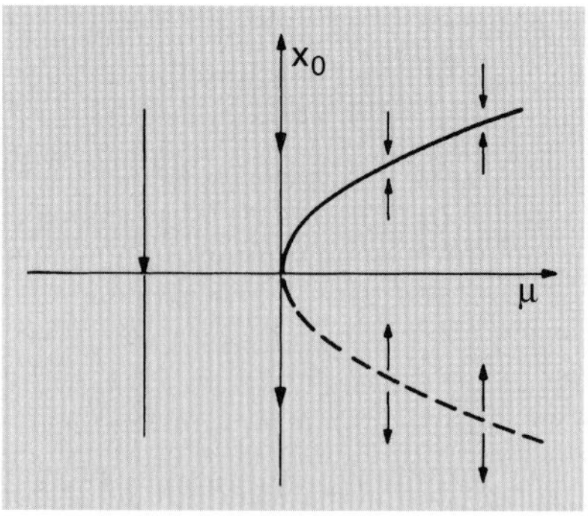

Abb. 6.12. Illustration der Sattelpunkt-Knoten Verzweigung bei $x_0 = \mu = 0$. Die Pfeile geben die Flussrichtung in der Nähe der jeweiligen Gleichgewichtslage an

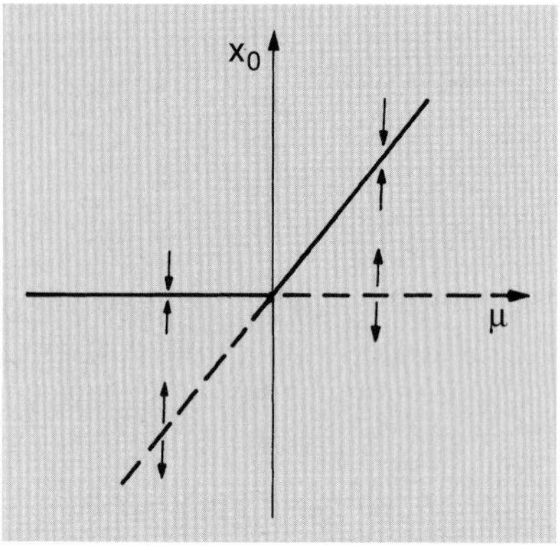

Abb. 6.13. Die transkritische Verzweigung. Beim Durchgang durch den Bifurkationspunkt tauschen die Halbgeraden ihren Stabilitätscharakter aus

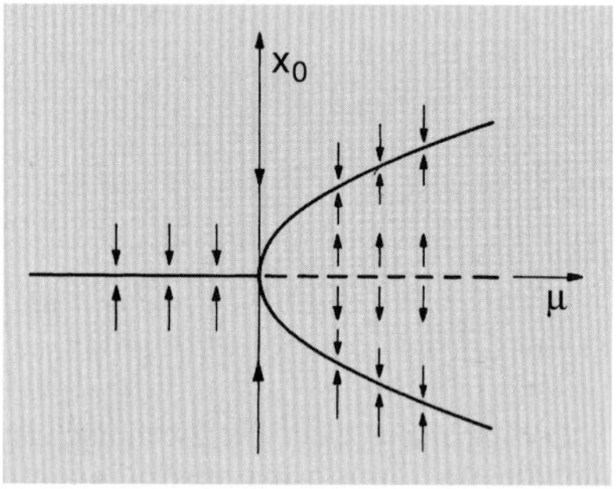

Abb. 6.14. Die Stimmgabel-(pitchfork)-Verzweigung

i) *Die Sattelpunkt-Knoten Verzweigung (saddle node bifurcation)*

$$\dot{x} = \mu - x^2 \, . \tag{6.54}$$

Für $\mu > 0$ ist der Zweig $x_0 = \sqrt{\mu}$ die Menge der stabilen, $x_0 = -\sqrt{\mu}$ die Menge der instabilen Gleichgewichtslagen, wie in Abb. 6.12 skizziert. Bei $\mu = 0$ treffen diese Zweige zusammen und heben sich gegenseitig auf, denn für $\mu < 0$ gibt es keine Gleichgewichtslage.

ii) *Die transkritische Verzweigung (transcritical bifurcation)*

$$\dot{x} = \mu x - x^2 \, . \tag{6.55}$$

Gleichgewichtslagen sind hier die Geraden $x_0 = 0$ und $x_0 = \mu$. Für $\mu < 0$ ist die erste Gerade asymptotisch stabil, die zweite Gerade ist instabil. Für $\mu > 0$ ist dagegen die Erste instabil, die Zweite aber asymptotisch stabil, wie in Abb. 6.13 gezeigt. Bei $\mu = 0$ treffen diese vier Zweige zusammen, die Halbachsen ($x_0 = 0$ bzw. $x_0 = \mu$, $\mu < 0$ und ($x_0 = \mu$ bzw. $x_0 = 0$, $\mu > 0$) tauschen ihren Stabilitätscharakter aus.

iii) *Die „Stimmgabel"-Verzweigung (pitchfork bifurcation)*

$$\dot{x} = \mu x - x^3 \, . \tag{6.56}$$

Kritische Punkte liegen hier auf der Geraden $x_0 = 0$, wobei diese asymptotisch stabil sind, wenn μ negativ ist, aber instabil, wenn μ positiv ist. Für $\mu > 0$ sind außerdem die Punkte auf der Parabel $x_0^2 = \mu$ asymptotisch stabile Gleichgewichtslagen, wie in Abb. 6.14 skizziert. Bei $\mu = 0$ spaltet sich die Stabilitätsgerade der linken Seite der Figur auf in die „Stimmgabel" (Parabel) der Stabilität und die Halbgerade der Instabilität.

Bei allen bis hierher betrachteten Beispielen sind die nichtlinearen Terme so eingerichtet, dass sie den konstanten oder linearen Termen für $\mu > 0$ entgegenwirken, sich also stabilisierend auswirken, wenn man sich von $x_0 = 0$ zu positiven x entfernt. Die dann auftretenden Bifurkationen nennt man *überkritisch*. Es ist interessant, die Verhältnisse für (6.54) – (6.56) zu studieren, wenn man die Vorzeichen der nichtlinearen Terme umkehrt. (Man zeichne die analogen Verzweigungsdiagramme.) Die entstehenden Verzweigungen nennt man *unterkritisch*.

Im Fall der Normalform (6.53) muss das System mindestens zweidimensional sein und $\mathbf{D}F$ muss zwei konjugiert komplexe Eigenwerte haben. Als typisches Beispiel tritt auf

iv) *die Hopf'sche Verzweigung*

$$\begin{aligned} \dot{x}_1 &= \mu x_1 - x_2 - (x_1^2 + x_2^2)x_1 \\ \dot{x}_2 &= \mu x_2 + x_1 - (x_1^2 + x_2^2)x_2 \, . \end{aligned} \tag{6.57}$$

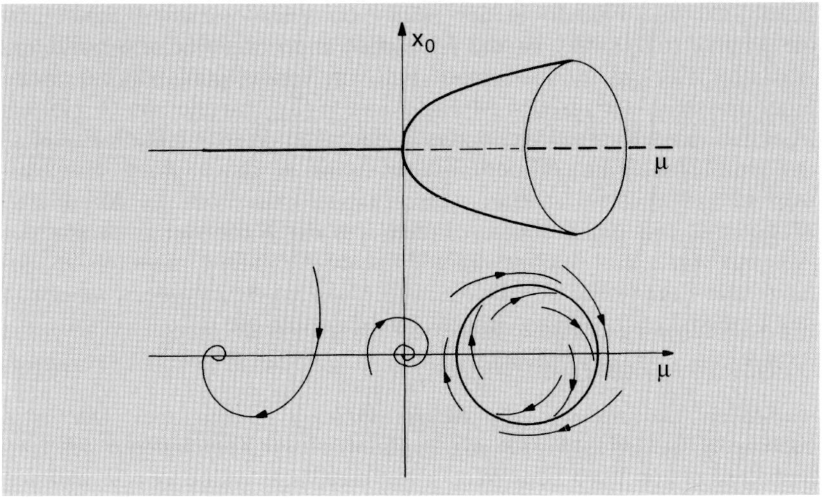

Abb. 6.15. Die Hopf'sche Verzweigung in zwei Dimensionen. Die untere Zeichnung zeigt das Flussverhalten in der Nähe des asymptotisch stabilen kritischen Punktes bzw. in der Nähe der asymptotisch stabilen periodischen Lösung

Dies ist identisch mit dem Beispiel (6.42a) mit $n = 1$ und wir können die Ergebnisse dieses Beispiels direkt in das Verzweigungsdiagramm (μ, x_0) eintragen. Es entsteht das Bild der Abb. 6.15. (Auch hier ist es interessant, aus dieser überkritischen eine unterkritische Verzweigung zu machen, indem man den nichtlinearen Termen in (6.57) das andere Vorzeichen gibt. Man zeichne das analoge Verzweigungsdiagramm.) Wir bemerken noch, dass hier und in (6.53) die Determinante von $\mathbf{D}F$ bei (μ_0, x_0) zunächst nicht verschwindet. Sie tut es aber dann, wenn man wie im Beispiel (6.42) eine gleichmäßige Drehung abgespalten hat. Dann entsteht nämlich das System (6.42b), bei dem die Determinante von $\mathbf{D}F$ verschwindet und dessen erste Gleichung (mit $n = 1$) genau die Form (6.56) hat. Das Bild der Abb. 6.15 entsteht aus dem Stimmgabelbild der Abb. 6.14 durch Drehen in eine zweite x-Dimension.

6.3.6 Verzweigungen von periodischen Bahnen

Wir schließen diesen Abschnitt mit einigen Bemerkungen über die Stabilität geschlossener Bahnen als Funktion der Kontrollparameter ab. Im Abschn. 6.3.5 haben wir ausschließlich die Verzweigung von Gleichgewichtspunkten studiert, die ja ebenso wie die geschlossenen Bahnen zu den kritischen Elementen des Vektorfeldes gehören. Einige der Aussagen lassen sich von dort auf das Verhalten von periodischen Bahnen an Verzweigungspunkten direkt übertragen, wenn man die Poincaré-Abbildung (6.40) und ihre Linearisierung (6.41) verwendet. Aus Platzgründen können wir hier nicht weiter darauf eingehen.

Qualitativ neu und für das Folgende besonders interessant ist diejenige Verzweigung einer periodischen Bahn, die zu Frequenzverdoppelung führt. Diese kann man wie folgt beschreiben. Über Stabilität oder

Instabilität von Flüssen in der Nähe von geschlossenen Bahnen gibt die Matrix (6.41), das ist die Linearisierung der Poincaré-Abbildung, Auskunft. Der uns interessierende Fall von Verzweigung tritt auf, wenn einer der charakteristischen Multiplikatoren (Eigenwerte von (6.41)) als Funktion eines Kontrollparameters μ durch den Wert -1 läuft. Es sei s_0 der Durchstoßpunkt der periodischen Bahn Γ durch einen Transversalschnitt. Dieses s_0 ist klarerweise Fixpunkt der Poincaré-Abbildung, $\Pi(s_0) = s_0$. Für einen anderen Punkt s in der Nähe von s_0 nimmt der Abstand von s nach mehrmaliger Poincaré-Abbildung monoton ab, solange alle Eigenwerte von $\mathbf{D}\Pi(s_0)$, (6.41), dem Betrage nach innerhalb des Einheitskreises liegen. In linearer Näherung gilt

$$\Pi^n(s) - s_0 = (\mathbf{D}\Pi(s_0))^n (s - s_0) . \qquad (6.58)$$

Stellen wir uns vor, die Matrix $\mathbf{D}\Pi(s_0)$ sei diagonal. Der erste Eigenwert sei derjenige, der als Funktion von μ vom Inneren des Einheitskreises aus über den Wert -1 hinausläuft, während alle anderen dem Betrage nach kleiner als 1 bleiben sollen. Dann genügt es, die Poincaré-Abbildung nur in der 1-Richtung auf dem Transversalschnitt zu betrachten, d. h. in der Richtung, auf die sich der hier interessante Eigenwert λ_1 bezieht. Sei die Koordinate in dieser Richtung mit u bezeichnet. Nimmt man an, dass $\lambda_1(\mu)$ reell ist und zunächst zwischen -1 und 0 liegt, so wird die Bahn, die den Transversalschnitt im Punkt s_1 der Abb. 6.16a trifft, nach einem Umlauf bei u_2 erscheinen, nach zwei Umläufen bei u_3 etc. und sich dabei asymptotisch dem Punkt s_0 nähern. Ist $\lambda_1(\mu) < -1$, dann läuft die Bahn durch s_1 rasch nach außen weg und die periodische Bahn durch s_0 wird instabil.

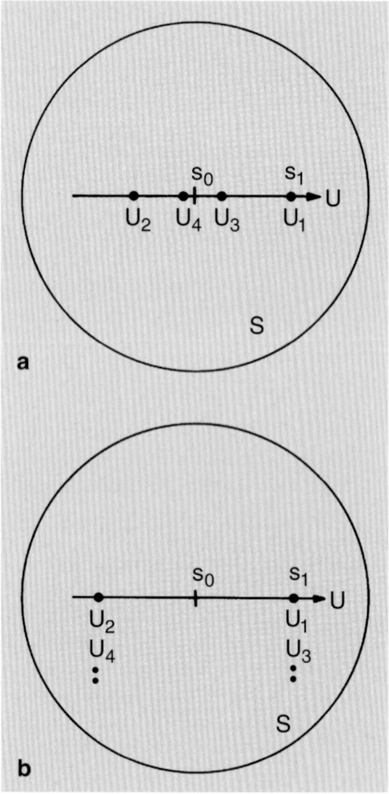

Abb. 6.16a,b. Poincaré-Abbildung in der Nähe einer periodischen Bahn, wenn ein charakteristischer Multiplikator sich dem Wert -1 von oben nähert, Bild (**a**), bzw. genau diesen Wert annimmt, Bild (**b**)

Gibt es einen Wert μ_0 des Kontrollparameters, für den $\lambda_1(\mu_0) = -1$ ist, so entsteht das Bild der Abb. 6.16b. Die Bahn durch s_1 erscheint nach einem Umlauf bei $u_2 = -u_1$, nach zwei Umläufen aber wieder bei $u_3 = +u_1$, dann bei $u_4 = -u_1$, $u_5 = +u_1$ usw. Das gilt für jedes s auf der u-Achse, so dass klar wird, dass die ursprünglich periodische Bahn Γ durch s_0 nur noch eine Art Sattelpunkt-Stabilität besitzt: Bahnen in anderen als der u-Richtung zieht sie nach wie vor an, während Bahnen mit Durchstoßpunkt auf der u-Achse bei der kleinsten Störung von ihr weglaufen. Der Punkt (μ_0, s_0) ist demnach ein Verzweigungspunkt, der oberflächlich betrachtet wie eine „Stimmgabel"-Verzweigung der Abb. 6.14 aussieht. In Wirklichkeit tritt bei der hier betrachteten Bahnstabilität ein neues Phänomen zutage. Während bei Gleichgewichtspunkten zu Systemen mit dem Verzweigungsdiagramm der Abb. 6.14 (für $\mu > 0$) eine gegebene Integralkurve in den Punkt $x_0 = +\sqrt{\mu}$ *oder* in den Punkt $x_0 = -\sqrt{\mu}$ hineinläuft, bewegt sich die Bahn im Beispiel der Abb. 6.16b alternierend zwischen u_1 und $-u_1$ hin und her. Sie ist zu einer periodischen Bahn Γ_2 mit der doppelten Periode $T_2 = 2T$ geworden, wo T die Periode der ursprünglichen Bahn Γ ist.

Die Poincaré-Abbildung mit Γ_2 als Referenzbahn muss man neu definieren. Die Transversalschnitte müssen so gewählt werden, dass

Γ_2 den Transversalschnitt erst nach T_2 zum ersten Mal wieder trifft. Untersucht man die Stabilität von Bahnen in der Nähe von Γ_2 und verändert den Kontrollparameter μ weiter, so kann das oben beschriebene Phänomen der Periodenverdopplung, diesmal bei $\mu = \mu_1$, noch einmal auftreten und dieselbe Überlegung beginnt von vorne. So kann also eine Sequenz von Verzweigungspunkten (μ_0, s_0), (μ_1, s_1), ... auftreten, bei denen jedesmal eine Periodenverdopplung auftritt. Auf diese Überlegung kommen wir im nächsten Abschnitt zurück.

6.4 Deterministisches Chaos

In diesem Abschnitt behandeln wir ein besonders eindrucksvolles und charakteristisches Beispiel für deterministische Bewegung, die in ihrem Langzeitverhalten abwechselnd chaotische und geordnete Struktur zeigt und aus der einige überraschende empirische Gesetzmäßigkeiten gewonnen werden können. Das Beispiel entfernt sich zwar etwas vom eigentlichen Bereich der Mechanik, scheint aber nach heutiger Erfahrung so typisch zu sein, dass es auch als Illustration für chaotisches Verhalten in Hamilton'schen Systemen mit Störungen dienen kann. Wir erläutern kurz den Begriff der iterativen Abbildung in einer Dimension, geben dann eine etwas vage und daher sicher nicht endgültige Definition von chaotischer Bewegung und schließen mit dem Beispiel der sogenannten logistischen Gleichung.

6.4.1 Iterative Abbildungen in einer Dimension

Im Abschn. 6.3.6 haben wir die Poincaré-Abbildung eines Flusses in drei Dimensionen benutzt, um die Stabilität einer geschlossenen Bahn als Funktion eines Kontrollparameters μ zu untersuchen. Dabei stellt sich heraus, dass das hier neue Phänomen der Periodenverdopplung schon am Verhalten des Flusses in einer einzigen Dimension abzulesen ist, wenn man diejenige Richtung auswählt, in der der charakteristische Multiplikator $\lambda(\mu)$ als Funktion von μ den Wert -1 überstreicht. Es ist aber klar, dass die eigentliche Dimension des Flusses von $F(\mu, x)$ hier gar nicht eingeht. Die Diskussion verläuft für den Fluss auf einem Raum $\mathbb{R}^n$ genauso, wenn man die eine Richtung heraussucht, in der die Verzweigung auftritt. Daraus kann man zweierlei lernen: Erstens kann es ausreichend sein, aus dem Transversalschnitt, den man zur Definition der Poincaré-Abbildung braucht, eine Richtung (eine eindimensionale Untermannigfaltigkeit) herauszusuchen und nur auf dieser die Poincaré-Abbildung zu studieren. Das dort beobachtete Bild kann bei günstiger Wahl schon einen charakteristischen Eindruck des Flussverhaltens im Großen geben, insbesondere an Verzweigungsstellen. Zweitens reduziert die Poincaré-Abbildung und ihre Einschränkung auf eine Dimension das

Studium eines komplexen und schwer darstellbaren Flusses auf das einer iterativen Abbildung

$$u_i \mapsto u_{i+1} = f(u_i) \tag{6.59}$$

in einer Dimension. Das kann wie im Beispiel aus Abschn. 6.3.6 die Position eines Punktes zu den Zeiten T, $2T$, $3T$, ... auf einem Transversalschnitt der Poincaré-Abbildung sein. Damit hat man bis zu einem gewissen Grad die Komplexität der vollen Differentialgleichung (6.1) auf eindimensionale Differenzengleichungen vom Typus (6.59) reduziert. Solche Gleichungen sind viel einfacher zu studieren, und, wenn man Glück hat, geben sie schon ein gutes Abbild der Struktur des Flusses für das dynamische System (6.1).

Es gibt noch einen anderen Grund, warum das eindimensionale System (6.59) von Interesse ist. Bei stark dissipativen Systemen treten asymptotisch stabile Gleichgewichtslagen und Attraktoren auf. Phasenpunkte, die als Anfangskonfigurationen ein vorgegebenes Volumen des Phasenraums ausfüllen, werden im Laufe der Zeit unter der Wirkung des Flusses so stark zusammengedrückt, dass die Poincaré-Abbildung rasch zu praktisch eindimensionalen Gebilden wie Stücken einer Geraden oder einem Bogenstück führt. Dies kann man mit dem Beispiel (6.38) illustrieren. Obwohl der Fluss des Systems (6.38) vierdimensional ist, konvergiert er exponentiell auf den Torus T^2, der hier als Attraktor auftritt. Ein Transversalschnitt des Torus wird daher bei der Poincaré-Abbildung für große Zeiten alle Durchstoßpunkte praktisch auf einem Kreis liegend zeigen. Das gilt insbesondere auch, wenn der Torus ein seltsamer Attraktor ist: Die Poincaré-Abbildung zeigt dann ein chaotisches Bild in einem schmalen Streifen um den Kreis (s. zum Beispiel Bergé, Pomeau, Vidal 1984). Schließlich können iterative Gleichungen vom Typus (6.59) als Differenzengleichung auftreten, die ein eigenes dynamisches System beschreiben (s. zum Beispiel Devaney 1989, sowie Collet, Eckmann 1990).

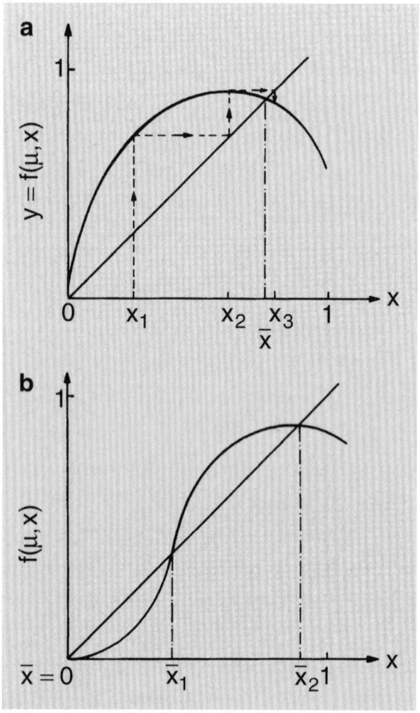

Abb. 6.17a,b. Die Iteration $x_{i+1}=f(\mu,x_i)$ konvergiert nach $\bar{x}$, wenn $|\mathrm{d}f/\mathrm{d}x|_{\bar{x}} < 1$ ist. $\bar{x}$ ist dann stabile Gleichgewichtslage, Fall (**a**). Im Beispiel (**b**) sind 0 und $\bar{x}_2$ stabil, $\bar{x}_1$ ist instabil

Wir betrachten im Beispiel des übernächsten Abschnitts eine *iterative Abbildung auf dem Einheitsintervall*, d. h. eine Abbildung der Klasse

$$x_{i+1} = f(\mu, x_i)\,, \quad x \in [0, 1]\,, \tag{6.60}$$

wo die Funktion f in x mindestens stetig, in der Regel sogar differenzierbar sein und von einem Kontrollparameter abhängen soll. Eine Gleichung dieses Typs kann man auf einfache Weise anschaulich und graphisch analysieren, indem man den Graphen der Funktion $y(x) = f(\mu, x)$ mit der Geraden $z(x) = x$ vergleicht: Der Anfangspunkt x_1 hat das Bild $y(x_1)$, das man auf die Gerade überträgt, wie in Abb. 6.17 skizziert. Das ergibt den nächsten Wert x_2, mit dem man wie im ersten Schritt verfährt, usw. Diese iterative Abbildung $x_i \mapsto x_{i+1}$ kann – je nach Verlauf von $f(\mu, x)$ und je nach Wahl des Startwertes x_1 – rasch auf den in der Figur gezeigten Fixpunkt $\bar{x}$ zulaufen. Dort schneiden sich die Gerade und der Graph von f und es ist

$$\bar{x} = f(\mu, \bar{x}) . \qquad (6.61)$$

Die Bedingung für die Konvergenz der sukzessiven Iteration $x_1 \mapsto x_2 \mapsto \ldots \mapsto \bar{x}$ ist, dass die Steigung der Kurve $y = f(\mu, x)$ im Schnittpunkt mit $y = x$ dem Betrage nach kleiner als 1 ist. In diesem Fall ist $\bar{x}$ eine Gleichgewichtslage des dynamischen Systems (6.60), die asymptotisch stabil ist. Ist diese Steigung dagegen dem Betrage nach größer als 1, so ist der Punkt $\bar{x}$ instabil. Im Beispiel der Abb. 6.17a ist $x = 0$ ein solcher instabiler Gleichgewichtspunkt, während Abb. 6.17b ein Beispiel zeigt, wo $\bar{x}_0 = 0$ und $\bar{x}_2$ stabil sind, aber $\bar{x}_1$ instabil ist. Anfangswerte $x_1 < \bar{x}_1$ laufen unter der Iteration (6.60) nach $\bar{x}_0$, während Startwerte mit $\bar{x}_1 < x_1 \leq 1$ nach $\bar{x}_2$ laufen.

Die Lage und Natur der Gleichgewichtslagen wird durch den Kontrollparameter μ bestimmt. Durchfährt man den Wertevorrat von μ, so können die Stabilitätsverhältnisse sich an gewissen ausgezeichneten Werten μ_i, ändern, so dass das dynamische System (6.60) eine wesentliche strukturelle Änderung erfährt. Man kann zeigen, dass auf diese Weise Verzweigungen auftreten können, die sich wie in den Abschn. 6.3.5 und 6.3.6 analysieren lassen. Wir wollen hier nicht auf eine allgemeine Beschreibung der Abbildungen vom Typus (6.60) eingehen, die man bei (Collet, Eckmann 1990) und (Guckenheimer, Holmes 2001) findet, sondern beschränken uns auf das spezielle Beispiel des übernächsten Abschnitts. Die PC-gestützten Beispiele der Aufgaben 6.13–15 sind hier zu empfehlen, da sie eine gute Illustration für die iterativen Abbildungen abgeben bzw. ein erstes Gefühl für chaotische Verhältnisse entwickeln helfen.

6.4.2 Quasi-Definition von Chaos

Chaos und chaotische Bewegung sind intuitive Begriffe, die sich nur schwer in einer messbaren Weise definieren lassen. Ein Beispiel aus unserer Umwelt mag dies verdeutlichen. Man stelle sich den großen Kopfbahnhof einer Großstadt zu einer Tageszeit vor, zu der mehrere vollbesetzte Züge gerade angekommen sind. Vor dem Bahnhof liegt ein großer, scheibenförmiger Platz, an dessen Rand Busse warten, die später sternförmig in alle Richtungen abfahren werden. Betrachtet man den Platz von oben, so wird einem die Bewegung der durcheinanderlaufenden, sich drängenden Menge nahezu oder völlig chaotisch vorkommen. Dennoch weiß man, dass jeder einzelne Reisende einen klar definierten Weg verfolgt. Er steigt aus dem Zug auf Gleis 17 aus, bahnt sich seinen Weg durch das Gedränge zu einem ihm wohlbekannten Ziel, nämlich Bus Nr. 42, der ihn zu seinem endgültigen Ziel bringen wird. Oder er macht diesen Weg in umgekehrter Richtung: Er ist mit einem der Busse angekommen und will mit dem Zug auf Gleis 2 abreisen.

Nun stelle man sich denselben Platz an einem Feiertag vor, an dem hier ein Jahrmarkt mit vielen Ständen veranstaltet wird. Von allen Seiten kommen Menschen auf den Platz, laufen hierhin und dorthin, einmal in eine Richtung zu einem Seiltänzer, der seine Kunststücke zeigt, dann durch den Zuruf eines Freundes, der zufällig des Weges kommt, in eine andere Richtung, dann wieder in eine andere, weil dort ein Feuerspeier steht oder auch nur einer momentanen Laune folgend. Wiederum beobachtet man die Bewegung auf dem Platz von oben.

In beiden Fällen ist die Bewegung der Menschen auf dem Platz nach unserem intuitiven Ermessen chaotisch, dennoch ist sie im zweiten Fall in wesentlich stärkerem Maße zufällig und ungeordnet als im ersten. Kann man diesen Unterschied quantifizieren? Kann man Messungen angeben, die quantitativ Auskunft darüber geben, ob die Bewegung wirklich ungeordnet ist oder ob sie ein Muster hat, das man zunächst nicht erkannt hat?[5] Im Folgenden geben wir zwei vorläufige Definitionen von Chaos, die beide darauf hinauslaufen, dass die Bewegung eines dynamischen Systems dann chaotisch wird, wenn sie aus früheren Konfigurationen desselben Systems praktisch nicht mehr vorhersagbar ist.

i) Die erste Definition basiert auf der Fourieranalyse einer Reihe von Werten $\{x_1, x_2, \dots, x_n\}$, die zu den Zeiten $t_\tau = \tau \cdot \Delta$ angenommen werden. Die Fouriertransformation ordnet dieser Reihe, die über der Zeit definiert ist, eine Reihe $\{\tilde{x}_1, \dots, \tilde{x}_n\}$ von komplexen Zahlen zu, die über der Frequenz als Variable definiert ist. Es wird gesetzt

$$\tilde{x}_\sigma := \frac{1}{\sqrt{n}} \sum_{\tau=1}^{n} x_\tau \, \mathrm{e}^{-\mathrm{i}(2\pi\sigma\tau/n)} , \quad \sigma = 1, 2, \dots, n . \tag{6.62}$$

Die Gesamtzeit, über die die Reihe $\{x_i\}$ aufgenommen wird, ist

$$T = t_n = n\Delta ,$$

oder, wenn wir die Zeit in Einheiten des Intervalls Δ messen, $T = n$. Stellt man sich die Reihe $\{x_\tau\}$ als diskrete Funktion $x(t)$ vor, so ist $x_\tau = x(\tau\Delta)$, bzw. wenn Δ die Zeiteinheit ist, $x_\tau = x(\tau)$. In diesen Einheiten ist $F = 2\pi/n$ die zu T gehörende Frequenz. Dann ist die Reihe $\{\tilde{x}_\sigma\}$ die Diskretisierung einer Funktion $\tilde{x}$ der Frequenzvariablen mit $\tilde{x}_\sigma = \tilde{x}(\sigma \cdot F)$. Zeit und Frequenz sind in diesem Sinn konjugierte Variable.
Obwohl die $\{x_\tau\}$ reell sind, sind die $\{\tilde{x}_\sigma\}$ in (6.62) komplex. Allerdings erfüllen sie die Beziehung $\tilde{x}_{n-\sigma} = \tilde{x}^*_\sigma$, und enthalten daher keine überzähligen Freiheitsgrade. Es ist

$$\sum_{\tau=1}^{n} x_\tau^2 = \sum_{\sigma=1}^{n} |\tilde{x}_\sigma|^2$$

und es gilt die inverse Transformation[6]

$$x_\tau = \frac{1}{\sqrt{n}} \sum_{\sigma=1}^{n} \tilde{x}_\sigma \, \mathrm{e}^{\mathrm{i}(2\pi\tau\sigma/n)} . \tag{6.63}$$

[5] Chaos bedeutet im Altgriechischen ursprünglich nur die „klaffende Leere des Weltraums“, wurde aber schon in der griechischen und römischen Antike als „gestaltlose Urmasse, die in unermesslicher Finsternis liegt“ ausgedeutet, was nahe an der heutigen Bedeutung „ungeformte Urmasse der Welt; Auflösung aller Werte; Durcheinander“ liegt. Das Lehnwort Gas ist eine Neuschöpfung zu Chaos, die der Chemiker J.B. von Helmont (Brüssel, 17. Jahrhundert) einführte.

[6] Man benutzt dabei die „Orthogonalitätsrelation“

$$\frac{1}{n} \sum_{\sigma=1}^{n} \mathrm{e}^{\mathrm{i}(2\pi m\sigma/n)} = \delta_{m0} ,$$

$$m = 0, 1, \dots, n-1 .$$

Gleichung (6.63) setzt die ursprünglich vorgegebene Reihe fort, indem sie daraus eine periodische Funktion macht, denn es gilt $x_{\tau+n} = x_\tau$.

Fragt man nach der Vorhersagbarkeit eines Signals zu einer späteren Zeit aus seinem aktuellen Wert, dann ist die folgende Korrelationsfunktion ein gutes Maß hierfür:

$$g_\lambda := \frac{1}{n} \sum_{\sigma=1}^{n} x_\sigma x_{\sigma+\lambda} \,. \tag{6.64}$$

g_λ ist eine Funktion der Zeit, $g_\lambda = g(\lambda \cdot \Delta)$. Sinkt diese Funktion im Laufe der Zeit auf Null ab, so geht jede Korrelation mit der Vergangenheit verloren. Das System wird nicht mehr vorhersagbar und läuft somit in einen Bereich ungeordneter Bewegung.

Für die Korrelationsfunktion g_λ kann man folgende Eigenschaften beweisen. Sie hat dieselbe Periodizität wie x_τ, also $g_{\lambda+n} = g_\lambda$. Sie ist auf einfache Weise mit den Größen $|\tilde{x}_\sigma|^2$ verknüpft,

$$g_\lambda = \frac{1}{n} \sum_{\sigma=1}^{n} |\tilde{x}_\sigma|^2 \cos(2\pi\sigma\lambda/n) \,, \qquad \lambda = 1, 2, \dots, n \,. \tag{6.65}$$

Sie ist demnach die Fouriertransformierte von $|\tilde{x}_\sigma|^2$. Die Relation (6.65) kann man wiederum umkehren und erhält

$$\tilde{g}_\sigma := |\tilde{x}_\sigma|^2 = \sum_{\lambda=1}^{n} g_\lambda \cos(2\pi\sigma\lambda/n) \,. \tag{6.66}$$

Trägt man die Funktion $\tilde{g}_\sigma$ über der Frequenz auf, so gibt der entstehende Graph direkte Auskunft über die vorgegebene Reihe $\{x_\tau\}$ bzw. das Signal $x(t)$. Ist z. B. $\{x_\tau\}$ durch eine stroboskopische Messung an einer einfach-periodischen Bewegung entstanden, so enthält $\tilde{g}_\sigma$ eine scharfe Spitze an der Stelle der zugehörigen Frequenz. Hat das Signal eine quasiperiodische Struktur, so erscheinen im Graphen von $\tilde{g}_\sigma$ eine Reihe scharfer Frequenzen unterschiedlicher Stärke. (Für Beispiele siehe Bergé, Pomeau, Vidal 1984.) Ist das Signal dagegen völlig aperiodisch, so entsteht ein praktisch kontinuierliches Spektrum von $\tilde{g}_\sigma$ über der Frequenz. Für die Korrelationsfunktion (6.65) bedeutet dies, dass g_λ für große Zeiten nach Null strebt. In diesem Fall wird das Langzeitverhalten des Systems praktisch unvorhersagbar. Als Kriterium für das Auftreten von chaotischem Verhalten kann man daher die Korrelationsfunktion (6.65) bzw. ihre Fouriertransformierte (6.66) heranziehen. Sinkt g_λ nach endlicher Zeit auf Null ab oder, dazu äquivalent, hat $\tilde{g}_\sigma$ einen kontinuierlichen Bereich, dann erwartet man ungeordnete, chaotische Bewegung des Systems.

ii) Die zweite Definition, die wieder näher an den kontinuierlichen Systemen (6.1) liegt, geht aus von den sogenannten *seltsamen* oder *hyperbolischen Attraktoren*. Eine eingehende Diskussion dieser Klasse

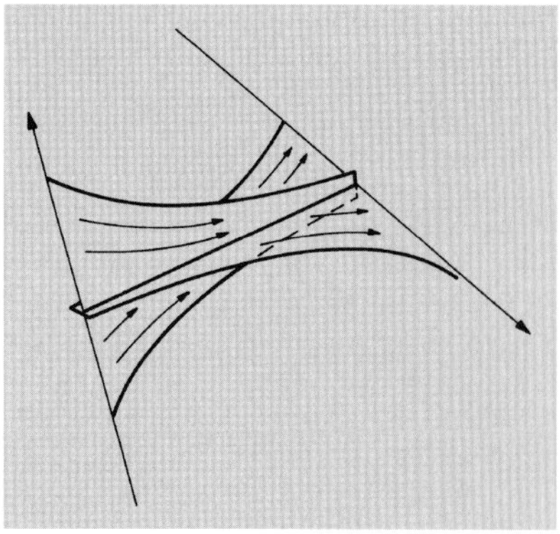

Abb. 6.18. Fluss im $\mathbb{R}^3$, den man so zusammenkleben kann, dass ein seltsamer Attraktor entsteht

von Attraktoren würde den Rahmen dieses Kapitels sprengen (s. jedoch Devaney 1989; Bergé, Pomeau, Vidal 1984 und Aufgabe 6.14). Wir müssen uns hier auf einige Bemerkungen beschränken.
Die seltsamen Attraktoren zeichnen sich u. a. dadurch aus, dass auf ihnen Bahnkurven sehr rasch auseinanderlaufen können (ohne dabei ins Unendliche zu entweichen und natürlich ohne sich jemals zu schneiden). Eine wichtige Entdeckung von Ruelle und Takens im Jahre 1971 war es, dass diese Art Attraktor bereits bei Flüssen in drei Dimensionen auftreten kann.[7] Das kann man wenigstens andeutungsweise anhand der Abb. 6.18 verstehen. Das Bild zeigt einen Fluss, der in einer Richtung stark kontrahiert, in einer anderen stark auseinanderläuft. Er hat also eine Art hyperbolische Struktur. Auf dem Blatt, auf dem der Fluss auseinanderstrebt, sind die Bahnen extrem empfindlich auf die Anfangskonfiguration. Faltet man dieses Bild geeignet und schließt es mit sich selbst, so entsteht ein seltsamer Attraktor, auf dem die Bahnen sich umeinander schlingen (ohne sich zu schneiden) und dabei stark auseinanderlaufen.[8]
Wenn aber eine extreme Empfindlichkeit auf die Anfangsbedingungen auftritt, dann ist das Langzeitverhalten eines dynamischen Systems praktisch nicht mehr vorhersagbar. Die Bewegung wird ungeordnet sein. Tatsächlich zeigen numerische Studien deterministisch-chaotisches Verhalten auf seltsamen Attraktoren. Man gewinnt somit eine andere, plausible Definition von Chaos. Chaotische Bereiche von Flüssen deterministischer Systeme treten auf, wenn Bahnkurven stark divergieren und daher ihre präzise Anfangskonfiguration praktisch vergessen.

6.4.3 Ein Beispiel: Die logistische Gleichung

Ein Beispiel für ein dynamisches System der Art (6.60) ist durch die logistische Gleichung

$$x_{i+1} = \mu x_i(1 - x_i) \equiv f(\mu, x_i) \,, \tag{6.67}$$

mit $x \in [0, 1]$ und $1 < \mu \leq 4$ gegeben. Dieses scheinbar einfache System zeigt eine überaus reiche Struktur, wenn man es als Funktion des Kontrollparameters μ studiert. Diese Struktur ist für solche Systeme typisch und fördert einige überraschende, universelle Regularitäten zutage. Wir illustrieren dies anhand von numerischen Ergebnissen der Iteration (6.67) als Funktion des Kontrollparameters μ im angegebenen Bereich. Dabei treten, modellhaft und in einer gut darstellbaren Weise, alle bisher beschriebenen Phänomene auf: Verzweigungen von Gleichgewichtslagen, Periodenverdopplung, stückweise chaotisches Verhalten und Attraktoren.

Wir behandeln das System (6.67) wie im Abschn. 6.4.1 beschrieben. Die Ableitung von $f(\mu, x)$, am Schnittpunkt $\bar{x} = (\mu - 1)/\mu$ mit der Geraden $y = x$ genommen, ist $f'(\mu, \bar{x}) = 2 - \mu$. Damit $|f'|$ zunächst

[7] Früher glaubte man, dass chaotisches Verhalten nur in Systemen mit einer sehr großen Zahl von Freiheitsgraden auftreten könne, z. B. bei Gasen in Gefäßen.

[8] Siehe: R. S. Shaw: „Strange attractors, chaotic behaviour and information flow", Z. Naturforschung A **36**, 80 (1981).

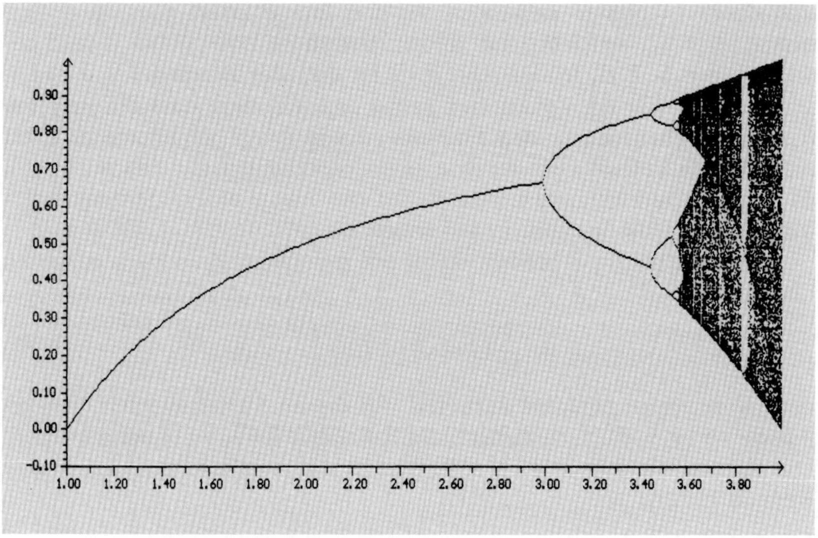

Abb. 6.19. Numerische Resultate für hohe Iteration der logistischen Gleichung (6.67). Bei $(\mu_0 = 3, \bar{x}_0 = 2/3)$ tritt die erste Verzweigung auf, bei $\mu_1 = 1 + \sqrt{6}$ folgt die zweite usw. Bereich von μ: $1 < \mu \leq 4$

kleiner als 1 bleibt, wählt man $\mu > 1$. Andererseits soll die Iteration (6.67) das Intervall $[0, 1]$ von x nicht verlassen. Daher muss $\mu \leq 4$ sein.

Im Bereich $1 < \mu < 3$ gilt $|f'| < 1$. Daher ist der Schnittpunkt $\bar{x} = (\mu - 1)/\mu$ eine stabile Gleichgewichtslage. Jeder Startwert x_1 außer 0 oder 1 führt bei der Iteration nach $\bar{x}(\mu)$. Die Kurve $\bar{x}(\mu)$ sieht man in Abb. 6.19, im Bereich $\mu \leq 3$.

An der Stelle $\mu = \mu_0 = 3$ wird dieser Punkt marginal stabil. Wählt man $x_1 = \bar{x} + \delta$ und linearisiert (6.67), so liegt das Bild von x_1 bei $x_2 = \bar{x} - \delta$ und umgekehrt. Stellt man sich $x_1, x_2, \ldots$ als Durchstoßpunkte einer Bahnkurve durch einen Transversalschnitt vor, so liegen genau die im Abschn. 6.3.6 beschriebenen Verhältnisse vor, wenn ein charakteristischer Multiplikator den Wert -1 passiert. Die Bahn oszilliert zwischen $x_1 = \bar{x} + \delta$ und $x_2 = \bar{x} - \delta$ hin und her, d. h. sie hat die doppelte Periode wie die ursprüngliche, die durch $\bar{x}$ geht. Aus dem Gesagten ist klar, dass

$$\big(\mu_0 = 3,\ \bar{x}_0 := \bar{x}(\mu_0)\big) \tag{6.68}$$

ein Verzweigungspunkt ist. Um seine Natur festzustellen, untersucht man das Verhalten des Systems bei $\mu > \mu_0$. Liegt μ wenig über μ_0, so wird der Punkt $\bar{x} = (\mu - 1)/\mu$ instabil und es tritt Periodenverdopplung auf. Das bedeutet, dass stabile Fixpunkte jetzt nicht mehr die Bedingung $\bar{x} = f(\mu, \bar{x})$ erfüllen, sondern erst nach zwei Schritten der Iteration $\bar{x} = f(\mu, f(\mu, \bar{x}))$ zurückkehren. Im hier betrachteten Beispiel (6.67) muss man also die Abbildung $f \circ f$ studieren, d. h. die Iteration

$$x_{i+1} = \mu^2 x_i (1 - x_i)[1 - \mu x_i (1 - x_i)] \tag{6.69}$$

und deren Fixpunkte aufsuchen. In der Tat, skizziert man die Funktion $g := f \circ f$, so sieht man sofort, dass diese zwei stabile Gleichgewichtslagen besitzt. In der Abb. 6.19 ist dies der Bereich $3 \le \mu \le 1 + \sqrt{6} \simeq 3{,}449$. Für die Funktion f selbst bedeutet dies, dass die Iteration (6.67) zwischen den beiden Fixpunkten von $g = f \circ f$ alterniert. Liest man das auftretende Muster wie oben beschrieben (s. Abschn. 6.3.6), so hat der Verzweigungspunkt (6.68) die Natur einer „Stimmgabel"-Verzweigung, die in Abb. 6.14 skizziert ist.

Diese Verhältnisse bleiben stabil bis zum Wert $\mu_1 = 1 + \sqrt{6}$, wo an den Stellen

$$(\mu_1 = 1 + \sqrt{6}, \bar{x}_{1/2} = \frac{1}{10}(4 + \sqrt{6} \pm (2\sqrt{3} - \sqrt{2}))) \tag{6.70}$$

neue Verzweigungspunkte auftreten. An diesen Stellen werden die Fixpunkte von $g = f \circ f$ zunächst marginal stabil, für $\mu > \mu_1$ dann instabil. Die Periode verdoppelt sich ein zweites Mal, so dass man jetzt in den Bereich gelangt, wo

$$h := g \circ g = f \circ f \circ f \circ f$$

vier stabile Fixpunkte besitzt. Für die ursprüngliche Funktion f bedeutet dies, dass die Iteration für $i \to \infty$ diese vier Punkte in einer ganz bestimmten Sequenz immer wieder durchläuft.

Dieser Prozess der Periodenverdopplung $2T$, $4T$, $8T$, ... und Stimmgabel-förmigen Verzweigung setzt sich kaskadenartig fort bis zu einem Häufungspunkt, der beim Wert

$$\mu_\infty = 3{,}56994\ldots \tag{6.71}$$

liegt. Dieser Häufungspunkt ist numerisch ermittelt worden (Feigenbaum, 1979). Das gilt ebenfalls für das Muster der aufeinanderfolgenden Bifurkationswerte des Kontrollparameters μ, für das sich folgende Regularität heraustellt: Die Folge

$$\lim_{i \to \infty} \frac{\mu_i - \mu_{i-1}}{\mu_{i+1} - \mu_i} = \delta \tag{6.72}$$

hat den Grenzwert $\delta = 4{,}669201609\ldots$ (Feigenbaum, 1979), der für hinreichend glatte Familien von iterativen Abbildungen (6.60) derselbe ist.

Für Werte $\mu > \mu_\infty$ tritt ein strukturell neues Verhalten des betrachteten Systems auf, das in den Bildern der Abb. 6.20b–e gut zu verfolgen ist. Die Abbildungen sind das Ergebnis der Iteration (6.67), wie man sie auf einem Rechner erhält. Dabei ist jeweils eine Folge von iterierten Werten x_i für $i \ge i_n$ aufgetragen, wo i_n so hoch gewählt ist, dass die Transienten (die Einschwingvorgänge) bereits abgeklungen sind. In den Abb. 6.19–6.20b liegen die eingezeichneten Iterationspunkte im Bereich $1001 \le i \le 1200$. In den Abb. 6.20c–e ist der Bereich auf $1001 \le i \le 2000$ vergrößert. Diese Auswahl bedeutet Folgendes: Einschwingvorgänge sind bereits abgeklungen, die Folge der x_i liegt

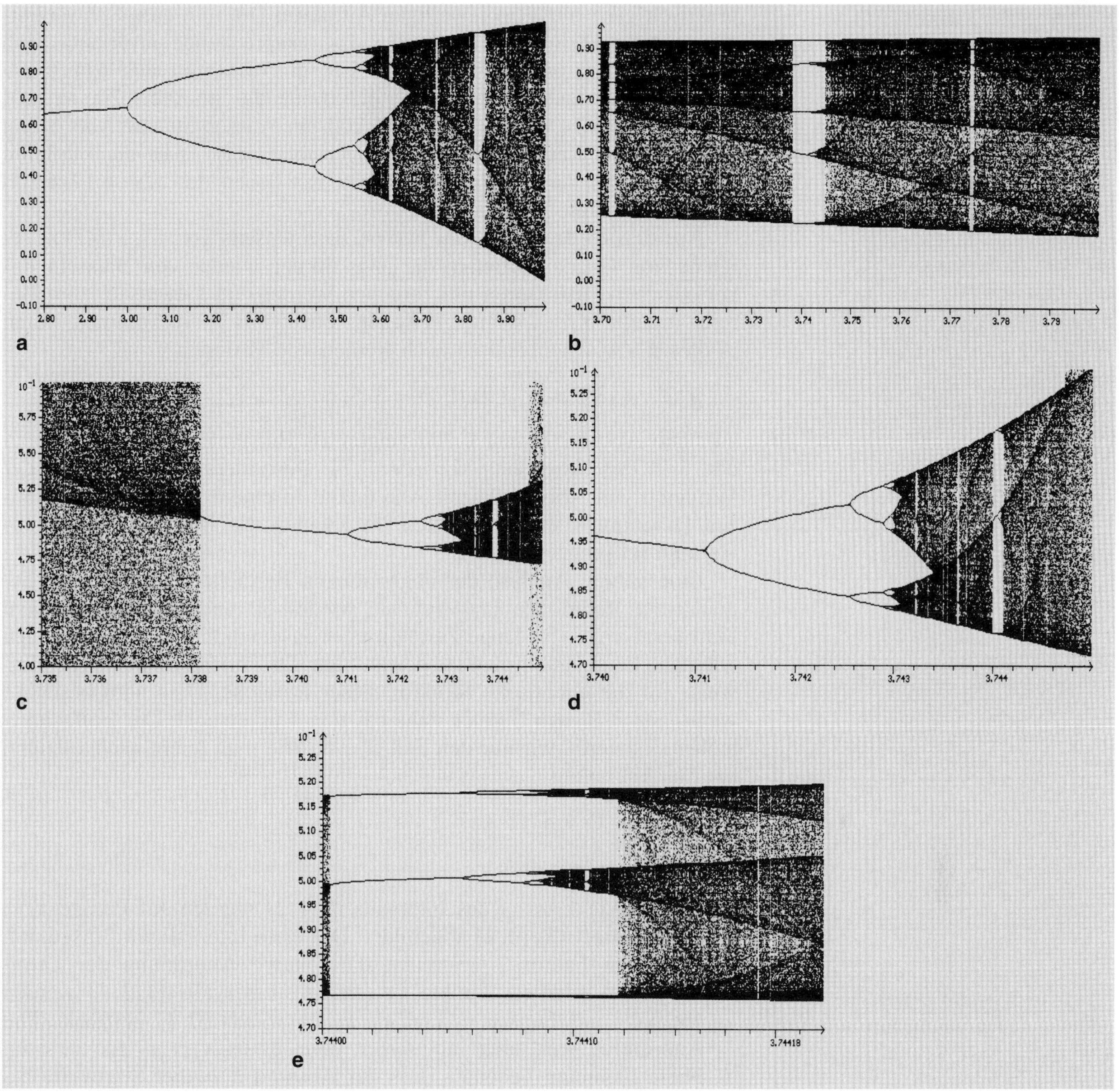

Abb. 6.20. (**a**) Der Bereich der Gabelverzweigungen und Periodenverdopplung bis etwa zu 16 T, sowie das Fenster der Periode 3 sind hier besonders gut zu erkennen. Bereich von μ: $2{,}8 \leq \mu \leq 4$ (**b**) Im etwas gedehnten Bereich $3{,}7 \leq \mu \leq 3{,}8$ ist unter anderem das Fenster mit Periode 5 gut erkennbar (**c**) Ausschnitt aus **b** mit $0{,}4 \leq x_i \leq 0{,}6$ und $3{,}735 \leq \mu \leq 3{,}745$ (**d**) Der Bifurkationsbereich der Abb. **c** (die selbst ein Ausschnitt aus **b** ist) ist hier gesondert dargestellt im Fenster $0{,}47 \leq x_i \leq 0{,}53$ und $3{,}740 \leq \mu \leq 3{,}745$ (**e**) Hier sieht man eine Vergrößerung des periodischen Fensters in der rechten Hälfte von **d**. Das gezeigte Fenster ist $0{,}47 \leq x_i \leq 0{,}53$ und $3{,}7440 \leq \mu \leq 3{,}7442$

praktisch ganz auf dem jeweiligen Attraktor. Die mittleren Schwärzungen widerspiegeln näherungsweise das entsprechende invariante Maß auf dem Attraktor. Die Abb. 6.20c ist ein Ausschnitt aus Abb. 6.20b (man zeichne das Fenster in Abb. 6.20b ein, das in Abb. 6.20c vergrößert gezeigt ist!), ebenso ist Abb. 6.20d ein Ausschnitt aus Abb. 6.20c. Die Zahl der Iterationen ist so eingerichtet, dass man die mittleren Schwärzungen der Abbildungen direkt mit denen der Abb. 6.19–6.20b vergleichen kann.[9]

Aus den Bildern geht klar hervor, dass jenseits von μ_∞, (6.71), Bereiche von Chaos auftreten, die aber immer wieder von Bändern mit periodischen Attraktoren unterbrochen werden. Im Gegensatz zum Bereich unterhalb μ_∞, wo nur Perioden vom Typus 2^n vorkommen, treten in diesen Zwischenbändern auch Reihen von Perioden

$$p \cdot 2^n, \, p \cdot 3^n, \, p \cdot 5^n \quad \text{mit} \quad p = 3, 5, 6, \ldots$$

auf. Die Abb. 6.20c und 6.20d zeigen als Beispiel das Band der Periode 5 in der Umgebung von $\mu = 3{,}74$. Besonders verblüffend ist der Vergleich von Abb. 6.20d mit Abb. 6.20a: In einem Teilfenster des ganzen Diagramms wiederholt sich im Kleinen das Muster, welches das Gesamtbild prägt.

Eine nähere Analyse der ungeordneten Bereiche zeigt, dass die Sequenz der Iterationen $\{x_i\}$ sich nie wiederholt und dass insbesondere Startwerte x_1, x_1' für lange Zeiten immer auseinanderlaufen, ganz gleich wie nahe beieinander man sie gewählt hat. Das sind zwei deutliche Hinweise für die chaotische Struktur dieser Bereiche. Dies wird bestätigt, wenn man z. B. den Bereich nahe bei $\mu = 4$ untersucht. Der Einfachheit halber skizzieren wir nur den Fall $\mu = 4$. Wie man leicht nachvollzieht, hat die Abbildung

$$f(\mu = 4, x) = 4x(1 - x)$$

folgende Eigenschaften:

i) Die Punkte $x_1 < x_2$ des Intervalls $[0, 1/2]$ werden auf Punkte $x_1' < x_2'$ des Intervalls $[0, 1]$ abgebildet. Das erste Intervall wird insgesamt um einen Faktor 2 gestreckt, die relative Anordnung der Urbilder bleibt erhalten. Punkte $x_3 < x_4$ des Intervalls $[1/2, 1]$ werden ebenfalls auf Punkte x_3' und x_4' des Intervalls $[0, 1]$ gestreckt. Die Anordnung wird aber umgekehrt, denn es ist $x_3' > x_4'$ für $x_3 < x_4$. Diese Dehnung bedeutet, dass der Abstand δ zweier Startwerte bei der Iteration exponentiell anwächst. Hier ist also ein Kriterium für das Chaos erfüllt: Es besteht extreme Empfindlichkeit auf die Anfangsbedingungen.
ii) Diese Änderung der Orientierung bei der Abbildung von $[0, 1/2]$ bzw. $[1/2, 1]$ bedeutet, dass ein Bildwert x_{i+1} zwei verschiedene Urbilder $x_i \in [0, 1/2]$ und $x_i' \in [1/2, 1]$ hat (man mache sich dies anhand einer Zeichnung klar!). Wenn dies auftritt, dann ist die Abbildung nicht mehr umkehrbar: x_{i+1} hat zwei Urbilder, von denen

[9] Ich danke meinem Kollegen Peter Beckmann für die Bereitstellung der eindrucksvollen Bilder und seinen freundlichen Rat zur Darstellung.

jedes selbst zwei Urbilder hat usw. Es ist dann nicht möglich, die Vergangenheit der Iteration zu rekonstruieren – ein weiteres Kriterium für das Auftreten von chaotischen Mustern.
Man kann die Diskussion dieses so einfachen und doch schon faszinierend strukturierten dynamischen Systems noch weiter vertiefen. Zum Beispiel ist eine Klassifikation der periodischen Attraktoren interessant, die untersucht, in welcher Sequenz die stabilen Punkte durchlaufen werden. Für die chaotischen Bereiche ist die Fourieranalyse und dabei vor allem der Verlauf der Korrelationsfunktionen (6.65) und (6.66) besonders instruktiv. Die (wenigen) exakten Aussagen und einige aufgestellte Vermutungen über Systeme dieser Art findet man bei (Collet, Eckmann 1990), eine qualitative und ausführlich illustrierte Darstellung bei (Bergé, Pomeau, Vidal 1984).

6.5 Quantitative Aussagen über ungeordnete Bewegung

6.5.1 Aufbruch in deterministisches Chaos

Der Übergang von geordneten Bereichen der Lösungsmannigfaltigkeit eines dynamischen Systems in chaotische Verhältnisse (als Funktion eines Kontrollparameters) kann in verschiedener Weise vor sich gehen. Man unterscheidet folgende Wege ins Chaos:

a) Periodenverdoppelung

Versteht man einen Iterationsschritt der iterativen Abbildung f, (6.59), als Signal einer periodischen Wiederkehr, so entspricht die Verzweigung, bei der für $f \circ f$ zwei Fixpunkte auftreten, einer Periodenverdopplung. Im Beispiel der logistischen Gleichung (6.67) ist das Phänomen der Periodenverdopplung charakteristisch für den Bereich $1 < \mu \leqslant \mu_\infty = 3{,}56994\ldots$. Sobald man aber den Wert μ_∞, überschreitet, ändert sich das Bild der Iterationen (6.67) in einer qualitativen Weise. Eine genauere Analyse zeigt, dass abwechselnd periodische Attraktoren und Bereiche echten Chaos' auftreten. Das Auftreten von Chaos zeigt sich u. a. darin, dass die Iteration $x_n \mapsto x_{n+1} = f(\mu, x_n)$ eine unendliche Folge von Werten von x ergibt, die sich nie wiederholt und die stets vom Startwert x_1 abhängt. Das bedeutet auch, dass die Folgen, die auf benachbarten Werten x_1 und x_1' aufbauen, sich im Laufe der Zeit voneinander entfernen. Wie so etwas geschehen kann, haben wir im letzten Abschnitt unter (i) und (ii) für μ nahe bei 4 qualitativ analysiert. Die Iteration streckt die Intervalle $[0, 1/2]$ und $[1/2, 1]$ auf Teilintervalle von $[0, 1]$, die größer als sie selbst sind (im Fall $\mu = 4$ ist es das volle Intervall $[0, 1]$). Sie ändert aber auch die Orientierung, was einem „Zurückfalten" gleichkommt. Dass dem so sein muss, ist einleuchtend, denn das insgesamt beschränkte Intervall [0, 1] darf nicht verlassen werden. Wie wir gesehen haben, hat diese Kombination aus *Streckung* und *Zusammenfalten* zur Folge, dass die Abbildung irreversibel wird und dass benachbarte Startpunkte sich im Mittel exponentiell voneinander entfernen.

Es seien x_1 und x'_1 zwei benachbarte Startwerte für die Abbildung (6.67). Verfolgt man ihr Schicksal auf einem Rechner, so findet man, dass ihr Abstand nach n Iterationen genähert durch die Formel

$$\left|x'_n - x_n\right| \simeq \mathrm{e}^{\lambda n} \left|x'_1 - x_1\right| \tag{6.73}$$

dargestellt werden kann. Der Faktor λ im Argument der Exponentialfunktion wird *Liapunov'scher charakteristischer Exponent* genannt. Ist λ negativ, so liegt ein Bereich mit periodischem Attraktor vor. Unabhängig von ihrem Startwert nähern sich die Punkte einander mit fortschreitender Iteration. Ist λ dagegen positiv, so entfernen benachbarte Punkte sich im Mittel exponentiell voneinander. Es liegt extreme Empfindlichkeit auf die Anfangsbedingungen vor, es tritt ein chaotisches Bewegungsmuster auf. In der Tat findet man numerisch (s. auch Bergé, Pomeau, Vidal 1984) für

$$\begin{aligned} \mu = 2{,}8: &\quad \lambda \simeq -0{,}2\,, \quad \text{für} \\ \mu = 3{,}8: &\quad \lambda \simeq +0{,}4\,. \end{aligned} \tag{6.74}$$

b) Intermittenz

In Abschn. 6.3.6 haben wir die Poincaré-Abbildung beim Übergang von Stabilität zu Instabilität für den Spezialfall diskutiert, wo ein Eigenwert der Matrix $D\Pi(s_0)$ das Innere des Einheitskreises über den Randpunkt -1 verlässt. Weitere Möglichkeiten des Überganges Stabilität $\rightarrow$ Instabilität, als Funktion des Kontrollparameters, sind die Folgenden:

(a) Ein Eigenwert verlässt den Einheitskreis bei $+1$.
(b) Zwei konjugiert komplexe Eigenwerte $c(\mu)\exp[\pm\mathrm{i}\phi(\mu)]$ verlassen den Einheitskreis in den Richtungen ϕ und $-\phi$.

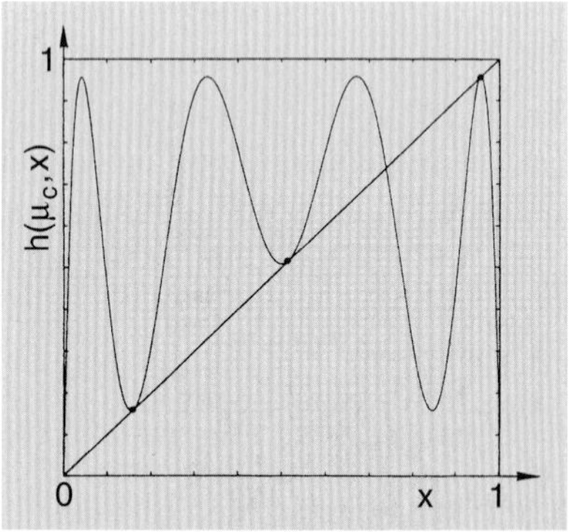

Abb. 6.21. Graph der dreimal iterierten Abbildung (6.67) für $\mu = \mu_c = 1 + \sqrt{8}$. Funktion $h = f \circ f \circ f$ berührt die Gerade $y = x$ in drei Punkten

Alle drei Situationen spielen beim Übergang ins Chaos eine Rolle. Man spricht bei (a) von *Intermittenz vom Typ I*, bei (b) von *Intermittenz vom Typ II*, während der erste Fall mit *Intermittenz vom Typ III* bezeichnet wird.

Wir wollen hier den Typus I diskutieren: Aus den Bildern der Abb. 6.19 und 6.20 ist klar erkennbar, dass bei $\mu = \mu_c = 1 + \sqrt{8} \simeq 3{,}83$ ein neuer Zyklus mit Periode 3 entsteht. Betrachten wir daher die dreifache Iteration $h(\mu, x) := f \circ f \circ f$. Zeichnet man den Graphen von $h(\mu = \mu_c, x)$ auf, s. Abb. 6.21, so sieht man, dass er die Gerade $y = x$ in drei Punkten $\bar{x}^{(1)}, \bar{x}^{(2)}, \bar{x}^{(3)}$ berührt. Dort gilt also

$$h(\mu_c, \bar{x}^{(i)}) = \bar{x}^{(i)}\,, \qquad \frac{\mathrm{d}}{\mathrm{d}x} h(\mu_c, \bar{x}^{(i)}) = 1\,.$$

In einem kleinen Intervall um μ_c und in einer Umgebung eines jeden der drei Fixpunkte hat h somit die Form

$$h(\mu, x) \simeq \bar{x}^{(i)} + (x - \bar{x}^{(i)}) + \alpha(x - \bar{x}^{(i)})^2 + \beta(\mu - \mu_c) .$$

Wir wollen diese Funktion als iterative Abbildung $x_{n+1} = h(\mu, x_n)$ auffassen, d. h. wir registrieren in der ursprünglichen Abbildung (6.67) nur jeden dritten Wert. Setzt man $z := \alpha(x - \bar{x}^{(i)})$ so entsteht die iterative Abbildung

$$z_{n+1} = z_n + z_n^2 + \eta \tag{6.75}$$

mit $\eta = \alpha\beta(\mu - \mu_c)$. Der Ausdruck (6.75) gilt jeweils in der Nähe eines der drei Fixpunkte von $h(\mu, x)$. Wenn η negativ ist, hat die Abbildung (6.75) zwei Fixpunkte, die bei $z_- = -\sqrt{-\eta}$ und $z_+ = \sqrt{-\eta}$ liegen. Der Erste ist stabil, der Zweite ist instabil. Für $\eta = 0$ fallen z_- und z_+ zusammen und werden marginal stabil. Für kleines, positives η gibt es zwar keinen Fixpunkt mehr, aber es tritt ein neues Phänomen auf, das in Abb. 6.22 illustriert ist: Iterationen mit einem negativen Startwert der Variablen z verlaufen über lange Zeit hinweg in dem engen Kanal zwischen dem Graphen der Funktion $(z + z^2 + \eta)$ und der Geraden $y = z$, wie in Abb. 6.22 eingezeichnet. Solange $|z|$ klein ist, tritt ein oszillatorisches Verhalten auf, das nahezu die strenge Regelmäßigkeit wie bei negativen Werten von η besitzt. Man nennt diese Phase der Bewegung den *laminaren* Bereich. Wenn $|z|$ dagegen wächst, so läuft die Iteration schnell in einen chaotischen, *turbulenten* Bereich, aus dem die Bewegung aber immer wieder in den ersten Bereich, d. h. in den beschriebenen Kanal zurückkehren kann. Praktische Modelle wie z. B. das Lorenz'sche System (s. z. B. Bergé, Pomeau, Vidal 1984), die diesen Typ des Übergangs ins Chaos enthalten, zeigen in der Tat oszillatorisches Verhalten, das immer wieder von Schüben von unregelmäßigem und chaotischem Verhalten unterbrochen wird (daher auch der Name Intermittenz, der soviel wie Aussetzen, Unterbrechen bedeutet).

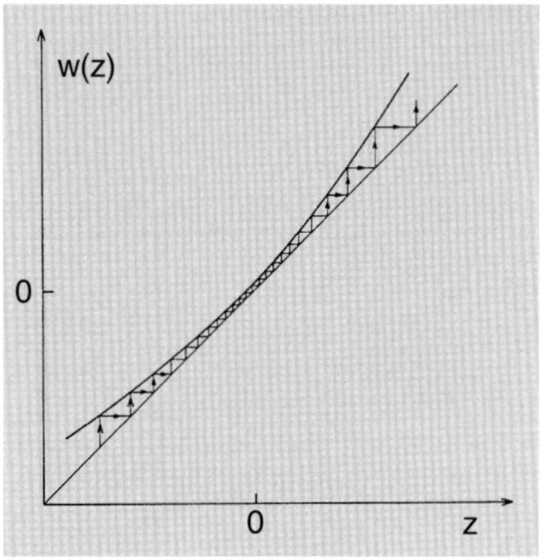

Abb. 6.22. Die iterative Abbildung (6.75) mit kleinem positivem η hält sich lange in dem engen Kanal zwischen der Kurve $w = (z + z^2 + \eta)$ und der Geraden $w = z$ auf

Solange $|z|$ noch klein ist, d. h. solange die Iteration sich in dem oben beschriebenen Kanal in der Nähe von $z = 0$ bewegt, kann man (6.75) näherungsweise durch eine Differentialgleichung ersetzen, indem man die Differenz $z_{n+1} - z_n$ durch den Differentialquotienten $\mathrm{d}z/\mathrm{d}n$ ersetzt,

$$\frac{\mathrm{d}z}{\mathrm{d}n} = \eta + z^2 . \tag{6.76}$$

[Das ist übrigens genau (6.54) mit destabilisierender Nichtlinearität und ist somit ein Beispiel für eine unterkritische Sattelpunkt-Knotenverzweigung.]. Gleichung (6.76) lässt sich integrieren,

$$z(n) = \sqrt{\eta}\tan[\sqrt{\eta}(n - n_0)] .$$

n_0 ist der Startwert der Iteration, den wir ohne Einschränkung gleich Null wählen können. An dieser Lösung liest man ab, dass die Zahl der Iterationen bis zum Verlassen des Kanals von der Größenordnung

$n \sim \pi/(2\sqrt{\eta})$ ist. Die Größe $1/\sqrt{\eta}$ ist ein Maß für die Zeit, die das System im „laminaren" Bereich verbringt, bevor es in eine chaotische Phase ausbricht. Schließlich kann man noch zeigen, dass der Liapunov'-sche Exponent für kleine positive Werte von η sich wie $\lambda(\eta) \sim \sqrt{\eta}$ verhält.

c) Quasiperiodische Bewegung mit nichtlinearer Störung

Einen dritten Weg ins Chaos möchten wir am Beispiel 6.4 aus Abschn. 6.3.4 skizzieren. Wir gehen von einer quasiperiodischen Bewegung auf dem Torus T^2 aus und wählen die Poincaré-Abbildung wie in (6.49′) beschrieben, d. h. wir registrieren die Schnittpunkte der Bahn mit dem Querschnitt des Torus bei $\theta_1 = 0 \,(\mathrm{mod}\ 2\pi)$. Schreiben wir der Einfachheit halber θ statt θ_2, so lautet die zweite Gleichung von (6.49′), als iterative Abbildung geschrieben,

$$\theta_{n+1} = \left(\theta_n + 2\pi \frac{\omega_2}{\omega_1}\right) (\,\mathrm{mod}\, 2\pi)\ .$$

Diese quasiperiodische Bewegung auf dem Torus stören wir jetzt durch einen nichtlinearen Zusatzterm wie folgt

$$\theta_{n+1} = \left(\theta_n + 2\pi \frac{\omega_2}{\omega_1} + \kappa \sin\theta_n\right) (\,\mathrm{mod}\, 2\pi)\ . \tag{6.77}$$

Dieses Modell stammt von Arnol'd und ist z. B. in (Guckenheimer, Holmes 2001, Abschn. 6.8) eingehender beschrieben. Es enthält zwei Parameter: die ungestörte Windungszahl $\beta = \omega_2/\omega_1$, mit $0 \le \beta < 1$, und den Kontrollparameter κ, der positiv gewählt wird. Solange $0 \leqslant \kappa < 1$ ist, hat die Ableitung von (6.77) nach θ_n, $\mathrm{d}\theta_{n+1}/\mathrm{d}\theta_n = 1 + \kappa\cos\theta_n$, keine Nullstellen und die Abbildung ist daher umkehrbar. Für $\kappa > 1$ ist das dagegen nicht mehr der Fall. Daher ist $\kappa = 1$ ein kritischer Punkt, an dem das Verhalten des Flusses auf T^2 sich qualitativ ändert. Man findet in der Tat, dass die Abbildung (6.77) für $\kappa > 1$ chaotisches Verhalten zeigt. Das bedeutet, dass beim Übergangspunkt $\kappa = 1$ von geordneter zu ungeordneter Bewegung der Torus zerstört wird.

Schreibt man (6.77) abkürzend als $\theta_{n+1} = f(\beta, \kappa, \theta_n)$, so wird die *Windungszahl* über den Grenzwert

$$w(\beta, \kappa) := \lim_{n\to\infty} \frac{1}{2\pi n} [\, f^n(\beta, \kappa, \theta) - \theta] \tag{6.78}$$

definiert. Für $\kappa = 0$ ist sie gleich $w(\beta, 0) = \beta = (\omega_2/\omega_1)$. Den chaotischen Bereich oberhalb von $\kappa = 1$ kann man folgendermaßen studieren. Für festes κ richte man $\beta = \beta_n(\kappa)$ so ein, dass der Startwert $\theta_0 = 0$ nach einer ganzen Zahl q_n von Schritten gerade auf $2\pi p_n$ abgebildet wird, wo p_n eine andere positive ganze Zahl ist, d. h.

$$f^{q_n}(\beta, \kappa, 0) = 2\pi p_n\ .$$

Die Windungszahl ist dann $w(\beta, \kappa) = p_n/q_n \equiv r_n$ d. h. sie ist eine rationale Zahl $r_n \in \mathbb{Q}$. Man wähle nun eine Folge von rationalen Zahlen derart, dass r_n im Limes $n \to \infty$ nach einer vorgegebenen irrationalen Zahl $\bar{r}$ strebt. Ein Beispiel für eine sehr irrationale Zahl ist der Goldene Schnitt.[10] Es sei

$$r_n = \frac{F_n}{F_{n+1}} \,,$$

wo F_n die sog. Fibonacci-Zahlen sind. Sie werden durch die Rekursionsformel

$$F_{n+1} = F_n + F_{n-1}$$

und die Anfangswerte $F_0 = 0$ und $F_1 = 1$ festgelegt. Nun betrachte man

$$r_n = \frac{F_n}{F_{n+1}} = \frac{1}{1 + r_{n-1}}$$

im Limes $n \to \infty$, d. h. $\bar{r} = \lim_{n\to\infty} r_n$, bzw. $\bar{r} = 1/(1+\bar{r})$. Diese Gleichung wird durch $\bar{r} = (\sqrt{5}-1)/2$, das ist ihre positive Lösung, erfüllt. Die oben angegebenen Windungszahlen $w[\beta_n(\kappa), \kappa] = r_n$ konvergieren gegen $w = \bar{r}$. Auch hier findet man auf numerischem Weg bemerkenswerte Regularitäten und Skalierungseigenschaften (s. z. B. Guckenheimer, Holmes 2001, Abschn. 6.8 und dort zitierte Literatur).

6.5.2 Liapunov'sche Charakteristische Exponenten

Chaotisches Verhalten tritt immer dann auf, wenn benachbarte Trajektorien im Mittel exponentiell auseinander laufen. Daher möchte man ein Kriterium entwickeln, mit dessen Hilfe man die Geschwindigkeit des Auseinanderlaufens messen kann. Wir betrachten hierfür eine Lösung $\Phi(t, y)$ der Bewegungsgleichung (6.1), verändern die Anfangsbedingung um ein δy und fragen, ob und falls ja wie, die Lösungen $\Phi(t, y)$ und $\Phi(t, y + \delta y)$ auseinander laufen. In linearer Näherung erfüllt ihre Differenz (6.11), d. h.

$$\begin{aligned} \delta\dot{\Phi} &\equiv \dot{\Phi}(t, y+\delta y) - \dot{\Phi}(t, y) = \mathbf{\Lambda}(t)[\Phi(t, y+\delta y) - \Phi(t, y)] \\ &\equiv \mathbf{\Lambda}(t)\delta\Phi \,, \end{aligned} \tag{6.79}$$

wobei die Matrix $\mathbf{\Lambda}(t)$ durch

$$\mathbf{\Lambda}(t) = \left\{ \frac{\partial F_i}{\partial \phi_k} \right\} \bigg|_{\Phi}$$

gegeben ist. Leider lässt sich (6.79) in der Regel nicht analytisch integrieren. Es gibt aber wohl numerische Algorithmen, die es erlauben, die Distanz benachbarter Trajektorien als Funktion der Zeit zu ermitteln.

Stellen wir uns vor, wir hätten (6.79) gelöst. Bei $t = 0$ ist $\delta\Phi = \Phi(0, y+\delta y) - \Phi(0, y) = \delta y$. Bei $t > 0$ sei

$$\delta\Phi(t) = \mathbf{U}(t)\delta y \tag{6.80}$$

die Lösung der Differentialgleichung (6.79). Aus (6.79) leitet man ab, dass die Matrix $\mathbf{U}(t)$ selbst der Differentialgleichung

$$\dot{\mathbf{U}}(t) = \mathbf{\Lambda}(t)\mathbf{U}(t)$$

[10] Der Goldene Schnitt ist ein Begriff aus der Proportionenlehre. Eine Säule der Höhe H wird in zwei Segmente der Höhe h_1 bzw. h_2 mit $H = h_1 + h_2$ gegliedert derart, dass die Proportion des kleineren Segments zum größeren dieselbe ist wie die des größeren zur ganzen Säule, d. h. $h_1/h_2 = h_2/H = h_2/(h_1+h_2)$. Das Verhältnis $h_1/h_2 = \bar{r} = (\sqrt{5}-1)/2$ ist der Goldene Schnitt. Diese sehr irrationale Zahl zeichnet sich durch ihre einfache Kettenbruchzerlegung aus, $\bar{r} = 1/(1+1/1+\ldots)$.

genügt und sich daher formal als

$$\mathbf{U}(t) = \exp\left\{\int_0^t \mathrm{d}t' \mathbf{\Lambda}(t')\right\} \mathbf{U}(0) \tag{6.81}$$

schreiben lässt. Obwohl dies in der Regel nicht richtig ist, stellen wir uns für einen Moment vor, die Matrix $\mathbf{\Lambda}$ hänge nicht von der Zeit ab. Sind $\{\lambda_k\}$ ihre Eigenwerte (die durchaus komplex sein können), und verwendet man das Basissystem der zugehörigen Eigenvektoren, so ist $\mathbf{U}(t)$ ebenfalls diagonal und ist gleich $\mathbf{U}(t) = \{\exp(\lambda_k t)\}$). Ob benachbarte Lösungen exponentiell auseinanderlaufen, hängt davon ab, ob der Realteil $\mathrm{Re}\{\lambda_k\} = \frac{1}{2}(\lambda_k + \lambda_k^*)$ eines der Eigenwerte positiv ist. Das testet man, indem man den Logarithmus der Spur von $\mathbf{U}^\dagger\mathbf{U}$ bildet,

$$\frac{1}{2t} \ln \mathrm{Sp}[\mathbf{U}^\dagger(t)\mathbf{U}(t)] = \frac{1}{2t} \ln \mathrm{Sp}[\exp\{(\lambda_k + \lambda_k^*)t\}]$$

und hier t nach Unendlich gehen lässt. In diesem Grenzübergang überlebt nur derjenige Eigenwert, der den größten positiven Realteil hat. Man definiert daher

$$\mu_1 := \lim_{t\to\infty} \frac{1}{2t} \ln \mathrm{Sp}[\mathbf{U}^\dagger(t)\mathbf{U}(t)] \tag{6.82}$$

und nennt μ_1 den *führenden charakteristischen Liapunov-Exponenten.* Er gibt uns ein quantitatives Kriterium an die Hand: Wenn dieser führende Exponent größer als Null ist, so gibt es (mindestens) eine Richtung, in der benachbarte Trajektorien sich im Mittel mit der Rate $\exp(\mu_1 t)$ voneinander entfernen. Es tritt extreme Empfindlichkeit auf die Anfangsbedingungen auf, das System zeigt chaotisches Verhalten.

Die Definition (6.82) soll auch für den allgemeineren Fall gelten, wo $\mathbf{\Lambda}(t)$ von der Zeit abhängt. Die Eigenwerte und Eigenvektoren von $\mathbf{\Lambda}(t)$ sind jetzt zwar von der Zeit abhängig, die Definition (6.82) hat aber i. Allg. auch hier einen Sinn. Der führende Exponent hängt allerdings von der Referenzlösung $\Phi(t, y)$ ab.

Der Limes (6.82) erfasst nur den führenden Liapunov-Exponenten. Will man den nach μ_1 zweiten führenden Exponenten μ_2 bestimmen, so muss man die zum ersten gehörende Richtung außer acht lassen und die Analyse wiederholen. Setzt man diesen Prozess fort, so ergeben sich alle Liapunov-Exponenten, nach ihrer Größe geordnet,

$$\mu_1 \geqslant \mu_2 \geqslant \ldots \geqslant \mu_f \,. \tag{6.83}$$

Chaotisches Verhalten tritt dann und nur dann auf, wenn der führende Exponent positiv ist.

Für *diskrete* Systeme in f Dimensionen, $x_{n+1} = F(x_n)$, $x \in \mathbb{R}^f$, erhält man die Liapunov-Exponenten durch folgende Vorschrift. Im Tangentialraum in einem beliebigen x sucht man zunächst diejenigen

Vektoren $v^{(1)}$, die bei der linearisierten Form der Abbildung F am raschesten wachsen, d. h. für die $|[\mathbf{D}F(x)]^n v^{(1)}|$ am größten wird. Dann ist

$$\mu_1 = \lim_{n\to\infty} \frac{1}{n} \left|[\mathbf{D}F(x)]^n v^{(1)}\right| . \tag{6.84}$$

Danach sucht man diejenigen Vektoren $v^{(2)}$, für die das Wachstum am zweitschnellsten ist. Man findet auf dieselbe Weise wie oben den nächst kleineren Exponenten μ_2, usw. Zwei einfache Beispiele mögen dies erläutern.

Beispiele

i) Sei F zweidimensional und sei x^0 ein Fixpunkt der iterativen Abbildung. Dann lässt $\mathbf{D}F$ sich an der Stelle x^0 diagonalisieren,

$$\mathbf{D}F(x^0) = \begin{pmatrix} \lambda_1 & 0 \\ 0 & \lambda_2 \end{pmatrix} , \quad \lambda_1 > \lambda_2 .$$

Man wählt $v^{(1)}$ aus $\{\mathbb{R}^2 \setminus 2\text{-Achse}\}$, d. h. in der Weise, dass seine 1-Komponente nicht Null ist. Den Vektor $v^{(2)}$ wählt man entlang der 2-Achse, also

$$v^{(1)} = \begin{pmatrix} a^{(1)} \\ b^{(1)} \end{pmatrix} , \quad a^{(1)} \neq 0 ; \quad v^{(2)} = \begin{pmatrix} a^{(2)} \\ b^{(2)} \end{pmatrix} , \quad a^{(2)} = 0 .$$

Dann ergibt sich

$$\mu_i = \lim_{n\to\infty} \frac{1}{n} \ln \left| \begin{pmatrix} (\lambda_1)^n & 0 \\ 0 & (\lambda_2)^n \end{pmatrix} \begin{pmatrix} a^{(i)} \\ b^{(i)} \end{pmatrix} \right| = \lim_{n\to\infty} \frac{1}{n} \ln |\lambda_i|^n = \ln |\lambda_i|$$

und $\mu_1 > \mu_2$.

ii) Die Abbildung F sei zweidimensional, $x = (u, v)^T$, und wirke im Einheitsquadrat $0 \leqslant u \leqslant 1$, $0 \leqslant v \leqslant 1$ wie folgt

$$u_{n+1} = 2u_n \pmod 1 , \tag{6.85a}$$

$$v_{n+1} = \begin{cases} av_n & \text{für} \quad 0 \leqslant u_n < \frac{1}{2} \\ av_n + \frac{1}{2} & \text{für} \quad \frac{1}{2} \leqslant u_n \leqslant 1 \end{cases} \tag{6.85b}$$

mit $a < 1$. In der v-Richtung bewirkt sie eine Stauchung wenn $u < \frac{1}{2}$, eine Stauchung und eine Verschiebung, wenn $u \geqslant \frac{1}{2}$. In der u-Richtung bewirkt sie eine Streckung und, sobald das Grundintervall überschritten wird, eine Zurückfaltung. (Man nennt sie wegen der Analogie zum Kneten, Auswalzen und Zurückfalten von Blätterteig auch die Transformation des Bäckers.) Dieses dissipative System ist stark chaotisch. Das kann man sich am Beispiel mit $a = 0{,}4$ zeichnerisch klarmachen, wenn man das Schicksal des Kreises mit Mittelpunkt $u = v = \frac{1}{2}$ und Radius a unter sukzessiven Iterationen

verfolgt, (man führe dies auf einem PC durch). Das ursprüngliche, vom Kreis eingeschlossene Volumen wird kontrahiert; gleichzeitig laufen horizontale Distanzen (parallel zur 1-Achse) wegen (6.85a) exponentiell auseinander. Das System besitzt einen seltsamen Attraktor, der gestreckt und gleichzeitig zusammengefaltet wird, und der aus einer unendlichen Menge von horizontalen Linien besteht. Sein Becken ist das ganze Einheitsquadrat.
Berechnet man die Liapunov-Exponenten anhand der Formel (6.84), so findet man

$$\mu_1 = \ln 2\,, \qquad \mu_2 = \ln |a|\ ,$$

d. h. der führende Exponent ist positiv, der Zweite ist negativ.

6.5.3 Seltsame Attraktoren und Fraktale

Das Beispiel (ii) des vorigen Abschnitts zeigt, dass das System (6.85) auf einen eigenartig diffusen Attraktor absinkt, der weder eine Kurve, noch eine Fläche im Einheitsquadrat ist, sondern irgendetwas „dazwischen“. Dieser seltsame Attraktor hat zwar ein verschwindendes Volumen, hat aber keine ganzzahlige Dimension. Geometrische Strukturen dieser Art werden als *Fraktale* bezeichnet. Stellen wir uns ein geometrisches Objekt der Dimension d in einem $\mathbb{R}^n$ vor, für welches d nicht unbedingt ganzzahlig sein muss. Streckt man jede seiner linearen Dimensionen um den Faktor λ, so verändert sich sein Volumen um den Faktor $\kappa = \lambda^d$, d. h. es gilt

$$d = \frac{\ln \kappa}{\ln \lambda}\ .$$

Klarerweise findet man für Punkte, Linien, Flächen die bekannten Euklidischen Dimensionen $d = 0$, $d = 1$, bzw. $d = 2$ wieder. Eine präzisere Formulierung ist die Folgende: Eine Menge von Punkten im $\mathbb{R}^n$, die ganz im Endlichen liegen soll, werde mit Elementarzellen B überdeckt, deren Durchmesser ε sei. Man kann sich darunter kleine Würfel mit Seitenlänge ε oder kleine Kugeln mit Durchmesser ε vorstellen. Wenn $N(\varepsilon)$ die Mindestzahl von Zellen ist, die erforderlich ist, um die Menge ganz zu überdecken, so ist die sogenannte *Hausdorff-Dimension* definiert als

$$d_{\mathrm{H}} := \lim_{\varepsilon \to 0} \frac{\ln N(\varepsilon)}{\ln 1/\varepsilon}\ , \tag{6.86}$$

falls dieser Limes existiert. Um einen Punkt zu überdecken, genügt eine Zelle $N(\varepsilon) = 1$, ganz gleich wie klein ε gewählt wird. Für eine Kurve der Länge L braucht man mindestens $N(\varepsilon) = L/\varepsilon$ Zellen, um sie abzudecken. Für eine p-dimensionale, glatte Hyperfläche F braucht man bei gegebenem ε mindestens $N(\varepsilon) = F/\varepsilon^p$ Zellen. In diesen Beispielen gibt die definierende Formel (6.86) die gewohnten Euklidischen Dimensionen $d_{\mathrm{H}} = 0$ für den Punkt, $d_{\mathrm{H}} = 1$ für die Linie, $d_{\mathrm{H}} = p$ für die Fläche F der Dimension $p \leqslant n$.

Für Fraktale dagegen ergeben sich aus der Definition (6.86) nichtganzzahlige Werte von d_{H}. Ein einfaches Beispiel ist die *Cantor-Menge des mittleren Drittels*, die durch folgende Konstruktion entsteht: Aus einem Geradenstück der Länge 1 entnehme man das mittlere Drittel. Aus den verbleibenden Segmenten $[0, 1/3]$ und $[2/3, 1]$ entnehme man wieder jeweils das mittlere Drittel und setze diesen Vorgang unendlich oft fort. Setzt man hier $\varepsilon_0 = \frac{1}{3}$, so ist die Mindestzahl von Intervallen der Länge ε_0, mit der man die Menge überdecken kann, $N(\varepsilon_0) = 2$. Wählt man $\varepsilon_1 = \frac{1}{9}$, so braucht man mindestens $N(\varepsilon_1) = 4$ Intervalle der Länge ε_1, usw. Für $\varepsilon_n = 1/3^n$ also $N(\varepsilon_n) = 2^n$. Somit ist

$$d_{\mathrm{H}} = \lim_{n\to\infty} \frac{\ln 2^n}{\ln 3^n} = \frac{\ln 2}{\ln 3} \simeq 0{,}631\,,$$

d. h. eine irrationale Zahl, die zwischen der Dimension $d = 0$ eines Punktes und der Dimension $d = 1$ einer stetigen Kurve liegt.

Ein anderes Beispiel ist die *Schneeflocke in der Ebene*, die entsteht, wenn man von einem gleichseitigen Dreieck ausgeht, auf das mittlere Drittel einer jeden Seite ein weiteres (um einen Faktor 3 verkleinertes) Dreieck aufsetzt und dabei nur den äußeren Rand beibehält. Diesen Prozess wiederholt man unendlich oft. Das entstehende Objekt hat einen unendlich großen Umfang, obwohl es ganz im Endlichen liegt. Das sieht man leicht ein, wenn man den Umfang U_n bei der n-ten Stufe der beschriebenen Konstruktionsvorschrift berechnet. Die Seitenlänge des Ausgangsdreiecks sei 1. In der n-ten Stufe ist die Seitenlänge der zuletzt hinzugefügten Dreiecke $\varepsilon_n = 1/3^n$. Das Zufügen eines Dreiecks auf das mittlere Drittel der Seite mit Länge ε_{n-1} bricht diese in vier Segmente der Länge ε_n auf. Daher ist der Umfang der Schneeflocke $U_n = 3 \cdot 4^n \cdot \varepsilon_n = 4^n/3^{n-1}$. Diese Größe divergiert im Limes $n \to \infty$. Die Hausdorff-Dimension dagegen ist endlich. Man berechnet sie in derselben Weise wie für die Cantor-Menge des mittleren Drittels und findet

$$d_{\mathrm{H}} = \frac{\ln 4}{\ln 3} \simeq 1{,}262\,.$$

Die Dimension dieser „Schneeflocke“ ist weder die einer stetigen Kurve noch die einer Fläche mit endlichem, stetigen Rand.

Es verbleiben eine Reihe weiterer Fragen für dynamische Systeme mit chaotischem Verhalten wie zum Beispiel: Kann man die Dimension von seltsamen Attraktoren – wenn sie fraktale Struktur haben – quantitativ bestimmen? Kann man die deterministisch-chaotische Bewegung auf dem Attraktor durch eine Testgröße (eine Art Entropie) quantitativ erfassen derart, dass diese Größe Auskunft darüber gibt, ob das Chaos stark oder schwach ausgeprägt ist? etc. Diese Fragen führen über die in diesem Buch erarbeiteten Hilfsmittel hinaus, auch sind sie nicht abschließend beantwortet und sind somit Gegenstand der aktuellen Forschung auf diesem Gebiet. Wir verweisen auf die im Anhang zitierte Literatur für eine Zusammenfassung des derzeitigen Wissensstandes.

6.6 Chaotische Bewegungen in der Himmelsmechanik

Zum Abschluss diskutieren wie einige faszinierende Ergebnisse der neueren Forschung in der Himmelsmechanik, die in eindrucksvoller Weise die Bedeutung von deterministisch-chaotischer Bewegung in unserem Planetensystem illustrieren. In unserer traditionellen Vorstellung durchlaufen die Planeten unseres Sonnensystems ihre Bahnen mit der Regelmäßigkeit eines Uhrwerks. Die Bewegung der Planeten ist in sehr guter Näherung periodisch, d. h. jeder Planet kehrt nach einem Umlauf an den gleichen Ort zurück, die Planetenbahnen sind praktisch raumfest relativ zum Fixsternhimmel. Aus unserem irdischen Blickwinkel erscheint uns keine Bewegung stabiler, über sehr große Zeiten gleichmäßiger als die der Gestirne am Himmel. Genau diese Regelmäßigkeit der Planetenbewegung war es, die nach einer langen Entwicklung zur Aufstellung der Kepler'schen Gesetze und schließlich zur Newton'schen Mechanik geführt hat.[11]

Andererseits ist unser Sonnensystem mit seinen Planeten und deren Satelliten, mit den Wechselwirkungen zwischen ihnen und mit den zeitlichen Änderungen der Bahnkurven und Eigendrehungen aufgrund von Gezeitenkräften, ein überaus komplexes dynamisches System, dessen Stabilität bis heute nicht abschließend bewiesen ist. Es ist daher vielleicht nicht überraschend, dass es auch im Sonnensystem Bereiche von deterministisch-chaotischer Bewegung gibt, die zu beobachtbaren Konsequenzen führt. So erscheint chaotische Bewegung für die Entstehung der Kirkwood'schen Lücken (das sind Lücken in den Planetoidengürteln zwischen Mars und Jupiter bei einigen Umlaufperioden, die im rationalen Verhältnis zur Periode des Jupiter stehen), sowie für eine wichtige Quelle von Meteoriten, die auf die Erde treffen, verantwortlich zu sein (Wisdom, 1987).

Auch die Spindynamik unseres Planeten wäre vermutlich chaotisch, wenn sie nicht durch die Anwesenheit des Mondes stabilisiert würde. Ausführliche Rechnungen zeigen, dass die Neigung der Rotationsachse der Erde relativ zur Bahnebene erratischen Schwankungen unterworfen wäre, wenn es keinen Mond gäbe (Laskar 1993). Solche Schwankungen hätten dramatische Klimavariationen zur Folge und es wäre fraglich, ob wir überhaupt die Chance und die Muße hätten, diesen Fragen nachzugehen. Führt man dieselben Rechnungen in Anwesenheit des Mondes und unter Berücksichtigung seiner Bahndynamik aus, so zeigt sich, dass diese die Rotationsachse weitgehend stabilisiert.

In diesem Abschnitt beschreiben wir ein einfaches Beispiel für chaotisches Torkeln von Planetenmonden, das man auf einem Rechner nachvollziehen kann, und geben eine qualitative Beschreibung einiger Forschungsergebnisse zu den oben angeschnittenen Fragen.

[11] Die Entwicklung, die von Kopernikus über Kepler und Galilei zur Newton'schen Theorie der Gravitation geführt hat, findet man bei (Fierz, 1972) wunderschön dargestellt. Im Zusammenhang dieses Abschnitts möchte ich hier zwei Passagen aus diesem Buch zitieren. Zur Voraussetzung, dass die Planetenbewegung streng periodisch sei: „Daß dies mit hoher Näherung zutrifft, ist ein großes Glück. Ich kann mir kaum vorstellen, wie man zur Himmelsmechanik und damit zur modernen Mechanik überhaupt gekommen wäre, wenn die Bahnen der Planeten nicht praktisch raumfest wären." Zur Harmonie und Gleichmäßigkeit der Planetenbewegung: „Im Jahre 1619 erschien sein Hauptwerk, die ‚Harmonices Mundi'. Dieses zeugt von Keplers phantasievollem, pythagoräischem Geist. Hier versucht er, Geschwindigkeiten der Planeten in den Apsiden Zahlverhältnisse zuzuordnen, die als Töne gedeutet werden, und dadurch alle Planeten in harmonische Beziehung zueinander zu setzen. Das kommt uns archaisch vor, und doch sind diese Spekulationen, die er mit interessanten geometrischen Betrachtungen verbindet, von eigenartiger Schönheit. Sie zeugen davon, was in der Innenwelt eines solchen Mannes vor sich geht, wenn er, wie Plato sagte: ‚die Umläufe der Vernunft im Weltgebäude betrachtet'."

6.6.1 Rotationsdynamik von Planetensatelliten

Der Mond unserer Erde zeigt uns immer die gleiche Seite. Das bedeutet, dass die Periode seiner Eigendrehung gleich der Periode seiner Bahnbewegung ist. Tatsächlich bewirkt die Gezeitenreibung über sehr lange Zeiten, dass die Drehachse eines Planetensatelliten sich in der Richtung des größten Trägheitsmoments ausrichtet und dass diese Richtung sich senkrecht zur Bahnebene einstellt. Die Drehbewegung wird dabei so lange abgebremst, bis die Rotationsperiode gleich der Umlaufperiode ist. Insofern scheinen sich über einen Zeitraum von der Größenordnung des Alters des Universums stabile Verhältnisse einzustellen: Jeder Mond, der seinem Mutterplaneten nahe genug ist, damit die Drehmomente der Gezeitenreibung seine Bewegung in diesem Zeitraum beeinflussen können, zeigt diesem immer dasselbe Gesicht, Rotations- und Bahnfrequenz sind gleich. Das ist aber nicht so, wenn der Satellit eine stark unsymmetrische Form hat und sich auf einer Ellipse großer Exzentrizität bewegt. Dafür gibt es Beispiele, von denen wir eines beschreiben und im Modell nachrechnen.

Die Sonde Voyager 2 hat u.a. Bilder des Mondes Hyperion geliefert, der einer der am weitesten entfernten Satelliten des Planeten Saturn ist. Hyperion ist ein unsymmetrischer Kreisel, dessen Abmessungen zu

$$190\,\text{km} \times 145\,\text{km} \times 114\,\text{km}$$

mit einer Unsicherheit von je etwa $\pm 15\,\text{km}$ bestimmt wurden. Die Exzentrizität seiner Bahn ist $\varepsilon = 0,1$, seine Umlaufzeit ist 21 Tage. Die überraschende Vorhersage ist, dass Hyperion eine chaotische Torkelbewegung ausführt in dem Sinne, dass seine Drehgeschwindigkeit und die Orientierung seiner Drehachse innerhalb weniger Umlaufperioden starke Änderungen erfahren. Dieser chaotische Tanz, der auch bei anderen Planetensatelliten im Laufe ihrer Geschichte aufgetreten sein muss (z. B. Phobos und Deimos mit Mutterplanet Mars wurden berechnet), ist eine Folge der Unsymmetrie von Hyperion und der Exzentrizität seiner Bahn.

Die Abb. 6.23 zeigt ein einfaches Modell. Hyperion H umkreist Saturn S auf einer festen Ellipse mit der großen Halbachse a und der Exzentrizität ε. Seine unsymmetrische Form simulieren wir durch vier Massenpunkte 1 bis 4 mit derselben Masse m, die in der Bahnebene angeordnet sind. Die Linie 2–1 (Abstand d) sei die 1-Achse, die Linie 4–3 (Abstand $\varepsilon < d$) sei die 2-Achse. Dann gilt für die Trägheitsmomente

$$I_1 = \frac{1}{2} m e^2 < I_2 = \frac{1}{2} m d^2 < I_3 = \frac{1}{2} m (d^2 + e^2)\,. \tag{6.87}$$

Wie oben angegeben, rotiert der Satellit um die 3-Achse, d. h. die Achse mit dem größten Trägheitsmoment, die auf der Bahnebene senkrecht steht. (Sie zeigt aus Abb. 6.23 auf den Betrachter.) Da das Gravitationsfeld am Ort von Hyperion nicht homogen ist und da I_1 und I_2 verschieden sind, erfährt der Satellit ein von seinem Bahnpunkt abhängiges Drehmoment, das wir berechnen wollen. Wir tun dies für das

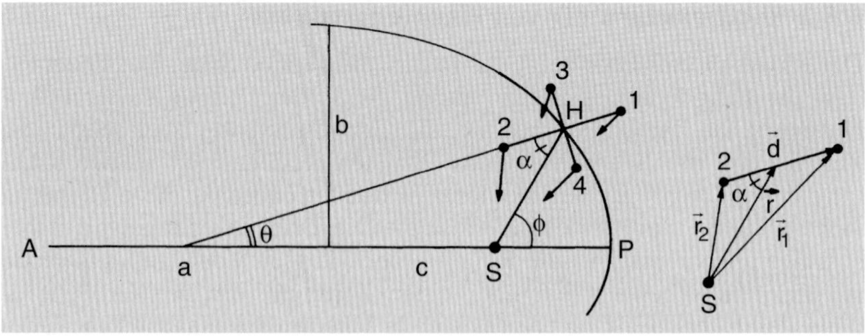

Abb. 6.23. Ein einfaches Zwei-Hantel-Modell für den unsymmetrischen Saturnmond Hyperion

Paar (1, 2), das Ergebnis für das Paar (3, 4) folgt dann unmittelbar. Es ist

$$\boldsymbol{D}^{(1,2)} = \frac{1}{2}\boldsymbol{d} \times (\boldsymbol{F}_1 - \boldsymbol{F}_2) ,$$

wo $\boldsymbol{F}_i = -GmM\boldsymbol{r}_i/r_i^3$, mit M als Saturnmasse, die Kraft auf den Massenpunkt i ist. Da der Abstand $d \equiv |\boldsymbol{d}|$ gegen die Radialvariable r des Satelliten klein ist, gilt mit den Bezeichnungen der Abb. 6.23

$$\frac{1}{r_i^3} = \frac{1}{r^3}\left(1 \pm \frac{d}{r}\cos\alpha + \frac{d^2}{4r^2}\right)^{-3/2} \simeq \frac{1}{r^3}\left(1 \mp \frac{3d}{2r}\cos\alpha\right) .$$

(Das obere Vorzeichen gilt für r_1, das untere für r_2.) Setzt man diese Näherung sowie das Kreuzprodukt $\boldsymbol{r} \times \boldsymbol{d} = -rd\sin\alpha\,\hat{\boldsymbol{e}}_3$ ein, so ist

$$\boldsymbol{D}^{(1,2)} \simeq \frac{3d^2 mMG}{4r^3}\sin 2\alpha\,\hat{\boldsymbol{e}}_3 = \frac{3GMI_2}{2r^3}\sin 2\alpha\,\hat{\boldsymbol{e}}_3 ,$$

wobei im zweiten Schritt I_2 gemäß (6.87) eingesetzt ist. Das Produkt GM kann man über das dritte Kepler'sche Gesetz (1.23) durch die große Halbachse a und die Umlaufperiode T ersetzen. Die Gesamtmasse von Hyperion (im Modell gleich 4 m) ist klein im Vergleich zur Masse M des Saturn, so dass sie praktisch gleich der reduzierten Masse ist. Es ist dann nach (1.23)

$$GM = (2\pi/T)^2 a^3 .$$

Die Rechnung für die zweite Hantel (3, 4) geht genauso, so dass man für das gesamte Drehmoment $\boldsymbol{D}^{(1,2)} + \boldsymbol{D}^{(3,4)}$ das Ergebnis

$$\boldsymbol{D} \simeq \frac{3}{2}\left(\frac{2\pi}{T}\right)^2 (I_2 - I_1)\left(\frac{a}{r}\right)^3 \sin 2\alpha\,\hat{\boldsymbol{e}}_3 \qquad (6.88)$$

erhält. Dieser Ausdruck bleibt richtig, wenn man für den Satelliten eine realistischere Massenverteilung einsetzt, und er zeigt, dass das effektive Drehmoment verschwindet, wenn $I_1 = I_2$ ist. Die Bewegungsgleichung (3.52) für die Eigenrotation des Satelliten lautet mit dem

Ergebnis (6.88)

$$I_3\ddot{\theta} = \frac{3}{2}\left(\frac{2\pi}{T}\right)^2 (I_2 - I_1)\left(\frac{a}{r(t)}\right)^3 \sin 2\alpha\,. \tag{6.89}$$

Dabei gibt der Winkel θ die Orientierung des Satelliten relativ zur Achse SP (Saturn-Perisaturnion) an und Φ ist der übliche Polarwinkel der Bewegung. Es ist $\alpha = \Phi - \theta$ und (6.89) lautet

$$I_3\ddot{\theta} = -\frac{3}{2}\left(\frac{2\pi}{T}\right)^2 (I_2 - I_1)\left(\frac{a}{r(t)}\right)^3 \sin 2[\theta - \Phi(t)]\,. \tag{6.89'}$$

Diese Gleichung enthält nur einen Freiheitsgrad, θ, ihre rechte Seite hängt aber über den Bahnradius $r(t)$ und über den Polarwinkel $\Phi(t)$ von der Zeit ab und ist daher nicht integrierbar. Eine Ausnahme liegt nur dann vor, wenn die Bahn kreisförmig ist, d. h. $\varepsilon = 0$ ist, s. Abschn. 1.7.2 (ii). Dann ist die mittlere Kreisfrequenz

$$\langle\omega\rangle := \frac{2\pi}{T} \tag{6.90}$$

die wirkliche Winkelgeschwindigkeit, d. h. es ist $\Phi = \langle\omega\rangle t$ und für $\theta' := \theta - \langle\omega\rangle t$ gilt die Differentialgleichung

$$I_3\ddot{\theta}' = -\frac{3}{2}\langle\omega\rangle^2 (I_2 - I_1)\sin 2\theta'\,, \quad \varepsilon = 0\,. \tag{6.91}$$

Setzt man

$$z_1 := 2\theta'\,, \quad \omega^2 := 3\langle\omega\rangle^2 \frac{I_2 - I_1}{I_3}\,, \quad \tau := \omega t\,,$$

so ist (6.91) nichts anderes als die Pendelgleichung (1.41), $\mathrm{d}^2 z_1/\mathrm{d}\tau^2 = -\sin z_1$, die sich integrieren lässt. Sie besitzt als Integral der Bewegung die Energie, im Falle von (6.91) also

$$E = \frac{1}{2} I_3 \dot{\theta}'^2 - \frac{3}{4}\langle\omega\rangle^2 (I_2 - I_1)\cos 2\theta'\,. \tag{6.92}$$

Ist dagegen $\varepsilon \neq 0$, so lässt sich die Zeitabhängigkeit der rechten Seite von (6.89′) nicht eliminieren. Das System hat zwar nur den einen, explizit erscheinenden Freiheitsgrad θ, ist aber in Wirklichkeit dreidimensional. Seit der Arbeit von Hénon und Heiles (1964), die die Bewegung eines Sterns in einer zylindrischen Galaxie numerisch studierten, ist bekannt, dass Hamilton'sche Systeme für gewisse Anfangsbedingungen reguläre Bahnen, für andere aber chaotische Bahnkurven als Integralkurven besitzen können. Eine numerische Untersuchung von (6.89′) zeigt, dass auch dieses scheinbar einfache System Lösungen in chaotischen Bereichen besitzt (Wisdom, 1987, und dort zitierte Originalarbeiten). Man integriert (6.89′) numerisch und betrachtet das Ergebnis auf einem Transversalschnitt (s. Poincaré-Abbildung, Abschn. 6.3.4), indem man die Drehbewegung bei jedem Durchgang des Satelliten durch den Punkt P, das Perisaturnion, wie mit einem Stroboskop anschaut. Trägt

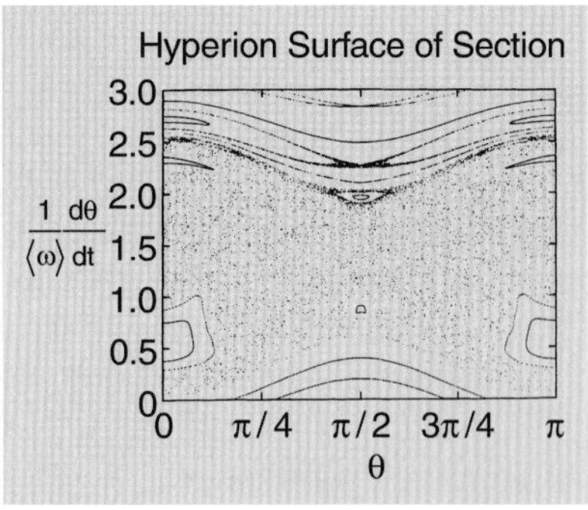

Abb. 6.24. Chaotisches Verhalten des Saturn-Satelliten Hyperion. Das Bild zeigt die relative Änderung der Orientierung des Satelliten als Funktion der Orientierung, jeweils zum Zeitpunkt des Durchgangs bei P, dem Punkt größter Annäherung an Saturn (nach Wisdom, 1987)

man die relative Änderung der Orientierung $(\mathrm{d}\,\theta/\mathrm{d}\,t)/\langle\omega\rangle$ als Funktion von θ bei jedem solchen Durchgang für verschiedene Anfangswerte auf, so entsteht das Bild der Abb. 6.24. Dieses Bild wollen wir zunächst kommentieren:

Eindimensionale Gebilde, also Kurven, entsprechen quasiperiodischen Bewegungen. Füllen die „Messpunkte" dagegen eine Fläche aus, so ist dies ein Hinweis auf chaotische Bewegung. Die im mittleren Band streuenden Punkte gehören alle zur selben Bahnkurve. Auch die beiden Bahnen, die bei ungefähr $(\pi/2, 2{,}3)$ eine Art X bilden, sind chaotisch, während die weißen Inseln in den chaotischen Zonen solchen Bewegungszuständen entsprechen, bei denen die Periode der Eigendrehung und die der Bahnbewegung ein rationales Verhältnis bilden. Zum Beispiel ist die Insel bei $(0, 0{,}5)$ der Bereich der synchronen Bewegung, wo Hyperion im Mittel dem Mutterplaneten stets dieselbe Seite zeigen würde. Die synchrone Bahn bei $\theta = \pi$ würde die dazu entgegengesetzte Seite dem Saturn zukehren. Die Kurven unten in der Abbildung und im Bereich um $\theta = \pi/2$ sind quasiperiodische Bewegungen mit nichtrationalem Periodenverhältnis. (Man überlege sich, dass der Bereich $\pi \leq \theta \leq 2\pi$ dem im Bild gezeigten dynamisch äquivalent ist.)

Eine weitergehende Untersuchung zeigt, dass die Ausrichtung der Drehachse senkrecht zur Bahnebene sowohl im chaotischen Bereich als auch im synchronen Zustand nicht stabil ist. Dies bedeutet, dass eine kleine Abweichung der Drehachse von der Vertikalen exponentiell anwächst. Die Zeitskala für dies dann auftretende Torkeln ist von der Größenordnung einiger Umlaufsperioden. Das eingangs beschriebene Endstadium eines kugelförmigen Mondes ist für den unsymmetrischen Satelliten Hyperion völlig instabil. Kippt er aber aus der Vertikalen zur Bahnebene heraus, so ist (6.89′) nicht mehr ausreichend und man muss die vollen, nichtlinearen Euler'schen Gleichungen (3.52) lösen. Dabei findet man, dass der dreidimensionale Bewegungsablauf vollständig chaotisch ist. Alle drei Liapunov'schen charakteristischen Exponenten sind positiv (von der Größenordnung 0,1). Wie stark chaotisch dieses Torkeln ist, kann man an folgendem Beispiel ablesen. Auch wenn man die räumliche Orientierung der Drehachse zum Zeitpunkt des Vorbeiflugs von Voyager 1 an Hyperion (im November 1980) auf zehn Stellen genau hätte messen können, so wäre es dennoch nicht möglich gewesen vorherzusagen, wo die Achse zur Zeit des Vorbeiflugs von Voyager 2 (im August 1981) stehen würde.

Bis zu diesem Punkt ist die Gezeitenreibung vernachlässigt, die zu einer vergleichsweise sehr langsamen Änderung des ursprünglich Hamilton'schen Systems führt. Man kann aber die Geschichte Hyperions ungefähr angeben (s. Wisdom, 1987):

Vermutlich war die Periode der Eigendrehung zu Anfang viel kürzer als die Bahnperiode, und Hyperion begann seine Entwicklung im Bereich hoch über dem der Abb. 6.24. In einem Zeitraum von der Größenordnung des Alters des Sonnensystems wurde die Eigendrehung abgebremst und die Drehachse richtete sich senkrecht zur Bahnebene auf.

Damit wurden die Voraussetzungen des vereinfachten Modells (6.89′) näherungsweise berechtigt, mit dem Abb. 6.24 berechnet ist. Sobald aber der chaotische Bereich erreicht war, wurde „das Werk der Gezeiten während Äonen in wenigen Tagen zerstört" (Wisdom, 1987), denn einmal im chaotischen Bereich angekommen, fing Hyperion in völlig erratischer Weise an zu torkeln (was er auch heute noch tut). Irgendwann wird er in einer der wenigen stabilen Inseln der Abbildung landen. Das kann allerdings nicht der synchrone Zustand sein, denn dieser ist instabil.

Schon die Beobachtungen von Voyager 2 waren mit dieser Aussage konsistent, konnten die erratische Spin-Bewegung aber nicht wirklich belegen, da sie ja im Wesentlichen nur Momentaufnahmen lieferten. Wenige Jahre später wurde das Torkeln von Hyperion mit optischer Astronomie über einen längeren Zeitraum von der Erde aus beobachtet (J. Klavetter, Science **246**, 998 (1989), Astron. J. **98**, 1855, (1989)), die Vorhersage wurde somit glänzend bestätigt.

Um das merkwürdige Ergebnis, das die Abb. 6.24 für Hyperion zeigt, besser zu verstehen, zeigen wir in den Abb. 6.25 und 6.26 die Ergebnisse der analogen Rechnungen für zwei Trabanten des Planeten Mars: Deimos und Phobos. Beide sind ähnlich unsymmetrische Kreisel wie Hyperion. Der für die Bewegungsgleichung (6.89′) relevante Parameter

$$\alpha = \sqrt{\frac{3(I_2 - I_1)}{I_3}}\,, \tag{6.93}$$

der für Hyperion den Wert 0,89 hat, ist für Deimos 0,81 und für Phobos 0,83. Allerdings haben ihre Bahnen wesentlich kleinere Exzentrizitäten als die von Hyperion, nämlich 0,0005 bzw. 0,015. Die synchrone Phase bei

$$\left(\theta = 0,\ \frac{1}{\langle\omega\rangle}\frac{\mathrm{d}\theta}{\mathrm{d}t} = 1\right),$$

die wir von unserem Mond kennen, ist noch klar ausgeprägt, während sie für Hyperion im Bild deutlich nach unten abgewandert ist. Die chaotischen Bereiche sind wegen der kleineren Exzentrizität entsprechend schwächer ausgeprägt. Auch wenn Deimos und Phobos heute nicht mehr torkeln, so müssen sie doch im Laufe des Abbremsprozesses eine Phase chaotischen Torkeln durchlaufen haben. Man kann abschätzen, dass diese chaotische Phase für Deimos etwa 100 Mio. Jahre, für Phobos etwa 10 Mio. Jahre gedauert haben mag.

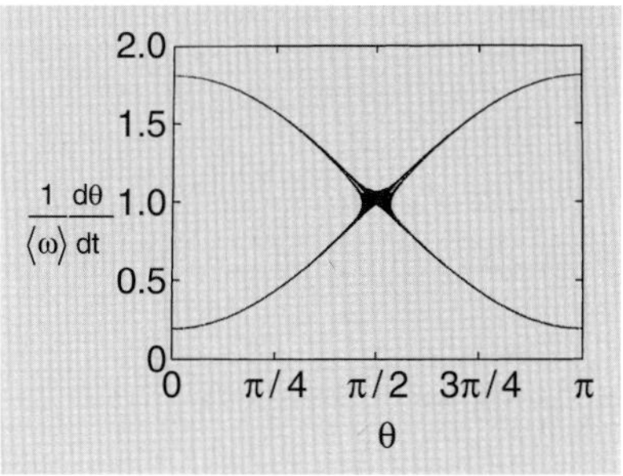

Abb. 6.25. Analoges Resultat wie in Abb. 6.24 für den Mars-Satelliten Deimos. Seine Asymmetrie (6.93) ist $\alpha = 0,81$, die Exzentrizität seiner Bahn ist $\varepsilon = 0,0005$

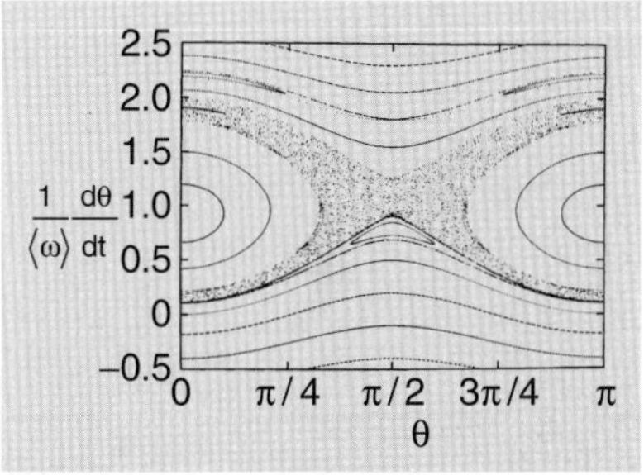

Abb. 6.26. Analoges Resultat wie in Abb. 6.24 für den Mars-Satelliten Phobos. Seine Asymmetrie (6.93) ist $\alpha = 0,83$, die Exzentrizität seiner Bahn ist $\varepsilon = 0,015$

6.6.2 Bahndynamik von Planetoiden mit chaotischem Verhalten

Im Abschn. 2.37 hatten wir gelernt, dass die Bewegungsmannigfaltigkeit eines integrablen Hamilton'schen Systems mit zwei Freiheitsgraden die Form $\Delta^2 \times T^2$ hat, wo Δ^2 der Bereich der Wirkungsvariablen I_1, I_2, T^2 der Torus der Winkelvariablen θ_1, θ_2 ist. Das gilt allgemein für ein integrables System mit f Freiheitsgraden. Seine Bewegungsmannigfaltigkeit ist $\Delta^f \times T^f$. Je nachdem, ob die zugehörigen Frequenzen paarweise inkommensurabel sind (d. h. kein Paar hat ein rationales Verhältnis) oder ob solche Resonanzen auftreten, spricht man von nichtresonanten bzw. resonanten Tori. Diese Tori und ihre Stabilität bzw. Instabilität spielen eine wichtige Rolle in der Störungstheorie an Hamilton'schen Systemen, die von Kolmogorov, Arnol'd und Moser entwickelt wurde. Man spricht in diesem Zusammenhang auch von „KAM-Tori", s. Abschn. 2.39.

Bislang wurden die eingangs erwähnten Kirkwood'schen Lücken in den Planetoidenbahnen mit rationalem Periodenverhältnis zur Periode von Jupiter als Zusammenbruch der KAM-Tori in der Nähe von Resonanzen qualitativ erklärt. Das scheint nicht richtig zu sein. Vielmehr deuten neue Untersuchungen der Planetoidendynamik, die auf detaillierten Langzeitrechnungen aufbauen, darauf hin, dass wiederum chaotisches Verhalten in einem Hamilton'schen System für die Lücken verantwortlich ist.

Ein untersuchtes Beispiel, das wir kurz beschreiben wollen, ist die Kirkwood'sche Lücke des Planetoidengürtels, die beim Periodenverhältnis 3:1 auftritt. Die Integration der Bewegungsgleichungen für ein Zeitintervall, das Millionen von Jahren umfasst, ist ein schwieriges Problem der numerischen Mathematik, für welches spezielle Methoden entwickelt worden sind. Wir begnügen uns hier damit, einige Resultate zu zitieren, ohne auf diese Rechenmethoden einzugehen.[12]

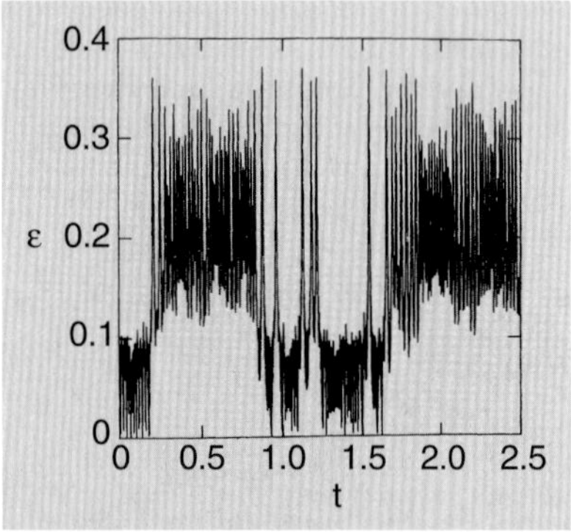

Abb. 6.27. Exzentrizität einer typischen Bahn im chaotischen Bereich als Funktion der Zeit in Millionen von Jahren. Über lange Zeiten treten große Werte von ε auf, durchsetzt mit Bereichen kleiner und irregulärer Werte (nach Wisdom, 1987)

Die Rechnungen zeigen, dass Bahnen von Planetoiden in der Nähe der 3:1 Resonanz chaotisches Verhalten zeigen: Die Exzentrizität einer Bahn dieses Typus variiert in einer ungeordneten Weise als Funktion der Zeit, wobei immer wieder relativ dichte Bereiche hoher Exzentrizität vorkommen. Abbildung 6.27 zeigt ein Beispiel für einen Zeitraum von 2,5 Millionen Jahren, berechnet für ein ebenes, elliptisches Bahnsystem. In das Problem gehen die ebenen Koordinaten (x, y) des Planetoiden, sowie die Zeitabhängigkeit der Parameter in der Bewegungsgleichung ein, die auf die Bewegung Jupiters entlang seiner Bahnellipse zurückgeht. Mittelt man aber über die Bahnperiode, so entsteht ein effektives zweidimensionales System, für welches man die Größen

$$x = \varepsilon \cos(\bar{\omega} - \bar{\omega}_J) , \quad y = \varepsilon \sin(\bar{\omega} - \bar{\omega}_J)$$

wie bei einer Poincaré-Abbildung zu einem Zeitpunkt der periodischen Bewegung aufnehmen kann; $\bar{\omega}$ und $\bar{\omega}_J$ sind dabei die mittleren Winkelkoordinaten der Perihelpunkte des Planetoiden bzw. des Jupiter. Abbildung 6.28 zeigt das entstehende Schnittbild für die in Abb. 6.27 gezeigte Bahn. Aus diesen Bildern geht klar hervor, dass Bahnen in der Nähe der 3:1 Resonanz stark chaotisches Verhalten zeigen. Gleichzeitig lässt sich auf zwanglose Weise erklären, warum der Bereich um diese Resonanz leer ist: Alle Bahnen mit $\varepsilon > 0{,}4$ kreuzen die Bahn des Planeten Mars. Nachdem man nun weiß, dass Bahnkurven in der Nähe der 3:1 Resonanz über längere Zeiten Ausflüge zu großen Ex-

[12] Hinweise auf Originalliteratur, wo diese Methoden beschrieben sind, findet man bei (Wisdom, 1987).

zentrizitäten machen, ist klar, dass sie eine endliche Wahrscheinlichkeit haben, Mars nahe zu kommen, oder auf ihn aufzuschlagen und auf diese Weise aus ihrem ursprünglichen Bereich herausgestreut zu werden. Deterministisch-chaotische Bewegung hat also bei der Bildung der 3:1 Lücke eine wesentliche Rolle gespielt.[13]

Vielleicht ebenso interessant ist die Beobachtung, dass ungeordnete Bewegung nahe der 3:1 Resonanz offenbar auch eine wichtige Rolle beim Transport von Meteoriten aus dem Asteroidengürtel auf die Erde spielt. Die Rechnungen zeigen, dass Asteroidenbahnen, die mit Werten $\varepsilon = 0{,}15$ beginnen, über lange Zeiten in Bereiche mit $\varepsilon = 0{,}6$ und darüber ausweichen. Damit kreuzen ihre Bahnellipsen auch die Erdbahn. Chaotische Bahnen in der Nähe der 3:1 Lücke können daher Trümmer aus Zusammenstößen von Asteroiden über elliptische Bahnen großer Exzentrizität direkt auf die Erdoberfläche bringen. So kann also deterministisch-chaotische Bewegung möglicherweise den Weg beschreiben, wie Meteoriten zu uns gelangen, die so wichtige Informationen über unser Sonnensystem enthalten.

Wir sind damit zum Ausgangspunkt der Mechanik zurückgekehrt, der Himmelsmechanik, haben dabei aber qualitativ ganz neue Typen von deterministischer Bewegung angetroffen, die völlig verschieden von dem ruhigen Lauf des planetaren Uhrwerks sind, dessen Bauplan Kepler erforscht hat. Gleichzeitig haben wir gelernt, dass die Mechanik kein verstaubtes, archiviertes Gebiet ist, sondern auch heute noch in vielen Bereichen mit wichtigen Fragen ein faszinierend lebendiges Forschungsgebiet eröffnet.

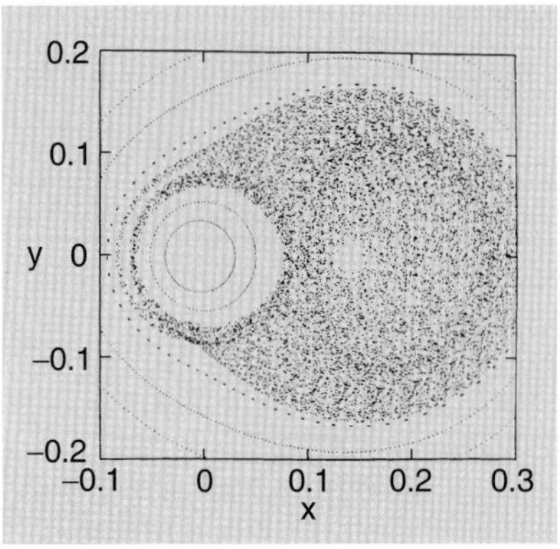

Abb. 6.28. Ein Schnittbild für die Bahn der Abb. 6.27. Die Radialkoordinate der gezeigten Punkte gibt die jeweilige Exzentrizität ε an

[13] Ähnliche Untersuchungen der 2:1 und 3:2 Bereiche deuten darauf hin, dass der Erste chaotisches Verhalten zeigt, während es beim Zweiten kein solches Verhalten gibt. Das wäre in Übereinstimmung mit der Beobachtung, dass nur der 2:1 Bereich leer ist.

Kontinuierliche Systeme

Einführung

Die mechanischen Systeme, die wir bisher diskutiert haben, zeichnen sich dadurch aus, dass die Zahl ihrer Freiheitsgrade *endlich* und daher abzählbar ist. Die Mechanik deformierbarer, makroskopischer Medien verlässt diesen Rahmen, weil man die Reaktion eines Festkörpers auf äußere Kräfte, das Strömungsverhalten einer Flüssigkeit in einem Kraftfeld, oder die Dynamik von Gasen nicht mehr mit endlich vielen Variablen beschreiben kann. An die Stelle der Koordinaten- und Impuls-artigen Variablen treten Feldgrößen, d. h. Funktionen oder Felder, die über dem Raum und der Zeit definiert sind und die die Dynamik des betrachteten Systems beschreiben. Die Kontinuumsmechanik ist ein eigenes, sehr umfangreiches Gebiet der klassischen Physik, das über den Rahmen dieses Buches hinausgeht. (Eine gute Einführung findet man z. B. bei Honerkamp, Römer, 1993). In diesem kurzen Kapitel zum Ausklang beschränken wir uns daher darauf, den wichtigen Feldbegriff und die Verallgemeinerung der Prinzipien der kanonischen Mechanik für kontinuierliche Systeme einzuführen und durch Beispiele zu illustrieren. Gleichzeitig wird damit eine erste Grundlage für die Elektrodynamik bereitgestellt, die eine typische und besonders wichtige Feldtheorie ist.

7.1 Diskrete und kontinuierliche Systeme

Wir haben schon mehrfach auf die Unsymmetrie zwischen der Zeitvariablen einerseits und den Raumvariablen andererseits hingewiesen, die für die nichtrelativistische Physik charakteristisch ist, vgl. Abschn. 1.6 und 4.7. In einer Galilei-invarianten Welt hat die Zeit absoluten Charakter, der Raum dagegen nicht. In der Mechanik von Massenpunkten und von starren Körpern gibt es noch eine andere Unsymmetrie, auf die wir ebenfalls in Abschn. 1.6 hingewiesen haben: Die Zeit spielt die Rolle eines *Parameters*, während der Ort $\boldsymbol{r}(t)$ eines Teilchens, bzw. die Koordinaten $\{\boldsymbol{r}_s(t), \vartheta_i(t)\}$ eines starren Körpers, oder, noch allgemeiner, der Fluss $\Phi(t, t_0, \underset{\sim}{x}_0)$ im Phasenraum, die eigentlichen *dynamischen Variablen* sind, für die man die mechanischen Bewegungsgleichungen aufstellt. Bildlich gesprochen ist Φ die „geometrische Kurve“, t der Kurvenparameter (die Bogenlänge), der angibt, in welcher Weise die Kurve durchlaufen wird.

Für ein kontinuierliches System, unabhängig davon, ob es nichtrelativistisch oder relativistisch behandelt wird, ist das anders. Hier werden neben der Zeit auch die Ortskoordinaten zu Parametern. An ihre Stelle als dynamische Variable treten neue Größen, die *Felder*, die den Bewegungszustand des Systems beschreiben und die einem Satz von Bewegungsgleichungen genügen. Wir wollen diesen wichtigen neuen Begriff an einem einfachen Beispiel entwickeln.

Beispiel 7.1 Lineare Kette und schwingende Saite

Es seien n Massenpunkte der Masse m durch identische elastische Federn so verbunden, dass sie sich an den äquidistanten Punkten $x_1^0, x_2^0, \dots, x_n^0$ befinden, wenn alle Federn entspannt sind, s. Abb. 7.1. Wie in Abb. 7.1a gezeigt, lenken wir die Massenpunkte entlang ihrer Verbindungslinie aus und bezeichnen die Abweichungen von der Ruhelage mit

$$u_i(t) = x_i(t) - x_i^0 , \quad i = 1, 2, \dots, n .$$

Die kinetische Energie ist

$$T = \sum_{i=1}^{n} \frac{1}{2} m \dot{u}_i^2(t) . \tag{7.1}$$

Sind die Rückstellkräfte harmonisch und bezeichnet k die Federkonstante, so lautet die potentielle Energie

$$U = \sum_{i=1}^{n-1} \frac{1}{2} k (u_{i+1} - u_i)^2 + \frac{1}{2} k (u_1^2 + u_n^2) , \tag{7.2}$$

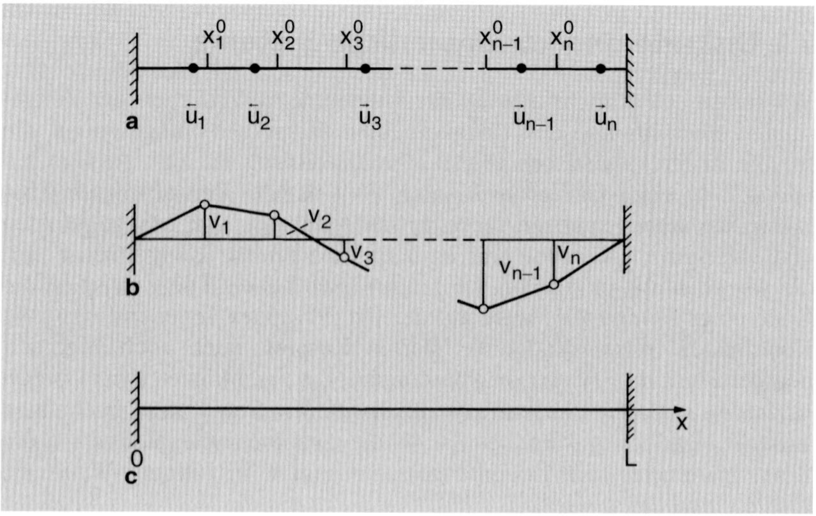

Abb. 7.1a – c. Lineare Kette von endlich vielen Massenpunkten, die longitudinal (**a**) oder transversal (**b**) schwingen können, (**c**) zeigt die schwingende Saite derselben Länge wie die Kette, zum Vergleich

wo die beiden letzten Terme von der Federkraft zwischen Teilchen 1 und der Wand bzw. zwischen Teilchen n und der Wand herrühren. Dem linken Aufhängungspunkt schreiben wir die Koordinate x_0^0, dem Rechten die Koordinate x_{n+1}^0 zu und verlangen, dass ihre Auslenkungen ebenso wie ihre Geschwindigkeiten zu allen Zeiten Null sein mögen, $u_0(t) = u_{n+1}(t) = 0$. Dann ist

$$U = \frac{1}{2} k \sum_{i=0}^{n} (u_{i+1} + u_i)^2 \tag{7.2'}$$

und die natürliche Form der Lagrangefunktion lautet

$$L = T - U \,, \tag{7.3}$$

mit T aus (7.1) und U aus (7.2′). Diese Lagrangefunktion beschreibt longitudinale Bewegungen der Massenpunkte, entlang ihrer Verbindungslinie. Dieselbe Form (7.3) der Lagrangefunktion bekommen wir auch, wenn wir die Massenpunkte nur senkrecht zur Verbindungslinie ihrer Gleichgewichtslagen, d. h. wie in Abb. 7.1b skizziert, transversal auslenken. Sei d der Abstand der Ruhelagen. Der Abstand zwischen benachbarten Massenpunkten ist dann genähert

$$\sqrt{d^2 + (v_{i+1} - v_i)^2} \simeq d + \frac{1}{2} \frac{(v_{i+1} - v_i)^2}{d} \,,$$

wenn die Differenzen der transversalen Auslenkungen klein im Vergleich zu d bleiben. Die rücktreibende Kraft ist näherungsweise transversal, ihre potentielle Energie ist

$$U = \frac{S}{2d} \sum_{i=0}^{n} (v_{i+1} - v_i)^2 \,, \tag{7.4}$$

wo S die Federspannung ist und wo wir wieder die Bedingung $v_0(t) = 0 = v_{n+1}(t)$ für die Randpunkte beachten müssen. In Wirklichkeit können die Massenpunkte gleichzeitig longitudinale und transversale Auslenkungen haben und beide Bewegungstypen sind gekoppelt. Der Einfachheit halber betrachten wir hier nur rein transversale oder rein longitudinale Schwingungen.

Setzen wir $\omega_0 = \sqrt{k/m}$, $q_i(t) = u_i(t)$ im ersten, $\omega_0 = \sqrt{S/md}$, $q_i(t) = v_i(t)$ im zweiten Fall, so lautet die Lagrangefunktion in beiden Fällen

$$L = \frac{1}{2} m \sum_{j=0}^{n} \{\dot{q}_j^2 - \omega_0^2 (q_{j+1} - q_j)^2\} \,, \tag{7.5}$$

mit der Bedingung $q_0 = \dot{q}_0 = 0$, $q_{n+1} = \dot{q}_{n+1} = 0$. Die Bewegungsgleichungen folgen aus (7.5) zu

$$\ddot{q}_j = \omega_0^2 (q_{j+1} - q_j) - \omega_0^2 (q_j - q_{j-1}) \,, \quad j = 1, 2, \ldots, n \,. \tag{7.6}$$

Wir lösen sie über den folgenden Ansatz

$$q_j(t) = A \sin\left(j\frac{p\pi}{n+1}\right) e^{i\omega_p t} , \tag{7.7}$$

wo wir j jetzt offensichtlich von 0 bis $n+1$ laufen lassen können. Die Amplitude ist bereits so eingerichtet, dass q_0 und q_{n+1} für alle Zeiten Null bleiben, p ist eine natürliche Zahl, ω_p sind die Eigenfrequenzen des gekoppelten Systems (7.6), die wir mit der allgemeinen Methode aus der Praktischen Übung 1 des zweiten Kapitels bestimmen könnten. Hier bekommt man sie auch auf folgende Weise. Man setzt den Ansatz (7.7) in die Bewegungsgleichung (7.6) ein und erhält

$$\omega_p^2 = 2\omega_0^2\left[1-\cos\left(\frac{p\pi}{n+1}\right)\right] \quad \text{bzw.} \quad \omega_p = 2\omega_0 \sin\left(\frac{p\pi}{2(n+1)}\right) . \tag{7.8}$$

Die Normalschwingungen des Systems sind also

$$q_j^{(p)}(t) = A^{(p)} \sin\left(j\frac{p\pi}{n+1}\right) \sin(\omega_p t) ,$$
$$p = 1, \dots, n , \; j = 0, 1, \dots, n+1 , \tag{7.9}$$

und die allgemeine Lösung lautet

$$q_j(t) = \sum_{p=1}^{n} A^{(p)} \sin\left(j\frac{p\pi}{n+1}\right) \sin(\omega_p t + \varphi_p) .$$

Wir vergleichen nun diese Lösungen für das Beispiel transversaler Schwingungen mit den Normalschwingungen einer Saite der Länge $L = (n+1)d$, die zwischen denselben Wänden wie die oben beschriebene lineare Kette eingespannt ist. Ist ihre p-te harmonische Schwingung angeregt, so wird ihr Schwingungszustand durch

$$\varphi(x,t) = A^{(p)} \sin\left(\frac{p\pi x}{L}\right) \sin(\omega_p t) , \quad \omega_p = p \cdot \bar{\omega}_0 \tag{7.10}$$

beschrieben. Hier ist ω_p jetzt das p-fache einer Grundfrequenz $\bar{\omega}_0$, die wir so einrichten können, dass sie mit der Frequenz (7.8) für die Grundschwingung $p = 1$ übereinstimmt,

$$\bar{\omega}_0 = 2\omega_0 \sin\left(\frac{\pi}{2(n+1)}\right) . \tag{7.11}$$

Die Lösung (7.10) ist mit der Lösung (7.9) sehr nahe verwandt und wir werden den genauen Zusammenhang im nächsten Abschnitt ableiten. Hier möchten wir aber zunächst einen direkten Vergleich zwischen (7.9) und (7.10) diskutieren.

Halten wir den Zeitpunkt t fest, so hat die Amplitude der Normalschwingung (7.9) für gegebenes p mit $1 \leqslant p \leqslant n$ genau denselben Verlauf wie die Amplitude der Schwingung (7.10) an den Stellen

$x = jL/(n+1)$. Abbildung 7.2 zeigt das Beispiel $p = 2$ für $n = 7$ Teilchen. Die durchgezogene Kurve zeigt die erste harmonische Schwingung der Saite, die Punkte zeigen den Schwingungszustand der sieben Massenpunkte in der Normalschwingung (7.9) mit $p = 2$. (Man beachte aber, dass die Frequenzen ω_p und $\bar{\omega}_0$ nicht dieselben sind.)

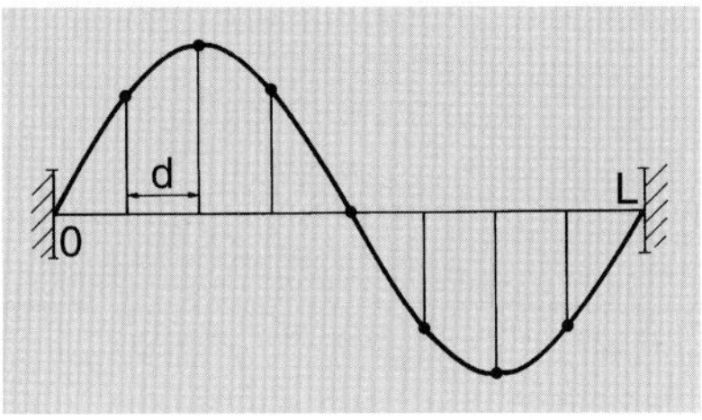

Abb. 7.2. Transversal schwingende Kette von 7 Massenpunkten und zweite harmonische Schwingung der Saite, im Vergleich

Das *diskrete* System (7.9) besitzt n Freiheitsgrade, die klarerweise abzählbar sind. Die dynamisch interessanten Variablen sind die Koordinaten $q_j^{(p)}$ und die zugehörigen Impulse $p_j^{(p)} = m\dot{q}_j^{(p)}(t)$. Die Zeit spielt die Rolle eines Parameters.

Im *kontinuierlichen* System (7.10) interessiert uns bei fester Zeit t die lokale Amplitude $\varphi(x, t)$ als Funktion der kontinuierlichen Variablen $x \in [0, L]$. Eine der dynamischen Variablen ist jetzt die Funktion φ über dem Ort x auf der Saite und über der Zeit t.

Stellt man sich vor, dass das kontinuierliche System aus dem diskreten System entsteht, indem man die Zahl n der Massenpunkte sehr groß werden, gleichzeitig ihren Abstand d sehr klein werden lässt, so sieht man, dass die Variable x die Rolle des Zählindex j übernommen hat. Das bedeutet einerseits, dass die Zahl der Freiheitsgrade jetzt unendlich und auch nicht mehr abzählbar ist. Andererseits hat die Koordinate x, ebenso wie die Zeit, die Rolle eines *Parameters* angenommen. Für gegebenes $t = t_0$ beschreibt $\varphi(x, t_0)$ den Verlauf der Schwingung im Raum $x \in [0, L]$, für festes $x = x_0$ beschreibt $\varphi(x_0, t)$ die zeitliche Bewegung der Saite an der Stelle x_0.

7.2 Grenzübergang zum kontinuierlichen System

Den oben beschriebenen Grenzübergang wollen wir an den Beispielen (7.2′) und (7.4) der longitudinalen bzw. transversalen Schwingungen nun wirklich durchführen. Ist die Zahl n der Massenpunkte sehr groß, ihr Abstand d dementsprechend infinitesimal klein, so ist $q_j(t) \equiv \varphi\big(x = (jL/n+1), t\big)$, und

$$q_{j+1} - q_j \simeq d \left.\frac{\partial\varphi}{\partial x}\right|_{x=jd+d/2}, \quad q_j - q_{j-1} \simeq d \left.\frac{\partial\varphi}{\partial x}\right|_{x=jd-d/2},$$

und somit auch

$$(q_{j+1} - q_j) - (q_j - q_{j-1}) \simeq d^2 \left.\frac{\partial^2\varphi}{\partial x^2}\right|_{x=jd}.$$

Die Bewegungsgleichung (7.6) wird dabei zur Differentialgleichung

$$\frac{\partial^2\varphi}{\partial t^2} \simeq \omega_0^2 d^2 \frac{\partial^2\varphi}{\partial x^2}. \tag{7.6′}$$

Im Fall longitudinaler Schwingungen ist $\omega_0^2 d^2 = kd^2/m$. Im Grenzübergang $n \to \infty$ wird das Verhältnis m/d zur Massendichte ϱ pro

Längeneinheit, das Produkt aus Federkonstante k und Abstand d benachbarter Punkte wird zum Elastizitätsmodul $\eta = kd$. Mit der Bezeichnung $v^2 = \eta/\varrho$ wird die Bewegungsgleichung (7.6′) zu

$$\frac{\partial^2\varphi(x,t)}{\partial t^2} - v^2\frac{\partial^2\varphi(x,t)}{\partial x^2} = 0 \,. \tag{7.12}$$

Das ist die *Schwingungsgleichung* in einer Raumdimension. Für transversale Schwingungen erhält man dieselbe Differentialgleichung, diesmal mit $v^2 = S/\varrho$. Die Größe v hat die physikalische Dimension einer Geschwindigkeit und stellt die Ausbreitungsgeschwindigkeit für longitudinale bzw. transversale Schwingungen dar.

Als Nächstes untersuchen wir, was aus der Lagrangefunktion beim Übergang zum kontinuierlichen System wird. Die Summe über die Massenpunkte wird zum Integral über x, die Masse m ist durch ϱd zu ersetzen und $m\omega_0^2(q_{j+1} - q_j)^2$ durch

$$\varrho d\left(\frac{\partial\varphi}{\partial x}\right)^2 \omega_0^2 d^2 = \varrho d\left(\frac{\partial\varphi}{\partial x}\right)^2 v^2 \,.$$

Der infinitesimale Abstand d ist nichts anderes als das Differential $\mathrm{d}x$ und somit entsteht

$$L = \int_0^L \mathrm{d}x\,\mathcal{L} \tag{7.13}$$

mit

$$\mathcal{L} = \frac{1}{2}\varrho\left[\left(\frac{\partial\varphi}{\partial t}\right)^2 - v^2\left(\frac{\partial\varphi}{\partial x}\right)^2\right] . \tag{7.14}$$

Die Funktion $\mathcal{L}$ wird als *Lagrangedichte* bezeichnet. Im Allgemeinen hängt sie vom Feld $\varphi(x,t)$, von dessen partiellen Ableitungen nach Ort und Zeit und gegebenenfalls noch explizit von x und t ab, d. h. hat die Form

$$\mathcal{L} \equiv \mathcal{L}\left(\varphi, \frac{\partial\varphi}{\partial x}, \frac{\partial\varphi}{\partial t}, x, t\right) . \tag{7.15}$$

Die Analogie zur Lagrangefunktion der Punktmechanik ist die Folgende: Anstelle der dynamischen Variablen q tritt das Feld φ, anstelle von $\dot{q}$ treten die Ableitungen $\partial\varphi/\partial x$ und $\partial\varphi/\partial t$, an die Stelle des Zeitparameters t treten Ort x und Zeit t. Der Ort spielt jetzt dieselbe Rolle wie die Zeit und somit wird wieder eine gewisse Symmetrie zwischen beiden hergestellt.

Es drängt sich hier die Frage auf, wie man aus der Lagrangedichte (7.14) bzw. (7.15) die Bewegungsgleichung (7.12) erhält. Dieser wenden wir uns als Nächstes zu.

7.3 Hamilton'sches Extremalprinzip für kontinuierliche Systeme

Es sei $\mathcal{L}(\varphi, \partial\varphi/\partial x, \partial\varphi/\partial t, x, t)$ eine Lagrangedichte, die im Feld φ und dessen Ableitungen mindestens C^1 sei. Sei $L = \int \mathrm{d}x \mathcal{L}$ die zugehörige Lagrangefunktion. Der Einfachheit halber bleiben wir beim Beispiel einer einzigen Raumdimension. Die Verallgemeinerung auf drei räumliche Dimensionen ist einfach und kann am Schluss leicht erraten werden.

Da φ jetzt die dynamische Variable ist, fordert das Hamilton'sche Extremalprinzip, dass das Funktional

$$I[\varphi] := \int_{t_1}^{t_2} \mathrm{d}t\, L = \int_{t_1}^{t_2} \mathrm{d}t \int \mathrm{d}x \mathcal{L} \tag{7.16}$$

für die physikalischen Lösungen extremal sei. Wie im Fall der Punktmechanik bettet man die Lösung zu fest vorgegebenen Randwerten $\varphi(x, t_1)$ und $\varphi(x, t_2)$ in eine Schar von Vergleichslösungen ein, d. h. man variiert das Feld φ derart, dass die Variation bei t_1 und t_2 verschwindet und fordert, dass $I[\varphi]$ ein Extremum sei. Wenn $\delta\varphi$ die Variation bezeichnet, $\dot{\varphi}$ die zeitliche Ableitung, φ' die räumliche Ableitung des Feldes, so ist

$$\delta I[\varphi] = \int_{t_1}^{t_2} \mathrm{d}t \int \mathrm{d}x \left\{ \frac{\partial \mathcal{L}}{\partial \varphi}\delta\varphi + \frac{\partial \mathcal{L}}{\partial \dot{\varphi}}\delta\dot{\varphi} + \frac{\partial \mathcal{L}}{\partial \varphi'}\delta\varphi' \right\} .$$

Es ist $\delta\dot{\varphi} = (\partial/\partial t)(\delta\varphi)$ und ebenso $\delta\varphi' = (\partial/\partial x)\delta\varphi$. Das Feld φ soll außerdem so gewählt sein, dass es an den Rändern der Integration über x verschwindet. Integriert man den zweiten Term im Integranden partiell bezüglich t, den dritten bezüglich x und beachtet man, dass $\delta\varphi$ an den Integrationsgrenzen verschwindet, so folgt

$$\delta I[\varphi] = \int_{t_1}^{t_2} \mathrm{d}t \int \mathrm{d}x \left\{ \frac{\partial \mathcal{L}}{\partial \varphi} - \frac{\partial}{\partial t}\left(\frac{\partial \mathcal{L}}{\partial \dot{\varphi}}\right) - \frac{\partial}{\partial x}\left(\frac{\partial \mathcal{L}}{\partial \varphi'}\right) \right\} \delta\varphi \stackrel{!}{=} 0 .$$

Die Bedingung $\delta I[\varphi] = 0$ soll für alle zulässigen Variationen $\delta\varphi$ gelten. Daher muss der Ausdruck in den geschweiften Klammern verschwinden. Es entsteht die *Euler-Lagrange-Gleichung für kontinuierliche Systeme*, hier für ein reelles Feld,

$$\frac{\partial \mathcal{L}}{\partial \varphi} - \frac{\partial}{\partial t}\frac{\partial \mathcal{L}}{\partial(\partial\varphi/\partial t)} - \frac{\partial}{\partial x}\frac{\partial \mathcal{L}}{\partial(\partial\varphi/\partial x)} = 0 . \tag{7.17}$$

Wir wollen sie am Beispiel (7.14) illustrieren. In diesem Beispiel hängt $\mathcal{L}$ nicht von φ selbst ab, sondern nur von $\dot{\varphi} \equiv \partial\varphi/\partial t$ und $\varphi' \equiv \partial\varphi/\partial x$. $\mathcal{L}$ hängt auch nicht explizit von x oder t ab. Im Integral (7.16) läuft die

Variable x über das Interval $[0, L]$, an dessen Randpunkten sowohl φ als auch $\delta\varphi$ verschwinden. Mit

$$\frac{1}{\varrho}\frac{\partial\mathcal{L}}{\partial\dot{\varphi}} = \dot{\varphi} \equiv \frac{\partial\varphi}{\partial t}\,, \qquad \frac{1}{\varrho}\frac{\partial\mathcal{L}}{\partial\varphi'} = -v^2\varphi' \equiv -v^2\frac{\partial\varphi}{\partial x}$$

ergibt die Bewegungsgleichung (7.17) wieder die Schwingungsgleichung (7.12),

$$\frac{\partial^2\varphi}{\partial t^2} - v^2\frac{\partial^2\varphi}{\partial x^2} = 0\,.$$

Ihre Lösungen sind $\varphi_+(x,t) = f(x - vt)$, $\varphi_-(x,t) = f(x + vt)$, wo $f(z)$ eine beliebige differenzierbare Funktion ihres Arguments $z = x \mp vt$ ist. φ_+ beschreibt einen Wellenvorgang, der in positiver x-Richtung läuft, φ_- einen solchen, der in negativer Richtung läuft. Da die Bewegungsgleichung in der Feldvariablen φ linear ist, ist mit zwei linear unabhängigen Lösungen auch jede Linearkombination derselben eine Lösung. Als Beispiel betrachten wir zwei harmonische (d. h. sinusförmige) Lösungen mit der Wellenlänge λ und derselben Amplitude A,

$$\varphi_+ = A\sin\left(\frac{2\pi}{\lambda}(x - vt)\right)\,, \qquad \varphi_- = A\sin\left(\frac{2\pi}{\lambda}(x + vt)\right)\,.$$

Ihre Summe

$$\varphi = \varphi_+ + \varphi_- = 2A\sin\left(\frac{2\pi}{\lambda}x\right)\cos\left(\frac{2\pi v}{\lambda}t\right)$$

stellt eine *stehende Welle* dar. Sie hat genau dann die Form der Lösung (7.10), wenn

$$\frac{2\pi}{\lambda}x = \frac{p\pi x}{L} \quad \text{bzw.} \quad \lambda = \frac{2L}{p} \quad \text{mit} \quad p = 1, 2, \ldots$$

gilt. Die Länge L der Saite muss ein ganzzahliges Vielfaches der halben Wellenlänge sein. Die Frequenz der Schwingung mit Wellenlänge λ ist

$$\omega_p = \frac{2\pi v}{\lambda} = p\bar{\omega}_0\,, \quad \text{mit} \quad \bar{\omega}_0 = \frac{\pi v}{L}\,. \tag{7.18}$$

Die transversalen Schwingungen unserer anfänglichen Kette von Massenpunkten sind demnach stehende Wellen. Auch ihre Frequenz (7.11) ergibt im Limes den richtigen Kontinuumswert (7.18). Wenn nämlich die Zahl n der Massenpunkte sehr groß wird, kann man den Sinus in (7.11) durch sein Argument ersetzen,

$$\bar{\omega}_p = 2\omega_0\sin\left(\frac{\pi}{2(n+1)}\right) \simeq 2\omega_0\frac{\pi}{2(n+1)} = \frac{\pi}{L}\omega_0 d = \frac{\pi v}{L}\,,$$

wobei wir $L = (n+1)d$ eingesetzt und wie oben $\omega_0 d$ durch v ersetzt haben.

Wir betrachten noch ein weiteres Beispiel. Es sei $\varphi(x,t)$ ein reelles Feld, das von der Zeit und allen drei Raumkoordinaten abhängt. Die

Lagrangedichte sei

$$\mathcal{L} = \frac{1}{2}\left\{\frac{1}{v^2}\left(\frac{\partial\varphi}{\partial t}\right)^2 - \sum_{i=1}^{3}\left(\frac{\partial\varphi}{\partial x^i}\right)^2 - \mu^2\varphi^2\right\}, \tag{7.19}$$

wo μ die Dimension einer inversen Länge haben soll. Die Verallgemeinerung von (7.16) und (7.17) auf drei Raumdimensionen ergibt die Bewegungsgleichung

$$\frac{\partial\mathcal{L}}{\partial\varphi} - \frac{\partial}{\partial t}\frac{\partial\mathcal{L}}{\partial(\partial\varphi/\partial t)} - \sum_{i=1}^{3}\frac{\partial}{\partial x^i}\frac{\partial\mathcal{L}}{\partial(\partial\varphi/\partial x^i)} = 0\,. \tag{7.20}$$

In dem in (7.19) definierten Beispiel ergibt sich

$$\frac{1}{v^2}\frac{\partial^2\varphi}{\partial t^2} - \boldsymbol{\Delta}\varphi + \mu^2\varphi = 0\,, \tag{7.21}$$

wo $\boldsymbol{\Delta} = \sum_{i=1}^{3} \partial^2/(\partial x^i)^2$ der Laplace-Operator ist.

Wählt man $\mu = 0$, so ist (7.21) die Wellengleichung in drei Dimensionen. Wählt man $\mu \neq 0$ und v gleich der Lichtgeschwindigkeit c, so heißt die Differentialgleichung (7.21) die *Klein-Gordon-Gleichung*.

7.4 Kanonisch konjugierter Impuls und Hamiltondichte

Der kontinuierlichen Feldvariablen φ, deren Bewegungsgleichung aus der Lagrangedichte $\mathcal{L}$ abgeleitet wird, lässt sich ein kanonisch konjugierter Impuls zuordnen. In Analogie zur Definition (2.37) setzt man

$$\pi(x) := \frac{\partial\mathcal{L}}{\partial(\partial\varphi/\partial\, t)}\,. \tag{7.22}$$

Im Beispiel (7.14) etwa ergibt sich $\pi(x) = \varrho\dot{\varphi}(x)$. Das ist nichts Anderes als die lokale Impulsdichte bei der transversalen Schwingung der Saite (oder der longitudinalen Schwingung eines Gummibandes). Nach dem Muster der Definition (2.36) bildet man die Funktion

$$\tilde{\mathcal{H}} = \dot{\varphi}\frac{\partial\mathcal{L}}{\partial\dot{\varphi}} - \mathcal{L}$$

und daraus vermittels Legendre-Transformation die Hamiltondichte $\mathcal{H}$ wie gewohnt. Im Beispiel (7.14) findet man

$$\mathcal{H} = \frac{1}{2\varrho}\left[\pi^2(x) + \varrho^2 v^2\left(\frac{\partial\varphi}{\partial x}\right)^2\right].$$

Die Funktion $\mathcal{H}$ beschreibt die Energiedichte des schwingenden Systems. Infolgedessen ist $H = \int_0^L \mathrm{d}x\,\mathcal{H}$ die gesamte Energie des Systems.

Setzt man beispielsweise die Lösung (7.10) in den Ausdruck für $\mathcal{H}$ ein und berechnet das Integral, so findet man leicht, dass

$$H = \frac{1}{4}\varrho A^{(p)^2}\bar{\omega}_0^2 p^2$$

die gesamte, in der p-ten harmonischen Schwingung steckende Energie ist.

7.5 Beispiel: Die Pendelkette

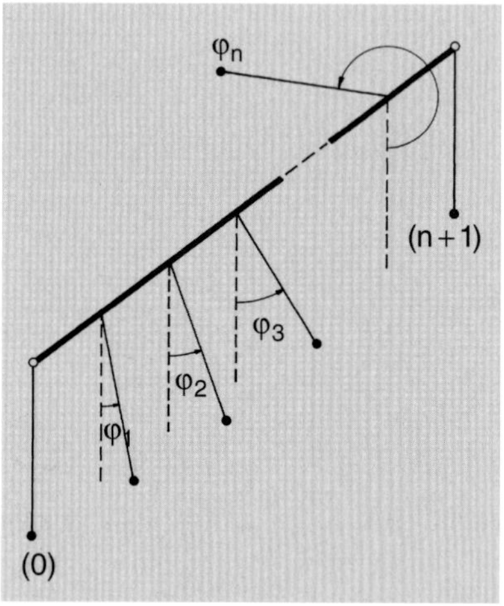

Abb. 7.3. Eine Kette von Pendeln, die über harmonische Rückstellkräfte miteinander gekoppelt sind. Während die ersten drei kleine Ausschläge haben, ist Pendel n bereits „durchgeschwungen"

Eine Verallgemeinerung der harmonischen Transversalschwingungen des n-Punkte-Systems aus Abschn. 7.1 zu einem nichtlinearen, gekoppelten System ist die Pendelkette der Abb. 7.3. Sie besteht aus n identischen mathematischen Pendeln der Länge l und der Masse m, die in einer geraden Reihe an einer Achse aufgehängt sind und die transversal zu ihrer Verbindungslinie schwingen können. Diese Pendel sind über harmonische Kräfte so miteinander gekoppelt, dass zwischen dem i-ten und dem $(i+1)$-ten Pendel ein rücktreibendes Drehmoment $-k(\varphi_{i+1} - \varphi_i)$, d. h. proportional zur Differenz ihrer Auslenkungen wirkt. Die Aufhängungslinie kann man sich als Torsionsstab vorstellen. Da die Kette an ihren Endpunkten festgehalten wird, nehmen wir formal zwei weitere starre Pendel an den beiden Enden der Stange hinzu, die mit (0) und $(n+1)$ numeriert seien. Das bedeutet, dass wir die Winkel φ_0 und φ_{n+1} samt ihrer Zeitableitungen gleich Null setzen. Kinetische und potentielle Energie dieses Systems lauten dann gemäß Abschn. 1.17.2

$$T = \frac{1}{2}ml^2 \sum_{j=0}^{n+1} \dot{\varphi}_j^2$$

$$U = mgl \sum_{i=0}^{n+1}(1-\cos\varphi_i) + \frac{1}{2}k\sum_{i=0}^{n}(\varphi_{i+1}-\varphi_i)^2 \,. \qquad (7.23)$$

Bildet man die Lagrangefunktion in der natürlichen Form, $L = T - U$, so folgen aus den Euler-Lagrange-Gleichungen (2.27) die Bewegungsgleichungen

$$\ddot{\varphi}_i - \omega_0^2[(\varphi_{i+1}-\varphi_i)-(\varphi_i-\varphi_{i-1})] + \omega_1^2 \sin\varphi_i = 0\,, \quad i = 1,\dots,n\,, \qquad (7.24)$$

wobei wir folgende Konstanten eingeführt haben

$$\omega_0^2 := \frac{k}{ml^2}\,, \quad \omega_1^2 := \frac{g}{l}\,.$$

Für $g = 0$ ist (7.24) identisch mit (7.6); für $k = 0$ ergibt sich die Bewegungsgleichung für das ebene Pendel, wie sie aus Abschn. 1.17.2 bekannt ist.

Der horizontale Abstand der Pendel sei d, die Länge der Kette somit $L = (n+1)d$. Wir betrachten wieder den Übergang $n \to \infty$, $d \to 0$ und konstruieren das zu (7.23) analoge kontinuierliche System. Anstelle der abzählbaren Variablen $\varphi_1(t), \dots, \varphi_n(t)$ tritt jetzt die kontinuierliche Variable $\varphi(x,t)$, anstelle der n Freiheitsgrade im ersten Fall treten überabzählbar unendlich viele Freiheitsgrade. Es sei wieder $\varrho = m/d$ die Massendichte. Wir setzen die Konstante in der harmonischen Torsionskraft $k = \eta/d$, wo η proportional zum Torsionsmodul des Stabes ist. Lässt man d nach Null gehen, so muss man k formal nach Unendlich gehen lassen derart, dass das Produkt $\eta = kd$ endlich bleibt. Damit bleibt auch die Größe

$$\omega_0^2 d^2 = \frac{d}{m}\frac{kd}{l^2} = \frac{\eta}{\varrho l^2} \equiv v^2$$

beim Grenzübergang endlich. Wie in Abschn. 7.2 entsteht aus (7.24) die Bewegungsgleichung

$$\frac{\partial^2 \varphi(x,t)}{\partial t^2} - v^2 \frac{\partial^2 \varphi(x,t)}{\partial x^2} + \omega_1^2 \sin\varphi(x,t) = 0\,. \tag{7.25}$$

Das ist die Schwingungsgleichung (7.12), ergänzt um den nichtlinearen Term $\omega_1^2 \sin\varphi$. Die Gleichung (7.25) heißt die *Sinus-Gordon-Gleichung*. Sie folgt vermittels (7.17) aus der folgenden Lagrangedichte

$$\mathcal{L} = \frac{1}{2}\varrho l^2 \left[\left(\frac{\partial\varphi}{\partial t}\right)^2 - v^2 \left(\frac{\partial\varphi}{\partial x}\right)^2 - 2\omega_1^2(1-\cos\varphi) \right], \tag{7.26}$$

die man auch aus (7.23) durch den beschriebenen Grenzübergang erhält. Wir diskutieren ihre Lösungen in zwei Spezialfällen.

a) Fall kleiner Ausschläge

In seiner diskreten Form (7.24) kann man das System der Bewegungsgleichungen nur für kleine Ausschläge geschlossen lösen. Mit $\sin\varphi_i \simeq \varphi_i$ wird (7.24) wieder ein lineares, gekoppeltes System, das man wie in der praktischen Übung 1 aus Kap. 2 oder ähnlich wie in Abschn. 7.1 löst. In Analogie zu (7.9) macht man den Ansatz

$$\varphi_j^{(p)}(t) = A^{(p)} \sin\left(\frac{jp\pi}{n+1}\right) \sin(\omega_p t)\,, \quad j = 0, 1, \dots, n+1\,, \tag{7.27}$$

und erhält für ω_p die Bestimmungsgleichung

$$\begin{aligned} \omega_p^2 &= \omega_1^2 + 2\omega_0^2 \left(1 - \cos\left(\frac{p\pi}{n+1}\right)\right) \\ &= \omega_1^2 + 4\omega_0^2 \sin^2\left(\frac{p\pi}{2(n+1)}\right)\,. \end{aligned} \tag{7.28}$$

Die entsprechende Lösung des kontinuierlichen Systems (7.25) für kleine Ausschläge, d. h. für $\sin\varphi(x,t) \simeq \varphi(x,t)$ erhält man mithilfe der Ergebnisse des Abschn. 7.2 wie folgt. Für großes n gibt (7.28)

$$\omega_p^2 \simeq \omega_1^2 + 4\omega_0^2 \left(\frac{p\pi}{2(n+1)}\right)^2 = \omega_1^2 + \omega_0^2 d^2 \left(\frac{p\pi}{L}\right)^2$$
$$= \omega_1^2 + v^2 \left(\frac{p\pi}{L}\right)^2 ,$$

und aus (7.27) folgt die p-te harmonische Schwingung

$$\varphi^{(p)}(x,t) = A^{(p)} \sin\left(\frac{p\pi x}{L}\right) \sin(\omega_p t)$$

mit

$$\omega_p^2 = \omega_1^2 + \left(\frac{p\pi}{L}\right)^2 v^2 = \omega_1^2 + p^2 \bar{\omega}_0^2$$

und mit $\bar{\omega}_0$ aus (7.18).

b) Solitonlösungen

Für eine unendlich lange, kontinuierliche Kette sind folgende Funktionen Lösungen der Bewegungsgleichung (7.25). Verwendet man die dimensionslosen Variablen

$$z := \frac{\omega_1}{v} x , \quad \tau := \omega_1 t ,$$

so nimmt (7.25) die Form

$$\frac{\partial^2 \varphi(z,\tau)}{\partial \tau^2} - \frac{\partial^2 \varphi(z,t)}{\partial z^2} + \sin\varphi(z,\tau) = 0 \qquad (7.25')$$

an. Außerdem sei $\varphi = 4 \arctan f(z,\tau)$ gesetzt. Mit den bekannten trigonometrischen Formeln

$$\sin 2x = \frac{2\tan x}{1+\tan^2 x} , \quad \tan 2x = \frac{2\tan x}{1-\tan^2 x}$$

und mit $f \equiv \tan(\varphi/4)$ folgt

$$\sin\varphi = \frac{4f(1-f^2)}{(1+f^2)^2} .$$

Gleichung (7.25′) geht damit über in folgende Differentialgleichung für f

$$(1+f^2)\left(\frac{\partial^2 f}{\partial \tau^2} - \frac{\partial^2 f}{\partial z^2}\right) + f\left[1 - f^2 + 2\left(\frac{\partial f}{\partial z}\right)^2 - 2\left(\frac{\partial f}{\partial \tau}\right)^2\right] = 0 ,$$

Setzt man schließlich noch $y := (z + \alpha\tau)/\sqrt{1-\alpha^2}$ wo α ein reeller Parameter mit $-1 < \alpha < 1$ ist und fasst f als Funktion von y auf, so entsteht

$$-(1+f^2)\frac{\mathrm{d}^2 f}{\mathrm{d}y^2} + f\left[1 - f^2 + 2\left(\frac{\mathrm{d}f}{\mathrm{d}y}\right)^2\right] = 0 .$$

Für diese Gleichung errät man zwei einfache Lösungen, nämlich $f_\pm = e^{\pm y}$. Somit folgt, dass die Differentialgleichung (7.25′) die Lösungen

$$\varphi_\pm(z,\tau) = 4\arctan\left(\exp\left\{\pm\frac{z+\alpha\tau}{\sqrt{1-\alpha^2}}\right\}\right), \quad -1<\alpha<1, \tag{7.29}$$

besitzt. Wählen wir das positive Vorzeichen und $\alpha = -0{,}5$, und betrachten wir den Zeitpunkt $\tau = 0$. Für genügend große negative z ist φ_+ praktisch Null; für $z = 0$ ist $\varphi_+(0,0) = \pi$; für großes positives z ist φ_+ praktisch gleich 2π. Dieser Übergang des Feldes von 0 zu 2π läuft mit wachsender Zeit mit der (dimensionslosen) Geschwindigkeit α im $(z, \varphi_+(z,\tau))$-Diagramm in positiver z-Richtung. Man stelle sich die kontinuierliche Pendelkette als ein unendlich langes, vertikal hängendes Gummiband der Breite l vor. Der eben beschriebene Vorgang bedeutet ein lokales Durchschwingen eines vertikalen Streifens des Bandes von $\varphi = 0$ nach $\varphi = 2\pi$, das sich mit konstanter Geschwindigkeit weiterbewegt. Dieser merkwürdige und doch recht einfache Vorgang ist charakteristisch für die nichtlineare Bewegungsgleichung (7.25) und wird *Soliton* genannt. Rechnet man auf die ursprünglichen, dimensionsbehafteten Variablen x und t zurück, so bewegt sich die Solitonlösung mit der Geschwindigkeit $v\alpha$ in positiver oder negativer x-Richtung.

7.6 Ausblick und Bemerkungen

Wir haben kontinuierliche Systeme hier zunächst anhand von Beispielen aus der Punktmechanik eingeführt, bei denen die Zahl der Massenpunkte nach Unendlich strebt. Dieser Grenzübergang ist für die Anschauung von Nutzen, wenn man die Rolle der Felder $\varphi(x,t)$ als neue dynamische Variable verstehen will, die an die Stelle der Funktionen $q(t)$ der Punktmechanik treten. Das bedeutet natürlich nicht, dass jedes kontinuierliche System durch einen solchen Grenzübergang aus einem diskreten System entstanden ist. Im Gegenteil, die Menge der klassischen, kontinuierlichen Systeme ist sehr viel reicher als das, was man aufgrund der angeführten Beispiele erwarten könnte, und man widmet ihnen das eigene und wichtige Gebiet der Klassischen Feldtheorie, zu dem beispielsweise die Elektrodynamik gehört. Dieses umfangreiche Gebiet ist das Thema von Band 3. Hier beschränken wir uns auf einige wenige zusätzliche Bemerkungen.

Nehmen wir an, dass wir die Dynamik einer Anzahl N von Feldern

$$\{\varphi^i(x) | i = 1, 2, \ldots, N\}$$

mithilfe einer Lagrangedichte $\mathcal{L}$ in einer solchen Weise beschreiben können, dass die entstehenden Bewegungsgleichungen unter Lorentz-Transformationen forminvariant sind, d. h. dem Postulat der speziellen Relativität (Abschn. 4.3) genügen. Die einzelnen Felder $\varphi^i(x)$

seien selbst invariant unter Lorentz-Transformationen der Raumzeit-Koordinaten x, d. h.

$$\varphi'^i(x' = \Lambda x) = \varphi^i(x) \quad \text{mit} \quad \Lambda \in L_+^\uparrow\,.$$

Wenn die Felder dieses einfache Transformationsverhalten haben, spricht man von Skalarfeldern. Das Extremalprinzip (7.16) ist von der speziellen Wahl der Koordinaten $(\boldsymbol{x}, t)$ unabhängig. Man kann nämlich die durch die raumartigen Flächen $(\boldsymbol{x}, t_1 = \text{const.})$ und $(\boldsymbol{x}, t_2 = \text{const.})$ definierte Hyperfläche durch eine beliebige glatte, dreidimensionale Hyperfläche Σ in der Raumzeit ersetzen und in (7.16) über das von Σ eingeschlossene Volumen integrieren, vorausgesetzt man stellt die Forderung, dass die Variationen $\delta\varphi^i$ der Felder auf Σ verschwinden. Die Form der Bewegungsgleichungen (7.17) ist stets die gleiche. Daraus folgt: wenn die Lagrangedichte $\mathcal{L}$ unter Lorentz-Transformationen *invariant* ist, so sind die Bewegungsgleichungen (7.17), die aus (7.16) folgen, *forminvariant*, d. h. sie haben in jedem Inertialsystem dieselbe Gestalt.

Die Lagrangedichte (7.14) gibt ein Beispiel für eine Lorentz-invariante Theorie, wenn dort v durch die Lichtgeschwindigkeit c ersetzt wird. Die daraus folgende Bewegungsgleichung (das ist jetzt die quellenfreie Wellengleichung)

$$\frac{1}{c^2}\frac{\partial^2\varphi}{\partial t^2} - \frac{\partial^2\varphi}{\partial x^2} = 0 \tag{7.30}$$

ist forminvariant, in diesem Fall sogar vollständig invariant. Dies prüft man leicht nach: Mit $x'^\mu = \Lambda^\mu{}_\nu x^\nu$ und $x_\mu = g_{\mu\nu}x^\nu$ und bei Verwendung der abkürzenden Bezeichnungsweise

$$\partial_\mu := \frac{\partial}{\partial x^\mu}\,, \qquad \partial^\mu := \frac{\partial}{\partial x_\mu} \tag{7.31}$$

für die partiellen Ableitungen, sieht man, dass in (7.30) der Ausdruck $\partial_\mu\partial^\mu\varphi$ steht. Das Transformationsverhalten von ∂_ν liest man aus der folgenden kleinen Rechnung ab

$$\partial_\nu \equiv \frac{\partial}{\partial x^\nu} = \frac{\partial x'^\mu}{\partial x^\nu}\frac{\partial}{\partial x'^\mu} = \Lambda^\mu{}_\nu \frac{\partial}{\partial x'^\mu} \equiv \Lambda^\mu{}_\nu \partial'_\mu\,.$$

Das Transformationsverhalten von ∂^ν ist das Inverse hiervon, so dass $\partial_\nu\partial^\nu$ ein invarianter Differentialoperator ist. Er wird oft als Laplace-Operator in vier Dimensionen bezeichnet und mit dem Symbol $\square$ abgekürzt

$$\square := \partial_\nu\partial^\nu = \frac{1}{c^2}\frac{\partial^2}{\partial t^2} - \sum_{i=1}^{3}\frac{\partial^2}{(\partial x^i)^2} \equiv \frac{1}{c^2}\frac{\partial^2}{\partial t^2} - \boldsymbol{\Delta}\,, \tag{7.32}$$

wo $\boldsymbol{\Delta}$ der Laplace-Operator in drei Dimensionen ist. Wir bemerken noch, dass die Ableitungsterme in (7.14) und ebenso in (7.19) (beide

Beispiele mit $v = c$) sich mit derselben Notation (7.31) als invariantes Skalarprodukt $(\partial_\mu \varphi)(\partial^\mu \varphi)$ aus $\partial_\mu \varphi = ((1/c)(\partial\varphi/\partial t), \boldsymbol{\nabla}\varphi)$ und aus $\partial^\mu \varphi = ((1/c)(\partial\varphi/\partial t), -\boldsymbol{\nabla}\varphi)$ schreiben lassen.

Eine Lorentz-invariante Theorie unserer Felder φ^i könnte also in der Form

$$\mathcal{L}(\varphi^i, \partial_\mu \varphi^i) = \frac{1}{2}\left\{\sum_{i=1}^{N}(\partial_\mu \varphi^i)(\partial^\mu \varphi^i) - \sum_{i=1}^{N}\lambda_i(\varphi^i(x))^2 - U(\varphi^i(x))\right\} \tag{7.33}$$

entworfen werden, wo $U(\varphi^i)$ eine Lorentz-skalare Funktion der Felder ist. Der erste Term auf der rechten Seite von (7.33) ist ein Analogen der kinetischen Energie der Punktmechanik, der letzte ein Analogen des Potentials. Der mittlere Term ist neu und wird Massenterm genannt, weil er in der Theorie der quantisierten Felder tatsächlich die Ruhemassen der durch die Felder beschriebenen Teilchen enthält. Natürlich können wir ihn auch zum Potential U dazuschlagen.

An dieser Diskussion erkennt man in Umrissen ein wichtiges Bauprinzip für klassische Feldtheorien: Ähnlich wie in der Punktmechanik lassen sich Symmetrien und Invarianzen bereits an der Lagrangedichte $\mathcal{L}$ erkennen bzw. dort einbauen. Wir haben das Beispiel der Forminvarianz bezüglich Lorentz-Transformationen betrachtet. In einer weiter und tiefer gehenden Analyse würde man das Theorem von Emmy Noether in der hier adäquaten Form ableiten, d. h. die Erhaltung der Energie, des Impulses bzw. des Drehimpulses für den Fall, dass $\mathcal{L}$ invariant unter Translationen in der Zeit, im Raum, bzw. invariant unter Drehungen ist. Neu ist dabei das Auftreten der lokalen Energiedichte (Impulsdichte, Drehimpulsdichte), wie sie im konkreten Beispiel des Abschn. 7.4 auftrat. Das Noether'sche Theorem macht dementsprechend auch *lokale* Aussagen. Ändert sich lokal, d. h. in einem endlichen Raumzeit-Gebiet, die Energiedichte, so muss eine Kontinuitätsgleichung existieren, die dafür sorgt, dass die Gesamtenergie ungeändert bleibt. (Analoges gilt für die Impuls- und Drehimpulsdichte.)

Schließlich kann $\mathcal{L}$ noch weitere, sogenannte innere Symmetrien besitzen, die mit Transformationen an den Feldern φ^i zu tun haben. In diesem Fall gibt es weitere Erhaltungssätze bzw. Kontinuitätsgleichungen, wie das folgende einfache Beispiel zeigt.

Wir geben uns zwei reelle Skalarfelder vor und eine Lagrangedichte der Form (7.33), in der $\lambda_1 = \lambda_2 \equiv \lambda$ gewählt ist und wo U nur von der Summe der Quadrate der Felder abhängt,

$$\mathcal{L} = \frac{1}{2}\left\{\sum_{i=1}^{2}(\partial_\mu \varphi^i)(\partial^\mu \varphi^i) - \lambda\sum_{i=1}^{2}(\varphi^i(x))^2 - U\left(\sum_{i=1}^{2}(\varphi^i(x))^2\right)\right\} . \tag{7.34}$$

Offensichtlich ist $\mathcal{L}$ (außer unter den Lorentz-Transformationen in der Raumzeit) auch invariant unter den orthogonalen Transformationen der

Felder als Ganze

$$\varphi'^1(x) = \varphi^1(x)\cos\alpha - \varphi^2(x)\sin\alpha\,,$$
$$\varphi'^2(x) = \varphi^1(x)\sin\alpha + \varphi^2(x)\cos\alpha \tag{7.35}$$

mit $\alpha \in [0, 2\pi]$. In (7.35) handelt es sich um eine formale Drehung im inneren, zweidimensionalen Raum, der durch die unabhängigen Felder φ^1, φ^2 aufgespannt wird. Wählen wir den Winkel α insbesondere infinitesimal, $\alpha = \varepsilon$, so gibt (7.35)

$$\delta\varphi^1 := \varphi'^1 - \varphi^1 = -\varepsilon\varphi^2\,, \quad \delta\varphi^2 := \varphi'^2 - \varphi^2 = +\varepsilon\varphi^1\,. \tag{7.36}$$

Diese Änderungen an den Feldern sind spezielle Variationen und man kann ganz allgemein die daraus resultierende Änderung von $\mathcal{L}$ berechnen. Schreiben wir (7.36) als $\delta\varphi^i = \varepsilon_{ik}\varphi^k$ mit $\varepsilon_{11} = \varepsilon_{22} = 0$, $-\varepsilon_{12} = \varepsilon_{21} = \varepsilon$, so ist

$$\begin{aligned}\delta\mathcal{L} &= \sum_{i=1}^{2}\left(\frac{\partial\mathcal{L}}{\partial\varphi^i}\delta\varphi^i + \frac{\partial\mathcal{L}}{\partial(\partial_\mu\varphi^i)}\delta\partial_\mu\varphi^i\right) \\ &= \partial_\mu\Big(\sum_{i,k=1}^{2}\frac{\partial\mathcal{L}}{\partial(\partial_\mu\varphi^i)}\varepsilon_{ik}\varphi^k\Big) \equiv \varepsilon\partial_\mu j^\mu(x)\,,\end{aligned}$$

wobei wir den ersten Term mithilfe der Bewegungsgleichungen

$$\frac{\partial\mathcal{L}}{\partial\varphi^i} = \partial_\mu\frac{\partial\mathcal{L}}{\partial(\partial_\mu\varphi^i)}$$

umgeschrieben haben. Die rechte Seite dieser Gleichung ist eine Divergenz in vier Dimensionen, wobei die Größe $\varepsilon j^\mu(x)$ durch den Ausdruck in Klammern gegeben ist. Auf der linken Seite steht die Änderung von $\mathcal{L}$, die aber gleich Null ist, $\delta\mathcal{L} = 0$. Man überzeugt sich durch eine kleine Überlegung, dass $j^\mu(x)$ ein Vierervektor bezüglich Lorentz-Transformationen ist. Im konkreten Beispiel können wir diese Größe aus der Lagrangedichte (7.34) und unter Verwendung der Formeln (7.36) explizit ausrechnen mit dem Resultat

$$j^\mu(x) = (\partial^\mu\varphi^2(x))\varphi^1(x) - (\partial^\mu\varphi^1(x))\varphi^2(x)\,. \tag{7.37}$$

Die Aussage, dass die Viererdivergenz der Größe $j^\mu(x)$ gleich Null ist, ist nichts anderes als eine Kontinuitätsgleichung. Die Zeitkomponente j^0 und die Raumkomponenten $\boldsymbol{j}$ haben dieselbe physikalische Dimension. Wenn also $\boldsymbol{j}$ eine Stromdichte ist, d. h. zum Beispiel die Dimension Ladung $\times$ Geschwindigkeit pro Volumeneinheit hat, dann ist j^0 noch keine Dichte (die im Beispiel die Dimension Ladung pro Volumeneinheit haben müsste), wohl aber $\varrho(\boldsymbol{x}, t) = j^0/c$. Setzen wir demgemäß in einem gegebenen Bezugssystem $j^\mu = (c\varrho, \boldsymbol{j})$, dann lautet die Erhaltungsgleichung

$$\partial_\mu j^\mu(x) = \frac{\partial\varrho(\boldsymbol{x}, t)}{\partial t} + \boldsymbol{\nabla}\cdot\boldsymbol{j}(\boldsymbol{x}, t) = 0\,. \tag{7.38}$$

Nimmt die Dichte ϱ in einem vorgegebenen endlichen Raumvolumen zu oder ab, so wird diese Änderung durch den Fluss von Ladung in dieses Volumen hinein bzw. aus ihm heraus kompensiert. Die gesamte, in den Feldern enthaltene Ladung ist durch das Integral von ϱ über den ganzen Raum gegeben. Falls die Felder und somit die Stromdichte $\boldsymbol{j}$ im Unendlichen hinreichend rasch abklingen, so folgt aus (7.38), dass die Gesamtladung $Q := \int \mathrm{d}^3x\varrho(\boldsymbol{x}, t)$ eine Konstante ist,

$$\frac{\mathrm{d}}{\mathrm{d}t}Q = \frac{\mathrm{d}}{\mathrm{d}t}\int \mathrm{d}^3x\, \varrho(\boldsymbol{x}, t) = -\int \mathrm{d}^3x\, \nabla \cdot \boldsymbol{j}(\boldsymbol{x}, t) = 0\,. \tag{7.39}$$

Die rechte Seite verschwindet in der Tat, weil das Volumenintegral über die Divergenz gleich dem Integral der Radialkomponente von $\boldsymbol{j}$ über die unendlich ferne Oberfläche ist[1].

Im Beispiel (7.34) führt die Invarianz unter den Transformationen (7.35) zum Erhaltungssatz (7.38) bzw. (7.39), wobei $j^\mu(x)$ durch den Ausdruck (7.37) gegeben ist. Anstelle der reellen Felder φ^1 und φ^2 ist es zweckmäßig, ein komplexes Feld und sein Konjugiertes über die Definition

$$\phi(x) = \frac{1}{\sqrt{2}}\big(\varphi^1(x) + \mathrm{i}\varphi^2(x)\big)\,, \quad \phi^*(x) = \frac{1}{\sqrt{2}}\big(\varphi^1(x) - \mathrm{i}\varphi^2(x)\big)$$

einzuführen. Die Lagrangedichte (7.34) hat dann die einfachere Form

$$\mathcal{L} = (\partial_\mu\phi^*)(\partial^\mu\phi) - \lambda\phi^*\phi - U(\phi^*\phi)\,. \tag{7.40}$$

Die Transformation (7.35) wird ebenfalls einfacher,

$$\phi'(x) = \phi(x)\,\mathrm{e}^{\mathrm{i}\alpha}\,, \quad \phi'^*(x) = \phi^*(x)\,\mathrm{e}^{-\mathrm{i}\alpha}\,, \tag{7.41}$$

und die Größe (7.37) wird zu

$$j^\mu(x) = -\mathrm{i}[\phi^*(x)\partial^\mu\phi(x) - (\partial^\mu\phi^*(x))\phi(x)]\,. \tag{7.42}$$

In der Quantenphysik lernt man, dass dieser Ausdruck in der Tat geeignet ist, die elektrische Ladungs- und Stromdichte eines skalaren Teilchens zu beschreiben.

[1] Man zeigt noch, dass die konstante Ladung Q eine Lorentzinvariante ist, d. h. dass ihr Wert nicht davon abhängt, in welchem Bezugssystem man sie berechnet. Dies gilt genau dann, wenn $\partial_\mu j^\mu(x) = 0$ gilt.

Anhang

A Einige mathematische Begriffe

A.1 „Ordnung" und „modulo"

Mit dem Symbol $O(\varepsilon^n)$ sind Terme der Ordnung ε^n und höherer Potenzen gemeint.

Beispiel

Bricht man eine Taylorreihe nach dem zweiten Glied ab, so schreibt man

$$f(x) = f(0) + \left.\frac{\mathrm{d}f}{\mathrm{d}x}\right|_0 x + \frac{1}{2!}\left.\frac{\mathrm{d}^2 f}{\mathrm{d}x^2}\right|_0 x^2 + O(x^3)$$

und meint damit, dass die rechte Seite bis auf Terme der Ordnung x^3 und höher gilt.

Mit $y = x \pmod{a}$ ist gemeint, dass x und $x \pm na$ identifiziert werden sollen (n ist dabei eine natürliche Zahl oder Null) bzw. dass man zu x soviel mal a dazuzählen oder a von ihm abziehen soll, bis y in einem vorgegebenen Intervall liegt.

Beispiel

Zwei Winkel ϕ und α seien im Intervall $[0, 2\pi]$ definiert. Die Gleichung $\phi = f(\alpha) \pmod{2\pi}$ bedeutet, dass man zum Wert der Funktion $f(\alpha)$ soviele Terme 2π zu- oder abzählen soll, dass ϕ sein Definitionsintervall nicht verlässt.

A.2 Abbildung

Eine Abbildung f, die Elementen der Menge A Elemente der Menge B zuordnet, wird wie folgt notiert

$$f : A \to B : a \mapsto b\,,$$

d. h. f bildet A auf B ab, indem sie dem Element $a \in A$ das Element $b \in B$ zuordnet, b ist das *Bild*, a das Original oder *Urbild*.

Beispiele

i) Die reelle Funktion Sinus bildet die reelle x-Achse auf das Intervall $[-1, 1]$ ab,

$$\sin : \mathbb{R} \to [-1, 1] : x \mapsto y = \sin x\,.$$

Dem Urbild x auf der reellen Achse wird das Bild $y = \sin x$ im Intervall $[-1, 1]$ zugewiesen.

ii) Die Kurve $\gamma : x = \cos \omega t,\ y = \sin \omega t$ im $\mathbb{R}^2$ ist eine Abbildung der reellen t-Achse in den $\mathbb{R}^2$ bzw. auf den Einheitskreis S^1 im $\mathbb{R}^2$,

$$\gamma : \mathbb{R}_t \to \mathrm{S}^1 : t \mapsto (x = \cos \omega t,\ y = \sin \omega t) .$$

Eine Abbildung $f : A \to B : a \mapsto b$ heißt *injektiv*, wenn distinkte Originale $a_1 \neq a_2$ in A stets auch distinkte Bilder $b_1 \neq b_2$ in B haben. Dies bedeutet: jedes Bild $b \in B$ hat höchstens ein Urbild $a \in A$.

Eine Abbildung heißt *surjektiv*, wenn $f(A) = B$ ist, d.h. wenn B ganz überdeckt wird oder, mit anderen Worten, wenn es zu jedem $b \in B$ mindestens ein $a \in A$ gibt derart, dass $b = f(a)$ ist.

Hat sie beide Eigenschaften, so nennt man die Abbildung *bijektiv*. Jedes Element aus A hat dann ein Bild in B und zu jedem Element aus B gibt es genau ein Original in A.

Beispiele

Die Abbildung

$$f : \mathbb{R} \to \mathbb{R} : a \mapsto b \equiv f(a) = a^3$$

ist injektiv, da aus $b_1 \equiv f(a_1) = f(a_2) \equiv b_2$ stets $a_1 = a_2$ folgt. Sie ist auch surjektiv: gibt man ein beliebiges $b \in \mathbb{R}$ vor, so ist sein Urbild $a = \sqrt[3]{b}$ wenn $b \geqslant 0$, bzw. $a = -\sqrt[3]{-b}$ wenn $b < 0$.

Die Abbildung $g : \mathbb{R} \to \mathbb{R} : a \mapsto b \equiv g(a) = a^2$ ist dagegen nicht injektiv, da $a_1 = 1$ und $a_2 = -1$ dasselbe Bild haben.

Mit *Zusammensetzung* (oder *Komposition*) zweier Abbildungen ist das Hintereinanderschalten derselben gemeint. Man schreibt $f \circ g$, wobei die Abbildung g zuerst wirken soll. Wenn also

$$g : A \to B : a \mapsto b \quad \text{und} \quad f : B \to C : b \mapsto c ,$$

so bewirkt ihre Komposition Folgendes

$$f \circ g : A \to C : a \mapsto c .$$

Das Element $a \in A$ wird mittels g auf $b \in B$ abgebildet. Dieses Element b wird dann durch f von B nach C weitertransportiert.

Beispiel

Für Funktionen $y = g(x)$ und $z = f(y)$ ist $z = \big(f \circ g\big)(x) = f(g(x))$.

Die *identische Abbildung* wird oft mit „id" notiert, z. B.

$$\mathrm{id} : A \to A : a \mapsto a .$$

Unter den Abbildungen spielen die folgenden, näher spezifizierten eine besondere Rolle:

A.3 Stetige und differenzierbare Abbildungen

Die Abbildung $f : A \to B$ ist bei $u \in A$ stetig, wenn es für jede Umgebung V des Bildpunktes $v = f(u) \in B$ eine Umgebung U von u gibt derart, dass $f(U) \subset V$. Die Abbildung heißt *stetig*, falls die beschriebene Eigenschaft in jedem Punkt von A zutrifft.

Homöomorphismen sind bijektive Abbildungen $f : A \to B$, für die sowohl f als auch f^{-1} stetig sind.

Diffeomorphismen sind differenzierbare, bijektive Abbildungen f, für die sowohl f als auch ihre Inverse f^{-1} glatt sind (i. Allg. unendlich oft differenzierbar).

A.4 Ableitungen

Es sei $f(x^1, \dots, x^n)$ eine Funktion über dem $\mathbb{R}^n$, $\{\hat{\boldsymbol{e}}_1, \dots, \hat{\boldsymbol{e}}_n\}$ ein Satz von orthogonalen Einheitsvektoren. Die *partielle Ableitung* nach x^i ist durch

$$\frac{\partial f}{\partial x^i} := \lim_{h \to 0} \frac{f(x + h\hat{\boldsymbol{e}}_i) - f(x)}{h}$$

definiert. Es wird also nach x^i allein abgeleitet, während alle anderen Variablen $x^1, \dots, x^{i-1}, x^{i+1}, \dots, x^n$ festgehalten werden. Fasst man allerdings alle partiellen Ableitungen zu einem Vektorfeld zusammen, so entsteht der *Gradient*

$$\nabla f := \left(\frac{\partial f}{\partial x^1}, \dots, \frac{\partial f}{\partial x^n} \right) .$$

Da man im $\mathbb{R}^n$ jede Richtung $\hat{\boldsymbol{n}}$ nach den Basisvektoren $\hat{\boldsymbol{e}}_1, \dots, \hat{\boldsymbol{e}}_n$ zerlegen kann, lässt sich die Ableitung der Funktion f in der Richtung $\hat{\boldsymbol{n}}$ als Linearkombination der partiellen Ableitungen angeben,

$$\frac{\partial f}{\partial \hat{\boldsymbol{n}}} := \sum \hat{\boldsymbol{n}}^i \frac{\partial f}{\partial x^i} \equiv \hat{\boldsymbol{n}} \cdot \nabla f .$$

Das *totale Differential* der Funktion $f(x^1, \dots, x^n)$ ist definiert als

$$\mathrm{d}f = \frac{\partial f}{\partial x^1} \mathrm{d}x^1 + \dots + \frac{\partial f}{\partial x^n} \mathrm{d}x^n .$$

Beispiele

i) Sei $f(x, y) = \frac{1}{2}[x^2 + y^2]$ und $(x = r\cos\phi,\ y = r\sin\phi)$ mit festem r und $0 \leqslant \phi < 2\pi$ ein Kreis im $\mathbb{R}^2$. Der auf 1 normierte Tangentialvektor an den Kreis im Punkt (x, y) ist $\hat{\boldsymbol{v}}_\mathrm{t} = (-\sin\phi, \cos\phi)$ und der Normalenvektor im selben Punkt ist $\hat{\boldsymbol{v}}_\mathrm{n} = (\cos\phi, \sin\phi)$. Das totale Differential von f ist $\mathrm{d}f = x\,\mathrm{d}x + y\,\mathrm{d}y$, die Richtungsableitung entlang $\hat{\boldsymbol{v}}_\mathrm{t}$ ist $\hat{\boldsymbol{v}}_\mathrm{t} \cdot \nabla f = -\sin\phi \cdot x + \cos\phi \cdot y = 0$, die Richtungsableitung entlang $\hat{\boldsymbol{v}}_\mathrm{n}$ ist $\hat{\boldsymbol{v}}_\mathrm{n} \cdot \nabla f = \cos\phi \cdot x + \sin\phi \cdot y = r$. Für einen beliebigen Einheitsvektor $\hat{\boldsymbol{v}} = (\cos\alpha, \sin\alpha)$ ist $\hat{\boldsymbol{v}} \cdot \nabla f = r(\cos\alpha\cos\phi + \sin\alpha\sin\phi)$. Für festes ϕ hat der Absolutbetrag dieser reellen Zahl den größten Wert, wenn $\alpha = \phi \pmod{\pi}$ ist. Der Gradient gibt also die Richtung an, in der f am stärksten wächst oder fällt.

ii) Sei $U(x, y) = xy$ ein Potential im $\mathbb{R}^2$. Die Kurven entlang derer U konstant ist (das sind die *Äquipotentiallinien*), erhält man aus $U(x, y) = c$ zu $y = c/x$. Das sind Hyperbeln mit Symmetriezentrum im Ursprung. Entlang dieser Kurven ist $\mathrm{d}U(x, y) = y\,\mathrm{d}x + x\,\mathrm{d}y = 0$, weil $\mathrm{d}y = -(c/x^2)\,\mathrm{d}x = -(y/x)\,\mathrm{d}x$ ist. Der Gradient ist $\nabla U = (\partial U/\partial x, \partial U/\partial y) = (y, x)$ und steht in jedem Punkt auf den Kurven $U(x, y) = c$ senkrecht. Er ist Tangentialvektor an andere Kurven, die die Differentialgleichung

$$\frac{\mathrm{d}y}{\mathrm{d}x} = \frac{x}{y}$$

erfüllen, d. h. die durch $y^2 - x^2 = a$ gegeben sind.

A.5 Differenzierbarkeit einer Funktion

Man sagt: die Funktion $f(x^1, \ldots, x^i, \ldots, x^n)$ ist im Argument x^i vom Typ C^r und meint damit, dass sie nach x^i r-mal stetig differenzierbar ist. Besonders wichtig ist der Fall, bei dem die Funktion unendlich oft differenzierbar ist. Für die C^∞-Eigenschaft sagt man auch oft „glatt".

A.6 Variablen und Parameter

Die Unterscheidung der Argumente, nach denen beispielsweise differenziert wird, in Variablen und in Parameter ist nicht kanonisch vorgegeben, sondern erfolgt meist aufgrund einer physikalischen Vorstellung. Variablen sind fast immer die dynamischen Größen, deren zeitliche Entwicklung physikalisch relevant ist. Parameter sind dagegen meist schon vorgegebene Größen, die zwar geändert werden können, deren Wert aber das jeweilige System charakterisieren. Beim harmonischen Oszillator zum Beispiel ist die Auslenkung von der Ruhelage $x(t)$ Variable, die Feder- oder Oszillatorkonstante dagegen ein Parameter.

A.7 Lie'sche Gruppe

(Die hier gegebene Definition ist nur aufgrund der Kenntnis von differenzierbaren Mannigfaltigkeiten verständlich, vgl. Abschn. 5.2.)

Eine Lie-Gruppe ist eine endlichdimensionale, glatte Mannigfaltigkeit G, die außerdem eine Gruppe ist, und für die die Verknüpfungsoperation „·",

$$G \times G \to G : (g, g') \mapsto g \cdot g' ,$$

ebenso wie der Übergang zur Inversen,

$$G \to G : g \mapsto g^{-1} ,$$

glatt sind.

G ist eine Gruppe bedeutet, dass die Gruppenaxiome erfüllt sind (siehe z. B. Abschn. 1.13): Es gibt eine Verknüpfungsoperation (Produkt), die assoziativ ist; G enthält ein Einselement e; zu jedem $g \in G$ gibt es ein inverses Element $g^{-1} \in G$. Die angegebene Glattheit bedeutet, anschaulich gesprochen, dass die Gruppenelemente in differenzierbarer Weise von Parametern (das können zum Beispiel Winkel sein) abhängen und somit stetig und sogar differenzierbar deformiert werden können.

Ein einfaches Beispiel ist die unitäre Gruppe

$$U(1) = \{e^{i\alpha} | \alpha \in [0, 2\pi]\} ,$$

die eine Abel'sche (d. h. kommutative) Gruppe ist. Weitere Beispiele wie die Drehgruppe SO(3) und die unitäre Gruppe SU(2) werden in Abschn. 2.21 und in Abschn. 5.2.3 (iv) diskutiert. Die Galilei-Gruppe wird in Abschn. 1.13, die Lorentz-Gruppe in den Abschn. 4.4 und 4.5 behandelt.

B Einige Hinweise zum Rechnereinsatz

Die Menge der im Computer *exakt* darstellbaren Zahlen ist endlich, alle anderen müssen dadurch approximiert werden. Dies ist keineswegs trivial. Ein wichtiger Aspekt aller numerischen Rechnungen mit dem Computer ist daher die Tatsache, dass

i) die Operationen mit Fehlern behaftet sind,
ii) alle Zahlen nur mit endlicher *relativer* Genauigkeit dargestellt werden können.

Gerade Letzteres hat interessante Konsequenzen. Zum Beispiel haben etwas über 30% der Gleitkommazahlen 1 als führende signifikante Stelle.

Bevor Sie darangehen, numerische Rechnungen auszuführen, sollten Sie daher versuchen, ein Gefühl für die Qualität der Rechnerarithmetik zu entwickeln. Programmieren Sie zum Beispiel folgende Funktion:

$$f(x) = \tan \arctan \exp \ln \sqrt{x \cdot x} + 1 .$$

Offensichtlich ist diese Funktion für $x \geq 0$ dieselbe wie $x \mapsto x + 1$. Iterieren Sie diese Funktion mit Startwert 1, also etwa wie in Programm B.1. Andere interessante Tests sind zum Beispiel der Vergleich

Programm B.1 Einfacher Test der Rechnerarithmatik

```
X := 1.0
FOR I := 1 STEP 1 UNTIL 2500 DO
    X := TAN (ATAN (EXP (LOG (SQRT (X * X))))) + 1.0;
WRITE X;
```

von $\sqrt{x} \cdot \sqrt{x}$ mit x für verschiedene Werte von x, oder die Identitäten $\sin^2 x + \cos^2 x = 1$, $\tan x \cdot \cot x = 1$, $\exp \ln x = x$, $\ln \exp x = x$. Interessant ist es auch, eine Funktion mit ihrer Taylorreihe zu vergleichen, etwa

$$\ln(1+x) \simeq x - \frac{x^2}{2} + \frac{x^3}{3} + \ldots \quad \text{für} \quad |x| \ll 1 \,.$$

B.1 Bestimmung von Nullstellen

Es gibt viele Methoden, die Nullstellen einer Funktion $f(x)$ zu bestimmen; erwähnt seien hier nur die Regula falsi, das Newton'sche Verfahren und die Bisektion.

- Bei der *Regula falsi* geht man aus von zwei Werten x_a und x_b, die links bzw. rechts der Nullstelle liegen. Man legt eine Gerade durch die Punkte $(x_a, f(x_a))$ und $(x_b, f(x_b))$. Der Schnittpunkt dieser Geraden mit der x-Achse liefert einen neuen Näherungswert für x_c, der je nach Vorzeichen von $f(x_c)$ den Wert x_a oder den Wert x_b ersetzt.
- Beim Newton'schen Verfahren startet man mit einem Näherungswert x_n für die Nullstelle. Durch den Punkt $(x_n, f(x_n))$ legt man eine Tangente an die Kurve und bestimmt den Schnittpunkt dieser Geraden mit der x-Achse. Dies liefert einen neuen Wert x_{n+1}. Das Verfahren erfordert allerdings die Kenntnis von f'; es ist

  $$x_{n+1} = x_n - \frac{f(x_n)}{f'(x_n)} \,.$$

  Notwendig zur Konvergenz ist ferner $|f'(x)| < 1$. Ist dies nicht erfüllt, so muss man die Methode abändern.
- *Bisektion.* Hier geht man wie bei der Regula falsi von zwei Punkten x_a, x_b aus, in denen die Funktion verschiedenes Vorzeichen hat. Man bestimmt $f(x_c)$, mit $x_c = (x_a + x_b)/2$, und ersetzt den entsprechenden Punkt x_a oder x_b durch x_c. Da die Länge des Intervalls in jedem Schritt halbiert wird, kann man auch gleich angeben, wie groß der Fehler ist (sog. a priori Fehlerabschätzung).

Als Beispiel wählen wir die Gleichung $f(x) := x^2 - a = 0$. Die Nullstellen sind offensichtlich $+\sqrt{a}$ und $-\sqrt{a}$. Wir beschränken uns auf den Fall positiver Lösungen. Für das Newton'sche Verfahren erhalten wir: $f'(x) = 2x$, d. h.

$$x_{n+1} = \frac{1}{2}\left(x_n + \frac{a}{x_n}\right) \,.$$

Gewöhnlich genügen einige wenige Iterationen.

Überprüfen Sie die Konvergenz für verschiedene Werte $1 < a < 2$, indem Sie mit $x_0 = 1$ starten. Testen Sie dann die Fälle $a \ll 1$ und $a \gg 1$, indem Sie mit verschiedenen Werten x_0 beginnen. Anmerkung: Dies ist das wohl einfachste und schnellste Verfahren zur Berechnung der Wurzelfunktion.

B.2 Zufallszahlen

Was man „mit dem Computer erzeugte Zufallszahlen“ nennt, ist natürlich nicht wirklich zufällig. „Zufall“ bezieht sich eigentlich darauf, dass

i) es keine Korrelation zwischen der Erzeugung der Zahlen und ihrem Gebrauch gibt,
ii) die Verteilung dieser Zahlen statistisch ist.

Fast jeder Rechner ist heute mit einem Programm ausgestattet, das angeblich solche Zufallszahlen erzeugt. Leider zeigt die Erfahrung, dass die Voraussetzung (ii) nur in wenigen Fällen erfüllt ist. Daher unser Rat: Benutzen Sie auf keinen Fall mitgelieferte Zufallszahlengeneratoren! Schreiben Sie ein eigenes Programm! Wir geben hier einen einfachen Algorithmus an, der nach der Methode der linearen Kongruenz arbeitet, und der vor allem den Tests standhält (Programm B.2).

Programm B.2 Ein einfacher Zufallszahlengenerator

```
COMMENT
   Die Prozedur RANDOM liefert bei jedem Aufruf eine Zufallszahl.
   Diese Zufallszahlen sind gleichmäßig im Intervall (0, 1)
   verteilt.
   Bemerkung: Die Prozedur REMAINDER berechnet den Rest einer
              Division;
RANDOMSTATE := 100001;
PROCEDURE RANDOM ();
   BEGIN
      RANDOMSTATE :=
         REMAINDER (RANDOMSTATE * 31159269, 2147483647);
   RETURN (FLOAT (RANDOMSTATE) / 2147483647.0);
END;
```

B.3 Numerische Integration gewöhnlicher Differentialgleichungen

Wir wollen hier nur Differentialgleichungen vom Typ

$$y' = f(x, y) , \quad y(x_0) = y_0 \tag{B.1}$$

betrachten. Die einfachste Lösungsmethode ist das Euler-Verfahren. Dabei approximiert man die Lösungskurve durch Geradenstücke, und zwar durch kleine Tangentenstücke. Wir wählen dazu eine Schrittweite h, so dass $x_{n+1} = x_n + h$, und bestimmen die Steigung im Punkt (x_n, y_n) zu $z_n = f(x_n, y_n)$. Folgen wir dieser Tangente bis zum Punkt (x_{n+1}, y_{n+1}), so ergibt sich für y_{n+1}

$$z_n = \frac{y_{n+1} - y_n}{x_{n+1} - x_n} , \quad \text{oder} \quad y_{n+1} = y_n + h z_n = y_n + h f(x_n, y_n) .$$

Man kann zeigen, dass der Fehler in einem Schritt proportional der Ordnung $O(h^2)$ ist. Dies nennt man ein Verfahren erster Ordnung. (Allgemein ist ein Verfahren von n-ter Ordnung, wenn der Fehler von der Ordnung $O(h^{n+1})$ ist.) Der Nachteil dieser Methode ist, dass sie nicht sehr stabil ist. Das bedeutet, dass kleine Fehler (z. B. durch Rundung) sich nach einigen Schritten zu großen Abweichungen aufschaukeln können. Auch gibt es andere Verfahren, die mit vergleichbarem Rechenaufwand bessere Ergebnisse liefern. Man kann zum Beispiel das Euler-Verfahren wie folgt modifizieren: zunächst wird wie beim Euler-Verfahren die Steigung im Punkt (x_n, y_n) bestimmt, dann geht man aber nur um $h/2$ vorwärts, und verwendet die Werte von x und y an dieser Stelle:

$$k_{n,1} = h f(x_n, y_n)\,, \qquad k_{n,2} = h f\left(x_n + \frac{1}{2}h,\, y_n + \frac{1}{2}k_{n,1}\right)\,,$$
$$y_{n+1} = y_n + k_{n,2}\,.$$

Diese Methode ist von zweiter Ordnung. Noch besser ist das Runge-Kutta-Verfahren vierter Ordnung (1895 entwickelt):

$$\begin{aligned}
k_{n,1} &= h f(x_n, y_n)\\
k_{n,2} &= h f\left(x_n + \frac{1}{2}h,\, y_n + \frac{1}{2}k_{n,1}\right)\\
k_{n,3} &= h f\left(x_n + \frac{1}{2}h,\, y_n + \frac{1}{2}k_{n,2}\right)\\
k_{n,4} &= h f(x_n + h,\, y_n + k_{n,3})\\
y_{n+1} &= y_n + \frac{1}{6}(k_{n,1} + 2k_{n,2} + 2k_{n,3} + k_{n,4})
\end{aligned} \tag{B.2}$$

Ein Beispiel für ein Programm möge Programm B.3 dienen.

Programm B.3 Runge-Kutta-Verfahren vierter Ordnung

```
COMMENT
   Die Differentialgleichung Y' = F(X,Y) soll mit der
   Anfangsbedingung Y(X0) = Y0 integriert werden, und zwar
   in N Schritten bis zum Wert X = X1;
XN := X0;
YN := Y0;
H := (X1 - X0) / N;
FOR I := 1 STEP 1 UNTIL N DO
   BEGIN
      K1   := H * F(XN,YN);
      K2   := H * F(XN + H/2, YN + K1/2);
      K3   := H * F(XN + H/2, YN + K2/2);
      K4   := H * F(XN + H, YN + H);
      XN   := XN + H;
      YN   := YN + (K1 + 2 * K2 + 2 * K3 + K4)/6;
      WRITE "Y(",XN,") = ",YN;
   END;
```

All diese Verfahren lassen sich sofort auf Systeme von Differentialgleichungen erster Ordnung übertragen, indem man sie als Vektorgleichungen liest. Da jede Differentialgleichung n-ter Ordnung als ein System von n Differentialgleichungen erster Ordnung geschrieben werden kann, haben wir damit auch Verfahren für Differentialgleichungen höherer Ordnung zur Verfügung. Man kann allerdings die Methode von Runge und Kutta auch direkt übertragen, zum Beispiel auf Differentialgleichungen zweiter Ordnung der Form $y'' = f(x, y, y')$. Seien $y(x_0) = y_0$ und $y'(x_0) = y'_0$ die Anfangsbedingungen, so hat man:

$$\begin{aligned}
k_{n,1} &= hf(x_n, y_n, y'_n) \\
k_{n,2} &= hf\left(x_n + \frac{h}{2}, y_n + \frac{h}{2}y'_n + \frac{h}{8}k_{n,1}, y'_n + \frac{1}{2}k_{n,1}\right) \\
k_{n,3} &= hf\left(x_n + \frac{h}{2}, y_n + \frac{h}{2}y'_n + \frac{h}{8}k_{n,1}, y'_n + \frac{1}{2}k_{n,2}\right) \\
k_{n,4} &= hf\left(x_n + h, y_n + hy'_n + \frac{h}{2}k_{n,3}, y'_n + k_{n,3}\right) \\
y_{n+1} &= y_n + hy'_n + \frac{h}{6}(k_{n,1} + k_{n,2} + k_{n,3}) \\
y'_{n+1} &= y'_n + \frac{1}{6}(k_{n,1} + 2k_{n,2} + 2k_{n,3} + k_{n,4})\,.
\end{aligned} \tag{B.3}$$

Noch raffinierter sind sog. *predictor-corrector-modifier* Verfahren mit variabler Schrittweite, bei denen verschiedene Integrationsalgorithmen kombiniert werden und bei denen die Güte der Näherung bei jedem Integrationsschritt getestet wird.

B.4 Numerische Auswertung von Integralen

Sei $f(x)$ eine Funktion, deren Integral numerisch zu bestimmen ist. Sei $y = F(x)$ die zugehörige Stammfunktion. Die Funktion y muss also die Differentialgleichung $y' = f(x)$ erfüllen, die ein Spezialfall der Gleichung (B.1) ist. Die Methoden des letzten Abschnitts lassen sich damit direkt auf die numerische Bestimmung von Integralen übertragen: Das Euler-Verfahren entspricht der Approximation von $y(x)$ mittels Trapezsummen, das modifizierte Euler-Verfahren der sogenannten *midpoint-rule* und das Verfahren von Runge-Kutta der Simpson-Regel.

C Historische Anmerkungen

Lebensdaten einiger für die Mechanik bedeutender Forscherpersönlichkeiten. Die eigentlichen Begründer der Mechanik sind – ohne Anspruch auf Vollständigkeit – hervorgehoben und werden etwas ausführlicher behandelt.

* **d'Alembert, Jean-Baptiste**: *17.11.1717 in Paris, † 29.10.1783 in Paris. Schriftsteller, Philosoph und Mathematiker. Mitbegründer der *Encyclopédie*. Wichtige Beiträge in Mathematik, zur mathematischen Physik und zur Astronomie. Das nach ihm benannte Prinzip ist in seinem Hauptwerk „Traité de dynamique" enthalten.

Arnol'd, Vladimir Igorevich: geb. 1937, russischer Mathematiker.

Cartan, Elie: 1869–1951, französischer Mathematiker.

Coriolis, Gustave-Gaspard: 1792–1843, französischer Mathematiker.

Coulomb, Charles Augustin: 1736–1806, französischer Physiker.

* **Descartes, René (auch Cartesius)**: *31.3.1596 in La Haye (Touraine), † 11.2.1650 in Stockholm. Französischer Philosoph, Mathematiker und Naturforscher. Obwohl Descartes' Beiträge zur Mechanik ziemlich verunglückt sind (u. a. falsche Stoßgesetze), hat er Wesentliches zur Entwicklung der analytischen Denkweise beigetragen, ohne die neuzeitliche Naturwissenschaft nicht möglich ist. In diesem Zusammenhang besonders wichtig ist sein *Discours de la Méthode pour bien conduire sa Raison* (1637). Aber auch seine fantasievollen Vorstellungen, dass die Planeten durch die Ätherwirbel um die Sonne getragen werden und dass Gott den Atomen ewig dauernde Bewegung relativ zu den Ätheratomen verliehen hat, die den Raum aufspannen, und dass sie ihren Bewegungszustand allein durch Stöße ändern können, haben die klugen Forscher-Dilettanten des 17. Jahrhunderts ungemein angeregt. Die wahren Gelehrten fanden bei diesen die Resonanz und Unterstützung, die ihnen an den scholastisch erstarrten Universitäten versagt blieb.

* **Einstein, Albert**: *14.3.1879 in Ulm, † 18.4.1955 in Princeton, N.J. (USA). Deutsch-schweizerischer Physiker, 1940 in den USA eingebürgert. Sein wichtigster Beitrag zur Mechanik ist die in den Jahren 1905 bis 1907 publizierte Spezielle Relativitätstheorie (SRT). Mit seiner 1914 bis 1916 publizierten Allgemeinen Relativitätstheorie (ART) ist ihm die (klassische) Beschreibung der Gravitation als einer der fundamentalen Wechselwirkungen gelungen. Während die SRT den flachen Raum $\mathbb{R}^4$ zur Beschreibung des Raumzeit-Kontinuums voraussetzt, ist die ART eine dynamisch-geometrische Feldtheorie, die die Metrik der Raumzeit aus den Quellen, d. h. den vorgegebenen Massen, bestimmt.

* **Euler, Leonhard**: * 15.4.1707 in Basel, † 18.9.1783 in St. Petersburg. Schweizerischer Mathematiker. Professor zunächst für Physik, dann für Mathematik an der Akademie der Wissenschaften in St. Petersburg (1730–1741 und ab 1766), auf Ruf Friedrichs des Großen Mitglied der Berliner Akademie von 1741 bis 1766. Aus seinem riesigen wissenschaftlichen Werk für die Mechanik besonders wichtig: Entwicklung der Variationsrechnung; der Drehimpulssatz als unabhängiges Prinzip; Bewegungsgleichungen für den Kreisel. Außerdem zahlreiche Beiträge zur Kontinuumsmechanik.

* **Galilei, Galileo**: * 15.2.1564 in Pisa, † 8.1.1642 in Arcetri (Florenz). Italienischer Mathematiker, Naturforscher und Philosoph, der zu den Begründern der Naturwissenschaft im neuzeitlichen Sinn gehört. Professor in Pisa (1589–1592) und Padua (1592–1610), Hofmathematiker und -physiker in Florenz (1610–1633), ab 1633 unter Hausarrest in Arcetri, als Folge der Auseinandersetzung mit Papst Urban VIII und der Inquisition im Zusammenhang mit Galileis Eintreten für das Copernikanische, heliozentrische Planetensystem. Beiträge zur Mechanik einfacher Maschinen und zur beobachtenden Astronomie, Entwicklung der Fallgesetze.

* **Hamilton, William Rowan**: * 4.8.1805 in Dublin, † 2.9.1865 in Dunsink bei Dublin. Irischer Mathematiker, Physiker und Astronom. Mit knapp 22 Jahren Professor für Astronomie an der Universität Dublin. Wichtige Beiträge zur Optik und zur Dynamik, insbesondere das Extremalprinzip, dem C. G. J. Jacobi die spätere und elegantere Formulierung gab.

* **Huyghens, Christiaan**: * 14.4.1629 in Den Haag, † 8.7.1695 in Den Haag. Niederländischer Mathematiker, Physiker und Astronom. Von 1666 bis 1681 Mitglied der Akademie der Wissenschaften in Paris. Obwohl in diesem Buch nicht namentlich erwähnt, hat Huyghens wesentliche Beiträge zur Mechanik geleistet, u. a. die richtigen Gesetze für den elastischen Zentralstoß und, in Fortsetzung der Erkenntnisse Galileis, das klassische Relativitätsprinzip.

Jacobi, Carl Gustav Jakob: 1804–1851, deutscher Mathematiker.

* **Kepler, Johannes**: *27.12.1571 in Weil der Stadt, † 15.11.1630 in Regensburg. Deutscher Astronom und Mathematiker. Durch zahlreiche Schicksalsschläge in der unruhigen Zeit vor und während des Dreißigjährigen Krieges, aber auch durch in seiner Persönlichkeit begründete Umstände rastloses Leben. Besonders wichtig war die Begegnung mit dem dänischen Astronomen Tyge (Tycho) Brahe im Jahr 1600 in Prag, dessen astronomisches Beobachtungsmaterial die Basis für die wichtigsten Arbeiten Keplers gaben. Als Nachfolger Brahes war Kepler ab 1601 kaiserlicher Hofmathematiker und Astrologe unter den Kaisern

Rudolf II und Matthias. Zuletzt wurde er, von 1628 bis zu seinem Tod Astrologe des Herzogs von Friedland und Sagan, A. von Wallenstein. Die ersten beiden Kepler'schen Gesetze sind in seiner *Astronomia nova* (1609), das dritte in seinem Hauptwerk *Harmonices Mundi* (1619) enthalten. Sie wurden aber erst durch Newtons Arbeiten allgemein akzeptiert, der ihnen eine neue, rein mechanische Begründung gab. Keplers entscheidener Beitrag war, den uralten Gegensatz von himmlischer Mechanik, wo nach alter Vorstellung der Kreis als natürliche Trägheitsbewegung vorherrsche, und irdischer Mechanik zu überwinden, für die schon bekannt war, dass die geradlinig-gleichförmige die natürliche Bewegung ist. (Siehe auch Fußnote 11, Kap. 6).

Kolmogorov, Andrei Nikolaevic: 1903–1987, russischer Mathematiker.

* **Lagrange, Joseph Louis**: *25.1.1736 in Turin, † 10.4.1813 in Paris. Italienisch-französischer Mathematiker. Schon mit 19 Jahren Professor für Mathematik an der königlichen Artillerieschule Turin, ab 1766 als Nachfolger d'Alemberts an der Berliner Akademie, ab 1786 Mitglied der französischen Akademie der Wissenschaften, 1795 Professor an der Ecole Normale, 1797 an der Ecole Polytechnique. Sein Hauptwerk *Mécanique analytique*, die 1788 erschien, ist nach Newtons *Principia* (1688) und Eulers *Mechanica* (1736) die dritte der historisch besonders wichtigen Darstellungen der Mechanik. Für die Mechanik besonders wichtig sind seine Vollendung der Variationsrechnung mit der er die Lagrange'schen Bewegungsgleichungen aufstellt, sowie seine Beiträge zur himmelsmechanischen Störungsrechnung.

* **Laplace, Pierre-Simon de**: *28.3.1749 in Beaumont-en-Auge, † 5.3.1827 in Paris. Französischer Mathematiker und Physiker. Seit 1785 Mitglied der Akademie wird er 1794 Professor für Mathematik an der Ecole Normale in Paris. Er muss recht wendig gewesen sein, denn er überstand unbeschadet vier politische Systeme. Unter Napoleon war er kurzzeitig Innenminister. Neben wichtigen Arbeiten zur Himmelsmechanik, aufgrund derer die Stabilität des Planetensystems plausibel wurde, entwickelte er mit Gauß und Poisson die Potentialtheorie. Andere wichtige Arbeiten behandeln die Physik der Schwingungen und die Wärmelehre.

Legendre, Adrien Marie: 1752–1833, französischer Mathematiker.

Leibniz, Gottfried Wilhelm: 1646–1716, deutscher Naturforscher und Philosoph.

Lie, Marius Sophus: 1842–1899, norwegischer Mathematiker.

Liapunov, Aleksandr Mikhailovich: 1857–1918, russischer Mathematiker.

Liouville, Joseph: 1809–1882, französischer Mathematiker.

Lorentz, Hendrik Antoon: 1853–1928, niederländischer Physiker.

* **Maupertuis, Pierre Louis Moreau de**: *28.9.1698 in St. Malo, † 27.7.1759 in Basel. Französischer Mathematiker und Naturforscher. Ab 1731 besoldetes Mitglied der Akademie der Wissenschaften, 1746 zum ersten Präsidenten der von Friedrich dem Großen neu gegründeten Preußischen Akademie, der Académie Royale des Sciences et Belles Lettres in Berlin, gewählt, an die dieser bedeutende Wissenschaftler holte, nicht zuletzt L. Euler. 1756 kehrte Maupertuis schwer krank zunächst nach Frankreich zurück, begab sich dann aber zu Joh. II. Bernoulli, seinem Freund, nach Basel, wo er 1759 starb. Mit Voltaire war Maupertuis Anhänger der Newton'schen Gravitationstheorie, die er 1728 bei einem Besuch in London kennenlernte und kämpfte gegen die Descartes'schen Ätherwirbel. Für die Entwicklung der Mechanik war sein 1747 formuliertes Prinzip der kleinsten Wirkung von entscheidender Bedeutung, auch wenn er selbst es in ziemlich unbestimmter Form angab und das Prinzip erst durch Euler und Lagrange präzise gefasst wurde. Ein durch den schweizerischen Mathematiker Samuel König entfachter und viel beachteter Prioritätenstreit, der das Prinzip Leibniz zusprach, wurde letztlich zugunsten von Maupertuis entschieden, entfremdete ihn aber immer stärker von der Berliner Akademie und trug viel zur Verschlechterung seines Gesundheitszustandes bei (s. auch Szabó, 1976).

Minkowski, Hermann: 1864–1909, deutscher Mathematiker.

Moser, Jürgen: 1928–1999, deutscher Mathematiker.

* **Newton, Isaac**:*24.12.1642 in Woolsthorpe (Lincolnshire), † 20.3.1726 in Kensington (London), (beide Daten gemäß dem julianischen Kalender, der in England bis 1752 galt). Newton, der am Trinity College in Cambridge Theologie studierte, war in Mathematik und Naturwissenschaft im wesentlichen Autodidakt. Seine ersten großen Entdeckungen, die Differentialrechnung, die Dispersion des Lichtes und das Gesetz der Schwerkraft, die er 1669 einem kleinen Kreis von Fachleuten mitteilte, beeindruckten den Inhaber des „Lucasian chair" für Mathematik am Trinity College, Isaac Barrow, so sehr, dass er zugunsten Newtons von diesem Lehrstuhl zurücktrat. Ab 1696 an die königliche Münzanstalt in London berufen, wurde Newton 1699 deren Direktor. Die Royal Society of London wählte ihn 1703 zu ihrem Präsidenten. Nach seinem Tod 1726 wurde Newton, der als größter englischer Naturforscher verehrt und bewundert wurde, in Westminster Abbey beigesetzt.

Sein wichtigstes Werk, im Blick auf die Mechanik, sind die drei Bücher der *Philosophia Naturalis Principia Mathematica* (1687), die er auf Anregung seines Schülers Halley schrieb und die von Halley herausgegeben wurden. Bis zum heutigen Tag wurden die Principia nur von wenigen studiert und vollständig verstanden. Das liegt daran, dass Newtons Darstellung soweit als möglich geometrisch ist, in der uns schwer verständlichen Aufteilung in „Definitionen" und „Axiome", die sich gegenseitig ergänzen oder erläutern, den antiken Vorbildern folgt und auf den Begriffen der scholastischen und der Cartesischen Philosophie aufbaut, die uns nicht vertraut sind. Auch zu Newtons Lebzeiten dauerte es lange, bis seine Zeitgenossen dieses schwierige und umfassende Werk zu würdigen lernten, das neben den Newton'schen Gesetzen eine Fülle von Problemen der Mechanik und der Himmelsmechanik behandelt und Newtons eigenartige, für die weitere Entwicklung sehr anregende Vorstellungen über Raum und Zeit enthält. Newton vollendete eine Entwicklung, die in der Antike begann und die durch die Astronomie angeregt wurde, indem er zeigte, dass die Himmelsmechanik allein durch Trägheitsprinzip und Gravitationskraft bestimmt wird und somit denselben Gesetzen folgt wie die Mechanik in unserer Umwelt. Gleichzeitig hat er das Fundament für eine Entwicklung gelegt, die bis heute nicht abgeschlossen ist. (Für eine beispielhafte Darstellung s. Fierz, 1972).

Noether, Emmy Amalie: 1882–1935, deutsche Mathematikerin. Zählt zu den ganz großen mathematischen Forscherpersönlichkeiten des 20. Jahrhunderts.

* **Poincaré, Jules Henri**: *29.4.1854 in Nantes, † 17.7.1912 in Paris. Französischer Mathematiker. Professor an der Sorbonne. Poincaré, der sehr vielseitig und überaus produktiv war, lieferte u. a. wichtige Beiträge zum Vielkörperproblem der Himmelsmechanik, für die er den von König Oscar II. von Schweden gestifteten Preis erhielt. (Der Preis war eigentlich für die Frage der Konvergenz der himmelsmechanischen Störungsreihe ausgesetzt, das bekannte Problem „der kleinen Nenner", das erst von Kolmogorov, Arnol'd und Moser gelöst wurde.) Poincaré gilt als Begründer der qualitativen Mechanik und der heutigen Theorie dynamischer Systeme.

Poisson, Siméon Denis: 1781–1840, französischer Mathematiker.

Aufgaben

Aufgaben: Kapitel 1

1.1 Der Bahndrehimpuls $\boldsymbol{\ell} = \boldsymbol{r} \times \boldsymbol{p}$ eines Teilchens sei erhalten, d. h. $\mathrm{d}\boldsymbol{\ell}/\mathrm{d}t = 0$. Man beweise: Die Bewegung des Teilchens findet in einer Ebene statt, nämlich derjenigen Ebene, die von Anfangsort $\boldsymbol{r}_0$ und Anfangsimpuls $\boldsymbol{p}_0$ aufgespannt wird. Welche der folgenden Bewegungen sind in diesem Falle möglich, welche nicht (Abb. 1)? (O gibt den Koordinatenursprung an.)

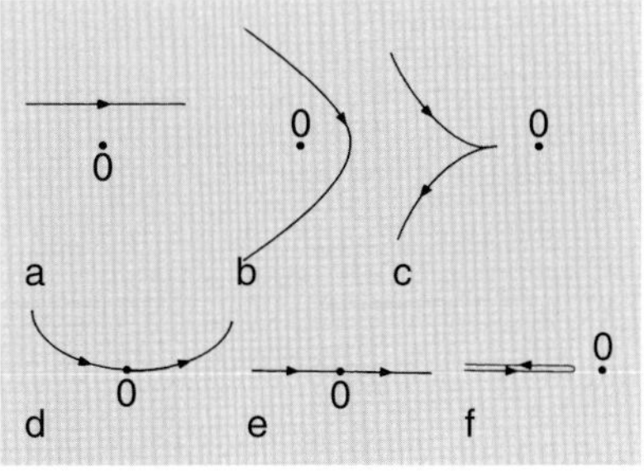

Abb. 1.

1.2 In der Bewegungsebene der Aufgabe 1.1 kann man Polarkoordinaten $\{r(t), \phi(t)\}$ verwenden. Man berechne das Linienelement $(\mathrm{d}s)^2 = (\mathrm{d}x)^2 + (\mathrm{d}y)^2$ in Polarkoordinaten, ebenso $\boldsymbol{v}^2 = \dot{x}^2 + \dot{y}^2$ und $\boldsymbol{\ell}^2$. Man drücke die kinetische Energie $T = m\boldsymbol{v}^2/2$ durch $\dot{r}(t)$ und $\boldsymbol{\ell}^2$ aus.

1.3 Für Bewegungen im $\mathbb{R}^3$ kann man kartesische Koordinaten $\boldsymbol{r}(t) = \{x(t), y(t), z(t)\}$ oder sphärische Polarkoordinaten $\{r(t), \theta(t), \phi(t)\}$ benutzen. Man berechne das Linienelement $(\mathrm{d}s)^2 = (\mathrm{d}x)^2 + (\mathrm{d}y)^2 + (\mathrm{d}z)^2$ in Kugelkoordinaten. Damit lässt sich der quadrierte Betrag der Geschwindigkeit $\boldsymbol{v}^2 = \dot{x}^2 + \dot{y}^2 + \dot{z}^2$ in diesen Koordinaten angeben.

1.4 Es seien $\hat{\boldsymbol{e}}_x, \hat{\boldsymbol{e}}_y, \hat{\boldsymbol{e}}_z$ kartesische Einheitsvektoren, d. h. es gilt $\hat{\boldsymbol{e}}_x^2 = \hat{\boldsymbol{e}}_y^2 = \hat{\boldsymbol{e}}_z^2 = 1$, $\hat{\boldsymbol{e}}_x \cdot \hat{\boldsymbol{e}}_y = \hat{\boldsymbol{e}}_x \cdot \hat{\boldsymbol{e}}_z = \hat{\boldsymbol{e}}_y \cdot \hat{\boldsymbol{e}}_z = 0$ und $\hat{\boldsymbol{e}}_z = \hat{\boldsymbol{e}}_x \times \hat{\boldsymbol{e}}_y$ (zyklisch). Man führe drei zueinander orthogonale Einheitsvektoren $\hat{\boldsymbol{e}}_r, \hat{\boldsymbol{e}}_\phi, \hat{\boldsymbol{e}}_\theta$ ein (s. Abb. 2). Aus der Geometrie dieser Figur lassen sich leicht $\hat{\boldsymbol{e}}_r$ und $\hat{\boldsymbol{e}}_\phi$ bestimmen. Man bestätige, dass $\hat{\boldsymbol{e}}_r \cdot \hat{\boldsymbol{e}}_\phi = 0$ ist. Für den dritten Vektor setze man $\hat{\boldsymbol{e}}_\theta = \alpha\hat{\boldsymbol{e}}_x + \beta\hat{\boldsymbol{e}}_y + \gamma\hat{\boldsymbol{e}}_z$ und bestimme die Koeffizienten α, β, γ so, dass $\hat{\boldsymbol{e}}_\theta^2 = 1$, $\hat{\boldsymbol{e}}_\theta \cdot \hat{\boldsymbol{e}}_\phi = 0 = \hat{\boldsymbol{e}}_\phi \cdot \hat{\boldsymbol{e}}_r$. Man berechne $\boldsymbol{v} = \dot{\boldsymbol{r}} = \mathrm{d}(r\hat{\boldsymbol{e}}_r)/\mathrm{d}t$ in dieser Basis und daraus dann $\boldsymbol{v}^2$.

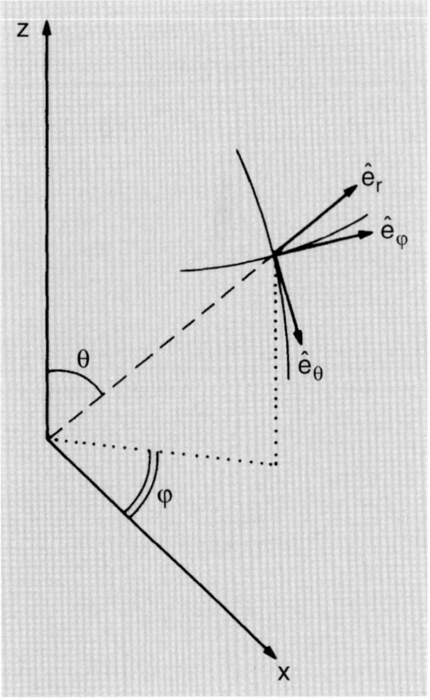

Abb. 2.

1.5 Bezüglich des Inertialsystems **K** möge ein Teilchen sich gemäß $\boldsymbol{r}(t) = \boldsymbol{v}^0 t$ mit $\boldsymbol{v}^0 = \{0, v, 0\}$ bewegen. Man skizziere, wie dieselbe Bewegung von einem Koordinatensystem **K**$'$ aus aussieht, das gegenüber **K** um den Winkel Φ um dessen z-Achse gedreht ist,

$$x' = x\cos\Phi + y\sin\Phi\,,$$
$$y' = -x\sin\Phi + y\cos\Phi\,, \qquad z' = z$$

für die Fälle $\Phi = \omega$ und $\Phi = \omega t$ (mit konstantem ω).

1.6 Ein Teilchen der Masse m sei einer Zentralkraft $\boldsymbol{F} = F(r)\boldsymbol{r}/r$ unterworfen. Man zeige, dass der Drehimpuls $\boldsymbol{\ell} = m\,\boldsymbol{r} \times \dot{\boldsymbol{r}}$ nach Betrag und

Richtung erhalten ist und dass die Bahnkurve in der zu $\boldsymbol{\ell}$ senkrechten Ebene liegt.

1.7 i) In einem N-Teilchen-System, in welchem nur innere Potentialkräfte wirken, hängen die Potentiale V_{ik} nur von Vektordifferenzen $\boldsymbol{r}_{ij} = \boldsymbol{r}_i - \boldsymbol{r}_j$ ab, nicht aber von den einzelnen Vektoren $\boldsymbol{r}_j$. Welche Größen sind in einem solchen System erhalten?

ii) Falls V_{ij} nur vom Betrag $|\boldsymbol{r}_{ij}|$ abhängt, so liegt die Kraft in der Verbindungslinie der Massenpunkte i und j. Man gebe ein weiteres Integral der Bewegung an.

1.8 Man skizziere das eindimensionale Potential

$$U(q) = -5q\,\mathrm{e}^{-q} + q^{-4} + 2/q \quad \text{für} \quad q \geqslant 0$$

und die dazugehörigen Phasenkurven für ein Teilchen mit der Masse $m = 1$ als Funktion der Energie und des Anfangsortes q_0. Man diskutiere insbesondere die beiden Stabilitätspunkte. Warum sind die Phasenkurven bezüglich der x_1-Achse (bis auf die Durchlaufungsrichtung) symmetrisch?

1.9 Man betrachte zwei identische mathematische Pendel der Länge l und der Masse m, die über eine ideale Feder gekoppelt sind. Die Feder sei entspannt, wenn beide Pendel in ihrer Ruhelage sind. Für kleine Ausschläge gilt dann

$$E = \frac{1}{2m}(x_2^2 + x_4^2) + \frac{1}{2}m\omega_0^2(x_1^2 + x_3^2) + \frac{1}{2}m\omega_1^2(x_1 - x_3)^2$$

(mit $x_2 = m\dot{x}_1$, $x_4 = m\dot{x}_3$).

Man identifiziere die einzelnen Terme dieser Gleichung. Man leite daraus die Bewegungsgleichungen im Phasenraum ab,

$$\frac{\mathrm{d}\boldsymbol{x}}{\mathrm{d}t} = \mathbf{M}\boldsymbol{x}\,.$$

Die Transformation

$$\boldsymbol{x} \to \boldsymbol{u} = \mathbf{A}\boldsymbol{x} \quad \text{mit} \quad \mathbf{A} = \frac{1}{\sqrt{2}}\begin{pmatrix} \mathbb{1} & \mathbb{1} \\ \mathbb{1} & -\mathbb{1} \end{pmatrix} \quad \text{und}$$

$$\mathbb{1} \equiv \begin{pmatrix} 1 & 0 \\ 0 & 1 \end{pmatrix}$$

entkoppelt die Gleichungen. Man schreibe die entstehenden Gleichungen dimensionslos und löse sie.

1.10 Die eindimensionale harmonische Schwingung genügt der Differentialgleichung

$$m\ddot{x}(t) = -\lambda x(t)\,, \tag{1}$$

wo m die Masse, λ eine positive Konstante und $x(t)$ die Auslenkung von der Ruhelage bedeuten. Man kann (1) daher auch als

$$\ddot{x} + \omega^2 x = 0, \qquad \omega^2 := \lambda/m \tag{2}$$

schreiben. Man löse die Differentialgleichung (2) vermittels des Ansatzes $x(t) = a\cos(\mu t) + b\sin(\mu t)$ mit der Bedingung, dass Auslenkung und Impuls die Anfangswerte

$$x(0) = x_0 \quad \text{und} \quad p(0) = m\dot{x}(0) = p_0 \tag{3}$$

haben sollen. Es werden $x(t)$ als Abszisse und $p(t)$ als Ordinate in einem kartesischen Koordinatensystem aufgetragen. Man zeichne den entstehenden Graphen für $\omega = 0{,}8$, der durch den Punkt $x_0 = 1$, $p_0 = 0$ geht.

1.11 Zur harmonischen Schwingung der Aufgabe 1.10 werde eine schwache Reibungskraft hinzugefügt, so dass die Bewegungsgleichung jetzt

$$\ddot{x} + \kappa\dot{x} + \omega^2 x = 0$$

lautet. „Schwach" soll heißen: $\kappa < 2\omega$.

Man löse die Differentialgleichung vermöge des Ansatzes

$$x(t) = \mathrm{e}^{\alpha t}[x_0 \cos\tilde{\omega}t + p_0/(m\tilde{\omega}) \sin\tilde{\omega}t]\,,$$

wobei (x_0, p_0) wieder die Anfangskonfiguration ist.

Man zeichne den entstehenden Graphen $(x(t), p(t))$ für $\omega = 0,8$, der durch $(x_0 = 1, p_0 = 0)$ geht.

1.12 Ein Massenpunkt der Masse m bewegt sich in einem stückweise konstanten Potential (s. Abb. 3)

$$U = \begin{cases} U_1 & \text{für} \quad x < 0 \\ U_2 & \text{für} \quad x > 0\,. \end{cases}$$

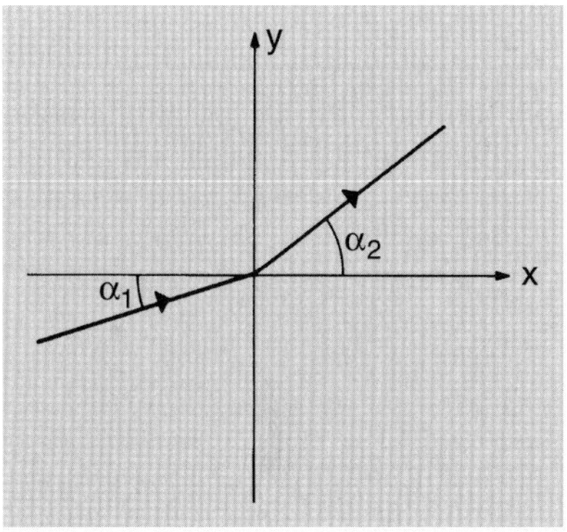

Abb. 3.

Beim Übergang vom Gebiet $x < 0$, in dem der Massenpunkt die Geschwindigkeit $\boldsymbol{v}_1$ besitzt, zum Gebiet $x > 0$ ändert er seine Geschwindigkeit (Betrag und Richtung). Man drücke den Wert von U_2 durch die Größen U_1, $|\boldsymbol{v}_1|$, α_1 und α_2 aus. Man gebe an, wie sich die Winkel α_1 und α_2 zueinander verhalten, falls (i) $U_1 < U_2$, (ii) $U_1 > U_2$ gilt. Man stelle den Zusammenhang zum Brechungsgesetz der geometrischen Optik her.

Anleitung Man stelle den Energiesatz auf und zeige ferner, dass eine Impulskomponente sich beim Übergang von $x < 0$ nach $x > 0$ nicht ändert.

1.13 In einem System aus drei Massenpunkten m_1, m_2 und m_3 sei S_{12} der Schwerpunkt von 1 und 2, S der Gesamtschwerpunkt. Neben den Schwerpunktskoordinaten $\boldsymbol{r}_S$ führe man die Relativkoordinaten $\boldsymbol{s}_a$ und $\boldsymbol{s}_b$, ein (s. Abb. 4). Man drücke die Ortskoordinaten $\boldsymbol{r}_1$, $\boldsymbol{r}_2$ und $\boldsymbol{r}_3$

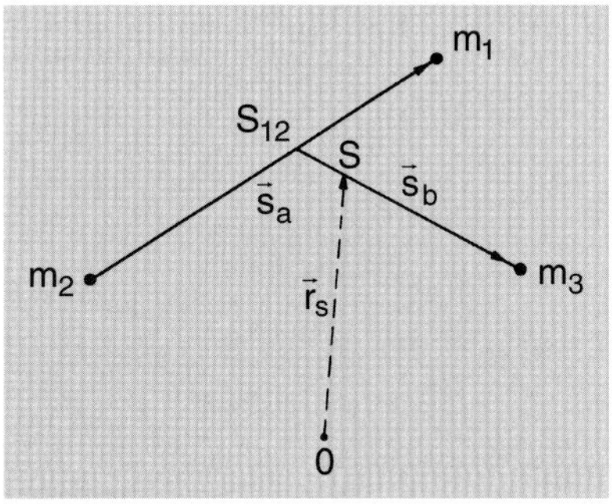

Abb. 4.

durch $\boldsymbol{r}_\mathrm{S}$, $\boldsymbol{s}_a$ und $\boldsymbol{s}_b$ aus. Man berechne die kinetische Energie als Funktion dieser neuen Koordinaten und deute die erhaltene Formel. Man schreibe den totalen Drehimpuls $\Sigma_i \boldsymbol{\ell}_i$ als Funktion der neuen Koordinaten und zeige, dass $\sum_i \boldsymbol{\ell}_i = \boldsymbol{\ell}_\mathrm{S} + \boldsymbol{\ell}_a + \boldsymbol{\ell}_b$ wo $\boldsymbol{\ell}_\mathrm{S}$ der Drehimpuls des Schwerpunktes, $\boldsymbol{\ell}_a$ und $\boldsymbol{\ell}_b$ Relativdrehimpulse sind. Behauptung: $\boldsymbol{\ell}_\mathrm{S}$ hängt von der Wahl des Inertialsystems ab, die Relativdrehimpulse dagegen nicht. Man zeige dies, indem man eine Galilei-Transformation $\boldsymbol{r}' = \boldsymbol{r} + \boldsymbol{w}t + \boldsymbol{a}$, $t' = t + s$ betrachtet.

1.14 *Geometrische Ähnlichkeit:* Das Potential $U(r)$ sei eine homogene Funktion vom Grade α, d. h. $U(\lambda r) = \lambda^\alpha U(r)$.

i) Man zeige: Transformiert man $\boldsymbol{r} \to \lambda \boldsymbol{r}$ und $t \to \mu t$ und wählt man $\mu = \lambda^{1-\alpha/2}$, so erhält die Energie den Faktor λ^α. Die Bewegungsgleichungen bleiben ungeändert.

Schlussfolgerung: Die Bewegungsgleichung hat geometrisch ähnliche Lösungen, d. h. für ähnliche Bahnen (a) und (b) gilt für die Zeitdifferenzen zwischen entsprechenden Bahnpunkten $(\Delta t)_a$ und $(\Delta t)_b$, und für die entsprechenden linearen Abmessungen L_a und L_b:

$$\frac{(\Delta t)_b}{(\Delta t)_a} = \left(\frac{L_b}{L_a}\right)^{1-\alpha/2} .$$

ii) Welche Konsequenzen hat dieser Zusammenhang für

a) die Periode der harmonischen Schwingung?
b) den Zusammenhang zwischen Fallzeit und Fallhöhe in der Nähe der Erdoberfläche?
c) den Zusammenhang zwischen Umlaufzeiten der Planeten und den großen Halbachsen ihrer Bahnellipsen?

iii) Wie verhalten sich die Energien zweier ähnlicher Bahnen zueinander für

a) die harmonische Schwingung?
b) das Kepler-Problem?

1.15 *Störung am Kepler-Problem:*

i) Man zeige, dass die Differentialgleichung für $\phi(r)$ im Falle finiter Bahnen folgende Form hat:

$$\frac{\mathrm{d}\phi}{\mathrm{d}r} = \frac{1}{r}\left(\frac{r_P r_A}{(r - r_P)(r_A - r)}\right)^{1/2} , \tag{1}$$

wo r_P und r_A den Perihel- und den Aphelabstand bedeuten. Man berechne r_P und r_A und integriere (1) mit der Randbedingung $\phi(r_\mathrm{P}) = 0$.

ii) Das Potential werde jetzt in $U(r) = -A/r + B/r^2$ abgeändert, wobei $|B| \ll \boldsymbol{\ell}^2/2\mu$ sein soll. Man bestimme die neuen Perihel- und Aphelabstände r'_P, r'_A und schreibe die Differentialgleichung für $\phi(r)$ in der zu (1) analogen Form. Diese Gleichung integriere man (analog zu (1)) und bestimme zwei aufeinanderfolgende Perihelkonstellationen für $B > 0$ und $B < 0$.

Hinweis

$$\frac{\mathrm{d}}{\mathrm{d}x}\left[\arccos\left(\frac{\alpha}{x}+\beta\right)\right]=\frac{\alpha}{x}\,\frac{1}{\sqrt{x^2(1-\beta^2)-2\alpha\beta x-\alpha^2}}\,.$$

1.16 In der Bahnebene lautet die allgemeine Lösung des Kepler-Problems:

$$r(\phi)=\frac{p}{1+\varepsilon\cos\phi}\,.$$

Dabei ist r der Betrag der Relativkoordinate $\boldsymbol{r}$, ϕ der Polarwinkel. Die Parameter sind durch

$$p=\frac{\ell^2}{A\mu}\,,\qquad (A=Gm_1m_2)$$

$$\varepsilon=\sqrt{1+\frac{2E\ell^2}{\mu A^2}}\,,\qquad \left(\mu=\frac{m_1m_2}{m_1+m_2}\right)$$

gegeben. Welche Werte kann die Energie für vorgegebenen Drehimpuls annehmen? Mit der Annahme $m_{\text{Sonne}}\gg m_{\text{Erde}}$ berechne man die große Halbachse der Erdbahn.

$$G=6{,}672\cdot10^{-11}\ \mathrm{m^3kg^{-1}s^{-2}}$$
$$m_{\mathrm{S}}=1{,}989\cdot10^{30}\ \mathrm{kg}$$
$$m_{\mathrm{E}}=5{,}97\cdot10^{24}\ \mathrm{kg}\,.$$

Man berechne die große Halbachse der Ellipse, auf der die Sonne sich um den gemeinsamen Schwerpunkt Sonne-Erde bewegt und vergleiche mit dem Sonnenradius.

1.17 Man bestimme die Wechselwirkung zweier elektrischer Dipole $\boldsymbol{p}_1$ und $\boldsymbol{p}_2$ als Beispiel für nichtzentrale Potentialkräfte. Man berechnet zunächst das Potential eines einzelnen Dipols $\boldsymbol{p}_1$ und benutzt dabei folgende Näherung: Der Dipol $\boldsymbol{p}_1$ besteht aus zwei Ladungen $\pm e_1$ im Abstand d_1. Man lässt e_1 nach Unendlich, $|\boldsymbol{d}_1|$ nach Null gehen, so dass ihr Produkt $\boldsymbol{p}_1=\boldsymbol{d}_1e_1$ konstant bleibt. Dann berechnet man die potentielle Energie eines endlichen Dipols $\boldsymbol{p}_2$ im oben berechneten Dipolfeld und geht zum Grenzfall $\pm e_2\to\infty$, $|\boldsymbol{d}_2|\to0$ und $\boldsymbol{p}_2=\boldsymbol{d}_2\cdot e_2$ fest über. Man berechne die Kräfte $\boldsymbol{K}_{12}$, $\boldsymbol{K}_{21}$, die die beiden Dipole aufeinander ausüben.

Antwort

$$W(1,2)=(\boldsymbol{p}_i\cdot\boldsymbol{p}_2)/r^3-3(\boldsymbol{p}_1\cdot\boldsymbol{r})(\boldsymbol{p}_2\cdot\boldsymbol{r})/r^5$$

$$\begin{aligned}\boldsymbol{K}_{21}=-\nabla_1W=\Big[&3(\boldsymbol{p}_1\cdot\boldsymbol{p}_2)/r^5\\ &-15\,(\boldsymbol{p}_1\cdot\boldsymbol{r})(\boldsymbol{p}_2\cdot\boldsymbol{r})/r^7\Big]\boldsymbol{r}\\ &+3[\boldsymbol{p}_1(\boldsymbol{p}_2\cdot\boldsymbol{r})+\boldsymbol{p}_2(\boldsymbol{p}_1\cdot\boldsymbol{r})]/r^5=-\boldsymbol{K}_{12}\,.\end{aligned}$$

1.18 Für die Bewegung eines Punktes gelte die Gleichung

$$\dot{\boldsymbol{v}} = \boldsymbol{v} \times \boldsymbol{a} \quad \text{mit} \quad \boldsymbol{a} = \text{const.} \tag{1}$$

Man zeige zunächst, dass $\dot{\boldsymbol{r}} \cdot \boldsymbol{a} = \boldsymbol{v}(0) \cdot \boldsymbol{a}$ für alle t gilt, und führe die Gleichung (1) auf eine gewöhnliche inhomogene Differentialgleichung zweiter Ordnung der Form $\ddot{\boldsymbol{r}} + \omega^2 \boldsymbol{r} = \boldsymbol{f}(t)$ zurück. Zur Lösung der inhomogenen Gleichung mache man den Ansatz $\boldsymbol{r}_{\text{inhom}}(t) = \boldsymbol{c}t + \boldsymbol{d}$. Man führe die Integrationskonstanten auf die Anfangswerte $\boldsymbol{r}(0)$ und $\boldsymbol{v}(0)$ zurück. Welche Kurve wird durch $\boldsymbol{r}(t) \equiv \boldsymbol{r}_{\text{hom}}(t) + \boldsymbol{r}_{\text{inhom}}(t)$ beschrieben?
Hinweis

$$\boldsymbol{a}_1 \times (\boldsymbol{a}_2 \times \boldsymbol{a}_3) = \boldsymbol{a}_2(\boldsymbol{a}_1 \cdot \boldsymbol{a}_3) - \boldsymbol{a}_3(\boldsymbol{a}_1 \cdot \boldsymbol{a}_2)\,.$$

1.19 Eine Stahlkugel fällt vertikal auf eine ebene Stahlplatte und wird von dieser reflektiert. Bei jedem Aufprall geht der n-te Teil der kinetischen Energie der Kugel verloren. Man diskutiere die Bahnkurve der Kugel $x = x(t)$, insbesondere gebe man den Zusammenhang von x_{max} und t_{max} an.
Anleitung Man betrachte die Bahnkurve einzeln zwischen je zwei Aufschlägen und summiere über die vorhergehenden Zeiten.

1.20 *Klein'sche Gruppe:* Man betrachte die folgenden Transformationen des Koordinatensystems

$$\{t, \boldsymbol{r}\} \underset{\mathbf{E}}{\mapsto} \{t, \boldsymbol{r}\}, \; \{t, \boldsymbol{r}\} \underset{\mathbf{P}}{\mapsto} \{t, -\boldsymbol{r}\}, \; \{t, \boldsymbol{r}\} \underset{\mathbf{T}}{\mapsto} \{-t, \boldsymbol{r}\}$$

sowie die Transformation $\mathbf{P} \cdot \mathbf{T}$, die durch Hintereinanderausführen von $\mathbf{T}$ und $\mathbf{P}$ entsteht. Man schreibe diese Transformationen als Matrizen, die auf den „Vektor" $(t, \boldsymbol{r})^T$ wirken. Man zeige, dass $\mathbf{E}$, $\mathbf{P}$, $\mathbf{T}$ und $\mathbf{P} \cdot \mathbf{T}$ eine Gruppe bilden. Diese Gruppe wird Klein'sche Gruppe genannt.

1.21 Das Potential $U(r)$ eines Zwei-Teilchen-Systems sei zweimal stetig differenzierbar. Der relative Drehimpuls sei vorgegeben. Welche Bedingungen muss $U(r)$ weiter erfüllen, damit stabile Kreisbahnen möglich sind? Sei E_0 die Energie einer solchen Kreisbahn. Man diskutiere die Bewegung für $E = E_0 + \varepsilon$ mit kleinem positiven ε. Man betrachte speziell

$$U(r) = r^n \quad \text{und} \quad U(r) = \lambda / r\,.$$

1.22 *Effekte der Coriolis-Kraft beim Wurf:*

i) *Ost*abweichung eines fallenden Steins: In einem Bergwerk bei der geografischen Breite $\varphi = 60°$ soll ein Stein ohne Anfangsgeschwindigkeit die Höhe $H = 160$ m durchfallen. Man berechne die Ostabweichung aus der linearisierten Form der Differentialgleichung (1.75).

ii) Man zeige: Wirft man den Stein vertikal nach oben, so dass er die Höhe H erreicht, dann trifft er *westlich* vom Ausgangspunkt auf. Diese Westabweichung ist das Vierfache der Ostabweichung beim freien Fall.

iii) Man zeige, dass beim Fall außerdem eine *Süd*abweichung von *zweiter* Ordnung in ω auftritt.

1.23 Im Zwei-Teilchen-System mit Zentralkraft, für das man nur die Relativbewegung diskutiert, sei die potentielle Energie

$$U(r) = -\frac{\alpha}{r^2}$$

mit positivem α . Man berechne die Streubahnen $r(\phi)$ für diesen Fall. Wie muss man α bei festem Drehimpuls $\boldsymbol{\ell}$ einrichten, damit das Teilchen das Kraftzentrum einmal (zweimal) voll umkreist? Man verfolge und diskutiere eine solche Bahn, bei der das System auf $r = 0$ zusammenfällt.

1.24 Ein punktförmiger Komet mit Masse m bewege sich im Schwerefeld einer Sonne mit Masse M und Radius R. Wie groß ist der totale Wirkungsquerschnitt dafür, dass der Komet in die Sonne stürzt?

1.25 Man löse die Bewegungsgleichungen für das Beispiel von Abschn. 1.21 (ii) (Lorentz-Kraft bei konstanten Feldern), für den Fall

$$\boldsymbol{B} = B\,\hat{\boldsymbol{e}}_z\,, \quad \boldsymbol{E} = E\,\hat{\boldsymbol{e}}_z\,. \tag{1}$$

1.26 *Hodograph beim Kepler-Problem:* Es seien p_x und p_y die Komponenten des Impulses in der Bahnebene des Kepler-Problems. Man zeige: Im Impulsraum, der von (p_x, p_y) aufgespannt wird, sind die gebundenen Bahnen immer Kreise. Man gebe Lage und Radius dieser Kreise an. Der geometrische Ort der Spitze des Geschwindigkeits- oder Impulsvektors, wenn dieser vom Ursprung aus abgetragen ist, wird seit Hamilton *Hodograph* genannt.

Aufgaben: Kapitel 2

2.1 Das Phasenporträt einer eindimensionalen, periodischen Bewegung, die ganz im Endlichen verläuft, hat als Integral der Bewegung die Energie $E(q, p)$. Warum ist das Porträt symmetrisch bezüglich der q-Achse? Die von einer periodischen Bahn umschlossene Fläche ist

$$F(E) = \oint p\,\mathrm{d}q = 2\int_{q_{\min}}^{q_{\max}} p\,\mathrm{d}q\,.$$

Man zeige, dass die Änderung von $F(E)$ mit E gleich der Periode T der Bahn ist, $T = \mathrm{d}F(E)/\mathrm{d}E$. Man berechne F für $E(q, p) = p^2/2m + m\omega^2 q^2/2$, sowie die Periode T.

2.2 Ein Gewicht gleitet reibungsfrei auf einer schiefen Ebene mit Neigungswinkel α. Man behandle dieses System mit Hilfe des d'Alembert'schen Prinzips.

2.3 Ein Kugel rollt reibungsfrei auf der Innenseite eines Kreisrings, der vertikal im Schwerfeld aufgestellt ist. Man stelle die Bewegungsgleichung auf und diskutiere deren Lösungen (d'Alembert'sches Prinzip).

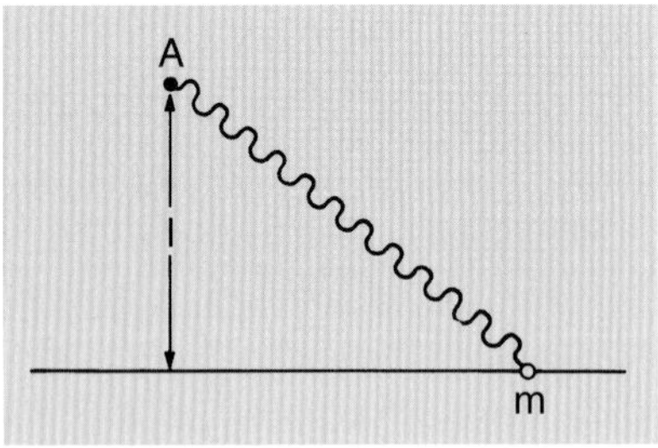

Abb. 5.

2.4 Ein Massenpunkt der Masse m, der sich längs einer Geraden bewegen kann, hänge an einer Feder, deren anderes Ende im Punkt A befestigt ist. Der Abstand des Punktes A von der Geraden sei l. Man berechne (näherungsweise) die Schwingungsfrequenz des Massenpunktes (Abb. 5).

2.5 Zwei gleiche Massen m sind durch eine (masselose) Feder mit der Federkonstanten κ verbunden und können reibungslos längs einer Führungsschiene gleiten. Der Abstand der Massen bei ungespannter Feder ist l. Gesucht sind die Ausschläge $x_1(t)$ und $x_2(t)$ von der Ruhelage, wenn folgende Anfangswerte vorgegeben sind:

$$x_1(0) = 0 \qquad \dot{x}_1(0) = v_0$$
$$x_2(0) = l \qquad \dot{x}_2(0) = 0\,.$$

2.6 Eine Funktion $F(x_1, \ldots, x_f)$ sei in den f Variablen x_i homogen vom Grade N. Zeigen Sie, dass dann

$$\sum_{i=1}^{f} \frac{\partial F}{\partial x_i} x_i = NF$$

gilt. Wenn für ein n-Teilchen-System Zwangsbedingungen der Form

$$\boldsymbol{r}_j = \boldsymbol{r}_j(q_1, \ldots, q_f, t) \qquad j = 1, 2, \ldots, n \qquad f < 3n$$

gelten, welche Form hat die kinetische Energie T als Funktion von $\boldsymbol{q}$, $\dot{\boldsymbol{q}}$ und t. Wann gilt

$$\sum_{i=1}^{f} \frac{\partial T}{\partial \dot{q}_i} \dot{q}_i = 2T?$$

2.7 Im Integranden des Funktionals

$$I[y] = \int_{x_1}^{x_2} \mathrm{d}x \; f(y, y')$$

habe f keine explizite Abhängigkeit von x. Man zeige, dass in diesem Fall

$$y' \frac{\partial f}{\partial y'} - f(y, y') = \text{const}$$

gilt. Man wende dieses Ergebnis auf den Fall $L(\boldsymbol{q}, \dot{\boldsymbol{q}}) = T - U$ an und identifiziere diese Konstante. Dabei soll L nicht explizit von der Zeit abhängen und T eine quadratische homogene Funktion von $\dot{\boldsymbol{q}}$ sein.

2.8 Zwei Probleme, deren Lösungen bekannt sind, sollen mit den Methoden der Variationsrechnung behandelt werden:

i) Die kürzeste Verbindung zweier Punkte (x_1, y_1) und (x_2, y_2) der Ebene.

ii) Die Form einer homogenen, unendlich feingliedrigen Kette, die im Schwerefeld an zwei Punkten (x_1, y_1) und (x_2, y_2) aufgehängt ist.

Hinweise Man verwende das Ergebnis der Aufgabe 2.7. Bei (ii) beachte man, dass die Gleichgewichtslage der Kette durch die tiefste Lage des Schwerpunkts bestimmt ist. Für das Linienelement gilt:

$$\mathrm{d}s = \sqrt{(\mathrm{d}x)^2 + (\mathrm{d}y)^2} = \sqrt{1 + y'^2}\,\mathrm{d}x\,.$$

2.9 Eine Lagrangefunktion für das Problem der gekoppelten Pendel ist die folgende

$$L = \frac{1}{2}m(\dot{x}_1^2 + \dot{x}_2^2) - \frac{1}{2}m\omega_0^2(x_1^2 + x_2^2) - \frac{1}{4}m(\omega_1^2 - \omega_0^2)(x_1 - x_2)^2\,.$$

i) Man zeige, dass auch die hiervon verschiedene Lagrangefunktion

$$L' = \frac{1}{2}m(\dot{x}_1 - \mathrm{i}\,\omega_0 x_1)^2 + \frac{1}{2}m(\dot{x}_2 - \mathrm{i}\,\omega_0 x_2)^2 - \frac{1}{4}m(\omega_1^2 - \omega_0^2)(x_1 - x_2)^2$$

zu denselben Bewegungsgleichungen führt. Warum ist das so?

ii) Man zeige, dass die Transformation auf die Eigenschwingungen des Systems die Langrange-Gleichungen forminvariant lässt.

2.10 Die Kraft auf einen Körper im dreidimensionalen Raum sei überall axialsymmetrisch bezüglich der z-Achse. Man zeige:

i) Das dazugehörige Potential hat die Form $U = U(r, z)$, wobei (r, φ, z) Zylinderkoordinaten sind:

$$x = r\cos\varphi$$
$$y = r\sin\varphi$$
$$z = z\,.$$

ii) Die Kraft liegt überall in einer Ebene durch die z-Achse.

2.11 In einem Inertialsystem $\mathbf{K}_0$ lautet die Lagrangefunktion eines Teilchens im äußeren Feld

$$L_0 = \frac{1}{2}m\dot{\boldsymbol{x}}_0^2 - U(\boldsymbol{x}_0)\,.$$

Das Bezugssystem $\mathbf{K}$ habe mit $\mathbf{K}_0$ einen gemeinsamen Nullpunkt, drehe sich aber gegenüber $\mathbf{K}_0$ mit der Winkelgeschwindigkeit $\boldsymbol{\omega}$. Man zeige:

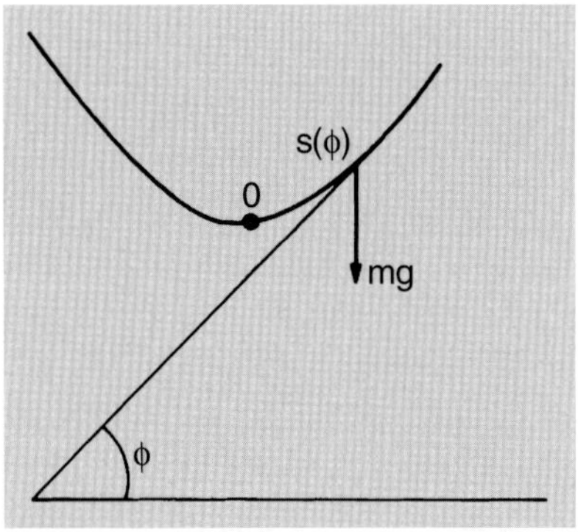

Abb. 6.

in **K** lautet die Lagrangefunktion des Teilchens

$$L = \frac{m\dot{\boldsymbol{x}}^2}{2} + m\dot{\boldsymbol{x}}\cdot(\boldsymbol{\omega}\times\boldsymbol{x}) + \frac{m}{2}(\boldsymbol{\omega}\times\boldsymbol{x})^2 - U(\boldsymbol{x})\,.$$

Man leite daraus die Bewegungsgleichung des Abschn. 1.25 ab.

2.12 Ein ebenes Pendel sei im Schwerefeld so aufgehängt, dass der Aufhängepunkt reibungsfrei auf einer horizontalen Achse gleiten kann. (Aufhängepunkt und Pendelarm seien masselos.) Man stelle kinetische und potentielle Energie sowie die Lagrangefunktion auf.

2.13 Eine Perle der Masse m im Schwerefeld kann (ohne Reibung) auf einer ebenen Kurve $s = s(\Phi)$ gleiten, wo s die Bogenlänge, Φ der Winkel zwischen Tangente und Horizontalen ist. Die Kurve ist in einer vertikalen Ebene aufgestellt (s. Abb. 6).

i) Welche Gleichung erfüllt $s(t)$, wenn die Oszillation harmonisch ist?

ii) Welche Beziehung muss zwischen $s(t)$ und $\Phi(t)$ bestehen? Man diskutiere diese Beziehung und damit den Ablauf der Bewegung! Was passiert in dem Grenzfall, wo s den maximalen Ausschlag erreichen kann?

iii) Nachdem man die Lösung kennt, berechne man die Zwangskraft $\boldsymbol{Z}(\Phi)$ und die effektive Kraft, die auf die Perle wirkt.

2.14 *Geometrische Deutung der Legendre-Transformation in einer Dimension:* Es sei $f(x)$ mit $f''(x) > 0$ gegeben. Dann bilde man $(\mathcal{L}f)(x) = xf'(x) - f(x) = xz - f(x) \equiv F(x,z)$, wo $z = f'(x)$ gesetzt ist. Da $f'' \neq 0$, lässt sich dies umkehren und x als Funktion von z ausdrücken: $x = x(z)$. Dann ist bekanntlich $zx(z) - f(x(z)) = \mathcal{L}f(z) = \Phi(z)$ die Legendre-Transformierte von $f(x)$.

i) Vergleicht man die Graphen der Funktionen $y = f(x)$ und $y = zx$ (bei festem z), so sieht man mit der Bedingung

$$\frac{\partial F(x,z)}{\partial x} = 0\,,$$

dass $x = x(z)$ derjenige Punkt ist, bei dem der vertikale Abstand zwischen den beiden Graphen maximal ist (s. Abb. 7).

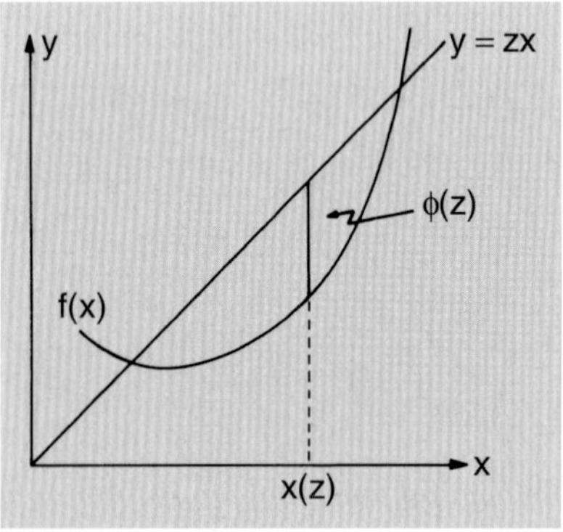

Abb. 7.

ii) Man bilde erneut die Legendre-Transformierte von $\Phi(z)$, d. h. zunächst $(\mathcal{L}\Phi)(z) = z\Phi'(z) - \Phi(z) = zx - \Phi(z) \equiv G(z,x)$, wo $\Phi'(z) = x$ gesetzt wurde. Man identifiziere die Gerade $y = G(z,x)$ für festes z und zeige, dass für $x = x(z)$ wieder $G(z,x) = f(x)$ ist. Welches Bild erhält man, wenn $x = x_0$ festhält und z variiert?

2.15 i) Es sei $L(q_1, q_2, \dot{q}_1, \dot{q}_2, t) = T - U$, wo

$$T = \sum_{i,k=1}^{2} c_{ik}\dot{q}_i\dot{q}_k + \sum_{k=1}^{2} b_k\dot{q}_k + a$$

ist, und U nicht von $\dot{q}_i$ abhängt. Unter welcher Bedingung lässt sich $H(\underset{\sim}{q}, \underset{\sim}{p}, t)$ bilden, wie lauten dann p_1, p_2 und H? Bestätigen Sie, dass die Legendre-Transformierte von H wieder L ist, und dass

$$\det\left(\frac{\partial^2 L}{\partial \dot{q}_k \partial \dot{q}_i}\right) \cdot \det\left(\frac{\partial^2 H}{\partial p_n \partial p_m}\right) = 1 \quad \text{ist.}$$

Hinweis Man setze $d_{11} = 2c_{11}$, $d_{12} = d_{21} = c_{12} + c_{21}$, $d_{22} = 2c_{22}$, $\pi_i = p_i - b_i$.

ii) Es sei nun $L = L(x_1 \equiv \dot{q}_1, x_2 \equiv \dot{q}_2, q_1, q_2, t) \equiv L(x_1, x_2, \boldsymbol{u})$ mit $\boldsymbol{u} := (q_1, q_2, t)$ eine beliebige Lagrangefunktion. Man erwartet, dass die daraus zu bildenden Impulse $p_i = p_i(x_1, x_2, \boldsymbol{u})$, unabhängige Funktionen von x_1 und x_2 sind, d. h. dass es keine Funktion $F(p_1(x_1, x_2, \boldsymbol{u}), p_2(x_1, x_2, \boldsymbol{u}))$ gibt, die im Definitionsbereich der x_1, x_2 (und für feste $\boldsymbol{u}$) identisch verschwindet. Man zeige, dass die Determinante der zweiten Ableitungen von L nach den x_i verschwinden würde, wenn p_1 und p_2 in diesem Sinne abhängig wären.
Hinweis Betrachte $\mathrm{d}F/\mathrm{d}x_1$ und $\mathrm{d}F/\mathrm{d}x_2$!

2.16 Für ein Teilchen der Masse m gelte die folgende Lagrangefunktion

$$L = \frac{1}{2} m \left(\dot{x}^2 + \dot{y}^2 + \dot{z}^2\right) + \frac{\omega}{2} \ell_3 ,$$

wo ℓ_3 die z-Komponente des Drehimpulses und ω eine Frequenz sein sollen. Man stelle die Bewegungsgleichungen auf, schreibe sie auf die komplexe Variable $x + \mathrm{i}y$, sowie auf z um und löse sie. Man bilde nun die Hamiltonfunktion, identifiziere die *kinematischen* und die *kanonischen* Impulse und zeige, dass das Teilchen nur kinetische Energie besitzt und diese erhalten ist.

2.17 *Invarianz unter Zeittranslation und Satz von E. Noether:* Man kann den Satz von Noether auch auf den Fall der Invarianz der Lagrangefunktion unter Zeittranslationen anwenden, wenn man folgenden Trick benutzt. Man mache t zu einer $\boldsymbol{q}$-artigen Variablen, indem man sowohl für $\boldsymbol{q}$ als auch für t eine Parameterdarstellung $\boldsymbol{q} = \boldsymbol{q}(\tau)$, $t = t(\tau)$ annimmt und die folgende Lagrangefunktion definiert

$$\overline{L}\left(\boldsymbol{q}, t, \frac{\mathrm{d}\boldsymbol{q}}{\mathrm{d}\tau}, \frac{\mathrm{d}t}{\mathrm{d}\tau}\right) := L\left(\boldsymbol{q}, \frac{1}{\mathrm{d}t/\mathrm{d}\tau} \frac{\mathrm{d}\boldsymbol{q}}{\mathrm{d}\tau}, t\right) \frac{\mathrm{d}t}{\mathrm{d}\tau} .$$

i) Man überlege sich, dass das Hamilton'sche Extremalprinzip auf $\overline{L}$ angewandt dieselben Bewegungsgleichungen liefert wie die für L.

ii) Es sei L invariant unter Zeittranslationen

$$h^s(\boldsymbol{q}, t) = (\boldsymbol{q}, t + s) . \tag{1}$$

Wenden Sie den Satz von Noether auf $\overline{L}$ an und identifizieren Sie die der Invarianz (1) entsprechende Konstante der Bewegung.

2.18 Es sei S eine Kugel mit Radius R um den Punkt P, an der ein Massenpunkt elastisch gestreut wird. Es soll gezeigt werden, dass

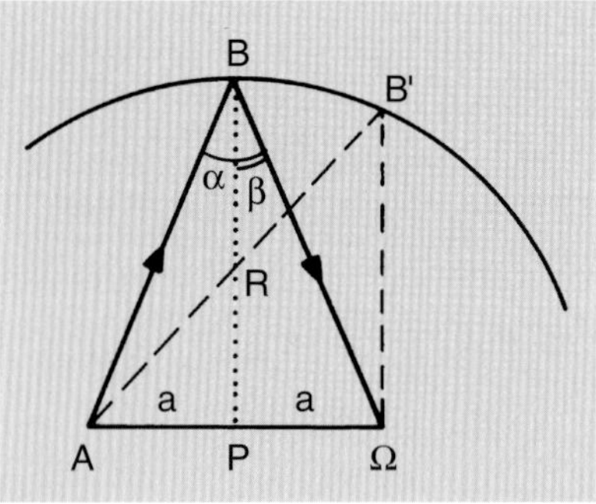

Abb. 8.

die physikalisch mögliche Bahn $A \to B \to \Omega$ sich dadurch auszeichnet, dass sie *maximale* Länge hat, siehe Abb. 8.

Hinweise Zunächst überlege man sich, dass die Winkel α und β gleich sein müssen. Man stelle das Wirkungsintegral auf. Man zeige dann, dass jeder andere Weg $AB'\Omega$ kürzer wäre, indem man mit dem geometrischen Ort desjenigen Punktes vergleicht, für den die Summe der Abstände zu A und Ω konstant und gleich der Länge des physikalischen Weges ist.

2.19 i) Man zeige: Unter kanonischen Transformationen behält das *Produkt* $p_i q_i$ seine Dimension bei, d. h. $[P_i Q_i] = [p_i q_i]$, wo $[A]$ die physikalische Dimension der Größe A bezeichnet. Es sei Φ erzeugende Funktion für eine kanonische Transformation. Man zeige, dass

$$[p_i q_i] = [P_k Q_k] = [\Phi] = [H \cdot t]$$

gilt, wobei H die Hamiltonfunktion und t die Zeitvariable sind.

ii) In der Hamiltonfunktion des harmonischen Oszillators $H = p^2/2m + m\omega^2 q^2/2$ werden die Variablen

$$x_1 := \omega\sqrt{m}q\,, \quad x_2 := p/\sqrt{m}\,, \quad \tau := \omega t$$

eingeführt, womit $H = (x_1^2 + x_2^2)/2$ wird. Wie lautet die Erzeugende $\hat{\Phi}(x_1, y_1)$ der kanonischen Transformation $x \underset{\hat{\Phi}}{\mapsto} y$, die der Funktion $\Phi(q, Q) = (m\omega q^2/2) \cot Q$ entspricht? Man berechne die Matrix $M_{\alpha\beta} = (\partial x_\alpha / \partial y_\beta)$ und bestätige $\det \mathbf{M} = 1$ und $\mathbf{M}^T \mathbf{J} \mathbf{M} = \mathbf{J}$.

2.20 In zwei Dimensionen, also $f = 1$, ist die Sp_{2f} besonders einfach.

i) Man zeige, dass jedes

$$\mathbf{M} = \begin{pmatrix} a_{11} & a_{12} \\ a_{21} & a_{22} \end{pmatrix}$$

genau dann symplektisch ist, wenn $a_{11}a_{22} - a_{12}a_{21} = 1$ ist.

ii) Insbesondere gehören die orthogonalen Matrizen

$$\mathbf{O} = \begin{pmatrix} \cos\alpha & \sin\alpha \\ -\sin\alpha & \cos\alpha \end{pmatrix}$$

und ebenso die reellen symmetrischen Matrizen

$$\mathbf{S} = \begin{pmatrix} x & y \\ y & z \end{pmatrix} \quad \text{mit} \quad xz - y^2 = 1$$

zur Sp_{2f}. Man zeige, dass jedes $\mathbf{M} \in \mathrm{Sp}_{2f}$ als Produkt

$$\mathbf{M} = \mathbf{S} \cdot \mathbf{O}$$

einer symmetrischen Matrix $\mathbf{S}$ mit Determinante 1 und einer orthogonalen Matrix $\mathbf{O}$ geschrieben werden kann.

2.21 i) Man berechne die folgenden Poisson-Klammern

$$\{\ell_i, x_k\}, \quad \{\ell_i, p_k\}, \quad \{\ell_i, r\}, \quad \{\ell_i, \boldsymbol{p}^2\},$$

[$\boldsymbol{r}$, $\boldsymbol{p}$ und $\boldsymbol{\ell} = \boldsymbol{r} \times \boldsymbol{p}$ beziehen sich auf ein Ein-Teilchen-System.]

ii) Wenn die Hamiltonfunktion H unter beliebigen Drehungen invariant sein soll, wovon kann das Potential nur abhängen? H habe die natürliche Form $H = T + U$.

2.22 Man zeige unter Verwendung der Poisson-Klammern: Für das System $H = T + U(r)$ mit $U(r) = \gamma/r$, γ eine Konstante, ist der Vektor

$$\boldsymbol{A} = \boldsymbol{p} \times \boldsymbol{\ell} + m\frac{\gamma}{r}\boldsymbol{x}$$

eine Erhaltungsgröße. Dieser Vektor wird oft Lenz'scher Vektor oder Lenz-Runge-Vektor genannt, geht aber auf Jakob Hermann (Giornale dei Letterati d'Italia, Bd. 2, S. 447, 1710) zurück. Auch Joh. I Bernoulli und Laplace kannten und benutzten diesen Erhaltungssatz des Kepler-Problems (s. H. Goldstein, Am. J. Phys. **44** No. 11, 1976).

2.23 Die Bewegung eines Teilchens der Masse m werde durch die Hamiltonfunktion

$$H = \frac{1}{2m}\left(p_1^2 + p_2^2\right) + m\alpha q_1, \qquad \alpha = \text{const}$$

beschrieben. Man berechne die Lösungen der Bewegungsgleichungen zu den Anfangsbedingungen

$$q_1(0) = x_0, \; q_2(0) = y_0, \; p_1(0) = p_x, \; p_2(0) = p_y$$

mit Hilfe der Poisson-Klammern.

2.24 *Jacobi'sche Koordinaten:* Für ein System aus drei Teilchen mit den Massen m_i und den Koordinaten $\boldsymbol{r}_i$ und Impulsen $\boldsymbol{p}_i$, führe man die folgenden neuen Koordinaten ein

$\boldsymbol{\varrho}_1 := \boldsymbol{r}_2 - \boldsymbol{r}_1$ (Relativkoordinate von Teilchen 1 und 2)

$\boldsymbol{\varrho}_2 := \boldsymbol{r}_3 - (m_1\boldsymbol{r}_1 + m_2\boldsymbol{r}_2)/(m_1 + m_2)$ (Relativkoordinate von Teilchen 3 und Schwerpunkt der ersten beiden Teilchen)

$\boldsymbol{\varrho}_3 := (m_1\boldsymbol{r}_1 + m_2\boldsymbol{r}_2 + m_3\boldsymbol{r}_3)/(m_1 + m_2 + m_3)$ (Schwerpunkt aller drei Teilchen)

$\boldsymbol{\pi}_1 := (m_1\boldsymbol{p}_2 - m_2\boldsymbol{p}_1)/(m_1 + m_2)$

$\boldsymbol{\pi}_2 := [(m_1 + m_2)\boldsymbol{p}_3 - m_3(\boldsymbol{p}_1 + \boldsymbol{p}_2)]/(m_1 + m_2 + m_3)$

$\boldsymbol{\pi}_3 := \boldsymbol{p}_1 + \boldsymbol{p}_2 + \boldsymbol{p}_3\,.$

i) Welche physikalische Bedeutung haben die Impulse $\boldsymbol{\pi}_1, \boldsymbol{\pi}_2, \boldsymbol{\pi}_3$?

ii) Wie würde man solche Koordinaten für ein System von 4 Teilchen bzw. N Teilchen definieren?

iii) Man zeige auf mindestens zwei Weisen, dass die Transformation

$$\{\boldsymbol{r}_1, \boldsymbol{r}_2, \boldsymbol{r}_3, \boldsymbol{p}_1, \boldsymbol{p}_2, \boldsymbol{p}_3\} \mapsto \{\boldsymbol{\varrho}_1, \boldsymbol{\varrho}_2, \boldsymbol{\varrho}_3, \boldsymbol{\pi}_1, \boldsymbol{\pi}_2, \boldsymbol{\pi}_3\}$$

eine kanonische Transformation ist.

2.25 *Variationsprinzip von Euler-Maupertuis:* Sei eine Lagrangefunktion L gegeben, für die $\partial L/\partial t = 0$ ist. Man betrachte im Wirkungsintegral solche Variationen der Bahnen $q_k(t,\alpha)$, welche eine fest vorgegebene Energie $E = \Sigma_k \dot{q}_k(\partial L/\partial \dot{q}_k) - L$ haben und deren Endpunkte festgehalten werden, ohne Rücksicht auf die Zeit $(t_2 - t_1)$, die das System vom Anfangspunkt bis zum Endpunkt braucht, d. h.

$$q_k(t,\alpha) \quad \text{mit} \quad \begin{cases} q_k\big(t_1(\alpha),\alpha\big) = q_k^{(1)} \text{ für alle } \alpha \\ q_k\big(t_2(\alpha),\alpha\big) = q_k^{(2)} \text{ für alle } \alpha\,, \end{cases} \tag{1}$$

wobei Anfangs- und Endzeit variiert werden und somit von α abhängen, $t_i = t_i(\alpha)$.

i) Man berechne die Variation

$$\delta I = \left.\frac{\mathrm{d}\, I(\alpha)}{\mathrm{d}\,\alpha}\right|_{\alpha=0} \mathrm{d}\alpha \tag{2}$$

von

$$I(\alpha) = \int\limits_{t_1(\alpha)}^{t_2(\alpha)} L\big(q_k(t,\alpha), \dot{q}_k(t,\alpha)\big)\,\mathrm{d}t\,. \tag{3}$$

ii) Man beweise, dass das Variationsprinzip

$$\delta K = 0 \quad \text{mit} \quad K := \int\limits_{t_1}^{t_2} (L+E)\,\mathrm{d}t$$

mit den Vorschriften (1) zu den Lagrange'schen Gleichungen äquivalent ist.

2.26 Es sei die kinetische Energie

$$T = \sum_{i,k=1}^{f} g_{ik}\dot{q}_i\dot{q}_k = \frac{1}{2}(L+E)$$

eine symmetrische positive Form in den $\dot{q}_i$. Das System durchläuft eine Bahn im Raum der q_k, die durch ihre Bogenlänge s charakterisiert sei, derart, dass $T = (\mathrm{d}s/\mathrm{d}t)^2$. Ist nun $E = T + U$, so lässt sich das Integral K durch ein Integral über s ersetzen. Man führe dies aus und vergleiche das so entstehende Integralprinzip mit dem Fermat'schen

Prinzip der geometrischen Optik,

$$\delta \int_{x_1}^{x_2} n(\boldsymbol{x}, \nu)\, \mathrm{d}s = 0$$

(n: Brechungsindex, ν: Frequenz).

2.27 Es sei $H = \frac{1}{2}p^2 + U(q)$, wobei $U(q)$ bei q_0 ein lokales Minimum habe, so dass für ein Intervall q_1, q_2 mit $q_1 < q_0 < q_2$ die Funktion $U(q)$ einen „Potentialtopf" darstellt. Man skizziere ein solches $U(q)$ und zeige, dass es einen Bereich $U(q) < E \leqslant E_{\max}$ gibt, in dem periodische Bahnen auftreten. Man stelle die verkürzte Hamilton-Jacobi-Gleichung (2.152) auf. Ist $S(q, E)$ ein vollständiges Integral dieser Gleichung, so ist $t - t_0 = \partial S/\partial E$. Man bilde nun das Integral

$$I(E) := \frac{1}{2\pi} \oint_{\Gamma_E} p\, \mathrm{d}q$$

über die periodische Bahn Γ_E zur Energie E (das ist die von Γ_E umschlossene Fläche). Man drücke $I(E)$ als Integral über die Zeit aus. Man zeige, dass

$$\frac{\mathrm{d}\,I}{\mathrm{d}\,E} = \frac{T(E)}{2\pi}$$

gilt (s. auch Aufgabe 2.1).

2.28 In der Aufgabe 2.27 ersetze man $S(q, E)$ durch $\bar{S}(q, I)$, wo $I = I(E)$ wie dort definiert ist. $\bar{S}$ erzeugt die kanonische Transformation $(q, p, H) \mapsto (\theta, I, \tilde{H} = E(I))$. Wie sehen die kanonischen Gleichungen in den neuen Variablen aus und kann man sie integrieren? (I und θ heißen Wirkungs- bzw. Winkelvariable.)

2.29 Es sei $H^0 = \frac{1}{2}p^2 + \frac{1}{2}q^2$. Man berechne das Integral $I(E)$, das in Aufgabe 2.27 definiert ist. Man löse die verkürzte Hamilton-Jacobi-Gleichung (2.152) und schreibe die Lösung wie in Aufgabe 2.28 auf $\bar{S}(q, I)$ um. Dann ist $\theta = \partial\bar{S}/\partial I$. Man zeige, dass (q, p) mit (θ, I) über die kanonische Transformation (2.93) aus dem Abschn. 2.24 (ii) zusammenhängen.

2.30 Die Lagrangefunktion eines mechanischen Systems mit einem Freiheitsgrad hänge nicht explizit von der Zeit ab. Im Hamilton'schen Extremalprinzip führen wir eine *glatte* Änderung der Endpunkte q^a und q^b, sowie der Laufzeit $t = t_2 - t_1$ durch, in dem Sinne, dass die Lösung $\varphi(t)$ zu den Vorgaben (q^a, q^b, t) und die Lösung $\phi(s, t)$ zu den Vorgaben (q'^a, q'^b, t) auf glatte Weise zusammenhängen: $\varphi(t) \to \phi(s, t)$, wo $\phi(s, t)$ in s differenzierbar ist und $\phi(s = 0, t) = \varphi(t)$ gilt.

Man zeige, dass die Änderung des Wirkungsintegrals I_0, in das die physikalische Lösung eingesetzt ist (das ist die Hamilton'sche Prinzipalfunktion), durch folgenden Ausdruck gegeben ist

$$\delta I_0 = -E\delta t + p^b \delta q^b - p^a \delta q^a \,.$$

2.31 Der Vektor $\boldsymbol{A}$ aus Aufgabe 2.22 liegt in der Ebene senkrecht zu $\boldsymbol{\ell}$. Man berechne den Betrag $|\boldsymbol{A}|$ als Funktion der Energie. Wann ist dieser gleich Null? Es sei ϕ der vom Fahrstrahl $\boldsymbol{x}$ und $\boldsymbol{A}$ eingeschlossene Winkel. Man berechne $\boldsymbol{x} \cdot \boldsymbol{A}$ und zeige, dass daraus die Bahngleichung für $r = r(\phi)$ folgt. Jetzt kann man Betrag und Richtung von $\boldsymbol{A}$ angeben. Man berechne das Kreuzprodukt $\boldsymbol{\ell} \times \boldsymbol{A}$ und daraus

$$\left(\boldsymbol{p} - \frac{1}{\ell^2}\boldsymbol{\ell} \times \boldsymbol{A}\right)^2 .$$

Diese Rechnung liefert eine alternative Lösung der Aufgabe 1.26.

Aufgaben: Kapitel 3

3.1 Im Schwerpunkt eines starren Körpers seien ein Bezugssystem $\mathbf{K}$ mit *raum*festen Achsenrichtungen sowie ein System $\overline{\mathbf{K}}$ mit *körper*festen Achsenrichtungen zentrierte. Der Trägheitstensor bezüglich $\mathbf{K}$ sei mit $\mathbf{J}$, bezüglich $\overline{\mathbf{K}}$ mit $\overline{\mathbf{J}}$ bezeichnet.

i) $\mathbf{J}$ und $\overline{\mathbf{J}}$ haben dieselben Eigenwerte. Man zeige dies anhand des charakteristischen Polynoms.

ii) $\overline{\mathbf{K}}$ sei jetzt Hauptträgheitsachsensystem, der Körper rotiere um die 3-Achse. Welche Form hat $\overline{\mathbf{J}}$? Man berechne $\mathbf{J}$.

3.2 *Trägheitsmomente eines zweitatomigen Moleküls:* Zwei Teilchen mit den Massen m_1 bzw. m_2 mögen durch eine starre masselose Verbindung der Länge l gehalten sein. Man gebe Hauptträgheitsachsen an und berechne die Trägheitsmomente.

3.3 Der Trägheitstensor eines starren Körpers habe die Form

$$\mathbf{J} = \begin{pmatrix} J_{11} & J_{12} & 0 \\ J_{21} & J_{22} & 0 \\ 0 & 0 & J_{33} \end{pmatrix} \quad \text{mit} \quad J_{21} = J_{12} \,.$$

Man bestimme seine drei Trägheitsmomente.

Spezialfälle i) Es sei $J_{11} = J_{22} \equiv A$, $J_{12} \equiv B$. Darf J_{33} dann beliebig sein?

ii) Es sei $J_{11} = A$, $J_{22} = 4A$, $J_{12} = 2A$. Was kann man über J_{33} aussagen? Welche Form muss der Körper in diesem Fall haben?

3.4 Man stelle die Lagrangefunktion für die allgemeine kräftefreie Bewegung eines symmetrischen Kegelkreises (Höhe: h, Grundkreisradius: R, Masse: M) auf. Wie sehen die Bewegungsgleichungen aus? Welches sind die Erhaltungsgrößen und welche physikalische Bedeutung haben sie?

3.5 Man berechne die Trägheitsmomente eines homogen mit Masse ausgefüllten Torus, dessen Ringradius R und dessen Querradius r ist.

3.6 Man berechne das Trägheitsmoment I_3 für die beiden Anordnungen von zwei schweren Kugeln (Radius R, Masse M) und zwei leichten Kugeln (r, m) mit homogener Massenbelegung, die in Abb. 9 gezeichnet sind. Man vergleiche die Winkelgeschwindigkeit der beiden Anordnungen, wenn L_3 fest und für beide gleich vorgegeben ist (Modell für Pirouette).

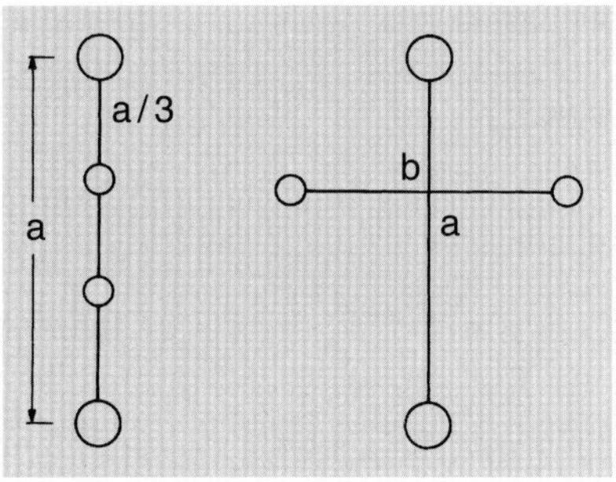

Abb. 9.

3.7 i) Ein homogener Körper habe eine Form, deren Rand (in Polarkoordinaten) durch die Formel

$$R(\theta) = R_0(1 + \alpha \cos\theta)$$

gegeben sei, d. h.

$$\varrho(r, \theta, \phi) = \varrho_0 = \text{const}$$

für $r \leqslant R(\theta)$ und alle θ und ϕ ,

$$\varrho(r, \theta, \phi) = 0$$

für $r > R(\theta)$.

Die Gesamtmasse sei M. Man berechne ϱ_0 und die Hauptträgheitsmomente.

ii) Man führe dieselbe Rechnung für einen homogen mit Masse belegten Körper der Form

$$R(\theta) = R_0(1 + \beta Y_{20}(\theta))$$

durch, wo $Y_{20}(\theta) = \sqrt{5/(16\pi)}(3\cos^2\theta - 1)$ die Kugelfunktion zu $\ell = 2, m = 0$ ist.

In beiden Fällen skizziere man diese Körper.

3.8 Man berechne die Hauptträgheitsmomente eines starren Körpers, für den der Trägheitstensor in einem bestimmten körperfesten System $\overline{\mathbf{K}}_1$ die folgende Form hat

$$\mathbf{J} = \begin{pmatrix} \frac{9}{8} & \frac{1}{4} & \frac{-\sqrt{3}}{8} \\ \frac{1}{4} & \frac{3}{2} & \frac{-\sqrt{3}}{4} \\ -\frac{\sqrt{3}}{8} & -\frac{\sqrt{3}}{4} & \frac{11}{8} \end{pmatrix}$$

Kann man etwas darüber aussagen, wie das System $\overline{\mathbf{K}}_0$ der Hauptträgheitsachsen relativ zum System $\overline{\mathbf{K}}_1$ liegt?

3.9 Eine Kugel mit Radius a sei homogen mit Masse der Dichte ϱ_0 ausgefüllt. Ihre Gesamtmasse sei M.

i) Man stelle die Dichtefunktion ϱ in einem körperfesten System auf, das im Schwerpunkt zentriert ist und drücke ϱ_0 durch M aus. Die Kugel rotiere nun um einen ihrer Randpunkte P, der raumfest sein soll (siehe Abb. 10).

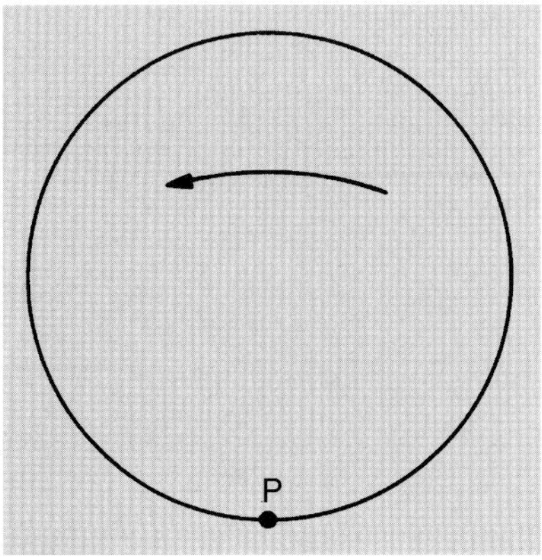

Abb. 10.

ii) Wie sieht dieselbe Dichtefunktion $\varrho(\boldsymbol{r}, t)$ in einem *raum*festen System aus, das in P zentriert ist?

iii) Man gebe den Trägheitstensor im körperfesten System an, das in i) beschirieben ist. Mit welchem Trägheitsmoment rotiert die Kugel um eine tangentiale Achse durch P?

Hinweis Man verwende die Stufenfunktion $\Theta(x)=1$ für $x \geqslant 0$, $\theta(x)=0$ für $x < 0$.

3.10 Ein homogener Kreiszylinder mit der Länge h, dem Radius r und der Masse m rollt im Schwerefeld eine schiefe Ebene herunter.

i) Man stelle die gesamte kinetische Energie des Zylinders auf und gebe das für die Bewegung relevante Trägheitsmoment an.

ii) Man stelle die Lagrangefunktion auf und löse die Bewegungsgleichung.

3.11 *Zur Bewegungsmannigfaltigkeit des starren Körpers:* Eine Drehung $R \in \mathrm{SO}(3)$ kann man durch Angabe eines Einheitsvektors $\hat{\boldsymbol{\varphi}}$ (Richtung, um die gedreht wird) festlegen.

i) Warum reicht das Intervall $0 \leqslant \varphi \leqslant \pi$ aus, um jede Drehung zu beschreiben?

ii) Man zeige: Der Parameterraum $(\hat{\boldsymbol{\varphi}}, \varphi)$ füllt das Innere einer Kugel mit Radius π im $\mathbb{R}^3$. Diese Vollkugel wird mit D^3 bezeichnet. Antipodenpunkte auf der Oberfläche dieser Kugel stellen dieselbe Drehung dar, man muss sie also identifizieren.

iii) In D^3 kann man zwei Typen von geschlossenen Kurven zeichnen, nämlich solche, die sich zu einem Punkt zusammenziehen lassen, und solche, die Antipoden verbinden. Man zeige anhand von Skizzen, dass jede geschlossene Kurve durch stetige Deformation auf den ersten oder zweiten Typ zurückgeführt werden kann.

Ergebnis Die Parametermannigfaltigkeit von SO(3) ist zweifach zusammenhängend.

3.12 Man berechne die Poisson-Klammern (3.92) bis (3.95).

Aufgaben: Kapitel 4

4.1 i) Ein neutrales π-Meson (π^0) fliegt mit der konstanten Geschwindigkeit v_0 in der x^3-Richtung. Man stelle den vollständigen Energie-Impulsvektor des π^0 auf. Man konstruiere die spezielle Lorentz-Transformation, die vom Laborsystem in das Ruhesystem des Teilchens führt.

ii) Das Teilchen zerfällt *isotrop* in zwei Photonen, d. h. in seinem Ruhesystem treten alle Emissionsrichtungen der beiden Photonen mit gleicher Wahrscheinlichkeit auf. Man untersuche die Zerfallsverteilung im Laborsystem.

4.2 Für den Zerfall $\pi \rightarrow \mu + \nu$ (siehe Beispiel (i) aus Abschn. 4.9.2), der im Ruhesystem des Pions isotrop ist, zeige man, dass es ab einer festen Energie des Pions im Laborsystem einen Maximalwinkel gibt, unter dem die Myonen emittiert werden. Man berechne diese Energie und den maximalen Emissionswinkel als Funktion von m_π und m_μ (Abb. 11).

i) Wohin laufen Myonen, die im Ruhesystem des Pions vorwärts, rückwärts bzw. senkrecht zur Flugrichtung des Pions im Laborsystem emittiert werden?

ii) Aus der im Ruhesystem isotropen Verteilung der Myonen erzeuge man die entsprechende Verteilung im Laborsystem.

Hinweis Verwendung von Zufallszahlen, Anhang B.2.

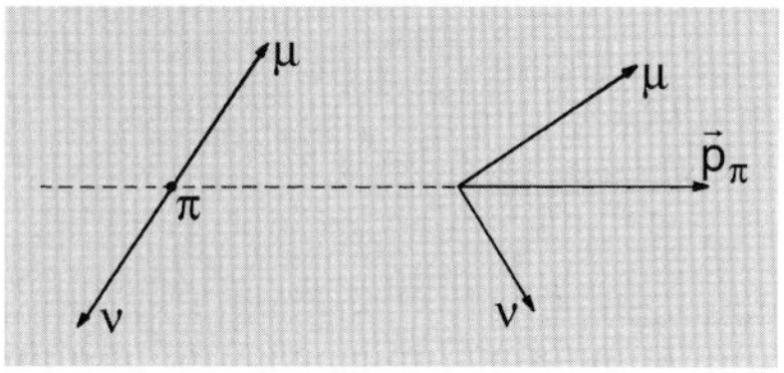

Abb. 11.

4.3 Wir betrachten eine elastische Zwei-Teilchen-Reaktion $A+B \to A+B$, bei der die Relativgeschwindigkeit von A (Projektil) und B (Target) gegenüber der Lichtgeschwindigkeit nicht klein ist.

Beispiele $\mathrm{e}^- + \mathrm{e}^- \to \mathrm{e}^- + \mathrm{e}^-$, $\nu + \mathrm{e} \to \mathrm{e} + \nu$, $\mathrm{p}+\mathrm{p} \to \mathrm{p}+\mathrm{p}$. Die Viererimpulse vor und nach der Streuung seien q_A, q_B bzw. q'_A, q'_B. Die folgenden Größen

$$s := c^2(q_A+q_B)^2 \qquad t := c^2(q_A - q'_A)^2$$

sind Lorentz-Skalare, d. h. sie haben in allen Bezugssystemen denselben Wert. Energie-Impulserhaltung verlangt die Gleichung $q'_A + q'_B = q_A + q_B$, außerdem gilt $q_A^2 = q_A'^2 = (m_A c)^2$, $q_B^2 = q_B'^2 = (m_B c)^2$.

i) Man drücke s und t durch die Energien und Impulse der Teilchen im Schwerpunktssystem aus. Sind q^* der Betrag des (Dreier-)Impulses, θ^* der Streuwinkel im Schwerpunktssystem, was ist der Zusammenhang von q^* und θ^* mit s und t?

ii) Es sei noch $u := c^2(q_A - q'_B)^2$ definiert. Man beweise, dass $s + t + u = 2(m_A^2 + m_B^2)c^4$ gilt.

4.4 Man berechne die Ausdrücke für die Variablen s und t aus Aufgabe 4.3 im Laborsystem (d. h. in demjenigen System, in dem das Target B vor dem Stoß in Ruhe ist). Was ist der Zusammenhang zwischen dem Streuwinkel θ im Laborsystem und θ^*, dem Streuwinkel im Schwerpunktssystem? Vergleiche mit der unrelativistischen Beziehung (1.81).

4.5 Im Ruhesystem eines Elektrons oder Myons wird dessen Spin (Eigendrehimpuls) durch den Vierervektor $s^\alpha := (0, \boldsymbol{s})$ beschrieben. Welche Form hat dieser Vektor in einem System, in dem das Teilchen den Impuls p hat? Berechne das Produkt $s^\alpha p_\alpha$.

4.6 Zu zeigen:

i) Jeder lichtartige Vierervektor z, $(z^2 = 0)$, kann durch Lorentz-Transformationen auf die Form $(1, 1, 0, 0)$ gebracht werden.

ii) Jeder raumartige Vektor kann auf die Form $(0, z^1, 0, 0)$ mit $z^1 = \sqrt{-z^2}$ gebracht werden. Man gebe in beiden Fällen die notwendigen Transformationen an.

4.7 Bezeichnen $\mathbf{J}_i$, und $\mathbf{K}_i$ die Erzeugenden der Drehungen bzw. Speziellen Transformationen (Abschn. 4.5.2 (iii)), so bilde man

$$\mathbf{A}_p := \frac{1}{2}(\mathbf{J}_p + \mathrm{i}\mathbf{K}_p)\,, \quad \mathbf{B}_q := \frac{1}{2}(\mathbf{J}_q - \mathrm{i}\mathbf{K}_q) \quad p, q = 1, 2, 3\,.$$

Unter Verwendung der Vertauschungsregeln (4.59) berechne man $[\mathbf{A}_p, \mathbf{A}_q]$, $[\mathbf{B}_p, \mathbf{B}_q]$ und $[\mathbf{A}_p, \mathbf{B}_q]$ und vergleiche mit (4.59).

4.8 Wie verhalten sich die $\mathbf{J}_i$, wie die $\mathbf{K}_j$ unter Raumspiegelung, d. h. was ergibt $\mathbf{P}\mathbf{J}_i\mathbf{P}^{-1}$, $\mathbf{P}\mathbf{K}_j\mathbf{P}^{-1}$?

4.9 In der Quantenphysik verwendet man anstelle von $\mathbf{J}_i, \mathbf{K}_j$ oft

$$\mathbf{J}'_i := \mathrm{i}\mathbf{J}_i\,, \quad \mathbf{K}'_j := -\mathrm{i}\mathbf{K}_j\,.$$

Wie lauten die Kommutatoren (4.59) für diese Matrizen? Man zeige, dass die Matrizen $\mathbf{J}'_i$ hermitesch sind, d. h. $(\mathbf{J}'^*_i)^{\mathrm{T}} = \mathbf{J}'_i$. Gilt dies auch für $\mathbf{A}'_k = \mathrm{i}\mathbf{A}_k$ und $\mathbf{B}'_k = \mathrm{i}\mathbf{B}_k$ der Aufgabe 4.7? Welche Aussage gilt für $\mathbf{K}'_i$?

4.10 Myonen zerfallen in ein Elektron und zwei (als masselos angenommene) Neutrinos, $\mu^- \to e^- + \nu_1 + \nu_2$. Das Myon ruhe vor dem Zerfall. Man zeige, dass das Elektron den maximalen Impuls $p = |\boldsymbol{p}|$ hat, wenn die beiden Neutrinos parallel zueinander emittiert werden. Berechne Maximal- und Minimalwert der Energie des Elektrons als Funktion von m_μ und m_e.

Antwort

$$E_{\max} = \frac{m_\mu^2 + m_e^2}{2m_\mu} c^2 \qquad E_{\min} = m_e c^2\,.$$

Man zeichne die zugehörigen räumlichen Impulse in beiden Fällen.

4.11 Ein Teilchen der Masse M zerfalle in drei Teilchen (1), (2), (3) mit den Massen m_1, m_2, m_3. Es soll die Maximalenergie von Teilchen (1) im Ruhesystem des zerfallenden Teilchens bestimmt werden. Dazu setzt man

$$\boldsymbol{p}_1 = -f(x)\hat{\boldsymbol{n}}\,, \quad \boldsymbol{p}_2 = x f(x)\hat{\boldsymbol{n}}\,, \quad \boldsymbol{p}_3 = (1-x) f(x)\hat{\boldsymbol{n}}\,,$$

wo $\hat{\boldsymbol{n}}$ ein Einheitsvektor und x eine Zahl zwischen 0 und 1 ist, und bestimmt das Maximum der Funktion $f(x)$ aus dem Erhaltungssatz für die Energie.

Anwendungsbeispiele

i) $\mu \to e + \nu_1 + \nu_2$ (Aufgabe 4.10).

ii) Neutronzerfall: $n \to p + e^- + \nu$.

Wie groß ist die Maximalenergie des Elektrons, wenn $m_n - m_p = 2{,}53\, m_e$, $m_p = 1836\, m_e$ ist? Welchen Wert hat $\beta = |\boldsymbol{v}|/c$ für das Elektron?

4.12 Die geladenen π-Mesonen π^+ und π^- haben eine mittlere Lebensdauer von $\tau \simeq 2{,}6 \cdot 10^{-8}$ s, bevor sie in ein Myon und ein Neutrino zerfallen. Welche Strecke durchfliegen sie im Mittel, wenn sie mit dem Impuls $p_\pi = x \cdot m_\pi c$ fliegen für $x = 1$, $x = 10$, $x = 1000$? ($m_\pi \simeq 140\,\mathrm{MeV/c^2} = 2{,}5 \cdot 10^{-28}\,\mathrm{kg}$).

4.13 Das freie Neutron ist instabil. Seine mittlere Lebensdauer ist $\tau = 900\,\mathrm{s}$. Wie weit fliegt ein Neutron im Mittel, wenn seine Energie $E = 10^{-2}\, m_\mathrm{n} c^2$ bzw. $E = 10^{14}\, m_\mathrm{n} c^2$ ist?

4.14 Man zeige: Ein freies Elektron kann nicht ein einzelnes Photon abstrahlen, d. h. der Prozess

$$\mathrm{e} \rightarrow \mathrm{e} + \gamma$$

kann nicht stattfinden, wenn Energie und Impuls erhalten sind.

4.15 Die folgende Transformation

$$\mathcal{I} : x^\mu \mapsto \bar{x}^\mu = \frac{R^2}{x^2} x^\mu$$

bedeutet, dass $\sqrt{x^2}\sqrt{\bar{x}^2} = R^2$ gilt. Sie ist somit eine Verallgemeinerung der bekannten Inversion am Kreis mit Radius R, für die $r \cdot \bar{r} = R^2$ gilt. Man zeige: Die Folge von Transformationen Inversion $\mathcal{I}$ von x^μ, Translation $\mathcal{T}$ des Bildpunktes um den Vektor $R^2 c^\mu$ und erneute Inversion des Resultates,

$$x' = (\mathcal{I} \circ \mathcal{T} \circ \mathcal{I})x$$

ergibt genau die spezielle konforme Transformation (4.100).

4.16 Es sei die folgende Lagrangefunktion gegeben

$$L = \frac{1}{2} m \left(\psi\, \dot{\boldsymbol{q}}^2 - c_0^2 \frac{(\psi - 1)^2}{\psi} \right) \equiv L(\dot{\boldsymbol{q}}, \psi)\,,$$

in der außer der Geschwindigkeit $\dot{\boldsymbol{q}}$ ein weiterer, dimensionsloser Freiheitsgrad ψ auftritt. Der Parameter c_0 hat die Dimension einer Geschwindigkeit. Man zeige: Das Extremum des Wirkungsintegrals führt auf eine speziell-relativistische Theorie (d. h. auf die Lagrangefunktion (4.95) mit c_0 anstelle der Lichtgeschwindigkeit), in der c_0 die maximale Grenzgeschwindigkeit ist. Man betrachte auch den Übergang $c_0 \rightarrow \infty$.

Aufgaben: Kapitel 5

5.1 Es seien $\overset{k}{\omega}$ eine äußere k-Form, $\overset{l}{\omega}$ eine äußere l-Form. Man zeige, dass ihr äußeres Produkt symmetrisch ist, wenn k und/oder l gerade sind, sonst aber antisymmetrisch ist, d. h.

$$\overset{k}{\omega} \wedge \overset{l}{\omega} = (-)^{k \cdot l}\, \overset{l}{\omega} \wedge \overset{k}{\omega}\,.$$

5.2 Im Euklidischen Raum $\mathbb{R}^3$ seien x_1, x_2, x_3 lokale Koordinaten eines Orthogonalsystems und $\mathrm{d}s^2 = E_1\,\mathrm{d}x_1^2 + E_2\,\mathrm{d}x_2^2 + E_3\,\mathrm{d}x_3^2$ das Quadrat des Linienelements, $\hat{\boldsymbol{e}}_1, \hat{\boldsymbol{e}}_2$ und $\hat{\boldsymbol{e}}_3$ seien die Einheitsvektoren in Richtung der Koordinatenachsen. Was ist der Wert von $\mathrm{d}x_i(\hat{\boldsymbol{e}}_j)$, (d. h. der Einsform $\mathrm{d}x_i$ auf den Einheitsvektor $\hat{\boldsymbol{e}}_j$ angewandt)?

5.3 Es sei $\boldsymbol{a} = \sum_{i=1}^{3} a_i(x)\hat{\boldsymbol{e}}_i$ ein Vektor*feld*, die $a_i(x)$ seien glatte Funktionen auf M. Jedem solchen Vektorfeld entsprechen eine differentielle Einsform $\overset{1}{\omega}_a$ und eine differentielle Zweiform $\overset{2}{\omega}_a$, für die gilt

$$\overset{1}{\omega}_a(\boldsymbol{\xi}) = (\boldsymbol{a}\cdot\boldsymbol{\xi}), \quad \overset{2}{\omega}_a(\boldsymbol{\xi},\boldsymbol{\eta}) = (\boldsymbol{a}\cdot(\boldsymbol{\xi}\times\boldsymbol{\eta})).$$

Man zeige, dass

$$\overset{1}{\omega}_a = \sum_{i=1}^{3} a_i(x)\sqrt{E_i}\,\mathrm{d}x_i$$

$$\overset{2}{\omega}_a = a_i(x)\sqrt{E_2E_3}\,\mathrm{d}x_2 \wedge \mathrm{d}x_3 + \text{zykl. Permutationen.}$$

5.4 Unter Verwendung von Aufgabe 5.3 bestimme man die Komponenten von ∇f in der Basis $\{\hat{\boldsymbol{e}}_1, \hat{\boldsymbol{e}}_2, \hat{\boldsymbol{e}}_3\}$.
Antwort

$$\nabla f = \sum_{i=1}^{3} \frac{1}{\sqrt{E_i}} \frac{\partial f}{\partial x^i} \hat{\boldsymbol{e}}_i .$$

5.5 Man bestimme die Funktionen E_i für kartesische Koordinaten, Zylinderkoordinaten und Polarkoordinaten und gebe jeweils die Komponenten von ∇f an.

5.6 Einer Kraft $\boldsymbol{F} = (F_1, F_2)$ in der Ebene sei die Einsform $\omega = F_1\,\mathrm{d}x^1 + F_2\,\mathrm{d}x^2$ zugeordnet. Wendet man ω auf einen Verschiebungsvektor $\boldsymbol{\xi}$ an, so ist $\omega(\boldsymbol{\xi})$ die geleistete Arbeit. Was ist die zu ω duale Form $*\omega$ und was bedeutet sie in diesem Zusammenhang?

5.7 Der Hodge'sche Sternoperator $*$ ordnet jeder k-Form ω die $(n-k)$-Form $*\omega$ zu. Man zeige, dass diese Zordnung, zweimal angewandt, bis auf ein Vorzeichen zur ursprünglichen Form zurück führt,

$$*(*\omega) = (-)^{k\cdot(n-k)}\omega .$$

5.8 Es seien $\boldsymbol{E} = (E_1, E_2, E_3)$ und $\boldsymbol{B} = (B_1, B_2, B_3)$ elektrische und magnetische Felder, die i. Allg. von $\boldsymbol{x}$ und t abhängen. Es werden ihnen die äußeren Formen

$$\varphi := \sum_{i=1}^{3} E_i\,\mathrm{d}x^i ,$$

$$\omega := B_1\,\mathrm{d}x^2 \wedge \mathrm{d}x^3 + B_2\,\mathrm{d}x^3 \wedge \mathrm{d}x^1 + B_3\,\mathrm{d}x^1 \wedge \mathrm{d}x^2$$

zugeordnet. Man schreibe die homogene Maxwell-Gleichung rot $\boldsymbol{E} + \dot{\boldsymbol{B}}/c = 0$ als Gleichung zwischen den Formen φ und ω.

5.9 Wenn d die äußere Ableitung und $*$ den Hodge'schen Sternoperator bezeichnen, so ist das sog. *Kodifferential* wie folgt definiert,

$$\delta := *\mathrm{d}* .$$

Die Operation δ, auf eine k-Form angewandt, ersetzt diese zunächst durch ihre Hodge-duale $(n-k)$-Form; von dieser wird sodann die äußere Ableitung gebildet, wodurch eine $(n-k+1)$-Form entsteht. Deren Hodge-Duales ergibt eine $(n-(n-k+1)) = (k-1)$-Form. Während d den Grad um 1 erhöht, erniedrigt δ den Grad um 1. Kombiniert man die beiden Differentiale, dann bildet sowohl $\mathrm{d}\circ\delta$ als auch $\delta\circ\mathrm{d}$ k-Formen auf k-Formen ab, beide ändern den Grad nicht.

Man zeige, dass die Summe $\boldsymbol{\Delta} := \mathrm{d}\circ\delta + \delta\circ\mathrm{d}$, auf Funktionen angewandt, der Laplace-Operator

$$\boldsymbol{\Delta} = \sum_i \frac{\partial^2}{(\partial x^i)^2} \quad \text{ist}\,.$$

5.10 Es seien

$$\overset{k}{\omega} = \sum_{i_1<\ldots<i_k} \omega_{i_1\cdots i_k}(\underset{\sim}{x})\,\mathrm{d}x^{i_1}\wedge\ldots\wedge\mathrm{d}x^{i_k}$$

und $\overset{l}{\omega}$ (analog gebildet) äußere Formen über einem Vektorraum W. Weiter sei $F: V \to W$ eine glatte Abbildung des Vektorraums V auf W. Man zeige, dass die Zurückziehung des äußeren Produkts $F^*(\overset{k}{\omega}\wedge\overset{l}{\omega})$ gleich dem äußeren Produkt der einzeln zurückgezogenen Formen $(F^*\overset{k}{\omega})\wedge(F^*\overset{l}{\omega})$ ist.

5.11 Unter denselben Voraussetzungen wie in Aufgabe 5.10 zeige man, dass die äußere Ableitung und die Zurückziehung vertauschen,

$$\mathrm{d}(F^*\omega) = F^*(\mathrm{d}\omega)\,.$$

5.12 Seien x und y kartesische Koordinaten im $\mathbb{R}^2$, seien $V := y\partial_x$ und $W := x\partial_y$ zwei Vektorfelder auf $\mathbb{R}^2$. Man berechne die Lie-Klammer $[V, W]$. Man skizziere die Vektorfelder V, W und $[V, W]$ entlang von Kreisen um den Ursprung.

5.13 Man bestätige die folgenden Aussagen:

i) Die Menge aller Tangentialvektoren an die glatte Mannigfaltigkeit M im Punkt $p \in M$ bildet einen reellen Vektorraum mit Dimension $n = \dim M$, der mit T_pM bezeichnet wird.

ii) Falls M der $\mathbb{R}^n$ ist, so ist T_pM isomorph zu $\mathbb{R}^n$.

5.14 Die kanonische Zweiform der Mechanik für ein System mit zwei Freiheitsgraden lautet $\omega = \sum_{i=1}^2 \mathrm{d}q^i \wedge \mathrm{d}p_i$. Man berechne $\omega\wedge\omega$ und überlege sich, dass $\omega\wedge\omega$ proportional zum orientierten Volumenelement im Phasenraum ist.

5.15 Es seien $H^{(1)} = (p^2/2) + (1-\cos q)$ und $H^{(2)} = (p^2/2) + q(q^2-3)/6$ Hamiltonfunktionen für Systeme mit einem Freiheitsgrad. Man stelle die zugehörigen Hamilton'schen Vektorfelder auf und skizziere diese entlang von einigen Lösungskurven.

5.16 Es sei $H = H^0 + H'$ mit $H^0 = (p^2+q^2)/2$ und $H' = \varepsilon q^3/3$. Man stelle die Hamilton'schen Vektorfelder X_{H^0} und X_{H} auf und berechne $\omega(X_{\mathrm{H}}, X_{\mathrm{H}^0})$.

5.17 Es seien L und L' zwei Lagrangefunktionen auf TQ, für die Φ_L bzw. $\Phi_{L'}$ regulär sind. Die zugehörenden Vektorfelder und kanonischen Zweiformen seien $X_E, X_{E'}$, bzw. $\omega_L, \omega_{L'}$. Zu zeigen ist, dass jede der folgenden Aussagen aus der anderen folgt

i) $L' = L + \alpha$, wo $\alpha : TQ \to \mathbb{R}$ eine geschlossene Einsform ist (d. h. für die $\mathrm{d}\alpha = 0$ gilt),

ii) $X_{\mathrm{E}} = X_{\mathrm{E}'}$ und $\omega_{\mathrm{L}} = \omega_{\mathrm{L}'}$.

Man überzeuge sich, dass man in lokalen Karten wieder die Aussage des Abschn. 2.10 bekommt.

Aufgaben: Kapitel 6

6.1 Man betrachte das zweidimensionale, lineare System $\dot{\underset{\sim}{y}} = \mathbf{A}\underset{\sim}{y}$, wo $\mathbf{A}$ eine der (reellen) Jordan'schen Normalformen hat,

$$\text{(i)}\ \mathbf{A} = \begin{pmatrix} \lambda_1 & 0 \\ 0 & \lambda_2 \end{pmatrix}\ ; \quad \text{(ii)}\ \mathbf{A} = \begin{pmatrix} a & b \\ -b & a \end{pmatrix}\ ;$$

$$\text{(iii)}\ \mathbf{A} = \begin{pmatrix} \lambda & 0 \\ 1 & \lambda \end{pmatrix}\ .$$

Man bestimme in allen drei Fällen die charakteristischen Exponenten und den Fluss (6.13) mit $s = 0$. Das System werde jetzt als Linearisierung eines dynamischen Systems an einer Gleichgewichtslage aufgefasst. Die Form (i) gibt die Bilder 6.2a–c. Man zeichne die analogen Bilder für die Form (ii) und zwar für $(a = 0, b > 0)$ und $(a < 0, b > 0)$, ebenso für die Form (iii) mit $\lambda < 0$.

6.2 Es seien α und β Variable auf dem Torus $T^2 = S^1 \times S^1$, die das dynamische System

$$\dot{\alpha} = a/2\pi\ , \quad \dot{\beta} = b/2\pi\ , \quad 0 \leqslant \alpha, \beta \leqslant 1\ ,$$

mit a, b als reellen Konstanten bestimmen. Man gebe den Fluss dieses Systems an. Schneidet man den Torus bei $(\alpha = 1; \beta)$ und $(\alpha; \beta = 1)$ auf, so entsteht ein Quadrat. Man zeichne die Lösung zur Anfangsbedingung (α_0, β_0) in dieses Quadrat einmal für rationales Verhältnis b/a, einmal für irrationales Verhältnis.

6.3 Man zeige: Für ein autonomes Hamilton'sches System mit nur einem Freiheitsgrad (d. h. zweidimensionalem Phasenraum) können benachbarte Trajektorien außer in der Nähe eines Sattelpunktes nicht schneller als höchstens linear in der Zeit auseinanderlaufen.

6.4 Man studiere das System

$$\dot{q}_1 = -\mu q_1 - \lambda q_2 + q_1 q_2$$
$$\dot{q}_2 = \lambda q_1 - \mu q_2 + (q_1^2 - q_2^2)/2\ ,$$

in dem $0 \leqslant \mu \ll 1$ ein Dämpfungsglied ist und λ mit $|\lambda| \ll 1$ eine Frequenzverstimmung beschreibt. Man zeige: Für $\mu = 0$ ist das System Hamilton'sch (man gebe H an). Man zeichne das Phasenporträt dieses Hamilton'schen Systems für $\mu = 0, \lambda > 0$ in der (q_1, q_2)-Ebene und bestimme Lage und Natur der kritischen Punkte. Man zeige, dass das entstehende Bild strukturell instabil ist, wenn μ nicht mehr Null und positiv ist, indem man die Änderung der kritischen Punkte für $\mu \neq 0$ untersucht.

6.5 Es sei die Hamiltonfunktion auf dem $\mathbb{R}^4$

$$H(q_1, q_2, p_1, p_2) = \frac{1}{2}(p_1^2 + p_2^2) + \frac{1}{2}(q_1^2 + q_2^2) + \frac{1}{3}(q_1^3 - q_2^3)$$

gegeben. Man zeige, dass dies System zwei unabhängige Integrale der Bewegung besitzt und skizziere die Struktur des Flusses.

6.6 Man studiere den Fluss der Bewegungsgleichung $p = \dot{q}$, $\dot{p} = q - q^3 - p$ und bestimme die Lage und Natur der kritischen Punkte. Zwei von diesen sind Attraktoren, deren Becken man mit Hilfe der Liapunov-Funktion $V = \frac{1}{2}p^2 - \frac{1}{2}q^2 + \frac{1}{4}q^4$ bestimmen soll.

6.7 Dynamische Systeme von Typus

$$\dot{\underset{\sim}{x}} = -\frac{\partial U}{\partial \underset{\sim}{x}} \equiv -U_{,\underset{\sim}{x}}$$

nennt man *Gradientenflüsse*. Ihre Flüsse sind von denen der kanonischen Systeme recht verschieden. Man zeige (unter Verwendung einer Liapunov-Funktion): Hat U bei $\underset{\sim}{x}_0$ ein isoliertes Minimum, so ist $\underset{\sim}{x}_0$ eine asymptotisch stabile Gleichgewichtslage. Man studiere das Beispiel

$$\dot{x}_1 = -2x_1(x_1 - 1)(2x_1 - 1)\,, \quad \dot{x}_2 = -2x_2\,.$$

6.8 Man betrachte die Bewegungsgleichung

$$\dot{q} = p\,, \quad \dot{p} = \frac{1}{2}(1 - q^2)$$

eines Systems mit $f = 1$. Man skizziere das Phasenporträt typischer Lösungen zu fester Energie und untersuche die kritischen Punkte.

6.9 Man bestimme numerisch die Lösungen $q(t)$ der Van der Pool'schen Gleichung (6.36) für Anfangsbedingungen nahe bei $(0, 0)$ für verschiedene Werte von ε im Bereich $0 < \varepsilon \leqslant 0,4$ und zeichne $q(t)$ als Funktion der Zeit wie in Abb. 6.7. Aus der Abbildung lässt sich empirisch bestimmen, in welcher Weise die Bahn auf den Attraktor läuft.

6.10 Als Transversalschnitt für das System (6.36), Abb. 6.7, sei die Gerade $p = q$ gewählt. Man bestimme numerisch die Folge der Schnittpunkte mit der Bahnkurve zur Anfangsbedingung (0,01; 0) und zeichne das Ergebnis als Funktion der Zeit.

6.11 Das System im $\mathbb{R}^2$

$$\dot{x}_1 = x_1\,, \quad \dot{x}_2 = -x_2 + x_1^2$$

hat bei $x_1 = 0 = x_2$ einen kritischen Punkt. Man zeige, dass das linearisierte System die Gerade $x_1 = 0$ und die Gerade $x_2 = 0$ als stabile bzw. instabile Untermannigfaltigkeiten besitzt. Man finde die entsprechenden Mannigfaltigkeiten für das exakte System auf, indem man dieses integriert.

6.12 Ein dynamisches System auf dem $\mathbb{R}^n$, das nur von einem Parameter μ abhängt, möge bei (x_0, μ_0) die Bedingung (6.52) erfüllen. Man zeige, dass die Beispiele (6.54)–(6.56) und die entsprechenden unterkritischen Fälle wirklich typisch sind, indem man $F(\mu, x)$ um x_0 nach Taylor entwickelt.

6.13 Man betrachte die Abbildung $x_{i+1} = f(x_i)$ mit $f(x) = 1 - 2x^2$. Man setze $u := (4/\pi)\arcsin\sqrt{(x+1)/2} - 1$ und zeige mithilfe dieser Substitution, dass es keine stabilen Fixpunkte gibt. Man iteriere numerisch die Gleichung 50 000 mal für beliebige Anfangswerte $x_1 \neq 0$ und zeichne das Histogramm der Punkte, die in einem der Intervalle $[n/100, (n+1)/100]$ mit $n = -100, -99, \ldots, +99$ landen. Man verfolge das Schicksal von zwei eng benachbarten Startwerten x_1, x_1' und prüfe nach, dass sie im Laufe der Iteration auseinanderlaufen. (Diskussion, s. Collet und Eckmann, 1990)

6.14 Man studiere den Fluss des Rössler'schen Modells

$$\dot{x} = -y - z\,, \quad \dot{y} = x + ay\,, \quad \dot{z} = b + xz - cz$$

für $a = b = 0{,}2$, $c = 5{,}7$ durch numerische Integration. Interessant sind die Graphen von x, y, z als Funktion der Zeit, sowie die Projektion der Bahnen auf die (x, y)-Ebene und die $(x, \dot{x})$-Ebene. Man betrachte die Poincaré-Abbildung für den Transversalschnitt $y + z = 0$. Dort hat x ein Extremum, da $\dot{x} = 0$. Man trage das Extremum x_{i+1} als Funktion des vorhergehenden Extremums x_i auf, (s. Bergé, Pomeau, Vidal, 1984 und dort zitierte Literatur).

6.15 Eine größere Übungsarbeit, die sehr zu empfehlen ist, ist das Studium des Hénon'schen Attraktors. Sie gibt einen guten Einblick in chaotisches Verhalten und in Empfindlichkeit auf Anfangsbedingungen. Siehe (Bergé, Pomeau, Vidal, 1984, Abschn. 3.2) sowie die Übung 10 aus Abschn. 2.6 von (Devaney 1989).

6.16 Man zeige, dass

$$\sum_{\sigma=1}^{n} \exp\left[\mathrm{i}\frac{2\pi}{n}\sigma m\right] = n\delta_{m0}\,, \quad (m = 0, \ldots, n = 1)$$

gilt. Damit beweise man (6.63), (6.65) und (6.66).

6.17 Man zeige: Durch eine lineare Substitution $y = \alpha x + \beta$ kann man das System (6.67) in die Form $y_{i+1} = 1 - \gamma y_i^2$ überführen. Man bestimme γ als Funktion von μ und zeige, dass y in $(-1, 1]$, γ in $(0, 2]$ liegen. (Siehe auch Aufgabe 6.13.) Man leite die Werte der ersten Verzweigungspunkte (6.68) und (6.70) mithilfe dieser transformierten Form her.

Lösungen der Aufgaben

Lösungen: Kapitel 1

1.1 Es ist $\dot{\boldsymbol{\ell}} = \dot{\boldsymbol{r}} \times \boldsymbol{p} + \boldsymbol{r} \times \dot{\boldsymbol{p}} = m\dot{\boldsymbol{r}} \times \dot{\boldsymbol{r}} + \boldsymbol{r} \times \boldsymbol{K} = \boldsymbol{r} \times \boldsymbol{K}$. Nach Voraussetzung ist dies gleich Null, d. h. die Kraft $\boldsymbol{K}$ ist proportional zu $\boldsymbol{r}$, $\boldsymbol{K} = \alpha\boldsymbol{r}$, $\alpha \in \mathbb{R}$. Zerlegt man die Geschwindigkeit in eine Komponente entlang $\boldsymbol{r}$ und eine senkrecht zu $\boldsymbol{r}$, so kann $\boldsymbol{K}$ nur die Erste ändern, die Zweite ist konstant. Die Bewegung findet daher in einer Ebene statt. Diese liegt zu allen Zeiten senkrecht zum konstanten Drehimpuls $\boldsymbol{\ell} = m\boldsymbol{r}(t) \times \dot{\boldsymbol{r}}(t) = m\boldsymbol{r}_0 \times \boldsymbol{v}_0$. Die Bewegungen (a), (b), (e) und (f) in Abb. 1 sind möglich. Die Bewegung (c) ist nicht möglich, weil $\boldsymbol{\ell}$ an der „Spitze" den Wert Null hätte, vorher und nachher aber nicht Null wäre. Die Bewegung (d) ist ebenfalls nicht möglich, weil $\boldsymbol{\ell}$ beim Durchgang durch den Ursprung den Wert Null durchlaufen würde, aber vorher und nachher nicht Null wäre.

1.2 Es ist $x(t) = r(t)\cos\phi(t)$, $y(t) = r(t)\sin\phi(t)$ und somit $\mathrm{d}x = \mathrm{d}r\cos\phi - r\,\mathrm{d}\phi\sin\phi$, $\mathrm{d}y = \mathrm{d}r\sin\phi + r\,\mathrm{d}\phi\cos\phi$. Bildet man $(\mathrm{d}s)^2 = (\mathrm{d}x)^2 + (\mathrm{d}y)^2$, so fallen die gemischten Terme der Quadrate heraus und es bleibt $(\mathrm{d}s)^2 = (\mathrm{d}r)^2 + r^2(\mathrm{d}\phi)^2$. Daraus folgt $\boldsymbol{v}^2 = \dot{r}^2 + r^2\dot{\phi}^2$. Die x- und y-Komponente von $\boldsymbol{\ell} = m\,\boldsymbol{r} \times \boldsymbol{v}$ verschwinden, da weder $\boldsymbol{r}$ noch $\boldsymbol{v}$ eine z-Komponente haben. Für die z-Komponente ergibt sich

$$\begin{aligned}\ell_z &= m(xv_y - yv_x)\\ &= mr(\dot{r}\sin\phi\cos\phi + r\dot{\phi}\cos^2\phi - \dot{r}\cos\phi\sin\phi + r\dot{\phi}\sin^2\phi)\\ &= mr^2\dot{\phi}\,.\end{aligned}$$

Somit ist

$$\boldsymbol{v}^2 = \dot{r}^2 + \frac{\boldsymbol{\ell}^2}{m^2r^2} \quad \text{und} \quad T = \frac{1}{2}m\dot{r}^2 + \frac{\boldsymbol{\ell}^2}{2mr^2}\,.$$

Ist $\boldsymbol{\ell}$ konstant, so ist $r^2\dot{\phi} = \text{const}$. Dies gibt die quantitative Korrelation zwischen der Winkelgeschwindigkeit $\dot{\phi}$ und dem Abstand r, z. B. für die Bilder (a), (b), (e) und (f) aus Aufgabe 1.1. Die Bewegung (d) könnte nur dann stattfinden, wenn $\dot{\phi}$ bei Annäherung an 0 so nach Unendlich strebt, dass das Produkt $r^2\dot{\phi}$ endlich bleibt. So etwas kommt (mit anderer Form der Bahn) tatsächlich vor, siehe Aufgabe 1.23.

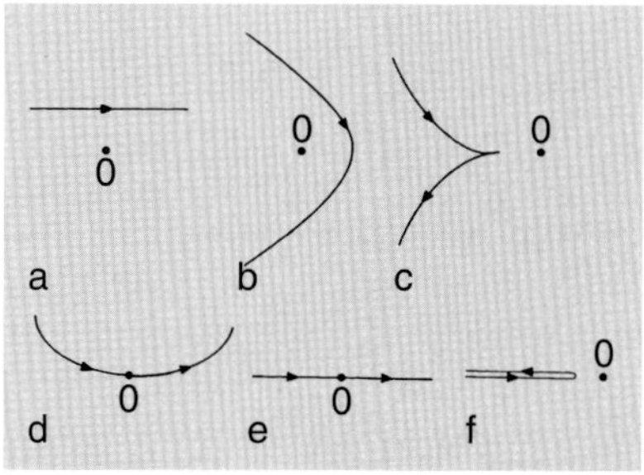

Abb. 1.

1.3 Analog zur Lösung der vorhergehenden Aufgabe ergibt sich $(\mathrm{d}s)^2 = (\mathrm{d}r)^2 + r^2(\mathrm{d}\theta)^2 + r^2\sin^2\theta(\mathrm{d}\phi)^2$. Daher ist $\boldsymbol{v}^2 = \dot{r}^2 + r^2\dot{\theta}^2 + r^2\sin^2\theta\,\dot{\phi}^2$.

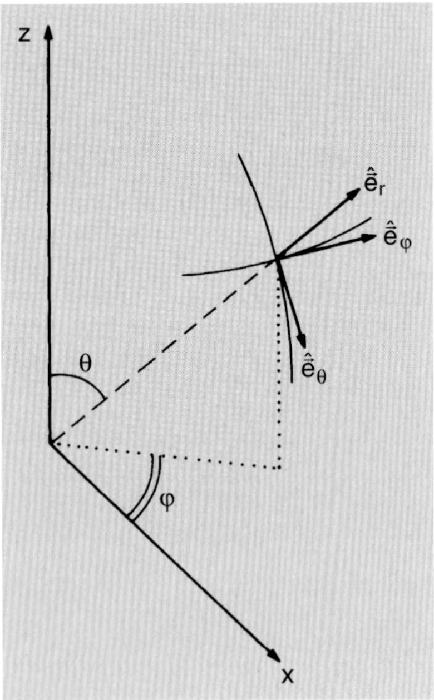

Abb. 2.

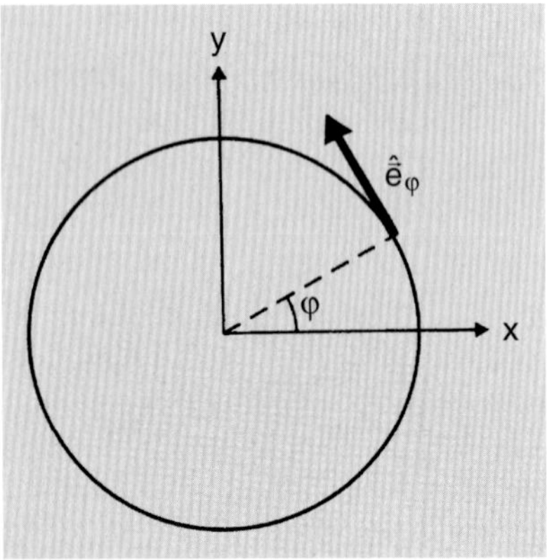

Abb. 3.

1.4 Mit der Erfahrung aus Aufgabe 1.3 liest man aus Abb. 2 zunächst $\hat{\boldsymbol{e}}_r$ ab: $\hat{\boldsymbol{e}}_r = \hat{\boldsymbol{e}}_x \sin\theta\cos\phi + \hat{\boldsymbol{e}}_y \sin\theta\sin\phi + \hat{\boldsymbol{e}}_z \cos\theta$. $\hat{\boldsymbol{e}}_\phi$ ist Tangentialvektor an einen Breitenkreis, am Punkt mit Azimuth ϕ, siehe Abb. 3. Daher ist $\hat{\boldsymbol{e}}_\phi = -\hat{\boldsymbol{e}}_x \sin\phi + \hat{\boldsymbol{e}}_y \cos\phi$ (was man z. B. an den Spezialfällen $\phi = 0$ und $\phi = \pi/2$ bestätigen kann). Es ist also

$$\hat{\boldsymbol{e}}_r \cdot \hat{\boldsymbol{e}}_\phi = -\sin\theta\cos\phi\sin\phi\,\hat{\boldsymbol{e}}_x \cdot \hat{\boldsymbol{e}}_x + \sin\theta\sin\phi\cos\phi\,\hat{\boldsymbol{e}}_y \cdot \hat{\boldsymbol{e}}_y = 0\,.$$

Man setzt $\hat{\boldsymbol{e}}_\theta$ wie angegeben an und bestimmt die Koeffizienten α, β, γ aus den Gleichungen

$$\hat{\boldsymbol{e}}_\theta \cdot \hat{\boldsymbol{e}}_r = \alpha\sin\theta\cos\phi + \beta\sin\theta\sin\phi + \gamma\cos\theta = 0\,,$$
$$\hat{\boldsymbol{e}}_\theta \cdot \hat{\boldsymbol{e}}_\phi = -\alpha\sin\phi + \beta\cos\phi = 0\,,$$

und beachtet, dass $\hat{\boldsymbol{e}}_\theta$ auf 1 normiert ist, d. h. dass $\alpha^2 + \beta^2 + \gamma^2 = 1$. Außerdem sagt die Abb. 2, dass für $\theta = 0$, $\phi = 0$ $\hat{\boldsymbol{e}}_\theta = \hat{\boldsymbol{e}}_x$, für $\theta = 0$, $\phi = \pi/2$ $\hat{\boldsymbol{e}}_\theta = \hat{\boldsymbol{e}}_y$ und bei $\theta = \pi/2$ stets $\hat{\boldsymbol{e}}_\theta = -\hat{\boldsymbol{e}}_z$ ist. Die Lösung der obigen Gleichung, die dies erfüllt, ist

$$\alpha = \cos\theta\cos\phi\,, \quad \beta = \cos\theta\sin\phi\,, \quad \gamma = -\sin\theta\,.$$

In dieser Basis gilt

$$\begin{aligned}\boldsymbol{v} = \dot{\boldsymbol{r}} &= \dot{r}\hat{\boldsymbol{e}}_r + r(\mathrm{d}/\mathrm{d}t)\hat{\boldsymbol{e}}_r \\ &= \dot{r}\hat{\boldsymbol{e}}_r + r((\dot{\theta}\cos\theta\cos\phi - \dot{\phi}\sin\theta\sin\phi)\hat{\boldsymbol{e}}_x \\ &\quad + (\dot{\theta}\cos\theta\sin\phi + \dot{\phi}\sin\theta\cos\phi)\hat{\boldsymbol{e}}_y - \dot{\theta}\sin\theta\hat{\boldsymbol{e}}_z) \\ &= \dot{r}\hat{\boldsymbol{e}}_r + \boldsymbol{r}(\dot{\theta}\hat{\boldsymbol{e}}_\theta + \dot{\phi}\sin\phi\hat{\boldsymbol{e}}_\phi)\,,\end{aligned}$$

und hieraus folgt das aus Aufgabe 1.3 schon bekannte Resultat $\boldsymbol{v}^2 = \dot{r}^2 + r^2(\dot{\theta}^2 + \dot{\phi}^2\sin^2\theta)$.

1.5 Im System **K** gilt $\boldsymbol{r}(t) = vt\,\hat{\boldsymbol{e}}_y$, d. h. $x(t) = 0 = z(t)$ und $y(t) = vt$. Im drehenden System gilt

$$\dot{x}' = \dot{x}\cos\phi + \dot{y}\sin\phi + \dot{\phi}(-x\sin\phi + y\cos\phi)$$
$$\dot{y}' = -\dot{x}\sin\phi + \dot{y}\cos\phi - \dot{\phi}(x\cos\phi + y\sin\phi)$$
$$\dot{z}' = \dot{z} = 0\,.$$

Im ersten Fall, $\phi = \omega = \text{const}$, läuft das Teilchen gradlinig gleichförmig mit der Geschwindigkeit $\boldsymbol{v}' = (v\sin\omega, v\cos\omega, 0)$. Im zweiten Fall, $\phi = \omega t$, ist $\dot{x}' = v\sin\omega t + \omega vt\cos\omega t$, $\dot{y}' = v\cos\omega t - \omega vt\sin\omega t$, und hieraus folgt durch Integration: $x'(t) = vt\sin\omega t$, $y'(t) = vt\cos\omega t$, sowie $z'(t) = 0$. Die scheinbare Bewegung, wie sie ein Beobachter im beschleunigten System $\mathbf{K}'$ sieht, ist in Abb. 4 skizziert.

1.6 Die Bewegungsgleichung des Teilchens lautet

$$m\ddot{\boldsymbol{r}} = \boldsymbol{F} = F(r)\frac{\boldsymbol{r}}{r}\,.$$

Wir bilden die Zeitableitung des Drehimpulses $\dot{\boldsymbol{\ell}} = m\dot{\boldsymbol{r}} \times \dot{\boldsymbol{r}} + m\boldsymbol{r} \times \ddot{\boldsymbol{r}}$. Der erste Summand verschwindet, der Zweite ist wegen der Bewegungsgleichung gleich $mF(r)\boldsymbol{r} \times \boldsymbol{r}/r$ und verschwindet daher ebenfalls. Daher ist $\dot{\boldsymbol{\ell}} = 0$, d. h. $\boldsymbol{\ell}$ ist nach Betrag und Richtung erhalten. Wegen der Definition von $\boldsymbol{\ell}$ steht der Drehimpuls immer senkrecht auf $\boldsymbol{r}$ und der Geschwindigkeit $\dot{\boldsymbol{r}}$. Somit folgt die Behauptung.

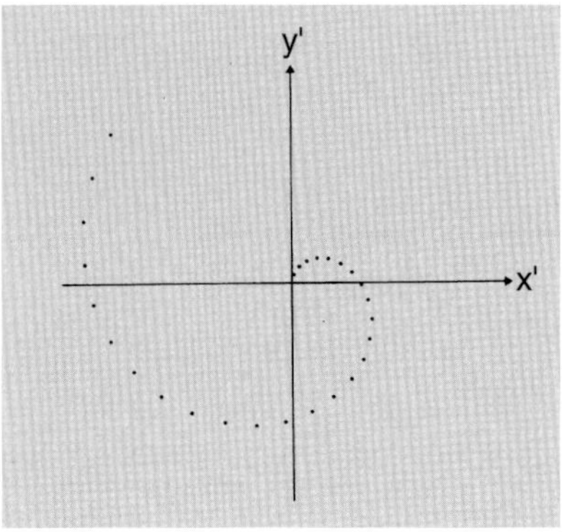

Abb. 4.

1.7 i) Das dritte Newton'sche Gesetz besagt, dass die Kräfte zweier Körper aufeinander entgegengesetzt gleich sind, d. h. $\boldsymbol{F}_{ik} = -\boldsymbol{F}_{ki}$, oder $-\boldsymbol{\nabla}_i V_{ik}(\boldsymbol{r}_i, \boldsymbol{r}_k) = \boldsymbol{\nabla}_k V_{ik}(\boldsymbol{r}_i, \boldsymbol{r}_k)$. Daher kann V_{ik} nur von $(\boldsymbol{r}_i - \boldsymbol{r}_k)$ abhängen. Die Erhaltungsgrößen sind: Gesamtimpuls $\boldsymbol{P}$, Energie E; außerdem gilt der Schwerpunktssatz

$$\boldsymbol{r}_S(t) - \frac{\boldsymbol{P}}{M} t = \boldsymbol{r}_S(0) = \text{const}\,.$$

ii) Hängt V_{ij} nur von $|\boldsymbol{r}_i - \boldsymbol{r}_k|$ ab, so ist

$$\boldsymbol{F}_{ji} = -\boldsymbol{\nabla}_i V_{ij}(|\boldsymbol{r}_i - \boldsymbol{r}_k|) \qquad = -V'_{ij}(|\boldsymbol{r}_i - \boldsymbol{r}_k|)\boldsymbol{\nabla}_i |\boldsymbol{r}_i - \boldsymbol{r}_k|$$

$$= -V'_{ij}(|\boldsymbol{r}_i - \boldsymbol{r}_k|) \frac{\boldsymbol{r}_i - \boldsymbol{r}_k}{|\boldsymbol{r}_i - \boldsymbol{r}_k|}\,.$$

Als weitere Erhaltungsgröße erhalten wir den Gesamtdrehimpuls.

1.8 Das Potential geht für $q \to 0$ wie $1/q^4$ nach Unendlich, für $q \to \infty$ strebt es von oben nach Null. Dazwischen hat es zwei Extrema, wie in Abb. 5 gezeichnet. Da die Energie $E = p^2/2 + U(q)$ erhalten ist, kann man die Phasenporträts zu gegebenem E über $p = \sqrt{2(E - U(q))}$ direkt zeichnen. Die Abbildung zeigt einige Beispiele. Das Minimum

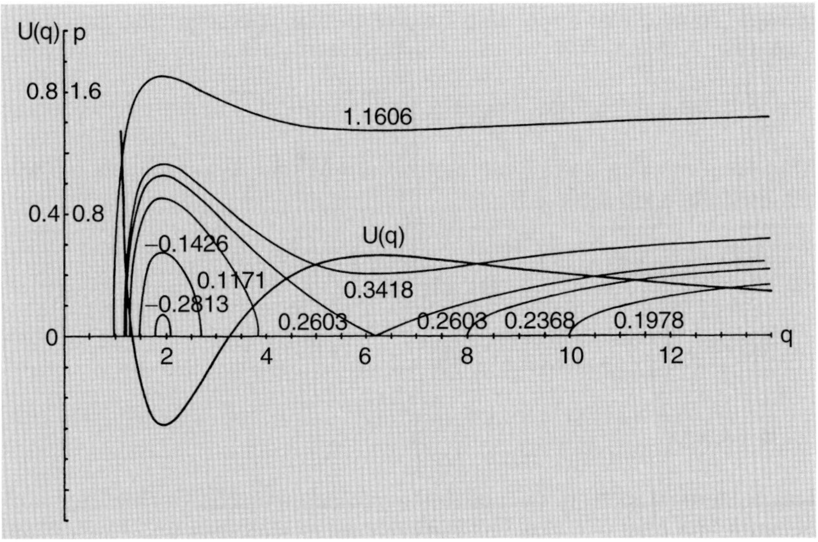

Abb. 5.

in der Nähe von $q=2$ ist eine stabile Gleichgewichtslage, das Maximum oberhalb von $q=6$ ist eine instabile Gleichgewichtslage. Die Bahnen mit $E \simeq 0{,}2603$ sind Kriechbahnen. Die Phasenporträts sind bezüglich der q-Achse symmetrisch, weil mit $(q,\, p=+\sqrt{\ldots})$ auch $(q,\, p=-\sqrt{\ldots})$ zum selben Porträt gehört.

1.9 Der Term $(x_2^2+x_4^2)/(2m)$ ist die gesamte kinetische Energie, während $U(x_1,x_3)=m(\omega_0^2(x_1^2+x_3^2)+\omega_1^2(x_1-x_3)^2)/2$ die potentielle Energie ist. Die auf Pendel 1 und 2 wirkenden Kräfte sind $-\partial U/\partial x_1$ bzw. $-\partial U/\partial x_3$, so dass das System der Bewegungsgleichungen folgendermaßen lautet:

$$\begin{pmatrix}\dot{x}_1\\ \dot{x}_2\\ \dot{x}_3\\ \dot{x}_4\end{pmatrix} = \begin{pmatrix} 0 & 1/m & 0 & 0\\ -m(\omega_0^2+\omega_1^2) & 0 & m\omega_1^2 & 0\\ 0 & 0 & 0 & 1/m\\ m\omega_1^2 & 0 & -m(\omega_0^2+\omega_1^2) & 0\end{pmatrix} \times \begin{pmatrix}x_1\\ x_2\\ x_3\\ x_4\end{pmatrix}$$

oder kurz: $\dot{\underset{\sim}{x}} = \mathbf{M}\underset{\sim}{x}$. Die angegebene Transformation bedeutet, dass

$$u_1 = \frac{1}{\sqrt{2}}(x_1+x_3)\,, \qquad u_2 = \frac{1}{\sqrt{2}}(x_2+x_4)\,,$$
$$u_3 = \frac{1}{\sqrt{2}}(x_1-x_3)\,, \qquad u_4 = \frac{1}{\sqrt{2}}(x_2-x_4)$$

ist, sie führt also auf Summe und Differenz der ursprünglichen Koordinaten bzw. Impulse. Man beachte, dass die Matrix $\mathbf{M}$ die Struktur

$$\mathbf{M} = \left(\begin{array}{c|c} \mathbf{B} & \mathbf{C}\\ \hline \mathbf{C} & \mathbf{B}\end{array}\right)$$

hat, wo $\mathbf{B}$ und $\mathbf{C}$ 2×2-Matrizen sind, und weiterhin, dass die angegebene Transformation $\mathbf{A}$ eine Inverse besitzt, die sogar ihr gleich ist. Dann gilt

$$\frac{\mathrm{d}\underset{\sim}{u}}{\mathrm{d}t} = \mathbf{AMA}^{-1}\underset{\sim}{u} \quad \text{mit} \quad \mathbf{A}^{-1} = \mathbf{A}\,.$$

Man kann mit den 2×2-Untermatrizen in $\mathbf{M}$ und $\mathbf{A}$ so rechnen, als wären es Zahlen, so dass z. B.

$$\mathbf{AMA}^{-1} = \mathbf{AMA} = \left(\begin{array}{c|c} \mathbf{B}+\mathbf{C} & 0\\ \hline 0 & \mathbf{B}-\mathbf{C}\end{array}\right) \quad \text{mit}$$

$$\mathbf{B}+\mathbf{C} = \begin{pmatrix} 0 & 1/m\\ -m\omega_0^2 & 0\end{pmatrix} \quad \text{und}$$

$$\mathbf{B}-\mathbf{C} = \begin{pmatrix} 0 & 1/m\\ -m(\omega_0^2+2\omega_1^2) & 0\end{pmatrix}\,.$$

Das System ist jetzt in zwei unabhängige harmonische Oszillatoren aufgetrennt, die man wie gewohnt dimensionslos schreiben und lösen kann.

Der Erste hat als Schwingungsfrequenz $\omega^{(1)} = \omega_0$ (die beiden Pendel schwingen im Takt), der Zweite hat die Frequenz $\omega^{(2)} = (\omega_0^2 + 2\omega_1^2)^{1/2}$, die beiden Pendel schwingen im Gegentakt. Allgemein ist

$$u_1 = a_1 \cos(\omega^{(1)} t + \varphi_1) , \qquad u_3 = a_2 \cos(\omega^{(2)} t + \varphi_2) .$$

Als Beispiel wählen wir die Anfangsbedingung

$$x_1(0) = a , \quad x_2(0) = 0 , \quad x_3(0) = 0 , \quad x_4(0) = 0 ,$$

d. h. ein Pendel ist ausgelenkt, das Andere nicht, beide haben Geschwindigkeit Null. Das erreicht man mit $a_2 = a_1 = a/\sqrt{2}$, $\varphi_1 = \varphi_2 = 0$. Es folgt

$$\begin{aligned} x_1(t) &= a \cos \frac{\omega^{(1)} + \omega^{(2)}}{2} t \cos \frac{\omega^{(2)} - \omega^{(1)}}{2} t \\ &= a \cos \Omega t \cos \omega t , \\ x_3(t) &= a \sin \frac{\omega^{(1)} + \omega^{(2)}}{2} t \sin \frac{\omega^{(2)} - \omega^{(1)}}{2} t \\ &= a \sin \Omega t \sin \omega t , \end{aligned}$$

wo wir $\Omega := (\omega^{(1)} + \omega^{(2)})/2$, $\omega := (\omega^{(2)} - \omega^{(1)})/2$ gesetzt haben. Ist $\Omega/\omega = p/q$ rational (mit $p, q \in \mathbb{Z}$, $p > q$), so kehrt das System bei $t = 2\pi p/\Omega = 2\pi q/\omega$ zur Anfangskonfiguration zurück. Dazwischen gilt Folgendes: Bei $t = \pi p/(2\Omega)$ hat das zweite Pendel den Ausschlag $x_3 = a$, während das Erste in der Ruhelage $x_1 = 0$ ist; bei $t = \pi p/\Omega$ ist $x_1 = -a$, $x_3 = 0$; bei $t = 3\pi p/(2\Omega)$ ist $x_1 = 0$, $x_3 = -a$. Die Bewegung oszilliert zwischen den beiden Pendeln hin und her. Ist Ω/ω dagegen nicht rational, so kommt das System zu späteren Zeiten in die Nähe der Anfangskonfiguration zurück, ohne sie jedoch exakt anzunehmen (siehe auch Aufgabe 6.2). Im betrachteten Beispiel ist dies dann der Fall, wenn $\Omega t \simeq 2\pi n$, $\omega t \simeq 2\pi m$ $(n, m \in \mathbb{Z})$ erreicht werden kann, d. h. wenn Ω/ω hinreichend genau durch das Verhältnis zweier ganzer Zahlen dargestellt werden kann. Diese beiden Zahlen können sehr groß, d. h. die Zeit bis zur „Wiederkehr“ kann sehr lang sein.

1.10 Die Differentialgleichung ist linear, die beiden Anteile des Ansatzes sind Lösungen genau dann, wenn $\mu = \omega$ gewählt wird. Die Zahlen a und b sind Integrationskonstanten, die durch die Anfangsbedingung wie folgt festgelegt werden:

$$\begin{aligned} x(t) &= a \cos \omega t + b \sin \omega t , \\ p(t) &= -am\omega \sin \omega t + mb\omega \cos \omega t . \end{aligned}$$

$x(0) = x_0$ ergibt $a = x_0$, $p(0) = p_0$ ergibt $b = p_0/(m\omega)$. Die spezielle Lösung mit $\omega = 0{,}8$, $x_0 = 1$, $p_0 = 0$ ist $x(t) = \cos 0{,}8t$.

1.11 Mit dem angegebenen Ansatz folgt

$$\begin{aligned}\dot{x}(t) &= \alpha x(t) + e^{\alpha t}(-\tilde{\omega} x_0 \sin\tilde{\omega}t + p_0/m \cos\tilde{\omega}t)\\ \ddot{x}(t) &= \alpha^2 x(t) + 2\alpha\, e^{\alpha t}(-\tilde{\omega} x_0 \sin\tilde{\omega}t + p_0/m \cos\tilde{\omega}t)\\ &\quad - e^{\alpha t}\tilde{\omega}^2(x_0\cos\tilde{\omega}t + p_0/(m\tilde{\omega})\sin\tilde{\omega}t)\\ &= -\alpha^2 x + 2\alpha\dot{x} - \tilde{\omega}^2 x\,.\end{aligned}$$

Nach Einsetzen und Vergleich der Koeffizienten ergibt sich

$$\alpha = -\frac{\kappa}{2}\,, \qquad \tilde{\omega} = \sqrt{\omega^2 - \alpha^2} = \sqrt{\omega^2 - \kappa^2/4}\,.$$

Die spezielle Lösung $x(t) = e^{-\kappa t/2}\cos\big(\sqrt{0{,}64 - \kappa^2/4}\,t\big)$ läuft für $t \to \infty$ spiralförmig in den Ursprung.

1.12 Wir stellen den Energiesatz in beiden Gebieten auf:

$$\frac{m}{2}\boldsymbol{v}_1^2 + U_1 = E = \frac{m}{2}\boldsymbol{v}_2^2 + U_2\,.$$

Da das Potential U nur von x abhängt, können keine Kräfte senkrecht zur x-Achse wirken, also ändert sich die Impulskomponente senkrecht zur x-Achse beim Übergang von $x < 0$ zu $x > 0$ nicht: $v_{1\perp} = v_{2\perp}$. Der Energiesatz lautet damit

$$\frac{m}{2}\boldsymbol{v}_{1\perp}^2 + \frac{m}{2}\boldsymbol{v}_{1\parallel}^2 + U_1 = \frac{m}{2}\boldsymbol{v}_{2\perp}^2 + \frac{m}{2}\boldsymbol{v}_{2\parallel}^2 + U_2\,, \quad \text{oder}$$

$$\frac{m}{2}\boldsymbol{v}_{1\parallel}^2 + U_1 = \frac{m}{2}\boldsymbol{v}_{2\parallel}^2 + U_2\,.$$

Aus der Abbildung der Aufgabenstellung erkennt man, dass

$$\sin^2\alpha_1 = \frac{v_{1\perp}^2}{\boldsymbol{v}_1^2}\,, \quad \sin^2\alpha_2 = \frac{v_{2\perp}^2}{\boldsymbol{v}_2^2}\,, \quad \text{woraus unmittelbar}$$

$$\frac{\sin\alpha_1}{\sin\alpha_2} = \frac{|\boldsymbol{v}_2|}{|\boldsymbol{v}_1|}$$

folgt. Für $U_1 < U_2$ ist $|\boldsymbol{v}_1| > |\boldsymbol{v}_2|$, also $\alpha_1 < \alpha_2$; für $U_2 > U_1$ ist es genau umgekehrt.

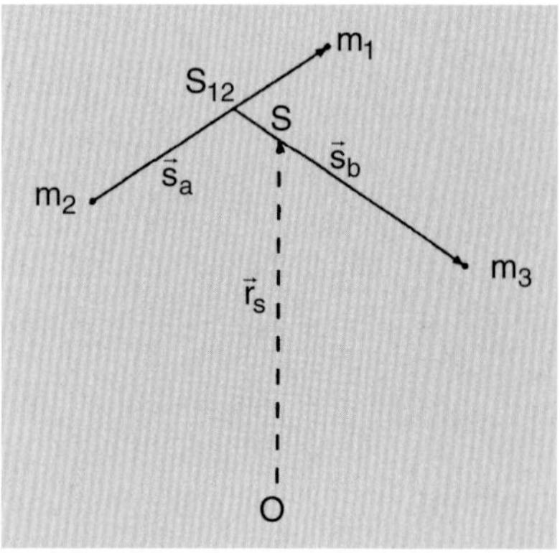

Abb. 6.

1.13 Wir bezeichnen mit $M := m_1 + m_2 + m_3$ die Gesamtmasse, und mit $m_{12} := m_1 + m_2$ die der Teilchen 1 und 2. Aus Abb. 6 entnimmt man die Beziehungen $\boldsymbol{r}_2 + \boldsymbol{s}_a = \boldsymbol{r}_1$, $\boldsymbol{s}_{12} + \boldsymbol{s}_b = \boldsymbol{r}_3$, wobei $\boldsymbol{s}_{12}$ die Koordinate des Schwerpunktes der Teilchen 1 und 2 ist. Löst man dies nach $\boldsymbol{r}_1$, $\boldsymbol{r}_2$, $\boldsymbol{r}_3$ auf, so ergibt sich

$$\begin{aligned}\boldsymbol{r}_1 &= \boldsymbol{r}_S - \frac{m_3}{M}\boldsymbol{s}_b + \frac{m_2}{m_{12}}\boldsymbol{s}_a\,,\\ \boldsymbol{r}_2 &= \boldsymbol{r}_S - \frac{m_3}{M}\boldsymbol{s}_b - \frac{m_1}{m_{12}}\boldsymbol{s}_a\,,\\ \boldsymbol{r}_3 &= \boldsymbol{r}_S + \frac{m_{12}}{M}\boldsymbol{s}_b\,.\end{aligned}$$

Dies kann man in die kinetische Energie einsetzen. Alle gemischten Terme $\dot{\boldsymbol{r}}_S \cdot \dot{\boldsymbol{s}}_a$, $\dot{\boldsymbol{s}}_a \cdot \dot{\boldsymbol{s}}_b$, usw. heben sich heraus. Es bleiben die folgenden in $\dot{\boldsymbol{r}}_S$, $\dot{\boldsymbol{s}}_a$, $\dot{\boldsymbol{s}}_b$ quadratischen Ausdrücke

$$T = \underbrace{\frac{1}{2}M\dot{\boldsymbol{r}}_S^2}_{T_S} + \underbrace{\frac{1}{2}\mu_a\dot{\boldsymbol{s}}_a^2}_{T_a} + \underbrace{\frac{1}{2}\mu_b\dot{\boldsymbol{s}}_b^2}_{T_b}$$

$$\text{mit} \quad \mu_a = \frac{m_1 m_2}{m_{12}} , \qquad \mu_b = \frac{m_{12} m_3}{M} .$$

T_S ist die kinetische Energie der Schwerpunktsbewegung, μ_a ist die reduzierte Masse des Untersystems aus Teilchen 1 und 2, T_a die zugehörige kinetische Energie der Relativbewegung von 1 und 2. μ_b ist die reduzierte Masse des Untersystems aus Teilchen 3 und dem Schwerpunkt S_{12} von 1 und 2, T_b die kinetische Energie der Relativbewegung von Teilchen 3 und S_{12}.

Für den Drehimpuls erhalten wir analog

$$\boldsymbol{L} = \sum_i \boldsymbol{\ell}_i = \underbrace{M\boldsymbol{r}_S \times \dot{\boldsymbol{r}}_S}_{\boldsymbol{\ell}_S} + \underbrace{\mu_a \boldsymbol{s}_a \times \dot{\boldsymbol{s}}_a}_{\boldsymbol{\ell}_a} + \underbrace{\mu_b \boldsymbol{s}_b \times \dot{\boldsymbol{s}}_b}_{\boldsymbol{\ell}_b} ,$$

alle gemischten Terme $\boldsymbol{r}_S \times \dot{\boldsymbol{s}}_a$, usw., heben sich wieder heraus.

Unter einer (eigentlichen) Galilei-Transformation (ohne Drehung) folgt $\boldsymbol{r}_S \mapsto \boldsymbol{r}'_S = \boldsymbol{r}_S + \boldsymbol{w}t + \boldsymbol{a}$, $\dot{\boldsymbol{r}}_S \mapsto \dot{\boldsymbol{r}}'_S = \dot{\boldsymbol{r}}_S + \boldsymbol{w}$, $\boldsymbol{s}_a \mapsto \boldsymbol{s}_a$, $\boldsymbol{s}_b \mapsto \boldsymbol{s}_b$ und somit

$$\boldsymbol{\ell}'_S = \boldsymbol{\ell}_S + M(\boldsymbol{a} \times (\dot{\boldsymbol{r}}_S + \boldsymbol{w}) + (\boldsymbol{r}_S - t\dot{\boldsymbol{r}}_S) \times \boldsymbol{w}) ,$$

während $\boldsymbol{\ell}'_a = \boldsymbol{\ell}_a$ und $\boldsymbol{\ell}'_b = \boldsymbol{\ell}_b$ sich nicht ändern.

1.14 i) Mit $U(\lambda\boldsymbol{r}) = \lambda^\alpha U(\boldsymbol{r})$ und $\boldsymbol{r}' = \lambda\boldsymbol{r}$ unterscheiden sich die Kräfte zum Potential $\tilde{U}(\boldsymbol{r}') := U(\lambda\boldsymbol{r})$ und zum Potential $U(\boldsymbol{r})$ um den Faktor $\lambda^{\alpha-1}$, denn

$$\boldsymbol{K}' = -\boldsymbol{\nabla}_{r'}\tilde{U} = -\frac{1}{\lambda}\boldsymbol{\nabla}_r\tilde{U} = -\lambda^{\alpha-1}\boldsymbol{\nabla}_r U = \lambda^{\alpha-1}\boldsymbol{K} .$$

Integriert man $\boldsymbol{K}' \cdot \mathrm{d}\boldsymbol{r}'$ über einen Weg im $\boldsymbol{r}'$-Raum und vergleicht mit dem entsprechenden Integral über $\boldsymbol{K} \cdot \mathrm{d}\boldsymbol{r}$, so unterscheiden sich die entsprechenden Arbeiten um den Faktor λ^α. Ändert man noch t in $t' = \lambda^{1-\alpha/2}t$ ab, so ist

$$\left(\frac{\mathrm{d}\boldsymbol{r}'}{\mathrm{d}t'}\right)^2 = \lambda^2\lambda^{\alpha-2}\left(\frac{\mathrm{d}\boldsymbol{r}}{\mathrm{d}t}\right)^2 ,$$

d. h. die kinetische Energie

$$T = \frac{1}{2}m\left(\frac{\mathrm{d}\boldsymbol{r}'}{\mathrm{d}t'}\right)^2$$

unterscheidet sich von der Ursprünglichen ebenfalls um den Faktor λ^α. Somit gilt dies auch für die Gesamtenergie, $E' = \lambda^\alpha E$. Es folgt unter

Anderem die angegebene Relation zwischen den Zeitdifferenzen und linearen Abmessungen geometrisch ähnlicher Bahnen.

ii) Für die harmonische Schwingung gilt die Voraussetzung mit $\alpha = 2$. Das Verhältnis der Perioden zweier geometrisch ähnlicher Bahnen ist $(T)_a/(T)_b = 1$, unabhängig von den linearen Abmessungen.

Im konstanten Schwerefeld ist $U(z) = mgz$ und somit $\alpha = 1$. Fallzeit T und Anfangshöhe H hängen über $T \propto H^{1/2}$ zusammen.

Im Kepler-Problem ist $U = -A/r$ mit $A = Gm_1m_2$ und somit $\alpha = -1$. Zwei geometrisch ähnliche Ellipsen mit Halbachsen a_a und a_b haben den Umfang U_a bzw. U_b, und es ist $U_a/U_b = a_a/a_b$. Für die Perioden T_a und T_b gilt somit $T_a/T_b = (U_a/U_b)^{3/2}$ oder $(T_a/T_b)^2 = (a_a/a_b)^3$. Das ist die Aussage des dritten Kepler'schen Gesetzes.

iii) Allgemein gilt $E_a/E_b = (L_a/L_b)^\alpha$, bei harmonischen Schwingungen also $E_a/E_b = A_a^2/A_b^2$, wenn A_i die Amplituden sind. Beim Kepler-Problem ist $E_a/E_b = a_b/a_a$, die Energie ist umgekehrt proportional zur großen Halbachse.

1.15 i) Aus den Gleichungen von Abschn. 1.24 erhalten wir

$$r_P = \frac{p}{1+\varepsilon} = -\frac{A}{2E}\frac{1-\varepsilon^2}{1+\varepsilon} = -\frac{A}{2E}(1-\varepsilon)\ ;$$
$$r_A = -\frac{A}{2E}(1+\varepsilon)\ .$$

Daraus berechnen wir

$$r_P + r_A = -\frac{A}{E}\,, \quad r_P \cdot r_A = \frac{A^2}{4E^2}(1-\varepsilon^2) = \frac{\ell^2}{-2\mu E}\ .$$

Setzen wir dies in die in der Aufgabe angegebene Gleichung ein, so erhalten wir

$$\frac{\mathrm{d}\phi}{\mathrm{d}r} = \frac{\ell}{r^2\sqrt{2\mu\left(E + \dfrac{A}{r} - \dfrac{\ell^2}{2\mu r^2}\right)}}\ .$$

Dies ist genau Gleichung (1.68) mit dem entsprechenden Potential. Integration von Gl. (1) der Aufgabenstellung mit der angegebenen Randbedingung bedeutet

$$\phi(r) - \phi(r_P) = \int_{r_P}^{r} \mathrm{d}r\ \frac{1}{r}\left(\frac{r_P r_A}{(r-r_P)(r_A-r)}\right)^{1/2}\ .$$

Wir benutzen die angegebene Formel mit

$$\alpha = 2\frac{r_A r_P}{r_A - r_P}\,, \quad \beta = -\frac{r_A + r_P}{r_A - r_P}\,,$$

und erhalten

$$\phi(r) = \arccos\frac{2r_A r_P - (r_A + r_P)r}{(r_A - r_P)r}\ .$$

ii) Wir haben zwei Möglichkeiten, diese Aufgabe zu behandeln: Die neuen Gleichungen ergeben sich, indem man ℓ^2 durch $\bar{\ell}^2 = \ell^2 + 2\mu B$ ersetzt. Ansonsten ist die exakte Lösung dieselbe wie im Kepler-Problem. Ist $B > 0$ ($B < 0$), so ist $\bar{\ell} > \ell$ ($\bar{\ell} < \ell$), d.h. bei Abstoßung (Anziehung) vergrößert (verkleinert) sich die Bahn.

Andererseits kann man für $U(r) = U_0(r) + B/r^2$ (mit $U_0(r) = -A/r$) die Differentialgleichung für $\phi(r)$ in derselben Form wie oben schreiben:

$$\frac{d\phi}{dr} = \frac{\sqrt{r_A r_P}}{r\sqrt{(r - r'_P)(r'_A - r)}} ,$$

wobei r'_P, r'_A Perihel- und Aphelabstand im gestörten Potential $U(r)$ bedeuten und durch die Gleichung $(r - r_P)(r_A - r) + B/E = (r - r'_P)(r'_A - r)$ gegeben sind. Diese Differentialgleichung multipliziert man mit dem Faktor $((r'_P r'_A)/(r_P r_A))^{1/2}$, integriert sie wie oben und erhält

$$\phi(r) = \sqrt{\frac{r_P r_A}{r'_P r'_A}} \arccos \frac{2r'_A r'_P - r(r'_A + r'_P)}{r(r'_A - r'_P)} .$$

Daraus folgt $r(\phi) = 2r'_P r'_A/(r'_P + r'_A + (r'_A - r'_P)\cdot\cos\sqrt{r'_P r'_A / r_P r_A}\,\phi)$. Den ersten Periheldurchgang haben wir nach $\phi_{P1} = 0$ gelegt. Der Zweite liegt bei $\phi_{P2} = 2\pi\sqrt{(r_P r_A)/(r'_P r'_A)} = 2\pi(1 - 2\mu B/(\ell^2 + 2\mu B))^{1/2}$ $= 2\pi\ell/\sqrt{\ell^2 + 2\mu B} \simeq 2\pi(1 - \mu B/\ell^2)$. Die Periheldrehung ist $(\phi_{P2} - 2\pi)$; sie ist unabhängig von der Energie E. Für $B > 0$ (zusätzliche Abstoßung) hinkt die Bewegung gegenüber dem Kepler-Fall nach, für $B < 0$ (zusätzliche Anziehung) eilt sie voraus.

1.16 Für festes ℓ muss $E \geq -\mu A^2/(2\ell^2)$ sein. Der untere Grenzwert liegt für die Kreisbahnen mit Radius $r_0 = \ell^2/\mu A$ vor. Die große Halbachse in der Relativbewegung folgt aus dem dritten Kepler'schen Gesetz $a^3 = G_N \times (m_E + m_S)T^2/(4\pi^2)$ mit $T = 1\,\text{Jahr} = 3{,}1536 \cdot 10^7$ s zu $a = 1{,}495 \cdot 10^{11}$ m. Das ist praktisch gleich a_E, der großen Halbachse der Erdbahn im Schwerpunktsystem. Die Sonne durchläuft eine Ellipse mit großer Halbachse

$$a_S = \frac{m_E}{m_E + m_S} a \simeq 449\,\text{km} .$$

Dies ist weit innerhalb des Sonnenradius $R_S = 7 \cdot 10^5$ km.

1.17 Wir ordnen die beiden Dipole wie in Abb. 7 gezeichnet an. Das Potential des ersten am Aufpunkt mit Ortsvektor $\boldsymbol{r}$ ist dann zunächst

$$\Phi_1 = e_1 \left(\frac{1}{|\boldsymbol{r} - \boldsymbol{d}_1|} - \frac{1}{|\boldsymbol{r}|} \right) \simeq e_1 \left(\frac{1}{r} + \frac{\boldsymbol{r}\cdot\boldsymbol{d}_1}{r^3} - \frac{1}{r} \right)$$
$$= \frac{\boldsymbol{r}\cdot(e_1 \boldsymbol{d}_1)}{r^3} .$$

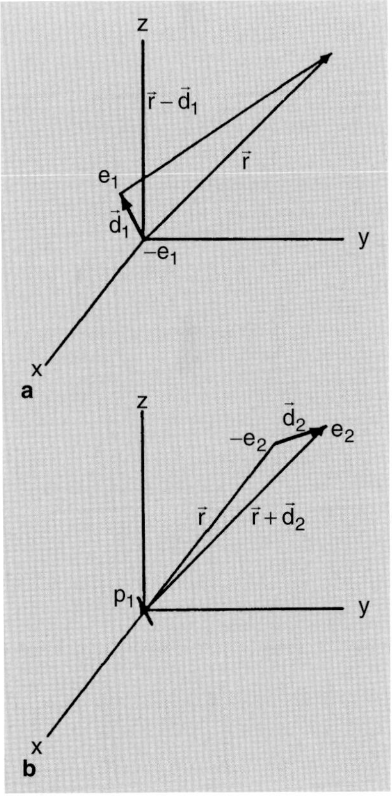

Abb. 7.

Dazu haben wir

$$\frac{1}{|\boldsymbol{r}-\boldsymbol{d}_1|} = \frac{1}{\sqrt{r^2+\boldsymbol{d}_1^2-2\boldsymbol{r}\cdot\boldsymbol{d}_1}}$$

bis zum Term linear in $\boldsymbol{d}_1$ entwickelt. Im Grenzübergang entsteht also $\Phi_1 = \boldsymbol{r}\cdot\boldsymbol{p}_1/r^3$. Die potentielle Energie des zweiten Dipols im Kraftfeld des ersten ist

$$W = e_2(\Phi_1(\boldsymbol{r}+\boldsymbol{d}_2)-\Phi_1(\boldsymbol{r})) = e_2\left(\frac{\boldsymbol{p}_1\cdot(\boldsymbol{r}+\boldsymbol{d}_2)}{|\boldsymbol{r}+\boldsymbol{d}_2|^3} - \frac{\boldsymbol{p}_1\cdot\boldsymbol{r}}{r^3}\right) .$$

Hier entwickelt man wieder nach $\boldsymbol{d}_2$ bis zu den linearen Termen,

$$W \simeq e_2\left(\frac{\boldsymbol{p}_1\cdot\boldsymbol{r}}{r^3}\left(1-3\frac{\boldsymbol{r}\cdot\boldsymbol{d}_2}{r^2}\right)+\frac{\boldsymbol{p}_1\cdot\boldsymbol{d}_2}{r^3}-\frac{\boldsymbol{p}_1\cdot\boldsymbol{r}}{r^3}\right) .$$

Im Grenzübergang $e_2\to\infty$, $\boldsymbol{d}_2\to 0$ mit $e_2\boldsymbol{d}_2=\boldsymbol{p}_2$ endlich, entsteht

$$W(1,2) = \frac{\boldsymbol{p}_1\cdot\boldsymbol{p}_2}{r^3} - 3\frac{(\boldsymbol{p}_1\cdot\boldsymbol{r})(\boldsymbol{p}_2\cdot\boldsymbol{r})}{r^5} .$$

Daraus berechnet man $\boldsymbol{K}_{21} = -\nabla_1 W = -\boldsymbol{K}_{12}$ komponentenweise unter Ausnutzung von

$$\frac{\partial}{\partial x_1} = \frac{\partial r}{\partial x_1}\frac{\partial}{\partial r} = \frac{x_1-x_2}{r}\frac{\partial}{\partial r} , \qquad \text{usw.} ,$$

zum Beispiel

$$\begin{aligned}\frac{\partial W(1,2)}{\partial x_1} &= -(\boldsymbol{p}_1\cdot\boldsymbol{p}_2)\frac{3}{r^4}\frac{x_1-x_2}{r} - \frac{3}{r^5}(p_1^x(\boldsymbol{p}_2\cdot\boldsymbol{r}) \\ &\quad +(\boldsymbol{p}_1\cdot\boldsymbol{r})p_2^x)+(\boldsymbol{p}_1\cdot\boldsymbol{r})(\boldsymbol{p}_2\cdot\boldsymbol{r})\frac{15}{r^6}\frac{x_1-x_2}{r} .\end{aligned}$$

1.18 Wir betrachten die Zeitableitung von $\dot{\boldsymbol{r}}\cdot\boldsymbol{a}$. Da $\boldsymbol{a}$ konstant ist, gilt

$$\frac{\mathrm{d}}{\mathrm{d}t}\dot{\boldsymbol{r}}\cdot\boldsymbol{a} = \ddot{\boldsymbol{r}}\cdot\boldsymbol{a} = \dot{\boldsymbol{v}}\cdot\boldsymbol{a} = (\boldsymbol{v}\times\boldsymbol{a})\cdot\boldsymbol{a} = 0 .$$

Daher ist $\dot{\boldsymbol{r}}\cdot\boldsymbol{a}$ zeitlich konstant und die in der Aufgabe angebene Beziehung gilt für alle t.

Bilden wir nun die Zeitableitung von Gl. (1) und setzen $\dot{\boldsymbol{v}}$ wieder ein, so erhalten wir $\ddot{\boldsymbol{v}} = \dot{\boldsymbol{v}}\times\boldsymbol{a} = (\boldsymbol{v}\times\boldsymbol{a})\times\boldsymbol{a} = -\boldsymbol{a}^2\boldsymbol{v}+(\boldsymbol{v}\cdot\boldsymbol{a})\boldsymbol{a}$. Der zweite Summand auf der rechten Seite ist konstant, wie wir eben gezeigt haben; daher erhalten wir, wenn wir diese Gleichung noch von 0 bis t nach der Zeit integrieren: $\ddot{\boldsymbol{r}}(t)-\ddot{\boldsymbol{r}}(0) = -\omega^2(\boldsymbol{r}(t)-\boldsymbol{r}(0))+(\boldsymbol{v}(0)\cdot\boldsymbol{a})\boldsymbol{a}t$, wobei wir $\omega^2 := \boldsymbol{a}^2$ definiert haben. Nun ist aber wegen Gl. (1) $\ddot{\boldsymbol{r}}(0) = \boldsymbol{v}(0)\times\boldsymbol{a}$, so dass wir schreiben können

$$\ddot{\boldsymbol{r}}(t)+\omega^2\boldsymbol{r}(t) = (\boldsymbol{v}(0)\cdot\boldsymbol{a})\boldsymbol{a}t+\boldsymbol{v}(0)\times\boldsymbol{a}+\omega^2\boldsymbol{r}(0) .$$

Dies ist die gewünschte Form, und die allgemeine Lösung der homogenen Differentialgleichung ist

$$\boldsymbol{r}_{\text{hom}}(t) = \boldsymbol{c}_1\sin\omega t+\boldsymbol{c}_2\cos\omega t .$$

Unter Verwendung des angegebenen Ansatzes für die spezielle Lösung der inhomogenen Differentialgleichung erhält man für die Konstanten

$$\begin{aligned}
\boldsymbol{c}_1 &= \frac{1}{\omega^3}(\boldsymbol{a}^2\boldsymbol{v}(0) - (\boldsymbol{v}(0)\cdot\boldsymbol{a})\boldsymbol{a}) = \frac{1}{\omega^3}(\boldsymbol{a}\times(\boldsymbol{v}(0)\times\boldsymbol{a}))\\
\boldsymbol{c}_2 &= -\frac{1}{\omega^2}\boldsymbol{v}(0)\times\boldsymbol{a}\\
\boldsymbol{c} &= \frac{1}{\omega^2}(\boldsymbol{v}(0)\cdot\boldsymbol{a})\boldsymbol{a}\\
\boldsymbol{d} &= \frac{1}{\omega^2}\boldsymbol{v}(0)\times\boldsymbol{a}+\boldsymbol{r}(0)\,.
\end{aligned}$$

Damit ist die Lösung

$$\begin{aligned}
\boldsymbol{r}(t) &= \frac{1}{\omega^3}\boldsymbol{a}\times(\boldsymbol{v}(0)\times\boldsymbol{a})\sin\omega t + \frac{1}{\omega^2}(\boldsymbol{v}(0)\cdot\boldsymbol{a})\boldsymbol{a}t\\
&\quad + \frac{1}{\omega^2}\boldsymbol{v}(0)\times\boldsymbol{a}(1-\cos\omega t)+\boldsymbol{r}(0)\,.
\end{aligned}$$

Dies ist eine Schraubenlinie (Helix), die sich um den Vektor $\boldsymbol{a}$ windet.

1.19 Die Stahlkugel falle zu Beginn aus der Höhe h_0. Dann ist die Zeit bis zum ersten Auftreffen $t_1 = \sqrt{2h_0/g}$, die Geschwindigkeit dabei $u_1 = -\sqrt{2h_0 g} = -gt_1$. Es gilt ferner ($\alpha := \sqrt{(n-1)/n}$):

$$v_i = -\alpha u_i\,, \quad u_{i+1} = -v_i\,, \quad t_{i+1}-t_i = \frac{2v_i}{g}\,.$$

Aus den ersten beiden Gleichungen folgt $v_1 = \alpha g t_1$ und $v_i = \alpha^i g t_1$. Aus der dritten Gleichung folgt

$$t_i^0 - t_i = \frac{v_i}{g} = t_{i+1}-t_i^0 \quad \text{und} \quad t_{i+1}^0 - t_{i+1} = \frac{v_{i+1}}{g}\,,$$

und damit $t_{i+1}^0 - t_i^0 = (v_{i+1}+v_i)/g = t_1(\alpha+1)\alpha^i$. Mit $t_0^0 = 0$ folgt

$$t_i^0 = t_1(1+\alpha)\sum_{\nu=0}^{i-1}\alpha^\nu\,.$$

Mit $h_i = v_i^2/(2g)$ ist $h_i = \alpha^{2i}h_0$.

1.20 Es ergibt sich folgende Verknüpfungstabelle

	E	**P**	**T**	**PT**
E	**E**	**P**	**T**	**PT**
P	**P**	**E**	**PT**	**T**
T	**T**	**PT**	**E**	**P**
PT	**PT**	**T**	**P**	**E**

1.21 Seien R und E_0 der Radius einer Kreisbahn bzw. die dazugehörige Energie. Die Differentialgleichung für die Radialbewegung lautet

$$\frac{\mathrm{d}r}{\mathrm{d}t} = \sqrt{\frac{2}{\mu}}\sqrt{E_0 - U_{\text{eff}}(r)}\,, \qquad U_{\text{eff}}(r) = U(r) + \frac{\ell^2}{2\mu r^2}\,.$$

Daraus folgt $E_0 = U_{\text{eff}}(R)$, sowie $U'_{\text{eff}}|_{r=R} = 0$, $U''_{\text{eff}}|_{r=R} > 0$, oder

$$U'(R) = \frac{\ell^2}{\mu}\frac{1}{R^3}\,, \quad \text{und} \quad U''(R) > -\frac{3\ell^2}{\mu}\frac{1}{R^4}\,.$$

Ist $E = E_0 + \varepsilon$, so gilt

$$\frac{\mathrm{d}r}{\mathrm{d}t} = \sqrt{\frac{2}{\mu}}\sqrt{\varepsilon - \frac{1}{2}(r-R)^2 U''_{\text{eff}}(R)}\,.$$

Mit der Abkürzung $\kappa := U''_{\text{eff}}(R)$ und $\varrho = r' - R$ ergibt sich

$$t - t_0 = \sqrt{\frac{\mu}{\kappa}}\int\limits_0^{r-R}\frac{\mathrm{d}\varrho}{\sqrt{\frac{2\varepsilon}{\kappa} - \varrho^2}} = \sqrt{\frac{\mu}{\kappa}}\arcsin\left((r-R)\sqrt{\frac{\kappa}{2\varepsilon}}\right)\,.$$

Auflösen nach $(r-R)$ ergibt

$$r - R = \sqrt{\frac{2\varepsilon}{\kappa}}\sin\sqrt{\frac{\kappa}{\mu}}(t - t_0)\,,$$

d. h., der Radius schwingt um den Wert R. Speziell ergibt sich

i) $U(r) = r^n$, $U'(r) = nr^{n-1}$, $U''(r) = n(n-1)r^{n-2}$. Damit folgt

$$nR^{n-1} = \frac{\ell^2}{\mu R^3} \Rightarrow R = \sqrt[n+2]{\frac{\ell^2}{\mu n}}\,,$$

$$\kappa = n(n-1)R^{n-2} + \frac{3\ell^2}{\mu R^4} > 0 \Leftrightarrow n(n-1)R^{n+2} + \frac{3\ell^2}{\mu} = \frac{(n+2)\ell^2}{\mu} > 0\,.$$

ii) $U(r) = \lambda/r$, $U'(r) = -\lambda/r^2$, $U''(r) = 2\lambda/r^3$. Daraus folgt $R = -\ell^2/(\mu\lambda)$, $\kappa = -\lambda/R^3$. Dies ist größer als Null, wenn $\lambda < 0$.

1.22 i) Die Ostabweichung ergibt sich aus der in Abschn. 1.26 angegebenen Formel $\Delta \simeq (2\sqrt{2}/3)g^{-1/2} \times H^{3/2}\omega\cos\varphi$ mit $\omega = 2\pi/(1\ \text{Tag}) = 7{,}27\cdot 10^{-5}\,\text{s}^{-1}$ und $g = 9{,}81\,\text{m}\,\text{s}^{-2}$ zu $\Delta \simeq 2{,}2\,\text{cm}$.

ii) Wir gehen wie in Abschn. 1.26(b) vor und bestimmen die Ostabweichung $\boldsymbol{u}$ aus dem linearisierten Ansatz $\boldsymbol{r}(t) = \boldsymbol{r}^{(0)}(t) + \omega\boldsymbol{u}(t)$, hier aber mit der ungestörten Lösung $\boldsymbol{r}^{(0)}(t) = gt\cdot(T - t/2)\hat{\boldsymbol{e}}_v$. Es folgt $(\mathrm{d}^2/\mathrm{d}t^2)\boldsymbol{u}(t) \simeq 2g\cos\varphi(t-T)\hat{\boldsymbol{e}}_0$, nach zweimaliger Integration also

$$\boldsymbol{u}(t) = \frac{1}{3}g\cos\varphi(t^3 - 3Tt^2)\hat{\boldsymbol{e}}_0\,.$$

Der Stein trifft zur Zeit $t = 2T$ wieder auf die Erdoberfläche. Die Ostabweichung ist negativ, $\Delta \simeq -(4/3)g\omega\cos\varphi T^3$, ist also in Wahrheit eine Westabweichung. Ihr Betrag ist viermal größer als der der Ostabweichung beim Fall (i).

iii) Wir bezeichnen die Ostabweichung weiter mit $\boldsymbol{u}$ (von West nach Ost gerichtet), die Südabweichung (von Nord nach Süd gerichtet) mit $\boldsymbol{s}$. Ein lokales, erdfestes Koordinatensystem wird durch $(\hat{\boldsymbol{e}}_1, \hat{\boldsymbol{e}}_0, \hat{\boldsymbol{e}}_v)$ aufgespannt, wo $\hat{\boldsymbol{e}}_1$ die Nord-Südrichtung angibt, $\hat{e}_0$ und $\hat{e}_v$ wie in Abschn. 1.26(b) definiert sind. Es ist also $\boldsymbol{u} = u\hat{e}_0$, $\boldsymbol{s} = s\hat{e}_1$. Aus der Bewegungsgleichung (*) in Abschn. 1.26(b), zusammen mit $\boldsymbol{\omega} = \omega(-\cos\varphi, 0, \sin\varphi)$ folgt

$$\ddot{s} = 2\omega^2 \sin\varphi\, \dot{u}\,.$$

Setzt man hier die genäherte Lösung für u, $u \simeq (1/3)gt^3\cos\varphi$ ein, so folgt nach zweimaliger Integration über die Zeit

$$s(t) \simeq \frac{1}{6}\omega^2 g \sin\varphi\cos\varphi\, t^4\,.$$

1.23 Für $E > 0$ sind alle Bahnen Streubahnen. Falls $\ell^2 > 2\mu\alpha$ ist, gilt

$$\phi - \phi_0 = \frac{\ell}{\sqrt{2\mu E}} \int\limits_{r_0}^{r} \frac{\mathrm{d}r'}{r'\sqrt{r'^2 - (\ell^2 - 2\mu\alpha)/(2\mu E)}}$$
$$= r_P^{(0)} \int\limits_{r_0}^{r} \frac{\mathrm{d}r'}{r'\sqrt{r'^2 - r_P^2}}\,, \qquad (1)$$

wo μ die reduzierte Masse ist, $r_P = \sqrt{(\ell^2 - 2\mu\alpha)/(2\mu E)}$ der Perihelabstand und $r_P^{(0)} = \ell/\sqrt{2\mu E}$ ist. Das Teilchen soll parallel zur x-Achse aus dem Unendlichen kommen. Dann ist die Lösung $\phi(r) = \ell/\sqrt{\ell^2 - 2\mu\alpha}\arcsin(r_P/r)$. Ist $\alpha = 0$, so ist die zugehörige Lösung $\phi^{(0)}(r) = \arcsin(r_P^{(0)}/r)$: Das Teilchen läuft auf einer Geraden parallel zur x-Achse und im Abstand $r_P^{(0)}$ von ihr am Kraftzentrum vorbei. Für $\alpha \neq 0$ ist

$$\phi(r = r_P) = \frac{\ell}{\sqrt{\ell^2 - 2\mu\alpha^2}}\frac{\pi}{2}\,,$$

nach der Streuung läuft das Teilchen asymptotisch in die Richtung $\ell/\sqrt{\ell^2 - 2\mu\alpha}\,\pi$. Dazwischen umläuft es n-mal das Kraftzentrum, wenn die Bedingung

$$\frac{\ell}{\sqrt{\ell^2 - 2\mu\alpha}}\left(\arcsin\frac{r_P}{\infty} - \arcsin\frac{r_P}{r_P}\right) = \frac{r_P^{(0)}}{r_P}\left(\pi - \frac{\pi}{2}\right) > n\pi$$

erfüllt ist. Es ist also

$$n = \left[\frac{r_P^{(0)}}{2r_P} \right] ,$$

unabhängig von der Energie E.

Falls $\ell^2 < 2\mu\alpha$ ist, lässt sich (1) ebenfalls integrieren, und man erhält mit derselben Anfangsbedingung

$$\phi(r) = \frac{r_P^{(0)}}{b} \ln \frac{b + \sqrt{b^2 + r^2}}{r} ,$$

wobei $b = \sqrt{(2\mu\alpha - \ell^2)/(2\mu E)}$ gesetzt ist. Das Teilchen umläuft das Kraftzentrum auf einer nach innen laufenden Spirale. Da der Radius dabei nach Null strebt, wächst die Winkelgeschwindigkeit $\dot{\phi}$ in einer Weise, dass der Flächensatz $\ell = \mu r^2 \dot{\phi} = \text{const}$ nicht verletzt wird.

1.24 Komet und Sonne laufen mit der Energie E aufeinander zu. Lange vor dem Stoß hat der Relativimpuls den Betrag $q = \sqrt{2\mu E}$, wo μ die reduzierte Masse ist. Der Stoßparameter sei b. Dann hat der Drehimpuls den Betrag $\ell = qb$. Der Komet stürzt ab, wenn der Perihelabstand r_P seiner Hyperbelbahn $\leq R$ ist, also wenn $b \leq b_{\max}$, wobei $b_{\max}$ sich aus $r_P = R$ ergibt, d. h.

$$\frac{p}{1+\varepsilon} = R \quad \text{mit} \quad p = \frac{\ell^2}{A\mu} = \frac{q^2 b^2}{A\mu}$$

$$\varepsilon = \sqrt{1 + \frac{2Eq^2b^2}{\mu A^2}}$$

und $A = G_N m M$. Man findet $b_{\max} = R\sqrt{1 + A/(ER)}$ und damit

$$\sigma = \int_0^{b_{\max}} \mathrm{d}b\, 2\pi b = \pi R^2 \left(1 + \frac{A}{ER} \right) .$$

Für $A = 0$ ist dies die Stirnfläche der Sonne, die der Komet sieht. Mit der anziehenden Gravitationswechselwirkung vergrößert sich diese Fläche um das Verhältnis (potentielle Energie am Sonnenrand)/(Energie der Relativbewegung).

1.25 Man löst am besten die Bewegungsgleichungen für den allgemeineren Fall $\boldsymbol{E} = E_x \hat{\boldsymbol{e}}_x + E_y \hat{\boldsymbol{e}}_y + E_z \hat{\boldsymbol{e}}_z$. Wie in Abschn. (1.21) dargelegt, lauten sie

$$\dot{\underset{\sim}{x}} = \mathbf{A}\underset{\sim}{x} + \underset{\sim}{b} ,$$

mit (in diesem speziellen Fall) **A** wie in (1.51), mit $K = eB/(mc)$ und mit

$$\mathbf{A} = \begin{pmatrix} 0 & 0 & 0 & 1/m & 0 & 0 \\ 0 & 0 & 0 & 0 & 1/m & 0 \\ 0 & 0 & 0 & 0 & 0 & 1/m \\ 0 & 0 & 0 & 0 & K & 0 \\ 0 & 0 & 0 & -K & 0 & 0 \\ 0 & 0 & 0 & 0 & 0 & 0 \end{pmatrix} , \quad \underset{\sim}{b} = e \begin{pmatrix} 0 \\ 0 \\ 0 \\ E_x \\ E_y \\ E_z \end{pmatrix} .$$

Die Letzte der sechs Gleichungen kann man sofort integrieren und erhält $x_6 = eE_z t + C_1$. Dies wird in die Dritte (für z) eingesetzt, diese wird integriert. Die Lösung für die Bewegung in z-Richtung ist somit

$$x_3 = z = \frac{eE_z}{2m} t^2 + C_1 t + C_2 .$$

Einsetzen der Anfangsbedingungen $z(0) = z^{(0)}$, $\dot{z}(0) = v_z^{(0)}$ ergibt $C_2 = z^{(0)}$, $C_1 = v_z^{(0)}$.
Die anderen Gleichungen sind gekoppelt. Zur Lösung leitet man die vierte Gleichung ($\dot{x}_4 = Kx_5 + eE_x$) nach der Zeit ab und setzt für $\dot{x}_5$ die rechte Seite der fünften Gleichung ein. Dies ergibt $\ddot{x}_4 = -K^2 x_4 + eKE_y$ mit der Lösung $x_4 = C_3 \sin Kt + C_4 \cos Kt + eE_y/K$. Wieder unter Benutzung der fünften Gleichung bekommt man daraus $x_5 = C_3 \cos Kt - C_4 \sin Kt + C_5$. Aus der vierten Gleichung erhalten wir noch die Bedingung $C_5 = -eE_x/K$. Diese beiden Ausdrücke kann man in die erste bzw. zweite Gleichung einsetzen und diese einmal integrieren. Damit erhält man

$$\begin{aligned} x_1 &= -\frac{C_3}{Km} \cos Kt + \frac{C_4}{Km} \sin Kt + \frac{e}{mK} E_y t + C_6 \\ x_2 &= \frac{C_3}{Km} \sin Kt + \frac{C_2}{Km} \cos Kt - \frac{e}{mK} E_x t + C_7 . \end{aligned}$$

Setzt man die Anfangsbedingungen $x(0) = x^{(0)}$, $y(0) = y^{(0)}$, $\dot{x}(0) = v_x^{(0)}$, $\dot{y}(0) = v_y^{(0)}$ ein, so ergibt sich schließlich

$$\begin{aligned} C_3 &= mv_y^{(0)} + \frac{e}{K} E_x , \quad C_4 = mv_x^{(0)} - \frac{e}{K} E_y , \\ C_6 &= x^{(0)} + \frac{v_y^{(0)}}{K} + \frac{e}{mK^2} E_x , \quad C_7 = y^{(0)} - \frac{v_x^{(0)}}{K} + \frac{e}{mK^2} E_y . \end{aligned}$$

Liegt das elektrische Feld in der z-Richtung, $\boldsymbol{E} = E\hat{\boldsymbol{e}}_z$, dann ist die Bewegung eine Überlagerung einer gleichmäßig beschleunigten Bewegung in z-Richtung und einer Kreisbewegung in der (x, y)-Ebene, das Teilchen durchläuft eine Spirale.

1.26 Verwenden wir kartesische Koordinaten in der Bahnebene, so lautet die Lösung (1.21) in diesen

$$x(t) = \frac{p}{1+\varepsilon(\phi-\phi_0)} \cos(\phi-\phi_0) ,$$
$$y(t) = \frac{p}{1+\varepsilon(\phi-\phi_0)} \sin(\phi-\phi_0) .$$

Wir leiten diese Formeln nach der Zeit ab. Die dabei als Faktor auftretende Zeitableitung $\dot{\phi}$ ersetzen wir vermöge (1.19) durch $\ell/(\mu r^2)$, setzen $p = \ell^2/(A\mu)$ ein und erhalten

$$p_x = \mu\dot{x} = -\frac{A\mu}{\ell} \sin(\phi-\phi_0) ,$$
$$p_y = \mu\dot{y} = \frac{A\mu}{\ell}\{\cos(\phi-\phi_0)+\varepsilon\} . \tag{1}$$

Gleichung (1) beschreibt einen Kreis mit Radius $A\mu/\ell$ und Zentrum

$$\left(0, \varepsilon\frac{A\mu}{\ell}\right) = \left(0, \sqrt{(A\mu/\ell)^2+2\mu E}\right) .$$

Siehe auch Aufgabe 2.31 unten.

Lösungen: Kapitel 2

2.1 Wir bilden die Ableitung von $F(E)$ nach E:

$$\begin{aligned}\frac{\mathrm{d}F}{\mathrm{d}E} &= 2\frac{\mathrm{d}}{\mathrm{d}E}\int\limits_{q_{\min}(E)}^{q_{\max}(E)} \mathrm{d}q\, \sqrt{2m(E-U(q))} \\ &= 2\int\limits_{q_{\min}(E)}^{q_{\max}(E)} \mathrm{d}q\, \frac{m}{\sqrt{2m(E-U(q))}} \\ &\quad + 2\sqrt{2m\underbrace{(E-U(q_{\max}))}_{=0}}\frac{\mathrm{d}q_{\max}}{\mathrm{d}E} \\ &\quad - 2\sqrt{2m\underbrace{(E-U(q_{\min}))}_{=0}}\frac{\mathrm{d}q_{\min}}{\mathrm{d}E} .\end{aligned}$$

Um T zu bestimmen, müssen wir das Zeitintegral über eine Periode ausrechnen. Dazu beachten wir, dass

$$m\frac{\mathrm{d}q}{\mathrm{d}t} = p = \sqrt{2m(E-U(q))} , \quad \text{also}$$
$$\mathrm{d}t = \frac{m\,\mathrm{d}q}{\sqrt{2m(E-U(q))}} .$$

Damit ist

$$T = 2 \int_{q_{\min(E)}}^{q_{\max(E)}} \mathrm{d}q \, \frac{m}{\sqrt{2m(E-U(q))}} \, .$$

Dies haben wir gerade weiter oben berechnet.

Für das Beispiel des Oszillators ist mit $q = q_0 \sin\omega t$, $p = m\omega q_0 \cos\omega t$: $F = m\omega\pi q_0^2 = (2\pi/\omega)E$ und $T = 2\pi/\omega$.

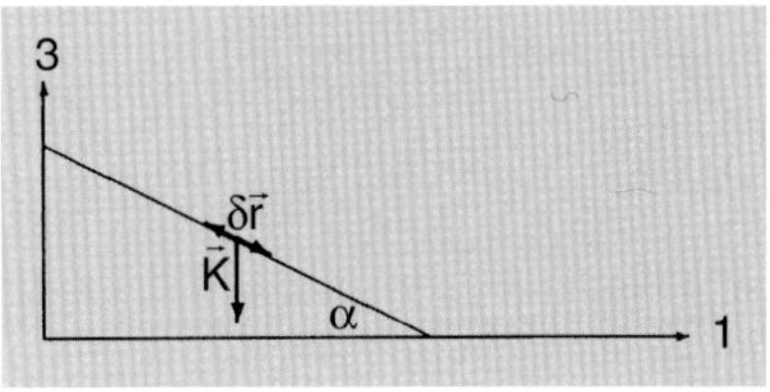

Abb. 8.

2.2 Legt man die Ebene wie in Abb. 8 skizziert, so sagt das d'Alembert'sche Prinzip $(\boldsymbol{K} - \dot{\boldsymbol{p}}) \cdot \delta\boldsymbol{r} = 0$, mit $\boldsymbol{K} = -mg\hat{\boldsymbol{e}}_3$, wobei die zulässigen virtuellen Verrückungen $\delta\boldsymbol{r}$ nur entlang der Schnittgeraden zwischen der schiefen Ebene und der $(1,3)$-Ebene, sowie entlang der 2-Achse gewählt werden können. Nennen wir die dann unabhängigen Variablen q_1 und q_2, so ist $\delta\boldsymbol{r} = \delta q_1 \hat{\boldsymbol{e}}_\alpha + \delta q_2 \hat{\boldsymbol{e}}_2$ mit $\hat{\boldsymbol{e}}_\alpha = \hat{\boldsymbol{e}}_1 \cos\alpha - \hat{\boldsymbol{e}}_3 \sin\alpha$. Setzt man dies ein, so folgen die Bewegungsgleichungen $\ddot{q}_1 = g \sin\alpha$, $\ddot{q}_2 = 0$, deren Lösungen $q_1(t) = g \sin\alpha t^2/2 + v_1 t + a_1$, bzw. $q_2(t) = v_2 t + a_2$ lauten.

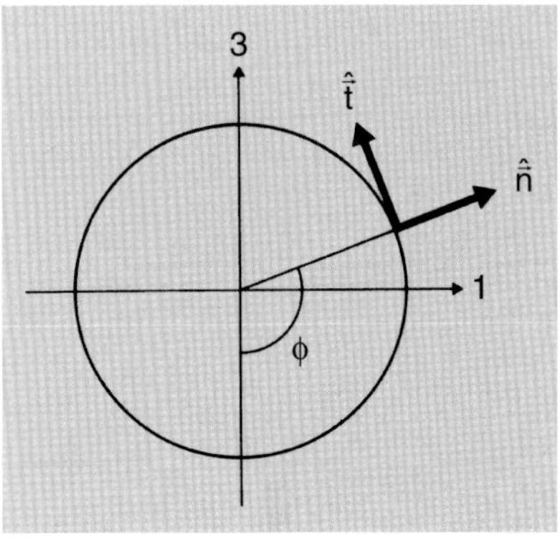

Abb. 9.

2.3 Wir legen die $(1,3)$-Ebene in die Ebene des Kreisrings und wählen dessen Mittelpunkt als Ursprung. Mit den Bezeichnungen der Abb. 9 sind die Einheitsvektoren $\hat{\boldsymbol{t}}$ und $\hat{\boldsymbol{n}}$ durch $\hat{\boldsymbol{t}} = \hat{\boldsymbol{e}}_1 \cos\phi + \hat{\boldsymbol{e}}_3 \sin\phi$, $\hat{\boldsymbol{n}} = \hat{\boldsymbol{e}}_1 \sin\phi - \hat{\boldsymbol{e}}_3 \cos\phi$ gegeben. Es ist $\delta\boldsymbol{r} = \hat{\boldsymbol{t}} R \delta\phi$, $\dot{\boldsymbol{r}} = R\dot{\phi}\hat{\boldsymbol{t}}$, $\ddot{\boldsymbol{r}} = R\ddot{\phi}\hat{\boldsymbol{t}} - R\dot{\phi}^2\hat{\boldsymbol{n}}$, die wirkende Kraft ist $\boldsymbol{K} = -mg\hat{\boldsymbol{e}}_3$. Aus der Gleichung des d'Alembert'schen Prinzips $(\boldsymbol{K} - \dot{\boldsymbol{p}}) \cdot \delta\boldsymbol{r} = 0$ folgt die Bewegungsgleichung $\ddot{\phi} + g \sin\phi/R = 0$, also die Bewegungsgleichung des Pendels, das bereits in Abschnitt 1.17 ausführlich diskutiert wurde.

2.4 Die Länge der Feder in entspanntem Zustand sei d_0, ihre Federkonstante sei κ (s. Abb. 10). Wenn die Auslenkung x beträgt, so hat die Feder die Länge $d = \sqrt{x^2 + l^2}$. Das zugehörige Potential ist

$$U(x) = \frac{1}{2}\kappa(d - d_0)^2 \, .$$

Ist $d_0 \le l$, so ist die einzige stabile Gleichgewichtslage $x = 0$. Ist dagegen $d_0 > l$, so ist $x = 0$ labile Gleichgewichtslage, und die Punkte $x = \pm\sqrt{d_0^2 - l^2}$ sind stabile Gleichgewichtslagen.

Wir wollen hier nur den Fall $d_0 \le l$ betrachten. Wir entwickeln $U(x)$ für kleine x um $x = 0$:

$$U(x) \simeq \frac{1}{2}\kappa \left(l - d_0 + \frac{x^2}{2l} - \frac{x^4}{8l^3} \right)^2$$
$$\simeq \frac{1}{2}\kappa \left((l - d_0)^2 + \frac{l - d_0}{l} x^2 + \frac{d_0}{4l^3} x^4 \right) \, .$$

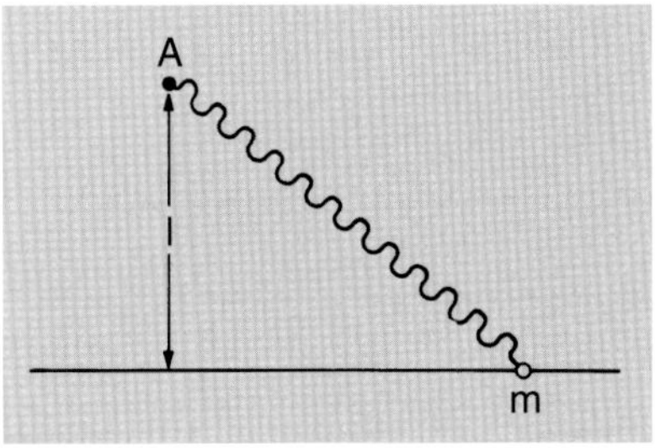

Abb. 10.

Daraus folgt, dass die Schwingungsfrequenz näherungsweise

$$\omega = \sqrt{\frac{\kappa}{m}\frac{(l-d_0)}{l}}$$

ist. Dies ist allerdings nur für gewisse Werte von d_0 richtig: Für $d_0 = l$ verschwindet der quadratische Term, und wir haben x^4 als führende Ordnung. Im anderen Grenzfall ($d_0 = 0$) ist $U(x) = \kappa(x^2 + l^2)/2$, also ein rein harmonisches Potential (da die konstanten Terme physikalisch irrelevant sind). Die Näherung ist also nur dann akzeptabel, wenn d_0 klein gegen l ist.

2.5 Eine geeignete Lagrangefunktion für dieses System ist

$$L = \underbrace{\frac{1}{2}m(\dot{x}_1^2 + \dot{x}_2^2)}_{T} - \underbrace{\frac{1}{2}\kappa(x_1 - x_2)^2}_{U} .$$

Wir führen die folgenden Koordinaten ein: $u_1 := x_1 + x_2$, $u_2 := x_1 - x_2$; bis auf einen Faktor $1/2$ bei u_1 sind das gerade Schwerpunkts- und Relativkoordinaten. Damit lautet die Lagrangefunktion $L = (1/4)m(\dot{u}_1^2 + \dot{u}_2^2) - (1/2)\kappa u_2^2$. Die zugehörigen Bewegungsgleichungen lauten $\ddot{u}_1 = 0$, $m\ddot{u}_2 + 2\kappa u_2 = 0$; die Lösungen sind mit $\omega := \sqrt{2\kappa/m}$: $u_1 = C_1 t + C_2$, $u_2 = C_3 \sin\omega t + C_4 \cos\omega t$. Die Anfangsbedingungen lassen sich auf die neuen Koordinaten umschreiben,

$$\begin{aligned} u_1(0) &= +l \quad & \dot{u}_1(0) &= v_0 \\ u_2(0) &= -l \quad & \dot{u}_2(0) &= v_0 . \end{aligned}$$

Daraus lassen sich die Konstanten bestimmen; es ergibt sich

$$\begin{aligned} x_1(t) &= \frac{v_0}{2}\left(t + \frac{1}{\omega}\sin\omega t\right) - \frac{l}{2}(1 - \cos\omega t) \\ x_2(t) &= \frac{v_0}{2}\left(t - \frac{1}{\omega}\sin\omega t\right) + \frac{l}{2}(1 + \cos\omega t) . \end{aligned}$$

2.6 Nach Voraussetzung ist $F(\lambda x_1, \dots, \lambda x_n) = \lambda^N F(x_1, \dots, x_n)$. Wir leiten diese Gleichung nach λ ab und setzen dann $\lambda = 1$. Für die linke Seite ergibt sich

$$\begin{aligned} \frac{\mathrm{d}}{\mathrm{d}\lambda} F(\lambda x_1, \dots, \lambda x_n)\bigg|_{\lambda=1} &= \sum_{i=1}^{n} \frac{\partial F}{\partial x_i}\frac{\mathrm{d}(\lambda x_i)}{\mathrm{d}\lambda}\bigg|_{\lambda=1} \\ &= \sum_{i=1}^{n} \frac{\partial F}{\partial x_i} x_i . \end{aligned}$$

Machen wir dasselbe für die rechte Seite, so ergibt sich die gewünschte Gleichung. Betrachten wir nun ein n-Teilchen-System, das den genannten Zwangsbedingungen unterliegt. Für die kinetische Energie gilt

$$T=\sum_{j=1}^{n}\frac{m_j}{2}\dot{\boldsymbol{r}}_j^2 .$$

Außerdem ist

$$\dot{\boldsymbol{r}}=\frac{\mathrm{d}}{\mathrm{d}t}\boldsymbol{r}_j(q_1,\dots,q_f,t)=\sum_{i=1}^{f}\frac{\partial \boldsymbol{r}_j}{\partial q_i}\frac{\mathrm{d}q_i}{\mathrm{d}t}+\frac{\partial \boldsymbol{r}_j}{\partial t} .$$

Setzen wir dies in den Ausdruck für T ein, so ergibt sich

$$T=\sum_{j=1}^{n}\frac{m_j}{2}\Bigg(\sum_{i,i'=1}^{f}\underbrace{\frac{\partial \boldsymbol{r}_j}{\partial q_i}\cdot\frac{\partial \boldsymbol{r}_j}{\partial q_{i'}}}_{\tilde{a}_{ii'}^{(j)}}\dot{q}_i\dot{q}_{i'}+2\sum_{i=1}^{f}\underbrace{\frac{\partial \boldsymbol{r}_j}{\partial q_i}\cdot\frac{\partial \boldsymbol{r}_j}{\partial t}}_{\tilde{b}_i^{(j)}}\dot{q}_i$$
$$+\underbrace{\left(\frac{\partial \boldsymbol{r}_j}{\partial t}\right)^2}_{\tilde{c}^{(j)}}\Bigg) .$$

und daraus durch Vertauschung der Summationen und mit den Bezeichnungen $a_{ii'}:=\sum_j m_j\tilde{a}_{ii'}^{(j)}/2$, $b_i:=\sum_j m_j\tilde{b}_i^{(j)}/2$ und $c:=\sum_j m_j\tilde{c}^{(j)}/2$ die Gleichung

$$T=\sum_{i,i'=1}a_{ii'}\dot{q}_i\dot{q}_{i'}+\sum_{i=1}^{f}b_i\dot{q}_i+c .$$

Dabei hängen die Funktionen $a_{ii'}$, b_i und c von $q_1,\dots,q_f$ und von t ab. Damit

$$\sum_{i=1}^{n}\frac{\partial T}{\partial \dot{q}_i}\dot{q}_i=2T$$

ist, muss T eine homogene Funktion vom Grade 2 der $\dot{q}_i$ sein, d. h. die Funktionen b_i und c müssen verschwinden. Das ist gerade dann der Fall, wenn die Koordinaten der Teilchen $\boldsymbol{r}_j$ nicht explizit von der Zeit abhängen.

2.7 Die Euler-Lagrange-Gleichung lautet im allgemeinen Fall

$$\frac{\partial f}{\partial y}=\frac{\mathrm{d}}{\mathrm{d}x}\frac{\partial f}{\partial y'} .$$

Multipliziert man diese Gleichung mit y' und addiert auf beiden Seiten $y''\partial f/\partial y'$, so kann man die rechte Seite zusammenfassen und erhält

$$y'\frac{\partial f}{\partial y}+y''\frac{\partial f}{\partial y'}=\frac{\mathrm{d}}{\mathrm{d}x}\left(y'\frac{\partial f}{\partial y'}\right) .$$

Wenn f nicht explizit von x abhängt, so ist die linke Seite dieser Gleichung $\mathrm{d}\, f(y, y')/\mathrm{d}\, x$, so dass man die ganze Gleichung direkt integrieren kann und die angegebene Gleichung erhält.

Auf $L(\dot{\boldsymbol{q}}, \boldsymbol{q}) = T(\dot{\boldsymbol{q}}) - U(\boldsymbol{q})$ angewandt ergibt dies

$$\sum_i \dot{\boldsymbol{q}}_i \frac{\partial T(\dot{\boldsymbol{q}})}{\partial \dot{\boldsymbol{q}}_i} - T + U = \text{const.}$$

Ist T eine quadratische homogene Funktion von $\dot{\boldsymbol{q}}$, so ist nach dem Ergebnis der Aufgabe 2.6 der erste Summand gerade gleich $2\,T$. Die Konstante ist also die Energie $E = T + U$.

2.8 i) Es soll die Bogenlänge

$$L = \int \mathrm{d}s = \int_{x_1}^{x_2} \mathrm{d}x\, \sqrt{1 + y'^2}$$

minimiert werden, d. h. es ist $f(y, y') = \sqrt{1 + y'^2}$ zu setzen. Anwendung der vorhergehenden Aufgabe ergibt

$$y' \frac{y'}{\sqrt{1 + y'^2}} - \sqrt{1 + y'^2} = \text{const.}\,,$$

oder $y' = \text{const.}$ Daraus folgt $y = ax + b$; durch Einsetzen der Randbedingungen $y(x_1) = y_1$, $y(x_2) = y_2$ erhalten wir schließlich

$$y(x) = \frac{y_2 - y_1}{x_2 - x_1}(x - x_1) + y_1\,.$$

ii) Die Lage des Schwerpunkts ist durch die Gleichung

$$M\boldsymbol{r}_S = \int \boldsymbol{r}\, \mathrm{d}m\,,$$

gegeben, wobei M die Gesamtmasse der Kette und $\mathrm{d}m$ das Massenelement ist. Ist λ die Masse pro Längeneinheit, so gilt $\mathrm{d}m = \lambda\, \mathrm{d}s$. Da die x-Koordinate des Schwerpunkts keinen Einfluss hat, ist diejenige Form zu finden, für die seine y-Koordinate am niedrigsten ist. Wir müssen also das Funktional

$$\int \mathrm{d}s\, y = \int_{x_1}^{x_2} \mathrm{d}x\, y\sqrt{1 + y'^2}$$

minimieren. Die Gleichung aus der vorhergehenden Aufgabe führt zu

$$\frac{yy'^2}{\sqrt{1 + y'^2}} - y\sqrt{1 + y'^2} = -\frac{y}{\sqrt{1 + y'^2}} = C\,.$$

Diese Gleichung lässt sich nach y' auflösen:

$$y' = \sqrt{Cy^2 - 1}\,.$$

Dies ist eine separierbare Differentialgleichung mit der Lösung

$$y(x) = \frac{1}{\sqrt{C}} \cosh(\sqrt{C}x + C') .$$

Die Konstanten C und C' sind jetzt so zu bestimmen, dass die Randbedingungen $y(x_1) = y_1$, $y(x_2) = y_2$ erfüllt sind.

2.9 i) Die Bewegungsgleichungen lauten in beiden Fällen

$$\ddot{x}_1 = -m\omega_0^2 x_1 - \frac{1}{2}m(\omega_1^2 - \omega_0^2)(x_1 - x_2)$$

$$\ddot{x}_2 = -m\omega_0^2 x_2 + \frac{1}{2}m(\omega_1^2 - \omega_0^2)(x_1 - x_2) .$$

Der Grund wird klar, wenn man $L' - L$ ausrechnet:

$$L' - L = -\mathrm{i}\,\omega_0 m(x_1\dot{x}_1 + x_2\dot{x}_2) = -\frac{\mathrm{i}}{2}\omega_0 m \frac{\mathrm{d}}{\mathrm{d}t}(x_1^2 + x_2^2) .$$

Beide Lagrangefunktionen unterscheiden sich durch die totale Zeitableitung einer Funktion, die nur von den Koordinaten abhängt. Gemäß den allgemeinen Betrachtungen der Abschn. 2.9 und 2.10 ändert solch ein Zusatzterm die Bewegungsgleichungen nicht.

ii) Die Transformation auf die Eigenschwingungen lautet

$$z_1 = \frac{1}{\sqrt{2}}(x_1 + x_2) , \qquad z_2 = \frac{1}{\sqrt{2}}(x_1 - x_2) .$$

Diese Transformation

$$(x_1, x_2) \underset{F}{\longrightarrow} (z_1, z_2)$$

ist umkehrbar eindeutig. Sowohl F als auch F^{-1} sind differenzierbar. F ist ein Diffeomorphismus und lässt folglich die Lagrange-Gleichungen forminvariant.

2.10 Axialsymmetrie der Kraft lässt sich am einfachsten in Zylinderkoordinaten darstellen. Dort bedeutet diese Symmetrie, dass die Kraft keine Komponente in Richtung des Einheitsvektors $\hat{\boldsymbol{e}}_\varphi$ haben darf. Da in Zylinderkoordinaten gilt

$$\boldsymbol{\nabla} U(r, \varphi, z) = \frac{\partial U}{\partial r}\hat{\boldsymbol{e}}_r + \frac{1}{r}\frac{\partial U}{\partial \varphi}\hat{\boldsymbol{e}}_\varphi + \frac{\partial U}{\partial z}\hat{\boldsymbol{e}}_z ,$$

darf U nicht von φ abhängen, $\hat{\boldsymbol{e}}_r$ und $\hat{\boldsymbol{e}}_z$ spannen eine Ebene auf, die immer die z-Achse enthält.

2.11 Bei einer (passiven) infinitesimalen Drehung gilt

$$\boldsymbol{x} \simeq \boldsymbol{x}_0 - (\hat{\boldsymbol{\varphi}} \times \boldsymbol{x}_0)\varepsilon \quad \text{bzw.} \quad \boldsymbol{x}_0 \simeq \boldsymbol{x} + (\hat{\boldsymbol{\varphi}} \times \boldsymbol{x})\varepsilon .$$

Dabei ist $\hat{\boldsymbol{\varphi}}$ die Richtung, um die gedreht wird, ε der Winkel, im vorliegenden Fall also $\hat{\varphi}\varepsilon = \boldsymbol{\omega}\mathrm{d}t$. Somit ist $\dot{\boldsymbol{x}}_0 = \dot{\boldsymbol{x}} + (\boldsymbol{\omega} \times \boldsymbol{x})$, wobei der Punkt die Zeitableitung im jeweils betrachteten System bezeichnet. Setzt man dies in die kinetische Energie ein, so entsteht $T = m\big(\dot{\boldsymbol{x}}^2 + 2\dot{\boldsymbol{x}}\cdot(\boldsymbol{\omega}\times\boldsymbol{x}) + (\boldsymbol{\omega}\times\boldsymbol{x})^2\big)/2$. Aus $U(\boldsymbol{x}_0)$ wird unterdessen $U(\boldsymbol{x}) = \bar{U}(R^{-1}(t)\boldsymbol{x})$. Wir bilden nun

$$\frac{\partial L}{\partial \dot{x}_i} = m\dot{x}_i + m(\boldsymbol{\omega}\times\boldsymbol{x})_i$$

$$\frac{\partial L}{\partial x_i} = -\frac{\partial \bar{U}}{\partial x_i} + m(\dot{\boldsymbol{x}}\times\boldsymbol{\omega})_i + m((\boldsymbol{\omega}\times\boldsymbol{x})\times\boldsymbol{\omega})_i \; .$$

Es folgt die Bewegungsgleichung

$$m\ddot{\boldsymbol{x}} = -\boldsymbol{\nabla} U - 2m(\boldsymbol{\omega}\times\dot{\boldsymbol{x}}) - m\boldsymbol{\omega}\times(\boldsymbol{\omega}\times\boldsymbol{x}) - m(\dot{\boldsymbol{\omega}}\times\boldsymbol{x}) \; .$$

2.12 Die Koordinaten des Aufhängepunktes seien $(x_A, 0)$, φ der Winkel des Pendels zur Senkrechten mit $-\pi \leqslant \varphi \leqslant \pi$. Die Koordinaten des Massenpunktes (Masse m, Länge des Pendelarms l) sind daher

$$x = x_A + l\sin\varphi\,, \quad y = -l\cos\varphi\;.$$

Einsetzen in $L = (\dot{x}^2 + \dot{y}^2)/2 - mg(y+l)$ ergibt:

$$L = \frac{m}{2}(\dot{x}_A^2 + l^2\dot{\varphi}^2 + 2l\cos\varphi\,\dot{x}_A\dot{\varphi}) + mgl(\cos\varphi - 1)\;.$$

2.13 i) Damit die Oszillation harmonisch ist, muss $s(t)$ die folgende Gleichung erfüllen:

$$\ddot{s} + \kappa^2 s = 0 \Rightarrow s(t) = s_0 \sin\kappa t\;.$$

ii) Die Lagrangefunktion lautet

$$L = \frac{m}{2}\dot{s}^2 - U$$

mit dem Potential (s. Abb. 11)

$$U = mgy = mg\int_0^s \mathrm{d}s\,\sin\phi\;.$$

Damit lautet die Euler-Lagrange-Gleichung $m\ddot{s} + mg\sin\phi = 0$. Wir setzen die obige Beziehung für $s(t)$ ein und erhalten so die Gleichung $s_0\kappa^2\sin\kappa t = g\sin\phi$.

Da die Sinusfunktion betragsmäßig immer kleiner als oder gleich 1 ist, folgt

$$\lambda := s_0\frac{\kappa^2}{g} \leqslant 1\;.$$

Wir erhalten so für ϕ die Gleichung $\phi = \arcsin(\lambda\sin\kappa t)$. Die ersten beiden Ableitungen von ϕ sind

$$\dot{\phi} = \frac{\lambda\kappa\cos\kappa t}{\sqrt{1-\lambda^2\sin^2\kappa t}}\,, \quad \ddot{\phi} = \frac{-\lambda\kappa^2(1-\lambda^2)\sin\kappa t}{(1-\lambda^2\sin^2\kappa t)^{3/2}}\;.$$

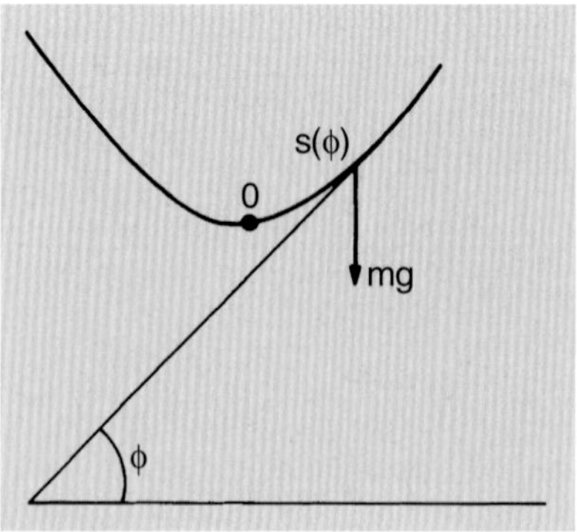

Abb. 11.

Im Grenzfall $\lambda \to 1$ gehen $\ddot{\phi}$ gegen 0 und $\dot{\phi}$ gegen κ, außer für $\kappa t = (2n+1)/2\pi$, dort sind sie singulär.

iii) Zwangkraft ist die Kraft senkrecht zur Bahn. Sie ergibt sich somit zu

$$\boldsymbol{Z}(\phi) = mg\cos\phi \begin{pmatrix} -\sin\phi \\ \cos\phi \end{pmatrix} .$$

Die effektive Kraft ist damit

$$\boldsymbol{K}_{\text{eff}} = -mg\binom{0}{1} + \boldsymbol{Z}(\phi) = -mg\sin\phi\binom{\cos\phi}{\sin\phi} .$$

2.14 i) Die Bedingung $\partial F(x,z)/\partial x = 0$ bedeutet, dass $z - (\partial f/\partial x) = 0$ ist, d. h. $z = f'(x)$. Also ist $x = x(z)$ derjenige Punkt, wo der *vertikale* Abstand zwischen $y = zx$ (z fest) und $y = f(x)$ am größten ist.

ii) Man erkennt aus Abb. 12, dass $(\mathcal{L}\Phi)(z) = zx - \Phi(z) \equiv G(x,z)$, z fest, Tangente an $f(x)$ im Punkt $x = x(z)$ (Steigung z) ist.

Hält man $x = x_0$ fest und variiert z, so entsteht die Abb. 13. Für festes z ist $y = G(x,z)$ die Tangente an $f(x)$ im Punkt $x(z)$. $G(x_0,z)$ ist die Ordinate des Schnittpunkts dieser Tangente mit der Geraden $x = x_0$. Das Maximum ist bei $x_0 = x(z)$, d. h. $z(x_0) = f'(x)|_{x=x_0}$. Da $f'' > 0$ ist, liegen alle Tangenten unterhalb der Kurve. Diese Geradenschar hat als Einhüllende die Kurve $y = f(x)$.

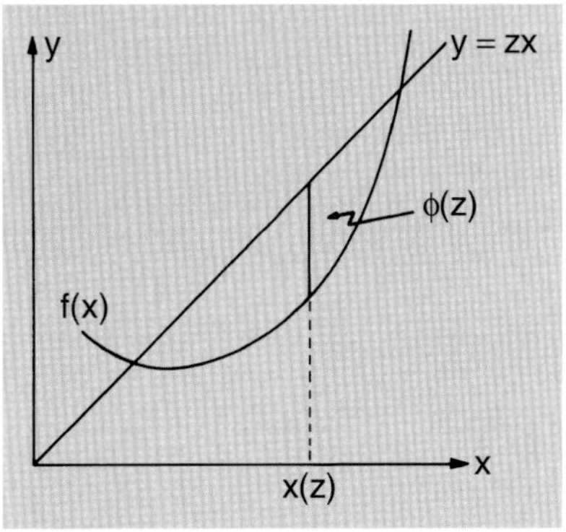

Abb. 12.

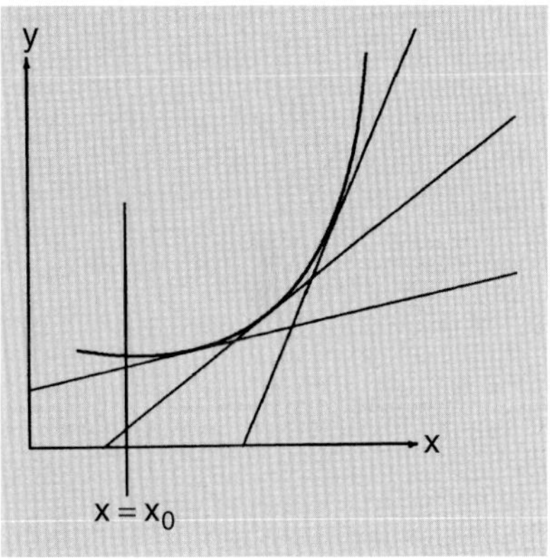

Abb. 13.

2.15 i) Wir bilden zunächst die kanonisch konjugierten Impulse

$$p_1 = \frac{\partial L}{\partial \dot{q}_1} = 2c_{11}\dot{q}_1 + (c_{12}+c_{21})\dot{q}_2 + b_1$$
$$p_2 = \frac{\partial L}{\partial \dot{q}_2} = (c_{12}+c_{21})\dot{q}_1 + 2c_{22}\dot{q}_2 + b_2 .$$

Mit den angegebenen Abkürzungen lässt sich dies in folgender Form schreiben:

$$\pi_1 = d_{11}\dot{q}_1 + d_{12}\dot{q}_2 , \quad \pi_2 = d_{21}\dot{q}_1 + d_{22}\dot{q}_2 .$$

Um nach den $\dot{q}_i$ auflösen zu können, muss die Determinante

$$D := d_{11}d_{22} - d_{12}d_{21} = \det\left(\frac{\partial^2 L}{\partial\dot{q}_i \partial\dot{q}_k}\right) \neq 0$$

sein. Damit lassen sich die $\dot{q}_i$ durch die π_i ausdrücken:

$$\dot{q}_1 = \frac{1}{D}(d_{22}\pi_1 - d_{12}\pi_2) , \quad \dot{q}_2 = \frac{1}{D}(-d_{21}\pi_1 + d_{11}\pi_2) .$$

Wir bilden nun die Hamiltonfunktion und erhalten

$$H = p_1\dot{q}_1 + p_2\dot{q}_2 - L$$
$$= \frac{1}{D}(c_{22}\pi_1^2 - (c_{12}+c_{21})\pi_1\pi_2 + c_{11}\pi_2^2) - a + U .$$

Für die angegebene Determinante erhalten wir

$$\det\left(\frac{\partial^2 H}{\partial p_i \partial p_k}\right) = \det\left(\frac{\partial^2 H}{\partial \pi_i \partial \pi_k}\right)$$
$$= \frac{1}{D^2}\begin{vmatrix} d_{22} & (d_{12}+d_{21})/2 \\ (d_{12}+d_{21})/2 & d_{11} \end{vmatrix} = \frac{1}{D} .$$

Die Umkehrung zeigt man genauso.

ii) Wir nehmen an, dass eine Funktion $F(p_1(x_1, x_2, \boldsymbol{u}), p_2(x_1, x_2, \boldsymbol{u}))$ existiert, die im Definitionsbereich der x_i für festes $\boldsymbol{u}$ identisch verschwindet. Wir bilden die Ableitungen

$$0 = \frac{\mathrm{d}F}{\mathrm{d}x_1} = \frac{\partial F}{\partial p_1}\frac{\partial p_1}{\partial x_1} + \frac{\partial F}{\partial p_2}\frac{\partial p_2}{\partial x_1}$$
$$0 = \frac{\mathrm{d}F}{\mathrm{d}x_2} = \frac{\partial F}{\partial p_1}\frac{\partial p_1}{\partial x_2} + \frac{\partial F}{\partial p_2}\frac{\partial p_2}{\partial x_2} .$$

Nach Voraussetzung sollen die partiellen Ableitungen von F nach den p_i nicht verschwinden (sonst wäre das Gleichungssystem trivial), daher muss die Determinante

$$D = \det\begin{bmatrix} \partial p_1/\partial x_1 & \partial p_2/\partial x_1 \\ \partial p_1/\partial x_2 & \partial p_2/\partial x_2 \end{bmatrix} = \det\left(\frac{\partial^2 L}{\partial \dot{x}_i \partial \dot{x}_k}\right)$$

von Null verschieden sein, woraus die Behauptung folgt.

2.16 Wir führen die komplexe Variable $w := x + \mathrm{i}y$ ein. Dann ist $x = (w+w^*)/2$, $y = -\mathrm{i}(w-w^*)/2$, $\dot{x}^2+\dot{y}^2 = \dot{w}\dot{w}^*$. Für ℓ_3 ergibt sich

$$\ell_3 = m(x\dot{y} - y\dot{x}) = \frac{m}{2\mathrm{i}}(\dot{w}w^* - w\dot{w}^*) .$$

In den neuen Koordinaten lautet die Lagrangefunktion

$$L = \frac{m}{2}(\dot{w}\dot{w}^* + \dot{z}^2) - \frac{\mathrm{i}m\omega}{4}(\dot{w}w^* - w\dot{w}^*) .$$

Die Bewegungsgleichungen lauten dann

$$\frac{m}{2}\ddot{w}^* - \frac{\mathrm{i}m\omega}{4}\dot{w}^* = \frac{\mathrm{i}m\omega}{4}\dot{w}^* , \quad m\ddot{z} = 0 .$$

Die Erste dieser beiden Gleichungen schreiben wir auf die Variable $u := \dot{w}^*$ um und erhalten $\dot{u} = \mathrm{i}\omega u$ mit der Lösung $u = \mathrm{e}^{\mathrm{i}\omega t}$. w^* ist das Zeitintegral dieser Funktion, also

$$w^* = -\frac{\mathrm{i}}{\omega}\mathrm{e}^{\mathrm{i}\omega t} + C ,$$

wobei C eine komplexe Konstante ist. Wir bilden die konjugiert komplexe Lösung

$$w = \frac{\mathrm{i}}{\omega}\mathrm{e}^{-\mathrm{i}\omega t} + C^* ,$$

und erhalten daraus die Lösungen für x und y:

$$x = \frac{1}{\omega}\sin\omega t + C_1\,, \quad y = \frac{1}{\omega}\cos\omega t + C_2\,,$$

wobei $C_1 = \operatorname{Re} C$, $C_2 = -\operatorname{Im} C$.

Die Lösung für die z-Koordinate ergibt sich einfach als geradlinig-gleichförmige Bewegung: $z = C_3 t + C_4$. Die kanonisch konjugierten Impulse sind

$$p_x = m\dot{x} - \frac{m}{2}\omega y\,, \quad p_y = m\dot{y} + \frac{m}{2}\omega x\,, \quad p_z = m\dot{z}\,,$$

während die kinetischen Impulse durch die Beziehung $\boldsymbol{p}_{\text{kin}} = m\dot{\boldsymbol{x}}$ gegeben sind. Wir bilden jetzt die Hamiltonfunktion. Dazu drücken wir die Geschwindigkeiten durch die kanonischen Impulse aus:

$$\dot{x} = \frac{1}{m}p_x + \frac{\omega}{2}y\,, \quad \dot{y} = \frac{1}{m}p_y - \frac{\omega}{2}x\,, \quad \dot{z} = \frac{1}{m}p_z\,.$$

Dann ergibt sich H zu

$$H = \boldsymbol{p}\cdot\dot{\boldsymbol{x}} - L = \frac{1}{2m}\boldsymbol{p}_{\text{kin}}^2\,.$$

2.17 i) Das Hamilton'sche Extremalprinzip, auf $\overline{L}$ angewandt, fordert, dass

$$\overline{I} = \int_{\tau_1}^{\tau_2} \mathrm{d}\tau\, \overline{L}$$

extremal sei. Nun ist aber

$$\int_{\tau_1}^{\tau_2} \mathrm{d}\tau\, \overline{L} = \int_{t_1}^{t_2} \mathrm{d}t\, L \quad \text{mit} \quad t_i = t(\tau_i),\ i = 1, 2\,.$$

$\overline{I}$ wird genau dann extremal, wenn die Lagrange-Gleichungen zu L erfüllt sind.

ii) Wir setzen $\underset{\sim}{q} = (q_1, \ldots, q_f)$, $t = q_{f+1}$. Nach dem Noether'schen Satz ist

$$I = \sum_{i=1}^{f+1} \frac{\partial\overline{L}}{\partial\dot{q}_i}\frac{\mathrm{d}}{\mathrm{d}s}h^s(q_1, \ldots, q_{f+1})|_{s=0}$$

ein Integral der Bewegung, wenn $\overline{L}$ unter $(q_1, \ldots, q_{f+1}) \to h^s(q_1, \ldots, q_{f+1})$ invariant ist, hier also unter $(q_1, \ldots, q_{f+1}) \to (q_1, \ldots, q_{f+1} + s)$.

Es ist

$$\left.\frac{\mathrm{d}\,h^s}{\mathrm{d}\,s}\right|_{s=0} = (0, \ldots, 0, 1) \quad \text{und}$$

$$\frac{\partial \overline{L}}{\partial \dot{q}_{f+1}} = \frac{\partial \overline{L}}{\partial(\mathrm{d}t/\mathrm{d}\tau)} = L + \sum_{i=1}^{f} \frac{\partial L}{\partial \dot{q}_i}\left(-\frac{1}{(\mathrm{d}\,t/\mathrm{d}\,\tau)^2}\right)\frac{\mathrm{d}\,q_i}{\mathrm{d}\,\tau}\frac{\mathrm{d}\,t}{\mathrm{d}\,\tau}$$

$$= L - \sum_{i=1}^{f} \frac{\partial L}{\partial \dot{q}_i}\frac{\mathrm{d}\,q_i}{\mathrm{d}\,t} \,.$$

Die Erhaltungsgröße ist

$$I = L - \sum_{i=1}^{f} \frac{\partial L}{\partial \dot{q}_i}\frac{\mathrm{d}\,q_i}{\mathrm{d}\,t} \,.$$

Das ist bis auf das Vorzeichen der Ausdruck für die Energie.

2.18 Der geometrische Ort des Punktes, für den die Summe der Abstände zu A und Ω gleich bleibt und gleich $AB + B\Omega$ ist, ist das Ellipsoid mit den Brennpunkten A und Ω, kleiner Halbachse R und großer Halbachse $\sqrt{R^2 + a^2}$, s. Abb. 14. Die reflektierende Kugel liegt *innerhalb* dieses Ellipsoides, sie berührt es am Punkt B von innen.

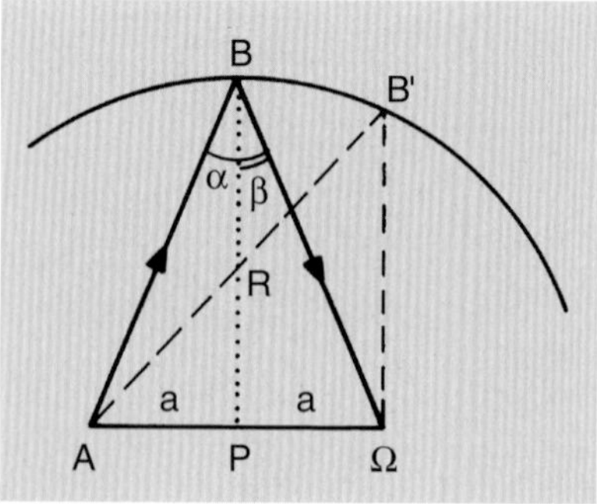

Abb. 14.

2.19 i) Wir setzen wie üblich $x_\alpha = (q_1, \ldots, q_f; p_1, \ldots, p_f)$ und $y_\beta = (Q_1, \ldots, Q_f; P_1, \ldots, P_f)$, sowie $M_{\alpha\beta} = \partial x_\alpha / \partial y_\beta$. Es gilt

$$\mathbf{M}^T \mathbf{J} \mathbf{M} = \mathbf{J} \,, \quad \text{und} \quad \mathbf{J} = \begin{pmatrix} 0_{f\times f} & \mathbb{1}_{f\times f} \\ -\mathbb{1}_{f\times f} & 0_{f\times f} \end{pmatrix} \,. \tag{1}$$

Die Gleichung verknüpft immer $\partial P_k/\partial p_i$, mit $\partial q_i/\partial Q_k$, $\partial Q_j/\partial p_l$ mit $\partial q_l/\partial P_j$, etc. Folglich gilt stets $[P_k \cdot Q_k] = [p_j \cdot q_j]$. Sei $\Phi(\underset{\sim}{x}, \underset{\sim}{y})$ Erzeugende der kanonischen Transformation. Da $\tilde{H} = H + \partial\Phi/\partial t$ gilt, hat Φ die Dimension des Produkts $H \cdot t$. Aus den kanonischen Gleichungen folgt dann die Behauptung.

ii) Mit der kanonischen Transformation Φ und bei Verwendung von $\tau := \omega t$ geht H in $\tilde{H} = H + \partial\Phi/\partial\tau$ über. Daher ist $[\Phi] = [H] = [x_1 \cdot x_2] = [\omega]\cdot[p\cdot q]$. Die neue verallgemeinerte Koordinate ist $y_1 = Q$ und trägt keine Dimension. Da $y_1 \cdot y_2$ dieselbe Dimension wie $x_1 \cdot x_2$ hat, muss y_2 die Dimension von H bzw. $\tilde{H}$ haben, d. h. y_2 muss gleich ωP sein. Somit ist

$$\hat{\Phi}(x_1, y_1) = \frac{1}{2} x_1^2 \cot y_1 \,.$$

Hieraus berechnet man

$$x_2 = \frac{\partial\hat{\Phi}}{\partial x_1} = x_1 \cot y_1 \,, \qquad y_2 = -\frac{\partial\hat{\Phi}}{\partial y_1} = \frac{x_1^2}{2\sin^2 y_1}$$

bzw.

$$x_1 = \sqrt{2y_2}\sin y_1\,, \qquad x_2 = \sqrt{2y_2}\cos y_1\,.$$

Mit diesen Formeln findet man

$$\mathbf{M}_{\alpha\beta} = \frac{\partial x_\alpha}{\partial y_\beta} = \begin{pmatrix} (2y_2)^{1/2}\cos y_1 & (2y_2)^{-1/2}\sin y_1 \\ -(2y_2)^{1/2}\sin y_1 & (2y_2)^{-1/2}\cos y_1 \end{pmatrix},$$

für die man die Aussagen $\det \mathbf{M} = 1$ und $\mathbf{M}^T\mathbf{J}\mathbf{M} = \mathbf{J}$ leicht nachprüft.

2.20 i) Für $f = 1$ ist die Bedingung $\det \mathbf{M} = 1$ notwendig und hinreichend, denn es ist allgemein

$$\mathbf{M}^T\mathbf{J}\mathbf{M} = \begin{pmatrix} 0 & 1 \\ -1 & 0 \end{pmatrix}\left(a_{11}a_{22} - a_{12}a_{21}\right) = \mathbf{J}\det\mathbf{M}\,.$$

ii) Man berechnet $\mathbf{S}\cdot\mathbf{O}$ und setzt dies gleich $\mathbf{M}$. Das ergibt die Gleichungen

$$x\cos\alpha - y\sin\alpha = a_{11} \tag{1}$$
$$x\sin\alpha + y\cos\alpha = a_{12} \tag{2}$$
$$y\cos\alpha - z\sin\alpha = a_{21} \tag{3}$$
$$y\sin\alpha + z\cos\alpha = a_{22} \tag{4}$$

Bildet man die Kombination $((2)-(3))/((1)+(4))$ dieser Gleichungen, so folgt

$$\tan\alpha = \frac{a_{12} - a_{21}}{a_{11} + a_{22}}\,.$$

Da man daraus $\sin\alpha$ und $\cos\alpha$ berechnen kann, lassen sich die Gleichungssysteme $\{(1),(2)\}$ bzw. $\{(3),(4)\}$ nach x, y und z auflösen: $x = a_{11}\cos\alpha + a_{12}\sin\alpha$, $z = a_{22}\cos\alpha - a_{21}\sin\alpha$, $y^2 = xz - 1$.

Ein Sonderfall muss allerdings getrennt betrachtet werden: der Fall $a_{11} + a_{22} = 0$. Ist dabei $a_{12} \neq a_{21}$, so bilden wir die Inverse der obigen Beziehung:

$$\cot\alpha = \frac{a_{11} + a_{22}}{a_{12} - a_{21}}\,.$$

Ist dagegen $a_{12} = a_{21}$, so ist $\mathbf{M}$ symmetrisch, und wir können $\mathbf{O}$ gleich der Einheitsmatrix setzen, d. h. $\alpha = 0$.

2.21 i) Mit der Produktregel für die Differentiation gilt allgemein $\{fg, h\} = f\{g, h\} + g\{f, h\}$. Verwendet man der Einfachheit halber die Summenkonvention, die hier darin besteht, dass über gleiche Indizes von 1 bis 3 summiert wird, so folgt $\{\ell_i, x_k\} = \{\varepsilon_{imn}x_m p_n, x_k\} = \varepsilon_{imn}x_m\{p_n, x_k\} + \varepsilon_{imn}p_n\{x_m, x_k\} = \varepsilon_{imn}x_m\delta_{nk} = \varepsilon_{imk}x_m$. Ebenso folgt

$\{\ell_i, p_k\} = \varepsilon_{ikm} p_m$. Zur Berechnung der dritten Poisson-Klammer beachten wir

$$\begin{aligned}\{\ell_i, r\} &= \{\varepsilon_{imn} x_m p_n, r\} = \varepsilon_{imn} x_m \{p_n, r\} + \varepsilon_{imn} p_n \{x_m, r\} \\ &= \varepsilon_{imn} x_m \frac{\partial r}{\partial x_n} = \varepsilon_{imn} x_m x_n \frac{1}{r} = 0 \,.\end{aligned}$$

Schließlich ist noch

$$\begin{aligned}\{\ell_i, \boldsymbol{p}^2\} &= \{\varepsilon_{imn} x_m p_n, p_k p_k\} = \varepsilon_{imn} x_m \{p_n, p_k p_k\} \\ &\quad + \varepsilon_{imn} p_n \{x_m, p_k p_k\} = -2\varepsilon_{imn} p_n p_k \delta_{mk} \\ &= -2\varepsilon_{imn} p_n p_m = 0 \,.\end{aligned}$$

ii) Nur von r.

2.22 Der Vektor $\boldsymbol{A}$ ist genau dann eine Erhaltungsgröße, wenn die Poisson-Klammer jeder seiner Komponenten mit der Hamiltonfunktion verschwindet. Mit denselben Regeln wie in der vorhergehenden Lösung berechnen wir

$$\begin{aligned}\{H, A_k\} &= \left\{ \frac{1}{2m} \boldsymbol{p}^2 + \frac{\gamma}{r}, \varepsilon_{klm} p_l \ell_m + \frac{m\gamma}{r} x_k \right\} \\ &= \frac{1}{2m} \varepsilon_{klm} \{\boldsymbol{p}^2, p_l \ell_m\} + \gamma \varepsilon_{klm} \{1/r, p_l \ell_m\} \\ &\quad + \frac{\gamma}{2} \{\boldsymbol{p}^2, x_k/r\} + m\gamma^2 \{1/r, x_k/r\} \,.\end{aligned}$$

Die letzte dieser Poisson-Klammern verschwindet, die anderen berechnen wir zu

$$\begin{aligned}\{\boldsymbol{p}^2, p_l \ell_m\} &= \{\boldsymbol{p}^2, p_l\} \ell_m + \{\boldsymbol{p}^2, \ell_m\} p_l = 0 \\ \{1/r, p_l \ell_m\} &= \{1/r, p_l\} \ell_m + \{1/r, \ell_m\} p_l = x_l / r^3 \ell_m \\ \{\boldsymbol{p}^2, x_k/r\} &= 1/r \{\boldsymbol{p}^2, x_k\} + x_k \{\boldsymbol{p}^2, 1/r\} \\ &= 2p_k/r - 2x_k \boldsymbol{p} \cdot \boldsymbol{x} / r^3 \,.\end{aligned}$$

Setzen wir all dies zusammen, so erhalten wir

$$\{H, A_k\} = \gamma \varepsilon_{klm} \frac{x_l}{r^3} \ell_m + \gamma \left(\frac{p_k}{r} - \frac{x_k}{r^3} \boldsymbol{p} \cdot \boldsymbol{x} \right) .$$

Im ersten Term steht die k-te Komponente des Kreuzprodukts aus $\boldsymbol{x}$ und $\boldsymbol{\ell}$, für das man $\boldsymbol{x} \times \boldsymbol{\ell} = \boldsymbol{x}(\boldsymbol{x} \cdot \boldsymbol{p}) - \boldsymbol{p} x^2$ schreiben kann. Damit ist

$$\{H, A_k\} = \frac{\gamma}{r} \left[\hat{\boldsymbol{x}}_k (\hat{\boldsymbol{x}} \cdot \boldsymbol{p}) - p_k + p_k - \hat{\boldsymbol{x}}_k (\hat{\boldsymbol{x}} \cdot \boldsymbol{p}) \right] = 0 \,.$$

2.23 Wir stellen die Poisson-Klammern auf und lösen die entstehenden Differentialgleichungen unter Beachtung der angegebenen Anfangsbedingungen:

$$\dot{p}_1 = \{H, p_1\} = -m\alpha \Rightarrow p_1 = -m\alpha t + p_x \,,$$
$$\dot{p}_2 = \{H, p_2\} = 0 \Rightarrow p_2 = p_y \,,$$
$$\dot{q}_1 = \{H, q_1\} = \frac{1}{m} p_1 \Rightarrow q_1 = -\frac{1}{2}\alpha t^2 + \frac{p_x}{m} t + x_0 \,,$$
$$\dot{q}_2 = \{H, q_2\} = \frac{1}{m} p_2 \Rightarrow q_2 = \frac{p_y}{m} t + y_0 \,.$$

2.24 i) Bezeichnen $\mu_1 = m_1 m_2/(m_1+m_2)$ und $\mu_2 = (m_1+m_2)m_3/(m_1+m_2+m_3)$ die reduzierten Massen der Zweiteilchensysteme $(1, 2)$ bzw. (Schwerpunkt von 1 und 2, 3), so sieht man leicht, dass $\boldsymbol{\pi}_1 = \mu_1 \dot{\boldsymbol{\varrho}}_1$ und $\boldsymbol{\pi}_2 = \mu_2 \dot{\boldsymbol{\varrho}}_2$ gilt. Damit ist die Bedeutung dieser beiden Impulse klar. $\boldsymbol{\pi}_3$ ist der Impuls des Schwerpunkts.

ii) Wir definieren die folgenden Abkürzungen:

$$M_j := \sum_{i=1}^{j} m_i \,,$$

d. h. M_j ist die Gesamtmasse der Teilchen $1, \ldots, j$. Dann können wir schreiben:

$$\boldsymbol{\varrho}_j = \boldsymbol{r}_{j+1} - \frac{1}{M_j} \sum_{i=1}^{j} m_i \boldsymbol{r}_i \,, \qquad j = 1, \ldots, N-1$$

$$\boldsymbol{\varrho}_N = \frac{1}{M_N} \sum_{i=1}^{N} m_i \boldsymbol{r}_i \,,$$

$$\boldsymbol{\pi}_j = \frac{1}{M_{j+1}} \left(M_j \boldsymbol{p}_{j+1} - m_{j+1} \sum_{i=1}^{j} \boldsymbol{p}_i \right) \,, \qquad j = 1, \ldots, N-1$$

$$\boldsymbol{\pi}_N = \sum_{i=1}^{N} \boldsymbol{p}_i \,.$$

iii) Wir wählen folgende Möglichkeiten:

a) Da für die Poisson-Klammern der $\boldsymbol{r}_i$ und $\boldsymbol{p}_i$ die Formel $\{\boldsymbol{p}_i, \boldsymbol{r}_k\} = \mathbb{1}_{3\times 3}\delta_{ik}$ gilt, muss auch $\{\boldsymbol{\pi}_i, \boldsymbol{\varrho}_k\} = \mathbb{1}_{3\times 3}\delta_{ik}$ erfüllt sein. Dabei verwenden wir diese Kurzschreibweise, mit der gemeint ist, dass $\{(\boldsymbol{p}_i)_m, (\boldsymbol{r}_k)_n\} = \delta_{ik}\delta_{nm}$, wo $(\bullet)_m$, die m-te kartesische Komponente bedeute. Unter Verwendung der ersten Poisson-Klammern rechnet man die zweiten aus den Definitionsformeln nach. Im Einzelnen, mit den Bezeichnungen $m_{12} := m_1 + m_2$, $M := m_1 + m_2 + m_3$:

$$\{\boldsymbol{\pi}_1, \boldsymbol{\varrho}_1\} = \left(\frac{m_1}{m_{12}} + \frac{m_2}{m_{12}} \right) \mathbb{1} = \mathbb{1} \,,$$

$$\{\boldsymbol{\pi}_2, \boldsymbol{\varrho}_1\} = \left(\frac{m_3}{M} - \frac{m_3}{M} \right) \mathbb{1} = 0 \,, \qquad \text{etc.}$$

b) Man führt die Variablen $x = (\boldsymbol{r}_1, \boldsymbol{r}_2, \boldsymbol{r}_3, \boldsymbol{p}_1, \boldsymbol{p}_2, \boldsymbol{p}_3)$ und $y = (\boldsymbol{\varrho}_1, \boldsymbol{\varrho}_2, \boldsymbol{\varrho}_3, \boldsymbol{\pi}_1, \boldsymbol{\pi}_2, \boldsymbol{\pi}_3)$ im 18-dimensionalen Phasenraum ein, berechnet die Matrix $M_{\alpha\beta} := \partial y_\alpha / \partial x_\beta$ und bestätigt, dass diese symplektisch ist, d. h. $\mathbf{M}^T \mathbf{J} \mathbf{M} = \mathbf{J}$ erfüllt. Die Rechnung vereinfacht sich, wenn man beachtet, dass $\mathbf{M}$ die Form

$$\begin{pmatrix} \mathbf{A} & 0 \\ 0 & \mathbf{B} \end{pmatrix} \quad \text{hat, d. h. dass}$$

$$\mathbf{M}^T \mathbf{J} \mathbf{M} = \begin{pmatrix} 0 & \mathbf{A}^T \mathbf{B} \\ -\mathbf{B}^T \mathbf{A} & 0 \end{pmatrix}$$

ist. Es genügt also nachzurechnen, dass $\mathbf{A}^T \mathbf{B} = \mathbb{1}_{9\times 9}$ ist. Man findet

$$\mathbf{A} = \begin{pmatrix} -\mathbb{1} & \mathbb{1} & 0 \\ -m_1/m_{12}\mathbb{1} & -m_2/m_{12}\mathbb{1} & \mathbb{1} \\ m_1/M\mathbb{1} & m_2/M\mathbb{1} & m_3/M\mathbb{1} \end{pmatrix},$$

$$\mathbf{B} = \begin{pmatrix} -m_2/m_{12}\mathbb{1} & m_1/m_{12}\mathbb{1} & 0 \\ -m_3/M\mathbb{1} & -m_3/M\mathbb{1} & m_{12}/M\mathbb{1} \\ \mathbb{1} & \mathbb{1} & \mathbb{1} \end{pmatrix},$$

wo die Einträge selbst 3×3 Matrizen sind. Jetzt berechnet man $(\mathbf{A}^T \mathbf{B})_{ik} = \sum_l A_{li} B_{lk}$, also z. B.

$$(\mathbf{A}^T \mathbf{B})_{11} = \frac{m_2}{m_{12}} + \frac{m_1 m_3}{m_{12} M} + \frac{m_1}{M} = 1\,, \quad \text{usw.}$$

und bestätigt, dass $\mathbf{A}^T \mathbf{B} = \mathbb{1}_{9\times 9}$ ist.

2.25 i) Die Variation von $I(\alpha)$ ist im beschriebenen Fall

$$\begin{aligned}
\delta I &= \left.\frac{\mathrm{d}\, I(\alpha)}{\mathrm{d}\,\alpha}\right|_{\alpha=0} \mathrm{d}\alpha \\
&= L\big(q_k(t_2(0),0), \dot{q}_k(t_2(0),0)\big) \left.\frac{\mathrm{d}\, t_2(\alpha)}{\mathrm{d}\,\alpha}\right|_{\alpha=0} \mathrm{d}\alpha \\
&\quad - L\big(q_k(t_1(0),0), \dot{q}_k(t_1(0),0)\big) \left.\frac{\mathrm{d}\, t_1(\alpha)}{\mathrm{d}\,\alpha}\right|_{\alpha=0} \mathrm{d}\alpha \\
&\quad + \int\limits_{t_1(0)}^{t_2(0)} \mathrm{d}t \left(\sum_k \frac{\partial L}{\partial q_k} \left.\frac{\partial q_k(t,\alpha)}{\partial \alpha}\right|_{\alpha=0} \mathrm{d}\alpha \right. \\
&\quad \left. + \sum_k \frac{\partial L}{\partial \dot{q}_k} \left.\frac{\partial \dot{q}_k(t,\alpha)}{\partial \alpha}\right|_{\alpha=0} \mathrm{d}\alpha \right).
\end{aligned}$$

Wir setzen

$$\left.\frac{\partial q_k}{\partial \alpha}\right|_0 \mathrm{d}\alpha = \delta q_k \quad \text{und} \quad \left.\frac{\partial \dot{q}_k}{\partial \alpha}\right|_0 \mathrm{d}\alpha = \delta \dot{q}_k = \frac{\mathrm{d}}{\mathrm{d}\,t} \delta q_k\,,$$

wie gewohnt, und außerdem $\mathrm{d}t_i(\alpha)/\mathrm{d}\alpha|_0\,\mathrm{d}\alpha = \delta t_i$, $i = 1, 2$. Die Zeitableitung $(\mathrm{d}/\mathrm{d}t)\delta q_k$ wälzt man durch partielle Integration auf $\partial L/\partial \dot{q}_k$ ab, erhält diesmal aber nicht-verschwindende Randterme, weil die δt_i ungleich Null sind; es ist

$$\int\limits_{t_1(0)}^{t_2(0)} \mathrm{d}t\, \frac{\partial L}{\partial \dot{q}_k} \frac{\mathrm{d}}{\mathrm{d}\,t} \delta q_k = \left[\frac{\partial L}{\partial \dot{q}_k} \delta q_k \right]_{t_1(0)}^{t_2(0)} - \int\limits_{t_1(0)}^{t_2(0)} \mathrm{d}t \left(\frac{\mathrm{d}}{\mathrm{d}\,t} \frac{\partial L}{\partial \dot{q}_k} \right) \delta q_k \,.$$

Die Randpunkte sollen festgehalten sein, d. h. es soll gelten

$$\left. \frac{\mathrm{d}\, q_k(t_i(\alpha), \alpha)}{\mathrm{d}\,\alpha} \right|_{\alpha=0} = 0\,, \quad i = 1, 2\,.$$

Führt man die Ableitung nach α aus, so heißt dies, dass

$$\begin{aligned} \left. \frac{\mathrm{d}\, q_k(t_i(\alpha), \alpha)}{\mathrm{d}\,\alpha} \right|_0 &= \left. \frac{\partial q_k}{\partial t} \right|_{t=t_i} \left. \frac{\mathrm{d}\, t_i(\alpha)}{\mathrm{d}\,\alpha} \right|_{\alpha=0} \mathrm{d}\alpha \\ &\quad + \left. \frac{\partial q_k}{\partial \alpha} \right|_{t=t_i,\alpha=0} \mathrm{d}\alpha \\ &\equiv \dot{q}_k(t_i)\delta t_i + \delta q_k|_{t=t_i} = 0 \end{aligned}$$

ist. Setzt man dies in δI ein, so folgt das Ergebnis

$$\begin{aligned} \delta I = &\left[\left(L - \sum_k \frac{\partial L}{\partial \dot{q}_k} \dot{q}_k \right) \delta t_i \right]_{t_1(0)}^{t_2(0)} \\ &+ \int\limits_{t_1(0)}^{t_2(0)} \mathrm{d}t \sum_k \left(\frac{\partial L}{\partial q_k} - \frac{\mathrm{d}}{\mathrm{d}\,t} \frac{\partial L}{\partial \dot{q}_k} \right) \delta q_k \,. \end{aligned}$$

ii) In derselben Weise berechnet man δK, nämlich

$$\begin{aligned} \delta K &= \delta \int\limits_{t_1}^{t_2} (L + E)\,\mathrm{d}t \\ &= \left[\left(L - \sum_k \frac{\partial L}{\partial \dot{q}_k} \dot{q}_k \right) \delta t_i \right]_{t_1}^{t_2} \\ &\quad + \int\limits_{t_1}^{t_2} \mathrm{d}t \sum_k \left(\frac{\partial L}{\partial q_k} - \frac{\mathrm{d}}{\mathrm{d}\,t} \frac{\partial L}{\partial \dot{q}_k} \right) \delta q_k + [E \delta t_i]_{t_1}^{t_2} = 0\,. \end{aligned}$$

Nun ist aber $E = \sum_k \dot{q}_k(\partial L/\partial \dot{q}_k) - L$ nach Voraussetzung konstant. Der erste und der dritte Term der Gleichung heben sich daher weg. Da die δq_k unabhängig sind, findet man in der Tat die Aussage

$$\delta K \stackrel{!}{=} 0 \Leftrightarrow \frac{\partial L}{\partial q_k} - \frac{\mathrm{d}}{\mathrm{d}t}\frac{\partial L}{\partial \dot{q}_k} = 0\,, \quad k = 1, \ldots, f\,.$$

2.26 Wir schreiben

$$T = \sum g_{ik}\dot{q}_i\dot{q}_k = \left(\frac{\mathrm{d}s}{\mathrm{d}t}\right)^2 = \frac{1}{2}(L+E) = E - U$$

und erhalten $T\,\mathrm{d}t = (\mathrm{d}s/\mathrm{d}t)\,\mathrm{d}s = \sqrt{E-U}\,\mathrm{d}s$. Das Euler-Maupertuis-Prinzip $\delta K = 0$ bedeutet, dass

$$\delta \int_{\underset{\sim}{q}^1}^{\underset{\sim}{q}^2} \mathrm{d}s\,\sqrt{E-U} = 0$$

sein muss. Das Fermat'sche Prinzip sagt andererseits Folgendes aus: Ein Lichtblitz durchläuft das Stück $\mathrm{d}s$ seines Weges in der Zeit $\mathrm{d}t = n(\boldsymbol{x}, \nu)/c \cdot \mathrm{d}s$. Er wählt einen solchen physikalischen Weg, dass das Integral $\int \mathrm{d}t$ ein Extremum ist, d. h. dass $\delta \int n(\boldsymbol{x}, \nu) \cdot \mathrm{d}s = 0$ ist. Eine Analogie ist hergestellt, wenn man dem Teilchen die dimensionslose Größe $((E-U)/mc^2)^{1/2}$ als „Brechungsindex" zuordnet (s. auch Aufgabe 1.12).

2.27 Für $U(q_0) < E \le E_{\max}$ sind die Schnittpunkte q_1 und q_2 von $y = U(q)$ und $y = E$ Umkehrpunkte, und $q(t)$ oszilliert zwischen q_1 und q_2 periodisch hin und her (s. Abb. 15). Die verkürzte Hamilton-Jacobi'sche Differentialgleichung lautet

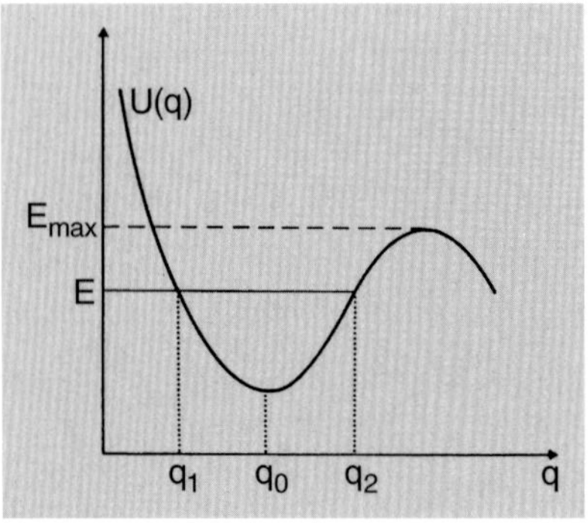

Abb. 15.

$$H\left(q, \frac{\partial S(q, P)}{\partial q}\right) = E\,. \tag{1}$$

Wir wissen, dass der neue Impuls die Gleichung $\dot{P} = 0$ erfüllt, d. h. dass $P = \alpha = \text{const.}$ ist. Es steht uns frei, für diese Konstante die vorgegebene Energie zu wählen, $P = E$. Leitet man (1) nach $P = E$ ab, so ist

$$\frac{\partial H}{\partial p}\frac{\partial^2 S}{\partial q \partial P} = 1\,.$$

Falls $\partial H/\partial p \neq 0$ ist (das gilt lokal, wenn E, wie vorausgesetzt, größer als $U(q_0)$ ist), so ist $(\partial^2 S)/(\partial q \partial P) \neq 0$, und man kann die Gleichung $Q = \partial S(q, P)/\partial P$ lokal nach $q = q(Q, P)$ auflösen. Damit erhält man

$$H\left(q(Q, P), \frac{\partial S}{\partial q}(q(Q, P), P)\right) \equiv \tilde{H}(Q, P) = E \equiv P\,.$$

Somit ist

$$\dot{Q} = \frac{\partial \tilde{H}}{\partial P} = 1\,, \quad \dot{P} = -\frac{\partial \tilde{H}}{\partial Q} = 0 \Rightarrow Q = t - t_0 = \frac{\partial S}{\partial E}\,.$$

Für das Integral $I(E)$ gilt

$$I(E) = \frac{1}{2\pi} \oint_{\Gamma_E} p\,\mathrm{d}q = \frac{1}{2\pi} \int_{t_0}^{t_0+T(E)} \mathrm{d}t\; p \cdot \dot{q}$$

und wie in Aufgabe 2.1: $\mathrm{d}I(E)/\mathrm{d}E = T(E)/(2\pi) \equiv \omega(E)$.

2.28 $\bar{S}(q, I)$ mit I aus Aufgabe 2.27 erzeugt die Transformation von (q, p) auf die sogenannten Winkel- und Wirkungsvariablen (θ, I) über

$$p = \frac{\partial \bar{S}(q, I)}{\partial q}\,, \quad \theta = \frac{\partial \bar{S}(q, I)}{\partial I}\,, \quad \text{mit} \quad \tilde{H} = E(I)\,.$$

Jetzt gilt $\dot{\theta} = \partial E/\partial I = \text{const.}$, $\dot{I} = 0$, d. h. $\theta(t) = (\partial E/\partial I)t + \theta_0$, $I = \text{const.}$ Bezeichnet man $\partial E/\partial I =: \omega(E)$ als Kreisfrequenz, so ist $\theta(t) = \omega t + \theta_0$, $I = \text{const.}$

2.29 Wir berechnen das Integral $I(E)$ aus Aufgabe 2.27 für den Fall $H = p^2/2 + q^2/2$: Mit $p = (2E - q^2)^{1/2}$:

$$I(E) = \frac{1}{2\pi} \oint_{\Gamma_E} \mathrm{d}q\; p = \frac{1}{2\pi} \oint_{\Gamma_E} \mathrm{d}q \sqrt{2E - q^2}$$

$$= \frac{1}{\pi} \int_{-A}^{+A} \mathrm{d}q\, \sqrt{A^2 - q^2}\,, \quad (A = \sqrt{2E})\,.$$

Mit $\int_{-A}^{+A} \mathrm{d}x \sqrt{A^2 - x^2} = \pi A^2/2$ folgt schließlich $I(E) = A^2/2 = E$, d. h. $H = I$. Die verkürzte Hamilton-Jacobi-Gleichung lautet hier

$$\frac{1}{2}\left(\frac{\partial S}{\partial q}\right)^2 + \frac{1}{2} q^2 = E\,,$$

deren Lösung man als unbestimmtes Integral schreiben kann, $S = \int \sqrt{2E - q'^2}\,\mathrm{d}q'$ bzw. $\bar{S}(q, I) = \int \sqrt{2I - q'^2}\,\mathrm{d}q'$. Hieraus folgt die Winkelvariable θ

$$\theta = \frac{\partial \bar{S}}{\partial I} = \int \frac{1}{\sqrt{2I - q'^2}}\,\mathrm{d}q' = \arcsin \frac{q}{\sqrt{2I}}\,,$$

woraus $q = \sqrt{2I} \sin\theta$ folgt. Ebenso berechnet man

$$p = \frac{\partial \bar{S}}{\partial q} = \sqrt{2I - q^2} = \sqrt{2I} \cos\theta\,.$$

Dies sind genau die Formeln, die aus der kanonischen Transformation $\Phi(q, Q) = q^2/2 \cot Q$ folgen.

2.30 Wie in Aufgabe 2.17 machen wir die Zeitvariable t künstlich zu einer verallgemeinerten Koordinate, $t = q_{f+1}$, und führen an ihrer Stelle eine neue Variable τ ein,

$$\overline{L}\left(q, t, \frac{\mathrm{d}q}{\mathrm{d}\tau}, \frac{\mathrm{d}t}{\mathrm{d}\tau}\right) := L\left(q, \frac{1}{(\mathrm{d}t/\mathrm{d}\tau)}\frac{\mathrm{d}q}{\mathrm{d}\tau}\right)\frac{\mathrm{d}t}{\mathrm{d}\tau} .$$

Nach Voraussetzung ist $f = 1$, d.h. $q_1 = q$ und $q_{f+1} = t$. Das Wirkungsintegral (die Prinzipalfunktion) für die modifizierten Vorgaben ist

$$I_0^s = \int_{\tau_1'}^{\tau_2'} \mathrm{d}\tau\, \overline{L}\Big(\phi_1(s,\tau), \phi_{f+1}(s,\tau), \phi_1'(s,\tau), \phi_{f+1}'(s,\tau)\Big) ,$$

wo der Strich die Ableitung nach τ bedeutet. Wir bilden jetzt die Ableitung von I_0^s nach s bei $s = 0$:

$$\begin{aligned}\frac{\mathrm{d}}{\mathrm{d}s} I_0^s\bigg|_{s=0} &= \int_{\tau_1}^{\tau_2} \mathrm{d}\tau \\ &\quad\times\left\{\frac{\partial\overline{L}}{\partial\phi_1}\frac{\mathrm{d}\phi_1}{\mathrm{d}s} + \frac{\partial\overline{L}}{\partial\phi_1'}\frac{\mathrm{d}\phi_1'}{\mathrm{d}s} + \frac{\mathrm{d}\overline{L}}{\mathrm{d}\phi_{f+1}}\frac{\mathrm{d}\phi_{f+1}}{\mathrm{d}s}\right. \\ &\qquad\left. + \frac{\partial\overline{L}}{\partial\phi_{f+1}'}\frac{\mathrm{d}\phi_{f+1}'}{\mathrm{d}s}\right\} .\end{aligned} \tag{1}$$

Ersetzt man im ersten Term $\partial\overline{L}/\partial\phi_1$ vermöge der Bewegungsgleichung durch $\mathrm{d}(\partial\overline{L}/\partial\phi_1')/\mathrm{d}\tau$, so lassen sich die beiden ersten Terme der geschweiften Klammer in (1) zu einer totalen Ableitung nach τ zusammenfassen. Das Integral über τ lässt sich in ein Integral über t umschreiben, so dass die ersten beiden Terme den Beitrag

$$\int_{t_1}^{t_2} \mathrm{d}t \frac{\mathrm{d}}{\mathrm{d}t}\left(\frac{\partial L}{\partial\dot{\phi}_1}\frac{\mathrm{d}\phi_1}{\mathrm{d}s}\right) = p^b\frac{\mathrm{d}q^b}{\mathrm{d}s} - p^a\frac{\mathrm{d}q^a}{\mathrm{d}s}$$

ergeben (jetzt bezeichnet der Punkt wieder die Ableitung nach t). Im dritten Term ersetzen wir $\partial\overline{L}/\partial\phi_{f+1}$ durch $(\mathrm{d}/\mathrm{d}\tau)(\partial\overline{L}/\partial\phi_{f+1}')$ (wieder vermöge der Bewegungsgleichung). In diesem und im letzten Term der geschweiften Klammer von (1) können wir wie in der Lösung zu Aufgabe 2.17

$$\frac{\partial\overline{L}}{\partial(\partial\phi_{f+1}/\partial\tau)} = \frac{\partial\overline{L}}{\partial(\partial t/\partial\tau)} = L - \frac{\partial L}{\partial\dot{\phi}_1}\frac{\mathrm{d}\phi_1}{\mathrm{d}t}$$

einsetzen, womit auch die beiden letzten Terme von (1) zur totalen Ableitung

$$\frac{\mathrm{d}}{\mathrm{d}t}\left(\left(L - \frac{\partial L}{\partial\dot{\phi}_1}\frac{\mathrm{d}\phi_1}{\mathrm{d}t}\right)\frac{\mathrm{d}\phi_{f+1}}{\mathrm{d}s}\right) \tag{2}$$

zusammengefasst sind. Bei der Integration ersetzt man τ wieder durch die Variable t. In der inneren Klammer von (2) erscheint die negative Energie, so dass diese beiden Terme die Differenz des Terms $-E(\mathrm{d}\phi_{f+1}/\mathrm{d}s)$ an den Endpunkten liefern, d. h. $(-E)$ mal der Ableitung der Laufzeit $t = t_2 - t_1$ nach s. Insgesamt erhält man also das behauptete Ergebnis. Die Verallgemeinerung auf $f > 1$ Freiheitsgrade ist offensichtlich.

2.31 Die Hamiltonfunktion ist $H = \boldsymbol{p}^2/(2m) + \gamma/r \equiv \boldsymbol{p}^2/(2m) + U(r)$, der Vektor ist $\boldsymbol{A} = \boldsymbol{p} \times \boldsymbol{\ell} + mU(r)\boldsymbol{x}$. Offensichtlich ist $\boldsymbol{A} \cdot \boldsymbol{\ell} = 0$, $\boldsymbol{A}$ liegt in der Ebene senkrecht zu $\boldsymbol{\ell}$, d. h. er liegt in der Bahnebene. Man benutzt die Formel $\boldsymbol{x} \cdot (\boldsymbol{p} \times \boldsymbol{\ell}) = \boldsymbol{\ell} \cdot (\boldsymbol{x} \times \boldsymbol{p}) = \ell^2$ für folgende Rechnung:

$$
\begin{aligned}
\boldsymbol{A}^2 &= (\boldsymbol{p} \times \boldsymbol{\ell})^2 + 2mU\boldsymbol{x} \cdot (\boldsymbol{p} \times \boldsymbol{\ell}) + m^2\gamma^2 \\
&= \ell^2(\boldsymbol{p}^2 + 2mU) + m^2\gamma^2 \\
&= m^2\gamma^2 + 2m\ell^2 H = m^2\gamma^2 + 2m\ell^2 E \,.
\end{aligned}
$$

Dies kann nur Null werden, wenn die Energie E und damit γ negativ sind. Im Kepler-Problem ist $\gamma = -Gm_1m_2 \equiv -A$ (in der Notation des Abschn. 1.7.2), $m \equiv \mu$ ist die reduzierte Masse. Außerdem haben wir $\ell^2 = \boldsymbol{\ell}^2$ geschrieben. Somit ist $\boldsymbol{A} = 0$, wenn $E = -\mu A^2/(2\ell^2)$ ist. Dies ist der Fall der Kreisbahn.
Berechnet man das Skalarprodukt $\boldsymbol{x} \cdot \boldsymbol{A} = \boldsymbol{x} \cdot (\boldsymbol{p} \times \boldsymbol{\ell}) - \mu A r = \ell^2 - \mu A r$, setzt dies andererseits gleich $r|\boldsymbol{A}|\cos\phi$, so ergibt sich

$$
\begin{aligned}
r &= \frac{\ell^2}{|\boldsymbol{A}|\cos\phi + \mu A} \\
&= \frac{\ell^2/(\mu A)}{1 + \sqrt{1 + 2E\ell^2/(\mu A^2)}\cos\phi} \equiv \frac{p}{1 + \varepsilon\cos\phi} \,.
\end{aligned}
$$

Dies ist genau die Bahngleichung $r(\phi)$, 1.21 mit $\phi_0 = 0$. Aus dieser Rechnung schließt man, dass $\boldsymbol{A}$ in die 1-Richtung der Bahnebene (vom Kraftzentrum zum Perihel hin) zeigt und dass sein Betrag gleich $|\boldsymbol{A}| = \varepsilon A \mu$ ist.
Es ist $\boldsymbol{\ell} \times \boldsymbol{A} = \ell^2 \boldsymbol{p} - (\mu A/r)\, \boldsymbol{x} \times \boldsymbol{\ell}$. Daraus berechnet man

$$
\left(\boldsymbol{p} - \frac{1}{\ell^2}\boldsymbol{\ell} \times \boldsymbol{A}\right)^2 = \mu^2 A^2 \frac{1}{\ell^2} \,,
$$

oder, wenn man nach x- und y-Richtung aufteilt und beachtet, dass $\boldsymbol{A} = \varepsilon A \mu \hat{\boldsymbol{e}}_1$ und $\boldsymbol{\ell} \times \boldsymbol{A} = \ell\varepsilon\mu A \hat{\boldsymbol{e}}_3 \times \hat{\boldsymbol{e}}_1 = \ell\varepsilon\mu A \hat{\boldsymbol{e}}_2$ ist,

$$
p_1^2 + \left(p_2 - \frac{\varepsilon A \mu}{\ell}\right)^2 = \frac{(\mu A)^2}{\ell^2} \,.
$$

Dies ist die Gleichung des Hodographen aus Aufgabe 1.26.

Lösungen: Kapitel 3

3.1 i) Da $\mathbf{K}$ und $\overline{\mathbf{K}}$ sich durch eine (zeitabhängige) Drehung unterscheiden, hängt $\mathbf{J}$ mit $\overline{\mathbf{J}}$ vermöge $\mathbf{J} = \mathbf{R}(t)\overline{\mathbf{J}}\mathbf{R}^{-1}(t)$ zusammen, wobei $\mathbf{R}$ die Drehmatrix ist, die die relative Orientierung der beiden Koordinatensysteme beschreibt. Das charakteristische Polynom von $\mathbf{J}$ ist invariant unter Ähnlichkeitstransformationen, denn

$$\begin{aligned}\det\left(\mathbf{J} - \lambda \mathbb{1}\right) &= \det\left(\mathbf{R}(t)\overline{\mathbf{J}}\mathbf{R}^{-1}(t) - \lambda \mathbb{1}\right) \\ &= \det\left(\mathbf{R}(t)(\overline{\mathbf{J}} - \lambda \mathbb{1})\mathbf{R}^{-1}(t)\right) \\ &= \det\left(\overline{\mathbf{J}} - \lambda \mathbb{1}\right) .\end{aligned}$$

Die charakteristischen Polynome von $\mathbf{J}$ und $\overline{\mathbf{J}}$ sind gleich und somit sind auch die Eigenwerte gleich.

ii) Ist $\overline{\mathbf{K}}$ Hauptträgheitsachsensystem, so hat $\overline{\mathbf{J}}$ die Form

$$\overline{\mathbf{J}} = \begin{pmatrix} I_1 & 0 & 0 \\ 0 & I_2 & 0 \\ 0 & 0 & I_3 \end{pmatrix} .$$

Bei Drehung um die 3-Achse lautet $\mathbf{R}(t)$

$$\mathbf{R}(t) = \begin{pmatrix} \cos\phi(t) & \sin\phi(t) & 0 \\ -\sin\phi(t) & \cos\phi(t) & 0 \\ 0 & 0 & 1 \end{pmatrix} .$$

Damit lässt sich $\mathbf{J}$ berechnen:

$$\mathbf{J}(t) = \begin{pmatrix} I_1\cos^2\phi(t) + I_2\sin^2\phi(t) & (I_2 - I_1)\sin\phi(t)\cos\phi(t) & 0 \\ (I_2 - I_1)\sin\phi(t)\cos\phi(t) & I_1\sin^2\phi(t) + I_2\cos^2\phi(t) & 0 \\ 0 & 0 & I_3 \end{pmatrix} .$$

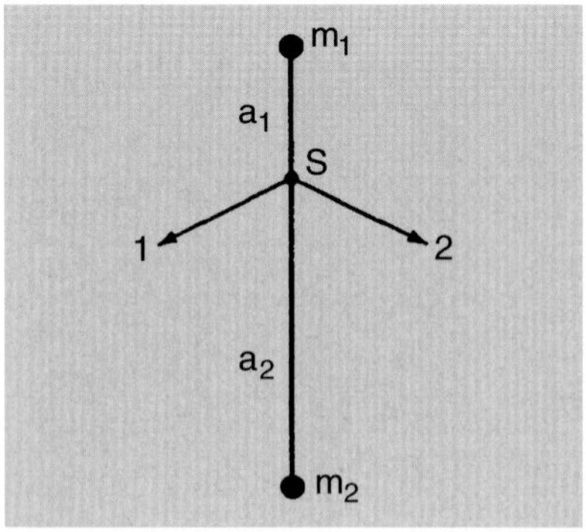

Abb. 16.

3.2 Die Verbindungslinie der beiden Atome ist Hauptträgheitsachse, die beiden anderen wählt man untereinander senkrecht, sonst aber beliebig. Mit den Bezeichnungen der Abb. 16 ist $m_1 a_1 = m_2 a_2$, $a_1 + a_2 = l$, und somit

$$a_1 = \frac{m_2}{m_1 + m_2} l , \quad a_2 = \frac{m_1}{m_1 + m_2} l .$$

Für die Trägheitsmomente gilt

$$I_1 = I_2 = m_1 a_1^2 + m_2 a_2^2 = \frac{m_1 m_2}{m_1 + m_2} l^2 = \mu l^2 ,$$

wo μ die reduzierte Masse ist.

3.3 Die Trägheitsmomente folgen aus der Eigenwertgleichung

$$\det(\mathbf{J} - \lambda \mathbb{1}) = \begin{vmatrix} I_{11}-\lambda & I_{12} & 0 \\ I_{21} & I_{22}-\lambda & 0 \\ 0 & 0 & I_{33}-\lambda \end{vmatrix} = 0\,.$$

Die Lösungen dieser Gleichung sind

$$I_{1,2} = \frac{I_{11}+I_{22}}{2} \pm \sqrt{\frac{(I_{11}-I_{22})^2}{4} + I_{12}I_{21}}\,, \qquad I_3 = I_{33}\,.$$

i) $I_{1,2} = A \pm B$. Daraus folgt $B \leq A$ und $A + B \geq 0$. Wegen $I_1 + I_2 \geq I_3$ folgt ferner $I_3 \leq 2A$, d. h. $A \geq 0$.

ii) $I_1 = 5A$, $I_2 = 0$. Wegen $I_1 + I_2 \geq I_3$ und $I_2 + I_3 \geq I_1$ folgt $I_3 = 5A$. Der Körper ist rotationssymmetrisch um die 2-Achse.

3.4 Für die kräftefreie Bewegung wählen wir ein im Schwerpunkt verankertes HTA-System. Die 3-Achse werde in die Symmetrieachse gelegt. Dann berechnet man die Trägheitsmomente zu

$$I_1 = I_2 = \frac{3}{20}M\left(R^2 + \frac{1}{4}h^2\right), \qquad I_3 = \frac{3}{10}MR^2\,.$$

Eine Lagrangefunktion ist dann

$$L = T_{\text{rot}} = \frac{1}{2}\sum_{i=1}^{3} I_i \overline{\omega}_i^2\,,$$

wo $\overline{\omega}_i$ die Komponenten der Winkelgeschwindigkeit im körperfesten System sind und mit den Euler'schen Winkeln und deren Zeitableitungen wie folgt zusammenhängen:

$$\begin{aligned}
\overline{\omega}_1 &= \dot{\theta}\cos\Psi + \dot{\Phi}\sin\theta\sin\Psi \\
\overline{\omega}_2 &= -\dot{\theta}\sin\Psi + \dot{\Phi}\sin\theta\cos\Psi \\
\overline{\omega}_3 &= \dot{\Phi}\cos\theta + \dot{\Psi}\,.
\end{aligned}$$

Setzt man dies in L ein und beachtet, dass $I_1 = I_2$ ist, so folgt

$$\begin{aligned}
L(\Phi, \theta, \Psi, \dot{\Phi}, \dot{\theta}, \dot{\Psi}) &= \frac{1}{2}I_1(\dot{\theta}^2 + \dot{\Phi}^2\sin^2\theta) \\
&\quad + \frac{1}{2}I_3(\dot{\Psi} + \dot{\Phi}\cos\theta)^2\,.
\end{aligned}$$

Die Variablen Φ und Ψ sind zyklisch, daher sind

$$\begin{aligned}
p_\Phi &= \frac{\partial L}{\partial\dot{\Phi}} = I_1\dot{\Phi}\sin^2\theta + I_3(\dot{\Psi} + \dot{\Phi}\cos\theta)\cos\theta\,, \\
p_\Psi &= \frac{\partial L}{\partial\dot{\Psi}} = I_3(\dot{\Psi} + \dot{\Phi}\cos\theta)
\end{aligned}$$

erhalten. Außerdem ist die Energie $E = T_{\text{rot}} = L$ erhalten. Man sieht leicht, dass $p_\Phi = I_1(\overline{\omega}_1\sin\Psi + \overline{\omega}_2\cos\Psi)\sin\theta + I_3\overline{\omega}_3\cos\theta$ ist. Dies ist das Skalarprodukt $\boldsymbol{L}\cdot\hat{\boldsymbol{e}}_{3_0}$ aus Drehimpuls und Einheitsvektor in 3-Richtung des Laborsystems, d. h. $p_\Phi = L_3$. Für p_Ψ gilt: $p_\Psi = I_3\overline{\omega}_3 = \overline{L}_3$.

Die Bewegungsgleichungen lauten

$$\frac{\mathrm{d}}{\mathrm{d}t}p_\Phi = \frac{\mathrm{d}}{\mathrm{d}t}\Big(I_1(\overline{\omega}_1 \sin\Psi + \overline{\omega}_2\cos\Psi)\sin\theta + I_3\overline{\omega}_3\cos\theta\Big) = 0 \tag{1}$$

$$\frac{\mathrm{d}}{\mathrm{d}t}p_\Psi = I_3\frac{\mathrm{d}}{\mathrm{d}t}(\dot{\Psi} + \dot{\Phi}\cos\theta) = 0 \tag{2}$$

$$\frac{\mathrm{d}}{\mathrm{d}t}\frac{\partial L}{\partial\dot{\theta}} - \frac{\partial L}{\partial\theta} = I_1\ddot{\theta} - I_1\dot{\Phi}^2\sin\theta\cos\theta + I_3(\dot{\Psi}+\dot{\Phi}\cos\theta)\dot{\Phi}\sin\theta = 0\,. \tag{3}$$

Aus der ersten dieser Gleichungen folgt $\dot{\Phi} = (L_3 - \overline{L}_3\cos\theta)/(I_1\sin^2\theta)$. Setzt man dies in die Lagrangefunktion ein, so ist

$$L = \frac{1}{2}I_1\dot{\theta}^2 + \frac{1}{2I_1\sin^2\theta}(L_3 - \overline{L}_3\cos\theta)^2 + \frac{1}{2I_3}\overline{L}_3^2 = E = \text{const.} \tag{4}$$

Setzt man andererseits $\dot{\Phi}$ in die dritte Bewegungsgleichung (3) ein, so folgt

$$I_1\ddot{\theta} - \frac{\cos\theta}{I_1\sin^3\theta}(L_3 - \overline{L}_3\cos\theta)^2 + \frac{1}{I_1\sin\theta}\overline{L}_3(L_3 - \overline{L}_3\cos\theta) = 0\,.$$

Dies ist nichts anderes als die Zeitableitung der Gleichung (4).

3.5 Die Symmetrieachse des Torus sei als 3-Achse gewählt (senkrecht zur Ebene der Mittellinie). Bezeichnen (r', ϕ) ebene Polarkoordinaten in einem Querschnitt des Torus, und ψ den Azimuth in der Torusebene (Abb. 17), so wählt man die orthogonalen Koordinaten (r', ψ, ϕ), die mit den kartesischen wie folgt zusammenhängen:

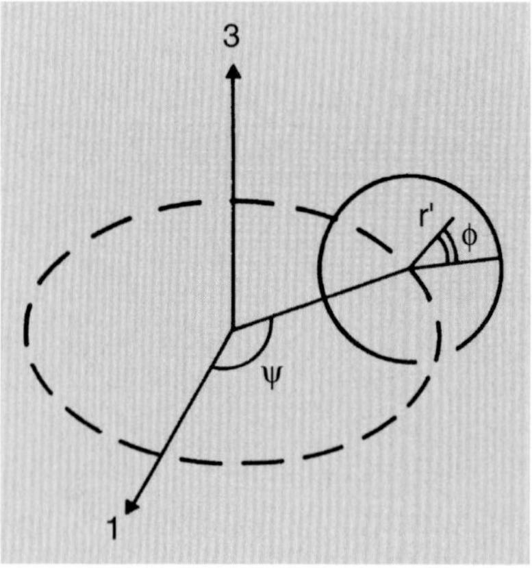

Abb. 17.

$$x_1 = (R + r'\cos\phi)\cos\psi\,,$$
$$x_2 = (R + r'\cos\phi)\sin\psi\,,$$
$$x_3 = r'\sin\phi\,.$$

Die Jacobi-Determinante ist

$$\frac{\partial(x_1, x_2, x_3)}{\partial(r', \psi, \phi)} = r'(R + r'\cos\phi)\,.$$

Das Volumen des Torus ist $V = \int_0^r r'\,\mathrm{d}r' \int_0^{2\pi}\mathrm{d}\psi \int_0^{2\pi}\mathrm{d}\phi\ (R + r'\cos\phi) = (r^2/2)R(2\pi)^2 = 2\pi^2r^2R$, die Massendichte ist daher $\varrho_0 = M/(2\pi^2r^2R)$.

Es ist

$$I_3 = \int d^3x\, \varrho_0(x_1^2 + x_2^2)$$
$$= \varrho_0 \int_0^{2\pi} d\psi \int_0^{2\pi} d\phi \int_0^{r} dr'\, r'(R + r'\cos\phi)^3$$
$$= M\left(R^2 + \frac{3}{4}r^2\right),$$

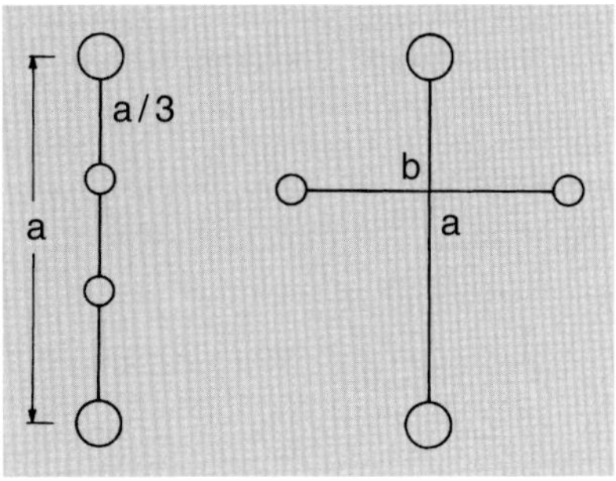

Abb. 18.

$$I_1 = \int d^3x\, \varrho_0(x_2^2 + x_3^2)$$
$$= \varrho_0 \int_0^{2\pi} d\psi \int_0^{2\pi} d\phi \int_0^{r} dr'\, r'(R + r'\cos\phi)$$
$$\cdot\left((R + r'\cos\phi)^2 \sin^2\psi + r'^2 \sin^2\phi\right)$$
$$= \frac{1}{2}M\left(R^2 + \frac{5}{4}r^2\right).$$

3.6 In der ersten Position der Abb. 18 ist $I_3^{(a)} = 2(2/5)(MR^2 + mr^2)$ und $\omega_3^{(a)} = L_3/I_3^{(a)}$. In der Zweiten berechnet man den Beitrag der kleineren Kugeln mit Hilfe des Steiner'schen Satzes, $I_i' = I_i + m(\boldsymbol{a}^2 - a_i^2)$, hier mit $I_3 = (2/5)mr^2$, $\boldsymbol{a} = \pm(b/2)\hat{\boldsymbol{e}}_1$: $I_3^{(b)} = 2((2/5)(MR^2 + mr^2) + mb^2/4)$. Es folgt $\omega_3^{(b)} = L_3/I_3^{(b)}$ und $\omega_3^{(a)}/\omega_3^{(b)} = 1 + mb^2/(2I_3^{(a)})$.

Mit angelegten Armen dreht man sich schneller als mit waagrecht ausgestreckten.

Ebenfalls mit Hilfe des Steiner'schen Satzes berechnet man noch $I_1 = I_2$: Für die beiden Fälle erhält man

$$I_1^{(a)} = I_3^{(a)} + \frac{1}{2}a^2\left(M + \frac{1}{9}m\right),$$
$$I_1^{(b)} = \frac{4}{3}(MR^2 + mr^2) + \frac{5}{9}Ma^2.$$

3.7 Die Beziehung zwischen Dichteverteilung und Masse lautet

$$M = \int d^3r\, \varrho(\boldsymbol{r}) = \int_0^{2\pi} d\phi \int_0^{\pi} \sin\theta\, d\theta \int_0^{\infty} r^2\, dr\, \varrho(r, \theta, \phi).$$

Im vorliegenden Fall (ϱ hängt nur von θ ab) bedeutet dies

$$M = \int_0^{2\pi} d\phi \int_0^{\pi} \sin\theta \, d\theta \int_0^{R(\theta)} r^2 \, dr \, \varrho_0$$

$$= \frac{2\pi}{3}\varrho_0 \int_0^{\pi} \sin\theta \, d\theta \, R^3(\theta) \, .$$

i) Die Integration ergibt

$$M = \frac{4\pi}{3}\varrho_0 R_0^3(1+\alpha^2) \, , \quad \text{d. h.} \quad \varrho_0 = \frac{3}{4\pi}\frac{M}{R_0^3(1+\alpha^2)} \, .$$

Die Trägheitsmomente I_3 und $I_1 = I_2$ berechnet man in derselben Weise mit Hilfe der Formeln

$$I_3 = \int d^3x \, \varrho r^2 (1-\cos^2\theta) \, ,$$

$$I_1 + I_2 + I_3 = 2\int d^3x \, \varrho \, r^2 \, ,$$

$$I_1 = I_2 = \frac{2MR_0^2}{5(1+\alpha^2)}\left\{1 + 4\alpha^2 + \frac{9}{7}\alpha^4\right\} \, ,$$

$$I_3 = \frac{2MR_0^2}{5(1+\alpha^2)}\left\{1 + 2\alpha^2 + \frac{3}{7}\alpha^4\right\} \, .$$

ii) Mit Hilfe der Substitution $z = \cos\theta$ lässt sich das Integral leicht lösen; wir erhalten mit der Abkürzung $\gamma := \sqrt{5/16\pi}\,\beta$

$$M = \frac{4\pi}{3}\varrho_0 R_0^3\left(\frac{16}{35}\gamma^3 + \frac{12}{5}\gamma^2 + 1\right) \, ,$$

d. h.

$$\varrho_0 = \frac{3}{4\pi}\frac{M}{R_0^3}\left(\frac{16}{35}\gamma^3 + \frac{12}{5}\gamma^2 + 1\right)^{-1} \, .$$

$$I_1 = I_2 = \frac{2MR_0^2}{5} \cdot \frac{1+\gamma+64\gamma^2/7+8\gamma^3+688\gamma^4/77+2512\gamma^5/1001}{1+12\gamma^2/5+16\gamma^3/35} \, ,$$

$$I_3 = \frac{2MR_0^2}{5} \cdot \frac{1-2\gamma+40\gamma^2/7-16\gamma^3/7+208\gamma^4/77-32\gamma^5/1001}{1+12\gamma^2/5+16\gamma^3/35} \, ,$$

3.8 Die Hauptträgheitsmomente sind die Eigenwerte des angegebenen Tensors und damit die Wurzeln des charakteristischen Polynoms $\det(\lambda \mathbb{1} - \mathbf{J})$. Berechnet man diese Determinante, so ergibt sich die kubische Gleichung $\lambda^3 - 4\lambda^2 + 5\lambda - 2 = 0$. Sie besitzt die Lösungen $\lambda_1 = \lambda_2 = 1$, $\lambda_3 = 2$, so dass der Trägheitstensor in Diagonalform

$$\mathring{\mathbf{J}} = \begin{pmatrix} 1 & 0 & 0 \\ 0 & 1 & 0 \\ 0 & 0 & 2 \end{pmatrix}$$

lautet. Wir schreiben $\mathbf{J} = \mathbf{R}\mathring{\mathbf{J}}\mathbf{R}^T$ und setzen für die Drehung $\mathbf{R}(\psi, \theta, \phi) = \mathbf{R}_3(\psi)\mathbf{R}_2(\theta)\mathbf{R}_3(\phi)$. Der Anteil $\mathbf{R}_3(\phi)$ lässt $\mathring{\mathbf{J}}$ invariant, daher können wir $\phi = 0$ setzen. Mit

$$\mathbf{R}_2(\theta) = \begin{pmatrix} \cos\theta & 0 & -\sin\theta \\ 0 & 1 & 0 \\ \sin\theta & 0 & \cos\theta \end{pmatrix} \quad \text{und}$$

$$\mathbf{R}_3(\psi) = \begin{pmatrix} \cos\psi & \sin\psi & 0 \\ -\sin\psi & \cos\psi & 0 \\ 0 & 0 & 1 \end{pmatrix}$$

findet man

$$\mathbf{R}\mathring{\mathbf{J}}\mathbf{R}^T = \mathbb{1} +$$

$$\begin{pmatrix} \cos^2\psi \sin^2\theta & -\sin\psi\cos\psi\sin^2\theta & -\cos\psi\cos\theta\sin\theta \\ -\sin\psi\cos\psi\sin^2\theta & \sin^2\psi\sin^2\theta & \sin\psi\cos\theta\sin\theta \\ -\cos\psi\cos\theta\sin\theta & \sin\psi\cos\theta\sin\theta & \cos^2\theta \end{pmatrix} .$$

Setzt man dies gleich dem angegebenen $\mathbf{J}$, so findet man $\cos^2\theta = 3/8$ und, mit folgender Wahl der Vorzeichen bei θ: $\cos\theta = \sqrt{3}/(2\sqrt{2})$, $\sin\theta = \sqrt{5}/(2\sqrt{2})$, noch $\cos\psi = 1/\sqrt{5}$ und $\sin\psi = -\sqrt{4/5}$.

3.9 i) $\varrho(\boldsymbol{r}) = \varrho_0 \Theta(a - |\boldsymbol{r}|)$. Die Gesamtmasse ist das Volumenintegral über $\varrho(\boldsymbol{r})$:

$$M = \frac{4\pi}{3} a^3 \varrho_0 \Rightarrow \varrho_0 = \frac{3M}{4\pi a^3} .$$

ii) Wir wählen die 3-Achse als Drehachse. Die Koordinaten im körperfesten System seien (x, y, z), die im raumfesten System

$$x' = x\cos\omega t - (y + a)\sin\omega t ,$$
$$y' = x\sin\omega t + (y + a)\cos\omega t ,$$
$$z' = z .$$

Die Umkehrung lautet

$$x = x'\cos\omega t + y'\sin\omega t ,$$
$$y = -x'\sin\omega t + y'\cos\omega t - a .$$

Damit ist

$$x^2+y^2 = x'^2+y'^2+a^2+2a(x'\sin\omega t - y'\cos\omega t)\ .$$

Daraus ergibt sich (s. Abb. 19)

$$\varrho(\boldsymbol{r}',t) = \varrho_0\Theta\big(a-\sqrt{\boldsymbol{r}'^2+a^2+2a(x'\sin\omega t-y'\cos\omega t)}\big)\ .$$

iii) Im Fall der homogenen Kugel ist der Trägheitstensor diagonal, und alle Hauptträgheitsmomente sind gleich: $I_1=I_2=I_3=I$. Daher ist

$$3I = I_1+I_2+I_3 = 2\int \mathrm{d}^3r\varrho(\boldsymbol{r})\boldsymbol{r}^2 = \frac{6Ma^2}{5}\ .$$

Mit dem Satz von Steiner folgt

$$I'_3 = I_3 + M(\boldsymbol{a}^2\delta_{33}-a_3^2) = \frac{7Ma^2}{5}\ .$$

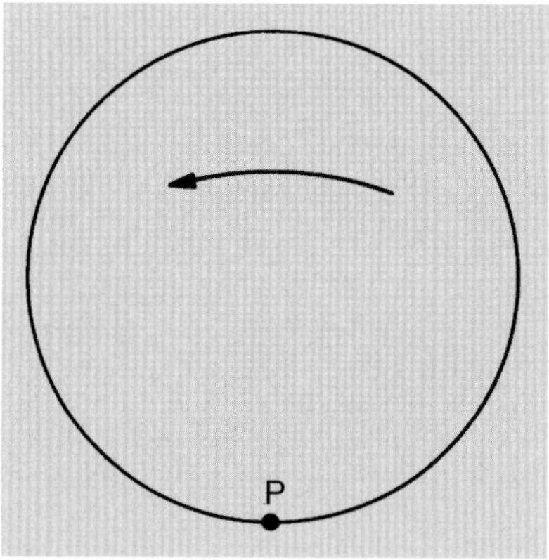

Abb. 19.

3.10 i) Das Volumen des Zylinders ist $V=\pi r^2 h$, die Massendichte daher $\varrho_0 = m/(\pi r^2 h)$. Das Trägheitsmoment für die Drehung um die Symmetrieachse berechnet man in Zylinderkoordinaten,

$$I_3 = \varrho_0\int_0^{2\pi}\mathrm{d}\phi\int_0^h \mathrm{d}z\int_0^r \varrho^3\,\mathrm{d}\varrho = \frac{1}{2}mr^2\ .$$

Es sei $q(t)$ die Projektion der Bahn des Schwerpunkts auf die schiefe Ebene. Wenn der Schwerpunkt sich um $\mathrm{d}q$ bewegt, so dreht sich der Zylinder um $\mathrm{d}\phi = \mathrm{d}q/r$. Die gesamte kinetische Energie ist somit

$$T = \frac{1}{2}m\dot{q}^2 + \frac{1}{2}I_3\frac{\dot{q}^2}{r^2} = \frac{3}{4}m\dot{q}^2\ .$$

ii) Eine Lagrangefunktion ist $L = T-U = 3m\dot{q}^2/4 - mg(q_0-q)\sin\alpha$, wo q_0 die Länge der ebenen Fläche, α ihr Neigungswinkel ist. Die Bewegungsgleichung lautet $3m\ddot{q}/2 = mg\sin\alpha$, die allgemeine Lösung ist dann $q(t) = q(0)+v(0)t+g\sin\alpha\, t^2/3$.

3.11 i) Die Drehung $R(\varphi\cdot\hat{\boldsymbol{\varphi}})$ stellt eine Rechtsdrehung mit Winkel φ um die Richtung $\hat{\boldsymbol{\varphi}}$ dar, wobei $0\le\varphi\le\pi$ sei. Dann erreicht man jede gewünschte Position durch Drehungen um die Richtung $\hat{\boldsymbol{\varphi}}$ und die Richtung $-\hat{\boldsymbol{\varphi}}$.

ii) Der Parameterraum $(\varphi,\hat{\boldsymbol{\varphi}})$, wo $\hat{\boldsymbol{\varphi}}$ jede beliebige Richtung im $\mathbb{R}^3$ haben kann und φ zwischen Null und π liegt, erfüllt die Vollkugel D^3. Jeder Punkt $p\in D^3$ stellt eine Drehung dar, wo $\hat{\boldsymbol{\varphi}}$ durch die Polarwinkel von p und φ durch seinen Abstand vom Mittelpunkt gegeben ist. Allerdings stellen $A:(\hat{\boldsymbol{\varphi}},\varphi=\pi)$ und $B:(-\hat{\boldsymbol{\varphi}},\varphi=\pi)$ dieselbe Drehung dar.

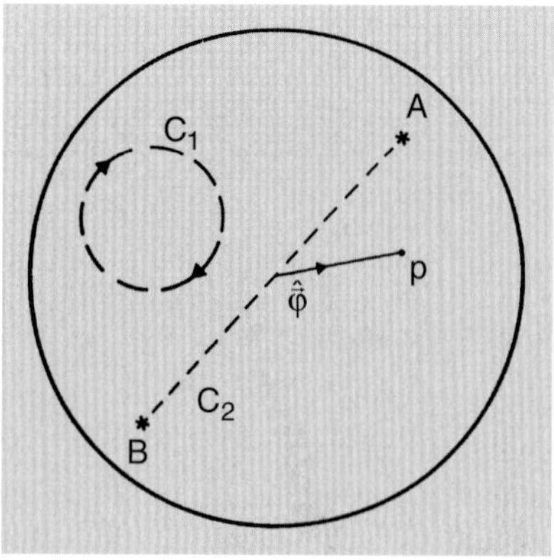

Abb. 20.

iii) Es gibt zwei Typen von geschlossenen Kurven in D^3, nämlich solche vom Typus $\mathcal{C}_1$ der Abb. 20, die sich durch stetige Deformation

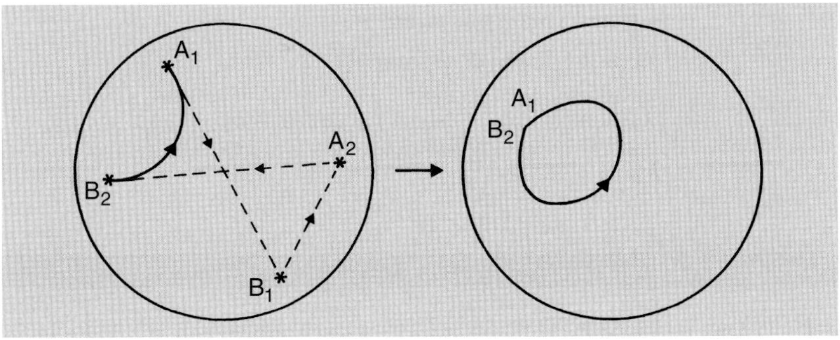

Abb. 21.

zu einem Punkt zusammen ziehen lassen, und solche vom Typus $\mathcal{C}_2$, die diese Eigenschaft nicht haben. $\mathcal{C}_2$ verbindet die Antipoden A und B. Da diese dieselbe Drehung darstellen, ist $\mathcal{C}_2$ geschlossen. Jede stetige Deformation von $\mathcal{C}_2$, die A nach A' verschiebt, verschiebt gleichzeitig B nach B', dem Antipodenpunkt von A'.

$\mathcal{C}_1$ enthält keine Sprünge zwischen Antipoden, $\mathcal{C}_2$ enthält einen Antipodensprung. Man überlegt sich anhand einer Zeichnung, dass alle geschlossenen Kurven mit einer *geraden* Zahl von Antipodensprüngen stetig auf $\mathcal{C}_1$ bzw. auf einen Punkt deformiert werden können.

Zum Beispiel für zwei Sprünge kann man in Abb. 21 A_1 nach B_2 derart wandern lassen, dass das Wegstück B_1A_2 nach Null geht, die Stücke A_1B_1 und A_2B_2 entgegengesetzt gleich werden und die dann geschlossene Schleife A_1B_2 zu einer Kurve vom Typus $\mathcal{C}_1$ wird. Ebenso zeigt man, dass alle Kurven mit einer ungeraden Zahl von Sprüngen stetig auf $\mathcal{C}_2$ deformiert werden können.

3.12 Wir führen die Rechnung als Beispiel für die Gleichung (3.93) durch. In (3.89) sind die Ausdrücke für die Drehimpulskomponenten angegeben.

Berücksichtigen wir noch, dass aus der Definition der Poisson-Klammern folgt, dass $\{p_i, f(q_j)\} = \delta_{ij} f'(q_i)$ ist, so können wir sofort ausrechnen:

$$
\begin{aligned}
\{\overline{L}_1, \overline{L}_2\} = \Big\{ & p_\Phi \frac{\sin\Psi}{\sin\theta} - p_\Psi \sin\Psi \cot\theta + p_\theta \cos\Psi \,, \\
& p_\Phi \frac{\cos\Psi}{\sin\theta} - p_\Psi \cos\Psi \cot\theta - p_\theta \sin\Psi \Big\} \\
= {} & p_\Phi \frac{\cos\theta}{\sin^2\theta} \big(-\{\sin\Psi, p_\Psi \cos\Psi\} - \{p_\Psi \sin\Psi, \cos\Psi\} \big) \\
& + p_\Phi \left(-\sin^2\Psi \left\{ \frac{1}{\sin\theta}, p_\theta \right\} + \cos^2\Psi \left\{ p_\theta, \frac{1}{\sin\theta} \right\} \right) \\
& + \cot^2\theta \{p_\Psi \sin\Psi, p_\Psi \cos\Psi\}
\end{aligned}
$$

$$
\begin{aligned}
&+ \big(\sin\Psi\{p_\Psi \cot\theta,\, p_\theta \sin\Psi\} \\
&- \cos\Psi\{p_\theta \cos\Psi,\, p_\Psi \cot\theta\}\big) \\
&= p_\Phi \frac{\cos\theta}{\sin^2\theta} - p_\Phi \frac{\cos\theta}{\sin^2\theta} - p_\Psi \cot^2\theta + p_\Psi \frac{1}{\sin^2\theta} \\
&= p_\Psi = \overline{L}_3 \,.
\end{aligned}
$$

Lösungen: Kapitel 4

4.1 i) Das neutrale Pion fliege mit der Geschwindigkeit $\boldsymbol{v} = v_0 \hat{\boldsymbol{e}}_3$ in 3-Richtung. Der vollständige Energie-Impulsvektor des Pions ist

$$
q = \left(\frac{1}{c} E_q, \boldsymbol{q}\right)^{\mathrm{T}} = (\gamma_0 m_\pi c,\, \gamma_0 m_\pi \boldsymbol{v})^{\mathrm{T}} = \gamma_0 m_\pi c (1,\, \beta_0 \hat{\boldsymbol{e}}_3)^{\mathrm{T}} \,,
$$

wobei $\beta_0 = v_0/c$, $\gamma_0 = (1-\beta_0^2)^{-1/2}$ ist. Die spezielle Lorentz-Transformation, die ins Ruhesystem des Pions transformiert, ist

$$
L_{-\boldsymbol{v}} = \begin{bmatrix} \gamma_0 & 0 & 0 & -\gamma_0\beta_0 \\ 0 & 1 & 0 & 0 \\ 0 & 0 & 1 & 0 \\ -\gamma_0\beta_0 & 0 & 0 & \gamma_0 \end{bmatrix} ,
$$

denn $L_{-\boldsymbol{v}} q = q^* = (m_\pi c, \boldsymbol{0})^{\mathrm{T}}$.

ii) Im Ruhesystem (Abb. 22 links) haben die beiden Photonen die Viererimpulse $k_1^* = (E_1^*/c, \boldsymbol{k}_1^*)^{\mathrm{T}}$ und $k_2^* = (E_2^*/c, \boldsymbol{k}_2^*)^{\mathrm{T}}$. Die Erhaltung von Energie und Impuls verlangt $q^* = k_1^* + k_2^*$, d. h. $E_1^* + E_2^* = m_\pi c^2$ und $\boldsymbol{k}_1^* + \boldsymbol{k}_2^* = 0$. Da die Photonen masselos sind, ist $E_i^* = |\boldsymbol{k}_i^*| c$ und, da $\boldsymbol{k}_1^* = -\boldsymbol{k}_1^*$, gilt $E_1^* = E_2^*$. Bezeichnen wir den Betrag von $\boldsymbol{k}_1^*$ mit κ^*, so folgt $\kappa^* = |\boldsymbol{k}_1^*| = |\boldsymbol{k}_2^*| = m_\pi c/2$.

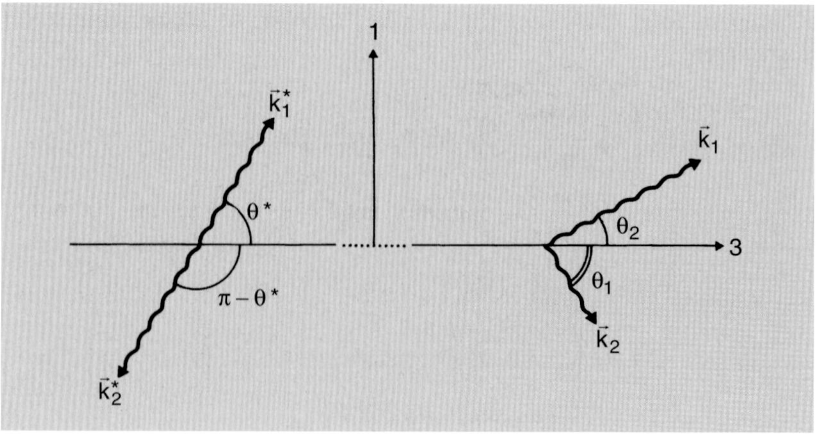

Abb. 22.

Der Zerfall ist im Ruhesystem isotrop. Im Laborsystem ist nur die Flugrichtung des Pions ($\hat{\boldsymbol{e}}_3$) ausgezeichnet, daher ist der Zerfall dort symmetrisch um die 3-Achse. Wir betrachten die Verhältnisse in der $(1,3)$-Ebene und erhalten dann die volle Winkelverteilung durch Drehung um die 3-Achse. Es gilt $(\boldsymbol{k}_1^*)_3 = \kappa^* \cos\theta^* = -(\boldsymbol{k}_2^*)_3$, $(\boldsymbol{k}_1^*)_1 = \kappa^* \sin\theta^* = -(\boldsymbol{k}_2^*)_1$, die 2-Komponenten verschwinden. Im Laborsystem ist $k_i = L_{v_0} k_i^*$, d. h.

$$\frac{1}{c}E_1 = \gamma_0 \kappa^* (1+\beta_0 \cos\theta^*)\,,$$
$$\frac{1}{c}E_2 = \gamma_0 \kappa^* (1-\beta_0 \cos\theta^*)\,,$$
$$(\boldsymbol{k}_1)_1 = (\boldsymbol{k}_1^*)_1 = \kappa^* \sin\theta^*\,.$$
$$(\boldsymbol{k}_2)_1 = (\boldsymbol{k}_2^*)_1 = -\kappa^* \sin\theta^*\,.$$
$$(\boldsymbol{k}_1)_3 = \gamma_0 \kappa^* (\beta_0 + \cos\theta^*)\,,$$
$$(\boldsymbol{k}_2)_3 = \gamma_0 \kappa^* (\beta_0 - \cos\theta^*)\,,$$
$$(\boldsymbol{k}_1)_2 = 0 = (\boldsymbol{k}_2)_2\,.$$

Hieraus folgt im Laborsystem

$$\tan\theta_1 = \frac{(\boldsymbol{k}_1)_1}{(\boldsymbol{k}_1)_3} = \frac{\sin\theta^*}{\gamma_0(\beta_0+\cos\theta^*)}\,;$$
$$\tan\theta_2 = \frac{-\sin\theta^*}{\gamma_0(\beta_0-\cos\theta^*)}\,.$$

Beispiele

a) $\theta^* = 0$ (Vorwärts- bzw. Rückwärtsemission):
Hier findet man aus den abgeleiteten Formeln $E_1 = m_\pi c^2 \gamma_0 (1+\beta_0)/2$, $E_2 = m_\pi c^2 \gamma_0 (1-\beta_0)/2$, $\boldsymbol{k}_1 = m_\pi c \gamma_0 (\beta_0+1)\hat{\boldsymbol{e}}_3/2$, $\boldsymbol{k}_2 = m_\pi c \gamma_0 (\beta_0 - 1) \cdot \hat{\boldsymbol{e}}_3/2$, und, da $\beta_0 \le 1$, $\theta_1 = 0$, $\theta_2 = \pi$.

b) $\theta^* = \pi/2$ (Transversale Emission):
$E_1 = E_2 = m_\pi c^2 \gamma_0/2$, $\boldsymbol{k}_1 = m_\pi c(\hat{\boldsymbol{e}}_1 + \gamma_0\beta_0\hat{\boldsymbol{e}}_3)/2$, $\boldsymbol{k}_2 = m_\pi c(-\hat{\boldsymbol{e}}_1 + \gamma_0\beta_0\hat{\boldsymbol{e}}_3)/2$, $\tan\theta_1 = 1/(\gamma_0\beta_0) = \tan\theta_2$.

c) $\theta^* = \pi/4$ und $\beta_0 = 1/\sqrt{2}$, d. h. $\gamma_0 = \sqrt{2}$:
$E_1 = 3m_\pi c^2\gamma_0/4$, $E_2 = m_\pi c^2 \gamma_0/4$, $\boldsymbol{k}_1 = m_\pi c(\hat{\boldsymbol{e}}_1 + 2\sqrt{2}\hat{\boldsymbol{e}}_3)/(2\sqrt{2})$, $\boldsymbol{k}_2 = 1/(2\sqrt{2}) m_\pi c(-\hat{\boldsymbol{e}}_1)$, $\theta_1 = \arctan\big(1/(2\sqrt{2})\big) \simeq 0{,}108\,\pi$, $\theta_2 = \pi/2$.

Im Ruhesystem ist die Zerfallsverteilung isotrop, d. h. die differentielle Wahrscheinlichkeit $\mathrm{d}\Gamma$, dass die Richtung von $\boldsymbol{k}_1^*$ in das Raumwinkelelement $\mathrm{d}\Omega^* = \sin\theta^*\,\mathrm{d}\theta^*\,\mathrm{d}\varphi^*$ fällt, ist unabhängig von θ^* und φ^*. (Man lege eine Kugel vom Radius 1 um das zerfallende Pion. Betrachtet man sehr viele Zerfälle, so wird das Photon 1 jedes Flächenelement $\mathrm{d}\Omega^*$ auf dieser Kugel mit derselben Häufigkeit durchstoßen.) Also ist

$$\mathrm{d}\Gamma = \Gamma_0\,\mathrm{d}\Omega^* \quad \text{mit} \quad \Gamma_0 = \text{const.}$$

Im *Laborsystem* ist die analoge Verteilung nicht mehr isotrop, sondern in Flugrichtung verzerrt (aber immer noch axialsymmetrisch). Es ist

$$\frac{1}{\Gamma_0}\,\mathrm{d}\Gamma = \left|\frac{\mathrm{d}\,\Omega^*}{\mathrm{d}\,\Omega}\right| \mathrm{d}\Omega \quad \text{mit} \quad \frac{\mathrm{d}\,\Omega^*}{\mathrm{d}\,\Omega} = \frac{\sin\theta^*}{\sin\theta}\frac{\mathrm{d}\,\theta^*}{\mathrm{d}\,\theta}\,.$$

Man berechnet den Faktor $\sin\theta^*/\sin\theta$ aus der Formel für $\tan\theta_1$ oben,

$$\sin\theta = \frac{\tan\theta}{\sqrt{1+\tan^2\theta}} = \frac{\sin\theta^*}{\gamma_0(\beta_0+\cos\theta^*)}$$

und die Ableitung $\mathrm{d}\theta/\mathrm{d}\theta^*$ aus $\theta = \arctan\big(\sin\theta^*/(\gamma_0(\beta_0+\cos\theta^*)\big)$, wobei man die Beziehung $\gamma_0^2\beta_0^2 = \gamma_0^2 - 1$ benutzt. Es ergibt sich

$$\frac{\mathrm{d}\,\Omega^*}{\mathrm{d}\,\Omega} = \gamma_0^2(1+\beta_0\cos\theta^*)^2\,.$$

$\cos\theta^*$ lässt sich auch durch den entsprechenden Winkel im Laborsystem ausdrücken,

$$\cos\theta^* = \frac{\cos\theta - \beta_0}{1-\beta_0\cos\theta}\,.$$

Man bekommt einen guten Eindruck von der Verschiebung der Winkelverteilung, wenn man die Funktion

$$F(\theta) := \frac{\mathrm{d}\,\Omega^*}{\mathrm{d}\,\Omega} = \gamma_0^2\left(1+\beta_0\frac{\cos\theta-\beta_0}{1-\beta_0\cos\theta}\right)^2$$

für verschiedene Werte von β_0 aufzeichnet.

Generell gilt $\mathrm{d}F/\mathrm{d}\theta|_{\theta=0} = 0$; für $\beta_0 \to 1$ strebt $F(0) = (1+\beta_0)/(1-\beta_0)$ nach Unendlich, während für ein kleines Argument $\theta = \varepsilon \ll 1$

$$F(\varepsilon) \simeq \frac{1+\beta_0}{1-\beta_0}\left(1-\frac{\varepsilon^2}{1-\beta_0}\right)$$

gilt, d. h. F für $\varepsilon^2 \simeq (1-\beta_0)$ sehr klein wird. Für $\beta_0 \to 1$ fällt $F(\theta)$ daher mit wachsendem θ sehr rasch ab. Die Abb. 23 zeigt die Beispiele $\beta_0 = 0$, $\beta_0 = 1/\sqrt{2}$, $\beta_0 = 11/13$.

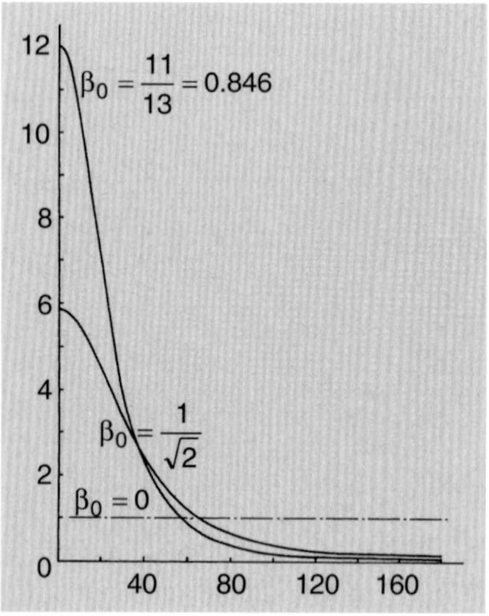

Abb. 23.

4.2 i) Die Energie-Impulsvektoren (Vierervektoren) von π, μ und ν seien mit q, p bzw. k bezeichnet. Es gilt stets $q = p+k$. Im Ruhesystem des Pions gilt

$$q = (m_\pi c, \boldsymbol{q} = 0)^{\mathrm{T}}\,,$$

$$p = \left(\frac{1}{c}E_p^*, \boldsymbol{p}^*\right)^{\mathrm{T}}\,,$$

$$k = \left(\frac{1}{c}E_k^*, -\boldsymbol{p}^*\right)^{\mathrm{T}}\,.$$

Bezeichnet $\kappa^* := |\boldsymbol{p}^*|$ den Betrag des Impulses des Myons und des Neutrinos und setzt man dessen Masse gleich Null, so folgt

$$E_k^* = \kappa^* c = \frac{m_\pi^2 - m_\mu^2}{2m_\pi} c^2 ,$$

$$E_p^* = \sqrt{(\kappa^* c)^2 + (m_\mu c)^2} = \frac{m_\pi^2 + m_\mu^2}{2m_\pi} c^2 .$$

Im Laborsystem gilt Folgendes: Das Pion hat die Geschwindigkeit $\boldsymbol{v}_0 = v_0 \hat{\boldsymbol{e}}_3$ und somit ist $q = (E_q/c, \boldsymbol{q}) = (\gamma_0 m_\pi c, \gamma_0 m_\pi \boldsymbol{v}_0) = \gamma_0 m_\pi c(1, \beta_0 \hat{\boldsymbol{e}}_3)$ mit $\beta_0 = v_0/c$, $\gamma_0 = 1/\sqrt{1-\beta_0^2}$. Es genügt, die Verhältnisse in der (1, 3)-Ebene zu studieren. Die Transformation vom Ruhesystem des Pions ins Laborsystem gibt

$$\begin{aligned} \frac{1}{c} E_p &= \gamma_0 \left(\frac{1}{c} E_p^* + \beta_0 p^{*3} \right) \\ &= \gamma_0 \left(\frac{1}{c} E_p^* + \beta_0 \kappa^* \cos\theta^* \right) , \\ p^1 &= p^{*1} , \\ p^2 &= p^{*2} = 0 , \\ p^3 &= \gamma_0 \left(\frac{1}{c} \beta_0 E_p^* + p^{*3} \right) = \gamma_0 \left(\frac{1}{c} \beta_0 E_p^* + \kappa^* \cos\theta^* \right) \end{aligned}$$

und somit für den Zusammenhang zwischen den Emissionswinkeln θ^* und θ (s. Abb. 24):

$$\tan\theta = \frac{p^1}{p^3} = \frac{\kappa^* \sin\theta^*}{\gamma_0(\beta_0 E_p^*/c + \kappa^* \cos\theta^*)} , \tag{1}$$

oder

$$\tan\theta = \frac{(m_\pi^2 - m_\mu^2) \sin\theta^*}{\gamma_0\big(\beta_0(m_\pi^2 + m_\mu^2) + (m_\pi^2 - m_\mu^2)\cos\theta^*\big)} . \tag{2}$$

Verwendet man $\beta^* := c\kappa^*/E_p^* = (m_\pi^2 - m_\mu^2)/(m_\pi^2 + m_\mu^2)$, d. i. der β-Faktor des Myons im Ruhesystem des Pions, so lautet (1)

$$\tan\theta = \frac{\beta^* \sin\theta^*}{\gamma_0(\beta_0 + \beta^* \cos\theta^*)} . \tag{3}$$

Ein Maximalwinkel θ existiert, wenn die im Ruhesystem rückwärts emittierten Myonen ($\theta^* = \pi$) im Laborsystem $p^3 = \gamma_0 E_p^*/c(\beta_0 + \beta^* \cos\theta^*) = \gamma_0 E_p^*/c\, (\beta_0 - \beta^*) > 0$ haben, d. h. wenn $\beta_0 > \beta^*$ ist. Die Größe des Maximalwinkels erhält man aus $\mathrm{d}\tan\theta/\mathrm{d}\theta^* \stackrel{!}{=} 0$, d. h. $\cos\theta^* \cdot (\beta_0 + \beta^* \cos\theta^*) + \beta^* \sin^2\theta^* = 0$ oder $\cos\theta^* = -\beta^*/\beta_0$. Damit folgt

$$\tan\theta_{\max} = \frac{\beta^* \sqrt{\beta_0^2 - \beta^{*2}}}{\gamma_0(\beta_0^2 - \beta^{*2})} = \frac{\beta^*}{\gamma_0 \sqrt{\beta_0^2 - \beta^{*2}}} = \frac{\beta^* \sqrt{1-\beta_0^2}}{\sqrt{\beta_0^2 - \beta^{*2}}} . \tag{4}$$

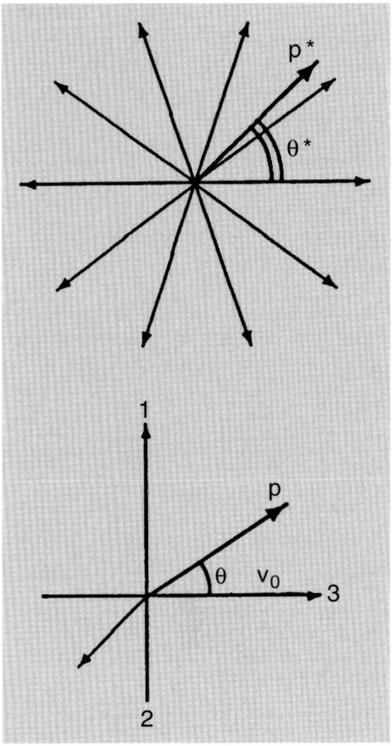

Abb. 24.

Abb. 25.

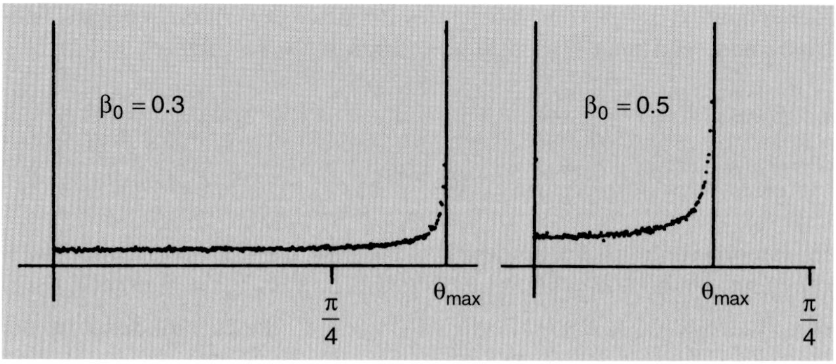

ii) Im Ruhesystem ist die Zerfallswahrscheinlichkeit

$$\mathrm{d}\Gamma = \Gamma_0 \,\mathrm{d}\Omega^* = \Gamma_0 \sin\theta^* \,\mathrm{d}\theta^* \,\mathrm{d}\phi^* \,.$$

Man erzeugt also Zerfälle über den Zufallszahlengenerator (siehe Anhang B.2) für $\mathrm{d}\Gamma/\Gamma_0$ mit gleicher Wahrscheinlichkeit für das Element $\mathrm{d}(\cos\theta^*) = -\sin\theta^*\,\mathrm{d}\theta^*$ im Intervall $-1 \le z^* := \cos\theta^* \le +1$. Man berechnet daraus

$$\frac{1}{\Gamma}\mathrm{d}\Gamma = \left|\frac{\mathrm{d}\,\Omega^*}{\mathrm{d}\,\Omega}\right| \mathrm{d}\Omega \,.$$

Es ist

$$\frac{\mathrm{d}\,\Omega^*}{\mathrm{d}\,\Omega} = \frac{\sin\theta^*}{\sin\theta}\frac{\mathrm{d}\,\theta^*}{\mathrm{d}\,\theta} \,.$$

Aus $\sin\theta = \tan\theta/\sqrt{1+\tan^2\theta}$ folgt

$$\frac{\sin\theta^*}{\sin\theta} = \frac{1}{\beta^*}\sqrt{\gamma_0^2(\beta_0+\beta^*\cos\theta^*)^2+\beta^{*2}\sin^2\theta^*} \,,$$

während man $\mathrm{d}\theta^*/\,\mathrm{d}\theta$ aus (3) berechnet. Es ergibt sich

$$\frac{\mathrm{d}\,\Omega^*}{\mathrm{d}\,\Omega} = \frac{1}{\gamma_0\beta^{*2}}\frac{\left(\gamma_0^2(\beta_0+\beta^*\cos\theta^*)^2+\beta^{*2}\sin^2\theta^*\right)^{3/2}}{\beta_0\cos\theta^*+\beta^*} \,.$$

Diese Verteilung wird singulär bei $\cos\theta^* = -\beta^*/\beta_0$, d. h. beim Maximalwinkel θ_{max}. Abbildung 25 zeigt zwei Beispiele von Verteilungen im Laborsystem, einmal für $\beta_0 = 0{,}3$, das andere für $\beta_0 = 0{,}5$.

4.3 Die Variablen $s = c^2(q_A+q_B)^2$ und $t = c^2(q_A-q'_A)^2$ sind Normquadrate von Vierervektoren und sind daher unter Lorentz-Transformationen invariant. Das gleiche gilt für $u := c^2(q_A-q'_B)^2$. Für die folgenden Rechnungen ist es bequem, die Einheiten so zu wählen, dass $c = 1$ wird. Es ist nicht schwer, die Konstante c in die Endausdrücke wieder einzusetzen. (Das ist dann wichtig, wenn man nach v/c entwickeln will.) Dabei beachte man, dass Masse$\times c^2$ und Impuls$\times c$ die Dimension Energie haben.

Die Erhaltung von Energie und Impuls bedeutet, dass die vier Gleichungen

$$q_A + q_B = q'_A + q'_B \tag{1}$$

erfüllt sein müssen. Für s, t, u bedeutet dies, dass man sie auf je zwei Weisen ausdrücken kann ($c = 1$ gesetzt):

$$s = (q_A + q_B)^2 = (q'_A + q'_B)^2 \tag{2}$$

$$t = (q_A - q'_A)^2 = (q'_B - q_B)^2 \tag{3}$$

$$u = (q_A - q'_B)^2 = (q'_A - q_B)^2 \,. \tag{4}$$

i) im Schwerpunktssystem gilt

$$\begin{aligned} q_A &= (E^*_A, \boldsymbol{q}^*)\,, \quad q_B = (E^*_B, -\boldsymbol{q}^*)\,, \\ q'_A &= (E'^*_A, \boldsymbol{q}'^*)\,, \quad q'_B = (E'^*_B, -\boldsymbol{q}'^*)\,, \end{aligned} \tag{5}$$

wobei $E^*_A = \sqrt{m_A^2 + (q^*)^2}$ mit $q^* := |\boldsymbol{q}^*|$, usw. ist.

Wegen des Erhaltungssatzes für die Energie gilt $|\boldsymbol{q}^*| = |\boldsymbol{q}'^*| \equiv q^*$, wie im nichtrelativistischen Fall. Es gilt aber nicht mehr die einfache Formel

$$(q^*)_{\text{n.r.}} = \frac{m_B}{m_A + m_B} \left| \boldsymbol{q}_A^{\text{lab}} \right|$$

der Gleichung (1.80a), weil die mit $(q^*)_{\text{n.r.}}$ nichtrelativistisch verbundene Energie

$$T_r = \frac{m_A + m_B}{2\mathrm{m_A m_B}} (q^*)^2_{\text{n.r.}} \quad \text{ebenso wenig wie}$$

$$\frac{(\boldsymbol{q}_A + \boldsymbol{q}_B)^2}{2(m_A + m_B)}$$

separat erhalten ist. Es ist

$$\begin{aligned} s &= (E^*_A + E^*_B)^2 = m_A^2 + m_B^2 + 2(q^*)^2 \\ &\quad + 2\sqrt{\left((q^*)^2 + m_A^2\right)\left((q^*)^2 + m_B^2\right)} \,. \end{aligned} \tag{6}$$

Physikalisch bedeutet s das Quadrat der Gesamtenergie im Schwerpunktssystem. Setzt man die Lichtgeschwindigkeit wieder ein, so ist

$$\begin{aligned} s &= m_A^2 c^4 + m_B^2 c^4 + 2(q^*)^2 c^2 \\ &\quad + 2\sqrt{\left((q^*)^2 c^2 + m_A^2 c^4\right)\left((q^*)^2 c^2 + m_B^2 c^4\right)} \,. \end{aligned}$$

Zunächst bestätigen wir, dass s, abgesehen von den Ruhemassen, bei einer Entwicklung nach $1/c$ die nichtrelativistische kinetische Energie der Relativbewegung T_r enthält,

$$\begin{aligned} s &\simeq (m_A c^2 + m_B c^2)^2 \\ &\quad \times \left(1 + \frac{1}{m_A m_B} (q^*)^2 / c^2 + O\left(\frac{(q^*)^4}{m^4 c^4}\right)\right) , \end{aligned}$$

und somit

$$\sqrt{s} \simeq m_A c^2 + m_B c^2 + \frac{m_A + m_B}{2 m_A m_B} (q^*)^2 + O\left(\frac{(q^* c)^4}{(mc^2)^4}\right) .$$

Aus (6) berechnet man den Betrag des Schwerpunktsimpulses

$$q^*(s) = \frac{1}{2\sqrt{s}} \sqrt{(s - (m_A + m_B)^2)(s - (m_A - m_B)^2)} . \tag{7}$$

Klarerweise kann die Reaktion nur stattfinden, wenn s mindestens gleich dem Quadrat der Summe der Ruheenergien ist,

$$s \geq s_0 := (m_A + m_B)^2 \mathrel{\hat{=}} (m_A c^2 + m_B c^2)^2 .$$

s_0 ist die *Schwelle* der Reaktion. Für $s = s_0$ ist $q^* = 0$, d. h. an der Schwelle ist die kinetische Energie der Relativbewegung gleich Null.

Die Variable t lässt sich durch q^* und den Streuwinkel θ^* wie folgt ausdrücken:

$$\begin{aligned} t &= (q_A - q'_A)^2 = q_A^2 + q_A'^2 - 2 q_A \cdot q'_A \\ &= 2m_A^2 - 2E_A^* E_A'^* + 2\boldsymbol{q}^* \cdot \boldsymbol{q}'^* . \end{aligned}$$

Da die Beträge von $\boldsymbol{q}^*$ und $\boldsymbol{q}'^*$ gleich sind, ist $E_A^* = E_A'^*$. Somit

$$t = -2(q^*)^2(1 - \cos\theta^*) . \tag{8}$$

Bis auf das Vorzeichen ist t das Quadrat des Impulsübertrags $(\boldsymbol{q}^* - \boldsymbol{q}'^*)$ im Schwerpunktssystem. Für festes $s \geq s_0$ variiert t folgendermaßen:

$$-4(q^*)^2 \leq t \leq 0 .$$

Beispiele

a) $e^- + e^- \to e^- + e^-$

$$s \geq s_0 = 4(m_e c^2)^2 , \quad -(s - s_0) \leq t \leq 0 .$$

b) $\nu + e^- \to e^- + \nu$

$$s \geq s_0 = (m_e c^2)^2 , \quad -\frac{1}{s}(s - s_0)^2 \leq t \leq 0 .$$

ii) Berechnet man $s + t + u$ aus den Formeln (2)–(4) und benutzt die Gleichung (1), so folgt $s + t + u = 2(m_A^2 + m_B^2)c^4$. Allgemeiner zeigt man für die Reaktion $A + B \to C + D$, dass

$$s + t + u = (m_A^2 + m_B^2 + m_C^2 + m_D^2)c^4 .$$

4.4 Im Laborsystem gilt

$$\begin{aligned} q_A &= (E_A, \boldsymbol{q}_A) , \quad q_B = (m_B, 0) , \\ q'_A &= (E'_A, \boldsymbol{q}'_A) , \quad q'_B = (E'_B, \boldsymbol{q}'_B) , \end{aligned} \tag{1}$$

der Streuwinkel θ ist der Winkel zwischen $\boldsymbol{q}_A$ und $\boldsymbol{q}'_A$. Mit (3) aus Aufgabe 4.3 (und $c = 1$) ist

$$t = q_A^2 + q_A'^{*2} - 2q_A q'_A$$
$$= 2m_A^2 - 2E_A E'_A + 2\,|\boldsymbol{q}_A|\,|\boldsymbol{q}'_A|\cos\theta\,. \qquad (2)$$

Für t haben wir andererseits den Ausdruck (8) aus Aufgabe 4.3. Das Ziel ist nun, die Laborgrößen E_A, E'_A, $|\boldsymbol{q}_A|$ und $|\boldsymbol{q}'_A|$ durch die Invarianten s und t auszudrücken. Für s ergibt sich im Laborsystem mit (1) $s = m_A^2 + m_B^2 + 2E_A m_B$, d. h.

$$E_A = \frac{1}{2m_B}(s - m_A^2 - m_B^2)\,. \qquad (3)$$

Daraus berechnet man über $\boldsymbol{q}_A^2 = E_A^2 - m_A^2$

$$|\boldsymbol{q}_A| = \frac{1}{2m_B}\sqrt{(s-(m_A+m_B)^2)(s-(m_A-m_B)^2)}$$
$$= \frac{1}{m_B} q^* \sqrt{s} \qquad (4)$$

mit q^* aus (7) aus Aufgabe 4.3. Berechnet man $t = (q_B - q'_B)^2$ im Laborsystem, so ergibt sich $E'_B = (2m_B^2 - t)/(2m_B)$ und somit $E'_A = E_A + m_B - E'_B$ zu

$$E'_A = \frac{1}{2m_B}(s + t - m_A^2 - m_B^2) = E_A + \frac{t}{2m_B}\,, \qquad (5)$$

und schließlich aus $\boldsymbol{q}_A'^{*} = E_A'^2 - m_A^2$

$$|\boldsymbol{q}'_A| = \frac{1}{2m_B} \qquad (6)$$
$$\times \sqrt{(s+t-(m_A+m_B)^2)(s+t-(m_A-m_B)^2)}\,.$$

Aus (2) folgt

$$\cos\theta = \left(E_A E'_A - m_A^2 + \frac{t}{2}\right)\frac{1}{|\boldsymbol{q}_A||\boldsymbol{q}'_A|}\,.$$

Hieraus berechnet man $\sin\theta$ und $\tan\theta$ und ersetzt alle nichtinvarianten Größen durch die Ausdrücke (3)–(6). Mit $\Sigma := (m_A + m_B)^2$ und $\Delta := (m_A - m_B)^2$ ergibt sich

$$\tan\theta = \frac{2m_B\sqrt{-t\big(st + (s-\Sigma)(s-\Delta)\big)}}{(s-\Sigma)(s-\Delta) + t(s - m_A^2 + m_B^2)}\,.$$

Schließlich lassen $\cos\theta^*$ und $\sin\theta^*$ sich, von (8) und (7) aus Aufgabe 4.3 ausgehend, durch s und t ausdrücken,

$$\cos\theta^* = \frac{2st + (s-\Sigma)(s-\Delta)}{(s-\Sigma)(s-\Delta)}\,,$$

$$\sin\theta^* = 2\sqrt{s}\,\frac{\sqrt{-t\big(st + (s-\Sigma)(s-\Delta)\big)}}{(s-\Sigma)(s-\Delta)}\,.$$

Ersetzt man die Wurzel im Zähler von $\tan\theta$ durch $\sin\theta^*$ und setzt im Nenner t als Funktion von $\cos\theta^*$ ein, so folgt das Ergebnis

$$\tan\theta = \frac{2m_B\sqrt{s}}{s-m_A^2+m_B^2}\,\frac{\sin\theta^*}{\cos\theta^* + \frac{s+m_A^2-m_B^2}{s-m_A^2+m_B^2}}$$

Für $s \simeq (m_A+m_B)^2$ ergibt sich die nichtrelativistische Formel (1.81). Interessant ist der Fall gleicher Massen, $m_A = m_B =: m$, wo

$$\tan\theta = \frac{2m}{\sqrt{s}}\tan\frac{\theta^*}{2}$$

gilt. Da $\sqrt{s} \geq 2m$ ist, wird θ gegenüber dem nichtrelativistischen Fall immer verkleinert. Zum Beispiel: Entwickelt man $\sqrt{s}$ nach dem Impuls des einlaufenden Teilchens, so ist $2m/\sqrt{s} \simeq 1-(\gamma^2-1)/8$.

4.5 Um vom Ruhesystem eines Teilchens auf dasjenige System zu kommen, in dem sein Impuls $p = (E/c,\, \boldsymbol{p})^{\mathrm{T}}$ ist, muss man eine Lorentz-Transformation $L(\boldsymbol{v})$ anwenden, wobei $\boldsymbol{p} = m\gamma\boldsymbol{v}$. Aufgelöst nach $\boldsymbol{v}$ ergibt dies

$$\boldsymbol{v} = \frac{\boldsymbol{p}c}{\sqrt{\boldsymbol{p}^2+m^2c^2}} = \frac{\boldsymbol{p}c^2}{E}\,.$$

Einsetzen in Gleichung (4.41) und Anwenden auf den Vektor $(0, \boldsymbol{s})^{\mathrm{T}}$ ergibt

$$s = L(\boldsymbol{v})(0,\boldsymbol{s})^{\mathrm{T}} = \left(\frac{\gamma}{c}(\boldsymbol{s}\cdot\boldsymbol{v}),\; \boldsymbol{s} + \frac{\gamma^2}{c^2(1+\gamma)}(\boldsymbol{s}\cdot\boldsymbol{v})\,\boldsymbol{v}\right)^{\mathrm{T}}\,.$$

Da $s^\alpha p_\alpha$ ein Lorentz-Skalar und damit unabhängig vom gewählten Bezugssystem ist, rechnet man diese Größe am einfachsten im Ruhesystem aus. Dort verschwindet sie (und damit in jedem Lorentz-System).

4.6 In beiden Fällen kann man das Koordinatensystem so legen, dass die y- und die z-Komponente des Vierervektors verschwinden und die x-Komponente positiv ist, d. h. er hat die Form $(z^0, z^1, 0, 0)$ mit $z^1 > 0$. Ist z^0 kleiner als Null, so wenden wir die Zeitumkehroperation (4.30) an, die das Vorzeichen von z^0 umkehrt, so dass wir von nun an ebenfalls $z^0 > 0$ annehmen können.

i) Für einen lichtartigen Vierervektor folgt aus $z^2 = 0$ sofort $z^0 = z^1$. Wir machen nun einen Boost in x-Richtung mit Parameter λ (vgl. (4.39)). Damit wir die angegebene Form des Vierervektors bekommen, muss gelten:

$$z^0\cosh\lambda - z^0\sinh\lambda = 1 \quad \text{oder} \quad z^0\,\mathrm{e}^{-\lambda} = 1\,.$$

Daraus folgt $\lambda = \ln z^0$.

ii) Für einen raumartigen Vierervektor ist $(z^0)^2-(z^1)^2=z^2<0$, d. h. $0<z^0<z^1$. Durch einen Boost mit Parameter λ wird er transformiert in

$$(z^0\cosh\lambda - z^1\sinh\lambda,\ z^1\cosh\lambda - z^0\sinh\lambda,\ 0,\ 0)^T\ .$$

Damit die Zeitkomponente dieses Vierervektors verschwindet, muss $\tanh\lambda = z^0/z^1$ sein. Drückt man nun noch $\sinh\lambda$ und $\cosh\lambda$ durch $\tanh\lambda$ aus, so ergibt sich die behauptete Beziehung $z^1=\sqrt{-z^2}$.

4.7 Die Vertauschungsregeln (4.59) lassen sich unter Verwendung des Levi-Civitá-Symbols und der Summenkonvention wie folgt zusammenfassen:

$$[\mathbf{J}_p,\mathbf{J}_q]=\varepsilon_{pqr}\mathbf{J}_r\ ,$$
$$[\mathbf{K}_p,\mathbf{K}_q]=-\varepsilon_{pqr}\mathbf{J}_r\ ,$$
$$[\mathbf{J}_p,\mathbf{K}_q]=\varepsilon_{pqr}\mathbf{K}_r\ .$$

Damit ergibt sich

$$[\mathbf{A}_p,\mathbf{A}_q]=\varepsilon_{pqr}\mathbf{A}_r\ ,$$
$$[\mathbf{B}_p,\mathbf{B}_q]=\varepsilon_{pqr}\mathbf{B}_r\ ,$$
$$[\mathbf{A}_p,\mathbf{B}_q]=0\ .$$

4.8 Explizite Rechnung ergibt

$$\mathbf{P}\mathbf{J}_i\mathbf{P}^{-1}=\mathbf{J}_i\ ,\quad \mathbf{P}\mathbf{K}_j\mathbf{P}^{-1}=-\mathbf{K}_j\ .$$

Dies entspricht der Tatsache, dass eine Raumspiegelung den Drehsinn nicht ändert, die Bewegungsrichtung aber umkehrt.

4.9 Die Kommutatoren (4.59) lauten dann

$$[\mathbf{J}'_i,\mathbf{J}'_j]=\mathrm{i}\varepsilon_{ijk}\mathbf{J}'_k\ ,$$
$$[\mathbf{J}'_i,\mathbf{K}'_j]=\mathrm{i}\varepsilon_{ijk}\mathbf{K}'_k\ ,$$
$$[\mathbf{K}'_i,\mathbf{K}'_j]=-\mathrm{i}\varepsilon_{ijk}\mathbf{J}'_k\ .$$

Da die Matrizen $\mathbf{J}_i$ reell und schiefsymmetrisch sind, ist

$$(\mathbf{J}'^{T}_i)^*=-(\mathrm{i}\mathbf{J}_i)^*=\mathrm{i}\mathbf{J}_i=\mathbf{J}'_i\ .$$

Die Matrizen $\mathbf{K}_j$ sind dagegen reell-symmetrisch, die Matrizen $\mathbf{K}'_j$ sind daher anti-hermitesch, d. h.$(\mathbf{K}'^{T}_i)^*=-\mathbf{K}'_i$. Alle Matrizen $\mathbf{A}'_k$ und $\mathbf{B}'_k$ sind hermitesch.

4.10 Diese Aufgabe ist der Spezialfall der folgenden Aufgabe mit $m_2=0=m_3$.

4.11 Der Energiesatz fordert (wenn wir wieder $c = 1$ setzen)

$$\begin{aligned} M &= E_1 + E_2 + E_3 \\ &= \sqrt{m_1^2 + f^2} + \sqrt{m_2^2 + x^2 f^2} + \sqrt{m_3^2 + (1-x)^2 f^2} \\ &\equiv M(x, f(x)) \,. \end{aligned}$$

Das Maximum von $f(x)$ findet man aus der Gleichung

$$\begin{aligned} 0 &\stackrel{!}{=} \frac{\mathrm{d}f}{\mathrm{d}x} = -\frac{\partial M/\partial x}{\partial M/\partial f} \\ &= -fE_1 \frac{xE_3 - (1-x)E_2}{E_2 E_3 + x^2 E_1 E_3 + (1-x)^2 E_1 E_2} \,, \end{aligned}$$

oder $xE_3 = (1-x)E_2$. Quadriert man diese Gleichung, so folgt $x^2(m_3^2 + (1-x)^2 f^2) = (1-x)^2(m_2^2 + x^2 f^2)$, und hieraus die Bedingung

$$x \stackrel{!}{=} \frac{m_2}{m_2 + m_3}$$

Beachtet man die Bedingung

$$E_3 = \frac{1-x}{x} E_2 = \frac{m_3}{m_2} E_2 \,, \quad \text{so folgt}$$
$$M - E_1 = \frac{m_2 + m_3}{m_2} E_2 \,.$$

Das Quadrat hiervon gibt

$$M^2 - 2ME_1 + m_1^2 + f^2 = \frac{(m_2 + m_3)^2}{m_2^2} \cdot \left(m_2^2 + \frac{m_2^2}{(m_2 + m_3)^2} f^2 \right)$$

und hieraus

$$(E_1)_{\max} = \frac{1}{2M}(M^2 + m_1^2 - (m_2 + m_3)^2) \,.$$

Setzt man c wieder ein, so ist

$$(E_1)_{\max} = \frac{1}{2M}(M^2 + m_1^2 - (m_2 + m_3)^2)c^2 \,.$$

Beispiele

a) $\mu \to \mathrm{e} + \nu_1 + \nu_2$: $m_2 = m_3 = 0$, $M = m_\mu$, $m_1 = m_\mathrm{e}$. Somit

$$(E_\mathrm{e})_{\max} = \frac{1}{2m_\mu}(m_\mu^2 + m_\mathrm{e}^2)c^2 \,.$$

Mit $m_\mu/m_\mathrm{e} \simeq 206{,}8$ ergibt sich $(E_\mathrm{e})_{\max} \simeq 104{,}4\, m_\mathrm{e} c^2$.

b) $\mathrm{n} \to \mathrm{p} + \mathrm{e} + \nu$: $M = m_n$, $m_1 = m_\mathrm{e}$, $m_2 = m_\mathrm{p}$, $m_3 = 0$. Somit ist

$$(E_\mathrm{e})_{\max} = \frac{1}{2m_\mathrm{n}}(m_\mathrm{n}^2 + m_\mathrm{e}^2 - m_\mathrm{p}^2)c^2$$
$$= \frac{1}{2m_\mathrm{n}}((2m_\mathrm{n} - \Delta)\Delta + m_\mathrm{e}^2)c^2 ,$$

wo $\Delta := m_\mathrm{n} - m_\mathrm{p}$. Mit den angegebenen Werten folgt $(E_\mathrm{e})_{\max} \simeq 2{,}528\, m_\mathrm{e}c^2$. Es ist also $\gamma_{\max} = 2{,}528$ und somit $\beta_{\max} = \sqrt{\gamma_{\max}^2 - 1}/\gamma_{\max} = 0{,}918$. Bei der Maximalenergie ist das Elektron hochrelativistisch.

4.12 Die scheinbare Lebensdauer im Laborsystem $\tau^{(v)}$ hängt mit der wirklichen Lebensdauer $\tau^{(0)}$ über $\tau^{(v)} = \gamma\tau^{(0)}$ zusammen. In dieser Zeit fliegt das Teilchen im Mittel die Strecke

$$L = v\tau^{(v)} = \beta\gamma\tau^{(0)}c .$$

Nun ist aber $\beta\gamma$ gerade $|\boldsymbol{p}|c/mc^2$, vgl. (4.83), so dass mit $|\boldsymbol{p}| = xmc$ der Zusammenhang

$$L = x\tau^{(0)}c$$

folgt. Beispiel: Für π-Mesonen ist $\tau_\pi^{(0)}c \simeq 780\,\mathrm{cm}$.

4.13 Mit den Ergebnissen der vorhergehenden Aufgabe erhalten wir $\tau_\mathrm{n}^{(0)}c \simeq 2{,}7 \cdot 10^{13}$ cm. Für $E = 10^{-2}\, m_\mathrm{n}c^2$ ist $x = \sqrt{\gamma^2 - 1} = 0{,}142$, für $E = 10^{14}\, m_\mathrm{n}c^2$ ist $x \simeq 10^{14}$.

4.14 Sei p_1 der Energie-Impulsvektor des einlaufenden, p_2 der des auslaufenden Elektrons, k der des Photons. Energie-Impulserhaltung bei der Reaktion $\mathrm{e} \to \mathrm{e} + \gamma$ bedeutet $p_1 = p_2 + k$. Quadrieren wir dieses und benutzen die Beziehungen

$$p_1^2 = m_\mathrm{e}c^2 = p_2^2 , \quad k^2 = 0 ,$$

so ergibt sich $p_2 \cdot k = 0$. Da k ein lichtartiger Vierervektor ist, kann diese Gleichung nur dann erfüllt sein, wenn p_2 auch lichtartig ist, d. h. $p_2^2 \stackrel{!}{=} 0$. Dies ist ein Widerspruch. Also ist diese Reaktion nicht möglich.

4.15 Die erste Inversion führt von x^μ zu $(R^2/x^2)x^\mu$, die anschließende Translation zu $R^2(x^\mu/x^2 + c^\mu)$, die erneute Inversion zu

$$x'^\mu = \frac{R^4(x^\mu + x^2c^\mu)x^4}{x^2R^4(x + x^2c)^2} = \frac{x^\mu + x^2c^\mu}{1 + 2(c \cdot x) + c^2x^2} .$$

Die Inversion $\mathcal{I}$ lässt die beiden Schalen des zeitartigen Hyperboloids $x^2 = R^2$ invariant, während sie die beiden Schalen des raumartigen Hyperboloids $x^2 = -R^2$ untereinander vertauscht. Das Bild des Lichtkegels unter Inversion liegt im Unendlichen. Er allein bleibt invariant unter der kombinierten Transformation $(\mathcal{I} \circ \mathcal{T} \circ \mathcal{I})$.

4.16 Da L nicht von q abhängt, lautet die Bewegungsgleichung in diesen Variablen

$$\frac{\mathrm{d}}{\mathrm{d}t}\frac{\partial L}{\partial \dot{\boldsymbol{q}}} = m\frac{\mathrm{d}}{\mathrm{d}t}(\psi\dot{\boldsymbol{q}}) = 0\,. \tag{1}$$

Andererseits hängt L nicht von $\dot{\psi}$ ab. Daher gibt die Extremalbedingung an das Wirkungsintegral in der Variablen ψ die Gleichung

$$\frac{\partial L}{\partial \psi} = \frac{1}{2}m\left(\dot{\boldsymbol{q}} - c_0^2\frac{\psi^2-1}{\psi^2}\right) = 0\,.$$

Hieraus folgen die Lösungen

$$\psi_1 = \frac{c_0}{\sqrt{c_0^2-\dot{\boldsymbol{q}}^2}}\,,\qquad \psi_2 = -\frac{c_0}{\sqrt{c_0^2-\dot{\boldsymbol{q}}^2}}\,.$$

Setzt man ψ_1 in die Lagrangefunktion ein, so folgt

$$\begin{aligned} L(\dot{\boldsymbol{q}},\psi=\psi_1) &= \frac{1}{2}m(-2c_0\sqrt{c_0^2-\dot{\boldsymbol{q}}^2}+2c_0^2) \\ &= -mc_0^2\sqrt{1-\dot{\boldsymbol{q}}^2/c_0^2}+mc_0^2\,, \end{aligned}$$

d. h. die Gleichung (4.95), mit c durch c_0 ersetzt, zu der noch die Energie mc_0^2 hinzugezählt ist.

Lässt man c_0 nach Unendlich gehen, so geht ψ_1 nach 1 und die Lagrangefunktion wird zu $L_{\mathrm{nr}} = m\dot{\boldsymbol{q}}^2/2$, die wir von der nichtrelativistischen Bewegung kennen. Man verifiziert, dass (1) in beiden Fällen die richtige Bewegungsgleichung ist.

Die Lösung ψ_2 ist auszuschließen. Der Zusatzterm

$$\frac{1}{2}m(\psi-1)\left(\dot{\boldsymbol{q}}^2 - c_0^2\frac{\psi-1}{\psi}\right)\,,$$

der in (1) zur Lagrangefunktion L_{nr}, für nichtrelativistische Bewegung hinzukommt, sorgt offenbar dafür, dass der Betrag der Geschwindigkeit $\dot{\boldsymbol{q}}$ den Wert c_0 nicht überschreiten kann.

Lösungen: Kapitel 5

5.1 Wir verwenden die Zerlegung (5.52) für $\overset{k}{\omega}$ und $\overset{l}{\omega}$,

$$\begin{aligned} \overset{k}{\omega}\wedge\overset{l}{\omega} = &\sum_{i_1<\ldots<i_k}\omega_{i_1\ldots i_k}\sum_{j_1<\ldots<j_l}\omega_{j_1\ldots j_l}\,\mathrm{d}x^{i_1} \\ &\wedge\ldots\wedge\mathrm{d}x^{i_k}\wedge\mathrm{d}x^{j_1}\wedge\ldots\wedge\mathrm{d}x^{j_l}\,. \end{aligned}$$

Hieraus erhält man die analoge Zerlegung für $\overset{l}{\omega}\wedge\overset{k}{\omega}$, indem man erst $\mathrm{d}x^{j_1}$, dann $\mathrm{d}x^{j_2}$, usw. am äußeren Produkt $\mathrm{d}x^{i_1}\wedge\ldots\wedge\mathrm{d}x^{i_k}$ vorbeizieht. Das gibt jedesmal einen Faktor $(-)^k$, insgesamt also $(-)^{kl}$.

5.2 Man berechnet

$$\mathrm{d}s^2(\hat{\boldsymbol{e}}_i, \hat{\boldsymbol{e}}_j) = \sum_{k=1}^{3} E_k \,\mathrm{d}x^k(\hat{\boldsymbol{e}}_i)\,\mathrm{d}x^k(\hat{\boldsymbol{e}}_j) = \sum_{k=1}^{3} E_k a_i^k a_j^k ,$$

wo $a_i^k := \mathrm{d}x^k(\hat{\boldsymbol{e}}_i)$ gesetzt ist. Da $\mathrm{d}s^2(\hat{\boldsymbol{e}}_i, \hat{\boldsymbol{e}}_j) = \delta_{ij}$, muss $a_i^k = b_i^k/\sqrt{E_k}$ sein, wo $\{b_i^k\}$ eine orthogonale Matrix ist. Diese muss aber diagonal sein, weil die Koordinatenachsen orthogonal gewählt sind. Es folgt $\mathrm{d}x^k(\hat{\boldsymbol{e}}_i) = \delta_i^k/\sqrt{E_k}$.

5.3 Es sei

$$\overset{1}{\omega}_a = \sum_{i=1}^{3} \omega_i(x)\,\mathrm{d}x^i ,$$

$$\overset{2}{\omega}_a = b_1(x)\,\mathrm{d}x^2 \wedge \mathrm{d}x^3 + \text{zykl. Perm.} ,$$

die Koeffizienten $\omega_i(x)$ und $b_i(x)$ sollen bestimmt werden.
i) Wir berechnen

$$\overset{1}{\omega}_a(\boldsymbol{\xi}) = \sum_i \omega_i(x)\,\mathrm{d}x^i(\boldsymbol{\xi}) = \sum_i \omega_i(x)\,\mathrm{d}x^i\left(\sum_k \xi^k \hat{\boldsymbol{e}}_k\right)$$
$$= \sum_i \omega_i(x)\xi^i \frac{1}{\sqrt{E_i}} .$$

Da andererseits

$$\overset{1}{\omega}_a(\boldsymbol{\xi}) = \boldsymbol{a}\cdot\boldsymbol{\xi} = \sum_i a_i(x)\xi^i$$

ist, folgt

$$\omega_i(x) = a_i(x)\sqrt{E_i} .$$

ii) Wir berechnen

$$\overset{2}{\omega}_a(\boldsymbol{\xi}, \boldsymbol{\eta}) = b_1(x)(\mathrm{d}x^2(\boldsymbol{\xi})\,\mathrm{d}x^3(\boldsymbol{\eta})$$
$$- \mathrm{d}x^2(\boldsymbol{\eta})\,\mathrm{d}x^3(\boldsymbol{\xi})) + \text{zykl.}$$
$$= b_1(x)(\xi^2\eta^3 - \eta^2\xi^3)/\sqrt{E_2E_3} + \text{zykl.}$$

Vergleicht man dies mit dem Skalarprodukt von $\boldsymbol{a}$ und $\boldsymbol{\xi}\times\boldsymbol{\eta}$, so folgt

$$b_1(x) = \sqrt{E_2E_3}\,a_1(x) \quad \text{zyklisch} .$$

5.4 Die Komponenten von ∇f in der betrachteten Orthogonalbasis seien mit $(\nabla f)_i$ bezeichnet. Nach Aufgabe 5.3 ist dann

$$\overset{1}{\omega}_{\nabla f} = \sum_i (\nabla f)_i \sqrt{E_i}\,\mathrm{d}x^i .$$

Ist $\hat{\boldsymbol{\xi}} = \sum_i \xi^i \hat{\boldsymbol{e}}_i$ ein Einheitsvektor, so ist $\overset{1}{\omega}_{\nabla f}(\hat{\boldsymbol{\xi}}) = \sum_i (\nabla f)_i \xi^i$ die Richtungsableitung von f in Richtung $\hat{\boldsymbol{\xi}}$. Die kann man aber auch mit Hilfe des totalen Differentials

$$\mathrm{d}f = \sum_i \frac{\partial f}{\partial x^i}\,\mathrm{d}x^i \quad \text{berechnen}\,,$$

$$\mathrm{d}f(\hat{\boldsymbol{\xi}}) = \sum_{i,k} \frac{\partial f}{\partial x^i}\xi^k\,\mathrm{d}x^i(\hat{\boldsymbol{e}}_k) = \sum_i \frac{1}{\sqrt{E_i}}\frac{\partial f}{\partial x^i}\xi^i\,.$$

Durch Vergleich folgt

$$(\nabla f)_i = \frac{1}{\sqrt{E_i}}\frac{\partial f}{\partial x^i}\,.$$

5.5 In *kartesischen* Koordinaten ist $E_1 = E_2 = E_3 = 1$.

In *Zylinderkoordinaten* $(\hat{\boldsymbol{e}}_\varrho, \hat{\boldsymbol{e}}_\phi, \hat{\boldsymbol{e}}_z)$ gilt $\mathrm{d}s^2 = \mathrm{d}\varrho^2 + \varrho^2\,\mathrm{d}\phi^2 + \mathrm{d}z^2$, d.h. $E_1 = E_3 = 1$, $E_2 = \varrho^2$, und somit

$$\nabla f = \left(\frac{\partial f}{\partial \varrho}, \frac{1}{\varrho}\frac{\partial f}{\partial \phi}, \frac{\partial f}{\partial z}\right)\,.$$

In *Kugelkoordinaten* $(\hat{\boldsymbol{e}}_r, \hat{\boldsymbol{e}}_\theta, \hat{\boldsymbol{e}}_\phi)$ gilt $\mathrm{d}s^2 = \mathrm{d}r^2 + r^2\,\mathrm{d}\theta^2 + r^2\sin^2\theta\,\mathrm{d}\phi^2$, d.h. $E_1 = 1$, $E_2 = r^2$, $E_3 = r^2\sin^2\theta$ und

$$\nabla f = \left(\frac{\partial f}{\partial r}, \frac{1}{r}\frac{\partial f}{\partial \theta}, \frac{1}{r\sin\theta}\frac{\partial f}{\partial \phi}\right)\,.$$

5.6 Die definierende Gleichung (5.58) kann man auch in der Form

$$(*\omega)(\hat{\boldsymbol{e}}_{i_{k+1}}, \ldots, \hat{\boldsymbol{e}}_{i_n}) = \varepsilon_{i_1 \ldots i_k i_{k+1} \ldots i_n}\,\omega(\hat{\boldsymbol{e}}_{i_1}, \ldots, \hat{\boldsymbol{e}}_{i_k})$$

schreiben. Dabei ist $\varepsilon_{i_1 \ldots i_n}$ das vollständig antisymmetrische Levi-Civitá-Symbol: Es ist gleich $+1$ (-1), wenn $(i_1 \ldots i_n)$ eine gerade (ungerade) Permutation von $(1, \ldots n)$ ist, und ist immer gleich Null, wenn zwei Indizes gleich sind. Damit folgt für $n = 2$, $*\mathrm{d}x^1 = \mathrm{d}x^2$, $*\mathrm{d}x^2 = -\mathrm{d}x^1$, und somit $*\omega = F_1\,\mathrm{d}x^2 - F_2\,\mathrm{d}x^1$. Es ist $\omega(\boldsymbol{\xi}) = \boldsymbol{F}\cdot\boldsymbol{\xi}$, $*\omega(\boldsymbol{\xi}) = \boldsymbol{F}\times\boldsymbol{\xi}$. Ist $\boldsymbol{\xi}$ ein Verschiebungsvektor $\boldsymbol{\xi} = \boldsymbol{r}_A - \boldsymbol{r}_B$, $\boldsymbol{F}$ eine konstante Kraft, so ist $\omega(\boldsymbol{\xi})$ die bei Verschiebung von A nach B geleistete Arbeit, $*\omega(\boldsymbol{\xi})$ ist die Änderung des äußeren Drehmomentes.

5.7 Für jede Basis-k-Form $\mathrm{d}x^{i_1} \wedge \ldots \wedge \mathrm{d}x^{i_k}$ mit $i_1 < i_2 < \ldots < i_k$ gilt

$$*(\mathrm{d}x^{i_1} \wedge \ldots \wedge \mathrm{d}x^{i_k}) = \varepsilon_{i_1 \ldots i_k i_{k+1} \ldots i_n}\,\mathrm{d}x^{i_{k+1}} \wedge \ldots \wedge \mathrm{d}x^{i_n}\,.$$

Dabei sollen die Indizes auf der rechten Seite ebenfalls aufsteigend geordnet sein, $i_{k+1} < \ldots < i_n$. Die hierzu duale Form ist wieder eine k-Form und ist gleich

$$**(\mathrm{d}x^{i_1} \wedge \ldots \wedge \mathrm{d}x^{i_k}) = \varepsilon_{i_1 \ldots i_k i_{k+1} \ldots i_n}\varepsilon_{i_{k+1} \ldots i_n j_1 \ldots j_k}\,\mathrm{d}x^{j_1} \wedge \ldots \wedge \mathrm{d}x^{j_k}\,.$$

Es müssen alle Indizes $i_1 \ldots i_n$ verschieden sein, daher kann $(j_1 \ldots j_k)$ nur eine Permutation von $(i_1 \ldots i_k)$ sein. Ordnen wir wieder

$j_1 < \ldots < j_k$, so muss $j_1 = i_1, \ldots, j_k = i_k$ sein. Man vertauscht nun am zweiten ε-Symbol die Gruppe $(i_1 \ldots i_k)$ mit der Gruppe $(i_{k+1} \ldots i_n)$ von Indizes. Das sind für den Index i_1 genau $(n-k)$ Vertauschungen von Nachbarn, ebenso für i_2 bis i_k. Das gibt jedesmal ein Vorzeichen $(-)^{n-k}$ und dies insgesamt k-mal. Da $(\varepsilon_{i_1 \ldots i_n})^2 = 1$ für paarweise verschiedene Indizes, folgt:

$$**(\mathrm{d}x^{i_1} \wedge \ldots \wedge \mathrm{d}x^{i_k}) = (-)^{k(n-k)} \mathrm{d}x^{i_1} \wedge \ldots \wedge \mathrm{d}x^{i_k} .$$

5.8 Man berechnet die äußere Ableitung von φ gemäß der Regel (CA3) in Abschn. 5.4.4,

$$\mathrm{d}\varphi = \left(-\frac{\partial E_1}{\partial x^2} + \frac{\partial E_2}{\partial x^1} \right) \mathrm{d}x^1 \wedge \mathrm{d}x^2 + \text{zykl. Perm.}$$
$$= (\operatorname{rot} \boldsymbol{E})_3 \, \mathrm{d}x^1 \wedge \mathrm{d}x^2 + \ldots$$

und erhält somit $\mathrm{d}\varphi + \dot{\omega}/c = 0$.

5.9 Für glatte Funktionen f ist $\mathrm{d}f = \sum (\partial f)/(\partial x^i) \mathrm{d}x^i$, somit $*\mathrm{d}f = (\partial f)/(\partial x^1) \mathrm{d}x^2 \wedge \mathrm{d}x^3 + \text{zykl. Permutationen}$,

$$d(*\mathrm{d}f) = \frac{\partial^2 f}{(\partial x^1)^2} \mathrm{d}x^1 \wedge \mathrm{d}x^2 \wedge \mathrm{d}x^3 + \text{zykl. Permutationen}$$

und $*\mathrm{d}(*\mathrm{d}f) = \sum_{i=1}^3 (\partial^2 f)/((\partial x^i)^2)$. Andererseits ist $*f = f \, \mathrm{d}x^1 \wedge \mathrm{d}x^2 \wedge \mathrm{d}x^3$ und $\mathrm{d}(*f) = 0$. Damit erhält man

$$(\mathrm{d} \circ \delta + \delta \circ \mathrm{d}) f = \left[d \circ (*\mathrm{d}*) + (*\mathrm{d}*) \circ \mathrm{d} \right] f = 0 + \sum_{i=1}^{3} \frac{\partial^2 f}{(\partial x^i)^2} = \boldsymbol{\Delta} f .$$

5.10 Wenn $\overset{k}{\omega}$ eine k-Form ist und auf k Vektoren $\hat{\boldsymbol{e}}_1, \ldots, \hat{\boldsymbol{e}}_k$ angewandt wird, so ist $F^* \overset{k}{\omega}(\hat{\boldsymbol{e}}_1, \ldots, \hat{\boldsymbol{e}}_k) = \overset{k}{\omega}(F(\hat{\boldsymbol{e}}_1), \ldots, F(\hat{\boldsymbol{e}}_k))$ kraft Definition der Zurückziehung (Spezialfall von (5.41), Abschn. 5.4.1, für Vektorräume). Dann ist

$$F^*(\overset{k}{\omega} \wedge \overset{l}{\omega})(\hat{\boldsymbol{e}}_1, \ldots, \hat{\boldsymbol{e}}_{k+l}) = (\overset{k}{\omega} \wedge \overset{l}{\omega})(F(\hat{\boldsymbol{e}}_1), \ldots, F(\hat{\boldsymbol{e}}_{k+l})) ,$$

was wiederum gleich $(F^* \overset{k}{\omega} \wedge (F^* \overset{l}{\omega})$ ist.

5.11 Analog zur vorhergehenden Aufgabe.

5.12 Mit $V := y\partial_x$ und $W := x\partial_y$ ist $Z := [V, W] = (y\partial_x)(x\partial_y) - (x\partial_y)(y\partial_x) = y\partial_y - x\partial_x$.

5.13 Es seien v_1 und v_2 Elemente aus $T_p M$. Sind Addition von Vektoren und Multiplikation mit reellen Zahlen wie in (5.20) definiert, so ist klar, dass $v_3 := v_1 + v_2$ und $a v_i$, mit $a \in \mathbb{R}$ ebenfalls zu $T_p M$ gehören. Die Dimension von $T_p M$ ist $n = \dim M$. $T_p M$ ist ein Vektorraum. Falls $M = \mathbb{R}^n$, so ist $T_p M$ isomorph zu M.

5.14 Es ist $\omega \wedge \omega = \sum_{i=1}^{2} \sum_{j=1}^{2} \mathrm{d}q^i \wedge \mathrm{d}p_i \wedge \mathrm{d}q^j \wedge \mathrm{d}p_j = -2\,\mathrm{d}q^1 \wedge \mathrm{d}q^2 \wedge \mathrm{d}p_1 \wedge \mathrm{d}p_2$, da man $\mathrm{d}p_i$ und $\mathrm{d}q^j$ vertauscht hat und i von j verschieden wählen muss. Die Terme $(i=1, j=2)$ und $(i=2, j=1)$ sind gleich.

5.15 $H^{(1)} = (\boldsymbol{p}^2/2) + 1 - \cos q$ ist die Hamiltonfunktion des ebenen mathematischen Pendels. Das zugehörige Vektorfeld ist

$$X_H^{(1)} = \frac{\partial H}{\partial p}\partial_q - \frac{\partial H}{\partial q}\partial_p = p\partial_q - \sin q\,\partial_p .$$

Die Skizze muss die Tangentialvektoren an die Kurven der Abb. 1.10 ergeben. Besonders interessant ist die Nachbarschaft des Punktes $(p = 0, q = \pi)$, der eine instabile Gleichgewichtslage darstellt.

Im zweiten Beispiel ist

$$H^{(2)} = \frac{1}{2}p^2 + \frac{1}{6}q(q^2-3) ,$$
$$X_H^{(2)} = p\partial_q - \frac{1}{2}(q^2-1)\partial_p .$$

Dieses Vektorfeld hat zwei Gleichgewichtslagen, $(p=0, q=+1)$ und $(p=0, q=-1)$. Skizziert man $X_H^{(2)}$, so erkennt man, dass $(p=0, q=+1)$ eine stabile Gleichgewichtslage (Zentrum) ist, $(p=0, q=-1)$ aber nicht (Sattelpunkt). Linearisiert man in der Nähe von $q=+1$, d. h. setzt $u := q-1$ und behält nur den in u linearen Term, so ist $X_H^{(2)} \simeq p\partial_u - u\partial_p$. Dies ist das Vektorfeld des harmonischen Oszillators bzw. eine Näherung von $X_H^{(1)}$ für kleine Werte von q. In der Nachbarschaft von $(p=0, q=1)$ verhält sich das System wie ein harmonischer Oszillator. Linearisiert man dagegen bei $(p=0, q=-1)$, d. h. setzt man $u := q+1$, so folgt $X_H^{(2)} \simeq p\partial_u + u\partial_p$. Das System verhält sich hier wie das mathematische Pendel ($X_H^{(1)}$ oben) in der Nähe von $(p=0, q=\pi)$, wo $\sin q = -\sin(q-\pi) \simeq -(q-\pi)$ ist (s. auch Aufgabe 6.8).

5.16 Man findet $X_{H^0} = p\partial_q - q\partial_p$, $X_H = p\partial_q - (q + \varepsilon q^2)\partial_p$, sowie $\omega(X_H, X_{H^0}) = dH(X_{H^0}) = \varepsilon p q^2 = \{H^0, H\}$.

5.17 Den Beweis findet man z. B. bei (Abraham, Marsden 1981) in Abschn. 3.5.18.

Lösungen: Kapitel 6

6.1 i) $\mathbf{A}$ ist bereits diagonal. Der Fluss ist

$$\exp(t\mathbf{A}) = \begin{pmatrix} e^{t\lambda_1} & 0 \\ 0 & e^{t\lambda_2} \end{pmatrix} .$$

ii) Die charakteristischen Exponenten (das sind die Eigenwerte von $\mathbf{A}$) sind $\lambda_1 = a + ib$, $\lambda_2 = a - ib$, so dass der Fluss in der diagonalisierten Form folgendermaßen lautet: Mit

$$\underset{\sim}{y} \to \underset{\sim}{u} = \mathbf{U}\underset{\sim}{y}\,, \quad \overset{\circ}{\mathbf{A}} = \mathbf{U}\mathbf{A}\mathbf{U}^{-1} = \begin{pmatrix} a+\mathrm{i}b & 0 \\ 0 & a-\mathrm{i}b \end{pmatrix}\,, \text{ ist}$$

$$\underset{\sim}{u}(t) = \exp(t\overset{\circ}{\mathbf{A}})\underset{\sim}{u}(0) = \begin{pmatrix} \mathrm{e}^{t(a+\mathrm{i}b)} & 0 \\ 0 & \mathrm{e}^{t(a-\mathrm{i}b)} \end{pmatrix} \underset{\sim}{u}(0)\,.$$

Für $a = 0$, $b > 0$ liegt ein (stabiles) Zentrum vor. Für $a < 0$, $b > 0$ liegt ein (asymptotisch stabiler) Knoten vor.

iii) Die charakteristischen Exponenten sind gleich, $\lambda_1 = \lambda_2 = \lambda$. Für $\lambda < 0$ liegt wieder ein Knoten vor.

6.2 Der Fluss dieses Systems ist

$$\left(\alpha(\tau) = \frac{a}{2\pi}\tau + \alpha_0(\bmod 1),\ \beta(\tau) = \frac{b}{2\pi}\tau + \beta_0(\bmod 1)\right)\,.$$

Ist das Verhältnis b/a *rational*, $b/a = m/n$ mit $m, n \in \mathbb{Z}$, so kehrt das System nach der Zeit $\tau = T$ zur Anfangskonfiguration zurück, wo T aus $\alpha_0 + aT/(2\pi) = \alpha_0(\bmod 1)$ und $\beta_0 + bT/(2\pi) = \beta_0(\bmod 1)$ bestimmt ist, nämlich $T = 2\pi n/a = 2\pi m/b$. Wir betrachten das Beispiel $(a = 2/3, b = 1)$ und die Anfangsbedingung $(\alpha_0 = 1/2, \beta_0 = 0)$. Dann ergibt sich Tabelle 1 und das Bild der Abb. 26, in dem die nacheinander durchlaufenen Bahnstücke numeriert sind.

Ist das Verhältnis b/a *irrational*, so überdeckt der Fluss den Torus bzw. das Quadrat dicht. Als Beispiel kann man a zum Wert $a = 1/\sqrt{2} \simeq 0{,}7071$ „verstimmen", $b = 1$ beibehalten und den Fluss im Quadrat einzeichnen. Ein konkretes Beispiel ist durch zwei gekoppelte harmonische Oszillatoren gegeben (siehe Aufgaben 1.9 und 2.9). Die Eigenschwingungen genügen den Differentialgleichungen $\ddot{u}_i + \omega^{(i)2}u_i = 0$, $i = 1, 2$. Schreibt man diese vermöge der kanonischen Transformation (2.93) auf Wirkungs- und Winkelvariable I_1 bzw. Θ_i um, so entsteht das Gleichungssystem $\dot{I}_i = 0$, $\dot{\Theta}_i = \omega^{(i)}$, $i = 1, 2$. Im jetzt vierdimensionalen Phasenraum liegen zweidimensionale Tori, die durch die Vorgabe $I_i = I_i^0 = \text{const.}$ festgelegt sind. Jeder solche Torus trägt den oben angegebenen Fluss.

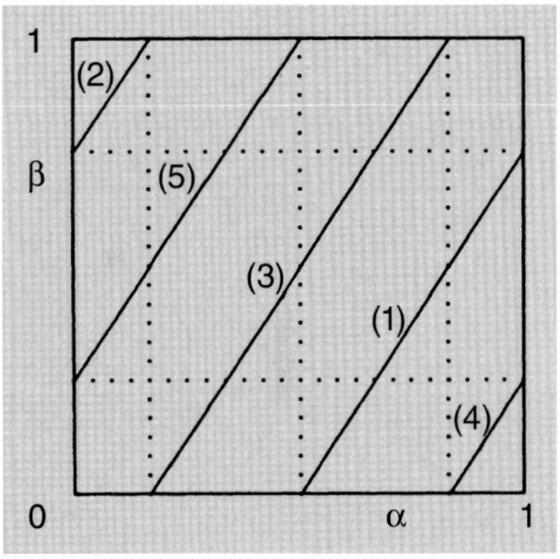

Abb. 26.

$\varrho \equiv \frac{\tau}{2\pi}$	0	$\frac{3}{4}$	1	2	$\frac{9}{4}$	3
α	$\frac{1}{2}$	1	$\frac{1}{6}$	$\frac{5}{6}$	1	$\frac{1}{2}$
β	0	$\frac{3}{4}$	1	1	$\frac{1}{4}$	1

Tab. 1.

6.3 Die Hamiltonfunktion hat die Form $H = p^2/2m + U(q)$. Die verkürzte Hamilton-Jacobi-Gleichung

$$\frac{1}{2m}\left(\frac{\partial S_0(q,\alpha)}{\partial q}\right)^2 + U(q) = E_0$$

lässt sich elementar integrieren: $S_0(q,\alpha) = \int_{q_0}^{q} \mathrm{d}q' \sqrt{2m(E_0 - U(q'))}$. Es ist $p = m\dot{q} = \partial S_0/\partial q = \sqrt{2m(E_0 - U(q))}$ und hieraus

$$t(q) - t(q_0) = \int_{q_0}^{q} \mathrm{d}q' \frac{m}{\sqrt{2m(E_0 - U(q'))}} = \frac{\partial S_0}{\partial E_0} .$$

(Dies gilt außerhalb der Gleichgewichtslagen, falls solche existieren.) Wir wählen nun $P \equiv \alpha = E_0$. Dann ist $Q = \partial S_0/\partial E_0 = t - t_0$ bzw. $(\dot{P} = 0, \dot{Q} = 1)$. Wir haben das Hamilton'sche Vektorfeld *rektifiziert*: Das Teilchen läuft im Koordinatensystem (P, Q) auf der Geraden $P = E_0$ mit der Geschwindigkeit $\dot{Q} = 1$. Betrachten wir nun eine benachbarte Energie $E = \beta E_0$ mit β in der Nähe von 1. Wir lassen das Teilchen derart von q_0 bis zu einem Punkt q' laufen, dass die Laufzeit $t(q') - t(q_0)$ dieselbe wie bei E_0 ist. Es ist $p'_0 = \sqrt{2m(E - U(q_0))}$, $p' = \sqrt{2m(E - U(q'))}$ und

$$t - t_0 = \int_{q_0}^{q} \mathrm{d}x \, \frac{m}{\sqrt{2m(E - U(x))}} .$$

Als neuen Impuls wählen wir diesmal wieder $P = E_0$ (die Energie der ersten Bahn). Dann ist

$$Q = \frac{\partial S(q,E)}{\partial E_0} = \beta \frac{\partial S(q,E)}{\partial E} = \beta(t - t_0) ,$$

d. h. $(\dot{P} = 0, \dot{Q} = \beta)$. In den neuen Koordinaten läuft das Teilchen wieder auf der Geraden $P = E_0$, aber diesmal mit der Geschwindigkeit β. Die Teilchen auf den Vergleichsbahnen entfernen sich linear in der Zeit voneinander. Ist $U(q)$ so beschaffen, dass in einem gewissen Bereich des Phasenraums alle Bahnen periodisch sind, so führt man die Transformation auf Winkel- und Wirkungsvariable aus, $I(E) = \text{const.}$, $\Theta = \omega(E)t + \Theta_0$. Auch hier sieht man, dass die einzelnen Lösungen schlimmstenfalls linear auseinanderlaufen. Beim harmonischen Qszillator, bei dem ω von E bzw. I unabhängig ist, bleibt ihr Abstand konstant.

Die oben angegebenen Integrationen sind nur ausführbar, wenn E *größer* als das Maximum von $U(q)$ ist. Für $E = U_{\max}(q)$ geht die Laufzeit logarithmisch nach Unendlich (s. Abschn. 1.23). Die Aussage gilt also nicht, wenn eine der Trajektorien eine Kriechbahn ist.

6.4 Für $\mu = 0$ ist $\dot{q}_1 = \partial H/\partial q_2$ und $\dot{q}_2 = -\partial H/\partial q_1$, wenn man $H = -\lambda(q_1^2 + q_2^2)/2 + (q_1 q_2^2 - q_1^3/3)/2$ wählt. Die kritischen Punkte (an denen das Hamilton'sche Vektorfeld verschwindet) ergeben sich aus dem

Gleichungssystem $-\lambda q_2 + q_1 q_2 = 0$, $\lambda q_1 + (q_1^2 - q_2^2)/2 = 0$. Man findet folgende Lösungen: $P_0 : (q_1 = 0, q_2 = 0)$, $P_1, P_2 : (q_1 = \lambda, q_2 = \pm\sqrt{3}\lambda)$, $P_3 : (q_1 = -2\lambda, q_2 = 0)$. Wir linearisieren in der Nähe von P_0 und erhalten $\dot{q}_1 \simeq -\lambda q_2$, $\dot{q}_2 \simeq \lambda q_1$. P_0 ist also ein Zentrum.

Um bei P_1 zu linearisieren, setzen wir $u_1 := q_1 - \lambda$, $u_2 := q_2 - \sqrt{3}\lambda$ und rechnen die Differentialgleichung auf die neuen Variablen um, $\dot{u}_1 = \sqrt{3}\lambda u_1 + u_1 u_2 \simeq \sqrt{3}\lambda u_1$, $\dot{u}_2 = 2\lambda u_1 - \sqrt{3}\lambda u_2 + (u_1^2 - u_2^2)/2 \simeq 2\lambda u_1 - \sqrt{3}\lambda u_2$. Entlang $u_1 = 0$ läuft der Fluss in P_1 hinein, entlang $u_2 = 0$ dagegen aus P_1 heraus. P_1 ist also ein Sattelpunkt, ebenso wie P_2 und P_3. Man bestätigt leicht, dass diese drei Punkte zur selben Energie $E = H(P_i) = -2\lambda^3/3$ gehören, und dass je zwei von ihnen durch eine Separatrix verbunden sind: Die Geraden $q_2 = \pm(q_1 + 2\lambda)/\sqrt{3}$ und $q_1 = \lambda$ sind Kurven konstanter Energie $E = -2\lambda^3/3$ und bilden das Dreieck (P_1, P_2, P_3).

Schaltet man nun die Dämpfung vermittels $1 \gg \mu > 0$ ein, so bleibt P_0 Gleichgewichtslage, denn in der Nähe von $(q_1 = 0, q_2 = 0)$ ist

$$\begin{pmatrix} \dot{q}_1 \\ \dot{q}_2 \end{pmatrix} \simeq \begin{pmatrix} -\mu & -\lambda \\ \lambda & -\mu \end{pmatrix} \begin{pmatrix} q_1 \\ q_2 \end{pmatrix} \equiv \mathbf{A} \begin{pmatrix} q_1 \\ q_2 \end{pmatrix} .$$

Aus $\det(x\mathbb{1} - \mathbf{A}) = 0$ findet man die charakteristischen Exponenten $x_{1/2} = -\mu \pm \mathrm{i}\lambda$. P_0 wird also zum Knoten (zur Senke). Die Punkte P_1, P_2 und P_3 sind dagegen keine Gleichgewichtspunkte mehr und ihre Verbindungslinien werden aufgebrochen.

6.5 Wir schreiben H in zwei äquivalenten Formen,

i) $H = I_1 + I_2$ mit $I_1 = (p_1^2 + q_1^2)/2 + q_1^3/3$,
$I_2 = (p_2^2 + q_2^2)/2 - q_2^3/3$,

ii) $H = (p_1^2 + p_2^2)/2 + U(q_1, q_2)$ mit $U = (q_1^2 + q_2^2)/2 + (q_1^3 - q_2^3)/3 = (\Sigma^2 + \Delta^2)/4 + \Sigma^2\Delta/4 + \Delta^3/12$, wo $\Sigma := q_1 + q_2$, $\Delta := q_1 - q_2$ sind.

Die Bewegungsgleichungen lauten

$$\dot{q}_1 = p_1 , \quad \dot{q}_2 = p_2 ,$$
$$\dot{p}_1 = -q_1 - q_1^2 , \quad \dot{p}_2 = -q_2 + q_2^2 .$$

Die kritischen Punkte dieses Systems sind P_0: $(q_1 = 0, q_2 = 0, p_1 = 0, p_2 = 0)$, P_1: $(0, 1, 0, 0)$, P_2: $(-1, 0, 0, 0)$ und P_3: $(-1, 1, 0, 0)$. Unabhängige Integrale der Bewegung sind I_1 und I_2, denn man rechnet leicht nach, dass $\mathrm{d}I_i/\mathrm{d}t = 0$, $i = 1, 2$. Durch die Punkte P_1 und P_2 gehen zwei Äquipotentialflächen (bzw. -linien in der (q_1, q_2)-Ebene), nämlich einmal die Gerade $q_1 - q_2 = -1$, zum andern die Ellipse $3(q_1 + q_2)^2 + (q_1 - q_2)^2 + 2(q_1 - q_2) - 2 = 0 = 3\Sigma^2 + \Delta^2 + 2\Delta - 2$. In beiden Fällen ist $U = 1/6$. Damit lässt sich zum Beispiel die Projektion des Flusses auf die (q_1, q_2)-Ebene skizzieren.

6.6 Die kritischen Punkte des Systems $\dot{q} = p$, $\dot{p} = q - q^3 - p$ sind P_0: $(q = 0, p = 0)$, P_1: $(1, 0)$. P_2: $(-1, 0)$. Linearisiert man bei P_0, so entsteht

$$\begin{pmatrix} \dot{q} \\ \dot{p} \end{pmatrix} \simeq \begin{pmatrix} 0 & 1 \\ 1 & -1 \end{pmatrix} \begin{pmatrix} q \\ p \end{pmatrix} = \mathbf{A} \begin{pmatrix} q \\ p \end{pmatrix} .$$

Die Eigenwerte von $\mathbf{A}$ sind $\lambda_{1/2} = (-1 \pm \sqrt{5})/2$, d. h. $\lambda_1 > 0$ und $\lambda_2 < 0$, P_0 ist also Sattelpunkt. Linearisiert man bei P_1, so folgt mit $u := q - 1$, $v := p$

$$\begin{pmatrix} \dot{u} \\ \dot{v} \end{pmatrix} \simeq \begin{pmatrix} 0 & 1 \\ -2 & -1 \end{pmatrix} \begin{pmatrix} u \\ v \end{pmatrix} .$$

Die charakteristischen Exponenten sind jetzt $\mu_{1/2} = (-1 \pm \mathrm{i}\sqrt{7})/2$. Dieselben Werte findet man auch, wenn man bei P_2 linearisiert. P_1 und P_2 sind daher Senken.

Die angegebene Liapunov-Funktion $V(p, q)$ hat bei P_0 den Wert 0, bei P_1 und P_2 den Wert $-1/4$. Man bestätigt leicht, dass P_1 und P_2 Minima sind, und dass V in einer Umgebung dieser Punkte monoton ansteigt. In der Nähe von P_1 zum Beispiel setze man $u := q - 1$, $v := p$. Dann ist $\Phi_1(u, v) := V(q = u + 1, p = v) + 1/4 = v^2/2 + u^2 + u^3 + u^4/4$. Bei P_1 ist $\Phi_1(0, 0) = 0$, in einer Umgebung von P_1 ist Φ_1 positiv. Entlang von Lösungskurven nimmt $V(p, q)$ bzw. $\Phi_1(u, v)$ monoton ab. Wir

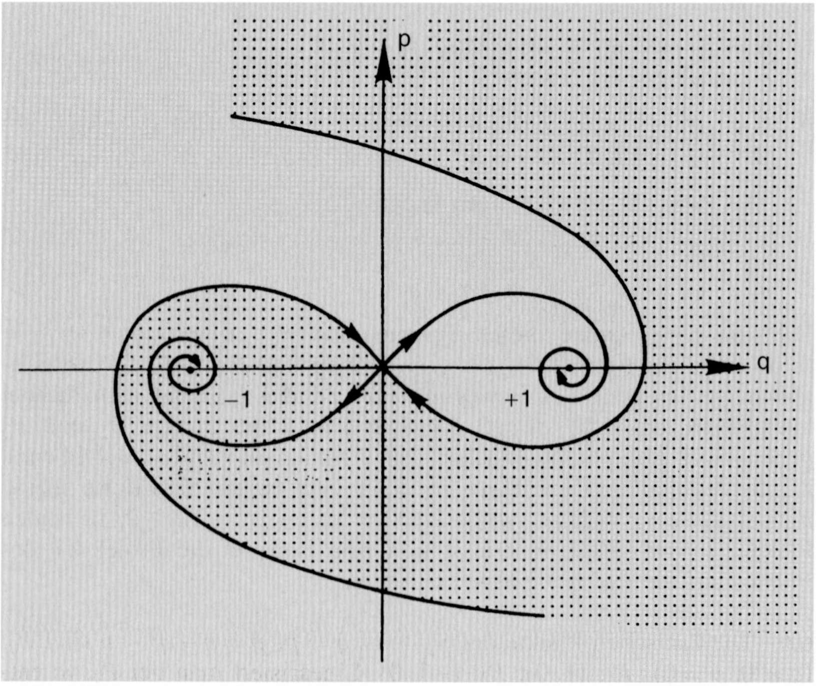

Abb. 27.

rechnen dies für V nach:

$$\frac{\mathrm{d}\,V}{\mathrm{d}\,t} = \frac{\partial V}{\partial p}\dot{p} + \frac{\partial V}{\partial q}\dot{q} = \frac{\partial V}{\partial p}(q - q^3 - p) + \frac{\partial V}{\partial q}p = -p^2 \,.$$

Um festzustellen, in welche der beiden Senken eine vorgegebene Anfangskonfiguration läuft, berechnet man die beiden Separatrices, die in P_0 enden. Diese bilden die Ränder der Becken von P_1 und von P_2, die in Abb. 27 weiß bzw. gepunktet eingezeichnet sind.

6.7 Da $\underset{\sim}{x}_0$ ein isoliertes Minimum sein soll, bietet sich als Liapunov-Funktion die folgende an: $V(\underset{\sim}{x}) := U(\underset{\sim}{x}) - U(\underset{\sim}{x}_0)$. In einer gewissen Umgebung M von $\underset{\sim}{x}_0$ ist $V(\underset{\sim}{x})$ positiv semidefinit, und es gilt

$$\frac{\mathrm{d}}{\mathrm{d}\,t}V(\underset{\sim}{x}) = \sum_{i=1}^{n} \frac{\partial V}{\partial x_i}\dot{x}_i = -\sum_{i=1}^{n}\left(\frac{\partial U}{\partial x_i}\right)^2 \,.$$

Entlang der Lösungskurve in $M - \{\underset{\sim}{x}_0\}$ nimmt $V(\underset{\sim}{x})$ ab, die Lösungskurven laufen sämtlich „nach innen" auf $\underset{\sim}{x}_0$ zu. Dieser Punkt ist asymptotisch stabil.

Im Beispiel ist $U(x_1, x_2) = x_1^2(x_1 - 1)^2 + x_2^2$. Sowohl der Punkt $\underset{\sim}{x}_0 = (0, 0)$ als auch der Punkt $\underset{\sim}{x}'_0 = (1, 0)$ sind isolierte Minima und somit asymptotisch stabile Gleichgewichtslagen.

6.8 Dieses System ist Hamilton'sch. Eine Hamiltonfunktion ist $H = p^2/2 + q(q^2 - 3)/6$. Man erhält die Phasenporträts, wenn man die Kurven $H(q, p) = E = \text{const.}$ zeichnet. Das Hamilton'sche Vektorfeld $X_H = (p, (1 - q^2)/2)$ hat zwei kritische Punkte, deren Natur man leicht identifiziert, wenn man in ihrer Nähe linearisiert. Man findet:

P_1: $(q = -1, p = 0)$ und mit $u := q + 1$; $v := p : (\dot{u} \simeq v, \dot{v} \simeq u)$. P_1 ist ein Sattelpunkt.

P_2: $(q = 1, p = 0)$, $u := q - 1$, $v := p : (\dot{u} \simeq v, \dot{v} \simeq -u)$, d. h. P_2 ist ein Zentrum.

In der Nähe von P_2 treten harmonische Schwingungen mit der Periode 2π auf (s. auch Aufgabe 5.15).

6.9 Die Differentialgleichung $\ddot{q} = f(q, \dot{q})$ mit $f(q, \dot{q}) = -q + (\varepsilon - q^2)\dot{q}$ löst man numerisch mit Hilfe des Runge-Kutta-Verfahrens (B.3) aus Anhang B.3, hier also

$$q_{n+1} = q_n + h\left(\dot{q}_n + \frac{1}{6}(k_1 + k_2 + k_3)\right) + O(h^5)$$

$$\dot{q}_{n+1} = \dot{q}_n + \frac{1}{6}(k_1 + 2k_2 + 2k_3 + k_4) \,,$$

wobei h die Schrittweite in der Zeitvariablen ist und die Hilfsgrößen k_i wie in (B.3) definiert sind,

$$
\begin{aligned}
k_1 &= hf(q_n, \dot{q}_n) \,, \\
k_2 &= hf\left(q_n + \frac{h}{2}\dot{q}_n + \frac{h}{8}k_1, \dot{q}_n + \frac{1}{2}k_1\right) \,, \\
k_3 &= hf\left(q_n + \frac{h}{2}\dot{q}_n + \frac{h}{8}k_1, \dot{q}_n + \frac{1}{2}k_2\right) \,, \\
k_4 &= hf\left(q_n + h\dot{q}_n + \frac{h}{2}k_3, \dot{q}_n + k_3\right) \,.
\end{aligned}
$$

Die dimensionslose Zeitvariable $\tau = \omega t$ lässt man mit Schrittweiten von 0,1, 0,05 oder 0,01 vom Startwert 0 bis 6π oder mehr laufen. Es entstehen Bilder von der Art der in den Abbildungen 6.6–6.8 gezeigten. Verfolgt man die Entstehung der Bahnkurven auf dem Bildschirm, so sieht man, dass sie alle sehr rasch auf den Attraktor zulaufen.

6.10 Mit demselben Programm wie in Aufgabe 6.9 lässt man sich jedes Mal, wenn die Bahnkurve zur gegebenen Anfangsbedingung die Achse $p = q$ schneidet, die Zeit τ und den Abstand d zum Ursprung ausdrucken. Man findet folgendes Ergebnis:

$p = q > 0$:	τ	5,46	11,87	18,26	24,54	30,80	37,13	43,47
	d	0,034	0,121	0,414	1,018	1,334	1,375	1,378
$p = q < 0$:	τ	2,25	8,66	15,07	21,42	27,66	33,96	40,30
	d	0,018	0,064	0,227	0,701	1,238	1,366	1,378

Trägt man $\ln d$ über τ auf, so sieht man, dass $\ln d$ zunächst genähert linear (mit der Steigung $\simeq 0,1$) anwächst, bis der Attraktor erreicht ist. Der Schnittpunkt der Bahnkurve mit der Geraden $p = q$ wandert also (genähert) exponentiell auf den Attraktor zu. Ein ähnliches Resultat findet man für Bahnen, die sich dem Attraktor von außen nähern.

6.11 Die Bewegungsmannigfaltigkeit dieses Systems ist der $\mathbb{R}^2$. Für das linearisierte System ($\dot{x}_1 = x_1, \dot{x}_2 \simeq -x_2$) ist die Gerade $U_{\text{stab}} = (x_1 = 0, x_2)$ eine stabile Untermannigfaltigkeit, denn das Geschwindigkeitsfeld ist auf die Gleichgewichtslage $(0,0)$ hin gerichtet, der charakteristische Exponent ist -1. Die Gerade $U_{\text{inst}} = (x_1, x_2 = 0)$ ist dagegen eine instabile Untermannigfaltigkeit, denn das Geschwindigkeitsfeld ist von $(0,0)$ weg gerichtet, der charakteristische Exponent ist $+1$. Das volle System lässt sich umformen in $\ddot{x}_2 - \dot{x}_2 - 2x_2 = 0$, $x_1^2 = x_2 + \dot{x}_2$ und hat daher die Lösungsschar $x_2(t) = a\exp(2t) + b\exp(-t)$, $x_1(t) =$

$\sqrt{3a}\exp t$, bzw.

$$x_2 = \frac{1}{3}x_1^2 + b\sqrt{3a}\frac{1}{x_1} \equiv \frac{1}{3}x_1^2 + \frac{c}{x_1} .$$

Aus dieser Schar geht die Kurve mit $c = 0$ durch den kritischen Punkt $(0, 0)$ und ist dort Tangente an U_{inst}. Auf dieser Untermannigfaltigkeit $V_{\text{inst}} = (x_1, x_2 = x_1^2/3)$ läuft das Geschwindigkeitsfeld von $(0, 0)$ weg.

Die entsprechende stabile Untermannigfaltigkeit des vollen Systems fällt mit U_{stab} zusammen, denn mit $a = 0$ ist $x_1(t) = 0$, $x_2(t) = b\exp(-t)$, d. h. $V_{\text{stab}} = (x_1 = 0, x_2)$.

6.12 Die Bedingung sagt aus, dass die Matrix $\mathbf{D}F = \{\partial F_i/\partial x_k\}$ an der Stelle (μ_0, x_0) (mindestens) einen Eigenwert gleich Null hat. Ohne Einschränkung kann man μ_0 nach 0, x_0 nach $\underset{\sim}{0}$ legen. Diagonalisiert man die Matrix $\mathbf{D}F$, so hat sie in den neuen Koordinaten die Form (6.52), es ist $\partial F_1/\partial x_k|_{(0,0)} = 0 = \partial F_k/\partial x_1|_{(0,0)}$, $k = 1, \ldots , n$, und außerdem $F_k(0, 0) = 0$. Fasst man F als Vektorfeld über dem Raum $\mathbb{R} \times \mathbb{R}^n$ der Punkte (μ, x) auf, so hat man $\dot{x} = F(\mu, x)$, $\dot{\mu} = 0$. Die Taylor-Entwicklung von F_1 um die Stelle $(0, 0)$ bis zu Termen der Ordnung x_k^3 und linear in μ gibt nach geeigneter Umdefinition des Kontrollparameters und von x_1 die angegebenen Formen (i) $\dot{x}_1 = \mu \pm x_1^2$, (ii) $\dot{x}_1 = \mu x_1 \pm x_1^2$ und (iii) $\dot{x}_1 = \mu x_1 \pm x_1^3$.

Eine vollständige Analyse dieses Linearisierungsproblems ist erheblich komplizierter, vgl. [Guckenheimer, Holmes 2001, Abschn. 3.3].

6.13 Es ist $x_{n+1} = 1 - 2x_n^2$ und $y_i = 4/\pi \arcsin\sqrt{(x_i + 1)/2} - 1$. Für $-1 \le x_i \le 0$ ist auch $-1 \le y_i \le 0$, und für $0 \le x_i \le 1$ gilt $0 \le y_i \le 1$. Wir wollen wissen, wie y_{n+1} mit y_n zusammenhängt. Zunächst gilt für den Zusammenhang $x_n \to y_{n+1}$: $y_{n+1} = 4/\pi \arcsin(1 - x_n^2)^{1/2} - 1$. Mithilfe des Additionstheorems $\arcsin u + \arcsin v = \arcsin(u\sqrt{1-v^2} + v\sqrt{1-u^2})$ und mit $u = v = (1 + x)/2$ zeigt man, dass

$$\arcsin\sqrt{1 - x^2} = 2\arcsin\sqrt{\frac{x+1}{2}} \quad \text{für} \quad -1 \le x \le 0 ,$$

$$\arcsin\sqrt{1 - x^2} = \pi - 2\arcsin\sqrt{\frac{x+1}{2}} \quad \text{für} \quad 0 \le x \le 1$$

gilt. Im ersten Fall ist $y_n \le 0$ und $y_{n+1} = 1 + 2y_n$, im Zweiten ist $y_n \ge 0$ und $y_{n+1} = 1 - 2y_n$. Das lässt sich zusammenfassen zu $y_{n+1} = 1 - 2|y_n|$. Die Ableitung dieser iterativen Abbildung ist ± 2, dem Betrage nach also größer als 1. Es gibt keine stabilen Fixpunkte.

6.16 Ist beispielsweise $m = 1$, so sind $z_\sigma := \exp(\mathrm{i}2\pi\sigma/n)$ die Wurzeln der Gleichung $z^n - 1 = (z - z_1)(z - z_2)\ldots(z - z_n) = 0$. In der komplexen Zahlenebene liegen sie auf dem Einheitskreis, und zwei benachbarte Wurzeln werden durch den Winkel $2\pi/n$ getrennt. Entwickelt man das Produkt $(z - z_1)(z - z_2)\ldots(z - z_n) = z^n - z\sum_{\sigma=1}^{n} z_\sigma + \ldots$, so sieht man, dass $\sum_{\sigma=1}^{n} z_\sigma = 0$ ist, wie behauptet. Für die anderen Werte $m = 2, \dots, n-1$ werden die Wurzeln lediglich anders durchnumeriert, die Aussage bleibt dieselbe. Für $m = 0$ oder n dagegen ist die Summe $\sum_{\sigma=1}^{n} = n$. Multipliziert man $\tilde{x}_\sigma = \sum_{\tau=1}^{n} x_\tau \exp(-2\mathrm{i}\pi\sigma\tau/n)/\sqrt{n}$ mit $1/\sqrt{n}\exp(2\mathrm{i}\pi\sigma\lambda/n)$ und summiert über σ, so kommt

$$\begin{aligned}\frac{1}{\sqrt{n}}\sum_{\sigma=1}^{n} \tilde{x}_\sigma \,\mathrm{e}^{2\mathrm{i}\pi\sigma\lambda/n} &= \frac{1}{n}\sum_{\tau=1}^{n} x_\tau \sum_{\sigma=1}^{n} \mathrm{e}^{2\mathrm{i}\pi\sigma(\tau-\lambda)/n} \\ &= \sum_{\tau=1}^{n} x_\tau \delta_{\tau\lambda} = x_\lambda\end{aligned}$$

heraus. Man berechnet nun

$$\begin{aligned}g_\lambda &= \frac{1}{n}\sum_{\sigma=1}^{n} x_\sigma x_{\sigma+\lambda} \\ &= \frac{1}{n^2}\sum_{\mu,\nu} \tilde{x}_\mu \tilde{x}^*_{n-\nu} \sum_{\sigma} \mathrm{e}^{2\mathrm{i}\pi/n(\sigma(\mu+\nu)+\lambda\nu)} \,.\end{aligned}$$

Wegen der Orthogonalitätsrelation muss $\mu + \nu = 0 \,(\mathrm{mod}\, n)$ sein. Wir haben benutzt: $\tilde{x}^*_{n-\nu} = \tilde{x}_\nu$. Außerdem ist $\tilde{x}_{\mu \,\mathrm{mod}\, n} = \tilde{x}_\mu$, und schließlich haben $\tilde{x}_\mu$ und $\tilde{x}_{n-\mu}$ den gleichen Betrag. Damit folgt $g_\lambda = 1/n \sum_{\mu=1}^{n} |\tilde{x}_\mu|^2 \cos(2\pi\lambda\mu/n)$. Die Umkehrung hiervon $|\tilde{x}_\sigma|^2 = \sum_{\lambda=1}^{n} g_\lambda \cdot \cos(2\pi\sigma\lambda/n)$, erhält man ebenso.

6.17 Setzt man $y = \alpha x + \beta$, d. h. $x = y/\alpha - \beta/\alpha$, so wird

$$x_{i+1} = \mu x_i(1-x_i) = \mu\left(\frac{1}{\alpha}y_i - \frac{\beta}{\alpha}\right)\left(1 + \frac{\beta}{\alpha} - \frac{1}{\alpha}y_i\right)$$

zur gewünschten Form $y_{i+1} = 1 - \gamma y_i^2$, wenn die Gleichungen $\alpha + 2\beta = 0$, $\beta(1 - \mu(\alpha+\beta)/\alpha) = 1$ erfüllt sind. Daraus folgt $\alpha = 4/(\mu - 2)$, $\beta = -\alpha/2$ und somit $\gamma = \mu(\mu-2)/4$. Aus $0 \le \mu < 4$ folgt $0 \le \gamma < 2$. Dann sieht man leicht, dass $y_i \in [-1, +1]$ auf y_{i+1} im selben Intervall abgebildet wird. Es sei $h(y, \gamma) := 1 - \gamma y^2$. Die erste Verzweigung tritt auf, wenn $h(y, \gamma) = y$ und $\partial h(y, \gamma)/\partial y = 1$ ist, d. h. wenn $\gamma_0 = 3/4$, $y_0 = 2/3$ bzw. $\mu_0 = 3/4$, $x_0 = 2/3$ ist. Setze dann $k := h \circ h$, d. h. $k(y, \gamma) = 1 - \gamma(1 - \gamma y^2)^2$. Die zweite Verzweigung tritt bei $\gamma_1 = 5/4$ auf. Das zugehörige y_1 berechnet man aus dem System

$$k\left(y, \tfrac{5}{4}\right) = -\tfrac{1}{4} + \tfrac{25}{8}y^2 - \tfrac{125}{64}y^4 = y \,, \tag{1}$$

$$\frac{\partial k}{\partial y}\left(y, \tfrac{5}{4}\right) = \tfrac{25}{4}y\left(1 - \tfrac{5}{4}y^2\right) = -1 \,. \tag{2}$$

Kombiniert man diese Gleichungen gemäß $(2) \cdot y - 4 \cdot (1)$, so ergibt sich die quadratische Gleichung

$$y^2 - \tfrac{4}{5}y - \tfrac{4}{25} = 0 \,,$$

die als Lösungen $y_{1/2} = 2(1 \pm \sqrt{2})/5$ hat. Aus $\gamma_1 = 5/4$ ergibt sich $\mu_1 = 1 + \sqrt{6}$, mit dessen Hilfe schließlich aus $y_{1/2}$

$$x_{1/2} = \tfrac{1}{10}(4 + \sqrt{6} \pm (2\sqrt{3} - \sqrt{2})) = 0{,}8499 \text{ bzw. } 0{,}4400$$

folgt.

Literatur

Fierz, M.: *Vorlesungen zur Entwicklungsgeschichte der Mechanik*, Lecture Notes in Physics, Vol. 15 (Springer, Heidelberg 1972)

Krafft, F. (Hrsg.): *Große Naturwissenschaftler*, Biographisches Lexikon (VDI-Verlag, Düsseldorf, 1986)

The New Encyclopaedia Britannica (Chicago, 1987)

Szabó, I.: *Geschichte der mechanischen Prinzipien und ihrer wichtigsten Anwendungen* (Birkhäuser, Basel 1987)

Walther, J. G.: *Musikalisches Lexikon.* Oder *Musikalische Bibliothek 1732* (Bärenreiter, Kassel 1986), Leipzig 1732

Schaifers, K., Traving, G.: *Meyers Handbuch Weltall* (Bibliographisches Institut, Mannheim 1993)

Einige allgemeine Lehrbücher der Mechanik

Fetter, A. L., Walecka, J. D.: *Theoretical Mechanics of Particles and Continua* (McGraw-Hill, New York 1980)

Gallavotti, G.: *The Elements of Mechanics* (Springer, New York 1983)

Goldstein, H.: *Klassische Mechanik* (Aula, Wiesbaden 1991)

Honerkamp, J., Römer, H.: *Klassische Theoretische Physik* (Springer, Berlin, Heidelberg 1993)

Landau, L. D., Lifshitz, E. M., *Lehrbuch der theoretischen Physik*, Bd. 1: Mechanik (Akademie-Verlag, Berlin 1990)

Straumann, N.: *Klassische Mechanik*, Lecture Notes in Physics, Vol. 289 (Springer, Berlin, Heidelberg 1987)

Einführende- und Übungsbücher

Greiner, W., *Theoretische Physik*, Bde. 1 + 2: *Mechanik* (Harri Deutsch, Frankfurt 1992 und 1989)

Spiegel, M. R.: *Allgemeine Mechanik, Theorie und Anwendung* (McGraw-Hill, New York 1976)

PC-gestützte Beispiele (mit Programmen):

Schmid, E. W., Spitz, G., Lösch, W.: *Physikalische Simulationen mit dem Personalcomputer* (Springer-Verlag, Berlin 1993)

Einige allgemeine mathematische Bücher

Arnol'd, V. I.: *Gewöhnliche Differentialgleichungen* (Springer-Verlag, Berlin 1991)

Arnol'd, V. I.: *Geometrische Methoden in der Theorie der gewöhnlichen Differentialgleichungen* (Birkhäuser, Basel 1987)

Bröcker, T., Jänich, K.: *Einführung in die Differentialtopologie*, Heidelberger Taschenbücher, Band 143 (Springer-Verlag, Heidelberg 1990)
Fischer, H., Kaul, H.: *Mathematik für Physiker 1 + 2*, Teubner Studienbücher (Teubner, Stuttgart 1990, 1998)
Grauert, H., Lieb, I.: *Differential- und Integralrechnung, I–III*, Heidelberger Taschenbücher, Band 43 (Springer-Verlag, Heidelberg 1977)
Hamermesh, M.: *Group Theory and Its Application to Physical Problems* (Dover, New York 1990)
Heil, E.: *Differentialformen* (Bibliographisches Institut, Zürich 1974)
Jänich, K.: *Topologie* (Springer-Verlag, Berlin 1990)
Klingenberg, W.: *Lineare Algebra und Geometrie* (Springer-Verlag, Berlin 1992)
Koecher, M.: *Lineare Algebra und Analytische Geometrie* (Springer-Verlag, Berlin 1992)
Peschl, E.: *Analytische Geometrie und lineare Algebra*, BI Hochschultaschenbücher, 15 (BI-Wissenschaftsverlag, Mannheim 1961)
Rüßmann, H.: *Konvergente Reihenentwicklungen in der Störungstheorie der Himmelsmechanik* (Selecta Mathematica V (Springer-Verlag, Berlin 1979))

Formelsammlungen, Spezielle Funktionen

Abramowitz, M., Stegun, I. A.: *Handbook of Mathematical Functions* (Dover, New York 1968)
Bronstein, I. N., Semendjajew, K. A.: *Taschenbuch der Mathematik* (Teubner, Stuttgart, Leipzig 1991)
Rottmann, K.: *Mathematische Formelsammlung*, BI Hochschultaschenbücher Bd. 13 (Bibliographisches Institut, Mannheim 1991)

Literatur zu Kap. 4

Ellis, G. F. R., Williams, R. M.: *Flat and Curved Space-Times* (Clarendon Press, Oxford 1994)
Hagedorn, R.: *Relativistic Kinematics* (Benjamin, New York 1963)
Jackson, J. D.: *Classical Electrodynamics,* 3rd edition (John Wiley, New York 1999)
Sexl, R. U., Urbantke, H. K.: *Relativität, Gruppen, Teilchen* (Springer-Verlag, Wien 1992)
Weinberg, S.: *Gravitation and Cosmology, Principles and Applications of the General Theory of Relativity* (Wiley & Sons, New York 1972)

Literatur zu Kap. 5

Abraham, R., Marsden, J. E.: *Foundations of Mechanics* (Addison-Wesley, Reading 1981)
Arnol'd, V. I.: *Mathematische Methoden der klassischen Mechanik* (Birkhäuser, Basel 1988)
Boccaletti, D., Pucacco, G.: *Theory of Orbits 1 + 2* (Springer-Verlag, Berlin 1996, 1999)

Guillemin, V., Sternberg, S.: *Symplectic Techniques in Physics* (Cambridge University Press, New York 1990) .

Hirsch, M. W., Smale, S.: *Differential Equations, Dynamical Systems and Linear Algebra* (Academic Press, New York 1974)

Hofer, H., Zehnder, E.: *Symplectic Invariants and Hamiltonian Dynamics* (Birkhäuser, Basel 1994)

Marsden, J. E., Ratiu, T. S.: *Introduction to Mechanics and Symmetry* (Springer-Verlag, New York 1994) .

O'Neill, B.: *Semi-Riemannian Geometry, With Applications to Relativity* (Academic Press, New York 1983)

Thirring, W.: *Lehrbuch der mathematischen Physik*, Bd. 1: Klassische Dynamische Systeme (Springer-Verlag, Wien 1988)

Literatur zu Kap. 6

Arnol'd, V. I.: *Catastrophe Theory* (Springer-Verlag, Berlin 1992)

Bergé, P., Pomeau, Y., Vidal, Ch.: *Order within Chaos; Towards a Deterministic Approach to Turbulence* (Wiley & Sons, New York 1987), französ. Originalausgabe (Hermann, Paris 1984)

Collet, P., Eckmann, J. P.: *Iterated Maps on the Interval as Dynamical Systems*, Progress in Phys. Ser., Vol. 1 (Birkhäuser, Boston 1990)

Devaney, R. L.: *An Introduction to Chaotic Dynamical Systems* (Addison-Wesley, Reading 1989)

Feigenbaum, M.: J. Stat. Phys. **19**, 25 (1978) und **21**, 669 (1979)

Guckenheimer, J., Holmes, Ph.: *Nonlinear Oscillations, Dynamical Systems, and Bifurcations of Vector Fields*, Appl. Mathem. Sci. Ser., Vol. 42 (Springer-Verlag, New York 2001)

Hénon, M., Heiles, C.: Astron. Journ. **69**, 73 (1964)

Laskar, J., Joutel, F., Robutel, P.: Nature **361**, 615 (1993)

Palis, J., de Melo, W.: *Geometric Theory of Dynamical Systems* (Springer-Verlag, Berlin, Heidelberg 1982)

Peitgen, H. O., Richter, P. H.: *Beauty of Fractals: Images of Complex Dynamical Systems* (Springer-Verlag, Berlin 1991)

Ruelle, D.: *Elements of Differentiable Dynamics and Bifurcation Theory* (Academic Press, Boston 1989)

Schuster, H. G.: *Deterministic Chaos, An Introduction* (VCH, Weinheim 1987)

Wisdom, J.: *Chaotic Behaviour in the Solar System*, Nucl. Phys. **B** (Proc. Suppl.) **2**, 391 (1987)

Sachverzeichnis

Namenverzeichnis

„Sehr klar und flüssig geschrieben…"

F. Scheck

Theoretische Physik

Eine moderne Theoretische Physik in von Professor Scheck, in stringenter Darstellung. Aufgaben und vollständige Lösungen helfen bei der Erarbeitung des Stoffes.

„…jeder Gedankengang wird motiviert, und die einzelnen Rechenschritte werden ausführlich beschrieben und interpretiert. Die mathematischen Aspekte der Quantenmechanik… werden stärker als bei vielen anderen Darstellungen betont." *Zbl. Mathematik*

2: Nichtrelativistische Quantentheorie
Vom Wasserstoffatom zu den Vielteilchensystemen

Inhaltsübersicht: Quantenmechanik eines Teilchens.- Streuung von Teilchen an Potentialen.- Die Prinzipien der Quantentheorie.- Symmetrien in der Quantenphysik I.- Nichtrelativistische Störungsrechnung.- Identische Teilchen.-

2000. XI, 328 S. 48 Abb., 51 Übungen mit Lösungshinweisen und exemplarischen, vollständigen Lösungen. (Springer-Lehrbuch) Brosch.
€ 39,95; sFr 64,- ISBN 3-540-65936-6

4: Quantisierte Felder.
Von den Symmetrien zur Quantenelektrodynamik

Inhaltsübersicht: Symmetrien und Symmetriegruppen in der Quantenphysik.- Quantisierung von Feldern und ihre Interpretation.- Streumatrix und Observable in Streuung und Zerfällen.- Teilchen mit Spin 1/2 und die Dirac-Gleichung.- Elemente der Quantenelektrodynamik.

2001. XI, 366 S. 53 Abb., 51 Übungen mit Lösungshinweisen und exemplarischen, vollständigen Lösungen. (Springer-Lehrbuch) Brosch.
€ 44,95; sFr 72,- ISBN 3-540-42153-X

Springer · Kundenservice
Haberstr. 7 · 69126 Heidelberg
Tel.: (0 62 21) 345 - 217/-218 · Fax: (0 62 21) 345 - 229
e-mail: orders@springer.de

Springer

Die €-Preise für Bücher sind gültig in Deutschland und enthalten 7% MwSt. Preisänderungen und Irrtümer vorbehalten.
d&p · BA 43546/2

Volle Freiheit für Experimente!

H. Härtel, M. Lüdke; Universität Kiel

Physik 3D - Mechanik

xyZET. Ein Simulationsprogramm zur Physik

Netzwerkversion/Linux/Windows

Systemanforderung: WIN 95, 98, NT 4.0, LINUX, Pentium oder vergleichbar, 32 MB RAM, 26 MB Festplatte, Standard Browser ab 3.0, 256 Farben; netzwerkfähig unter LINUX; netzwerkfähig unter Windows nach Erwerb einer Netzwerkslizens für Starnet X-WIN 32-DE oder kompatiblem X-server.

Physik 3D bietet eine reichhaltige Oberfläche, mit der zahlreiche Simulationen aus der Mechanik durchgeführt werden können. Das Web-Browser basierte Lernprogramm stellt einen interaktiven Kurs dar, mit dem die Nutzer direkt ohne technischen Ballast zu bestimmten Simulationen geführt werden. Für Studierende und Dozenten, aber auch für Schüler in Grund- und Leistungskursen und Lehrer stellt Physik 3D einen Experimentierbaukasten mit völlig neuen Freiheiten dar. Der Lernmodus kann vorlesungs- oder unterrichtsbegleitend eingesetzt werden.

„Physik 3D ist ein Programm, mit dem sich zahlreiche Experimente aus der Mechanik simulieren lassen. Dabei soll es dazu anregen, über die üblicherweise im Unterricht behandelten Standardsituationen hinaus zu denken... Die Möglichkeiten, Zusammenhänge in der Physik zu studieren sind faszinierend und reichen weit über den Themenrahmen Mechanik hinaus. Insgesamt sehr empfehlenswert: Für Schüler und Studenten in der Demo-Version, für Lehrer in der Einplatzversion, für Schulen in der Netzwerkversion." (Physik in unserer Zeit)

Inhaltsübersicht: Koordinaten im Raum.- Geschwindigkeit.- Beschleunigung.- Zeitdiagramme.- Grundgesetz der Mechanik.- Hookesches Gesetz.- Vektoren und Komponenten.- Wurfbewegungen/Gravitationsgesetz.- Kreisbewegung.- Actio = Reactio.- Arbeit und Energie.- Massenmittelpunkt.- Kollision.- Planetenbewegungen.- Harmonische Schwingung.- Pendel.- Mathematische Ableitungen.

2000. CD-ROM, mit Handbuch VII, 220 S. ** **€ 149,95**; sFr 226,50
ISBN 3-540-14821-3

Netzwerkpreise:
10 Plätze: ** € 139,95
20 Plätze: ** € 219,-

**Die Preise für elektronische Produkte sind unverbindliche Preisempfehlungen inkl. 16% MwSt. in der Bundesrepublik Deutschland. In anderen Ländern gilt die landesübliche MwSt.

Springer · Kundenservice
Haberstr. 7 · 69126 Heidelberg
Tel.: (0 62 21) 345 - 217/-218 · Fax: (0 62 21) 345 - 229
e-mail: orders@springer.de

Springer

Die €-Preise für Bücher sind gültig in Deutschland und enthalten 7% MwSt. Preisänderungen und Irrtümer vorbehalten.
d&p · BA 43546/3

Ansprechend gestaltete Lehrbücher!

W. Demtröder

Experimentalphysik

Die Lehrinhalte der ersten vier Semester Physik werden anschaulich und leicht verständlich, dabei aber möglichst quantitativ präsentiert. Wichtige Definitionen und Formeln, alle Abbildungen und Tabellen wurden zweifarbig gestaltet.

„...Zusätzlich zum Lehrtext wird der Leser durch viele interessante Aufgaben (mit Lösungen) und relevante Beispiele motiviert...Die graphische Aufmachung ist sehr ansprechend und klar, ein wichtiges Element für die Akzeptanz eines Lehrbuches..."
Naturwissenschaften

1: Mechanik und Wärme

Inhaltsübersicht: Einführung und Überblick.- Mechanik eines Massenpunktes.- Bewegte Bezugssysteme und spezielle Relativitätstheorie.- Systeme von Massenpunkten.- Stöße.- Dynamik starrer ausgedehnter Körper.- Reale feste und flüssige Körper.- Gase.- Strömende Flüssigkeiten und Gase.- Vakuum-Physik.- Wärmelehre.- Mechanische Schwingungen und Wellen.- Nichtlineare Dynamik und Chaos.- Anhang.- Lösungen der Übungsaufgaben.

3. Aufl. 2002. XVIII, 486 S. 574 Abb. in Farbe, 38 Tab. (Springer-Lehrbuch)
Brosch. **€ 39,95**; sFr 64,- ISBN 3-540-43559-X

2: Elektrizität und Optik

Inhaltsübersicht: Elektrostatik.- Der elektrische Strom.- Statische Magnetfelder.- Zeitlich veränderliche Felder.- Elektronische Anwendungen.- Elektromagnetische Schwingungen und die Entstehung elektromagnetischer Wellen.- Elektromagnetische Wellen im Vakuum.- Elektromagnetische Wellen in Materie.- Geometrische Optik.- Interferenz und Beugung.- Optische Instrumente und Techniken.- Fourier-Optik. - Lösungen der Übungsaufgaben.- Farbtafeln.

Korr. Nachdr. 2002 der 2., überarb. u. erw. Aufl. 1999. XX, 463 S. 635 Abb., meist zweifarbig, 11 Farbtaf., 17 Tab., zahlr. durchgerech. Beisp., 137 Übungsaufg. m. ausführl. Lös. (Springer-Lehrbuch) Brosch.
€ 39,95; sFr 64,- ISBN 3-540-65196-9

3: Atome, Moleküle und Festkörper

Inhaltsübersicht: Einleitung.- Entwicklung der Atomvorstellung.- Entwicklung der Quantenphysik.- Grundlagen der Quantenmechanik.- Das Wasserstoff-Atom.- Atome mit mehreren Elektronen.- Emission und Absorption elektromagnetischer Strahlung durch Atome.- Laser.- Moleküle.- Experimentelle Methoden der Atom- und Molekülphysik.- Die Struktur fester Körper.- Dynamik der Kristallgitter.- Elektronen im Festkörper.- Halbleiter.- Optische Eigenschaften von Festkörpern.- Amorphe Festkörper.- Flüssigkeiten, Flüssigkristalle und Cluster.- Oberflächen.

2., überarb. u. erw. Aufl. 2000. XIX, 617 S. 706, meist zweifarb. Abb., 9 Farbtaf., 48 Tab., zahlr. durchgerech. Beisp. u. 149 Übungsaufg. m. ausführl. Lös. (Springer-Lehrbuch) Brosch. **€ 44,95**; sFr 72,- ISBN 3-540-66790-3

4: Kern-, Teilchen- und Astrophysik

Inhaltsübersicht: Einleitung.- Eigenschaften und Aufbau der Atomkerne.- Radioaktivität.- Experimentelle Techniken und Geräte in der Kern- und Hochenergiephysik.- Kernkräfte und Kernmodelle.- Kernreaktionen.- Physik der Elementarteilchen.- Anwendungen der Kern- und Hochenergiephysik.- Astronomie und Astrophysik.- Sternentwicklung.- Kosmologie.- Unser Planetensystem.

Nachdr. 2002 der 1. Aufl. 1998. XIV, 487 S. 522 Abb., meist in Farbe, 15 Farbtaf., 58 Tab., zahlr. durchgerech. Beisp., 105 Übungsaufg. m. ausführl. Lös. (Springer-Lehrbuch) Brosch. **€ 39,95**; sFr 64,- ISBN 3-540-42661-2

Springer · Kundenservice
Haberstr. 7 · 69126 Heidelberg
Tel.: (0 62 21) 345 - 217/-218 · Fax: (0 62 21) 345 - 229
e-mail: orders@springer.de

Springer

Die €-Preise für Bücher sind gültig in Deutschland und enthalten 7% MwSt. Preisänderungen und Irrtümer vorbehalten.
d&p · BA 43546/1